第4章 NURBS曲面建模——陶罐

第4章 NURBS曲面建模——闹钟

第4章 NURBS曲面建模——电话

第4章 NURBS曲面建模——瓷瓶

第6章 细分表面建模——椅子

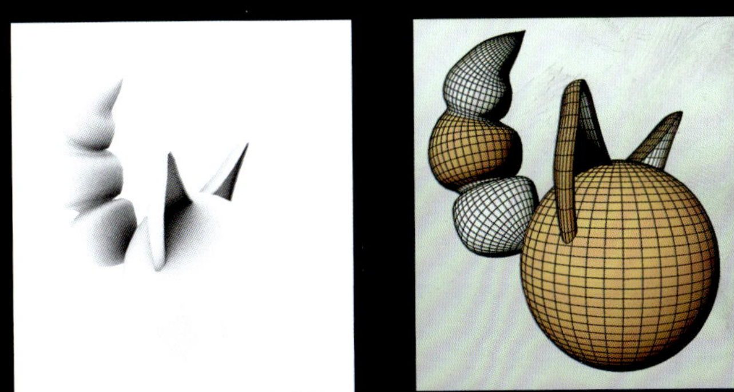

第5章 Polygon建模技术——狐狸

第5章 Polygon建模技术——大象

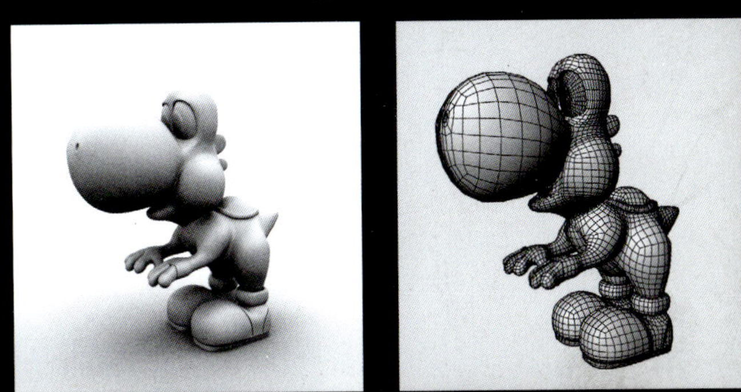

第5章 Polygon建模技术——卡通建模全过程

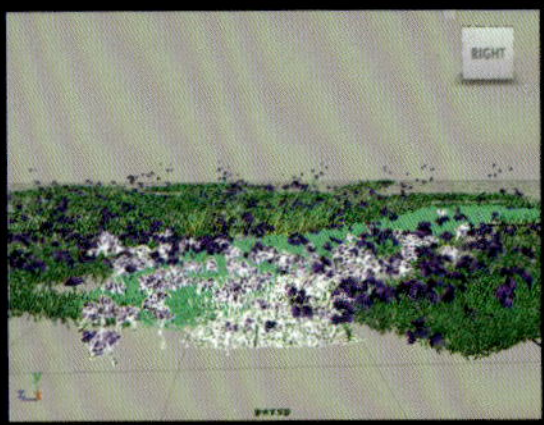
第2章 Maya基础操作——选择物体

第2章 Maya基础操作——镜像物体

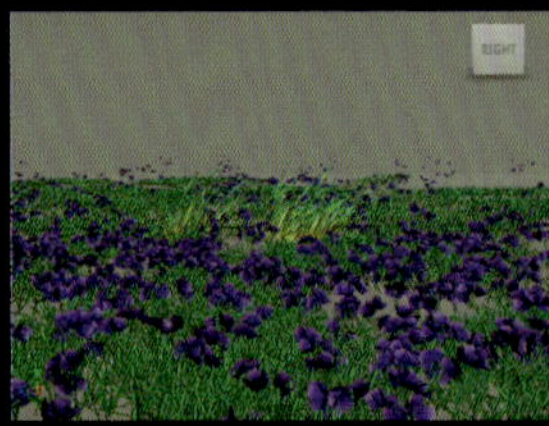

第2章 Maya基础操作——设置环境背景

第4章 NURBS曲面建模——小号建模全过程

第4章 NURBS曲面建模——汽车

第4章 NURBS曲面建模——黑豹模型

第6章 细分表面建模——小精灵模型

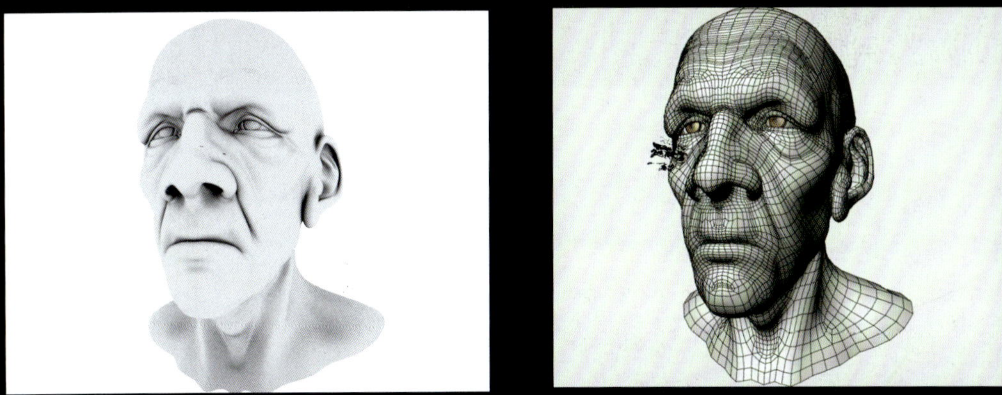

第5章 Polygon建模技术——老者

第5章 Polygon建模技术——模型拓扑图

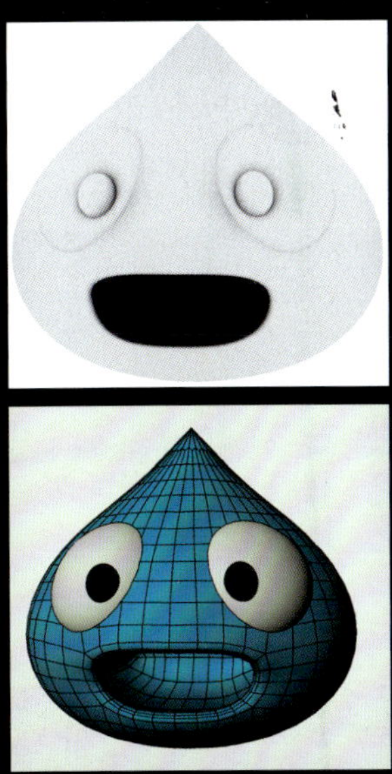

第5章 Polygon建模技术——精灵

第6章 细分表面建模——电话机

第5章 Polygon建模技术——恐龙

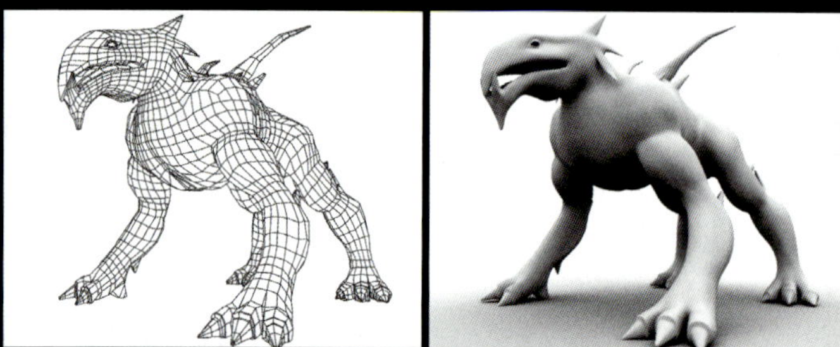

第5章 Polygon建模技术——刚比斯兽

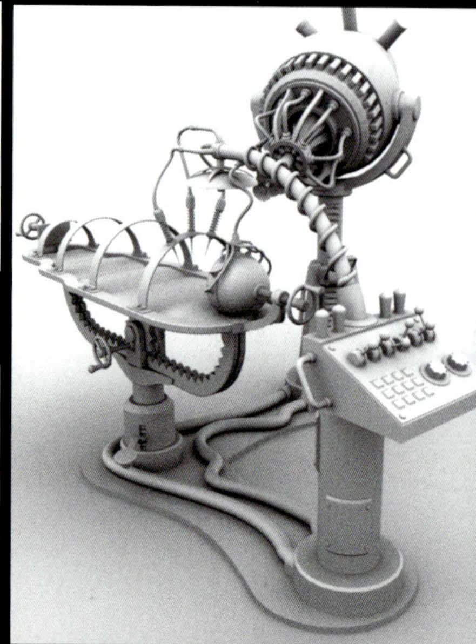

第5章 Polygon建模技术——设备

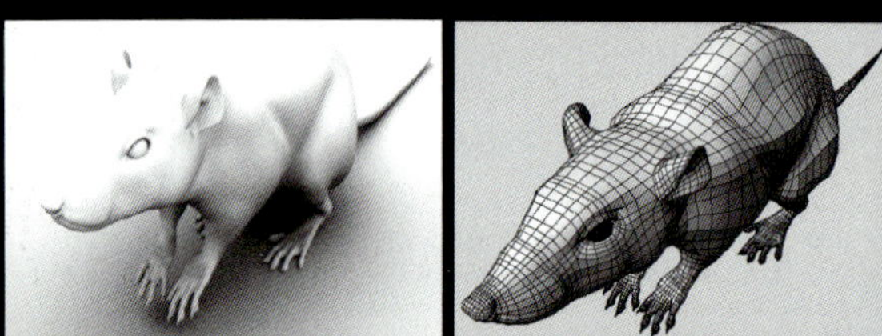

第5章 Polygon建模技术——小鼠

第7章 灯光和摄影机——魔幻世界

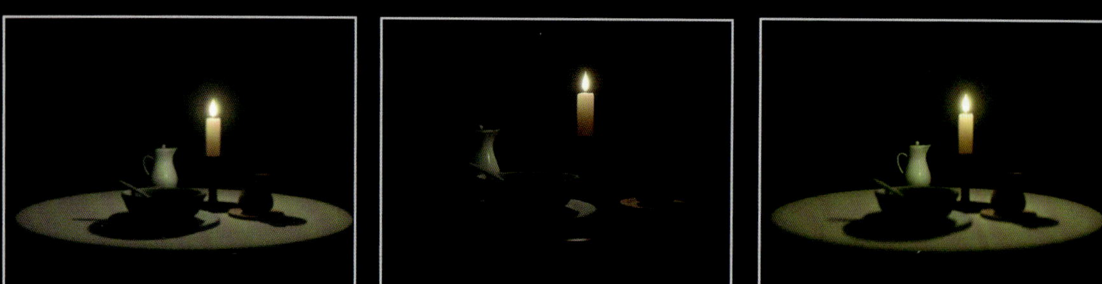

第7章 灯光和摄影机——场景一角

第7章 灯光和摄影机——洗发露

第9章 Maya渲染基础——小屋

第7章 灯光和摄影机——温馨书屋

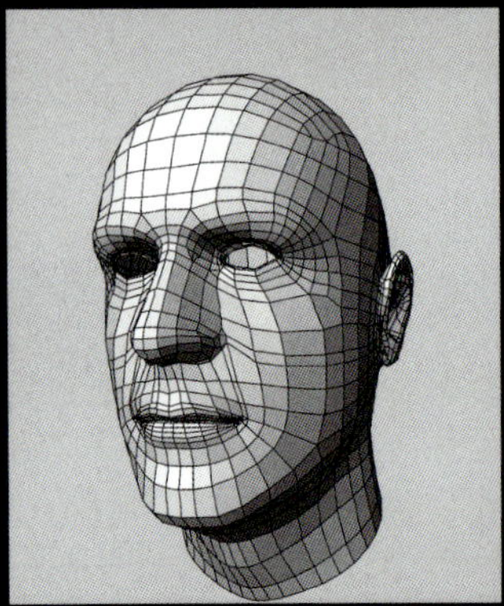

第8章 UV贴图坐标——Head

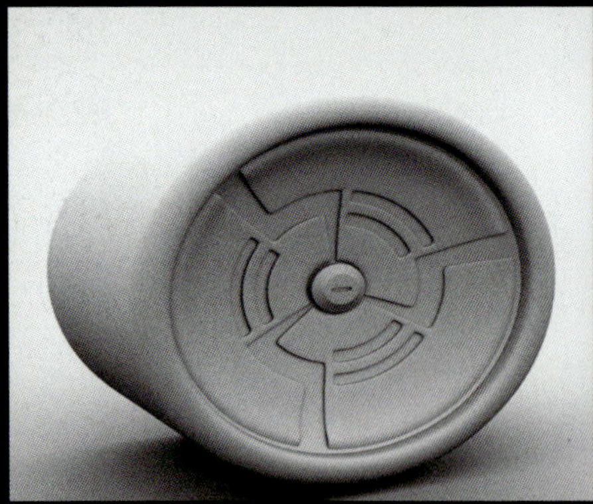

第6章 细分表面建模——车轮

第7章 灯光和摄影机——鬼蜮

第7章 灯光和摄影机——午后街道

典型的复合建模手法，前期利用三维软件创建出整个模型的轮廓，后期利用ZBrush或者Mudbox等雕刻软件进行雕刻。这幅作品的优点在于细节和纹理都比较清晰，可以利用模型表达出纹理的效果，是目前主流建模方法。

第10章 材质基础——叶子

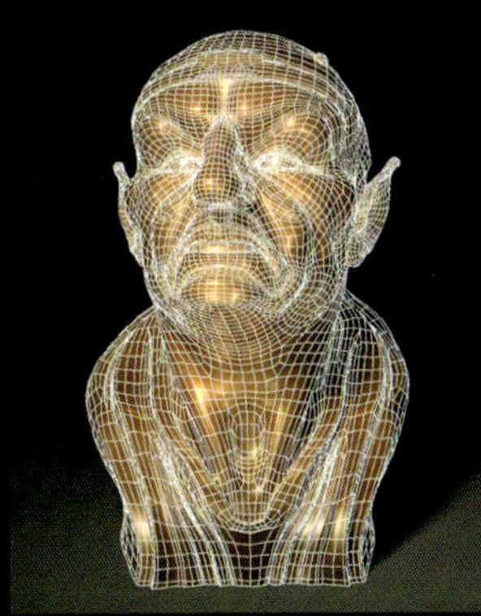

第11章 创建纹理——雕塑

典型的西方作品。龙的狰狞和精灵的瘦弱形成了强烈的对比，但同时又构成了一幅非常和谐的画面。柔和光线照射下的精灵和躲在阴暗中的龙也形成了一种对比，在阴暗的环境中显得更加的诡异。从作品构建的角度来说，整幅作品非常注重细节的处理，龙头的纹理及精灵透明的翅膀都刻画得十分到位。

第10章 材质基础——玉蜍

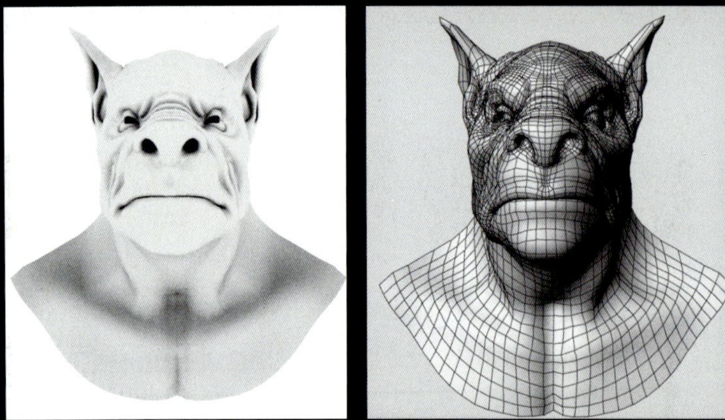

第10章　材质基础——叶子

第20章 头发和皮毛

第11章 创建纹理——轮胎材质效果

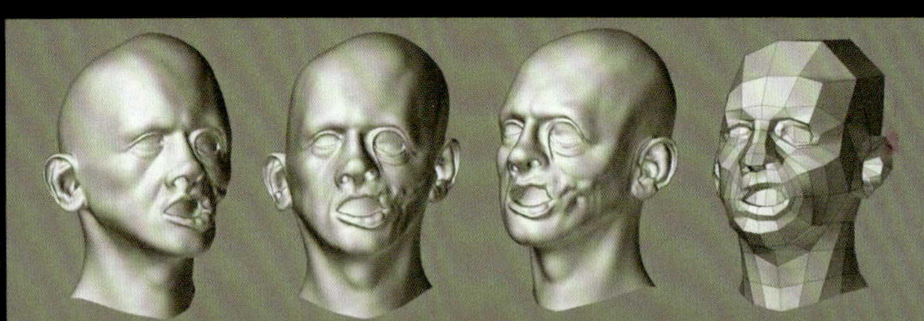

模型图

这是一个怪物从原画设定到输出作品的完整流程，在这幅作品中，作者首先在Maya中构建了整个怪物的拓扑模型，然后输出到雕刻软件中构建细节，最终又切换到Maya中制作材质并输出效果，一气呵成。

第14章 路径动画与约束技术——闹钟指针转动

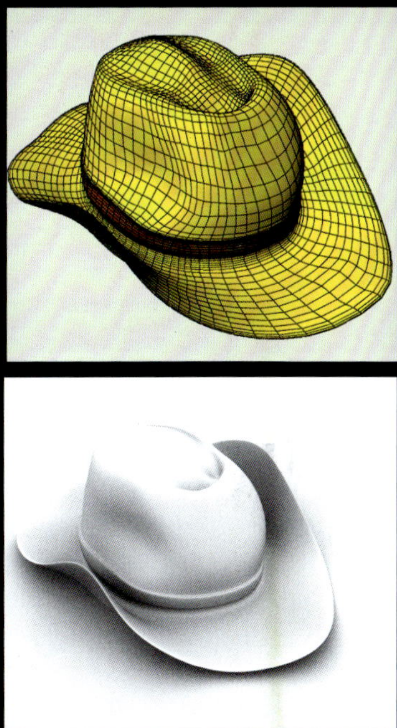

第12章 动画基础——牛仔帽

第17章 粒子动力学技术——野外篝火

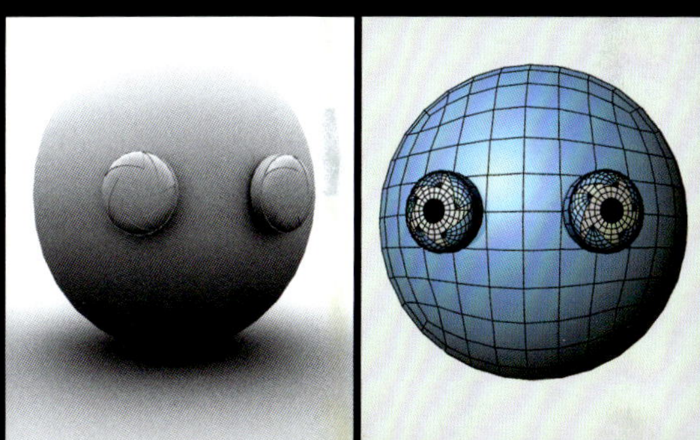

第12章 动画基础——关键帧动画

第15章 骨骼绑定——兔子

第14章 路径动画与约束技术——弹簧

第14章 路径动画与约束技术——蜗牛

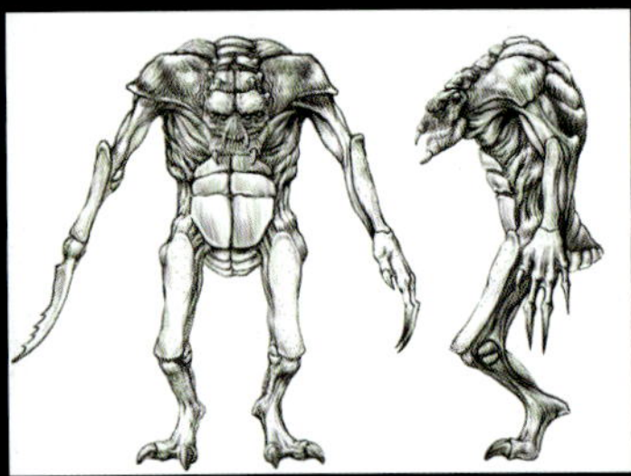

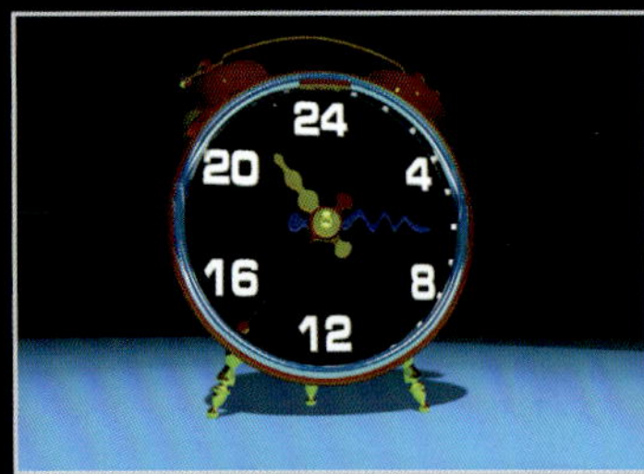

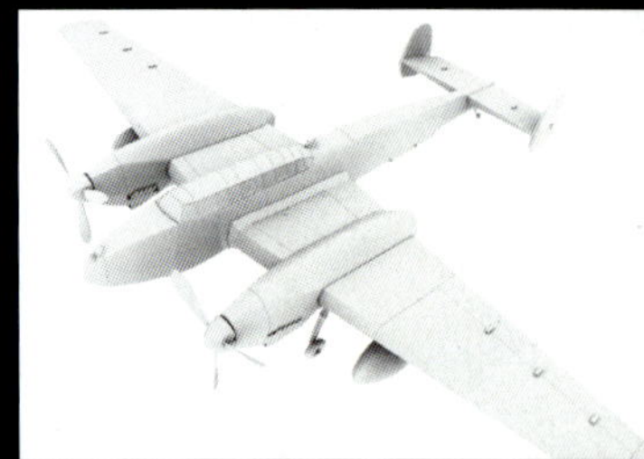

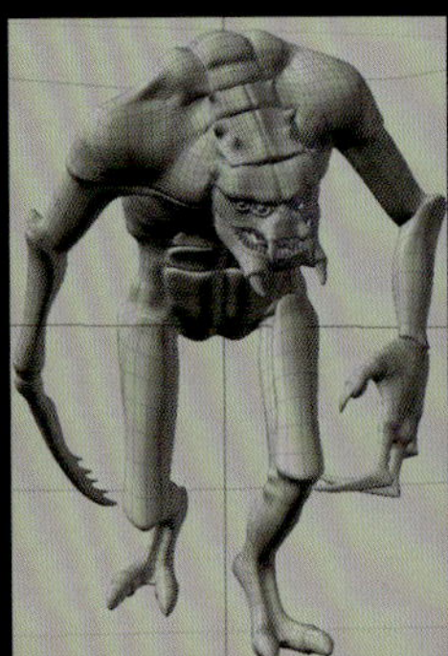

怪兽拓扑图

第14章 路径动画与约束技术——闹钟指针转动

第14章 路径动画与约束技术——飞机

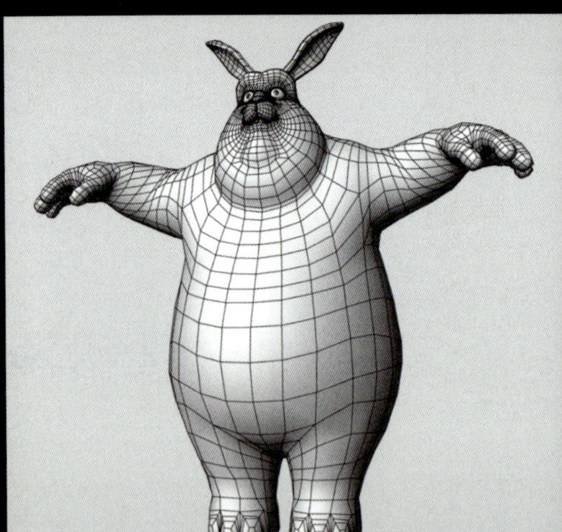

第16章 角色动画技术——肥仔

第11章 创建纹理——显示器

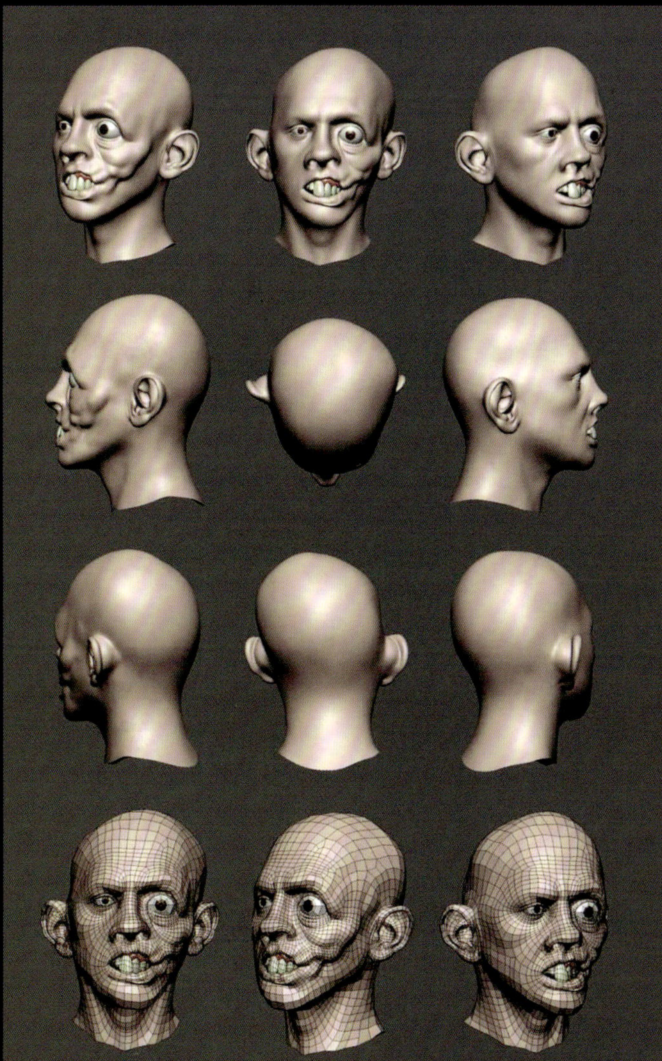

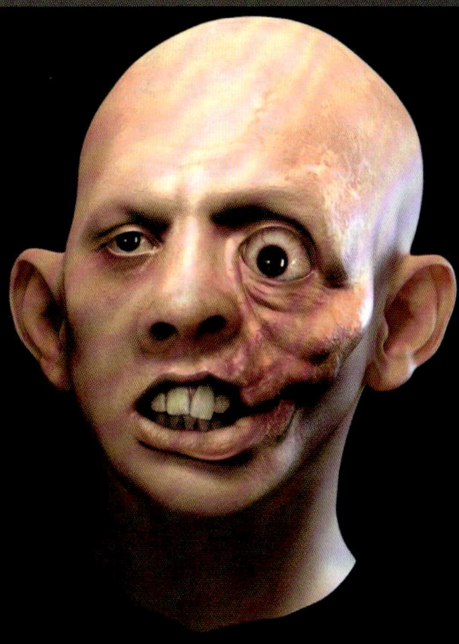

输出效果

典型具有西方色彩的CG作品。画面中对黑龙作了一个特写，充分显示出了它的凶残、狰狞。这幅作品讲解了一个恶龙肆虐人类城市的故事。整个色调以黑色和橘黄色作为主调，以蓝色作为对比色调，衬托出了和谐的城市被破坏后的残败景象。此外，采用橘黄色的色调能够衬托出城市的平和与恶龙的凶煞，形成了强烈的对比。

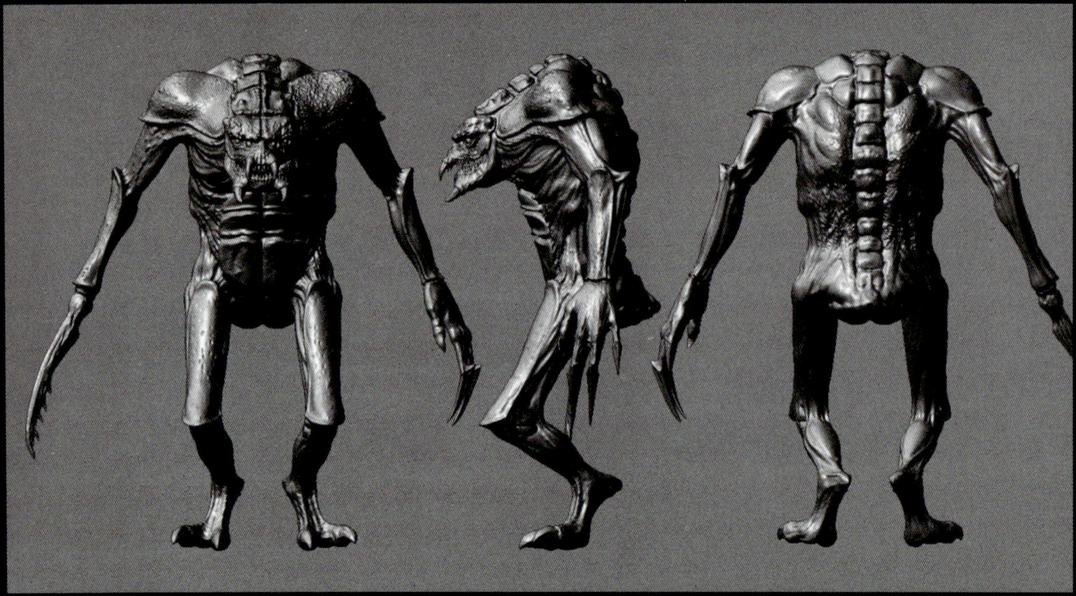

怪兽模型效果

设计师梦工厂

从入门到精通

全彩超值版

Maya 2011 从入门到精通

新视角文化行　编著

适合自学：

全书设计了20个大案例、232个课堂练习，由浅入深，从易到难，让您在循序渐进的学习中掌握Maya软件的操作技巧。

技术手册：

全书共21章，每一章都是一个技术专题，不仅可以让您充分掌握该专题的相关知识，还能举一反三掌握更多技巧。

老师讲解：

超大容量的DVD多媒体教学光盘，包含书中232个课堂练习的全程同步多媒体语音视频教学，就像有一位专业的老师在您旁边讲解一样。

全程同步多媒体语音视频教学2000分钟

全书共有20个完整案例

知识讲解过程中穿插了232个课堂练习

1-DVD

人民邮电出版社
北京

图书在版编目（CIP）数据

Maya 2011从入门到精通 ：全彩超值版 / 新视角文化行编著. -- 北京 ：人民邮电出版社，2012.5
（设计师梦工厂. 从入门到精通）
ISBN 978-7-115-27801-2

Ⅰ. ①M… Ⅱ. ①新… Ⅲ. ①三维动画软件，Maya 2011 Ⅳ. ①TP391.41

中国版本图书馆CIP数据核字(2012)第049046号

内 容 提 要

《Maya 2011 从入门到精通》一经上市便受到了广大读者的好评，但由于是黑白书，效果不能够完美地呈现出来，影响了读者的阅读。一段时间销售之后，经过市场调查和研究决定推出全彩版，以便读者能够更好地感受设计魅力。

Maya 2011 是目前世界上最为优秀的三维动画制作软件之一，它以强大的功能，友好的用户界面和丰富的视觉效果，受到了很多相关行业的广泛关注。本书由浅入深、全面讲解了 Maya 2011 的各个知识模块。

全书共分为 21 章，内容包括初始 Maya 2011、Maya 基础操作、NURBS 曲线、NURBS 曲面建模、Polygon 建模技术、细分表面建模、灯光和摄影机、添加 UV 贴图坐标、渲染基础、材质基础、创建纹理、动画基础、变形技术、路径动画与约束技术、骨骼绑定与动画技术、角色动画技术、粒子动力学技术、笔触特效、流体特效、头发和毛发、MEL 脚本语言及其应用技术。书中的每个实例均取之实际开发案例中，力求深入浅出地将 Maya 的操作技巧传授给读者。本书附带 1 张 DVD 光盘，不仅提供了本书所有素材，还提供了一套内容齐全的视频教学。

本书适合三维造型、动画设计、影视特效和广告创意方面的初中级读者使用，也可以作为高等院校电脑美术、影视动画等相关专业及社会各类 Maya 培训班的辅助教材。

设计师梦工厂 • 从入门到精通

Maya 2011 从入门到精通（全彩超值版）

♦ 编　　著　新视角文化行
　责任编辑　郭发明
♦ 人民邮电出版社出版发行　　北京市崇文区夕照寺街 14 号
　邮编　100061　　电子邮件　315@ptpress.com.cn
　网址　http://www.ptpress.com.cn
　北京画中画印刷有限公司印刷
♦ 开本：787×1092　1/16
　印张：36.75　　彩插：6
　字数：897 千字　　2012 年 5 月第 1 版
　印数：1– 3 000 册　　2012 年 5 月北京第 1 次印刷

ISBN 978-7-115-27801-2

定价：99.80 元（附 1 DVD）

读者服务热线：（010）67132692　印装质量热线：（010）67129223
反盗版热线：（010）67171154
广告经营许可证：京崇工商广字第 0021 号

前言

关于本系列图书

感谢您翻开本系列图书。在茫茫的书海中，或许您曾经为寻找一本技术全面、案例丰富的计算机图书而苦恼，或许您为担心自己是否能做出书中的案例效果而犹豫，或许您为了自己应该买一本入门教材而仔细挑选，或许您正在为自己进步太慢而缺少信心……

现在，我们就为您奉献一套优秀的学习用书——“从入门到精通”系列，它采用完全适合自学的“教程+案例”和“完全案例”两种形式编写，兼具技术手册和应用技巧参考手册的特点，随书附带的DVD多媒体教学光盘包含书中所有案例的视频教程、源文件和素材文件。希望通过本系列书能够帮助您解决学习中的难题，提高技术水平，快速成为高手。

- **自学教程**。书中设计了大量案例，由浅入深、从易到难，可以让您在实战中循序渐进地学习到相应的软件知识和操作技巧，同时掌握相应的行业应用知识。
- **技术手册**。一方面，书中的每一章都是一个小专题，不仅可以让您充分掌握该专题中提到的知识和技巧，而且举一反三，掌握实现同样效果的更多方法。
- **应用技巧参考手册**。书中把许多大的案例化整为零，让您在不知不觉中学习到专业应用案例的制作方法和流程，书中还设计了许多技巧提示，恰到好处地对您进行点拨，到了一定程度后，您就可以自己动手，自由发挥，制作出相应的专业案例效果。
- **老师讲解**。每本书都附带了CD或DVD多媒体教学光盘，每个案例都有详细的语音视频讲解，就像有一位专业的老师在您旁边一样，您不仅可以通过本系列图书研究每一个操作细节，而且还可以通过多媒体教学领悟到更多的技巧。

本系列书近期已推出以下品种。

3ds Max+VRay效果图制作从入门到精通	Flash CS5动画制作实战从入门到精通
Photoshop CS3图像处理实战从入门到精通	Illustrator CS5实践从入门到精通
Photoshop CS5中文版从入门到精通	3ds Max+VRay效果图制作从入门到精通全彩版
Photoshop CS3平面设计实战从入门到精通	Maya 2011从入门到精通
3ds Max 2010中文版从入门到精通	3ds Max 2010中文版实战从入门到精通
Photoshop CS4从入门到精通	AutoCAD 2010中文版辅助绘图从入门到精通
会声会影X3实战从入门到精通全彩版	AutoCAD 2009机械设计实战从入门到精通
3ds Max 2009中文版效果图制作从入门到精通	Photoshop CS4图像处理实战从入门到精通

本书内容特色

本书共分21章，分别对三维软件Maya的建模、材质、灯光、摄影机、渲染、基础动画、角色动画、非线性动画、动力学、毛发和Mel等各个模块进行了深入的分析和讲解。书中的每一个实例都将作者的实际操作和软件的知识点结合起来，力求深入浅出地将Maya软件的操作技巧介绍给读者。读者通过学习，可以熟练掌握Maya的基本操作。另外，作者在本书中还将自身的实践经验融合于实例中，使读者在掌握了Maya的基本操作后，能将本书的实例和经验应用于自己的创作中。

本书具有以下特点。

1．专业设计师讲解。本书由具有丰富教学经验的老师编写而成，从软件的基础操作入手，逐步引导读者系统地掌握软件的各种技术要点。

2．语言通俗，标注明了。全书语言浅显易懂，除了图书配合多媒体讲解外，我们对书中的配图也做了详细、清晰的标注，让读者学习起来更加轻松，阅读更加容易。

3．案例经典专业，技巧全面实用。232个课堂练习，15个大案例制作，二者相辅相成，形成了立体化教学的全新思路，本书将案例融入到每个知识点中，使读者在掌握理论知识的同时，动手能力也得到同步提高。

4．超大容量光盘，学习轻松方便。本书配有1张海量信息的DVD光盘，包含本书所有实例的多媒体语音教学文件、案例源文件和素材文件，为读者扫清了可能遇到的学习障碍。

本书读者对象

本书适合三维造型、动画设计、影视特效和广告创意方面的初中级读者阅读，也可以作为高等院校电脑美术、影视动画等相关专业及社会各类Maya培训班的基础教材。

本书由新视角文化行总策划，由专业制作公司和一线教师编写，在成书的过程中，得到了杜昌国、邹庆俊、易兵、宋国庆、汪建强、信士常、罗丙太、王泉宏、李晓杰、王大勇、王日东、高立平、杨新颖、李洪辉、邹焦平、张立峰、邢金辉、王艾琴、吴晓光、崔洪禹、田成立、梁静、任宏、吴井云、艾宏伟、张华、张平、孙宝莱、孙朝明、任嘉敏、钟丽、尹志宏、蔡增起、段群兴、郭兵、杜昌丽等人的大力帮助和支持，在此表示感谢。

由于作者编写水平有限，书中难免有错误和疏漏之处，恳请广大读者批评、指正。读者在学习的过程中，如果遇到问题，可以联系作者（电子邮件nvangle@163.com），也可以与本书策划编辑郭发明联系交流（guofaming@ptpress.com.cn）。

编者

2012年5月

目录

第1章　初识Maya 2011

1.1　Maya概述

时至今天，三维动画已经发展成为一个比较成熟的独立产业，它被广泛应用到影视特技、广告、军事、医疗、教育、娱乐等行业中，三维效果所具有的强大视觉冲击力被越来越多的人们所喜爱，也让很多有志的热血青年踏上了三维创造之路。在众多的三维软件中（如Maya、3ds Max、Soft Image等），Maya是功能最为完善的软件之一，被广泛应用于机械设计、实体演示、模拟分析、商业、影视娱乐、广告制作、建筑设计、多媒体制作等诸多领域。本节将带领读者认识Maya 2011。

1.1.1 Maya工作流程

为了能够更好、更快地学习和使用Maya 2011，读者应该了解一些关于利用Maya制作模型的流程知识。根据大多数设计师的经验，一致认为：在拿到了设计方案或者自己确定了设计方案之后，应该根据实际需要确定一个工作流程，如图1-1所示。

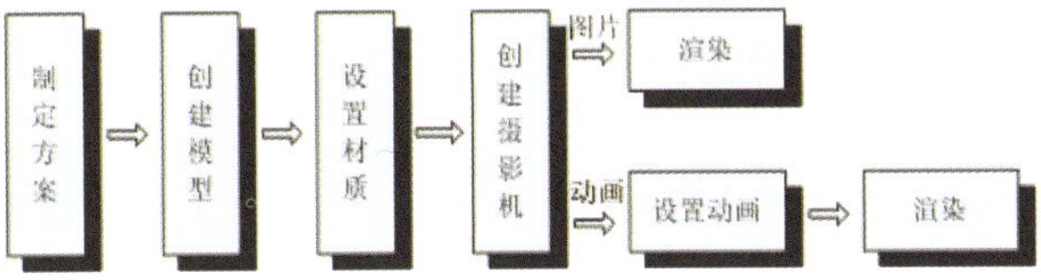

图1-1 Maya工作流程

1. 制定方案

制定方案有时也被称为预制作阶段，它包括设定故事情节、考虑最终的视觉效果，以及考虑所要使用的技术手段等。

所有的事情都以故事板开始，没有故事板，也就没有方案。故事的质量是方案是否成功的关键所在，所以处理好这个阶段是至关重要的。图1-2所示的是一个典型的故事板。

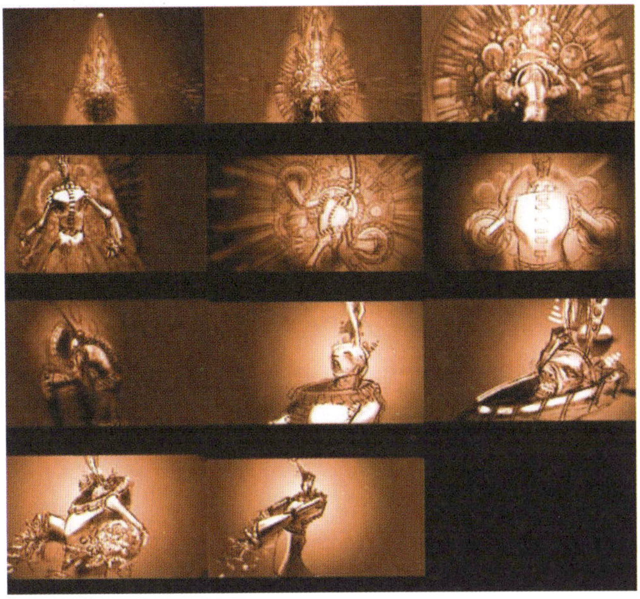

图1-2 故事板

2. 制作模型

在Maya中，建模是制作作品的基础，如果没有模型，则以后的工作将无法展开。Maya提供了多种建模方式，建模可以从不同的三维基本几何体开始，也可以使用二维图形配合一些专业的修改器来进行，甚至还可以将对象转换为多种可编辑的曲面类型进行建模。图1-3所示的是利用Maya建模功能制作出来的模型。

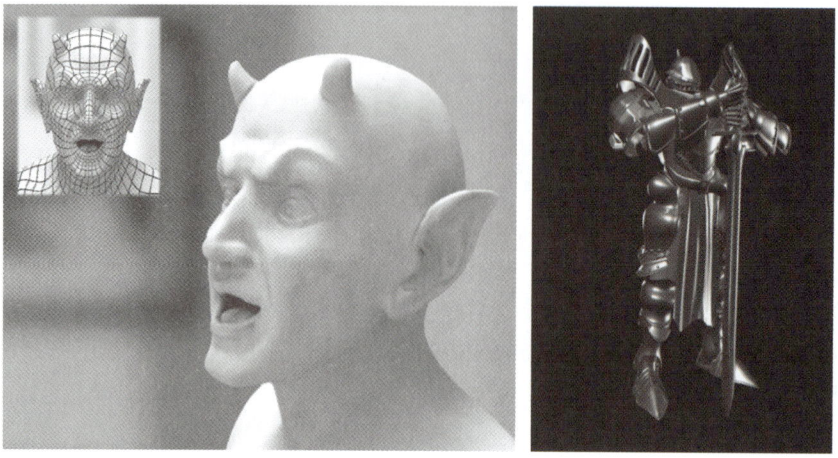

图1-3 建模

3. 制作材质

完成模型的创建工作后，需要使用【材质编辑器】设计材质。再逼真的模型如果没有赋予合适的材质，都不是一件完整的作品。通过为模型设置材质，能够使模型看起来更加逼真。Maya提供了许多材质类型，既有能够实现折射和反射的材质，也有能够表现凹凸不平表面的材质，图1-4所示的是模型的材质效果。

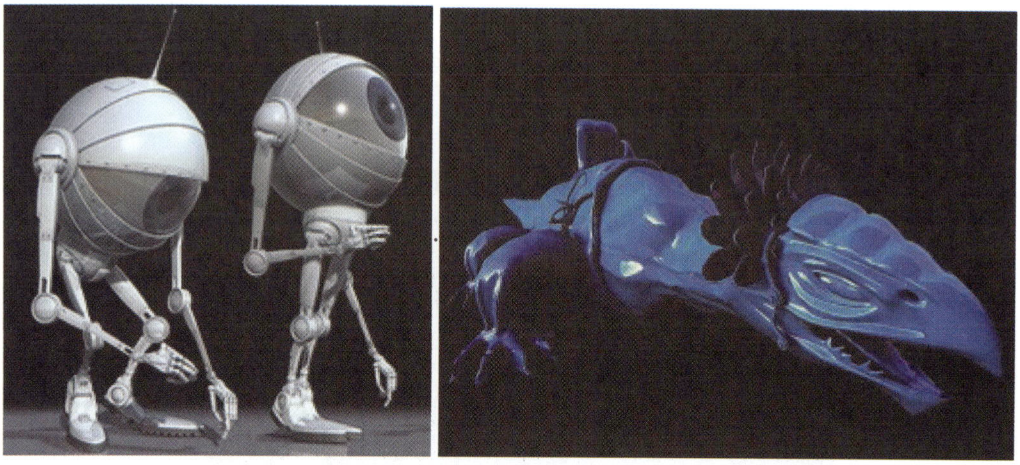

图1-4 材质表现

实际上，材质就类似于物体表面的纹理和质感表现，通常我们利用Maya制作出来的模型是没有任何纹理的，只有通过为其设置材质，才能表现出真实世界中的外观。

4. 布置灯光和定义视口

照明是一个场景中必不可少的元素，如果没有恰当的灯光，场景就会大为失色，有时甚至无法表现创作的意图。在Maya中我们既可以创建普通的灯光，也可以创建基于物理计算的光度学灯光，或者天光、日光等真实世界的照明系统。有时，我们还可以利用灯光制作一些特效，例如，宇宙场景的特效等。

通过为场景添加摄影机可以定义一个固定的视口，用于观察物体在虚拟三维空间中的运动，从而获取真实的视觉效果。

5. 渲染场景

完成上面的操作后，并不表示作品就已经产生了。在Maya中，我们还需要将场景渲染出来，在该过程中，还可以为场景添加颜色或环境效果，图1-5所示的是一个典型的渲染效果。

图1-5 渲染场景

6. 后期合成

后期合成可以说是利用Maya创建作品的最后一个环节，通过该环节的操作后，制作出来的效果将变为一个完整的作品。

在大多数情况下需要对渲染效果图进行后期修饰操作，即利用二维图像编辑软件，如Photoshop等进行修改，以去除由模型、材质、灯光等问题而导致渲染后出现的瑕疵。图1-6所示的是通过后期合成后的作品。

图1-6 后期合成效果

除此之外，有时也将渲染后的图像作为素材应用于平面设计或影视后期合成中。无论属于哪种情况，都应该了解后期修饰工作的要点或流程，以便两项工作能够更好地衔接。

1.1.2 Maya应用领域

Maya作为三维动画软件的后起之秀，深受业界欢迎和青睐。Maya 集成了最先进的动画及数字效果技术，它不仅包括一般三维和视觉效果制作功能，而且还结合了最先进的建模、数字化布料模拟、毛发渲染和运动匹配技术。其强大的功能在3D动画界产生巨大的影响，已经渗透到电影、广播电视、公司演示、游戏可视化等各个领域，且成为三维动画软件中的佼佼者。《星球大战前传》、《角斗士》、《完美风暴》、《恐龙》等很多大片中的电脑特技镜头都是利用Maya完成的。逼真的角色动画、丰富的画笔，接近完美的毛发、衣服效果，不仅影视广告公司对Maya情有独钟，许多喜爱三维动画制作，并有志向影视电脑特技方向发展的朋友也为Maya的强大功能所吸引。那么，Maya都应用在哪些领域呢？本节将给予详细的介绍。

1. 影视动画

使用Maya制作出来的影视作品有很强的立体感，写实能力较强，能够轻松地表现出一些结构复杂的形体，并且能够产生惊人的逼真效果。图1-7所示是典型的Maya影视短片。

2. 电视栏目

Maya广泛应用在电视栏目包装上，许多电视节目的片头均为设计师配合使用Maya和后期编辑软件制作而成的。图1-8所示是一个电视片头的效果。

图1-7 影视短片

图1-8 栏目包装

3. 游戏角色

由于Maya自身所具备的一些优势，使其成为了全球范围内应用最为广泛的游戏角色设计与制作软件。除制作游戏角色外，还被广泛应用于制作一些游戏场景。图1-9所示是一些角色的原模型。

图1-9 游戏角色

4. 广告动画

在商业竞争日益激烈的今天，广告已经成为一个热门的行业，而使用动画形式制作电视广告是目前最受厂商欢迎的一种商品促销手段。使用Maya制作三维动画更能突出商品的特殊性、立体效果，从而引起观众的注意，达到商品的促销目的，如图1-10所示。

图1-10 广告动画

5. 建筑效果

室内设计与建筑外观表现是目前使用Maya最广泛的行业之一，大多数学习Maya的人员首要工作目标就是制作建筑效果。图1-11所示是制作出来的室内及室外效果图。

图1-11 建筑效果

6. 机械设计

Maya已经成为产品造型设计中最为有效的技术手段，它可以极大地拓展设计师的思维空间。同时，在产品和工艺开发中，它可以在生产线建立之前模拟实际工作情况，以检测实际的生产线运行情况，以免因设计失误而造成巨大损失。图1-12所示是制作出来的相机与汽车造型。

图1-12 成品展示

7. 设计虚拟场景

虚拟现实是三维技术的主要发展方向，在虚拟现实发展的道路上，虚拟场景的构建是必经之路。通过使用Maya可将远古或未来的场景表现出来，从而能够进行更深层次的学术研究，并使这些场景所处的时代更容易被大众接受。图1-13所示就是设计制作出来的虚拟场景。

图1-13 虚拟场景

除了上述的一些用途外，Maya还可以用于虚拟人物、动画剧等多种领域，并随着人们精神生活的提高在不断更新，成为众多计算机行业中的一颗明星。

1.1.3 Maya 2011新增功能

Maya 2011融合了Autodesk Maya Complete 2010和Autodesk Maya Unlimited 2010的功能，将相匹配的移动、合成和渲染功能统一整合进一款价廉物美的产品之中。从照片级真实感视觉效果到真实逼真的三维角色，Autodesk Maya 2011可以帮助美术师、设计师和CG爱好者们更加轻松地创作出极具吸引力的娱乐体验，设计出更加激动人心的数字图像。Windows、Linux和Mac OS操作系统均可支持新版本Autodesk Maya 2011。具体的新增功能包括以下几个方面。

1. 设计界面

增强性的用户界面，Maya自诞生到现在，其功能性一直是无比的强大，但其UI设计方面却比不上一些三维软件，包括软件界面的整合性等，自被收购以来，开始有了一些改观，对于新的Maya 2011来说，它拥有一个全新的外观，可停靠的所有用户界面元素支持的平台，增强的用户体验，更灵活的编辑和一个新的颜色选择器和文件浏览器，如图1-14所示。

图1-14 Maya 2011界面

2．高性能核心

全面重新设计的图形流水线，复杂场景的性能达到全新水准，并改善了视图区反馈质量，如图1-15所示。

3．兼容性提高

Maya 2011可在64位苹果系统架构上访问更多内存，可以更快地处理更庞大和更复杂的场景。

4．快速的蒙皮工作流程

创建更好的现实角色中的蒙皮效果，在一个相当短的时间内，实现了交互体结合，以画图工具增强皮肤重量，重量镜像的变形可以采用双四元数的方式选择，表面衰减的模式可改为自动换变形，如图1-16所示。

5．3D编辑器

Maya 2011有强大的3D编辑器，具备快速视频预览和虚拟电影制作的功能。新的相机序列可以使艺术家在一个单独的动画场景序列中布置和管理更多的相机镜头。可以从事相关镜头的布局，从相关的影像、音频和时间码信息导入相关的EDL信息进行编辑，然后读者可以改变镜头的计时，创建替代的产品，在选择和重新导入EDL文件前，回放之前的序列预览，以便更好地完善，如图1-17所示。

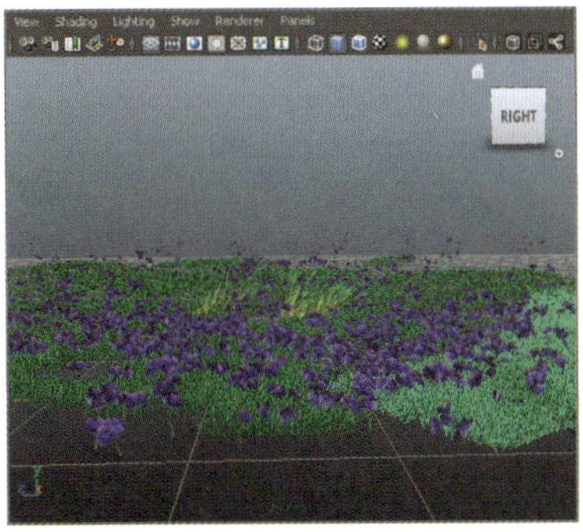

图1-15 视图画面质量

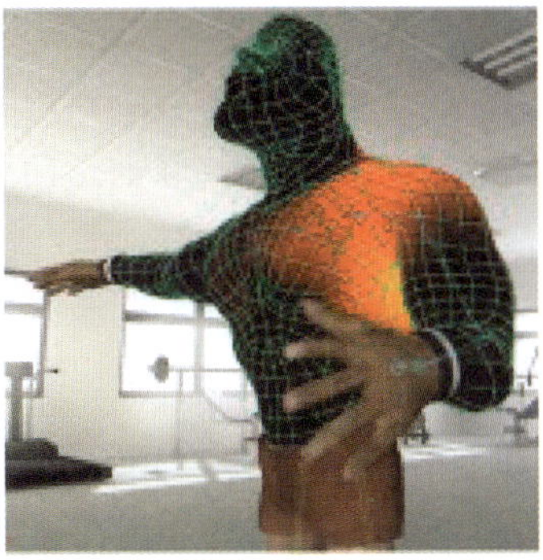

图1-16 蒙皮操作

图1-17 强大的3D编辑器

6．增强资源管理和文件引用功能

有没有引导文件夹的情况下，都能轻松截取、再利用和交换数据。当引导文件在不需要加载的状态下进行导入导出的时候，数据也可以像离线文件一样，自由地导入和导出，来满足灵活的分散的场景。有一个新的选项能创建一个带有DGA资产管理器的管理器，使他们能够直接的定位层级关系、例子、灯光链接、流体等系列的工作流程。

1.1.4 专用术语简介

现在，三维艺术铺天盖地的向我们袭来，大到国外的科幻大片，小到游戏中的CG动画，无不让人看了目眩。其中的很多术语也常常出现在相关的文章中，由于这些术语都是冷门单词，不是专业人员根本看不懂，这种新词汇，在书中也很难翻到。因此，在这里收集了一些资料，帮助大家阅读。

1．3D

3D实际上就是三维的意思，它是英文单词three-dimensional的缩写，在Maya 2011中指的是三维图形或立体图形。而在一些图形图像处理软件中，看到的图形都是二维的，没有立体感。3D图形具有纵深深度。

2．2D贴图

2D表示的是二维图形和图案，关于这个概念在3D中曾经介绍过，而2D贴图则需要贴图坐标才能进行渲染或显示在视图中，读者也可以将其理解为没有纵深深度的一种贴图。

3. 帧

动画的原理和电影的原理相同，是由一系列连续的静态图片构成的，这些图片以一定的速度连续播放，根据人眼具有视觉暂留的特性，就会认为画面是连续运动的。这些静态图片就是帧，每一幅静态画面就是一帧。

4. 关键帧

关键帧是相对于帧而言的，在制作动画的过程中，需要设置几个主要帧的运动来控制对象的运行形式，例如，一个小球进行变形的运动就是由关键帧来实现的。

5. 快捷键

快捷键实际上就是键盘上的一些功能键，它们可以完成使用鼠标所能完成的一些工作任务。例如，按组合键Ctrl+C可以复制一个物体，而按组合键Ctrl+V可以粘贴一个物体。

6. 法线

法线的概念和几何中的垂线相同，它垂直于多边形物体的表面，用于定义物体表面的内表面和外表面，以及表面的可见性。如果物体法线的方向设置错了，那么表面的材质将变得不可见，默认情况下模型表面的法线方向都是正确的。

7. 全局坐标系

全局坐标系又被称为世界坐标。在Maya 2011中，有一个通用的坐标系，这个坐标系及它所定义的空间是不变的。在全局坐标系中，x轴指向右侧，y轴指向观察者的前方，z轴指向上方。

8. 局部坐标系

实际上，局部坐标系是相对于全局坐标系而言的，它指的是对象自身的坐标。有时，可以通过局部坐标系来调整对象的方位。

9. Alpha通道

三维中的Alpha通道和平面图像中的Alpha通道相同。在制作三维效果图时，可以指定图片带有Alpha通道信息，从而可以为其指定透明度和不透明度。在Alpha通道中，黑色为图像的不透明区域，白色为图像的透明区域，介于它们之间的灰色为图像的半透明区域。

10. 布尔运算

布尔运算是通过在两个对象上执行布尔操作将它们组合起来。在Maya 2011中，布尔运算是通过两个重叠运算生成的。原始的两个对象是操作对象，而布尔对象本身是操作的结果。

11. 拓扑

创建对象和图形后，系统将会为每个顶点、线或面指定一个编号。通常，这些编号是在内部使用的，它们可以确定指定时间选择的顶点和面，这种数值型结构就叫做拓扑。

12. 帧速率

实际上，视频的播放速度就是帧速率，也就是在一定的时间内播放多少张静态图片。亚洲的视频制式为每秒播放25帧。

13. 连续性

这是一种曲线的属性，包括NURBS曲线。如果曲线没有产生断裂，则我们可以将其视为连续的。

关于Maya的概念还有很多，在学习之前基本就介绍了这么多。随着讲解的深入，我们还将陆续向读者补充一些重要的概念。

1.2 Maya工作界面详解

Maya软件从诞生、发展到现在，其操作界面一直延续着最初的设计，没有进行过大幅度的改变。这给所有的Maya用户带来了极大的便利。但是Maya 2011却在界面上发生了很大的变化，本节将带领读者一起学习Maya 2011的界面构成。

1.2.1 启动Maya 2011

在安装好Maya 2011后，双击桌面上的相应图标即可运行Maya软件。图1-18所示是Maya 2011的启动画面。

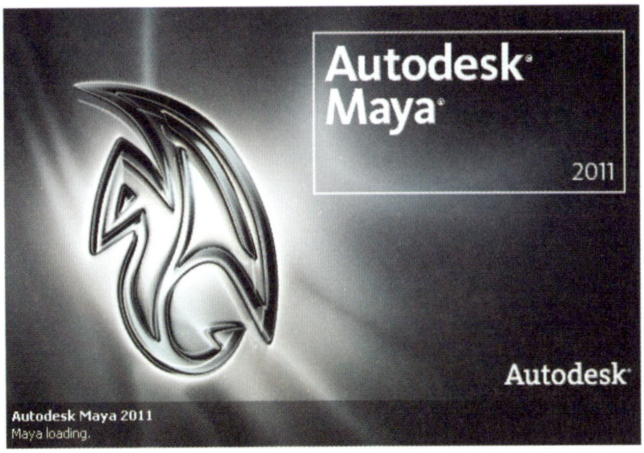

图1-18 启动画面

完全启动了Maya后，就进入其主界面，该界面由多个部分组成，包含了所有的Maya工具，如图1-19所示。

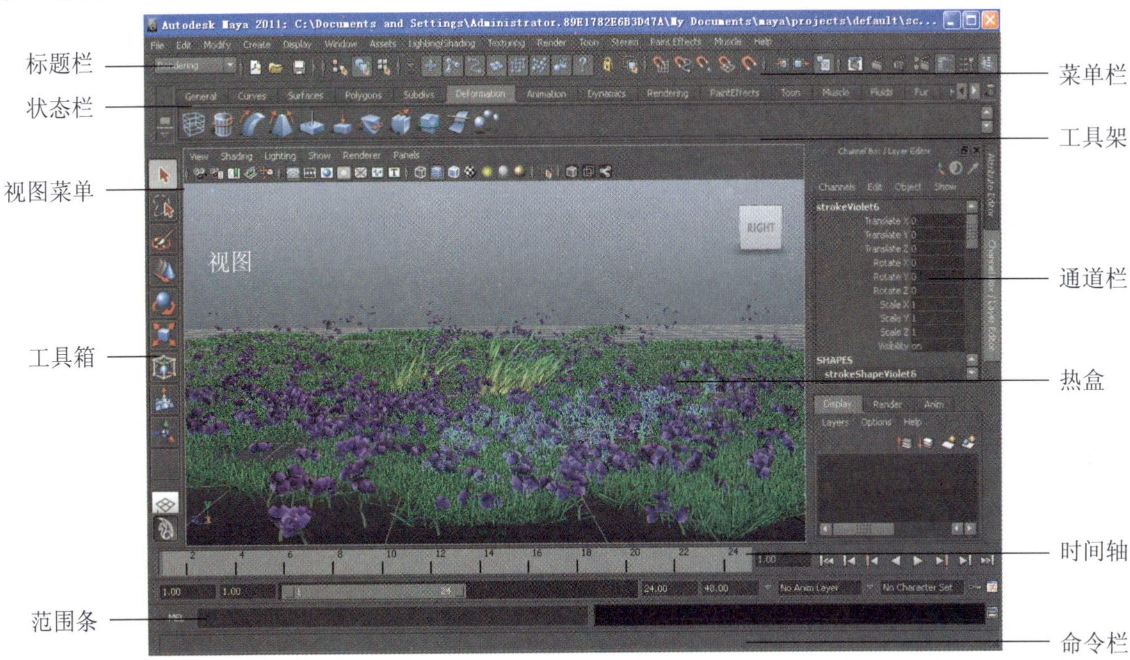

图1-19 Maya工作界面

1.2.2 标题栏

标题栏位于界面最顶端，如果当前处理的场景文件没有存储，那么标题栏的左侧会显示Maya软件的版本号和默认创建的文件名。处理的场景需要保存后，标题栏左侧会显示完整的文件名和文件的保存路径。如果在视图中选择了某些物体或元素，那么在文件名后会显示用户当前选择的物体或元素名称。

1.2.3 菜单栏

Maya的菜单被完全组合成了一系列的菜单组，每个菜单组对应一个Maya模块，不同的模块则可以实现不同的功能。Maya中的模块包括动画、建模、动力学、渲染、布料模拟等模块，如图1-20所示。

图1-20 菜单栏

在不同的菜单组中进行切换时，将会切换到相应的菜单中，通用菜单组不会发生变化，包括File、Edit、Modify、Create、Display、Windows等命令。

切换菜单组时，可以使用Status Line下拉菜单或者快捷键，其中F2键可以切换到Animation模式、F3键可以切换到Modeling模式、F4键可以切换到Dynamics模式、F5键可以切换到Rendering模式。

1.2.4 状态栏

Maya的状态栏和其他软件的状态栏稍有区别，Maya的状态栏中包含了多种工具，如图1-21所示，这些工具多用于建模，当然也有其他类型的工具。

图1-21 状态栏

为了能够为用户的操作提供足够的方便，这些工具都是按组排列的，读者可以通过单击相应的按钮将其展开或者关闭，如图1-22所示。

图1-22 折叠与展开

1. 模块选择区

用于选择在Maya的哪个工作模块下进行操作，如图1-23所示。

2. 文件管理区

用于新建、打开和保存场景文件，如图1-24所示。

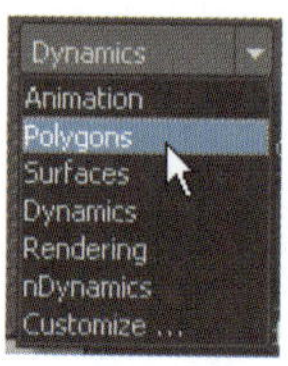

图1-23 模块选择区

图1-24 文件管理区

3. 选择过滤器

如果在选择过滤器中选择了某种类型的元素，那么在场景中只有属于该类型的物体才能够被选中并进行编辑。例如，选择了NURBS类型，那么在视图中选择物体时，只有多边形物体才能够被选择，其他类型的物体无法被选择，如图1-25所示。

4. 选择模式和遮罩区

三种选择模式分别是层级选择模式、物体选择模式和元素选择模式。选择模式不同，后面的选择遮罩区域的内容也不同，如图1-26所示。

在选择遮罩区中，如果某个按钮处于按下状态，那么表示这个图标代表的物体是可以选择的，否则该类型的物体将不能被选中编辑。

图1-25 选择过滤器

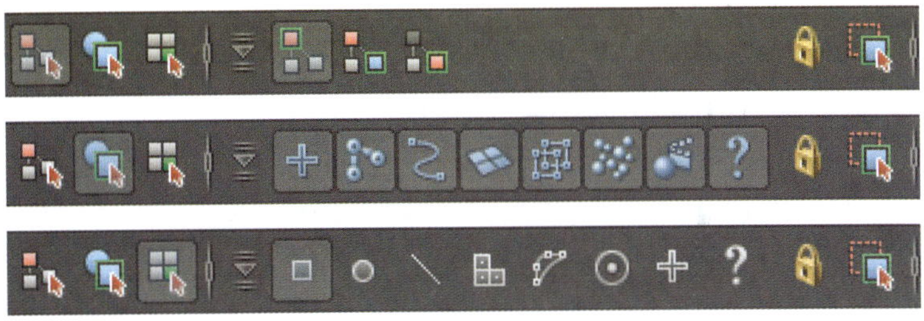

图1-26 选择模式和选择遮罩区

5. 吸附工具

将吸附按钮按下后，当场景中的物体移动时，或者在创建新的曲线、多边形平面时，物体或曲线会吸附在某种定义的物体上。图1-27所示是Maya中提供的几种吸附工具。

6. 输出输入参数区域

能够观察物体上的输出和输入节点，对于节点的解算顺序可以进行一定的调整，如图1-28所示。

7. 渲染控制

渲染控制区域集成了4个渲染控制工具，读者可以通过它们来对场景进行渲染，如图1-29所示。

图1-27 吸附工具

图1-28 输出输入工具

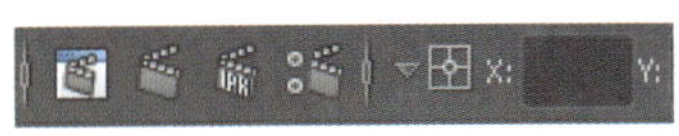

图1-29 渲染控制区域

1.2.5 工具架

状态栏下面是工具架，如图1-30所示。工具架上放置了菜单命令的快捷图标按钮，根据不同的工具类型，工具架上包含了多个工具架面板。默认状态下，工具架面板上都带有标签，单击标签就可以激活相应的面板，方便用户快捷地在工具架之间切换。如果需要在工具架上创建新的工具按钮，可以同时按住键盘上的Shift和Ctrl两个键，然后用鼠标单击某个菜单命令，这样该菜单命令的工具按钮就会出现在工具架上。工具架还提供了很多对工具架上的工具进行修改和编辑的功能。

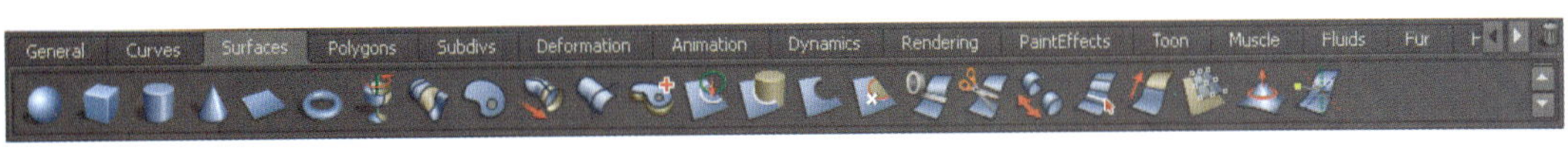

图1-30 工具架

1.2.6 工具箱

在界面左侧的竖形工具栏就是工具箱，其中包含了Maya中用于选择、对于物体进行空间变换等常用工具的快捷图标，如图1-31所示。

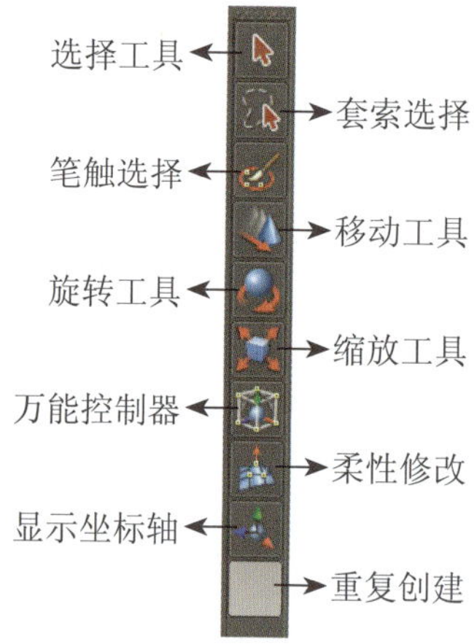

图1-31 工具箱

1.2.7 视图区

工具箱右侧的操作区域被称为视图区，基本的视图模式是单视图或四视图，四视图模式为顶视图、前视图、侧视图和透视图。在透视图中，如果物体距离观察点远近不同，那么会产生透视现象，也就是我们平常所说的近大远小的现象，这符合平常观察物体时的情况。另外3种视图都是正交视图，正交视图的特点是没有透视现象，不论物体距离观察点是远是近，只要物体的真实尺寸是一样的，那么显示的大小肯定完全一样。每个视图区都带有自己的视图菜单，可以在视图菜单中对视图的显示方式进行编辑，如图1-32所示。

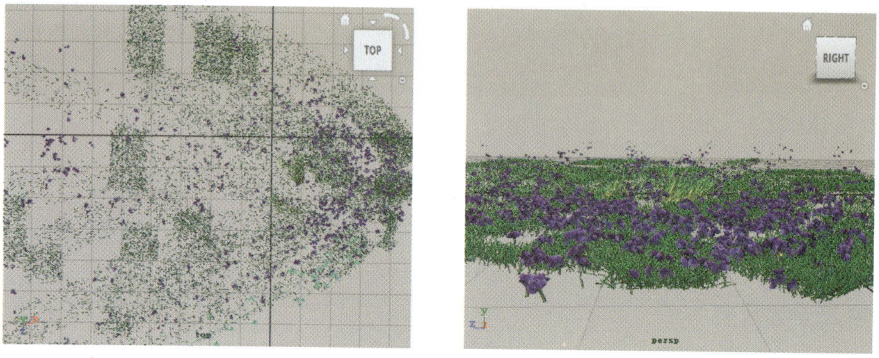

图1-32 视图编辑

1.2.8 通道栏和属性编辑器

视图右侧的通道栏和属性编辑器处在同一个面板中，如图1-33所示。读者可以通过单击通道栏右侧的文本字样，在它们之间进行切换。如果在视图中选择了某个物体，那么会在通道栏中显示当前物体的所有允许制作动画的变换参数，通常包括物体的移动、旋转、缩放，以及显示参数，可以通过属性编辑器显示其具体属性。

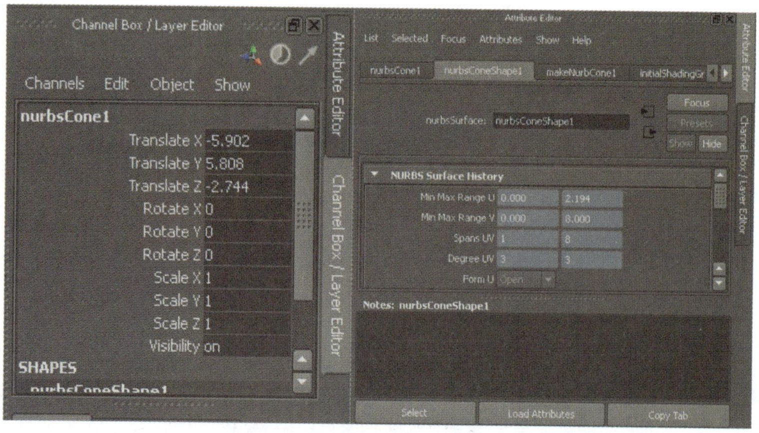

图1-33 通道栏和属性编辑器

1.2.9 时间轴和范围条

时间轴实际上包括两个区域，分别是时间滑块和范围滑块。其中，时间滑块包括播放按钮和当前时间指示器。范围滑块中包括开始时间和结束时间、播放开始时间和播放终止时间、范围滑块、自动关键帧按钮和动画参数设置按钮，如图1-34所示。

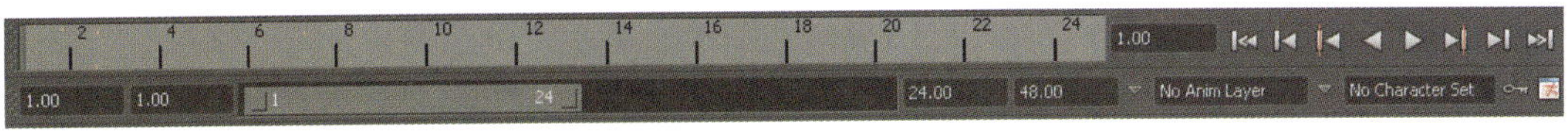

图1-34 时间轴

时间滑块上的刻度和刻度值表示时间。如果要定义播放速率，可以单击动画参数设置按钮，从Preferences属性编辑器的Settings区域中选择需要播放的速率，Maya默认的播放速率为24帧/每秒。

1.2.10 命令栏和帮助栏

除了可以通过工具创建物体外，Maya还允许读者通过输入命令来创建物体，这一功能与AutoCAD的键盘输入功能有点相似。在Maya中，命令栏分为输入命令栏、命令反馈栏和脚本编辑器3个区域，如图1-35所示。

图1-35 命令栏

当我们在输入命令栏中键入一个MEL命令后，场景中将执行相应的动作，例如，在输入命令栏中输入CreateNURBSCylinder命令，即可启用NURBS圆柱体创建工具。此外，当用户执行了相应的操作后，在命令反馈栏中将显示反馈信息。

命令栏的下方是帮助栏，它可以为我们显示一些操作提示，从而辅助读者执行操作。

1.3 快捷菜单和快捷键

灵活运用快捷菜单和快捷键，可以大大提高工作效率。

1.3.1 快捷菜单

除了前面所介绍的知识外，Maya还提供了一套非常便捷的快捷菜单操作模式，即Marking Menu。这套菜单的功能与之前讲过的Maya菜单栏的设置完全一样，按住空格键不放可显示该菜单，如图1-36所示。

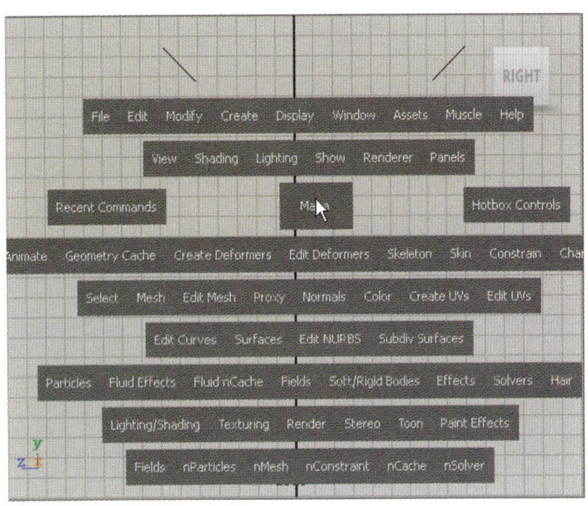

图1-36 快捷菜单

1. 常规菜单

场景中显示出来的菜单即快捷菜单Marking Menu，快捷菜单以鼠标指针为中心进行显示，这样方便鼠标指针到每个子菜单目录的距离都一样。

在Marking Menu的第一行是Maya界面最上面的菜单栏，它不会随Maya功能模块的切换而变化。第二行快捷菜单是视图上方的视图菜单栏，其功能和视图菜单的功能一样。

第4行至第9行提供的也是Maya中一些常用的菜单，分别是动画、多边形、NURBS、粒子毛发特效、灯光，以及动力学相关的菜单。

2. Marking Menu选项区域

Marking Menu左右两个菜单区，一个是Recent Command，另一个是Hotbox Controls菜单。其中Recent Commands存储了最近使用的几次操作命令。打开该菜单，选择相应的命令，即可快速重复执行前一次的操作。例如，当我们在场景中创建了一个立方体，并对其执行编辑操作后，这些执行过的操作将被存储在Recent Commands菜单中，如图1-37所示。

可以看到，前几次的操作都被记录在了Recent Commands菜单中了。选择相关命令可以快速切换到之前使用过的工具。

Hotbox Controls菜单是针对整个Marking Menu显示设置的。选择Hotbox Controls命令后，弹出菜单，如图1-38所示。

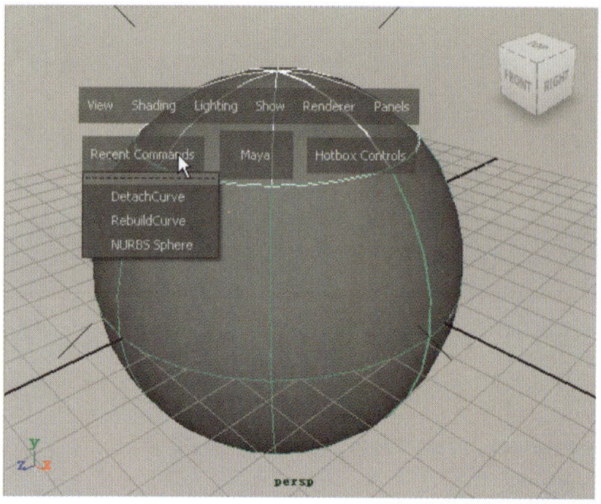

图1-37 Recent Commands功能

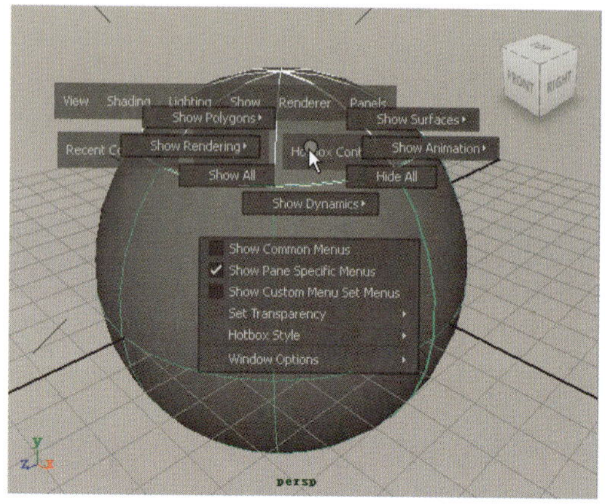

图1-38 Hotbox Controls 功能

仔细观察Hotbox Controls弹出的菜单，注意到鼠标指针周围分别是Show Polygon、Show Surfaces、Show Animation、Show Dynamics、Show All、Hide All等7个选项。这些选项用来控制Marking Menu最下面的菜单栏显示，通过这些选项，也可以快速切换Maya的菜单栏的工作模块。

3. Maya按钮

在Recent Commands和Hotbox Controls中间，还有一个Maya按钮，单击该按钮，在图标周围会弹出子菜单，如图1-39所示。

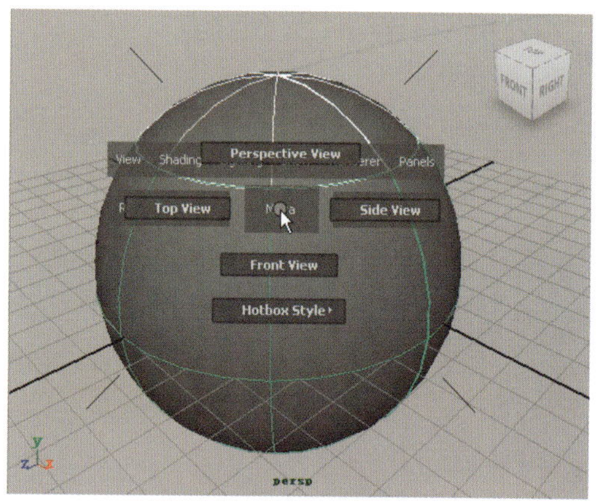

图1-39 Maya 菜单

可以看到在中心图标的周围出现了5个选项，分别是Perspective View、Top View、Side View、Front View和Hotbox Style。其中，前4个选项可以快速切换到透视图、顶视图、侧视图和前视图。这样，除了前面所讲的四视图快捷键，又多了一种切换四视图的方式。

1.3.2 界面优化

1. 界面优化

Maya默认的庞大操作界面占据了屏幕不少显示面积，在实际应用中不必使用所有菜单。如在学习建模时，完全可以取消显示命令栏、帮助栏、时间轴和时间滑块，这时就必须考虑Maya的界面优化了。

以隐藏时间轴为例，执行Display|UI Elements|Time Slider命令，即可将时间轴隐藏。如果需要显示时间轴，则可以再次执行该命令，如图1-40所示。

2．专家模式

Maya功能日益强大，界面也越来越复杂，不过Maya也提供了一种简洁的专家模式，读者可以执行Display|UI Elements|Hide UI Elements命令，切换到专家模式，如图1-41所示。

1.3.3 自定义快捷键

相比通过使用菜单命令切换专家模式而言，快捷键的使用将会更加方便一些，Maya提供了Ctrl+空格键来快速切换到专家模式和默认界面模式，但是对于大多数中国用户来说，使用这一快捷键是无效的。所以需要利用Maya提供的快捷键编辑器来自定义快捷键。

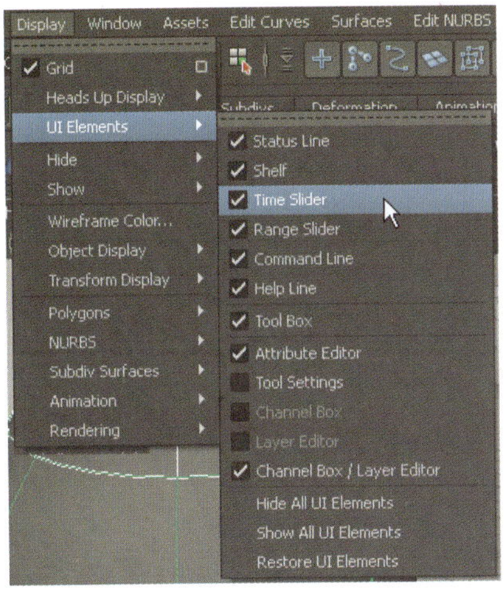

图1-40 显示/隐藏时间轴

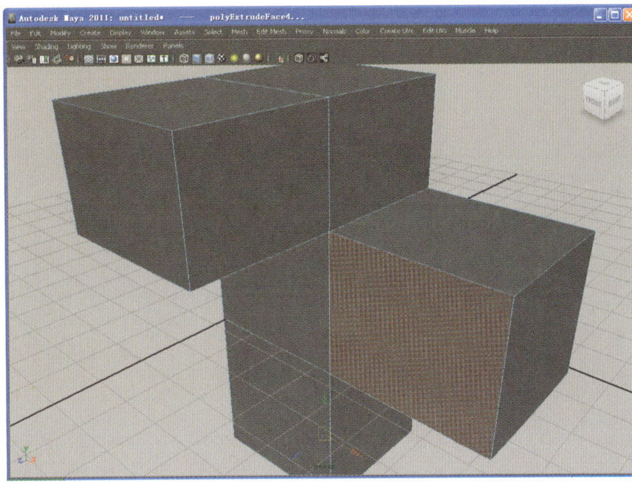

图1-41 专家模式

课堂练习1：自定义快捷键

01 执行Windows|Settings/Preferences|Hotkey Editor命令，打开如图1-42所示的快捷键编辑器。

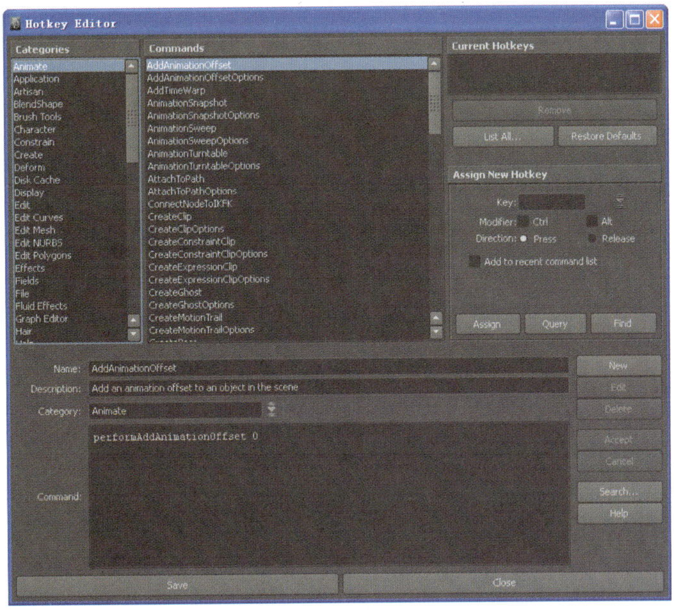

图1-42 快捷键编辑器

Categories列表框

在Hotkey Editor窗口中，Categories列表框中的选项为菜单名称，这里包含了Maya的所有一级菜单和子菜单命令。

Commands列表框

Commands列表框中的选项则包含了Maya中的所有操作命令。在Categories列表框中选择不同的菜单，在Commands列表框中会对应相应的命令。

02 在Categories列表框中的任意位置单击，然后按D键，则可快速选中以D开头的Display选项，如图1-43所示。

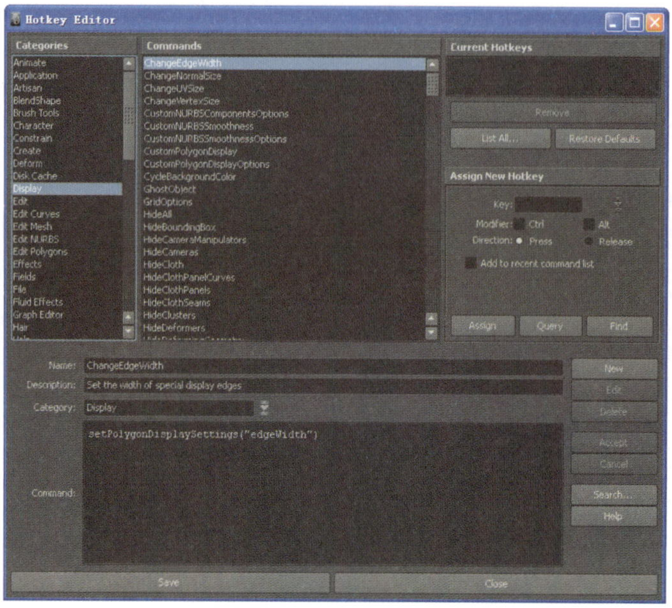

图1-43 选择Display选项

03 在Commands列表框中显示出了所有的Display命令，按H键快速查找到HideUIElements命令，如图1-44所示。

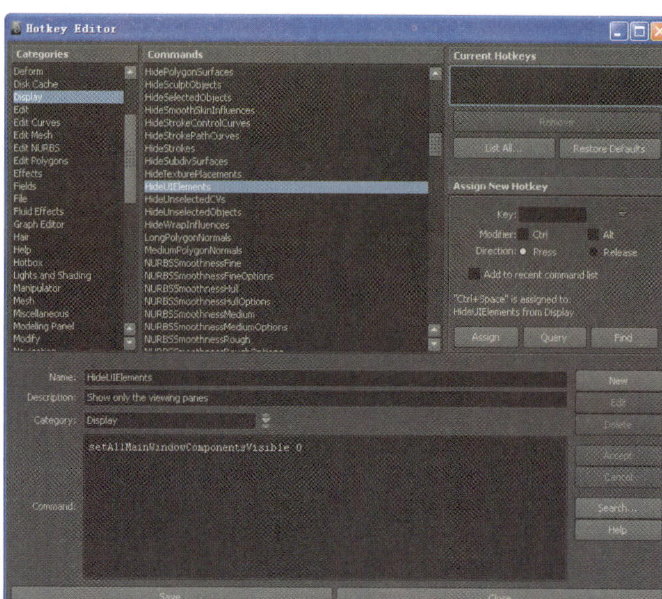

图1-44 选择命令选项

04 在Assign New Hotkey选项区域中启用Ctrl复选框，单击Key右侧的按钮，在打开的列表中选择Space选项，从而为其指定一组快捷键，如图1-45所示。

05 单击Assign按钮，即可完成快捷键的设置，此时将会在Current Hotkeys选项区域中显示出指定的快捷键，如图1-46所示。

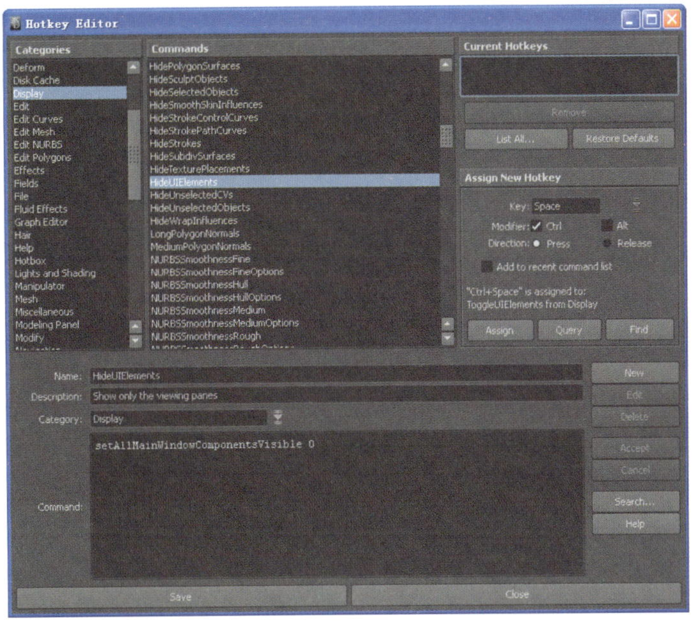

图1-45 指定快捷键1

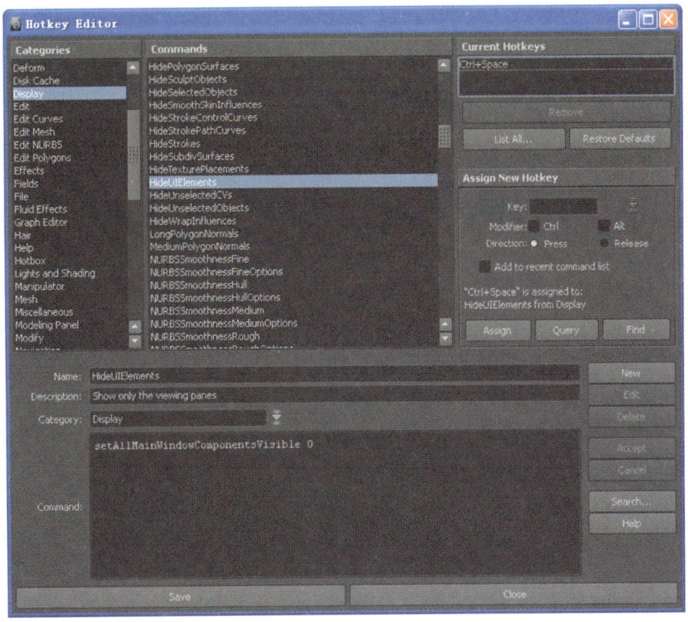

图1-46 指定快捷键2

第2章　Maya基础操作

2.1　创建物体

在现实生活中，物体都有一定的形状，有的十分规则，而有的则十分不规则。在Maya中，基本的物体都是规则的，而它们的变形则会产生很多不规则的几何体。本节将向大家介绍在Maya中创建对象的方法。

课堂练习2：创建多边形物体

01 单击工具架上的Polygons标签，显示出相应的多边形建模工具，然后单击工具栏上的第二个按钮，如图2-1所示。

图2-1 激活工具

提示：这样就激活了立方体的创建命令，同样可以通过执行Create|Create Primitives|Cube命令来激活。

02 将鼠标指针移动到视图区域中，此时会发现鼠标指针的形状发生了变化，如图2-2所示。

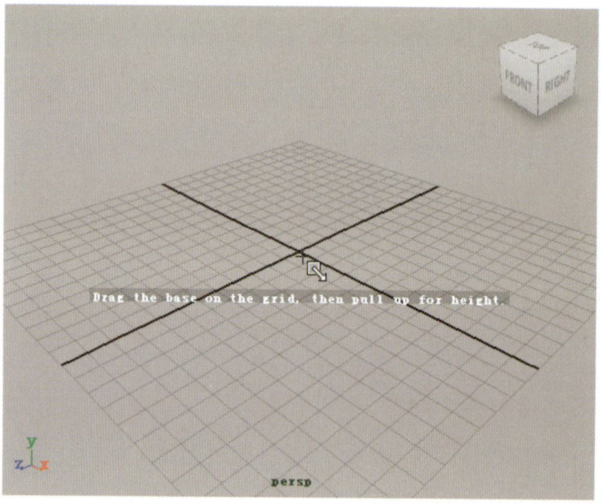

图2-2 鼠标指针发生变化

03 按住鼠标左键不放，同时在场景中沿方格随意拖动，就会看到场景中绘制出了一个长方形的平面，如图2-3所示，然后，松开鼠标左键。

04 再次单击后向上拖动鼠标，可以看到随着鼠标向上拖动，长方形变成了长方体，如图2-4所示。最后，松开鼠标，即可完成整个长方体的创建。在这里仅仅向读者简单介绍了物体的创建方法，在后文中还将详细介绍。

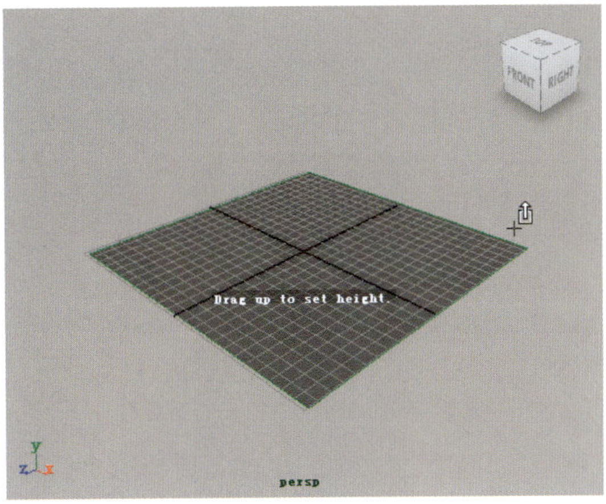

图2-3 创建底面

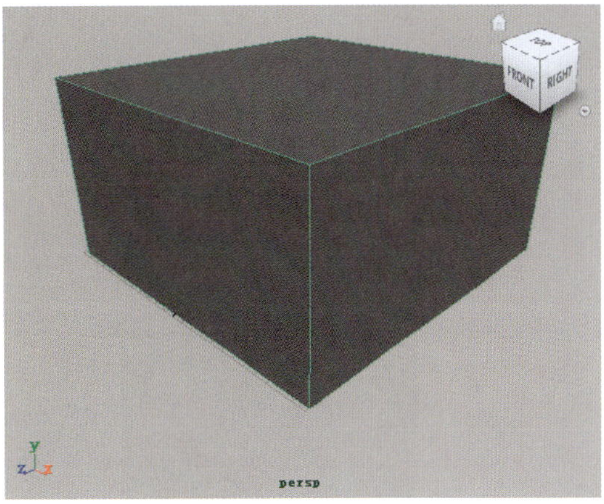

图2-4 创建出的物体

2.2 操作视图

Maya的全部操作都建立在视图的基础上，只有学会操作视图，才能够对物体执行操作，本节将向读者介绍一些常用的视图操作方法。

2.2.1 控制视图

当我们在视图中创建出物体后，就需要从各个视图进行观察。Maya的视图操作分为拉伸视图、平移视图和旋转视图3类，主要通过键盘配合鼠标的三键来实现，具体方法如表2-1所示。

表2-1 控制视图方式

视图操作方式	操作方法
拉伸视图	Alt+鼠标右键
平移视图	Alt+鼠标中键
旋转视图	Alt+鼠标左键

读者要非常熟练地使用3种视图操作，为后面的模型编辑打下基础。同时要注意，这3种操作仅用于视图摄影机观察角度和视距，而并非旋转或缩放视图中的物体。

技巧 为了实现快速改变摄影机视距到适当的位置，Maya还提供了快捷键A和F。按下A键时，视图区自动调整摄影机距离，以显示场景中的全部物体。当选中特定物体时，按下F键，摄影机自动调整距离，以最佳视距显示单个物体。

2.2.2 设置显示模式

上面我们创建了一个长方体，书中是以实体的形式创建出来的，但是，读者创建出来的可能是网格的形式，这是怎么回事呢？实际上Maya中的物体可以在网格、边面、实体等多种显示模式下进行转换。打开视图区菜单中的Shading菜单，可以看到常用的一些显示模式，如图2-5所示。

Maya中的实时显示模式分为7种，分别是低质量显示、中等质量显示、平滑质量显示、线框模式显示、实体显示、材质显示和灯光显示，对应的快捷键分别是1、2、3、4、5、6和7。

2.2.3 设置分类显示

有时，场景中的物体比较多，各种类型的物体穿插在一起，增加了编辑的难度，为此我们可以设置以分类的方式进行显示，从而提高工作效率。读者可以打开视图区中的Show菜单，如图2-6所示。

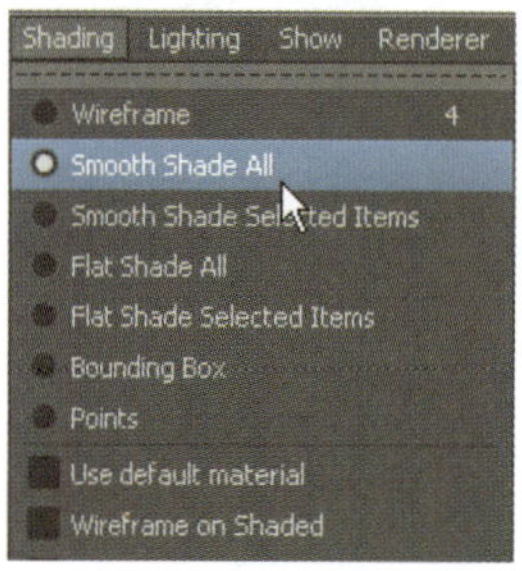

图2-5 Maya的显示模式

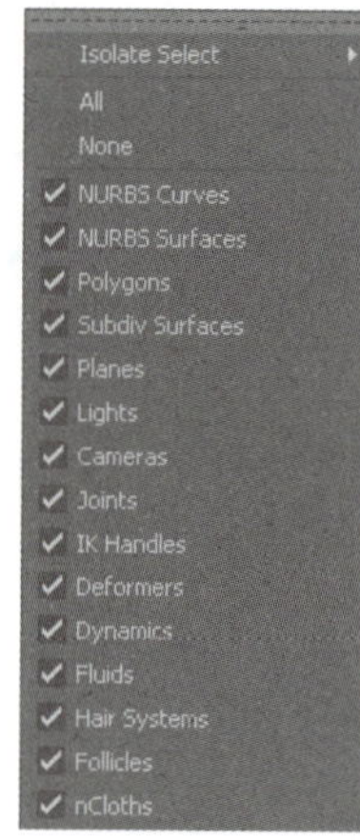

图2-6 Show菜单

该菜单主要用来控制显示不同类型的物体。以Polygons（多边形）和NURBS Surfaces（曲面）这两个命令为例，当取消这两个命令时，场景中的所有多边形物体和NURBS物体将消失，变为不可见。如果再次启用这两个命令，则这两类物体将变为可见。

2.2.4 调整视图大小

为了方便读者进行操作，Maya提供了四视图，用于帮助读者描绘空间立体物体。此外，还提供了一个独立放大的透视图，用于编辑物体。这两种视图都是在编辑物体时常用的视图，读者可以使用空格键在它们之间进行切换。

课堂练习3：调整视图布局

Maya默认显示的四视图是等大小均匀排列，但有时需要稍微放大显示某一视图，此时就需要使用本节的操作。

01 将鼠标指针放在四视图窗口的正中交界处，此时鼠标指针会变成+号形状，如图2-7所示。

02 如果需要垂直调整窗口大小，可将鼠标指针放置到水平边界上并按住鼠标左键不放，上下调整，如图2-8所示。

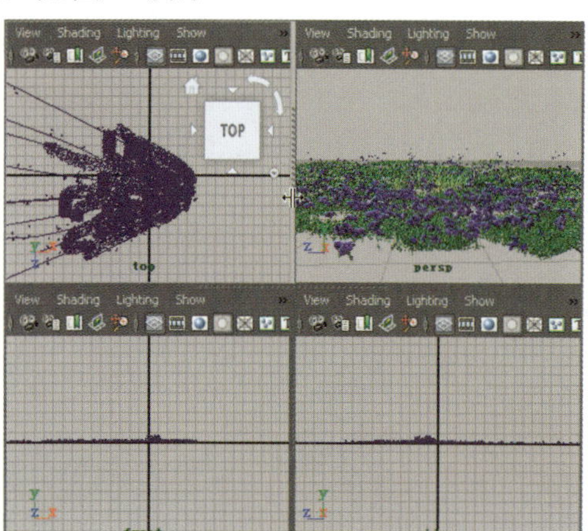

图2-7 鼠标形状

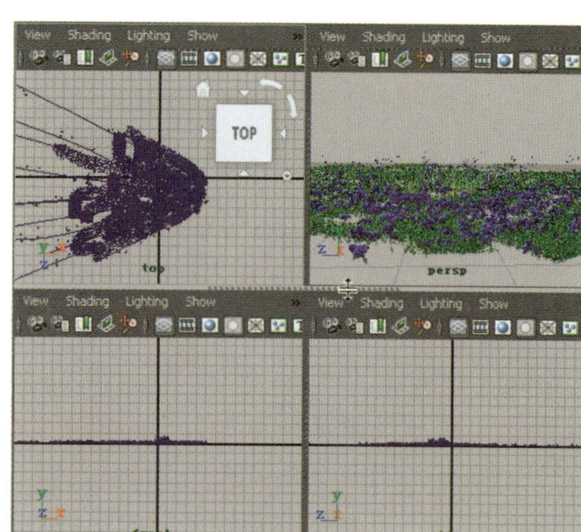

图2-8 垂直调整

03 如果需要水平调整视图大小，则可将鼠标指针放置到垂直边界上并按住鼠标左键不放，左右调整，如图2-9所示。

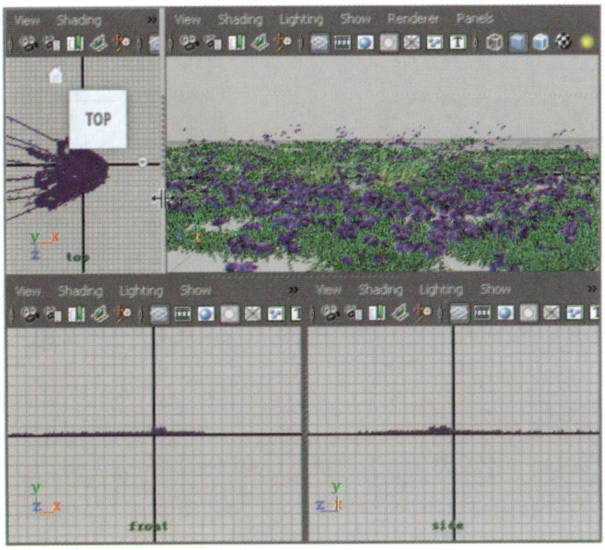

图2-9 水平调整

04 如果需要单独放大某一个视图，则只需要在该视图上单击鼠标左键将其激活，然后按空格键即可。

技巧 如果读者需要将四视图还原成原始视图的大小，则可以在视图区中执行Panels\Layouts\four Panels命令即可。

2.3 物体变换操作

Maya 2011不仅具有强大的物体创建功能，其辅助完成于模型相关的操作也非常多。本节将利用一定的篇幅向读者介绍对象的基本操作，包括选择对象、变换对象、复制对象、组合对象等。通过本节的学习，要求读者掌握Maya的基本操作，以方便后面的学习。

2.3.1 选择操作

Maya 2011中的大多数操作都是针对场景中的特定对象的，所以我们必须在编辑区域中选择对象，然后才能应用一些修改操作。因此，选择操作是建模和创建一切作品的基础。在Maya的工具栏上有一个Select Tool按钮，专用于选择视图中的对象。不过，针对场景的不同，我们还可以选取单个对象或选取多个对象。

（1）如果要选择一个对象，那么只需要在场景中单击需要选择的对象即可，选择的物体将会显示绿色或白色的线框，如图2-10所示。

（2）如果要取消选择对象，那么可以在视图的空白处单击鼠标左键。

（3）如果要选择多个物体，则可以在视图中拖出一个方框，从而将它们框选。但是，如果要选择其中相互交叉的物体，则可以使用套索工具，如图2-11所示。

如果要同时取消对多个物体的选择，那么可以在视图的空白处单击鼠标左键，这种方法是最常用的。

图2-10 选择单个物体

图2-11 使用套索工具选取物体

2.3.2 移动物体

如果要移动场景中的物体，则需要使用工具栏上的Move Tool（移动工具）。在移动对象时，首先需要激活该工具，并在不同的视图中选择需要移动的物体，然后按需要沿着特定的轴向拖动鼠标即可，如图2-12所示。

提示：通常情况下，我们还可以按键盘上的W键启用移动工具，在视图中执行移动操作。

2.3.3 旋转物体

如果要旋转场景中的物体，可以在工具栏上单击Rotate Tool按钮，然后在视图中选择物体，按照需要的轴向拖动鼠标左键即可，如图2-13所示。

图2-12 移动物体

图2-13 旋转物体

当启用旋转工具后，3个旋转轴向将以3种不同的颜色进行显示。其中，蓝色代表围绕*z*轴旋转、绿色代表围绕*y*轴旋转，而红色代表围绕*x*轴旋转。

提示：如果要快速启动Rotate Tool工具，可以按下键盘上的E键。

2.3.4 缩放物体

单击工具箱上的Scale Tool按钮，可以启用缩放工具。在缩放对象时，需要读者在视图中选择需要缩放的对象，然后按照一定的轴向拖动缩放手柄，即可执行缩放操作。利用该工具我们不仅可以执行缩小操作，还可以执行放大操作，如图2-14所示。

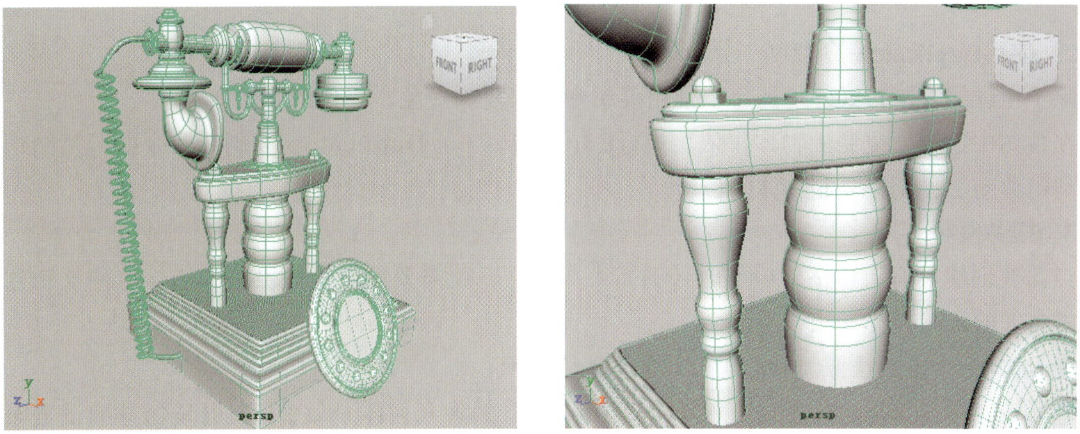

图2-14 放大与缩小

2.4 复制对象

在创建场景时，有时需要创建许多相同的物体，而且它们都具有相同的属性，这时就可以使用复制的方法进行创建。在Maya 2011中，系统向用户提供了3种不同的复制方式，本节将向读者介绍它们的使用方法。

课堂练习4：常用复制方法

1．使用快捷键复制

与所有的应用软件相同，Maya也提供了一组用于复制物体的快捷键，即Ctrl+C和Ctrl+V。下面介绍一下它的具体使用。

01 在视图中选择需要复制的物体，按键盘上的组合键Ctrl+C进行复制，此时场景不会发生变化，如图2-15所示。

02 按组合键Ctrl+V即可复制出一个物体，如图2-16所示。

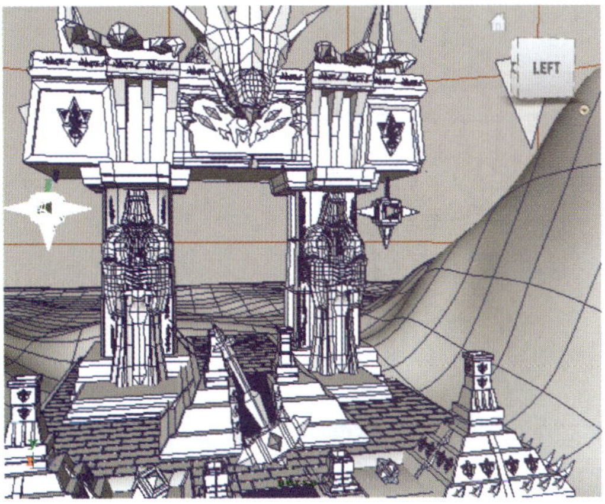

图2-15 复制前的场景

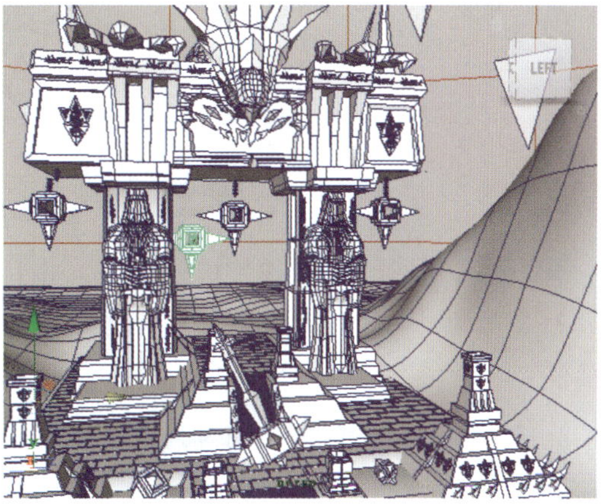

图2-16 复制物体

此外，如果需要复制多个物体，则可以框选要复制的多个物体，再分别按组合键Ctrl+C和Ctrl+V进行多个物体的复制。

技巧：除了这些操作以外，还可以通过按键盘上的Ctrl+D组合键进行复制，不过同样需要使用移动工具调整复制的物体，从而观察复制的结果。

2. 使用Duplicate命令复制

除了上述的复制方式外，还可以使用菜单命令来复制对象，操作的方法如下。

在视图中选择要复制的物体，依次执行Edit（编辑）｜Duplicate（复制）命令即可复制物体，最后利用移动工具调整复制物体的位置。

3. 镜像复制

当需要创建具有对称性的模型时（例如人头等），就需要使用镜像复制方法，这种复制方法也是非常方便的，其操作方法如下。

01 选择一个需要镜像复制的对象，如图2-17所示。

02 依次执行Mesh（网格）｜Mirror Geometry（镜像几何体）命令，打开镜像参数设置面板，在这里可以根据实际需要设置镜像的轴向，如图2-18所示。

图2-17 选择物体

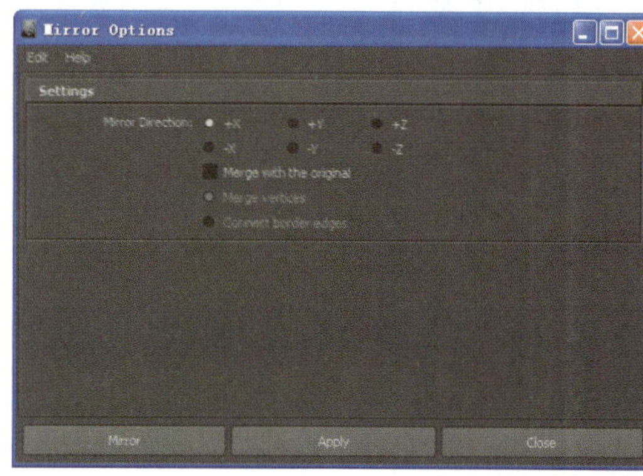

图2-18 设置参数

03 设置完毕后，单击Mirror（镜像）按钮完成镜像物体的操作，此时的场景如图2-19所示。

图2-19 镜像操作后的场景

镜像的复制功能非常有用，在很多情况下，必须使用它才能达到完美的效果。例如，在制作具有对称性的物体时，只需要制作物体的一半，然后利用镜像工具镜像出另外一侧的造型，就可以制作出完美的物体。

注意 在执行镜像操作时要注意，单个物体可以执行镜像操作，如果是组物体，则需要先将物体合并后再执行操作，否则将会出错。

2.5 组合物体

在Maya中，创建出的对象都具有独立性，如果需要同时编辑多个物体，那就需要将其组合在一起。组合物体的最大优点就在于可以将多个物体视为一个物体进行处理。在下面的例子中，我们将使用组合的方法将3个物体组合到一起。

（1）使用框选的方法选择视图中需要组合的物体，如图2-20所示。

（2）依次执行Edit（编辑）｜Group（成组）命令，即可将它们组合为一组，如图2-21所示。

图2-20 框选视图中的物体

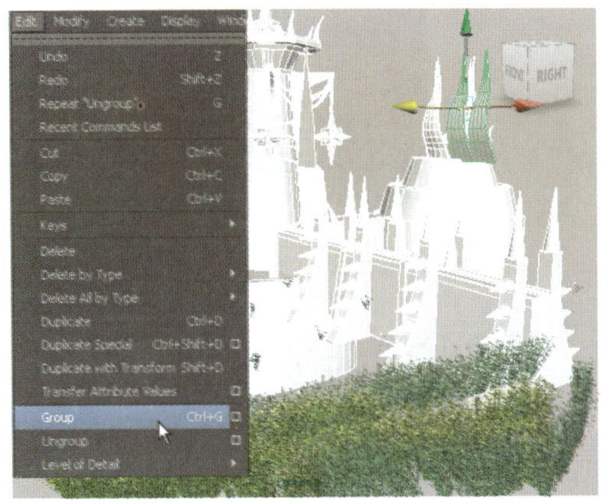

图2-21 执行Group命令

此外，读者还可以直接按组合键Ctrl+G来执行成组操作，此时即可同时对组合的物体进行移动、旋转或者缩放，如图2-22所示。

技巧 在Maya中，必须在组模式下才能选择组中的所有物体。组内的物体还具有独立的属性，编辑其中一个对象的属性时，不会影响其他的物体，只有选择整个组后才能影响到其他的物体。

图2-22 对组执行操作

此外，读者还可以直接在视图中选择组，也可以依次执行Windows（窗口）｜Outliner（大纲）命令，打开Outliner对话框，并在其中选择相应的组，即可选择对象，如图2-23所示。

在上图中，左侧的图中是展开组的状态，此时我们通过Outliner对话框可以查看该组中包含的组物体，而右侧的图则是选择组的效果。

当我们将某些物体组合后，可能在某些情况下需要将其解组，此时可以依次执行Edit（编辑）| Ungroup（解组）命令，将它们解组，如图2-24所示。

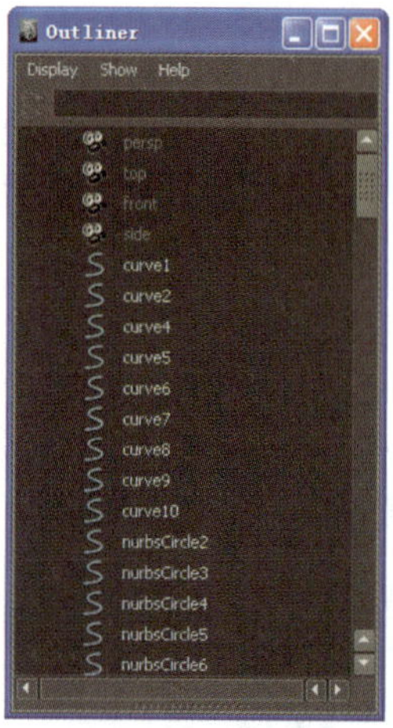

图2-23 选择组

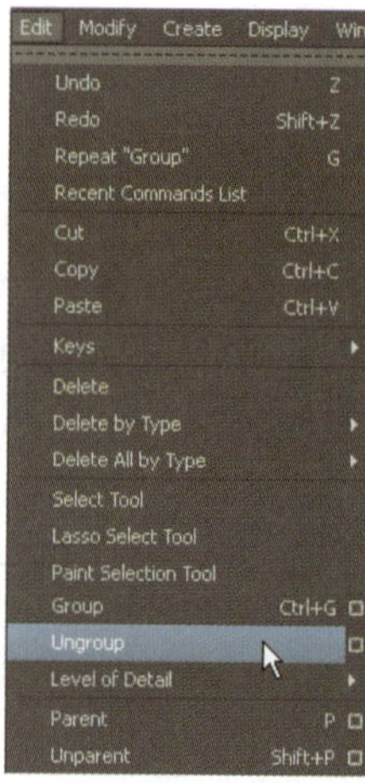

图2-24 解组

2.6 创建父子关系

在Maya 2011中，会经常创建一些父子级关系的对象，这样可以为制作动画提供很大的便利。鉴于它的重要性，本节将向读者介绍如何在Maya中对两个物体建立父子关系，详细操作如下。

课堂练习5：设立父子关系

01 选择一个有物体的场景，当然这里仅仅是为了创建父子关系，因此读者可以创建一个临时场景来练习一下。图2-25所示是一个简单的练习场景。

02 在视图中首先选择球体，然后按住键盘上的Shift键不放，在视图中选择恐龙模型，如图2-26所示。

技巧：默认情况下，先选择的对象以白色网格显示，而后选择的物体则以绿色网格显示。

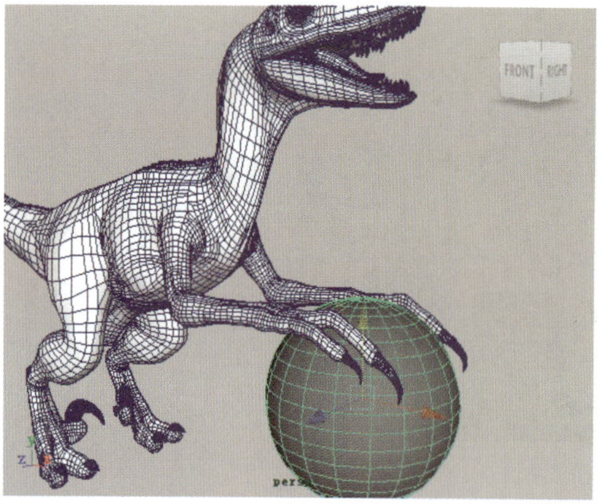

图2-25 选择场景

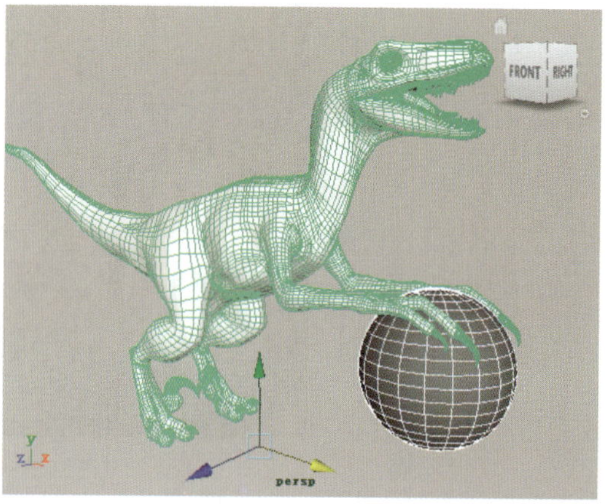

图2-26 建立父子关系

03 依次执行Edit（编辑）｜Parent（父化）命令，或者按键盘上的P键，这样就可以在选择的物体之间定义一个父子关系，其中球体为子对象，不规则物体为父对象，如图2-27所示。

注意：在定义父子关系时需要注意，在视图中首先选择的物体将被定义为子物体，而按住Shift键后选择的物体则是父物体。

04 设置好父子关系后，在视图中使用移动工具移动球体，会发现恐龙物体将不会随着球体的移动而移动，如图2-28所示。

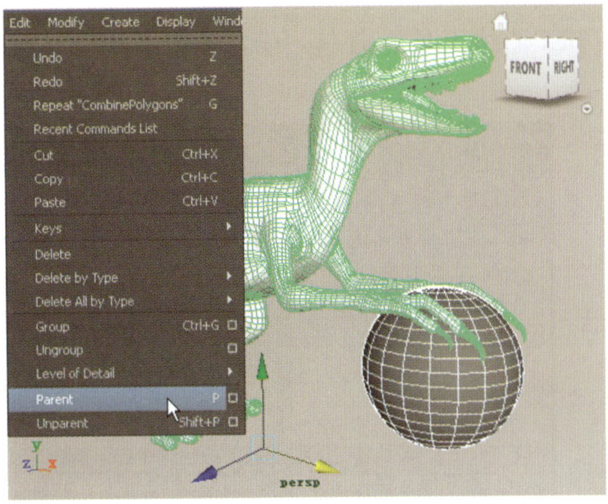

图2-27 执行父化操作

图2-28 移动子物体

05 在视图中移动恐龙物体，此时作为子物体的球体将随多边形的移动而发生变化，如图2-29所示。

06 如果需要解除绑定的父子关系，则可以按键盘上的P键进行解除，当然也可以依次选择Edit（编辑）｜Unparent（取消父化）命令来进行解除，如图2-30所示。

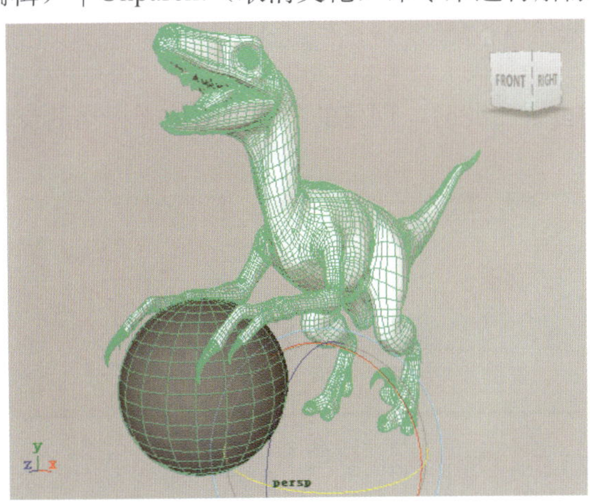

图2-29 移动父物体

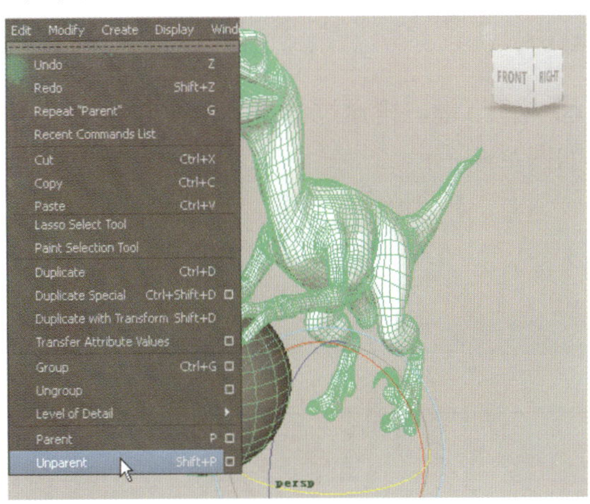

图2-30 取消父化

2.7 捕捉设置

捕捉工具是每个三维软件必需的一种辅助工具，它将直接影响到建模的精度。在Maya中，捕捉工具包括4个捕捉方式，分别是栅格捕捉、边线捕捉、点捕捉和曲面捕捉，本节将分别介绍它们的特性及使用方法。

2.7.1 栅格捕捉

栅格捕捉是一种特殊的捕捉形式，它可以使物体的顶点或边线吸附到栅格的交叉点上，从而进行精确绘制。下面我们以一条曲线为例，向大家介绍栅格捕捉的具体使用方法。

课堂练习6：利用捕捉创建曲线

01 单击工具栏上的Four View（四视图）按钮或轻按键盘上的空格键，切换到四视图显示方式，如图2-31所示。

02 依次执行Create（创建）｜EP Curve Tool（EP曲线工具）命令，或者单击工具架上的按钮，启用EP曲线创建工具，如图2-32所示。

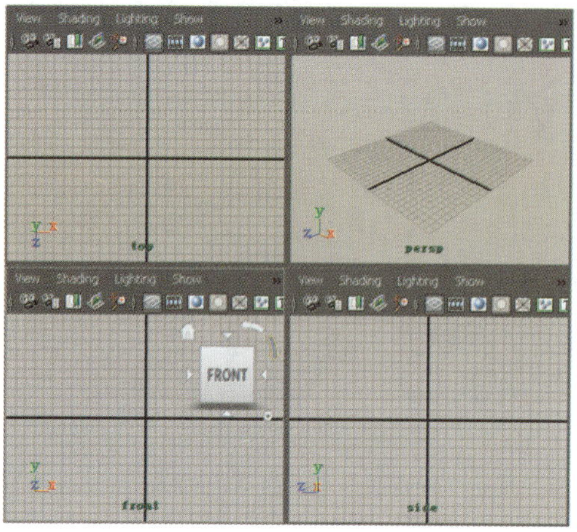

图2-31 切换到四视图

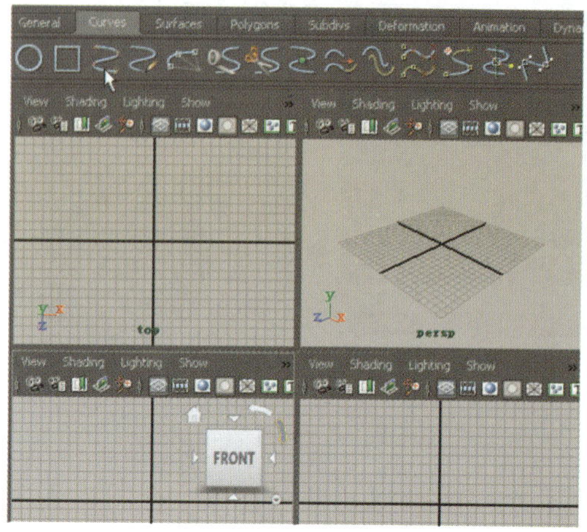

图2-32 启用EP曲线工具

03 按住键盘上的X键不放，在Front视图中使用鼠标依次单击几次，绘制一条如图2-33所示的曲线。

提示：读者可以观察Top视图中顶点的放置位置，此时所有的放置位置都将落在栅格的交叉点上。

04 松开X键，再通过单击鼠标左键创建顶点的位置。此时，创建的顶点不再位于栅格的交叉点上，如图2-34所示。

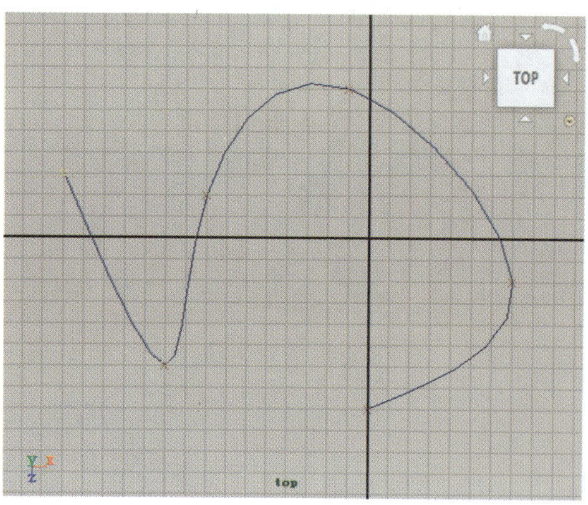

图2-33 启用栅格捕捉

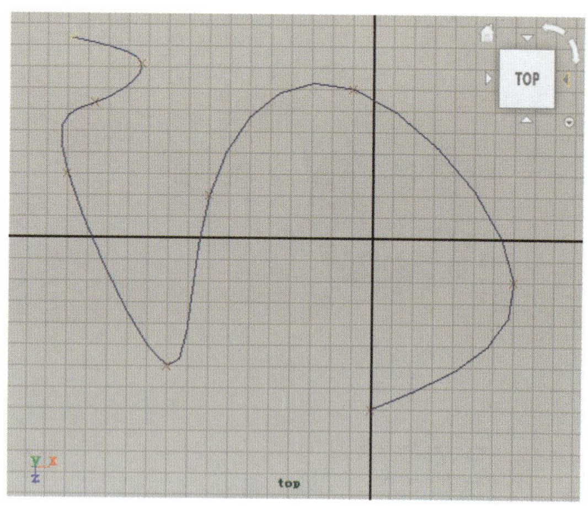

图2-34 观察顶点

除了上述方法外，还可以在绘制完曲线后使曲线顶点吸附到栅格上，下面我们就来实现此类操作。

01 清除场景中的曲线。单击工具架上的按钮，在视图中绘制一条曲线，曲线形状随意，如图2-35所示。

02 在曲线上按住鼠标右键不放，在打开的热盒中选择Control Vertex（控制点）选项，这样就可以进入顶点编辑模式，如图2-36所示。

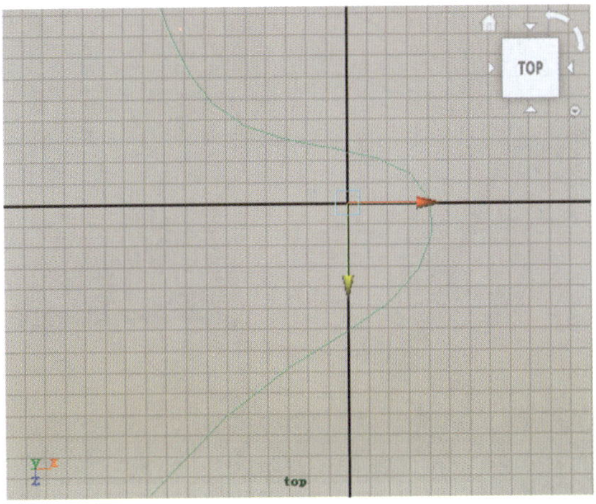

图2-35 创建曲线

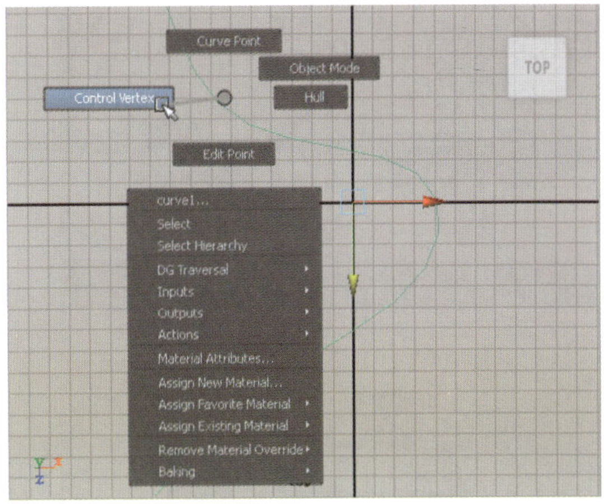

图2-36 切换编辑状态

03 在视图中框选所有的顶点。在工具栏上双击移动工具，打开属性面板，并禁用其中的Retain Component Spacing（保持元素间隔）复选框，如图2-37所示。

04 按住键盘上的X键不放，在Front视图中沿某一轴向移动曲线，则Maya会自动将曲线捕捉到栅格上，如图2-38所示。

警告 这种操作方法会将视图中的所有顶点都吸附到栅格上，从而使原来的物体产生变形，因此在实际操作时要慎重考虑。

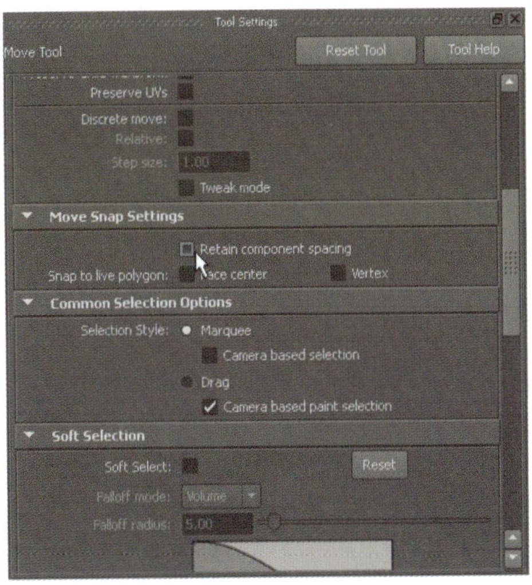

图2-37 设置参数

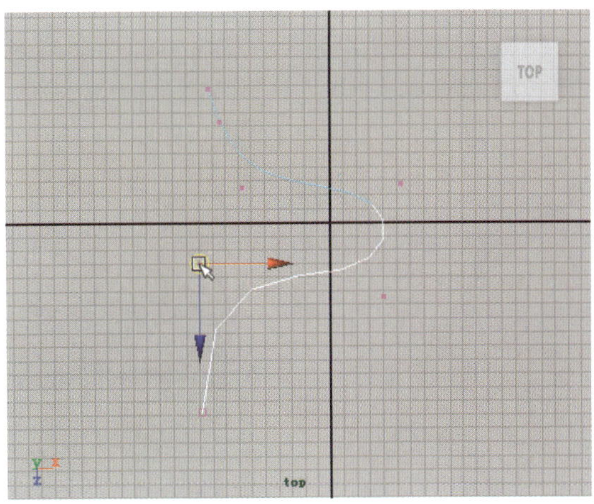

图2-38 对齐到栅格

2.7.2 边线捕捉

顾名思义，边线捕捉是一种与边线相关的捕捉形式。事实上，边线捕捉主要应用在绘制曲线的过程中，它可以使曲线的顶点或对象都捕捉到边线上，本小节将向读者介绍边线捕捉的使用方法。

课堂练习7：在三维模型上创建曲线

01 打开一个已经包含物体的场景文件，没有场景文件的读者可以在场景中任意创建一个几何体，并按键盘上的空格键切换到四视图显示模式，如图2-39所示。

02 单击工具架上的按钮，启用EP曲线创建工具，如图2-40所示。

图2-39 四视图模式

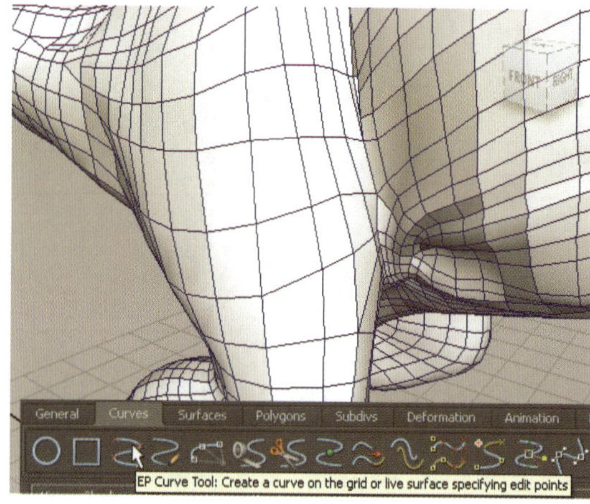

图2-40 启用EP曲线工具

03 按住键盘上的C键不放，在视图中连续单击鼠标左键，即可创建一条捕捉到曲线的曲线，如图2-41所示。

注意：在使用边线捕捉时，当场景中的模型自动闪动时，表示捕捉已经产生作用，捕捉后，还可以自由移动该模型。

2.7.3 点捕捉

点捕捉可以将目标点和目标对象捕捉到其他对象上，这也是一种很有意思的捕捉方式，读者可以根据下面的讲解操作一下。

点捕捉的使用方法也十分简单，在视图中选择需要对齐的物体，如图2-42所示，按住键盘上的V键不放，在视图中使用鼠标左键将方体拖动到多边形附近，此时它将自动对齐到多边形。

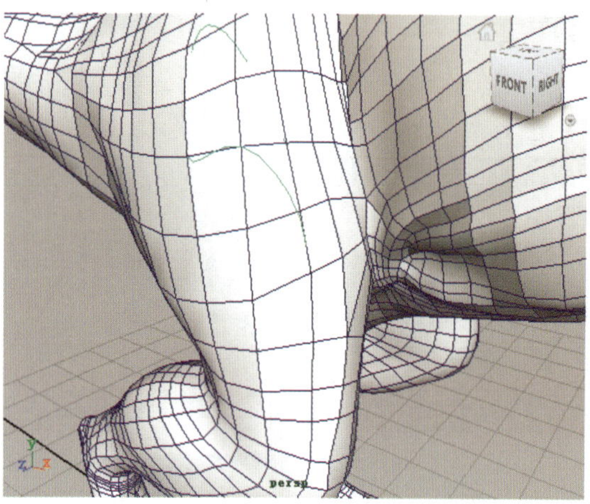

图2-41 创建曲线

图2-42 点捕捉操作

对齐操作完成后，读者可以在视图中选择方体，单击鼠标右键，在打开的热盒中选择Control

Vertex（控制点）命令，显示出物体的顶点，从而观察此时的捕捉情况，如图2-43所示。

2.7.4 曲面捕捉

曲面捕捉可以将曲线捕捉到其他曲面的表面，从而产生一种投影的重叠效果，而且这种捕捉方式还具有映射曲面的所有属性。它的操作非常简单，读者只需在视图中创建好NURBS物体和曲线后，单击状态栏上的按钮，即可进行捕捉，如果再次单击该按钮，则可以停止捕捉，也可以依次执行Modify（修改）｜Make Live（使活）命令来进行捕捉。

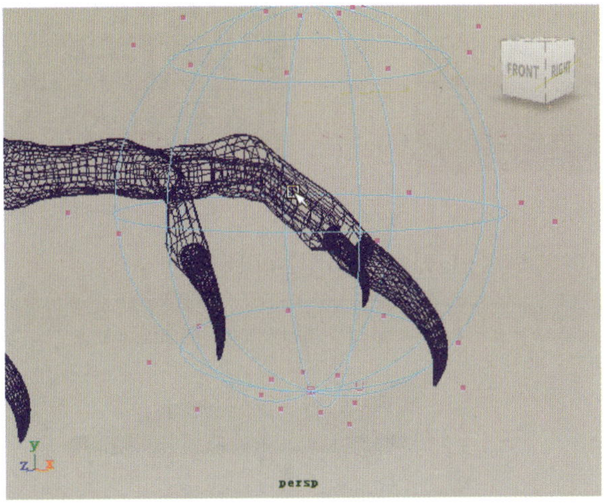

图2-43 观察捕捉情况

2.8 使用图片辅助编辑

在三维软件中，无论是3ds Max还是Maya，对于图片素材的使用都是不能忽视的，它对于我们实现场景效果起着至关重要的作用。首先，它可以作为建模的参考，帮助用户建模，事实上在制作一些细节比较丰富的模型时，大都需要这种图片素材，其次它还可以作为环境的背景来进行使用。本节向读者介绍关于图片素材使用的两个主要领域。

2.8.1 使用参考图片

参考图片的作用很大，在制作模型时，如果能提供好的参考图片，则可以大大降低创建模型的难度，从而像对着模特画画的大师一样，轻松完成自己的作品，本节主要向大家介绍如何在Maya中导入参考图片。

课堂练习8：使用参考图片

01 需要搜集相关的图片，例如，制作汽车模型就需要有飞机的一些造型照片，然后，依次执行View（视图）｜Image Plane（图像平面）｜Import Image（导入图像）命令，打开如图2-44所示的对话框。

02 在打开的对话框中指定一个图像文件的保存路径，并在相应的目录下选择需要导入的图像文件，如图2-45所示。

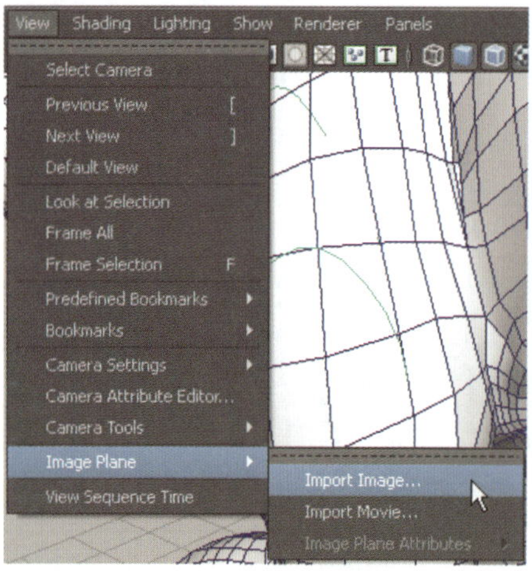

图2-44 导入图像

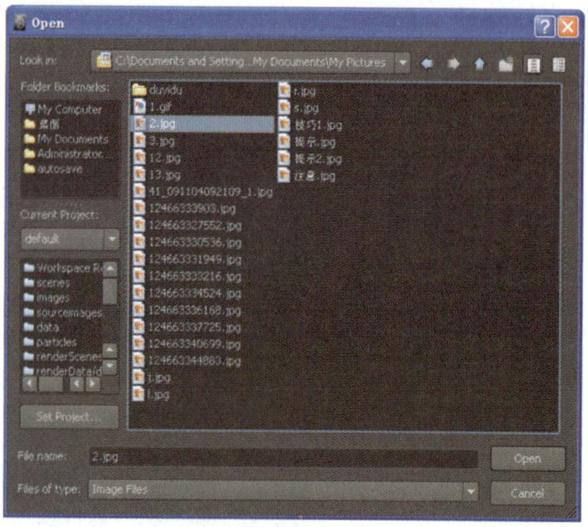

图2-45 Open对话框

03 单击Open按钮即可将其导入Maya中，如图2-46所示。

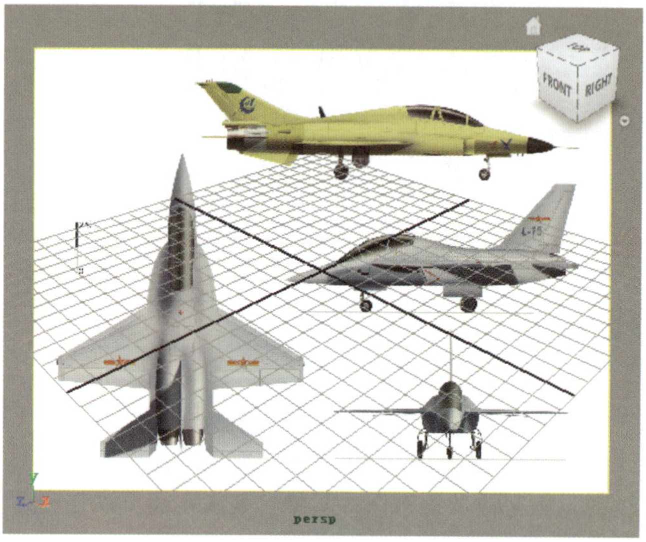

图2-46 导入图片

当然，上图导入的是关于飞机的3个视图，读者还可以将其分开，并放置到不同的平面上，从而形成一个前、侧视图相交的形状，这样更有助于模型的创建。

2.8.2 设置背景

Maya的默认背景颜色是黑色的。有时由于环境的需要，或者为了产生更好的效果，就需要利用一些真实的图片作为整个场景的环境，这就需要使用本小节所介绍的知识了。下面通过一个具体的实例向读者介绍如何设置环境的背景。

课堂练习9：设置环境背景

01 新建一个场景，也可以直接打开随书光盘本章目录下的flower.mb文件，这是一个已经制作好的简单场景，如图2-47所示。

02 在透视图中依次执行View（视图）｜Select Camera（选择摄影机）命令，如图2-48所示。

图2-47 打开场景

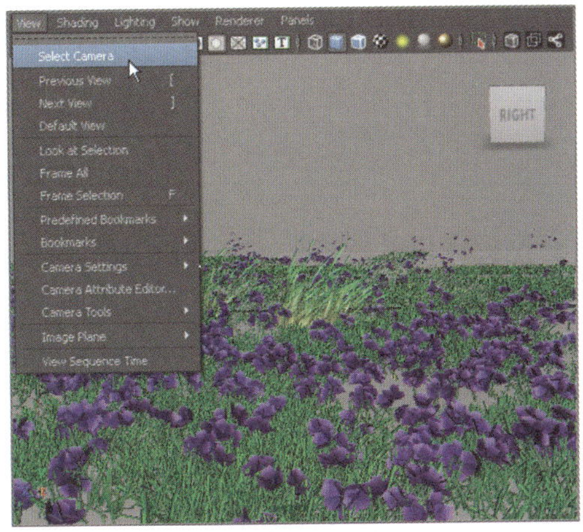

图2-48 创建摄影机

03 在该视图中依次执行View（视图）｜Camera Attribute Editor（摄影机属性编辑器）命令，此时将打开摄影机的参数盒，如图2-49所示。

04 展开Environment卷展栏，单击Image Plane右侧的按钮，在打开的通道栏中单击Image Name右侧的按钮，如图2-50所示。

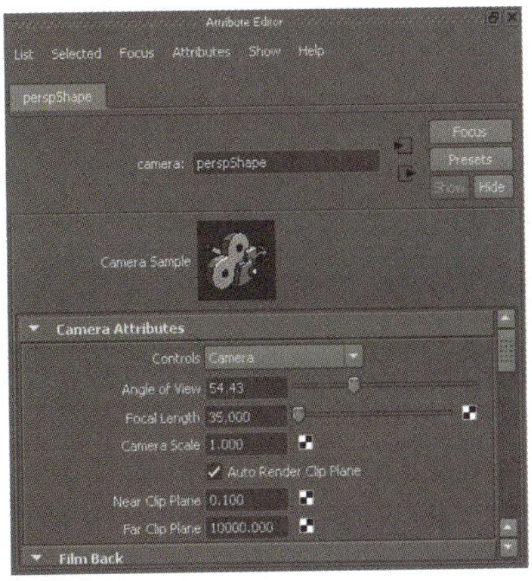

图2-49 参数盒

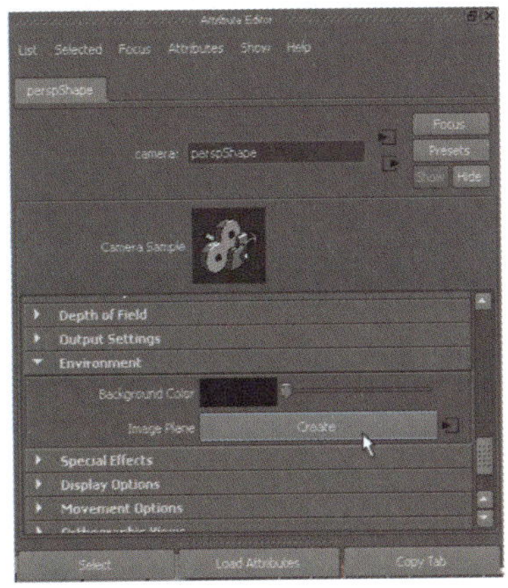

图2-50 添加图片

05 在打开的对话框中检索一幅图片，将其作为整个场景的背景，如图2-51所示。

06 设置完毕后，单击状态栏上的按钮，快速渲染视图，观察此时的渲染效果，如图2-52所示。

图2-51 导入图片

图2-52 渲染效果

第3章　NURBS曲线

3.1　NURBS概述

NURBS的英文全称是Non-Uniform Rational B-Splines，中文含义为“非均匀有理B样条”。使用NURBS就可以用数学定义创建精确的表面。许多汽车设计都基于NURBS来创建光滑和流线型的表面，如图3-1所示。

图3-1 NURBS作品欣赏

NURBS曲线建模是当今世界上最流行的一种建模方法，它的用途非常广泛，不仅擅长于制作光滑表面，也适合于制作尖锐的边。它最大的优势在于控制点少，易于在空间进行调节造型，具有多边形建模方法及编辑的灵活性。

实际上，所谓的建模就是创建对象表面的过程。在这个过程中，我们需要做的就是调整模型表面的形状，至于模型内部的结构是不需要考虑的。曲线是曲面的构成基础，如果要成为曲面造型高手，那么就必须深入理解曲线。

在Maya中，曲线是不可以被渲染的，曲线的调整总是处于曲面构造的中间环节。Maya具有多种建模方法，并以不同的曲线类型为基础。曲线提供了多种曲线类型的特征。使用曲线可以在表面曲线定位的地方设置精确的定位点，并可通过移动曲线上或曲线附近的顶点来改变曲面的形状。下面介绍关于NURBS曲线的特性。

1. 度数和连续性

所有曲线都有度数。曲线的度数用于表示它的方程式中最高的指数。其中，线性方程式的度数是1；四方形方程式的度数是2。NURBS曲线通常由立方体方程式表示，其度数为3。可以采用更高的度数，但是通常没有这个必要。

曲线还有连续性。连续的曲线是未断裂的。通常情况下，我们将带有尖角的曲线定义为C^0连续性。也就是说，该曲线是连续的，在尖角处没有派生曲线；将没有类似的尖角、但曲率不断变化的曲线定义为C^1连续性。它的派生曲线也是连续的，但其次级派生曲线却并非如此；将具有不间断、恒定曲率的曲线定义为C^2连续性。它的初级和次级派生曲线都是连续的。图3-2所示是这3种曲线的示意图。

NURBS曲线的不同分段可以有不同的连续性级别。将CV放置到相同的位置或使它们非常接近，就可以降低连续性的级别。两个重合的CV增加了曲率。重合CV会在曲线中创建尖角。这个NURBS曲线的属性名为多样性。实际上，另外一个或两个CV将它们的影响合并在了曲线的连接处，如图3-3所示。

图3-2 曲线示意图

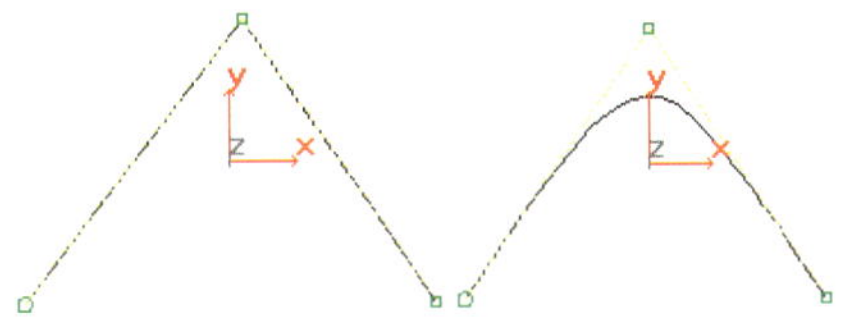

图3-3 NURBS特性

2. 细化曲线和曲面

细化曲线的操作对于曲线的质量有很深的影响。细化NURBS曲线意味着添加更多的CV。细化可以更好地控制曲线的形状。在细化NURBS曲线时，该软件会保留原始曲率。也就是说，曲线的形状并没有改变，只不过邻近的CV移离了添加的CV。这是由于多样性的关系：如果不移动邻近的CV，增加的CV将会使曲线变得尖锐。要避免产生这种效果，首先要细化曲线，然后通过变换新近添加的CV或调整它们的权重来更改该曲线。图3-4所示是曲线CV点的关系图。

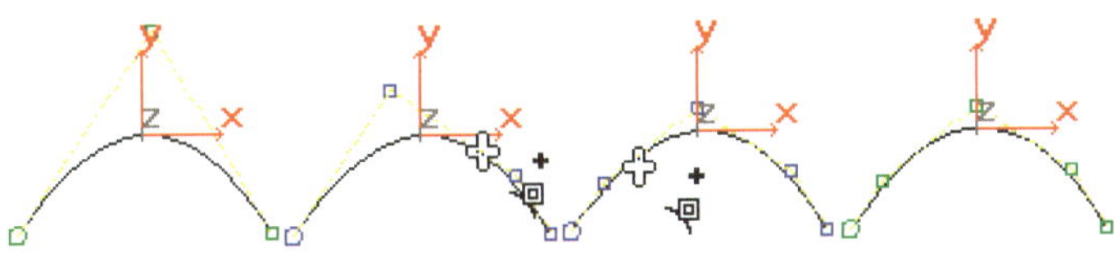

图3-4 曲线与CV

3. NURBS的建模环境

在Maya 2011中，NURBS建模工具分为曲线工具和曲面工具，读者可以在工具架上找到它们，如图3-5所示。

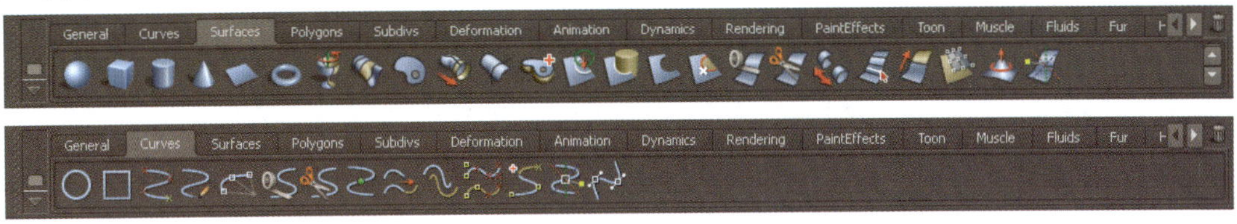

图3-5 建模工具架

如果读者在上图所示的工具架上激活一个工具按钮，然后在视图中单击并拖动鼠标即可生成基本的几何体。

3.2 NURBS曲线构成元素

若要很好地掌握某种事物的使用方法，必须先了解该事物各个属性元素的含义及功能，这样用户才能够很好地掌握创建该事物的技巧。

NURBS物体是由曲面组成的，而曲线是由控制点、编辑点等元素控制的。图3-6所示是曲线元素的构成。

曲线的控制在Maya中是非常关键的因素，其他一些元素的建立和控制也是通过曲线来控制的。单击状态栏中的图标，进入元素操作级别，并在其右侧显示出可供操作的元素。下面为不同操作级别的元素显示。

- CV（控制点）如图3-7所示。
- Curve Point（曲线点）如图3-8所示。
- Hull（壳线）如图3-9所示。

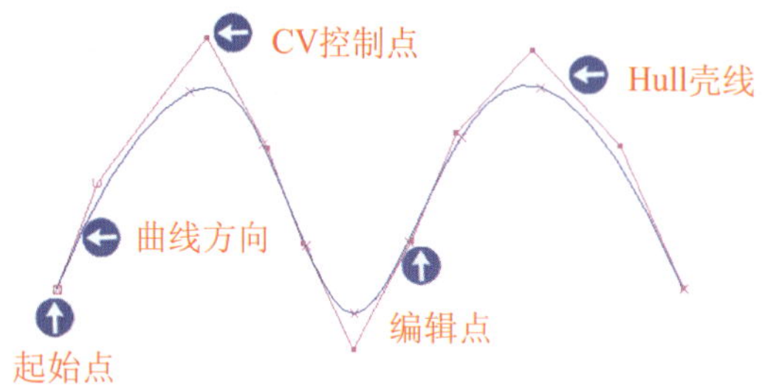

图3-6 曲线的元素

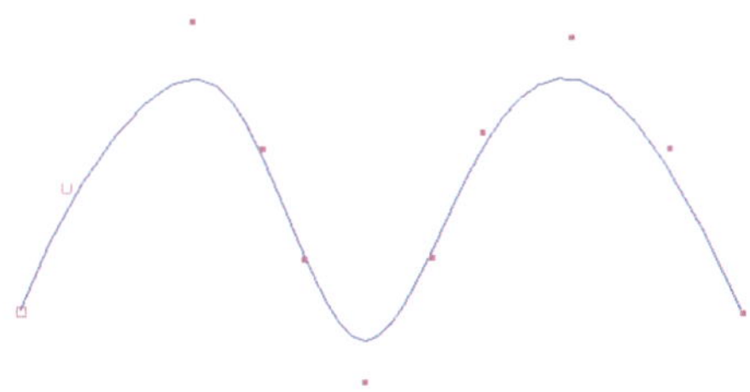

图3-7 曲线的控制点

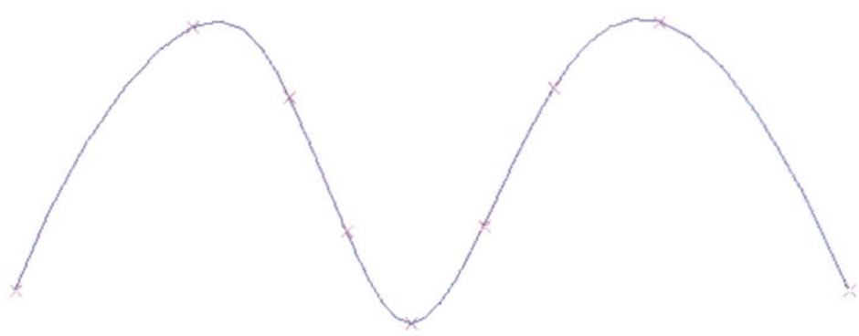

图3-8 曲线顶点

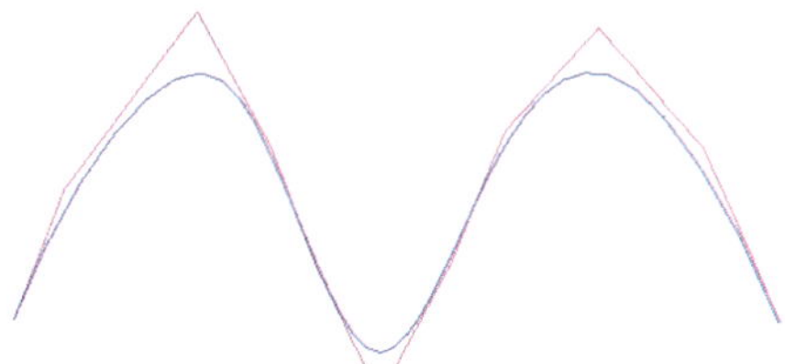

图3-9 曲线壳线

- Selection Handle（选择手柄）如图3-10所示。
- Pivot（轴心点）如图3-11所示。

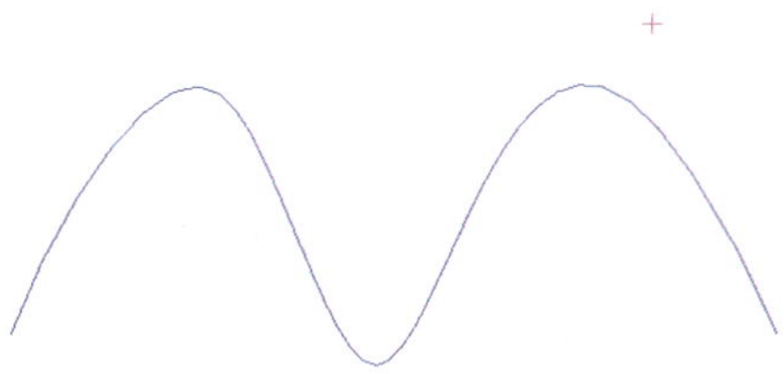

图3-10 选择手柄

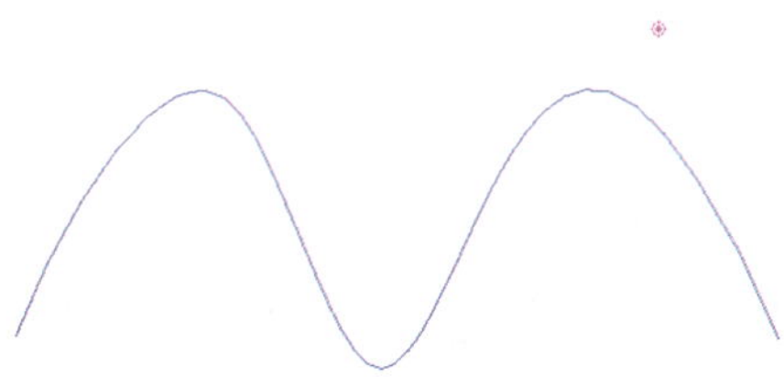

图3-11 轴心点

3.3 创建曲线

在Maya 2011中，按照曲线的绘制方式，我们可以将曲线划分为3种类型，分别为CV曲线、EP曲线和任意曲线。针对不同类型的曲线，Maya都提供了不同的创建工具，这3种工具分别是CV Curve Tool（CV曲线工具）、EP Curve Tool（EP曲线工具）和Pencil Curve Tool（铅笔曲线工具）。

3.3.1 通过控制点创建曲线

CV曲线是一种带有控制点的曲线，简称为控制点曲线；使用CV Curve Tool工具创建曲线时，只需要在视图区域中单击即可创建点。在创建控制点的过程中注意一下曲线的颜色，如果曲线颜色变为白色，则表示所创建的控制点已经能够生成曲线了。下面介绍创建CV曲线的流程。

课堂练习10：创建一条CV曲线

01 执行Create（创建）｜CV Curve Tool（CV曲线工具）命令，并将鼠标指针定位于指定的视图中。单击一次鼠标左键，确定曲线的起始位置，如图3-12所示。

02 再次单击鼠标左键，来确定曲线第二个顶点的位置，此时将会产生一条直线，但是这条直线并不是曲线的一部分，它仅起到辅助创建的作用，如图3-13所示。

03 在视图中连续单击鼠标左键两次，从而确定第3和第4个顶点，此时CV曲线就产生了，如图3-14所示（白色的线条为CV曲线）。

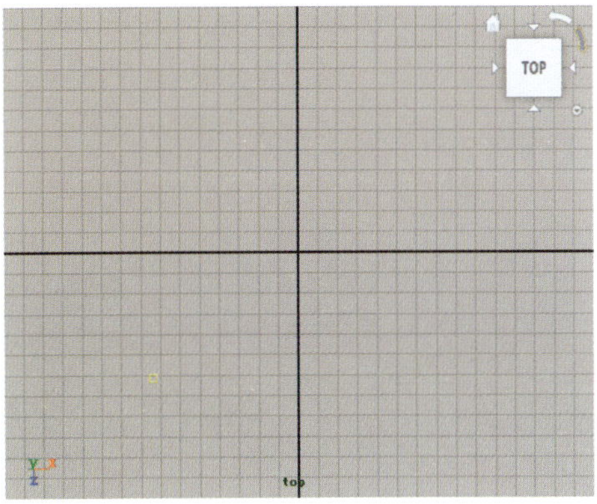

图3-12 定义起始点

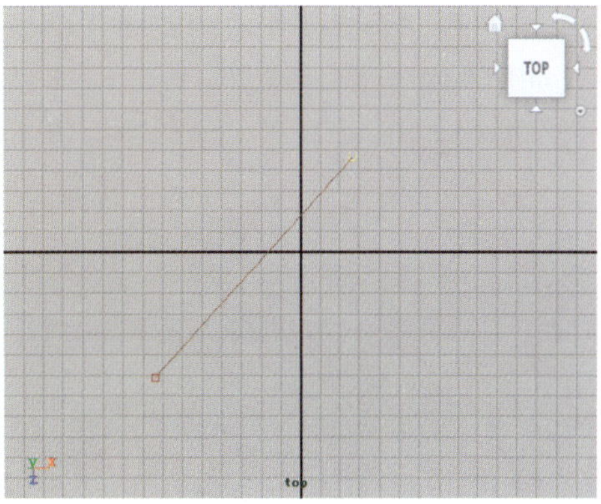

图3-13 创建第二个顶点

04 此时，如果继续单击鼠标左键，则将产生新的曲线段，并且会随鼠标位置的不同而产生不同的形状，如图3-15所示。

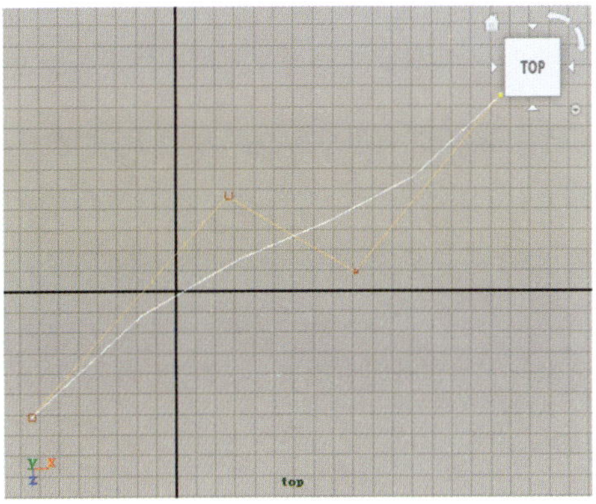

图3-14 创建曲线1

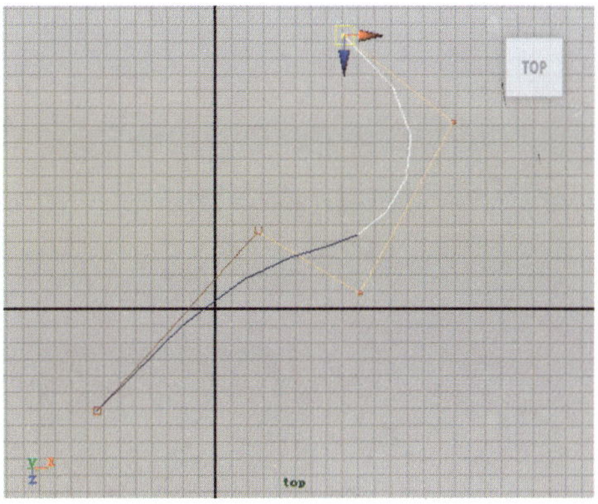

图3-15 创建曲线2

当我们利用工具创建出一条CV曲线后，大多数情况下是不符合我们设计要求的，此时就需要对其进行编辑。

课堂练习11：在创建过程中改变曲线形状

为了便于对曲线进行修改，Maya提供了一种即时修改的方法。在创建曲线的过程中，在按下Enter键完成创建之前，按下键盘上的Insert键，这时，在最后一个CV点上将显示一个移动操纵器，拖动操纵器移动CV点就可以改变曲线的形状，如图3-16所示。

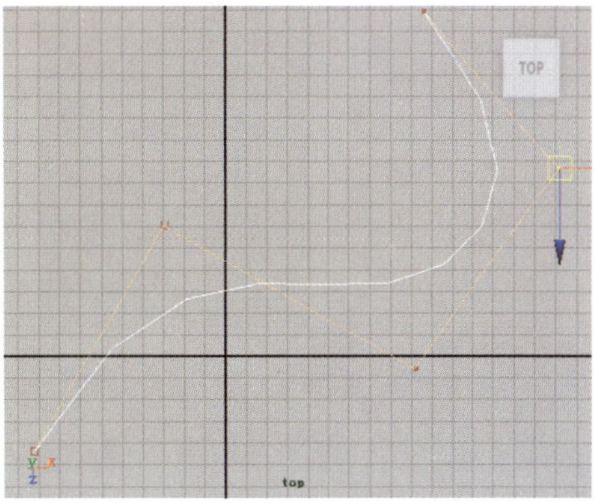

图3-16 调整控点

如果还要继续改变曲线的形状，单击其他的CV点并拖动相应的操纵器即可。在创建曲线时，如果需要删除某个曲线段，则可以按下键盘上的退格键或Delete键。

注意　在编辑控制点的过程中，我们还可以通过单击任意一个控点来选中它，然后通过拖动操纵器来调整控制点的位置，从而来改变曲线的形状，不过这需要在按下Enter键前进行操作。

课堂练习12：创建完毕后修改曲线

实际上，在完成一条曲线的创建后，依然可以修改曲线的形状，具体的修改方法如下。

01 在视图中选择要修改的曲线并单击鼠标右键，在弹出的菜单中选择Control Vertex（控制点）命令，如图3-17所示。

02 进入控制点模式下，然后使用移动工具调整即可，如图3-18所示。

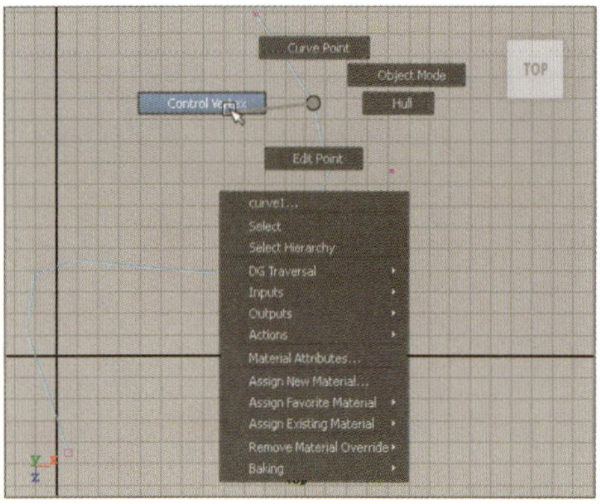

图3-17 选择Control Vertex命令

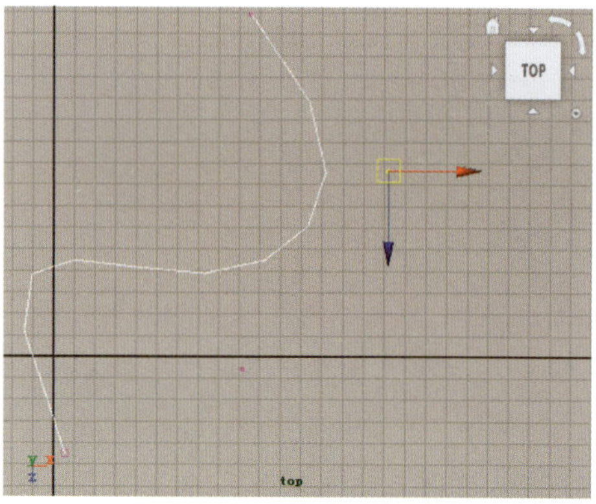

图3-18 调整曲线

参数简介

在Maya 2011中，在创建曲线之前，需要根据特定的要求来设置工具参数，从而创建出不同形状的曲线。

单击Create（创建）| CV Curve Tool（CV曲线工具）命令右侧的小方块按钮，即可打开如图3-19所示的参数面板。

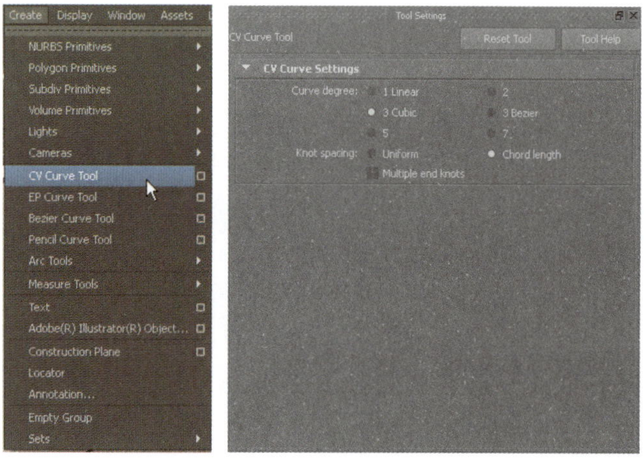

图3-19 设置参数

该参数面板中的参数简介如下。

◆ Curve degree（曲线度数）

该参数用于设置曲线的度数。曲线度的参数值越高，曲线越平滑。如果在该选项区域中选中

2单选按钮，则将创建一条直线，如果选中7单选按钮，则将创建一个度数为7的曲线，如图3-20所示。

◆ Knot Spacing（节点间隔）

节点间隔的方式概括起来有3种，其中，Uniform（统一）可以更简单地创建曲线U定位参数值；Chord Length（弦长）可以更好地分配曲线的曲率；Multiple End Knots（多个末端节点），当启用该复选框时，曲线的末端编辑点也是节点，这样可以更加方便地控制末端区域，如图3-21所示。

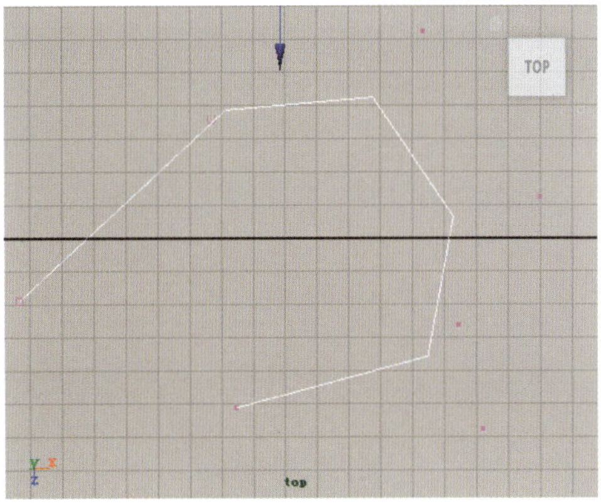

图3-20 曲线度数含义

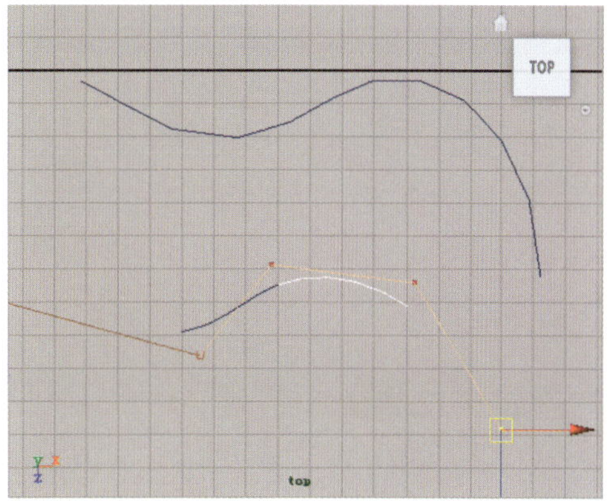

图3-21 末端控制点

提示：如果在创建一条曲线的同时禁用了Multiple End Knots复选框，则可以使用Snap to Points（吸附到点）选项排列每条曲线的第二个控制点，从而连续地在两条曲线之间创建切线。

3.3.2 通过编辑点创建曲线

EP曲线是一种带有编辑点的曲线，简称编辑点曲线；创建EP曲线的方法与创建CV曲线的方法大致相同。在创建EP曲线时，只需要在视图区域中定义两个编辑顶点即可创建曲线，下面是创建EP曲线的详细过程。

课堂练习13：创建EP曲线

01 执行Create（创建）| EP Curve Tool（EP曲线工具）命令，如图3-22所示。

02 在视图中单击鼠标左键，确定第一个顶点的位置，如图3-23所示。

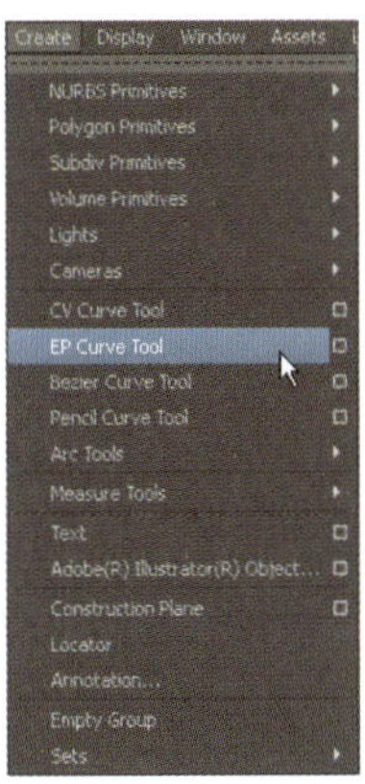

图3-22 启用创建工具

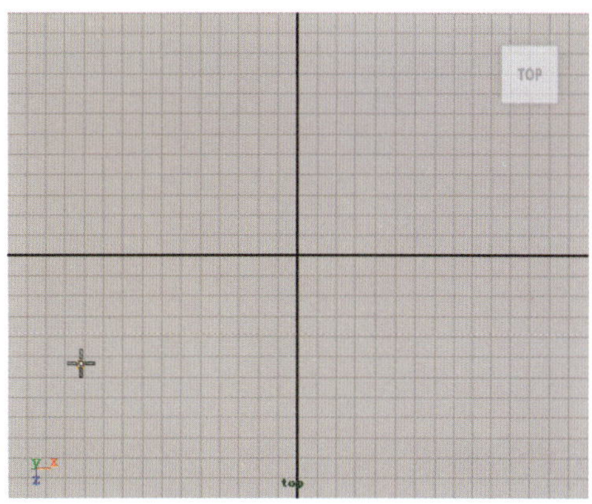

图3-23 定义第一个顶点

03 再单击鼠标左键，定义第二个顶点，创建顶点时将会出现一个X字母的标志，如图3-24所示。

04 再次单击鼠标左键，即可创建更多的控点。如果要结束曲线的创建，则可以按Enter键确认操作，编辑好的EP曲线如图3-25所示。

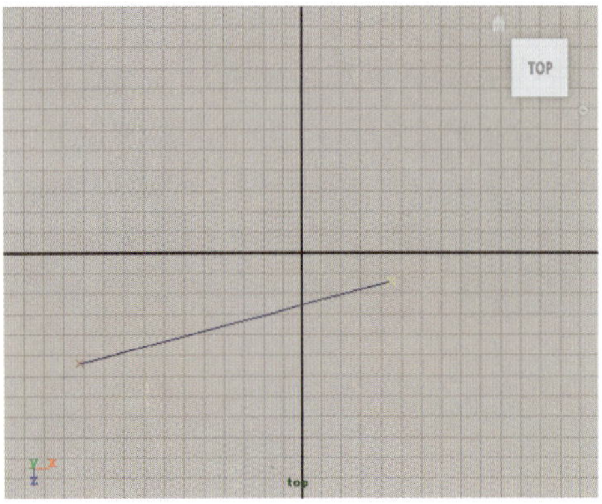

图3-24 定义顶点

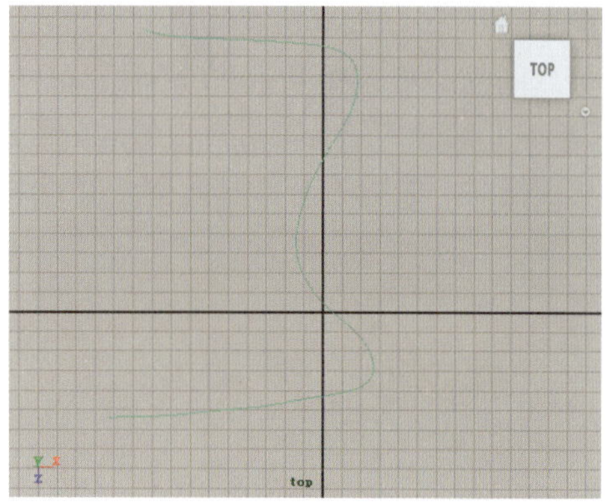

图3-25 EP曲线

3.3.3 创建任意曲线

绘制任意曲线的主要工具是Pencil Curve Tool（铅笔曲线工具）。该工具的使用与我们使用铅笔绘画的方式基本相同。在使用这个工具时，读者只需要在工作区域中按住鼠标左键进行绘制即可，下面是它的详细操作过程。

图3-26 执行Pencil Curve Tool命令

课堂练习14：使用铅笔曲线工具绘制曲线

01 执行Create（创建）| Pencil Curve Tool（铅笔曲线工具）命令，如图3-26所示。

02 在视图中单击鼠标左键，定义第一个顶点，然后拖动鼠标定义曲线的形状，如图3-27所示。

03 绘制完成后松开鼠标左键，即可完成曲线的绘制，如图3-28所示。

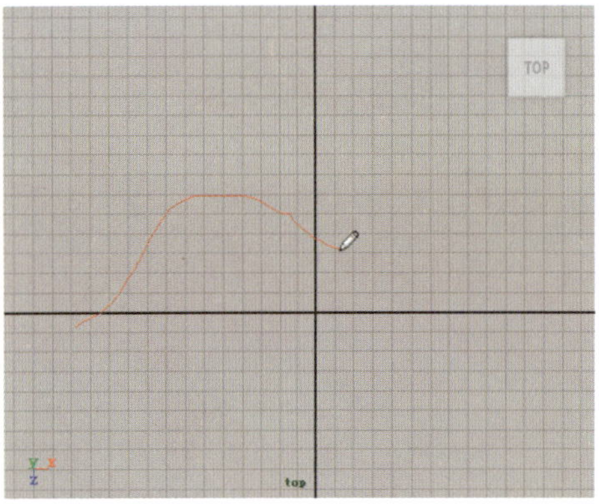

图3-27 拖动鼠标绘制曲线

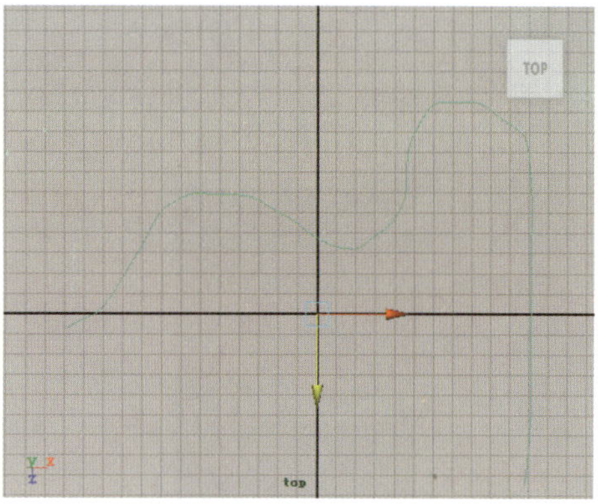

图3-28 绘制任意曲线

3.3.4 创建圆弧

在Maya 2011中，除了上述工具可以用来创建曲线外，还有两个曲线工具可以用来绘制曲线，它们分别是Three Point Circular Arc（三点弧）和Two Point Circular Arc（两点弧）。

课堂练习15：创建两条圆弧

01 在使用这两种工具绘制圆弧时，只需要执行Create（创建）｜Arc Tools（圆弧工具）子菜单中的Three Point Circular Arc（三点弧）或者Two Point Circular Arc（两点弧）命令，如图3-29所示。

02 在视图中依次单击鼠标右键定义控点位置，即可创建圆弧，图3-30所示是分别利用这两种工具绘制的圆弧。

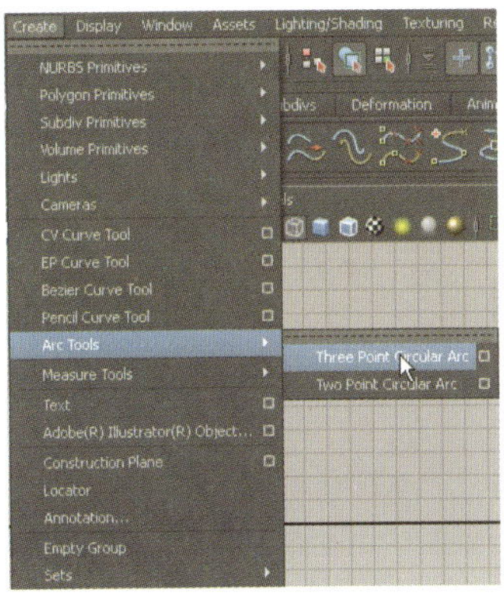

图3-29 选择圆弧工具

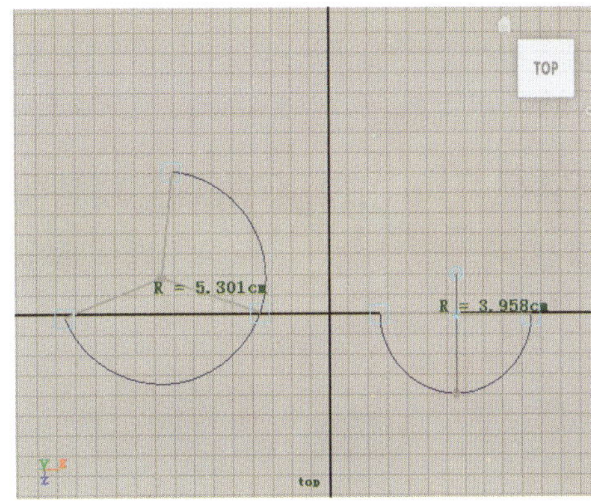

图3-30 创建圆弧

3.3.5 创建文本

文字工具可以创建文字形状的NURBS曲线，可以通过创建的文字NURBS曲线产生面，以制作文字物体。要创建文本物体，只需要执行Create（创建）｜Text（文本）命令，在打开的面板中设置即可，如图3-31所示。

- Text：在该文本框中输入文本，即可在场景中显示出来。
- Font：用于设置文本的字体类型。
- Type：选择输出的格式。

可以选择曲线、剪切NURBS曲面、多边形或倒角输出类型，图3-32所示是分别使用4种不同创建类型所创建出来的NURBS曲线。

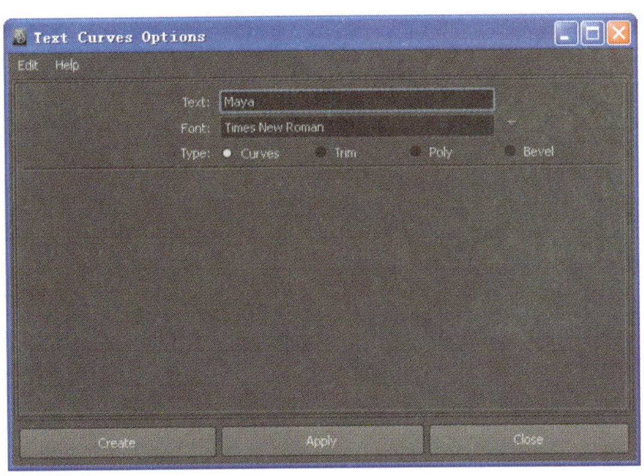

图3-31 文本设置面板

图3-32 文本输出类型

3.4 编辑曲线

通过前面的学习我们知道，曲线是形成曲面的基础，那么曲线的质量将直接影响到模型的整体效果。为此，Maya为读者提供了多种编辑工具，从而可以对简单的曲线进行再编辑。本节将向读者介绍编辑曲线的一些常用操作方法。

3.4.1 Duplicate Surface Curves（复制表面曲线）

在实际操作的过程中，大多数情况下需要将已经存在的曲线进行复制，从而将现有平面上的表面曲线、边界曲线和内部等位线转换为三维曲线。这一操作将用到Edit Curves（编辑曲线）｜Duplicate Surface Curves（复制表面曲线）命令，下面我们通过一个具体的实例向大家介绍复制曲线的实现方法。

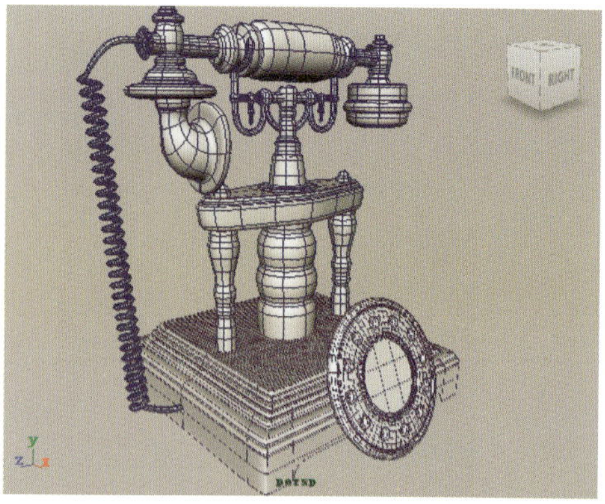

图3-33 打开光盘素材

课堂练习16：在已有曲面上复制曲线

01 打开随书光盘本章目录下的tel.mb文件，如图3-33所示。

02 在视图中选择手柄物体，单击鼠标右键，在弹出的菜单中选择Isoparm（等位线）命令，如图3-34所示。

03 在手柄物体上选择一条等位线，如图3-35所示。

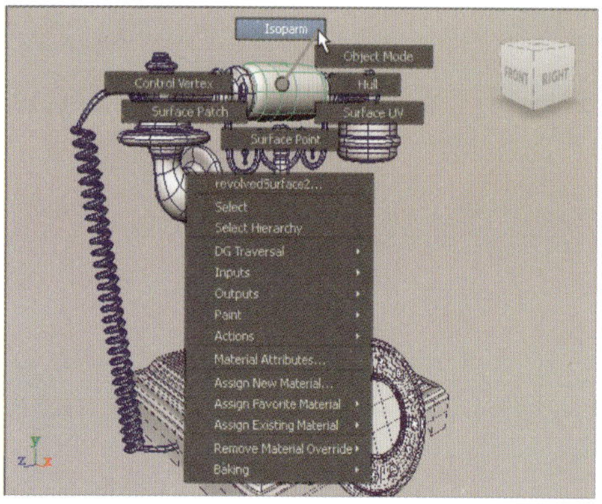

图3-34 选择Isoparm命令

图3-35 选择等位线

04 执行Edit Curves（编辑曲线）｜Duplicate Surface Curves（复制表面曲线）命令，从而复制一条曲线，如图3-36所示。

05 为了便于操作，可以使用移动工具将其移动到另外的一个位置，如图3-37所示。

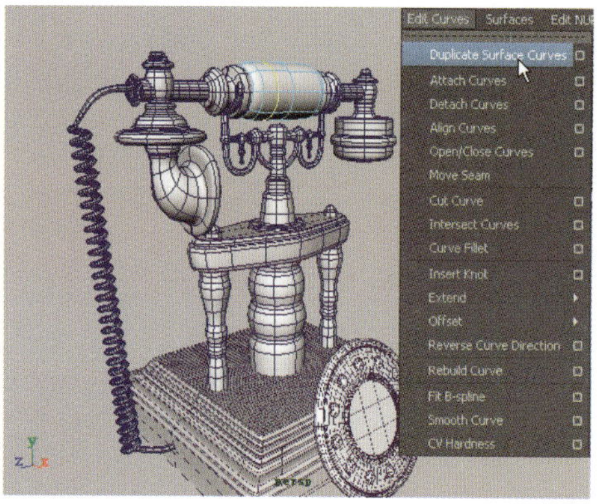

图3-36 复制等位线

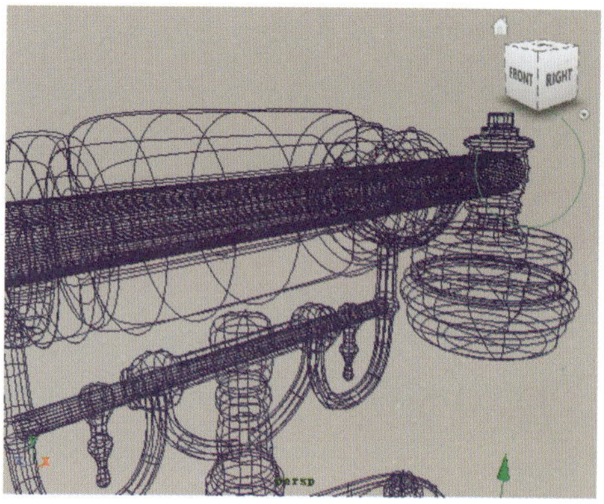

图3-37 调整位置观看复制效果

3.4.2 Attach Curves（合并曲线）

在编辑曲线时，连接曲线的操作是很重要的，它可以将两条相互独立的曲线完全连接起来，从而形成一条曲线。要完成曲线的连接，需要使用Edit Curves（编辑曲线）｜Attach Curves（合并曲线）命令，关于连接曲线的操作如下。

课堂练习17：合并两条曲线

01 图3-38所示是两条相互独立的曲线，我们的任务是利用工具将其连接为一条曲线。

02 使用框选的方法选择视图中的两条曲线，此时两条曲线将分别以白色和绿色显示，如图3-39所示。

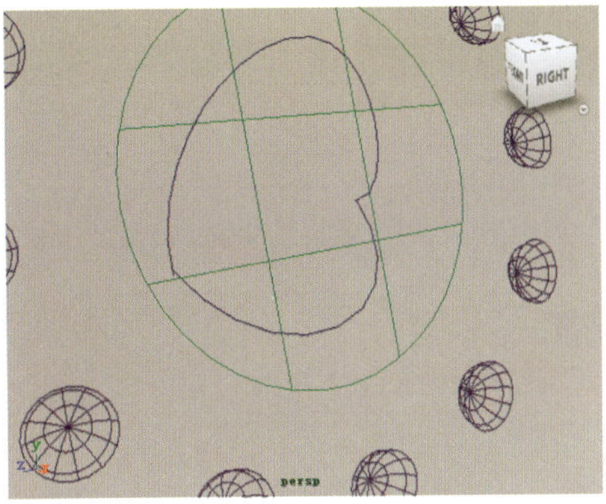

图3-38 两条曲线

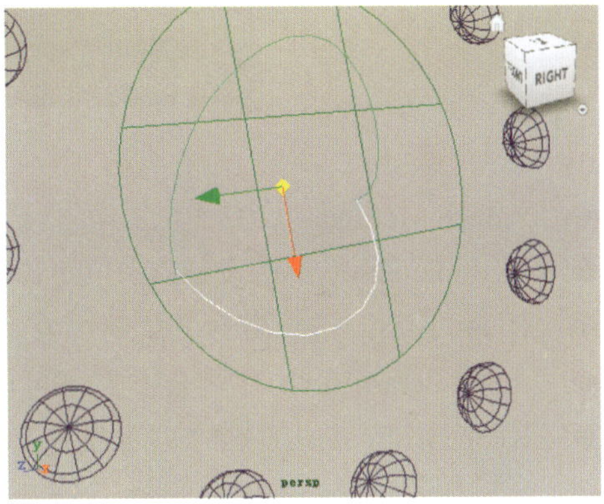

图3-39 选择两条曲线

技巧：如果需要精确选择多个物体，则可以在选择一个物体后，按住Shift键不放，再配合鼠标左键单击需要选中的物体。

03 执行Edit Curves（编辑曲线）｜Attach Curves（合并曲线）命令，即可完成曲线的连接，如图3-40所示。

04 连接后的效果如图3-41所示。

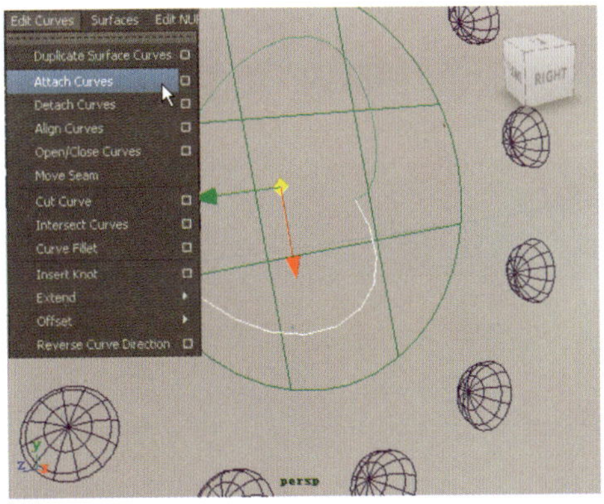

图3-40 曲线连接

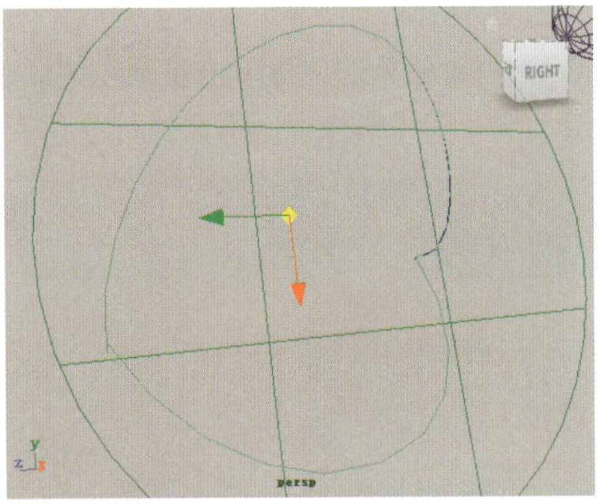

图3-41 连接曲线后的效果

注意：如果读者现在的菜单栏上没有Edit Curves菜单，则可以将菜单模块切换到Surfaces中，从而显示该菜单。

参数简介

上述的连接操作是Maya的默认连接方式，它采用的是Blend（混合）方式。如果要更改为其他

方式，则可以单击Edit Curves（编辑曲线）| Attach Curves（合并曲线）命令右侧的小方块按钮，打开如图3-42所示的Attach Curves Options对话框，选择合并方式。

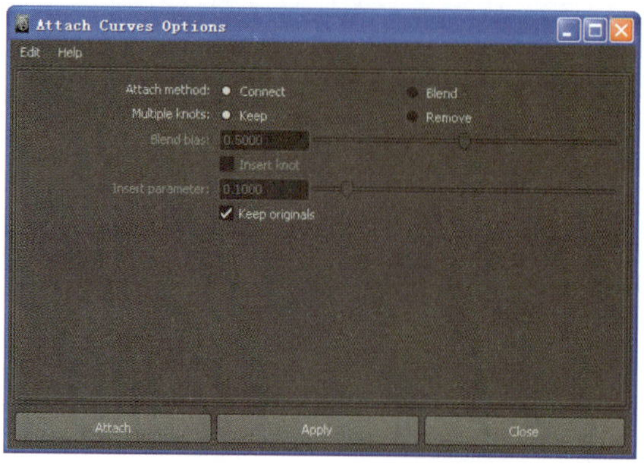

图3-42 曲线合并选项

- ◆ Attach Method：合并方式，可以选择连接或融合。
- ◆ Multiple Knots：多重结点，可以选择保留或删除。
- ◆ Blend Bias：选择融合方式时，在此设置融合偏移值。
- ◆ Insert Parameter：在融合方式下可以在结合的位置添加一个结点。
- ◆ Keep Originals：在合并时保留原始曲线的备份。

3.4.3 Detach Curves（分离曲线）

分离操作的效果与连接操作的效果相反，使用分离工具可以将一条完整的曲线分离为多段，并且每一条独立的线段都可以自由进行编辑。如果要分离一条完整的曲线，则可以使用Edit Curves（编辑曲线）| Detach Curves（分离曲线）工具即可。分离曲线的操作方法如下。

课堂练习18：分离曲线

01 在视图中选择需要分离的曲线，单击鼠标右键，在弹出的菜单中选择Curve Point（曲线点）命令，如图3-43所示。

02 在需要分离的位置单击鼠标左键，创建一个曲线点，如图3-44所示。这一步的操作很关键，如果读者没有创建曲线点，那么执行分离操作将会出错。

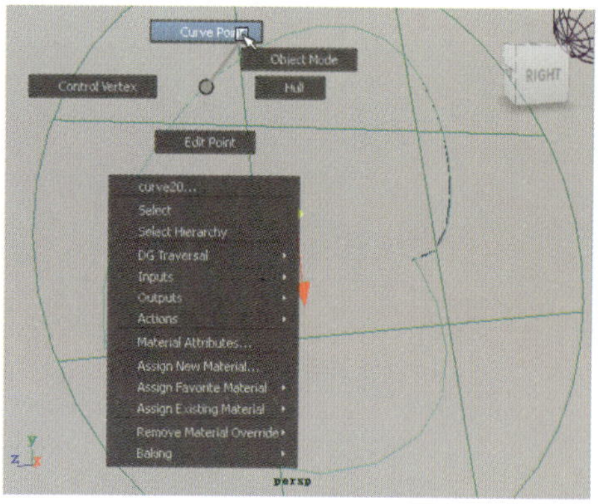

图3-43 选择曲线点

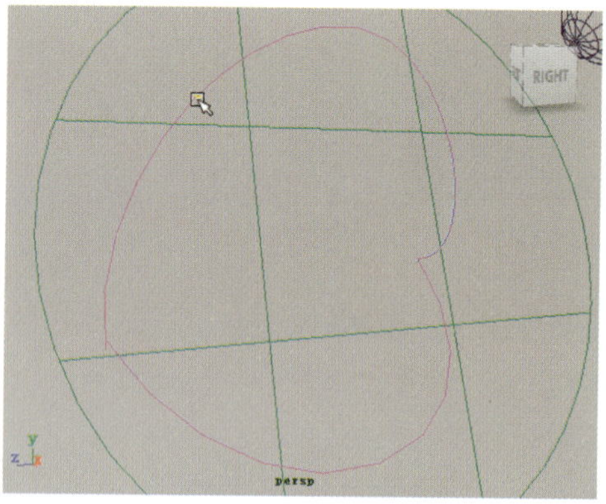

图3-44 创建曲线点

技巧：如果需要将一条曲线分割为多段，则可以在按住Shift键的同时，在曲线上要断开的位置连续单击鼠标左键，从而定义多个Curve Point。

03 执行Edit Curves（编辑曲线）| Detach Curves（分离曲线）命令，曲线的分离位置将以高光的方式显示，如图3-45所示。

04 我们可以使用移动工具将曲线分离开来，从而观察断开后的效果，如图3-46所示。

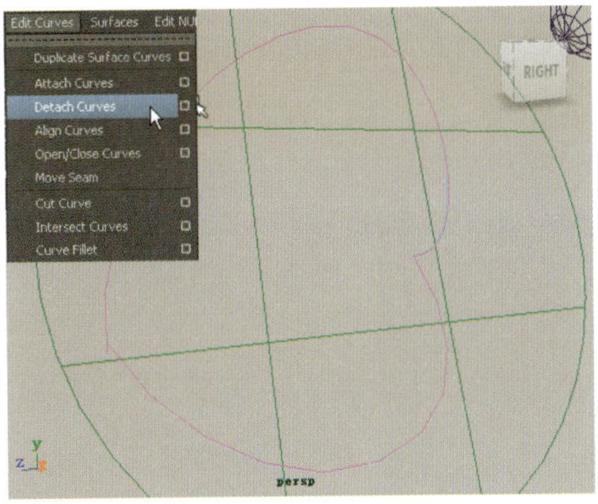

图3-45 分离的曲线

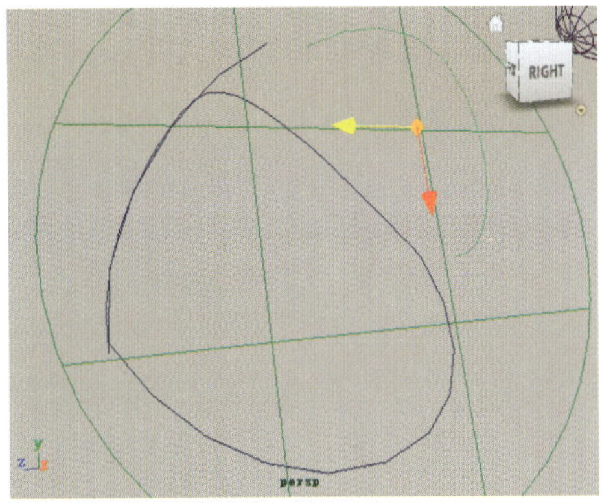

图3-46 移动操作

3.4.4 Align Curve（对齐曲线）

在Maya中，不仅三维物体可以实现对齐操作，曲线同样也可以执行对齐操作。实际上，在我们创建对象模型时，曲线和表面具有连贯性，利用对齐操作可以创建位置、切线和曲率的连续性。该操作需要使用Align Curves（对齐曲线）命令来实现。

3.4.5 Intersect Curves（交叉曲线）

在利用NURBS曲线创建物体时，曲线与曲线之间的交叉是经常遇到的问题，那么如何才能使不相交的曲线真正相交呢？答案就是利用交叉工具强制使其相交。本节将向读者介绍曲线交叉的实现方法。

要使曲线相交，首先必须通过视图观察是否有伪相交的曲线，如图3-47所示。所谓的伪相交，是指表面上看到的是相交曲线，而实际上它们之间没有相交点。

在Maya中，使用Intersect Curves（交叉曲线）命令可以使两条曲线产生相交，并在相交处产生一个交点。框选上图所示的两条曲线，执行Edit Curves（编辑曲线）| Intersect Curves（交叉曲线）命令，使曲线相交，如图3-48所示。

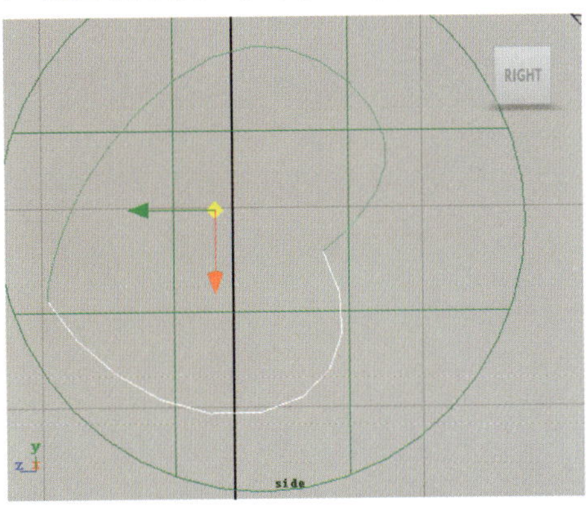

图3-47 伪相交的曲线

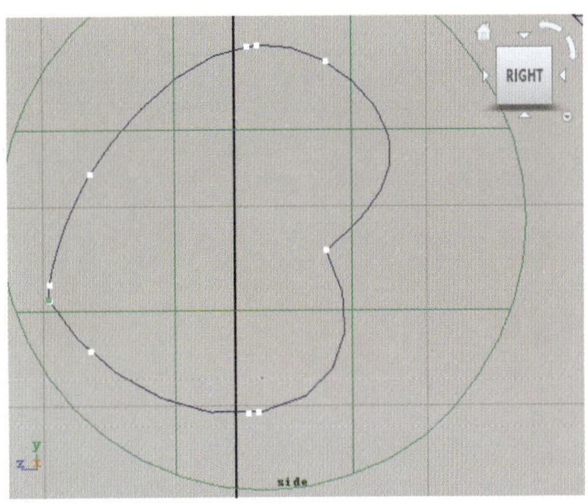

图3-48 曲线相交

执行交叉操作时，不能直接交叉具有等位线或表面曲线的独立曲线，这一点需要读者牢记。另外，如果单击Edit Curves（编辑曲线）| Intersect Curves（交叉曲线）命令右侧的小方块按钮，则可

以打开交叉设置的对话框，读者可以根据实际需要调整其设置。

3.4.6 Curve Fillet（圆角曲线）

使用Curve Fillet（圆角曲线）命令，可以在两条曲线或两条表面曲线之间创建圆角曲线。Maya 2011中有两种构建圆角的方式，分别是Circular（圆角）和Freeform（自由形）。其中，使用Circular方式可以创建圆弧形圆角，利用Freeform方式可以创建自由圆角，它们的形状差异如图3-49所示。

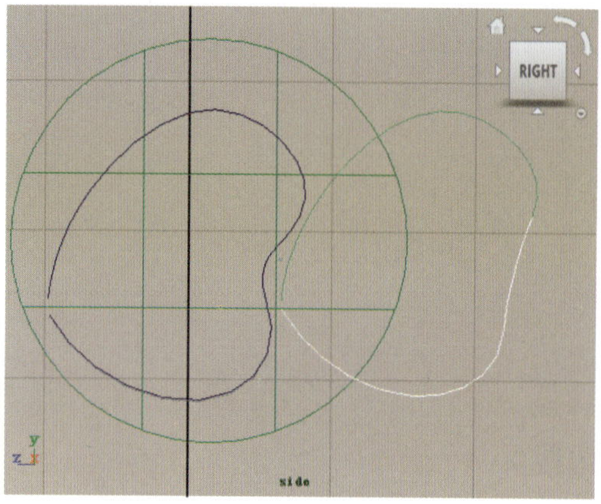

图3-49 圆角类型

课堂练习19：对曲线执行圆角操作

01 要创建一个圆角，视图中至少需要有两条或两条以上的曲线，然后，选择其中的任意两条曲线，如图3-50所示。

02 执行Edit Curves（编辑曲线）| Curve Fillet（圆角曲线）命令，即可在两条曲线之间形成一个圆角，如图3-51所示。

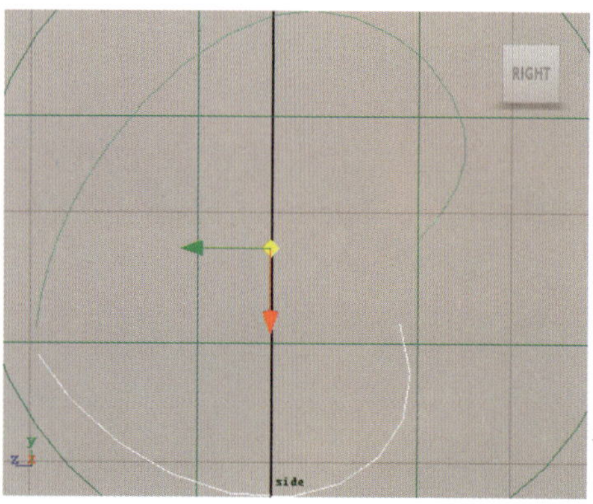

图3-50 选择曲线

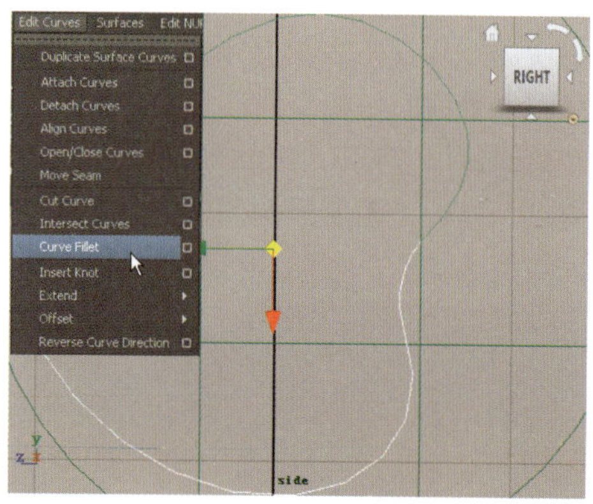

图3-51 执行圆角操作

注意：虽然我们对曲线进行了圆角操作，但是它们仍然是独立的曲线，并没有被结合到一起，读者可以在视图中执行移动操作观察一下。

参数简介

如果单击Edit Curves（编辑曲线）| Curve Fillet（圆角曲线）右侧的小方块按钮，则可以打开圆角参数设置对话框，如图3-52所示。

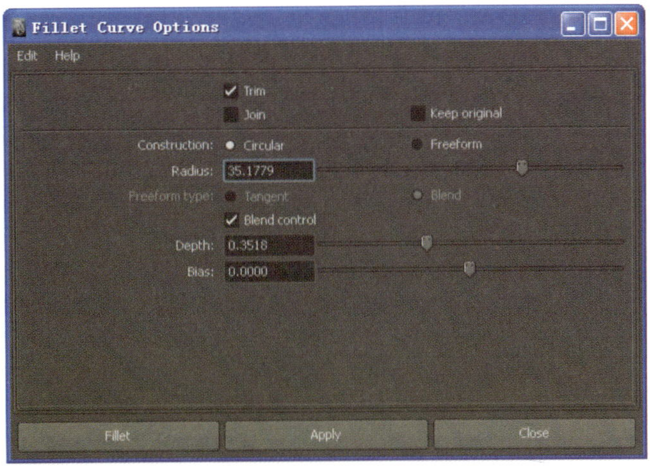

图3-52 圆角参数

◆ Trim（修剪）

如果启用该复选框，则可以在执行圆角操作的同时，将与其相交的边线删除，从而形成一个单独的圆角。

◆ Join（连接）

当启用了Trim复选框后，如果再启用Join复选框，则可以将圆角与原来的曲线连接为一条曲线。

◆ Construction（构造）

该选项组中提供了两个选项，分别是圆角的两种类型，即圆角和自由形方式，读者只需要选中相应的单选按钮即可。

◆ Radius（半径）

Radius用于定义圆角的半径，读者可以直接拖动其右侧的微调按钮进行调整。

◆ Freeform Type（自由类型）

如果读者选中了Freeform单选按钮，则该选项将变为可用，读者可以使用其中的两个设置方式，制作不同的圆角效果。

◆ Blend Control（混合控制）

当我们选中了Blend单选按钮后，该选项变为可用，读者可以利用其下面的选项设置圆角的深度及偏移幅度等。

3.4.7 Offset Curve（偏移曲线）

利用Maya的Offset Curve（偏移曲线）命令可以创建出一条与原曲线平行的曲线或等位线，其效果如图3-53所示。关于曲线的偏移在很多软件中都有这样的功能，并且它的使用范围很大，尤其是在利用NURBS曲线创建模型时。

Offset Curve参数面板如图3-54所示。

下面对面板中的常用参数进行介绍。

◆ Normal direction（法线方向）：用于设置偏移曲线的法线方向。

➢ Active view：表示以观察的视角作为曲线偏移的基准。

➢ Geometry average：表示以参考原始曲线的状态为基准。

◆ Offset distance（偏移距离）：距离为正值或负值时会在不同的方向产生偏移。

◆ Max subdivision density（最大细分密度）：设置偏移曲线在细化时的最大分割数及偏移曲线的精度。

◆ Curve range（偏移曲线范围）：用于控制偏移曲线整体参与偏移或局部参与偏移。

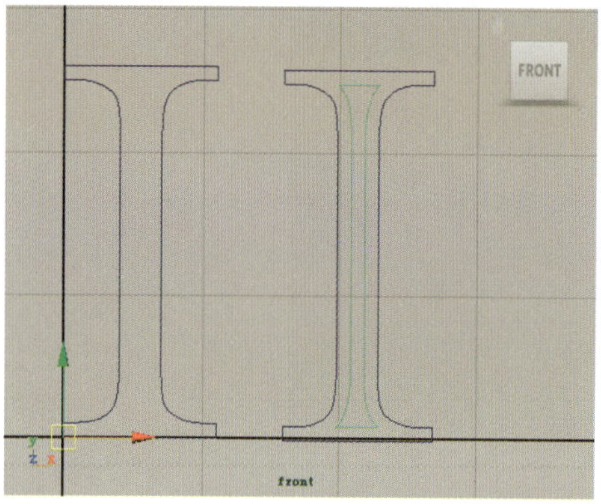

图3-53 偏移曲线的效果

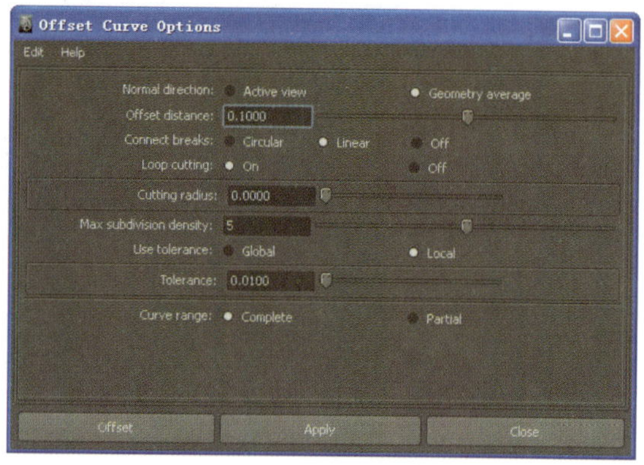

图3-54 参数面板

警告 注意Offset distance的设置，如果该数值太大，则可能导致偏移出来的曲线变形。

3.4.8 Open/Close Curves（打开/关闭曲线）

我们可以使用Open/Close Curves（打开/关闭曲线）命令，打开或关闭曲线。实际上，该工具就是将曲线编辑为闭合的曲线或开放的曲线，打开或关闭曲线的效果。

如果要打开或闭合某条曲线，则可以在视图中选中需要编辑的曲线，然后执行Edit Curves（编辑曲线）｜Open/Close Curves（打开/关闭曲线）命令即可，图3-55所示是该参数面板。

下面对面板中的属性参数进行介绍。

◆ Shape（操作形式）：用于控制关闭曲线的方式，包括Ignore（忽略）、Preserve（保护）和Blend（混合）模式。

◆ Blend Bias（融合偏移）：用于控制闭合曲线的偏移值。只有在选择Blend单选按钮后，才可以修改该参数值。

◆ Insert Knot（插入节点）：用于控制是否在关闭曲线部位添加节点。

◆ Insert Parameter（插入参数）：用来设置插入节点数目。只有在启用Insert Knot复选框后，才可以设置该参数。

◆ Keep Original（保留原始曲线）：用来控制在对曲线进行关闭操作时是否保留原曲线。

3.4.9 Cut Curve（切割曲线）

有时，我们需要将两条已经相交的曲线进行分割，这就需要用到本小节所要介绍的Cut Curve（切割曲线）命令。通过使用该命令，可以将两条相互相交的曲线在交点处分割，从而使它们成为独立的曲线，如图3-56所示。

警告 在Maya中，不能直接剪切与等位线或表面曲线重叠的自由曲线。必须先使用Duplicate Surface Curves命令创建一条独立于表面曲线或等位线的曲线，然后再利用这条曲线进行裁剪。

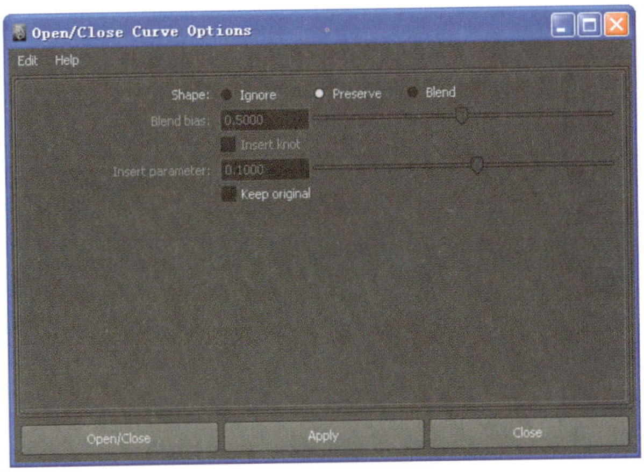

图3-55 参数面板

图3-56 切割曲线

3.4.10 Extend Curve（延伸曲线）

使用Extend Curve（延伸曲线）命令可以将一条曲线延伸。假如现在有一条曲线，我们需要将其一端“拉”一下，以满足设计的要求，此时可以利用Extend Curve工具执行延伸操作。

在视图中选择需要延伸的曲线。执行Edit Curves（编辑曲线）｜Extend（延伸）｜Extend Curve（延伸曲线）命令，并设置需要的参数，如图3-57所示。

下面介绍延伸曲线参数面板中一些主要参数的含义。

◆ Extend method（延伸方式）：为用户提供了两种基本的延伸方式，分别是Distance（按距离）和Point（按节点）两种。

◆ Extension type（延伸类型）：Maya提供了3种延伸类型，分别是Linear（线性）、Circular（环形）和Extrapolate（延伸），读者可以根据实际需要选择合适的延伸类型。

◆ Distance（距离）：根据距离来延伸曲线。

◆ Extend curve at（延伸曲线部位）：该选项区用于定义曲线的延伸位置，它提供了3个参数供我们选择，分别是Start（开始）、End（结束）和Both（两者）。

➢ Join to original：用于设置将延伸顶点加入原始曲线上。

➢ Remove multiple knots：用来删除多重节点。

➢ Keep original：保留原始曲线。

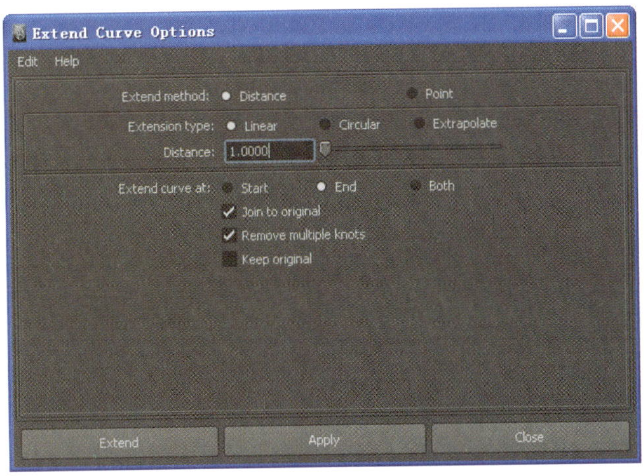

图3-57 延伸参数

3.4.11 Smooth Curve（平滑曲线）

使用Edit Curves菜单中的Smooth Curve（平滑曲线）命令，可以重新创建具有平滑路径的控制点。对于使用铅笔曲线工具创建的曲线，这一命令尤其重要。

课堂练习20：将曲线平滑

01 图3-58所示是一条使用铅笔曲线工具绘制的曲线，下面我们将在该曲线上添加Smooth Curve命令来观察效果。

02 在视图中选择曲线，执行Edit Curves（编辑曲线）｜Smooth Curve（平滑曲线）命令，从而使其光滑，此时的效果如图3-59所示。

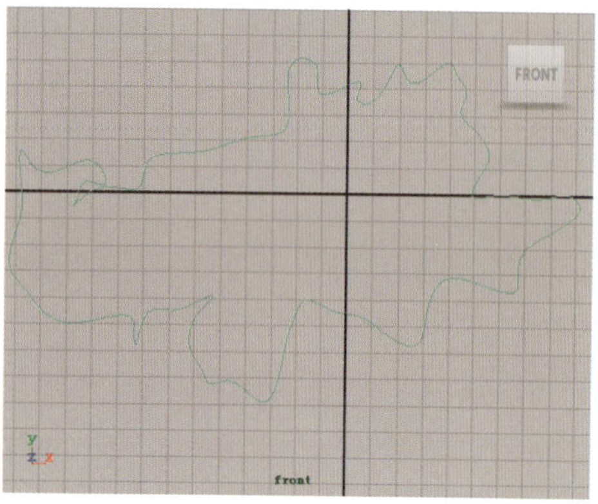

图3-58 曲线

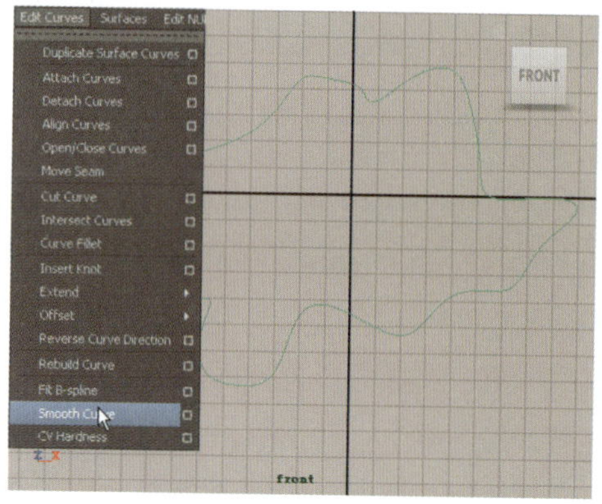

图3-59 执行平滑操作

注意：Smooth Curve（平滑曲线）命令作用于整条独立曲线或选择的曲线上。它不能作用在周期曲线、封闭曲线、表面等位线或表面曲线上。另外，使用该命令不能改变控制点的数量。

3.4.12 Reverse Curve Direction（翻转曲线方向）

该工具用于翻转曲线上CV控制点的顺序。翻转CV控制点对曲线最大的影响是反转了曲线的开始和结束点的方向，但对曲线本身的形状没有影响。使用Edit Curves（编辑曲线）｜Reverse Curves Direction（翻转曲线方向）命令可以翻转CV曲线上CV点的方向，其操作方法如下。

01 选择创建的CV曲线，执行Display（显示）｜NURBS｜CVs（控制点）命令，显示曲线控制点，如图3-60所示。

02 执行Edit Curves（编辑曲线）｜Reverse Curve Direction（翻转曲线方向）命令，在默认设置下，CV在U方向上被翻转，如图3-61所示。

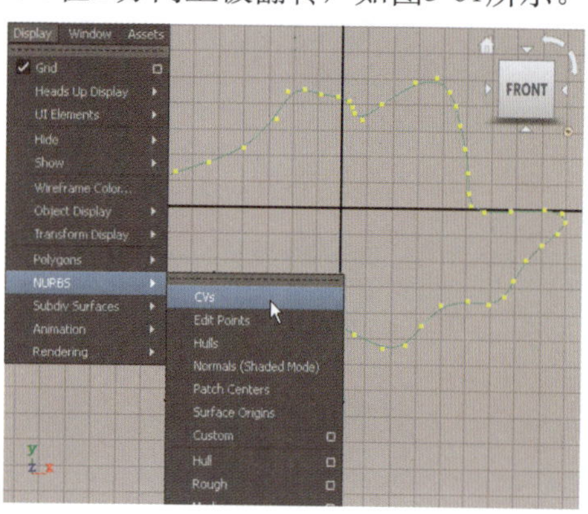

图3-60 显示控制点

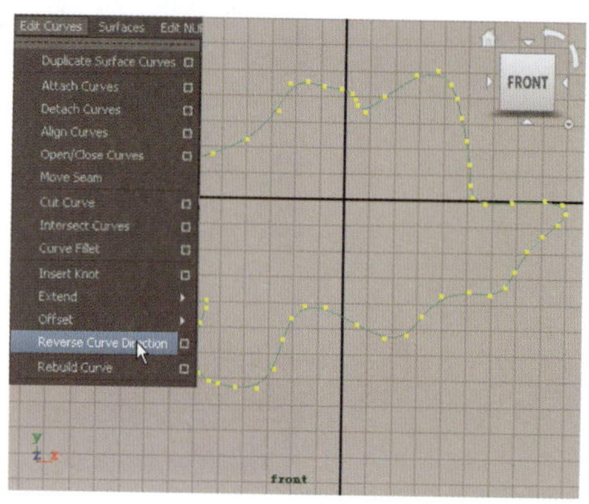

图3-61 翻转方向

3.4.13 Add Points Tool（添加点工具）

Add Points Tool（添加点工具）可以为曲线或表面曲线增加新的控制点或编辑点，控制点的添加方法如下。

01 在场景中选择一条曲线，执行Edit Curves（编辑曲线）｜Add Points Tool（添加点工具）命令，如图3-62所示。

02 在视图中单击鼠标左键，即可创建新的控制点。当操作完毕后，按键盘上的回车键完成操作，如图3-63所示。

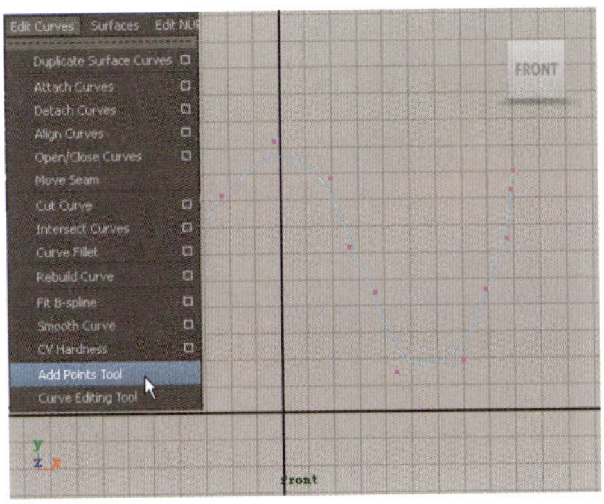

图3-62 添加控制点

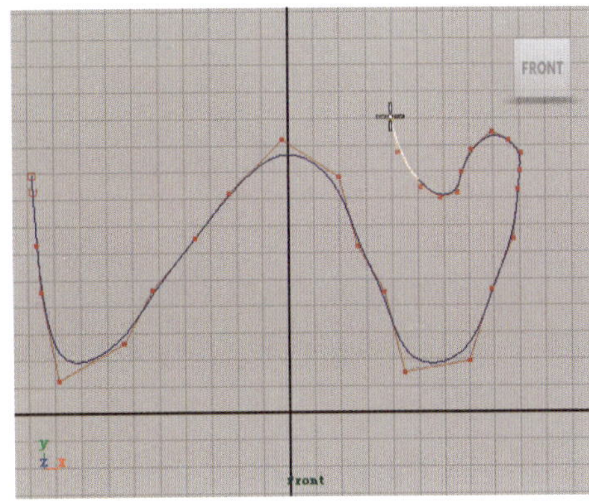

图3-63 添加点后的效果

3.4.14 CV Hardness（控制点硬度）

在Maya的NURBS中，我们还可以控制点的硬度，这个功能主要由CV Hardness（控制点硬度）命令来实现。

（1）在视图中选择曲线，并选择其中的控制点，如图3-64所示。

（2）单击Edit Curves（编辑曲线）｜CV Hardness（控制点硬度）右侧的小方块按钮，打开如图3-65所示的对话框。

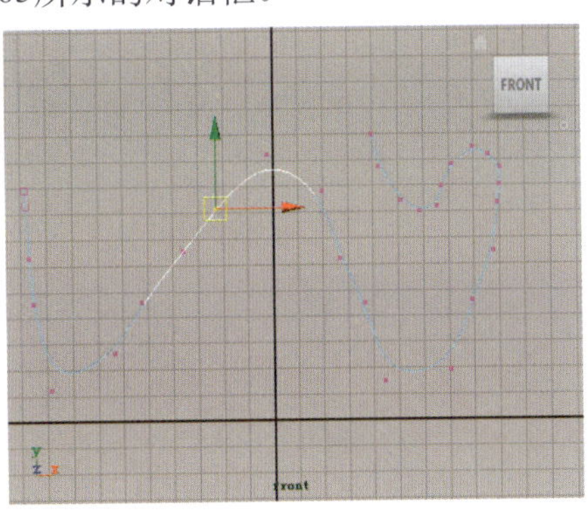

图3-64 选择控制点

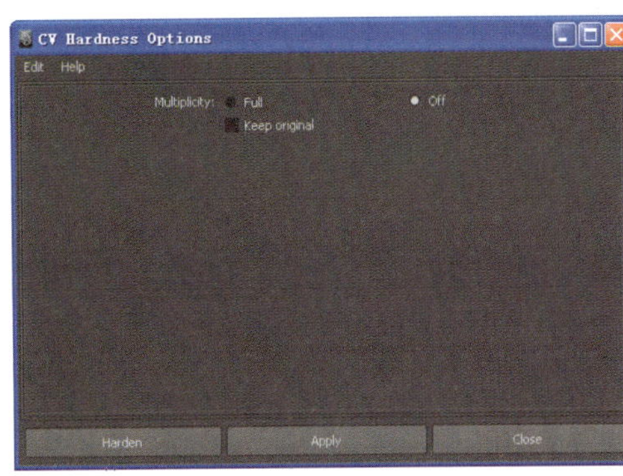

图3-65 设置参数

（3）根据需要调整参数设置，完毕后单击Harden按钮，完成控制点硬度的设置，如图3-66所示。下面是控制点硬度参数的简介。

◆ Multiplicity（多样性）

在默认的设置下，曲线的最后一个控点有3个多样性因素，它们之间的弧有一个多样性因素。要想改变内部控点的多样性，使其从1到3，则需要选择Full（全部）单选按钮。改变多样性因素使其从1到3时，每条可控边上至少有两个控制点，而且可控边有一个多样性因素。Off（关闭）用于改变曲线内部的多样性，使其从3到1。

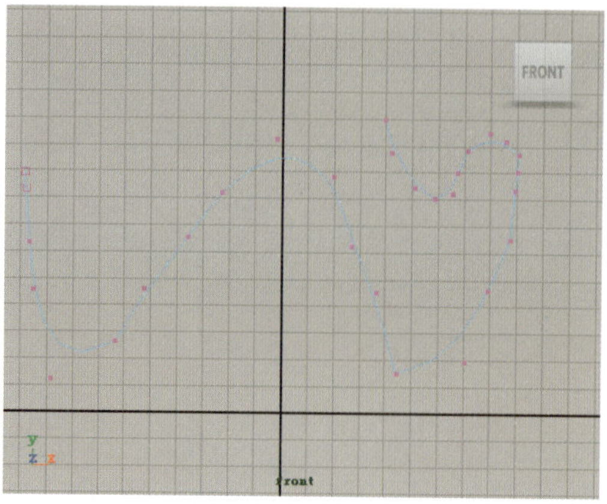

图3-66 硬度效果

◆ Keep Original（保持原始）

在改变Multiplicity设置后，Keep Original用于设置是否保持原始曲线或表面。启用该复选框，则表示保持原物体。

3.4.15 Curve Editing Tool（曲线编辑工具）

对于大多数人而言，最关心的可能是曲线形状的调整。实际上，对于NURBS建模来说，曲线形状的调整是不可避免的。默认情况下，可以通过Curve Editing Tool（曲线编辑工具）命令打开一个对话框，并使用其中的操作器来调整曲线的形状。操作方法如下。

01 执行Edit Curves（编辑曲线）| Curve Editing Tool（曲线编辑工具）命令，进入如图3-67所示的编辑环境（注意鼠标指针的变化）。

02 通过拖曳激活的操纵器手柄，就可以编辑曲线点的位置和线的形状，如图3-68所示。

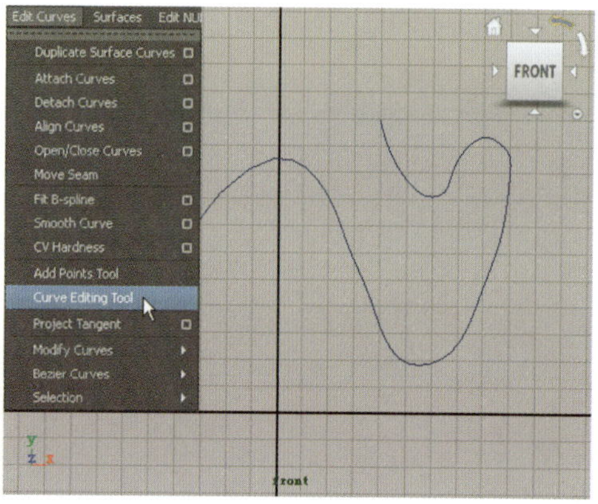

图3-67 进入编辑环境

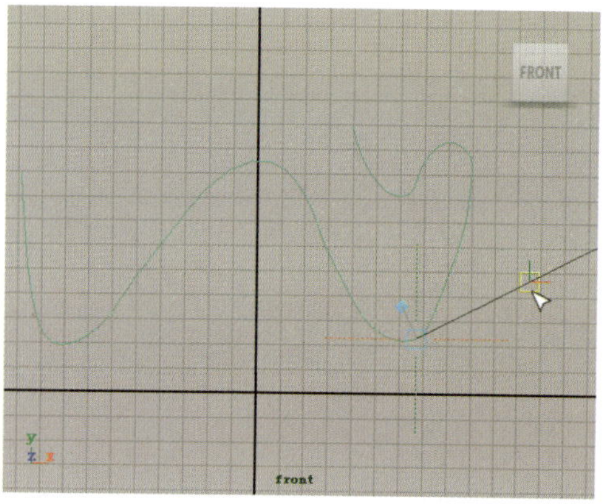

图3-68 调整曲线形状

03 如果要调整曲线的切线，那么曲线的正切是曲线在指定点上的斜率，单击并拖动操作手柄，可以变换或旋转曲线的切线。

3.4.16 Modify Curves（修改曲线）

在Maya 2011中，我们可以使用Modify Curves子菜单中的命令，对已经创建的曲线进行修改，但不改变曲线点的数量。修改曲线共分为7种工具：Lock Length（锁定长度）、Unlock Length（解锁长度）、Straighten（拉直）、Smooth（平滑）、Curl（卷曲）、Bend（弯曲）和Scale Curvature

（缩放曲率），如图3-69所示。下面对这几种工具进行简单介绍。

◆ Lock Length（锁定长度）：用于锁定曲线长度，曲线上的点只能在锁定曲线长度范围内移动。

◆ Unlock Length（解锁长度）：用于解除曲线长度的锁定。

◆ Straighten（拉直）：用来将弯曲的直线拉直。在该命令属性设置面板中，Straightness用于设置拉伸率，数值为1时，为直线，数值小于1时，是直线，大于1会拉伸过度。拉直方向为曲线起点的切线方向。

◆ Preserve Length：表示曲线在过度拉伸变形情况下保证长度不变。

◆ Smooth（平滑）：用于使曲线弯曲程度趋向平缓，如图3-70所示。

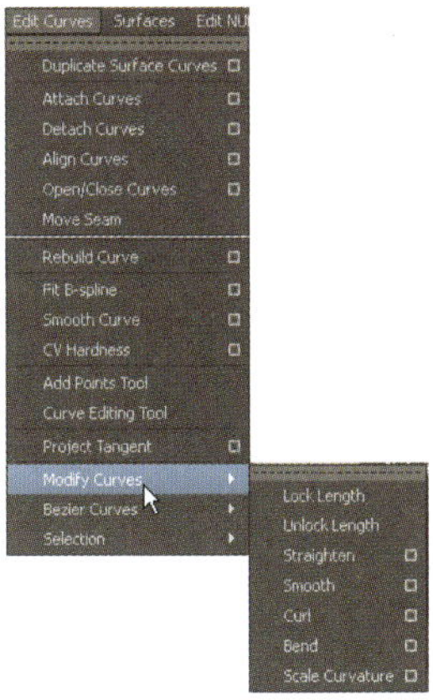

图3-69 曲线修改工具

◆ Curl（卷曲）：用于控制整条曲线从中间位置卷曲，曲线起始点固定不动。在该命令属性面板中，包括Curl Amount（卷曲强度）和Curl frequency（卷曲频率）属性。

◆ Bend（弯曲）：用于固定曲线起始点，拉动曲线末端点进行弯曲操作。在该命令属性面板中，包括Amount（强度）和Twist（扭曲）属性。

◆ Scale Curvature（缩放曲率）：用于改变弯曲曲线的曲率。在该命令属性面板中，包括Scale factor和Max Curvature属性。图3-71所示为曲线的弯曲效果。

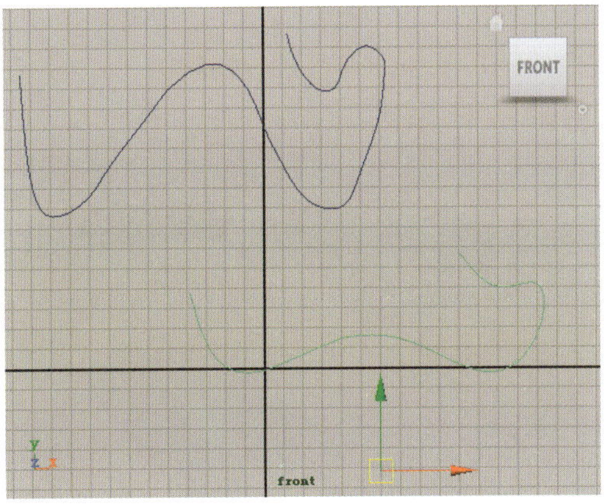

图3-70 曲线的平滑

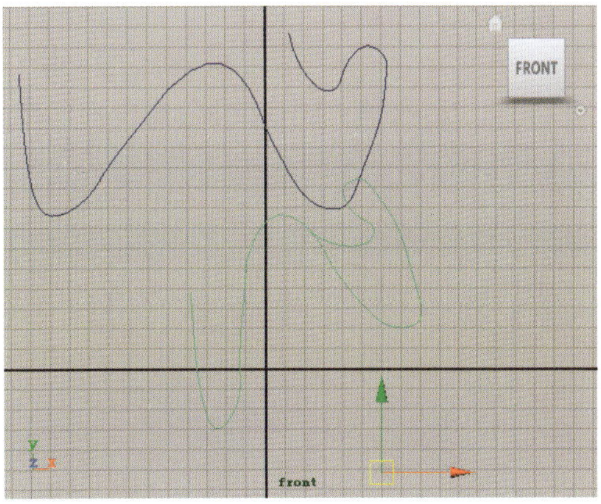

图3-71 曲线弯曲前后效果对比

3.4.17 Move Seam（移动接缝）

Move Seam工具用于移动闭合曲线上的起始点，曲线的起始点直接关系到曲面的形成。用户可以在曲线上单击鼠标右键，在弹出的菜单中选择Curve Point选项，然后在曲线上单击，确定新的起始点位置，再执行Edit Curves（编辑曲线）| Move Seam（移动接缝）命令即可。

3.4.18 Project Tangent（映射相切）

Project Tangent工具可以改变一条曲线端点的正切率，使其与另外两条相交曲线或一个曲面的正切率一致。曲线一端必须与两条曲线的交点或与曲面的一条边重合。

课堂练习21：映射相切

01 在场景中创建几条相互间有重合交点的曲线，如图3-72所示。

02 使用放样工具，将其中的曲线转化为曲面，然后，先选中其中一条曲线，再选中其中一个曲面，如图3-73所示。

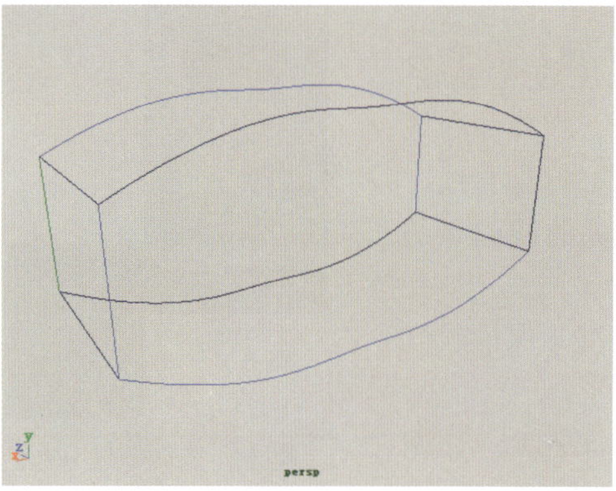

图3-72 创建相交曲线

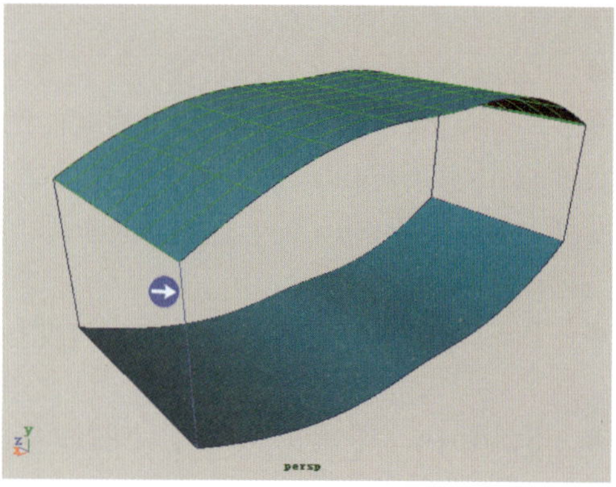

图3-73 选择曲线和曲面

技巧：在创建两条或多条有重合交点的相交曲线时，可以首先创建两条曲线，然后执行创建曲线命令，按住键盘上的C键不放，在创建的其中一条曲线上单击并拖动鼠标，以创建新控制点并确定其位置；然后，按住C键不放，再在另一条曲线上单击，即可在两条曲线间创建一条连接曲线。

03 单击Edit Curves（编辑曲线）| Project Tangent（映射相切）命令右侧的小方块按钮，打开工具属性设置面板，如图3-74所示。

04 选择Curvature单选按钮并启用Keep Original复选框。

05 单击Project按钮，此时观察投影切线与原曲线的变化，如图3-75所示。

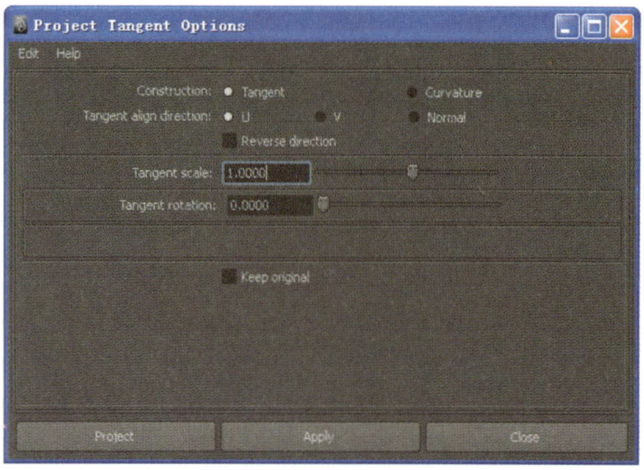

图3-74 工具属性设置面板

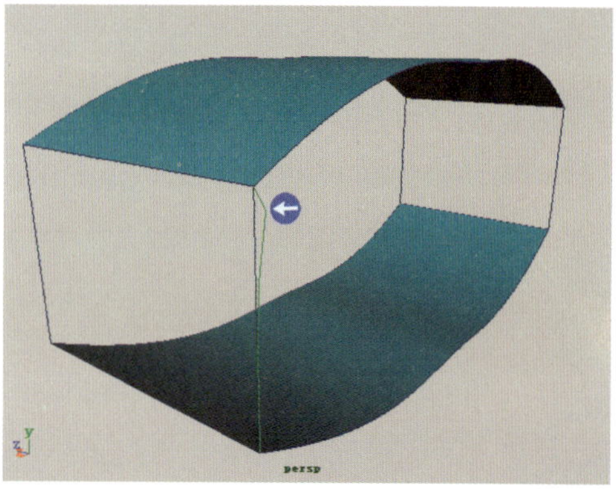

图3-75 形成的切线效果

参数简介

在这里对映射相切属性面板中的参数进行介绍。

◆ Construction（构建）：用于控制切线的构建方式。Tangent表示切线模式；Curvature表示曲率模式。

◆ Tangent align direction（切线对齐方向）：用于设置对齐的不同切线方向。其中，U表示依照曲面的U方向或选择相交曲线的第一条；V表示依照曲面的V方向或选择相交曲线的第二条；Normal表示对齐曲线的法线到曲面或相交曲线的垂线。

◆ Reverse direction（反转切线方向）：用来反转曲线切线方向。

◆ Tangent scale（切线的缩放）：用于设置切线的缩放比例。

◆ Tangent rotation（切线旋转）：用于设置切线的旋转。

3.4.19 Rebuild Curve（重建曲线）

Rebuild Curve命令用于对构建好的曲线上的点进行重新修正，即将曲线所有顶点进行重新分布，从而达到对曲线进行重建处理。

课堂练习22：曲线的重建操作

01 在Side视图中绘制一条轮廓曲线，按F8键进入点显示模式，查看其顶点分布，如图3-76所示。

02 再按F8键进入其选择状态，执行Edit Curves（编辑曲线）| Rebuild Curve（重建曲线）命令，对曲线的顶点进行重建操作。此时再观察曲线的顶点数目和光滑度，如图3-77所示。

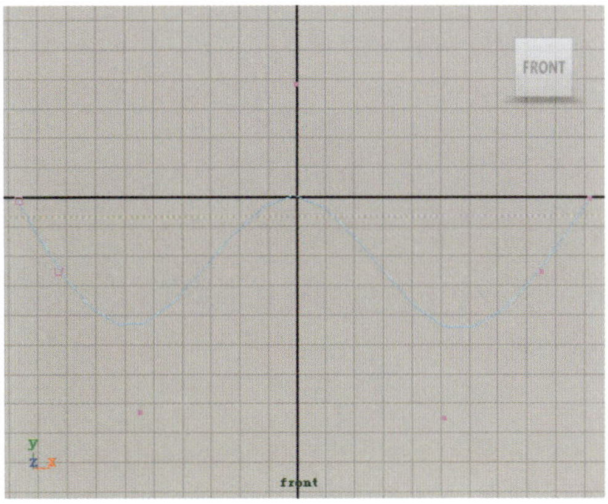

图3-76 创建曲线

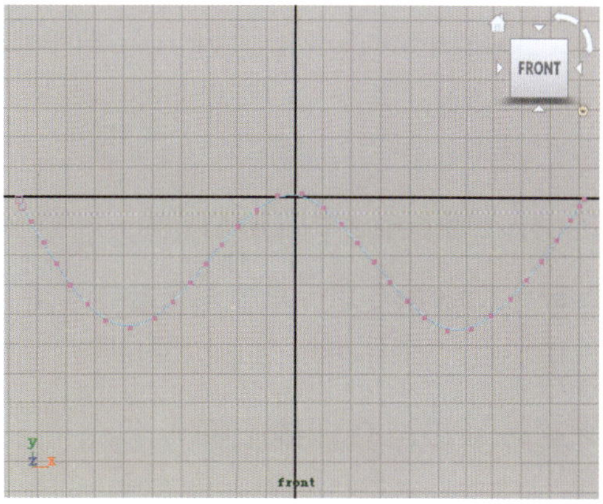

图3-77 曲线重建效果

参数简介

在对曲线进行重建操作时，可以根据实际需要设置其属性参数，以调整曲线的重建效果。单击Edit Curves（编辑曲线）| Rebuild Curve（重建曲线）右侧的小方块按钮，打开其属性参数设置面板，如图3-78所示。

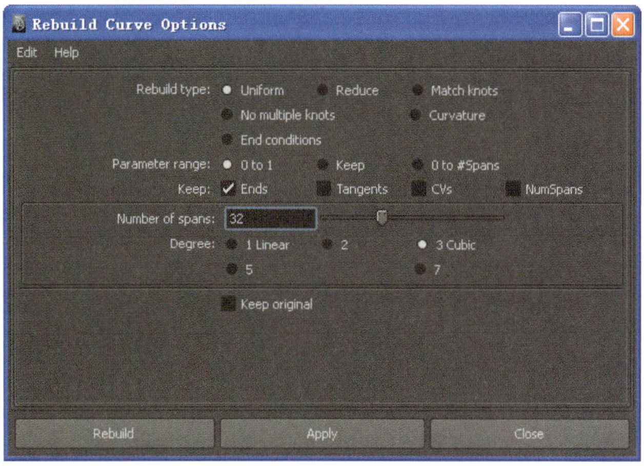

图3-78 重建曲线属性设置面板

下面对面板中的一些选项说明如下：

- ◆ Rebuild type（重建类型）：用来设置曲线的重建类型。
- ➢ Uniform：表示使用相同参数均匀重建曲线。
- ➢ Reduce：表示简化曲线精度，通过设置Tolerance值来简化曲线。

➢ Match knots：通过设置一条参考曲线来重建原曲线，重复执行，此时原曲线将无穷趋向于参考曲线形状。

➢ No multiple knots：通过删除曲线上的多重点来简化曲线点数，但不保持曲线精度。

➢ Curvature：为曲线添加更多的编辑点，可以增高曲线的曲率和提高精度。

➢ End conditions：将曲线的重点指定后除去重合点。

◆ Parameters range（参数范围）：用来设置重建曲线的参数。其中Keep表示保持曲线原参数范围。

◆ Keep（保持）：设置重建曲线对原曲线保留的内容，有Ends、Tangents、CVs和Num-Spans。

◆ Number of spans（分段数）：用于设置重建曲线的分段数。

◆ Degree（精度）：设置曲线的精度。但只有在Rebuild type属性下的Uniform选项被激活的情况下，该选项才可以使用。

3.4.20 Insert Knot（插入节点）

Insert Knot命令用于在曲线指定位置插入新的节点。该命令不改变曲线的基本形状，但可以增加曲线的段数，细化曲线。曲线上的新节点可以是Editors Point或CV点。

课堂练习23：在曲线上插入节点

01 在场景中绘制一条含有11个节点的曲线，单击鼠标右键，在弹出的菜单中选择Curves Point选项，然后，再在曲线上连续单击，创建4个黄色的定位点，如图3-79所示。

02 执行Edit Curves（编辑曲线）| Insert Knot（插入节点）命令，然后，再进入曲线的点显示模式，可以看到曲线的4个定位点处添加了4个节点，如图3-80所示。

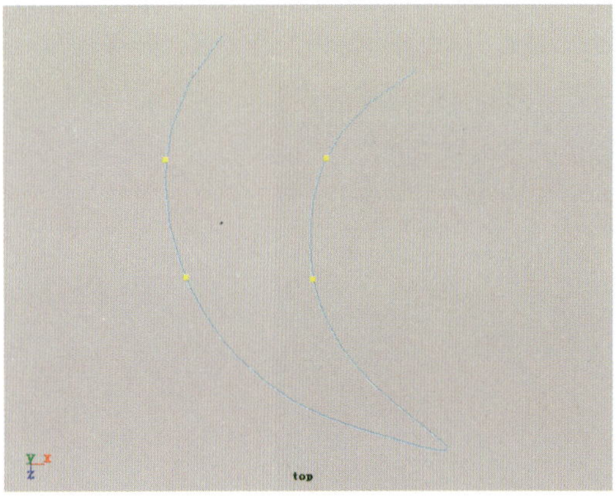

图3-79 创建定位点

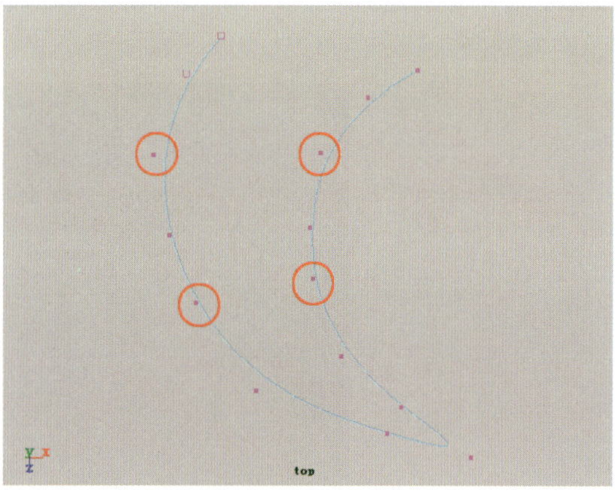

图3-80 添加节点

参数简介

曲线节点的位置和数量，可以通过属性面板中的具体参数来调节。单击Edit Curves（编辑曲线）|Insert Knot（插入节点）命令右侧的小方块按钮，打开其属性设置面板，如图3-81所示。

下面简单介绍该参数面板中的参数。

◆ Insert location：设置插入点的方式。At selection是在用户选择位置插入；Between selections是在被选择的原节点处插入新节点。

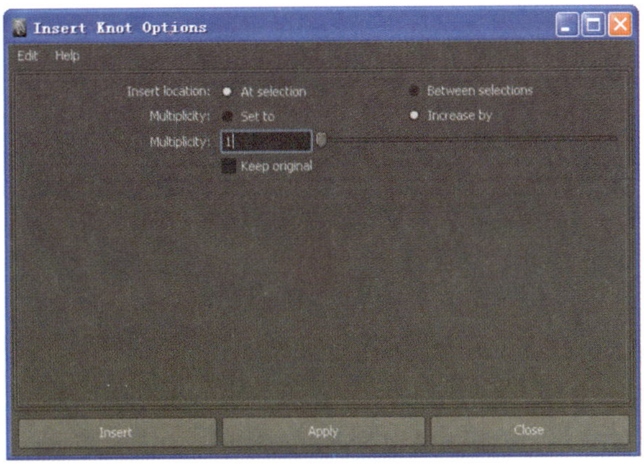

图3-81 参数简介

◆ Multiplicity：设置插入新点模式。Set to模式是按照设置好的数值进行插入，原位置的点将被新节点代替；Increase by是按照设置好的数值插入新节点，原节点保留。

◆ Keep original：启用该复选框将保留原曲线不动，只改变复制出的新曲线的节点。这样能够对一条曲线做多次不同改变。

第4章　NURBS曲面建模

4.1　NURBS曲面建模基础

NURBS曲面建模最大的优势是表面精度的可调性，在不改变外形的前提下可以自由地控制曲面的精细程度。在Maya中，NURBS曲面建模主要用于工业造型和生物有机模型的创建，图4-1所示为利用NURBS曲面建模技术创建的生物角色模型。

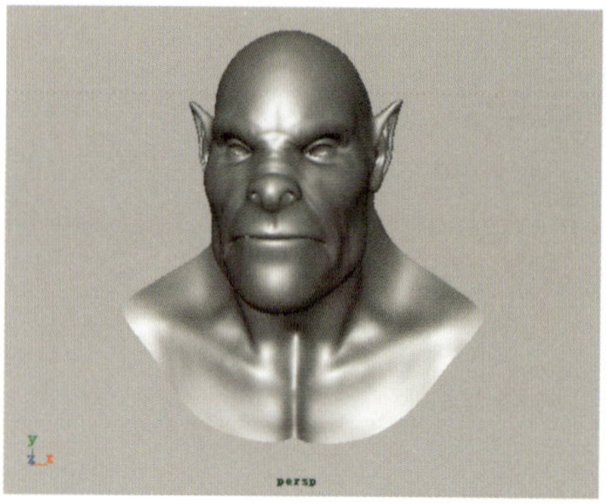

图4-1 NURBS模型

4.1.1 NURBS曲面概念

曲面是由曲线组成的物体，NURBS曲面是通过参数化定义的，通过编辑NURBS的曲面，组成复杂的NURBS模型。曲面的形成依赖于曲线，用户通过定义曲线来生成曲面。在Maya中可以通过曲线生成曲面，也可以直接创建NURBS几何体。

4.1.2 NURBS曲面的构成元素

一个完整的NURBS曲面由控制点、Isoparms（等位线）、曲面点、Hull（壳线）、曲面等元素组成。

4.2　创建NURBS几何体

在Maya 2011中，关于曲面的创建有两种方法：一种是使用命令或工具架上的创建工具创建曲面基本体，也就是NURBS基本体；另一种方法是使用曲线来生成一些比较复杂的曲面。

Maya中的NURBS基本元素是常用的几何形状。例如，球体、立方体、圆柱体、圆锥台和平面等，如图4-2所示。

提示：在介绍曲面的创建之前，首先要让大家明白曲线和曲面。NURBS是用数学方式描述包含在物体表面上的曲线或样条。而NURBS表面的基础是NURBS曲线。如果读者想成为NURBS建模高手，那么必须先成为NURBS曲线高手。在Maya中，曲线不被渲染，只能通过它来控制表面。NURBS是所有曲线中表现最好的。当读者想要调节这些表面时，可以很容易地将它们放到恰当的位置。

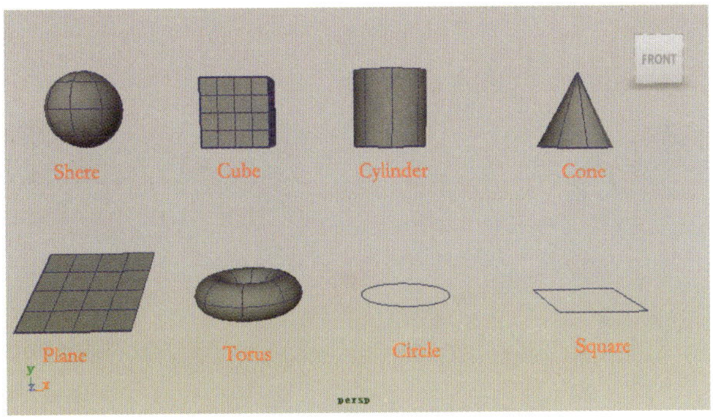

图4-2 NURBS基本几何体

对于曲面基本体而言，所有几何体的课堂练习基本一致，本节将向大家介绍曲面基本体的创建。

4.2.1 Sphere（球体）

单击Create（创建）| NURBS Primitives（NURBS基本体） | Sphere（球体）右侧的小方块按钮，在打开的面板中设置Sphere的参数，如图4-3所示。

完成对NURBS Sphere属性参数的设置，然后单击Create按钮，即可创建一个球体。如图4-4所示。

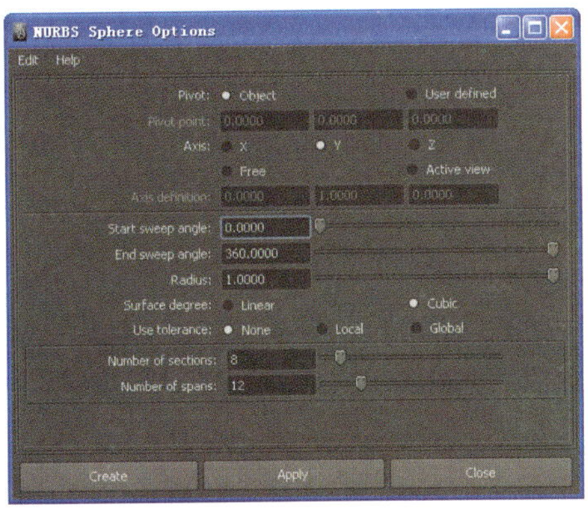

图4-3 Sphere参数设置

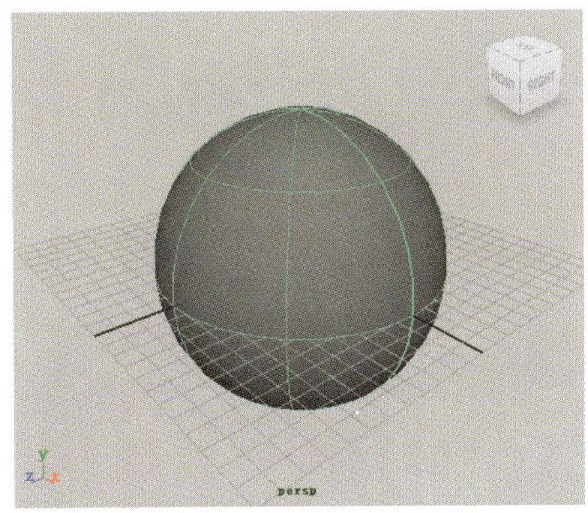

图4-4 创建球体

提示：除了这种方法外，通常情况下，可以在NURBS模块的工具架上单击按钮，快速创建一个球体。

参数简介

◆ Pivot（轴心）

轴心设置给物体，而基本元素是建立在原点。

◆ Axis（坐标轴）

坐标轴用于定义一个物体在场景中的具体位置。

技巧：读者可以在其面板中选中Free单选按钮，启动*x*、*y*、*z*轴定义，然后在其下的文本框中输入新值来确定自己的轴方向。选择Active view建立物体垂直于当前正交视图。当前视图是摄影机或透视视图时，Active view选项没有效果。

◆ Start sweep angle（开始旋转角度）

主要控制球体起始边的旋转角度，图4-5所示是将该值设置为60的球体效果。

◆ End sweep angle（结束旋转角度）

主要控制球体结束边的旋转角度，默认设置为360°，图4-6所示是将其更改为240°的球体效果。

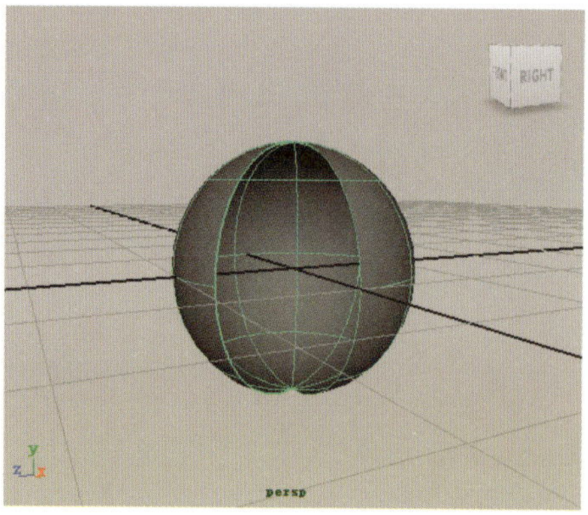

图4-5 Start sweep angle

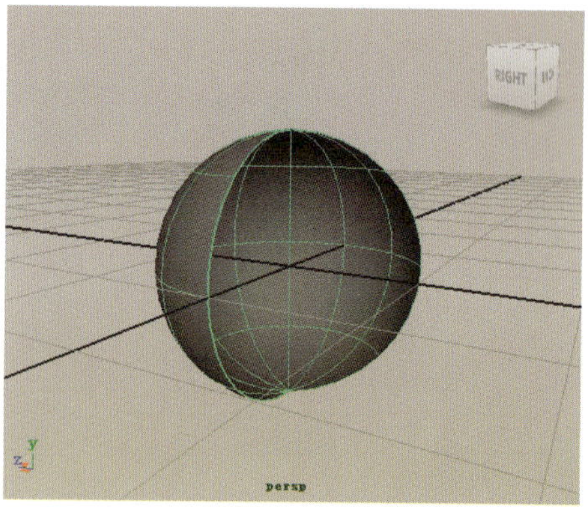

图4-6 End sweep angle

◆ Radius（半径）

Radius用于设置球体半径的大小，该数值越大，球体就越大。

◆ Surface Degree（表面曲度）

用于设置球体表面的曲度，Maya提供了两种基本的方式，分别是Linear（线性）和Cubic（三次元），它们的效果如图4-7所示。

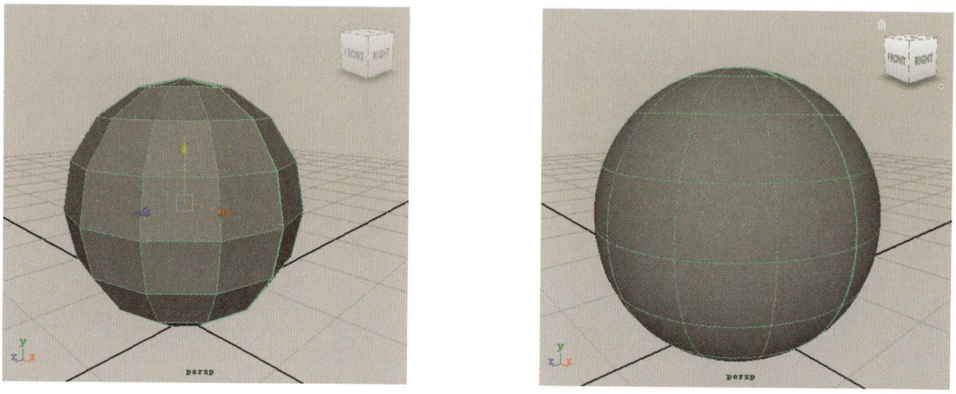

图4-7 表面曲度对比效果

◆ Use tolerance（使用公差）

该选项用来设置图形的精度，数值越低，精度越高。

◆ Number of sections（V向分段数）

该选项用于设置球体在纵向上曲线的数量。

◆ Number of spans（U向分段数）

该选项用于设置球体表面在横向上曲线的数量。

4.2.2 Cube（立方体）

单击Create（创建）| NURBS Primitives（NURBS基本体）| Cube（立方体）右侧的小方块按钮，在打开的面板中设置Cube的参数，如图4-8所示。

完成对Cube属性参数的设置，然后单击Create按钮，即可创建一个立方体，如图4-9所示。

提示：除了这种方法外，通常情况下，可以在NURBS模块的工具架上单击按钮，快速创建一个立方体。

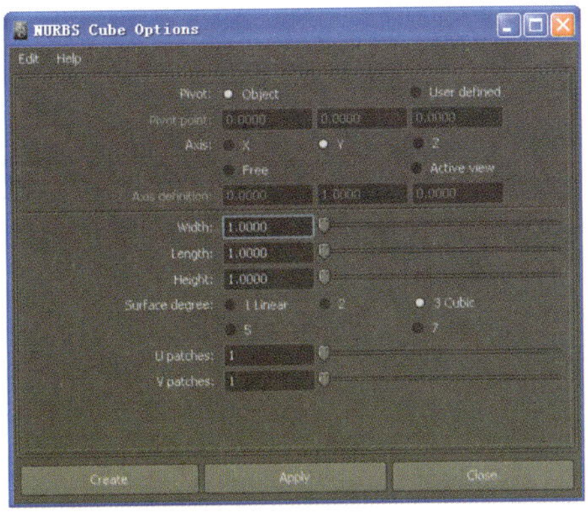

图4-8 Cube参数设置

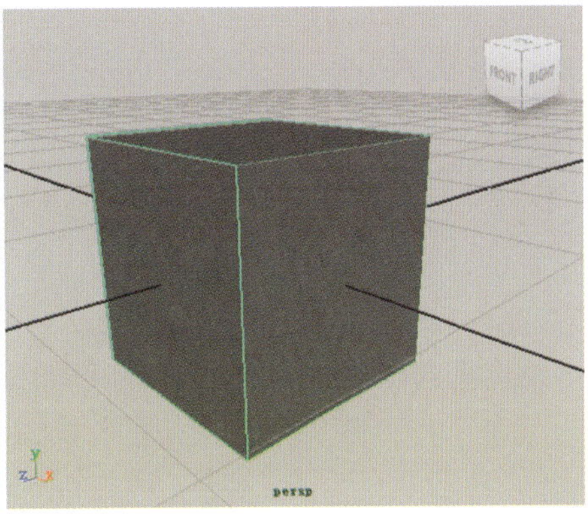

图4-9 创建立方体

立方体有6个侧面，每个都是可选的，如图4-10所示。读者可以在视图中选择立方体的侧面，或在Outliner窗口中选择它的名称。

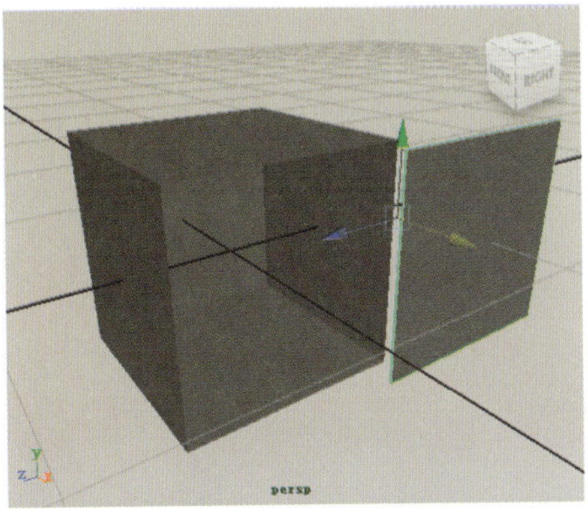

图4-10 选择立方体的侧面

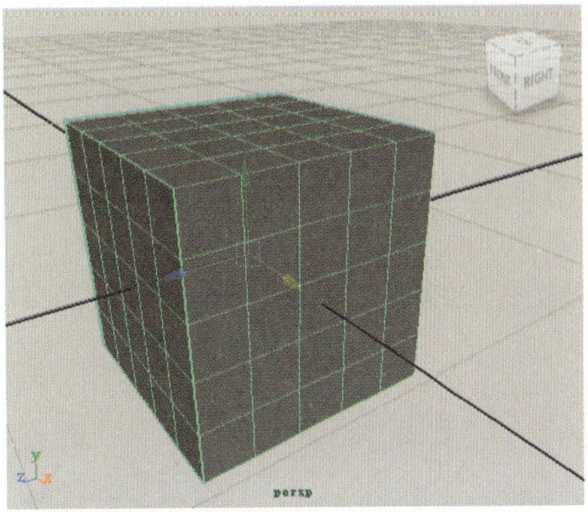

图4-11 自定义U/V面片数

参数简介

◆ Surface degree（曲面度数）

设置不同类型的曲面度数。

◆ U/V patches（U/V面片数）

设置U/V方向上的面片数目，图4-11所示为自定义U/V的面片数。

4.2.3 Cylinder（圆柱体）

单击Create（创建）| NURBS Primitives（NURBS基本体）| Cylinder（圆柱体）右侧的小方块按钮，在打开的面板中设置Cylinder的参数，如图4-12所示。

完成对Cylinder属性参数的设置，然后单击Create按钮，即可创建一个圆柱体，如图4-13所示。

提示：除了这种方法外，通常情况下，可以在NURBS模块的工具架上单击按钮，快速创建一个圆柱体。

参数简介

◆ Surface degree（曲面度数）

设置曲面的平滑类型，可以产生棱柱和圆柱两种类型。Linear生成1度曲面为棱柱，Cubic生成3度曲面为圆柱，如图4-14所示。

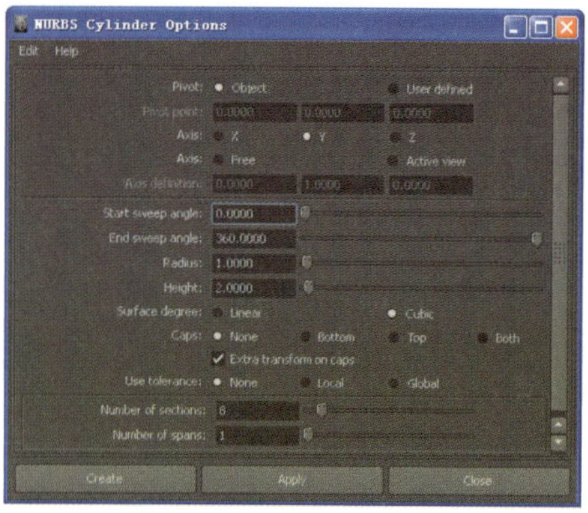

图4-12 Cylinder参数设置

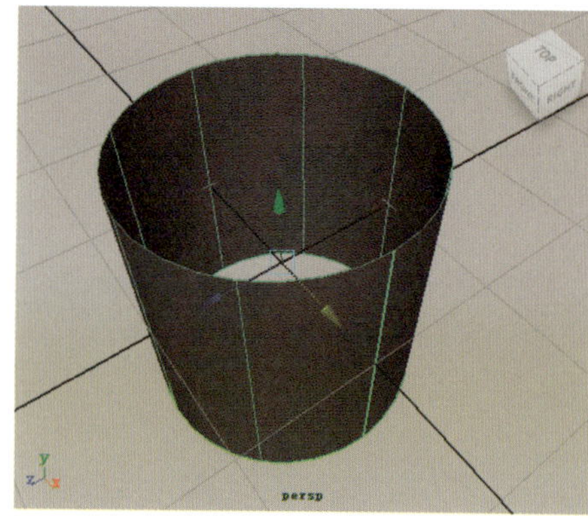

图4-13 创建圆柱体

◆ Caps（封盖）

是指圆柱体两端是否封闭，默认为None，只创建圆桶。

◆ Bottom（底）

创建底盖。

◆ Top（顶）

创建顶盖。

◆ Both（全部）

创建顶盖和底盖，如图4-15所示。

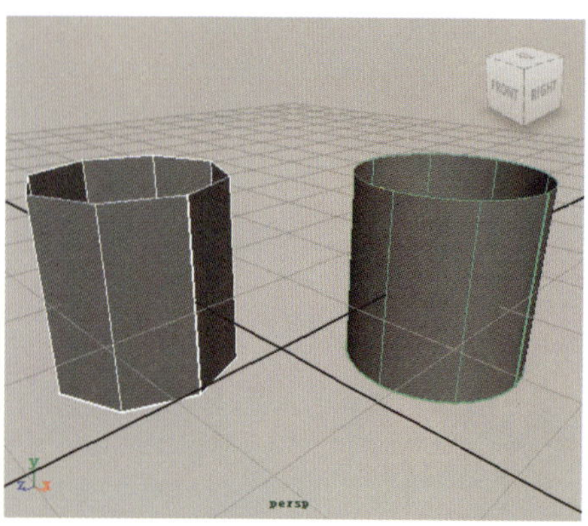

图4-14 不同曲面度数的对比效果

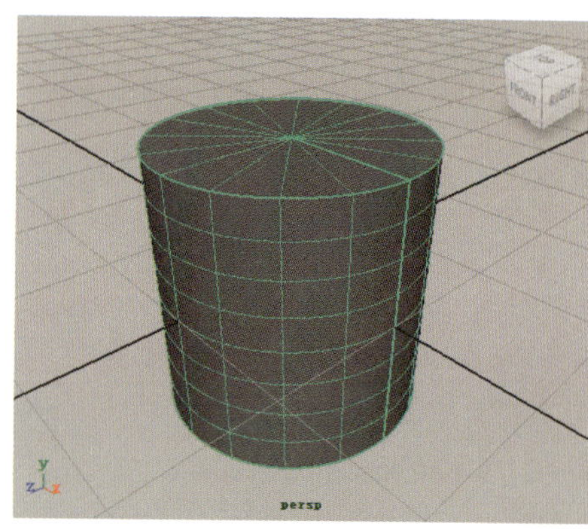

图4-15 创建封盖圆柱体

◆ Extra transform on caps（添加盖变换）

启用该项时，创建的圆柱体底面可以使用移动工具移动。

◆ Number of sections/spans（剖面/片段分段数）

分别设置圆柱体水平和垂直方向上的片段划分数。

◆ Radius/Height（半径/高度）

分别设置圆柱体的底面半径大小和高度。

4.2.4 Cone（圆锥体）

单击Create（创建）| NURBS Primitives（NURBS基本体）| Cone（圆锥体）右侧的小方块按钮，在打开的面板中设置Cone的参数，如图4-16所示。

完成对Cone属性参数的设置，然后单击Create按钮，即可创建一个圆锥体，如图4-17所示。

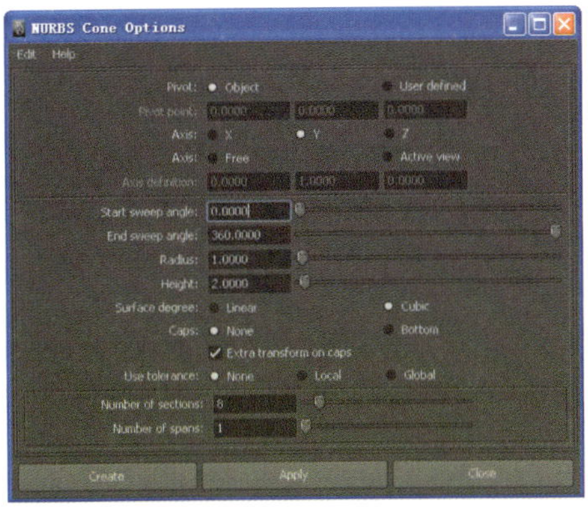

图4-16 Cone参数设置

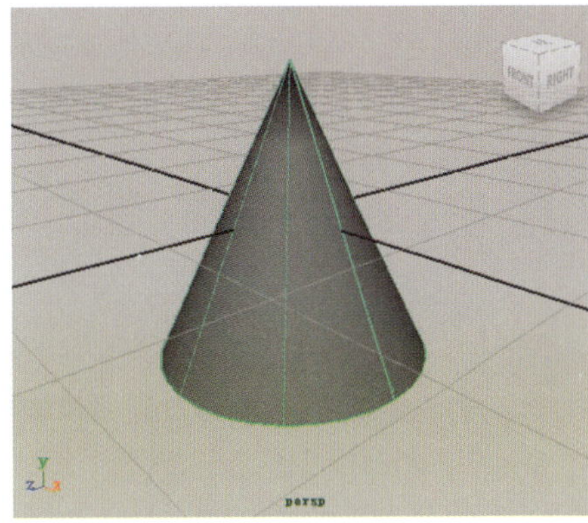

图4-17 创建圆锥体

提示：除了这种方法外，通常情况下，可以在NURBS模块的工具架上单击按钮，快速创建一个圆锥体。

参数简介

◆ Surface degree（曲面度数）

设置曲面的平滑类型，可以产生棱锥和圆锥两种类型。Linear生成1度曲面为棱锥，Cubic生成3度曲面为圆锥。

◆ Caps（封盖）

设置是否产生椎体的底面，默认为None，只创建锥面；Bottom可以创建出锥体底面。

◆ Extra transform on caps（添加盖变换）

启用该项时，创建的圆锥体底面可以使用移动工具移动。

◆ Number of sections/spans（剖面/片段分段数）

分别设置圆锥体环向和轴向方向的片段划分数。

◆ Radius/Height（半径/高度）

分别设置圆锥体的底面半径大小和高度。

4.2.5 Plane（平面）

单击Create（创建）| NURBS Primitives（NURBS基本体） | Plane（平面）右侧的小方块按钮，在打开的面板中设置Plane的参数，如图4-18所示。

完成对Plane属性参数的设置，然后单击Create按钮，即可创建一个平面，如图4-19所示。

提示：除了这种方法外，通常情况下，可以在NURBS模块的工具架上单击按钮，快速创建一个平面。

参数简介

下面介绍Plane（平面）的属性及参数设置。

◆ Surfaces degree（曲面度数）

设置不同的曲面度数。Linear生成1度曲面，Cubic生成3度曲面。

◆ U/V patches（U/V向面片数）

设置U向和V向上的片段划分数。

◆ Width/Length（宽度和长度）

分别设置平面的宽度和长度大小。

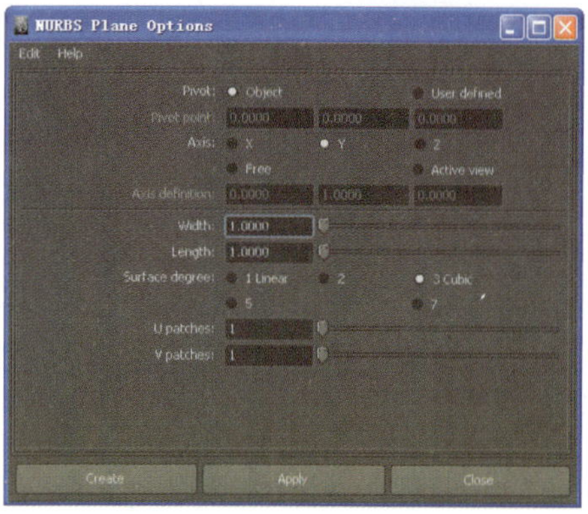

图4-18 Plane参数设置

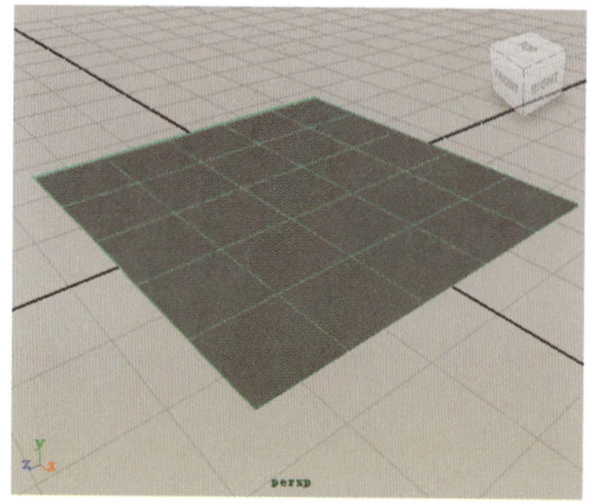

图4-19 创建平面

4.2.6 Torus（圆环）

单击Create（创建）| NURBS Primitives（NURBS基本体）| Torus（圆环）右侧的小方块按钮，在打开的面板中设置Torus的参数，如图4-20所示。

完成对Torus属性参数的设置，然后单击Create按钮，即可创建一个圆环，如图4-21所示。

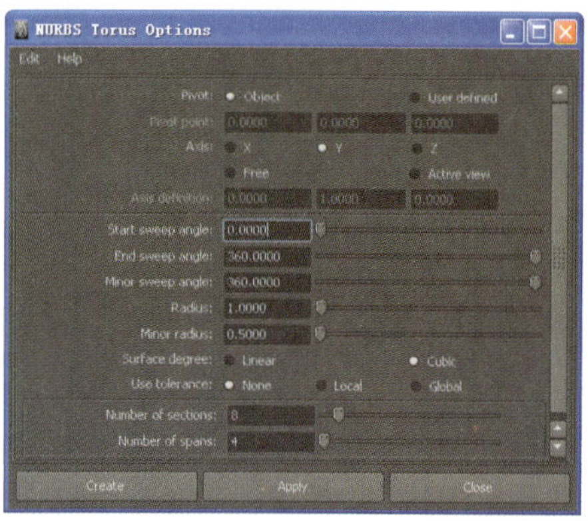

图4-20 Torus属性设置

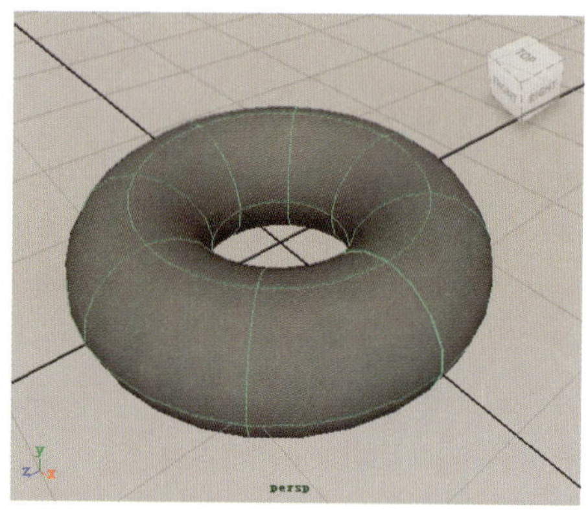

图4-21 创建（Torus）

> 提示：除了这种方法外，通常情况下，可以在NURBS模块的工具架上单击按钮，快速创建一个圆环。

参数简介

◆ Minor sweep angle（辅助包裹角）

设置界面圆周上的角度值。

◆ Minor radius（辅助半径）

设置圆形半径的大小，以产生不同粗细的圆环。

4.2.7 Circle（圆形）

单击Create（创建）| NURBS Primitives（NURBS基本体）| Circle（圆形）右侧的小方块按钮，在打开的面板中设置Circle的参数，如图4-22所示。

完成对Circle（圆形）属性参数的设置，然后单击Create按钮，即可创建一个圆形，如图4-23所示。

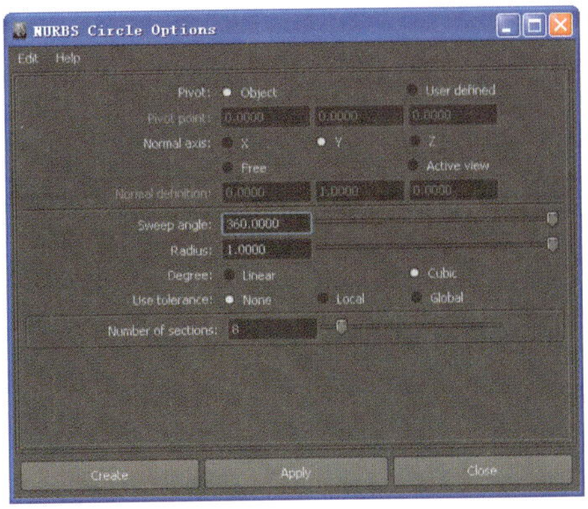

图4-22 Circle参数设置

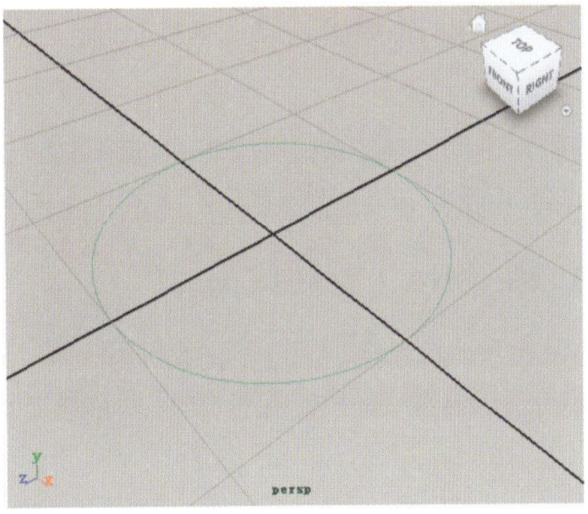

图4-23 创建Circle

参数简介

◆ Sweep angle（包裹角）

设置圆形的角度值，产生标准的圆弧。

◆ Degree（度数）

设置不同的圆形类型，Linear为1度曲线，产生多边形，Cubic为3度曲线。

◆ Number of sections（分段数）

设置圆周上的片段划分数。

4.2.8 Square（方形）

单击Create（创建）| NURBS Primitives（NURBS基本体）| Square（方形）右侧的小方块按钮，在打开的面板中设置Circle的参数，如图4-24所示。

完成对Square（方形）属性参数的设置，然后单击Create按钮，即可创建一个方形，如图4-25所示。

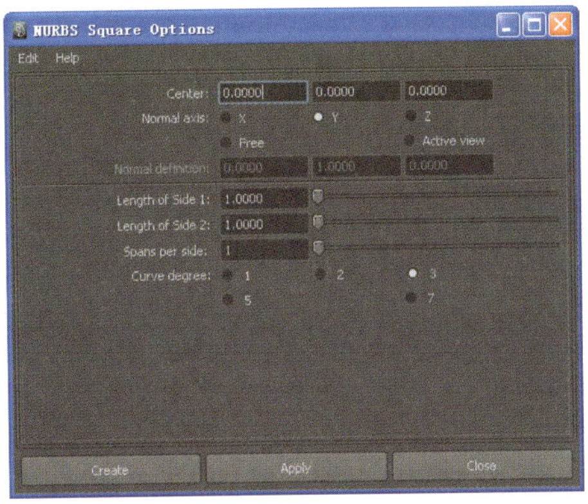

图4-24 Square参数设置

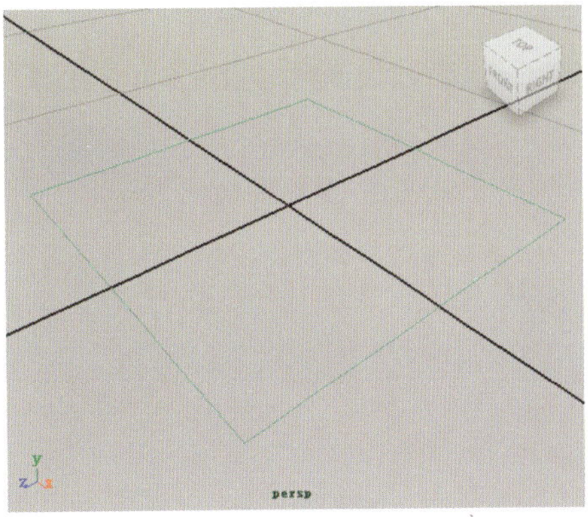

图4-25 创建Square

参数简介

◆ Curve degree（曲线度数）

设置曲线的精度类型。

◆ Spans per side（每边段数）

设置每条边上的片段划分数，Degree（度数）为-1时，即为每边上的CV控制点数。

◆ Length of side1（1边边长）

设置1边的边长，而Length of side 2（2边边长）设置另一条边的边长。

4.3 一般成型

本节将向大家介绍利用曲线成型的一般方法，包括Revolve（旋转成面）、Loft（放样成面）、Planar（平面），以及Extrude（挤出曲面）等。

4.3.1 Revolve（旋转成面）

Revolve（旋转成面）工具利用一个二维图形，通过某个轴向进行旋转，可以产生一个三维几何体，这是一种通用的建模方法，例如，使用这种方法可以制作一个苹果、茶杯等具有轴对称特性的物体。

课堂练习24：利用旋转成面命令创建酒杯

01 在视图中绘制一条曲线并调整其形状，如图4-26所示。

02 选中该曲线并执行Surfaces（曲面）| Revolve（旋转成面）命令，打开Revolve命令选项面板，如图4-27所示。

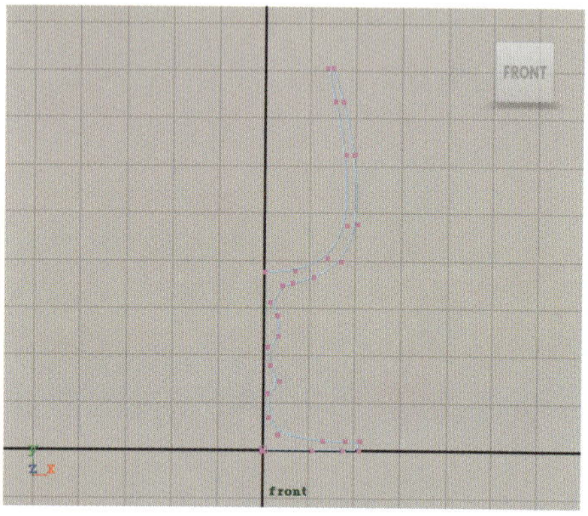

图4-26 绘制曲线

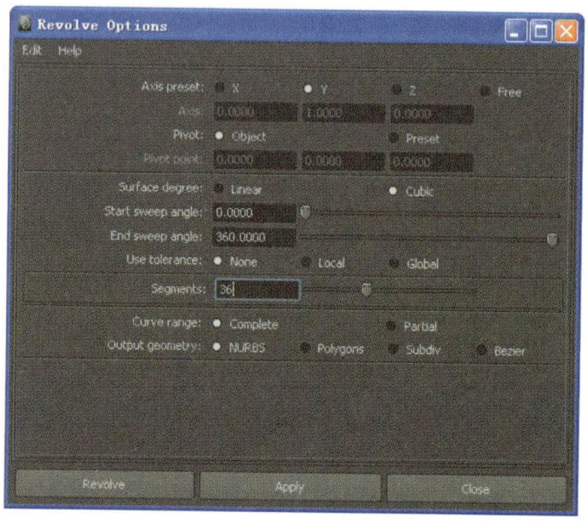

图4-27 Revolve参数设置

03 完成参数设置后单击Create按钮，即可创建曲面，如图4-28所示。

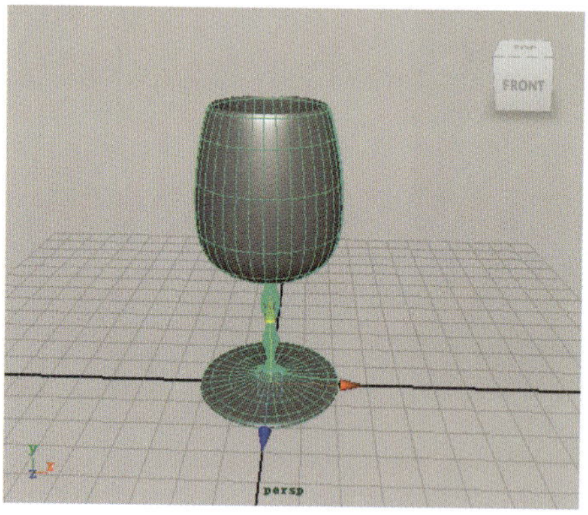

图4-28 创建曲面

参数简介

下面对Revolve（旋转成面）工具属性面板中的参数进行介绍。

◆ Axis preset（轴向参考）

主要用来定义物体极点的轴向，不同的轴向，其旋转效果是不同的。

◆ Axis（轴向）

用于精确设置轴向参数值。

◆ Pivot（枢轴）

用来确定所生成物体轴心点的位置。

◆ Pivot point（轴心点位置）

用于精确设置轴心位置的参数值。

◆ Surface degree（曲面曲度）

用于定义表面曲度。

◆ Star sweep angel（开始扫描角度）

用来定义扫描的起始位置。

◆ End sweep angle（结束扫描角度）

用于定义扫描的结束位置。

◆ Use tolerance（使用容差）

用于定义曲面的容差值，也可以理解为曲面物体的光滑程度。

◆ Segment（分段）

用来定义生成曲面的分段数。

◆ Curve range（曲线范围）

定义原始曲线的有效范围，其中Complete表示全部；Partial表示局部。

◆ Output geometry（几何体输出）

用于控制输出物体的几何类型。

4.3.2 Loft（放样成面）

Loft（放样成面）工具可以使一个二维图形沿某条路径扫描，进而形成复杂的三维对象。通过在同一路径上的不同位置设置不同的剖面，可以利用放样操作来实现很多复杂模型的建模。在Maya 2011中，利用一系列曲线就可以放样出一个结构复杂的曲面，这些曲线可以是曲面上的曲线、曲面或等位线等。

课堂练习25：创建立体文字

01 执行Create（创建）| Text（文字）命令，在场景中创建文字曲线，如图4-29所示。

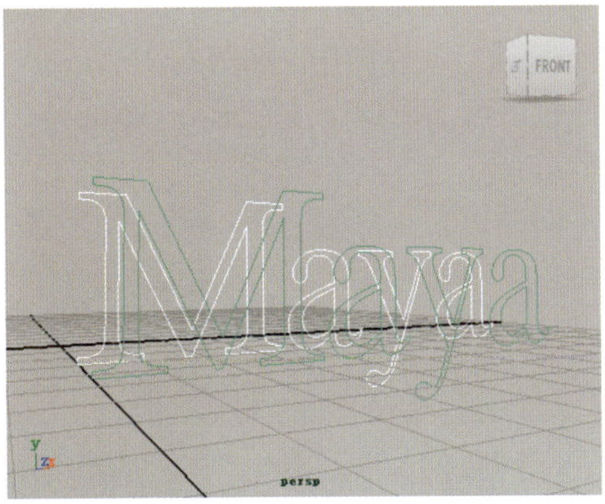

图4-29 文字曲线

02 先选择前面的M，按Shift键加选后面的M，执行Surfaces（曲面）|Loft（放样成面）命令，设置放样参数，如图4-30所示。其他文字曲线的放样操作与此类似，这里就不再赘述，放样效果如图4-31所示。

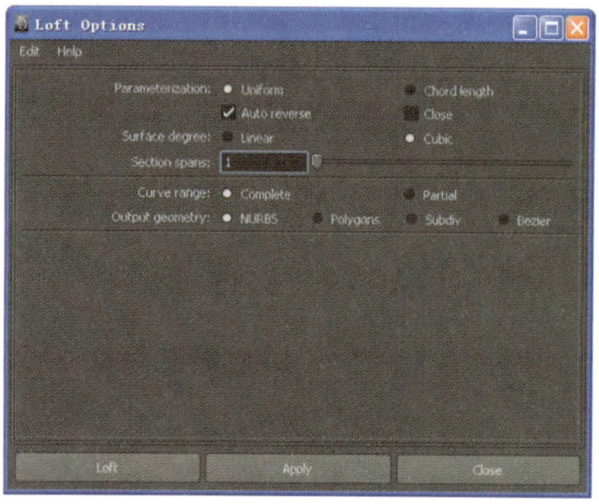

图4-30 Loft参数设置

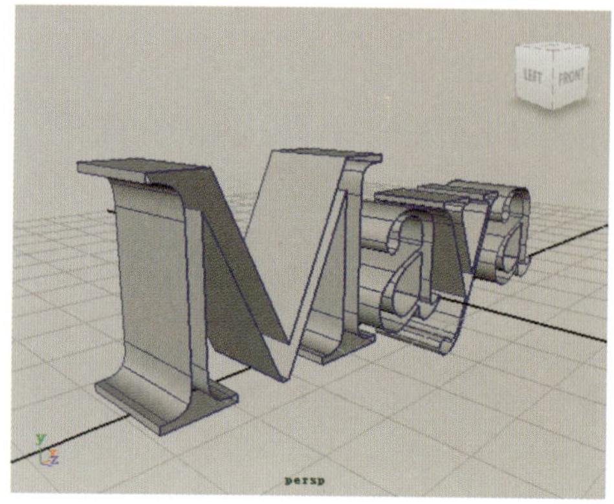

图4-31 放样效果

提示 在对文字曲线a放样时，要注意先选择内部的文字曲线，执行放样命令；然后，选择外部的文字曲线，再次执行一次放样命令。

参数简介

下面对面板中的部分属性选项进行说明。

◆ Parameterization（参数）

用于设置所生成曲面在V方向上的参数。

◆ Surfaces degree（曲面曲度）

用于设置曲面的弯曲精度。Linear表示二次弯曲，Cubic表示三次弯曲。

◆ Section spans（等级跨度）

表示在两条曲线间生成曲面的轮廓线段数，段数越多，生成曲面的精度越高。

4.3.3 Planar（平面）

Planar（平面）是由一条或多条曲线创的剪切平面，执行该命令时，曲线必须是由一条或多条曲线组成的封闭路径，并且路径必须在同一个平面内。执行Planar（平面）命令的曲线可以是自由曲线，也可以是等位线、曲面曲线或剪切边界线等。

课堂练习26：由平面生成物体

01 在场景中选中心形的曲线并执行放样操作，如图4-32所示。

02 分别选择两条放样的曲线，执行Surface（曲面）｜Planar（平面）命令，打开Planar（平面）参数设置面板，如图4-33所示。

图4-32 曲线放样

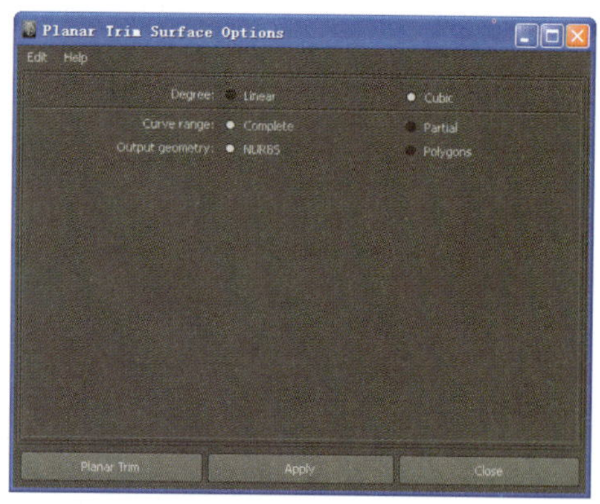

图4-33 Planar参数设置

03 完成参数设置后，单击Create按钮，即可创建平面，如图4-34所示。

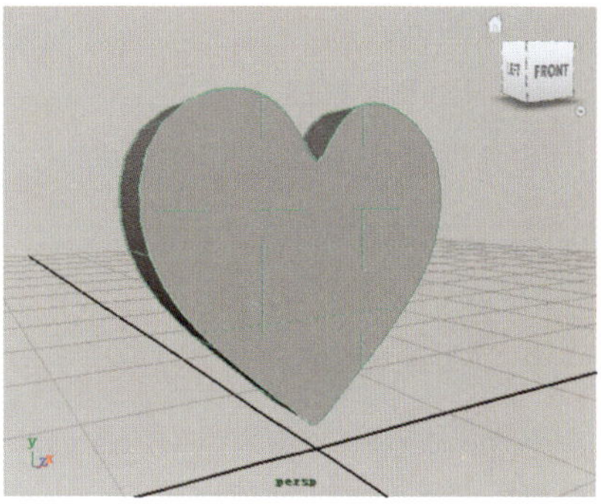

图4-34 创建平面

参数简介

下面对参数面板中的部分属性选项进行说明。

◆ Degree（度数）

用于设置模型的度数。

◆ Cure range（曲线范围）

用于设置曲线的有效范围。

◆ Output geometry（输出几何体）

用于改变输出几何体的不同类型。

4.3.4 Extrude（挤出曲面）

Extrude（挤出曲面）命令可以将一条曲线沿某一个方向、一条轮廓线或一条路径曲线移动挤出曲面。另外，自由曲线、曲面曲线、等位线和剪切边界线都可以使用该命令生成曲面。

课堂练习27：挤出曲面

01 在场景中创建曲线，作为挤出剖面，如图4-35所示。

02 选择曲线，执行Surfaces（曲面）｜Extrude（挤出曲面）命令，打开Extrude（挤出曲面）命令参数面板，如图4-36所示。

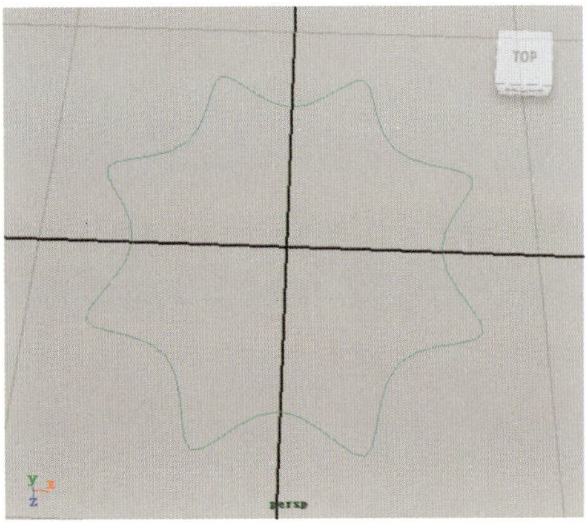

图4-35 曲线剖面

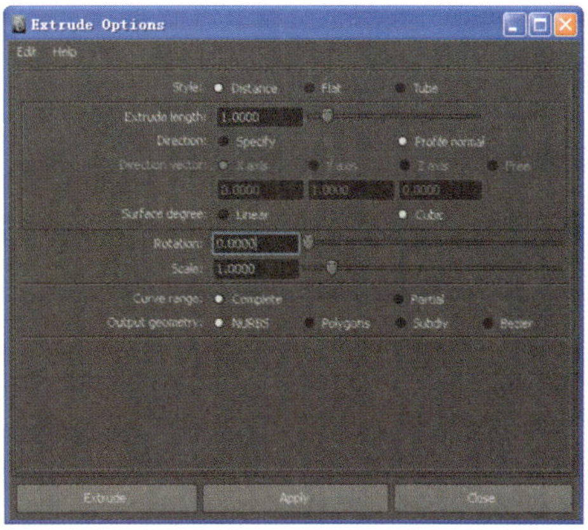

图4-36 Extrude参数设置

03 完成参数设置后，单击Create按钮，即可创建挤出曲面，如图4-37所示。

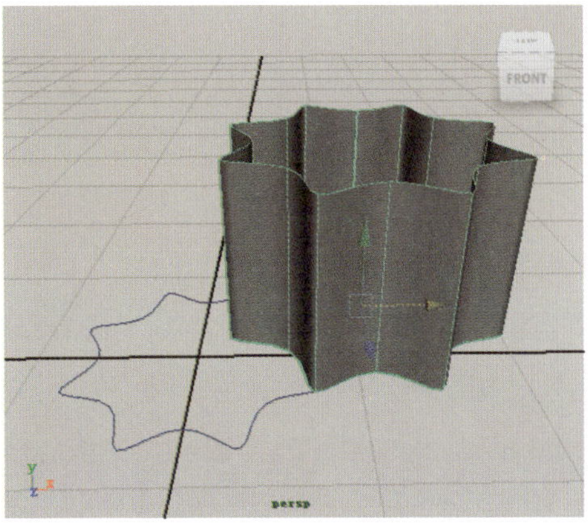

图4-37 挤出效果

参数简介

◆ Style（样式）

该选项组用于设置挤出的样式。

◆ Pivot（枢轴）

该项只有在启用Tube（圆管）选项后才能使用，主要用于调整挤出曲面的位置。

◆ Orientation（方向）

定义挤出曲面的方向。

◆ Rotation（旋转）

用于设置挤出的曲面是否可以产生旋转角度。

◆ Scale（缩放）

用于设置挤出的曲面是否可以被缩放。

◆ Curve range（曲线范围）

用来控制轮廓曲线挤出的范围。

◆ Output geometry（输出几何体）

输出的几何体可以是Nurbs曲面、Polygons（多边形）、Subdvi（细分表面）和Bezier（贝塞尔曲面）。

提示：所谓的轮廓线，实际上就是沿路径挤压的曲线，它可以是开放的，也可以是闭合的，甚至还可以是曲面等位线、曲面上的曲线或修剪边界线等。

课堂练习28：特殊挤出效果

01 在视图中绘制一条曲线或多条曲线，作为挤出剖面，如图4-38所示。

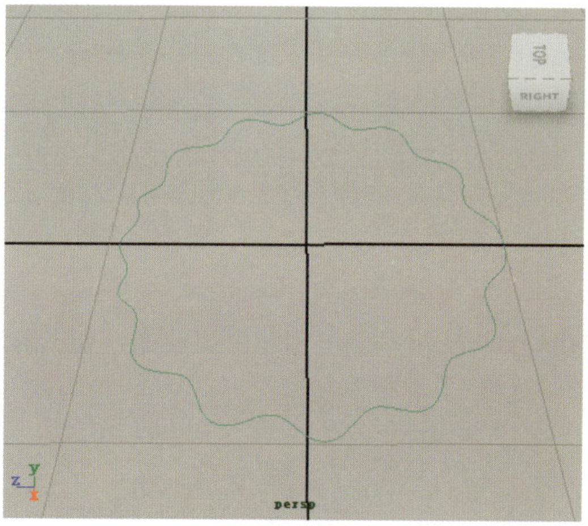

图4-38 制作剖面

02 在场景中绘制一条用作路径的曲线，如图4-39所示。

03 在视图中选择剖面和路径线，执行Surfaces（曲面）| Extrude（挤出）命令，即可形成一个挤出曲面，如图4-40所示。

注意：在曲面时，如果挤出路径有比较明显的突起或凹陷，可能会出现围绕路径的局部曲面产生交叉扭曲。一旦发生这样的情况，则需要考虑向路径中添加控制点，使路径曲线的方向平滑改变，从而解决扭曲问题。

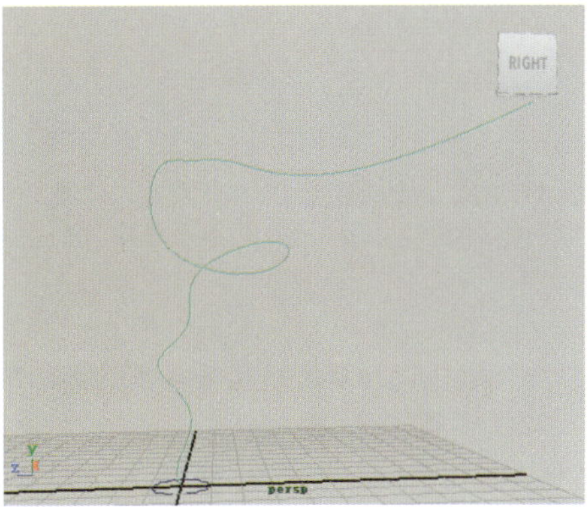

图4-39 绘制路径线

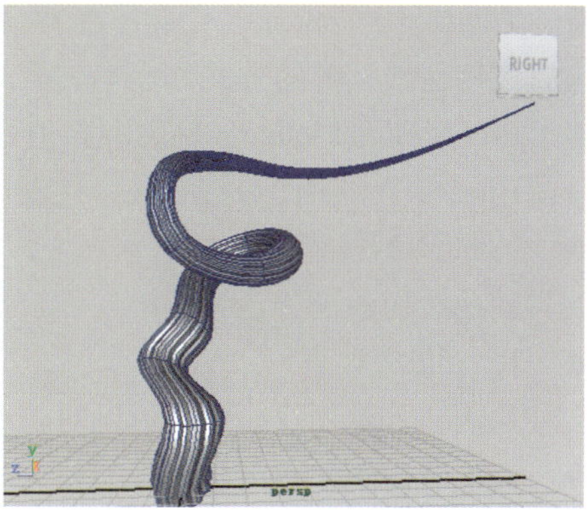

图4-40 挤出的曲面

4.4 特殊成型

在进行NURBS建模时，创建的表面并不都是规则的，例如，山峦的表面应当产生起伏的效果等。此时，利用上述方法就很难实现了，为此Maya提供了一种特殊的造型方法，包括双轨扫描曲面、边界曲面、方形曲面，以及倒角面等，本节将逐一向用户介绍它们的使用方法。

4.4.1 Birail（围栏工具）

使用Birail（围栏工具）的前提必须确保轮廓曲线和两条路径线相交，曲线可以是曲面上的线，也可以是等位线或剪切边界线。其操作方法如下。

01 执行Surfaces（曲面）｜Birail（围栏工具）｜Birail 2 Tool命令，打开该选项面板，如图4-41所示。

02 参数设置完成后，单击Apply按钮，先选择两条轮廓曲线，再选择两条路径线，即可创建曲面，如图4-42所示。

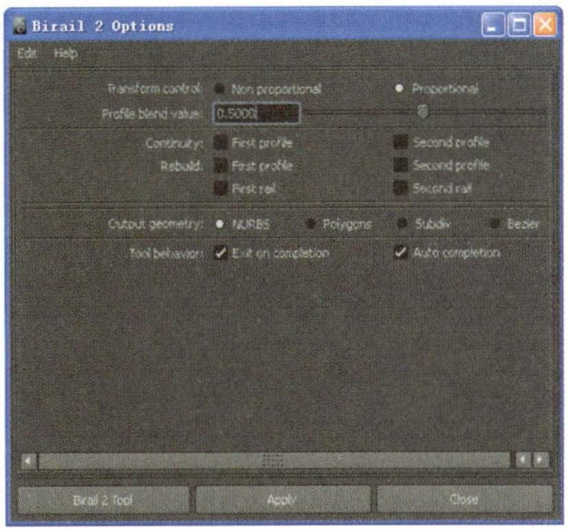

图4-41 Birail 2 Tool参数设置

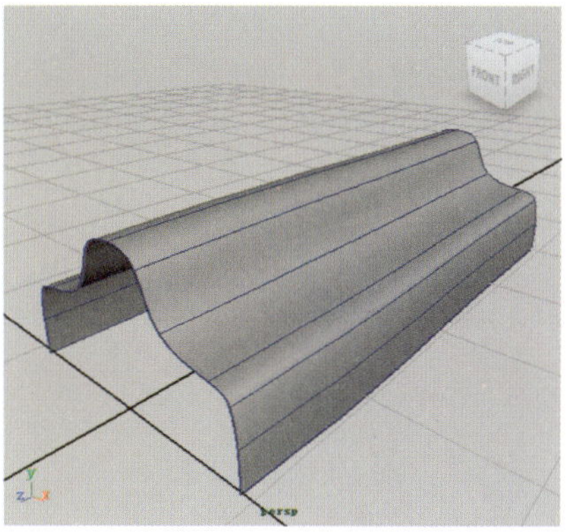

图4-42 Birail 2 Tool曲面

参数简介

Birail（围栏工具）菜单下包括3个子工具，分别是Birail 1 Tool（单轨围栏工具）、Birail 2 Tool（双轨围栏工具）和Birail 3 + Tool（多轨围栏工具）。

提示：因为Birail（围栏工具）命令的3个子工具的参数非常相似，而Birail 2 Tool工具的参数最齐全，所以在这里以Birail 2 Tool的参数为例（进行讲解）。

◆ Transform Control（变换控制）

设置轮廓曲线扫描的方式。

◆ Profile Blend Value（轮廓混合值）

使用Birail 2 Tool时此参数有效，用于改变两条轮廓曲线对地面的影响力。

◆ Continuity（连续性）

此项使曲线切面保持连续性。

◆ Rebuild（重建）

在使用围栏工具创建曲面前可以对轮廓曲线和轨道曲线进行重建。

◆ Output Geometry（输出几何体）

设置创建不同类型的几何体。

◆ Tool Behavior（工具状态）

用于创建完成曲面后是否停止使用当前工具，还是继续使用当前工具创建曲面。

课堂练习29：使用围栏工具创建物体

1. Birail 1 Tool（单轨围栏工具）

Birail 1 Tool（单轨围栏工具）可将一条轮廓曲线沿两条路径轨道滑过形成曲面。使用Birail 1 Tool（单轨围栏工具）创建曲面时，需要一条轮廓曲线和两条路径线，并且轮廓线的首尾两端必须分别和两条轨道曲线相交。

01 使用CV曲线工具在场景中绘制轮廓线和路径线，在绘制轮廓线时选择轮廓线的端点，按C键将它们锁定在路径线上。

02 执行Surfaces（曲面）|Birail（围栏工具） | Birail 1 Tool命令，先选择轮廓线，再选择路径线，如图4-43所示。

03 执行完毕后，将在现有曲线的基础上产生一个NURBS曲面，如图4-44所示。

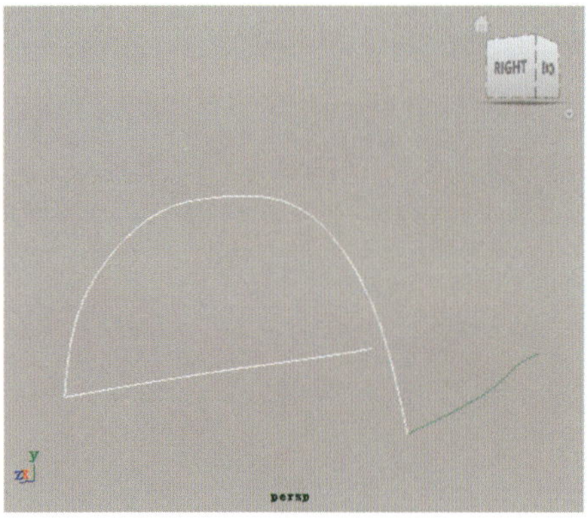

图4-43 选择曲线

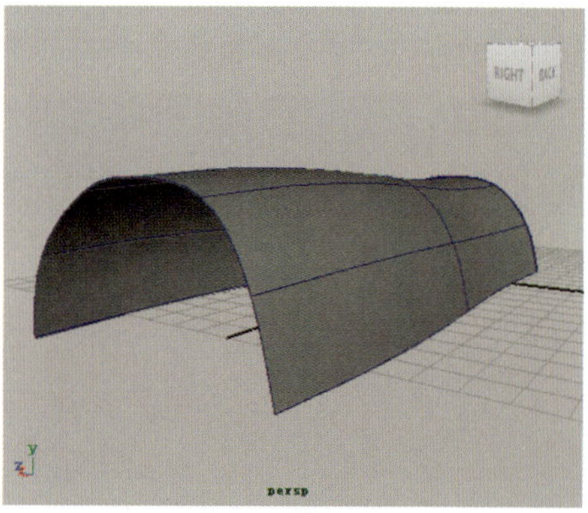

图4-44 生成曲面

2. Birail 2 Tool（双轨围栏工具）

Birail 2Tool（双轨围栏工具）可将两条轮廓曲线沿两条路径轨道滑过形成曲面。双轨围栏工具的使用方法和Birail 1 Tool相似，创建曲面时需要两条轮廓曲线沿两条路径轨道，并且两条轮廓曲线的首尾两端必须分别和两条路径轨道曲线相交。

01 使用CV曲线工具先绘制两条绘制轮廓线，再绘制两条路径线，如图4-45所示。

02 执行Surfaces（曲面） | Birail（围栏工具）|Birail 2 Tool命令，先选择两条轮廓线，再选择两条路径线，即可生成曲面，如图4-46所示。

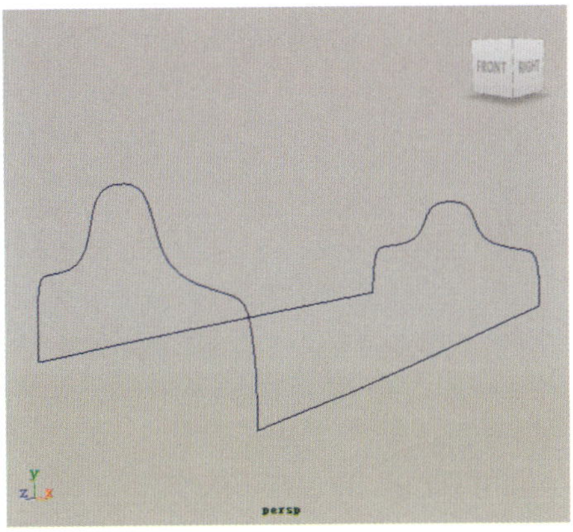

图4-45 创建曲线

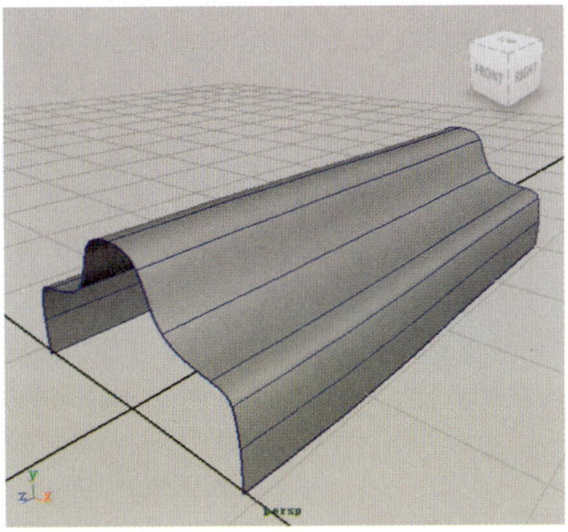

图4-46 Birail 2 Tool曲面

3. Birail 3 Tool（多轨围栏工具）

Birail 3 Tool（多轨围栏工具）可将两条或两条以上的轮廓曲线，沿两条路径轨道滑过形成曲面。多轨围栏工具的使用方法和Birail 1 Tool相似，与前两种工具的不同之处在于，创建曲面时需要两条或两条以上的轮廓曲线沿两条路径轨道曲线，并且轮廓曲线的首尾两端必须分别和两条路径轨道曲线相交。

01 使用CV曲线工具绘制两条或两条以上的轮廓线和两条路径线，如图4-47所示。

02 执行Surfaces（曲面）|Birail（围栏工具）| Birail 3 Tool命令，先依次选择轮廓线，按Enter键；然后再依次选择路径线，按Enter键，即可创建曲面，如图4-48所示。

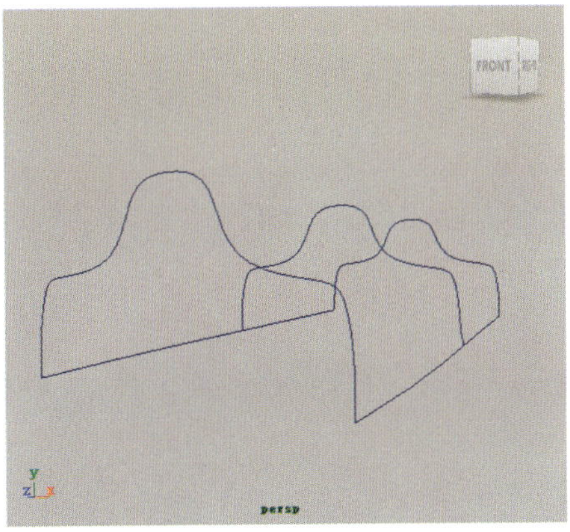

图4-47 绘制的曲线

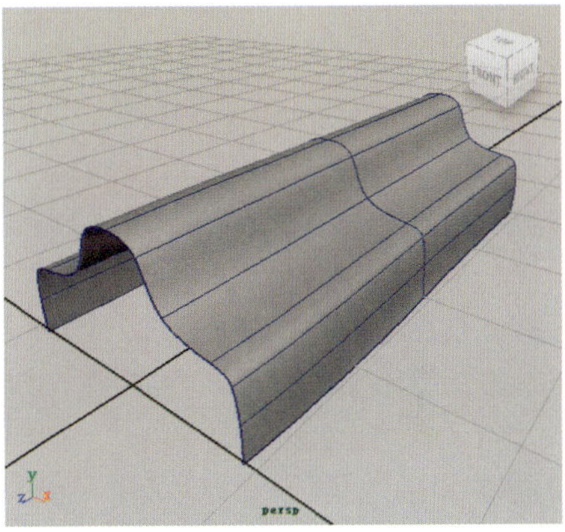

图4-48 Birail 3 Tool曲面

4.4.2 Boundary（边界成面）

Boundary（边界成面）工具通过3条或4条边界线生成曲面，边界线不需要向围栏工具那样必须首尾相交，可以是不闭合的曲线或交叉曲线。使用该工具时要注意曲线的选择顺序，选择顺序不同产生的曲面也就不同。其操作方法如下。

01 在视图中使用CV曲线工具绘制4条边界曲线。

02 框选或按Shift键依次选择边界曲线，执行Surfaces（曲面）| Boundary（边界成面）命令，创建曲面，如图4-49所示。

注意：使用Boundary（边界成面）命令创建曲面时，要注意选择曲线的顺序，选择的顺序不同形成的曲面形状也不同。

参数简介

Boundary（边界成面）选项面板的参数如图4-50所示。

◆ Curve Ordering（曲线选择顺序）

创建曲线时选择曲线的顺序。

◆ Common end points（共同端点）

创建曲面前是否对断点进行匹配。

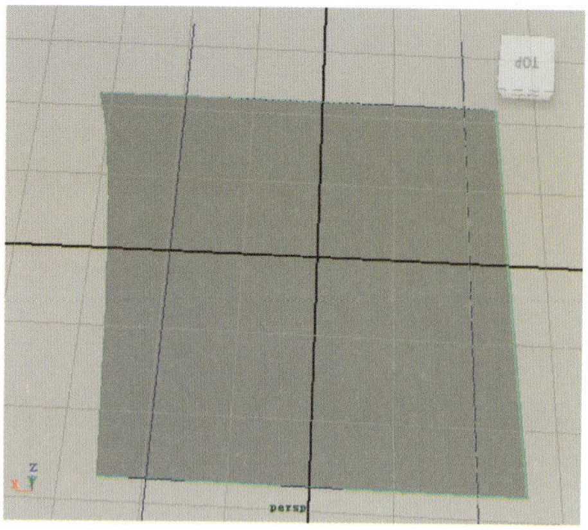

图4-49 边界成面

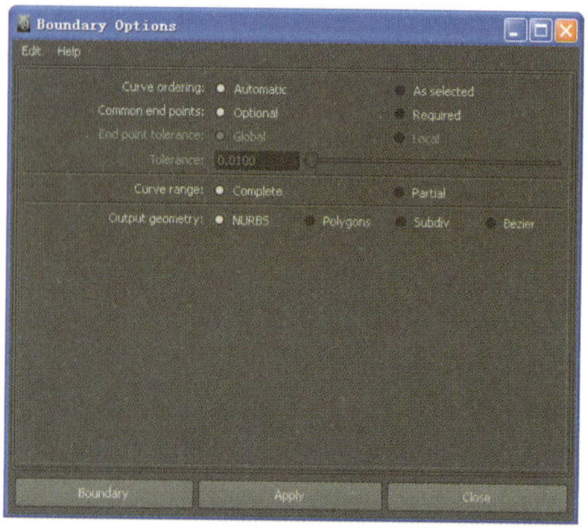

图4-50 Boundary参数设置

4.4.3 Square（方形成面）

在Maya 2011中，Square（方形成面）工具可以创建出带有3边或者4边边界的曲面，但是该工具要求绘制的边界边必须相交，如果不相交，则生成不了曲面，这也是方形曲面和边界曲面的最大不同点。其操作方法如下。

注意：在选取边线时必须依次选择，而不能使用框选的方法选择，否则将会产生错误。

01 在视图中使用CV曲线工具绘制4条边界曲线。

02 按Shift键依次选择边界曲线，执行Surfaces（曲面）| Square（方形成面）命令，创建曲面，如图4-51所示。

参数简介

Square（方形成面）选项面板的参数如图4-52所示。

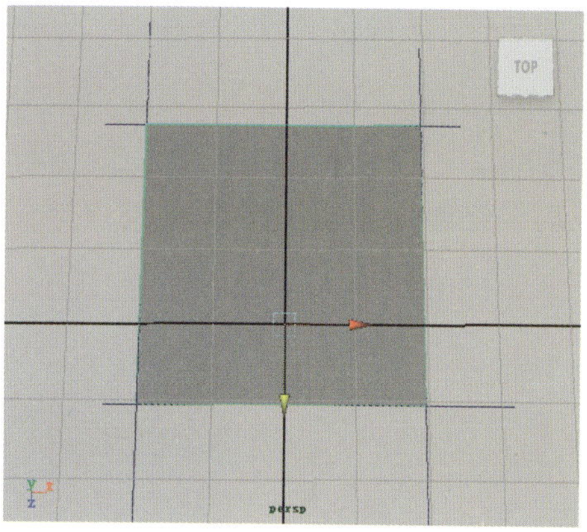

图4-51 方形成面

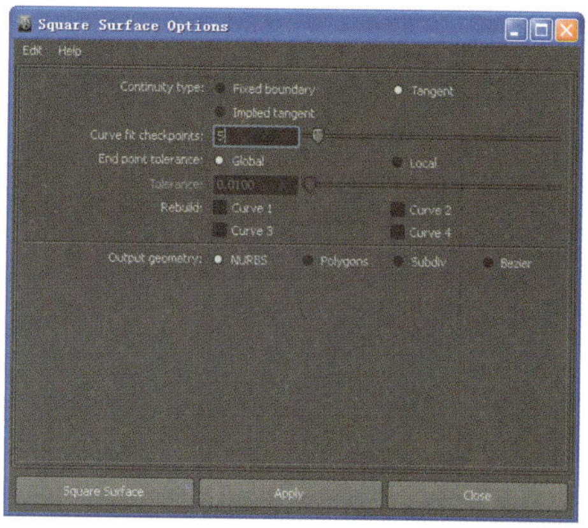

图4-52 Square参数设置

◆ Continuity type（连续性类型）

设置生成曲面的切线类型。

Curve fit checkpoints（曲线适配合对点）

设置连续性的等位线数量，值越大越光滑。

◆ End Point Tolerance（端点公差）

设置形成曲面的公差值。

◆ Rebuild（重建）

在创建曲面前可以重建曲线。

◆ Output geometry（输出几何体）

设置创建不同类型的几何体，包括NURBS、多边形、细分模型和Bezier（贝塞尔）。

4.4.4 Bevel（倒角）

在Maya 2011中，倒角曲面是通过Bevel（倒角）命令来实现的。Bevel（倒角）通过曲线生成一个带有倒角边界的挤出曲面，能够生成倒角曲面的曲线包括文本曲线和修剪边界。其操作方法如下。

01 执行Create（创建）｜Text（文本）命令，创建文字曲线，如图4-53所示。

02 选择文字曲线，执行Surfaces（曲面）｜Bevel（倒角）命令，如图4-54所示。

图4-53 文字曲线

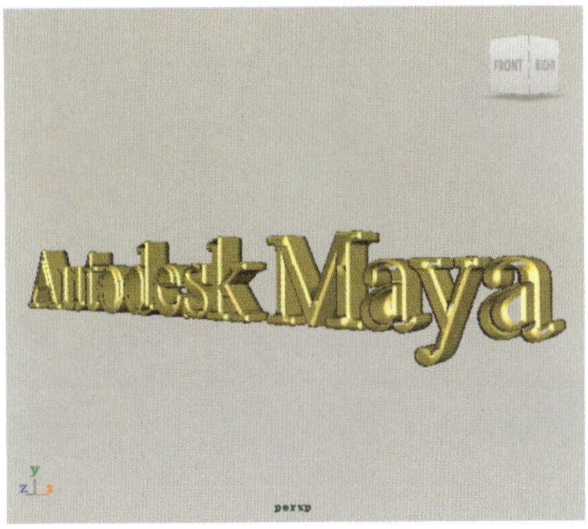

图4-54 倒角效果

注意：使用Bevel（倒角）命令创建文本倒角时，应针对文本单独创建倒角效果，不要同时对多个文本创建倒角。

参数简介

Bevel（倒角）选项面板的参数如图4-55所示。

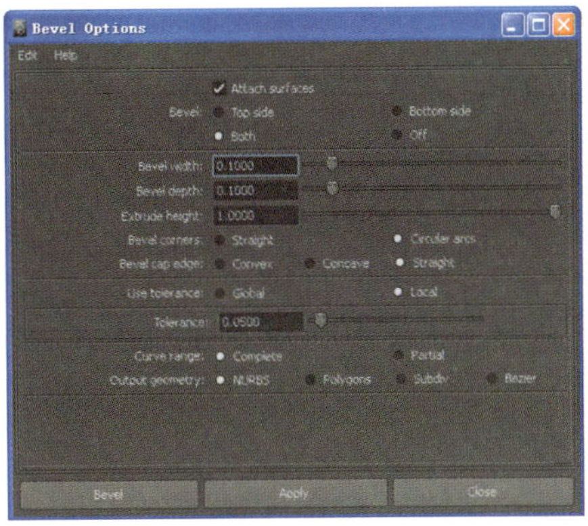

图4-55 Bevel参数设置

◆ Attach Surfaces（连接曲面）

启用该复选框，创建得到的倒角曲面将被连接为一个整体。

◆ Bevel（倒角）

用于设置创建倒角曲面的位置。

◆ Bevel width（倒角宽度）和Bevel Depth（倒角深度）

Bevel width参数用于设置倒角的宽度；Bevel Depth用于设置倒角的深度。

◆ Extrude Height（挤出高度）

Extrude Height命令可用于设定曲面拉伸部分的高度，不包括倒角的区域。

4.4.5 Bevel Plus（倒角插件）

Bevel Plus（倒角插件）与Bevel（倒角）非常相似，区别在于Bevel Plus不仅可以挤出曲面和倒角面，还可以在倒角面处产生截面将曲面盖住，Bevel Plus非常适合制作文字模型。如图4-56所示，左边的是Bevel字体模型，右边的是Bevel Plus字体模型。

图4-56 不同倒角效果的对比

参数简介

Bevel Plus选项面板的参数如图4-57所示。

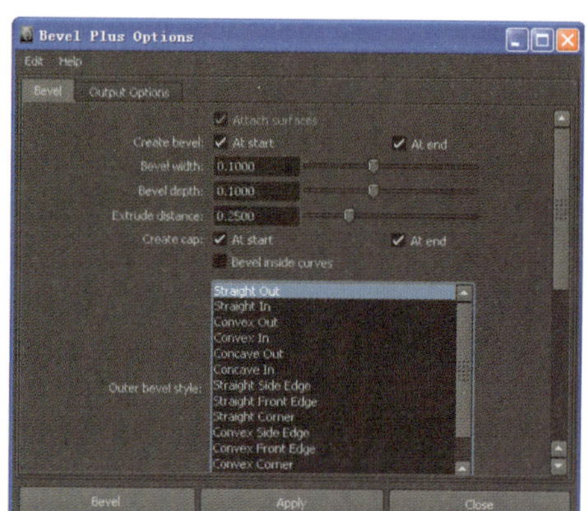

图4-57 Bevel Plus参数设置

Bevel Plus的大部分参数和Bevel的参数基本相同这里就不再赘述了，这里介绍一下Bevel Plus所特有的参数。

◆ Create cap（创建盖）

At start和At end用于控制生成倒角模型的前后是否有截面产生。

◆ Outer bevel style和Inter bevel style

用于控制各种倒角曲面的形成效果。

4.5 NURBS曲面编辑工具

对于NURBS曲面建模而言，编辑曲面的方法是非常重要的，同样的一个曲面造型，使用不同的编辑工具，获得的最终形状也是不同的。由此可见，曲面编辑的重要性。本节将向读者介绍Maya 2011中几种常用的NURBS曲面编辑工具。

4.5.1 Duplicate NURBS Patches（复制NURBS曲面）

在通常情况下，制作曲面的主要目的是为了获取该曲面上的一部分曲面，使用Duplicate NURBS Patches（复制NURBS曲面）工具，可以获取其中的一部分曲面。

课堂练习30：复制NURBS曲面

01 选择花瓣模型，单击鼠标右键，在弹出的菜单中选择Surface Patch（曲面面片）命令，如图4-58所示。

此时，球体上将出现很多小点，每一个点都代表一个面片，选择一个点则将选择一个面片，按住Shift键选取如图4-59所示的面片。

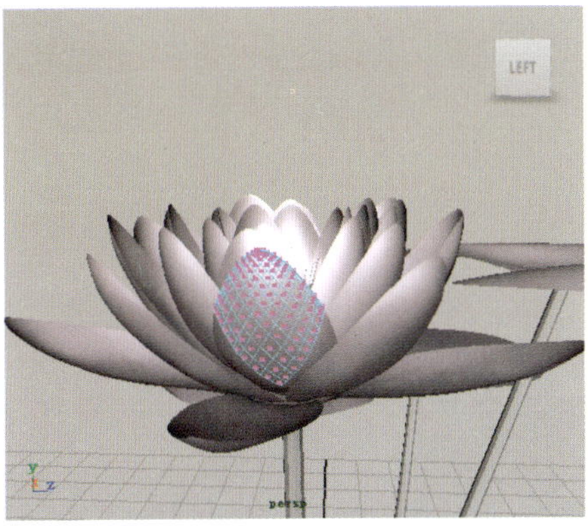

图4-58 选择命令

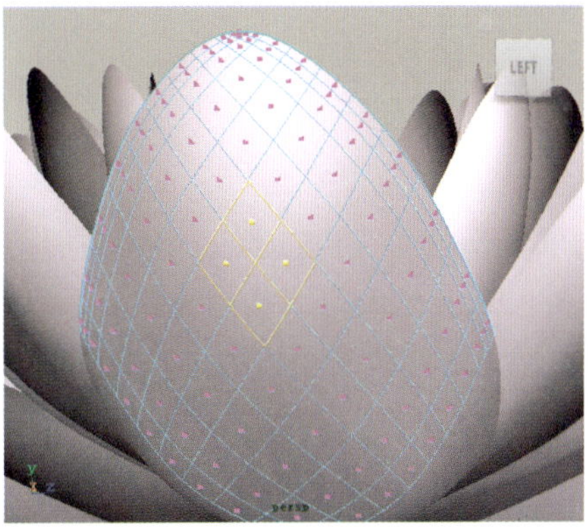

图4-59 选取曲面

02 执行Edit NURBS（编辑NURBS）｜Duplicate NURBS Patches（复制NURBS面片）命令，即可复制一个曲面，如图4-60所示。

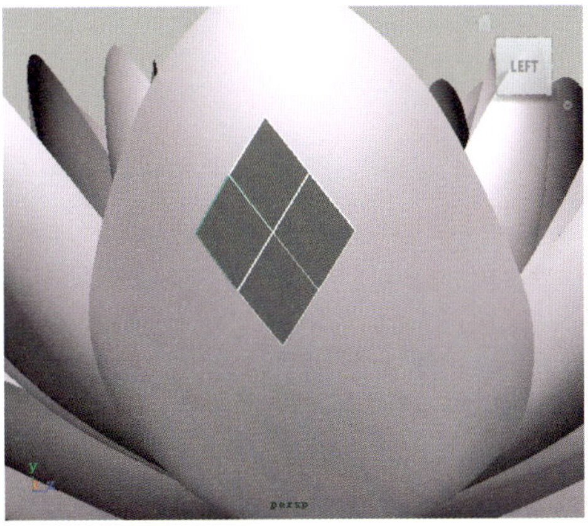

图4-60 复制出的曲面

4.5.2 Project Curve On Surface（投影曲线到曲面）

Project Curve On Surface（投影曲线到曲面）是指通过对附加在曲面表面上的曲线进行相关操作，这种曲线主要是通过投影的方式投射到曲面的表面上。

课堂练习31：创建Audi文本

01 执行Create（创建）| Text（文本）命令，创建Audi文字曲线。

02 先选择Audi文字曲线，然后按Shift键加选场景中的曲面，如图4-61所示。

03 执行Edit（编辑）| Project Curve On Surface（投影曲线到曲面）命令，产生的效果如图4-62所示。

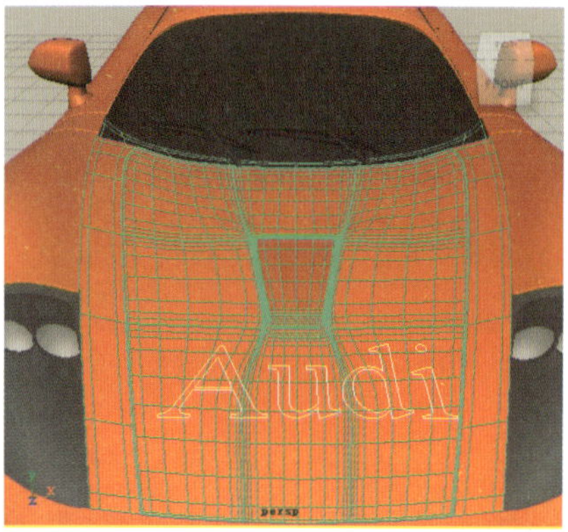

图4-61 选择物体

图4-62 投影效果

参数简介

Project Curve On Surface（投影曲线到曲面）选项面板如图4-63所示。

◆ Project along（投射方式）

用于设置曲线是以何种方式投射到曲面上。

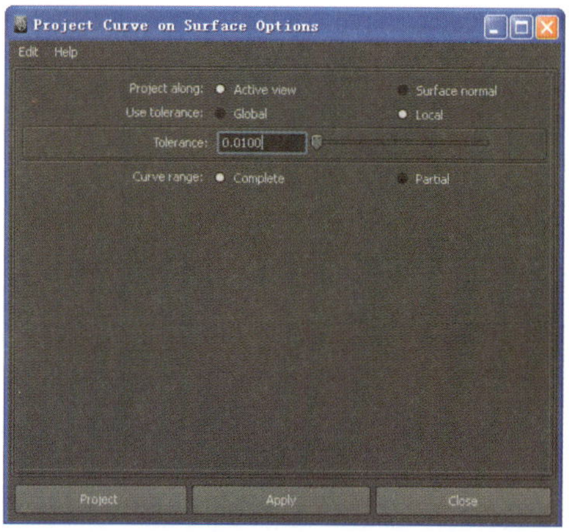

图4-63 Project Curve On Surface参数设置

注意：Active view（当前视图）以当前被激活的视图为标准投射，在透视图中会有透视效果；Surface normal（曲面法线）投射是以曲面的法线来决定投射的形状的，与激活的视图无关。

4.5.3 Intersect Surfaces（相交曲面）

Intersect Surfaces（相交曲面）命令可在两个相互独立的物体中间产生一条法线，下面简单介绍一下曲面相交的方法。其操作方法如下。

01 在场景中创建两个相交的物体，如图4-64所示。

02 依次选择物体，并执行Edit NURBS（编辑NURBS）| Intersect Surfaces（相交曲面）命令，即可产生相交曲面，此时在两个球体的相交处将会留下一条法线，如图4-65所示。

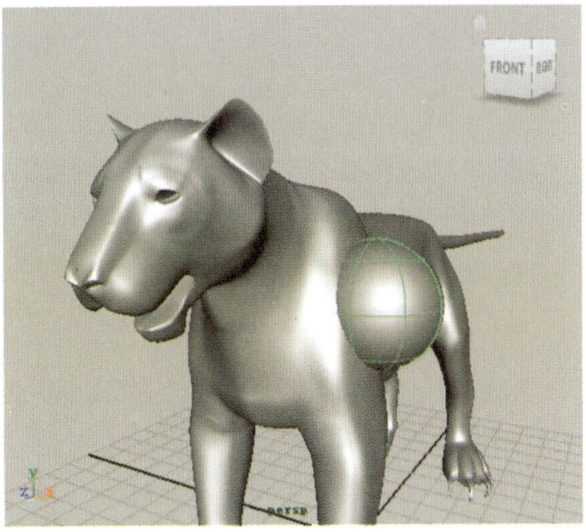

图4-64 相交的两个物体

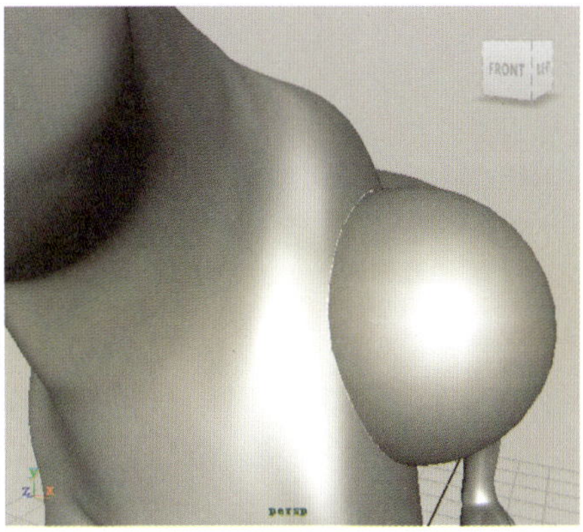

图4-65 法线

参数简介

Intersect Surfaces（相交曲面）命令的选项窗口如图4-66所示。

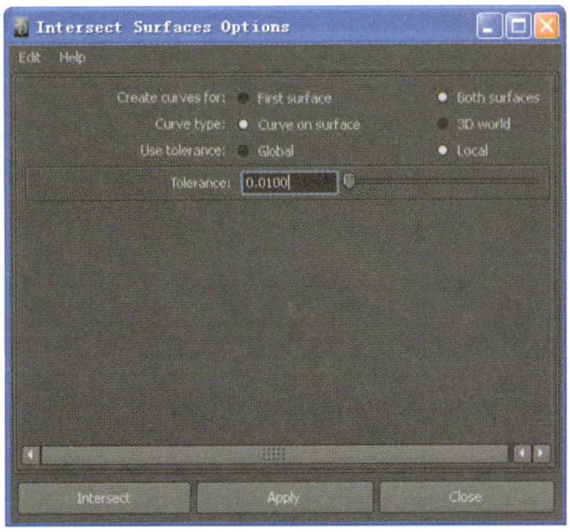

图4-66 Intersect Surfaces参数设置

下面介绍这些参数的具体含义。

◆ Crate Curves for（生成曲线于）

设定相交曲线产生的表面。

◆ Curve Type（曲线类型）

设定生成的相交曲线的类型。

4.5.4 Trim Tool（剪切工具）

Trim Tool（剪切工具）可以裁剪两个已经相交的曲面，留下有用的部分。

课堂练习32：剪切曲面

01 在场景中创建两个相交的物体，并将它们选中，如图4-67所示。

02 执行Edit NURBS（编辑NURBS）| Trim Tool（剪切工具）命令，然后在视图中单击创建的球面，用于确定要保留下来的面，再按键盘上的Enter键完成操作，如图4-68所示。

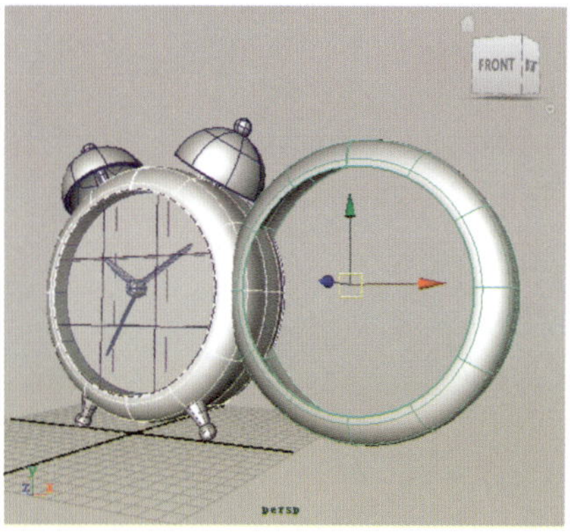

图4-67 相交物体

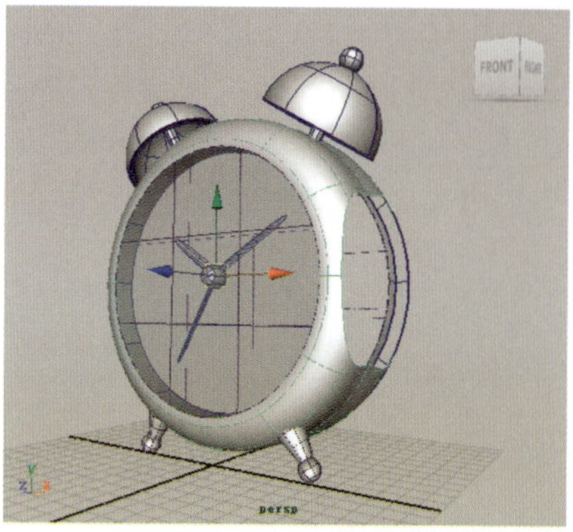

图4-68 剪切后的效果

03 在执行修剪操作时，系统将在要保留的面上显示一个黄色的图标，表示该面将被保留下来，没有黄色图标的面将被删除，如图4-69所示。

参数简介

Trim Tool（剪切工具）命令的选项面板如图4-70所示。

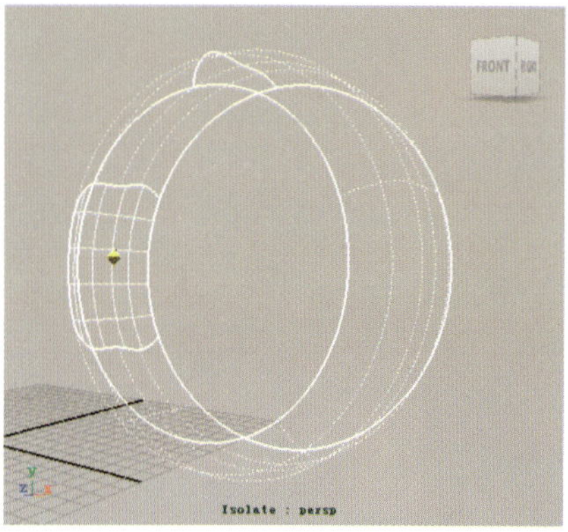

图4-69 剪切曲面

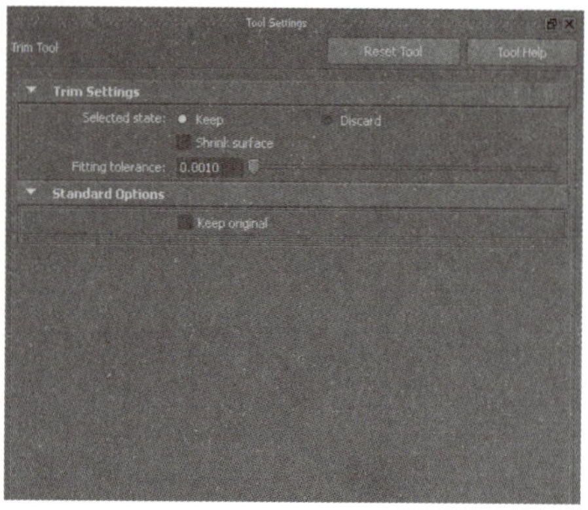

图4-70 Trim Tool选项

◆ Selected state（选择状态）

设置在视图中被指定的选择区域。

4.5.5 Untrim Surfaces（还原剪切面）

使用Untrim Surfaces（还原剪切面）命令可以将被剪切过的曲面还原到原始状态，如果曲面经过多次剪切，可以执行多次还原剪切面操作。如果在剪切命令选项面板中勾选了Shrink Surfaces（收缩曲面）选项，则剪切操作无法还原。其操作方法如下。

01 选择上例中被剪切的钟表模型。

02 执行Edit NURBS（编辑NURBS）｜Untrim Surfaces（还原剪切面）命令，如图4-71所示。

4.5.6 Booleans（布尔运算）

在Maya 2011中，Booleans（布尔运算）工具用于裁剪当前选择的曲面，它分为3种基本形式，分别是合并运算、相交运算和相减运算。

◆ Union Tool（合并工具）

可以将两个相交的NURBS曲面通过布尔运算合并起来，形成一个曲线物体。

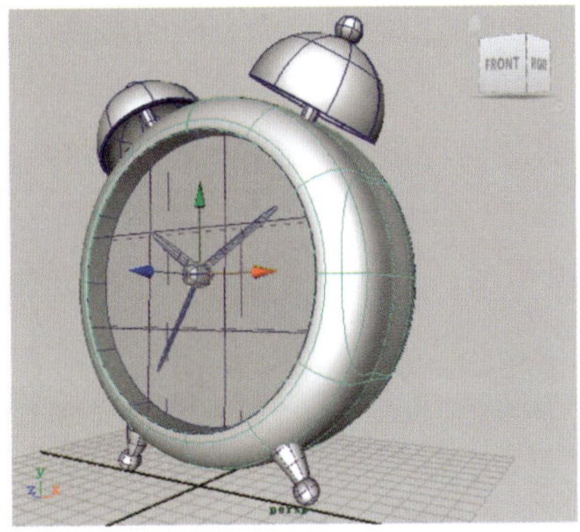

图4-71 还原剪切曲面

提示 实际上，布尔运算是根据曲面法线的方向运算的，曲面的法线方向不同，则得到的运算结果也不同。

◆ Subtract Tool（相减运算）

可以在将相交的两个物体之间执行减运算，即被减物体减去物体，从而形成一个曲面。

◆ Intersect Tool（相交运算）

可以将两个物体的相交部分单独取出来，作为一个几何体，并将不相交的部分删除。

课堂练习33：执行布尔运算

01 在场景中创建两个物体，使它们相交，取消对模型的选择。

02 单击Edit NURBS（编辑NURBS）|Booleans（布尔运算）菜单下的任意一种工具，选择一个物体，按Enter键；再选择另外一个物体，按Enter键，即可完成布尔运算。

03 完成布尔运算后，形成的曲面会组成一个NURBS物体组，选择组，在通道栏中可以更改布尔运算的类型，如图4-72所示。

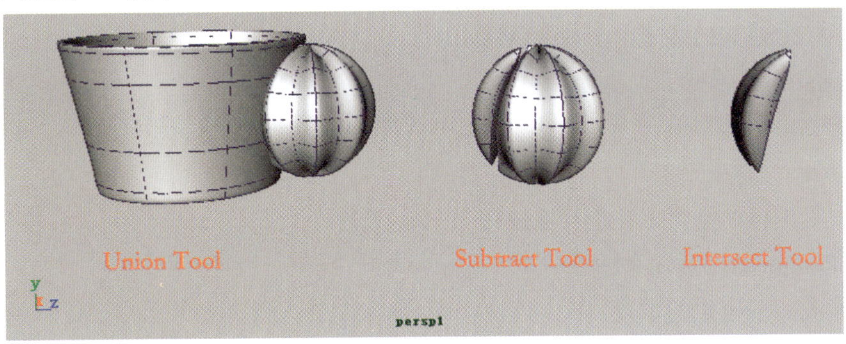

图4-72 布尔运算结果

4.6 其他编辑工具

除了上述几种常用的NURBS曲面编辑工具之外，Maya 2011还为用户提供了多种曲面编辑工具，下面来介绍这些NURBS曲面编辑工具。

4.6.1 Attach Surfaces（合并曲面）

Attach Surfaces（合并曲面）工具可以将两个单独的曲面连接在一起，形成一个单一的曲面。创建的曲面将被合并为一个曲面，并且能够创建出较为平滑的连接。其操作方法如下。

01 在视图中创建两个相互独立的曲面对象。

02 在一个曲面上单击鼠标右键，在弹出的快捷菜单中选择Isoparm命令，按住Shift键选择另一个曲面上的相对应的等位线，如图4-73所示。

03 执行Edit NURBS（编辑NURBS）| Attach Surfaces（合并曲面）命令，即可形成一个连接曲面，如图4-74所示。

图4-73 选择等位线

图4-74 合并曲面

参数简介

◆ Attach Method（合并方式）

Connect（连接）命令用于连接选择面，它不做任何变形处理；Blend（混合）命令将对曲面做一定的变形，从而使两个曲面的连接连续光滑。

◆ Multiple Knots（多节）

设置结合后结合点处的多重节点是否保留。

◆ Blend Bias（混合容差）

结合曲面间的融合偏移值。

◆ Insert Knot（插入节）

如果启用该复选框，则可以在连接区域附近插入两条等位线。

◆ Insert Parameter（插入参数）

用来调整插入的等位线的位置。

◆ Attach Without Moving

它可以使曲面在保持原来效果的挤出上产生一个连接面。

4.6.2 Detach Surfaces（分离曲面）

Detach Surfaces（分离曲面）命令可以将一个完整的曲面分离为一个或多个曲面，也就是说它可以使两个或多个曲面从一个曲面上分离开。其操作方法如下。

01 在视图中选择要分离的曲面，单击鼠标右键，从弹出的菜单中选择Isoparm命令，然后选择一条等位线，如图4-75所示。

02 执行Edit NURBS（编辑NURBS）| Detach Surfaces（分离曲面）命令，将其分离为两个曲

面，读者可以通过调整它的位置观察其效果，如图4-76所示。

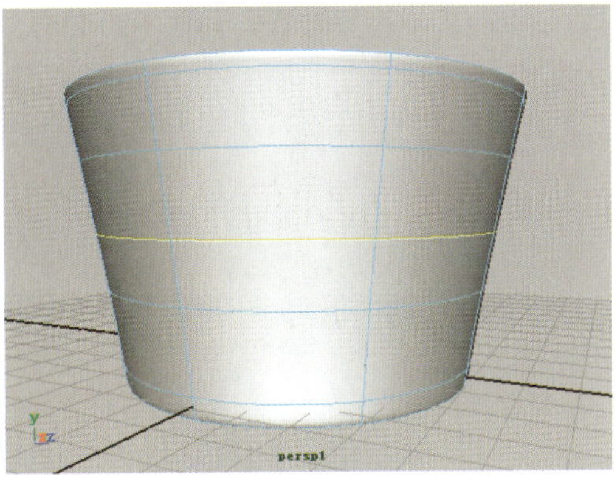

图4-75 选择等位线

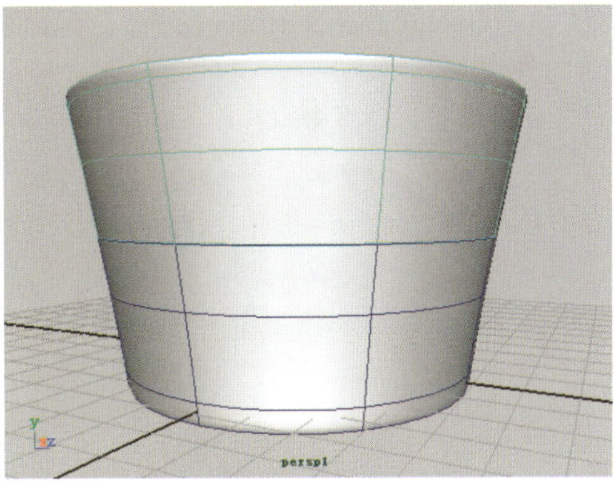

图4-76 分离曲面

4.6.3 Align Surfaces（对齐曲面）

Align Surfaces（对齐曲面）命令可以将两个曲面沿指定的边界位置对接，并在对齐处保持曲面之间的连续性，从而形成无缝对齐的效果。Align Surfaces（对齐曲面）命令可以直接将两个曲面对齐，也可以对齐边界。其操作方法如下。

01 依次选择两个要对齐的曲面。

02 单击鼠标右键，在弹出的菜单中选择Isoparm命令，进入Isoparm（等位线）组元编辑模式，按Shift键依次选择曲面边界的Isoparm，定义两个曲面的对其位置，如图4-77所示。

03 执行Edit NURBS（编辑NURBS）| Align Surfaces（对齐曲面）命令，如图4-78所示。

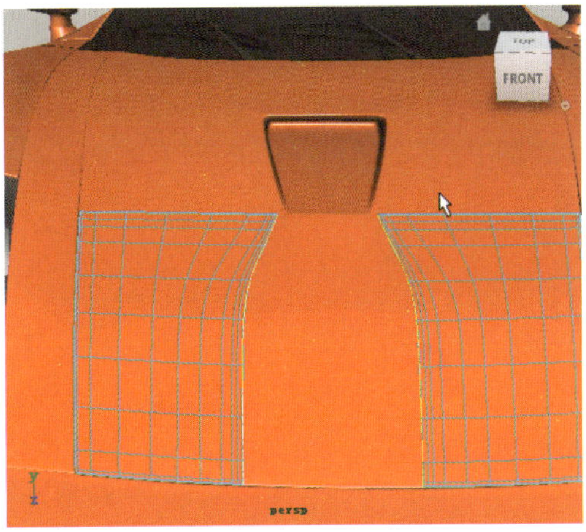

图4-77 选择等位线

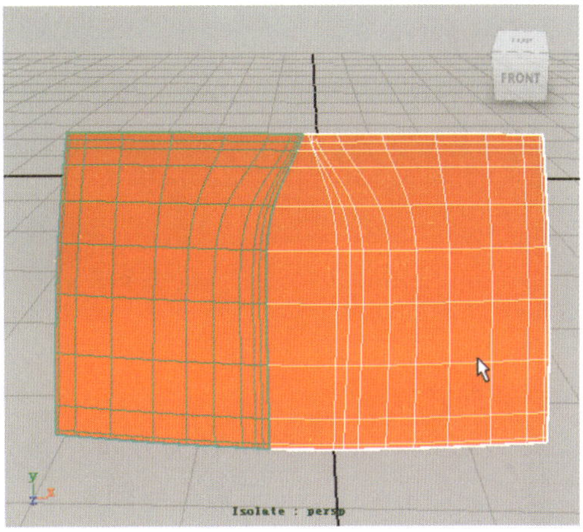

图4-78 对齐曲面

提示：由于Align Surfaces（对齐曲面）命令和Align Curves（对齐曲线）命令的参数设置相同，这里就不再赘述了。

4.6.4 Open/Close Surfaces（开放/封闭曲面）

执行Open/Close Surfaces（开放/封闭曲面）命令，可以开放或封闭曲面上的U/V向。对开放的曲面执行Open/Close Surfaces命令会将曲线封闭，对封闭的曲面执行Open/Close Surfaces命令会在起点处将曲线开放。其操作方法如下。

01 在场景中选中钟表模型，如图4-79所示。

02 执行Open/Close Surfaces命令，打开该命令的选项设置面板，设置参数，如图4-80所示。

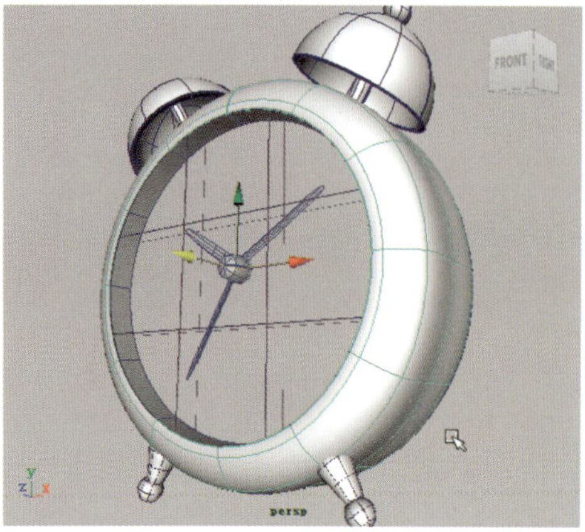

图4-79 选择模型

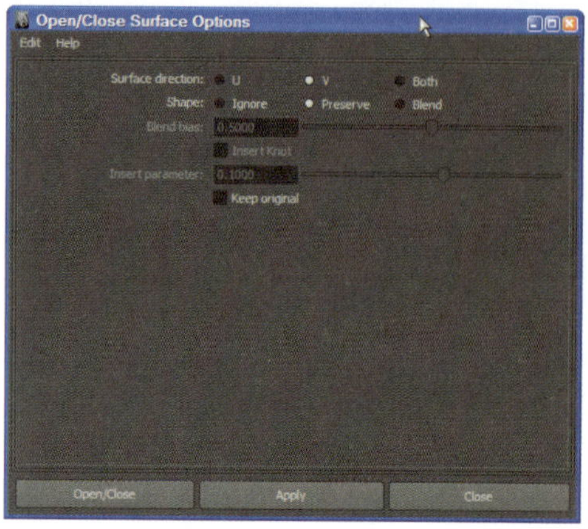

图4-80 面板属性

03 单击Apply按钮执行该命令，会将球体封闭，如图4-81所示；再次单击Apply按钮执行该命令，会将球体开放。

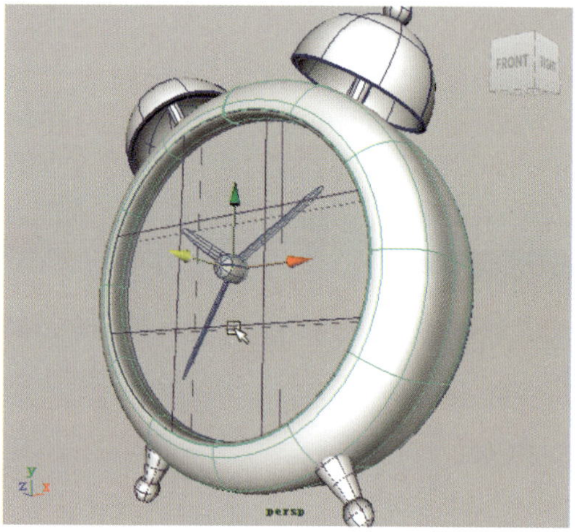

图4-81 封闭效果

参数简介

◆ Surfaces direction（曲面方向）

设置曲面沿哪个方向开放或封闭。

◆ Shape（形状）

设置开放或封闭后曲面的形状。

4.6.5 Move Seam（移动曲面接缝）

Move Seam（移动曲面接缝）命令可以将封闭曲面的接缝转移到其他指定位置。其操作方法如下。

01 选择场景中的模型，单击鼠标右键，在弹出的菜单中选择Isoparms（等位线）命令，定义转移接缝的位置，如图4-82所示。

02 执行Edit NURBS（编辑NURBS）|Move Seam（移动曲面接缝）命令，如图4-83所示。

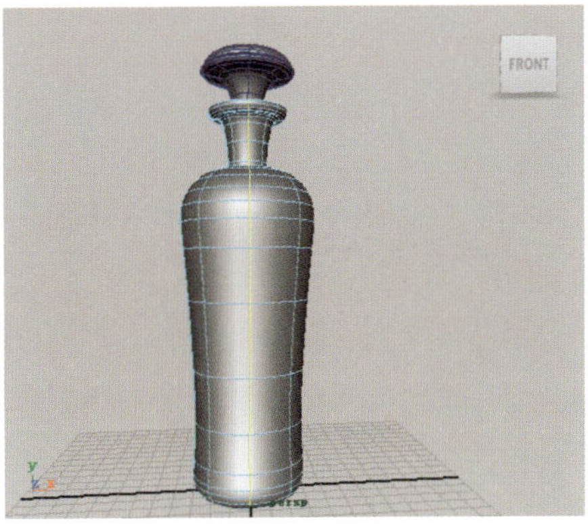

图4-82 选择等位线

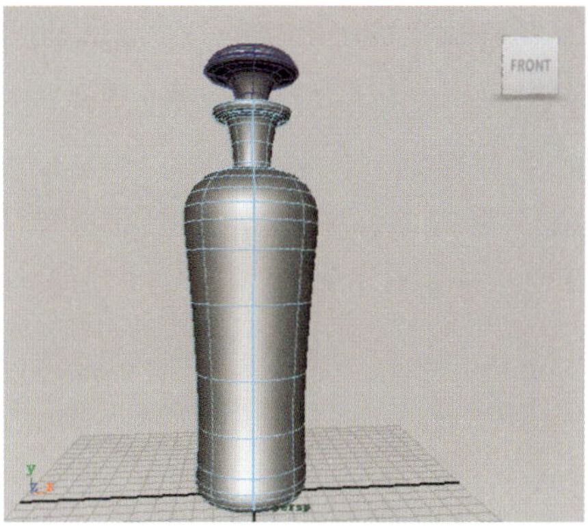

图4-83 移动曲面接缝

4.6.6 Insert Isoparms（插入等位线）

在Maya中，为NURBS模型添加等位线，可以使物体表面的细分更加精细，要在当前物体上创建一条等位线，则需要用到Edit NURBS（编辑NURBS）｜Insert Isoparms（插入等位线）命令。其操作方法如下。

01 在场景中创建一个NURBS物体，使用它作为操作的对象，如图4-84所示。

02 在物体上单击鼠标右键，从打开的菜单中选择Isoparms命令，并选择图4-85所示的等位线。

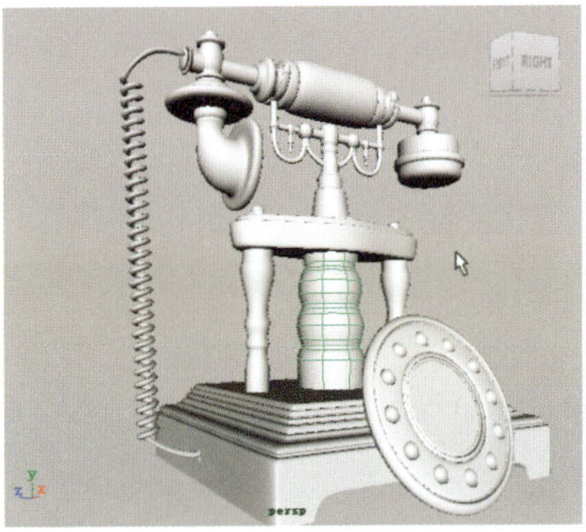

图4-84 创建对象

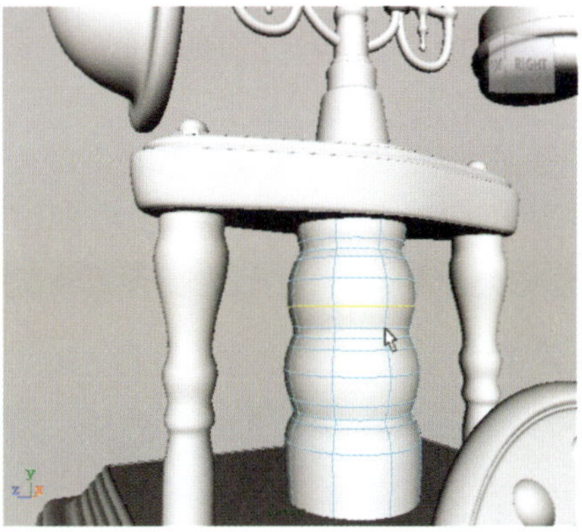

图4-85 选择等位线

03 在视图中按住鼠标左键不放，向上移动鼠标指针，即可创建一条虚拟的曲线，如图4-86所示。

04 执行Edit NURBS（编辑NURBS）｜Insert Isoparm（插入等位线）命令，从而形成一条等位线，如图4-87所示。通过这样的操作，就可以创建一条等位线。

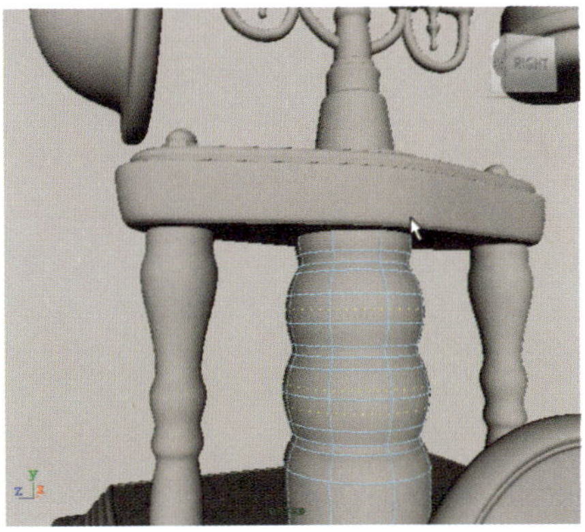

图4-86 创建虚拟等位线

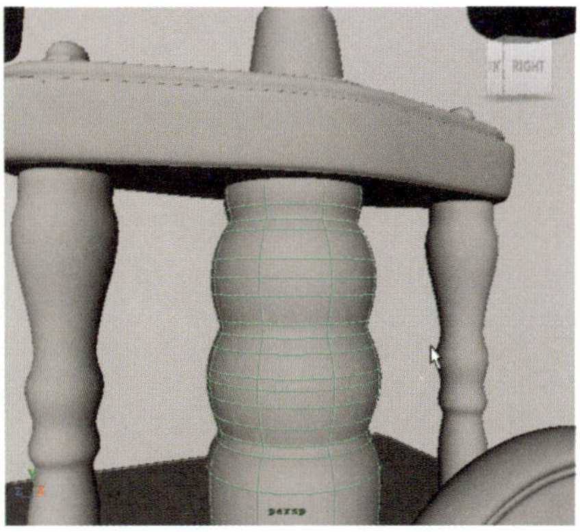

图4-87 形成等位线

4.6.7 Extend Surfaces（延伸曲面）

Extend Surfaces（延伸曲面）命令可以将当前曲面延伸一个或多个跨度或分段数，它与延伸曲线操作十分相似。

关于延伸曲面的操作与上述的方法一样，首先选择一个用于延伸的等位线，然后执行Edit NURBS（编辑NURBS）｜Extend Surfaces（延伸曲面）命令即可，如图4-88所示。

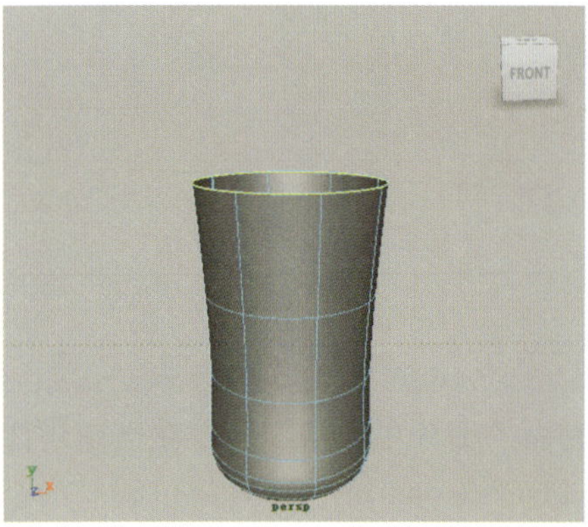

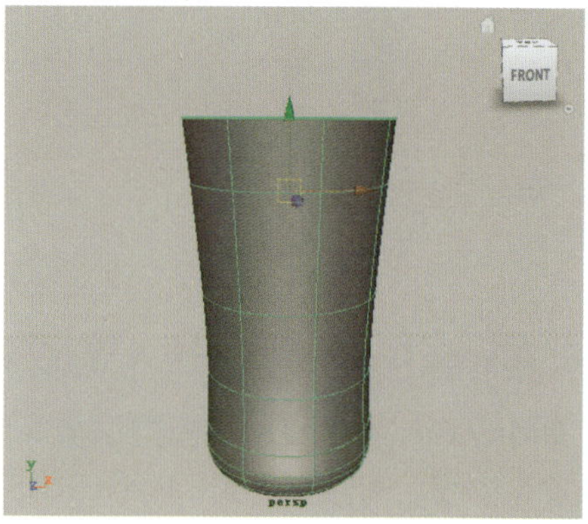

图4-88 延伸曲面

4.6.8 Offset Surfaces（偏移曲面）

使用Offset Surfaces（偏移曲面）命令，可以沿曲面的法线方向水平偏移一定的距离，复制新的曲面。其操作方法如下。

01 在场景中选择模型，如图4-89所示。

02 执行Edit NURBS（编辑NURBS）｜Offset Surfaces（偏移曲面）命令，如图4-90所示。

图4-89 选择模型

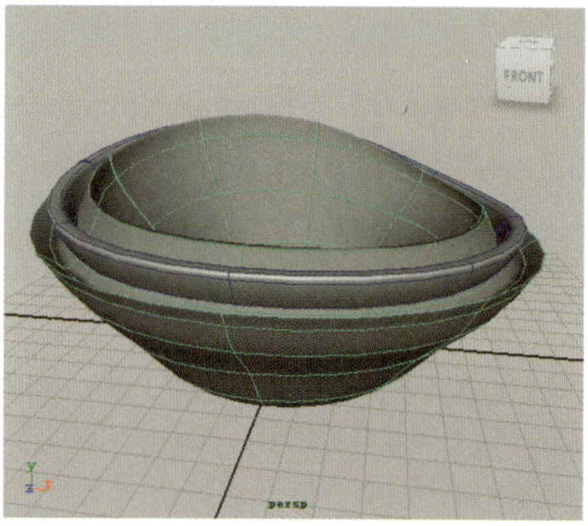

图4-90 偏移曲面

参数简介

◆ Method（方式）

可以设置两种不同的偏移方式，它们分别是Surface fit（曲面适配）和CV fit（CV适配）。

◆ Offset distance（偏移距离）

设置偏移距离的大小。

4.6.9 Reverse Surfaces Direction（反转曲面方向）

在Maya中，Reverse Surfaces Direction（反转曲面方向）命令可以改变曲面的UV方向和曲面的发线方向。其操作方法如下。

01 选择NURBS曲面，如图4-91所示。

02 执行Edit（编辑）| Reverse Surfaces Direction（反转曲面方向）命令，设置反转方向，单击Apply按钮反转曲面，如图4-92所示。

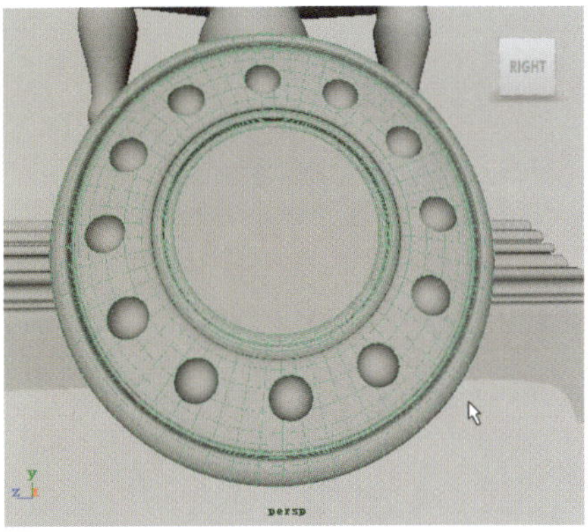

图4-91 选择模型

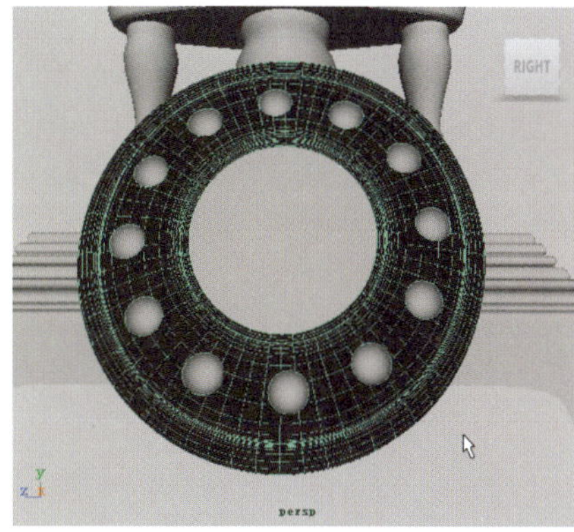

图4-92 反转曲面方向

参数简介

◆ Surfaces Direction（曲面方向）

设置曲面的反转方向，它有4种类型，分别是U、V、Swap（交换）和Both（两者）。

4.6.10 Rebuild Surfaces（重建曲面）

Rebuild Surfaces（重建曲面）工具用来重建曲面，通过重建曲面可以改变曲面的Degree度数、CV点数量、U/V向上的段数，以及参数范围。其操作方法如下。

01 选择曲面，如图4-93所示。

02 执行命令Edit NURBS（编辑NURBS）| Rebuild Surfaces（重建曲面）命令，设置重建参数，如图4-94所示。

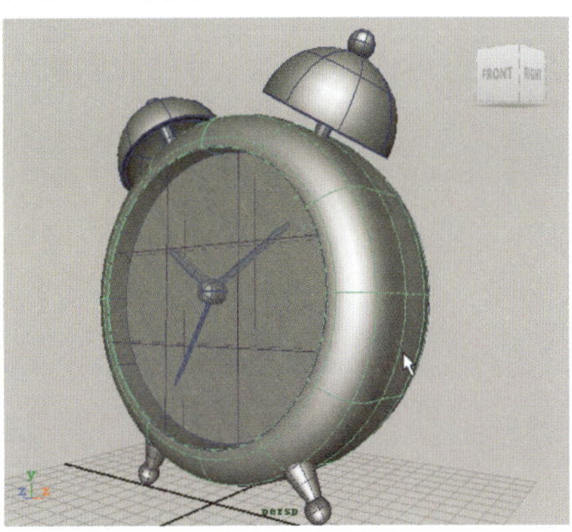

图4-93 选择曲面

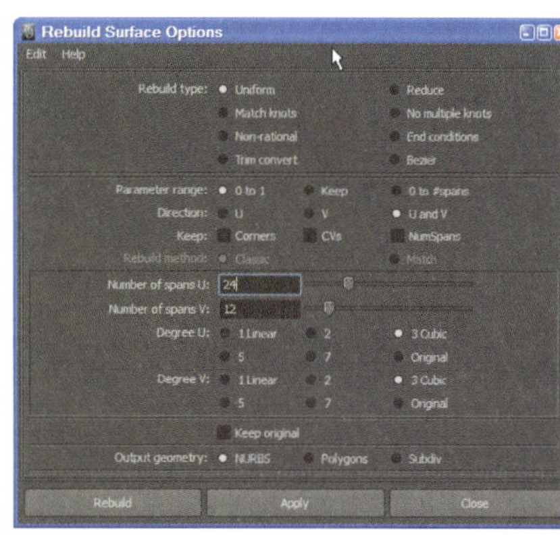

图4-94 Rebuild Surfaces选项面板

03 完成参数设置，单击Apply按钮重建曲面，如图4-95所示。

参数设置

Rebuild Surfaces（重建曲面）命令和Rebuild Curve（重建曲线）命令相似，区别在于重建曲面操作需要有UV两个方向，而重建曲线操作只有一个方向。

◆ Rebuild Type

设置曲面重建的类型。

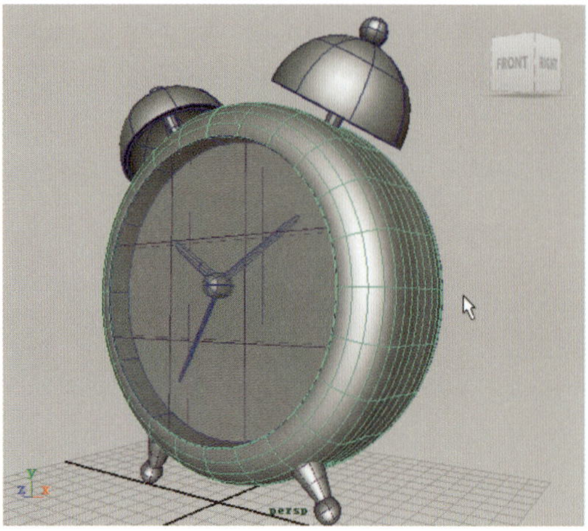

图4-95 重建曲面后的效果

◆ Parameter range（参数范围）

设置重建曲面后UV的参数范围。

◆ Direction（方向）

设置沿曲线的哪个方向重建曲面。

◆ Keep（保留）

有3种保留类型，它们分别是Corners（边角）、CVs（CV控制点）和Num Spans（段数）。

◆ Num of Spans U/V（UV向段数）

用来设置重建曲面后U和V方向上的段数。

◆ Degree U/V（UV向度数）

用来设置重建曲面后U和V方向上的度数。

4.6.11 Round Tool（圆角工具）

Maya的中Round Tool（圆角工具）可以在NURBS曲面的共享边界创建圆形光滑过渡倒角，还可以同时创建多个不同半径的圆角。其操作方法如下。

01 在场景中选择钟表模型。

02 执行Edit NURBS（编辑NURBS）｜Round Tool（圆角工具）命令，选择需要进行圆角处理的曲面边界线，如图4-96所示。

03 按Enter键，即可创建圆角效果，如图4-97所示。

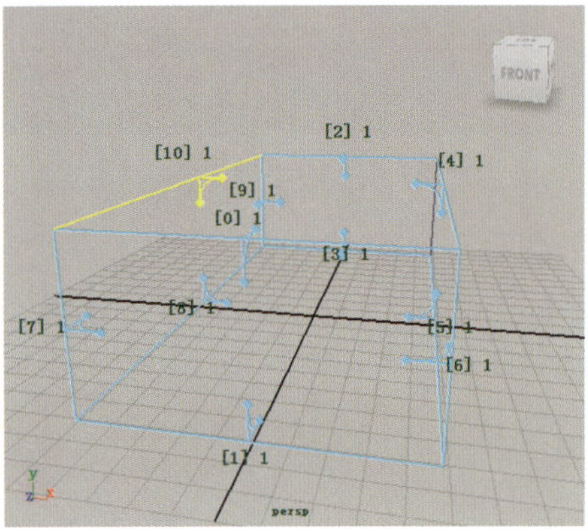

图4-96 选择边界线

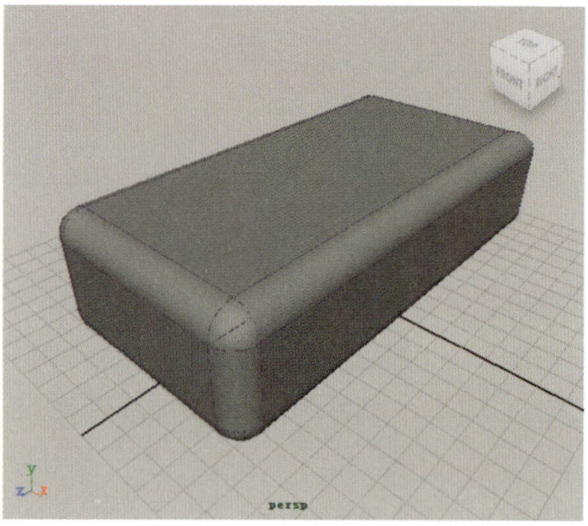

图4-97 圆角效果

4.6.12 Surfaces Fillet（曲面圆角）

Surfaces Fillet（曲面圆角）是NURBS曲面建模中的一个重要工具，它可以在曲面间产生光滑的过渡；它包含3个工具，分别是Circular Fillet、Freeform Fillet和Fillet Blend Tool。

1. Circular Fillet（圆形圆角）

主要用于在两个相交曲面的相交边界处创建圆形的圆角曲面，可以使用它定义圆角的半径，以及曲面产生的方向。其操作方法如下。

01 在视图中选择两个相交的曲面。

02 执行Edit NURBS（编辑NURBS）| Surfaces Fillet（曲面圆角）| Circular Fillet（图形圆角）命令，即可创建圆形圆角，如图4-98所示。

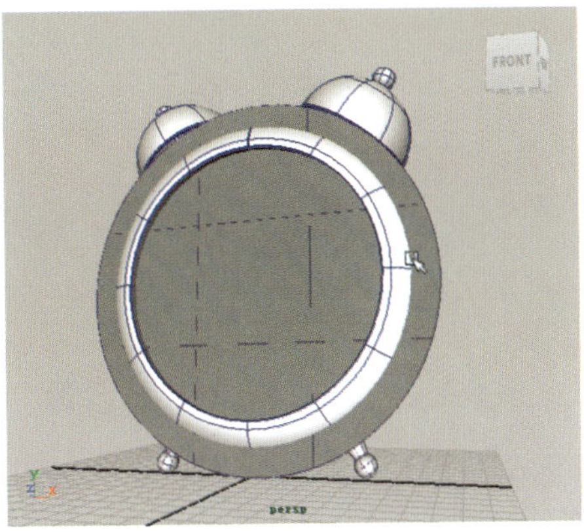

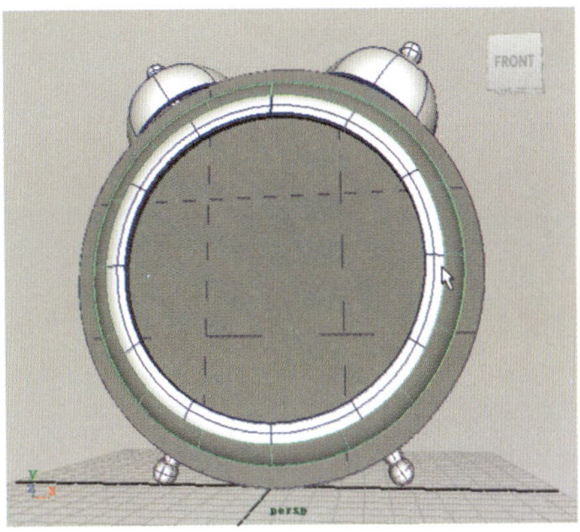

图4-98 创建圆角曲面前后的对比

2. Freeform Fillet（自由圆角）

Freeform Fillet主要用于在两个曲面之间创建曲面圆角，两个物体不必相交。其操作方法如下。

01 在视图中选择一个曲面，单击鼠标右键，在弹出的菜单中选择Isoparm命令，并选择一条等位线，使用相同的方法选择另外一个曲面上的等位线，如图4-99所示。

02 执行Edit NURBS（编辑NURBS）| Surfaces Fillet（曲面圆角）| Freeform Fillet（自由圆角）命令，即可完成一个自由圆角，如图4-100所示。

图4-99 选择等位线

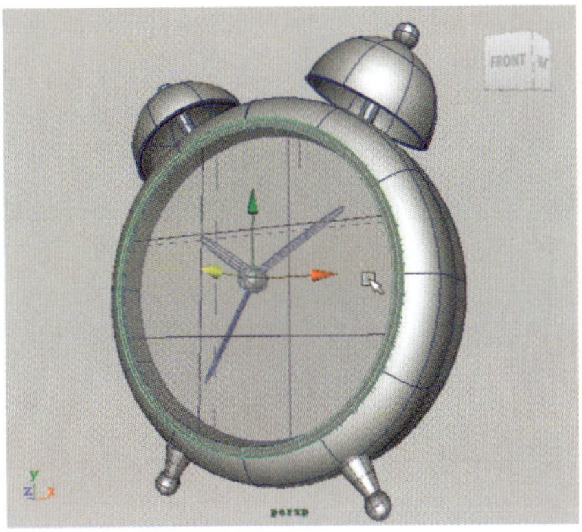

图4-100 创建圆角

3. Fillet Blend Tool（混合圆角工具）

可以混合两个边界，并创建出连接的圆角曲面，使用该工具可以创建一个曲面，来产生两个曲面之间的平滑过渡等。其操作方法如下。

01 执行Edit NURBS（编辑NURBS）| Surfaces Fillet | Fillet Blend Tool（混合圆角工具）命令，

进入其操作环境，注意此时鼠标指针的变化。

02 选择等位线后，按下键盘上的Enter键确认操作，然后使用同样的方法选择另一个曲面上的等位线，按Enter键完成操作，此时的曲面如图4-101所示。

4.6.13 Stitch（缝合）

在NURBS的曲面建模中，经常会执行将独立的曲面缝合到一起的操作。在Maya中，Stitch（缝合）的方式有很多种，包括缝合曲面点、缝合曲面上的边线和缝合曲面等。

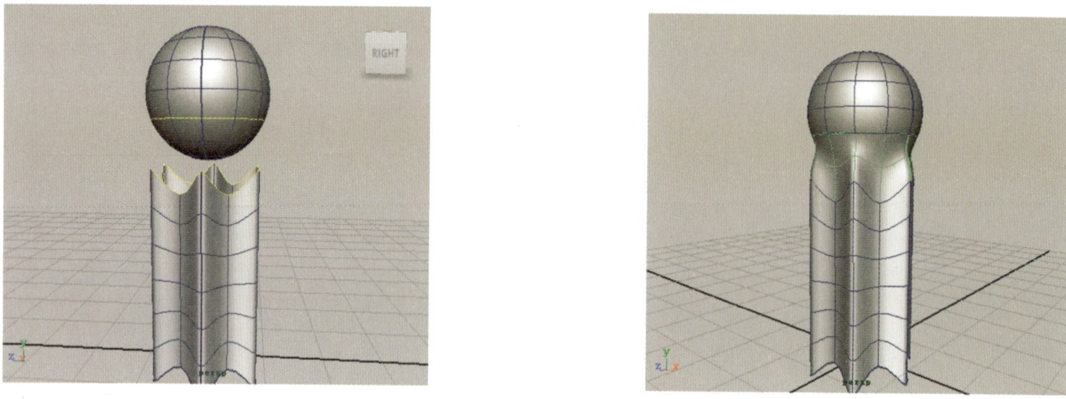

图4-101 选择等位线及曲面混合效果

1. 缝合曲面点

在Maya中，可以通过两个曲面点来缝合两个曲面。曲面点有多种类型，包括编辑点、控制点和曲面边界线上的点等。其操作方法如下。

01 在视图中选择两个需要缝合的曲面，单击鼠标右键，从打开的菜单中选择Sruface Point（曲面点）命令，单击要缝合的位置，选择两个曲面点，如图4-102所示。

02 执行Edit NURBS（编辑NURBS）|Stitch（缝合）|Stitch Surface Points（缝合曲面点）命令，即可将选择的顶点缝合，如图4-103所示。

2. 缝合曲面边

在Maya中，通常使用Stitch|Stitch Edges Tool（缝合边工具）缝合曲面边。缝合曲面边的课堂练习与缝合曲面点基本相同，区别在于缝合曲面边需要选择曲面边作为缝合的依据。

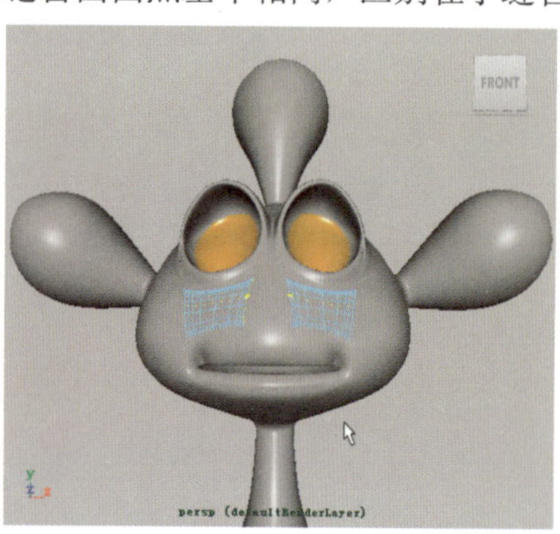

图4-102 选择曲面点

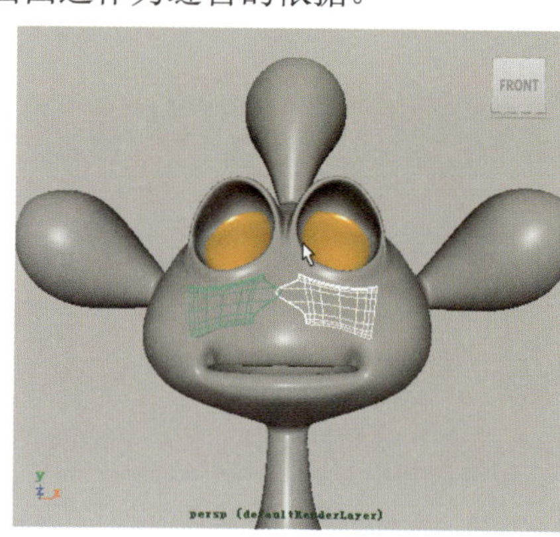

图4-103 缝合效果

3. 使用全局缝合

Global Stitch（全局缝合）的课堂练习和上述的练习相同，区别在于Global Stitch（全局缝合）可以用来缝合两个或多个曲面。根据参数设置不同，缝合的曲面也将会产生很大的不同，例如，位置的连贯性、切线连贯性或两者并存等。

4.6.14 Sculpt Geometry Tool（几何体雕刻工具）

在Maya中雕刻笔刷工具的种类有很多，其中Sculpt Geometry Tool（雕刻几何体工具）专门用于几何体的雕刻，它可以应用于NURBS、多边形和细分模型。

Sculpt Geometry Tool可以对NURBS曲面的CV点执行推、拉、平滑等移动操作。雕刻工具提供了4种操作方式对曲面进行雕刻操作，它们分别是Push（推）、Pull（拉）、Smooth（平滑）和Erase（擦除）。其操作方法如下。

01 在场景中选择NURBS曲面，作为雕刻。

02 执行Edit NURBS（编辑NURBS）| Sculpt Geometry Tool（雕刻几何体工具）命令，设置雕刻工具的方式、笔刷大小和绘制强度等，如图4-104所示。

03 在模型上进行绘制的效果如图4-105所示。

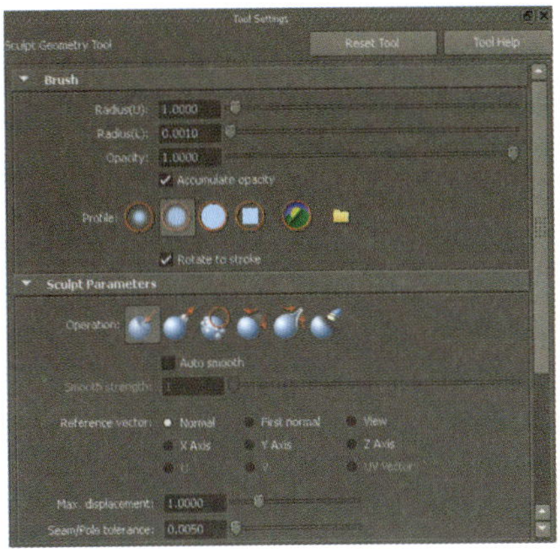

图4-104 雕刻几何体工具属性面板

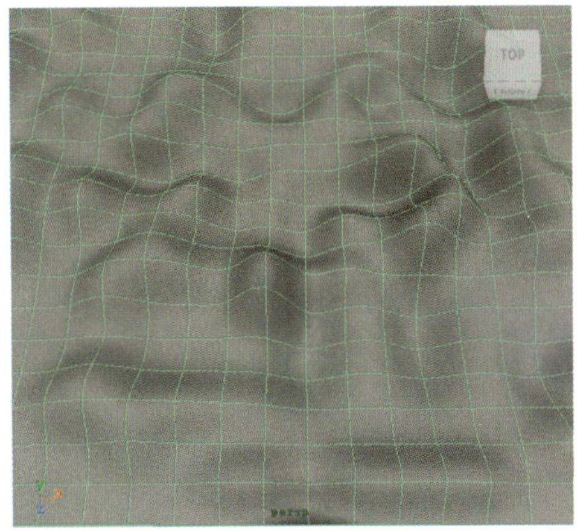

图4-105 雕刻效果

参数简介

◆ Radius（U）

用于设置笔刷半径的大小。

◆ Radius（L）

用于设置笔刷半径的最小半径下限。

◆ Opacity（不透明性）

用于控制笔刷强度的比率。

◆ Profile（形状）

用于选择各种笔刷的图案，产生不同的图案效果。

◆ Operation（操作）

用于控制笔刷的操作方式，有5种方式，分别为Push（推）、Pull（拉）、Smooth（平滑）、Relax（松弛）和Erase（擦除）。

◆ Auto Smooth（自动平滑）

在雕刻的同时对曲面上的笔触进行平滑处理，每执行一步雕刻都会自动平滑。

◆ Reference vector（参考向量）

用于控制模型在雕刻时的拖拉方向。

Max Displacement（最大位移）

设置推拉操作的最大高度，在视图中标志的箭头长度显示了最大位移的大小，它和不透明度共同决定了雕刻的强度。

4.7　案例1：制作小号模型

本节通过一个小号模型的制作，学习Maya中NURBS建模的几种常用方法。例如，插入创建曲线顶点的插入，如何将曲线间轨道成面，如何对曲面上的曲线进行复制偏移等命令操作。使读者很好地掌握这些命令操作。

1. 制作调音管

01 执行Create（创建）|NURBS Primitives（NURBS基本体）|Cylinder（圆柱体）命令，在场景中创建一个圆柱模型，调整其细分段数，并将其底部和顶部的盖删除，如图4-106所示。

02 执行Create（创建）|CV Curve Tool（CV曲线工具）命令，在Side视图中连续单击，创建一条CV曲线，用于制作模型顶端的螺旋套曲线轮廓，如图4-107所示。

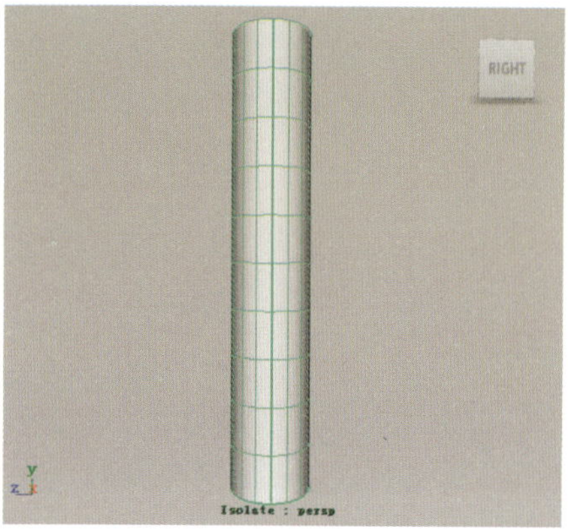

图4-106 创建圆柱模型

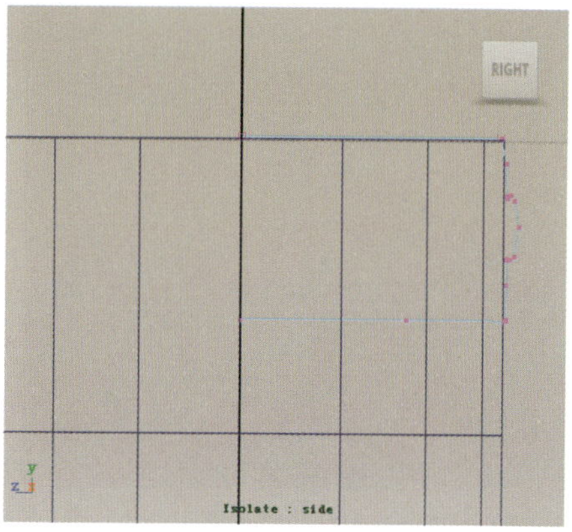

图4-107 创建CV曲线

03 完成曲线创建后，按Enter键确定曲线，然后，选中该曲线，执行Revolve命令，将曲线沿y轴转化为曲面，如图4-108所示。

04 使用同样的方法，在柱体模型的底部创建出如图4-109所示的曲线轮廓，用于装饰底部。

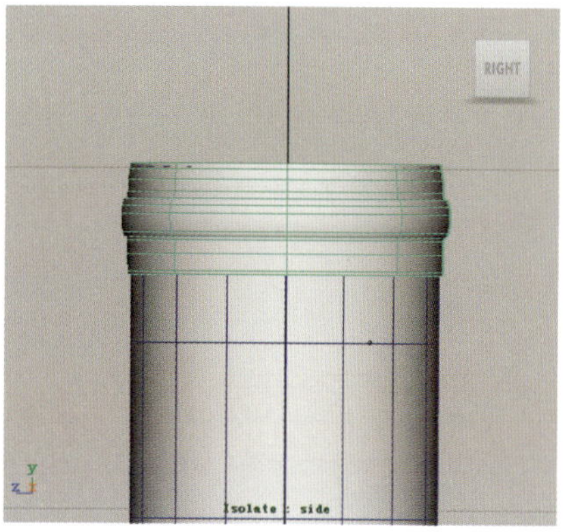

图4-108 执行Revolve命令

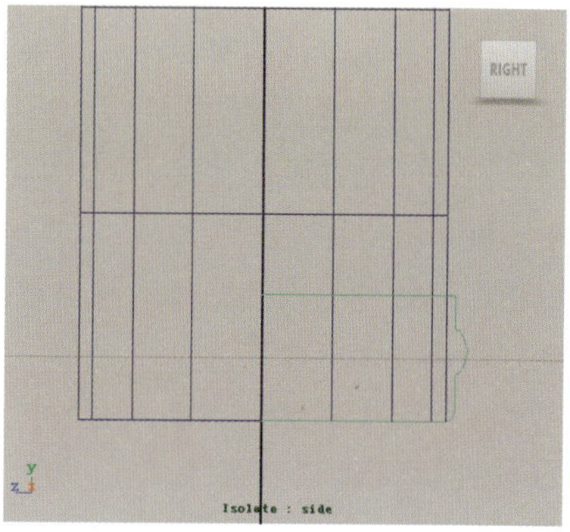

图4-109 创建CV曲线

05 完成曲线创建后，选中该曲线，执行Revolve命令，将其转化为曲面，如图4-110所示。在转化曲面之前，注意调整曲线的平滑度，以免影响所生成曲面的光滑效果。

06 在圆柱模型的顶部位置，创建出如图4-111所示形状的CV曲线，作为按键的曲线轮廓。

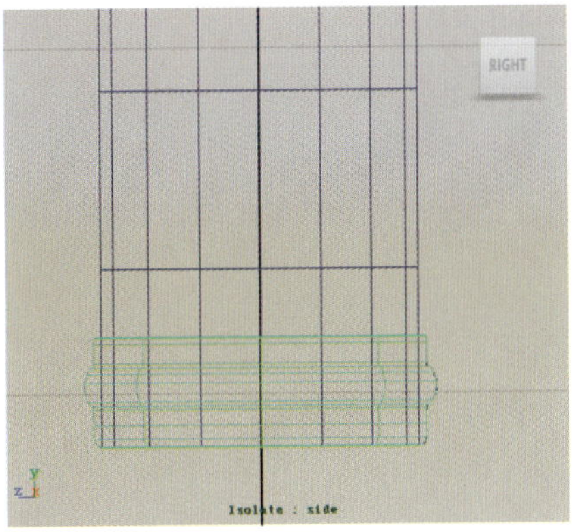

图4-110 旋转成面

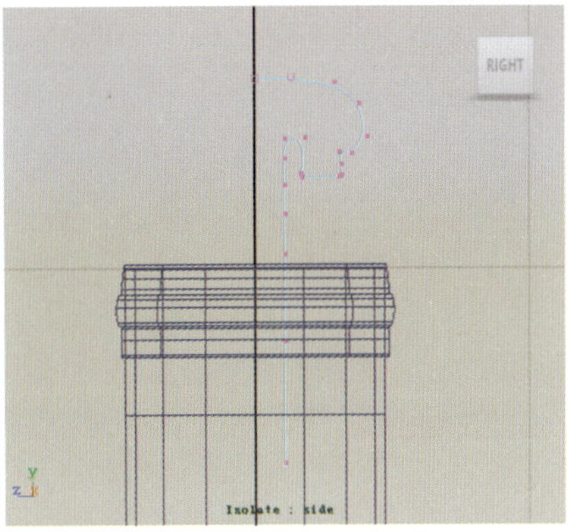

图4-111 创建CV曲线

07 选中创建的CV曲线，执行Revolve命令，将其沿y轴转化为曲面，图4-112所示为制作的按键模型。

08 框选中所有的模型，按Ctrl+D组合键，将其进行复制，并调整它们之间的相对位置，如图4-113所示。

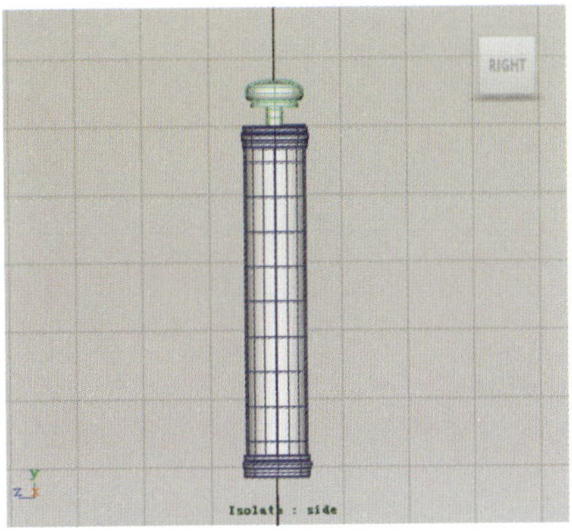

图4-112 旋转成面

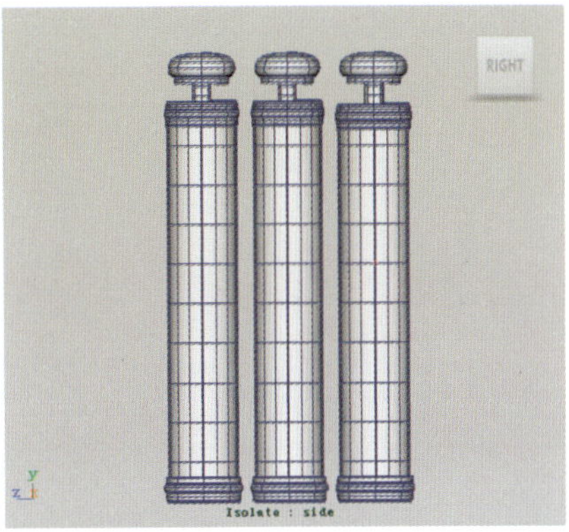

图4-113 复制模型

2. 创建圆管模型

01 在Side视图右侧作为曲线的起始点，创建出如图4-114所示形状的曲线，在创建曲线时注意顶点的分布及曲线的平滑度。

02 切换到Top视图，选中该CV曲线并单击鼠标右键，进入顶点编辑状态，移动其部分顶点，使其与先前创建的模型产生一定的距离，如图4-115所示。

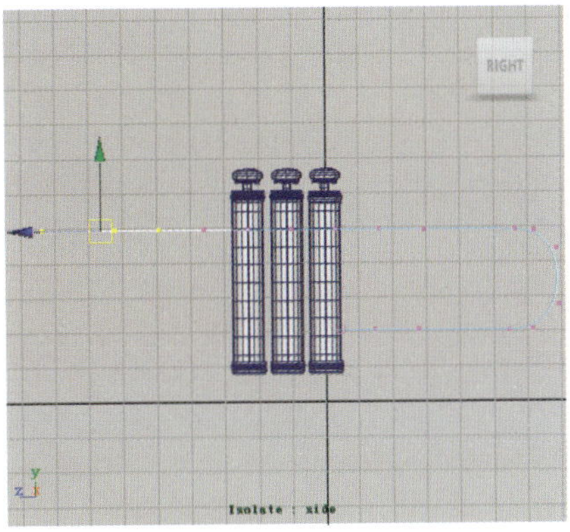

图4-114 创建CV曲线

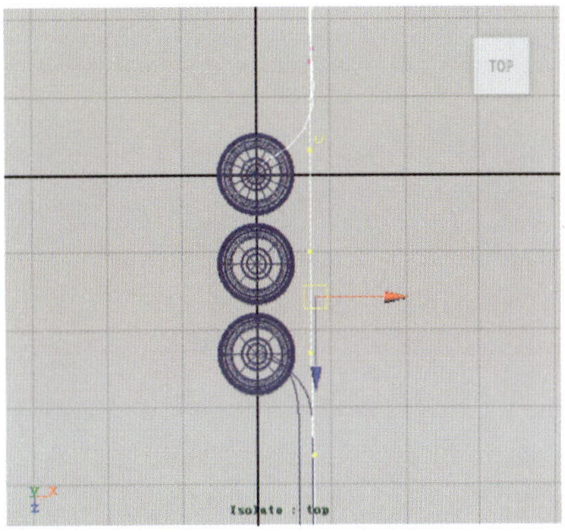

图4-115 调整曲线顶点位置

03 使用同样的方法，在Side视图的左侧单击鼠标左键，将该点作为起始点，创建出如图4-116所示形状的CV曲线。

04 切换到Side视图，选中该曲线顶点，移动其位置，如图4-117所示。

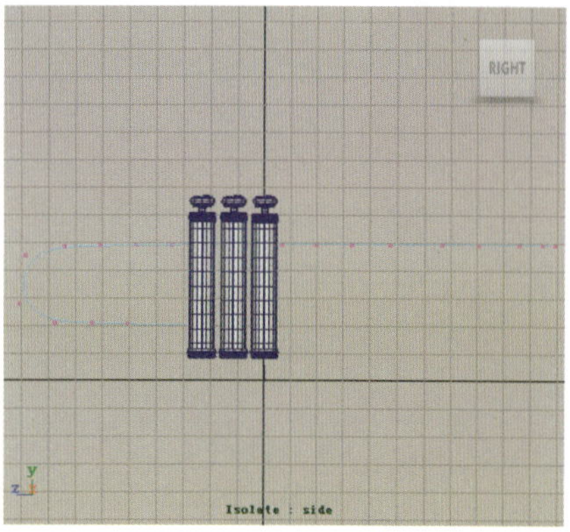

图4-116 创建CV曲线

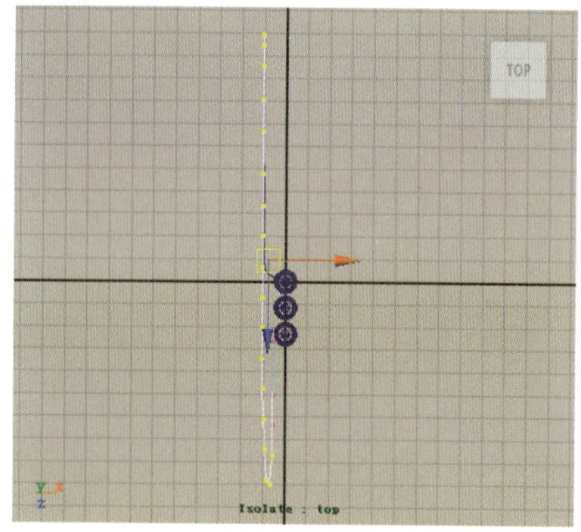

图4-117 移动曲线顶点

05 隐藏先前创建的两条CV曲线，再次在Side视图中创建出如图4-118形状的CV曲线。

06 分别选中这两条曲线的顶点，先后移动它们顶点的位置，如图4-119所示。

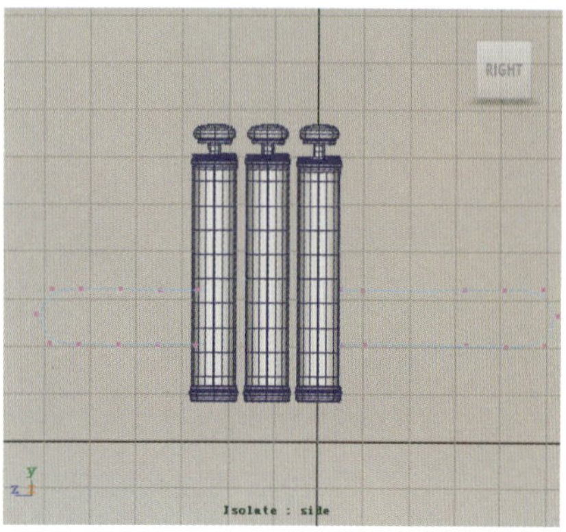

图4-118 创建CV曲线

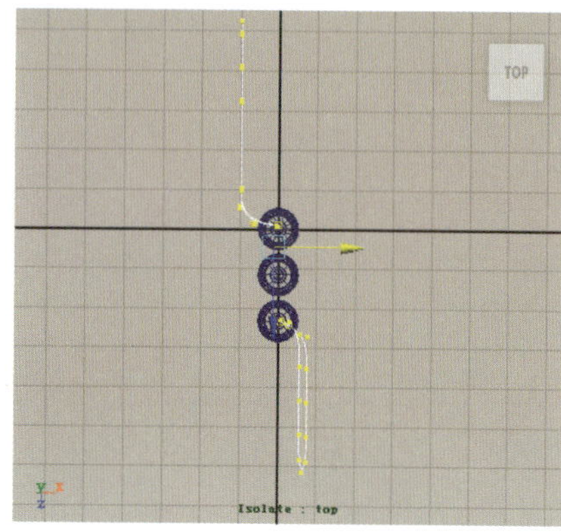

图4-119 调整曲线顶点

07 切换到Persp视图，并且在该视图中创建一条圆环曲线，调整其半径大小及放置位置，如图4-120所示。

08 先选中圆环曲线，然后再选中创建的CV曲线，单击Extrude命令右侧的□按钮，在弹出的面板中设置其部分参数，如图4-121所示。

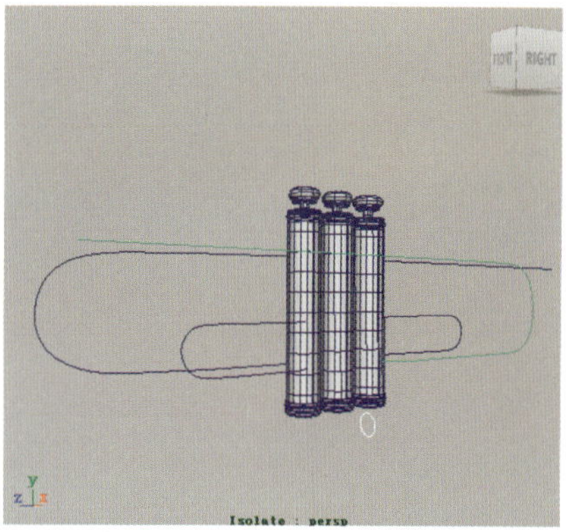

图4-120 创建圆环曲线

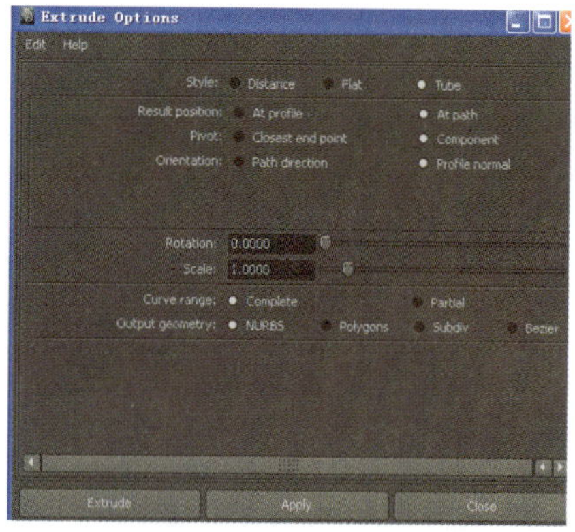

图4-121 设置挤出命令参数

09 完成参数设置后，单击Apply按钮，执行挤出命令，将圆环沿路径生成曲面效果，如图4-122所示。

注意：进行曲面挤出操作时，基础曲线对象和目标曲线对象所处的角度、自身的造型等都会对挤出的曲面形状造成影响。因此在执行挤出命令之前，一定要把握好曲线的外观。

⑩ 用同样的方法，使用同一条圆环曲线，对其他曲线也执行挤出命令；然后选中如图4-123所示曲面模型上的壳线顶点，使用缩放工具调整其大小。

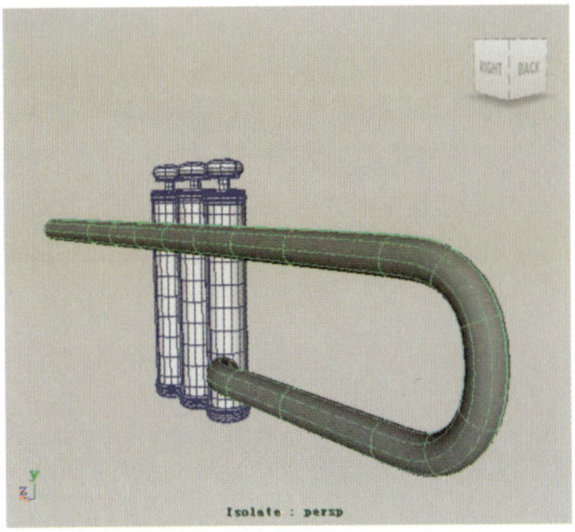

图4-122 曲面的挤出效果

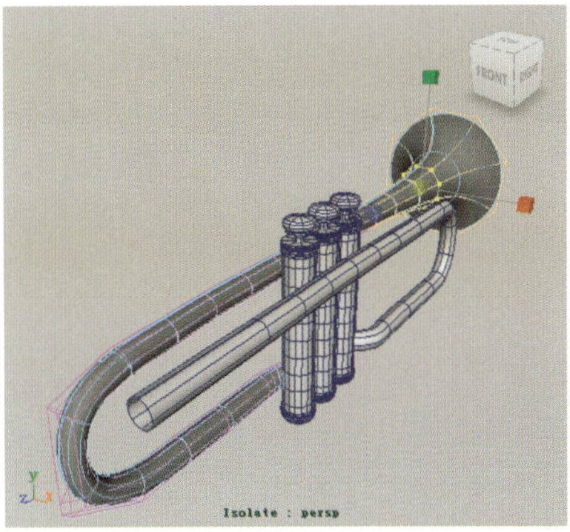

图4-123 调整曲面造型

3. 制作号嘴

01 在场景中创建顶部和底部封闭的NURBS圆柱体，调整其在场景中的位置，如图4-124所示。

02 选中创建的NURBS圆柱，选中部分顶点，使用缩放工具调整顶点，使其贴合在圆管的周围，如图4-125所示。

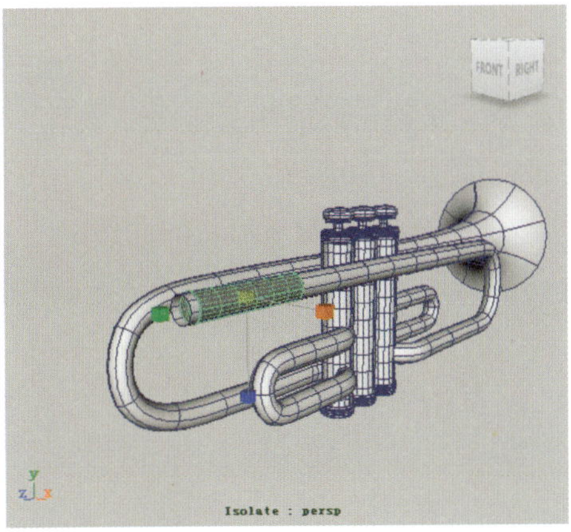

图4-124 创建圆柱模型

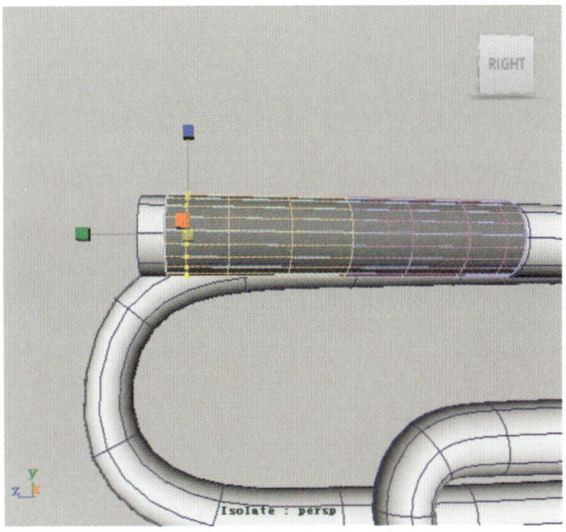

图4-125 调整模型顶点

03 选中圆柱顶部的面片和管子模型，执行Edit NURBS（编辑NURBS）|Intersect Surfaces（交叉曲面）命令；然后执行Trim Tool命令，在如图4-126所示位置连续单击鼠标3次，执行修剪操作。

04 当在鼠标单击的位置出现黄色的控制器时，按Enter键确定修剪操作，曲面的修剪效果如图4-127所示。

05 执行Round Tool命令，在如图4-128所示模型的边角处拖拉鼠标，并且在通道栏中，设置RoundConstantRadius1属性下的Radius值为0.007。

06 按Enter键，在模型的边角处会产生一个圆形的倒角效果，如图4-129所示。

图4-126 执行Trim Tool命令

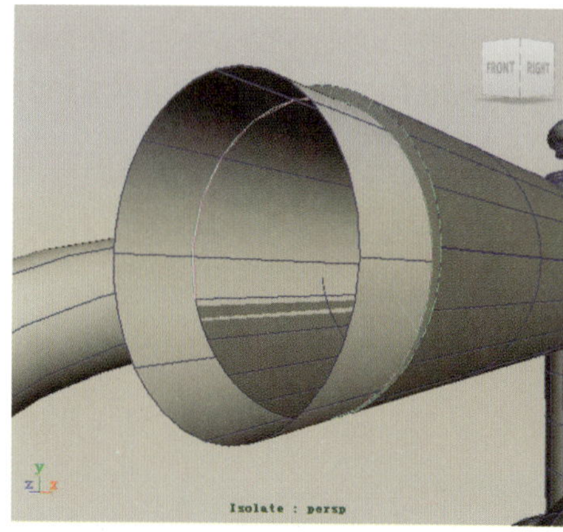

图4-127 曲面的修剪效果

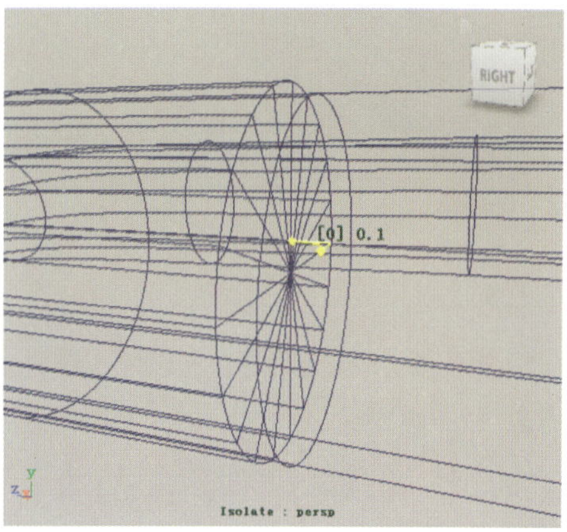

图4-128 执行Round Tool命令

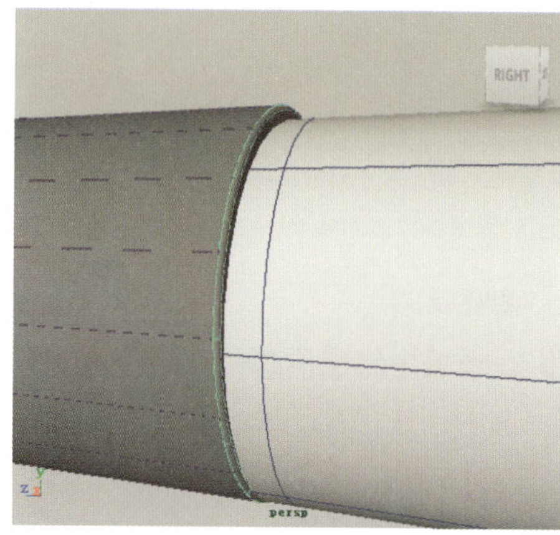

图4-129 曲面的圆角效果

07 同样也对管子其他部位圆柱的顶部执行Trim Tool命令，修剪它们的相交部分。然后，再创建出几个NURBS圆柱模型并调整它们的位置，用来连接管子，如图4-130所示。

08 切换到Side视图，使用CV曲线工具，在该视图中创建出如图4-131所示形状的曲线。

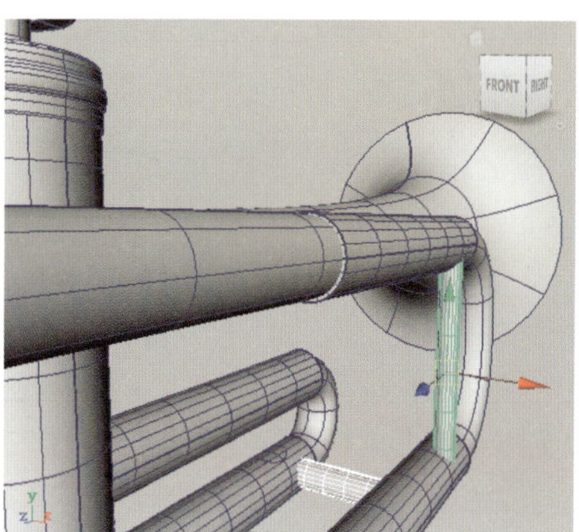

图4-130 创建圆柱模型

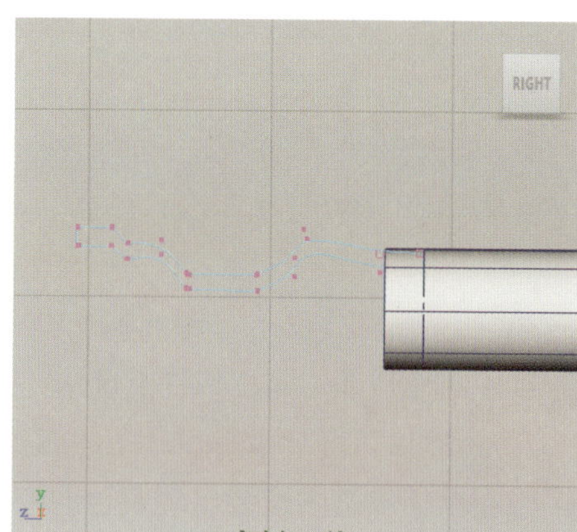

图4-131 创建CV曲线

09 选中创建的CV曲线，执行Revolve命令，将其z轴旋转，转化为曲面，如图4-132所示。

4. 制作指钩模型

01 选中曲面并单击鼠标右键，在弹出的菜单中选择Isoparm选项，选择一条Iso等位线并单击

Edit Curves（编辑曲线）|Offset（偏移）| Offset Curve（偏移曲线）右侧的□按钮，如图4-133所示。

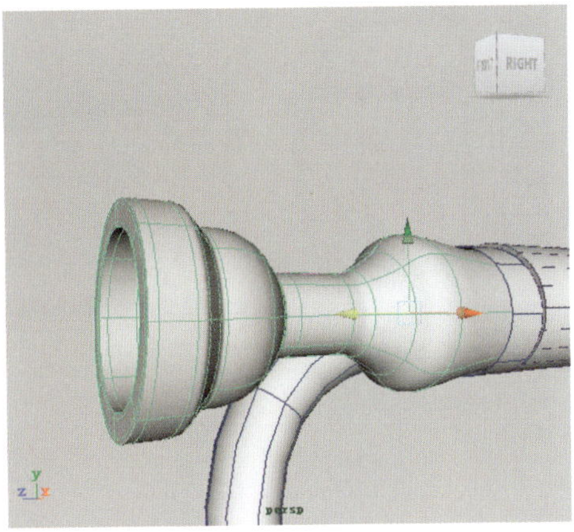

图4-132 旋转曲面

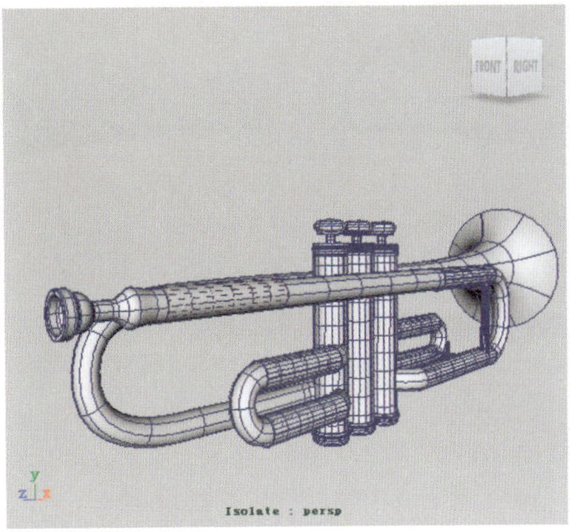

图4-133 选择等位线

02 在弹出的面板中，选中Normal direction属性下的Active View选项，设置Offset distance为0.5，切换到Side视图，单击Apply按钮，然后在该曲线上右击，选择Curve Point选项，按Shift键在该曲线不同位置上单击两次，创建两个顶点，如图4-134所示。

提示 关于Offset distance的设置，如果该数值太大，则可能导致偏移出来的曲线变形。

03 执行Edit Curves（编辑曲线）|Detach Curves（分离曲线）命令，对曲线进行分离处理，并将分离开后多余的曲线进行删除，如图4-135所示。

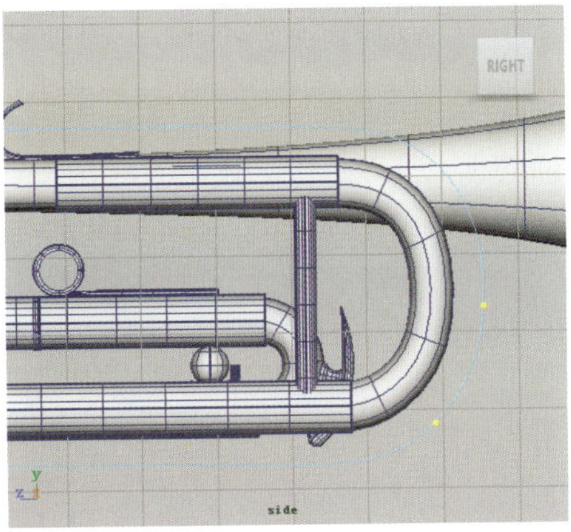

图4-134 添加曲线顶点

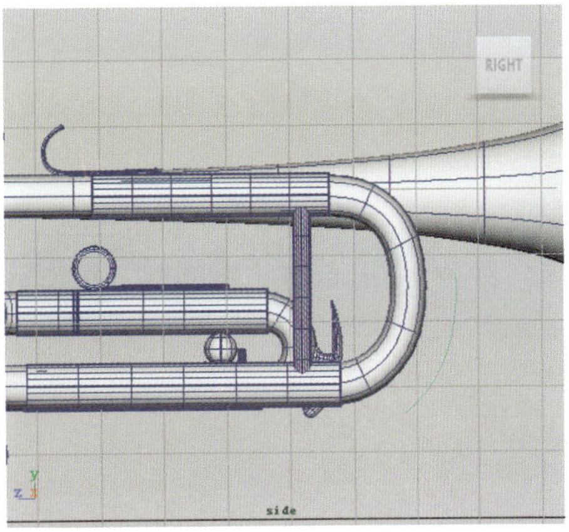

图4-135 执行Detach Curves命令

04 选中分离后的曲线，执行Modify（修改）|Center Pivot（中心轴）命令，绘图曲线中心点，然后按组合键Ctrl+D，对其进行复制并调整复制曲线的位置，如图4-136所示。

05 依次选择曲线并单击Surfaces（曲面）|Loft（放样）右侧的□按钮，在弹出的面板中启用Close复选框，单击Apply按钮，执行放样命令；然后调整该放样模型两端顶点，使其闭合，如图4-137所示。

06 在场景中创建一个圆柱模型，调整其细分段数，单击鼠标右键，在弹出的菜单中选择Hull（壳线）选项，选中模型顶点并调整其造型，如图4-138所示。

07 同样再创建一个NURBS圆柱体，并调整其顶点，以调整该圆柱的外形，如图4-139所示。

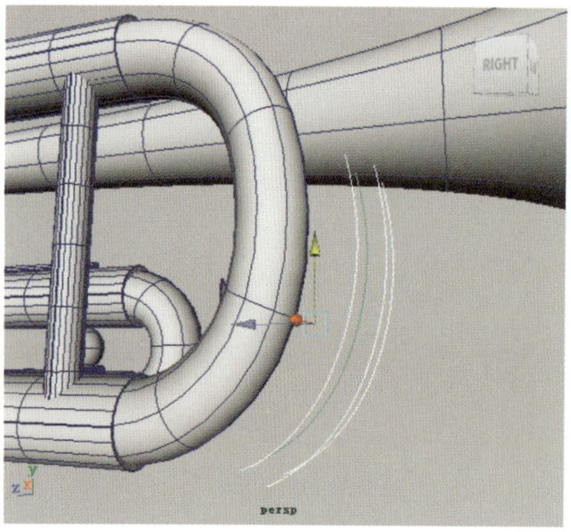

图4-136 复制曲线

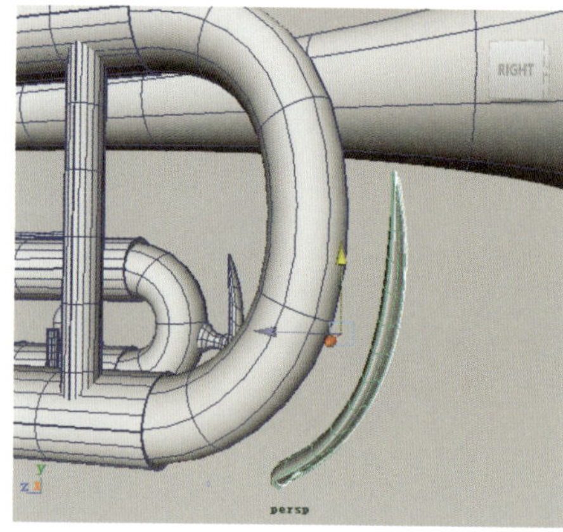

图4-137 执行Loft命令

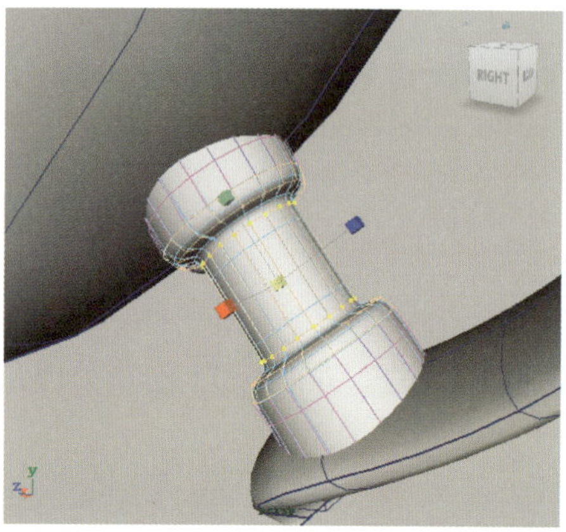

图4-138 编辑壳线

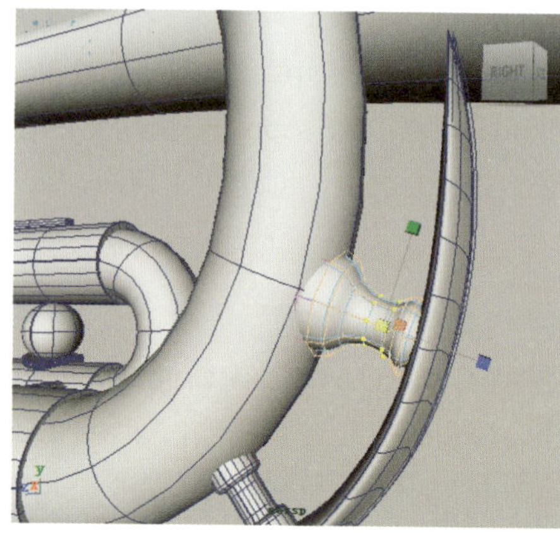

图4-139 调整顶点

08 在场景中创建一条圆环曲线，将其移动到一个曲面的正上方，执行Edit Surfaces（编辑曲线）| Project Curve on Surfaces（在曲面上映射曲线）命令，将其映射到曲面上，如图4-140所示。

09 选中映射在曲面上的曲线，单击Surfaces（曲面）|Bevel（倒角）命令右侧的□按钮，在弹出的面板中设置Bevel Width/depth为0.02、Extrude height为0.01，如图4-141所示。

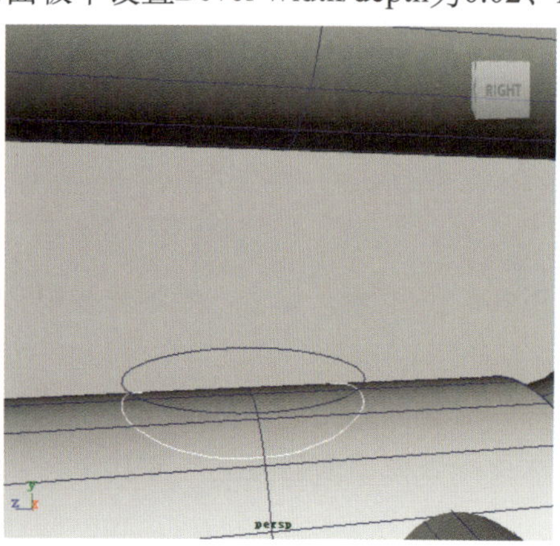

图4-140 执行映射命令

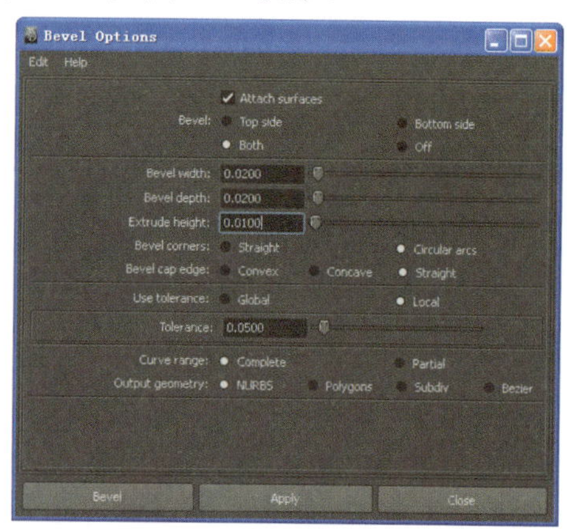

图4-141 设置Bevel参数

10 单击Apply按钮，执行倒角命令，如图4-142所示；然后在场景中创建一个球体和一个立方体模型，并且调整它们的大小及位置。

11 在场景中创建一条圆环曲线，按组合键Ctrl+D复制曲线，并调整其位置，如图4-143所示。

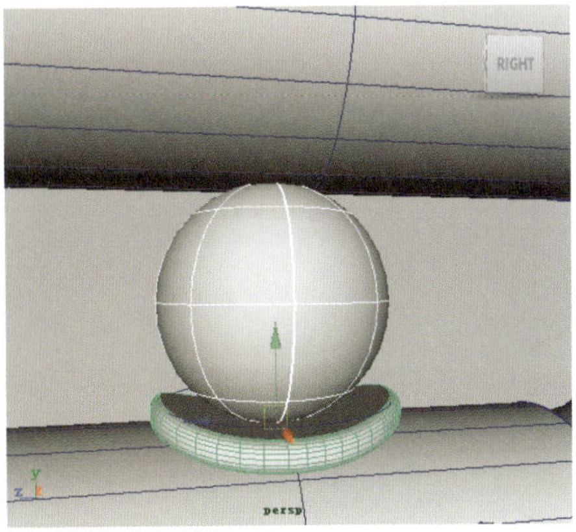

图4-142 曲线的倒角效果

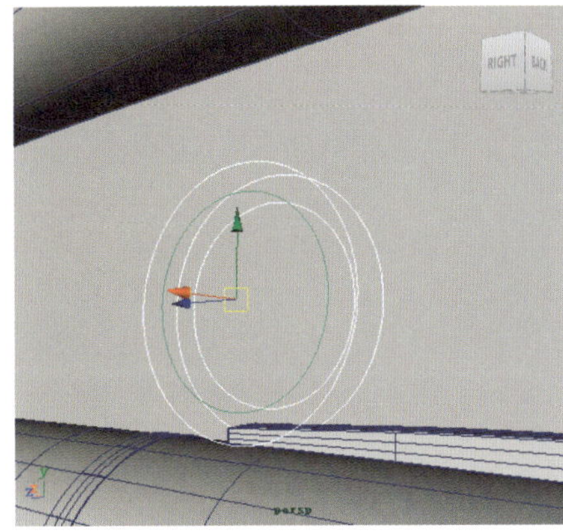

图4-143 创建圆环曲线

⑫ 依次选择创建的圆环曲线，单击NURBS | Loft（放样）命令右侧的□按钮，在弹出的面板中启用Close复选框，选中Linear选项并设置Section Spans值为6，如图4-144所示。

⑬ 完成参数设置后，单击Apply按钮，执行放样命令，圆环的成面效果如图4-145所示。

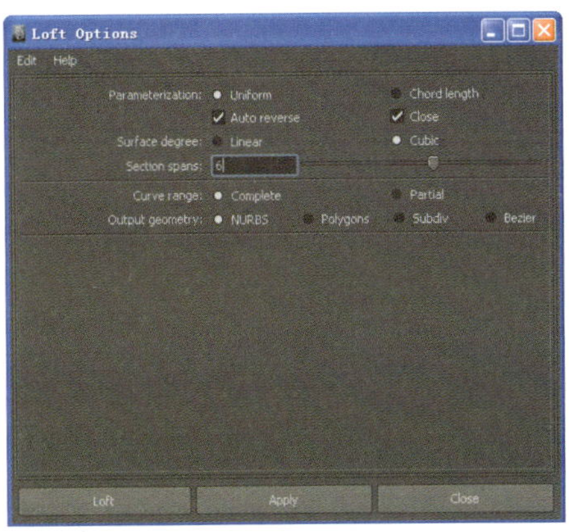

图4-144 设置放样参数

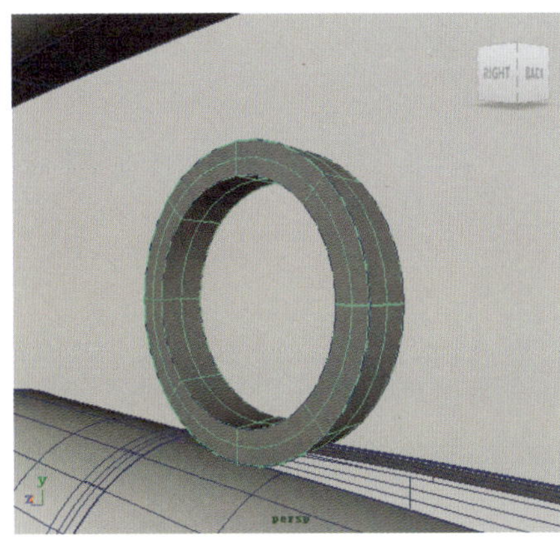

图4-145 曲线的放样效果

⑭ 在场景中创建出如图4-146所示形状的3条CV曲线，并且调整它们之间的相对位置。

⑮ 选中这3条曲线，按组合键Ctrl+D，对其进行复制并调整复制曲线的位置，如图4-147所示。

图4-146 创建CV曲线

图4-147 复制曲线

⑯ 使用EP曲线工具，按住键盘上的C键，在如图4-148所示的曲线上单击鼠标，创建曲线的起始点并拖动到其端部，按住C键不放，在另一条曲线上单击，创建曲线的结束点。

⑰ 用同样的方法将其他几条曲线也连接起来。首先选中垂直方向的曲线，执行Surfaces（曲

面）|Birail（轨道）命令，再先后选择水平方向上两条曲线，如图4-149所示。

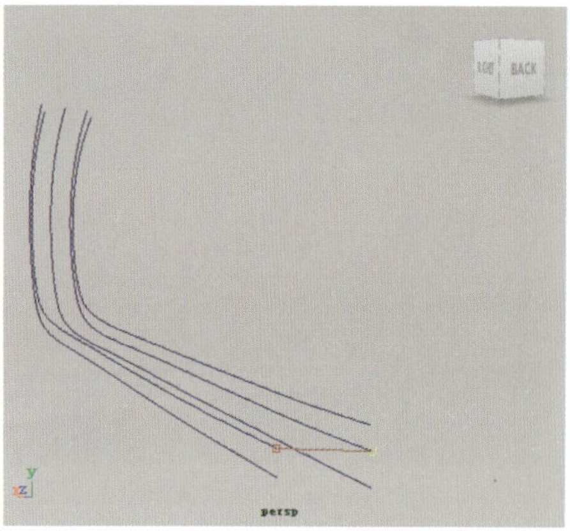

图4-148 进行搭线操作

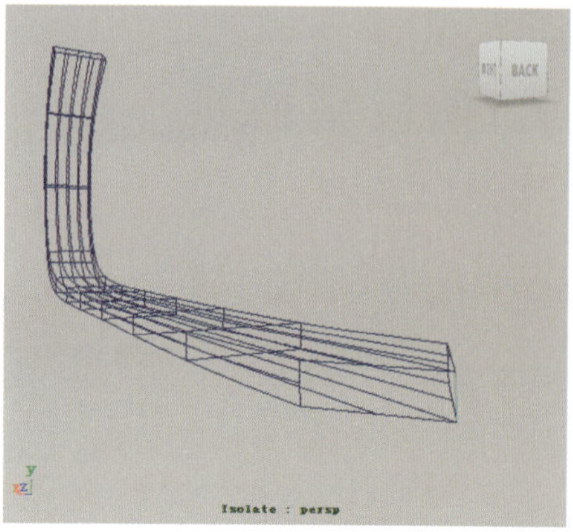

图4-149 执行Birail命令

18 按Enter键，执行轨道命令，此时在这4条曲线中间产生了一个平面，如图4-150所示。

19 依照顺序选择较长的几条曲线，执行Loft命令，曲线的成面效果如图4-151所示，然后选中图中所示位置的曲面顶点，将其缩小。

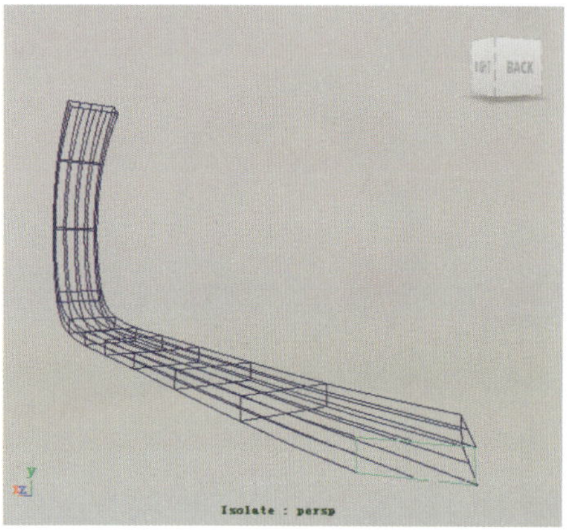

图4-150 轨道成面的效果

图4-151 执行Loft命令

注意

Loft命令是Surface成面工具中最为常用的命令之一，它可以通过一组连续的曲线，生成新的曲面。其中曲线本身定义了曲面的外形。

至此，我们的小号乐器模型就制作好了。图4-152所示为模型的最终制作效果。

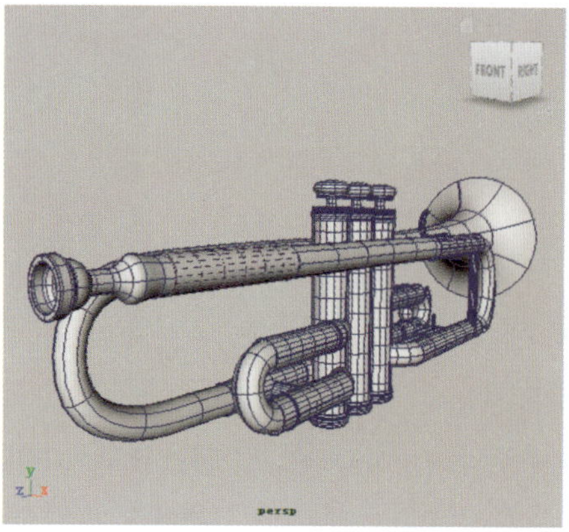

图4-152 小号模型的效果

第5章　Polygon建模技术

5.1　Polygon（多边形）建模基础

Maya的多边形建模方法比较容易理解，非常适合初学者学习，并且在建模的过程中用户有更多的想象空间和修改余地。多边形建模有很多优势，首先容易操作，Maya 2011为用户提供了许多高效的工具，初学者容易上手；其次可以对模型的网格密度进行较好的控制，对细节少的地方少细分一些，对细节多的地方多细分一些，使最终模型的网格分布稀疏得当，如图5-1所示。

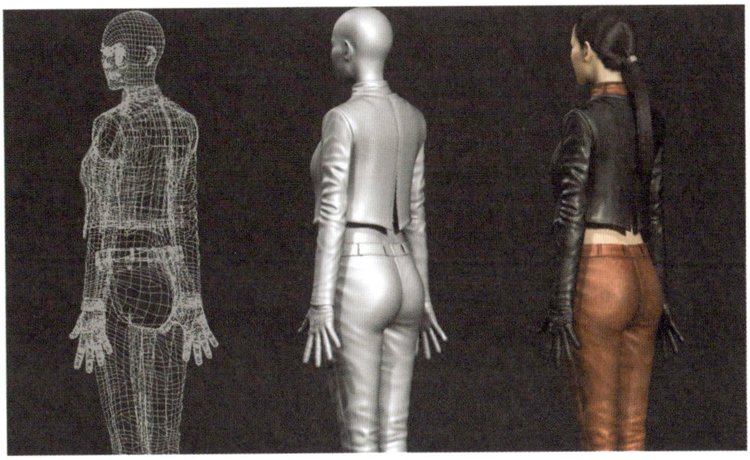

图5-1 Polygon建模技术应用

虽然Polygon建模优势很大，但是当创建的模型非常复杂时，物体上的调节点会非常多，这就要求我们对空间构造有比较好的把握能力，要合理划分网格布线，否则做出的模型既不到位，又产生了许多多余的面。本节我们将从最简单的概念和操作入手，使读者对多边形建模有个清晰的认识。

5.1.1 Polygon建模的基本认识

Polygon（多边形）顾名思义就是由多条边组成的封闭图形，两个点形成一条线，3条边形成一个面，经过不断积累，许多面可以形成物体的基本外形，再经过特定的工具进行修改和调整，形成光滑的表面。多边形的边决定了面的结构，可以由3条边组成一个面，也可以由多条边组成，如图5-2所示。

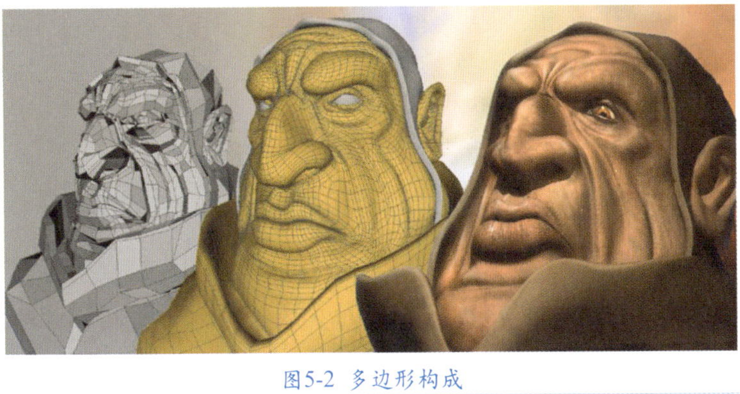

图5-2 多边形构成

多边形建模方式有许多不可替代的优势，物体是由多个面组成的，面与面之间的连接不像NURBS物体有着严格的限制，只需遵循简单的规律就可以创建出复杂的有机物体。在创建物体的过程中，可以先创建出较少的面，然后使用优化工具，创建出光滑的物体表面，但在编辑的时候可以一直使用低面属性的Polygon物体，这样可以使用简单的几个面来控制复杂物体的结构。

Polygon模型作为一种最为常用的模型数据，可以在多种平台和几乎所有三维软件之间共享，但同时需要注意的是，不同的软件，其多边形成型工具的原理是不同的，在进行数据交换时需要将那些用特殊方式做出的多边形进行格式转换，这样才能使其他软件在接收数据时不至于出现错误。

5.1.2 Polygon建模原则

在使用多边形工具建模时，要遵循一定的建模规律，这是为了优化后面的工作流程，一个含有较多错误的多边形模型会给后期的贴图和动画工作带来许多不便。

1. 多边形的面

在创建多边形时，尽量保持多边形的面由4条边组成，如果不能使用四边形，可以由3条边组成，但要注意的是千万不能使用超过四条边的面，因为超过四条边的面在渲染时会造成扭曲的现象。

2. 历史操作节点

在开始创建多边形之前，要点单击状态栏上的（Constraint History on/of）图标，打开构造历史，以便建模时可以随时修改模型命令，但是由于历史记录的累计，会使系统的运行速度变慢，影响操作的便捷性，所以要定时清理历史记录，以删除不必要的历史节点，加快操作速度，用户只需选中要删除历史操作的模型，执行Edit Delete All By Type | History命令，即可删除模型的全部历史节点。

3. Polygon法线的一致性

创建的Polygon物体要保持法线的一致性，错误的法线方向会造成纹理的错误，也会造成多边形面与面之间无法缝合。

5.2 创建Polygon原始物体

在Maya 2011中，我们可以使用3种方法创建多边形对象。一是使用菜单命令，二是使用工具架上的创建工具，最后一种是使用Maya特有的热盒功能进行创建，具体使用哪种方法要根据个人的习惯而定。

5.2.1 使用命令创建物体

在Maya 2011中我们可以直接使用菜单命令创建Polygon原始物体。在主菜单中执行Create（创建）| Polygon Primitives（多边形基本体）命令，可以看到所有原始Polygon物体的命令名称，用户可以单击任意一个命令，即可创建出相应的Polygon原始物体。

1. 创建Polygon球体

（1）要创建一个球体，在主菜单栏中执行Create（创建）| Polygon Primitives（多边形基本体）| Sphere（球体）命令，如图5-3所示。

（2）在视图中单击并拖动鼠标即可，切换到四视图状态，观察创建的Polygon球体显示状态，如图5-4所示。

2. 修改球体属性参数

（1）若想要改变原始多边形的细分段数，可以在创建原始多边形之前单击Sphere（球体）命令右侧的按钮，在弹出的属性设置面板中修改Axis/Height divisions属性参数值即可，如图5-5所示。

（2）若要修改已经创建的多边形的属性参数，我们可以选中该多边形并单击工具栏中的图标，在打开的属性设置面板中也可以设置模型的属性参数，如图5-6所示。

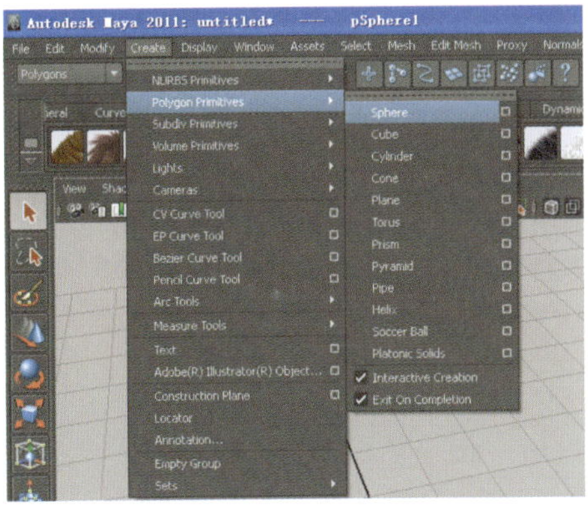

图5-3 执行Sphere命令

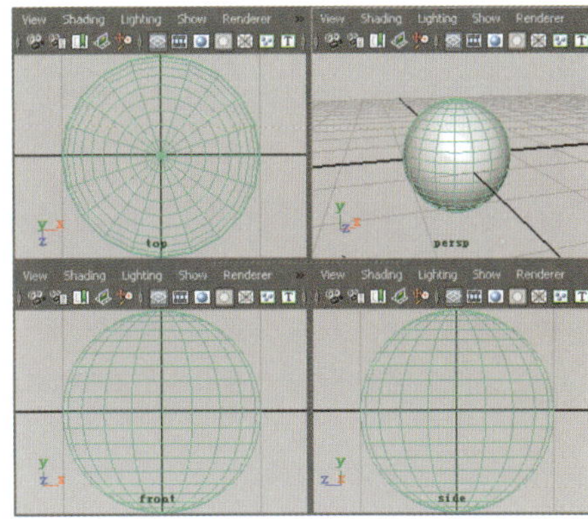

图5-4 创建的多边形球体

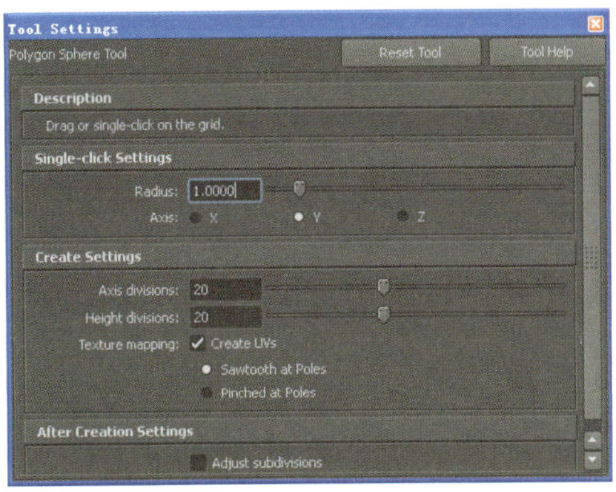

图5-5 在创建多边形之前设置

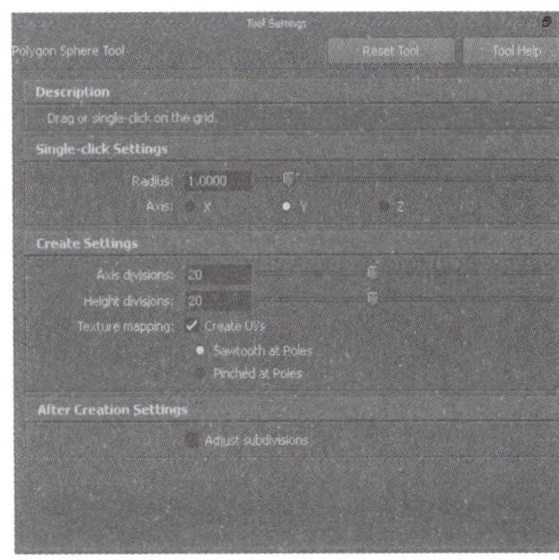

图5-6 在创建后设置

5.2.2 多边形的属性参数设置

在创建多边形原始物体后，若需要对其自身变换属性和元素属性参数进行修改，用户可以在其通道栏中直接修改，从而方便了Polygon建模工作的进行。其操作方法如下。

01 选中上一步中创建的球体，在其通道栏中有球体的移动、旋转、缩放、半径和分段等选项，还可以设置可见属性Visibility，如图5-7所示。

02 在通道栏的下方展开PolySphere1属性卷展栏，设置Subdivisions Axis/Height值均为50，可以看到视图中球体面数明显增加，如图5-8所示。

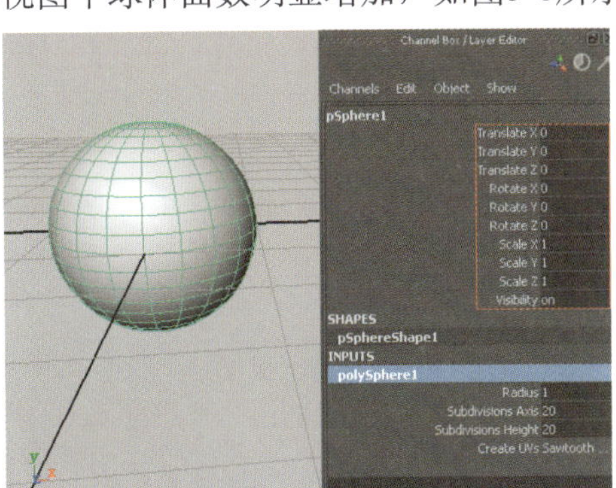

图5-7 多边形的通道属性参数

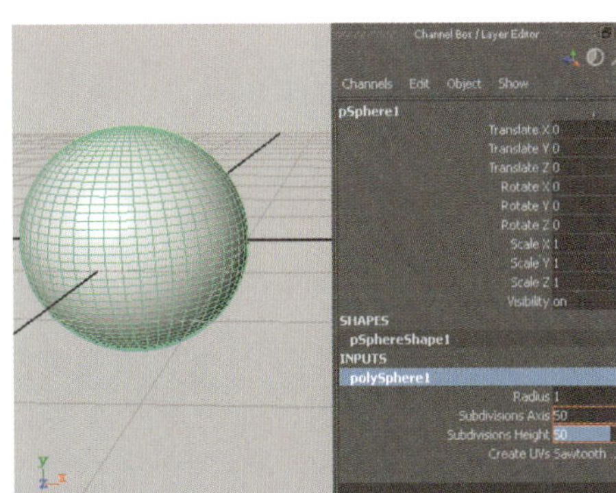

图5-8 修改多边形的细分

5.2.3 使用快捷方式创建多边形

在Maya 2011中，使用工具架或热盒菜单来创建多边形对象会更加直观和快速。下面我们来介绍这两种创建多边形的方法。其操作方法如下。

01 在工具架中切换到Polygons标签，在其下方的工具栏中单击图标，再在视图中单击并拖动鼠标，即可创建长方体，如图5-9所示。

02 在视图中按Shift键的同时单击鼠标右键，在弹出的菜单中，拖动鼠标右键到Poly Cube命令上；然后松开鼠标右键，即可在场景中创建立方体，如图5-10所示。

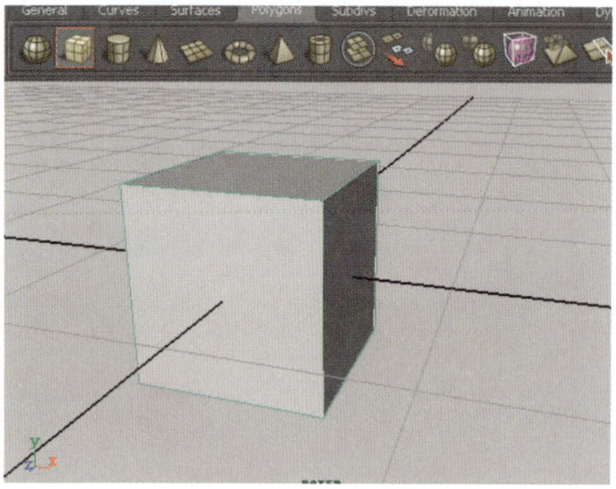

图5-9 在工具架中创建

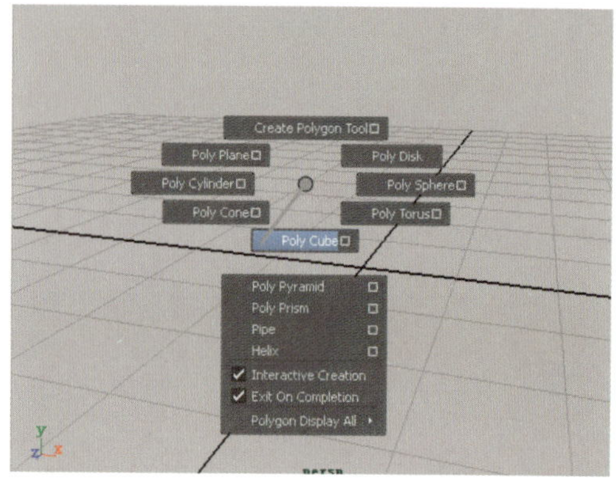

图5-10 在快捷菜单中创建

Maya 2011中自带了12种基本原始多边形物体，包括Sphere（球体）、Cube（立方体）、Cylinder（圆柱体）、Cone（圆锥体）、Plane（平面）、Torus（圆环体）、Prism（棱柱体）、Pyramid（棱锥体）、Pipe（管状体）、Helix（螺旋体）、Soccer Ball（足球体）和Platonic Solids（理想形体）。图5-11所示的是这12种原始多边形物体的造型。

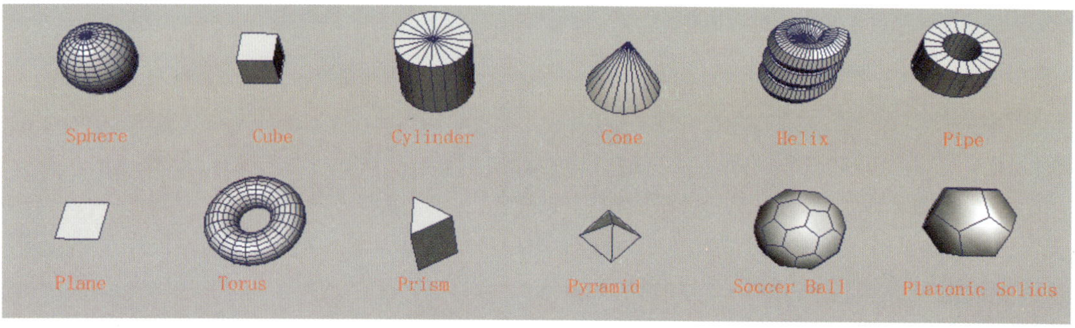

图5-11 多边形原始几何体

5.3 Polygon模型的常规操作

在进入多边形的编辑与操作之前，我们首先对多边形的常规操作进行详细的介绍，便于为多边形编辑工作做好铺垫。

5.3.1 Polygon模型的元素构成

在进行多边形建模时，通过不断改变模型的属性及构成元素的位置和数量，来逐步改变模型的造型，以演变出新的物体。Maya中多边形的元素有4种，分别是Vertex（点）、Edges（边）、Faces（面）和UVs（UV点），下面介绍这几种元素的切换方法。

课堂练习34：切换模型元素

01 在创建的Cube模型上单击鼠标右键，在打开的快捷菜单中选择Vertex命令，如图5-12所示。

02 此时Cube模型会进入点的显示模式，我们可以选中模型上的一个点，对其进行移动，如图5-13所示。

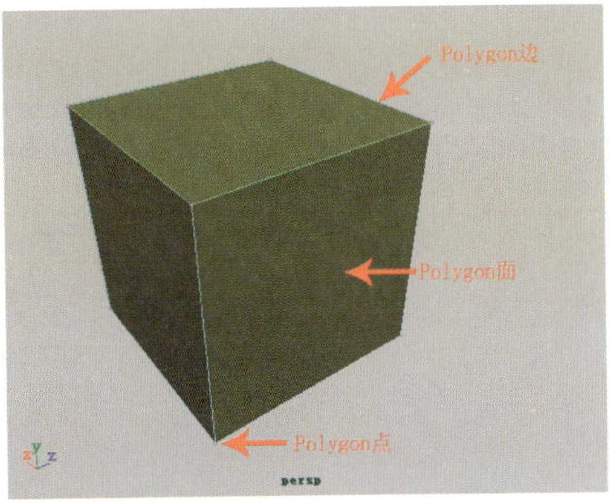

图5-12 显示多边形的基本元素

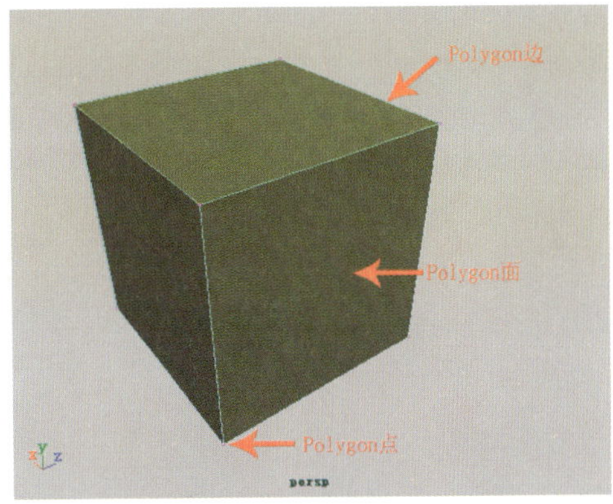

图5-13 移动Polygon模型的顶点

03 用户还可以单击Polygon模型上的边，将其选中，然后按Delete键，即可将其删除，如图5-14所示。

提示：在删除Polygon模型上的边后，用户还可以选择该边两端的顶点，按Delete键将它们删除。

04 同样的方法，在Polygon模型的面上单击，将其选择，再按Delete键即可将所选面删除，如图5-15所示。

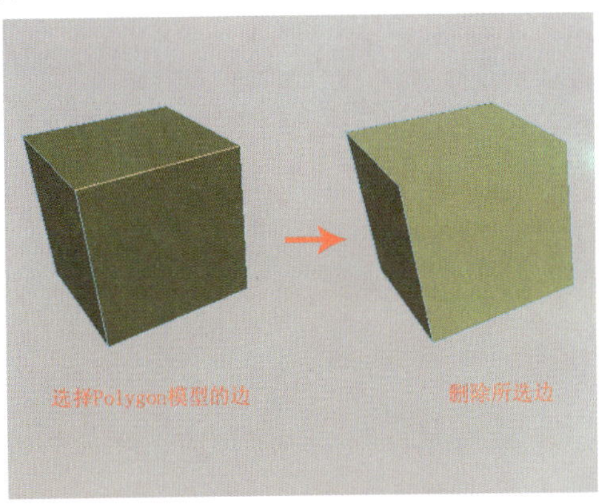

图5-14 删除Polygon模型的边

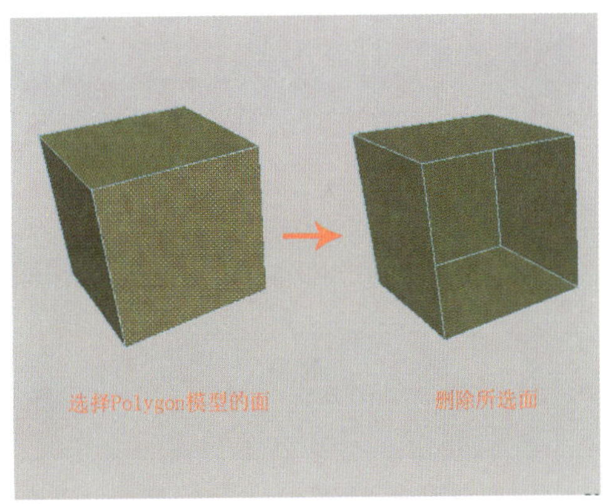

图5-15 删除Polygon模型的面

05 我们可以单击状态栏中图标右侧的多个图标按钮，来切换所选多边形的元素显示模式。其中单击，切换点显示模式；单击，切换UV点显示模式；单击，切换到面显示模式；单击，切换到边的显示模式。

技巧：此外，我们也可以通过快捷键来快速切换元素的显示模式。按F8键在模型选择状态和定点状态间来回切换，按F9键进入Vertex显示模式，按F10键进入Edges模式，按F11键进入Faces模式，按F12键进入UVs模式。

5.3.2 Polygon的数量

在制作一些比较特殊的模型，特别一些高精度模型时，需要了解所创建模型的各种结构数据，比如模型的点数、边和面数等。此时就需要使用多边形数据显示的工具，下面我们介绍如何使用该多边形数据显示工具。

执行Display（显示）| Head Up display| Poly Count（多边形数量）命令，此时会在四个视图的左上角显示多边形元素数量动态列表，它们分别包括Verts（点数量）、Edges（边数量）、Faces（面数量）、Tirs（预测三角面数量）和UVs（UV点数量）。其操作方法如下。

01 执行Display（显示）| Head Up display| Poly Count（多边形数量）命令后，再在场景中创建一个管状体，此时在视图左上角上将显示该管状体的数量信息，如图5-16所示。

02 选择管状体的部分面、边和顶点，此时会显示所选元素的数量，如图5-17所示。

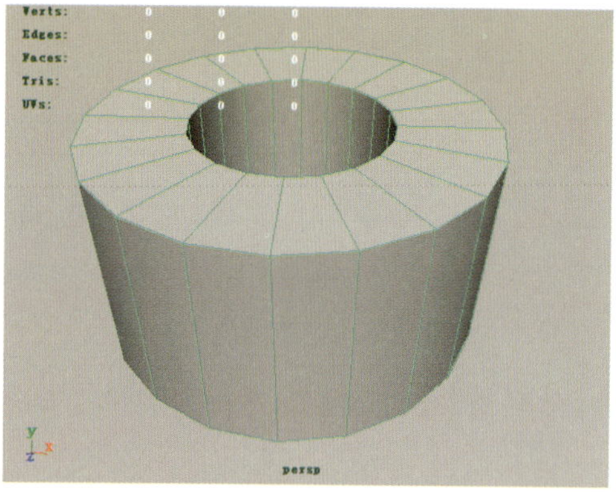

图5-16 模型元素数量的显示

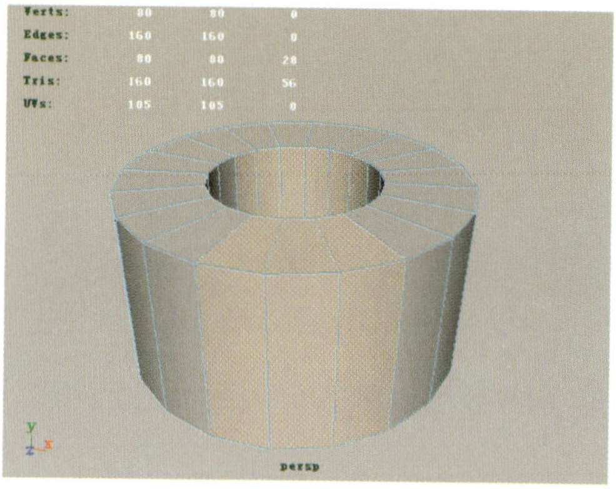

图5-17 模型选择元素的数量

提示：另外在显示多边形数量信息时，每个元素数据的右侧有3组数据，第1组是指当前视图所有多边形在该元素下的总量；第二组数据单指用户所选择物体在该元素下的总量；第三组数据是指用户在该元素下的实际选择数量。

5.3.3 Polygon模型显示

在创建多边形模型时，可以根据需要调整多边形的显示状态，以帮助我们创建模型。当我们在场景中创建大量的物体模型时，为了减少它们所占用的数据空间，此时我们可以通过设置多边形模型的显示方法来解决此种问题。

执行Display（显示）|Polygons（多边形）命令，弹出多边形的几种显示命令工具。下面对其中一些常用的显示工具进行介绍。

◆ Backface Culling

用于控制是否显示多边形的背面。隐藏多边形背面，特别是精度很高的模型可以大大节省系统资源，也可以避免因选取模型上的多个点时，而错选其他不需要的点。

◆ Culling Options

用于设置是否显示保留元素。其中，Keep Wire用于设置是否显示背面的全部元素；Keep Hard表示是否显示背面的边；Keep Vertices表示是否显示背面的点。

◆ Vertices

用于设置物体的点永远被显示，若再次执行Vertices命令，则取消点的显示状态。

◆ UVs

执行该命令表示物体的UV点永远被显示，再次执行UVs命令，UV点就会被隐藏。

◆ Standard Edges

用于控制物体边的标准显示模式。

◆ Soft/Hard Edges

用于设置物体边为软边显示模式。

◆ Hard Edges

用于设置物体边为硬边显示模式。图5-18所示是边的几种显示模式。

◆ Border Edges

用于控制是否高亮显示边界，该命令常用于检查物体是否完全闭合。选中足球体被提取出来的面，然后执行Border Edges命令，此时物体被提取的边界边被加粗显示，如图5-19所示。

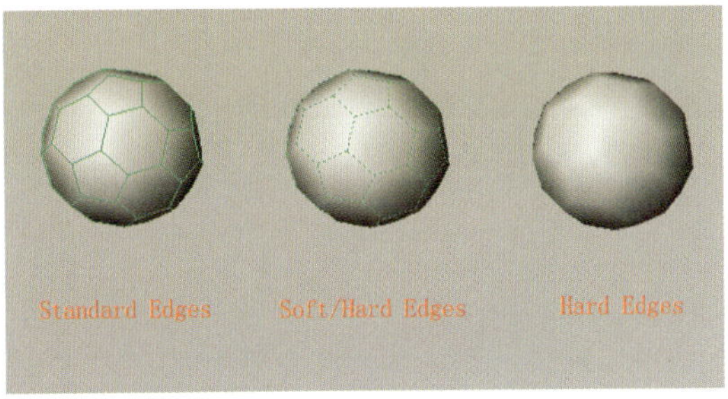

图5-18 边的显示模式

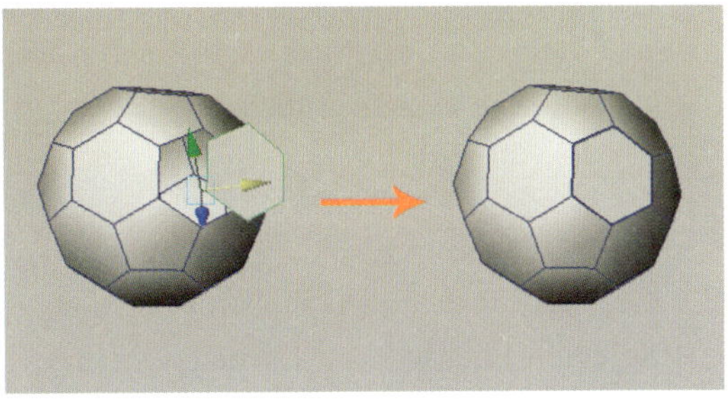

图5-19 高亮显示边界边

◆ Texture Border Edges

用于控制高亮显示UV边界边。

◆ Reset Display

用于控制是否重设物体的显示模式，执行该命令使物体的显示恢复为默认状态。

5.3.4 Polygon模型法线

多边形的法线方向决定了多边形面的法线方向。如果多边形的法线方向出现错误，会对自身的贴图造成不正常显示，并且也会使模型无法合并、动力学计算出现错误等。如果多边形的法线出现问题，则可以通过执行Normals菜单中的命令进行纠正。图5-20所示的是多边形法线工具。

下面对多边形一些常用的法线工具进行说明。

◆ Vertex Normal Edit Tool

用于控制显示物体点的法线，并可以旋转该物体点的法线方向。同时我们也可以选择部分的点或全部的点来改变其部分点或全部点的法线方向，如图5-21所示。

◆ Set Vertex Normal

用于通过设置顶点在x、y、z轴方向上的数值，来改变物体点的法线方向。同时也可以只对物体部分顶点的法线方向进行修改。

◆ Lock Normals

用于锁定法线方向。

◆ Unlock Normals

用于取消法线的锁定。

◆ Average Normals

用于平均所选物体的法线。其中Normalize before averaging是指在法线被平均之前，将所有被计算的法线长度统一为1，每条法线都趋向等于平均值；Normalize after averaging则是指将每条法线先趋向于平均值，再将所有被计算的法线长度统一为1；Do not Normalize则表示不做法线长度计算。

◆ Set to Face

用于设置将顶点法线转化为面法线，并且顶点法线会分裂到与其相连的每个面上。

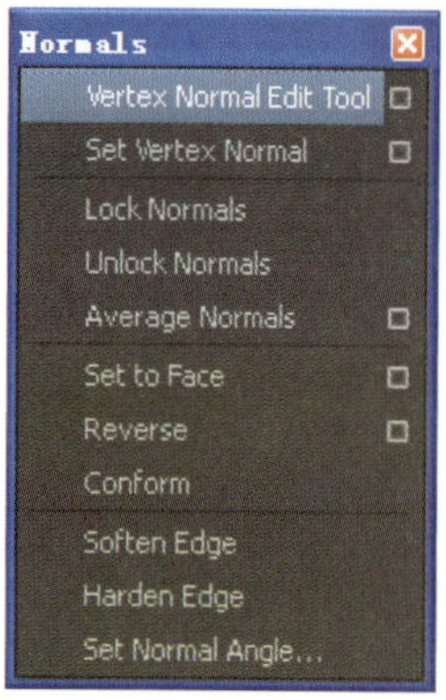

图5-20 法线命令工具

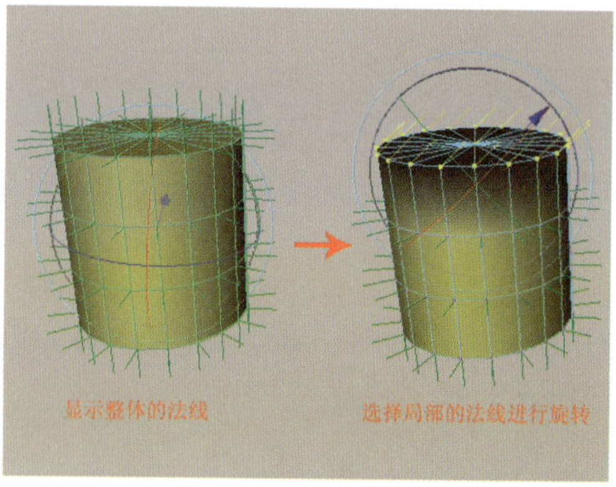

图5-21 顶点法线方向的改变

◆ Reverse

用于控制是否反转多边形面的法线方向。

其中Selected Faces、then Extract是指用于反转所选面的法线方向，并且提取所选面及其上面的顶点或分裂顶点。Selected Faces将反转选择面上的法线；All faces in the Shell只在一个Shell中起作用（Shell是物体网格的一部分）。

◆ Conform

用于将所有法线统一到一个方向。

5.3.5 Polygon代理

Polygon光滑代理主要用于在多边形上设置光滑代理。在对多边形进行编辑时，我们可以设置其光滑代理模式，以方便用户边创建模型，边观察其光滑后的效果。在不需要观察其光滑效果时，还可以将其转化为多边形标准显示模式，以及多边形正常编辑状态。在Polygon模块下执行Proxy命令，弹出代理命令列表，如图5-22所示。

参数简介

◆ Subdiv Proxy

用于设置物体的光滑代理模式。

在为物体设置代理后，原始物体会变为默认的半透明状，原始物体的内部会显示光滑后的效果，改变原始物体的状态会直接影响物体的最终状态。

单击Proxy（代理）| Subdiv Proxy（代理）右侧的□按钮，弹出其属性设置面板，在该面板中可以看到Subdiv Proxy有Exponential（指数）和Linaer（线性）两种代理模式，如图5-23所示。下面对其中的一些属性进行详细的介绍。

➢ Mirror Behavior

主要用于对原始物体进行镜像设置。若要对原始物体进行镜像操作，只需设置该属性栏下的具体参数即可。

➢ Display Setting

该属性主要用于控制光滑代理的显示模式。其中Subdiv Proxy Shading 用于控制原始物体转化代理后的显示模式；Remove（只显示线框）、Keep（保持原样）、Transparent（半透明）。

➢ Subdiv Proxy Renderable

用于控制代理是否能被渲染。

➢ Subdiv Proxy in Layer

用于控制是否为代理创建图层。

➢ Subdiv Mesh in Layer

用于控制是否为光滑物体创建图层。在创建代理物体时若启用该复选框，会在图层区产生两个代理层。

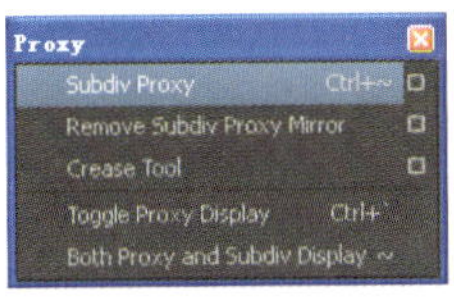

图5-22 代理命令列表

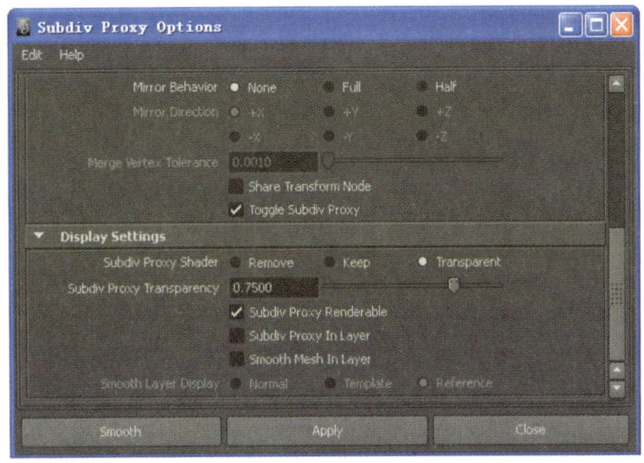

图5-23 光滑代理属性设置面板

◆ Remove Subdive Proxy Mirror

移除原始物体内部的光滑物体，直接对代理做镜像处理。

◆ Crease Tool

用于设置代理的皱褶工具。

◆ Toggle Proxy Display

用于隐藏代理部分。

◆ Both Proxy and Subdiv Display

用于控制显示代理和光滑部分。

课堂练习35：使用代理

01 在场景中导入一个角色人头模型，并且将其另一半删除，再选中剩余的一半角色，如图5-24所示。

02 单击Proxy（代理）| Subdiv Poxy（光滑代理）右侧的□按钮，在其弹出的面板中选中Setup属性下的Full和-X选项，再单击Apply按钮，执行镜像操作，如图5-25所示。

技巧：Subdiv Poxy工具的工作原理与Maya中的关联复制工具类似，只需修改一半，其镜像的另一半也会跟着变化。该工具集合了物体的光滑预览效果和关联复制的双重优势。

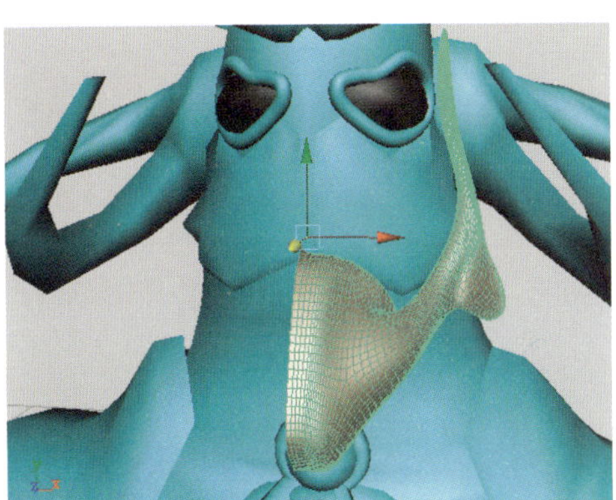

图5-24 选择模型

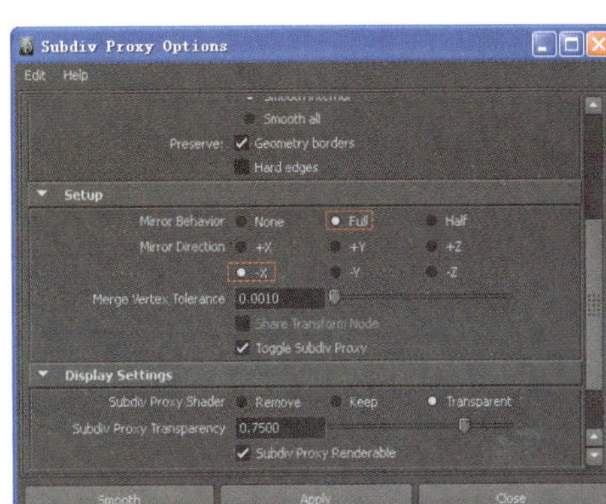

图5-25 执行Subdiv Poxy命令

03 此时视图中的角色会被镜像复制到另一侧。使用移动工具移动其中一半的透明物体，如图5-26所示。

04 撤销透明物体的移动操作，在一侧移动透明物体表面的顶点，此时，原始物体和镜像物体也会跟随着变化，如图5-27所示。

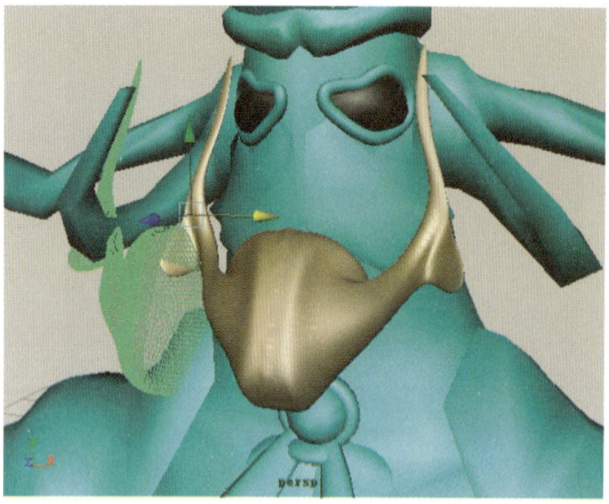

图5-26 生成的代理物体

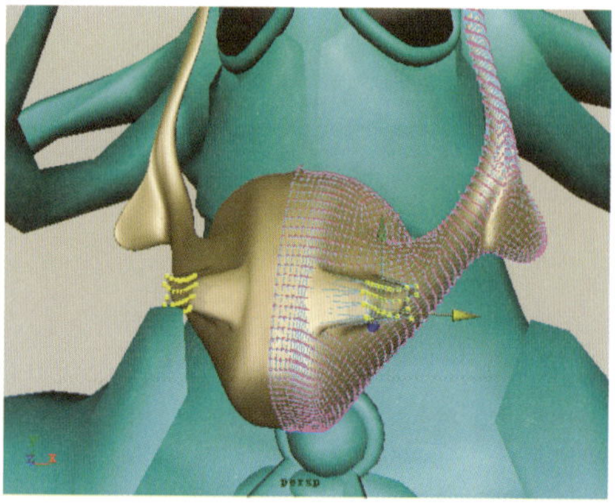

图5-27 移动透明物体顶点

05 选中原物体，按组合键Ctrl+A，打开其属性设置面板，在SHAPES属性下展开PolySmoothProxy1属性，设置Exponential Level值为2，即可改变原始物体面的细分，如图5-28所示。

06 删除半透明状态的原始物体，此时原始物体仍保持代理对象的变形效果，如图5-29所示。

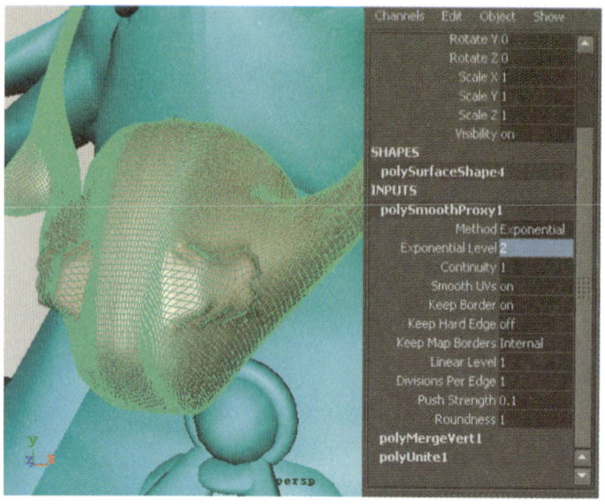

图5-28 修改原始物体细分

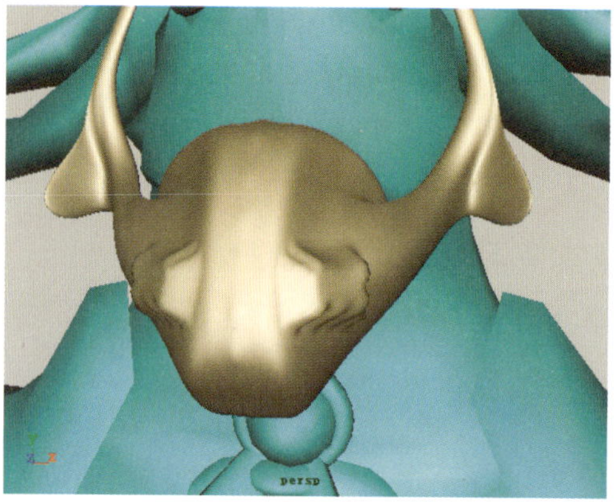

图5-29 物体的最终编辑效果

5.3.6 Polygon的选择

多边形主要由点、面和边组成。在创建多边形模型时，如何快速地选择这些元素，对于提高建模工作效率和创建更完美的模型，是非常重要的。切换到polygon模块下，执行Select命令，弹出Select命令列表，如图5-30所示。

◆ Object / Component

用于控制所选物体在被选择和其最后一次选择的元素之间快速切换，快速切换的元素可以是Vertex、Edge、Face、UV和Vertex Face。

◆ Select Edge Loop Tool

用于控制是否选择相连接的循环边。在执行该命令后，我们可以进入物体的边编辑模式，在模型其中一条边上连续单击，即可选择整个循环边。

◆ Select Edge Ring Tool

用于控制是否选择相连接面上的环状循环边。

◆ Select Border Edge Tool

用于控制选择物体的边界边。如图5-31所示，在执行该命令后，在一个断面的多边形柱体边上连续单击，选择整个边界边。

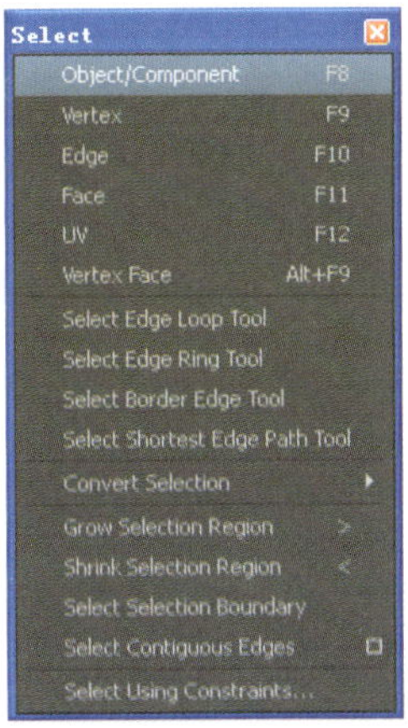

图5-30 选择命令列表

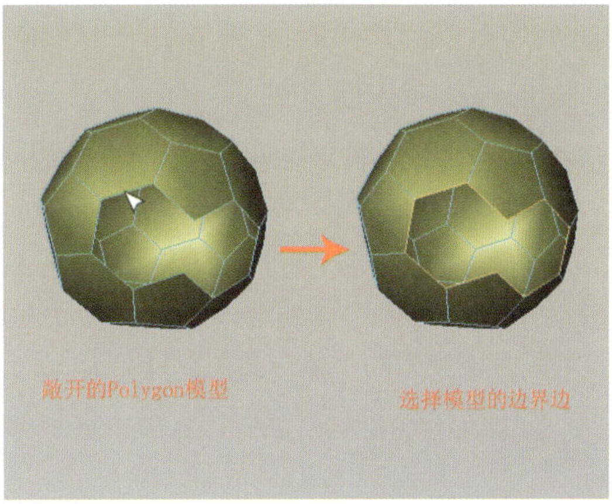

图5-31 选择断面处边界边

◆ Convert Select

用于控制将所选择的物体上的元素转化为其他元素模式。如图5-32所示，在选择模型的环状循环边后，执行Select（选择）| Convert Select（转换选择）|To Vertices（到顶点）命令，此时选择的两循环边会变成顶点。

◆ Grow Selection Region

用于扩充所选元素的范围。如图5-33所示，在选中模型的小区域面后，执行Grow Selection Region命令，此时所选择面周围的面也会被选中。

◆ Shrink Selection Region

用于缩减所选元素的范围。它的工作原理与Grow Selection Region命令正好相反。

◆ Select Selection Boundary

用于控制只选择元素所在的边界边。

◆ Select Contiguous Boundary

用于控制只选择条件限制下的连续边。比如在选择模型面上的一条边后，执行Select Contiguous Boundary命令，会选择这条边所在的整条循环边。

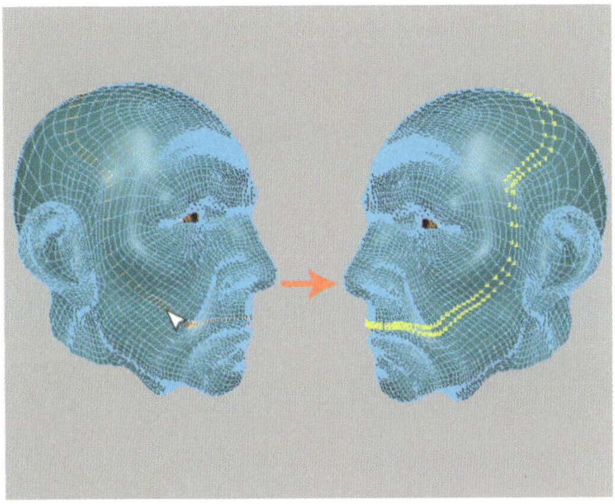

图5-32 转化物体的选择元素

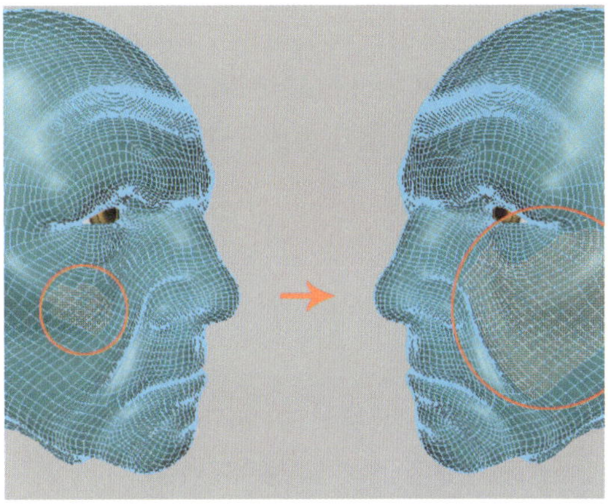

图5-33 扩充选择元素的范围

5.4 Mesh（多边形基础工具）

Maya新版本的不断升级，它对Polygon的编辑工具进行了归类，基础Polygon工具归类为Mesh。Mesh类中的工具主要用于对Polygon物体做整体上的修改，如合并、分离，细分等，用户只需切换到Polygon模块，单击Mesh命令菜单，即可展开Polygon工具列表。

5.4.1 Separate（分离工具）

Separate命令用于将包含有多个独立个体的单一多边形物体分离成多个个体，而Combine命令的作用是将多个个体合并为一个单一的多边形物体。如果一个单一的多边形物体的各个部分之间有共同点、共同边或面，则该多边形物体不能被分离。其操作方法如下。

01 在场景中导入物体模型，选择并移动其任意部位，整个模型都会跟随其一起运动，可以看出该模型是一个完整的个体，如图5-34所示。

提示：在将对称的物体执行Combine命令后，虽然整体看起来是合并为整体，但两对称物体的点还是彼此独立的，需要再执行Merge命令将其独立的顶点缝合在一起。

02 选中该模型，执行Mesh（网格）|Separate（分离）命令，对其进行分离操作，然后选中并移动模型的任意部位，都可以被单独操作，如图5-35所示。

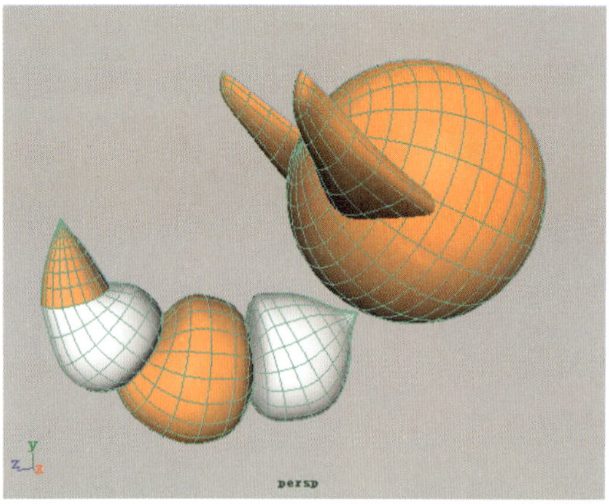

图5-34 导入模型物体

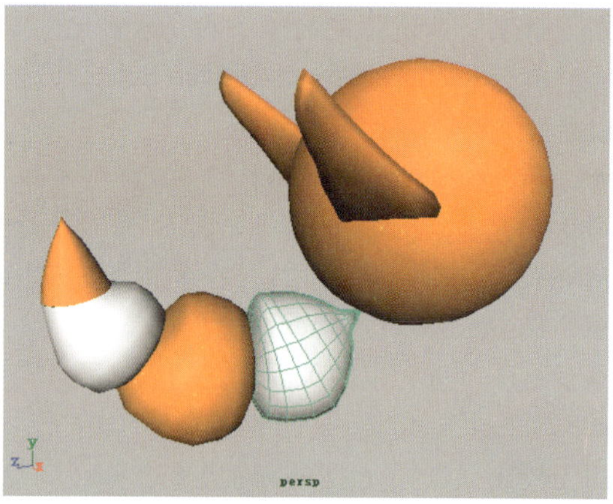

图5-35 执行Separate命令

5.4.2 Combine（合并工具）

在多边形建模中，我们可以使用Combine（合并）工具将两个或两个以上的对象合并成一个对象。注意，这里的Combine要和Merge的概念区分开来，Combine并不是真正意义上的无缝结合，它只是将两个或多个对象集合成一个对象，而Merge是将物体合并成一个物体并自动焊接。其操作方法如下。

01 选中上一步中被分离的多个模型个体，如图5-36所示。

提示：在使用Combine操作时，要确保合并对象的法线一致，如果法线不一致，可以使用Normal（法线）| Reverse（翻转）命令进行纠正，否则，在映射纹理贴图时会出错。

02 执行Mesh（网格）| Combine（结合）命令，此时整体模型都变为绿色高亮显示，表明它们合并成一个完整的个体，如图5-37所示。

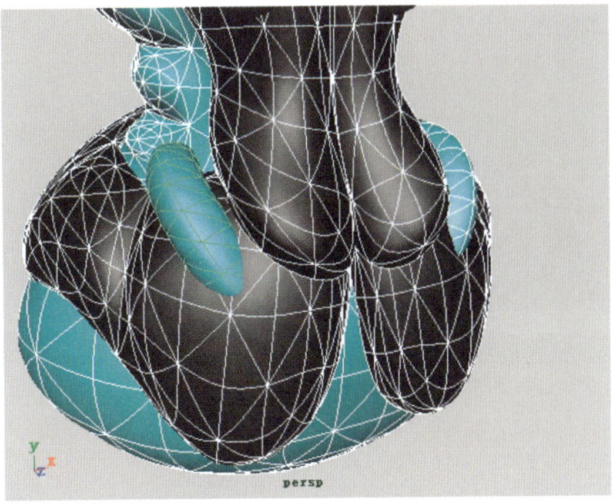

图5-36 选择多个模型

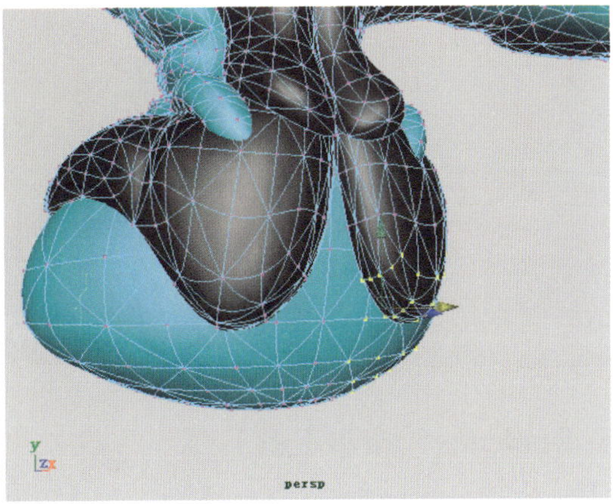

图5-37 模型的合并效果

注意：在合并之后，对象的坐标轴可能不在对象的中心上，这时可以执行Modify（修改）| Center Pivot（中心化轴点）命令，将坐标轴移动到对象中心。

5.4.3 Extract（提取命令）

Extract命令主要用于提取多边形物体上的面，可以是一个面或多个面，它不同于复制多边形面命令，该命令可以将所选面从原模型上切割开，并且如果原所选面之间彼此相邻，有共同的边，则被提取出的面依旧相连，但是它也受Keep Faces Together命令的影响。其操作方法如下。

01 在场景中导入模型，进入其面的选择状态，选中图5-38所示位置的面。

02 对选中的面执行Mesh（网格）|Extract（提取）命令，对其进行提取操作。图5-39所示为移动提取出的面，可以看到所选面与原模型分割开了。

参数简介

单击Extract命令右侧的方体按钮，即可打开提取命令的属性参数面板，如图5-40所示。

下面对Extract Options属性面板中的参数进行说明。

◆ Separate extracted Faces

用于控制提取出来的物体是否与原始物体产生分离，默认启用该复选框。

◆ Offset

用于控制提取物体相比原始物体偏移的距离。

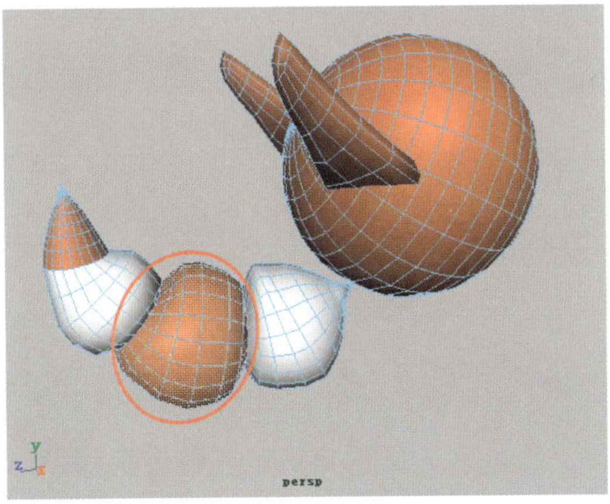

图5-38 选择模型面

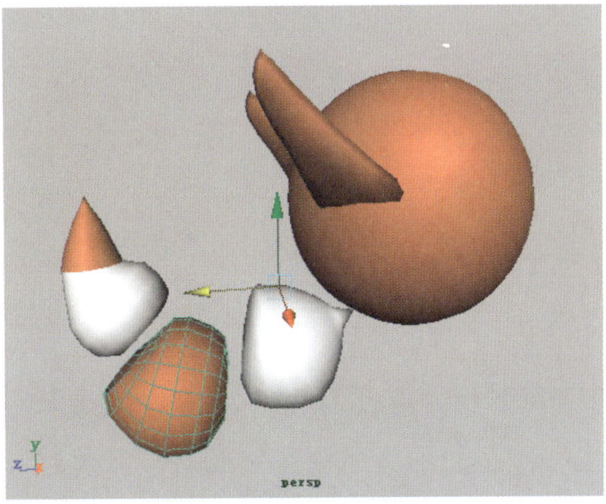

图5-39 执行Extract命令

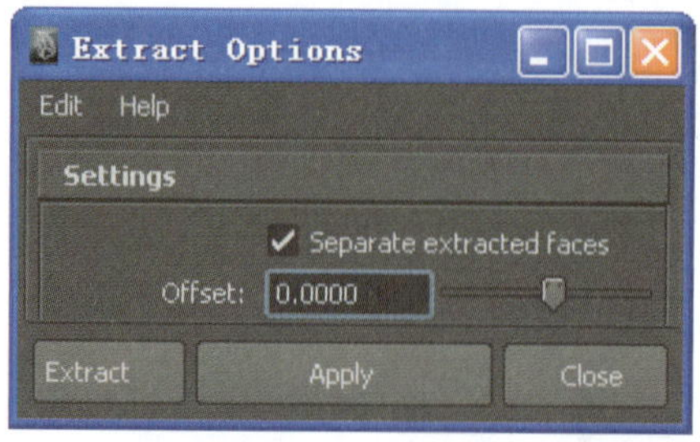

图5-40 提取命令属性参数

5.4.4 Booleans（布尔工具）

在建模中有时需要建立出的模型，刚好是某两个物体合并后的效果或相交的部分，这时我们就可以使用Booleans命令菜单中的Union（并集）、Difference（差集）或Intersection（交集）工具实现，如图5-41所示。使用布尔运算工具时，布尔运算的结果有主次之分，先选哪个物体，哪个物体就是主物体，运算后就保留哪个物体。其操作方法如下。

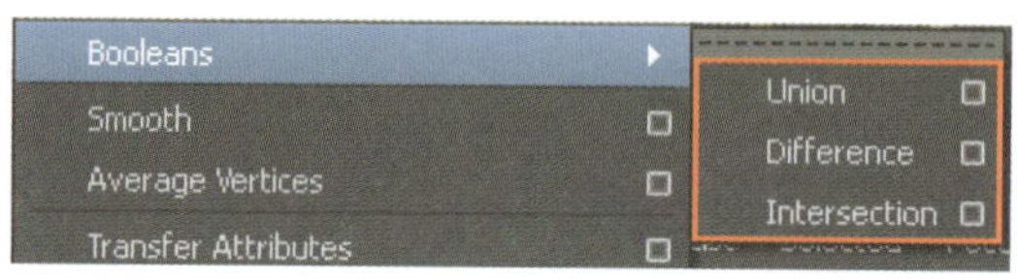

图5-41 布尔命令菜单

01 在场景中创建两个圆环体，然后先选中大圆环，再选中小圆环，执行Booleans（布尔）|Union（并集）命令。此时两圆环会合并为一个整体，中间相交的部分被自动剪切，如图5-42所示。

02 用同样的方法，先选中大圆环，再选中小圆环，分别执行Difference命令和Intersection命令，此时再观察它们的布尔运算效果，如图5-43所示。

注意：在对物体进行布尔运算时，因布尔运算的结果与选中运算对象的先后有主次之分，一定要注意选择物体时的顺序。

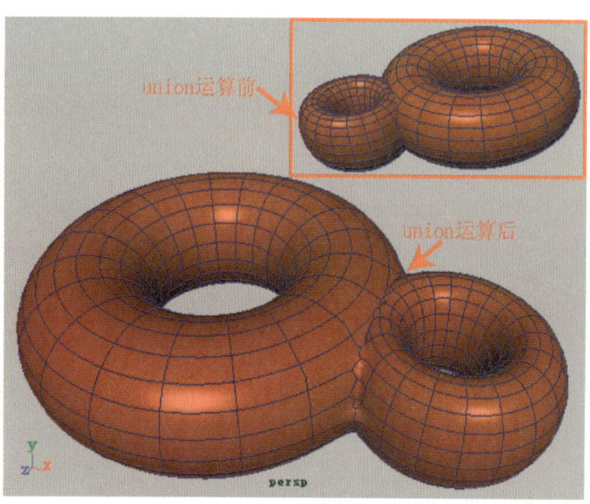

图5-42 简单的风车模型

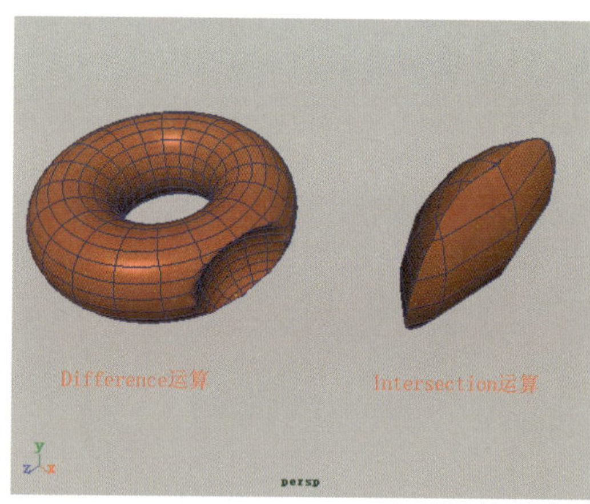

图5-43 运算后的效果

5.4.5 Smooth（光滑工具）

当一个多边形模型创建完成后，需要对其进行光滑处理才能达到更完美的造型效果。使用Smooth命令能够使物体的基本布线过渡更柔和，使物体所要表现的造型特质更为凸出。

课堂练习36：光滑多边形

01 在场景中导入一个有完整布线的角色模型，如图5-44所示。

02 选中该模型并单击Mesh（网格）|Smooth（光滑）命令右侧的□按钮，在打开的属性设置面板中设置Division Levels值为2，如图5-45所示。

图5-44 导入角色模型

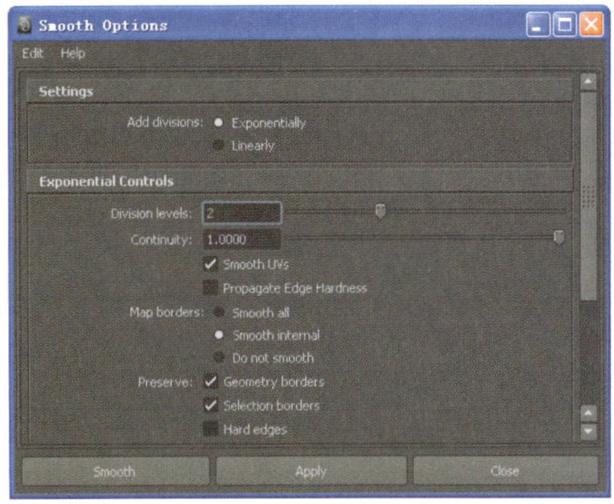

图5-45 执行Smooth命令

03 单击Smooth按钮，对其进行光滑操作，此时再观察模型表面的布线效果，如图5-46所示。

04 若需要再对光滑的模型进行修改，可以再选中该模型，在其通道栏的SHAPES属性下展开PolySmoothFace1，设置Divisions值为0，即可将其切换到原始状态，如图5-47所示。

参数简介

下面对Smooth Options属性面板中的属性参数进行说明。

Smooth命令方式分为Exponentially（指数模式）和Linear（线性模式），其中Exponentially为最常用的模式。在对物体进行Smooth操作时，我们也可以设置Smooth属性参数，来调整对物体的光滑效果，下面对该命令的属性参数进行介绍。

◆ Division Levels

用于设置细分级别，级别数值越高，物体表面就越光滑。

图5-46 角色模型的光滑效果

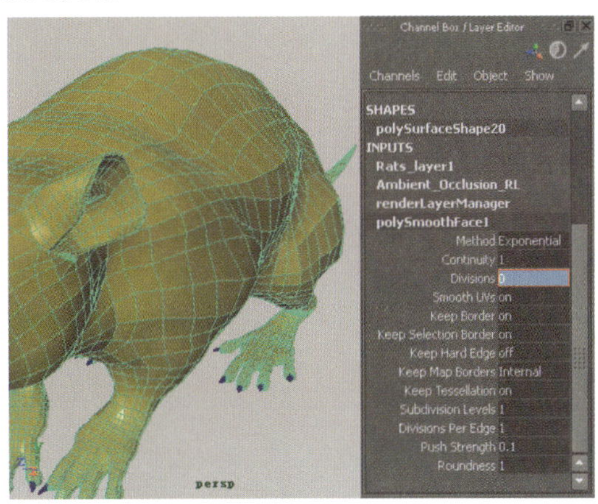

图5-47 设置模型的细分

◆ Continuity

用于控制物体光滑的连续性。但若该数值为0时，对物体表面做细分处理，并不能改变物体平滑度。

◆ Map borders

用于控制是否对模型的UV纹理边界边也进行光滑处理。默认为启用该复选框，表示展开的UV片的边是光滑过的，反之展开的UV片则保持原始原状不变。

◆ Preserve

用于控制是否对物体边进行保护。其中Geometry Borders用于保持物体边的状态不发生变化；Selection Borders用于控制对所选择的边界属性进行保护；Hard edges选项用于控制是否显示硬边；Tessellation选项用于控制物体在光滑之后是否还能对其顶点进行重新定位。

5.4.6 Average Vertices（平均点工具）

Average Vertices命令用于对模型上的点之间的距离做平均化处理，使点与点之间的过渡更自然。我们选中要平均化的模型，执行Mesh（网格）| Average Vertices（平均点）命令，即可完成该操作。

单击Average Vertices命令右侧的■图标，打开其属性设置面板，如图5-48所示。

其中，Smoothing amount表示设置模型上点与点之间的均匀程度，数值越大，点与点之间的过渡越光滑。

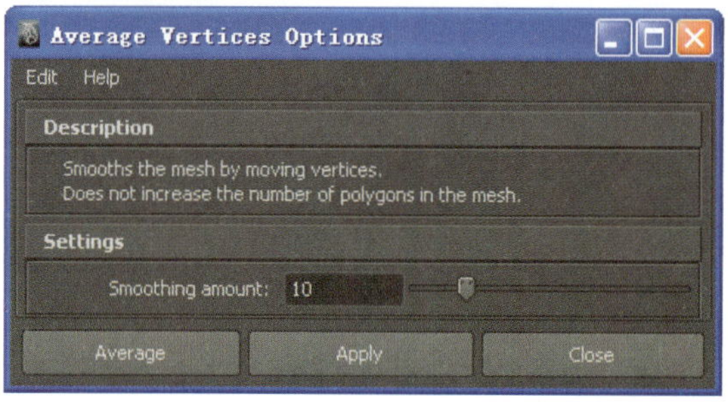

图5-48 Average Vertices属性面板

5.4.7 Transfer Attributes（传递属性工具）

Transfer Attributes用于在不同拓扑结构的Polygon物体之间传递点位置、UV和颜色等属性。选中场景中想要传递属性的所有物体，执行Mesh（网格）| Transfer Attributes（传递属性）命令，即可完成创建操作。

在对物体创建传递属性之前，可以事先设置传递属性的参数，以改变物体之间的传递效果，单击Transfer Attributes命令右侧的■图标，打开其属性设置面板，如图5-49所示。

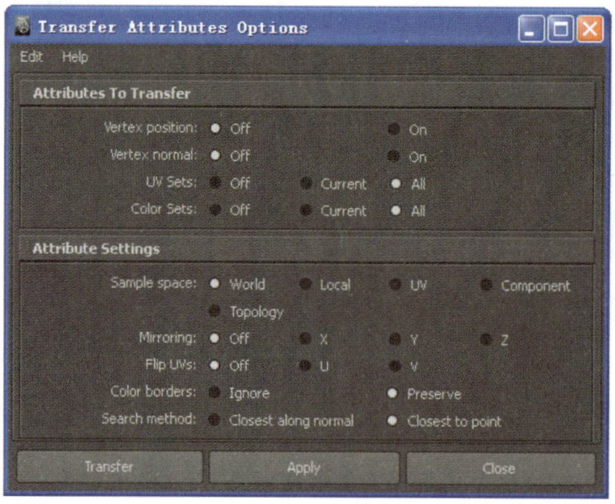

图5-49 传递属性参数面板

参数简介

◆ Attributes To Transfer

用于控制传递属性的方式。

➢ Vertex position

用于控制是否启用顶点位置属性设置。

➢ UV Sets

用于设置传递UV属性。

➢ Color Sets

用于设置传递色彩属性设置。

◆ Attribute Settings

用于设置传递属性。

➢ Sample space

用于设置采样的空间。

➢ Mirroring

用于设置镜像方式。

➢ Flip UVs

用于设置镜像UV的方式。

➢ Color borders

用于设置边缘色彩。

◆ Search method

用于控制从源模型到目标模型点之间的空间关联方式。

5.4.8 Reduce（简化）

该命令用于对面数过多的模型面进行简化处理，以降低模型的面数和精度。在光滑后的物体被删除历史或模型局部面数过多时，可以使用该命令降低其面数精度，以便于再次对模型进行编辑。

课堂练习37：简化多边形

01 在场景中导入一个光滑后的多边形物体，如图5-50所示。

02 选中该光滑模型，执行Mesh（网格）|Reduce（简化）命令，对其执行简化操作。此时光滑物体的面数降低了很多，如图5-51所示。

图5-50 导入光滑的物体

图5-51 执行Reduce命令

03 也可以选择光滑后的模型，单击Reduce命令右侧的□按钮，在打开的属性设置面板中，设置Reduce by（%）值为80，如图5-52所示。

04 单击Reduce按钮，可以看到角色模型的面数明显减少，如图5-53所示。

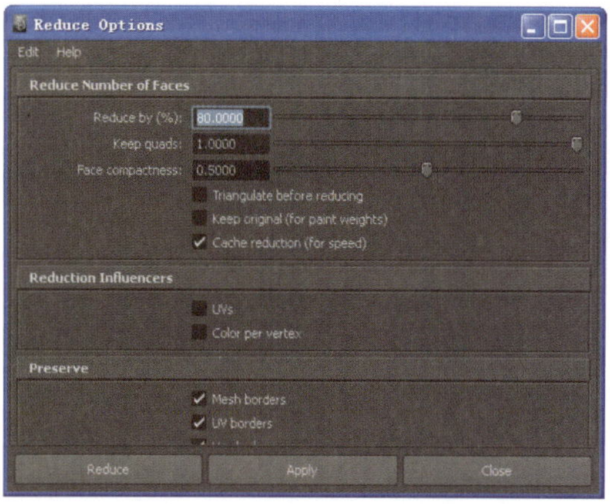

图5-52 设置Reduce by参数值

图5-53 模型面数明显减少

参数简介

下面对Reduce Options属性设置面板中的属性参数进行介绍。

◆ Reduce by（%）

用于控制模型简化的百分比，默认值为50%。

◆ Keep quads

用于控制所保留四边面的数量。

◆ Face compactness

用于控制面的紧密性。

◆ Triangulate before reducing

用于控制是否在对模型简化之前对三角面进行处理。启用该复选框后，简化的模型会被转化为三角面。

◆ Keep original（for paint weights）

用于控制在对物体进行简化操作时是否保留原始物体，只对复制物体进行简化。在启用该复选框后，即可使用Paint Transfer Attributes Weights Tool工具，涂刷模型简化的权重值。

◆ Cache reduction（for speed）

用于控制是否简化缓存速度。

◆ Reduction Influencers

用于控制简化操作是否对模型的UV和Color per vertex两属性产生影响，默认为不启用该两属性选项。

◆ Preserve

用于控制简化操作时，是否对模型的Mesh borders（网格边）、UV borders（UV边）、Hard edges（硬边）进行保护，默认为全部保护。

5.4.9 Paint Reduce Weights Tool（简化权重绘制工具）

Paint Reduce Weights Tool命令只有在执行Reduce操作时，在选中Keep original（for paint weights）复选框的前提下才可被激活，用于对原物体表面进行简化绘制。黑色表示没有施加多余的简化，白色表示该区域内的简化效果被加强。其操作方法如下。

01 选中物体并单击Reduce命令右侧的■按钮，在弹出的面板中设置Reduce by为50，并启用Keep original（for paint weights）复选框，此时会出现与其类似的黑色模型，如图5-54所示。

02 在视图右侧的笔刷属性设置面板中，单击Replace单选按钮并设置Value值为1；然后，在图5-55所示的位置绘制并观察原始模型的简化效果。

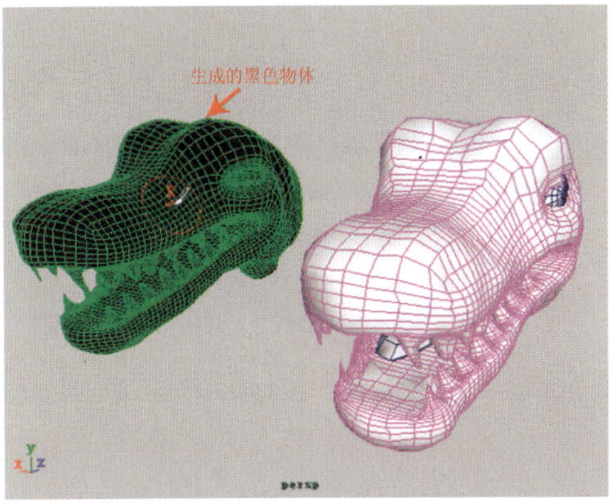

图5-54 执行Reduce命令

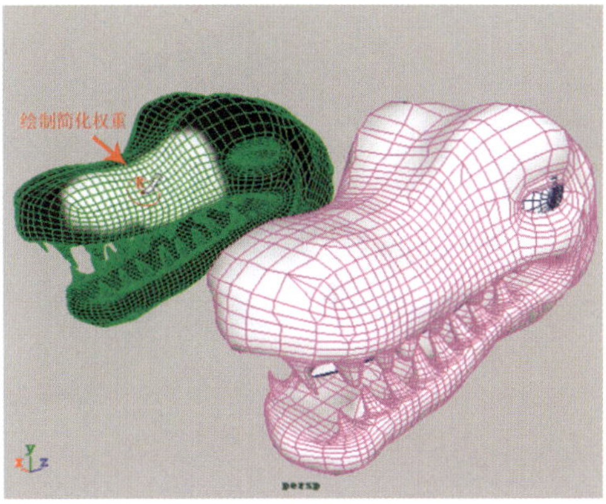

图5-55 绘制简化范围

5.4.10 Paint Transfer Attributes Weights Tool（绘制变换属性权重工具）

Paint Transfer Attributes Weights Tool用于在不同拓扑结构的Polygon物体之间传递点位置等属性时，在Polygon物体上绘制传递部分区域的权重，这个命令配合Transfer Attributes命令使用，在执行Transfer Attributes命令后，选中被传递物体，才可以在物体上绘制传递属性的权重。

5.4.11 Clipboard Actions（动态剪贴板工具）

Clipboard Actions包含了Copy Attributes、Paste Attributes和Clear Clipboard 3个子目录，用于在物体之间快速地复制、粘贴UV、Shade和Color数值。当用户关闭任意一个命令中任意一个选项的时候，其他命令中的对应选项也会自动关闭。

选中一个物体的面，执行Mesh（网格）| Clipboard Action（剪贴板动作）| Copy Attributes（复制剪贴板）命令，再选中另一物体的面，执行Paste Attributes命令，即可将之前选择物体的属性复制给后选择的物体，也可以在选择面的同一个物体上进行复制、粘贴。

注意：使用该命令复制和粘贴该颜色时，要确保颜色所在物体都在平滑材质上。

5.4.12 Cleanup（清除）

Cleanup命令用于减少Polygon物体中多余的面和错误的面，用户只需选中要操作的多边形物体，执行Mesh（网格）| Cleanup（清除）命令，即可完成物体的清除操作。

5.4.13 Triangulate（三边面工具）

三角面的转化命令在游戏模型的创建工作中非常实用，多用于保护模型的布线及造型效果。使用该命令可以将非三角面的多边形物体的面转化为三角面。该命令工具的操作原理是在非三角面上添加切割边，将该非三角面分割为三角面。其操作方法如下。

01 在场景模型上右击，进入其面的编辑模式，按住Shift键的同时用鼠标加选模型上多个相邻的面，如图5-56所示。

02 对选中的面执行Mesh（网格）| Triangulate（三角面）命令，执行三角面转化操作，将其转化为三角面，如图5-57所示。

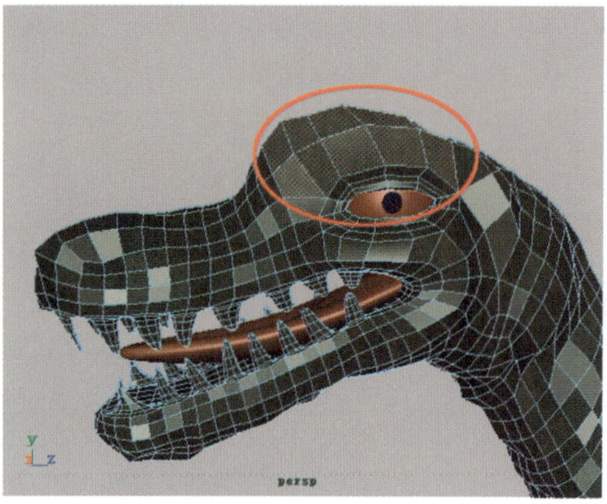

图5-56 选中模型的面

图5-57 执行Triangulate命令

技巧：在对模型进行三角面转化时，我们可以选择模型局部的面，执行Triangulate命令，将其部分面转化为三角面，也可以选择整个模型，将其全部转化为三角面。所添加三角面的边与原非三角面的边共用一个顶点。

5.4.14 Quadrangulate（四边面）

该命令主要用来将模型的三角面转化为四角面，对于有些五边或大于五边的模型面，我们可以先执行Triangulate命令，将其转化为三角面，然后再执行Quadrangulate命令，即可将其将转化为四角面。

5.4.15 Make Hole Tool（创建洞工具）

Make Hole Tool命令用于在Polygon物体表面创建一个洞。在一个面上建立一个洞不会改变这个面所在物体的其他属性，创建洞的面依旧还是一个面，不会增加新的面。先选中需要创建洞的物体的面，再选中作为映射物体的面，执行Mesh（网格）| Make Hole Tool（创建洞工具）命令，即可创建洞。其操作方法如下。

01 在场景中创建两个多边形平面，并且保证它们处在同一水平面上，大面用来作为创建洞的物体，小面用来作为映射物体，如图5-58所示。

02 选中两平面，执行Combine操作，然后，再执行Make Hole Tool命令，在面的中心会出现两个蓝色的点，单击并选中其中一个点，平面中心会被修剪掉，如图5-59所示。

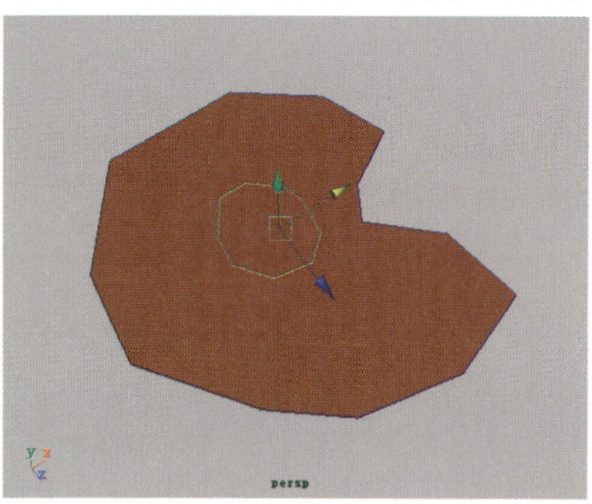

图5-58 创建两平面物体

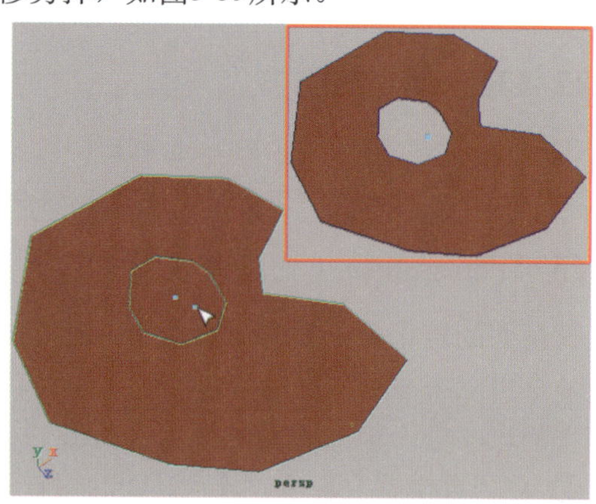

图5-59 执行Make Hole Tool命令

技巧 在使用创建多边形工具创建洞的方法时，可以在创建出多边形的外形后，不要先急于按Enter键确定，可按下Ctrl键并同时在多边形内部单击鼠标，创建一个点，然后松开Ctrl键，再连续多次单击鼠标，创建出想要的洞的外形效果，再按Enter键确定即可。

5.4.16 Fill Hole（填补洞工具）

在Polygon物体表面有空缺的面时，使用补洞工具，将会对空缺的面进行填补，以方便模型的快速编辑。其操作方法如下。

01 在场景中导入一个角色模型，可以看到其表面有部分断面，如图5-60所示。

02 选中模型，执行Fill Hole命令，即可在断面上生产一个新的面，从而将断面缝补起来，如图5-61所示。

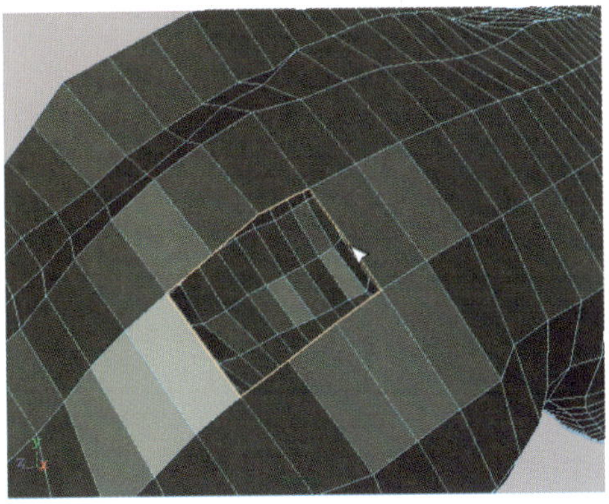

图5-60 执行Fill Hole命令

图5-61 填补后的效果

5.4.17 Create Polygon Tool（创建多边形工具）

该命令工具是一种比较自由的创建多边形的工具，用户可以在执行该命令后，手动逐个地在场景中创建多个点，根据这些点的位置来确定自己想要的造型效果。同时也可以在该命令的属性设置面板中设置所要创建的多边形的细分段数，该工具常用于制作造型轮廓比较凸出的物体模型。

课堂练习38：创建多边形物体

01 执行Mesh（网格）| Create Polygon Tool（创建多边形工具）命令，切换到Top视图，在不同位置连续单击3次，即可创建3个顶点，并且两点间构成一条边，如图5-62所示。

02 在场景中连续多次单击，创建多个顶点并注意创建每个顶点时所要定位的位置，以构成想要的造型轮廓，如图5-63所示。

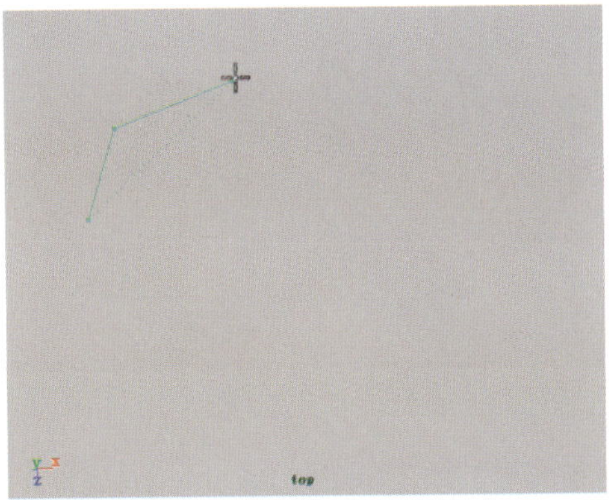

图5-62 执行Create Polygon Tool命令

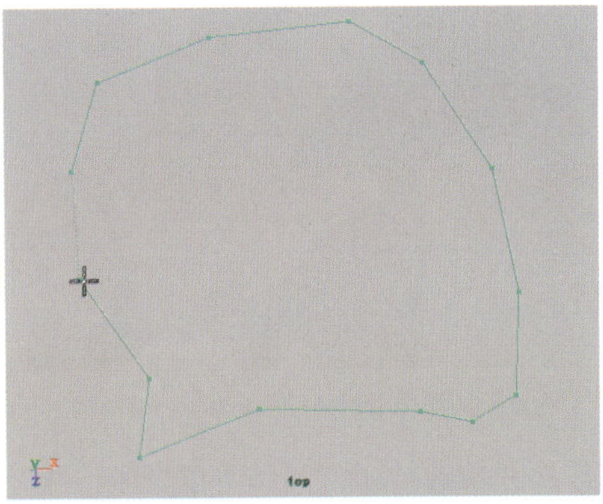

图5-63 组成造型轮廓

03 在完成顶点创建后，按Enter键确定创建多边形。若该模型的外形不够理想，我们可以单击鼠标右键，进入其Vertex编辑模式，选中并移动其部分顶点的位置，如图5-64所示。

04 切换到Perspective视图，可以看到使用Create Polygon Tool工具创建的一个多边形平面，如图5-65所示。

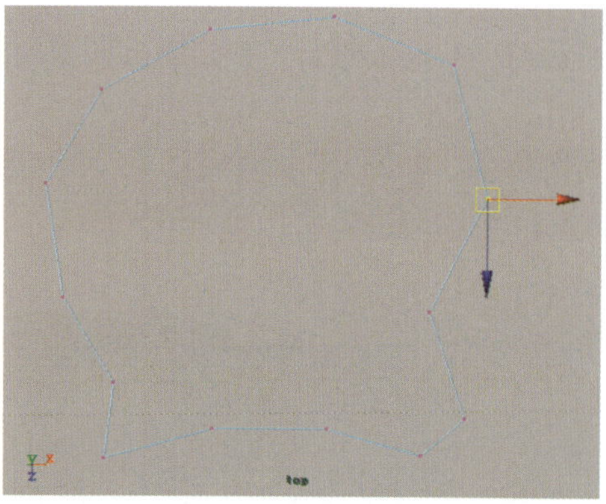

图5-64 创建多边形轮廓

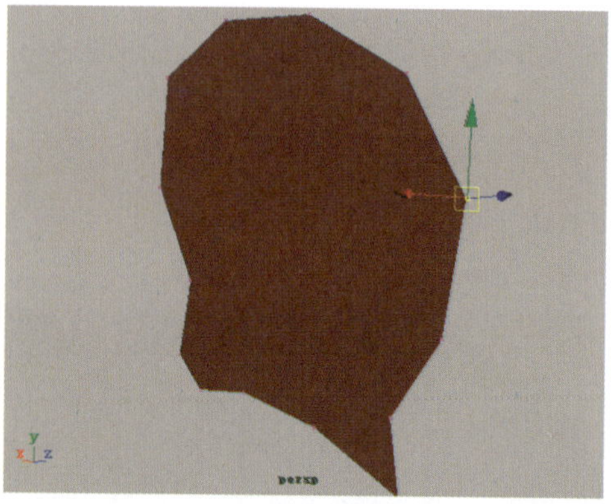

图5-65 创建的多边形效果

技巧：在创建多边形顶点时，可以使用NURBS曲线的顶点吸附工具，如按X键可以将顶点吸附到视图网格上；按C键可以将点吸附物体的边上；按V键吸附到物体边上的点，按Ctrl键可以在创建的模型上创建一个洞。

5.4.18 Sculpt Geometry Tool（雕刻几何体工具）

该工具主要用于对物体表面的部分顶点进行重新分布，从而改变模型表面的造型效果。该命令常用于制作生物模型肌肉的凹凸效果。它分为4种雕刻方式：Pull（拉）、Push（推）、Smooth（光滑）和Erase（擦除），以方便用户对模型进行细致修改。

课堂练习39：在多边形表面雕刻

01 选中场景中的模型，执行Mesh（网格）| Sculpt Geometry Tool（雕刻几何体工具）命令，此时在场景中会出现一个红色的笔刷控制器，如图5-66所示。

02 按键盘上的B键，同时再按鼠标中键不放并水平拖动中键，调整笔刷的大小，在图5-67所示的位置涂绘，此时观察模型的造型变化。

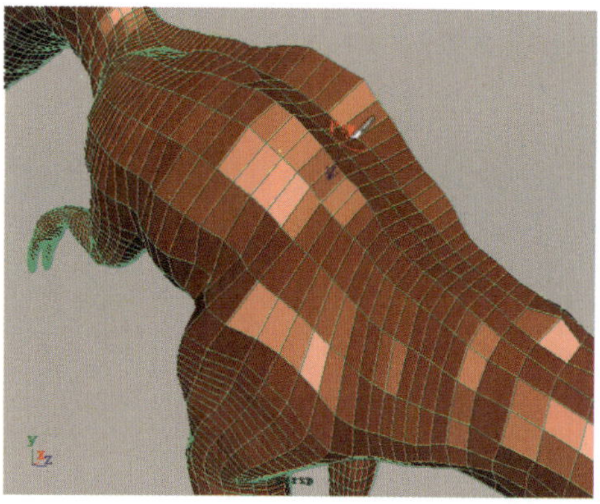

图5-66 执行Sculpt Geometry Tool命令

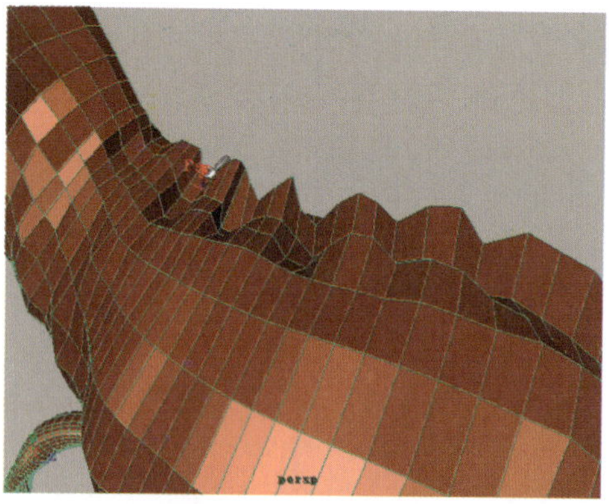

图5-67 调整笔刷大小

03 单击Maya界面右上角的图标，打开雕刻属性设置面板，单击Sculpt Parameters属性下的图标，即选用Smooth的雕刻方式并设置Opacity值为0.2，如图5-68所示。

04 在模型上过渡突起的部位进行涂刷雕刻，突起效果会有明显改变，如图5-69所示。

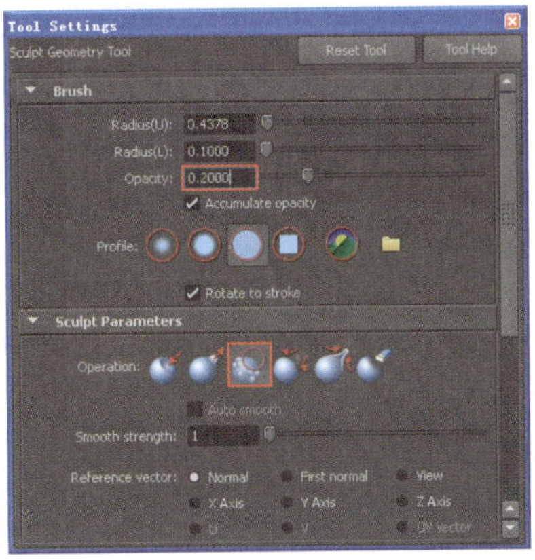

图5-68 设置笔刷属性参数

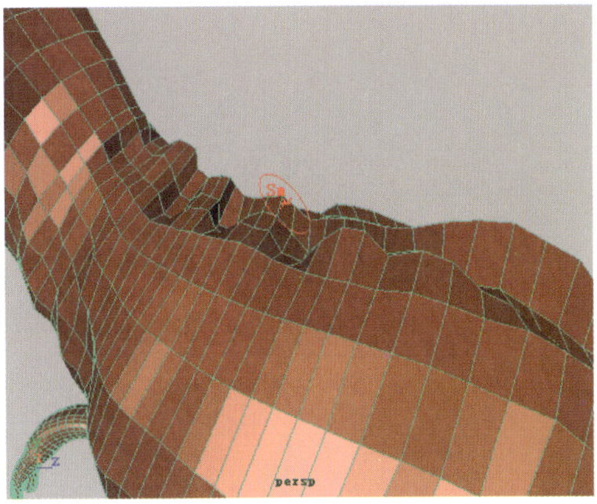

图5-69 模型表面的雕刻效果

5.4.19 Mirror Cut（镜像剪切）

该命令用对原始物体制作镜像物体，以及制作镜像物体与原始物体的剪切效果。当移动镜像剪切操作产生的控制手柄时，若镜像物体与原始物体重合，则它们重合的部分会被剪切，若两物体不重合，则它们是各自独立的，并且共同构成一个完整的新个体。

课堂练习40：执行镜像剪切

01 在场景中创建一个角色模型，为了便于调整模型和提高工作效率，用户可以删除其一侧的面并调整模型的中心点位置，如图5-70所示。

02 选择该模型，单击Mesh（网格）|Mirror Cut（镜像剪切）命令右侧的□按钮，在弹出面板中单击YZ plane单选按钮，并且设置Merge vertex threshold值为1，如图5-71所示。

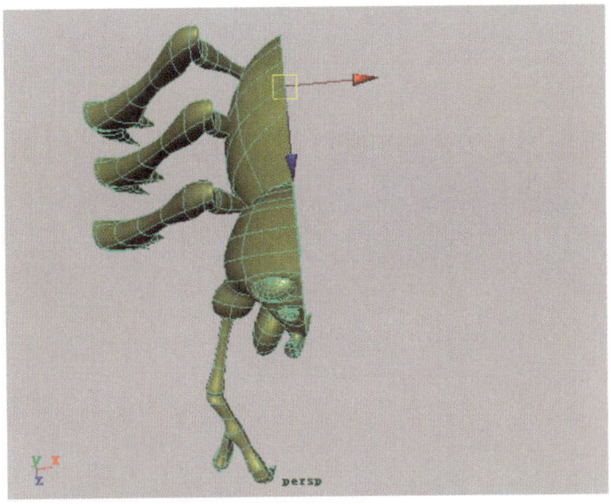

图5-70 创建基础物体

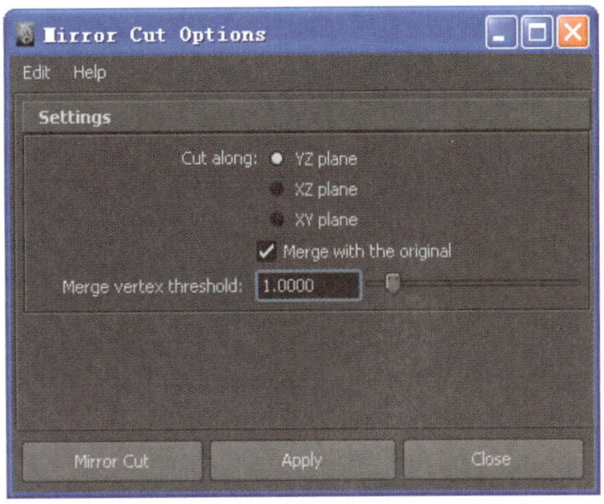

图5-71 执行Mirror Cut命令

03 单击Apply按钮，对其进行镜像剪切，此时会产生一个方形控制器和一个镜像物体，如图5-72所示。

04 水平移动蓝色的控制手柄，观察原始物体与镜像物体之间距离的变化，使原始物体与镜像物体刚好拼接在一起，如图5-73所示。

提示

执行Mirror Cut操作时，处于镜像控制器水平面的物体顶点要保证处在同一平面上，以使镜像出的物体与原始物体很好地拼合在一起，以免产生不规则的洞。

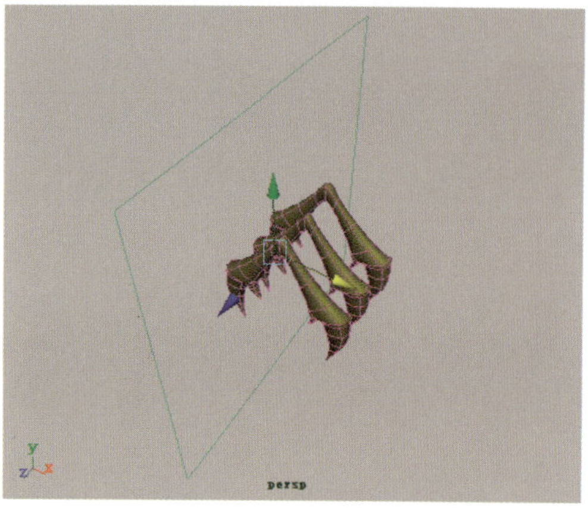

图5-72 进行镜像剪切

图5-73 修改原始物体

参数简介

◆ Cut along

用于设置剪切平面所处的位置，包括YZ、XZ和XY 3个不同平面的镜像方式。

◆ Merge with the original

用于设置是否将镜像部分与原始物体合并。

◆ Merge vertex threshold

镜像部分与原始物体合并点的极限值。该属性必须在启用Merge with the original复选框后才能使用。当该值设置为0时，镜像的物体与原始物体独立存在。

5.4.20 Mirror Geometry（镜像物体工具）

在创建两边对称模型的时候，如家具、人物模型等，我们只需创建一半即可，然后选中该模型并执行Mirror Geometry命令，即可镜像复制出另一半模型并合并成一个完整的模型。

课堂练习41：镜像多边形物体

01 在场景中导入一组模型，如图5-74所示。下面使用Mirror Geometry命令对该模型进行镜像复制操作。

02 选中该模型，执行Mirror Geometry命令，使用默认的属性参数对其进行镜像操作，此时可以看到沿水平方向镜像复制的角色物体，如图5-75所示。

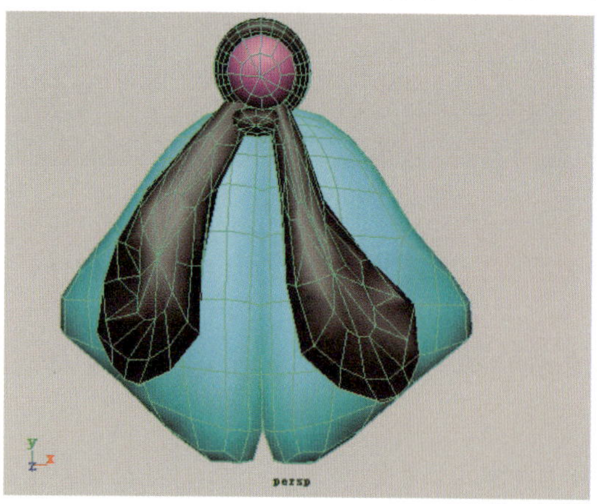

图5-74 导入目标模型

图5-75 默认设置的镜像效果

03 用同样的方法，我们可以选中模型，单击Mirror Geometry右侧的按钮，在其打开的属性设置面板中单击-Y单选按钮，使模型沿y轴负半轴镜像，如图5-76所示。

04 单击Mirror按钮，即可将所选模型沿y轴负半轴镜像复制，如图5-77所示。

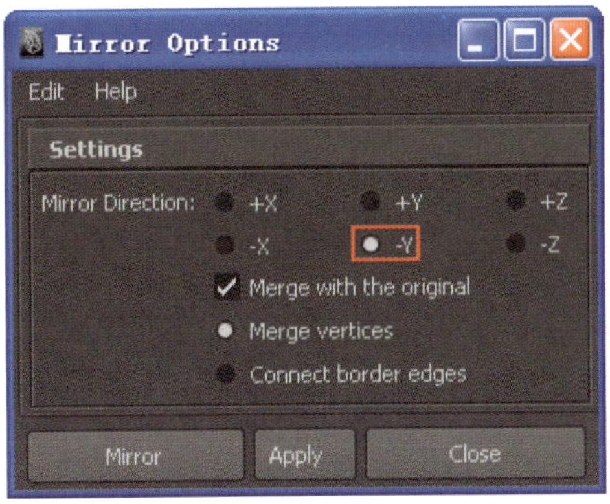

图5-76 设置物体镜像的轴向

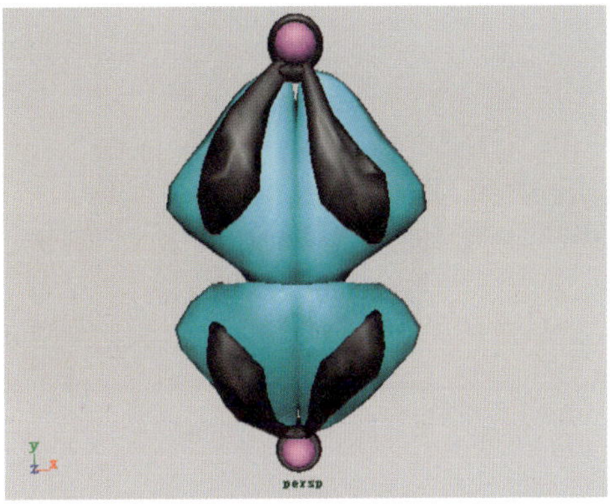
图5-77 模型的y轴镜像效果

参数简介

◆ Mirror Direction（镜像方向）

选择镜像的方向，包括+X、-X、+Y、-Y、+Z、 Z，默认方向是+X。

◆ Merge with the original（与原始物体合并）

若启用该复选框，在镜像多边形的同时，会将复制的多边形和原始的多边形对象合并在一起。

◆ Merge vertices（合并点）

选中该单选按钮可以合并相邻的顶点。

◆ Connect border edges（连接边界边）

选中该单选按钮，可以连接原始多边形和镜像多边形的边界，得到一个封闭的对象。

5.5 Edit Mesh（多边形扩展工具）

前面我们介绍了对多边形编辑的一些简单的变换和移除操作，本节将学习多边形模型编辑较复杂且具有技巧性的操作，这些操作工具可以帮助读者方便快捷地完成工作。

5.5.1 Extrude（挤出工具）

挤出工具为多边形建模中非常常用的工具，用户可以快速选择指定的面，然后执行该命令，即可挤出新的拉伸面，以创建出新的造型效果。

课堂练习42：拉伸多边形

01 在场景中导入角色模型，分别选中角色的两对称面，执行Edit Mesh（编辑网格）| Extrude（拉伸）命令，此时会出现3个坐标方向上的控制手柄，如图5-78所示。

02 单击任意一个坐标方向的方块，即可在控制手柄中心位置生成一个方体，在该方体上单击并拖动鼠标中键，即可缩放挤出面的大小，如图5-79所示。

03 再移动蓝色的坐标控制手柄，即可调整挤出面的拉伸位置，如图5-80所示。

04 单击蓝色的圆形控制手柄，使控制手柄切换到模型的中心位置，如图5-81所示。

05 按快捷键G，重复执行挤出操作。然后，向上移动y轴方向的控制箭头，即可改变模型的拉伸距离，如图5-82所示。

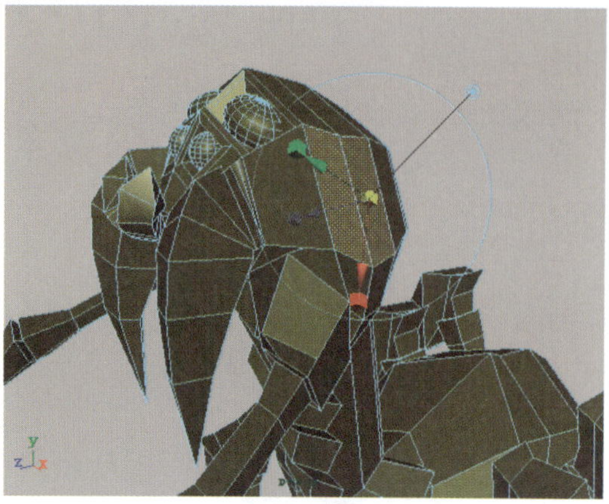

图5-78 执行Extrude命令

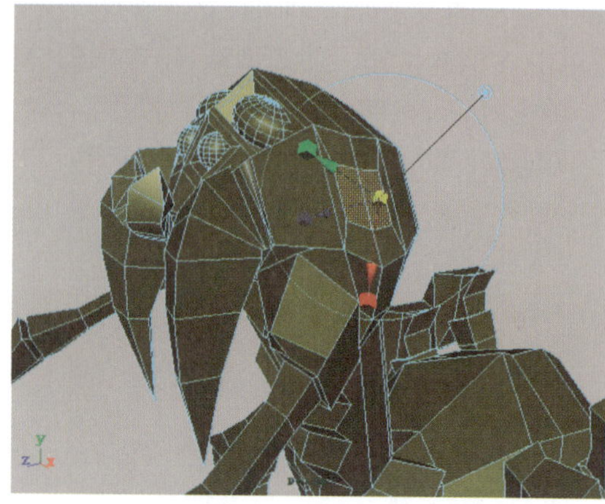

图5-79 缩放挤出面大小

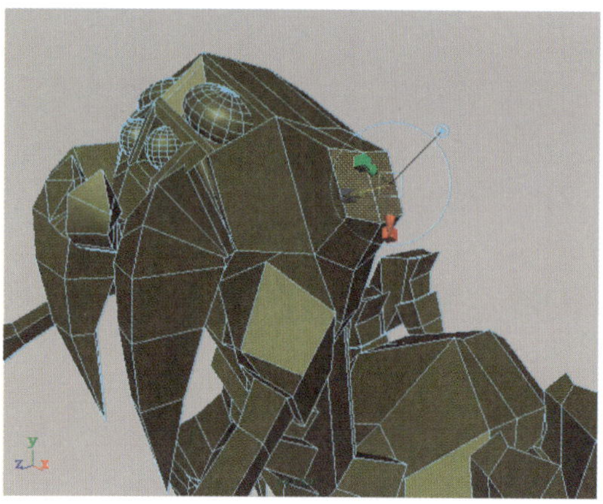

图5-80 调整拉伸面的位置

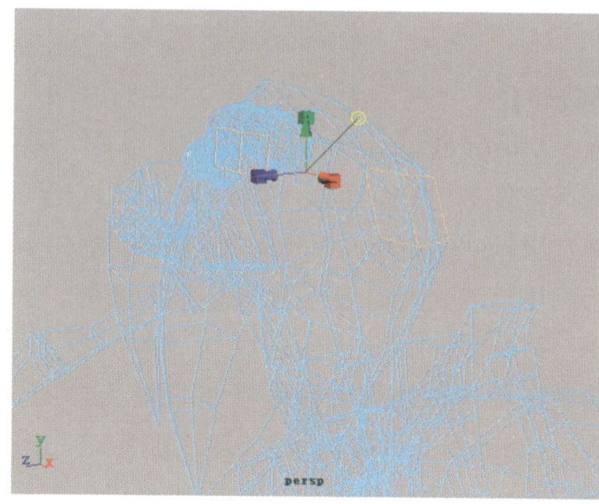

图5-81 调整拉伸面的大小

06 按快捷键G，重复执行Extrude命令，并且单击蓝色的圆形控制器，使挤出控制恢复到所选的挤出面上，再调整挤出面的缩放及拉伸位置，如图5-83所示。

图5-82 移动挤出面的位置

图5-83 连续执行挤出命令

参数简介

若想改变挤出面的挤出状态，我们可以通过设置挤出属性参数来实现。单击Extrude命令右侧的□按钮，打开挤出命令属性设置面板，如图5-84所示。

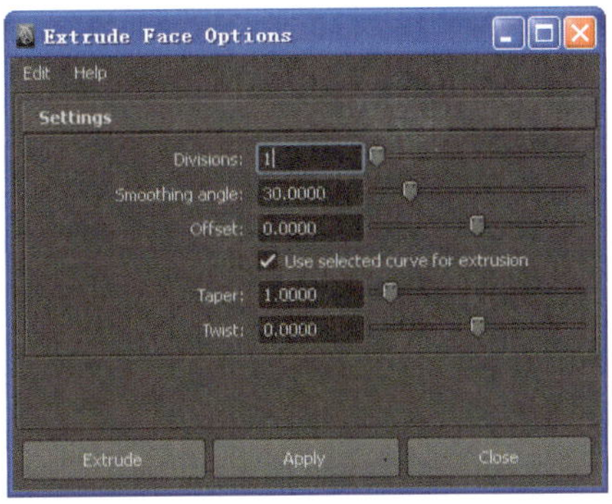

图5-84 挤出属性设置面板

下面对Extrude Options属性设置面板中的参数进行说明。

◆ Divisions/ Offset

Divisions用于控制挤出面的细分段数，默认为1；Offset用于设置拉伸面顶点与其中心位置的偏移值。

◆ Use selected curve for extrusion

用于控制是否使用曲线作为拉伸参照路径。

在启用该复选框后，首先选中面片，再选中曲线，然后单击Extrude按钮。此时所选面会跟随路径，挤出曲线造型的模型效果。同时我们也可以调整挤出模型的细分段数，该命令类似于NURBS曲面挤出工具。

◆ Taper/ Twist

其中Taper用于改变拉伸面的末端大小，以产生锥体的效果；Twist使拉伸面产生扭曲的螺旋效果。

5.5.2 Keep Faces Together（保持面与面合并）

在对模型进行挤出时，面与面合并工具可以让多个相邻的挤出面拥有共同的公共边。这个命令是配合挤出命令一起使用的。如果选择这个命令，执行挤出命令，然后拖拉相邻的面或边，则相邻的面或边是连接在一起的；如果不选择这个命令，在执行挤出命令后拖拉相邻的面或边，则相邻的面或边是彼此独立的。

课堂练习43：合并多边形面

01 创建一个多边形球体并选中其上侧的面，然后执行Edit Mesh（编辑网格）|Keep Faces Together（保持面与面合并）命令，如图5-85所示。

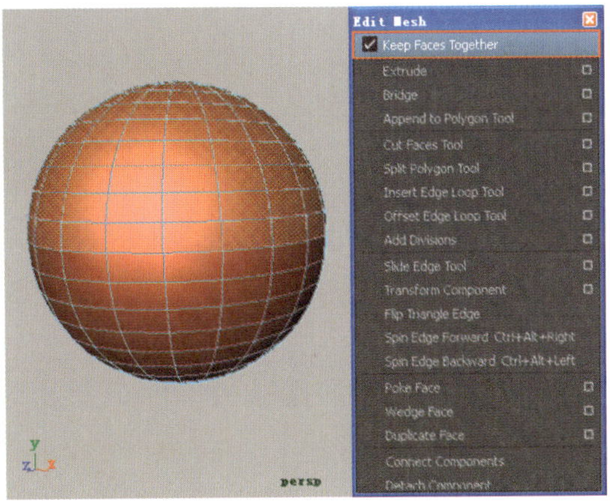

图5-85 执行Keep Faces Together命令

02 再对所选面执行Extrude命令，对其进行挤出操作，并且调整其挤出面的拉伸距离和缩放。此时，相邻的挤出面依然连接在一起，如图5-86所示。

03 按Z键撤销所选面的挤出操作，然后禁用Keep Faces Together命令，对所选面再次执行Extrude命令，观察挤出面的效果，如图5-87所示。

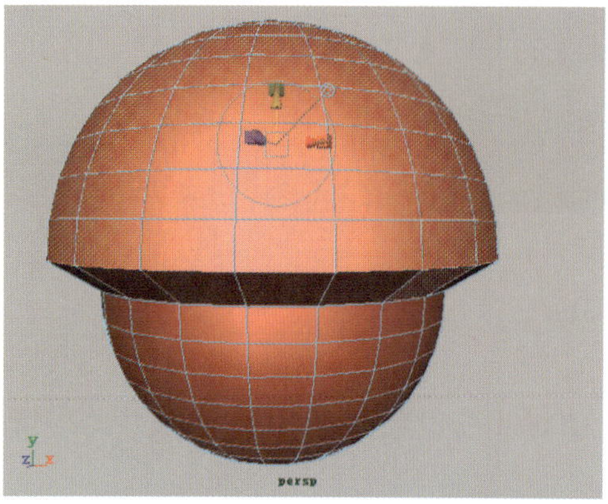

图5-86 启用Keep Faces Together命令的效果

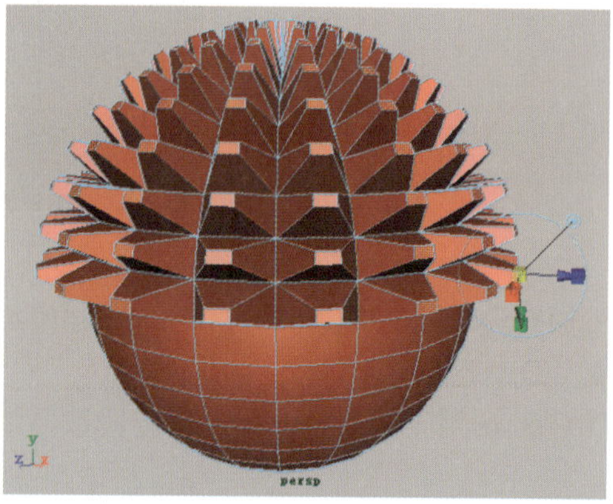

图5-87 禁用Keep Faces Together命令的效果

5.5.3 Bridge（桥接工具）

Bridge命令用于在一个物体上不同面的两边之间形成一个过渡面，将两边连接起来。该命令通常结合Combine和Merge使用，即将两个物体合并在一起，再对其进行桥接操作，然后再将桥接操作产生的过渡面的重合边进行缝合。

课堂练习44：在断面上执行桥接

01 在场景中导入一个未连接的模型，如图5-88所示，然后选中大象两对应边。

02 对选中的两对应边执行Bridge命令，对其进行桥接操作，此时会产生一个含有多条边的过渡面，如图5-89所示。

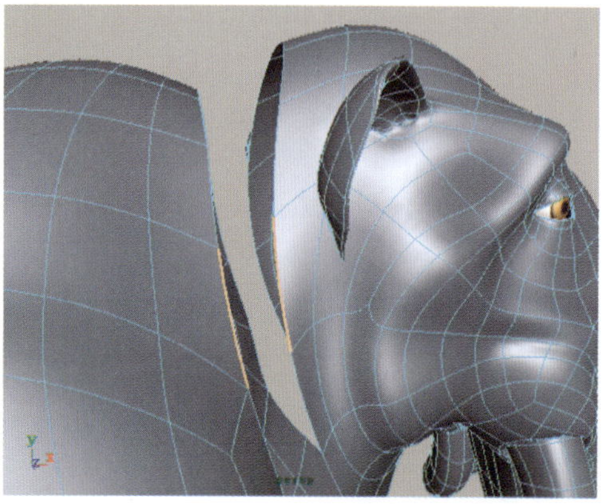

图5-88 选择模型对应边

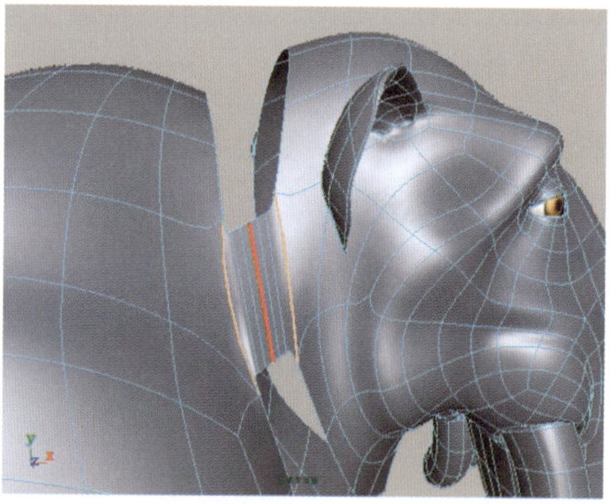

图5-89 执行Bridge命令

03 若想在执行桥接操作后产生的过渡面上没有任何边线，用户只需在Bridge Options属性设置面板中设置Divisions值为0，如图5-90所示。

04 单击Apply按钮，对所选择的两边进行桥接操作，此时再观察过渡面的变化，如图5-91所示。

参数简介

◆ Bridge type

用于设置连接部分的模式。其中Linear path是线性模式；Smooth path是光滑模式；Smooth path +curve则表示会产生路径曲线的光滑模式。

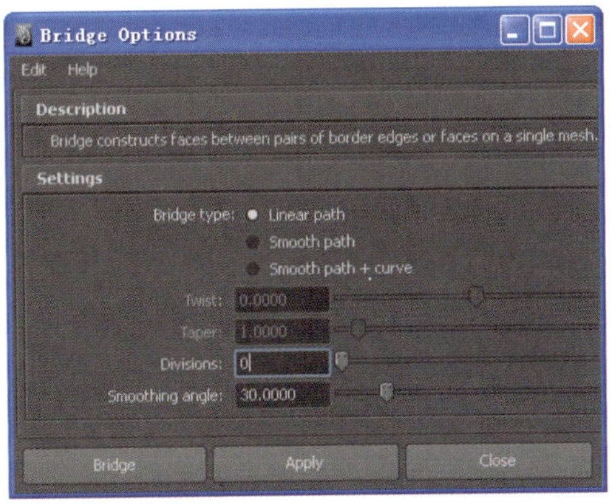

图5-90 设置Divisions属性值

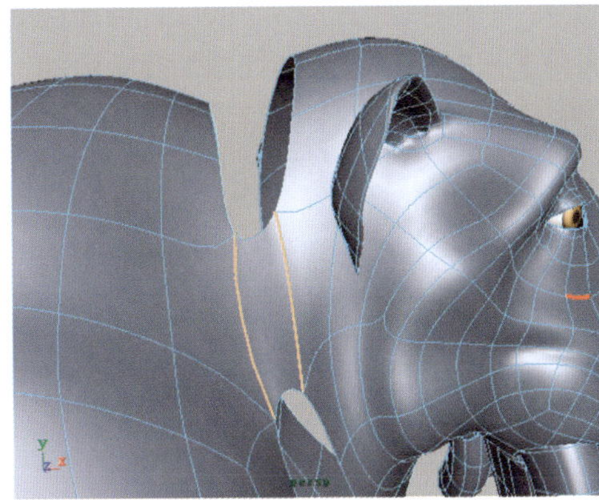

图5-91 生成的过渡面

◆ Twist

用于控制连接面的扭曲程度，通常默认为0，不产生扭曲效果。

◆ Taper

用于设置是否产生锥体造型的连接面。

◆ Divisions

用于设置产生连接面的细分段数。

◆ Smoothing angle

用于设置产生连接面的平滑度角。

5.5.4 Append to Polygon Tool（添加到多边形工具）

该命令可以用于将一个整体的多边形的多条边连接起来，也可以制作多边形的延伸部分，制作出理想的造型效果。从而大大减少工作的难度，使工作效率和质量得到有效的提高。

课堂练习45：在模型上添加边线

01 在场景中导入一个动物的头部模型，如图5-92所示，角色眼睛部位的模型面是空缺的。

02 执行Edit Mesh（编辑网格）|Append to Polygon Tool（添加到多边形工具）命令，然后在断开的边缘边上单击，此时会出现红色的三角标记符，如图5-93所示。

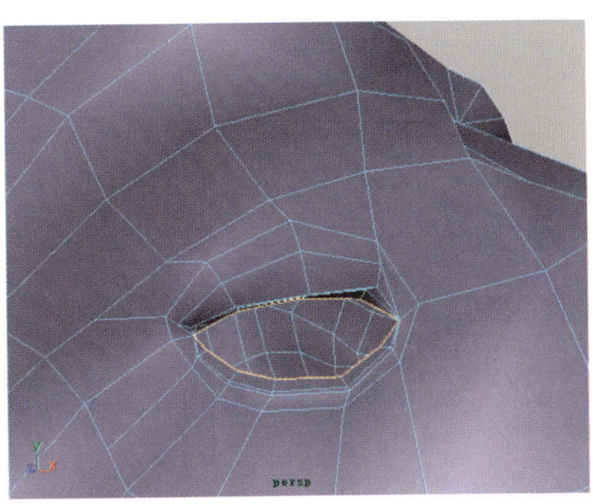

图5-92 导入角色模型

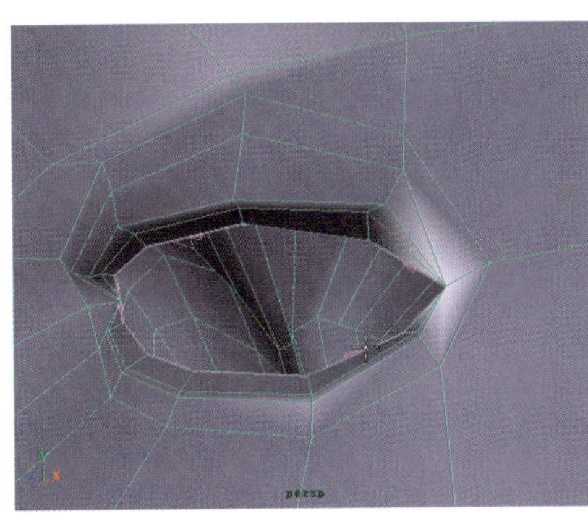

图5-93 执行添加到多边形工具

03 在其构成同一面上的对边处单击，产生一个红色的面，以将其对应边连接起来，然后按Enter键，确定构成新的平面，如图5-94所示。

04 用同样的方法将其相邻的面也连接起来，以产生一个新的平面，然后对其进行编辑，以调整出向外突出的眼球效果，如图5-95所示。

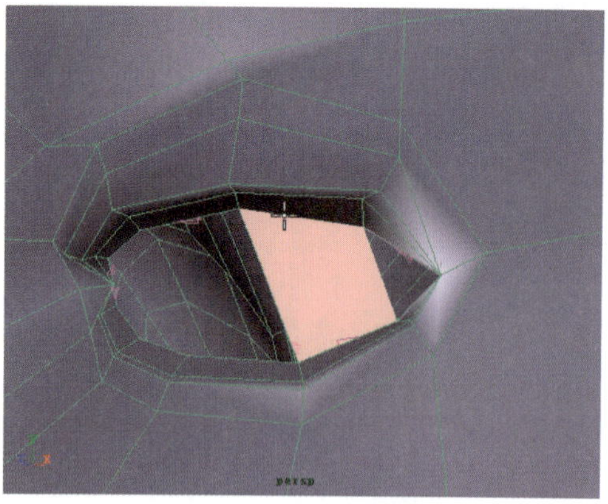
图5-94 面的连接效果

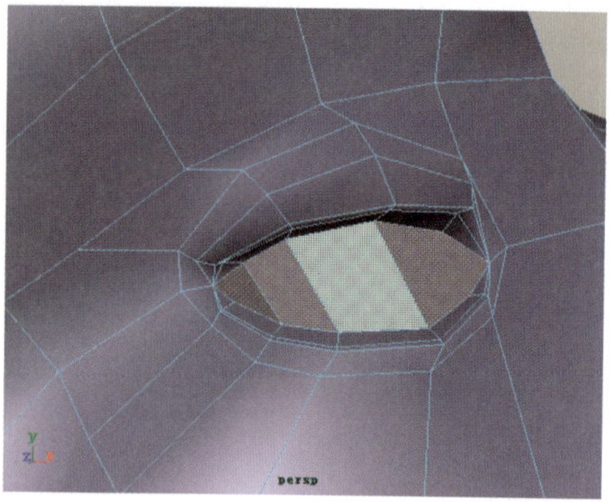
图5-95 制作的眼球效果

5.5.5 Cut Faces Tool（切面工具）

Cut Faces Tool工具和Split Polygon Tool工具一样，都可以分割多边形面，但Split Polygon Tool比较细致、精确，可以对每一条边进行分割。而Cut Faces Tool可以沿着一条线切割模型上的所有面，比Split Polygon Tool方便快捷，但有一定的局限性。

课堂练习46：使用切面

01 选择要分割的模型，执行Edit Mesh（编辑网格）| Cut Faces Tool（切面工具）命令；然后，在模型上单击鼠标左键不放，会出现一条切割线，拖动鼠标左键即可旋转切割线的角度，如图5-96所示。

02 松开鼠标左键，即可在模型的切割线位置生成一条切割边，从而增加模型自身的边数和面数，如图5-97所示。

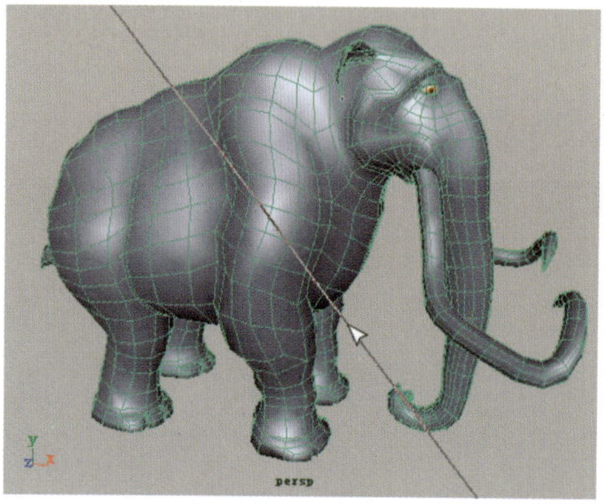
图5-96 执行Cut Faces Tool命令

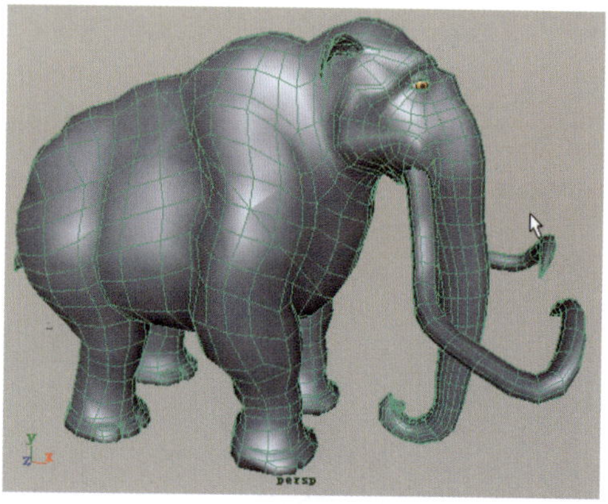
图5-97 生成的切割边

03 同样，用户也可以选择要切割的模型，单击Cut Faces Tool命令右侧的方体按钮，在弹出的属性面板中启用Delete cut faces复选框，如图5-98所示。

04 单击Enter Cut Tool按钮，即可在切割线位置将模型的切割面删除，如图5-99所示。

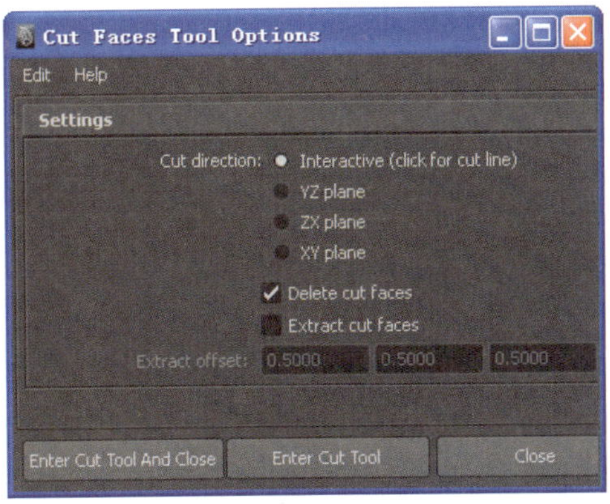

图5-98 设置切割属性参数

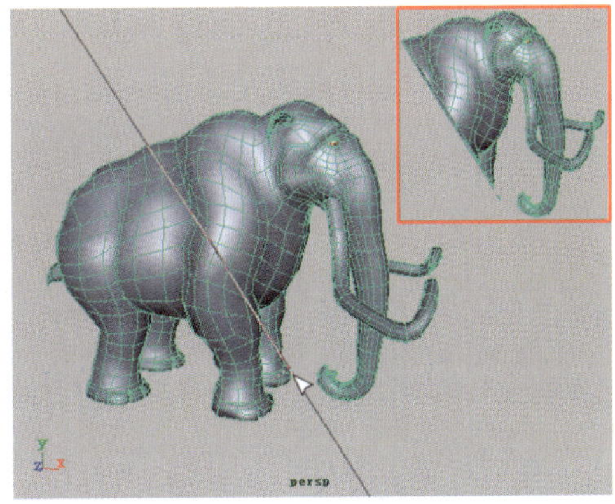

图5-99 切割面被删除

5.5.6 Split Polygon Tool（分割多边形工具）

分割多边形的命令，多用于在多边形上分割模型面上的边，即在多边形模型边或面上创建点或边。它可以通过执行Edit Mesh（编辑网格）|Split Polygon Tool（分割多边形工具）命令来完成。

课堂练习47：分割操作

01 创建一个Cube模型并将其选中，执行Split Polygon Tool命令，在模型的一条边单击，创建一个点；然后再在另一条边上单击，即可创建一条分割线，如图5-100所示。

02 用同样的方法连续在多条边上单击，在Cube模型上创建一个闭合的边；然后按Enter键，确定创建分割边，此时会在模型上多出一条循环边，如图5-101所示。

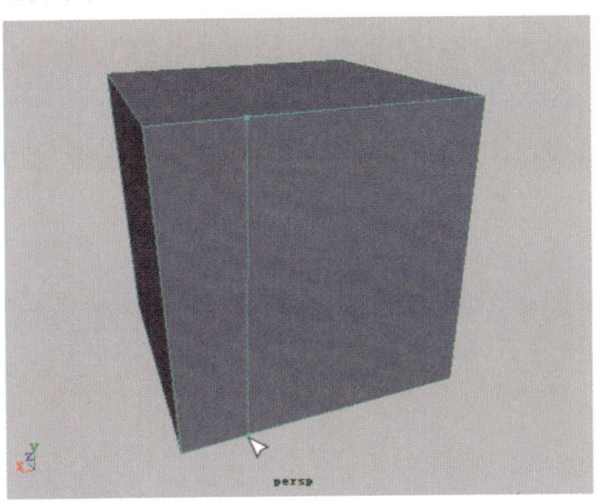

图5-100 执行Split Polygon Tool命令

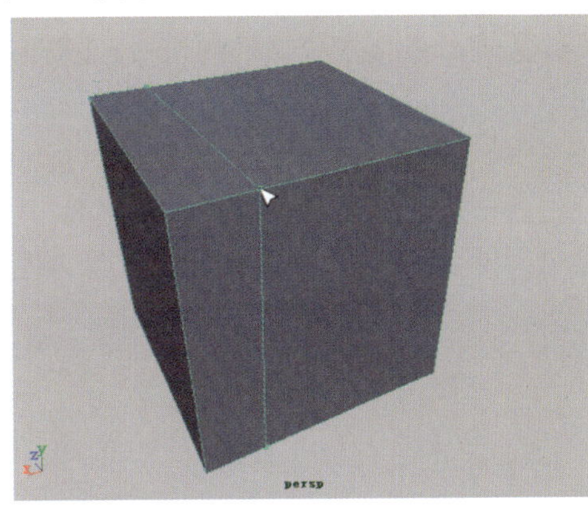

图5-101 分割边创建新边

03 默认状态下只在物体的边上创建点，如果现在需要在物体表面上的任意位置创建点，用户只需在该工具的属性设置面板中禁用Split only from edges复选框，如图5-102所示。

04 首先在Cube模型的一条边单击，创建一个起始端点，然后在Cube模型上任意单击，即可创建分割边，如图5-103所示。

参数简介

◆ Divisions

用来设置创建的分割边上点的数量，默认值是1。

◆ Split only from edges

用于设置是否在物体边上创建端点，默认是选中状态，只在物体的边上创建点，不启用该复选框时，可在物体表面的任意位置创建点，但起始位置必须在边上。

◆ Use snapping points along edge

表示是否在边上自动采样分段点。

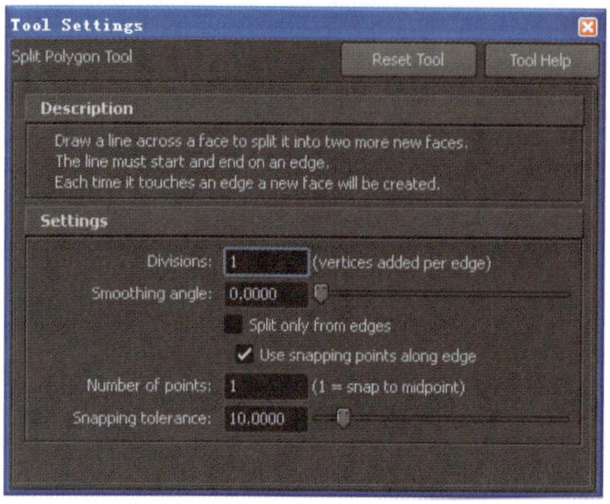

图5-102 Split Polygon Tool的属性面板

图5-103 在任意位置创建点

◆ Number of points

用于设置切割边的分段点数，并且创建的每个点之间的距离都是等距的。设置参数值为多少，也就会在边上设置多少个等距点。

◆ Snapping tolerance

用于设置采样点上的公差值，数值越大越准确。

5.5.7 Insert Edge Loop Tool（插入循环边工具）

插入循环边工具和前面介绍的分割多边形工具都是为物体添加新边，但是插入循环边工具能一次为物体添加一条或多条循环的边。在建模过程中，可以根据不同的情况选择适当的工具。其操作方法如下。

01 在场景中导入一个角色模型，执行Insert Edge Loop Tool命令，在角色的腰部单击鼠标左键不放，会生产一条虚线，左右拖动鼠标左键，以调整虚线的位置，如图5-104所示。

02 松开鼠标左键，即可在虚线位置为模型面添加一条循环边，如图5-105所示。

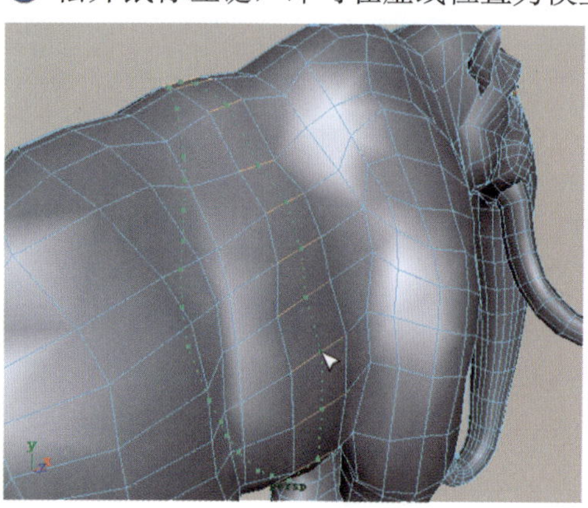

图5-104 执行添加循环边操作

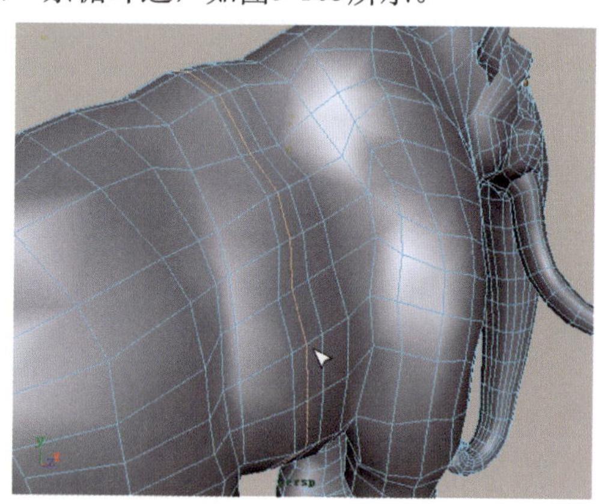

图5-105 插入的循环边

5.5.8 Offset Edge Loop Tool（偏移循环边工具）

该命令与插入循环边命令工具类似，都是为模型添加循环边，但是该命令是以模型上的一条边为基准，在与该边相连的相交面上添加循环边。其操作方法如下。

01 选中模型，执行Edit Mesh（编辑网格）| Offset Edge Loop Tool（偏移循环边工具）命令，用鼠标左键单击图5-106所示位置的黄色循环边，并且左右拖动鼠标左键，以调整两条绿色虚线的位置。

02 松开鼠标左键，即可在虚线位置为模型表面添加两条循环边，如图5-107所示。

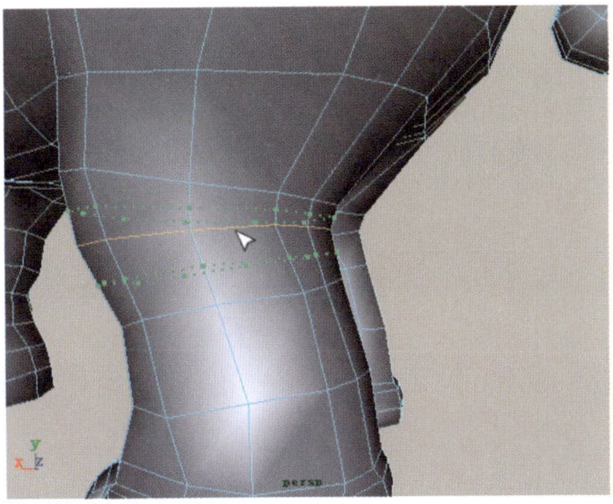
图5-106 执行添加偏移边命令

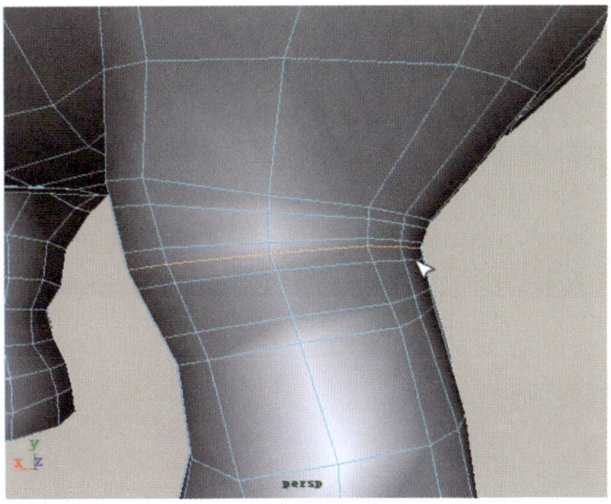
图5-107 添加的偏移边

5.5.9 Add Divisions（添加细分）

该命令用于对多边形添加面的细分段数，并且所添加的细分段数是等距离分布的。使用该命令添加模型的细分与Smooth命令类似，但该命令只会增加模型的面数，而不改变模型的外形。

课堂练习48：对多边形面进行细分

01 选中场景中的角色模型，单击鼠标右键，进入其Face编辑模式，选中如图5-108所示位置的几个面。

02 对选中的面执行Edit Mesh（编辑网格）| Add Divisions（添加细分）命令，对其进行细分操作，此时所选面的分段数会增加，如图5-109所示。

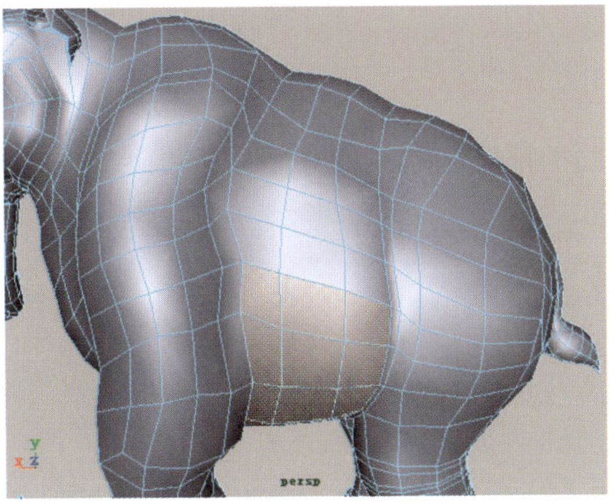
图5-108 选中模型的面

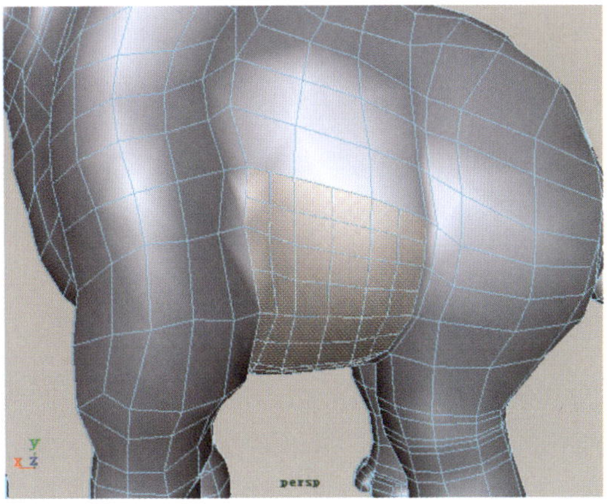
图5-109 所选面的细分效果

03 若想增加所选多边形面的细分，用户可单击Add Divisions命令右侧的□按钮，在弹出的面板中，设置Division Levels值为2，如图5-110所示。

04 单击Apply按钮，执行添加细分操作，再观察所选模型面的细分效果，如图5-111所示。

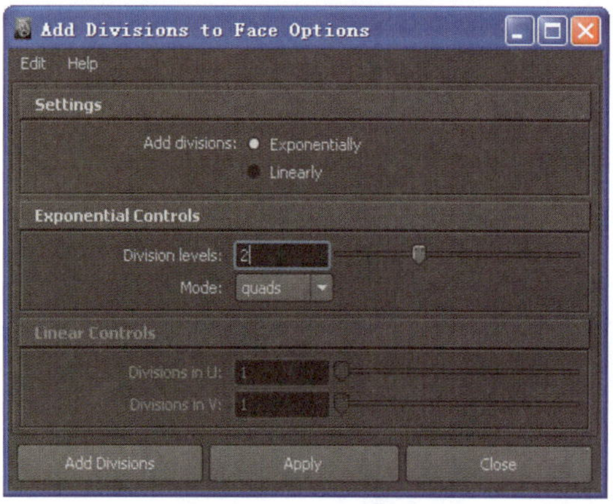

图5-110 设置细分等级

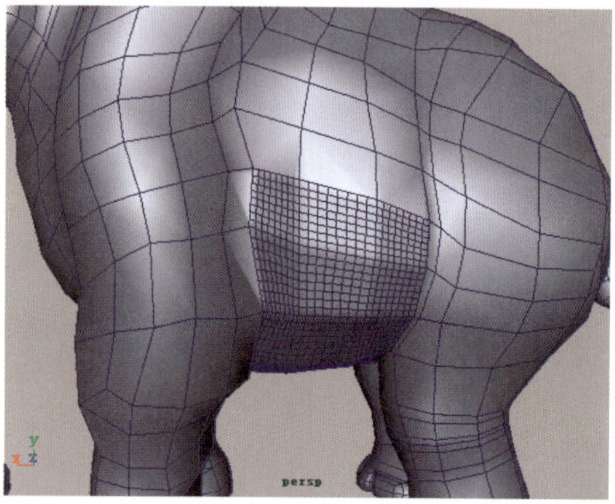
图5-111 所选面最终的细分效果

参数简介

◆ Add divisions

用于控制模型的细分方式。其中Exponentially是指数方式，用于控制模型在单位面积内整体的细分效果，细分的程度较强；Linearly是线性方式，是指模型在U向、V向的细分效果。

◆ Division Levels

用于控制模型细分的级别，级别值越大，物体生成的细分段数越多。

◆ Mode

用于控制所产生细分面的模式。quads表示细分面为四角面；triangles表示细分面为三角面。

◆ Divisions in U/V

用于控制物体分别在U向和V向的细分段数。

5.5.10 Slide Edge Tool（滑动边工具）

Slide Edge Tool可以允许用户沿一个多边形面移动此面的一条边。用户可以选择要滑动的多边形边，执行Edit Mesh（编辑网格）| Slide Edge Tool（滑动边工具）命令，此时会在当前视图中提示Drag With MMB to Slide，在视图中左右拖动鼠标中键，可以将所选边沿一个面滑动。

5.5.11 Flip Triangle Edge（翻转三边面）

Flip Triangle Edge命令用于改变物体三边面上边的排列方式。首先要选中三边面上所有的边，再执行Flip Triangle Edge命令，但是要注意这些边相连的面要尽量在同一平面上，否则计算结果会出错。

5.5.12 Transfer Components（元素变换）

该命令用于对多边形物体的边、顶点、面等元素，进行移动、旋转、缩放等变换操作。并且设置该命令的Random值，可以对所选模型的元素进行随机变换。其操作方法如下。

01 创建一个球体，选中该球体并执行Edit Mesh（编辑网格）| Transform Components（元素变换）命令，对其进行变换操作，此时球体上会出现一个控制器，如图5-112所示。

02 水平拖动控制器箭头，球体会向移动方向收缩，而另一边膨胀起来，如图5-113所示。

技巧：使用该命令可以用来制作表面造型轮廓变化比较随机的物体模型。如崎岖的地面、凹凸不平的山体和石头、海浪或水泊造型，由于其变化的随机性，因此会使模型表面的细节比较逼真。

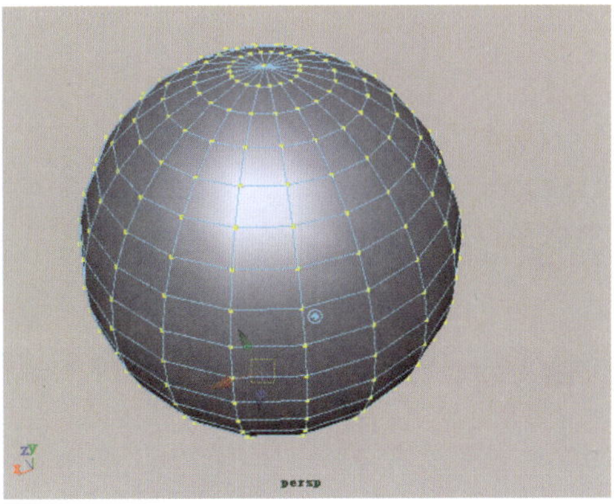

图5-112 模型的缩放效果

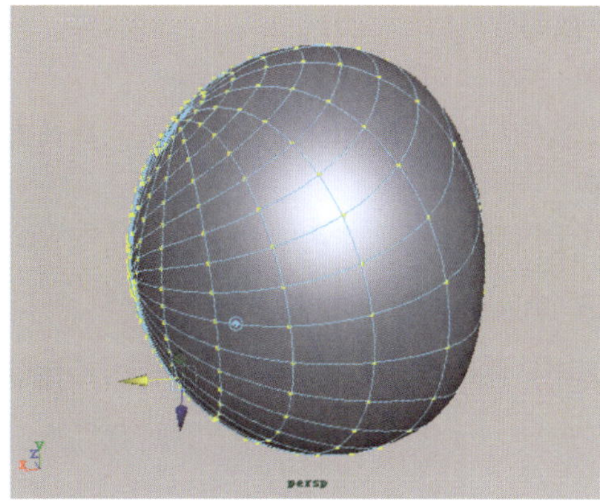

图5-113 模型的随机变化效果

5.5.13 Spin Edge Forward/ Backward（向前/向后旋转边）

Spin Edge Forward命令用于控制一个平面内的对角线，向前进行有序的旋转。选中需要旋转的对角线，连续多次执行Spin Edge Forward命令，观察该对角线的旋转变换，如图5-114所示。

同理，Spin Edge Backward命令用于控制一个平面内的对角线，向后进行有序的旋转。选中需要旋转的对角线，连续多次执行Spin Edge Backward命令，观察该对角线的旋转变换，如图5-115所示。

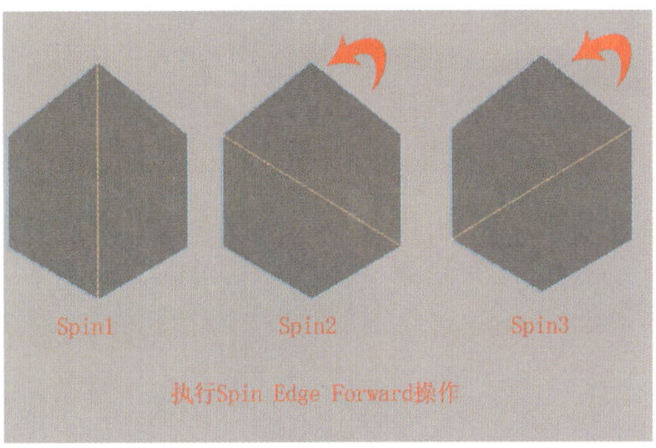

图5-114 执行Spin Edge Forward操作

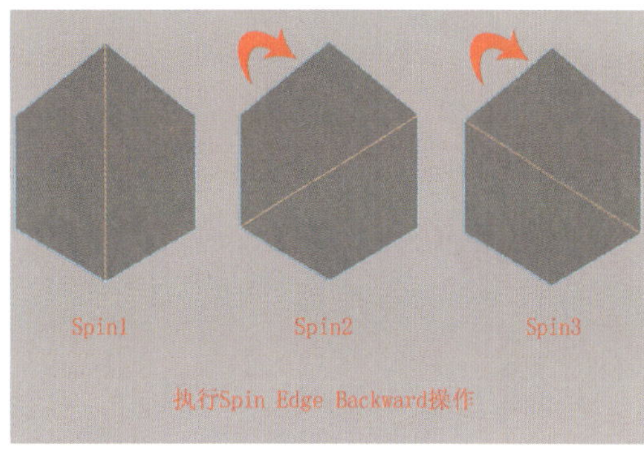

图5-115 执行Spin Edge Backward操作

5.5.14 Poke Face（面突起）

Poke Face命令用于在所选面或整个物体上的每个面上创建一个点，该点到面的各个位置相等，并与面的每个顶点都有连接线。选中整个模型或模型上的面，然后执行Edit Mesh（编辑网格）| Poke Face（面突起）命令即可。

单击Poke Face命令右侧的方体按钮，打开其属性参数面板，如图5-116所示。

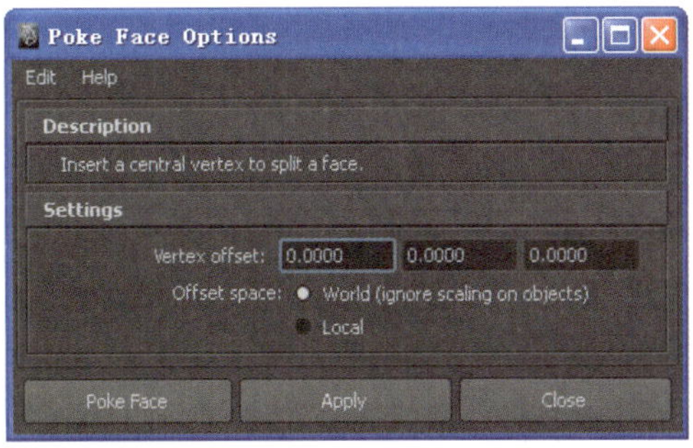

图5-116 Poke Face Options属性参数面板

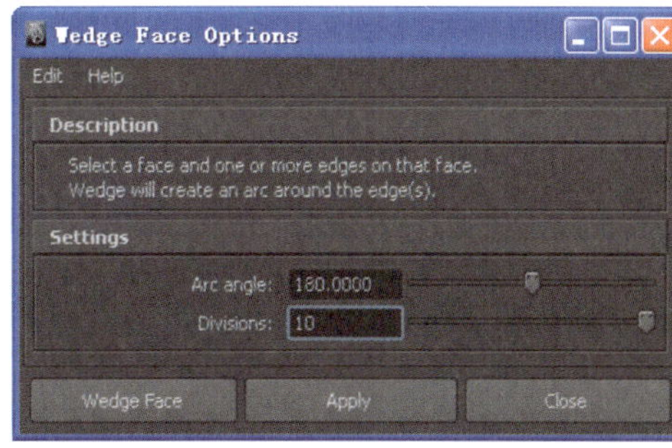

图5-117 Wedge Face Options属性面板

参数简介

◆ Vertex offset

该选项用于设置点的偏移值，默认点在面上。

◆ Offset space

用于选择偏移点的空间坐标系。其中World是世界坐标系；Local是局部坐标系。

5.5.15 Wedge Face（楔入面）

多边形建模还有一个比较特殊的命令Wedge Faces（楔入面），该命令可以基于面和一条边进行挤出并旋转，最终得到一组面。下面我们来进行课堂练习。

课堂练习49：楔入面操作

01 在场景中创建Cube模型并添加其细分。执行Edit Mesh（编辑网格）| Wedge Face（楔入面）命令右侧的□按钮，在弹出的面板中设置Arc angle值为180，Division为10，如图5-118所示。

02 创建一个Cube模型并调整其细分，用于制作机械开关的圆弧造型。选中其中一侧的面并选中所选面上的相邻边，如图5-119所示。

03 单击Apply按钮，执行面的楔入操作，此时观察模型的变化，如图5-119所示。

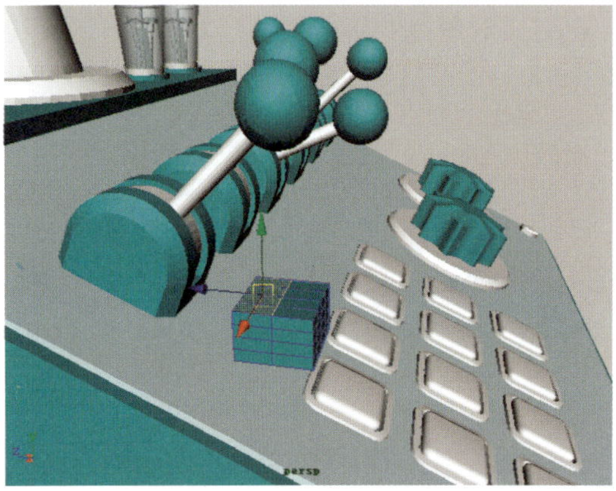

图5-118 楔入面

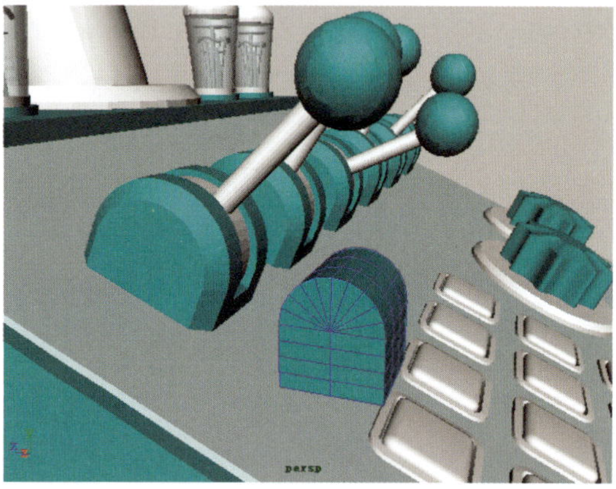

图5-119 模型面的变化

提示：在楔入面工具属性面板中，Arc angle用于设置拉伸面的弧度值；Divisions用于设置拉伸段的分段数，数值越高分段越细，弧度越圆滑。

5.5.16 Duplicate Face（复制面）

该命令主要用来对所选的多边形面进行复制，我们可以选择整体的多边形面，也可以选择局部的多边形面进行复制。也可以对选择的多边形物体进行复制。其操作方法如下。

01 在场景中导入一组角色模型，单击鼠标右键，进入其面的编辑模式；然后，框选图5-120所示的面。

02 对选中的面执行Edit Mesh（编辑网格）| Duplicate Face（复制面）命令，对其进行复制，并移动控制手柄，移动复制的面，如图5-121所示。

5.5.17 Detach Component（拆分元素）

Detach Component命令用于将物体拆分成独立的面，即所有的面、边、顶点被分离开，但所有

的面还是一个整体，并不是独立的个体。还需要再通过Separate命令将所有的面独立出来。选中物体并执行Edit Mesh（编辑网格）| Detach Component（拆分元素）命令，即可完成该操作。

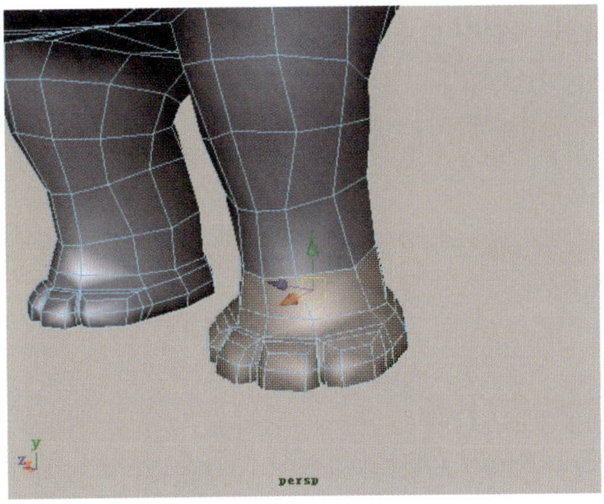

图5-120 选择柱体面片

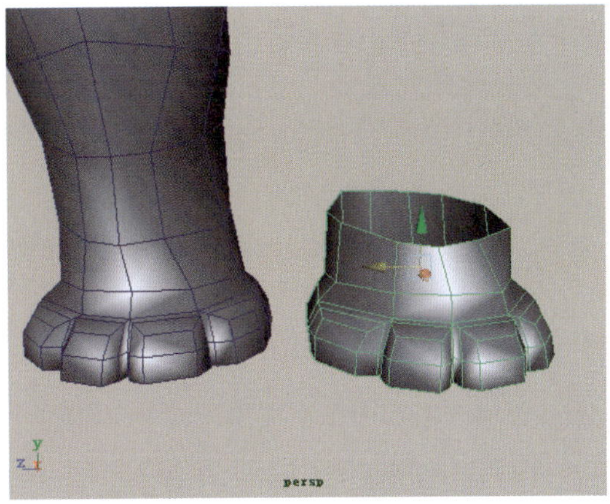

图5-121 执行Duplicate Face命令

5.5.18 Merge（合并）

使用Merge（合并）命令可以将模型上的两个或多个点、面合并成一个点或一个面。下面对其课堂练习进行介绍。

课堂练习50：缝合多边形

01 在视图中创建一个圆柱体，然后进入面的编辑状态，删除一组面，进入模型的顶点编辑状态，选中并移动模型顶部的一组顶点，如图5-122所示。

02 单击Merge（合并）命令右侧的■按钮，在弹出的属性面板中设置Threshold值为4；然后单击Merge按钮，所选择的顶点就合并成了一个顶点，如图5-123所示。

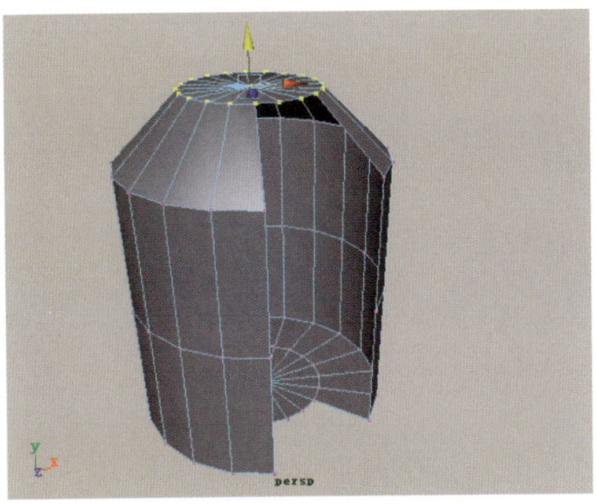

图5-122 移动顶点

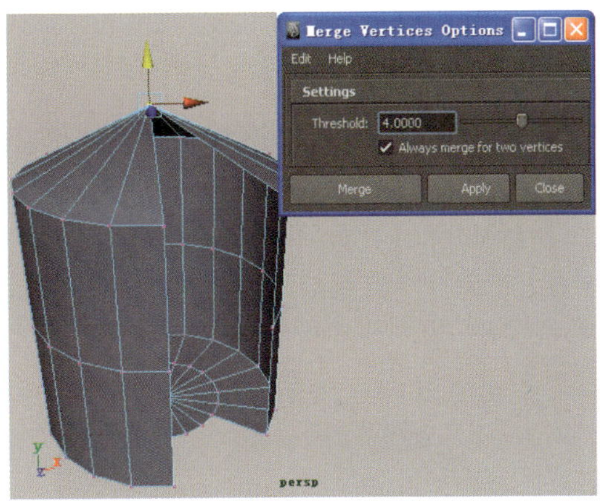

图5-123 执行Merge命令

参数简介

◆ Threshold

用于设置合并元素之间距离的极限值，在这个参数值内的元素将被合并。

◆ Always merge for two vertices

用于控制是否将两合并点缝合在一起，从而具有一个共同的UV点。

5.5.19 Merge To Center（合并到中心）

Merge to Center命令可以将选中的点、边、面等元素合并到一个中心，就是说如果选择两个物体上的边进行合并时，它会将所选择的这两条边合并到一个中心点上。选择面、点进行合并时，道理相同，而且这些元素可以不在同一个物体上。其操作方法如下。

01 在场景中创建一个Soccer Ball模型和一个Pyramid模型，然后分别选中图5-124所示的两个顶点。

02 执行Merge To Center命令，即可将两顶点缝合到一起，但是两顶点还可以分开，并没有真正合并在一起，如图5-125所示。

5.5.20 Merge Vertex Tool（合并点工具）

Merge Vertex Tool命令主要用于对物体模型上独立的点进行缝合操作，要缝合的点必须处于同一模型上（即执行Combine操作后的模型），才能执行Edit Mesh（编辑网格）| Merge Vertex Tool（合并点工具）命令，从而将独立的顶点缝合起来。

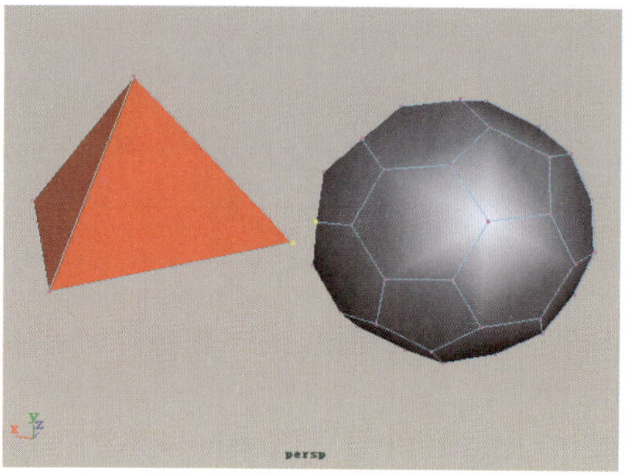

图5-124 选择不同模型上的顶点

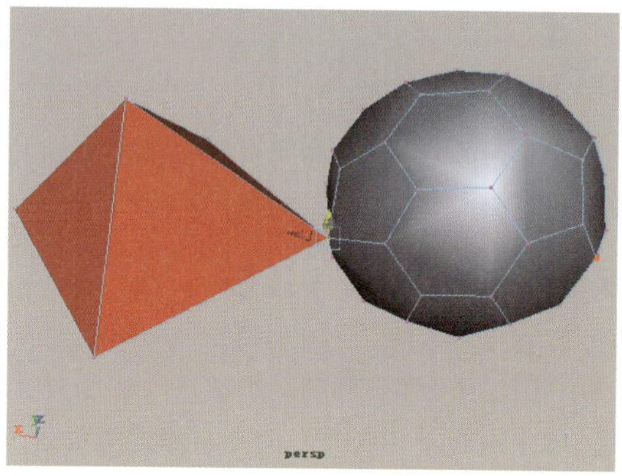

图5-125 执行Merge To Center命令

课堂练习51：合并顶点

01 在场景中导入分离的模型，并对它们执行Combine操作，然后进入模型点的显示模式，选中图5-126所示的两个对应点。

02 执行Merge Vertex Tool命令，视图中鼠标指标变为十字形，然后单击两点中的其中一个点，此时该点处出现一个红色的圆环，如图5-127所示。

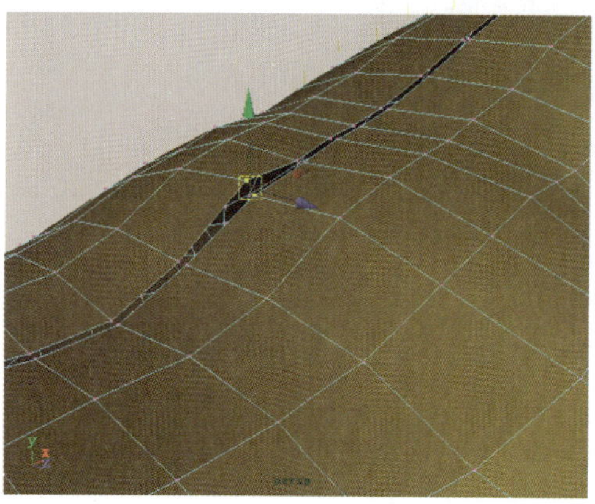

图5-126 选中模型顶点

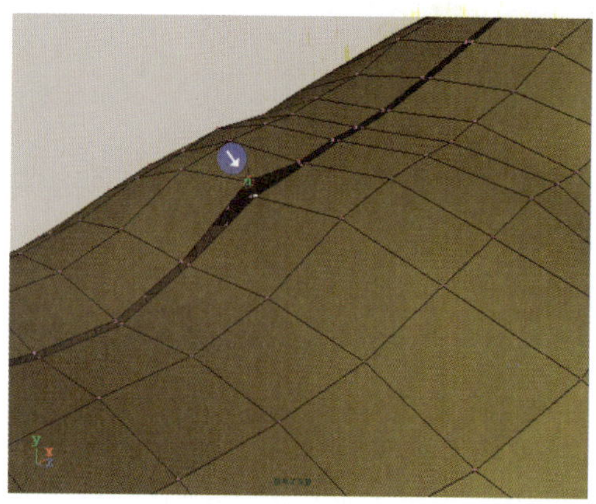

图5-127 执行Merge Vertex Tool命令

03 松开鼠标的同时，所选的两点被缝合在一起，如图5-128所示。

04 移动该缝合点，原始两点上的边跟随着发生变化，这表示两点已经完全合并在一起，两点拥有一个UV点，如图5-129所示。

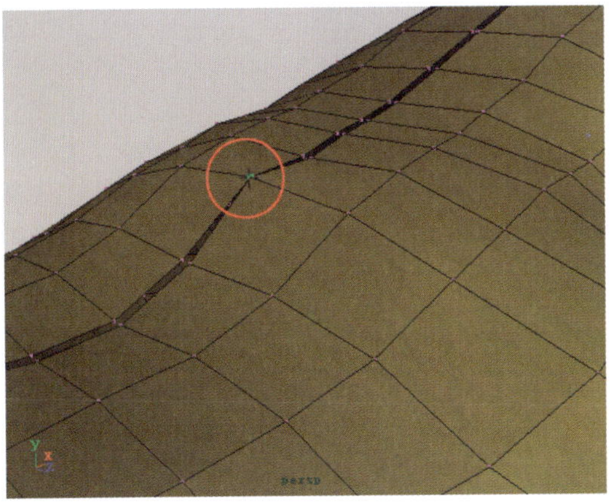

图5-128 两点缝合在一起

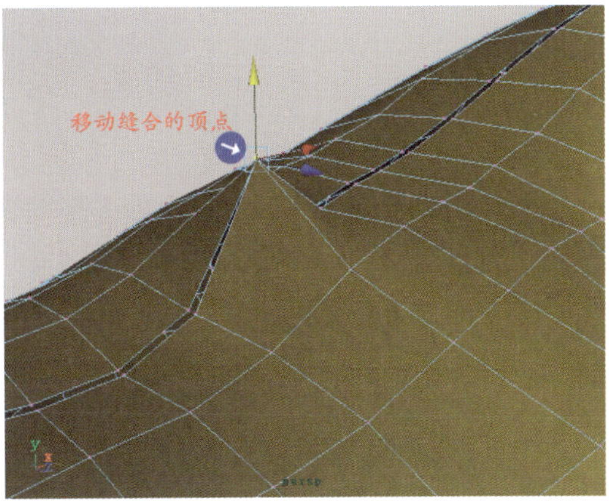

图5-129 多边形点的合并操作

5.5.21 Merge Edge Tool（合并边工具）

Merge Edge Tool命令用于对单一物体上的边界边进行缝合处理，也可以对两个执行Combine命令后合并在一起的物体的边界边进行缝合处理。

课堂练习52：合并边界

01 执行Edit Mesh（编辑网格）| Merge Edge Tool（合并边工具）命令，场景中的光标变为三角符显示，首先选择上面的一条边，然后再单击下面的对应边，此时两边变为黄色显示，如图5-130所示。

02 按键盘上的Enter键，确定缝合操作，此时两边自动缝合在一起，如图5-131所示。

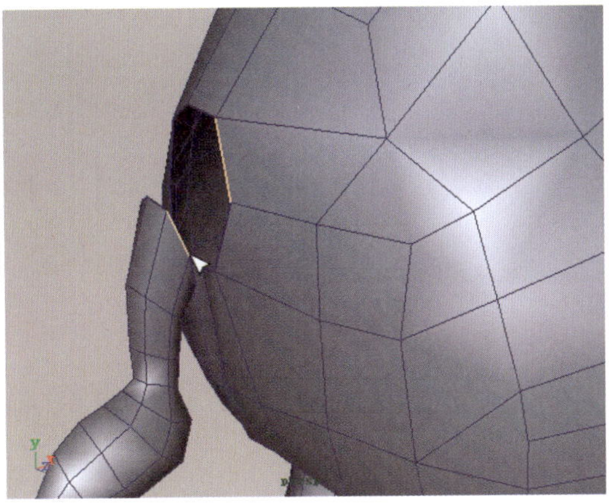

图5-130 执行Merge Edge Tool命令

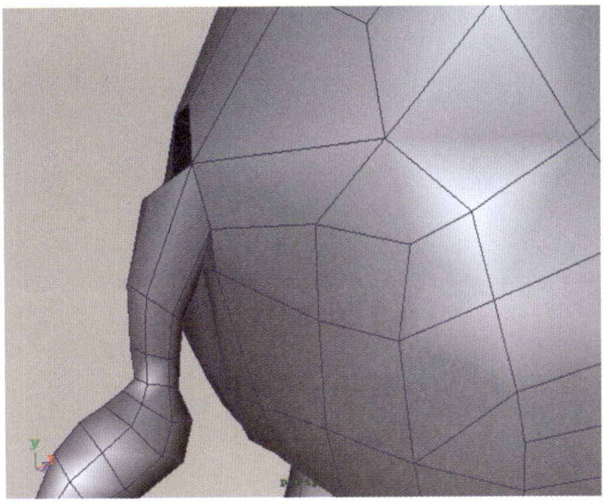

图5-131 两边缝合在一起

03 按键盘上的G键，重复执行缝合边命令，单击其他对应的边，并按Enter键将其缝合在一起，缝合完后选中并移动其缝合部位的一个点，观察其缝合效果，如图5-132所示。

技巧：该命令包含3种缝合方式，分别是Created between first and second edge（在两选择边中间位置合并）、First selected becomes new edge（将两选择边合并到第一个选择边位置）和Second edge selected becomes new edge（将两选择边合并到第二个选择边位置）。

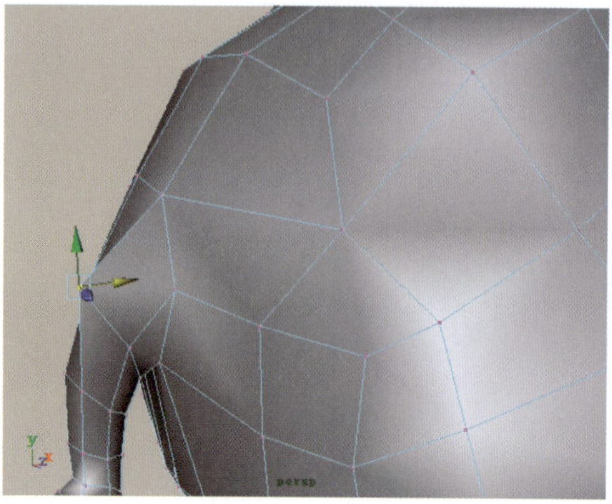

图5-132 顶点被合并在一起

5.5.22 Collapse（塌陷）

塌陷工具是一种很好的缝合工具，它可以将所选模型的多个面或边缝合在一起，以减少模型的面数或边数。在制作模型时，为避免三角面的产生会影响动画效果，我们可以使用这个工具来消除三角面。使用这个工具，需要执行Edit Mesh（编辑网格）|Collapse（塌陷）命令。其操作方法如下。

01 在制作此卡通模型时，就出现了三角面。我们选中三角面上的两条边，如图5-133所示。

02 执行Edit Mesh（编辑网格）|Collapse（塌陷）命令，三角面便消除了，如图5-134所示。

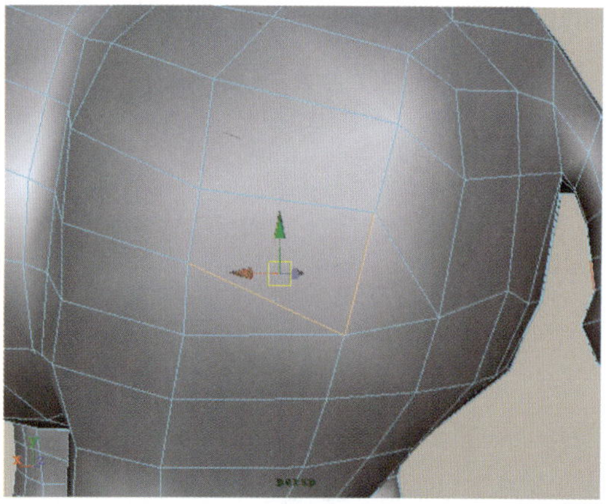

图5-133 选中三角面上的边

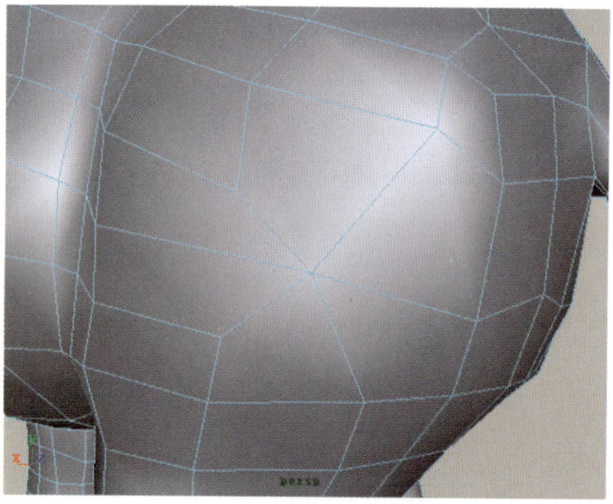

图5-134 消除三角面后的效果

5.5.23 Delete Edge/Vertex（删除边或点）

Delete Edge/Vertex命令用于删除物体上指定的点、边。通常我们选中模型的边或面，是按Delete键将其删除，但是再将其切换到点显示模式，这条边上的点依然存在，因此使用Delete键，只能删除两点之间所形成的边，不能删除这条边上的顶点元素。此时就需要使用Delete Edge/Vertex命令来完成。其操作方法如下。

01 导入角色模型，然后选中角色模型面部的几条边，如图5-135所示。

02 执行Delete Edge/Vertex命令，执行删除多边形边、点操作，此时观察模型边和点的变化，如图5-136所示。

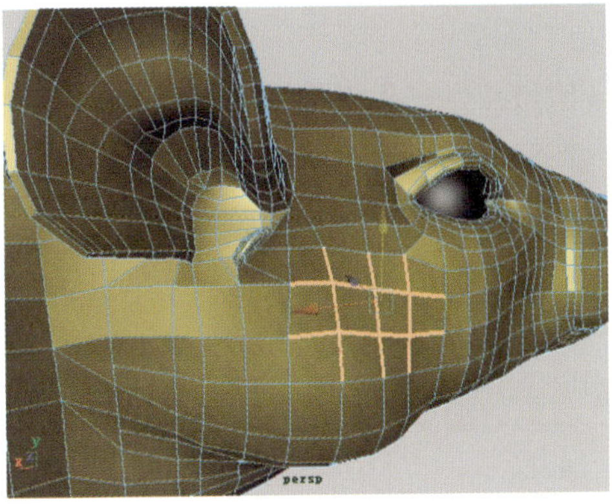

图5-135 选中模型顶点

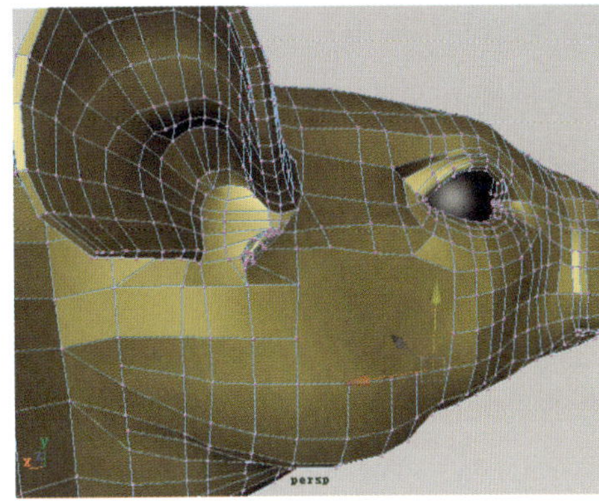

图5-136 执行Delete Edge/Vertex命令

5.5.24 Chamfer Vertex（点切面）

Chamfer Vertex命令主要用于将一个顶点分散到各个与其相连的边上，也可以理解为使一个顶点转化为一个斜面。下面对其课堂练习进行介绍。其操作方法如下。

01 在场景中创建一个锥体，选中其顶部的顶点，执行Edit Mesh（编辑网格）| Chamfer Vertex（点切面）命令，将其转化为斜面，如图5-137所示。

02 单击Chamfer Vertex命令右侧的方体按钮，在弹出的面板中设置Width值为0.5，如图5-138所示。

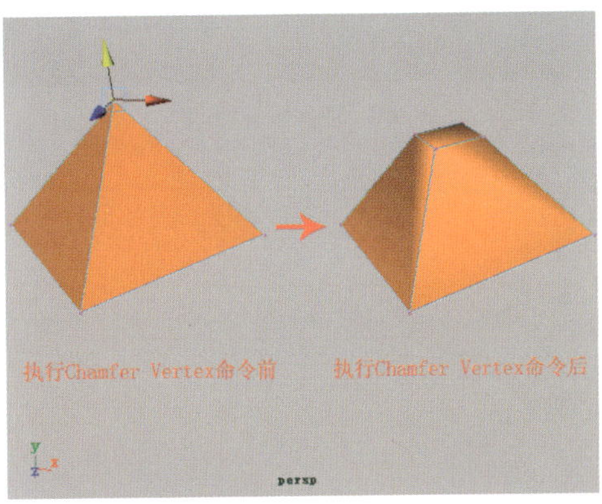

图5-137 执行Chamfer Vertex命令

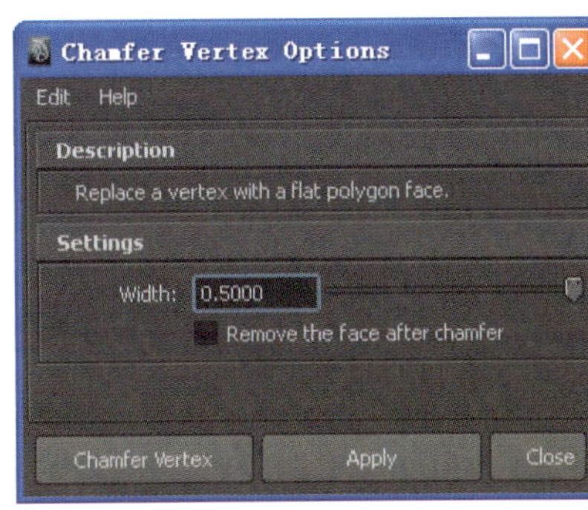

图5-138 设置点切面属性面板

03 单击Apply按钮，再观察顶点转换成平面的效果，如图5-139所示。

04 其中Remove the face after chamfer表示是否删除产生的切面，如图5-140所示，分别为启用和禁用该复选框，形成的切面效果。

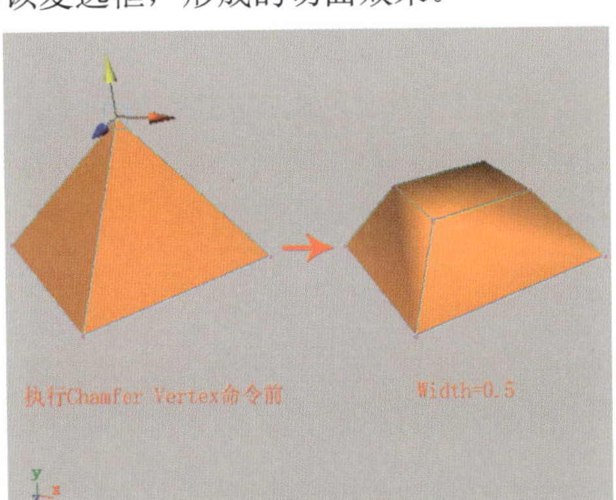

图5-139 切面宽度的变化

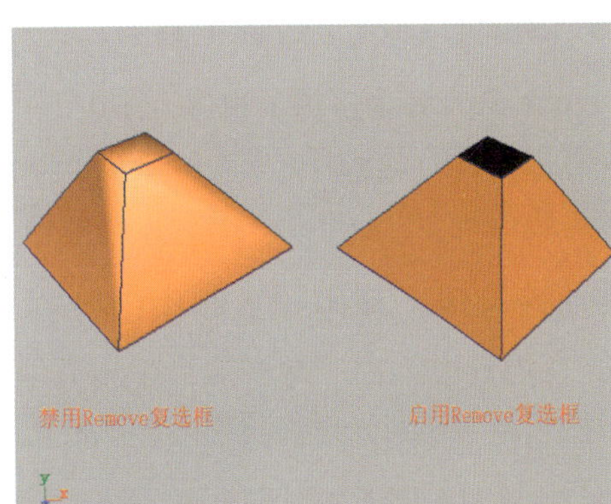

图5-140 形成的切面效果

5.5.25 Bevel（倒角）

多边形倒角工具用于对模型边缘比较尖锐的棱角进行倒角，以制作出很好的边缘光滑效果，同时又不影响模型大体的造型效果。

课堂练习53：添加倒角

01 场景中是已做好的模型，需要对模型进行倒角，首先选中模型中要倒角的物体，如图5-141所示。

02 单击Edit Mesh（编辑网格）|Bevel（倒角）命令右侧的按钮，在弹出的属性面板中设置Width为0.3，然后单击Apply按钮，执行倒角命令，如图5-142所示。

图5-141 选中要倒角的物体

图5-142 倒角后的效果

参数简介

◆ Width

用来设置倒角时的偏移数值。

◆ Segment

用来设置倒角时偏移的段数，段数越多，倒角后越光滑。

◆ Automatically fit bevel to object

此选项默认状态下是被选中的，用来选择是否自动计算倒角时的圆滑度。如果不选择此项，将手动设置圆滑度的值。

◆ Roundness

用来手动设置圆滑度的值。

5.5.26 Crease Tool（褶皱工具）

Crease Tool命令多用于快速为多边形物体创建褶皱边。选中多边形物体，将其切换到光滑代理模式，然后执行Crease Tool命令，再选中所要褶皱的边或点并拖动鼠标中键，以调整物体的褶皱系数。该工具多用来模拟和制作物体表面的褶皱效果，如布料、皮肤等物体表面的折痕。

课堂练习54：利用褶皱制作山脉

01 在场景中创建一个多边形平面并调整其细分，使用多边形雕刻工具雕刻其表面的突起效果；然后将其切换到光滑代理模式，以便于制作褶皱效果，如图5-143所示。

注意：在对多边形物体执行Crease Tool操作之前，必须将该多边形物体转化为多边形光滑代理物体。

02 选中该多边形平面，执行Edit Mesh（编辑网格）| Crease Tool（褶皱工具）命令，再单击选择透明物体上的边并按Shift键加选与其相邻的边，如图5-144所示。

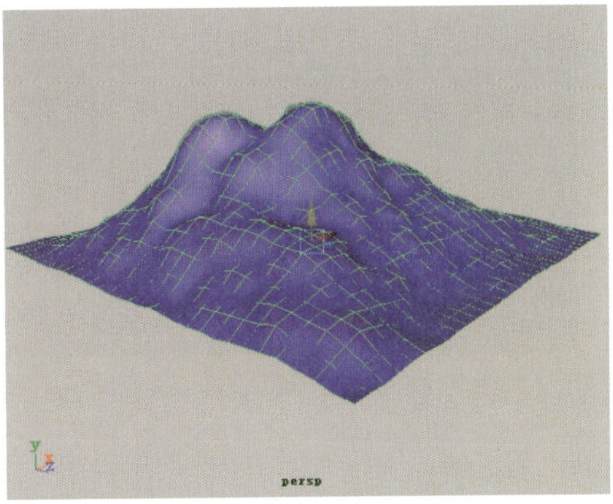

图5-143 切换到光滑代理模式

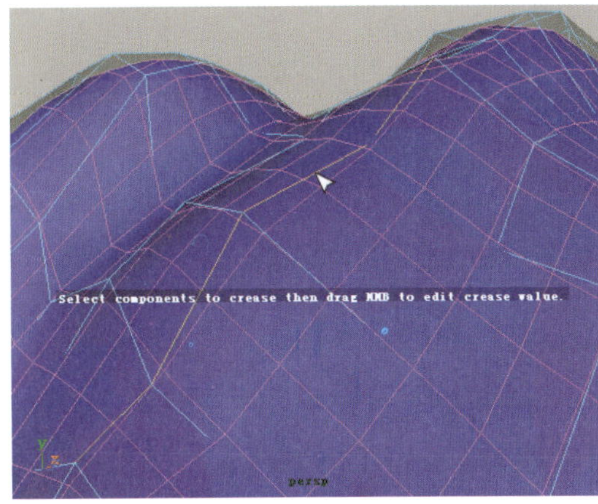

图5-144 执行Crease Tool命令

03 单击并拖动鼠标中键，以调整模型该处的褶皱变形效果，此时所选择的边会变为粗线显示状态，如图5-145所示。

04 隐藏光滑代理物体，再观察物体粗线显示部位的折痕效果，如图5-146所示。

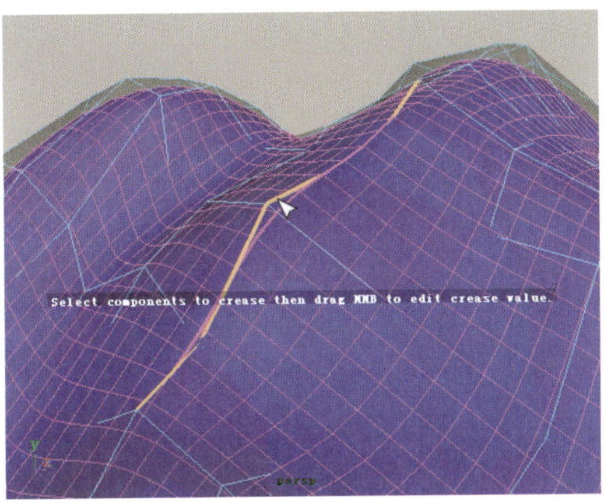

图5-145 调整褶皱变形

图5-146 物体表面的褶皱效果

5.5.27 Remove Selected（删除所选褶皱元素）

Remove Selected命令主要用于删除所选择的褶皱元素，而未被选择的褶皱元素不会被删除。

5.5.28 Remove all（删除所有）

Remove all命令也是用于删除模型褶皱元素，但是它不同于Remove Selected命令，它可以直接选择添加过褶皱的物体，然后执行Edit Mesh（编辑网格）| Remove all（删除所有）命令，即可删除该物体上所包含的所有褶皱元素。其操作方法如下。

01 继续使用上面的褶皱模型，显示光滑代理物体，然后选中添加过褶皱的模型边，如图5-147所示。

02 执行Edit Mesh（编辑网格）| Remove Selected（删除所选褶皱元素）命令，删除所选褶皱元素。可以看到所选的模型边变为细线显示，表明褶皱效果删除成功，如图5-148所示。

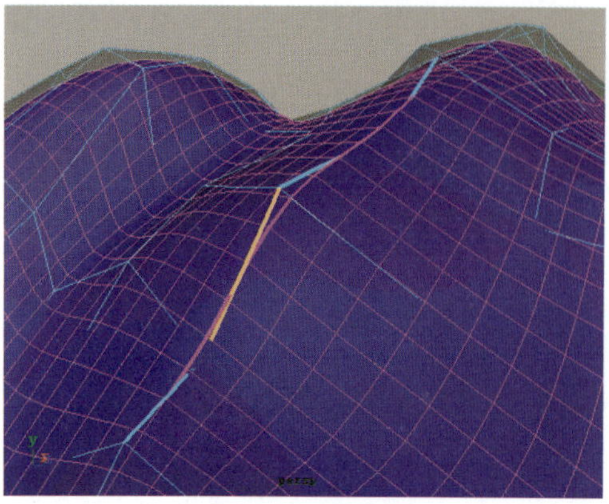

图5-147 选择褶皱边

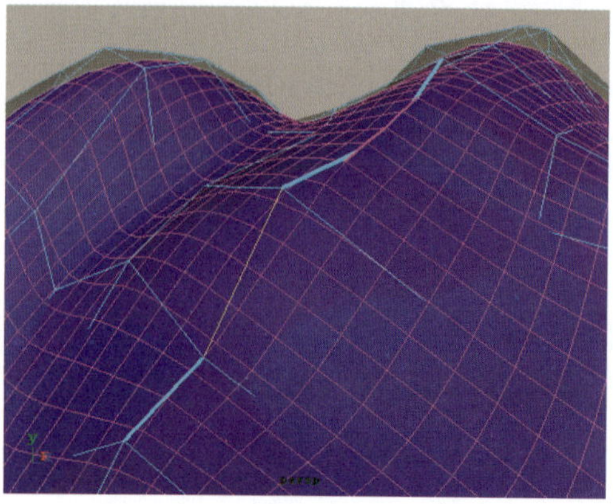

图5-148 执行Remove Selected命令

5.5.29 Crease Sets（褶皱集）

当用户在使用褶皱工具时，Crease Sets命令主要用于创建一个褶皱集，并且该褶皱集还包含当前被选择的褶皱元素，如多边形边和点，从而便于在以后的修改操作中快速地选择这些元素。当褶皱集被创建后，都会事先产生一个默认的褶皱设置，并且所有的褶皱设置都会出现在Outliner或者Relationship Editor窗口中。

第6章　细分表面建模

6.1　细分表面建模概述

Subdiv Surfaces（细分表面）建模又称Sub或Subdiv，它整合了NUBRS曲面建模和Poylgon多边形建模方法的优点，是一种全新的建模方式。细分表面建模的最大特点就是它的细分性。下面我们就来介绍一下细分表面的一些特性和使用流程。

6.1.1 细分表面的特性

Subdiv Surfaces（细分表面）建模技术与NUBRS曲面建模技术有类似的部分，它们都有着光滑的表面，由许许多多的边组成，并且可以随意控制它们的数量。大多数的多边形工具都可以应用在细分表面建模上。

细分表面是连续的，可以很好地解决在制作动画时由于曲面模型接缝处出现的问题。细分表面建模速度比较快，在建模时可以先创建一个多边形，然后再将该多边形转化成一个平滑的细分表面，然后对所要求的细节操作，不必担心缝合性和连续性。允许在粗糙级别中将细分表面绑定到骨骼上，这样也可以在精细级别中影响到模型表面的变形效果。

注意　在建立多边形模型时，尽量使用四边形。大于四边的模型会导致大量的错误出现，如果这些错误出现在最后的渲染时，后果将是非常严重的。这是细分建模的一个缺点所在。

6.1.2 细分表面使用流程

在Maya 2011中使用细分表面建模的时候，可以从一个最基本的网格开始，然后细化局部来出需要的模型细节。制作时可以在不同级别下通过调整控制点来调整模型的形状。使用编辑菜单下的命令来编辑模型。一般把基本的网格称之为0级网格。这种网格多用于大致的模型，然后进行局部的细分来制作出更细致的造型，细分后网格称之为1级别或者更高级别的网格。

6.2　创建细分表面

在Maya 2011中，有3种创建细分表面的方法，第一种是直接使用内置的创建命令来创建细分表面；第二种是创建一个多边形物体，然后将其转化为细分表面；第三种是创建一个曲面物体，再将其转化为细分表面。下面分别介绍这3种创建细分表面的方法。

6.2.1 使用内置工具创建

与创建多边形模型、曲面模型一样，使用创建细分表面模型的工具可以很快地创建一个细分表面模型。用内置工具创建细分表面模型有两种方式：第一种是通过选择创建命令下的细分表面基本体来创建基本的模型；第二种是通过工具架上的工具创建基本的模型。

从Create（创建）面板中创建时，选择Subdiv Primitives（细分表面基本体）菜单，菜单中一共有6种标准基本体，单击相应的命令，即可在视图内创建出相应的几何体。例如，通过选择Create

（创建）｜Subdiv Primitives（细分表面基本体）｜Sphere（球体）命令创建球体，如图6-1所示。

使用工具架上的工具创建和使用创建命令创建出来的基本体都是6种：自左而右分别是Sphere（球体）、Cube（方体）、Cylinder（圆柱体）、Cone（圆锥体）、Plane（平面）和Torus（圆环），如图6-2所示。

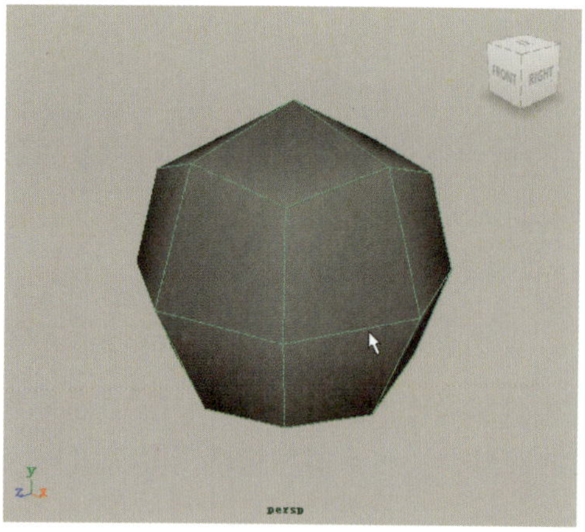

图6-1 创建细分球体

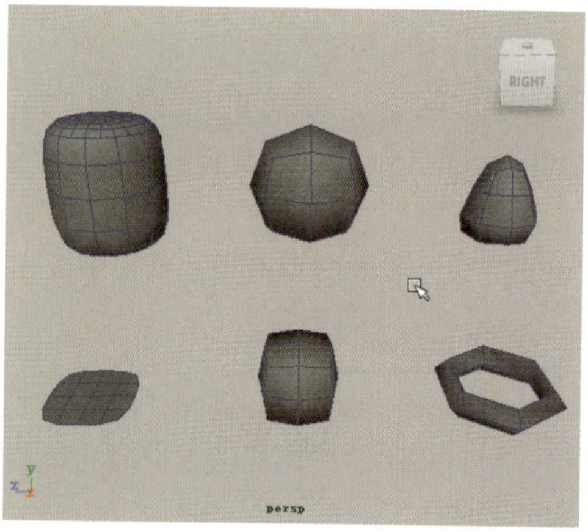

图6-2 细分基本体

6.2.2 使用多边形创建

在Maya 2011中，多边形模型可以直接转化为细分表面模型，需要注意的是多边形物体在转换为细分物体时，会将不同的面片分开转换，而多边形物体在转换时对模型有一定的要求，所以尽量在模型大体成型时就转换为曲面物体。因为高细节度的模型会存在潜在的隐患，导致模型无法转换。

课堂练习55：创建细分面

选择要转换的多边形物体，执行Modify（修改）｜Convert（转换）｜Polygons to Subdiv（转换多边形为细分表面）命令。单击右侧的按钮，打开Convert NURBS /Polygons to Subdiv Options（转换曲面/转换多边形为细分表面）对话框，如图6-3所示。在默认设置下，被选择几何体将被细分几何体代替，例如，使用多边形模型，将其转化为细分表面的模型，如图6-4所示。

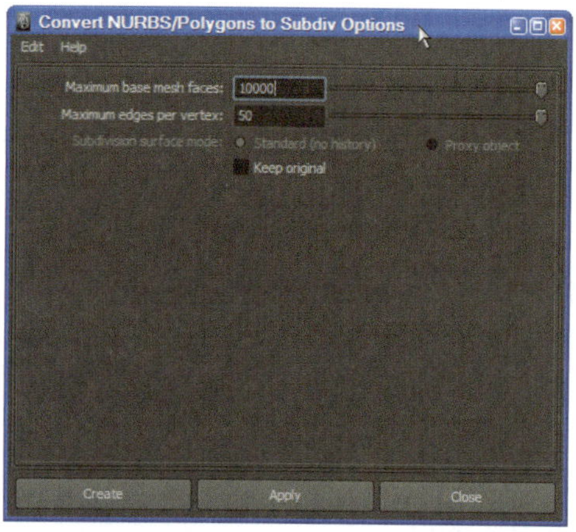

图6-3 转换曲面/转换多边形为细分

图6-4 多边形模型转化为细分模型

参数简介

◆ Maximum Base Mesh Faces（基于网格的最大面数）

设置原始物体面数的最大值，使其能够成功地转换为一个细分表面。例如，如果原始表面有5000个面，而Maximum Base Mesh Faces属性是5000或5000以上的数字，转换将成功，如图6-5所示；但是Maximum Base Mesh Faces属性是5000以下的数字，转换将失败，目标物体不会发生改变，如图6-6所示。Maya默认该参数为1000。

图6-5 转化成功

图6-6 转化失败

◆ Maximum Edge Per Vertex（每个点转换为边的最大值）

设置每个点转换后对应边的最大数量。Maya默认该参数为32。

◆ Subdivision Surface Mode（细分表面模式）

启用Keep Original（保留原物体）复选框才可激活该选项，该项选择细分表面最初的编辑模式。

◆ Standard（no history）[标准（无历史记录）]

转换得到标准模式（Standard Mode）的Subdiv，而且没有历史记录。

◆ Proxy Object（代理物体）

启用该复选框后，转换得到的Subdiv只是一个代理物体，当原始NURBS修改时，代理物体也会更新。

> 注意：如果Subdivision Surface Mode（细分表面模式）选择Proxy Object（代理物体），则转换后的Subdiv只是一个Shape节点，而且与原来NURBS曲面的Shape节点一起，共用原来的Transform节点。

◆ Keep original（保留原物体）

设置转换完成后是否保留原始物体。

另外，当转换一个有极点的曲面时，将会在极点上创建一个没有法线的细分表面，在渲染表面时，在极点上将会出现黑点，为了防止黑点的出现，应当避免使用带有极点的曲面创建细分表面模型。

6.2.3 使用曲面创建

曲面物体创建细分表面物体模型的方法和多边形一样，使用Modify（修改）| Convert（转换）| NURBS to Subdiv（转换NURBS为细分表面）命令即可，如图6-7所示。单击右侧的按钮，打开Convert NURBS /Polygons to Subdiv Options（转换曲面/转换多边形为细分选项）面板，这一点和多边形是相同的，如图6-8所示。

图6-8中的参数和6.2.2的Polygons to Subdiv（转换多边形为细分表面）选项框的参数设置完全一致，在这里就不再这里赘述了。

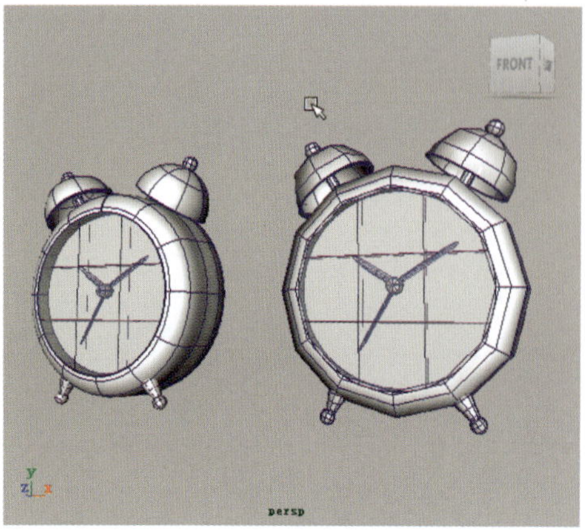

图6-7 转化效果

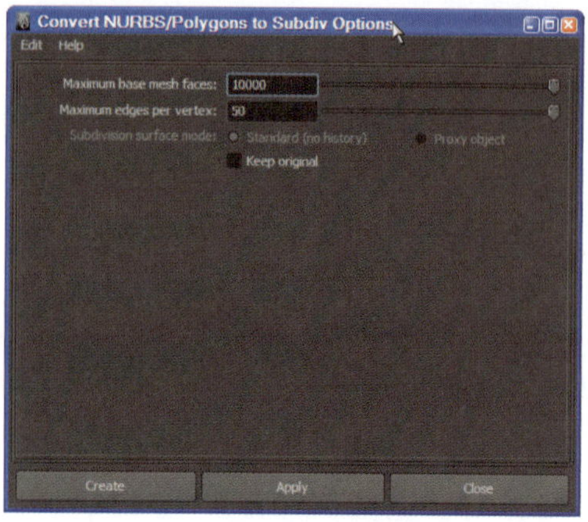

图6-8 转换控制面板

6.3 编辑细分表面

在Maya 2011中，细分表面的编辑和偏移面以及曲面一样，都需要经过一定的编辑操作才能生成所需要的模型。进入Subdiv Surfaces（细分表面）的菜单，如图6-9所示。这一部分内容详细的介绍如何操作细分表面。

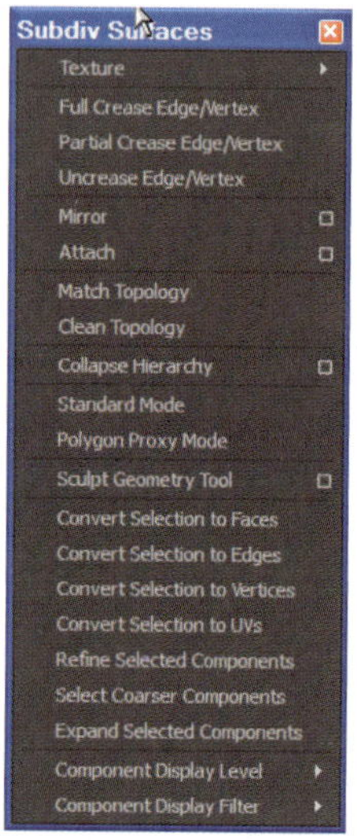

图6-9 编辑菜单

6.3.1 选择细分表面元素

细分表面建模的编辑方式和多边形物体的编辑方式，大部分应用在多边形物体的编辑方式都可以应用在细分表面建模上。细分表面的物体移动、旋转、缩放也和多边形建模一样。细分表面有3种构成元素，它们分别是Face（面）、Edge（边）和Vertex（点）；而在Subdiv Surfaces（细分表面）菜单中对应的选择命令是Convert Selection to Faces（切换到面选择）、Convert Selection to Edges（切换到边选择）和Convert Selection to Vertices（切换到点选择）。

1. Face（面）

选中目标物体，执行Subdiv Surfaces（细分表面）| Convert Selection to Face（切换到面选择）命令即可进入被选择物体的面级别，如图6-10所示。

注意：当在物体模式下选择细分模型时，执行Subdiv Surfaces（细分表面）| Convert Selection to Faces（切换到面选择）命令，可选择该模型中所有的面。

另外，执行Windows（窗口）| Settings/Preferences（设置/属性）命令，在Display（显示）下选择Subdiv（细分表面），可以控制细分体的成分显示类型为Points（点）还是Numbers（数字）。一般显示层级，我们选择Numbers（数字），如图6-11所示。

2. Edge（边）

选中目标物体，执行Subdiv Surfaces（细分表面）| Convert Selection to Edges（切换到边选择）命令，即可进入被选物体的边级别，如图6-12所示。

注意：当在物体模式下选择细分模型时，执行Subdiv Surfaces（细分表面）| Convert Selection to Edges（切换到边选择）命令，则可以选中该模型所有的边。

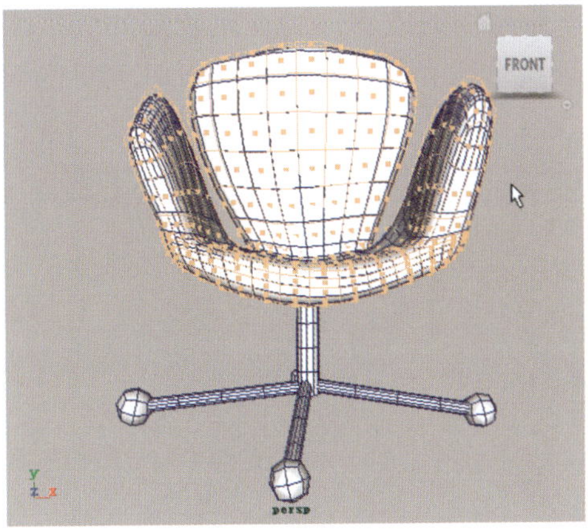

图6-10 进入物体面级别

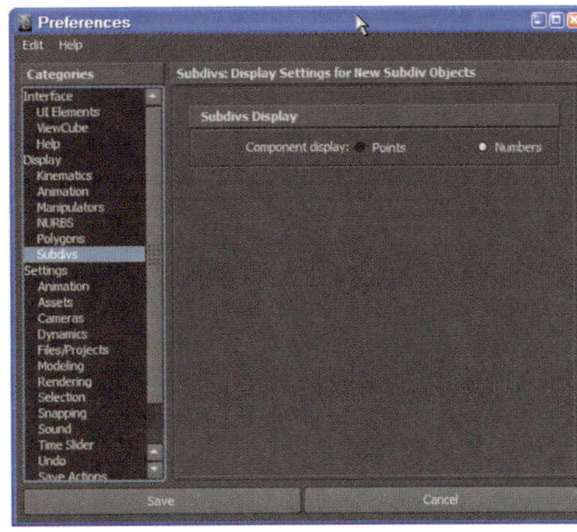

图6-11 成分显示类型

3. Vertex（点）

选中目标物体，执行Subdiv Surfaces（细分表面）|Convert Selection to Vertices（切换到点选择）命令，即可进入被选物体的点级别，如图6-13所示。

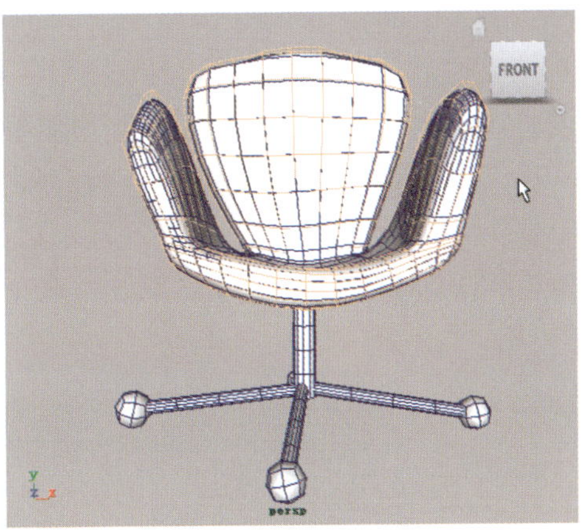

图6-12 进入物体边级别

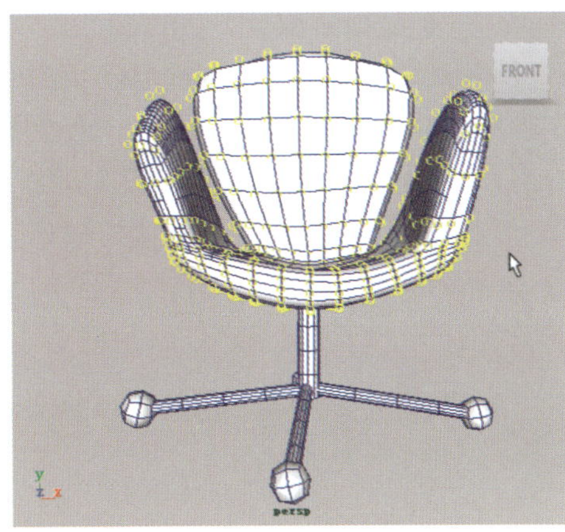

图6-13 进入物体点级别

下面介绍一下选择细分表面模型元素的方法。

◆ 使用快捷键。在Maya中，Vertex（点）、Edge（边）和Face（面）都有其相对应的快捷键，分别是F9、F10和F11。其中，F9对应的是Vertex（点）；F10对应的是Edge（边）；F11对应的是Face（面）。

◆ 使用标记菜单。在细分表面物体上单击鼠标右键，从标记菜单中选择Vertex（点）、Edge（边）或Face（面），如图6-14所示。

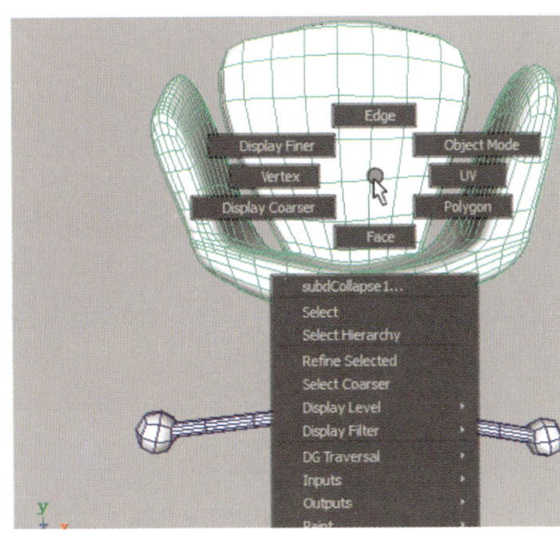

图6-14 使用标记菜单选择元素

6.3.2 在细分表面上增加细节

在Maya 2011中，细分表面建模可以根据用户需要来进行局部细分，使其得到更为精细的模型。用户可以选中Vertex（点）、Edge（边）或Face（面）来进行细分，每细分一次都增加一个细分的级别，如图6-15所示。13（0～12）个级别的细节水平中，最有效的建模方式仍然是选用0级别的粗糙水平，在0级别上使用比较密集的基础模型，这样将降低操作的效率，当在比较高的级别水平上编辑时，将会增加制作模型的复杂程度，也会因此给计算机造成大量的运算，降低计算机的效率。下面介绍一下控制细化的命令。

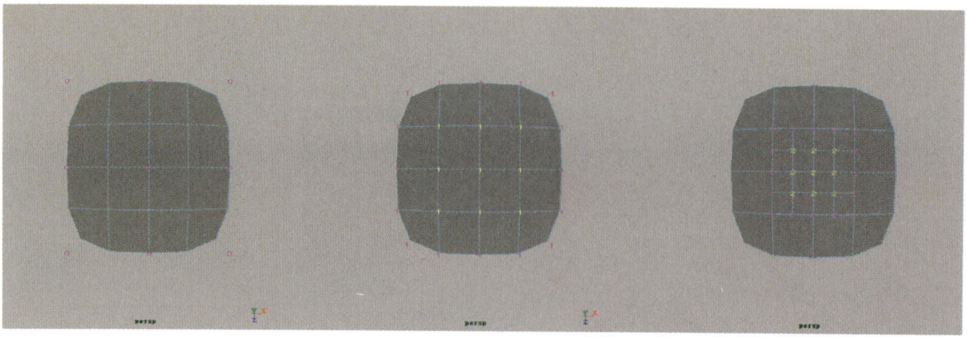

图6-15 细分级别

Subdiv Surfaces（细分表面）菜单中有3个命令是用来控制表面细化的，它们是Refine Selected Components（选择细分成分）、Select Coarser Components（选择更简略成分）和Expand Selected Components（扩展所选成分）。

1. Refine Selected Components（选择细分成分）

在细分物体上选择特定的元素，通过执行该命令可以将选择的区域细化一级，从而增加更多可编辑的点、边或面。其操作方法如下。

01 在视图中选中物体需要细化的成分区域的Vertex（点），如图6-16所示。

02 执行Subdiv Surfaces（细分表面）| Refine Selected Components（选择细分成分）命令，为目标区域增加一个细分层级，以添加细节，如图6-17所示。

注意：选择细分模型的成分，可多次重复执行Refine Selected Components（选择细分成分）命令，以根据需要得到足够的细分层级。

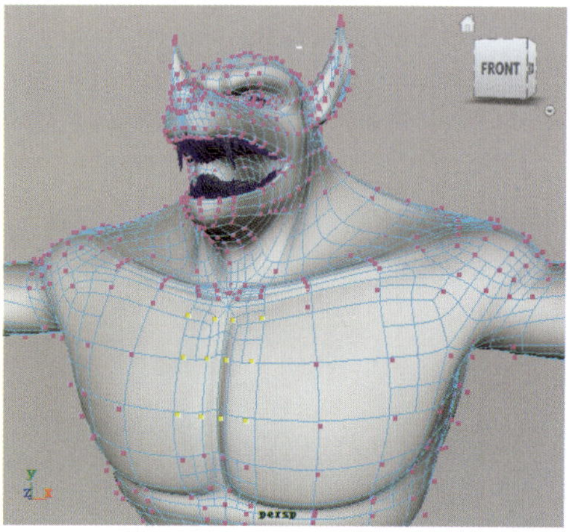

图6-16 选择细分成分点

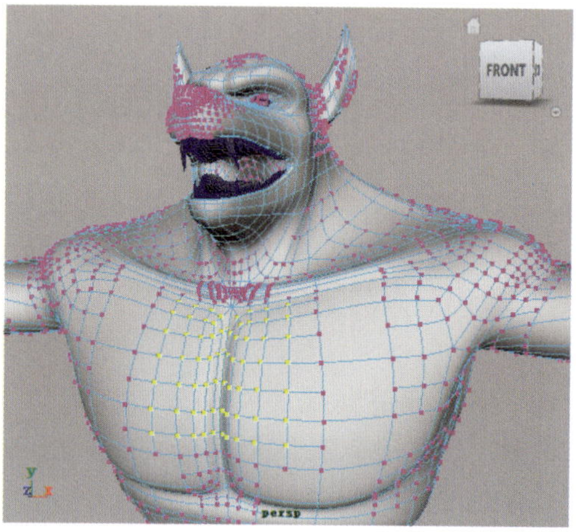

图6-17 添加细分层级

2. Select Coarser Components（选择更简略成分）

主要作用是切换当前选择的成分到前一层简略层级的成分。确认有细节表面的高级层级成分被选择后，执行Subdiv Surfaces（细分表面）| Select Coarser Components（选择更简略成分）命令，即可切换至前一简略层级。其操作方法如下。

01 在视图中选中需要更简略物体的成分区域的Vertex（点），如图6-18所示。

02 执行Subdiv Surfaces（细分表面）｜Select Coarser Components（选择更简略成分）命令，为目标区域减少一个细分层级，以精简细节，如图6-19所示。

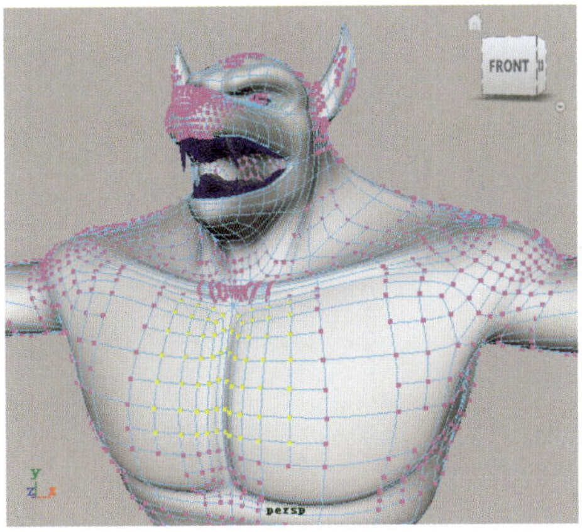
图6-18 选择更简略成分点

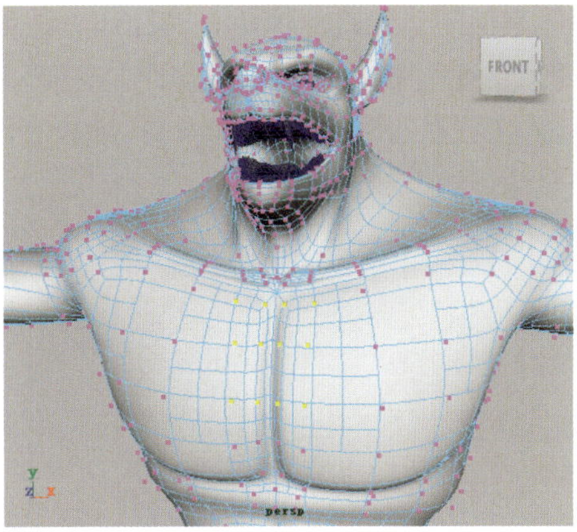
图6-19 选择更简略成分

技巧：连续执行Subdiv Surfaces（细分表面）｜Select Coarser Components（选择更简略成分）命令，可以一直向较低的细分层级切换，直到细分层级为0。

3. Expand Selected Components（扩展所选成分）

主要作用是使所选成分邻近的区域与所选成分具有相同的细化水平。在需要扩展细分区域时，可以执行Subdiv Surfaces（细分表面）｜Expand Selected Components（扩展所选成分）命令。其操作方法如下。

01 在视图中选择模型表面上的Face区域，如图6-20所示。

02 执行Subdiv Surfaces（细分表面）｜Expand Selected Components（扩展所选成分）命令，如图6-21所示。

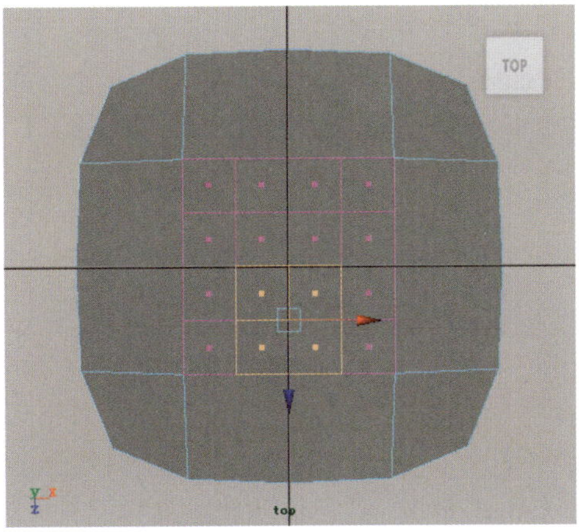
图6-20 选择区域

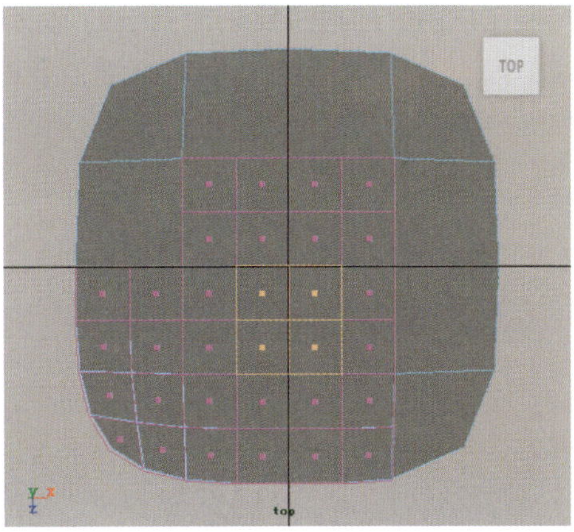
图6-21 扩展所选成分

6.3.3 创建和去除褶皱

在Maya 2011中，可以在所选的边上创建坚硬或尖锐的边或点，使模型的边缘更加锐利，也可以将其去除。在Subdiv Surfaces（细分表面）菜单中，控制创建和可去除褶皱的命令有3个，分别是Full Crease Edge/Vertex（完全褶皱边/点）、Partial Crease Edge/ Vertex（部分褶皱边/点）和Uncrease Edge/Vertex（去除边/点褶皱）。

1．Full Crease Edge/Vertex（完全褶皱边/点）

Full Crease Edge/Vertex（完全褶皱边/点）命令的主要作用是选择需要褶皱的边或细分点，在细分物体表面创建尖锐的棱角。其操作方法如下。

01 在视图中选择需要褶皱的边或细分点，如图6-22所示。

02 依次执行Subdiv Surfaces（细分表面）｜Full Crease Edge/Vertex（完全褶皱边/点）命令，创建完全褶皱边，如图6-23所示。

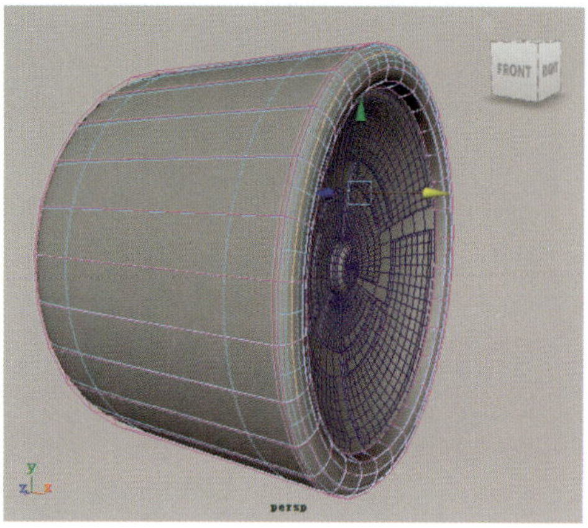

图6-22 选择模型的边

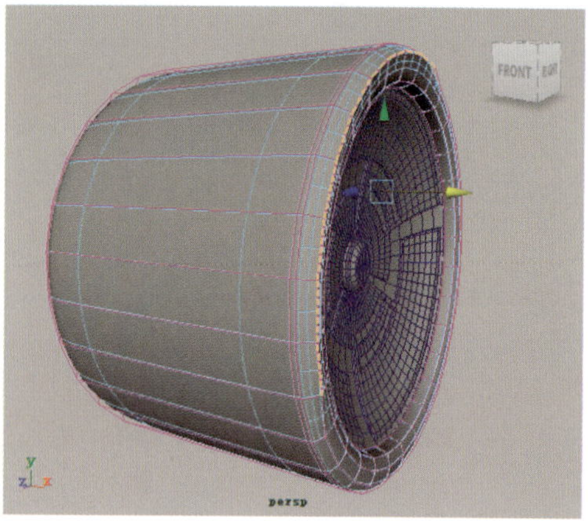

图6-23 完全褶皱边/点

注意：在执行Full Crease Edge/Vertex（完全褶皱边/点）操作之后，对于被褶皱过的边，Maya会以加粗的线显示。

2．Partial Crease Edge/ Vertex（部分褶皱边/点）

Partial Crease Edge/ Vertex（部分褶皱边/点）命令的主要作用使褶皱边和点与未褶皱边和点平滑混合，可以得到边缘不是很硬的边。其操作方法如下。

01 在视图中选择想要创建褶皱的边或点，如图6-24所示。

02 依次执行Subdiv Surfaces（细分表面）｜Partial Crease Edge/Vertex（部分褶皱边/点）命令，创建部分褶皱边，如图6-25所示。

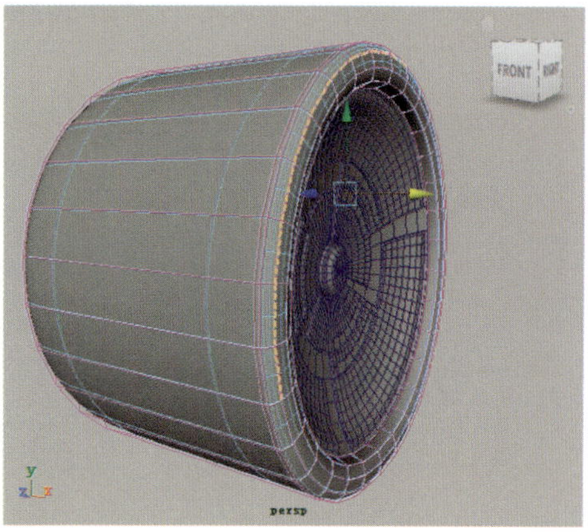

图6-24 选择模型的边

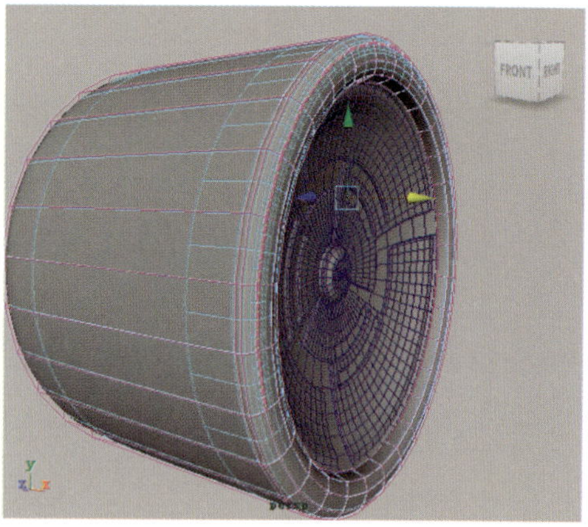

图6-25 部分褶皱边/点

注意：在执行Partial Crease Edge/Vertex（部分褶皱边/点）命令后，对于被褶皱过的边，Maya会用加粗的线显示。

3. Uncrease Edge/Vertex（去除边/点褶皱）

使用Uncrease Edge/Vertex（去除边/点褶皱）命令，可以去除褶皱的边或细分点。对于已经应用褶皱的边或点，需要取消部分或全部褶皱，可选中需要取消的边或点。其操作方法如下。

01 选择已创建褶皱的边或细分点的细分模型，如图6-26所示。

02 依次执行Subdiv Surfaces（细分表面）｜Uncrease Edge/Vertex（去除边/点褶皱）命令，去除褶皱，如图6-27所示。

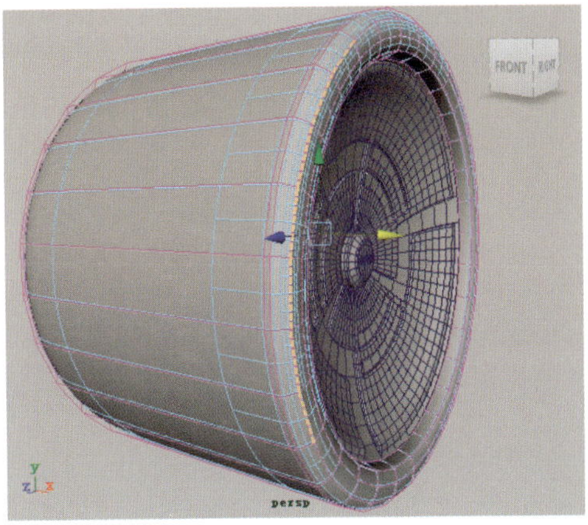

图6-26 选择褶皱边

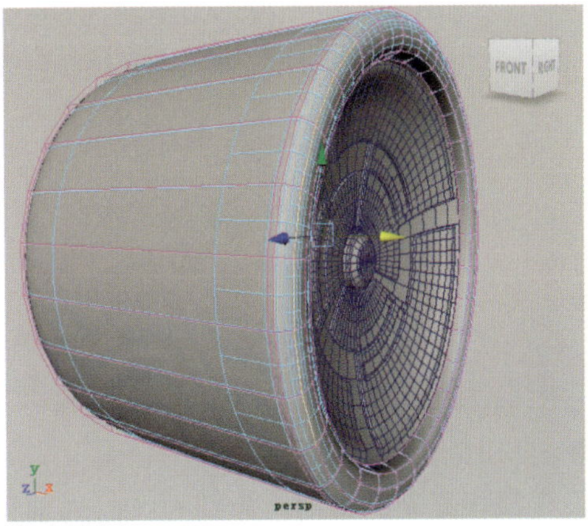

图6-27 去除边/点褶皱

6.3.4 镜像和连接

镜像和连接是在做角色模型时经常用到的，将制作好的模型镜像，然后连接，这样模型就完完整整地被复制在另一侧了，下面我们就来介绍这两个工具。

1. Mirror（镜像）

在Maya 2011中，细分表面也和多边形一样，可以对目标物体进行镜像并沿着*x*、*y*或*z*轴向进行镜像。镜像经常用在创建左右对称的模型上，读者可以先制作一半模型，然后再使用镜像工具把模型的另一半镜像出来，这样左右两边就是完全对称的。其操作方法如下。

01 在视图中选中要镜像的物体，如图6-28所示。

02 依次执行Subdiv Surfaces（细分表面）｜Mirror（镜像）命令，即可创建镜像，如图6-29所示。

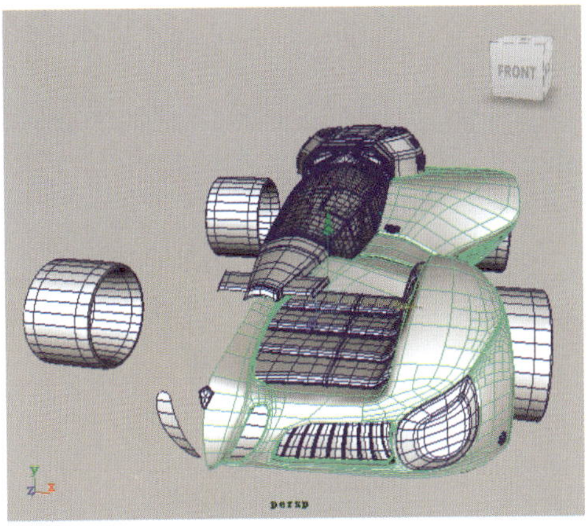

图6-28 选择模型

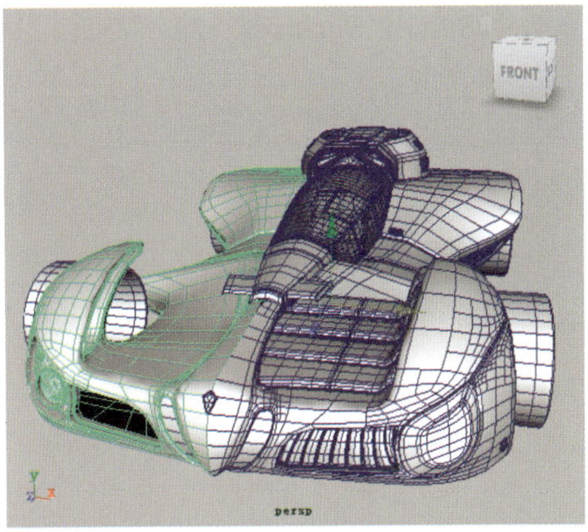

图6-29 创建镜像

参数简介

下面介绍一下Mirror（镜像）命令的参数设置，单击Subdiv Surfaces（细分表面）｜Mirror（镜像）命令右侧的方块按钮，打开Subdiv Mirror Options选项面板，如图6-30所示。

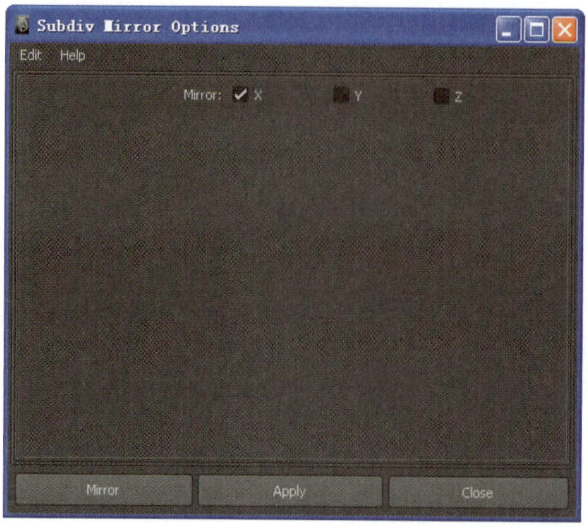

图6-30 Mirror（镜像）选项面板

◆ Mirror（镜像轴向）

设定镜像复制的轴向，分别为x轴、y轴和z轴。

技巧

可以同时勾选x、y、z轴向中的两个或三个，以得到想要的镜像效果。

2. Attach（连接）

在Maya 2011中，可以使用连接命令连接两个被选择的细分表面，创建一个新的细分表面。尤其对于镜像复制的表面，如两半脸，或者要连接胳膊和躯干时，选择需要连接的两个物体，然后执行Subdiv Surfaces（细分表面）｜Attach（连接）命令。

注意

只有当两个表面的基础网格水平中都有相同数目的多边形时，表面的边才可以连接，如果没有相同的边数，面能够合并，但是不能连接。如果要合并的两个面是镜像复制得到的面，则最好在合并前删除镜像复制的历史记录。

其操作方法如下。

01 在视图中选择镜像后的两个细分物体，作为连接的对象，如图6-31所示。

02 执行Subdiv Surfaces（细分表面）｜Attach（连接）命令，就可以将两个细分物体连接在一起了，如图6-32所示。

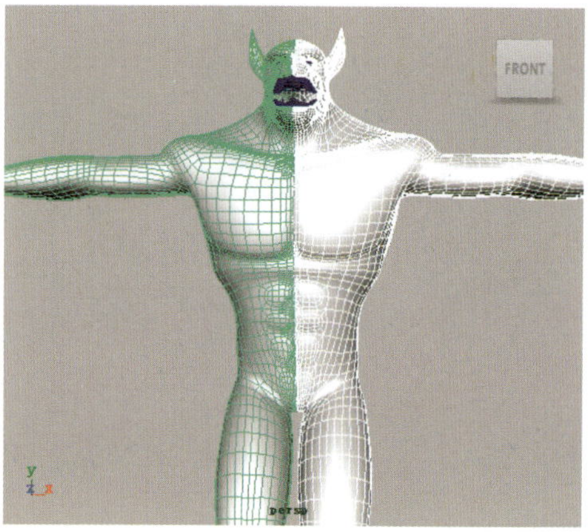

图6-31 选择模型

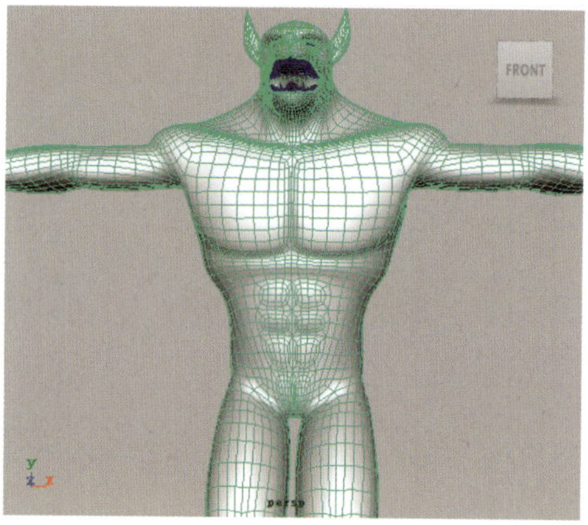

图6-32 连接物体

参数简介

下面介绍一下Attach（连接）的选项面板。

单击Subdiv Surfaces（细分表面）｜Attach（连接）命令右侧的方块按钮，打开Subdiv Attach Options（细分连接选项）面板，如图6-33所示。

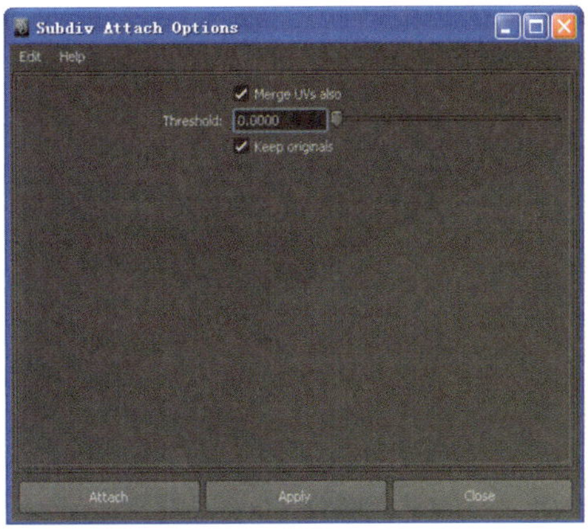

图6-33 连接选项面板

◆ Merge UVs Also（也合并UVs）

启用该复选框后，在合并物体的时候合并边上的UVs也被合并。

◆ Threshold（阈值）

可以设定合并操作的极限值，当两边距离大于此值时，不会被合并。

◆ Keep Originals（保留原物体）

启用该复选框后，合并得到一个新的单一的细分表面，同时保留原始的细分体。

技巧：可以在多边形代理模式下使用Split Polygons（分割多边形）工具和Delete Edge（删除边）工具来创建和去除边，使要连接的两个细分表面在基础网格水平中都有相同数目的边，这样两个表面可以做到无缝拼合。

6.3.5 拓扑工具的使用

在Maya 2011中，Match Topology（匹配拓扑）工具可增加细分表面的顶点，以匹配拓扑结构，增加细节，满足变形的需要。Clean Topology（清除拓扑）工具可以清除匹配拓扑时增加的不必要细分，使模型更加简洁。下面介绍这两种拓扑的使用方法。

1. Match Topology（匹配拓扑）

Match Topology（匹配拓扑）一般与Deforms（变形）｜Create Blend Shapes（创建混合变形）命令联合使用，Maya在进行细分表面的Blend Shape（混合变形）时，会自动进行匹配拓扑。在执行Match Topology（匹配拓扑）操作前，要先选择两个需要匹配拓扑结构的细分模型，然后再该执行该命令。其操作方法如下。

01 在视图中选择两个需要匹配拓扑结构的细分模型，如图6-34所示。

02 执行Subdiv Surfaces（细分表面）｜Match Topology（匹配拓扑）命令即可，如图6-35所示。

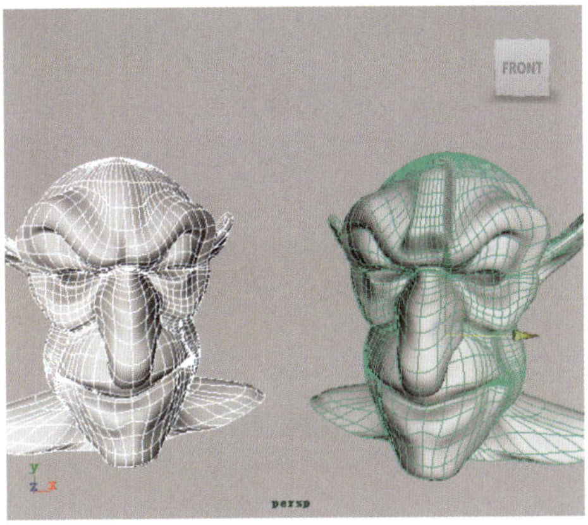

图6-34 选择模型

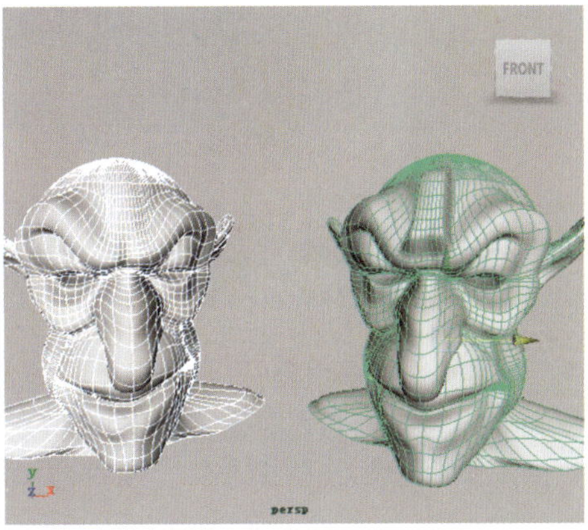

图6-35 匹配拓扑

2. Clean Topology（清除拓扑）

Clean Topology（清除拓扑）工具用来清除Match Topology（匹配拓扑）时增加的不必要的细

分，从而起到精简优化模型的作用。其操作方法如下。

01 在视图中选择两个要清除拓扑的细分模型，如图6-36所示。

02 执行Subdiv Surfaces（细分表面）｜Clean Topology（清除拓扑）命令即可，如图6-37所示。

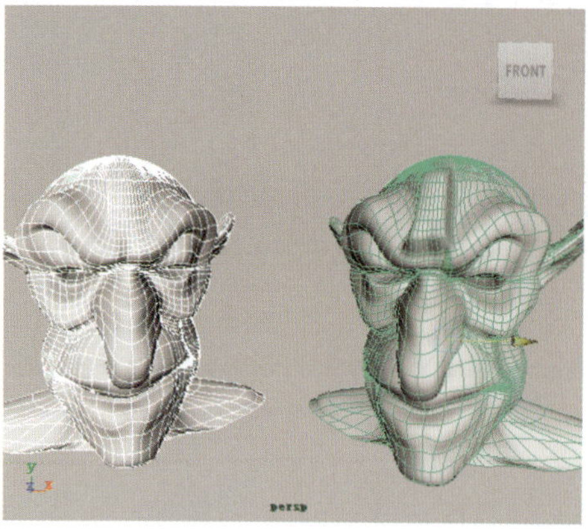

图6-36 选择模型

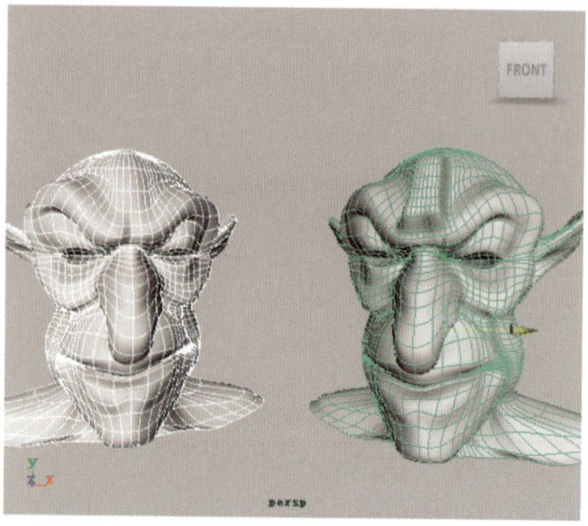

图6-37 清除拓扑

6.3.6 Collapse Hierarchy（塌陷层级）

在需要减少细分表面的细分层级时，可以使用Collapse Hierarchy（塌陷层级）命令。塌陷层级命令通常是为了在保持细分表面不变的情况下，得到更多的Uvs，以便编辑更多的UV细节。其操作方法如下。

01 在视图中选择需要塌陷的细分物体模型。

02 执行Subdiv Surfaces（细分表面）｜Collapse Hierarchy（塌陷层级）命令，如图6-38所示。

参数简介

下面介绍一下Collapse Hierarchy（塌陷层级）属性，如图6-39所示。

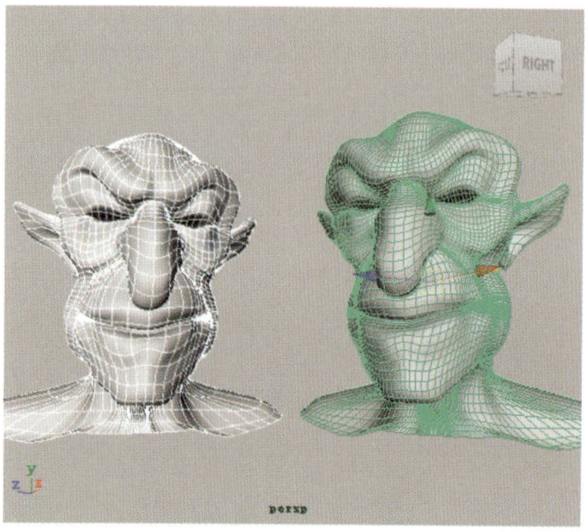

图6-38 塌陷层级

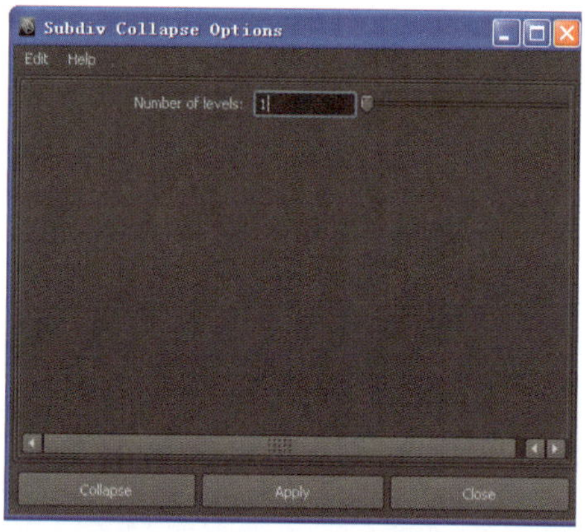

图6-39 塌陷层级属性面板

◆ Number of Levels（细分层级）

设定要塌陷的层级数，如果原始模型上的最大细分层级是X，这里设定要塌陷的层级数是Y，则塌陷之后模型的层级为（X-Y）。而且塌陷的层级数Y一定不能大于原来的模型最大细分层级X，因为塌陷后模型的层级最小为0，不能为负值。

技巧：要查看细分表面的最大细分层级，可以在模型表面单击鼠标右键不放，在弹出的菜单中选择Display Hierarchy（显示层级）命令，即可查看当前模型的最大细分层级。

6.3.7 标准模式和多边形代理模式

在Maya 2011中，细分表面建模有两种显示模式，分别是Standard Mode（标准模式）和Polygon Proxy Mode（多边形代理模式），这样可以很方便地实现选择使用多边形工具或细分表面工具来编辑模型物体。下面介绍一下这两种模式。

1．Standard Mode（标准模式）

Standard Mode（标准模式）即普通的细分表面显示模式，在标准模式下可以增加元素的数量，来调整模型上需要增加的细节区域，也可以操作各个组件。其操作方法如下。

01 选择使用Polygon Proxy Mode（多边形代理模式）的模型，如图6-40所示。

02 执行Subdiv Surfaces（细分表面）｜Standard Mode（标准模式）命令即可，如图6-41所示。

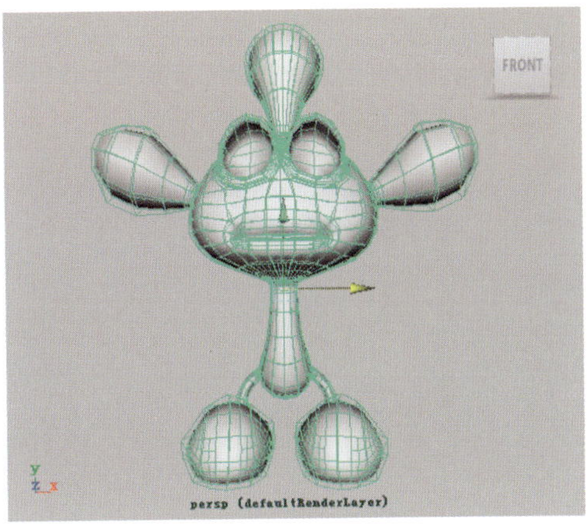

图6-40 选择模型

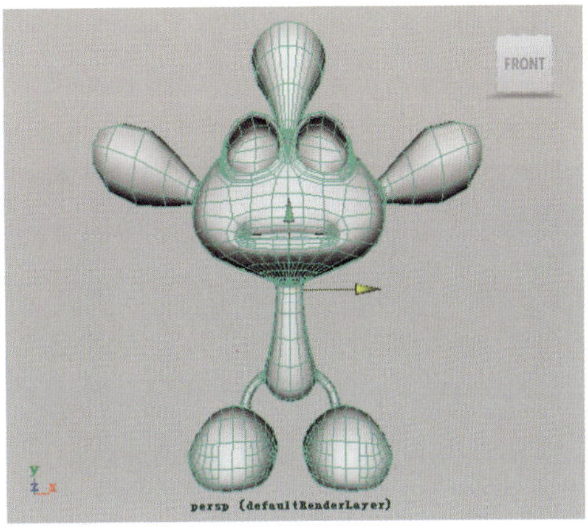

图6-41 标准模式

技巧：在细分表面上单击鼠标右键不放，在弹出的菜单中选择Polygon（多边形）或Standard（标准）命令，即可快速在多边形代理模式和标准模式之间切换。

2．Polygon Proxy Mode（多边形代理模式）

Polygon Proxy Mode（多边形代理模式）被经常用来编辑物体下表面物体。其操作方法如下。

01 选择使用Standard Mode（标准模式）的模型，如图6-42所示。

02 执行Subdiv Surfaces（细分表面）｜Polygon Proxy Mode（多边形代理模式）命令即可，如图6-43所示。

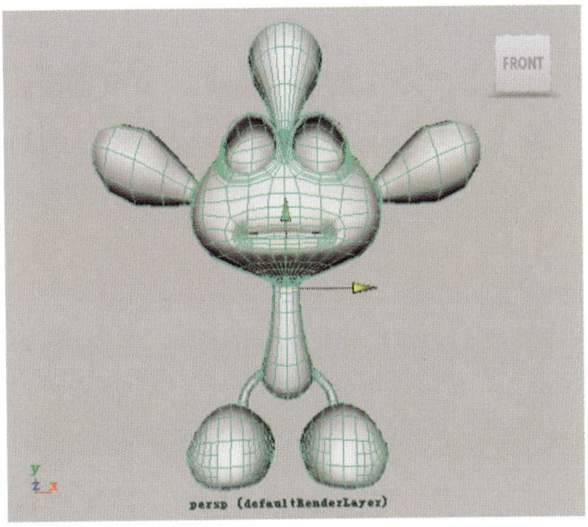

图6-42 选择模型

图6-43 多边形代理模式

6.3.8 Sculpt Geometry Tool（雕刻几何体工具）命令

通过对控制点进行移动、旋转或缩放等操作，可以改变细分表面的形状，应用Sculpt Geometry Tool（雕刻几何体工具）命令，可以通过画笔快速画出相同的结果，虽然仍是直接操纵控制点，雕刻几何体工具删除了细节水平，使我们可以在细分表面上直接操作，还可以在细分表面上进行绘画。雕刻几何体工具是Maya中极富创造性的工具之一，使用画笔雕刻造型也是Maya的特色之一。在需要雕刻的细分曲面上，执行Surfaces（表面）|Sculpt Geometry Tool（雕刻几何体工具）命令即可，如果要设置Sculpt Geometry Tool（雕刻几何体工具）的属性，需要单击右侧的方块按钮，进入它的属性参数面板，如图6-44所示。

参数简介

1. Brush（画笔）

Brush（画笔）卷展栏主要控制着画笔的属性，可调整画笔的半径、轮廓，以及画笔的样式，如图6-45所示。

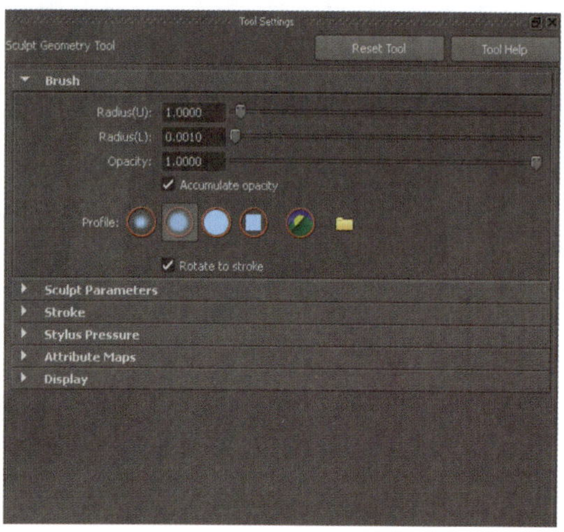

图6-44 雕刻几何体工具面板

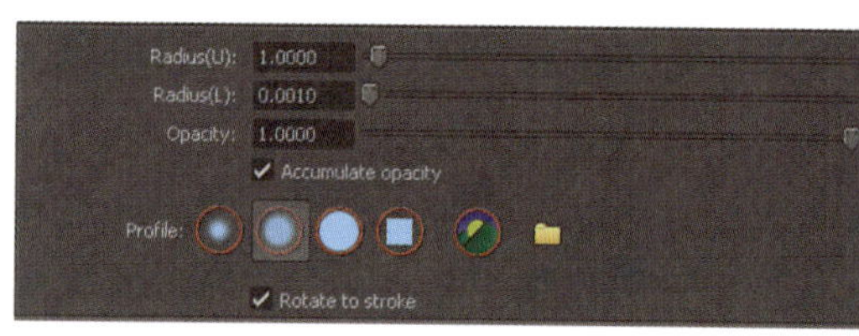

图6-45 笔刷控制面板

◆ Radius（U）

该选项定义笔刷的最大半径。Maya默认该选项参数为1。

◆ Radius（L）

该选项定义笔刷的最小半径，Maya默认为0.001。

◆ Profile（画笔轮廓）

Maya提供5种方式的画笔轮廓。从左到右依次是Gaussian Brush（高斯笔刷）、Soft Brush（软笔刷）、Solid Brush（硬笔刷）、Square Brush（方形笔刷）、Brush From Image（来自图片的笔刷），其中最后一项图片笔刷需要单击最后的Browse（浏览）按钮，选择合适的笔刷形状的图片，来定义笔刷的轮廓。

◆ Rotate to Stroke（旋转画笔）

启用此复选框，画笔会跟随绘画的方向旋转；而不启用该复选框，则绘画时，画笔不会发生旋转。Maya默认Rotate to Stroke（旋转画笔）是启用的。

2. Sculpt Parameters（雕刻参数）

Sculpt Parameters（雕刻参数）控制着雕刻的操作方式，它可以控制模型的形状，使模型按照我们的操作方式而改变。

打开雕刻参数面板，如图6-46所示。

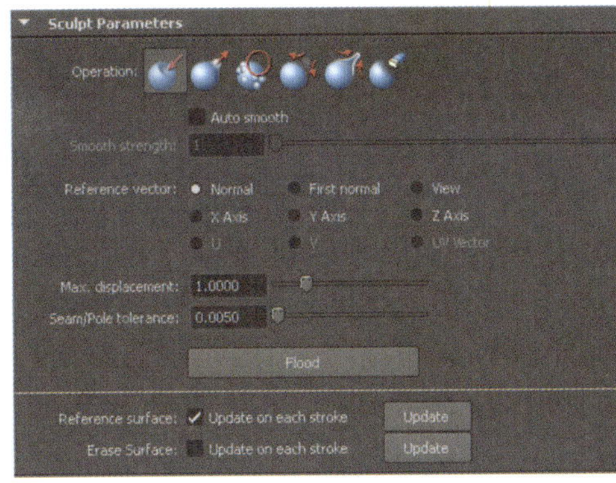

图6-46 雕刻参数选项面板

◆ Operation（操作）

Maya提供5种雕刻操作方式：Push（推）、Pull（拉）、Smooth（平滑）、Relax（松弛）和Erase（擦除）。

◆ Auto Smooth（自动平滑）

启用该复选框，则在执行Push（推）或Pull（拉）操作时，系统会在每画一个笔画后自动对平面进行平滑处理。

◆ Auto Smooth Strength（自动平滑强度）

设定Auto Smooth（自动平滑）的强度，该参数值越大，平滑的程度越高。

◆ Reference Vector（参考矢量）

当对细分表面进行推拉操作时，Reference Vector（参考矢量）用来控制CV移动的方向。

◆ Max Displacement（最大位移）

设置笔画的最大深度或者高度。

◆ Seam（接缝）/Pole Tolerance（极容差）

用来设置接缝处的容差。

◆ Reference Surface（参考曲面）

切换到Reference Surface（参考曲面）选项卡，启用Update on Each Stroke（实时更新每一笔）复选框，每画一笔系统自动更新或烘焙更新曲面。

◆ Erase Surface（擦除曲面）

切换到Erase Surface（擦除曲面）选项卡，启用Update on Each Stroke（实时更新每一笔）复选框，每画一笔系统自动更新或烘焙擦除曲面。

3. Strike（笔划）

主要设置笔划的参数命令和效果。打开笔划卷展栏，如图6-47所示。

◆ Screen Projection（屏幕投影）

Maya有两种投影方式，一种是按照模型表面的法线来投影，另一种是屏幕投影。

◆ Reflection（反射）

启用Reflection（反射）复选框后，画笔会自动沿着设定的反射轴，对称地作用于多项操作，如图6-48所示。

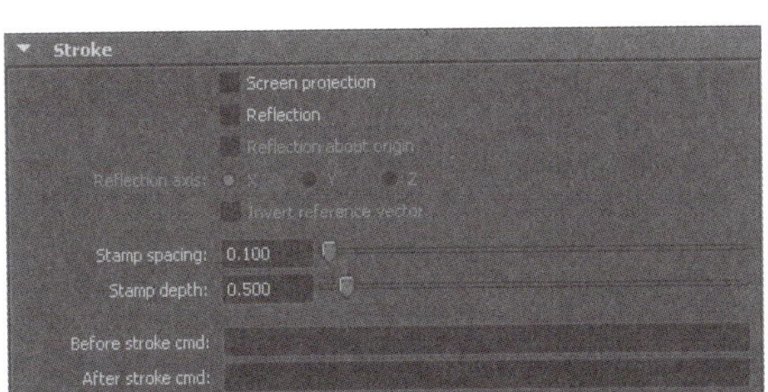

图6-47 笔划卷展栏的参数

图6-48 启用反射后的效果

◆ Reflection Axis（反射轴）

在Reflection（反射）被启用时，可设定反射的对称轴向。

◆ Stamp Spacing（笔印间距）

自定义笔印之间的距离。Maya默认该参数为0.1。

◆ Stamp Depth（笔印深度）

定义画笔作用的深度。Maya默认该项参数有为0.5。

◆ Before Stroke Cmd（绘画前的命令）

输入MEL命令和参数，在绘画操作前执行这些命令。

◆ After Stroke Cmd（绘画后的命令）

输入MEL命令和参数，在绘画操作后执行这些命令。

4. Stylus Pressure（压感笔压力）

只有在使用压感笔时，Stylus Pressure（压感笔压力）控制面板才有意义。

5. Attribute Maps（属性图）

Attribute Maps（属性图）主要控制导入贴图的通道、颜色、亮度等属性。

6. Display（显示）

Display（显示）控制视图中笔刷和绘画中的属性显示。

6.3.9 Component Display Level（元素显示层级）命令

通过Component Display Level（元素显示层级）子菜单中的命令，可以快速在各个细分层级间切换。其操作方法如下。

01 选择场景中的模型。

02 执行Subdiv Surfaces（细分表面）| Component Display Level（元素显示层级）| Finer/coarser/Base命令，如图6-49所示。

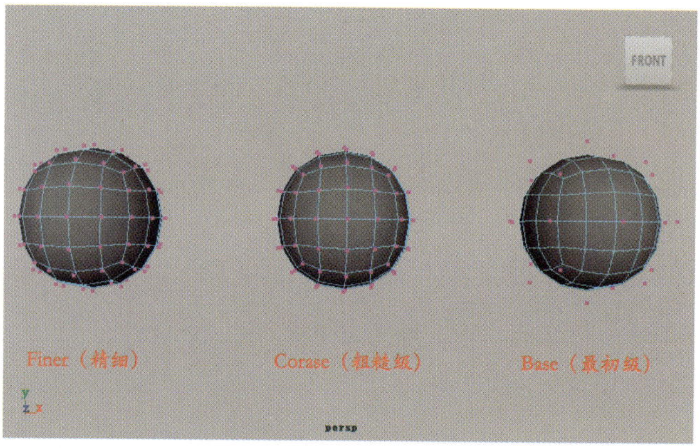

图6-49 元素显示级别对比

参数简介

◆ Finer

显示更精细的一级。

◆ Coarser

显示更粗糙一级。

◆ Base

回到最基础的显示级别。

6.3.10 Component Display Filter（元素显示过滤）命令

可以显示所有编辑元素，也可以只显示当前的编辑元素。其操作方法如下。

01 在视图中执行Create（创建）| Subdiv Primitives（细分基本体）| Sphere（球体）命令，创建细分模型球体，并选择该球体的Vertice（点）。

02 执行Subdiv Surfaces（细分表面）| Component Display Filter（元素显示过滤）命令，选择该菜单下的子命令All或Edits，如图6-50所示。

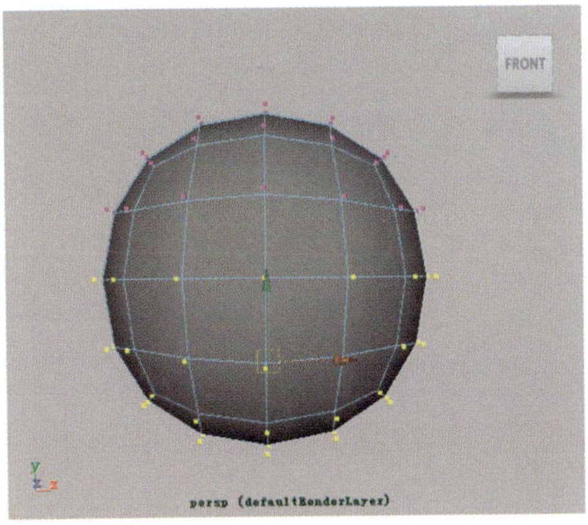

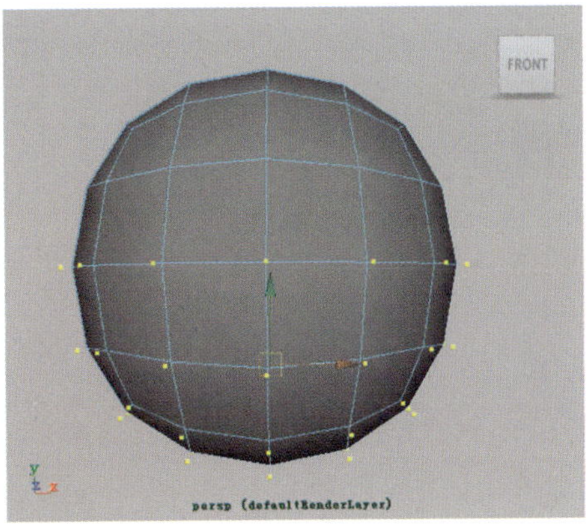

图6-50 元素显示过滤

6.4 案例2：制作电话机模型

本节通过电话机模型实例的制作，来学习细分建模中一些常用的命令，如褶皱边/点、多边形物体与细分物体之间的转换、多边形代理模式与细分标准模式的转换等命令，还有在细分建模中如何使用多边形中的建模工具。使读者对细分建模有更多的了解。

1. 制作座机基本形状

01 依次执行Create（创建）| Polygon Primitives（多边形基本体）| Cube（立方体）命令，在场景中创建一个多边形立方体，作为编辑对象。

02 使用变换工具调整立方体的大小和位置，并在立方体上单击鼠标右键，进入组元编辑模式，移动点的位置，编辑座机的基本形状，如图6-51所示。

03 选择立方体模型，执行Edit Mesh（编辑网格）| Insert Edge Loop（插入循环边）命令，为模型插入线段，制作电话机的显示屏、数字区和话机凹槽区域，如图6-52所示。

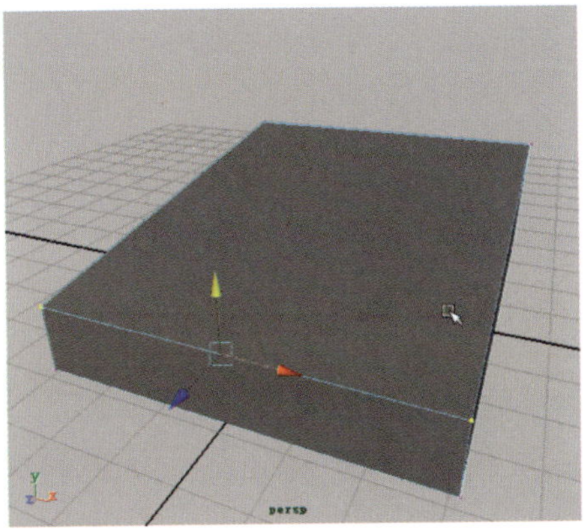

图6-51 创建并编辑立方体

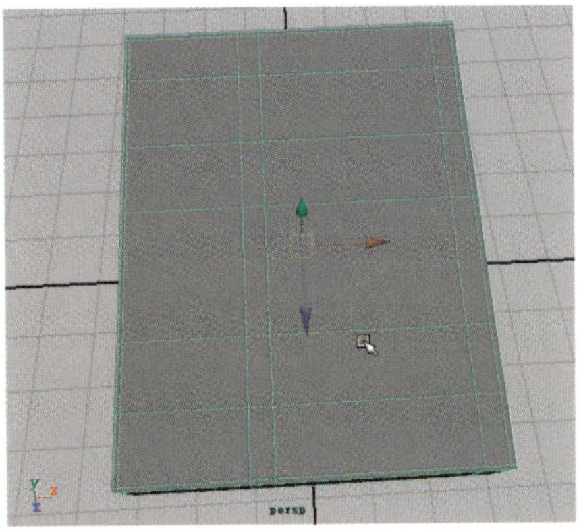

图6-52 插入循环边

04 在模型上单击鼠标右键，进入Face（面）编辑模式，选择显示屏区域，执行Edit Mesh（编辑网格）｜Extrude（挤出）命令，挤出选择的面，如图6-53所示。

05 同上所述，使用Extrude（挤出）命令制作机身凹槽部分，编辑挤出的面，如图6-54所示。

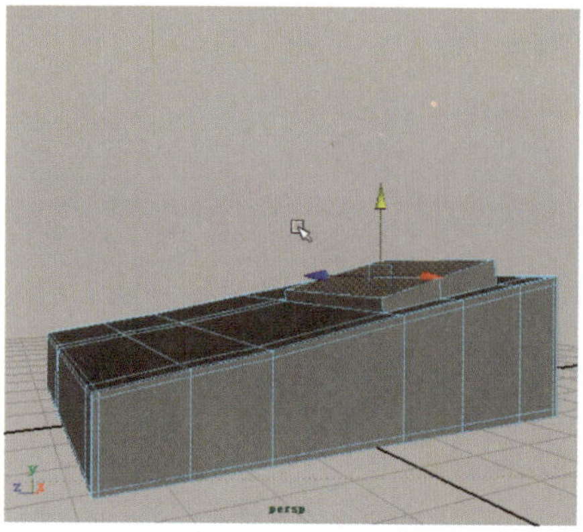

图6-53 挤出显示屏面

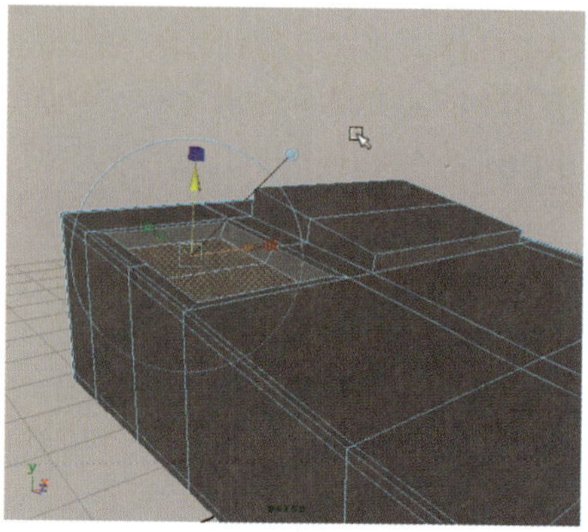

图6-54 挤出话机凹槽

06 执行Edit Mesh（编辑网格）｜Insert Edge Loop（插入循环边）命令，为话机凹槽部分添加线段，增加细节，如图6-55所示。

07 选择如图6-56所示的面，再次执行Extrude（挤出）命令，挤出并编辑面。

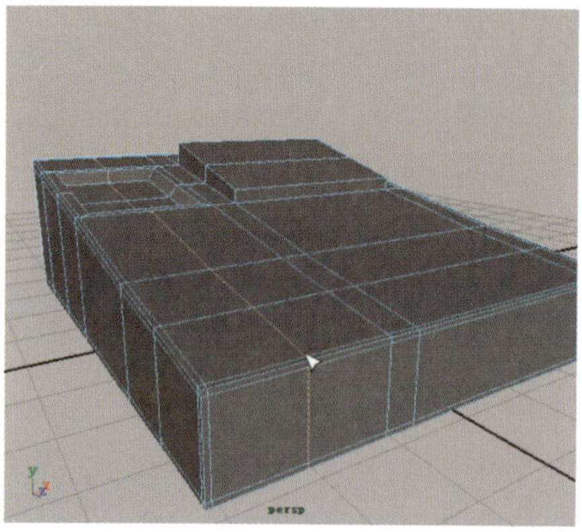

图6-55 插入循环边

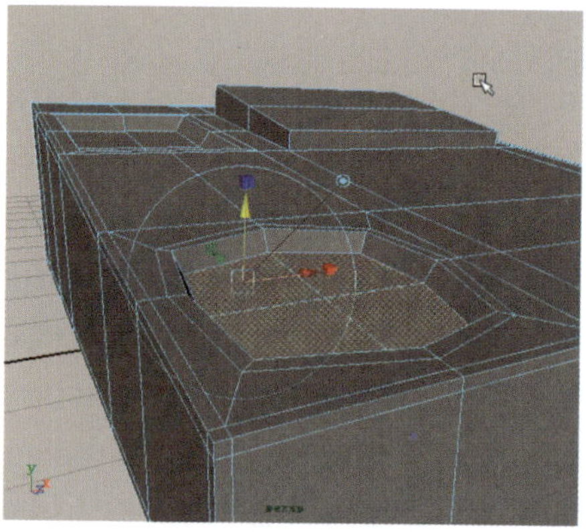

图6-56 挤出并编辑面

08 执行Edit Mesh（编辑网格）｜Insert Edge Loop（插入循环边）命令，为座机机身添加线段，增加细节，如图6-57所示。

09 选择数字键区域的面，执行Extrude（挤出）命令，挤出并编辑面，如图6-58所示。

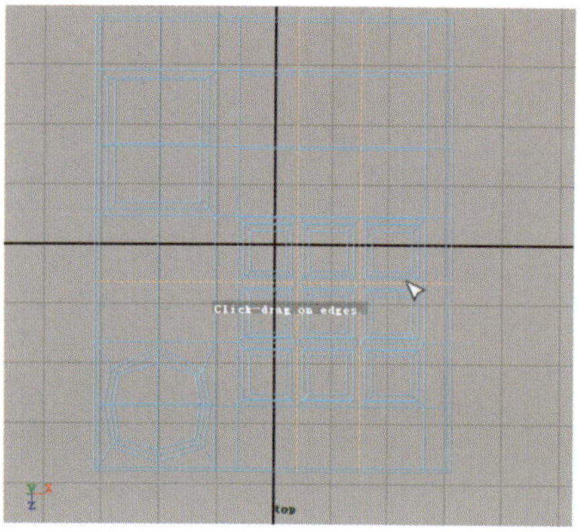

图6-57 插入循环边

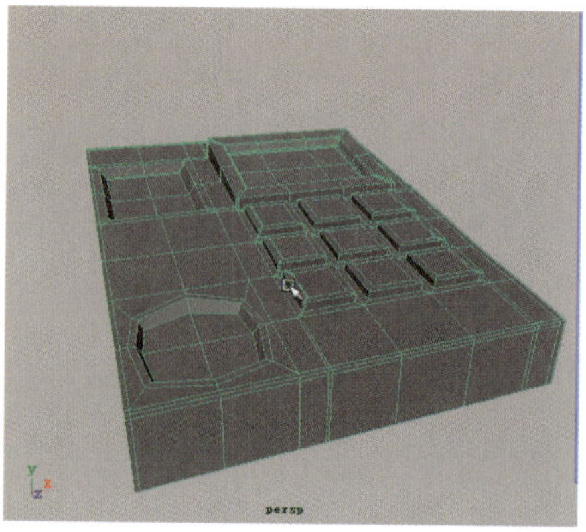

图6-58 挤出面

2．将座机模型转换成细分模型

01 选择机身模型，执行Modify（修改）｜Convert（转换）｜Polygons to Subdiv（转换多边形到细分）命令，即可将多边形机身模型转换成细分模型，如图6-59所示。

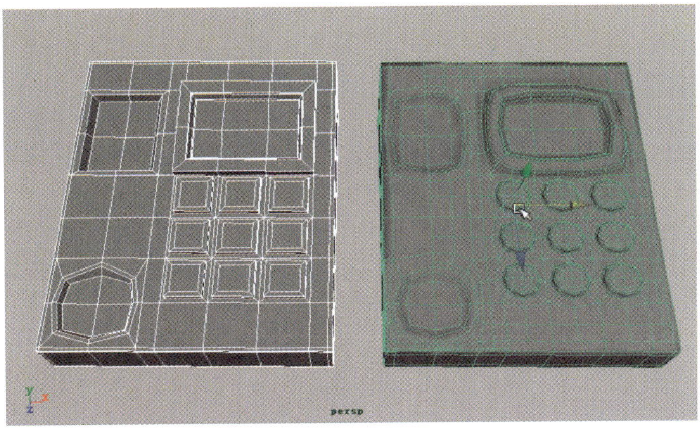

图6-59 转换多边形模型为细分模型

02 在细分编辑模式下，选择机身细分模型并单击鼠标右键，进入Edge（边）编辑模式，选择数字键底部相应的边，如图6-60所示。

03 执行Subdiv Surfases（细分表面）｜Full Crease Edge /Vertex（完全褶皱边/点）命令，如图6-61所示。

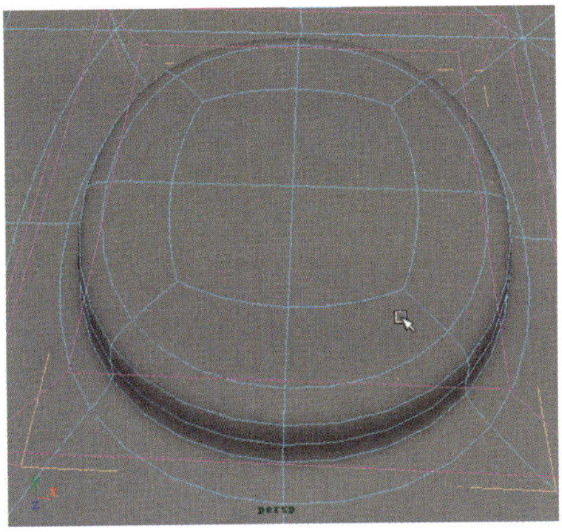

图6-60 选择边

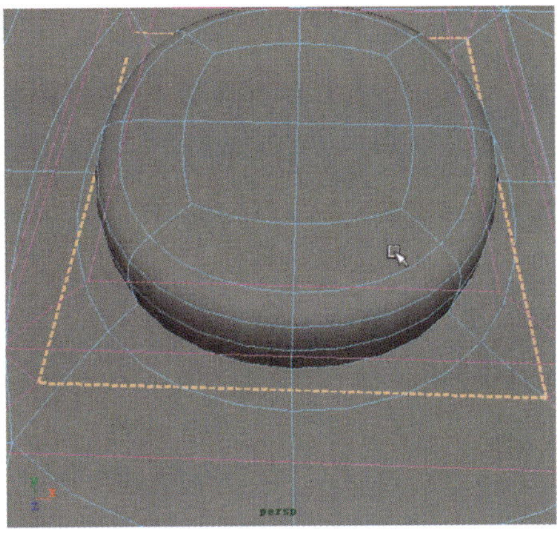

图6-61 制作完全褶皱边

注意：依次选择所有数字键底部的边线，执行Full Crease Edge /Vertex（完全褶皱边/点）命令，这里就不再赘述了。

04 同上所述，选择所有数字键顶部的边，如图6-62所示。

05 执行Subdiv Surfases（细分表面）｜Partial Crease Edge /Vertex（部分褶皱边/点）命令，使数字键边缘平滑，如图6-63所示。

06 如图6-64所示，选择显示区域和凹槽的边，执行完全褶皱边和部分褶皱边命令，与上述操作相同，这里就不再赘述。

07 机身部分到此就制作完成了，如图6-65所示。

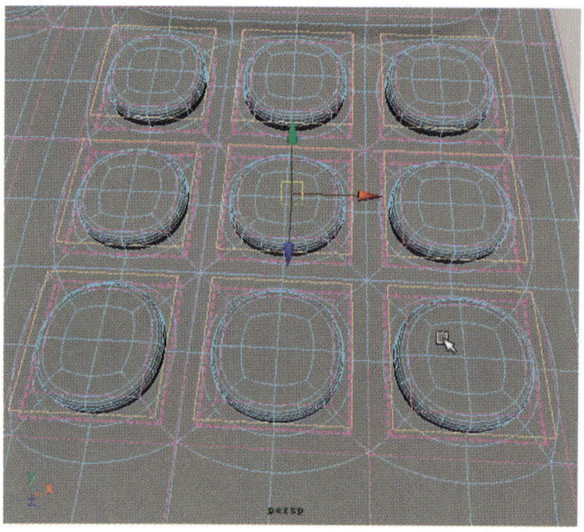

图6-62 选择边

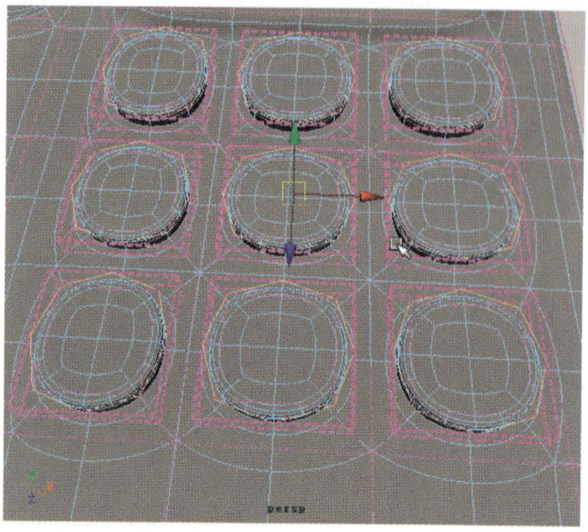

图6-63 制作部分褶皱边

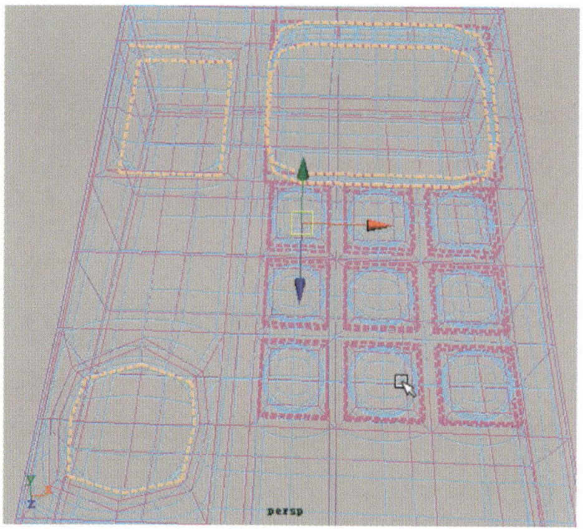

图6-64 制作褶皱边

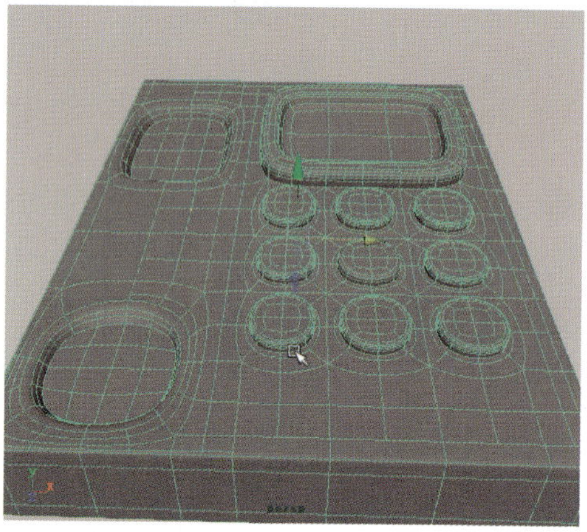

图6-65 机身模型

3．制作话筒

01 执行Create（创建）| Polygon Primitives（多边形基本体）| Cube（立方体）命令，在场景中创建一个多边形立方体，作为编辑对象。

02 选择Cube，再执行Edit Mesh（编辑网格）| Insert Edge Loop（插入循环边）命令，将其划分为三段，调整其位置，如图6-66所示。

03 选择听筒部分的面，反复执行Extrude（挤出）命令，挤出并编辑面，如图6-67所示。

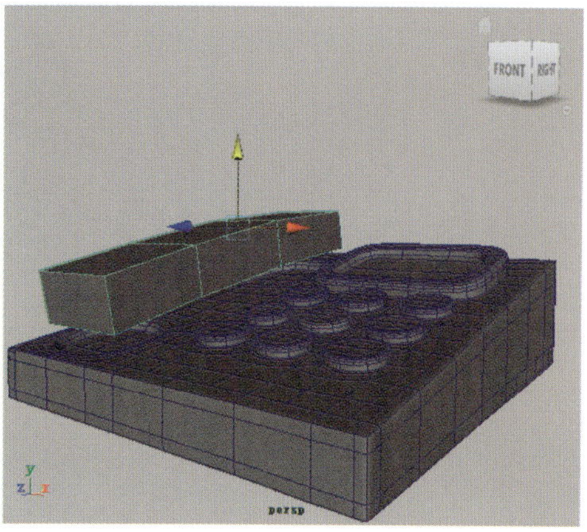

图6-66 创建立方体

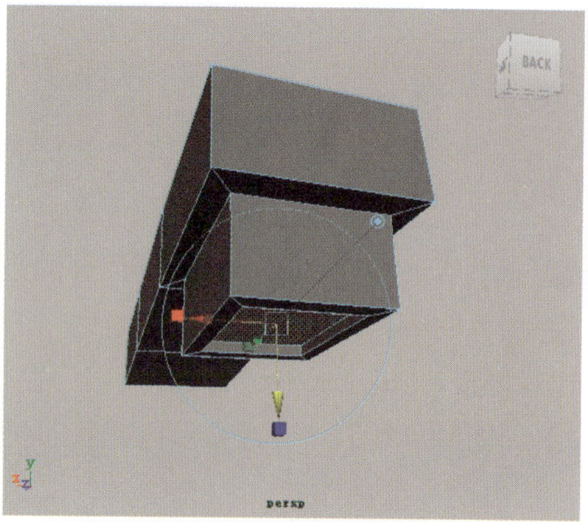

图6-67 挤出并编辑面

04 使用同样的方法，制作话筒部分的模型，由于制作方法很简单，这里就不再赘述了，如图6-68所示。

05 选择话筒模型，执行Edit Mesh（编辑网格）| Insert Edge Loop（插入循环边）命令，为话筒模型增加细节，如图6-69所示。

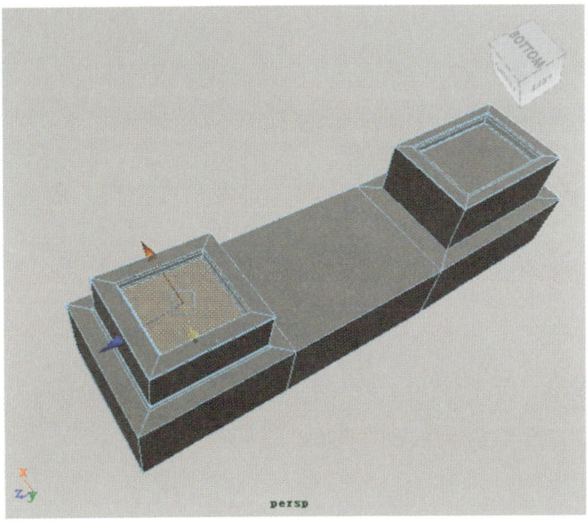

图6-68 制作话筒

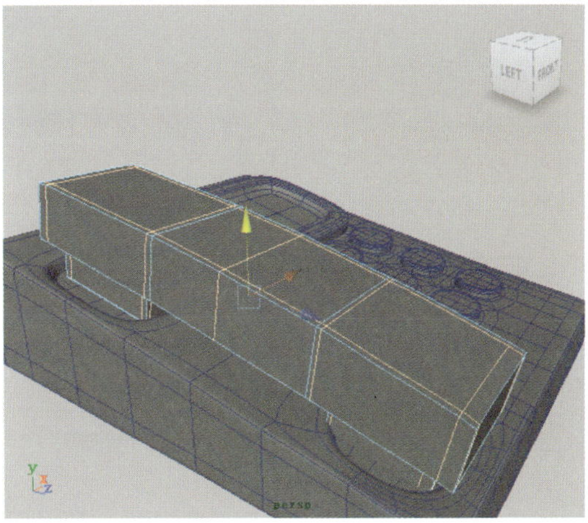

图6-69 插入循环边

06 选择话筒模型，执行Modify（修改）| Convert（转换）| Polygons to Subdiv（转换多边形到细分）命令，即可将多边形话筒模型转换成细分模型，如图6-70所示。

4. 制作电话线

01 使用CV曲线工具绘制一条曲线，如图6-71所示。

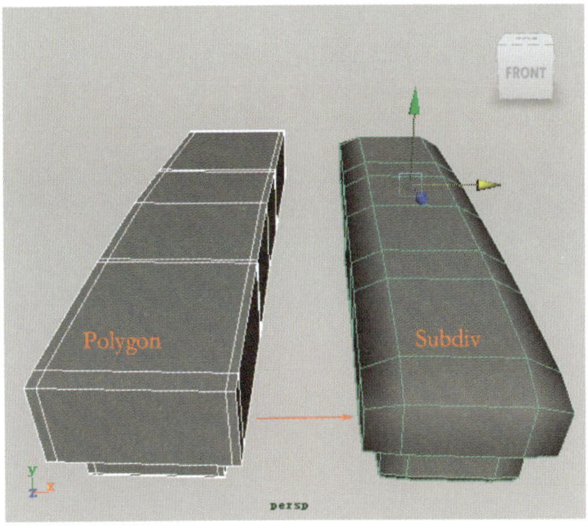

图6-70 转换多边形模型为细分模型

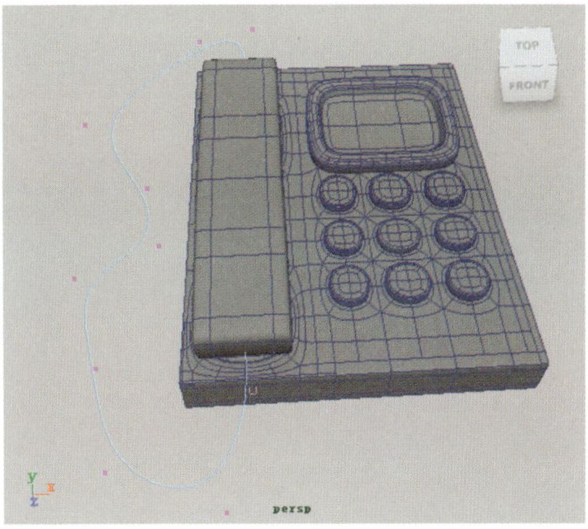

图6-71 绘制曲线

02 执行Create（创建）| NURBS Primitive（NURBS基本体）| Circle（圆环）命令，在场景中创建一个圆环，并调整其大小及位置，如图6-72所示。

03 选择圆环，按Shift键加选曲线，执行Surfaces（表面）| Extrude（挤出）命令，编辑挤出曲面的位置及大小，如图6-73所示。

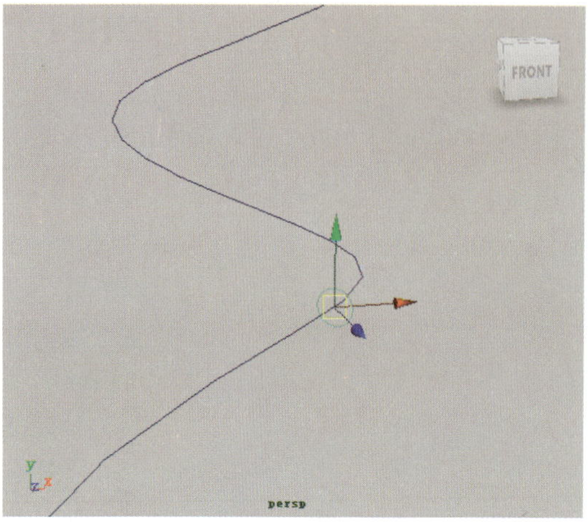

图6-72 创建圆环

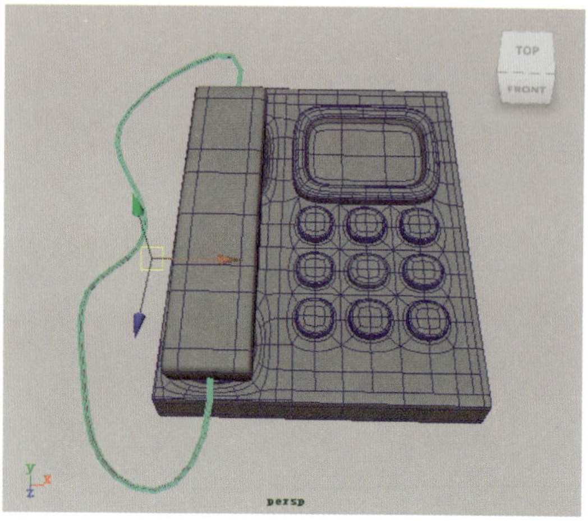

图6-73 制作电话线

到此本节就完成了，本例的最终效果如图6-74所示。

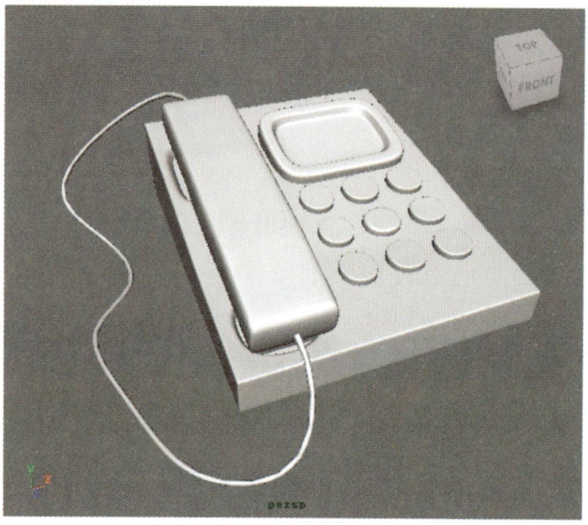

图6-74 最终效果

第7章　灯光和摄影机

7.1　灯光

7.1.1 灯光的概述

在Maya 2011中，有6种基本类型的灯光，根据灯光的作用，我们可以使用不同的灯光来制作不同的光效，再配合真实的阴影效果，就可以创作出比较好的作品。例如，使用聚光灯来制作手电筒、汽车的前灯。

7.1.2 创建灯光

在Maya中灯光的创建方法有两种：一种是通过Create（创建）| Light（灯光）菜单中的命令创建，如图7-1所示；另一种是通过Hypershader创建灯光，如图7-2所示。

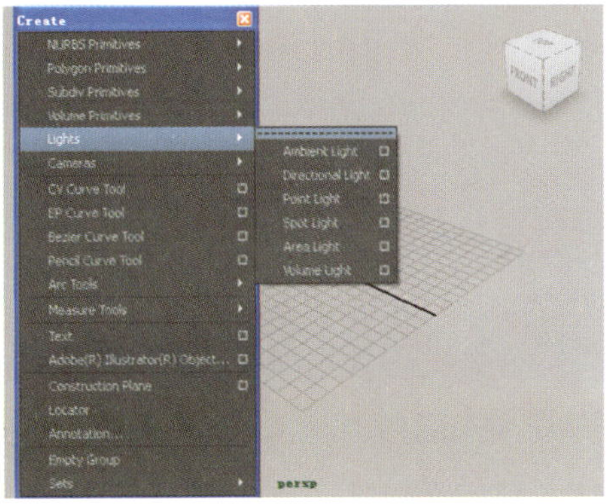

图7-1 使用Create命令创建灯光

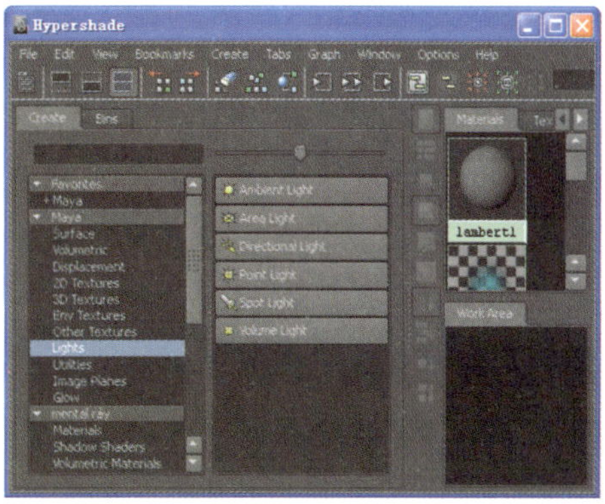

图7-2 在Hypershade中创建灯光

注意：如果要在创建灯光前设置灯光的属性，那么可以从菜单中选择要创建的灯光类型，然后单击灯光名称右侧的□按钮即可。

如果需要对灯光类型进行切换，可以在视图右侧灯光属性栏中的Type选项栏中选择需要切换的灯光，如图7-3所示。

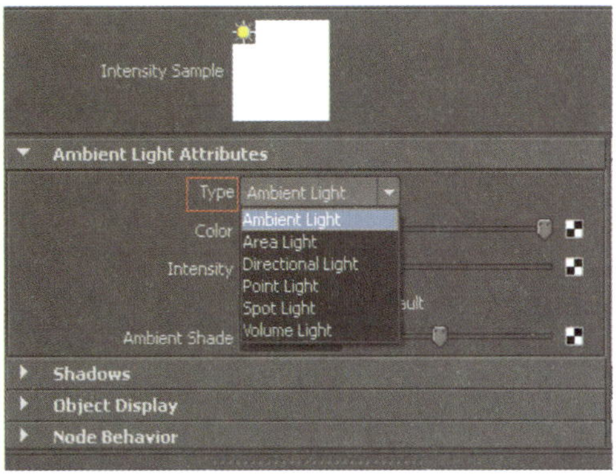

图7-3 切换灯光的类型

提示 在默认设置下，场景中有一盏默认的灯光，在添加新的灯光之前，该灯光起作用。而在添加新的灯光之后，该灯光不再起作用。

7.2 灯光的类型

在Maya 2011中，有6种基本类型的灯光，它们分别是Ambient Light（环境光）、Directional Light（平行光）、Point Light（点光源）、Spot Light（聚光灯）、Area Light（区域光）和Volume Light（体积光）。灵活使用好这6种灯光，可以模拟现实中的大多数光效。

7.2.1 Ambient Light（环境光）

环境光有两种照射方式：一种是光线从光源的位置均匀地向各个方向照射，类似一个点光源，而另一种是光线从所有的地方均匀地照射，犹如一个无限大的中空球体从内部的表面发射灯光一样，使用环境光可以模拟平行灯光和无方向灯光。

课堂练习56：魔幻世界

01 在视图中导入一个场景文件，如图7-4所示。

02 执行Create（创建）|Light（灯光）|Ambient Light（环境光）命令，为场景创建一盏环境光，照明效果如图7-5所示。

图7-4 场景文件

图7-5 环境光的照明效果

参数简介

下面我们来介绍一下Ambient Light（环境光）的选项面板，如图7-6所示。

◆ Intensity（强度）

该选项可以控制灯光的强度，数值越大，灯光的强度就越强；反之数值越小，灯光的强度就越小。该值最大值为1，最小值为0。

注意 在环境光的Attribute Editor（属性编辑器）中，Intensity（强度）最大值可以设置为无限大，最小值可以设置为负数，表示吸收光源。

◆ Color（颜色）

设置灯光的颜色，拖动滑块可以调整颜色的明亮程度，单击色块区域，会弹出一个Color Chooser（拾色器），如图7-7所示。在这里可以选择需要的颜色。

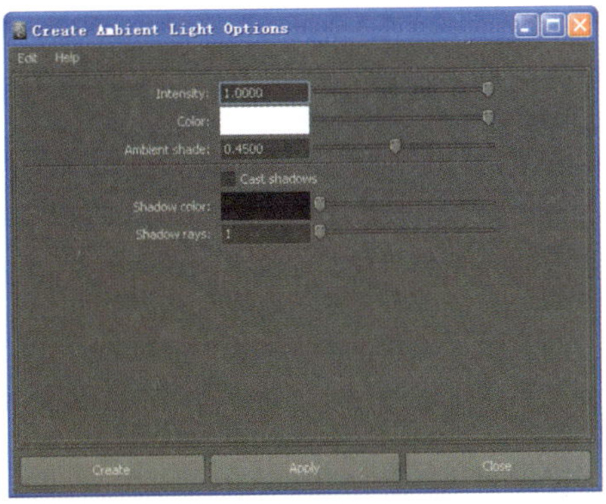

图7-6 环境光的选项面板

图7-7 Color Chooser（拾色器）

◆ Ambient Shade（环境光渐变）

设置平行光和环境光的比率，当值为0时，光线从四周发出来照明场景，体现不出光源的方向，画面呈一片灰状，如图7-8所示；当值为1时，光线从环境光位置发出，类似一个点光源的照明效果，如图7-9所示。该值最大值为1，最小值为0。

图7-8 Ambient Shade为0

图7-9 Ambient Shade为1

◆ Cast Shadows（投射阴影）

控制灯光是否投射阴影。Ambient Light（环境光）没有Depth Map Shadows（深度贴图阴影），只有Ray Trace Shadows（光线追踪阴影）。

◆ Shadow Color（阴影颜色）

设置阴影的颜色，单击色块区域，会弹出一个Color Chooser（拾色器），可以设置颜色，默认为黑色。

◆ Shadow Rays（阴影光线）

控制阴影边缘的噪波程度，默认值为1，最大值为6，最小值为1，注意在其Attribute Editor（属性编辑器）中，可以设置Shadow Rays（阴影光线）大于6。

提示 在Maya灯光6盏灯的选项面板中，Intensity（强度）、Color（颜色）、Cast Shadows（投射阴影）和Shadow Color（阴影颜色）是通用属性，在下面的灯光属性讲解中将不再赘述。

7.2.2 Directional Light（平行光）

平行光即所设置的光线就像探照灯发出的光线一样是平行传播的，它的光线是互相平行的，使用平行光可以模拟一个非常远的点光源发射灯光。

课堂练习57：要塞

01 在视图中导入一个场景文件，如图7-10所示。

02 执行Create（创建）|Light（灯光）|Directional Light（平行光）命令，为场景创建一盏平行光，照明效果如图7-11所示。

图7-10 场景文件

图7-11 平行光照明效果

参数简介

下面我们来介绍一下Directional Light（平行光）的选项面板，如图7-12所示。

◆ Interactive Placement（作用地点）

启用Interactive Placement复选框后，视图会切换到灯光视图，然后根据需要旋转、移动、缩放灯光视图，来调节灯光作用于物体的地点，图7-13所示为启用作用点的视图效果。

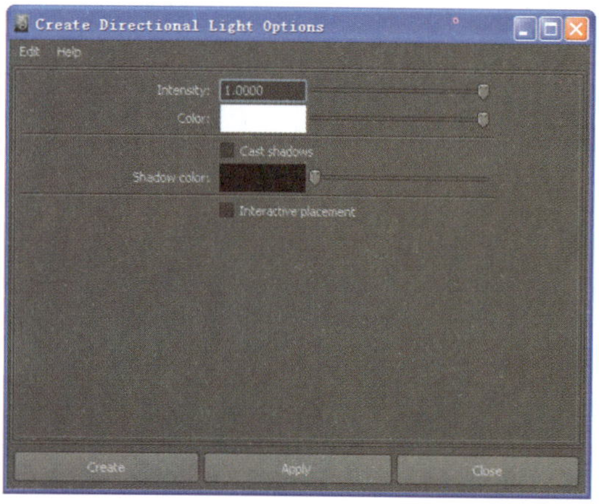

图7-12 平行光的选项面板

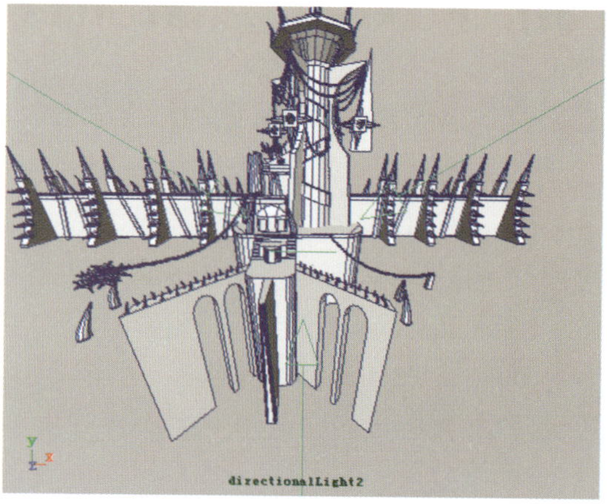

图7-13 启用作用点的视图效果

7.2.3 Point Light（点光源）

点光源，即从光源位置处向各个方向均匀发射光线，类似于灯泡的发光原理。

课堂练习58：骷髅的眼睛

01 在视图中导入一个场景文件，并创建3盏点光源，调整位置，如图7-14所示。

02 切换到渲染视图进行渲染，效果如图7-15所示。

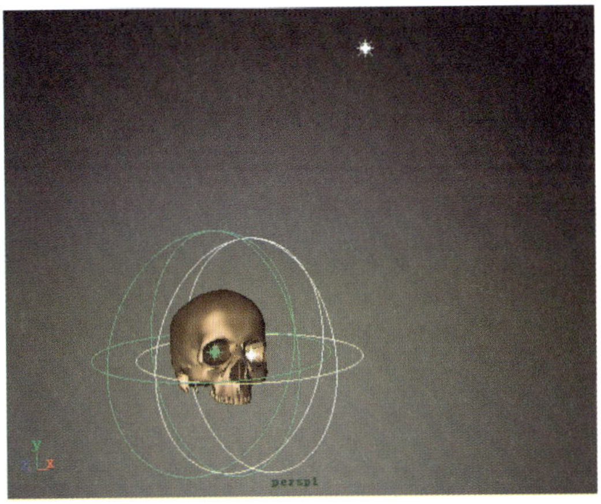

图7-14 创建点光源

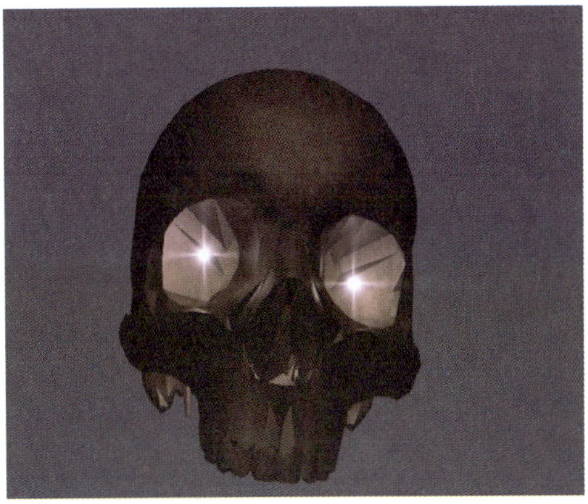

图7-15 渲染效果

参数简介

下面我们来介绍Point Light（点光源）的选项面板，如图7-16所示。

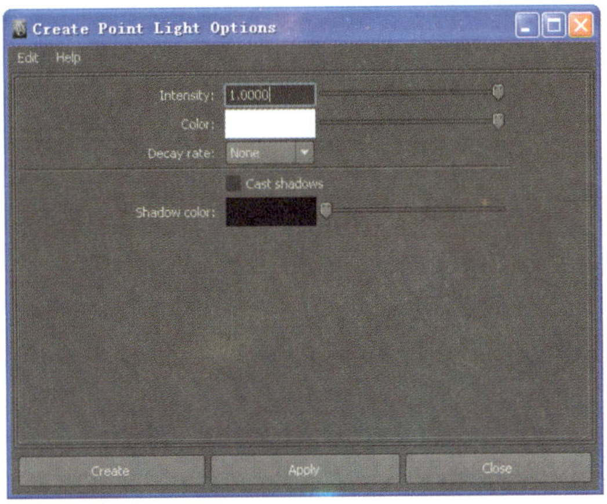

图7-16 点光源选项面板

◆ Decay Rate（衰减速率）

设置灯光的衰减速率，灯光沿着大气传播后会逐渐被大气所阻挡，这样就形成了衰减效果，它与美术学中的近实远虚是一个道理。

7.2.4 Spot Light（聚光灯）

聚光灯，即光线从一个点发出，沿一个被限定的夹角向外扩散。它是Maya最常用的灯光类型，常用来模拟手电筒或汽车前灯发出的灯光。

课堂练习59：老宅

01 在视图中导入一个场景文件，并创建一盏聚光灯，然后调整位置，如图7-17所示。

02 切换到渲染视图进行渲染，效果如图7-18所示。

参数简介

◆ Cone Angle（锥角）

设定聚光灯的锥角角度，默认该值为40。

◆ Penumbra Angle（半影角）

可以设置聚光灯的半影角，即光线在圆锥边缘的衰减角度。默认值为0，最大值为179.5，最小值为-179.5。

◆ Drop off（衰减）

设定聚光灯强度从中心到聚光灯边缘衰减的速率，默认值为0，值越大，灯光衰减的速率就越大，光线显得会比较暗，而光线的边界轮廓会更加柔和。

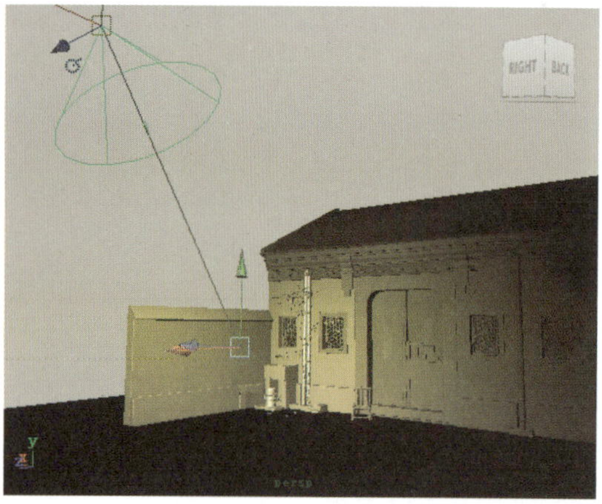

图7-17 创建聚光灯

图7-18 渲染效果

7.2.5 Area Light（区域光）

区域光，主要用来用来制作光线窗户中穿过，照射进屋内的效果。它可以自由的设置尺寸大小，区域光对阴影的模拟最为真实。区域光属于二维的矩形光源，使用Maya的变换工具可以调节灯光的尺寸，以及放置的位置等，操作简便。

课堂练习60：傍晚

01 在视图中导入一个场景文件，并创建一盏区域灯光，然后调整位置，如图7-19所示。

02 切换到渲染视图进行渲染，效果如图7-20所示。

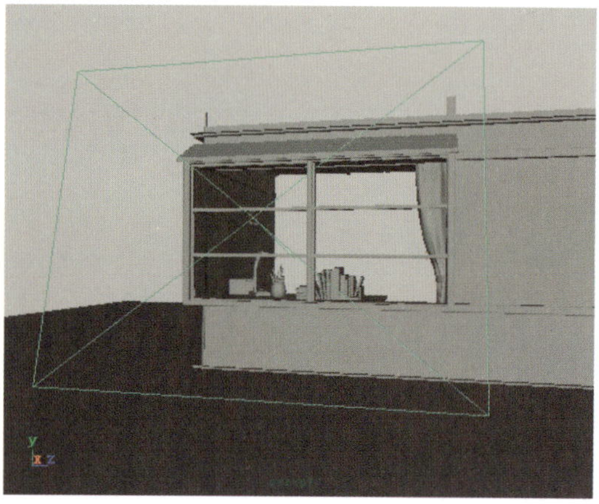

图7-19 创建区域光

图7-20 渲染效果

7.2.6 Volume Light（体积光）

体积光和其他光源不同，使用体积光可以更好地体现灯光的延伸效果或限定区域内的灯光效果，利用它我们可以很方便地控制光线所到达的范围。使用缩放工具能改变光体的大小，使用移动和旋转工具可以更好地操作其位置和角度。体积光用来模拟发光物体，如蜡烛或灯泡等发光效果。

课堂练习61：烛光

01 在视图中导入Candle场景文件，并创建一盏体积光，然后调整位置，如图7-21所示。

02 切换到渲染视图进行渲染，效果如图7-22所示。

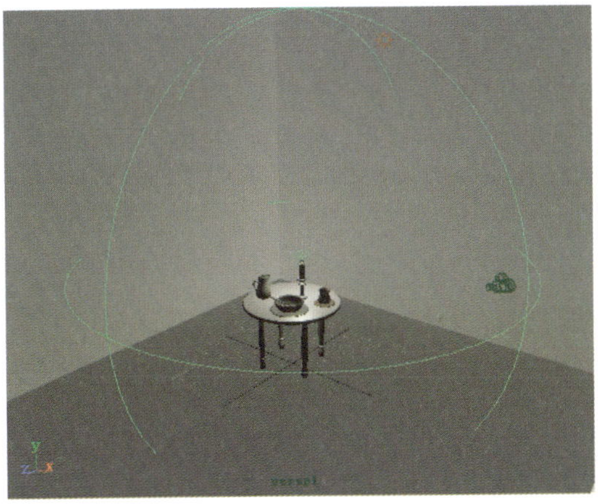

图7-21 创建体积光

图7-22 渲染的效果

7.3 灯光的连接

灯光的连接，就是排除角色或场景中不需要的灯光，让某个灯光只照亮指定的物体，它在复杂场景布光中非常重要，如果需要照亮一个指定的表面，并且连接灯光到此表面上时，可以使用该命令。

注意：灯光有两种连接方式，分别为Light-Centric（以灯光为中心）的连接方式和Object-Centric（以物体为中心）的连接方式。

下面通过两个实例，来学习以灯光为中心和以物体为中心的灯光连接。

课堂练习62：场景一角

01 使用体积灯光实例中的Candle场景文件，选中要断开灯光连接的模型null_16，如图7-23所示。

02 执行Window（窗口）| Relationship Editors（关系编辑器）| Light Linking（灯光连接）| Light- Centric（以灯光为中心）命令，如图7-24所示。

图7-23 选择场景物体

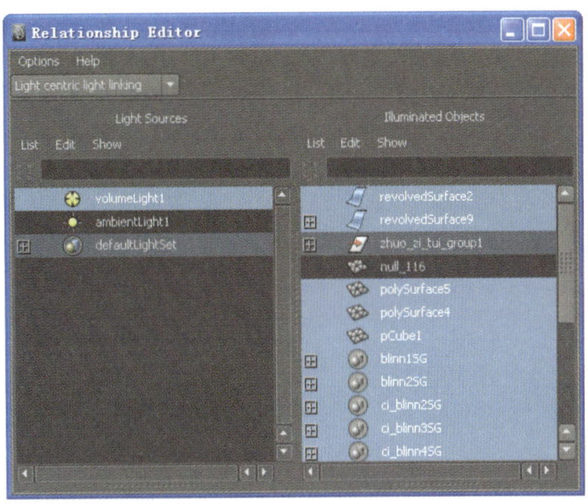

图7-24 断开连接

03 切换到渲染视图进行渲染，效果如图7-25所示。

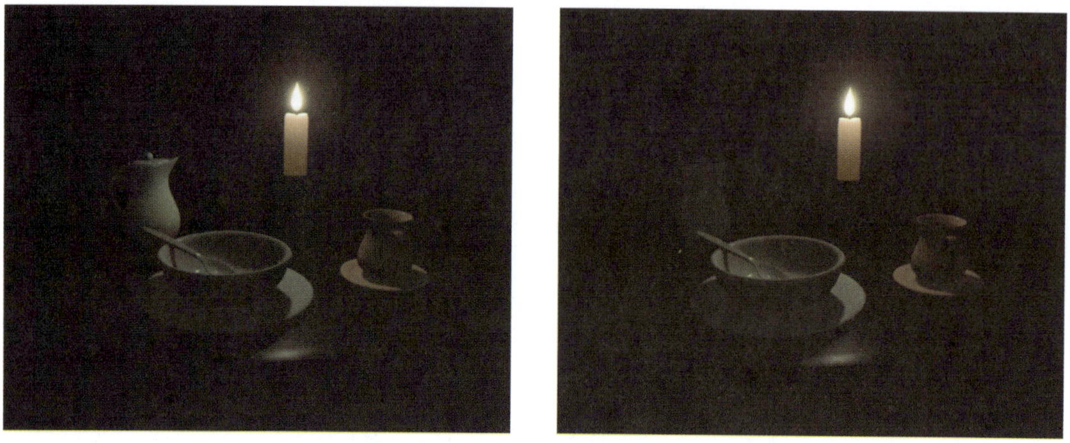

图7-25 断开灯光连接前后的对比效果

04 使用体积灯光实例中的Candle场景文件，选中已断开灯光连接的模型null_16，如图7-26所示。

05 执行Window（窗口）| Relationship Editors（关系编辑器）| Light Linking（灯光连接）| Object-Centric（以物体为中心）命令，如图7-27所示。

图7-26 选择模型

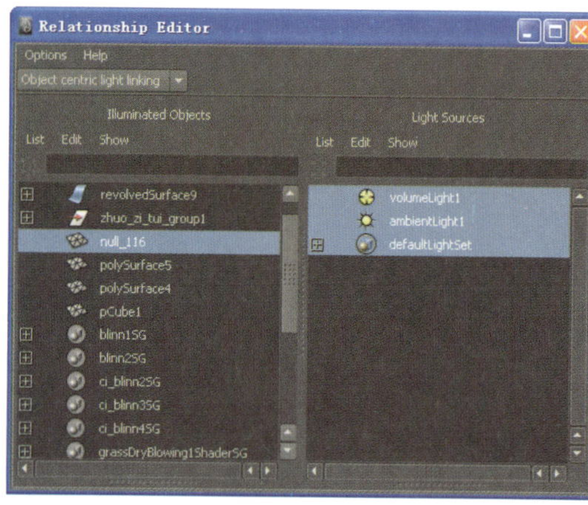

图7-27 连接灯光

06 切换到渲染视图进行渲染，效果如图7-28所示。

图7-28 渲染效果

7.4 阴影

7.4.1 深度贴图阴影

深度贴图阴影是描述从光源到目标物体之间的距离，它的阴影文件中有一个渲染产生的深度信息，在它的每一个像素中，代表了在指定方向上从灯光到最近的投射阴影对象之间的距离。

课堂练习63：洗发露

01 打开场景文件，选中主光灯作为设置对象，如图7-29所示。

02 切换到Spotlightshap1选项卡，设置主光灯的属性，如图7-30所示。

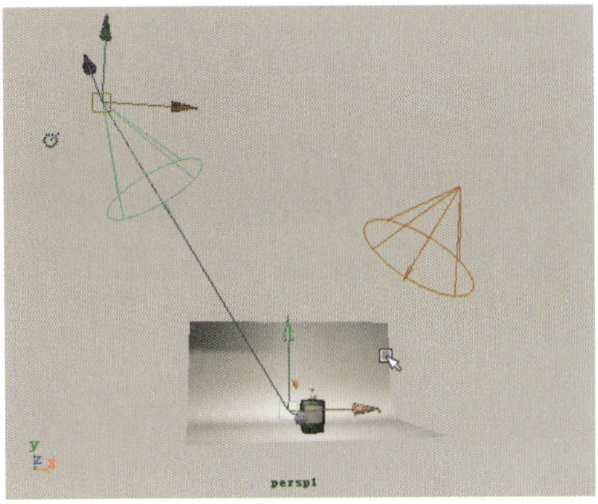

图7-29 选择主光灯

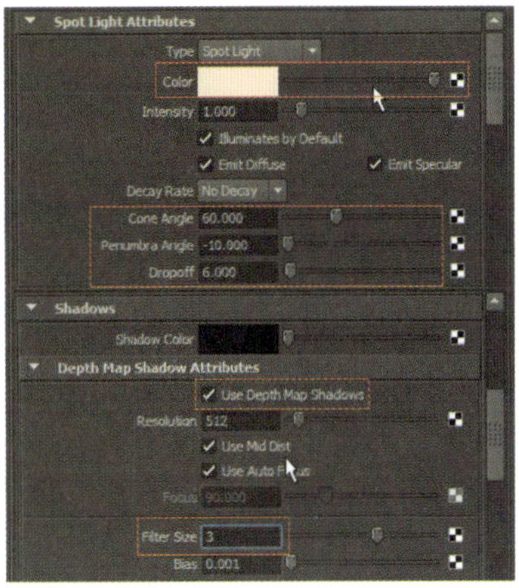

图7-30 设置主光灯的属性

03 切换到渲染视图进行渲染，效果如图7-31所示。

图7-31 渲染效果

参数简介

◆ Use Depth Map Shadows（使用深度贴图阴影）

启用该复选框，激活深度贴图阴影。它与Use Ray Trace Shadows相对应，如果要给被灯光照射的物体加上阴影，可以启用其中一项。

◆ Resolution（分辨率）

设置深度贴图阴影的分辨率。数值越小，阴影的边缘锯齿越明显，反之效果越好，但花费的时间也越长。

◆ Use Mid Dist（使用中距）

启用Use Mid Dist复选框，能去除照亮物体表面出现的不规则的污点和条纹阴影，在默认状态下，此参数是打开的。

◆ Filter Size（滤镜尺寸）

可以通过调节此参数来调节边缘柔化程度，参数值越大，阴影越柔和，如图7-32所示。

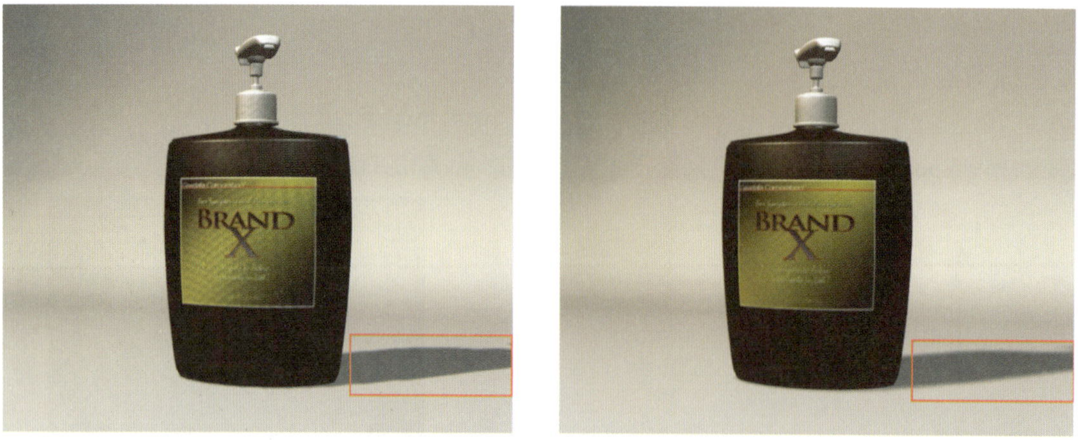

图7-32 柔化阴影边缘对比效果

◆ Bias（深度贴图偏心率）

调节它可以使阴影和物体表面分离。调节该参数犹如给阴影增加一个遮挡蒙版，数值越大，阴影越淡；反之阴影越明显。当数值为1时，阴影完全消失，如图7-33所示。

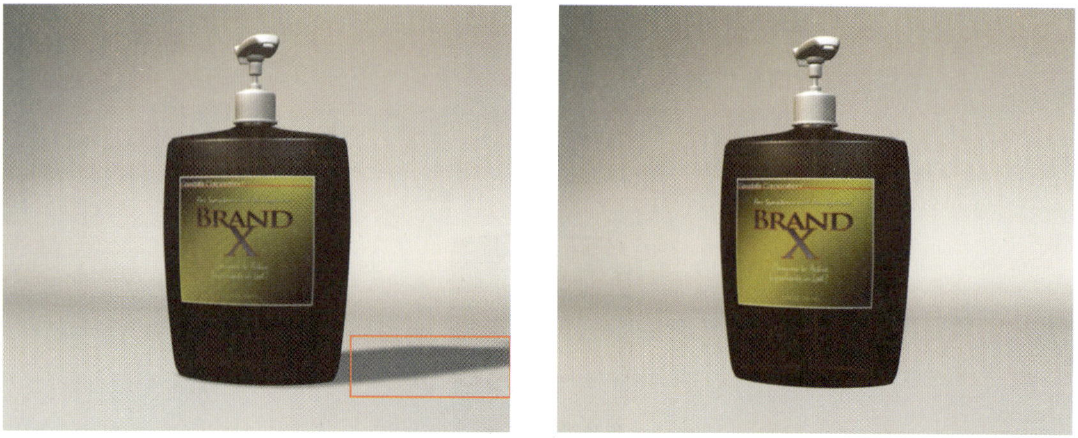

图7-33 设置深度贴图偏心率

◆ Fog Intensity（雾阴影浓度）

用来控制灯光雾的阴影浓度，在打开灯光雾的时候，场景中物体的阴影颜色会呈现不规则显示（颜色会变浅），这时可以调节该参数，来增加灯光雾中的阴影强度。

◆ Fog Samples（雾阴影采样）

设置雾阴影的取样参数，数值越大，打开灯光雾后的阴影就越细腻，但会增加渲染时间；数值越小，打开灯光雾后的阴影颗粒状就越明显，默认值为20。

7.4.2 光影追踪

Ray Trace Shadow（光线追踪阴影）通过照射目的地到光源之间运动的路径进行跟踪计算，从而产生光线跟踪阴影。光线跟踪阴影和深度贴图阴影最大的不同是，光线跟踪阴影能够制作半透明物体的阴影，例如玻璃物体，而深度贴图阴影则不能。

课堂练习64：设置光影追踪

01 选择场景文件的Spotlight1（主光灯），切换到Spotlightshap1选项卡，在Raytrace Shadow Attributes选项中，启用Use Ray Trace Shadows复选框，如图7-34所示。

02 切换到渲染设置窗口，最终渲染效果如图7-35所示。

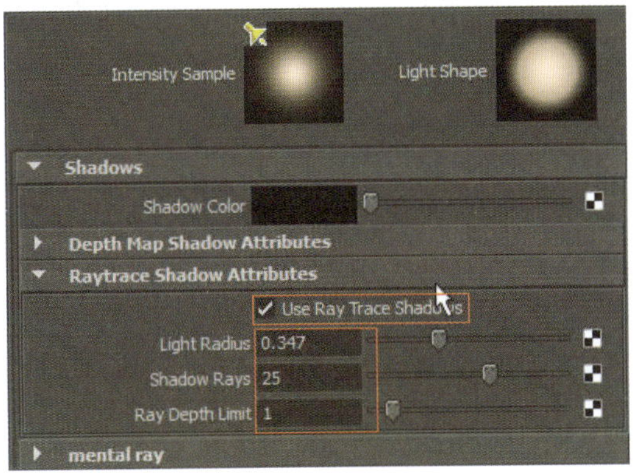

图7-34 Ray Trace Shadows属性设置

图7-35 渲染效果

参数简介

◆ Use Ray Trace Shadows（使用光线跟踪阴影）

启用该复选框后即可使用光线跟踪阴影。

◆ Light Radius（灯光半径）

该选项用于扩大阴影的边缘，数值越大，阴影就越大，但是会使阴影边缘呈现粗糙的颗粒状。

◆ Shadow Rays（阴影辐射）

数值越大，阴影边缘就越柔和，不会呈现粗糙的颗粒状，数值越小阴影的边缘就越锐利。

◆ Ray Depth Limit（光线深度限制）

调节此参数可改变灯光光线被反射或折射的最大次数。数值越大，反射次数就越多，默认值是1。

注意：在使用Raytracing（光线跟踪）时，只有打开Windows | Render Editors | Render Setting窗口，在Maya Software选项卡中选择Raytracing Quality部分，启用Raytracing（光线跟踪），才能计算光线跟踪。

7.5 灯光特效

7.5.1 灯光雾

灯光雾的作用是产生一个肉眼可见的光照范围，聚光灯的灯光常被用来模拟舞台灯、汽车车头灯或手电筒的灯光效果，而灯光雾也经常和聚光灯配合使用。

课堂练习65：卡通宝贝

01 打开场景文件，选中Spotlight1聚光灯，切换到Spotlightshap1选项卡，在Light Effects卷展栏中启用Light Fog（灯光雾），如图7-36所示。

02 渲染效果如图7-37所示。

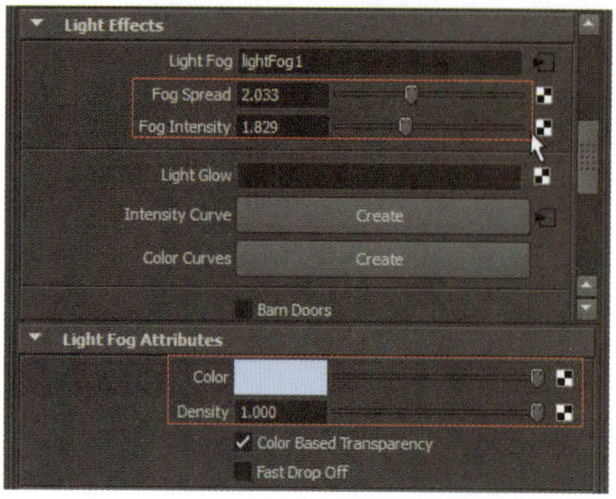

图7-36 Light Fog的属性设置

图7-37 灯光雾效果

参数简介

◆ Light Fog（灯光雾）

单击右侧的方块按钮可以创建灯光雾。在左边的输入栏中可以自定义灯光雾的名称。

◆ Fog Spread（雾分布）

该参数控制灯光雾的分布状况，数值越低，光线分布越稀疏。

◆ Fog Intensity（灯光雾强度）

设置灯光雾的照明强度，默认为1，数值越大，灯光雾就越强，数值越小就越弱。

◆ Color（颜色）

该选项控制灯光雾的颜色，拖动滑块可以设置灯光雾颜色的明亮程度。单击色块区域，会弹出一个Color Chooser，可以选取需要的色彩。

◆ Density（密度）

该参数控制着灯光雾的密度，默认值为1，其值越大，密度就越高。

7.5.2 光学特效

Light Effects（光学特效）是指通过在场景中增加光学效果可以使光照更加真实，光学特效包括Glows（辉光）、Halos（光晕）和Lens Flares（镜头光斑）。通过设置这3种光学效果的属性，就可以模拟真实世界中的多种光学效果。

1. Glows（辉光）

辉光是一种产生在光源位置的、明亮的、模糊的灯光效果，辉光的强度、形状和颜色都受到大气的影响，一般情况下所看到的辉光都是由太阳产生的。

课堂练习66：鬼域

01 在Maya视图中选中一盏灯光，切换到Attributes Editor对话框，在Light Effects区域中，单击Light Glow右侧的按钮，打开Glow Attributes（辉光属性）面板，设置该属性，如图7-38所示。

02 渲染效果如图7-39所示。

参数简介

◆ Active（激活）

启用该复选框能使光学特效起作用，如果不启用光学特效，面板将会呈灰色显示。

◆ Glow Type（辉光类型）

主要用来设置辉光的类型。

◆ Radial Frequency（光线频率）

通过调节其数值，可以改变随机分布光柱的宽度和数目。

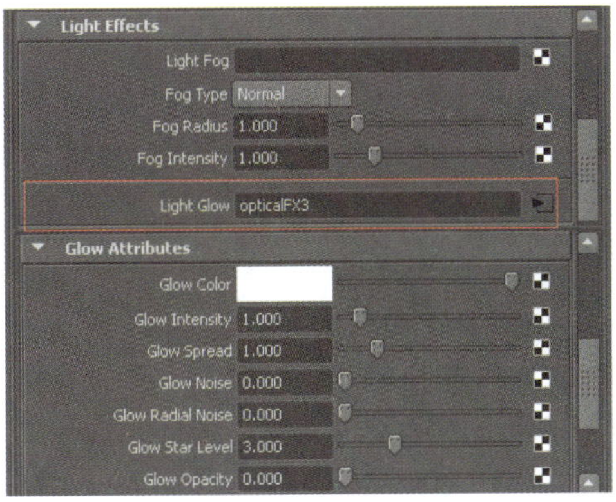

图7-38 Glow属性设置

图7-39 渲染效果

◆ Rotation（旋转）

可以按照指定的角度使光线发生旋转，默认该值为0，如图7-40所示。

图7-40 旋转对比效果

◆ Glow Color（辉光颜色）

设置辉光的颜色，拖动滑块会设置颜色的明亮程度。

◆ Glow Intensity（辉光强度）

设置该值可以改变辉光的亮度。数值越大，亮度越强，默认值为1。

◆ Glow Spread（辉光分布）

设置该值可以改变辉光的尺寸大小。数值越大，辉光的尺寸越大，如图7-41所示。

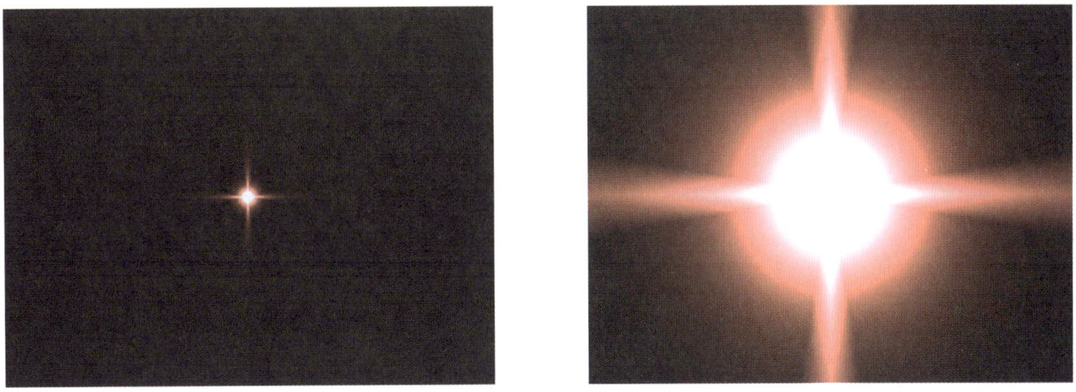

图7-41 设置辉光尺寸

◆ Glow Noise（辉光噪波）

设置辉光的噪波强度，用它可以制作许多效果，如图7-42所示。

◆ Glow Radial Noise（辉光光线噪波）

该值越大，光线的噪波越清晰，用它可以制作一些强光效果，如图7-43所示。

图7-42 辉光噪波

图7-43 辉光光线噪波

◆ Glow Star Level（光束级别）

设置辉光束的宽度，该参数值越大，光束就越宽。

◆ Glow Opacity（辉光不透明度）

设置辉光的不透明度。

注意：在制作动画时，可以利用设置关键帧动画，给这些光效设置动画。例如，由于光源由远而近移动，辉光效果会逐渐变强。

2. Halos（光晕）

光晕效果指的是强光周围的一个光圈，主要是由于环境中粒子折射及反射形成的。根据产生光晕的物体表面类型和光的强度不同，光晕产生的大小和形状也有所不同。一般情况下，在出现辉光效果的同时，也通常带有一些光晕效果。光晕的控制属性与辉光的控制属性基本相同，但也有一些自身所特有的属性，通过设置其自有属性，可以改变整个光晕的外表状态。其操作方法如下。

01 在Maya视图中选中一盏点光源，切换到Pointlightshap1对话框，在Light Effects区域中，单击Light Glow右侧的按钮，打开Halo Attributes（光晕属性）面板，设置该属性，如图7-44所示。

02 渲染效果如图7-45所示。

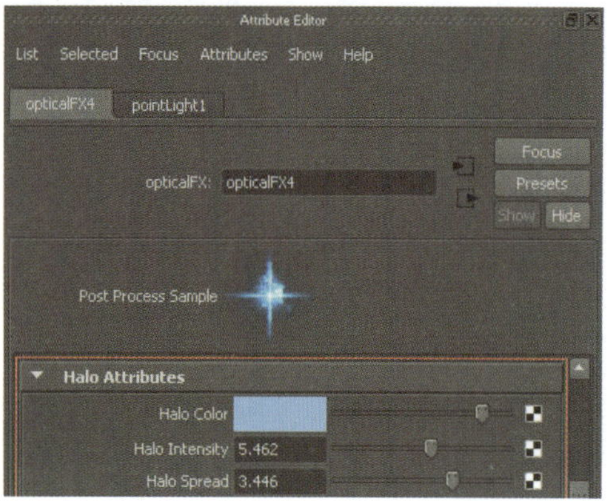

图7-44 Halos属性设置

图7-45 渲染效果

在Maya中，光晕和辉光的效果可以叠加，我们在创作的时候可以灵活使用这两种效果叠加，以创建出更好更丰富的效果。

参数简介

◆ Halo Color（光晕颜色）

设置光晕的颜色，拖动滑块可以设置颜色的明亮程度。

◆ Halo Intensity（光晕强度）

调节该值可以改变一个光晕的亮度。数值越大，亮度越强。默认值为1，如图7-46所示。

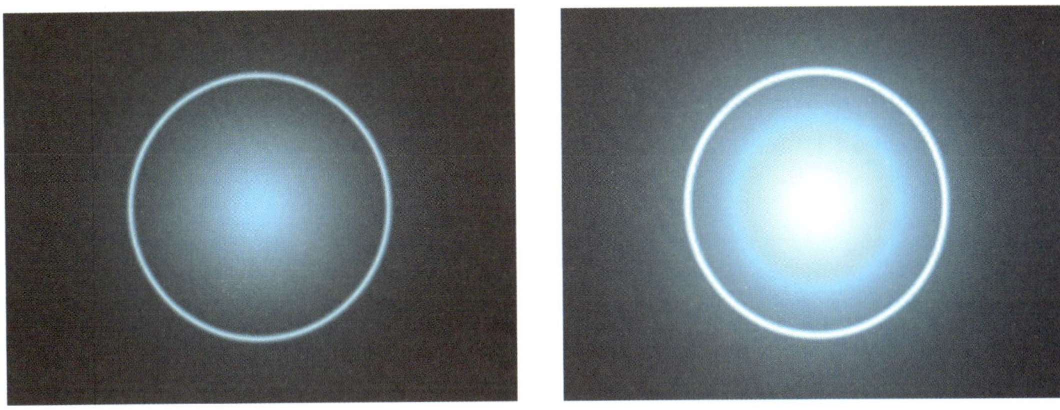

图7-46 光晕强度对比

◆ Halo Spread（光晕扩散）

通过调节光晕扩散属性，可以改变一个光晕的大小，默认值为1，如图7-47所示。

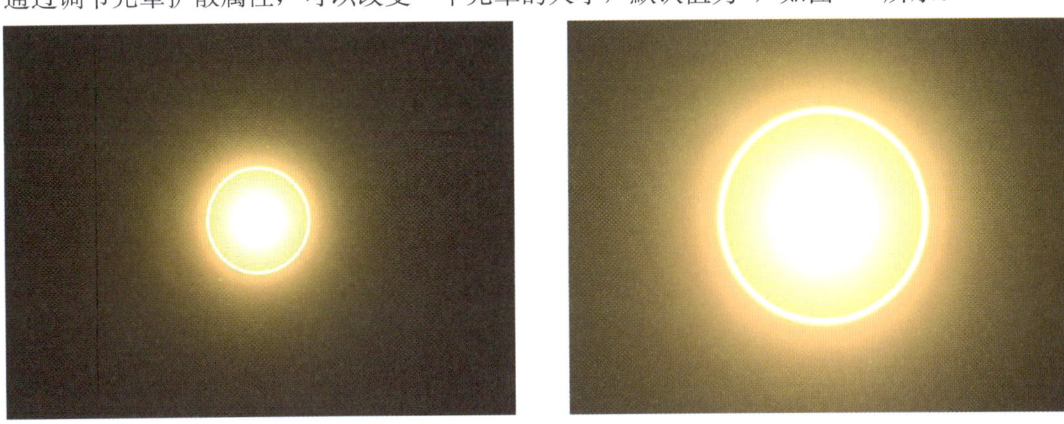

图7-47 改变光晕大小

3. Lens Flares（镜头光斑）

Lens Flares常用来创建镜头中的光斑效果，它是由几个不同尺寸大小，并且从光源向外延伸的圆盘状光环组成的。随着镜头靠近光源，这种效果变得更加明显。镜头光斑常用来模拟强烈的阳光透过树林时发出的光斑和强光从镜头穿过时所折射的光斑效果。其操作方法如下。

01 在Maya视图中选中一盏点光源，切换到Pointlightshap1对话框，在Light Effects区域中，单击Light Glow右侧的按钮，打开Lens Flares Attributes（光斑属性）面板，设置该属性，如图7-48所示。

02 渲染效果如图7-49所示。

如果要激活镜头光斑栏中的各属性，需要在灯光属性通道盒的Optical FX Attributes中启用Lens Flare选项。

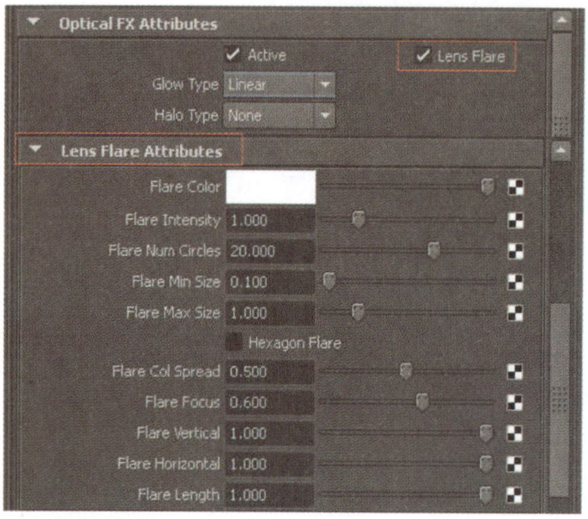

图7-48 Lens Flares属性设置

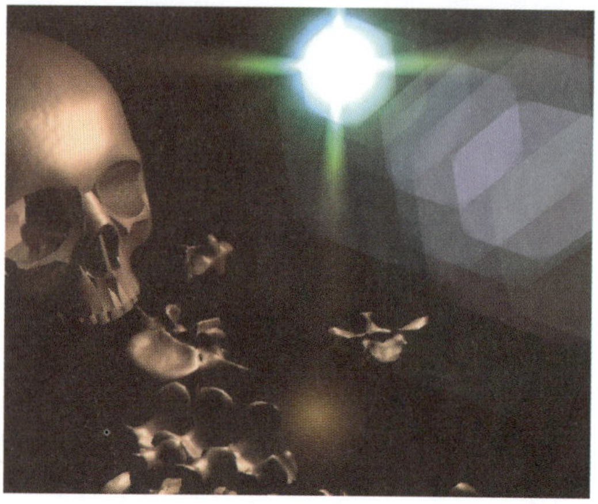

图7-49 渲染效果

参数简介

◆ Flare Color（颜色）

此参数可以改变镜头光斑的颜色，拖动滑块可以改变颜色的明亮程度。

◆ Flare Intensity（光斑强度）

该属性可以设置光斑的强度。

◆ Flare Num Circles（光斑光圈）

此选项可以设置光斑光圈的数量，该值越大，光圈越多，如图7-50所示。

图7-50 光斑光圈数量对比

◆ Flare Min Size（光斑最小尺寸）

设置光斑的最小尺寸，默认值为0.1。

◆ Flare Max Size（光斑最大尺寸）

设置光斑的最大尺寸。

◆ Hexagon Flare（六边形光斑）

启用该复选框后，圆形光斑会转化成为六边形光斑，如图7-51所示。

◆ Flare Col Spread（设置光的延伸度）

使用该选项可以设置每个光圈的色相，如果需要设置光圈的颜色且需要将每个光圈的颜色区别开来，可使用该选项，如图7-52和图7-53所示。

图7-51 六边形光斑

图7-52 光斑色相

图7-53 光斑移动和伸展

◆ Flare Focus（锐化光斑）

该选项可以锐化光斑的边缘。

◆ Flare Vertical/ Horizontal/Length

这3个参数主要控制光斑的移动和伸展方向。

7.6 摄影机

7.6.1 创建摄影机

在Maya中切换到Create菜单，如图7-54所示，依次执行Create（创建）｜Camera（摄影机）｜Camera（自由摄影机）/Camera and Aim（目标摄影机）/Camera，Aim and Up（带控制柄的目标摄影机）命令，均可创建摄影机，如图7-55所示。

从上图中可以看到，摄影机分为3种：Camera、Camera and Aim和Camera，Aim and Up，那么这3种摄影机分别有什么作用呢，我们逐一介绍。

1．Camera（自由摄影机）

自由摄影机并没有控制柄，不能对其做比较复杂的动画效果，它经常用作单帧渲染或者做一些简单的移动场景动画，一般我们把这种摄影机称为单节点摄影机，如图7-56所示。

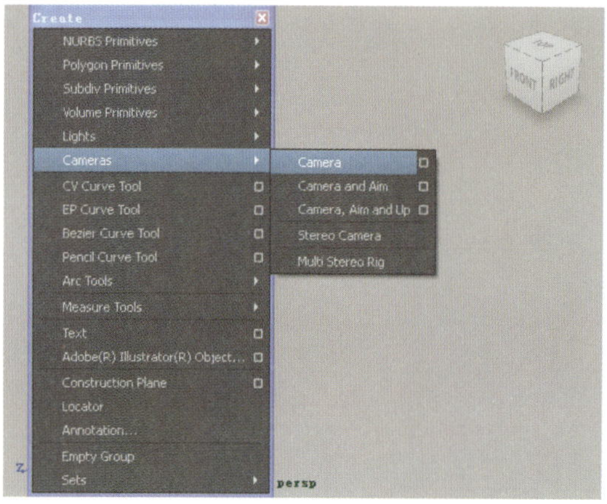

图7-54 Create菜单

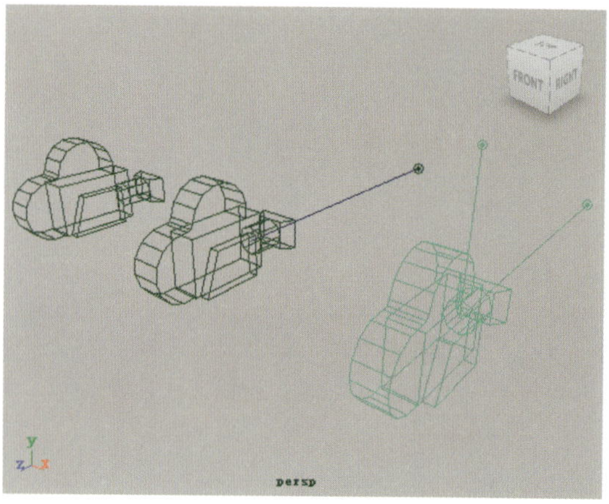

图7-55 创建摄影机

2. Camera and Aim（目标摄影机）

目标摄影机有一个控制柄，它经常用于制作一些稍微复杂点的动画，例如，路径动画或者注释动画，一般我们把这种摄影机叫做双节点摄影机，如图7-57所示。

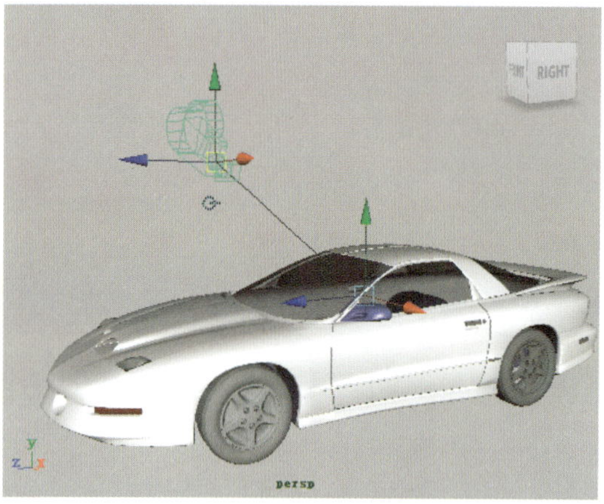

图7-56 自由摄影机

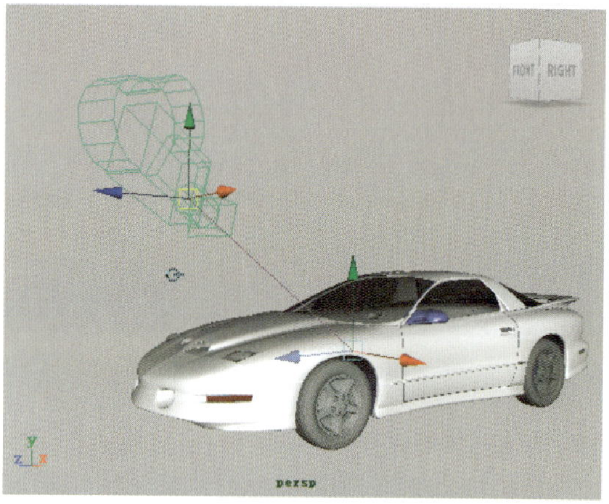

图7-57 目标摄影机

3. Camera，Aim and Up（带控制柄的目标摄影机）

带控制柄的目标摄影机，顾名思义，它比目标摄影机具有更加多元化的操作，使用控制柄可以控制摄影机的旋转角度，它经常用来制作一些比较复杂的动画。一般我们把这种摄影机称为多节点摄影机，如图7-58所示。

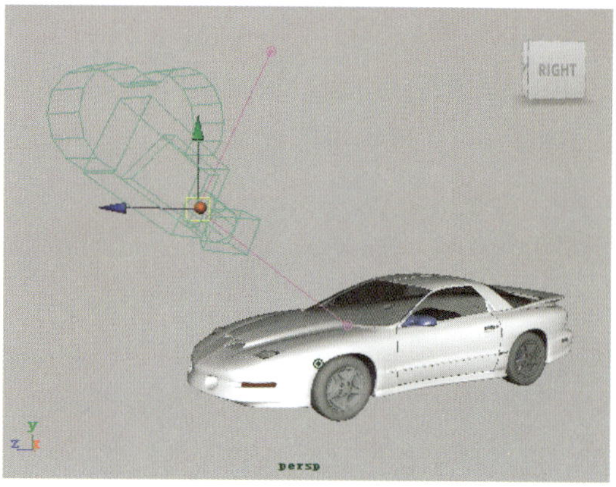

图7-58 带控制柄的目标摄影机

7.6.2 摄影机属性

1. Camera Attributes（摄影机属性）

如果要在创建摄影机时设置其属性，可单击Create（创建）｜Camera（摄影机）命令右侧的方块按钮，打开属性设置面板。在创建摄影机后，按Ctrl+A组合键打开摄影机的通道盒，在通道盒中展开Camera Attributes部分，使用这里的选项可以设置摄影机的一些属性，如图7-59所示。

参数简介

◆ Controls（控制器）

展开下拉列表，可以选择摄影机的种类，在各种摄影机之间进行切换，而不需要重新建立新的摄影机。

◆ Angle of View（视角）

可以设置摄影机的视野范围，也就是视角，视角的大小决定了视野的开阔度和视野中物体的大小，该参数越大，视野就越大，而相对的视野中的物体就越小。

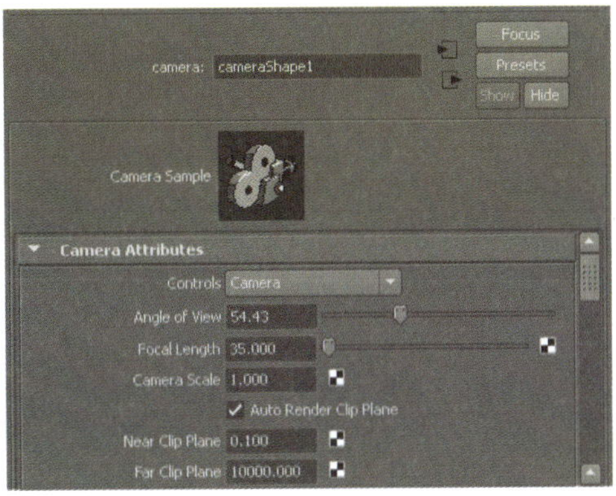

图7-59 摄影机属性选项面板

◆ Focal Length（焦距）

该选项用于设置镜头中心到胶片的距离，该数值越大，摄影机的焦距就越大，目标物体在摄影机视图中就越大。

◆ Camera Scale（摄影机比例）

按比例来设置摄影机视野的大小，该数值越大，目标物体在摄影机视图中就越小。

◆ Auto Render Clipping Plane（自动渲染剪切平面）

选中该项后，系统会自动设置剪切平面，在Maya中，摄影机只能看到有限范围内的对象，一个摄影机的范围可以用剪切平面来描述，如果不启用该选项，则渲染时看不到剪切平面以外的物体。

◆ Near Clipping Plane（近剪切平面）

用于设置从摄影机到近剪切平面的距离，近剪切平面是指定位在摄影机视线最近上的一个虚拟的平面。这个平面是不可见的，在摄影机视图中，小于近剪切平面的对象都是不可见的，如图7-60所示。

图7-60 近剪切平面效果

◆ Far Clipping Plane（远剪切平面）

用于设置摄影机到远剪切平面的距离。远剪切平面是指定位在摄影机视线最远点上的一个虚拟的平面。这个平面是不可见的，在摄影机视图中，大于远剪切平面的对象都是不可见的，如图7-61所示。

图7-61 远剪切平面效果

在场景中，只有定位在近剪切平面和远剪切平面之间的对象才是可见的，与摄影机距离小于近剪切平面或大于远剪切平面的对象都是不可见的。

2. Film Back（胶片）

切换到摄影机Camerashape1属性，选中Film Back（胶片）属性，设置相关属性，如图7-62所示。

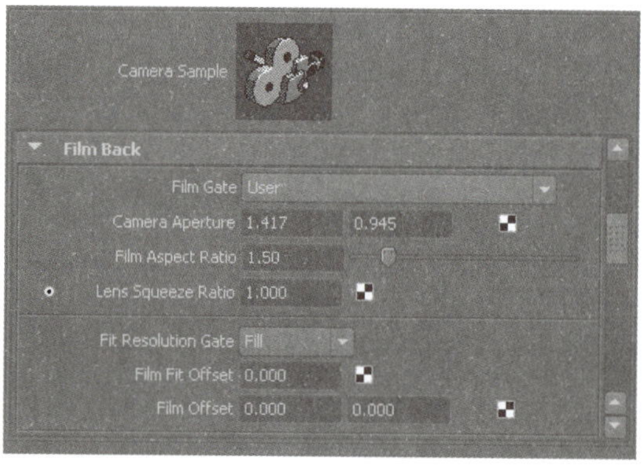

图7-62 胶片属性

◆ Film Gate（胶片指示器）

该项主要用来设置摄影机的规格。

◆ Camera Aperture（摄影机光圈）

该选项控制摄影机光圈的高度和宽度，摄影机光圈控制Focal Length（焦距）和Angle View（视角）的关系。

◆ Film Aspect Ration（胶片比率）

摄影机光圈的高宽比。当设置摄影机光圈时，此项的数值会自动更新。

◆ Lens Squeeze Ratio（透视压缩比率）

摄影机的透视水平压缩影像的数量，大部分摄影机不会压缩影像，它们的透视压缩比率是1。然而一些摄影机需要把宽屏视频放入正方形的胶片内，需要水平进行压缩。

◆ Fit Resolution Gate（分配分辨率指示器）

此项控制Resolution Gate和Film Gate之间的大小关系。

◆ Film Offset（胶片位移）

以屏幕为标准，水平或垂直移动Resolution Gate或Film Gate，一般此选项为0。在必要时，可以使用Film Offset在两个方向上移动视图。

7.6.3 景深

真实世界中的摄影机都会有一个距离范围，在这个范围内的对象都是聚焦的，而在这个范围外的物体都是模糊不清的，我们称这个范围为景深。景深是拍摄电影时经常用到的一个表现手法，当需要给予目标物体特写的时候，就可以使用景深效果，如图7-63所示。

在Maya中摄影机的默认属性都是聚焦的，所有被摄影机拍摄到的画面都是清晰可见的，如果我们需要制作景深效果，可以在摄影机Camera Attributes展开的Depth of Field面板中设置，如图7-64所示。

图7-63 景深效果

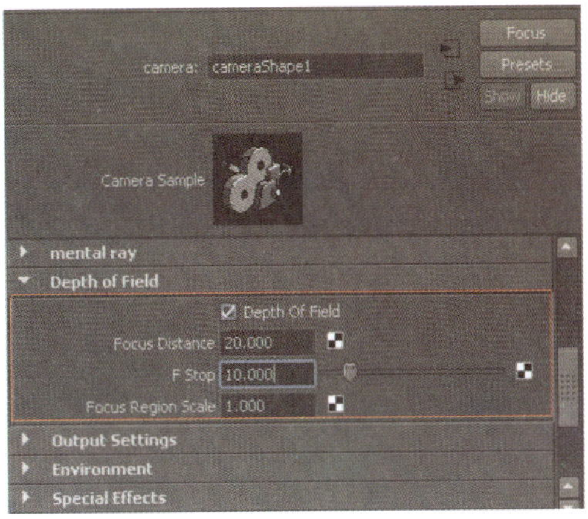

图7-64 Depth of Field属性面板

课堂练习67：午后街道

01 在视图中打开图7-65所示的场景文件，作为景深的对象。

02 选择摄影机Camera1，切换到Camera Attributes选项卡，展开Depth of Field面板，设置参数，如图7-66所示。

图7-65 场景文件

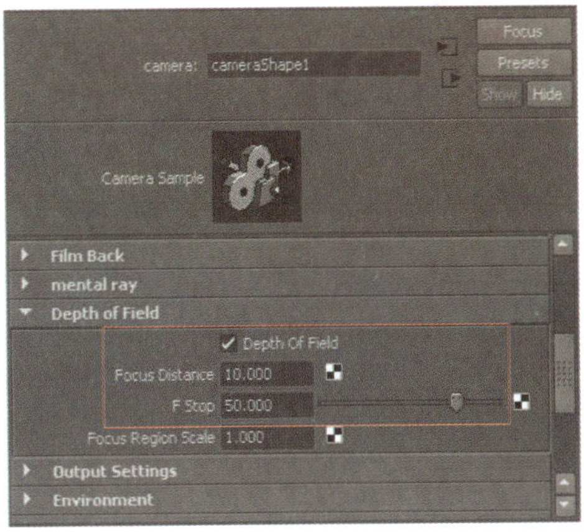

图7-66 设置景深属性

03 切换到渲染视图，渲染效果如图7-67所示。

参数简介

◆ Depth of Field（景深）

启用该复选框则开启景深功能，否则下面的参数设置都是无意义的。

图7-67 渲染效果

◆ Focus Distance（聚焦）

调节该参数，可以设置景深最远点与最近点之间的距离，如果该参数比较小，则近处的物体会聚焦，而远处的物体会变得模糊，该参数大则反之，如图7-68所示。

图7-68 聚焦对比

◆ F Stop

调节该参数可以设置景深范围的大小，该值越大，景深越长，该值越小则反之，如图7-69所示。

图7-69 光圈对比

◆ Focus Region Scale

该参数也会设置摄影机之间的距离范围，而当物体在这个范围之内时，它会变得清晰可见，处于范围之外时会变得模糊不清。当我们改变场景中的线性单位时，景深会随之改变，而此时想要保持景深不变，则可使用Focus Region Scale进行弥补。

7.7 案例3：温馨书屋

1. 设置灯光

01 打开Room场景文件，作为编辑对象，如图7-70所示。

02 执行Create（创建）| Lights（灯光）| Point Light（点光）命令，在场景中创建一盏点光灯，用来作为场景的主光源，以控制场景的整体照明效果。选中灯光并按T键，显示灯的控制手柄，调整其在场景中的照射位置及角度，如图7-71所示。

图7-70 场景文件

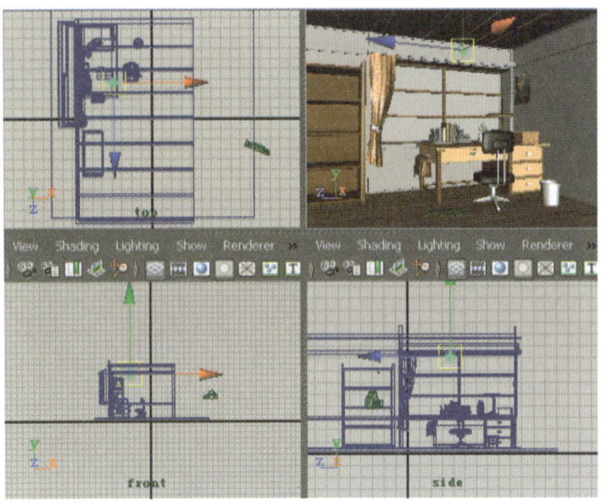

图7-71 创建Point Light

03 切换到Point Light的属性栏，设置灯光的Color值为HSV（30，0.506，0.926），Intensity值为0.5，如图7-72所示。

04 调整视图的角度，单击快速渲染按钮，快速渲染场景灯光效果，如图7-73所示。

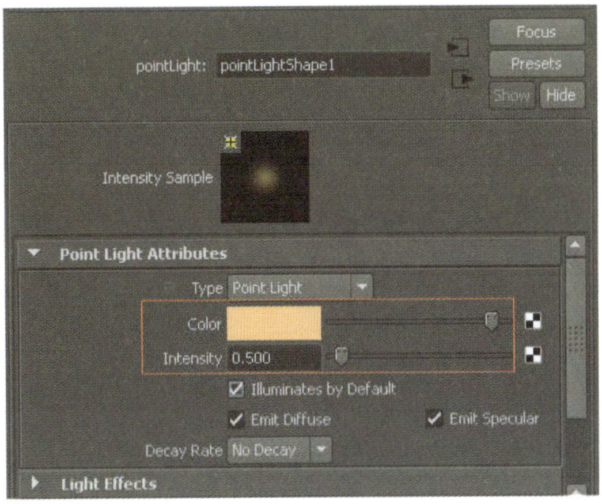

图7-72 设置灯光参数

图7-73 点光源照明的效果

05 执行Create（创建）|Lights（灯光）| Ambient Light（环境光）命令，在场景中创建一盏环境灯，用来作为场景主光灯的辅助灯光，以照亮场景的暗部，如图7-74所示。

06 切换到Ambient Light的属性栏，设置灯光的Color值为HSV（30，0.489，0.85），Intensity值

为0.5，如图7-75所示。

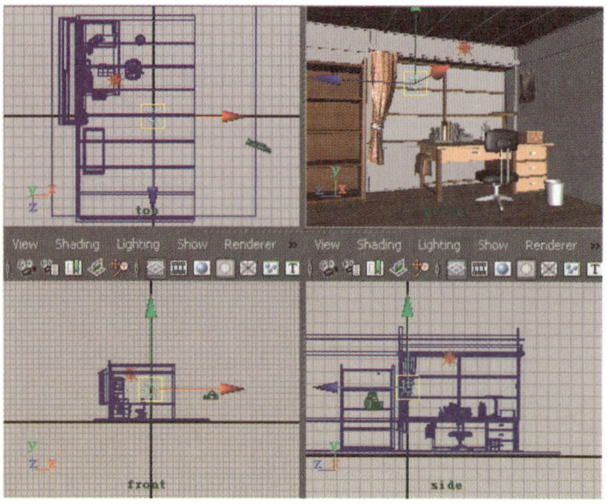

图7-74 创建Ambient Light

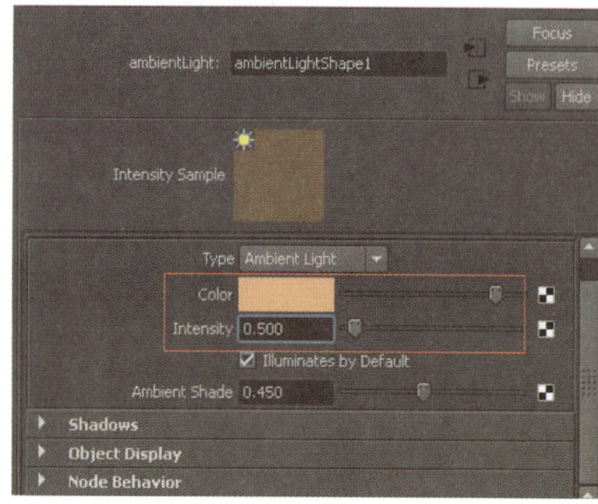

图7-75 设置环境光参数

07 调整视图的角度，单击快速渲染按钮，快速渲染场景灯光效果，如图7-76所示。

08 执行Create（创建）|Lights（灯光）| Area Light（区域光）命令，在场景中创建一盏区域灯光，放置在窗户的外侧，如图7-77所示。

图7-76 环境灯光渲染的效果

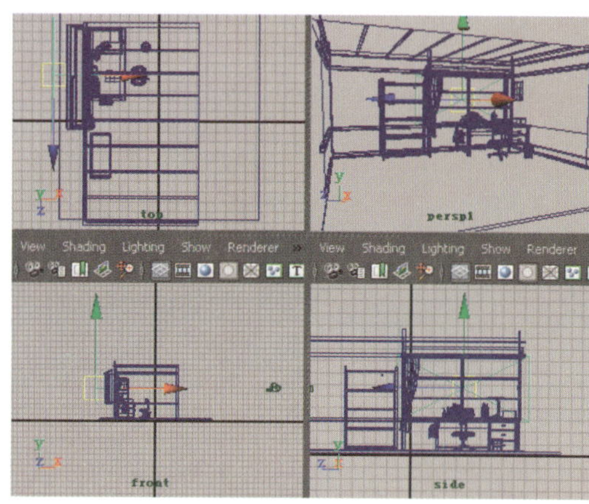

图7-77 创建Area Light

09 切换到Area Light的属性栏，设置灯光的Color值为HSV（206，0.6，0.926），Intensity值为0.2，如图7-78所示。

10 调整视图的角度，单击快速渲染按钮，快速渲染场景灯光效果，如图7-79所示。

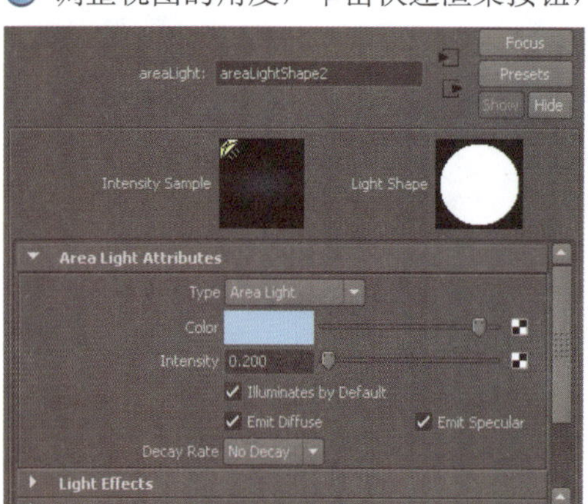

图7-78 设置区域光参数

图7-79 区域光照明效果

⑪ 执行Create（创建）|Lights（灯光）| Area Light（区域光）命令，在场景中创建第二盏区域灯光，放置在墙外侧，如图7-80所示。

⑫ 切换到Area Light的属性栏，设置灯光的Color值为HSV（206，0.365，0.926），Intensity值为0.2，如图7-81所示。

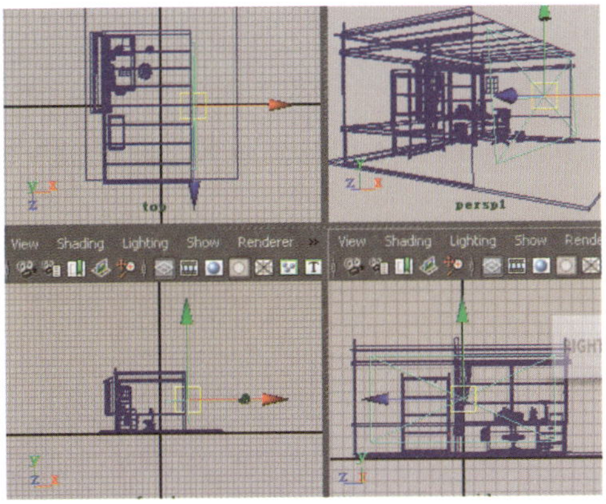

图7-80 创建区域光

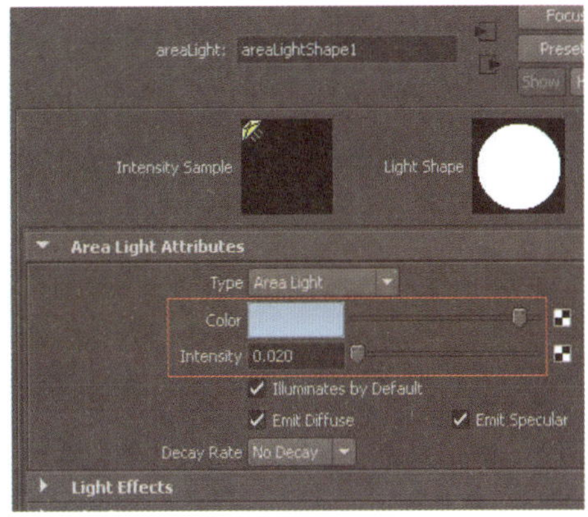

图7-81 区域光属性

⑬ 调整视图的角度，单击快速渲染按钮，快速渲染场景灯光效果，如图7-82所示。

⑭ 执行Create（创建）|Lights（灯光）| Spot Light（聚光灯）命令，在场景中创建一盏聚光灯，放置在窗户外侧，如图7-83所示。

图7-82 区域光照明效果

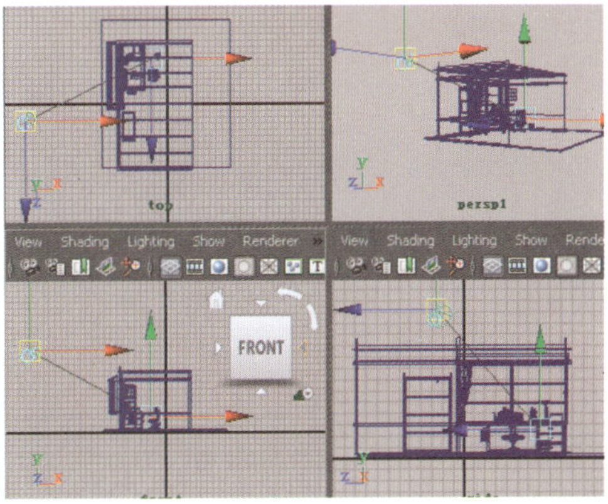

图7-83 创建Spot Light

⑮ 切换到Spot Light的属性栏，设置Intensity值为1.0，单击Color选项后的按钮，为其添加一张贴图，渲染效果如图7-84所示。

图7-84 渲染效果

2. 制作景深效果

01 选择Persp透视图，切换到Perspshape选项卡，展开Depth of Field面板，设置参数，如图7-85所示。

02 切换到渲染视图，渲染效果如图7-86所示。

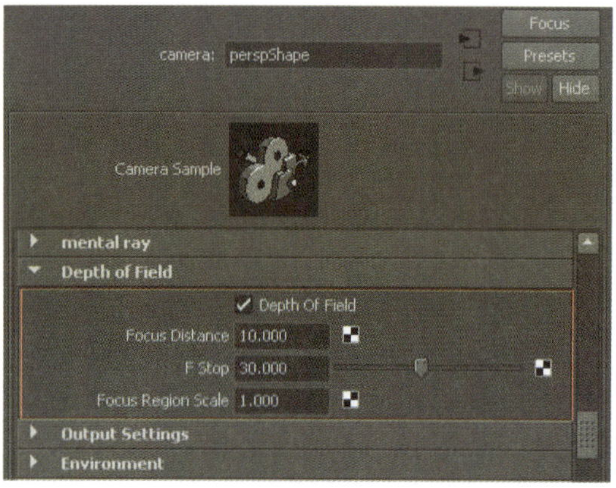

图7-85 属性设置

图7-86 渲染效果

第8章　添加UV贴图坐标

8.1　UV贴图坐标

创建好模型后，要为模型赋予一张纹理贴图，以丰富模型的细节，增加其真实性，增强视觉效果，这时就要通过UV坐标来确定2D纹理贴图在三维模型上的相对位置。本节先了解UV的基本概念及UV的编辑窗口。

8.1.1 UV的基本概念

UV，也称贴图坐标，主要用来定义纹理的位置。因为纹理图片是2D的，在Maya中将其贴到一个3D的物体上，这样原来纹理所固有的定位系统2D坐标将无法和3D空间一一对应；而通过UV贴图坐标可以把3D物体空间上的点和2D纹理上的点一一对应。

使用一张2D纹理图片，分别赋予球体模型，图8-1所示是未使用UV定位纹理坐标的效果；图8-2所示是使用了UV定位纹理坐标的效果。

图8-1 未使用UV定位

图8-2 使用UV定位

8.1.2 UV的编辑窗口

在Maya中，我们在UV Texture Editor（UV纹理编辑器）窗口中对UV进行编辑工作，与UV相关的编辑命令都可以在该窗口中找到。执行Window（窗口）|UV Texture Editor（UV纹理编辑器）命令，打开UV纹理编辑器窗口，如图8-3所示。

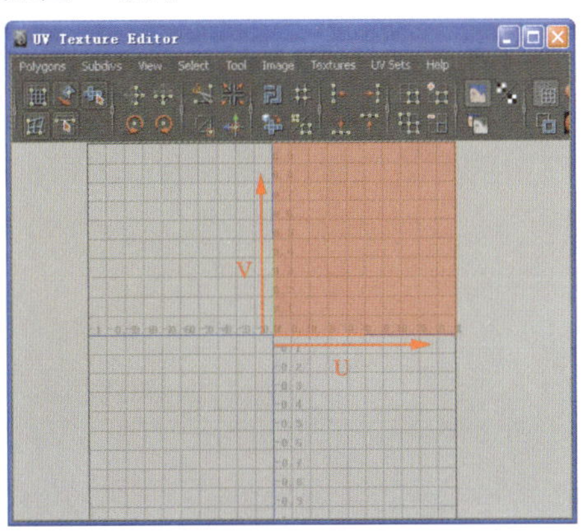

图8-3 UV Texture Editor

U是水平方向的坐标轴，相当于二维坐标轴中的x轴；V是垂直方向上的坐标轴，相当于y轴，以区别场景中的xyz三维坐标轴。UV Texture Editor（UV纹理编辑器）窗口中的红色透明区域为UV的实际有效区域，又称0～1的区间。如果UV超出该区域，纹理贴图会相对于这个区间的位置进行重复，在多边形UV编辑的教学中将会详细介绍该窗口的相关属性。

8.2 NURBS模型的UV设置

NURBS模型的UV设置与Polygon（多边形）模型和Subdiv（细分）模型的UV设置不同，NURBS模型自身的UV控制点在UV Texture Editor（UV纹理编辑器）窗口中不可编辑。组成NURBS模型的控制点也称为UV，它和纹理坐标的UV是一致的。模型自身的Isoparms（等位线）的分布情况决定了NURBS模型UV的设置。

8.2.1 NURBS模型UV设置的特点

在场景中选择一个NURBS模型，如图8-4所示，然后执行Window（窗口）|UV Texture Editor（UV纹理编辑器）命令，打开UV Texture Editor（UV纹理编辑器）窗口，如图8-5所示。

图8-4 选择NURBS模型

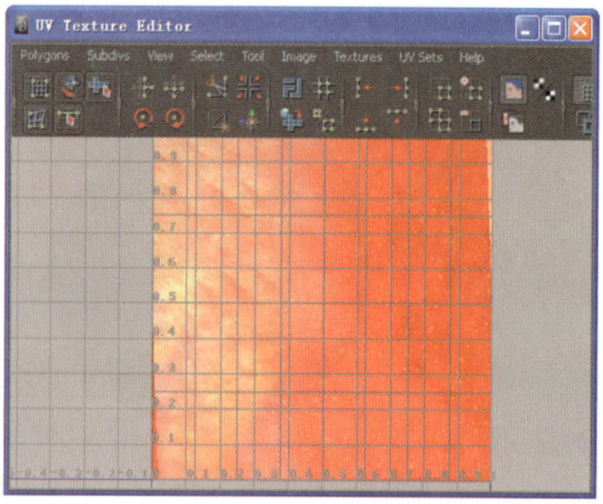

图8-5 NURBS模型的UV设置

通过图8-4和图8-5可以看出，NURBS模型的UV设置具有以下几个特点。

◆ NURBS模型的UV是固定的

NURBS模型的UV是固定的，不需要手动添加。

◆ NURBS模型中的UV是不可以编辑的

NURBS模型中的UV是不可以编辑的，如图8-5所示，即UV Texture Editor（UV纹理编辑器）窗口的UV都是灰色的，当窗口颜色为白色时才可以编辑。

◆ NURBS模型的UV设置是由模型自身Isoparms（等位线）的分布情况所决定的

NURBS模型的UV设置是由模型自身的Isoparms（等位线）的分布情况所决定的，纹理贴图会因模型Isoparms（等位线）分布的疏密而产生不同的变化。

8.2.2 NURBS模型UV的编辑

由于Isoparms（等位线）的分布情况决定了NURBS模型的UV，所以纹理贴图会因Isoparms（等位线）不同的分布而产生疏密的变化。如何才能解决此类问题呢?下面我们通过一个实例来介绍一下，在Maya中如何设置NURBS模型的UV。

课堂练习68：编辑NURBS模型UV

01 在视图中选择NURBS模型，如图8-6所示。

02 按组合键Ctrl+A键，切换到NURBS模型的属性编辑器，在Texture Map（纹理贴图）卷展栏中找到Fix Texture Warp（固定变形纹理）复选框，如图8-7所示。

图8-6 选择模型

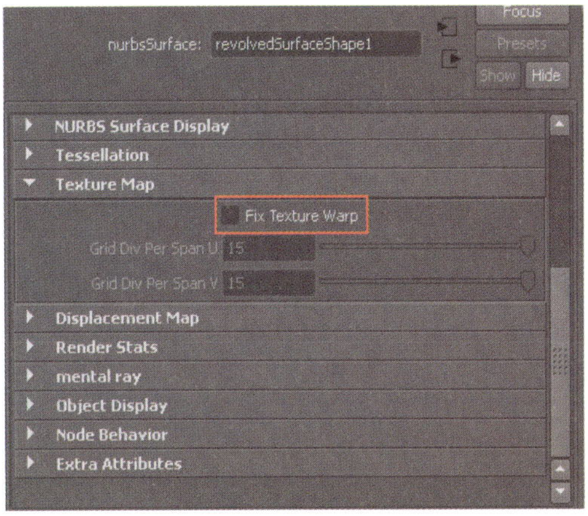

图8-7 找到Fix Texture Warp

03 启用Fix Texture Warp（固定变形纹理）复选框，设置Grid Div Per Span U和Grid Div Per Span V的参数为15。图8-8所示为未启用Fix Texture Warp（固定变形纹理）复选框的渲染效果；图8-9所示为启用Fix Texture Warp（固定变形纹理）复选框的渲染效果。

图8-8 未启用Fix Texture Warp

图8-9 启用Fix Texture Warp

注意：在启用Fix Texture Warp（固定变形纹理）复选框后，NURBS模型的纹理可以在表面上均匀分布，要想看到纹理贴图变化效果只有通过渲染。

8.3 多边形UV投射

在为多边形制作纹理贴图时，必须要在模型上创建UV，并对其进行编辑，使UV自然展开，没有重叠和拉伸现象。在Maya中创建UV的方法，通常有以下两种，一种是通过投射创建UV，另一种是在创建多边形几何体时设置UV。

通过投射创建UV的方法共有4种，分别是Planar Mapping（平面投射）、Cylinder Mapping（圆柱投射）、Spherical Mapping（球体投射）和Automatic Mapping（自动投射）。

8.3.1 Planar Mapping（平面投射）

Planar Mapping（平面投射）命令可以将物体的UVs沿一个平面进行投射，创建UV。

课堂练习69：使用平面投射

01 在场景中选择多边形模型，如图8-10所示。

02 在Polygon模块下，执行Create Uvs（创建UVs）|Planar Mapping（平面投射）命令，设置Project from为Z axis，如图8-11所示。

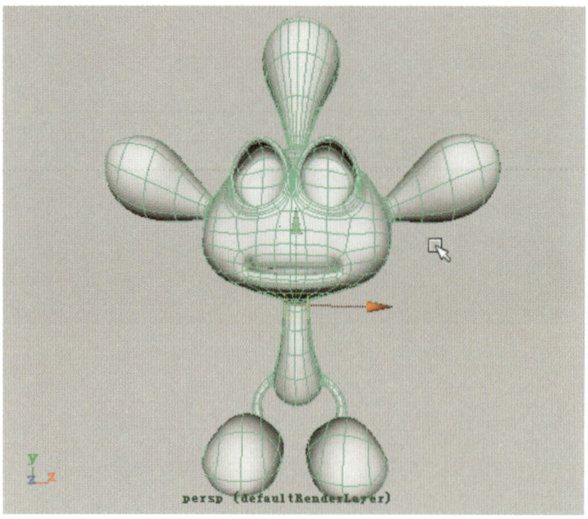

图8-10 选择模型

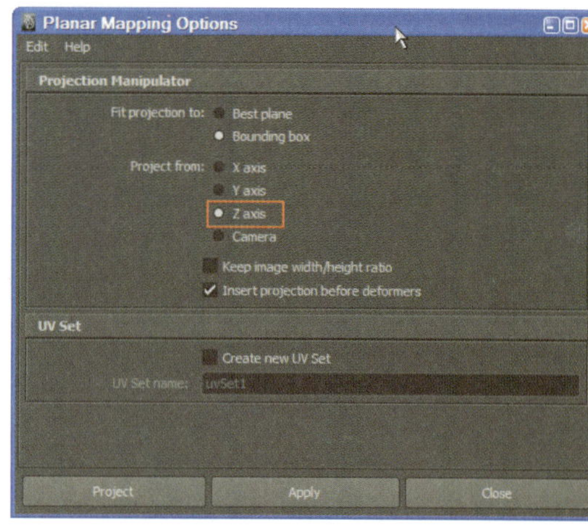

图8-11 设置映射方向

03 单击Project或Apply按钮，即可为多边形模型创建Planar Mapping（平面投射），如图8-12所示。

04 执行Window（窗口）| UV Texture Editor（UV纹理编辑器）命令，打开UV Texture Editor（UV纹理编辑器）窗口，可以看到多边形UV的分布情况，如图8-13所示。

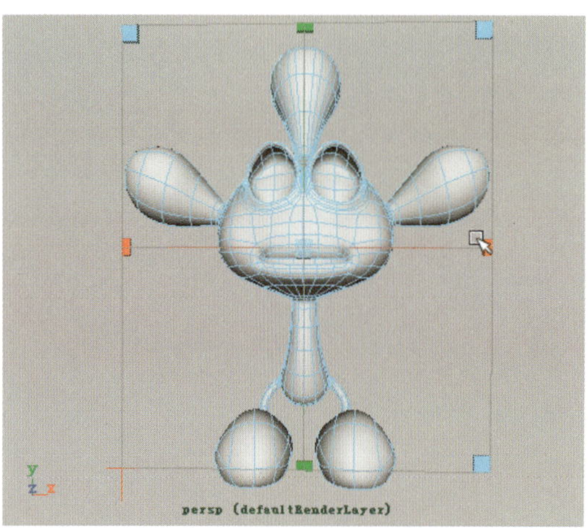

图8-12 平面投射

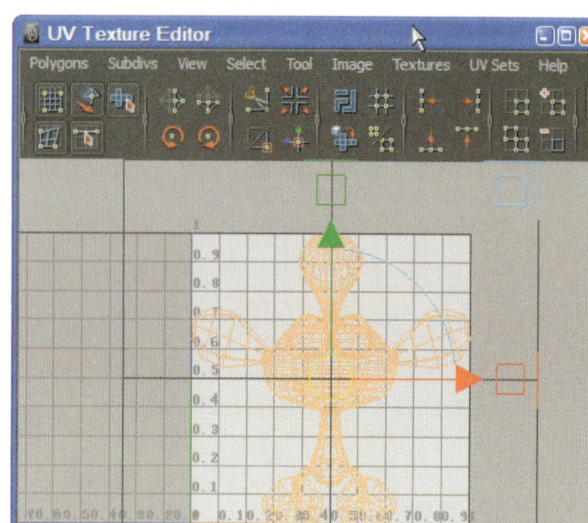

图8-13 模型UV分布

参数简介

◆ Fit projection to Best Plane（投射到面）

启用此项，在对物体的面进行UV贴图时，投影操纵器可以吸附到物体的表面，以选定的面作为目标旋转。

◆ Fit projection to Bounding Box（投射到物体界限框）

启用该项，当对所有物体或大多数物体表面进行贴图操作时，它会将投影操纵器吸附到最适合的物体界线框内。

◆ Projection from X/Y/Z/Camera（投射轴或摄影机）

选择一个轴，以便投影操纵器能瞄准物体的大多数面。

◆ Keep image width/height（保持图像的宽高比）

启用该项可以保持图像的宽高比。

◆ Insert projection before deformer

该选项在默认情况下是启用的。选择该项，当物体变形后，纹理也会发生相应的变化。

◆ Create New UV Set（创建一个新的UV集）

启用该项，创建一个新的UV集，并将由投影创建的UV放置在该集中。

◆ UV Set name（UV集名称）

只有启用Create New UV Set复选框，UV Set name项才能使用，在该项中可以修改UV的名称。

注意：在为多边形创建UV时，可以选择整个物体，也可以选择部分表面创建UV。

8.3.2 Cylinder Mapping（圆柱投射）

Cylinder Mapping（圆柱投射）命令可以将多边形物体的UV沿圆柱体形状产生投射，创建UV。圆柱投射命令可以为整个物体创建UV，也可以为选择的表面单独创建UV，是选择表面的UV从整体UV中单独分离出来。

课堂练习70：圆柱投射

01 在Maya场景中选择一个多边形模型。

02 执行Create Uvs（创建UVs）| Cylinder Mapping（圆柱投射）命令，即可创建圆柱投射，如图8-14所示。

03 选择图8-15中所示的黄色控制手柄并拖动，使其与红色控制手柄相交。

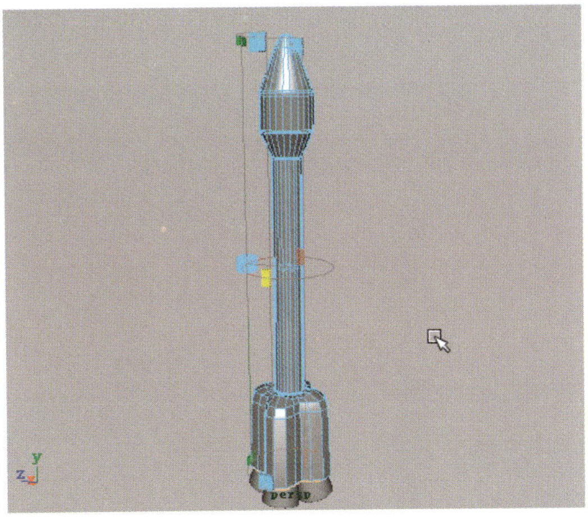

图8-14 圆柱投射

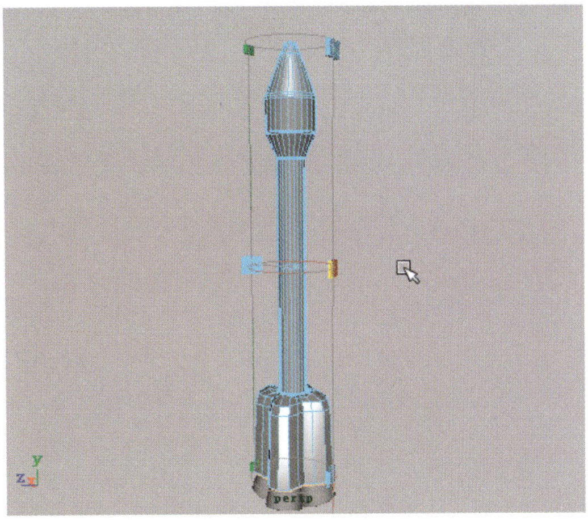

图8-15 操作控制手柄

04 执行Window（窗口）| UV Texture Editor（UV纹理编辑器）命令，打开UV Texture Editor（UV纹理编辑器）窗口，可以看到多变形的UV分布情况，如图8-16所示。

参数简介

执行Create Uvs（创建UVs）| Cylinder Mapping（圆柱投射）命令，打开圆柱投射属性面板，如图8-17所示。

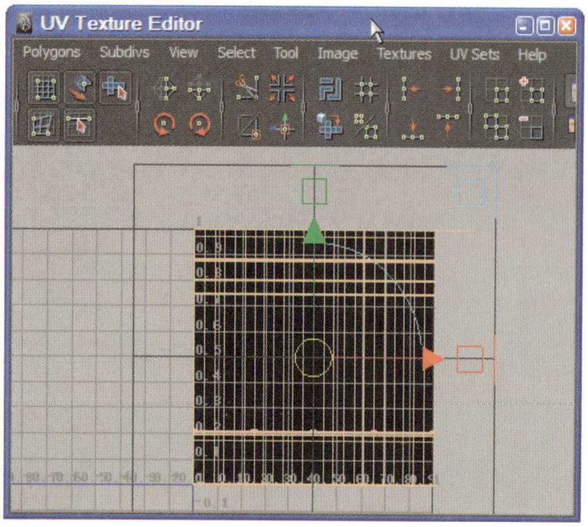

图8-16 模型UV分布情况

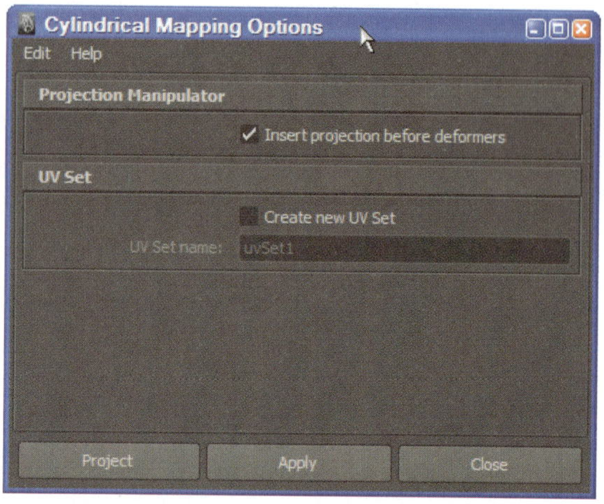

图8-17 Cylinder Mapping属性面板

◆ Projection Manipulator（投射控制器）

在投射控制器选项中，Insert projection before deformers选项在默认情况下是启用的。选择此项，当物体经过变形时，纹理也会发生相应的变化。

◆ Create New UV Set（创建一个新的UV集）

启用该项，创建一个新的UV集，并将由投影创建的UV放置在该集中。

◆ UV Set name（UV集名称）

只有启用Create New UV Set复选框，UV Set name才能使用，在该项右侧的文本框中可以修改UV的名称。

8.3.3 Spherical Mapping（球体投射）

Spherical Mapping（球体投射）命令可以将多变形的UV点，根据球体的形状进行投射，创建UV，使用方法与Planar Mapping（平面映射）和Cylinder Mapping（圆柱投射）命令一致，这里就不再赘述了，效果如图8-18和图8-19所示。

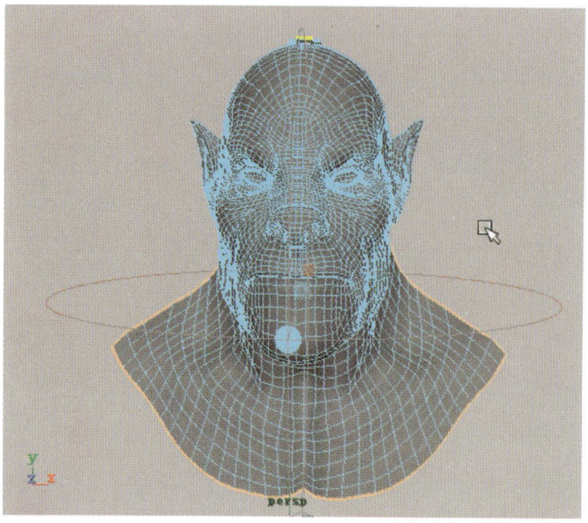

图8-18 球体投射

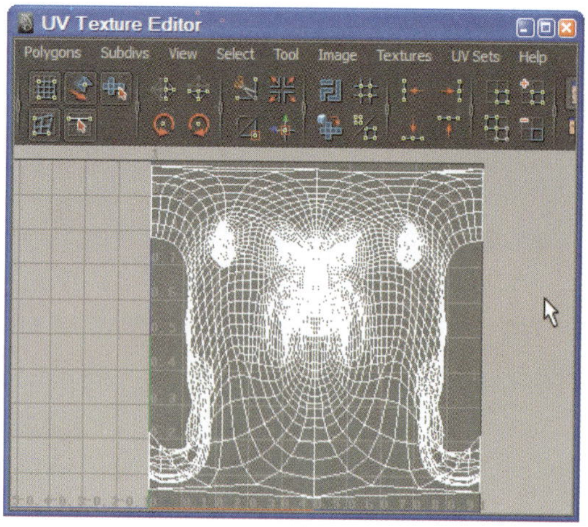

图8-19 模型UV分布情况

技巧 Spherical Mapping（球体投射）命令的参数和Cylinder Mapping（圆柱投射）的相同，这里就不再赘述了。

8.3.4 Automatic Mapping（自动投射）

Automatic Mapping（自动投射）命令可以将多边形的顶点沿多个角度进行投射，形成多块UV。

课堂练习71：使用自动投射

01 选择场景中的一个多边形模型，执行Create Uvs（创建UVs）| Automatic Mapping（自动投射）命令，对其执行自动映射操作，此时在物体周围生成多个映射平面，如图8-20所示。

02 执行Window（窗口）| UV Texture Editor（UV纹理编辑器）命令，打开UV Texture Editor（UV纹理编辑器）窗口，可以看到多边形的UV分布情况，如图8-21所示。

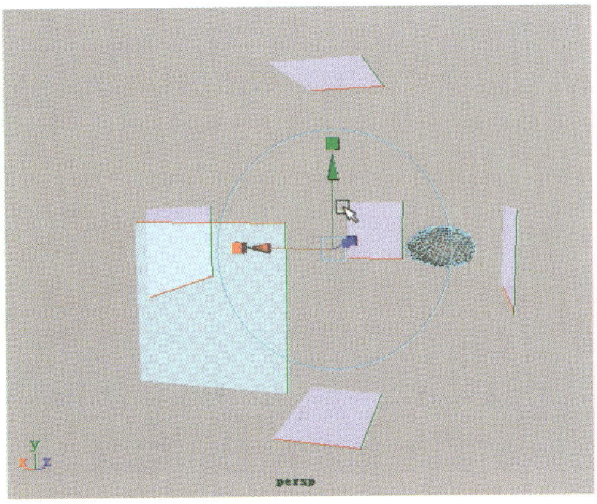

图8-20 自动投射

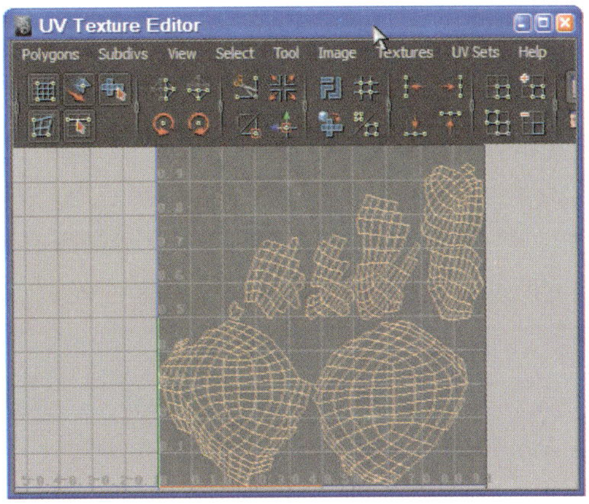

图8-21 模型UV分布情况

参数简介

执行Create Uvs（创建UVs）| Automatic Mapping（自动投射）命令，并打开该命令的选项面板，设置相关属性，如图8-22所示。

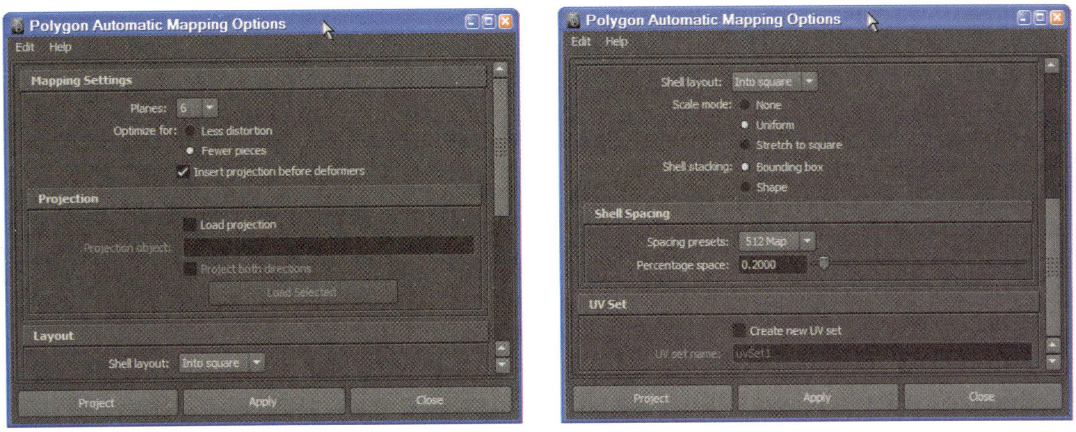

图8-22 Automatic Mapping属性面板

◆ Planes（面）

选择要进行投影平面的数量。使用的平面越多，发生的扭曲就越少，而且创建的UV块也越多。

◆ Optimize for（优化）

使用用户优化投影的方式。

◆ Layout

选择UV块在纹理空间中所在的位置。

◆ Space Presets（预设空间）

Maya会在各个块周围放置一个界限框，以便使界限框非常靠近。

◆ Percentage Space

通过该项设置界限框的间距，可以控制贴图大小的百分比。

8.3.5 在创建多边形几何体时设置UV

虽然多边形模型不同于NURBS模型，自身具有UV控制点，但是在多边形模块中创建标准几何体时，可以通过设置标准几何体属性面板中的UV选项，来设置并创建UV。

课堂练习72：设置UV

01 执行Create（创建）|Polygon Primitives Sphere（多边形球体）命令，打开Sphere属性面板，启用UV选项，如图8-23所示。

02 单击Create或Apply按钮，即可创建UV。

03 执行Window（窗口）| UV Texture Editor（UV纹理编辑器）命令，打开UV Texture Editor（UV纹理编辑器）窗口，可以看到多变形的UV分布情况，如图8-24所示。

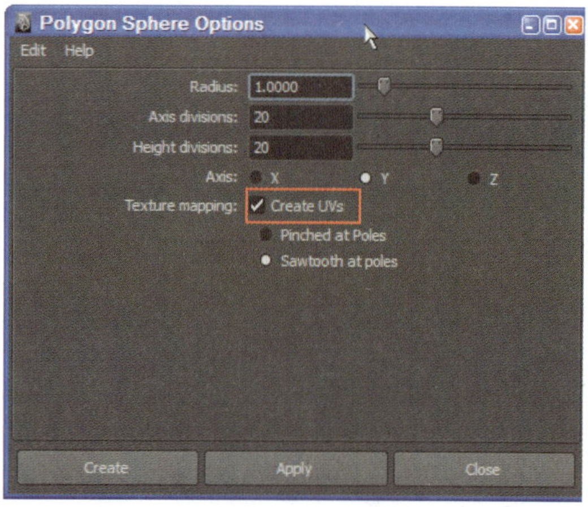

图8-23 UV选项设置

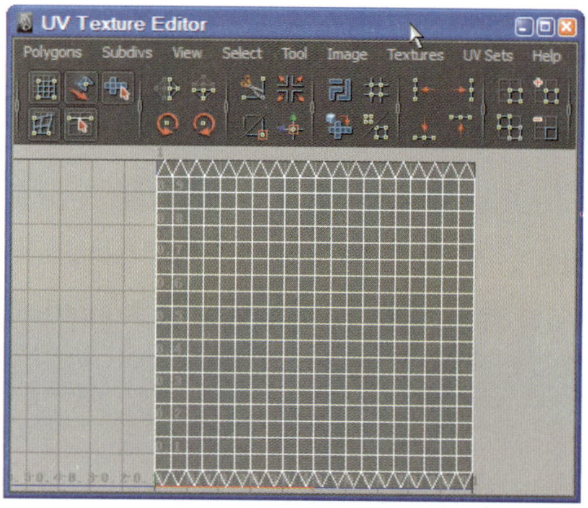

图8-24 Sphere UV分布

注意：创建多边形几何体时，默认情况下Create UVs（创建Uvs点）选项是启用的。如果将该项关闭，多边形几何体的UV将不可编辑。

8.4 多边形UV编辑工具

在Maya中，对UV的所有操作都是在UV Texture Editor（UV纹理编辑器）窗口中进行的。在对UV编辑器窗口的讲解中，我们简单介绍了UV编辑器的一些概念，本节我们来详细学习使用UV Texture Editor（UV纹理编辑器）编辑多边形的UV。

在UV Texture Editor（UV纹理编辑器）窗口中，Polygons菜单组是编辑多边形UV最常用的菜单，下面我们来学习Polygons菜单组中几种常用的编辑多边形UV的命令。

8.4.1 Normalize（标准化）

Normalize（标准化）命令可以使UV自动配置到0～1的纹理空间，如图8-25所示。其操作方法如下。

01 执行Polygons（多边形）| Normalize（标准化）命令，打开该属性面板，如图8-26所示。

02 在Normalize（标准化）属性面板中设置相关属性。

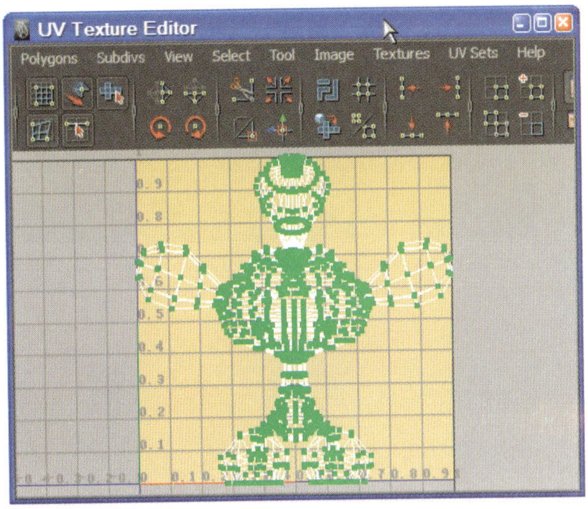

图8-25 标准化纹理

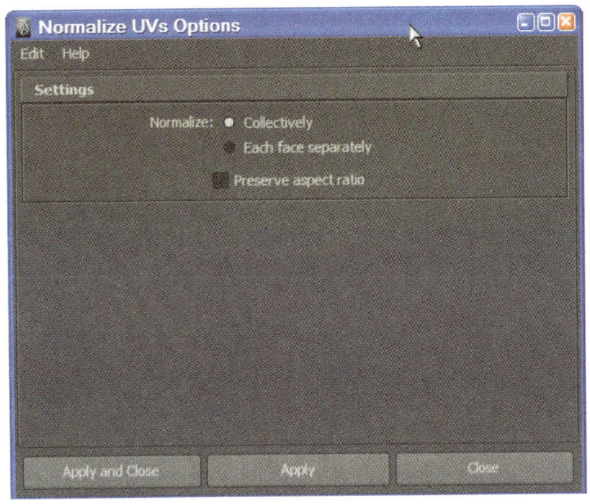

图8-26 Normalize属性面板

参数简介

◆ Collectively（整体）

Normalize默认参数，可将选定物体的每个面作为一个整体，对UV进行标准化。

◆ Each face separately（单面独立）

可将选定物体的每个面分别进行UV标准化。

◆ Preserve aspect ratio（保持比率）

启用此项，可使UV在进行标准化时沿U向和V向进行等比缩放。

8.4.2 Flip（翻转）

Flip（翻转）命令可使UV进行上下或左右翻转。其操作方法如下。

01 执行Polygons（多边形）| Flip（翻转）命令，打开该属性面板并设置相关属性，如图8-27所示。

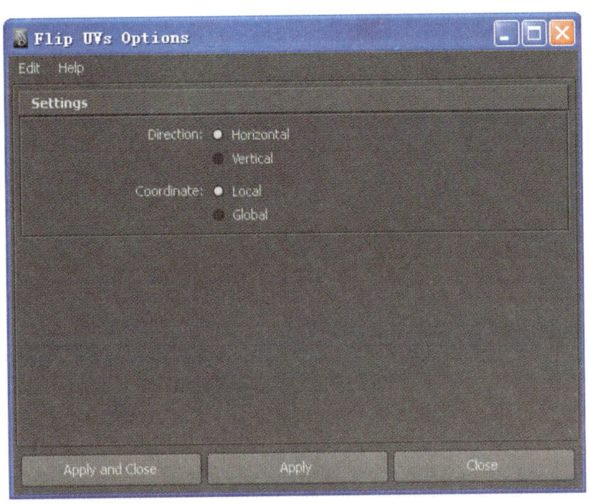

图8-27 Flip（翻转）选项面板

02 单击Apply按钮，即可翻转UV，分别如图8-28和图8-29所示。

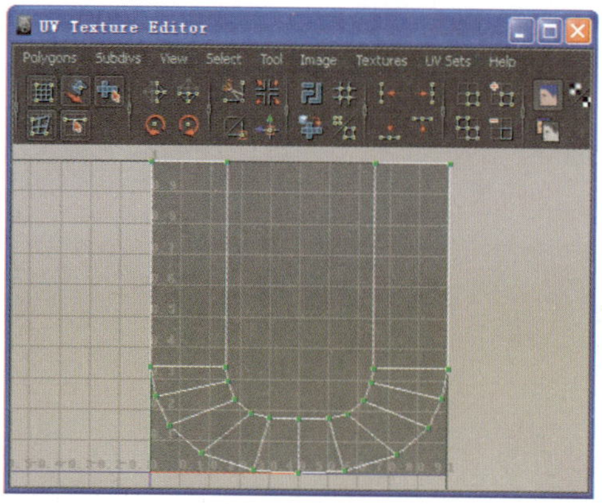

图8-28 默认UV位置

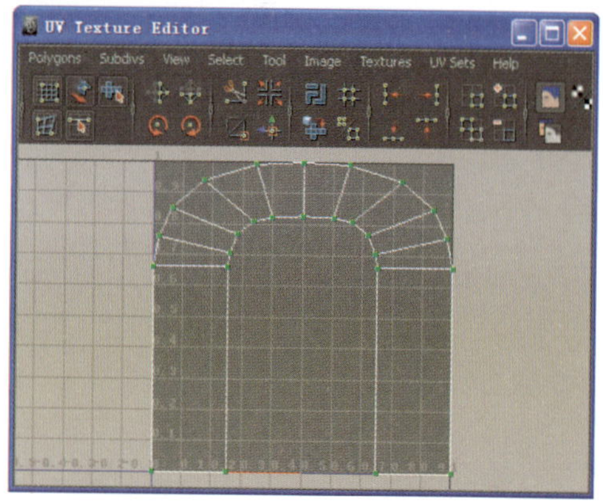

图8-29 UV垂直翻转后的效果

参数简介

◆ Direction（方向）

翻转UV的方向。

◆ Horizontal/Vertical（水平/垂直）

该项控制UV沿水平或垂直方向翻转。

◆ Coordinate（坐标）

翻转UV的坐标轴。

◆ Local（局部）

该参数控制UV以选择物体的UV中心点作为中心轴进行翻转；Goal（整体）参数控制UV以纹理空间的U轴或V轴作为中心轴进行翻转。

8.4.3 Rotation（旋转）

Rotation（旋转）命令主要用来指定UV根据设置的角度进行旋转。其操作方法如下。

01 执行Polygons（多边形）| Rotation（旋转）命令，打开该属性面板并设置旋转角度，如图8-30所示。

02 单击Apply按钮，即可旋转UV，如图8-31所示。

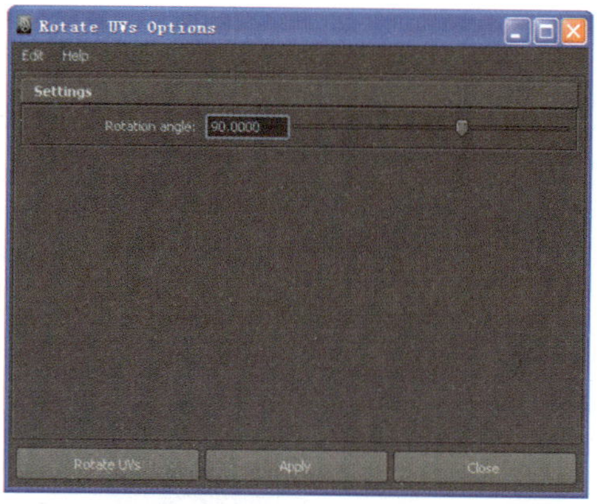

图8-30 Rotation（旋转）选项面板

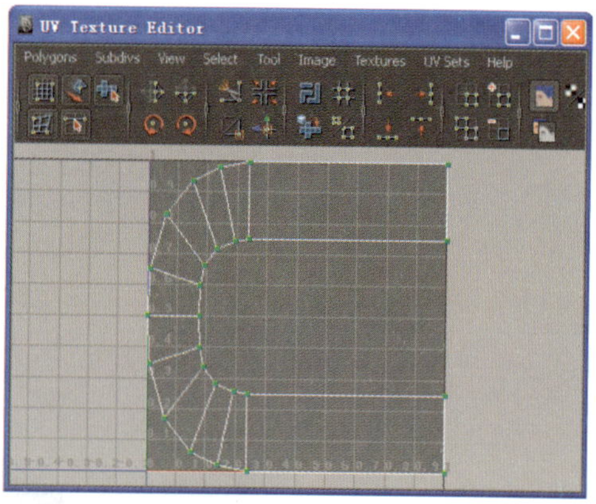

图8-31 旋转90°

注意

注意Flip（翻转）UV和Rotation（旋转）UV之间的区别：Rotation（旋转）UV可以设置旋转的角度，而Flip（翻转）只能水平和垂直翻转。

8.4.4 Straight UV Board（拉直边界UV）

Straight UV Board（拉直边界UV）命令可以将边界的UV进行拉伸处理。其操作方法如下。

01 执行Polygons（多边形）| Straight UV Board（拉直边界UV）命令，打开该属性面板，如图8-32所示。

02 单击Apply按钮，即可将变形的UV拉直，如图8-33所示。

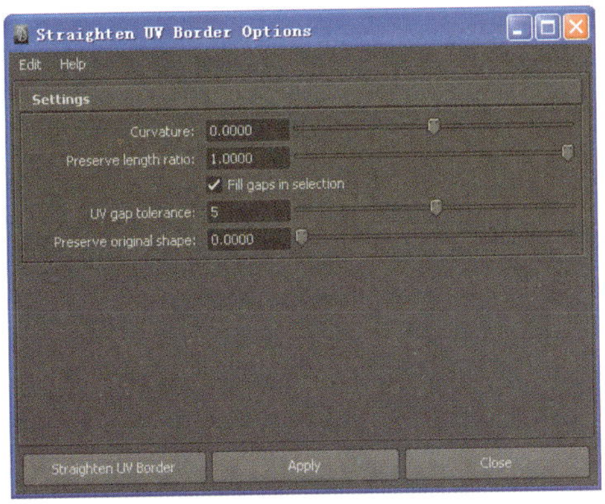

图8-32 Straight UV Board选项面板

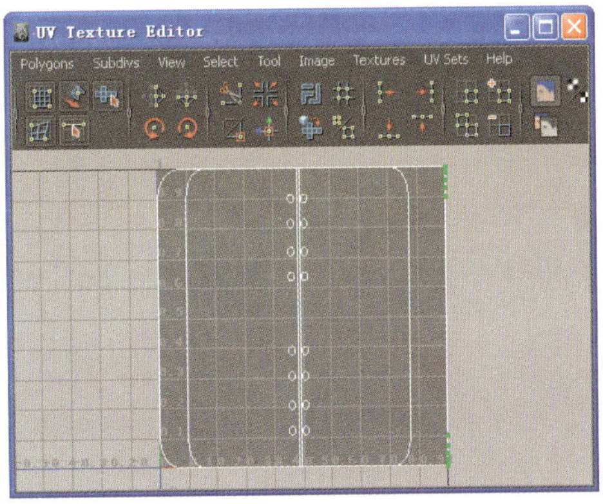

图8-33 拉直UV边界后的效果

参数简介

◆ Curvature（曲率）

可以将选择的UV边界推进或退出，当值为0时，边界拉直。

◆ Preserve length ratio（保持长度比率）

该参数主要控制UV边界点之间长度的比率。

◆ UV gap tolerance（UV边界的精度）

该参数控制被遗漏的UV点数目的最大值。

◆ Preserve original shape（保持原始形状）

该参数控制边界UV的变形程度。

8.4.5 Relax（松弛）

Relax（松弛）命令用来展开重叠在一起的UV，使UV分布平滑合理，以便于对贴图纹理的编辑。其操作方法如下。

01 执行Polygons（多边形）| Relax（松弛）命令，打开该属性面板，如图8-34所示。

02 单击Apply按钮，即可将重叠在一起的UV平坦展开，如图8-35所示。

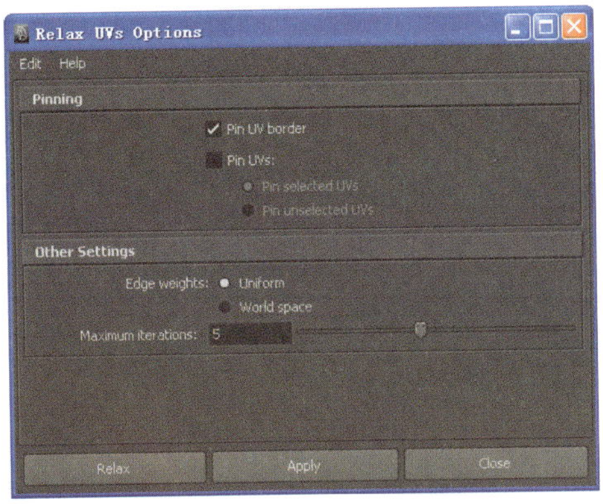

图8-34 Relax选项面板

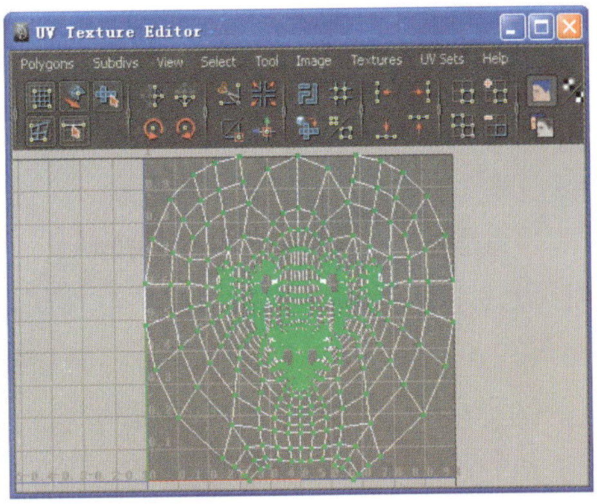

图8-35 松弛后的效果

参数简介

◆ Pin UV border（固定UV边界）

锁定UV边界，对UV进行松弛。

◆ Pin selected UVs（固定被选UV）

锁定选择的UV点，对未选择的UV点进行松弛。

◆ Pin unselected UVs（固定未选UV）

松弛选择的UV点，固定未选择的UV点。

◆ Uniform（均匀）

使用该命令可以使UV均匀展开。

◆ World space（世界空间）

使用该命令，可以使UV根据场景中网格的布线距离进行松弛。

8.4.6 Cut UV Edges（剪切UV边）

Cut UV Edges（剪切UV边）命令可以将已选边的UV进行切割，选择所需要的边切割UV所对应的边，执行命令即可将UV切开。其操作方法如下。

01 选择UV纹理编辑器窗口中要切开的边，如图8-36所示。

02 执行Polygons（多边形）| Cut UV Edges（剪切UV边）命令，即可将UV切开，如图8-37所示。

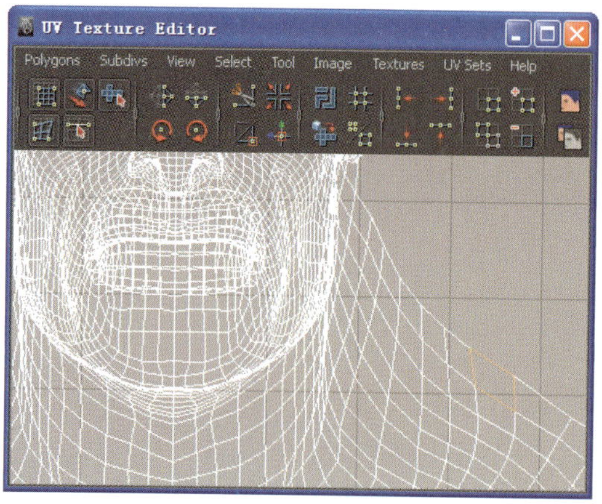

图8-36 选择UV边

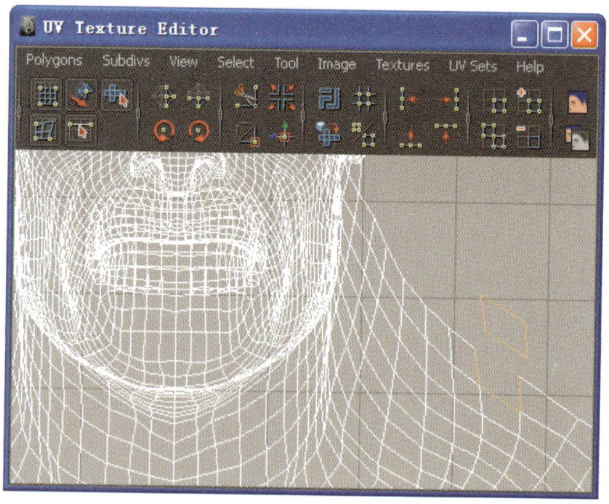

图8-37 剪切UV边

8.4.7 Split UVs（分离UV）

Split UVs（分离UV）命令用于分离UV，执行该命令将使UV沿着与选择点相邻的边进行分离。其操作方法如下。

01 选择UV纹理编辑器窗口中要分离的UV点，如图8-38所示。

02 执行Polygons（多边形）| Split UVs（分离UV）命令，即可将UV点分离，如图8-39所示。

8.4.8 Sew UV Edges（缝合UV边线）

Sew UV Edges（缝合UV边线）命令可以将所选择边线的UV进行缝合。选择要缝合的UV边，执行该命令，可将边线上相应的UV进行缝合。其操作方法如下。

01 选择UV纹理编辑器窗口中要缝合的UV边线，如图8-40所示。

02 执行Polygons（多边形）| Sew UV Edges（缝合UV边线）命令，即可将UV边线缝合，如图8-41所示。

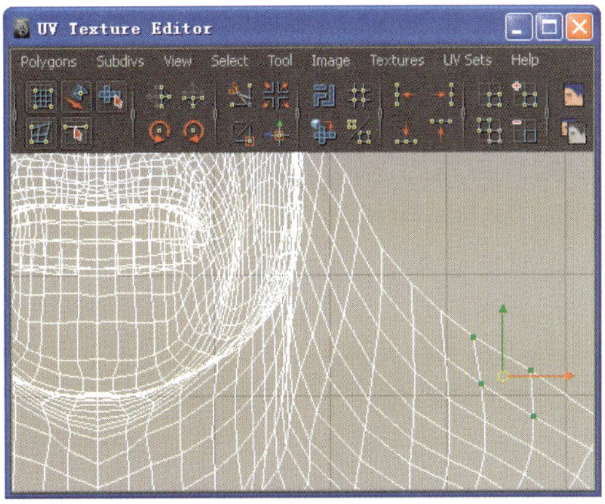

图8-38 选择要分离的点

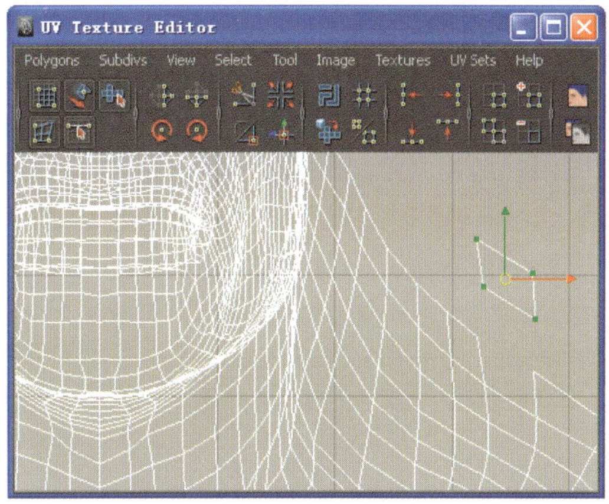

图8-39 分离UVs点

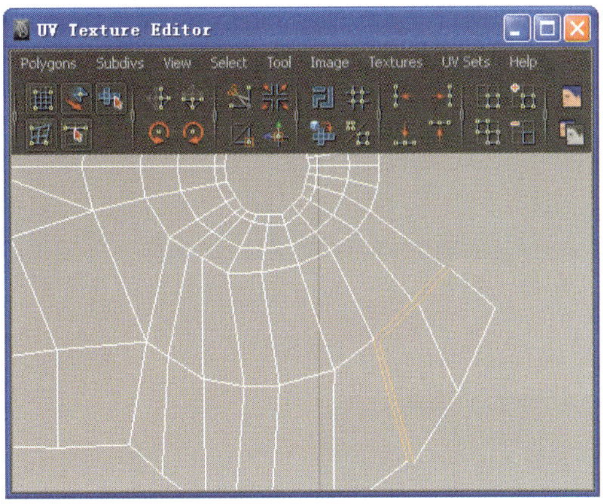

图8-40 选择边

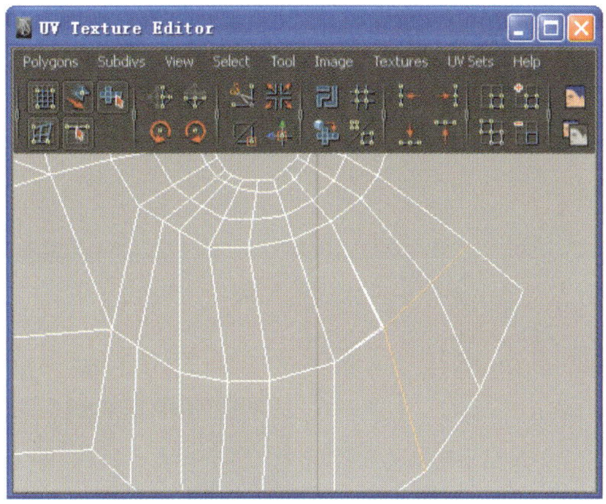

图8-41 缝合UV边线

8.4.9 Move and Sew UV Edge（移动并缝合UV边线）

Move and Sew UV Edges（移动并缝合UV边线）命令可以在缝合UV的同时，移动需要缝合的UV边，执行该命令，可使较小的UV移动并缝合在较大的UV上。其操作方法如下。

01 选择UV纹理编辑器窗口中要缝合的UV边线，如图8-42所示。

02 执行Polygons（多边形）| Move and Sew UV Edges（移动并缝合UV边线）命令，即可将UV边线缝合，如图8-43所示。

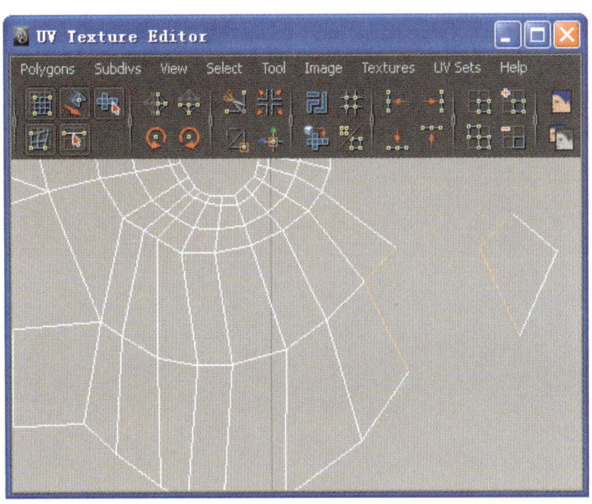

图8-42 选择边

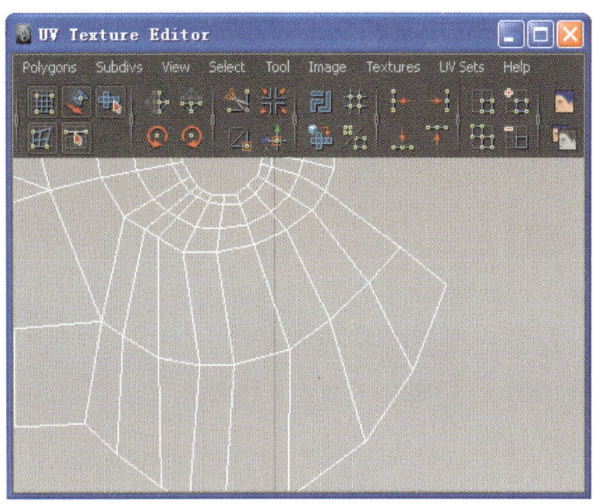

图8-43 移动并缝合UV边线

8.4.10 UV Snapshot（UV快照）

UV Snapshot（UV快照）命令可以导出UV拓扑结构图，形成一个图像文件，然后在后期软件中根据UV拓扑结构来绘制纹理，使纹理与UV相匹配。其操作方法如下。

01 选择UV纹理编辑器窗口中要导出的UV拓扑结构，如图8-44所示。

02 执行Polygons（多边形）| UV Snapshot（UV快照）命令，将会弹出UV Snapshot的属性面板，可以在该面板中设置相关属性，如图8-45所示。

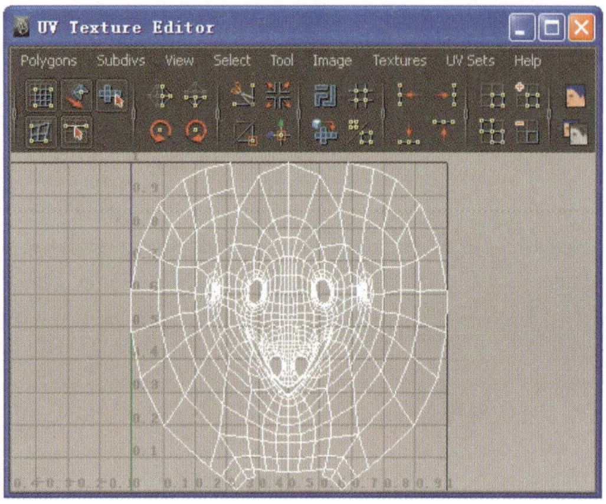

图8-44 选择UV拓扑结构

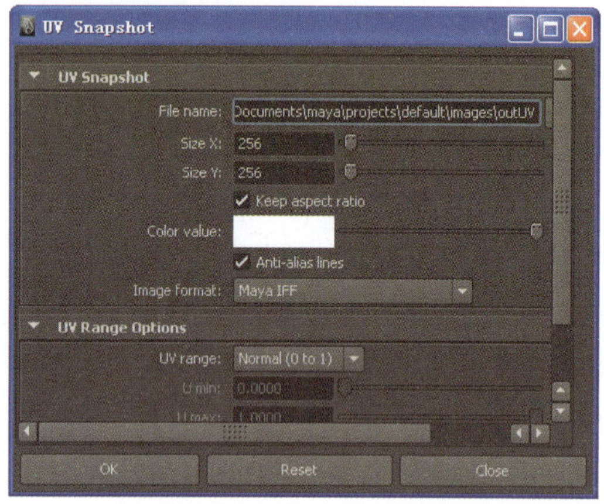

图8-45 UV Snapshot属性面板

03 单击OK按钮，即可导出二维拓扑结构图片，如图8-46所示。

图8-46 输出的拓扑结构图

参数简介

◆ File name（文件名）

设置导出图像的路径和名称。

◆ Size X /Size Y（X/Y尺寸）

设置导出图片的尺寸。

◆ Color Value（颜色值）

设置UV的颜色。

◆ Anti-alias Lines（抗锯齿）

设置导出图像的边线是否抗锯齿。

◆ Image format（图像格式）

设置导出图像的格式。

◆ UV Range（UV范围）

用于控制导出UV坐标的范围。

8.4.11 Delete UVs（删除UV）

选择要删除的UV点，执行该命令，即可将UV点删除。

注意：由于细分模型的UV编辑和多边形基本相同，这里就不再赘述了，读者可以参看多边形的UV的相关内容。

8.5 案例4：人头模型UV的设置

本例通过对卡通模型UV的设置，来学习UV编辑的相关命令。本例主要运用的UV编辑技术主要包括UV投射方式、Relax（松弛）、拆分UV及缝合UV边。

在本书的光盘文件中选择人头模型，如图8-47所示。将UV Texture Editor打开，可以看到模型的UV重叠比较严重，如图8-48所示。

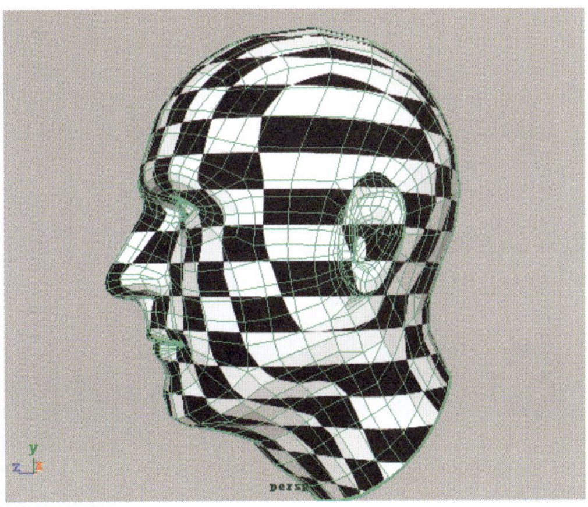

图8-47 选择模型

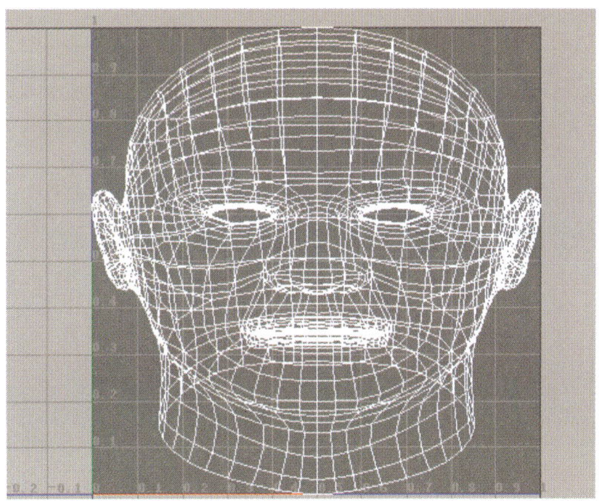

图8-48 模型UV分布

1. Spherical Mapping（球体投射）

01 选择人头模型，执行Create UVs（创建UV）|Spherical Mapping（球体投射）命令，为模型创建球体投射，如图8-49所示。

02 可以通过控制球体投射命令的控制器工具，调整UV的投射效果。拖动球体投射工具水平方向上的红色控制器手柄，扩大手柄的投射范围为360°，如图8-50所示。

03 拖动模型上方的绿色控制器手柄，扩大手柄的投射范围为360°，如图8-51所示。

04 执行Window（窗口）|UV Texture Editor（UV纹理编辑器）命令，打开UV Texture Editor（UV纹理编辑器）窗口，可以看到球体投射后UV的分布情况，如图8-52所示。

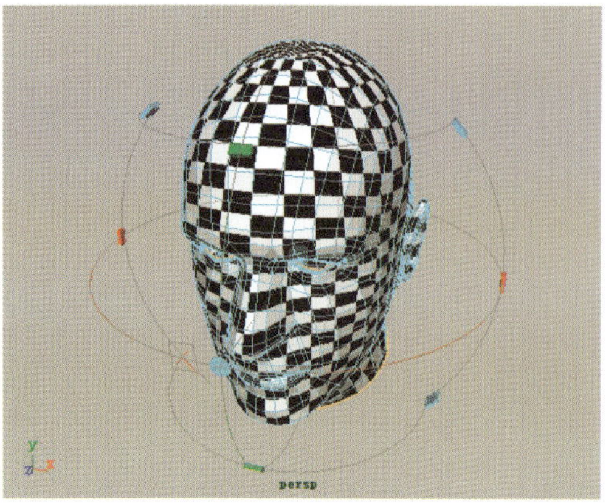

图8-49 球体投射

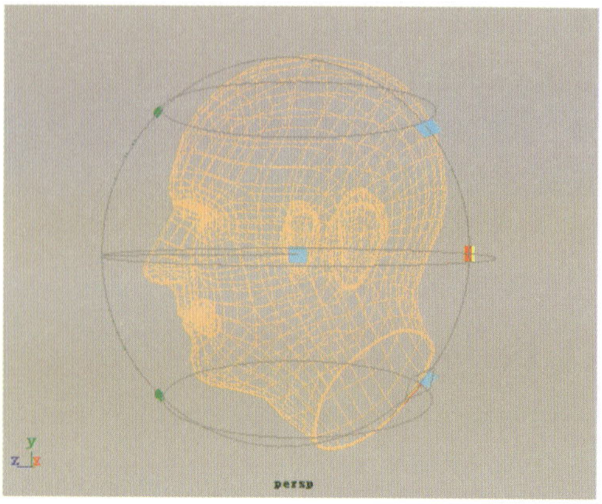

图8-50 拖动控制手柄

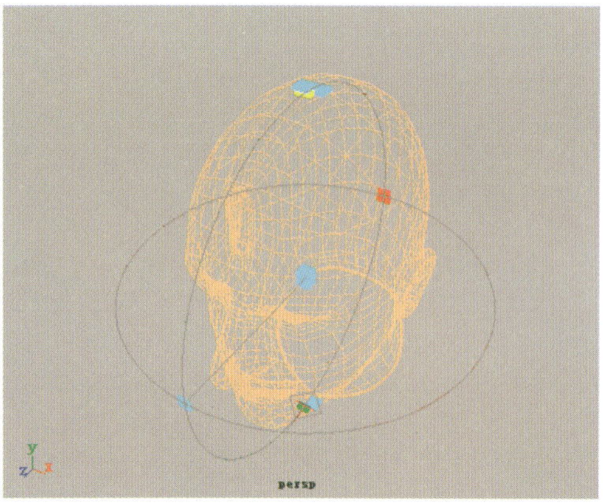

图8-51 拖动控制手柄

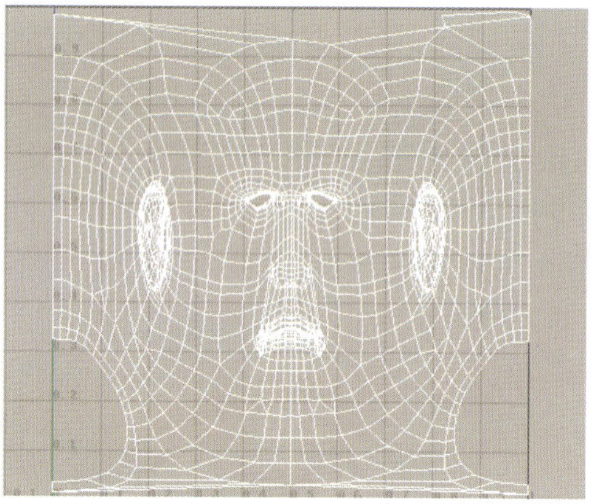

图8-52 球体投射后UV的分布情况

从图8-52中可以看出，虽然模型经过球形投射后UV的分布情况比之前好了很多，但是仍然有很多部位的UV拉伸、重叠严重。下面我们就来学习如何将拉伸、重叠严重的UV展平，即所谓的展UV，以方便我们制作纹理贴图。

2．Cylinder Mapping（圆柱投射）

01 选择人头模型，仔细观察模型的脖子部位，可以看到该部位的UV拉伸比较严重，如图8-53所示。

02 选择人头模型，按F10键，进入边的组元编辑模式，然后按Shift键，依次双击选中图8-54所示的两条边。

图8-53 脖子部分的UV分布

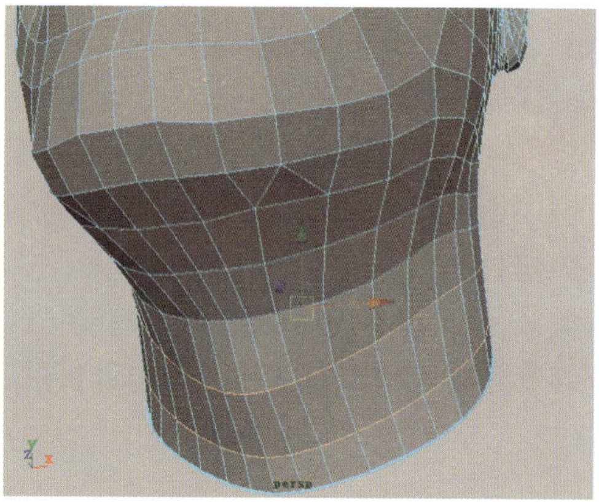

图8-54 选择边

03 按住Ctrl键并单击鼠标右键，选择To Face选项，即可将选中的边转换为面的编辑模式，如图8-55所示。

04 执行Create UVs（创建UV）| Cylinder Mapping（圆柱投射）命令，为选择的面创建圆柱投射，如图8-56所示。

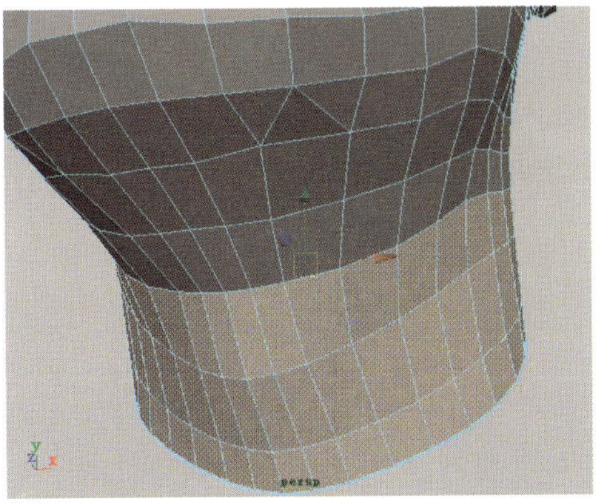

图8-55 转化边为面

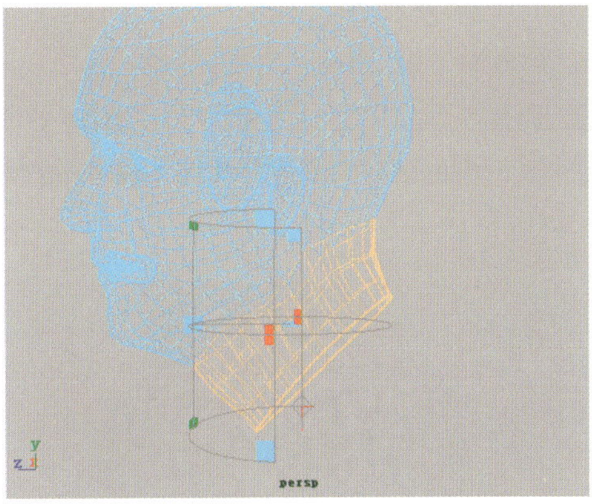

图8-56 圆柱投射

05 拖动红色的控制手柄，扩大手柄的投射范围为360°，如图8-57所示。

06 执行Window（窗口）|UV Texture Editor（UV纹理编辑器）命令，打开UV Texture Editor（UV纹理编辑器）窗口，可以看到圆柱投射后UV的分布情况，如图8-58所示。

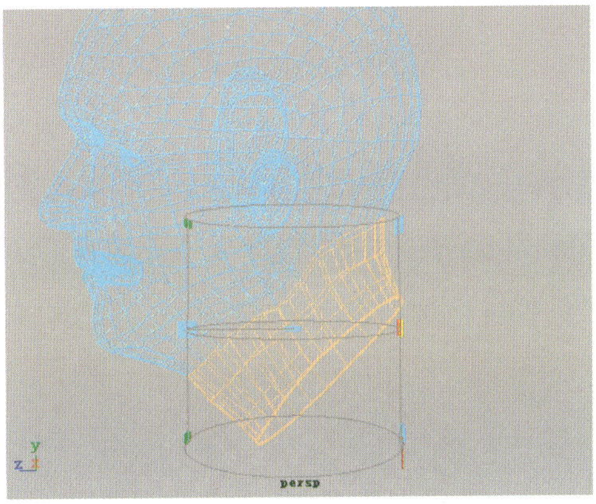

图8-57 拖动红色控制手柄

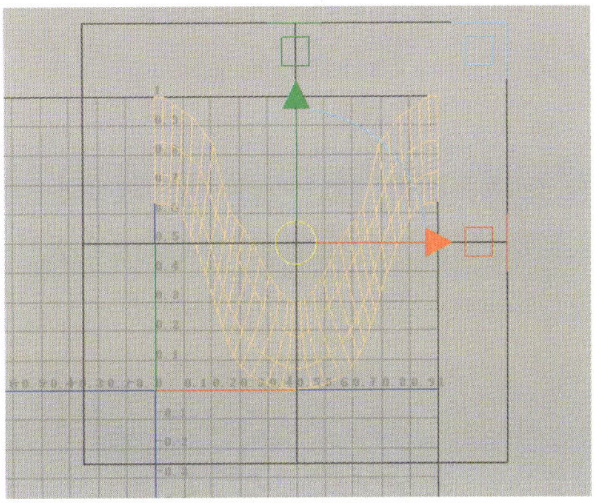

图8-58 UV分布

07 等比缩放UV Texture Editor的控制手柄，调整UV的大小及位置，如图8-59所示。

08 按6键，显示棋盘格纹理贴图，观察此时模型的UV分布情况，如图8-60所示。

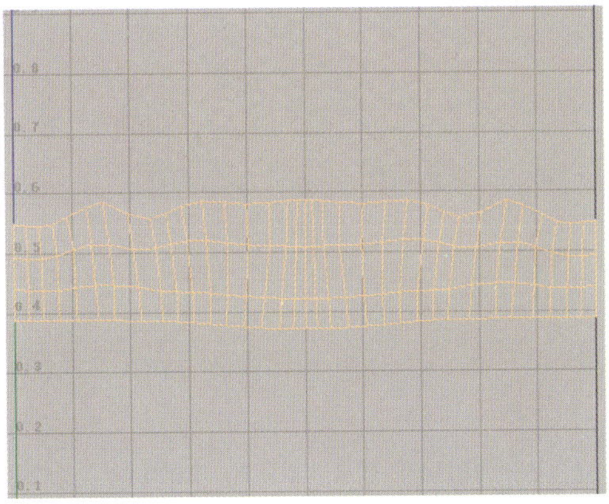

图8-59 调整后的UV分布

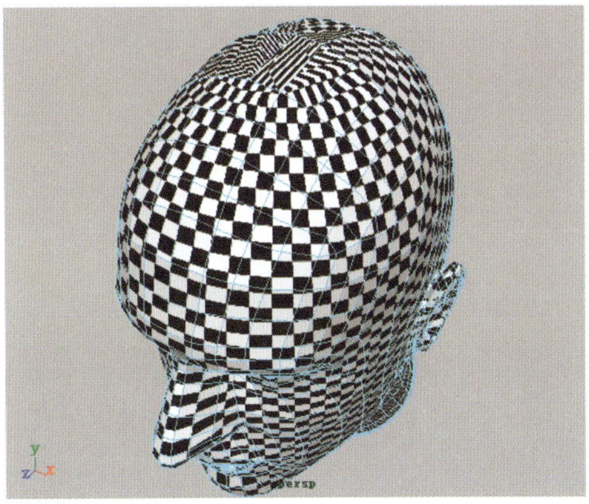

图8-60 纹理显示效果

技巧 在属性编辑器的place2d Textures（放置2d纹理）中，通过调节Repeat UV的数值，可以控制纹理贴图在三维模型上的显示效果。

至此，脖子部位的UV编辑就完成了。仔细观察可以看到人头模型头顶部分的UV拉伸依然严重，如图8-61所示，下面我们将它上面的UV展开。

3. Planar Mapping（平面投射）

01 选择头顶UV变形部位的面，作为平面投射的对象，如图8-61所示。

02 执行Create UVs（创建UV）| Planar Mapping（平面投射）命令，为选择的面创建平面投射，如图8-62所示。

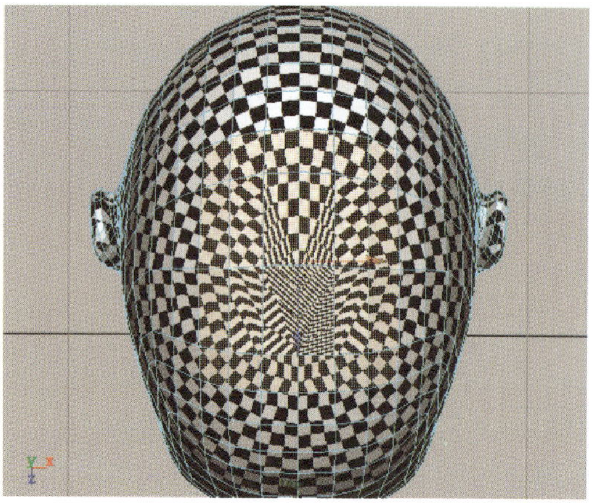

图8-61 选择面

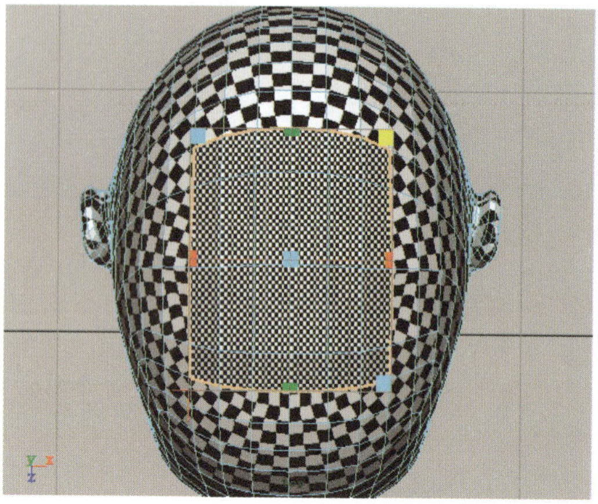

图8-62 平面投射

03 选择平面投射的控制手柄，拖动进行缩放，调整UV大小，如图8-63所示。

从图8-64的UV分布情况可以看出，人头模型的眼睛和耳朵部位的UV拉伸变形比较严重，下面我们通过Smooth UV Tool（光滑UV工具）来展开该部分的UV。

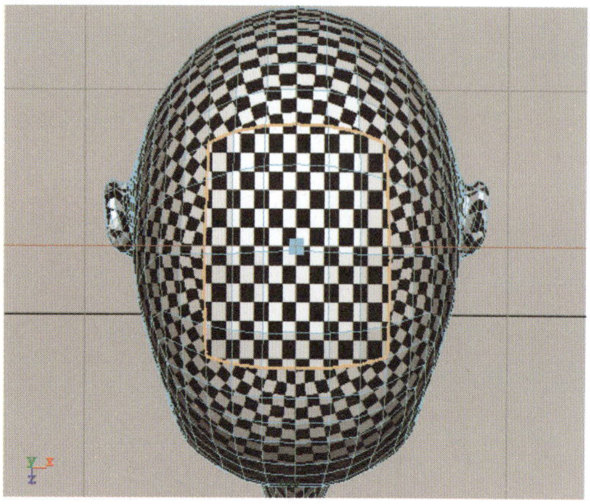

图8-63 调整控制手柄

图8-64 UV分布

4. Smooth UV Tool（光滑UV工具）

01 选择人头模型，打开UV纹理编辑器窗口，执行Tool（工具）|Smooth UV Tool（光滑UV工具）命令，展开耳朵部分的UV，如图8-65所示。

02 选择眼角模型部分的UV，使用Smooth UV Tool（光滑UV工具）展开拉伸的UV，如图8-66所示。

图8-65 展开耳朵部分的UV

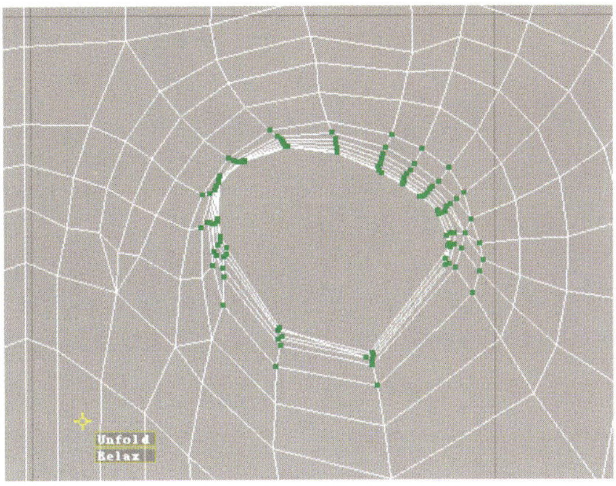

图8-66 展开眼角UV

5. 缝合UV

01 在UV纹理编辑器中可以看到人头模型的UV分布情况，如图8-67所示。

02 选择UV的边，将它们依次缝合，调整后的效果如图8-68所示。

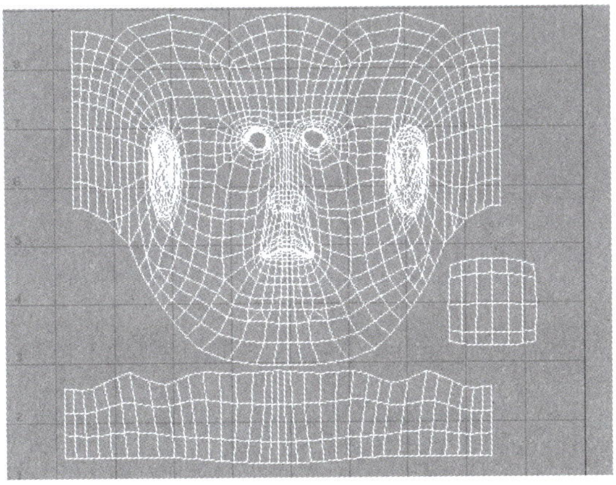
图8-67 UV的分布情况

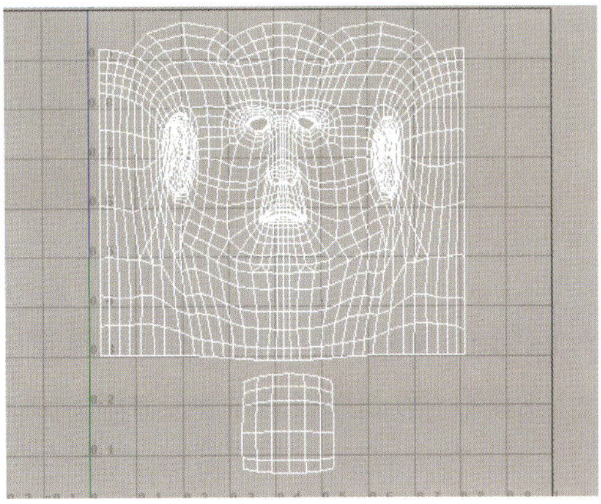
图8-68 缝合UV边

第9章　Maya渲染基础

9.1　渲染的基础知识

9.1.1 渲染的概念

渲染，英文为Render，是指将三维场景中的矢量元素通过光影计算，最终转换为二维像素的过程。在Maya中制作的模型、灯光、材质及动画等矢量元素文件，通过渲染生成脱离Maya工作环境的二维像素文件，如图9-1所示。

图9-1 渲染效果图

9.1.2 渲染的算法

在Maya中，针对不同的场景，可能需要不同的算法进行渲染。根据各个渲染引擎的不同，我们可以将渲染算法分为3种，分别是Scan Line、Raytrace和Radiosity，关于它们的简介如下。

◆　Scan Line（扫描线渲染）

扫描线的原理：将场景中的物体直接投影到视平面上，通过观察物体的纵深来决定物体效果。通常，距离视平面最近的物体就越清晰，细节越丰富，距离越远的将被消隐或变得模糊。

◆　Raytrace（光线跟踪）

光线跟踪是一种真实模拟物体质感的渲染算法，它可以沿着达到视点的光线进行反方向跟踪，并且扫描视平面上的所有像素，找出与视线相交的物体表面点，并继续跟踪计算，图9-2所示的是光线跟踪的效果。

图9-2 光线跟踪

◆ Radiosity（光能传递）

光能传递可以对场景中所有表面之间的光和颜色的漫反射进行计算，计算光线能够影响到的物体区域，它主要用于模拟真实的全局光照明，例如，图9-3所示的室内建筑效果。

图9-3 光能传递

9.2 渲染的类型

在Maya 2011中共有4种渲染方式，分别为Maya Software（软件渲染）、Maya Hardware（硬件渲染）、Maya Vector（矢量渲染）和meantal ray渲染。在Maya中执行Window（窗口）| Render Editor（渲染编辑器）|Render Settings（渲染设置）命令，即可打开渲染设置窗口，在Render Using（渲染方式）下拉列表框中设置渲染方式，如图9-4所示。

还有一种常用的设置渲染方式的方法，执行Window（窗口）| Render Editor（渲染编辑器）|Render View（渲染视图）命令，即可打开渲染视图窗口，设置渲染方式，如图9-5所示。

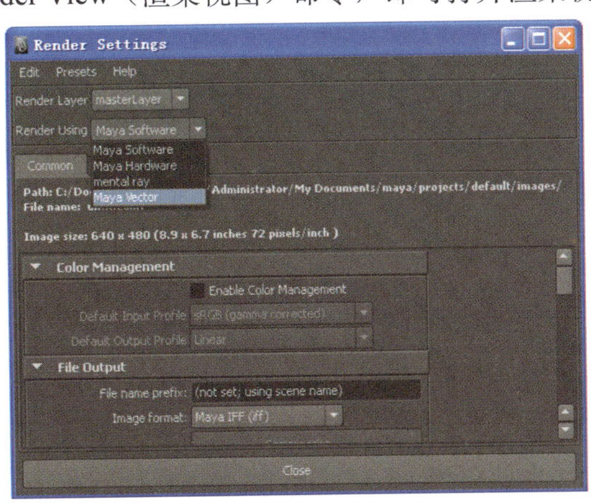

图9-4 设置渲染方式1

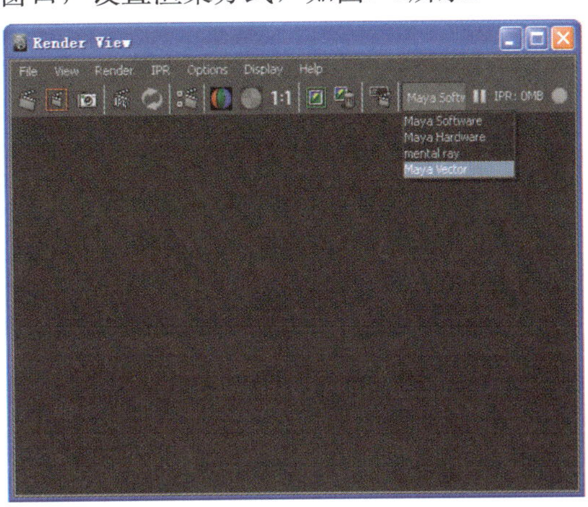

图9-5 设置渲染方式2

9.3 Maya Software（软件渲染）

Maya Software（软件渲染）是Maya最常用的渲染方式，可以渲染除硬件粒子外的所有效果。可以设置不同的Anti-aliasing（抗锯齿）级别来控制渲染品质和速度，分别用于测试和最终渲染，如图9-6所示。

图9-6 软件渲染

课堂练习73：闹钟

01 打开Ball场景文件，如图9-7所示。

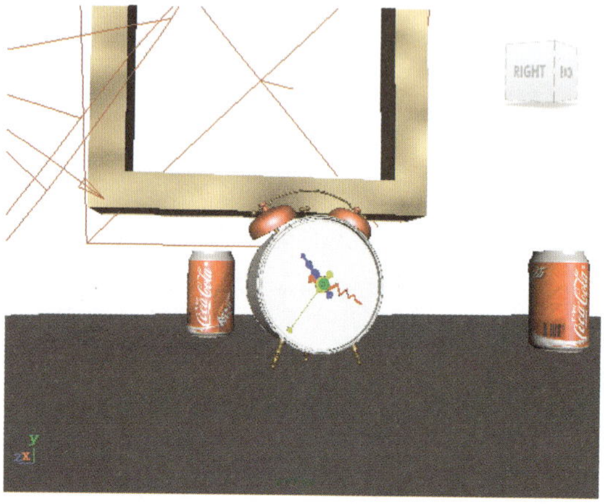

图9-7 场景文件

02 切换到Render View（渲染视图）窗口，单击按钮，打开全局设置面板，设置Resolution（分辨率）为592×480，Quality为Production quality，Edge Anti-aliasing为Highest quality（顶级品质），如图9-8所示。

03 切换到渲染视图，单击按钮进行渲染，如图9-9所示。

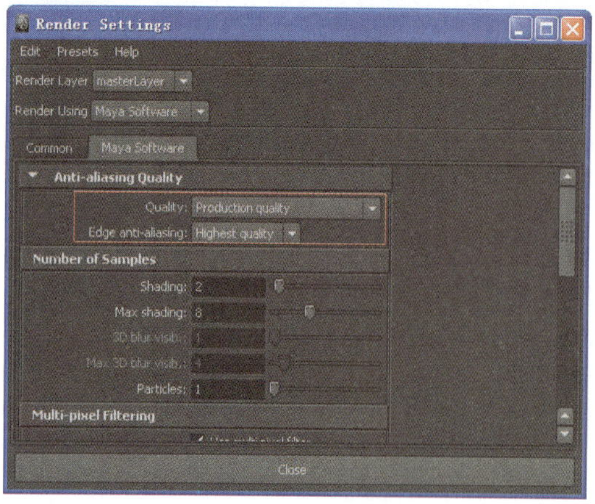

图9-8 设置渲染属性

图9-9 渲染效果

参数简介

执行Window（窗口）| Render Editor（渲染编辑器）|Render Settings（渲染设置）命令，打开渲染设置窗口，如图9-10所示，在该窗口中的Render using下拉列表框中可以设置使用的渲染器。

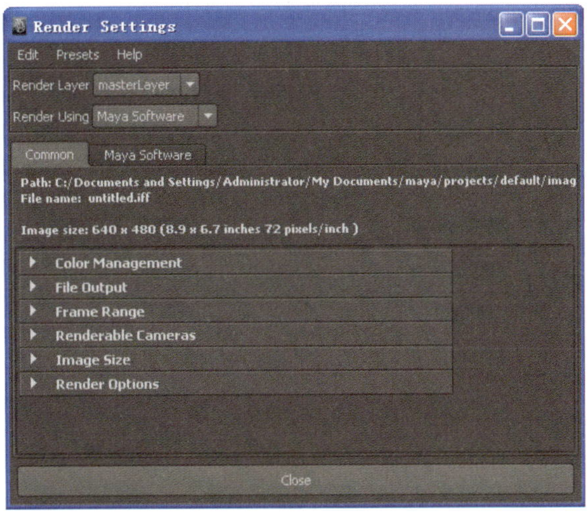

图9-10 Render Settings窗口

9.3.1 File Output（文件输出）

切换到Common（通用）选项卡中，展开File Output（文件输出）面板，如图9-11所示，下面对该面板中的一些参数进行说明。

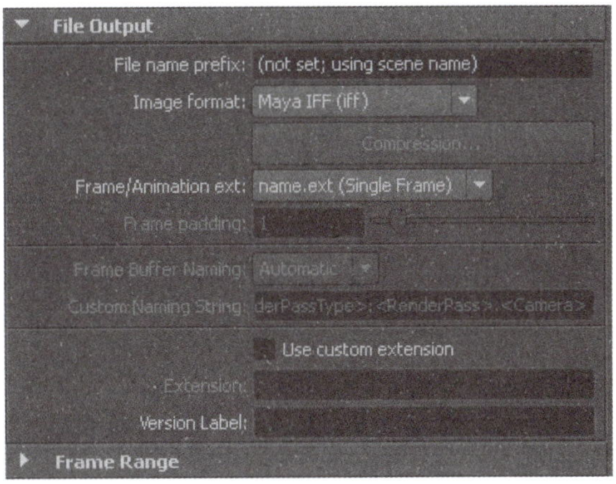

图9-11 File Output面板

◆ File name Prefix（文件名前缀）

该参数用来设置图像文件的名称。

◆ Image format（文件格式）

使用该项可以设置渲染输出文件的保存格式。

◆ Frame/Animation Next

该参数有两个作用，一个是用来指定渲染单帧或渲染动画；另一种指定渲染结果文件名采用何种格式。

◆ Frame Padding（帧序列）

设置图像序列的位数。

9.3.2 Frame Range and Renderable Camera（帧范围和渲染摄影机）

Frame Range（帧范围）和Renderable Camera（可渲染摄影机）的属性面板，如图9-12所示。下面对它们的一些属性进行介绍。

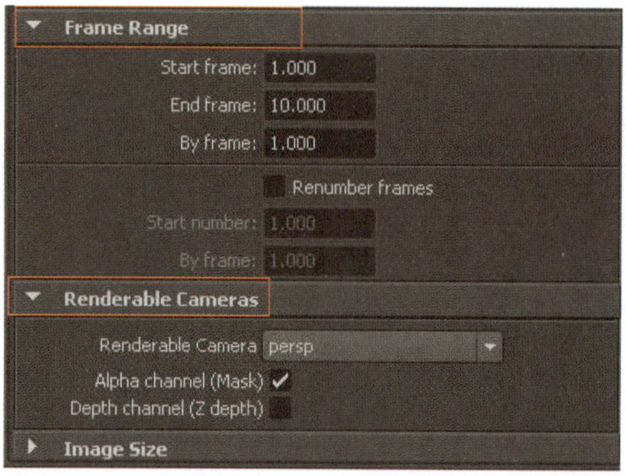

图9-12 属性面板

Frame Range（帧范围）属性面板介绍如下。

◆ Start Frame（起始帧）

表示渲染动画的起始帧。

◆ End Frame（结束帧）

表示渲染动画的结束帧。

◆ By Frame（帧间隔）

Renderable Camera（可渲染摄影机）属性面板介绍如下。

◆ Renderable Camera（可渲染摄影机）

用于指定渲染摄影机。

◆ Alpha Channel（Mask）

Alpha通道，8bit或16bit的灰度图像，记录透明信息，用于视频合成。

◆ Depth Channel（Z Depth）

深度通道，记录z轴的远近信息，距离摄影机越近，亮度越高，用于深度的视频合成。

9.3.3 Image Size（图像尺寸）

Image Size（图像尺寸）的属性面板如图9-13所示。

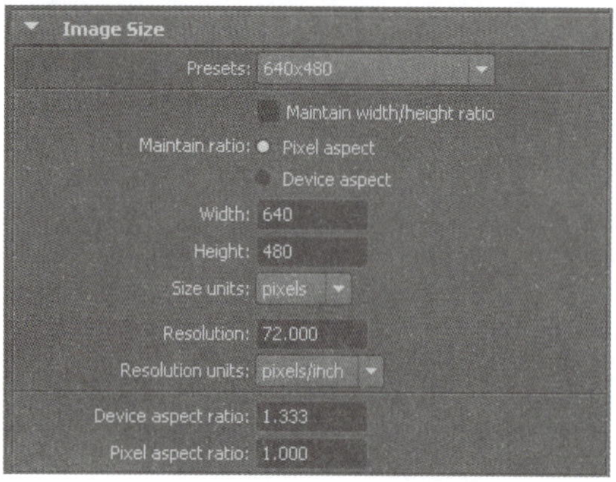

图9-13 Image Size属性面板

◆ Presets（预置）

提供了多种预置分辨率形式。

◆ Maintain Width/Height Ratio（保持宽高比）

启用此项，将依据当前渲染尺寸的宽高比进行锁定，改变宽或高，另一个值都会改变。

◆ Maintain Ratio（保持比率）

此项参数有两个选项：Pixel Aspect（像素纵横比）和Device Aspect（设备纵横比）。

◆ Width/Height（宽/高）

分别设置像素的宽度和高度比例。

◆ Size Units（尺寸单位）

定义图片尺寸的单位：Pixel（像素）、inch（英寸）、cm（厘米）、mm（毫米）等。系统默认值为Pixel（像素）。

◆ Resolution（分辨率）

图像分辨率，只有当渲染的图片用来印刷时，此参数才起作用，Maya默认的Resolution（分辨率）为72。

◆ Resolution Units（分辨率单位）

可设置单位为Pixel/inch（每尺寸像素）、Pixel/cm（每厘米像素）。

◆ Device Aspect Ratio（设备纵横比）

设置当前显示设备的高宽比。此参数的结果为图片的高宽比（image aspect ratio）与像素高宽比（pixel aspect ratio）的乘积。

◆ Pixel Aspect Ratio（像素纵横比）

设置显示设备单个像素的纵横比。

9.3.4 Maya software（软件渲染）设置

切换到Render Setting渲染设置属性窗口，选择Maya software（软件渲染）属性面板，如图9-14所示。

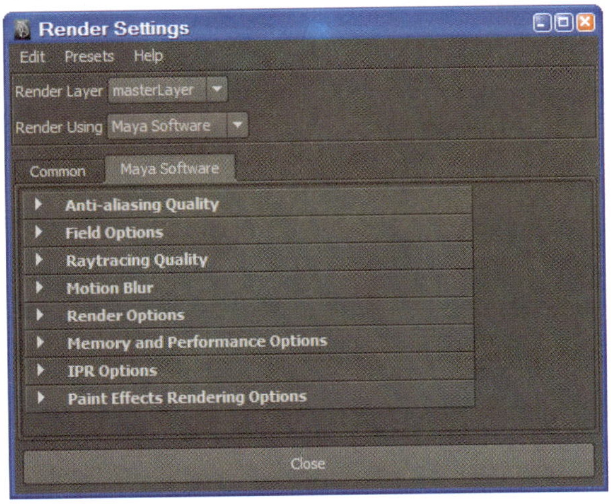

图9-14 Maya software属性面板

下面介绍一些常用的Maya software（软件渲染）参数。

◆ Anti-aliasing Quality（抗锯齿质量）

该参数主要用来控制渲染结果的抗锯齿效果。

◆ Quality（质量）

在该菜单中提供了一些系统预定义的抗锯齿质量级别。

◆ Edge Anti-aliasing（边界抗锯齿）

控制物体边界渲染抗锯齿的程度。

◆ Number of Samples（采样数）

用于设定各种项目的采样数值，通常采样值设置得越高，渲染出的图像效果越好，但花费的时间也就越长。

◆ Raytracing Quality（光影追踪质量）

控制渲染一个场景时是否采用光影追踪，以及光影追踪的质量。

◆ Ray tracing（光影追踪）

启用该选项，Maya在渲染时会计算光影追踪。Raytracing会产生精确的反射、折射和阴影效果。

◆ Reflections（反射）

光被反射的最大次数。其可用范围为0到9，默认值为1。

◆ Refractions（折射）

光被折射的最大次数。其可用范围为0到9，默认值为6。

◆ Shadows（阴影）

光线被反射和/或折射仍能对物体投射阴影的最大次数。此值为0时关闭阴影。

9.4 Maya Hardware（硬件渲染）

Maya Hardware（硬件渲染）使用OpenGL技术，利用显卡的硬显示功能进行渲染，它可以渲染粒子，用于后期合成，如图9-15所示。

图9-15 硬件渲染效果

课堂练习74：山间小屋

01 打开场景文件，执行Window（窗口）|Rendering Editors（渲染编辑器）| Hardware Render Buffer（硬件渲染缓存）命令，如图9-16所示。

02 选择Camera，在硬件渲染器窗口中指定渲染视图为Persp，如图9-17所示。

03 执行Render（渲染）|Attributes（属性）命令，打开硬件渲染面板。它只对硬件渲染方式起作用，与全局渲染无关，如图9-18所示。

04 单击Hardware Render Buffer面板下的按钮，渲染效果如图9-19所示。

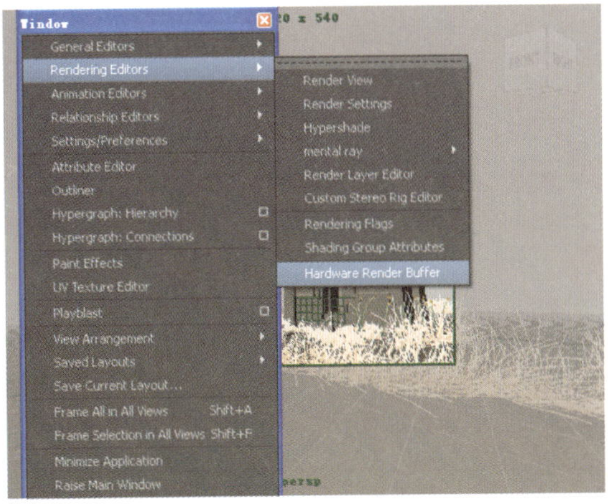

图9-16 启用Hardware Render Buffer

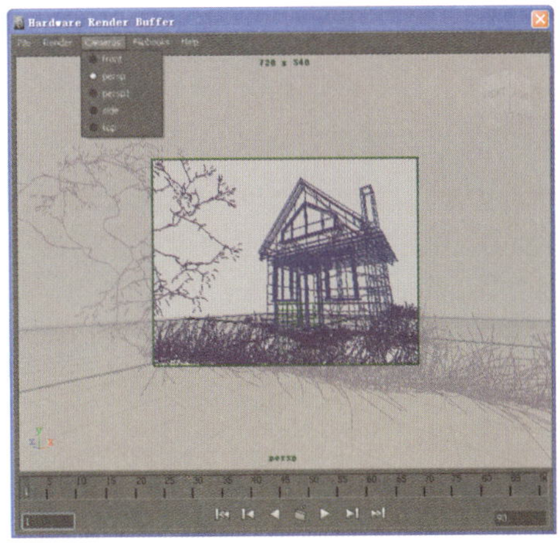

图9-17 设置渲染视图

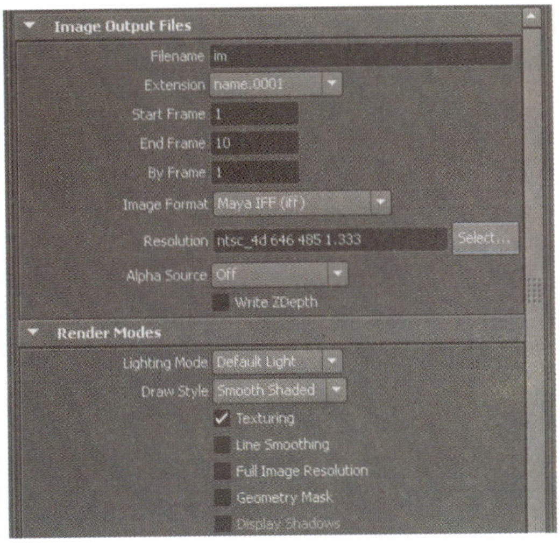

图9-18 渲染属性面板

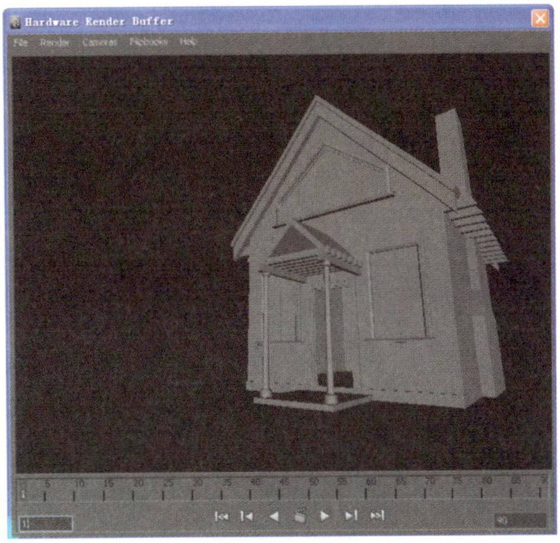

图9-19 渲染效果

参数简介

切换到Render Setting（渲染设置）属性窗口，选择Maya Hardware（硬件渲染）属性面板，如图9-20所示。下面讲解一些渲染器的常用参数设置。

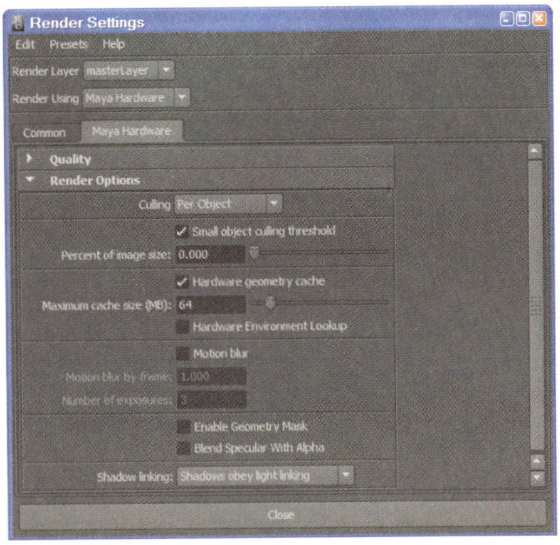

图9-20 Maya Hardware属性面板

9.4.1 Quality（质量）

◆ Presets（预设质量）

该项可以选择预设的渲染品质。

◆ High Quality Lighting（高质量灯光）

勾选此项，可以高质量渲染灯光效果。

◆ Number Of Sampler（采样数）

用于设置渲染时的采样次数，以提高渲染质量。

◆ Frame buffer format（帧缓存格式）

用于设置帧缓存格式。

◆ Transparent Shadow maps（透明阴影贴图）

启用该此项才能渲染透明阴影。

◆ Color resolution（颜色分辨率）

用于控制在渲染时使用的分辨率。

◆ Bump resolution（凹凸分辨率）

用于控制在渲染时凹凸贴图的分辨率。

9.4.2 Render Options（渲染选项）

◆ Culling（背面剔除）

用于控制物体单面或双面的渲染属性。

◆ Small Object Culling threshold（删除小物体阈值）

勾选此项，可以使用Percent of image size属性为场景进行过滤，小于指定尺寸的物体都被忽略，不渲染。

◆ Percent of image size（图像尺寸百分比）

用于过滤场景物体。

◆ Motion Blur（运动模糊）

勾选此项，可以使运动的物体产生模糊。

◆ Enable Geometry Mask（使用几何体遮罩）

勾选此项，则可以使用场景中的物体作为遮罩。

9.5 Maya Vector（矢量渲染）

Maya Vector（矢量渲染）可以渲染单色和多色喷绘效果，可以制作简单的卡通勾边，形成卡通效果。另外还可以生成矢量文件，如图9-21所示。

图9-21 矢量图片

课堂练习75：勾边效果

01 在视图中选择场景模型，作为渲染对像，如图9-22所示。

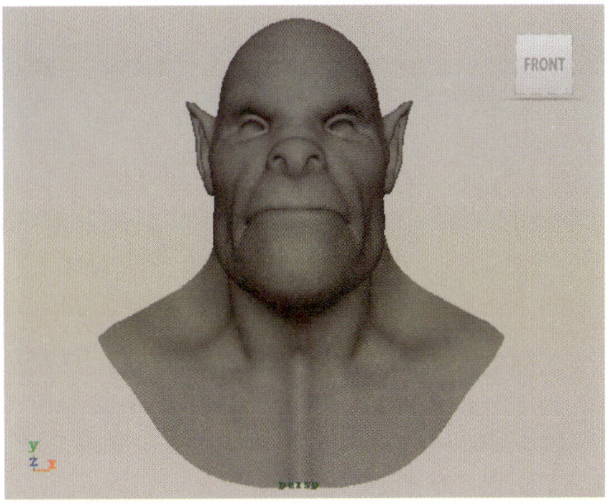

图9-22 场景模型

02 切换到Render Settings属性窗口，选择Maya Vector（矢量渲染）选项卡，设置渲染属性的参数，如图9-23所示。

03 切换到渲染视图，单击按钮进行渲染，如图9-24所示。

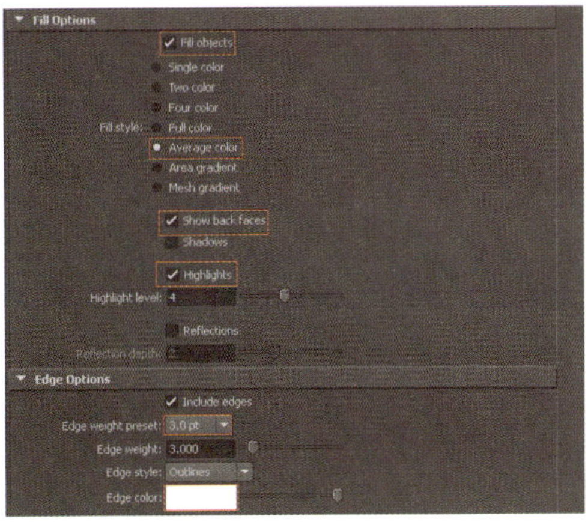

图9-23 属性设置

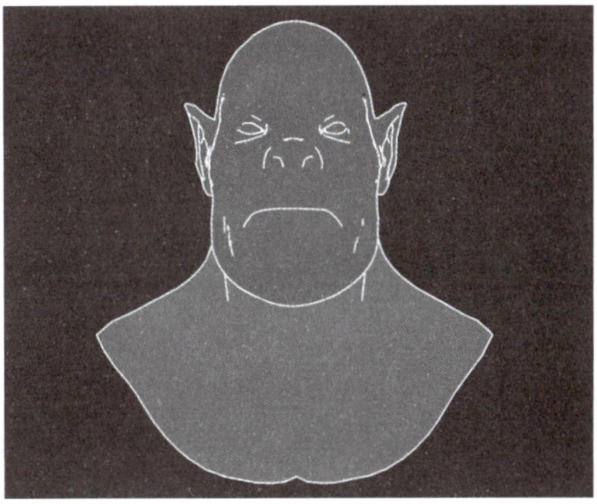

图9-24 渲染效果

参数简介

切换到Render Setting（渲染设置）属性窗口，选择Maya Vector（矢量渲染）属性面板，如图9-25所示。下面讲解一些渲染器的常用参数设置。

9.5.1 Image format Options（图像格式选项）

使用该项可以设置渲染输出文件的保存格式。

9.5.2 Appearance Options（外观选项）

◆ Curve tolerance（曲线公差）

用于控制在渲染时绘制曲线的精度。

◆ Detail Level preset（预置细节度）

用于控制渲染效果的预置级别。

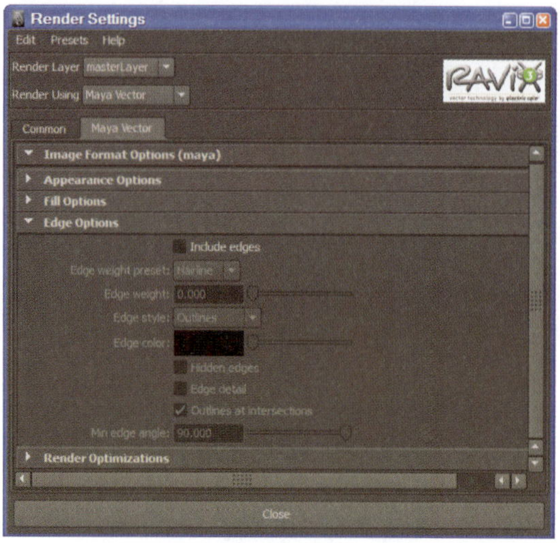

图9-25 Maya Vector属性面板

◆ Detail Level（细节度）

用于控制渲染效果的级别。

9.5.3 Fill Options（填充选项）

◆ Fill Object（填充物体）

设置在渲染时是否填充物体。

◆ Fill Type（填充类型）

用于控制在渲染时物体的填充方式。

◆ Reflections（反射）

启用此项可以计算物体的反射效果。

9.5.4 Edge Options（边线选项）

◆ Include edges（包括边线）

启用此项，在渲染时会产生边线效果。

◆ Edges weight preset（预置边线权重）

可以在边线中选择一种预置的边线权重。

◆ Edges weight（边线权重）

用于控制渲染边线的权重。

◆ Edges stype（边线类型）

用于控制渲染边线的类型。

◆ Hidden edges（隐藏边线）

启用此项，可以观看物体的背面边线效果。

9.6 Mental ray渲染

Mental Ray是一个专业的3D渲染引擎，它能生成高品质的真实图像。在电影工业领域中得到了广泛的应用和认可，被认为是市场上最高级别的三维渲染解决方案。Mental Ray是基于Raytracing（光线跟踪）计算的渲染器，渲染效果高仿真，渲染的时间也会很长，如图9-26所示。

图9-26 Mental Ray渲染效果

课堂练习76：概念车

01 在本书光盘的Scenes目录中，找到本节的场景文件Car并将其导入Maya场景中。该场景的灯光、材质部分均已设置完毕，如图9-27所示。

02 执行Window（窗口）|Render Settings（渲染设置）|Mental Ray命令，设置Quality Presets模式为Production，如图9-28所示。

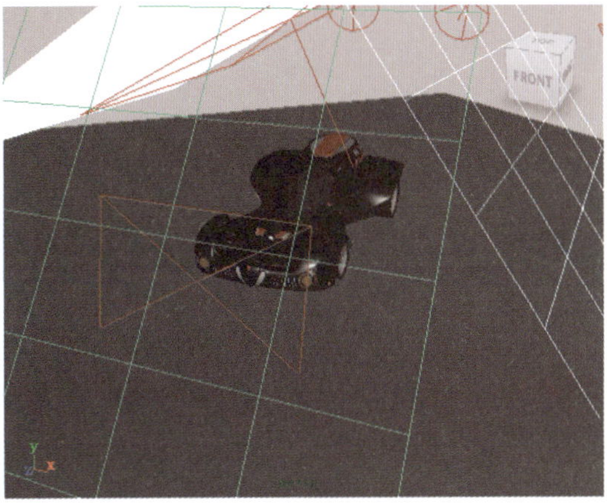

图9-27 场景文件

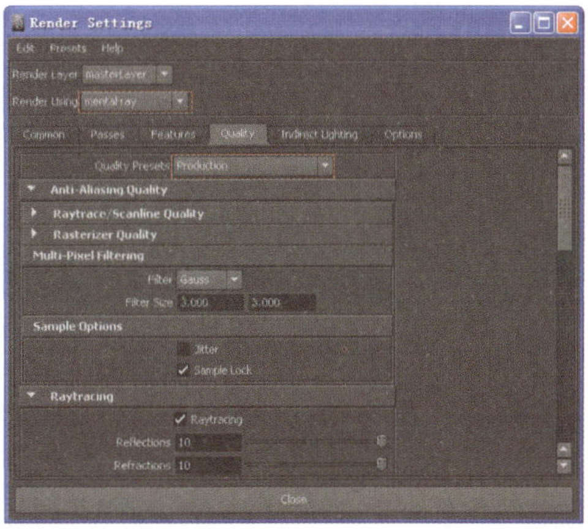

图9-28 属性设置

03 打开Render View窗口，设置Render Using为Mental Ray，单击渲染按钮进行渲染，最终渲染效果如图9-29所示。

图9-29 渲染效果

参数简介

切换到Render Setting（渲染设置）属性窗口，选择mental ray渲染属性面板，设置该面板的属性。如果用户没找到该属性，可以执行Window（窗口）| Settings/preference（设置/参数）| Plug-in Manager（插件管理器）命令，切换到插件编辑窗口加载该项，如图9-30所示。下面来讲解mentay ray渲染一些的常用参数设置。

图9-30 加载mental ray插件

9.6.1 Raytracing（光线追踪）

◆ Reflections（反射）

光被反射的最大次数。其可用范围为0~9，默认值为1。

◆ Refractions（折射）

光被折射的最大次数。其可用范围为0~9，默认值为6。

◆ Max Trace Depth（最大追踪深度）

用来设置光线追踪的范围。

◆ Shadows（阴影）

光线被反射和/或折射仍能对物体投射阴影的最大次数。此值为0时关闭阴影。

◆ Reflections Blur Limit（反射模糊限制）

用来设置光被反射后模糊的数量。

◆ Refractions Blur Limit（折射模糊限制）

用来设置光被折射后模糊的数量。

9.6.2 Indirect Lighting（间接照明）

在渲染设置属性面板中，切换到Indirect Lighting选项卡，设置相关属性，如图9-31所示，下面来介绍一下相关属性。

◆ Environment（环境）

用来设置mental ray渲染的环境，包括创建HDRI环境球和天光系统。

◆ Global Illumination（全局照明）

启用此项，可以设置全局灯光照明的精度、范围等。

◆ Caustics（焦散）

用来模拟光线穿过透明物体后，投射到地面的明亮的光斑效果。

◆ Photon Tracing（光子追踪）

设置光子之间的光线传递。

◆ Photon Map（光子贴图）

用来控制光子自身的显示属性。

◆ Final Gathering（最终品质）

启用Final Gathering复选框，可以设置光子的精度、光子点状分布的密度等。

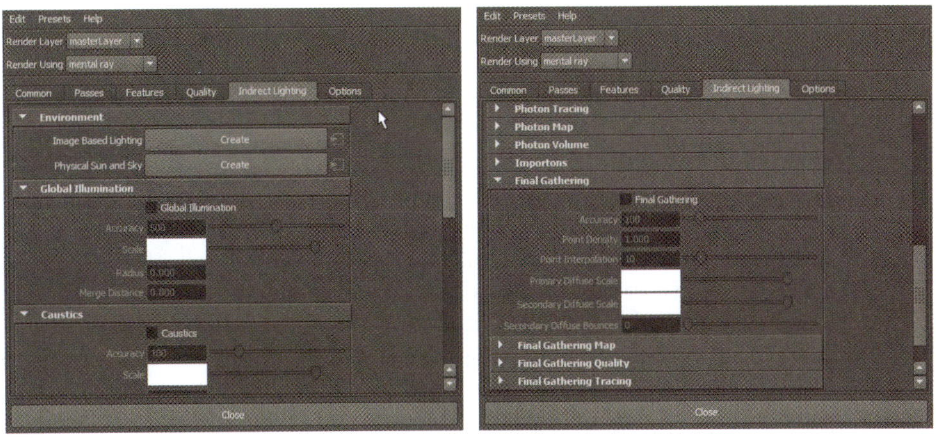

图9-31 属性面板

第10章 材质基础

10.1 材质理论知识

10.1.1 材质的应用构成

世界上的一切事物都是通过表面的颜色、光线的强度、反射率、折射率，以及纹理等来表现自身的性质。要掌握不同物体的质感，需要经常仔细地观察周围的事物。例如玻璃是透明的、树叶在光的照射下是半透明的、岩石表面粗糙等，如图10-1所示。

图10-1 真实的玻璃和树叶

材质是对视觉效果的模拟，而视觉效果包括颜色、反射、折射、质感和表面的粗糙程度等诸多因素，这些视觉因素的变化和组合呈现出各种不同的视觉特征。Maya中的材质正是通过模拟这些因素来表现事物。材质既然模拟的是事物的综合效果，它本身也是一个综合体，由若干参数组成，每个参数负责模拟一种视觉因素，如透明度控制物体的透明程度等。

在掌握了各种事物的物理特性之后，使用三维软件进行创作就可以最大限度地发挥我们的想像力，创造出各种质感的物体，甚至是现实生活中所没有的材质。

10.1.2 节点

1. 节点的概念

在Maya中节点是最小的单位，每个节点都是一个属性组。节点可以输入、输出和保存属性。在使用Maya进行三维制作时，所有操作都以各种几何形状和各种色彩的形式出现在屏幕上，但这些都不是真实存在的，而是由计算机虚拟出来的。

在这些虚拟物体的背后，起支持作用的是数学计算。在操作的过程中，软件系统将用户输入的指令，通过一系列计算转换成屏幕上可视的内容，但并不是所有的计算过程都是同时完成的。整个计算过程会分成一些小的单元，这些单元相互关联又相互独立，每个单元会完成一些计算步骤，形成一个相对独立的任务，然后将计算结果交给下一个计算单元，进行进一步处理。

节点就是这种计算单元。节点有输入属性和输出属性，能完成相对独立的计算功能。三维场景中的模型、灯光、材质等都是节点，节点贯穿于Maya的工作流程，对Maya的操作过程就是对节点的操作过程。

2. 节点的类型

在Maya中共有400多种节点，主要分为材质节点、通用节点、纹理节点、颜色节点等几种常用的节点。下面来介绍几种常用的Maya节点类型，如图10-2所示。

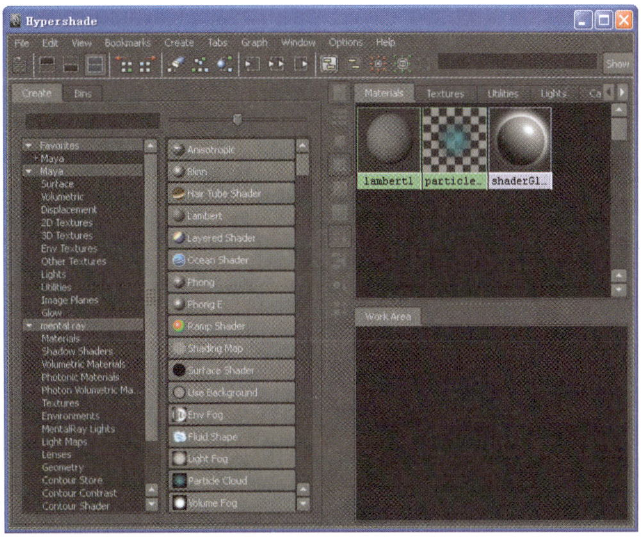

图10-2 节点类型

10.1.3 材质与渲染的工作流程

在Maya中创建好模型之后，将材质添加到模型上，然后进行渲染输出。在给模型添加材质时，要注意将不同材质的物体进行归类，加以区别，以便在后续的工作中进行相关的操作。其操作方法如下。

（1）打开Maya场景文件，执行Window（窗口）|Rendering Editors（渲染编辑器）|Hyper shade（超级着色器）命令，打开材质编辑器。创建材质球，并将其赋予模型，如图10-3所示。

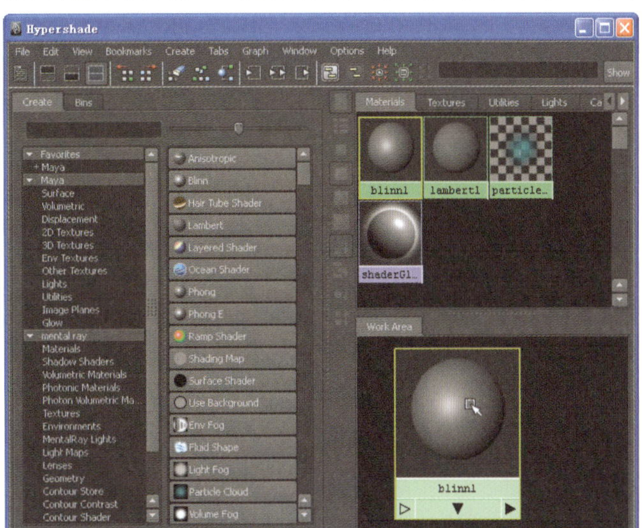

图10-3 创建材质球

（2）按组合键Ctrl + A，打开材质的属性编辑器并设置相关的材质属性。

（3）在设置材质属性时，可以执行Render（渲染）|Render Current Frame（渲染当前帧）命令，渲染场景，以便于观察调整的效果，关于渲染的知识见上一章内容。

10.2 认识材质编辑器

在Maya 2011中，材质编辑器指的是Hypershade，它是Maya提供的专门用来制作材质的容器。Hypershade也翻译成超级着色器，在菜单栏中执行Window（窗口）| Rendering Editors（渲染编辑器）| Hypershade（超级着色器）命令，可以打开它的操作界面，如图10-4所示。

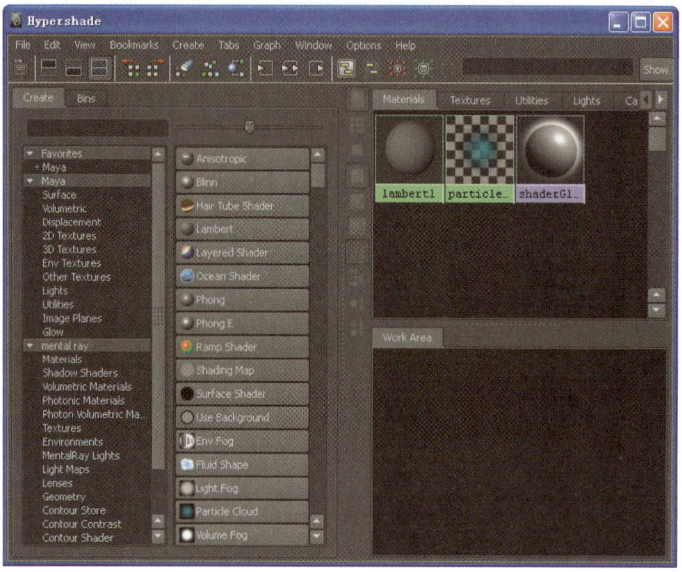

图10-4 Hypershade操作界面

超级着色器的编辑功能非常健全，我们可以很直观地在操作区中看到材质节点网络的结构图。在编辑复杂的材质结构时，这一点很重要。另外，超级着色器还可以对其他节点进行编辑操作，例如灯光、骨骼等。

10.2.1 菜单

在Hypershade中可以利用菜单创建或删除节点和纹理图片，还可以利用菜单对材质节点及节点工具进行连接和属性的编辑。在Hypershade中共有10个菜单命令，下面我们就来逐一学习这些菜单。

1. File菜单

File菜单主要用于shade数据的导入或导出，还可以在网络上下载相关的Maya材质，通过这些命令将其导入，也可以自己制作材质保存起来，供以后使用。

2. Edit菜单

Edit菜单主要用来对工作区域的节点进行编辑，如对节点执行删除、复制等相关操作。下面介绍该菜单中一些常用的命令。

◆ Delete Unused Nodes（删除无用节点）

用于删除场景中没有指定几何特征或粒子的所有节点，可以有效地清理不必要的材质数据，节省系统资源，这是经常用到的命令。

◆ Duplicate（复制）

与主菜单栏Edit菜单中的Duplicate命令类似，主要用于复制材质属性，包含3个子命令。其中，Shading Network用于将节点完整复制；Without Network用于复制节点材质的全部属性，但不包含网络关系；With Connections to Network用于复制节点的全部属性，继承材质的上游节点网络连接，并共享网络连接，其对比效果如图10-5所示。

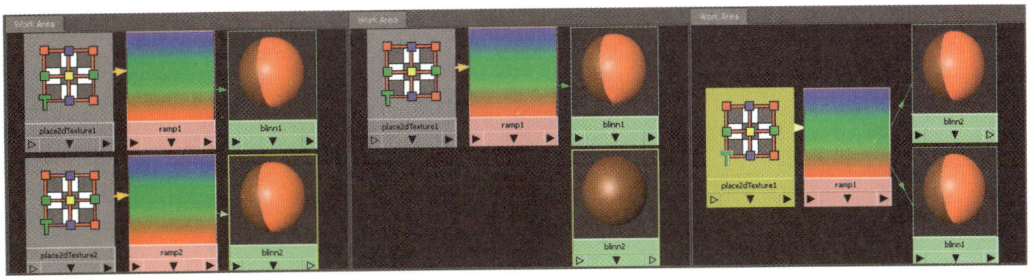

图10-5 不同的复制效果

提示：在上图中，左侧图中下面的材质是将上面的材质通过利用Shading Network方式复制的；中间和右侧的图相同，分别是利用Without Network和With Connections to Network方式复制材质所得到的效果。

◆ Convert Material to File Texture（将材质转换为文件纹理）

用于将材质或纹理转换成一个图像文件。可以调整该图像的大小，可以在其属性窗口中打开Antialiasing，图像将被放置在当前工作目录下。

3. View菜单

View菜单主要用于工作区域的显示等。

4. Bookmarks菜单

Bookmarks菜单主要用于创建和编辑书签，便于用户进行观察。

5. Cr4eate菜单

Create菜单主要用于创建材质、纹理、常用工具、灯光和摄影机等。

6. Tabs菜单

Tabs菜单主要用于控制编辑器中的标签布局。

7. Graph菜单

Graph菜单主要用于控制材质节点网络在工作区域中的显示。

8. Window菜单

Window菜单为用户访问Attribute Editor、Attribute Spread Sheet和Connection Editor等编辑器提供了便利。

9. Option菜单

Option菜单主要用于控制编辑器界面的显示状态。

10. Help菜单

Help菜单用来打开帮助文件。

10.2.2 工具栏

在Hypershade的菜单栏下方是工具栏，可以利用工具栏对材质节点和程序纹理进行删除、重新排列节点、控制材质编辑器窗口面板的显示等操作。

下面讲解一些在Hypershade中常用的工具栏。

Toggle the Create Bar On/Off：打开或关闭渲染节点的面板，如图10-6所示。

Show Top and Bottom Tabs：控制工作区域的显示。其中，按钮用于显示[显示区域]；按钮仅仅显示工作区域；按钮将同时显示[显示区域]和工作区域。图10-7所示的是按下按钮后的效果。

Show Previous/next Graph：用于显示上次和下次的连接。

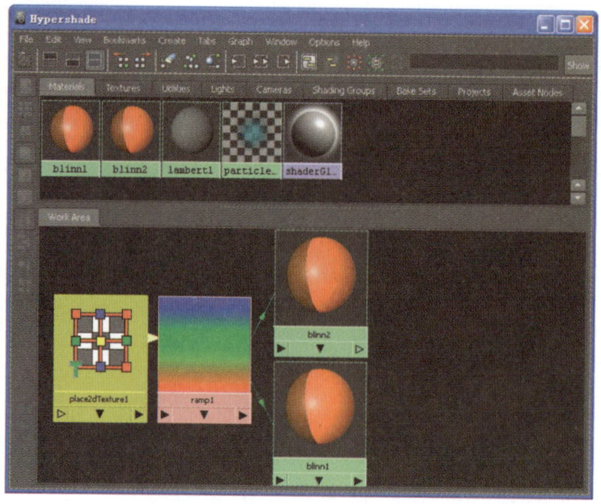

图10-6 关闭渲染节点的面板效果

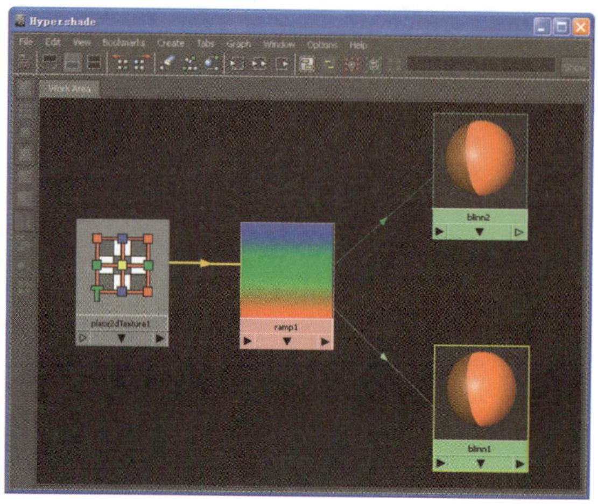

图10-7 按下按钮后的效果

Clear Graph：清除连接。

Rearrange Graph：将工作界面板中的节点重新排列。

Graph Materials Selected Object：显示被选物体的材质节点网络。

Input Connections：显示被选择节点的输入连接网络，如图10-8所示。

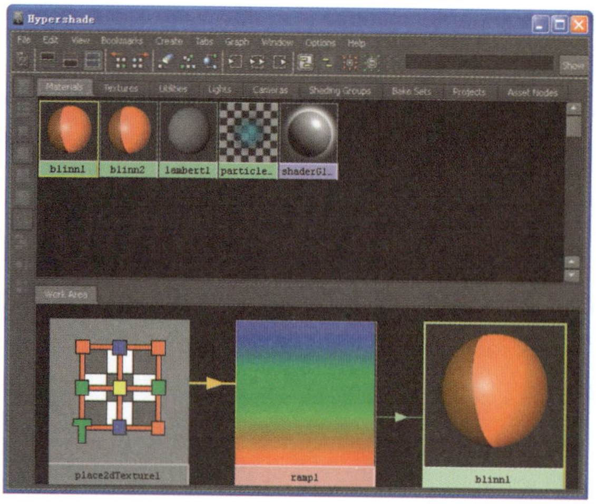

图10-8 显示被选择节点的输入连接网络

Input and Output Connections：显示被选择节点的输入和输出连接网络，如图10-9所示。

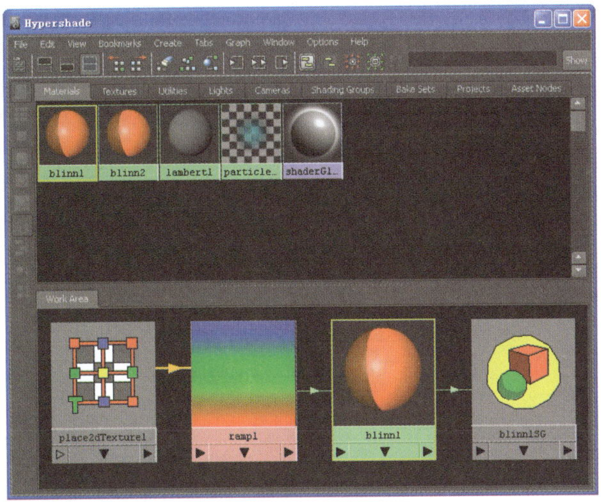

图10-9 显示节点的输入和输出连接网络

Output Connections：显示被选择节点的输出网络连接，如图10-10所示。

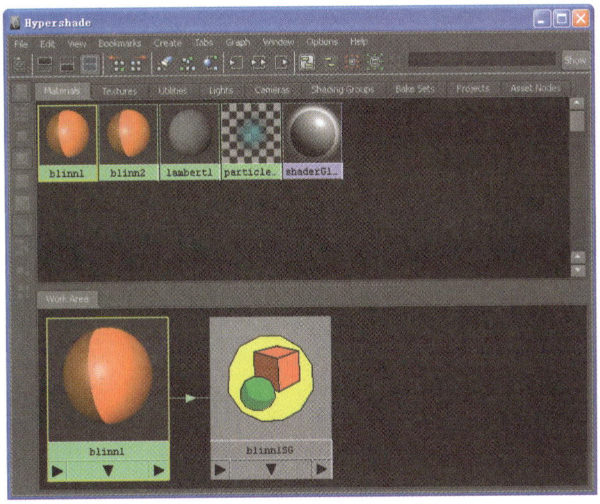

图10-10 显示输出网络连接

Container Node：节点容器相关工具命令图标。

10.2.3 节点工具条

在Maya 2011中，有3种类型的节点，它们分别是Create Maya Node、Mental Ray Node和Create All Node。用鼠标右键单击Create Maya Node，可以在这3类节点中进行切换，如图10-11所示。在Hypershade左侧的节点工具条中，可以在要选择的材质球上单击，即可在工作区域中创建材质球。

10.2.4 工作与显示区域

工作区域主要用于节点的创建、连接和修改等编辑。在Hypershade中用户可以单击节点工具条上的节点，创建和编辑节点。如果要设置材质节点的属性，可以双击材质球，打开Attribute Editor（属性编辑器）窗口，设置材质节点的参数，如图10-12所示。

显示区域主要用于显示场景中各种类型的节点。当一个场景被创建后，许多节点被默认建立。在显示区域中节点是被分类显示的，用户可以进行切换，进行观察，如图10-13所示。

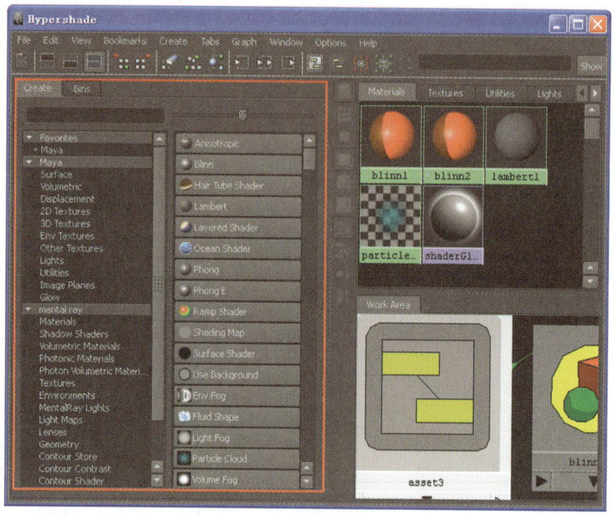

图10-11 节点工具条

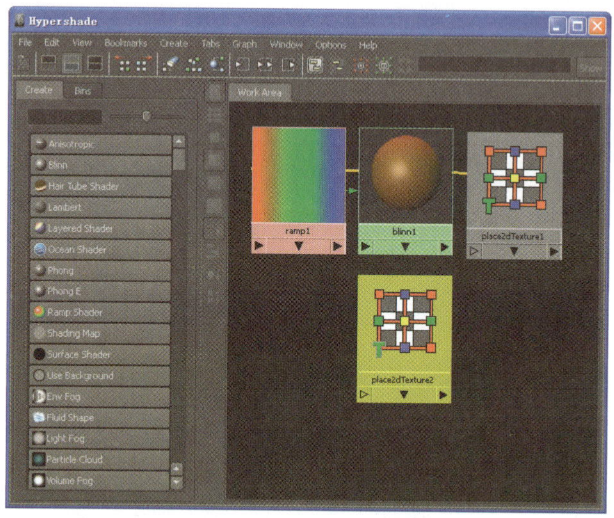

图10-12 工作区域

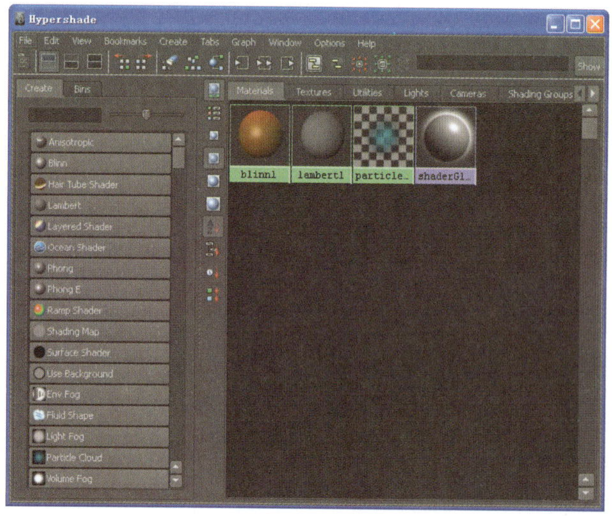

图10-13 显示区域

10.3 材质种类简介

10.3.1 材质的基本类型

在Hypershade编辑器的Surface窗口下，有几种常用的材质节点。通过设置这些材质的属性，可以模拟现实生活中各种物体的材质，如使用Lambert可以模拟地面、墙壁等；使用Blinn可以模拟金属高光等效果，下面来介绍这几种常用的材质节点。

◆ Anisotropic（各向异性）

这种材质类型用于模拟具有微细凹槽的表面，镜面高亮与凹槽的方向接近于垂直。例如头发、斑点和CD盘片，都具有各向异性的高亮。

◆ Blinn

Blinn是最常用的材质类型，具有金属表面和玻璃表面特性，主要用于模拟金属和玻璃效果，如钢、铜、铝和玻璃等。

◆ Lambert

Lambert是最基本的材质类型，没有高光和反射属性。多用于模拟不光滑的表面，如木头、墙壁、岩石等。

◆ Phong

Phong有明显的高光区，适用于光滑的、表面具有光泽的物体。如玻璃、水等。利用Cosine Power对Phong材质的高光区域进调节。

◆ Phong E

Phong E能根据材质的透明度控制高光区的效果，比Phong材质的运用更灵活。

◆ Layer shade

Layer shade可以将不同的材质节点合成在一起。每一层都具有自己的属性，每种材质都可以单独设计，然后连接到分层底纹上。上层的透明度可以调整或者建立贴图，显示出下层的某个部分。在层材质中，白色区域是完全透明的，黑色区域是完全不透明的。

◆ Shading Map

Shading Map可以给表面添加一个颜色，通常应用于非现实或卡通、阴影效果。

◆ Surface Shader（层材质）

Surface Shader给材质节点添加颜色，Surface Shader与Shading map的区别是，除了颜色以外，它还有透明度、辉光。所以在目前的卡通材质节点中，Surface Shader使用得比较多。

◆ Use Backgroud（背景材质）

使用背景材质可以将场景中的阴影和反射效果进行单独渲染，常用于后期合成。

◆ Ocean Shader（海洋材质）

Ocean Shader主要用于模拟海洋表面的材质，Ocean Shader（海洋材质）本身具有置换效果，可以根据时间的变化模拟海洋表面波浪动画。

◆ Ramp Shader（渐变材质）

Ramp Shader材质的很多属性都可以用渐变颜色控制，该材质节点对物体的渲染点进行采样，再用渐变颜色重新分布到物体表面，多用来模拟金属、玻璃、卡通、国画等效果。

10.3.2 创建材质节点

材质节点的连接包括材质与物体的连接，以及材质节点与材质节点的连接，下面讲解几种常见的材质节点连接方法。

课堂练习77：将材质赋予物体

01 在Hypershade窗口中，单击节点工具条中的Blinn图标，在工作区域中创建Blinn材质节点，如图10-14所示。

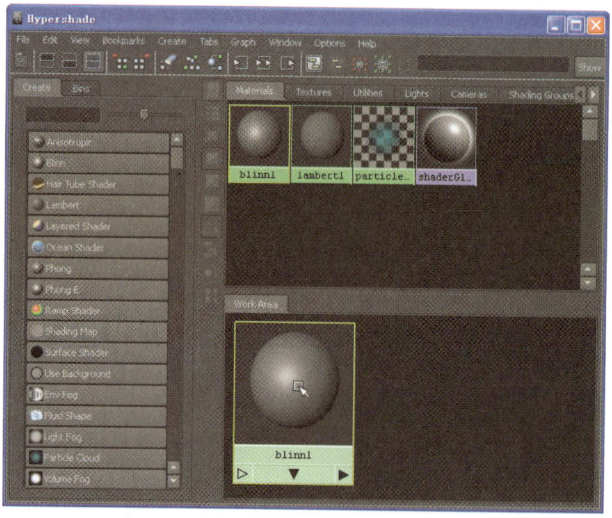

图10-14 创建Blinn材质球

02 选择场景中的物体，将鼠标指针放置到材质球上，按住鼠标中键不放，将其拖动到场景中的物体上，如图10-15所示。

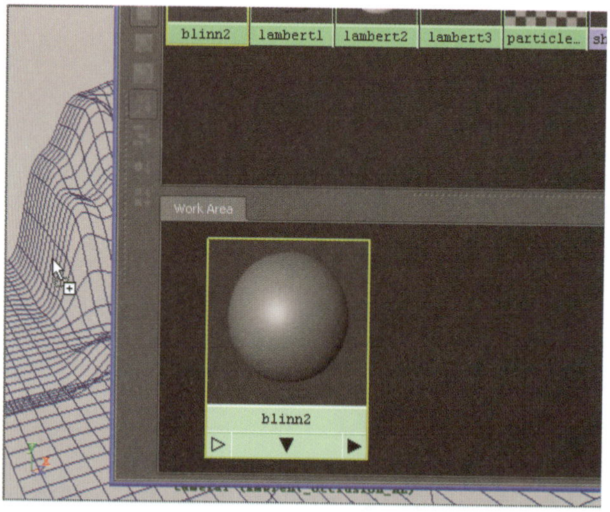

图10-15 材质节点与物体的连接

03 另外一种常用的材质节点与物体的连接方法。选择场景物体，单击鼠标右键，在弹出的菜单中选中Assign New Material选项，在其下拉列表中选择要赋予场景物体的材质，如图10-16所示。

课堂练习78：材质连接

在Maya中，除了材质节点与物体的连接外，材质节点与材质节点也可以连接。材质节点之间的连接，主要是为了增加场景物体的细节，使场景物体表现的效果更加真实。下面通过一个实例介绍一下材质节点之间的连接方法。

01 在Hypershade窗口中单击节点工具条，在工作区域中创建两个Blinn材质球，并设置它们的颜色分别为红色和蓝色，如图10-17所示。

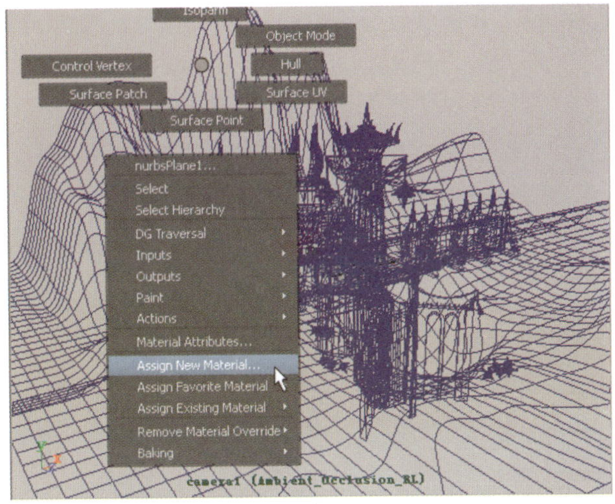

图10-16 另外一种赋予材质的方法

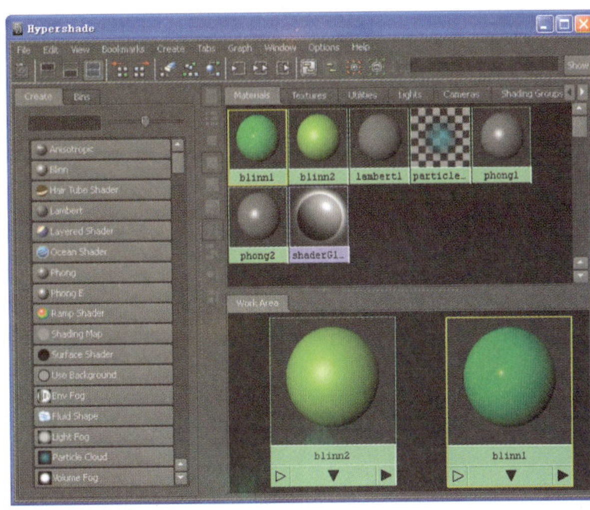

图10-17 创建Blinn材质

02 在Hypershade编辑器中，选择Create选项卡中的Utilities选项，然后单击Sampler Info和Condition选项，创建这两个节点，如图10-18所示。

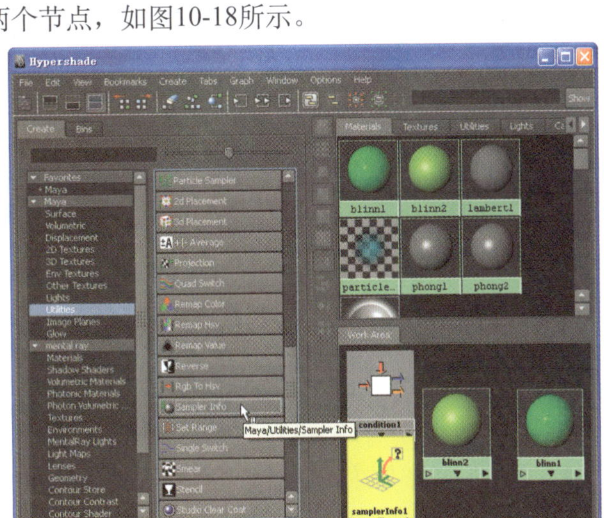

图10-18 创建节点

03 按住鼠标中键，将Sampler Info节点拖到Condition节点上，在弹出的菜单中选择Other命令，如图10-19所示。

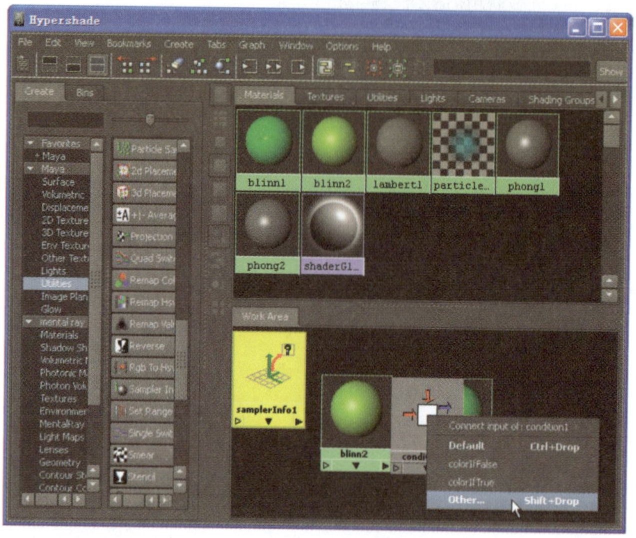

图10-19 执行连接操作

04 打开图10-20所示的Connection Editor窗口，将Sampler Info节点的Flipped Normal一元属性与Condition节点的First term一元属性相连接。

05 使用上述方法，将深绿色Blinn材质的OutColor连接到Condition节点的ColorIfFalse属性上，如图10-21所示。

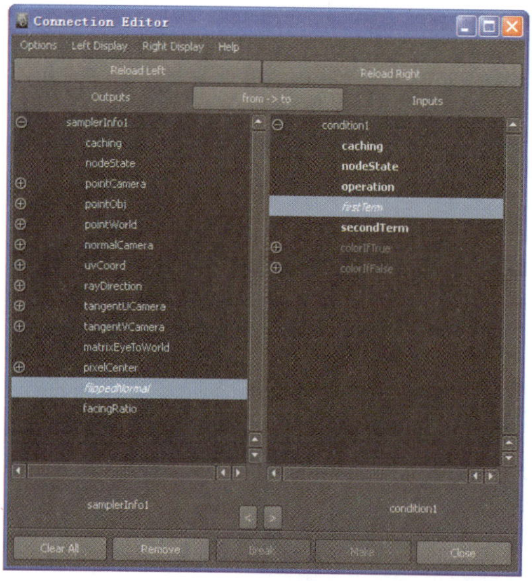

图10-20 连接节点

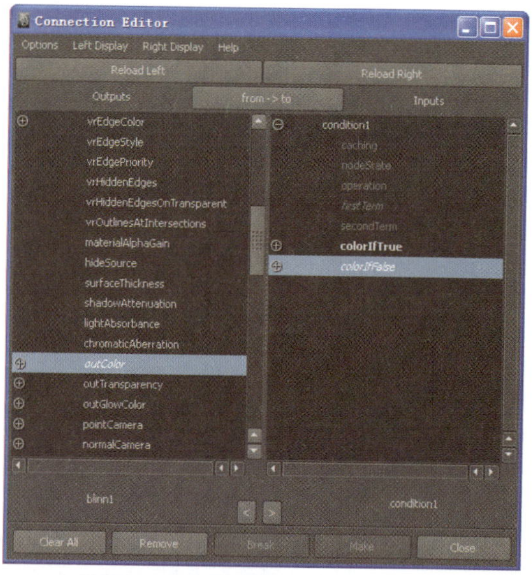

图10-21 连接OutColor属性

06 将浅绿色Blinn材质的OutColor连接到Condition节点的ColorIfTrue属性上，如图10-22所示。

07 选中场景中的物体，将制作好的材质赋予该物体，最终效果如图10-23所示。

10.3.3 断开材质节点

在制作材质纹理时，有时由于工作的需要，需要将某些材质节点暂时断开或删除，使其失去对场景物体继续产生作用。

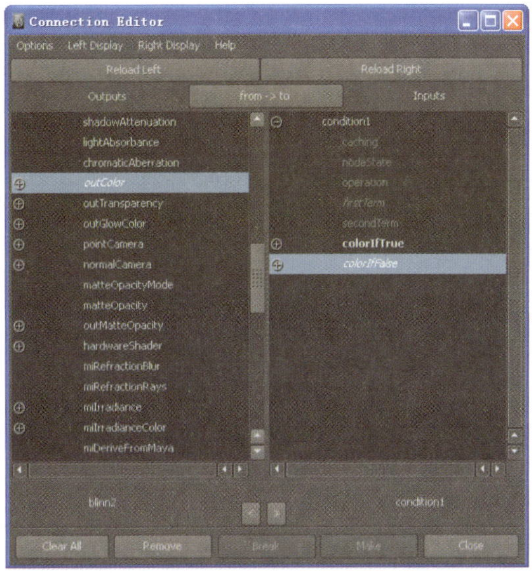

图10-22 连接ColorIfTrue属性

图10-23 材质效果

课堂练习79：断开连接

01 在Hypershade编辑器的工作区域中，选择要断开连接的两个节点之间的连接线，如图10-24所示。

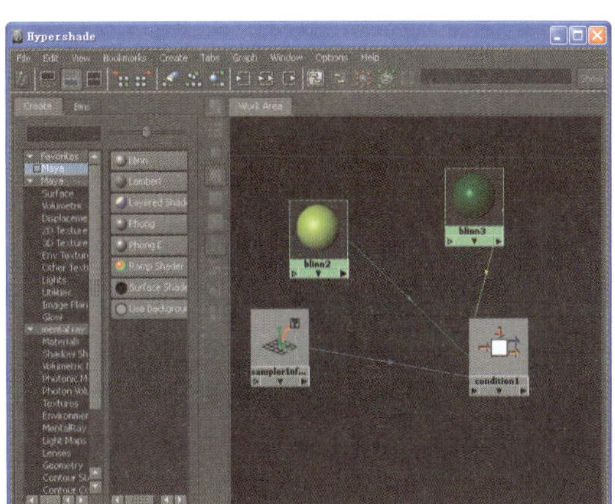

图10-24 断开连接

提示 默认情况下，两个节点之间的连接线是以绿色和蓝色显示，当选中某条连接线后，将以黄色显示。

02 按Delete键直接将其删除即可，如图10-25所示。

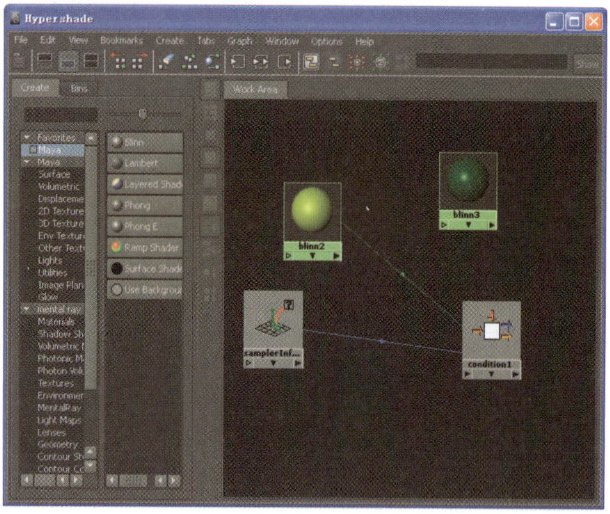

图10-25 删除连接

10.4 材质属性简介

10.4.1 材质的通用属性

材质节点的通用属性是大部分材质都具有的属性。在转换一个材质类型时，拥有这个属性的材质会保留原来的设置。例如，将一个Blinn材质转化成Phong材质球，原来的Color（颜色）不会改变。图10-26所示为材质通用属性的所有参数。

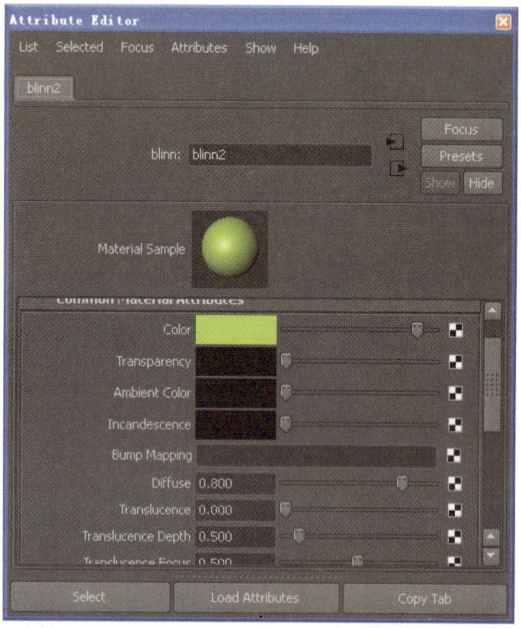

图10-26 通用材质属性

◆ Color（颜色）

材质的颜色，默认的HSV为（0、0、0.5），这是一种中级灰度，可以双击Color选项，打开Color Chooser（颜色拾色器）窗口，为材质指定一种颜色，如图10-27所示。

图10-27 不同颜色值的效果

◆ Transparency（透明度）

用于控制材质的透明度，若Transparency的值为0，表示完全不透明；若值为1，表示完全透明。Transparency的默认值为0，如图10-28所示。

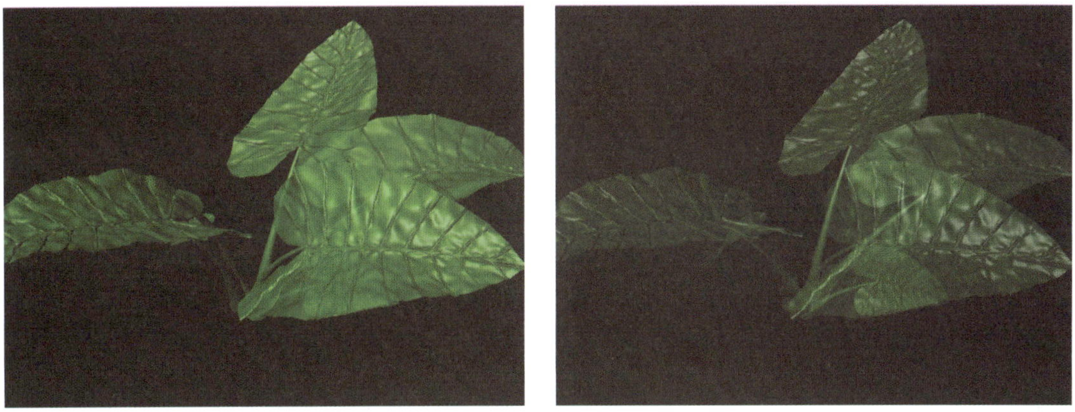

图10-28 不同透明度值的效果

注意：透明属性的颜色可以设置为任何一种颜色，不仅仅只有黑白两种颜色。另外，在设置透明属性时，如果材质自身的Color属性有变化，那么材质的透明属性会和颜色混合，形成新的颜色，渲染时不易控制。为了避免此类现象，在调整透明属性时，可以设置颜色为黑色。

◆ Ambient Color（环境色）

用于控制对象受周围环境的影响。Ambient Color（环境色）默认值为黑色。调整Ambient Color（环境色）为一种比较亮的颜色时，它会和材质自身的亮度和颜色混合，如图10-29所示。

◆ Incandescence（自发光）

用于模拟对象自身的发光效果，但不照亮其他的物体。Incandescence（自发光）数值越大，材质越亮。材质自发光的颜色和亮度会覆盖材质自身的颜色和亮度。常用于模拟发光的对象。如图10-30所示。

图10-29 不同环境色数值的效果

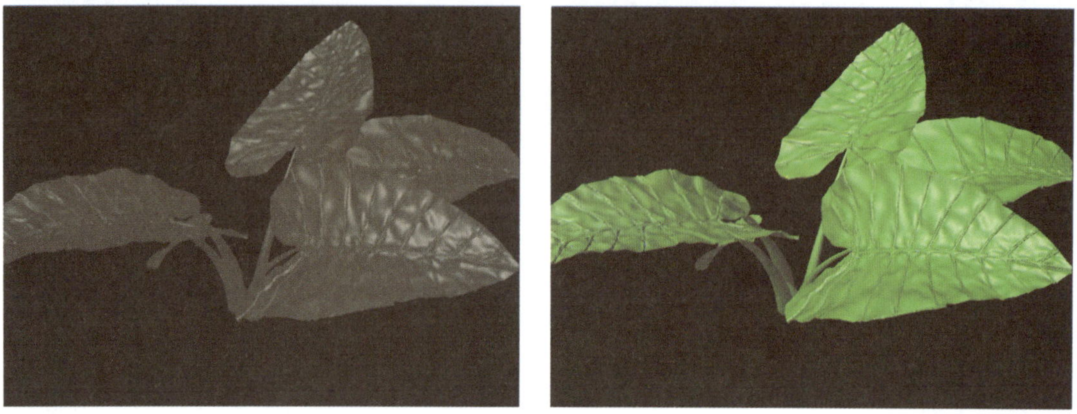

图10-30 较暗和较高的发光效果对比

◆ Bump Mapping（凹凸贴图）

通过对凹凸映射纹理的像素颜色强度进行取值，在渲染时改变模型表面法线，使它看上去产生凹凸的感觉，实际上赋予了凹凸贴图的物体表面并没有改变，如图10-31所示。

图10-31 Bump Mapping参数效果对比

◆ Diffuse（漫反射）

用于控制对象漫反射的强弱效果，Diffuse默认值为0.8。Diffuse的值越高，越接近设置的表面颜色，它主要影响材质的中间调部分，如图10-32所示。

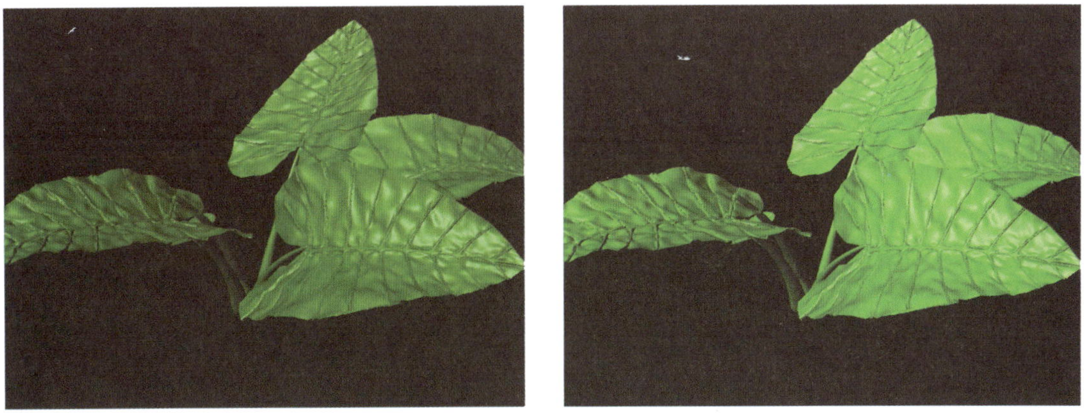

图10-32 Diffuse值分别为0.8和1时的效果

◆ Translucence（半透明）

Translucence是指一种材质允许光线通过，但是并不透明的状态，用于控制材质的透光效果。常用来模拟大理石、树叶、花瓣等效果，如图10-33所示。

图10-33 Translucence效果

技巧 如果物体的Translucence值设置比较大，这时应该降低Diffuse值，以避免冲突。表面的实际半透明效果由光源处获得照明，与它的透明性无关。但是当一个物体越透明时，其半透明和漫反射也会得到调节，环境光对半透明或漫反射无影响。

◆ Translucence Depth（半透明深度）

用于控制光线通过半透明材质的深度，是指灯光通过半透明物体所形成的阴影位置的远近，它的计算形式是以世界坐标为基准的。

◆ Translucence Focus（半透明焦距）

是指灯光通过半透明物体所形成阴影的大小。Translucence Focus（半透明焦距）的值越大，阴影越大，而且可以全部穿透物体。值越小，阴影越小，它会在表面形成反射和穿透，即可以形成表面的反射和底部的阴影。

10.4.2 材质的高光属性

在Blinn材质的属性通道盒中展开Specular Shading（高光属性）卷展栏，如图10-34所示。该卷展栏中的参数也是大多数常用材质所共有的，它们控制着物体表面反射光线的范围和强度，以及表面炽热所产生的辉光的外观。

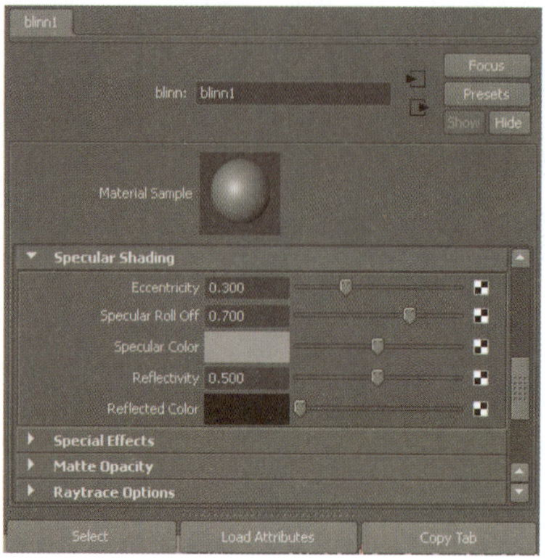

图10-34 高光属性

参数简介

◆ Eccentricity

离心率，用来控制高光的扩散，数值越小，高光点也就越小，表面也就显得越光滑，如图10-35所示。

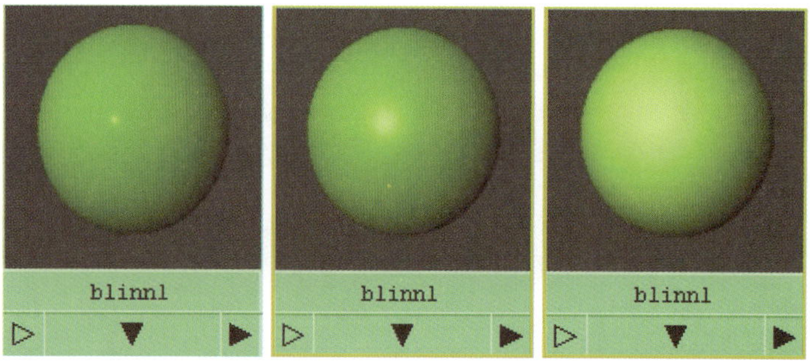

图10-35 离心率对材质的影响

◆ Specular Roll off

该参数用于控制材质的高光强度，数值越大，高光就越强，对比效果如图10-36所示。

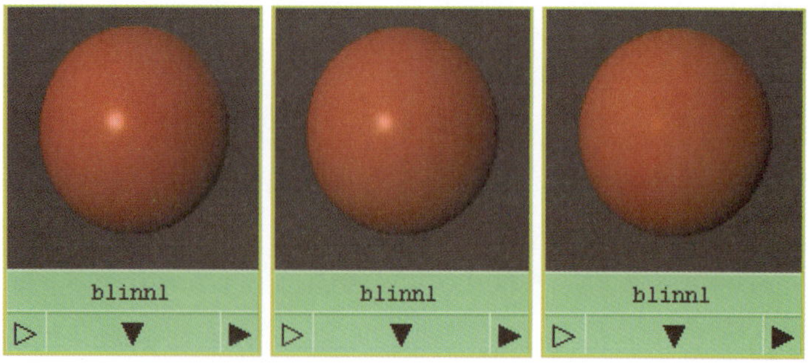

图10-36 高光参数对比

◆ Specular Color

该参数控制表面高光的颜色，黑色表示没有表面高光。

◆ Reflectivity

Reflectivity属性用于控制物体反射强度，也就是物体对周围环境和贴图反射百分比的属性，如图10-37所示。

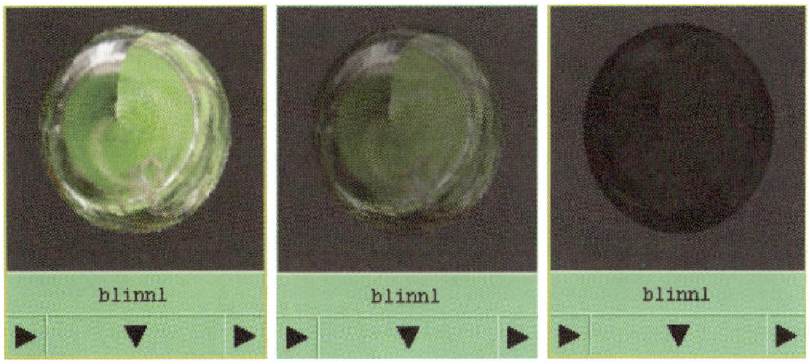

图10-37 Reflectivity对环境的反射强度

◆ Reflected Color

Reflected Color用于控制反射的颜色，如果需要使材质反射出纹理贴图，可以单击其右侧的纹理按钮。

10.4.3 材质的折射属性

Maya材质的折射属性被整合在Raytrace Options卷展栏中，如图10-38所示。默认情况下，材质的折射属性是不会被开启的，只有在制作一些具有折射属性的材质时，需要手动通过Raytrace Options卷展栏进行设置。

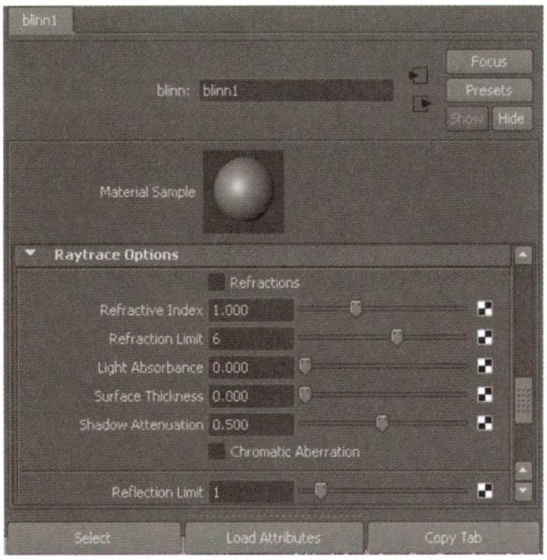

图10-38 Raytrace Options卷展栏

参数简介

◆ Refractions

当启用Refractions（折射）复选框时，Maya将计算光影追踪及材质的折射属性，同时计算机运行的速度也会变慢。

◆ Refractive Index

折射率，用来描述光线穿过透明物体时被弯曲的程度，从物理角度上讲，光线从一种介质进入另一种介质时，方向就会发生改变。常见的物质的折射率如表10-1所示。

表10-1 常见物质折射率

物质	折射率	物质	折射率	物质	折射率
空气	1.0003	冰	1.309	水	1.333
酒精	1.360	玻璃	1.500	氯化钠	1.530
聚苯乙烯	1.550	翡翠	1.570	红宝石	1.770
水晶	2.000	钻石	2.417	萤石	1.43381
石英	1.644	二碘甲烷	1.740	碘晶体	3.340

◆ Refraction Limit（折射限制）

折射限制，光线被折射的最大次数，计算机低于6次就不计算折射了，一般就是6次，次数越多，运算速度就越慢。图10-39所示的是两种不同效果的对比。

图10-39 折射限制所创建的效果

◆ Light Absorbance（吸收光线）

用于控制物体表面吸收光的能力。该值越大，反射与折射率越小，默认值为0，光线能完全穿透材质。透明的材质能吸收许多穿过它们的光线，材质越厚，吸收的光线越多，穿透材质的光线也就越少，如图10-40所示。

图10-40 不同的吸光率所创建的不同效果

◆ Surface Thickness（表面厚度）

材质的厚度，通过此项的调节，可以影响折射的效果，数值越大，折射的强度越弱，数值越小，折射的强度越强，如图10-41所示。

图10-41 不同表面厚度所产生的玻璃效果

◆ Shadow Attenuation（阴影衰减）

阴影衰减用于控制透明物体产生光线跟踪阴影的聚焦效果。透明对象的中心比较亮，可模拟灯光的聚焦效果。当该值为0时，会形成亮度恒定的阴影，聚焦的亮度和数值大小成正比，值越大，亮度越强，如图10-42所示。

图10-42 阴影衰减效果

◆ Chromatic Aberration（色散）

启用该项进行光线追踪运算时，不同波长的光线在穿透曲面时，会以不同角度折射。如白色灯光穿过透明对象会产生彩色效果，如图10-43所示。

图10-43 色散效果

◆ Reflection Limit（反射限制）

反射限制用来控制光线被反射的最大次数。如果Reflection Limit=10，则表示该表面反射的光线在之前已经过了9道反射。该表面不反射前面已经过了10次或更多次反射的光。它的取值范围为0~10，默认值为1，如图10-44所示。

图10-44 反射限制效果

◆ Reflection Specularity（高光反射）

高光反射用于避免反射对象的高光区域产生锯齿闪烁效果，数值越小，锯齿闪烁效果越弱，数值越大，锯齿闪烁效果越强，如图10-45所示。

图10-45 高光反射效果对比

10.4.4 材质的特殊效果

Special Effects（特殊效果）可以模拟物体因表面反射光线或表面炽热所产生的辉光效果，可以通过启用或禁用Hide Source（隐藏源物体），以及通过调整Glow Intensity（辉光强度）数值，来实现想要的辉光效果，如图10-46所示。常用来模拟灯光、月光等效果。

图10-46 Special Effects参数面板

参数简介

◆ Hide Source（隐藏源物体）

启用Hide Source复选框，可以使表面在渲染时不可见（如果Glow Intensity的值不为0），而只显示辉光的效果。默认为关闭，效果对比如图10-47所示。

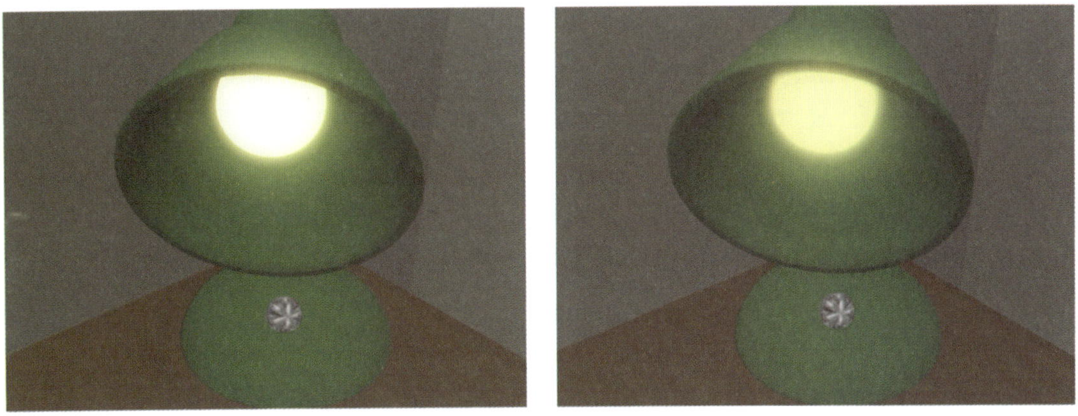

图10-47 隐藏源物体效果对比

◆ Glow Intensity（辉光强度）

Glow Intensity用于控制表面辉光的亮度，如图10-48所示。范围为0～1，默认为0。

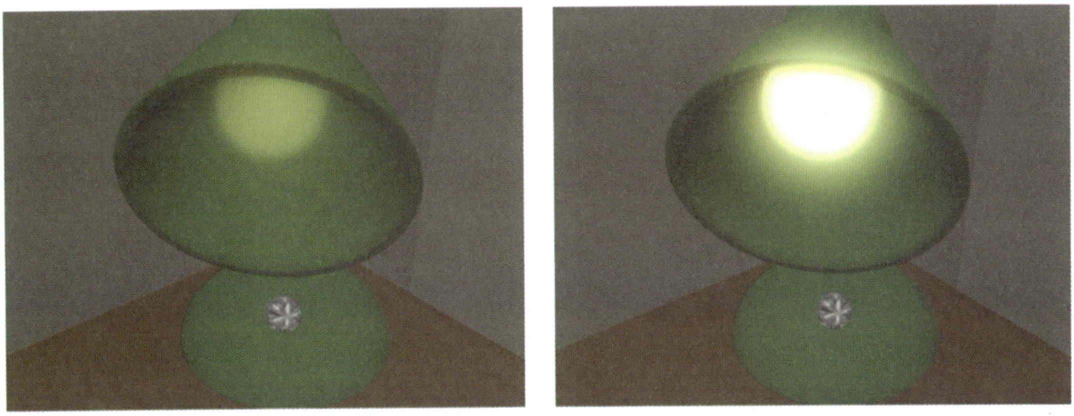

图10-48 不同的辉光强度

10.4.5 材质的遮罩不透明度

通过设置Matte Opacity（遮罩不透明度）下的Opacity Gain、Solid Matte和Black Hole 3种遮罩不透明度模式，来达到用户想要的遮罩效果。Matte Opacity（遮罩不透明度）多用于后期合成。图10-49所示的是该参数面板。

图10-49 Matte Opacity参数面板

参数简介

Maya提供了3种模式，分别是Opacity Gain、Solid Matte和Black Hole。

◆ Opacity Gain（不透明缩放）

它可以同时显示反射和阴影。当Matte Opacity值为1时，它的Alpha完全覆盖下面物体的Alpha，值越小，覆盖强度也越弱；当Matte Opacity值为0时，它将下面物体的Alpha完全抠除，它还受Transparency值的影响，如图10-50所示。

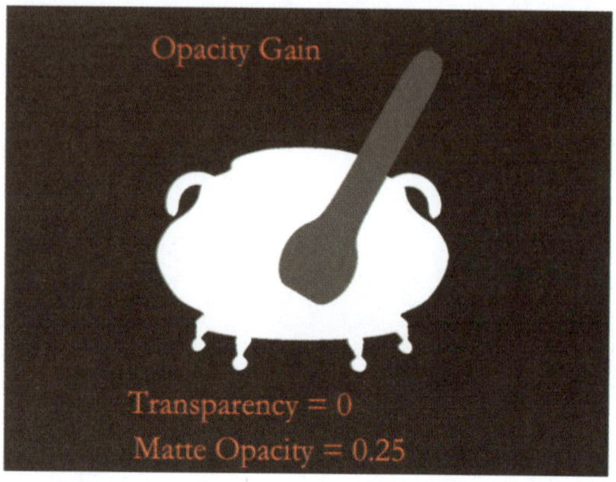

图10-50 不透明缩放对比

技巧 关于物体的遮罩参数有一个比较准确的公式进行计算：物体的遮罩参数=渲染遮罩数值×Matte Opacity值。

◆ Solid Matte（实体遮罩）

使用Solid Matte选项可以得到一个固定的遮罩数值。它不受Transparency值的影响，如图10-51所示。

图10-51 实体遮罩效果对比

其公式：物体的遮罩数值＝Matte Opacity

◆ Black Hole（黑洞）

在选择这个模式时，Matte Opacity值将失去效果，它忽略了物体的所有属性设置。它的Alpha值为0，即没有Alpha值，也就无法显示，如图10-52所示。

图10-52 Black Hole效果

技巧：在一般的材质球上想看到Opacity Gain和Solid Matte效果是很难的，可以用Use background节点看到其效果的变化，它们的功能主要体现在合成上。

10.5 案例5：玉蟾蜍材质表现

玉石一般都是半透明的，隐隐的从里面透过光来，并显现出内部的纹理变化。这是因为光线照射进玉石后，在内部进行多次折射的结果。其中，有一部分又穿出玉石，进入我们的眼睛，被我们看到，既然这样，那我们只要模拟自身发光的效果就可以表现这种散射显示出的透明感。下面向读者介绍玉蟾材质的制作过程。

1．设置Y_Mart材质

01 打开随书光盘目录下的“玉蟾.mb”文件，这是一个已经布置好场景、灯光，以及摄影机的完整场景，如图10-53所示。

图10-53 打开场景

02 在Hypershade窗口中创建一个Blinn材质球，将其命名为Y_Mart，双击该材质，打开其属性编辑器，如图10-54所示。

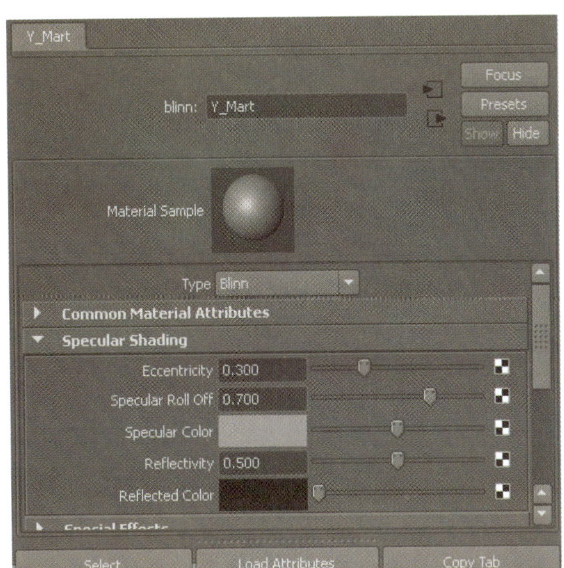

图10-54 创建Blinn材质

03 将Transparency设置为白色。展开Specular Shading卷展栏，将Eccentricity设置为0.175；将Specular Roll Off设置为1；将Specular Color设置为白色，如图10-55所示。

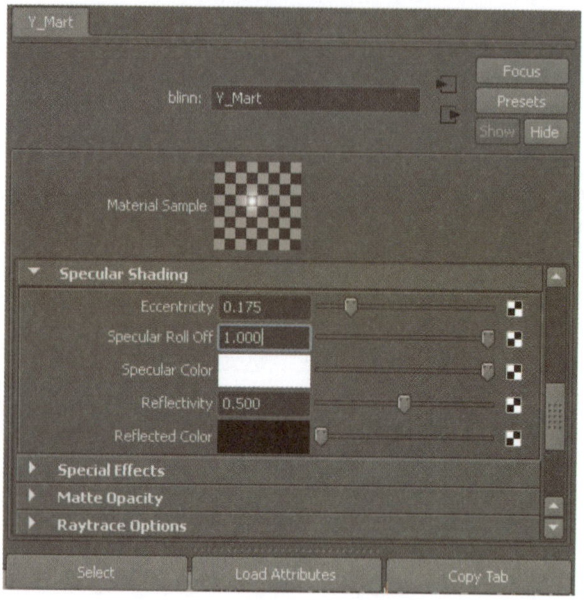

图10-55 设置Specular Shading卷展栏

2．设置Y_Mart02材质

01 在Hypershade窗口中再创建一个Blinn材质球，将其命名为Y_Mart02。双击该材质，打开其属性编辑器，在Common Material Attributes卷展栏中将Transparency设置为白色；将Diffuse设置为0.75，如图10-56所示。

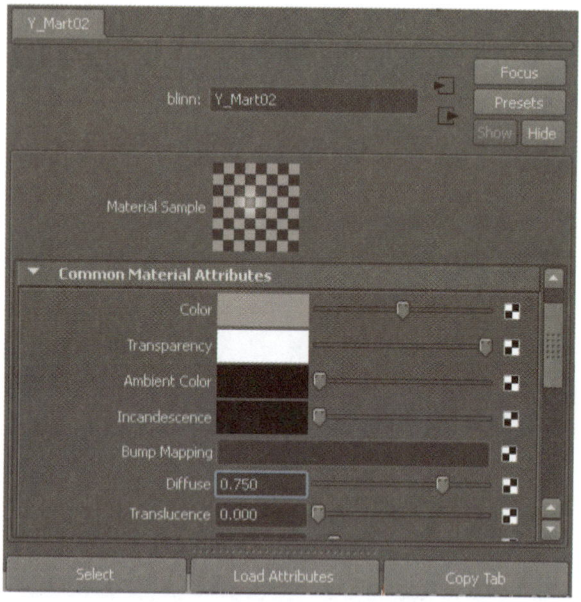

图10-56 设置通用属性

02 在Common Material Attributes卷展栏中单击Bump Mapping右侧的按钮，打开Create Render Node面板；然后切换到Utilities面板，单击Bump 3d按钮，创建一个节点，如图10-57所示。

03 在3d Bump Attributes卷展栏中单击Bump Value右侧的按钮，打开Create Render Node面板，在3D Textures面板中单击Solid Fractal节点，创建一个固体碎片节点，如图10-58所示。

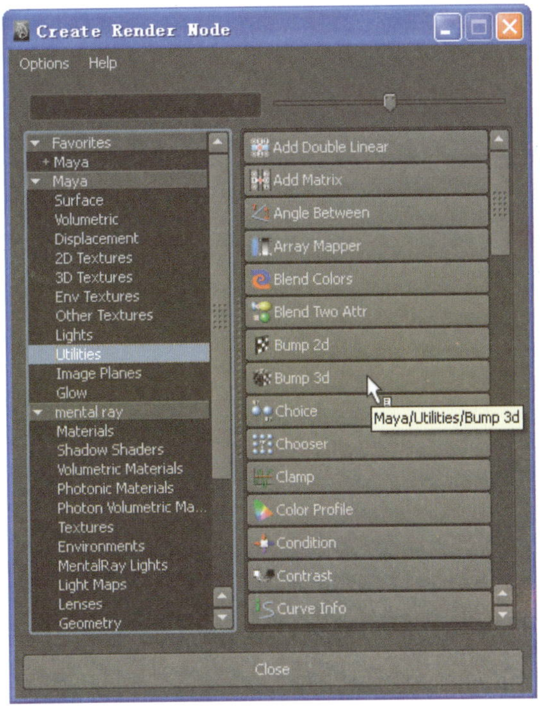

图10-57 创建一个Bump 3d节点

图10-58 创建固体碎片节点

04 展开Solid Fractal Attributes卷展栏，将Amplitude设置为0.7；将Frequency Ratio设置为1.967，如图10-59所示。

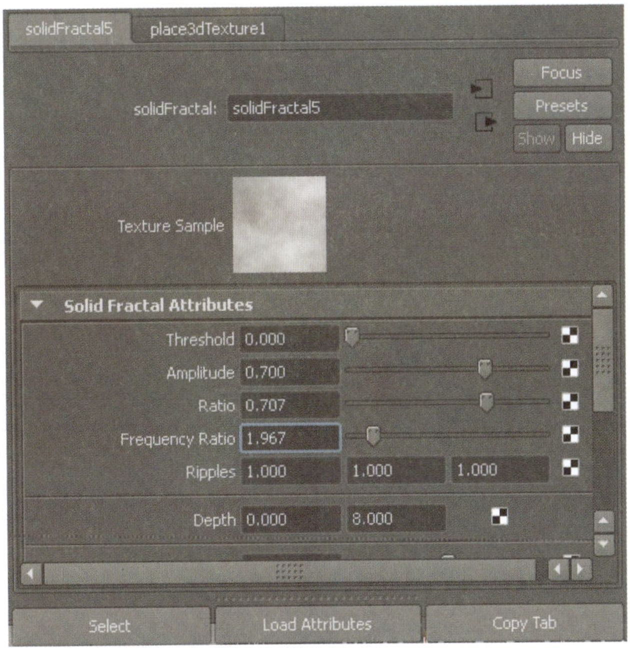

图10-59 设置Solid Fractal属性

05 单击按钮，返回到Bump 3d面板，在3d Bump Attributes卷展栏中将Bump Depth设置为2.1，如图10-60所示。

06 设置完毕后，读者可以通过Hypershade窗口观察此时的材质结构，如图10-61所示。

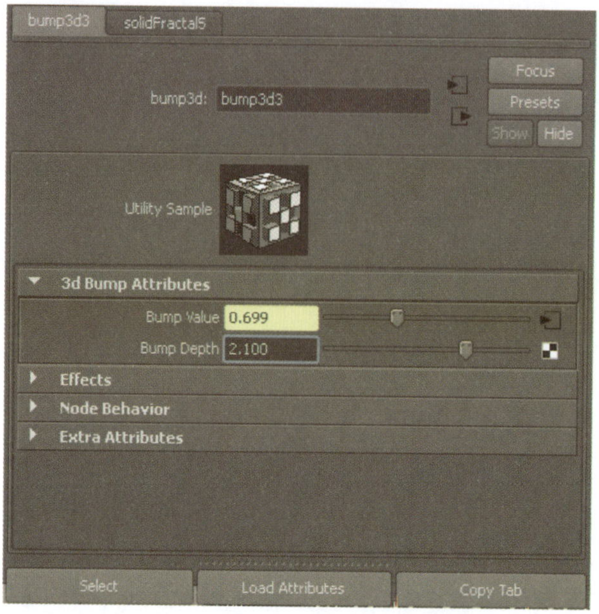

图10-60 设置凹凸参数

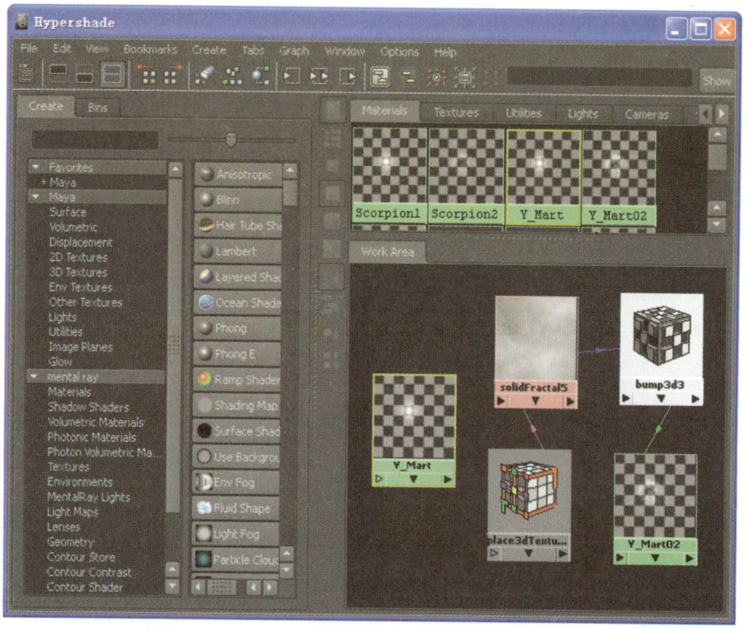

图10-61 材质结构

提示

按钮位于整个属性栏的最上方，单击该按钮可以返回到上一层级中。

3. 设置Y_Mart03材质

01 再创建一个Surface Shader材质球，将其命名为Y_Mart03。打开其属性编辑器，在Surface Shader Attributes卷展栏中，单击Out Color右侧的按钮，打开Create Render Node面板，切换到Utilities面板，单击Blend Colors按钮，创建一个节点，如图10-62所示。

02 在Blend Color Attributes卷展栏中单击Color 2右侧的按钮，打开Create Render Node面板，在3D Textures面板中单击Solid Fractal按钮，创建一个节点，如图10-63所示。

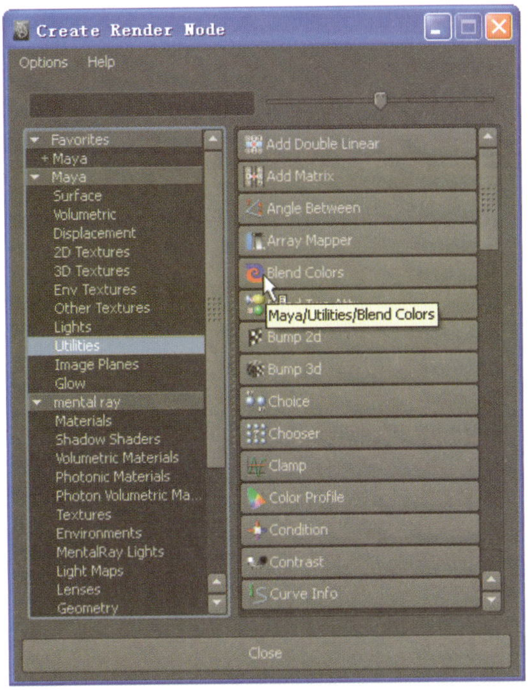

图10-62 添加Blend Colors节点

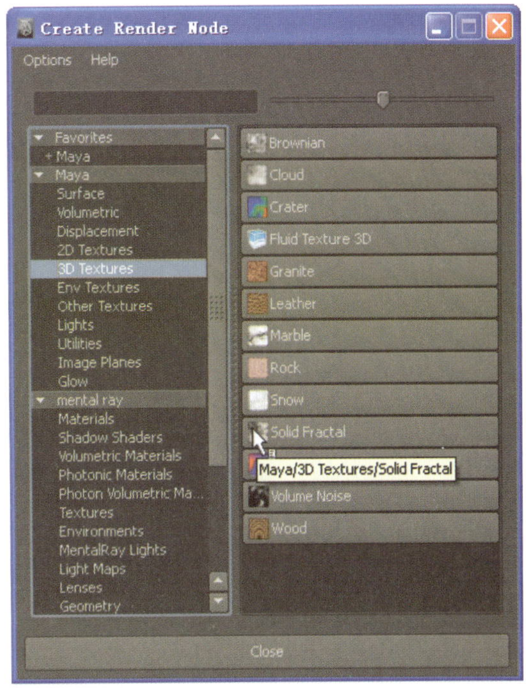

图10-63 创建Solid Fractal节点

03 在Solid Fractal Attributes卷展栏中，将Frequency Ratio设置为1.75；展开Color Balance卷展栏，将Color Gain设置为HSV（109、0.489、0.893），如图10-64所示。

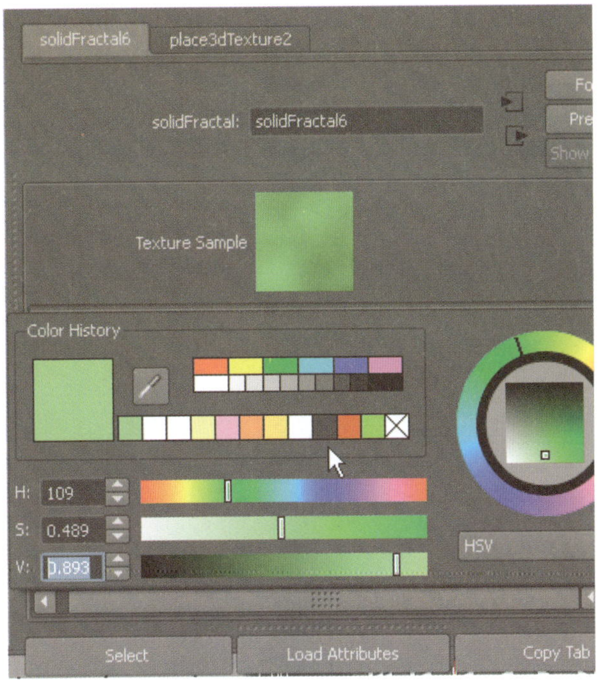

图10-64 设置固体碎片颜色

04 单击按钮，返回到Blend Color面板，在Blend Color Attributes卷展栏中单击Color 1右侧的按钮，打开Create Render Node面板，在2D Textures面板中单击Ramp按钮，创建一个节点，如图10-65所示。

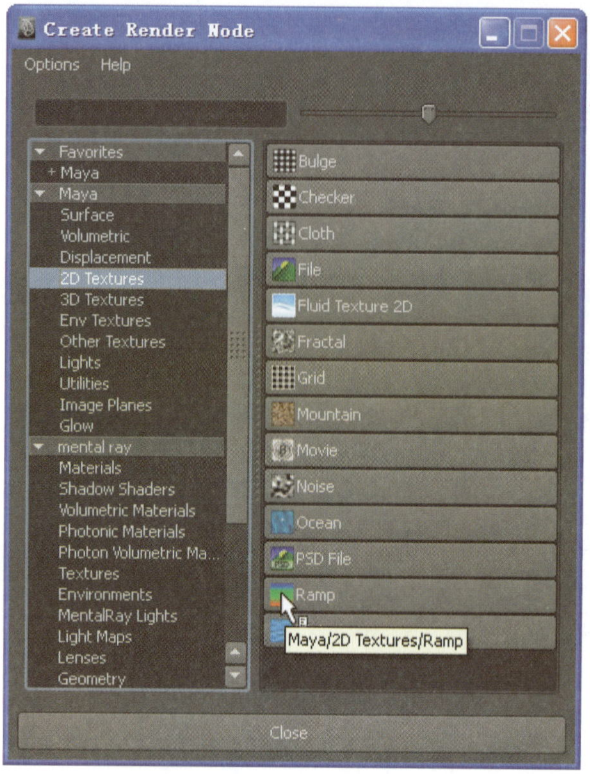

图10-65 创建Ramp节点

05 在ramp1面板中，将颜色设置为黑白渐变色，如图10-66所示。

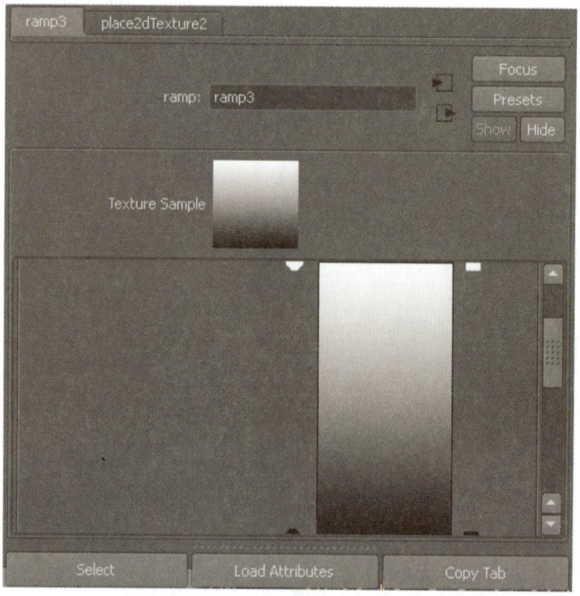

图10-66 设置渐变的颜色

4. 创建节点

01 在Hypershade窗口中创建一个AnimCurveUU节点，将此节点拖动到Ramp节点上，选择Other选项，打开Connection Editor窗口，先选择Output选项，再选择V Coord选项，使它们建立连接，如图10-67所示。

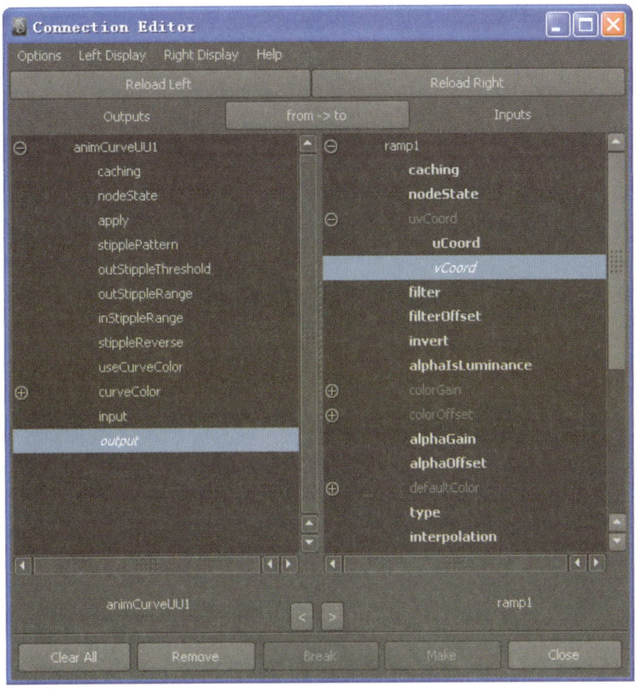

图10-67 创建AnimCurveUU节点

02 在Hypershade窗口中创建一个lightInfo节点，将此节点拖动到AnimCurveUU节点上并选择Other选项，在打开的窗口中，先选择SampleDistance选项，再选择input选项，使他们建立连接如图10-68所示。

图10-68 创建lightInfo节点

03 在Hypershade窗口中再创建一个layeredShader材质球，将Scorpion1、Scorpion2和Scorpion3材质球按顺序拖动到此材质中，如图10-69所示。

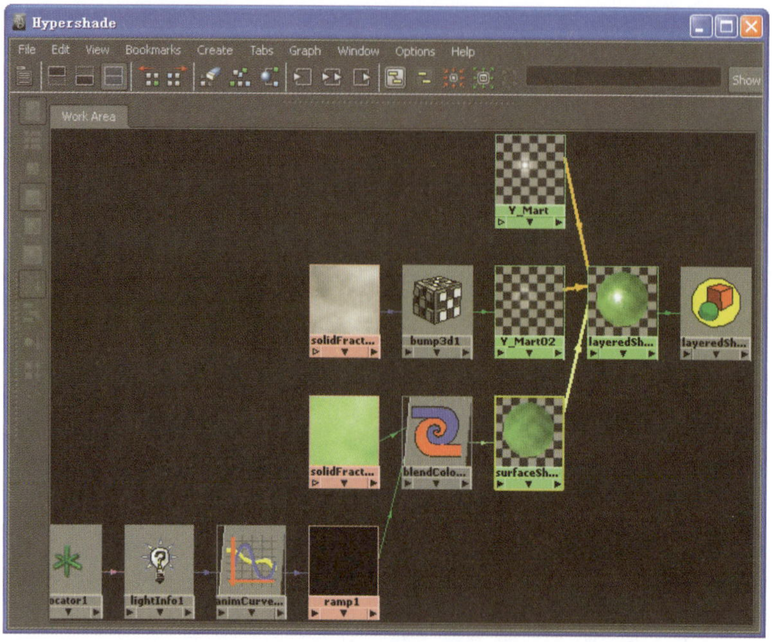

图10-69 执行连接

04 完成以上步骤后，单击按钮，查看渲染效果，如图10-70所示。

图10-70 最终渲染效果

第11章　创建纹理

11.1　纹理的基础知识

11.1.1 纹理的概念

纹理，是指包裹在物体表面上的一层花纹，如人体和动物的皮肤、汽车表面的烤漆、墙壁表面的凹凸和金属表面的锈斑等。纹理是材质的一种属性，它可以控制物体表面的质感，能增加材质的细节。图11-1所示是一张人物的皮肤纹理图片，图11-2所示是一张具有丰富纹理的场景图片。

图11-1 皮肤纹理

图11-2 金属纹理图片

另外，为游戏项目中的低多边形角色模型赋予高精度的纹理贴图，可以获得不同的质感效果。在电影项目中，通常也是为远景人物或群组动画中的角色赋予高精度级别的纹理贴图效果，也能很好地表现物体的质感效果。这种纹理贴图的方式，既能简化建模的细节，又不影响最终渲染输出的质量，很受广大CG爱好者的欢迎。

11.1.2 纹理的类型

在Maya中，可以将纹理分为4种类型，它们分别是2D纹理、3D纹理、环境纹理和层纹理。二维纹理和三维纹理主要作用于物体的本身，纹理通过纹理贴图来实现。在Hypershade窗口中，执行Create（创建）| Create Render Node（创建渲染节点）命令，即可预览这些纹理，如图11-3所示。

图11-3 Maya的纹理类型

◆ 2D纹理

2D纹理主要主作用于物体的表面，它的效果取决于投射方式和UV坐标。

◆ 3D纹理

3D纹理不受物体外观的影响，可以将纹理图案作用到物体的内部。

◆ Env纹理

环境纹理主要用于模拟周围的环境，它不直接作用于物体。

◆ 其他纹理

其他纹理，即层纹理，它类似于层材质的效果。

11.2 纹理的操作

11.2.1 纹理节点的创建

在前文中我们介绍过，在Maya中任何事物都是以节点的形式来显示和计算的，例如我们创建的模型、材质球、灯光或曲线都可以被视为一个计算节点。本节中我们介绍的纹理贴图也可以被视为一个纹理节点，首先对如何创建纹理节点进行介绍。

课堂练习80：创建纹理节点

01 打开Hypershade编辑器，创建一个blinn材质，按组合键Ctrl+A，打开其属性面板。然后单击Color右侧的添加按钮，如图11-4所示。

02 在弹出的窗口中，可以看到Maya所包含的4种纹理，2D Textures（二维纹理）、3D Textures（三维纹理）、Env Textures（环境纹理）和Other Textures（其他纹理），如图11-5所示。

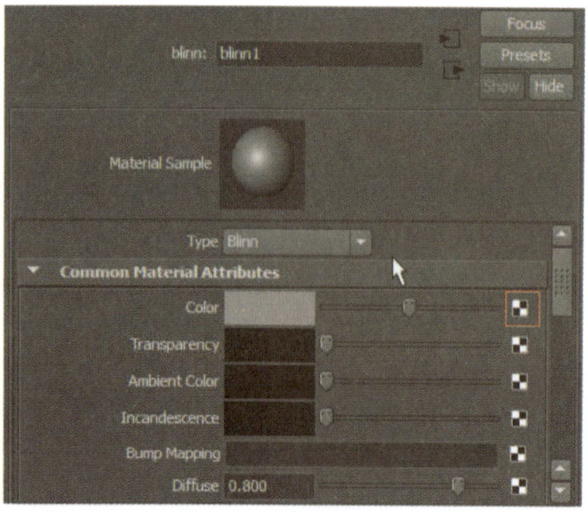

图11-4 编辑属性

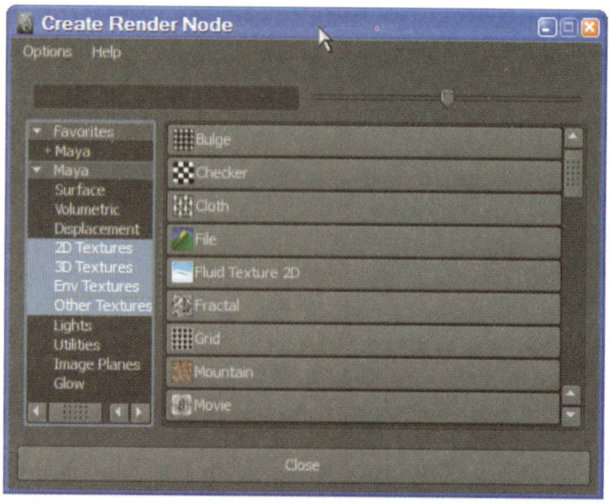

图11-5 纹理节点窗口

03 单击2D Textures左侧的▸按钮，展开其属性栏，再单击一个名为Checker的纹理节点，为所选材质球添加一个二维纹理贴图，如图11-6所示。

04 在Hypershade窗口中，可以看到材质球blinn1的表面变为黑白的网格显示状态，表示二维纹理贴图添加成功，如图11-7所示。

05 在属性面板中可以看到，新添加的一个名为Checker1的属性节点。调整Checker Attributes属性下的颜色值，可改变该纹理的颜色，如图11-8所示。

06 在Hypershade窗口中单击按钮，可以看到材质球blinn1发生了变化，并且在该材质的属性设置面板中，其显示样式也发生了变化，如图11-9所示。

图11-6 创建Checker纹理节点

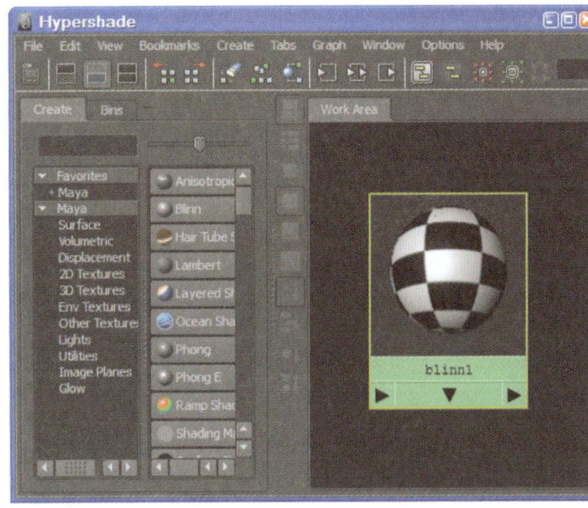

图11-7 材质球的变化

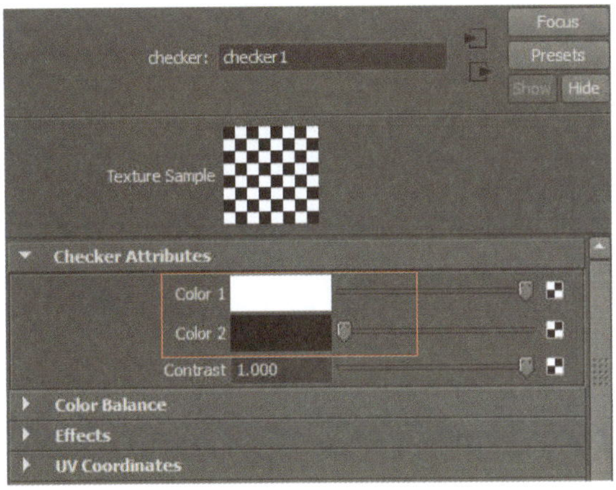

图11-8 纹理颜色的调整

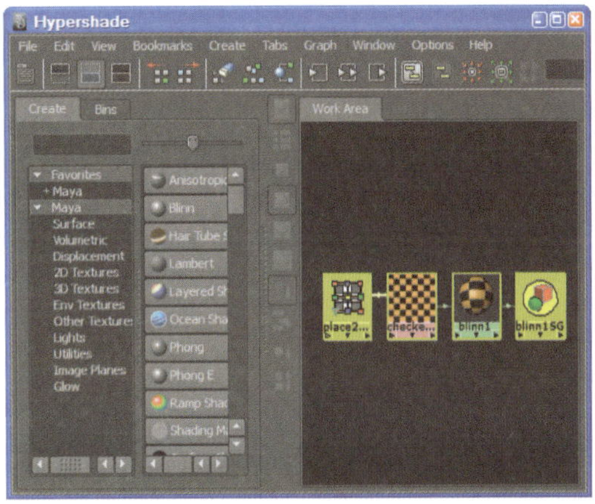

图11-9 材质的变化效果

07 同样，再创建一个材质球blinn2，然后拖动其右侧列表的滚动条，找到并单击名为Checker的纹理节点，以创建该节点，如图11-10所示。

08 在Hypershade的工作区域显示创建的Checker节点，如图11-11所示。

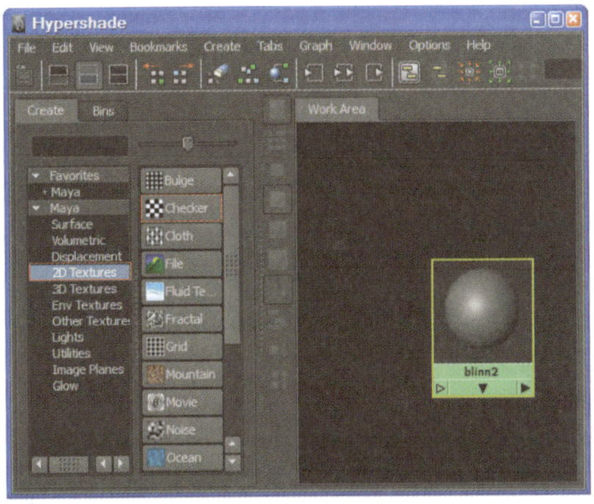

图11-10 单击Checker纹理节点

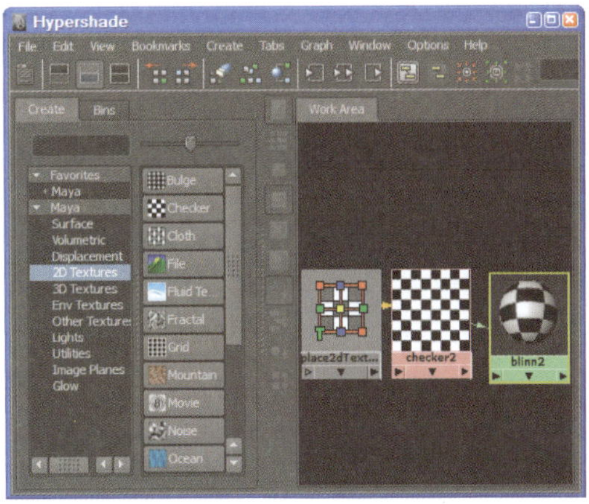

图11-11 创建的纹理节点

11.2.2 纹理节点的断开

在Maya场景中，可能会应用到很多种材质，不同的材质会含有多种纹理节点，若仍然按照先后顺序逐个编辑纹理节点，将是一项复杂和繁琐的事情，这就需要使用快捷的方法来快速编辑多个不同的纹理节点。下面介绍如何快速地断开纹理节点的链接。

课堂练习81：断开纹理节点

01 创建材质球blinn1，打开其属性设置面板。然后，在color右侧的空白处单击鼠标右键，在弹出的命令列表中选择Break Connection选项，即可断开纹理与材质球的连接，如图11-12所示。

02 我们也可以在材质编辑窗口的工作区域中，选中纹理节点与材质球的连接线，然后按Delete键即可将它们的连接断开，如图11-13所示。

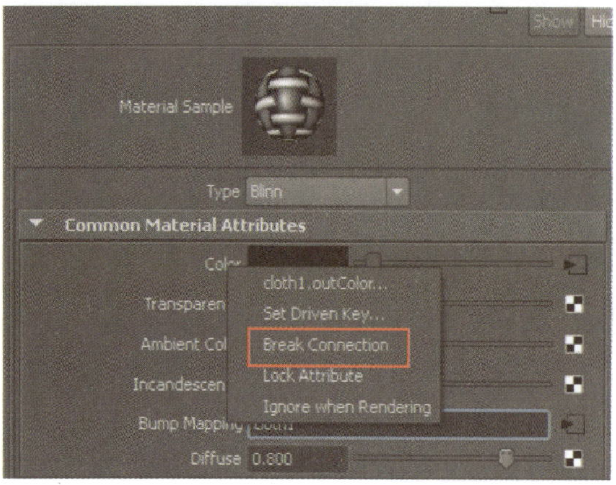

图11-12 执行断开连接操作

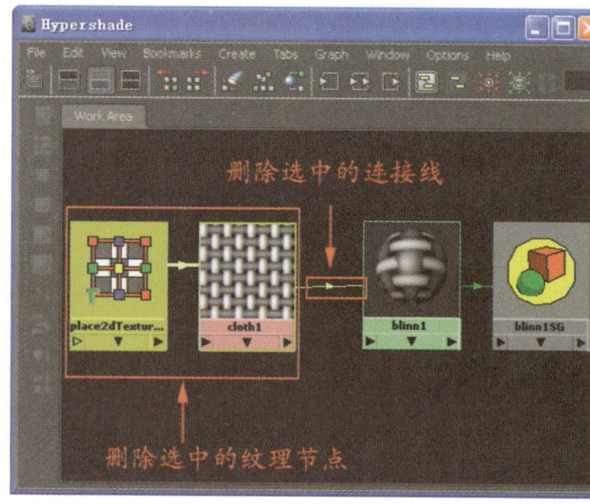

图11-13 删除连接线

11.2.3 纹理节点的删除

在Hypershade编辑窗口中，我们使用类似的方法，来练习如何将连接在材质球上的纹理节点进行删除。

课堂练习82：删除纹理节点

01 在Hypershade窗口中，选择连有纹理节点的材质球blinn1，然后单击按钮，以在工作区域显示其纹理节点的输入连接并框选中该纹理节点，如图11-14所示。

02 按Delete键，即可将所选节点删除，从而只剩下材质球blinn1和其输出连接节点，如图11-15所示。

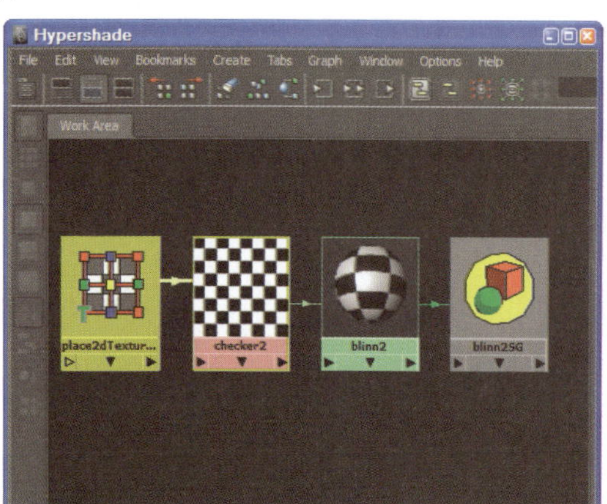

图11-14 选择纹理节点

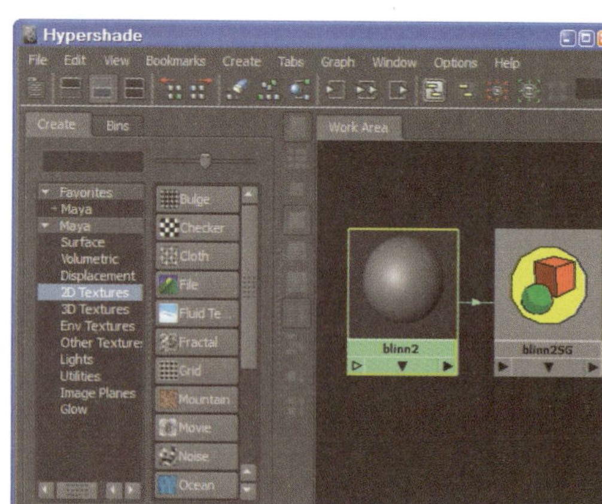

图11-15 删除纹理节点

11.2.4 纹理节点的连接

在删除材质球的连接节点后，若想再在该材质球上连接节点，这就需要使用到Maya中非常重要的连接编辑工具——Connection Editor，我们可以使用该工具进行任意节点的连接操作。下面对该工具的使用方法进行介绍。

课堂练习83：连接纹理节点

01 使用上一小节中断开的纹理节点checker2和材质球blinn2，然后在纹理节点上单击鼠标中键，在弹出的菜单中选择Default命令，如图11-16所示。

注意：要想快速连接纹理节点和材质球，也可以在该纹理节点上，按住鼠标中键不放，并拖动鼠标中键到指定的材质球上，然后松开鼠标中键，即可打开节点连接编辑窗口。

02 在弹出的Connection Editor窗口中，选择Checker纹理节点并单击Reload Left按钮，选择材质球blinn1并单击Reload Right按钮，如图11-17所示。

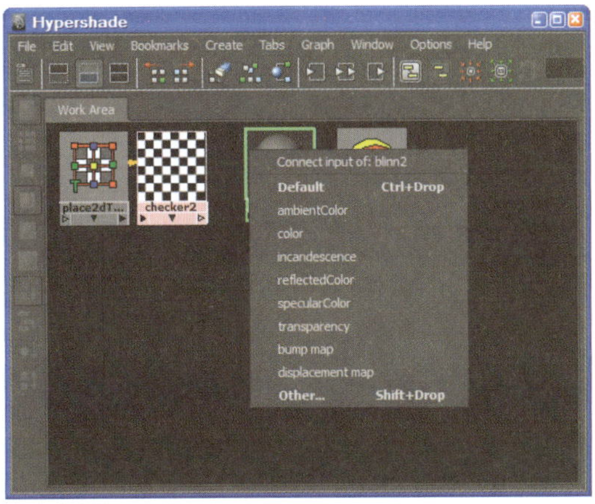

图11-16 选择Default命令

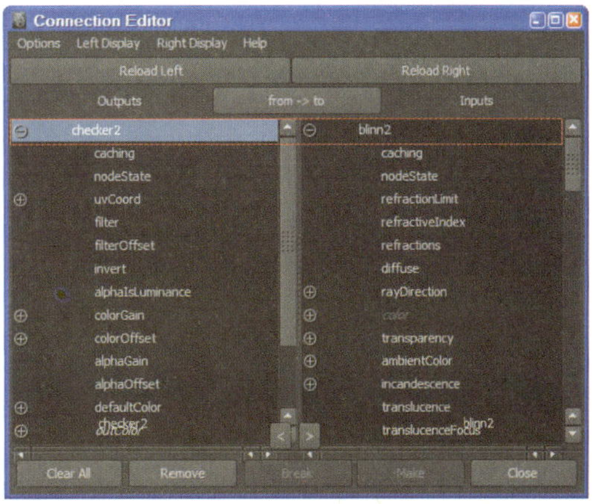

图11-17 载入要连接的属性

03 先在Outputs列表中选择OutColor选项，再在Inputs列表中选择Color选项，表示将纹理节点的OutColor属性连接到材质球的Color属性上，如图11-18所示。

04 切换到Hypershade编辑器，可以看到，被断开的纹理节点和材质球又重新连接起来，如图11-19所示。

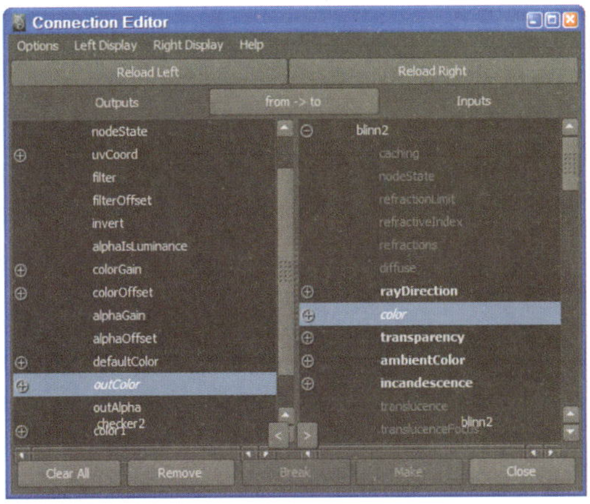

图11-18 选择连接的节点

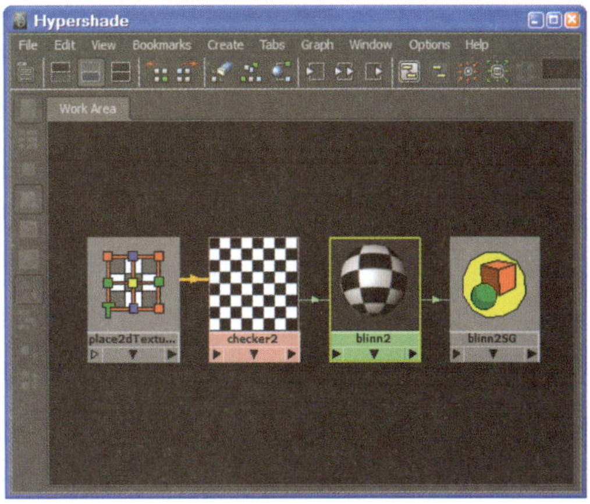

图11-19 节点的连接效果

05 单击Remove按钮，即可删除左侧输出列表的属性选项，并且右侧输入列表中被连接的Color属性选项变为灰色禁用状态，如图11-20所示。

06 单击Clear All按钮，即可清空输入和输出列表中的所有节点属性，如图11-21所示，然后用户还可以选择对象节点再进行重新载入。

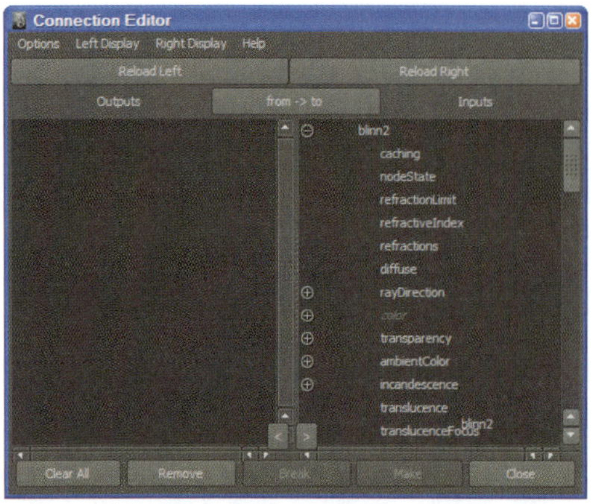

图11-20 删除输入区域节点属性

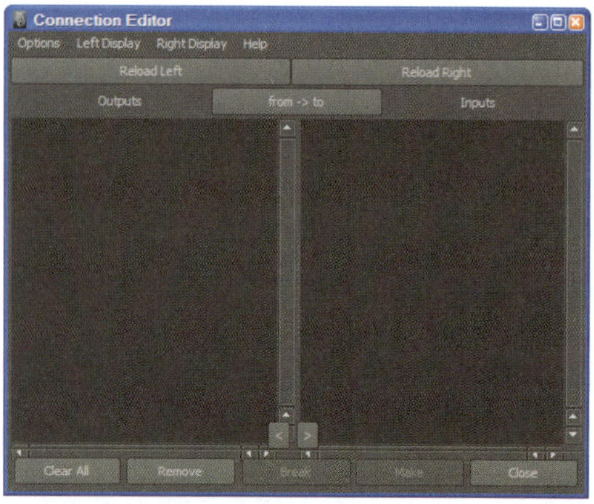

图11-21 清空所有节点属性

11.3 二维纹理和三维纹理的通用属性

在为材质球添加二维纹理或三维纹理后，用户可以在属性设置面板中，展开所添加纹理节点的子属性选项，此时会发现二维纹理和三维纹理包含一些通用属性。下面对这些通用属性进行介绍。

参数简介

二维纹理和三维纹理的通用属性设置面板如图11-22所示。

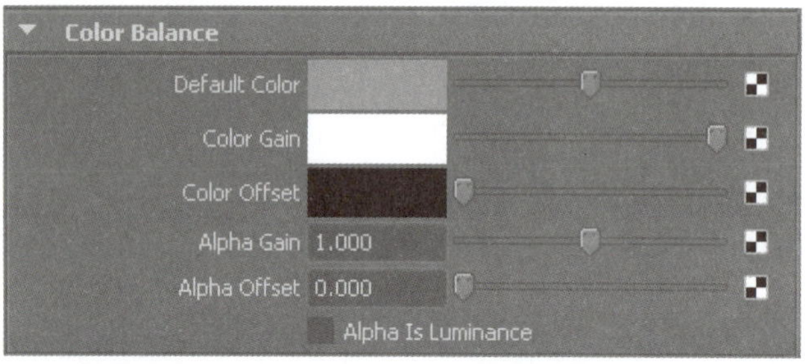

图11-22 通用属性面板

◆ Color Gain（颜色溢出）

用于控制纹理颜色输出的强度，可调整纹理中的浅色部分，默认为白色。

◆ Color Offset（颜色偏移）

用于控制纹理颜色输出的偏移，可调整纹理中颜色较深的部分，默认为黑色。

◆ Alpha Gain（Alpha溢出）

适用于凹凸或位移纹理，可缩放纹理Alpha输出的系数，默认值为1。

◆ Alpha Offset（Alpha偏移）

适用于凹凸或位移纹理，可偏移纹理Alpha输出的系数，默认值为0。

◆ Alpha Is Luminance（Alpha是亮度）

表示Alpha的输出由纹理的亮度来决定，即纹理中亮的地方较透明，暗的地方不透明。

◆ Invert（反转）

用于反转纹理的颜色，类似Photoshop文档中的反色效果，适用于凹凸或位移纹理。例如将纹理中的突出部分反转成凹陷的部分。

◆ Wrap（包裹）

用于将纹理完全包裹在模型上，默认为启用该复选框。

◆ Local（局部）

用于将纹理包裹在模型上，并且可以控制纹理随模型的缩放而缩放，单击Wrap属性没有改功能。

◆ Blend（混合）

用于控制纹理的Default Color区域和不同纹理之间的过渡。默认值为0，表示不产生过渡。

11.4 二维纹理

11.4.1 二维纹理的类型

二维纹理（2D纹理）即二维图像，它们通常贴图到几何对象的表面。在实际使用过程中，最为简单的2D纹理是位图，而其他种类的二维贴图则是由纹理程序自动生成。在前面已经介绍了二维纹理的创建方法，下面我们来对Maya内置的二维程序纹理的种类进行简单介绍，如图11-23所示。

参数简介

◆ Bulge（膨胀纹理）

用于描述具有胀起或凸出的纹理效果。

◆ Checker（棋盘格纹理）

用于模拟具有两种颜色的正方形方格效果。但是通常使用文件棋盘格纹理，是因为Maya中的程序棋盘格纹理没有文件棋盘格纹理预览效果好，如图11-24所示。

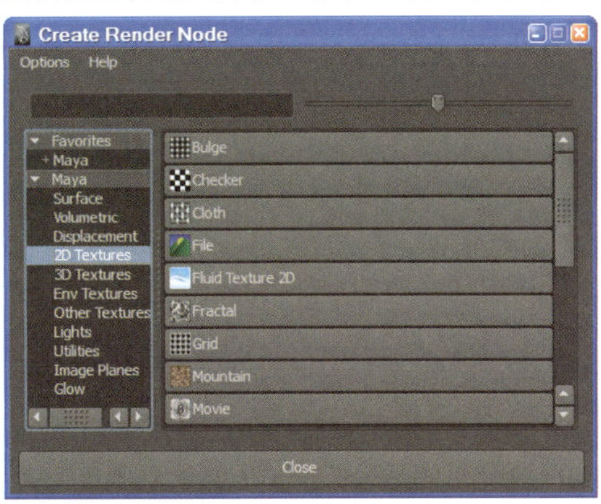

图11-23 二维纹理类型

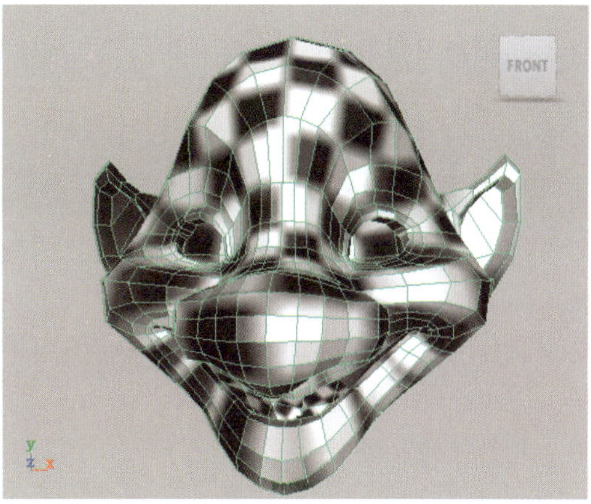

图11-24 棋盘格纹理

◆ Cloth（布料纹理）

用来模拟布料及其花纹效果。在材质球的属性节点上连接纹理节点后，都会在其属性设置面板中显示其属性。图11-25所示为Cloth纹理节点的属性，图11-26所示为显示效果。

◆ File（文件纹理）

表示可以使用文件纹理类型为模型赋予纹理贴图。关于该纹理节点的创建方法会在后面进行相关介绍。

◆ Fluid Texture 2D（二维流体纹理）

用于控制是否使用二维流体的贴图样式，有关流体的定义将在后面介绍流体特效时进行详细介绍。

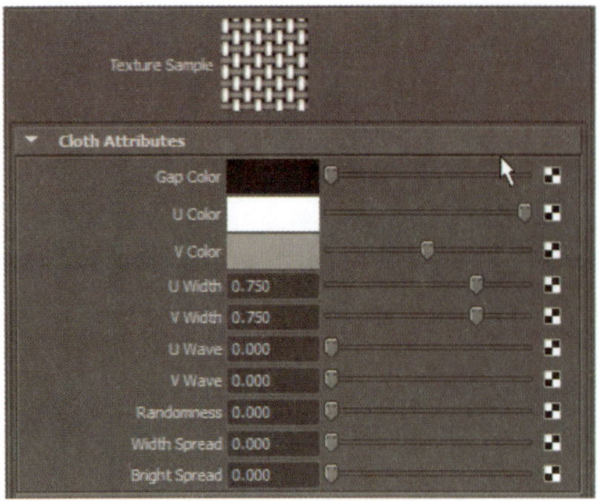

图11-25 纹理节点属性面板

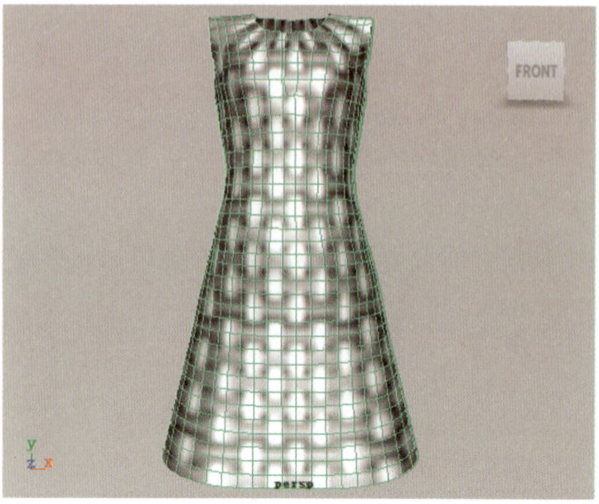

图11-26 显示效果

◆ Fractal（碎片纹理）

由于Fractal纹理随机分布得碎片效果非常好，因此常用来模拟山石的凹凸效果。

◆ Grid（网格纹理）

常用于制作具有网格效果的纹理贴图效果。

◆ Mountain（山脉纹理）

常用于模拟被积雪覆盖了的山，积雪纹理的位置和曲面表面的凹凸有关。

◆ Movie（影片纹理）

若在物体表面材质上连接该纹理节点，可以将一个完整的多帧序列文件（如一个电影文件）赋予物体，以在物体表面快速交互阅读这些序列纹理图形。

◆ Noise（噪波纹理）

用于制作含义不均匀噪波效果的纹理贴图。

◆ Ocean（海洋纹理）

用于模拟海平面的波纹纹理效果。

◆ PSD File（PSD文件纹理）

用于控制是否使用文件纹理类型的位图图像作为纹理贴图。

◆ Ramp（渐变纹理）

用于制作具有渐变过渡效果的纹理贴图效果。

◆ Water（波纹纹理）

用于制作水面的涟漪效果。

11.4.2 File Texture（文件纹理）

前面介绍了二维纹理中的一些程序纹理，可以明显看出Maya中的文件纹理主要有File纹理和Movie纹理，这两种纹理的参数完全相同，只是Maya对动画文件的判断有所不同而已。下面对这两种文件纹理的操作进行介绍。

课堂练习84：添加File纹理

01 在场景中选择显示器屏幕模型，作为编辑对象，如图11-27所示。

02 打开Hypershade窗口，创建Blinn材质，然后在该材质Color属性的右侧单击添加按钮，以打开节点窗口，单击2D Texture卷展栏下的File按钮，如图11-28所示。

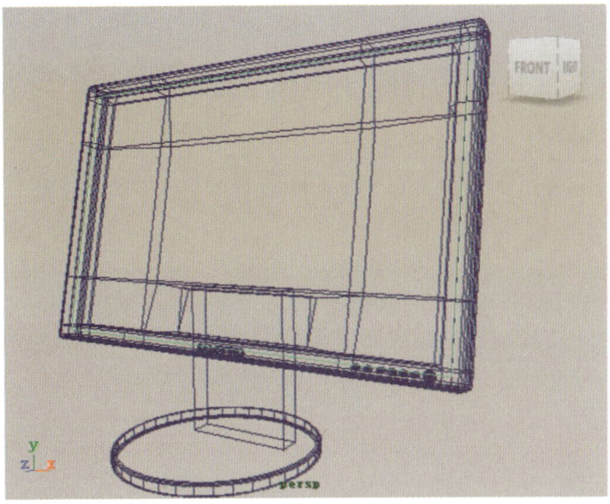

图11-27 选择模型

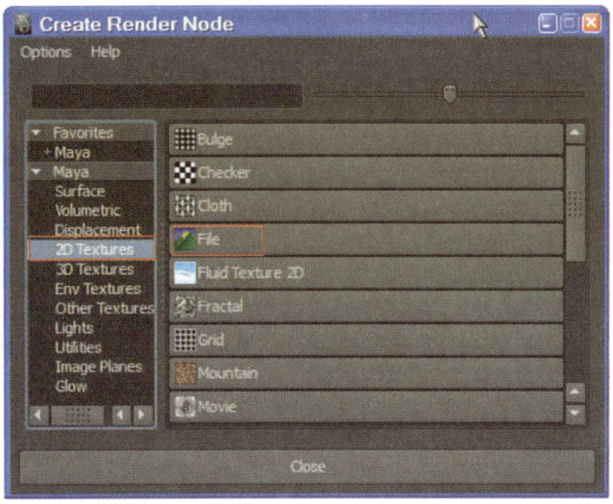

图11-28 单击文件纹理属性

03 在打开的文件属性设置面板中，单击Image Name属性右侧的按钮，如图11-29所示。

04 在弹出的文件面板中找到需要的纹理文件。在这里选择名称为car的纹理图像，如图11-30所示。

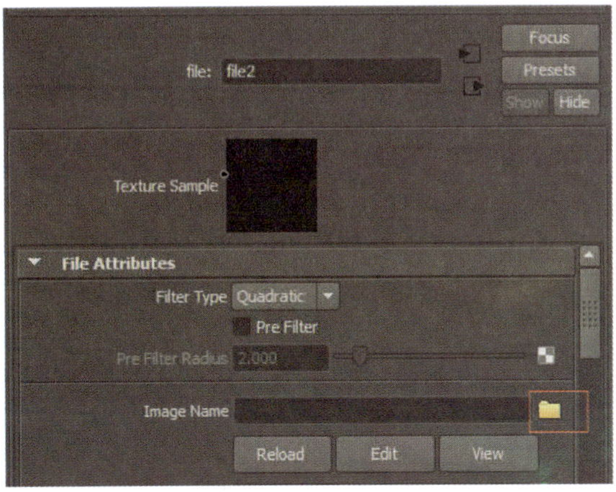

图11-29 单击导入按钮

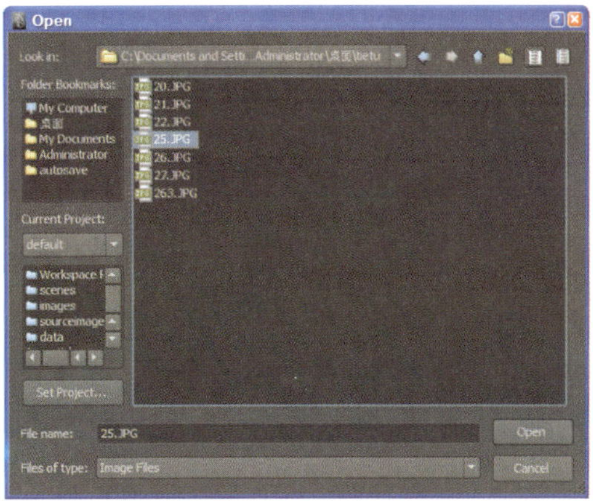

图11-30 选择纹理图片

05 将纹理贴图节点添加到材质上，切换到透视图，渲染效果如图11-31所示。

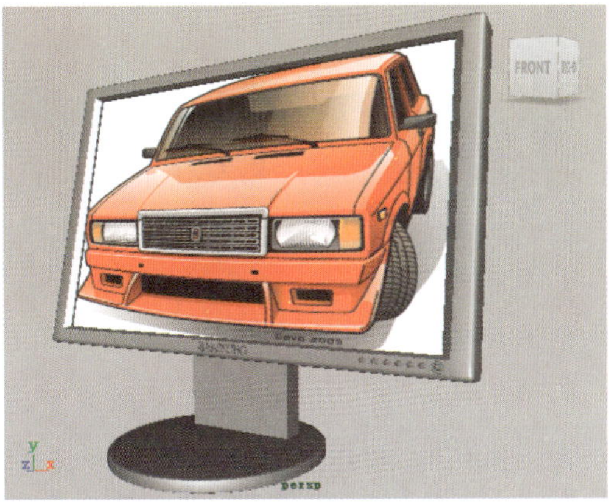

图11-31 显示效果

注意：在为物体赋予纹理贴图时，一定要注意纹理图像的大小，若图像文件过大，在Hypershade窗口中，该纹理节点就不能完整显示出其图像轮廓。

课堂练习85：添加Movie纹理

01 仍然使用上例中的笔记本模型，选中电脑屏幕面片并为其赋予Blinn材质，以此作为播放动态图像的背景，如图11-32所示。

02 在该Blinn材质的Color属性右侧单击添加按钮，打开节点窗口；单击2D Textures卷展栏下的Movie按钮，在该Color属性上连接一个Movie节点，如图11-33所示。

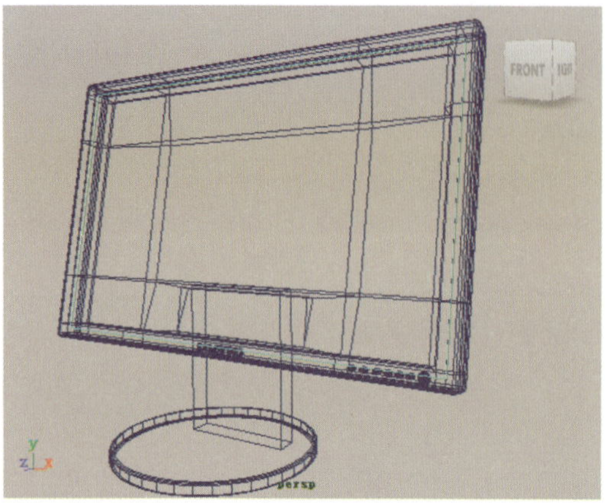

图11-32 选中模型

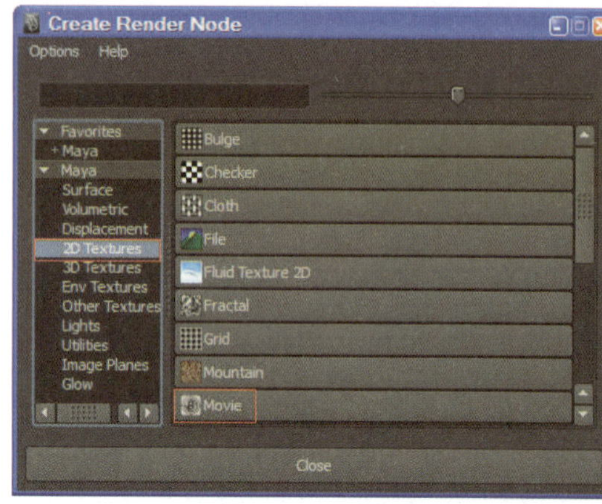

图11-33 选择Movie贴图

03 在打开的文件属性面板中，先启用Use Image Sequence复选框，再单击按钮，如图11-34所示。

04 在弹出的文件面板中，找到需要的纹理贴图文件，这里首先选中4帧图像中的第一帧动态图像“pic_001”，如图11-35所示。

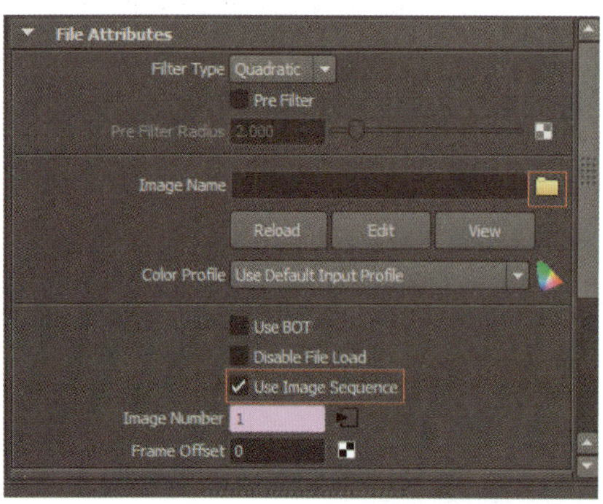

图11-34 启用序列贴图

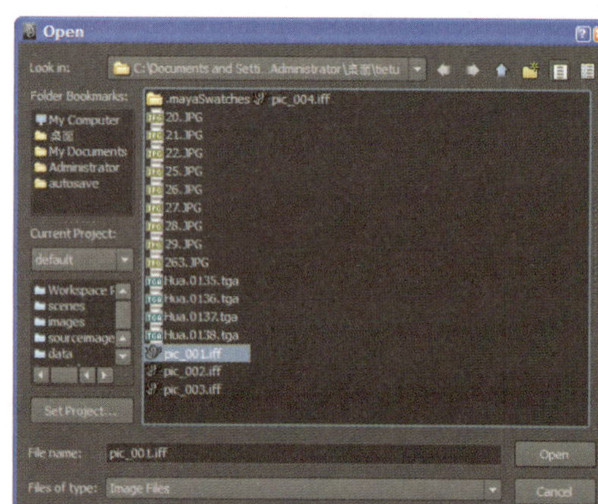

图11-35 选择序列图片

05 使用同样的方法，将这4帧动态图片添加给模型；拖动时间轴上的时间滑块，观察电脑屏幕上纹理贴图的动态变化效果，如图11-36所示。

参数简介

◆ Filter Type（过滤方式）

用于设置所要导入的文件纹理的过滤方式，包括Off（关闭过滤）、Mipmap（多重贴图）、Box（盒子）、Quadratic（二次）、Quartic（三次）和Gaussian（高斯）6种类型。

◆ Image Name（图片名称）

用于显示所有导入图片文件的路径和名称。

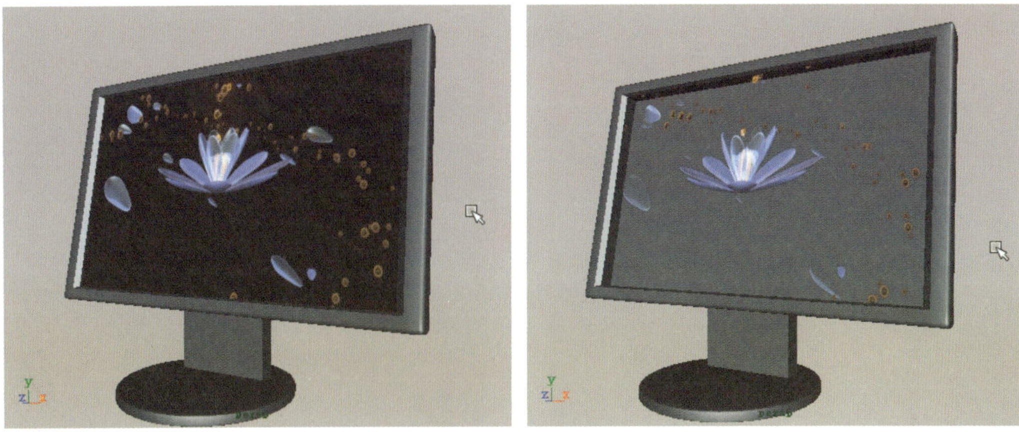

图11-36 显示效果

◆ （导入文件开关）按钮：单击该按钮，可以在打开的面板中选择要导入的序列贴图。但是一次只能导入一张序列图片。

◆ Reload（更新导入文件）

当所使用的纹理贴图被其他软件处理后，它在Maya软件中不会被自动刷新，可以通过单击该按钮将所修改的纹理重新导入，以显示纹理当前状态。

◆ Use BOT（使用BOT文件）

若启用该复选框，可以方便用户使用BOT格式的文件图像纹理，以降低后期渲染所占用的内存空间。通常禁用该复选框。

◆ Disable File Load（禁用加载文件）

用来禁止使用加载的序列图像，通常禁用该复选框。

◆ Use Image Sequence（使用图片序列）

用于控制是否加载序列图像，通常在导入序列动态贴图时，启用该复选框。

◆ Image Number（图像数量）

用于显示在预览动态纹理贴图时所对应的帧数。

◆ Frame Offset（关键帧偏移）

用来设置序列纹理图像所在的关键帧偏移值，默认值为0。

11.4.3 转换程序纹理

当模型使用分层纹理或添加了很多纹理时，材质网络会变得很复杂，场景的渲染速度也会受到影响，因此应该在保证渲染质量的同时兼顾工作效率。如可以把整个材质网络转换为一个文件纹理，以提高渲染速度。

课堂练习86：转换程序纹理为文件纹理

01 在场景中导入赋有程序纹理贴图的模型，如图11-37所示。

02 打开Hypershade窗口，选择该球体上的blinn材质并单击按钮，以显示其节点网络，可以看到与其连接的程序纹理，如图11-38所示。

03 在Hypershade窗口中，同时选中球体和blinn材质，单击Edit（编辑）| Convert to Texture（转换到纹理）命令右侧的按钮，如图11-39所示。

04 在弹出的面板中启用Anti-alias复选框，设置X/Y resolution值均为600，选择File format为Tiff，如图11-40所示。

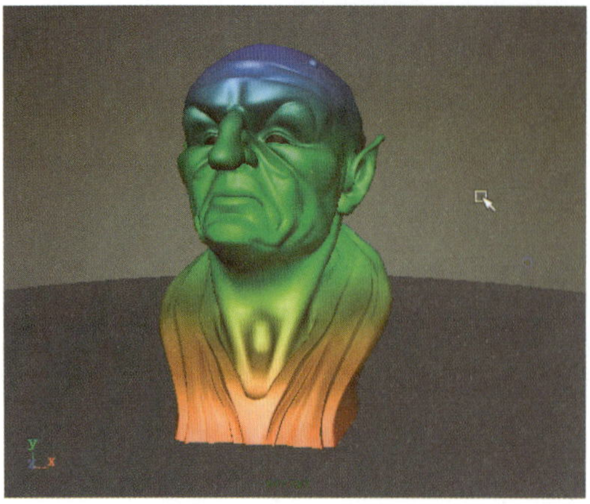

图11-37 导入场景模型

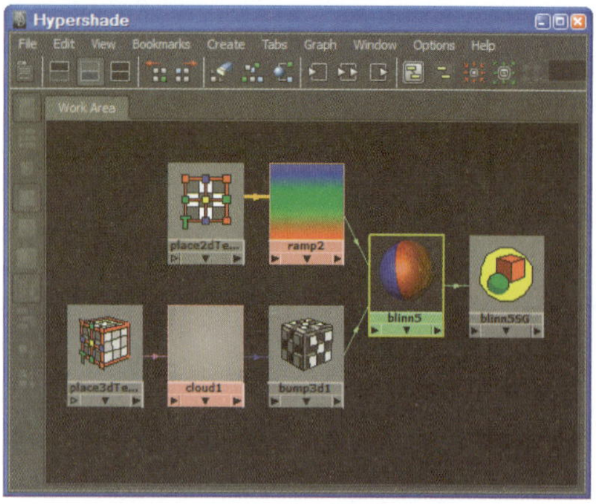

图11-38 纹理节点的网络连接

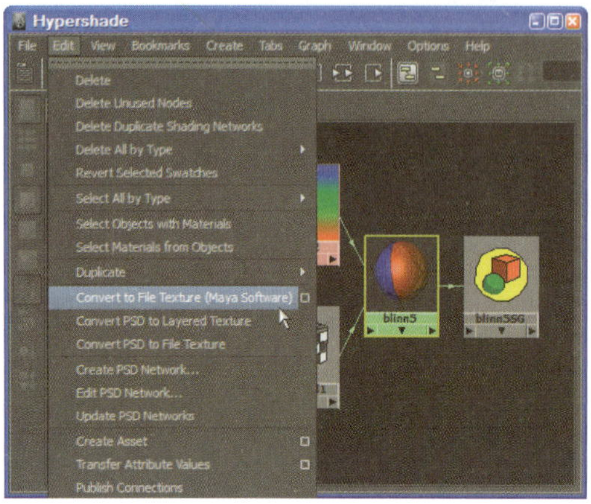

图11-39 执行转换文件纹理命令

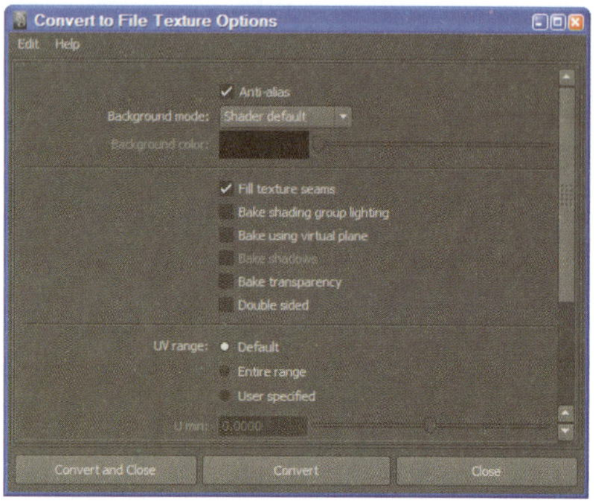

图11-40 设置属性参数

05 在Hypershade窗口中，即可自动创建一个材质球blinn1，并连有被转换的文件纹理节点，如图11-41所示。

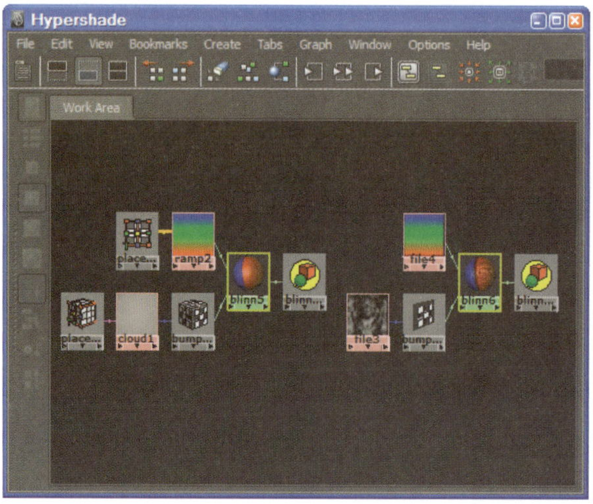

图11-41 创建的文件纹理节点

06 该材质blinn1会自动添加到目标模型上，在项目文件夹中会显示被转换的3幅纹理图像，如图11-42所示。

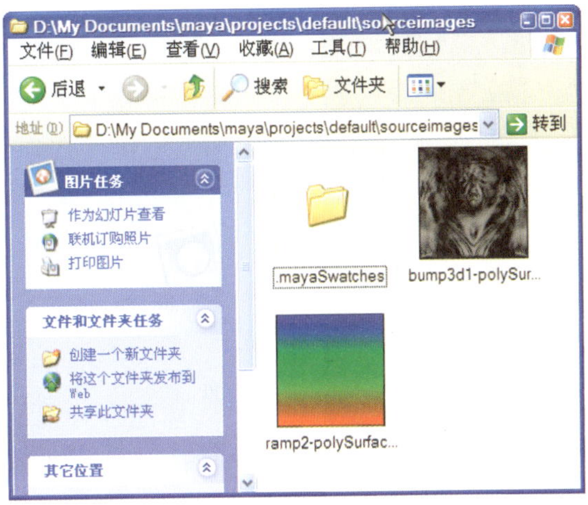

图11-42 生成的文件纹理图像

11.4.4 布置二维纹理

当物体被指定了2D纹理后，就会在Hypershade编辑窗口中自动产生一个place2dTexture2节点编辑器，如图11-43所示。

双击该纹理编辑器节点，即可打开其属性设置面板，如图11-44所示。这里的参数都是默认参数，用户可以调整纹理的长度范围，以及进行重叠、旋转等操作。

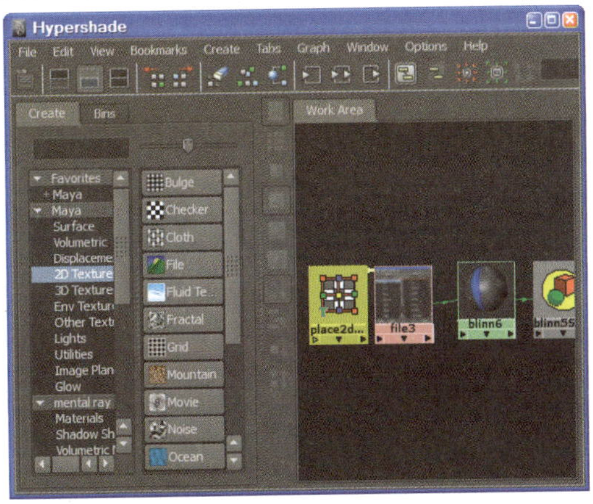

图11-43 2D纹理编辑器

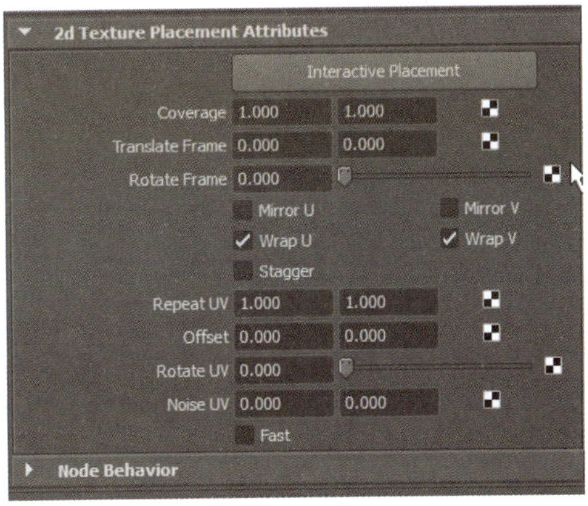

图11-44 2D纹理编辑属性

课堂练习87：编辑二维纹理

01 在场景的Top视图中创建一个NURBS面片，并且为其赋予一张纹理贴图，如图11-45所示。

02 在Hypershade窗口中，双击Place2dTexture（2D纹理编辑器）节点，打开其参数属性面板，然后设置Coverage U/V的值均为0.5，如图11-46所示。

03 再切换到Top视图，可以看到在NURBS面片的UV方向上，其纹理贴图的覆盖面积只有原来的一半，如图11-47所示。

04 恢复纹理编辑属性的默认参数，再设置Translate Frame U/V分别为0.7和0.2，此时再观察Top视图，NURBS面片上纹理的覆盖效果，如图11-48所示。

05 恢复纹理编辑属性的默认参数，设置Rotate Frame值为45，再观察NURBS表面纹理贴图的变化效果，如图11-49所示。

图11-45 纹理贴图效果

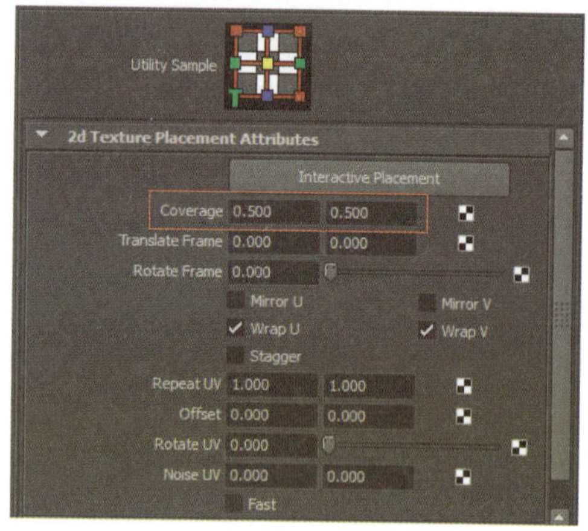

图11-46 设置Coverage值

图11-47 纹理贴图的覆盖效果

图11-48 设置Translate Frame值

06 恢复纹理编辑属性的默认参数，启用Stagger复选框，可以看到NURBS面片表面的纹理变为交错显示，如图11-50所示。

图11-49 设置Rotate Frame值

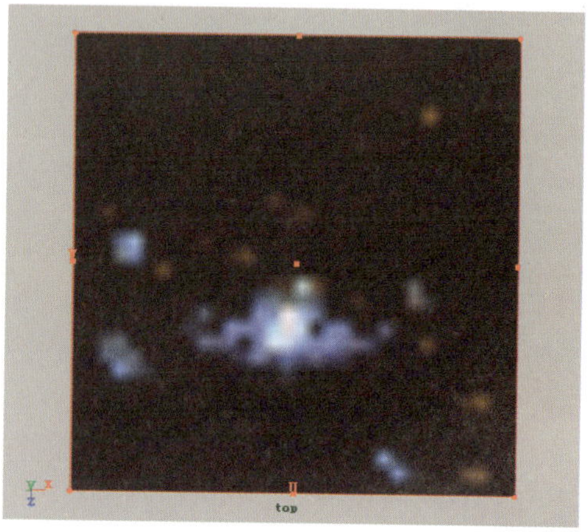

图11-50 启用Stagger复选框后的效果

07 恢复纹理编辑属性的默认参数，设置Repeat U/V值均为4，再观察NURBS面片表面的纹理变化效果，如图11-51所示。

08 恢复纹理编辑属性的默认参数，接着设置Repeat U/V值均为2，再启用Mirror U复选框，观察NURBS表面纹理的变化效果，如图11-52所示。

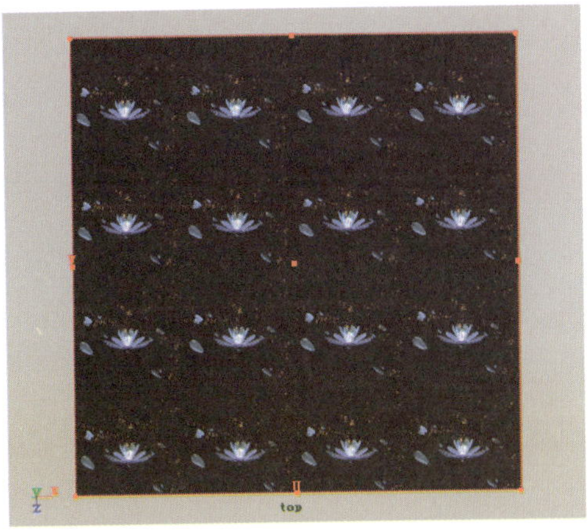

图11-51 设置Repeat U/V参数值

图11-52 启用Mirror U复选框的效果

09 启用Mirror V复选框，再观察NURBS面片表面纹理的变化，如图11-53所示。

10 恢复纹理编辑属性的默认参数，设置Noise U/V值均为0.05，此时观察NURBS面片表面纹理的变化效果，如图11-54所示。

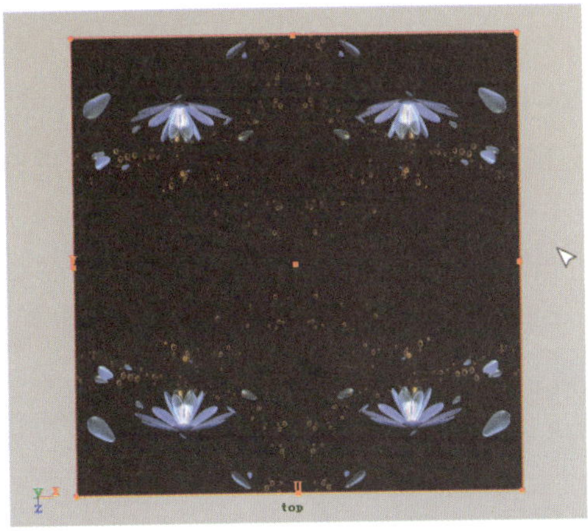

图11-53 启用Mirror U/V复选框的效果

图11-54 设置Noise U/V参数值

参数简介

◆ Interactive Placement（交互放置纹理）

用于调整物体纹理的位置，可以交互地控制纹理的位置变化，用户可以使用鼠标中键，移动该操纵器。

◆ Coverage（覆盖）

用来控制纹理在物体表面的覆盖面积。

◆ Translate Frame（移动帧）

用于将纹理移动到指定的位置。

◆ Rotate Frame（旋转帧）

用于控制纹理帧的旋转角度。

◆ Mirror U（U向镜像）

用于控制在U向上镜像纹理，但只有在Repeat U/V值大于1时才有效。

◆ Mirror V（V向镜像）

用于控制在V向上镜像纹理，也同样只有在Repeat U/V值大于1时才有效。

◆ Wrap U（U向重复）

用于控制纹理是否在U向发生重复。

◆ Wrap V（V向重复）

用于控制纹理是否在V向发生重复。

◆ Stagger（交错）

用于错开纹理，常用于制作砖墙似的纹理效果。

◆ Repeat UV（平铺UV）

该参数用来控制纹理在UV方向上的重复次数。

◆ Offset（偏移）

用于控制纹理在UV方向上的偏移，与下面的Rotate UV属性结合使用才能看出效果。

◆ Rotate UV（旋转UV）

主要控制纹理在UV方向上的旋转，与Rotate Frame参数的作用是不一样的。

◆ Noise UV（噪波UV）

该参数控制纹理在UV方向上的噪波。

11.5 三维纹理

11.5.1 三维纹理的种类

在前面已经介绍了二维纹理的创建方法，下面我们来对Maya内置的三维纹理的种类进行简单介绍。

在Hypershade窗口中创建一个blinn材质，在其Color属性的右侧单击按钮，即可打开材质节点窗口，可以看到，在3D Texture属性下方所包含的几种三维纹理节点，如图11-55所示。

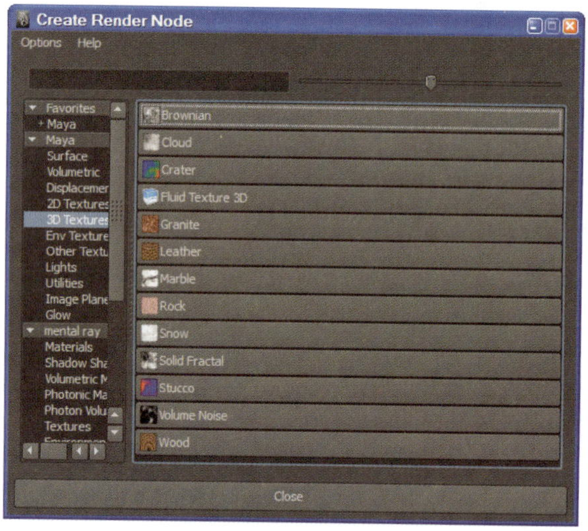

图11-55 三维纹理的种类

参数简介

◆ Brownian（布朗）

多用来模拟山体、石头表面的噪波效果。

◆ Cloud（云彩）

主要用来模拟云彩的效果。用户可以通过创建多个球体或粒子并配合该纹理，来模拟复制的云彩效果。

◆ Crater Fluid Texture 3D（3D流体）

应用于三维流体表面的纹理贴图。

◆ Crater（火山）

用于模拟火山或火焰表面的纹理效果。

◆ Granite（花岗岩）

多用于模拟花岗岩表面的纹理效果。

◆ Leather（皮革）

多用来模拟物体表面的皮革纹理效果。

◆ Marble（大理石）

常用来制作大理石纹理效果的贴图。

◆ Rock（岩石）

Rock纹理多用于模拟岩石表面的纹理效果。

◆ Snow（积雪）

Snow纹理常用来模拟岩石上的积雪纹理效果。

◆ Solid Fractal（固体碎片）

用于模拟山石表面随机分布的固体碎片效果。

◆ Stucco（泥灰）

多用于模拟污泥表面的水泽，或用来模拟海面水域的纹理效果。

◆ Volume Noise（体积噪波）

用于制作具有立体效果的噪波纹理，如金属表面反射的理效果。

◆ Wood（木纹）

多用来模拟木材纹理效果。

11.5.2 布置三维纹理

当给一个材质节点指定了3D纹理后，就会在视图中显示一个立方体的三维纹理控制器。并且在Hypershade窗口中出现一个Place3dTexture节点，如图11-56所示。

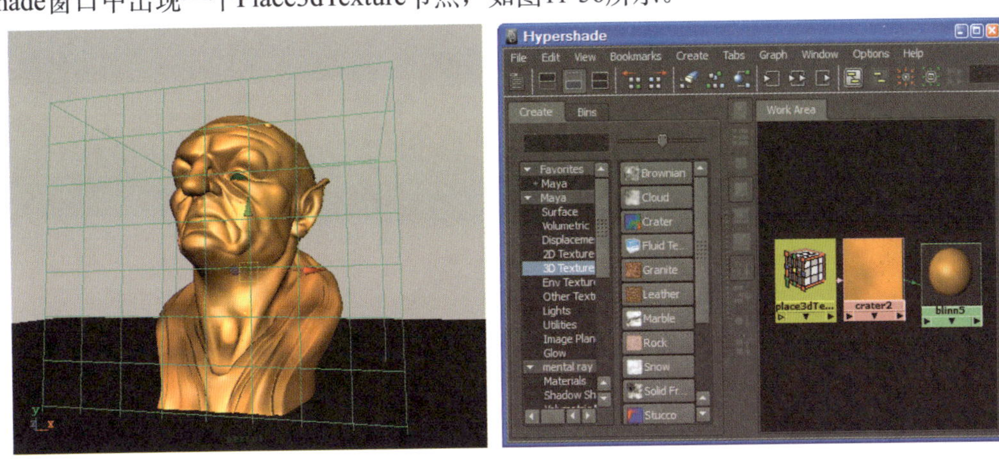

图11-56 显示三维纹理节点

课堂练习88：编辑三维纹理

01 在场景中打开人头模型，为其添加Blinn材质，然后在其Color节点上连接一个三维纹理Crater，此时观察视图中球体的显示和生成的控制器，如图11-57所示。

02 在Hypershade窗口中，双击Place3dTexture节点，打开其属性设置面板。设置Shear X/Y值均为1，此时观察三维纹理控制器的变化，如图11-58所示。

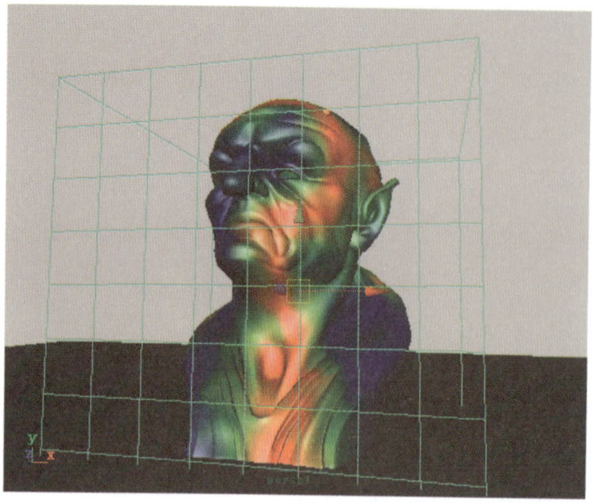
图11-57 添加三维纹理

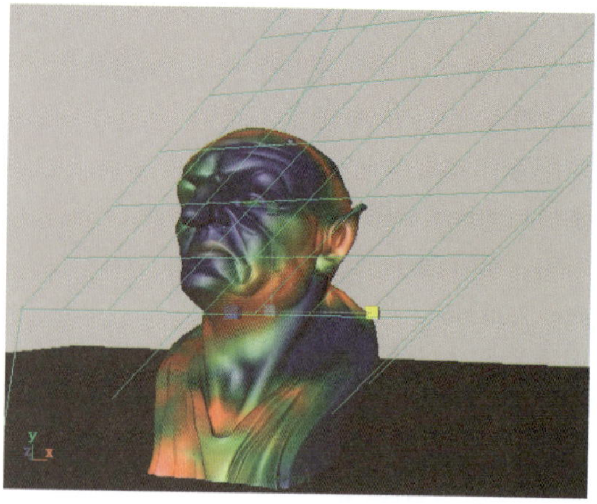
图11-58 设置Shear参数

03 使用缩放工具对球体进行缩放操作，使球体处于纹理控制器的外侧，如图11-59所示。

04 选中三维纹理控制器，单击三维纹理编辑面板中的按钮，使其完全匹配到球体的外侧，如图11-60所示。

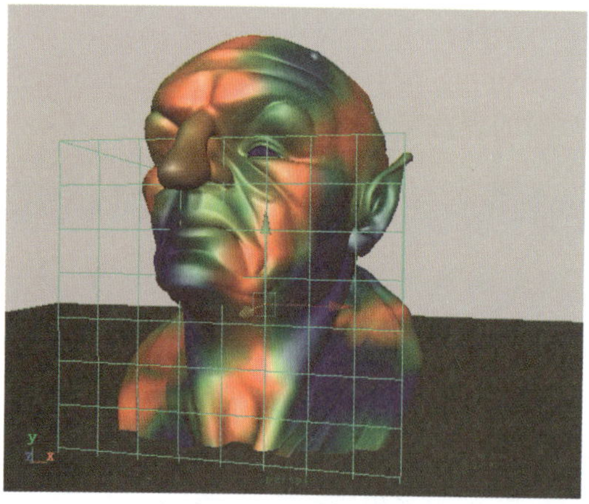
图11-59 缩放球体大小

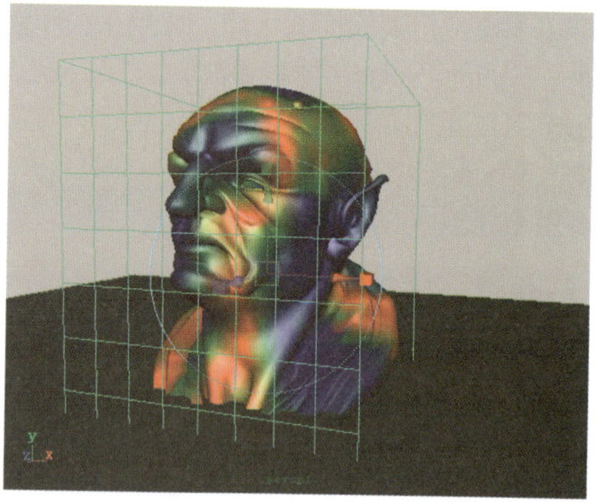
图11-60 执行Fit to Group BBox操作

05 再移动三维纹理控制器的位置，可以移动球体表面的纹理位置，如图11-61所示。

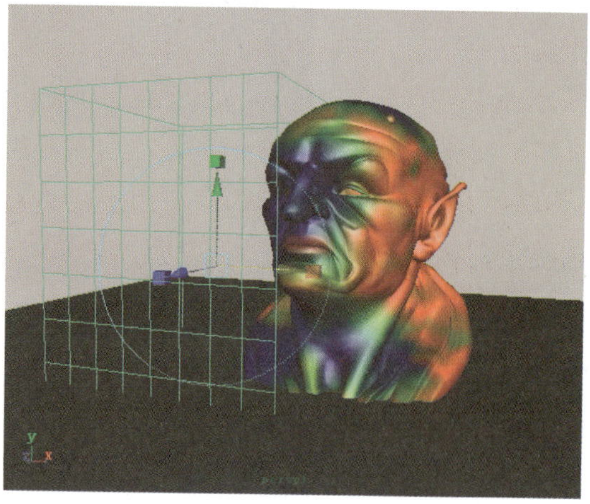
图11-61 纹理的变化效果

参数简介

双击该Place3dTexture节点，可以打开其属性设置面板，分别如图11-62和图11-63所示。

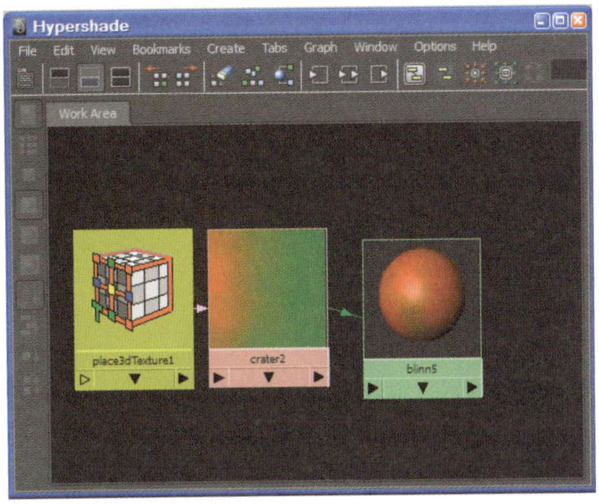

图11-62 创建的Place3dTexture节点

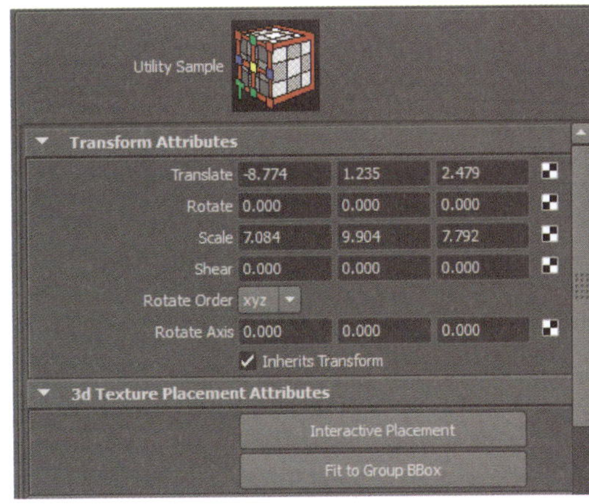

图11-63 3D纹理编辑属性

在Place3dTexture编辑面板中，主要包含了一些编辑三维纹理控制器的变换属性，基本与二维纹理控制的属性类似，下面对这些属性进行简单的介绍。

◆ Translate（变换）

用于控制三维纹理控制器的空间位移，并且包括3个轴向上的位移。

◆ Rotate（旋转）

用于控制三维纹理控制器的旋转角度，包括3个轴向上的旋转。

◆ Scale（缩放）

用于控制三维纹理控制器的缩放，包括3个轴向上的缩放操作。

◆ Shear（拉伸）

用于控制三维纹理控制器的拉伸。

◆ Rotate Axis（旋转轴向）

用来设置对三维纹理控制器进行旋转操作所围绕的轴向。

◆ Interactive Placement（交互放置纹理）

用于显示交互式操纵器，以方便纹理的移动、旋转和缩放等操作。用户也可以在视图中选择控制器，按键盘上的T键，也可以显示其操纵器。

◆ Fit To Group BBox（适合几何体）

用于使2D Placement控制器自动适应视图中模型的大小，但前提是该模型必须已经被指定使用了该2D Placement控制器纹理的材质。

注意：Maya中的程序纹理，无论是三维的还是二维的，其属性主要用于控制纹理的颜色、密度、对比度、噪点等组成纹理外观的特征。

11.6 Layered Texture（层纹理）

Maya中的Layered Texture命令很类似于Photoshop中的图层合成命令，可以将多个材质球的纹理效果添加到同一个材质球上，从而表现出多样的纹理图像效果。该工具多用于制作复杂的纹理贴图。

课堂练习89：创建分层纹理

01 打开一个场景文件并为其赋予材质Blinn1，在其Color节点上连接一个Layered Texture节点，然后打开该节点属性设置面板，可看到自动生成的默认纹理层，如图11-64所示。

02 在Hypershade窗口中创建两个Blinn材质，对其中一个设置简单的颜色，对另一个设置透明并调整其高光颜色为蓝色，如图11-65所示。

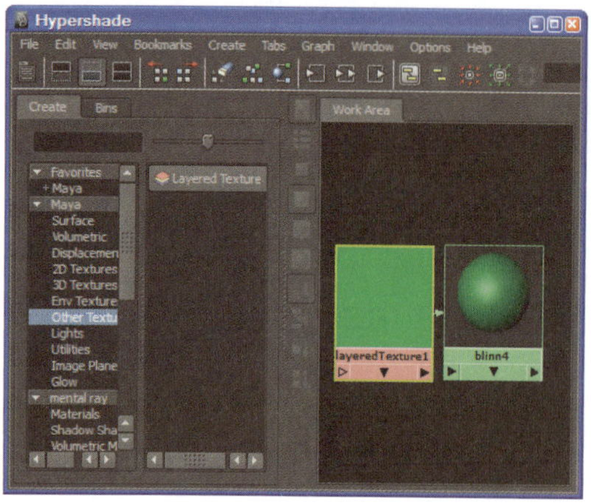

图11-64 添加层纹理

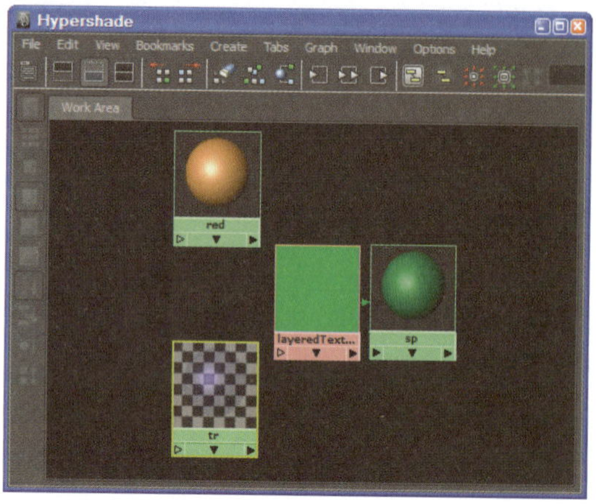

图11-65 创建的两个材质

03 双击Layered Texture节点，打开其属性编辑面板，然后在Hypershade窗口中，先用鼠标中键拖动不透明的材质Blinn3到面板中的红色线框中，如图11-66所示。

04 在Hypershade窗口中，可以看到被拖入红色线框中的材质Blinn2与分层纹理节点连接在一起，如图11-67所示。

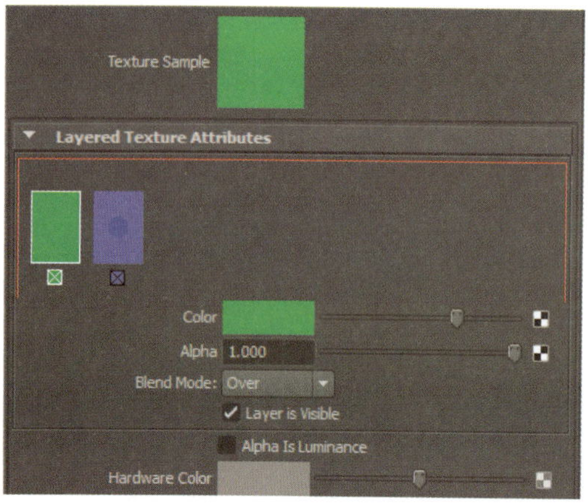

图11-66 添加第一层纹理材质

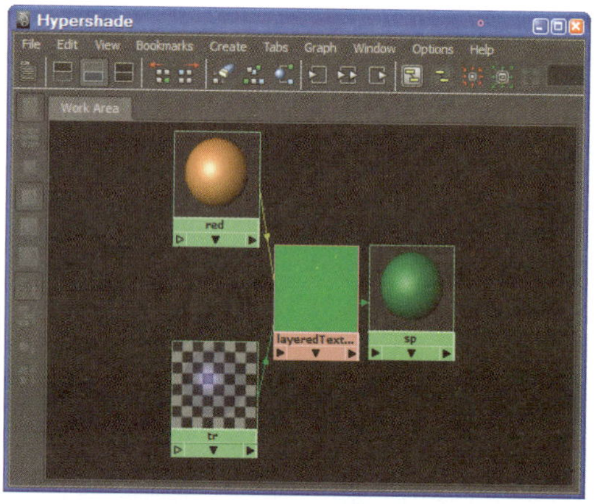

图11-67 材质与纹理的连接

05 在红色线框中，单击默认纹理层下方的☒按钮，以关闭该纹理层，从而将后面的纹理层显示出来，然后再选择Blend Mode属性的Add选项，如图11-68所示。

06 对视图中的球体进行渲染，可以看到颜色材质Blinn2和透明材质Blinn3的合成效果，如图11-69所示。

参数简介

在Hypershade窗口中，执行Create（创建）| Create Render Node（创建渲染节点）命令，打开创建材质节点窗口；然后切换到Textures选项卡，单击Other Textures属性卷展栏下方的 Layered Texture 按钮，会在该Hypershade窗口中创建一个分层纹理节点；打开该分层纹理的属性

设置面板，如图11-70所示。

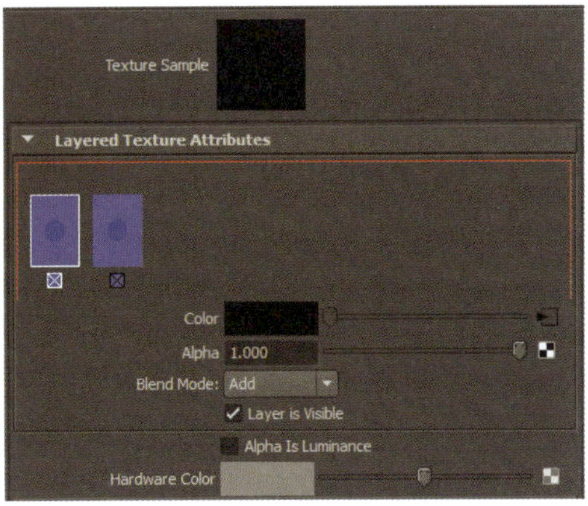

图11-68 关闭默认纹理层

图11-69 分层纹理的合成效果

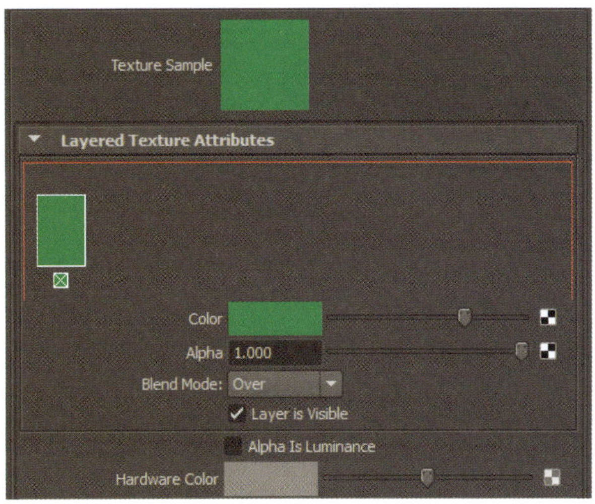

图11-70 分层纹理属性面板

◆ Color（颜色）

通常指当前层的纹理颜色。

◆ Alpha（拟合值）

用于设置层之间的拟合度。当值为0时，表示当前层完全透明；值为1，表示完全不透明。

◆ Blend Mode（混合模式）

用于设置层之间的混合模式。

◆ Layer is Visible（显示层）

用于控制是否显示该层。

◆ Alpha is Luminance（Alpha是亮度）

用来控制是否使用纹理的OutAlpha值来替代OutColor的亮度值。主要在进行纹理的bump mapping或displacement mapping操作时使用。

11.7 Env Texture（环境纹理）

在Maya中，环境纹理共有5类，分别为Env Ball（环境球）、Env Chrome（铬环境）、Env Cube

（盒子环境）、Env Sky（天空环境）和Env Sphere（球体空间）。

课堂练习90：创建环境纹理

01 打开一个场景文件，并为其赋予Blinn材质，然后在该材质的Color属性上连接一个Solid Fractal纹理节点，如图11-71所示。

02 双击该Solid Fractal纹理节点，打开其属性设置面板，设置Ratio值为0.847，并适当调整Color Balance属性下的3种颜色属性值，如图11-72所示。

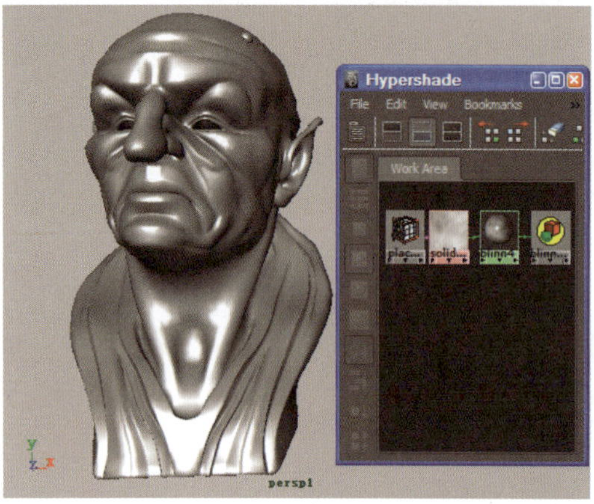

图11-71 添加Solid Fractal纹理

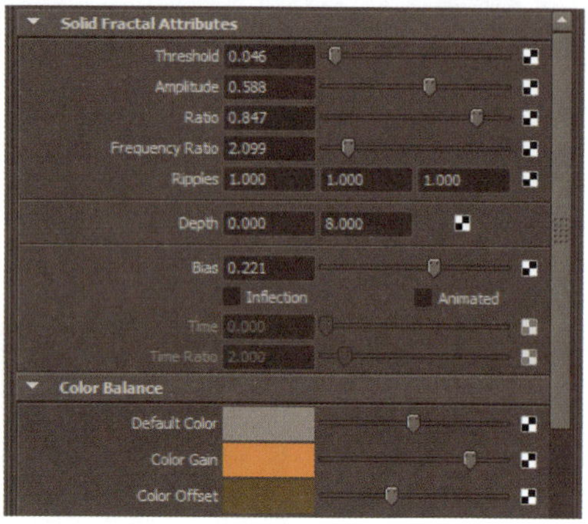

图11-72 设置碎片纹理参数

03 单击Blinn材质Reflected Color属性右侧的添加按钮，在弹出的节点窗口中，单击Environment Textures卷展栏下的Env Chrome按钮，添加一个环境纹理节点，如图11-73所示。

04 双击该环境纹理节点，打开其属性设置面板，然后调整其Sky Attributes属性和Floor Attributes属性下的颜色属性值，如图11-74所示。

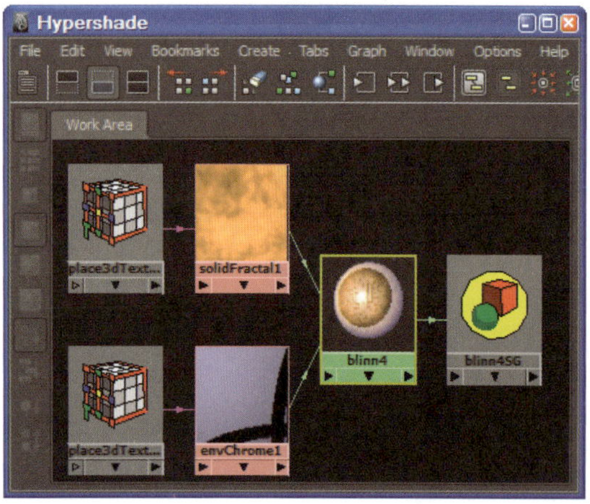

图11-73 添加的环境纹理节点

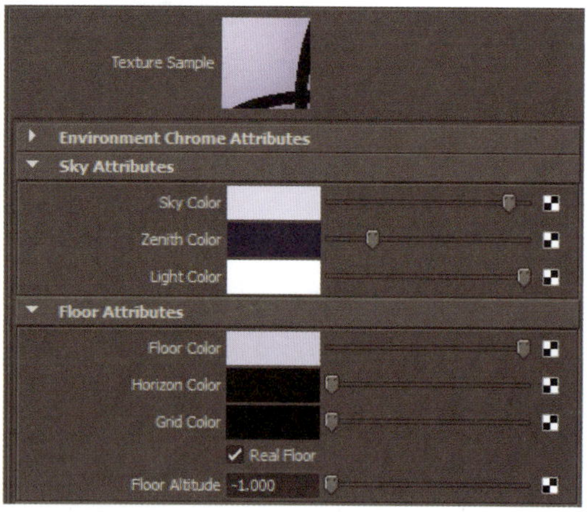

图11-74 设置环境纹理属性参数

05 在Hypershade窗口中双击环境纹理放置节点，打开放置环境纹理面板，拖动滚动条，找到并单击Fit to Group BBox按钮，使环境纹理控制器匹配球体，如图11-75所示。

06 对视图中的球体进行渲染，观察所添加的环境纹理贴图效果，如图11-76所示。

参数简介

在Create Render Node窗口中，切换到Environment Textures栏，可以看到包含的几种环境纹理，如图11-77所示。下面将对这几种环境纹理的属性及应用进行详细的讲解。

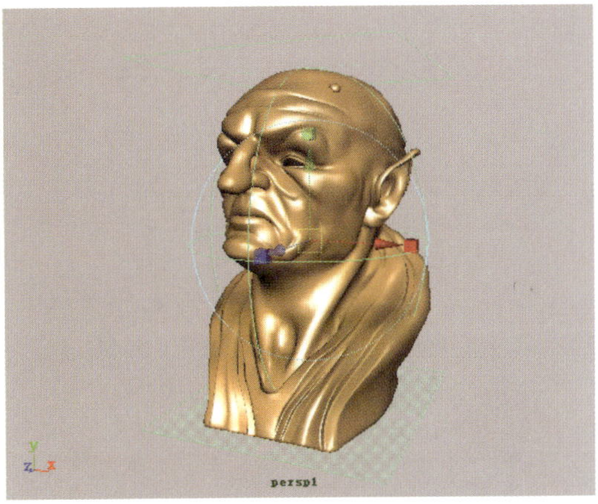

图11-75 调整环境纹理控制器

图11-76 环境纹理的渲染效果

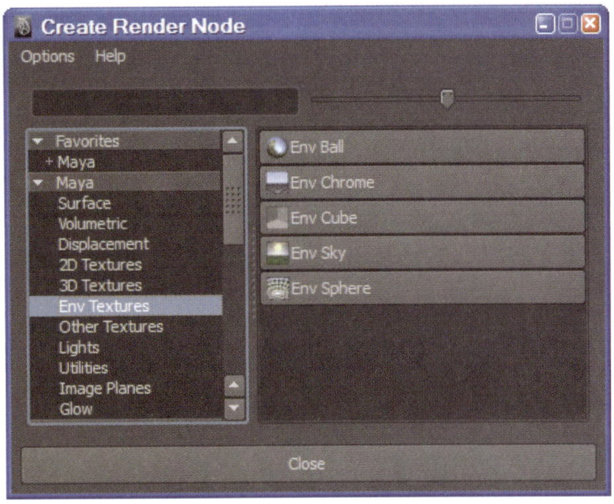

图11-77 环境纹理的分类

◆ Env Ball（球环境）

用于模拟在360° 环境中，生成高度反射效果的铬球环境纹理。图11-78所示为生成的反射效果。

图11-78 Env Ball环境效果

◆ Env Chrome（铬环境）

用来模拟展示环境。主要用于控制铬表面的纹理反射效果。

◆ Env Cube（盒子环境）

此种纹理主要用来模拟材质多个表面的几何假反射效果，可以用于控制不同角度贴图纹理的不同反射效果，图11-79所示为金属纹理的反射效果。

◆ Env Sky（天空环境）

使用一个球体曲面来模拟球型的环境空间。

◆ Env sphere（球体空间环境）

主要用来模拟环境映射纹理或图像文件并且直接作用于内表面的无限领域。

在为Hypershade窗口中的材质赋予环境纹理节点后，会产生一个环境纹理节点，并且在视图中自动生成一个环境纹理控制器，如图11-80所示。

图11-79 金属的拉丝反射效果

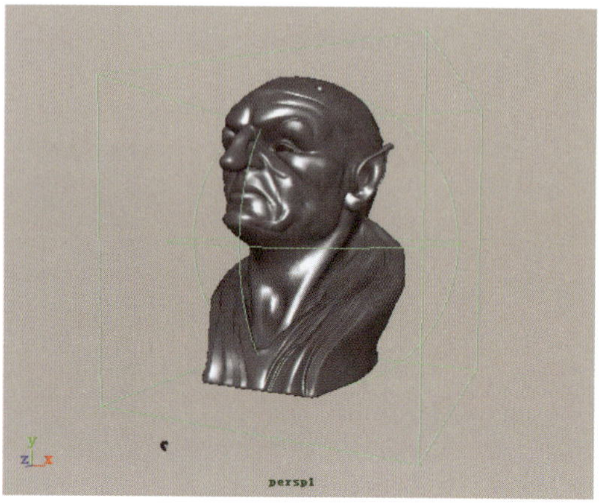

图11-80 环境纹理控制器

11.8 案例6：写实轮胎效果

1. 制作金属钢圈效果

01 打开随书光盘目录下的Tire.mb文件，这是一个已经布置好场景、灯光，以及摄影机的完整场景，如图11-81所示。

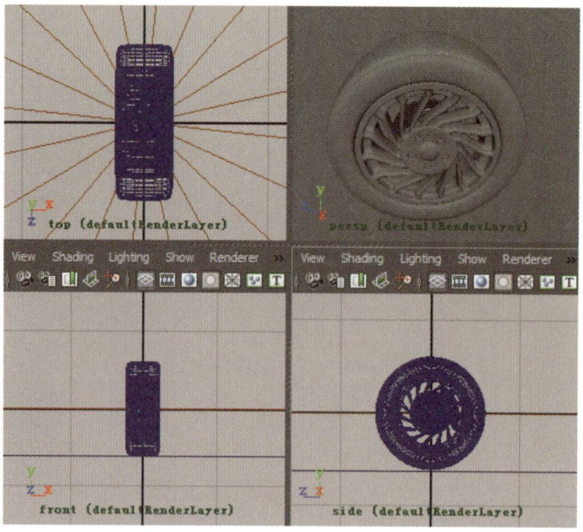

图11-81 打开场景

02 在Hypershade窗口中创建一个Blinn材质，并命名为wheel；打开其属性面板，设置Color为灰色，Diffuse为1；在Specular Shading卷展栏中，设置Eccentricity为0.23，Specular Roll Off为1，Reflectivity为1.7，设置材质高光的亮度和反射。展开Special Effects卷展栏，设置Glow Intensity为0.010，为材质添加一种发光效果，如图11-82所示。

03 展开Mental ray卷展栏，将Reflection Blur的参数值设置为0.2，将Reflection Rays的参数值设置为1，通过这些参数设置反射的模糊和采样，渲染效果如图11-83所示。

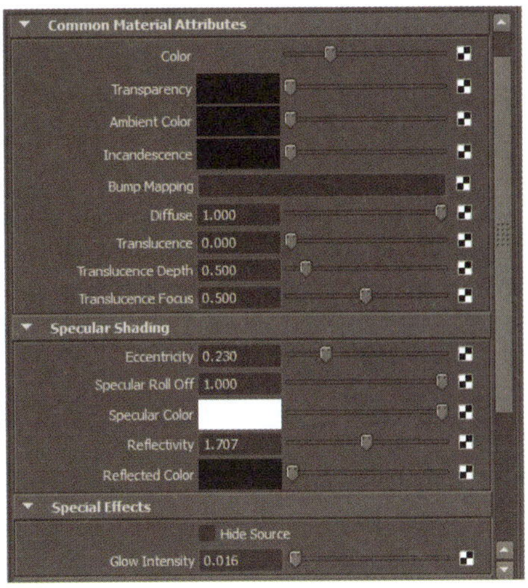

图11-82 创建Wheel材质

图11-83 设置Mental ray

04 在Specular Shading卷展栏中单击Reflected Color右侧的添加按钮，在打开的对话框中单击Env Sphere选项，从而连接一个Env Sphere节点，如图11-84所示。

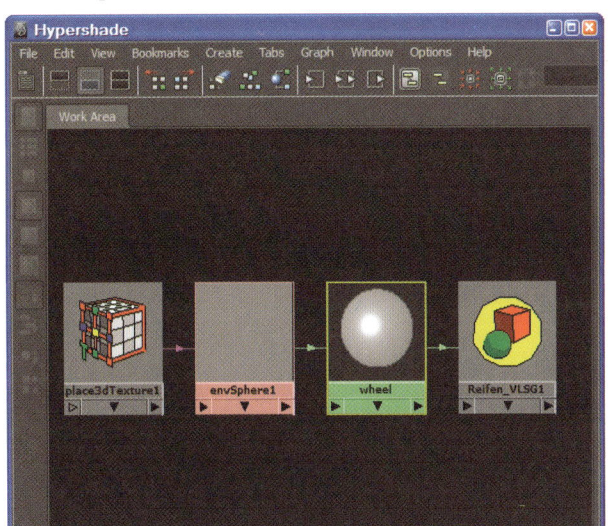

图11-84 连接Env Sphere节点

05 切换到Env Sphere选项卡，单击Image右侧的添加按钮，在打开的对话框中单击File选项，从而连接一个File节点，并将其导入，如图11-85所示。

06 查看渲染效果，如图11-86所示。

07 在材质球的属性面板中单击Bump Mapping右侧的添加按钮，在打开的对话框中单击Noise选项，从而生成一个Noise节点，如图11-87所示。

08 切换到bump2d选项卡，将Bump Depth值设置为0.02，设置材质的凹凸；切换到Noise选项卡，展开Noise Attributes卷展栏，在Noise Type右侧的下拉列表中选择wave类型，如图11-88所示。

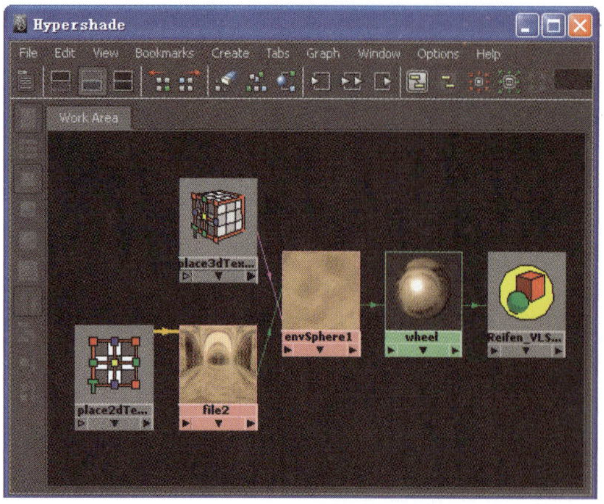

图11-85 导入文件

图11-86 渲染效果

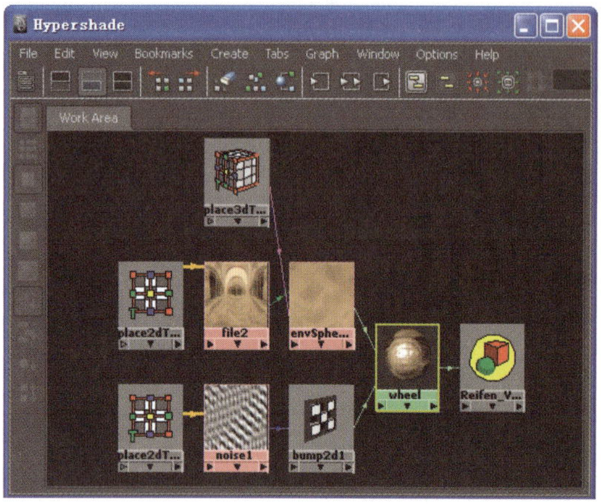

图11-87 连接Noise节点

图11-88 设置bump2d的凹凸值

09 切换到place2dTexture选项卡，在2d Texture Placement Attributes卷展栏中将Repeat U/V分别设置为0.01和10，通过设置此参数能表现金属的磨砂效果，如图11-89所示。

图11-89 渲染效果

2. 制作轮胎纹理效果

01 选择轮胎表面模型，执行Create UVs（创建UVs）|Planar Mapping（平面映射）命令，为其展开UV，如图11-90所示。

02 将设置好的纹理贴图赋予模型，如图11-91所示。

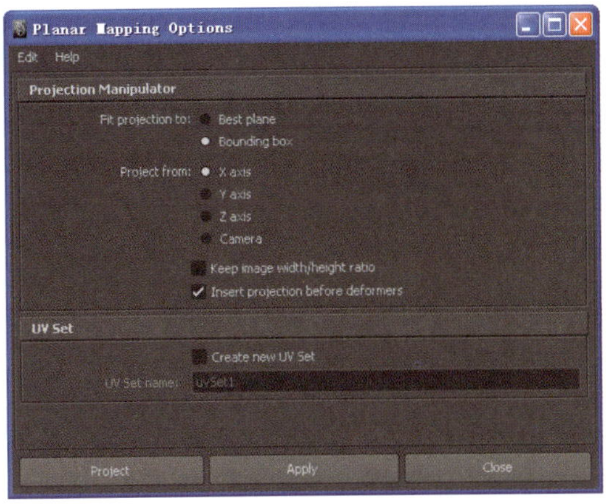

图11-90 设置UV投射

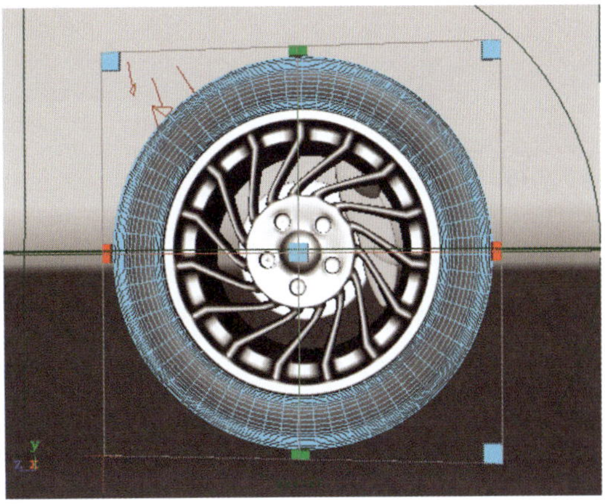

图11-91 赋予纹理贴图

03 渲染的最终效果如图11-92所示。

图11-92 渲染效果

第12章　动画基础

12.1　动画基本知识

在Maya 2011中创建完成一个对象后，它的所有节点属性，包括模型的各组成元素，灯光的强度、衰减速度，材质的颜色、透明度等属性都可以记录成动画。在本章中，先来学习动画的基础知识，包括动画理论、动画种类，以及基本的动画创建等，为掌握关键帧动画、约束动画，以及更复杂的动画打好基础。

12.1.1 动画基本原理

动画是基于人的视觉原理创建的运动图像。人的眼睛会产生视觉暂留，对上一个画面的感知还未消失，下一张画面又出现，就会有动的感觉。我们在短时间内观看一系列相关联的静止画面时，就会将其视为连续的动作。如图12-1所示，一个小人走跑跳的动作可以分解成多幅静态图像。

图12-1 动画序列图片

这几幅图像可以称为一个动画序列，其中每个单幅画面称为一帧。在传统的二维动画中，制作一个动画需要绘制很多静态图像，而在三维软件中创建动画只需要记录每个动画序列的起始帧、结束帧和关键帧即可，中间帧会由软件自身计算完成。所谓的关键帧是指一个动画序列中起决定作用的帧，它往往控制动画转变的时间和位置。一般而言，一个动画序列的第一帧和最后一帧是默认的关键帧，关键帧的多少和动画的复杂程度有关。关键帧中间的画面称为中间帧。

12.1.2 动画种类

在Maya 2011中有多种创建动画的方式，按照不同的制作方式可以分为关键帧动画、路径和约束动画、驱动属性动画、表达式动画和动力学动画，下面对这几种动画进行分析。

1. 关键帧动画

关键帧动画是应用最为广泛的一种创建动画的方法，特别是在简单角色动画制作中，更为常用。

2. 路径和约束动画

使用这种创建方式，主要制作一些沿特定路径运动或受目标约束的动画。例如，制作一个按照一定轨迹飞行的飞机、飞船、火箭等动画。

3. 驱动属性动画

这种动画形式比较特殊，它是通过物体属性之间的关联性，使一个物体的属性驱动另外一个物体的属性。例如，使用一个球体的位移来控制一个立方体的缩放等。

4. 表达式动画

要使用这种动画方式，需要掌握比较专业的Mel编程语言。表达式动画在制作粒子特效方面应用比较频繁。

5. 动力学动画

动力学动画也是Maya动画中的一个亮点。它可以近乎完美地模拟一些自然物理现象，如物体间的碰撞、流体流动、粒子发射等特效动画。

12.1.3 动画的基本控制工具

工欲善其事，必先利其器，在开始学习制作动画实例之前，我们必须对动画模块中的控制命令进行充分的认识。单击状态栏最前端的下三角按钮，切换到 Animation 模块。

在切换到Animate模块后，在菜单栏中会显示与动画制作相关的命令工具，如图12-2所示。

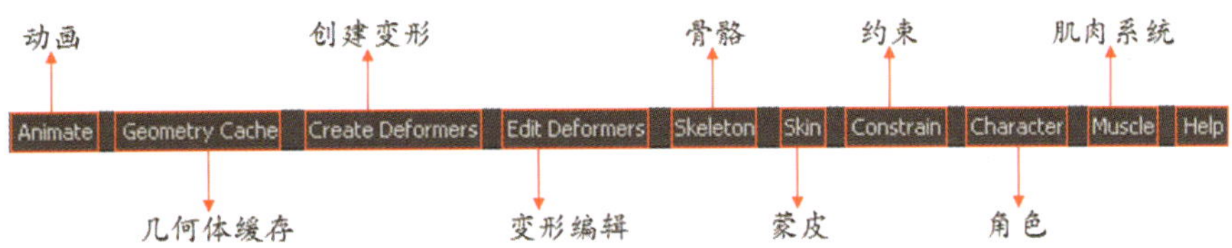

图12-2 动画控制命令菜单

动画的基本操作包括时间范围的设置、时间轴及时间滑块的操作、关键帧的创建和编辑、动画播放器的使用等。首先看一下Maya 2011视图中的动画控制区、时间轴和时间范围滑块界面，如图12-3所示。

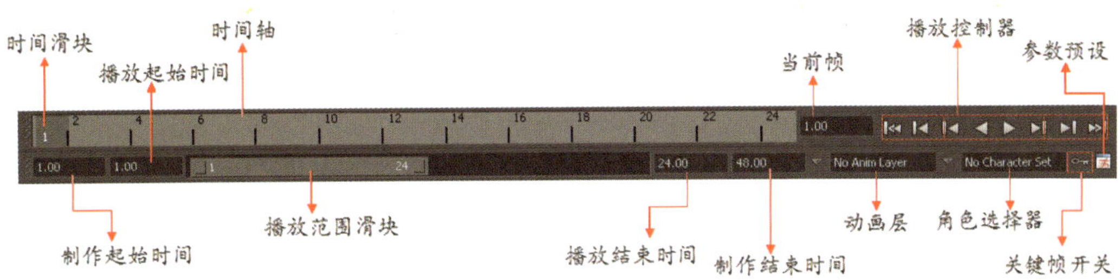

图12-3 动画控制界面

下面对动画控制界面中的操作控制器进行介绍。

◆ 时间轴

可以将其理解为一卷展开的电影胶卷，时间轴上的数字序号代表了每一帧的序列帧号，默认第一帧为起始单位。Maya默认时间轴上显示了1～24帧的范围。

◆ 时间滑块

用来播放和显示时间轴上每一帧的画面。在时间轴上来回拖动时间滑块，当时间滑块拖动到某一帧时，视图区就会显示当前帧的场景画面。

◆ 当前帧

可用于动态显示当前时间滑块停留的帧位置。

◆ 动画制作起始时间

用来定义动画从第几帧开始制作。

◆ 动画制作结束时间

用来定义动画到第几帧制作完成。

◆ 动画播放起始时间

用来定义在时间轴上从第几帧开始显示动画。

◆ 动画播放结束时间

用来定义动画到第几帧结束显示动画。

◆ 播放范围滑块

用于控制动画播放的时间范围，Maya默认时间轴上显示的帧长度只有24帧，而在实际动画制作中远大于这个长度，所以，就需要调节播放范围滑块，来缩放整个时间轴的长度。滑块的两端分别对应动画播放起始时间和结束时间。

读者可以在动画播放起始时间栏中输入数值10，在动画播放结束时间栏输入数值30，注意观看时间轴的变化，它可以控制动画从第20帧开始播放，如图12-4所示。

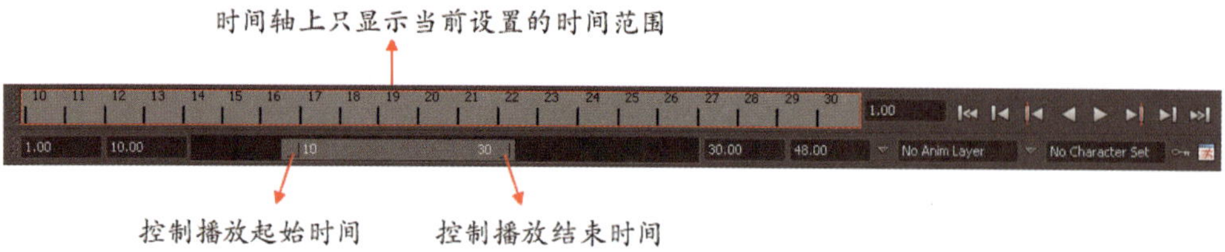

图12-4 设置播放时间范围

从上图可以看出，时间轴的起始帧由默认的第1帧变成了第20帧，同时时间范围滑块的长度也发生了变化，起始位置自动缩进到20帧处，末端位置缩进到第30帧处，该滑块直观控制了时间轴的显示范围。通常只需单击并拖动滑块上的左右方体按钮，即可快速地改变时间轴上的显示帧范围。

◆ 播放控制器

如果将时间轴比喻为一段影片胶片，那么就需要相应的影片播放器来进行播放，Maya的动画播放控制器集成了各种帧播放操作工具。下面介绍各个工具按钮的功能。

设置时间滑块回到时间轴上的起始帧处。

回到上一帧。

回到上一关键帧。

倒序播放。

顺序播放。

进入下一关键帧。

进入下一帧。

跳到末端帧处。

动画层：可使物体在原动画基础上再创建物体的某种属性动画，并且可以添加到图层中。若打开该层，则启用该属性动画；若关闭该层，则不启用该属性动画，使用起来如图层一样，所以称为动画层。

角色选择器：主要用于非线性动画。

关键帧开关：用来开启和关闭自动设置关键帧，默认灰色图标为关闭状态，单击激活后变为红色。

Maya参数预设窗口：单击该图标后，会弹出Maya预设参数设置窗口。在制作动画之前，需要通过窗口对动画进行参数预设。

脚本编辑窗口：用于编辑Maya场景中的脚本。

以上工具按钮都是动画播放器的基础，在后面的动画制作中会经常用到这些工具按钮。

12.1.4 预设动画参数

Maya是一个应用非常广泛的动画制作软件，范围涵盖动画、广告、影视、游戏制作等多个平台，但是不同的平台所要求的动画播放速率是不同的，所以Maya自身也根据不同平台内置了多套标准动画速率的预设参数，用户在工作时根据需要对参数进行设置即可。由于本节要学习创建一个关键帧动画，那么在制作动画之前，首先需要对动画的一些制作和播放参数进行设置。

单击场景视图右下角的图标，打开Maya参数预设窗口，可以看到该窗口中包含了Maya各个模块的命令属性参数，如图12-5所示。

在上图中，左侧的选项列表称为Categories，显示了Maya的各个模块。单击左侧Categories下的不同模块，右侧就会显示相应的属性参数设置。

单击Time Slider选项，右侧列表Time Slider选项区下的Playback Start/end（时间范围）值，与视图区时间轴的时间范围值相同。Playback选项区是关于动画播放速率设置的参数，单击Maya动画控制器上的按钮，Maya会自动按照相应的播放速率进行动画实时预览。

课堂练习91：预设动画参数

01 这里要制作标准的影视关键帧动画，所以将播放速率设置为24帧/秒。单击Playback speed选项右侧的下三角按钮，在弹出的列表中选择Real-time[24fps]选项，如图12-6所示。

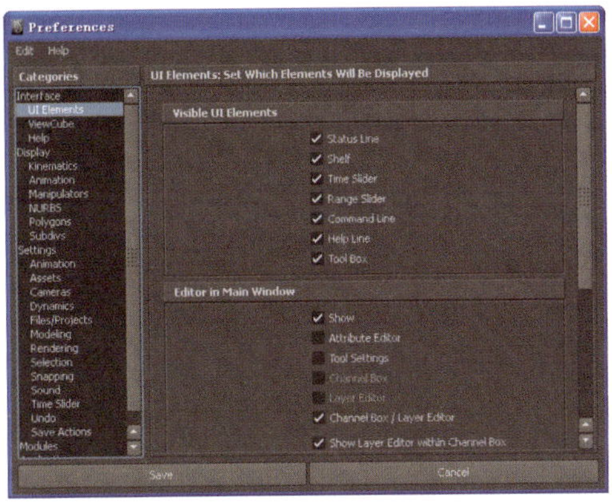

图12-5 参数预设窗口

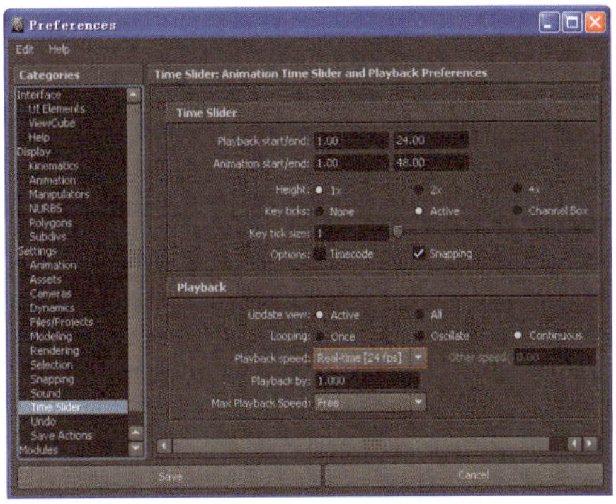

图12-6 设置动画速率

注意，播放速率与制作速率的区别在于，播放速率只表示Maya中预览动画是每秒播放的帧数，而动画的制作速率则表示在某一特定播放平台上每秒钟需要达到多少帧才能达到播放标准，而这个标准是由播放平台来决定的。

02 上一步仅仅是设置了动画播放速率，动画最终要在不同的硬件平台上播放，还需要设置动画的制作速率。单击参数预设窗口左侧的Setting选项，如图12-7所示。

03 单击Time右侧的下三角按钮，弹出一个速率选择列表，用户可以选择相应的速率，作为动画的制作速率，如图12-8所示。

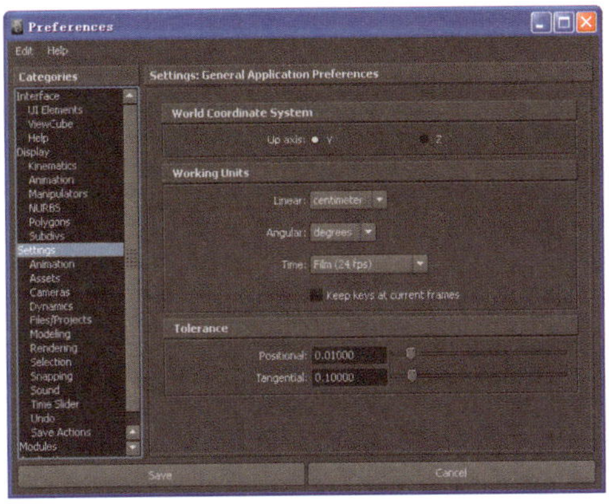

图12-7 打开Working Units选项

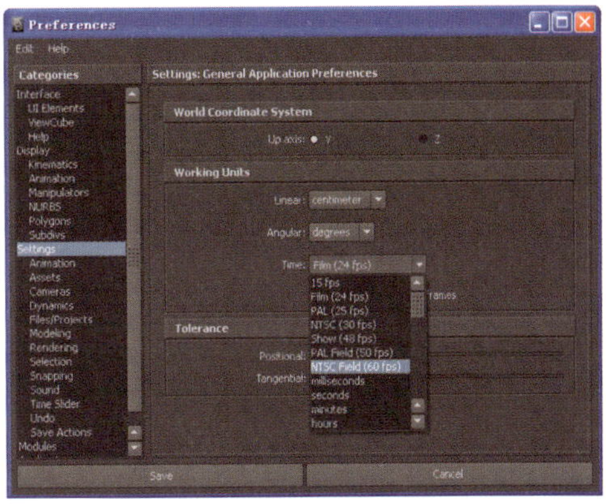

图12-8 选择动画制作速率

提示

通常只选用默认的Film[24fps]即可。若要在其他平台上播放，只需重新改变制作速率，并且Maya会自动根据比例改变制作帧数；若要制作电影标准的动画，就需要设置动画播放速率为24帧/秒；若要在游戏机上播放动画，则必须设置播放速率在60帧/秒以上，不同的播放平台要求的动画播放速率值不同。

参数简介

◆ Play every frame

通常在制作粒子动画时才会用到，因为粒子动画是以帧为单位进行实时运算的。因为不同硬件性能的计算机，其播放速度会不同，所以在制作关键帧动画时不选择该选项。

◆ Half [12fps]

表示每秒固定预览播放12帧。

◆ Twice [48fps]

表示每秒固定预览播放48帧。

◆ Other

用于控制是否允许自定义播放速率。

12.2 关键帧动画

若想使场景中的一个静态物体运动起来，就需要为物体设置不同的姿态，并为这些姿态设置关键帧，创建出的关键帧可以按顺序播放出来，从而将静态物体各个姿态显示出来，形成人们视觉中的动画效果。

通过前面的学习，我们已经对动画的基本原理、控制界面、参数预设都有了大致的了解，下面我们详细介绍关键帧的创建和编辑，以及关键帧的具体含义。

12.2.1 创建关键帧动画

下面我们通过创建一个小球弹跳的动画实例，来练习如何为静态物体添加关键帧，从而巩固用户添加关键帧的熟练程度。

课堂练习92：添加关键帧

01 在场景中导入小球模型并将其选中，再拖动时间滑块到第1帧处，然后按S键为其设置关键帧，此时观察时间轴和通道栏的变化，如图12-9所示。

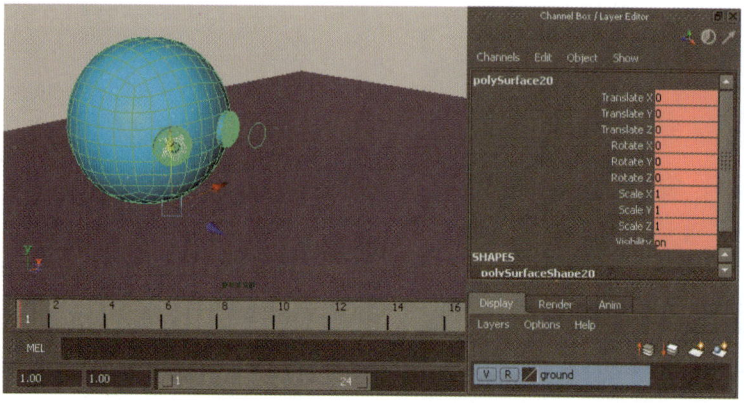

图12-9 设置第1帧动画

02 拖动时间滑块到第6帧处，在小球的通道栏中设置其Translate Y/Z值分别为1.5和3，再设置Scale Y为1.5；然后按S键，为其设置第6帧动画，如图12-10所示。

注意：一定要先将时间轴上的时间滑块拖动到特定帧上，再设置物体属性参数值，然后按S键，为其设定关键帧；然后继续拖动时间滑块到下一帧，再设置物体属性参数值并按S键，以设定关键帧。

03 拖动时间滑块到第12帧处，在通道栏中设置小球的Translate Z值为6，Scale Y为0.5，并按S键为其设置关键帧，使小球在运动到该处时高度降低，如图12-11所示。

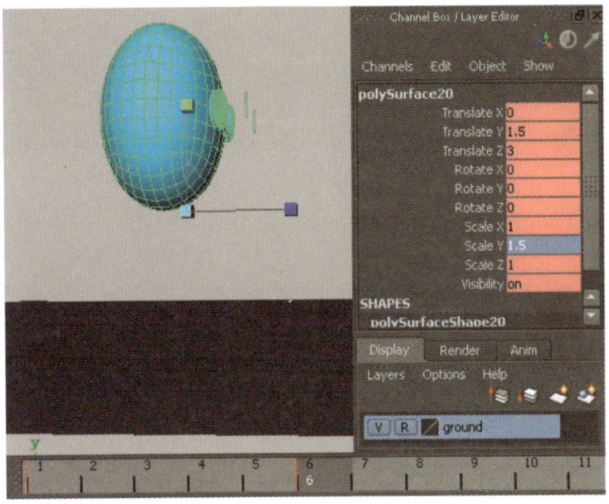

图12-10 设置小球第6帧动画

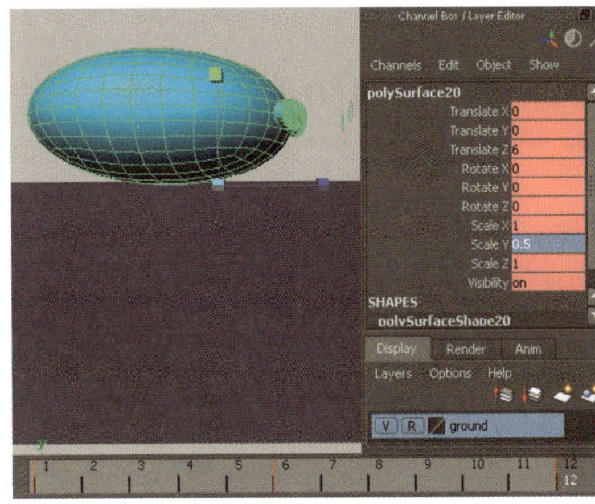

图12-11 设置小球第12帧动画

04 拖动时间滑块到第1帧，在Outliner窗口中选择小球的眼球控制器组eye_controller，按S键为其设置关键帧，如图12-12所示。

05 拖动时间滑块到第6帧，在通道栏中设置控制器eye_controller的Translate Y值为0.7，按S键为其设置关键帧动画，使小球跳到最高处时眼球上移，如图12-13所示。

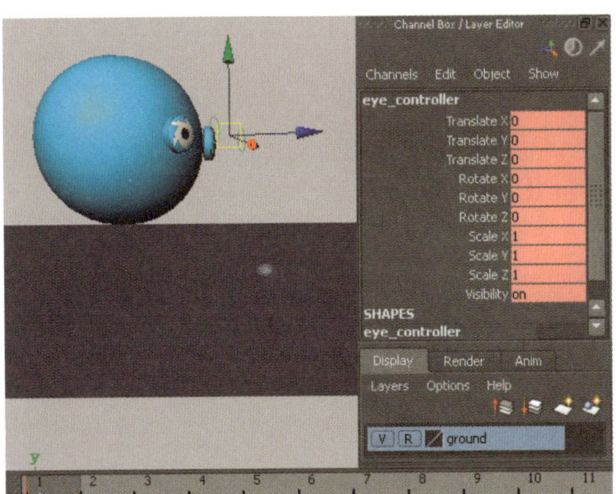

图12-12 设置眼球控制器第1帧动画

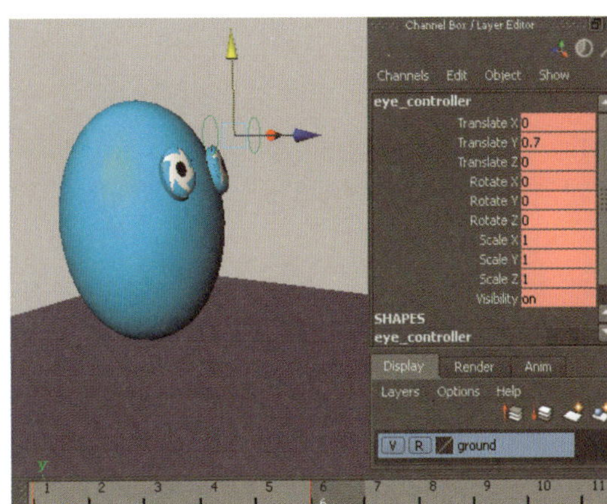

图12-13 设置眼球控制器第6帧动画

06 拖动时间滑块到第12帧，设置控制器eye_controller的Translate Y值为0，按S键为其设置关键帧动画，使小球跳到最低处时眼球恢复到原始状态，如图12-14所示。

07 为了节省动画占用的资源，我们可以旋转球体和眼球控制器eye_controller，执行Edit（编辑）| Delete by Type（通过类型删除）| Static Channels（静态通道）命令，删除没有任何动画效果的关键属性，如图12-15所示。

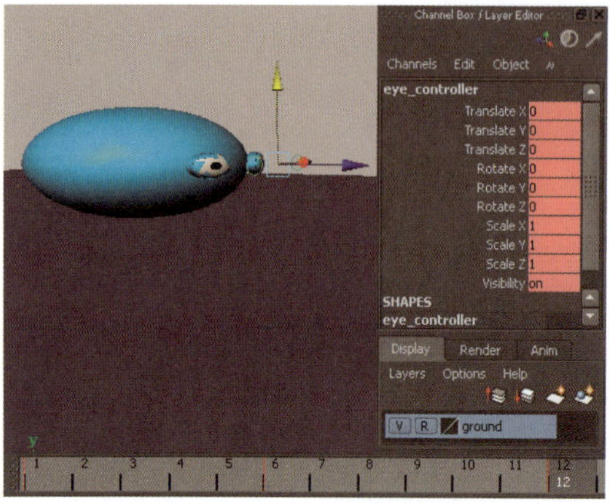

图12-14 设置眼球控制第12帧动画

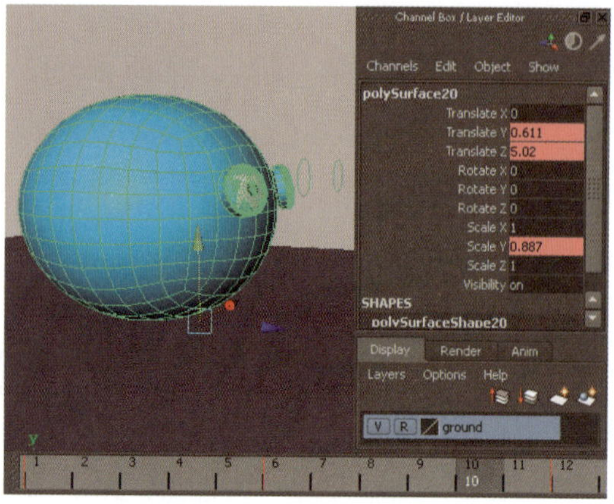

图12-15 删除静态关键帧

12.2.2 关键帧及关键属性

通过前文对关键帧的分析，用户已经对关键帧有了充分的认识。下面我们来介绍几种有关关键帧的创建和关键帧属性的编辑方法。

1. 通过命令创建

前文中我们为小球添加关键帧，是通过按S键完成的，其实它等同于在Animate模块下，执行Animate（动画）| Set key（设置关键帧）命令，为所选物体添加关键帧。

2. 通过快捷图标创建

除了通过按S键和Maya内置的命令创建关键帧外，Maya还提供了另一种更加快捷的自动添加关键帧的方式，为自动设置关键帧开关。

3. 通过关键属性创建

前面我们讲解了创建关键帧动画的依据，如果物体某个属性上没有数字改变，Maya仍然会进行插值运算，只是计算出的中间插值为0，但仍然被设置为关键属性，只是不能产生任何动画效果。为了避免计算机进行不必要的插值运算，我们可以只将与动画有关的属性设置为关键属性，以优化动画操作。

在对所选物体设置关键帧时，可以使用以下3种类似S键的快捷键。

◆ Shift+W

快速将物体Translate*x*、*y*和*z*轴的属性设置为关键属性。

◆ Shift+E

快速将物体Scale*x*、*y*和*z*轴的属性设置为关键属性。

◆ Shift+R

快速将物体Rotate*x*、*y*和*z*轴的属性设置为关键属性。

课堂练习93：通过属性添加关键帧

下面我们介绍如何使用自动关键帧创建一个围绕*y*轴转动的旋转动画。

01 创建一个球体并调整其外形，执行Freeze Transformations命令，将物体当前状态设为默认状态；然后，在第1帧处，在其Rotate Y属性上单击鼠标右键，在弹出的菜单中选中Key Selected命令，如图12-16所示。

02 此时，即可在第1帧处生成一个关键帧条，并且Rotate Y变为红色显示，如图12-17所示。

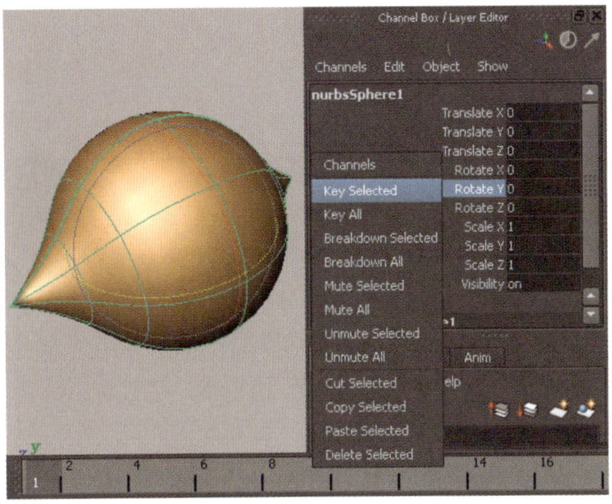

图12-16 执行Key Selected命令

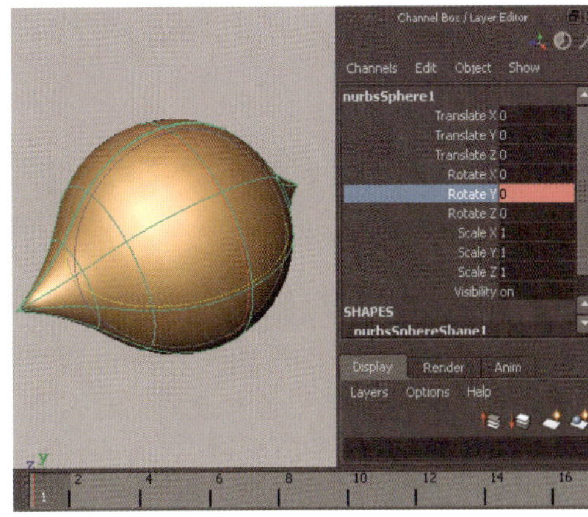

图12-17 创建的关键帧

03 也可以自动创建关键帧，拖动时间滑块到第6帧，单击动画控制区中的按钮，在球体通道栏中设置Rotate Y值为90，此时会在该帧处自动创建关键帧，如图12-18所示。

04 拖动时间滑块到第6帧处，设置球体的通道属性Rotate Z值为20，此时该帧处没有产生关键帧，如图12-19所示。我们只能在该属性上单击鼠标右键，在弹出的菜单中选择Key Selected命令，为其添加关键帧，在其下一帧才可以自动创建关键帧。

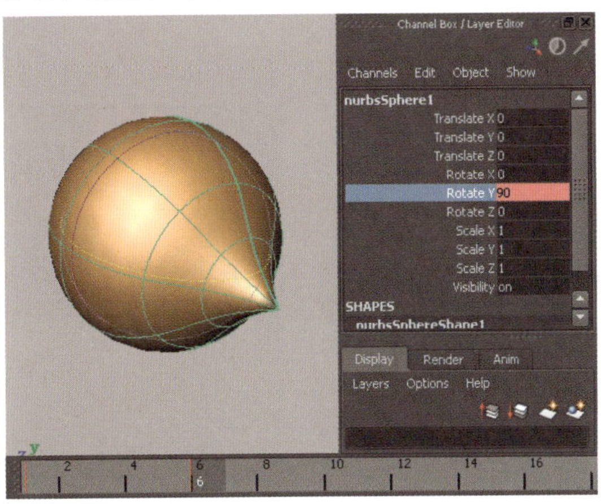

图12-18 自动创建关键帧

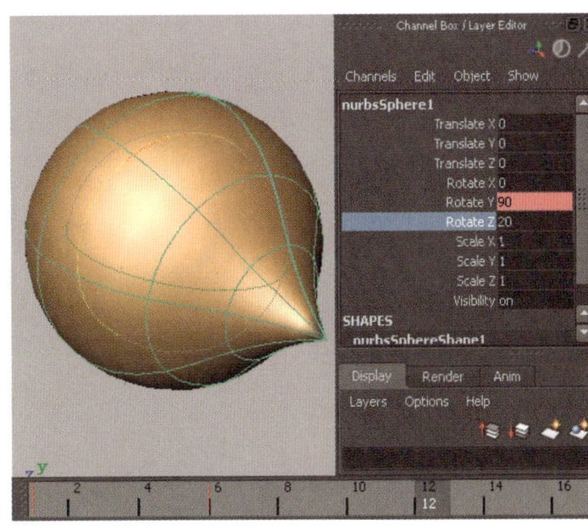

图12-19 关键帧的变化

注意：在自动创建关键帧时，需注意要事先按S键或使用命令工具为物体的所有或部分属性创建第一个关键帧，然后再激活按钮，这样才能自动创建关键帧。

4. 禁止设置关键属性

在学习了如何创建关键帧以后，用户可以感觉到每次执行Set Key命令，不如按S键方便，而直接按S键又会将通道栏中的所有属性设置为关键帧，这样处理起来非常麻烦。但是，所幸Maya提供了一种工具Make Selected Nonkeyable，它可以强行将与动画无关的属性锁定为不可设置关键属性。

5. 锁定关键属性

在通道栏属性设置中，还有一个命令对创建动画非常有用，即锁定属性工具Lock Selected。在通道栏中被锁定的属性无法被操作，从而便于保护那些已经被编辑好的关键帧。

课堂练习94：解锁和锁定关键帧属性

01 选择小球，框选其通道栏中所有的属性，以保持其黑色高亮显示，然后单击鼠标右键，在弹出的列表中选择Make Selected Nonkeyable选项，如图12-20所示。

02 此时，可以看到整个通道栏的属性全部以浅灰色显示，表示所选属性已被锁定，如图12-21所示。

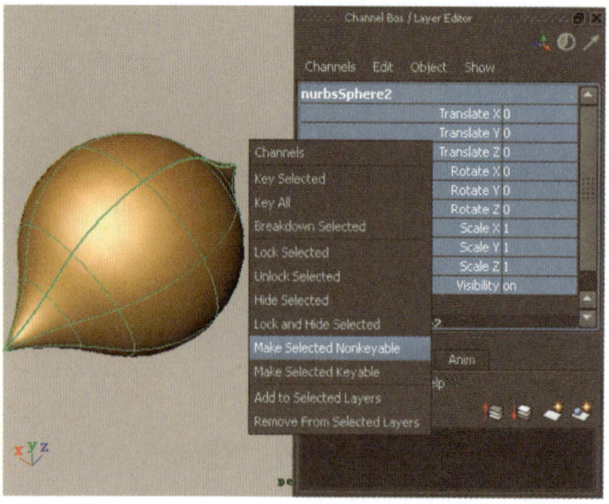

图12-20 执行锁定属性命令

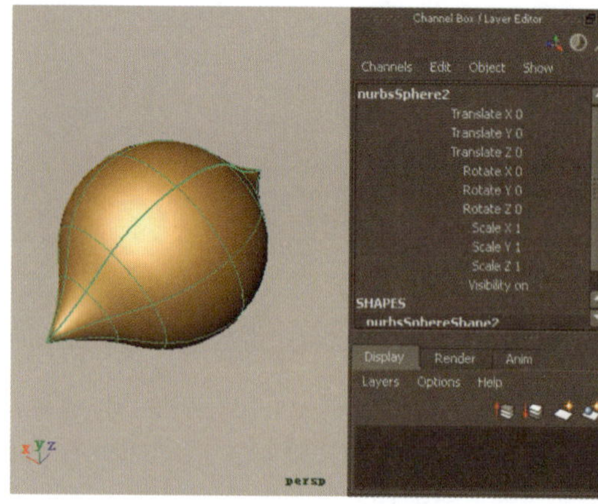

图12-21 属性的锁定效果

03 修改任意属性参数值，如设置物体的Translate X值为3，即可改变物体当前的状态。但是按S键，会在帮助栏出现红色的警告提示，表示不能对物体创建关键帧，如图12-22所示。

04 选中想要设置关键帧的物体的Translate X属性，单击鼠标右键，选择Make Selected Keyable命令，即可对该属性添加关键帧，如图12-23所示。

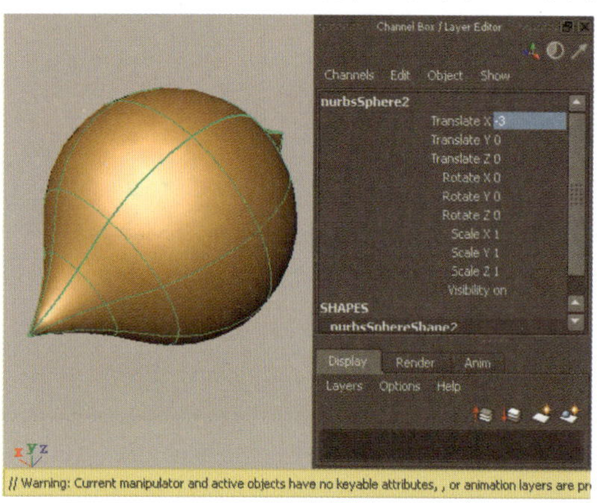

图12-22 不能设置关键帧

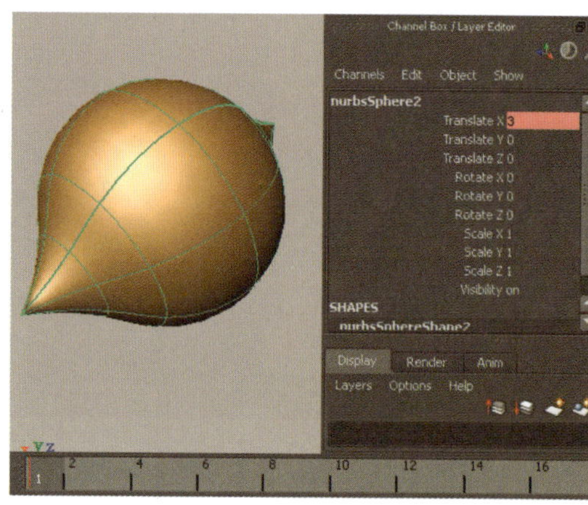

图12-23 执行Make Selected Keyable命令

05 同样，框选通道栏中的所有属性，用鼠标右键单击选择Lock Selected命令，可以看到通道栏所有属性变为深灰色显示，但同样不能对它们添加关键帧，如图12-24所示。

06 修改任意属性参数值，然后按Enter键，但并不能改变该属性参数值。同样我们可以选中锁定的属性，右击并选择Unlock命令，解除它们的锁定状态，如图12-25所示。

12.2.3 编辑关键帧

在关键帧操作中，Maya允许我们在时间轴上直接对关键帧进行移动、剪切、复制、粘贴等操作，以便快速编辑关键帧序列。我们根据前面制作小球的3个关键帧动画为例，来讲解快速编辑关键帧的操作。

课堂练习95：剪切和粘贴关键帧

01 拖动时间滑块在第6帧处，使之呈黑色高亮显示，然后用鼠标右键单击，在弹出的菜单中选择Cut命令，如图12-26所示。

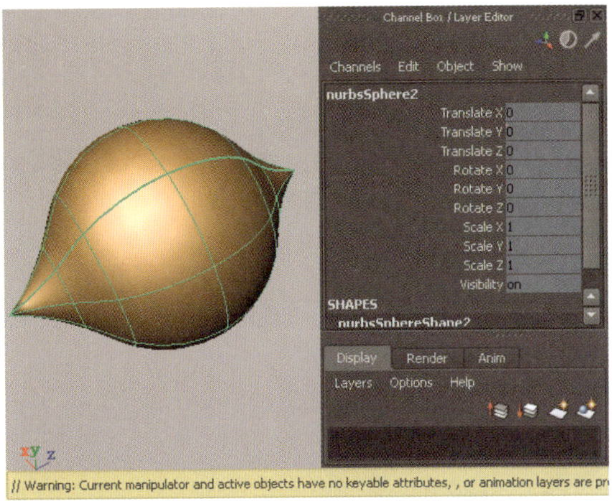

图12-24 锁定物体的通道属性

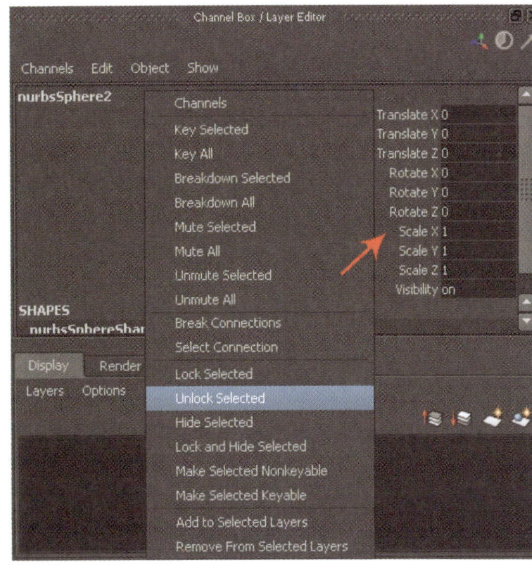

图12-25 删除锁定状态

02 此时，原第6帧位置上的关键帧被保存在剪贴板上，拖动播放头到第10帧，再在时间轴上右击，选择Paste命令下的子命令Paste，如图12-27所示。

提示：在我们执行Cut命令后，可以看到时间轴上第6帧的位置没有了关键帧标记。这说明关键帧已被剪切，同时场景中小球的位置回到了原点，所以第12帧作为中间帧被自动插值计算为原位置。

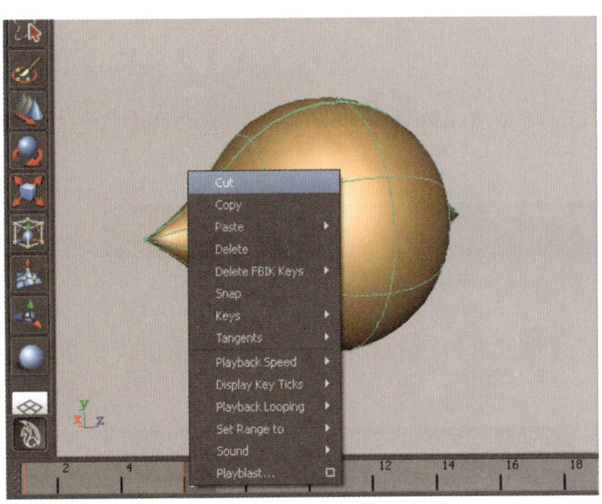

图12-26 执行Cut命令

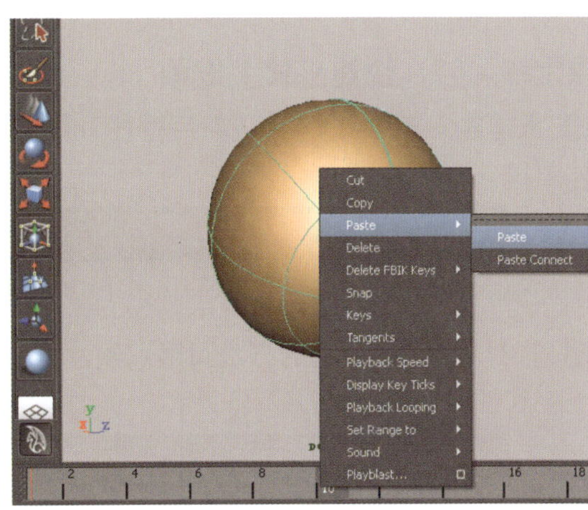

图12-27 执行Paste命令

03 执行Paste命令后，在第10帧的位置出现了关键帧标记，这表示已经成功将第6帧的关键帧剪切到第10帧，如图12-28所示。

图12-28 关键帧的剪切效果

04 可以看到小球在第10帧时的状态，变为了第6帧时的状态，同时注意时间轴红色标记的变化，如图12-29所示。

课堂练习96：复制和粘贴关键帧

下面继续使用前文制作的小球旋转动画，练习如何复制和粘贴关键帧。

01 将鼠标指针拖动到第6帧上，然后单击鼠标右键，在弹出的菜单中选择Copy命令，对所选关键帧进行复制，如图12-30所示。

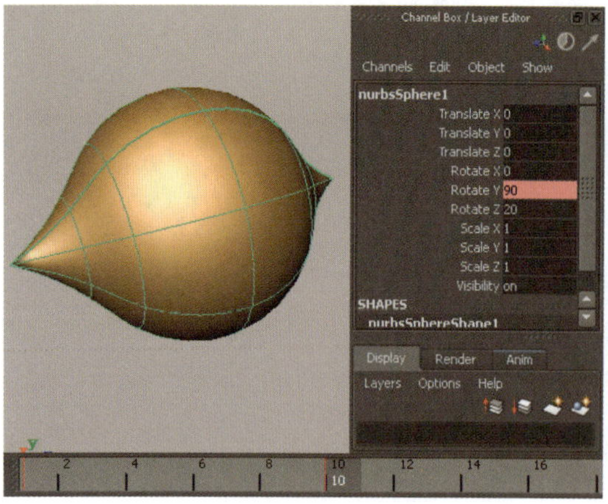

图12-29 场景物体的变化

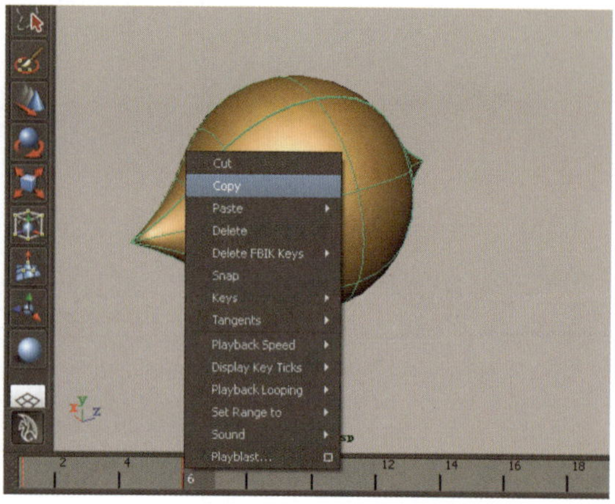

图12-30 执行Copy命令

02 再将时间播放头拖动到第18帧，然后右击，在弹出的菜单中选择Paste命令，执行粘贴帧操作，即可将第6帧处的关键帧复制到第18帧处，如图12-31所示。

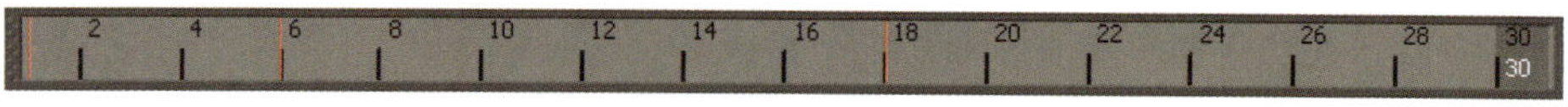

图12-31 复制和粘贴关键帧

课堂练习97：快速平移关键帧

01 将播放头移动到第6帧，然后按住Shift键，再单击第8帧处，时间轴上就会出现红色方体标记，如图12-32所示。

图12-32 移动帧标记

02 单击并拖动该红色的方块到第12帧，再在时间轴上的空白处单击，可以看到第6帧处的关键帧被平移到了第12帧，如图12-33所示。

图12-33 移动关键帧

注意：只有在单击滑块中心的褐色箭头时才能保证被正确平移，红色滑块可能会消失而需要重新定义。在改变红色滑块范围的扩展标记，延伸后还要注意先释放Shift键，再释放鼠标左键，否则可能会操作失败。

课堂练习98：快速预览关键帧

在编辑关键帧时，常常需要快速预览上一帧或下一帧的关键帧，我们可以单击动画播放控制区中的 和 按钮，时间滑块会自动跳到上一个关键帧和下一个关键帧，也可以使用快捷键<和>来快速预览前后关键帧。

注意 在拖动关键帧时，只有单击滑块中心位置的黑色箭头才能保证该关键帧被拖动，否则红色滑块可能会消失需要重新定义。在改变红色滑块范围时需要先按下Shift键不放，再选中其两端的扩展标记进行拖拉，延伸完后还要注意先释放Shift键再释放鼠标左键，否则可能会操作失败。

12.3 序列帧动画

上一小节中我们通过制作简单的小球弹跳动画，学习了如何添加和编辑关键帧。通过在时间轴上快速平移关键帧的操作，对动画效果带来了最直接的影响，因此小球上升或下降的动作就有了一定的节奏感，不再是单调的机械运动。但是如何让小球上升或下降的动作更符合自己的设计感觉，让动画更加具有可控性呢？这里就涉及到了动画的时间与动作幅度之间的关系，首先需要从动画原理的角度对弹跳小球运动轨迹有一个清晰的理论分析。

12.3.1 序列动画的基本认识

如图12-34所示，使用高速摄影机拍摄的一个现实生活中小球沿水平方向上下弹跳的运动轨迹。

图12-34 小球的运动轨迹

通过这张图，我们可以看到小球弹跳到最顶点位置时，由于上升速度变慢，而照相机拍摄速度恒定，所以在这一段时间内两帧之间的小球距离非常靠近，而当小球下落时，由于重力加速度的原因，使小球运动的速度越来越快，因而摄影机拍摄出的两帧之间的小球距离间隙越来越大。

因此我们可以得出这样一个规律，当两关键帧之间的时间表间隔恒定时，如果物体运动幅度越大，则实际动画效果就会越快。反之，则越慢。同样，如果两关键帧之间间隔的帧数越少，即时间越短，那么实际动画效果就会越快。反之，则越慢。这是动画制作中，时间与空间的关系。

根据时间表与空间之间的关系，如果我们想让小球弹跳起来后在空中停留的时间更长些，那么在实际绘制关键帧时，就应该多添加一些小球停留在空中的关键帧帧数。如果我们想让小球下落时体现出真实的速度感，那么我们就应该在下落过程中，逐渐拉开两帧之间小球的位置距离，并减少关键帧数，从而模拟出小球一个运动的序列规律。

12.3.2 创建序列动画

在了解了帧序列的基本概念和工作原理后，下面我们尝试在Maya场景中创建一个小球下落的动画，来实现序列帧动画的效果。要完成该操作只需执行Animate（动画）| Ghost Selected命令即可，

Ghost Selected工具可用来显示被选中物体当前帧之前的序列动作，它可以使动画师无需在时间轴上向后拖动播放头就可以观察前几帧的动作影像，并且可以同时编辑当前帧动作。

课堂练习99：创建动画序列

01 拖动时间滑块到第1帧处，选中场景中的模型，并且为其通道属性Translate X/Y设置关键帧，如图12-35所示。

02 拖动时间滑块到第20帧处，设置通道属性并设置关键帧Translate X/Y值分别为3和4，如图12-36所示。

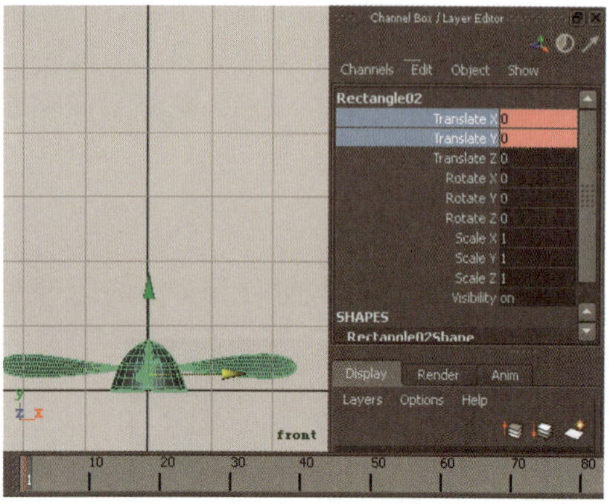

图12-35 设置第1帧关键帧

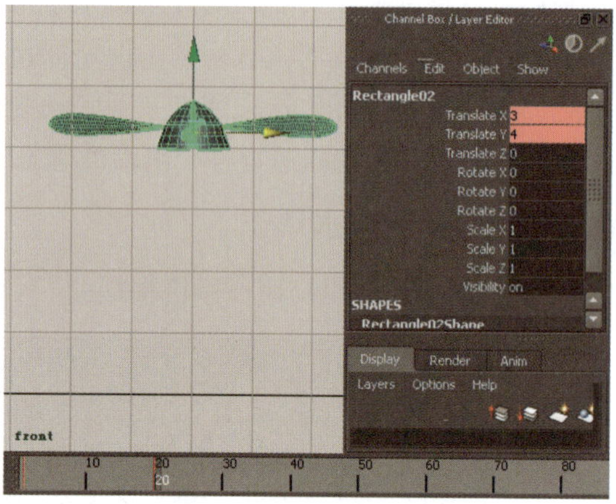

图12-36 设置第20帧动画

03 切换到动画模块下，单击Animate（动画）| Ghost Selected命令右侧的□按钮，在弹出的Ghost Options面板中，选择Type of ghosting属性右侧下的Custom frame steps选项，如图12-37所示。

04 选择该球体并单击Ghost按钮，为其创建序列帧；然后播放动画，可以看到从第0帧开始沿帽子模型的运动方向增加多个相同的帽子模型，如图12-38所示。

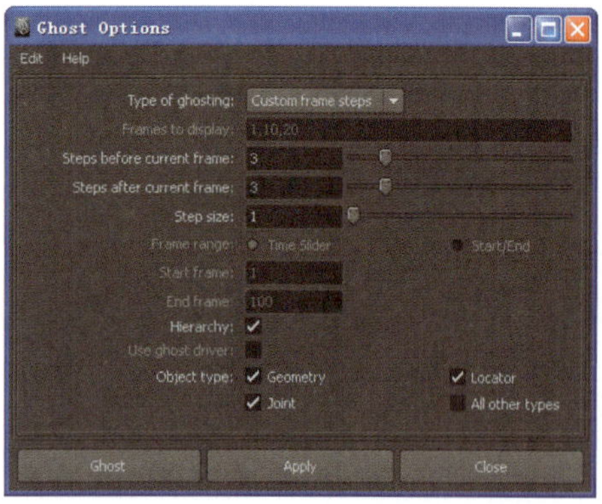

图12-37 Ghost Selected属性面板

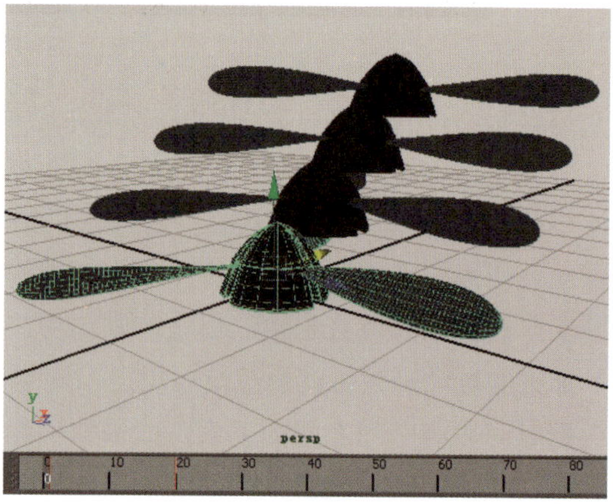

图12-38 模型的运动序列

05 在模型运动到第13帧时，在其整个运动路线上会产生多个相同的模型，我们将它们称为序列，如图12-39所示。

06 在动画播放到末端第20帧以后，模型的运动序列效果逐渐消失，其中以绿色高亮显示的是小球当前帧效果，如图12-40所示。

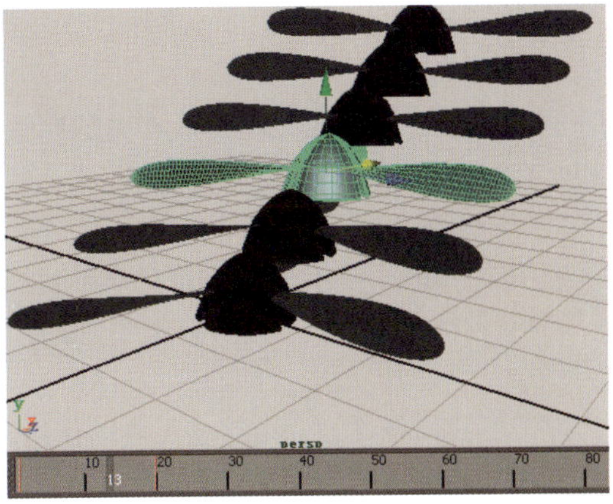

图12-39 创建的动画序列效果

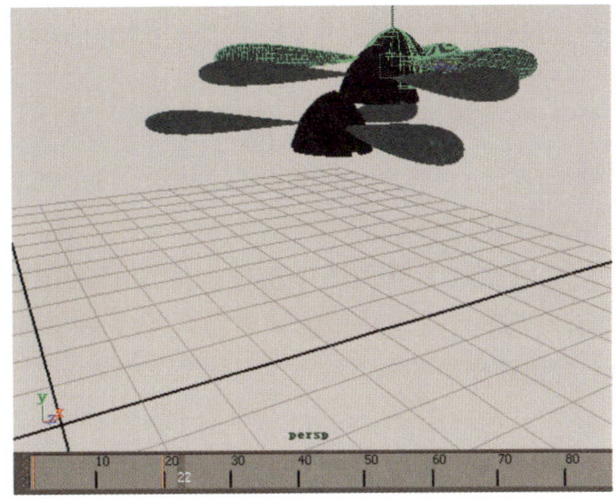

图12-40 序列效果逐渐消失

> 提示：在播放序列动画后，可以看到物体在第1帧和末端处都会以绿色高亮显示，此时的物体可以被选择和编辑，但是呈蓝色显示的物体是不能被选择和编辑的，它们都是运动物体产生的序列效果。

参数简介

◆ Steps before Current frame（调用当前帧之前序列）

表示允许同时显示当前帧之前帧数内的动作序列。

◆ Steps after current frame（调用当前帧之后序列）

表示允许同时显示当前帧之后帧数内的动作序列。

◆ Steps Size（序列间距）

用于控制显示Ghost序列的显示间隔幅度，默认是1，表示每帧都被显示。

12.3.3 Dope Sheet工具

在对关键帧进行时序调节时，我们需要用到Maya中非常重要的一个工具Dope Sheet编辑器。Dope Sheet编辑器可以直观精确地反应出关键帧和时间轴之间的关系。在制作动画过程中经常用它来快速调节关键帧时序、缩放整体动画的节奏等。

选择旋转动画中的小球物体，执行Windows（窗口）｜Animation editors（动画编辑器）｜Dope Sheet命令，打开Dope Sheet编辑器，该编辑器可以划分为4个部分：菜单栏、工具栏、对象列表和视图区，如图12-41所示。

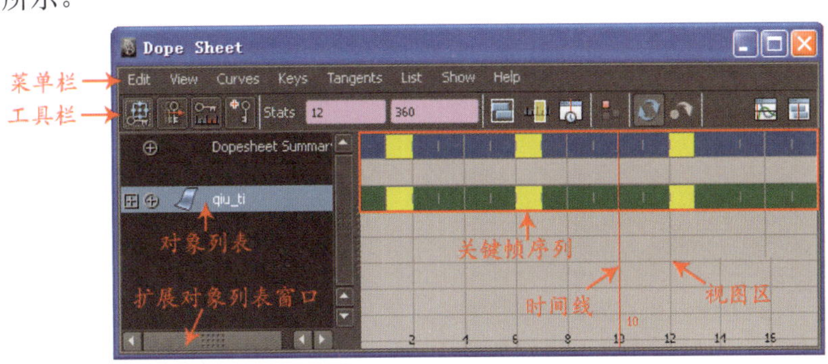

图12-41 Dope Sheet编辑器

下面对窗口中的一些功能分区进行介绍。

1. 菜单栏

在菜单栏中分类集成了各种关于帧操作的命令，它和曲线编辑器中菜单栏的命令有很多重复选项，我们将在后面的操作中逐渐讲到。

2．对象列表

显示当前被选择物体的各节点属性。单击前面的＋号可以展开并显示该物体所有关键属性。单击左侧的属性名称，在右侧的视图区中将显示该属性的所有关键帧。

3．视图区

该区域显示当前被选中物体上的所有关键帧序列，视图区中每一个黑色小方块都代表单独的一个关键帧，被选中属性的关键帧以黄色小方块显示。最顶部的横轴帧序列代表当前所有帧序列的组合。

4．工具栏

在该工具栏中集成了对关键帧进行各种操作的工具，下面我们将详细介绍这些工具的作用。

12.3.4 编辑关键帧序列

要对序列帧进行编辑，首先需要掌握关键帧编辑工具的使用方法，下面对Dope Sheet编辑窗口中的几种编辑工具进行介绍。

◆ （选择帧工具）

（1）按下该按钮后，在视图区中可以单击选择关键帧序列，也可以框选，以蓝色区域的线框确定选择范围，被选择的帧以黄色显示，如图12-42所示。

（2）单击并拖动蓝色线框右侧的黄色小方体，可以增加或减少序列帧的选择范围，如图12-43所示。

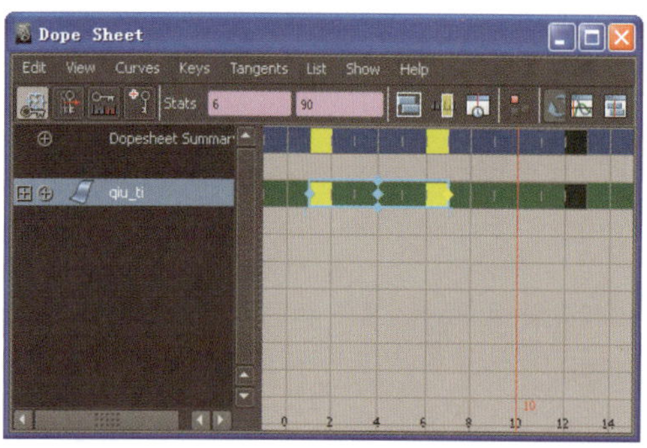

图12-42 选择序列帧

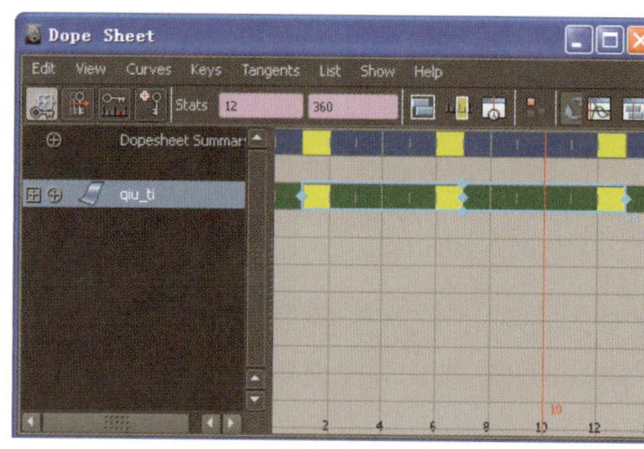

图12-43 增加序列帧的选择范围

◆ （移动帧工具）

（1）按下该按钮后，在视图区中选择一个或多个要移动的关键帧，使其以黄色高亮显示，然后按住鼠标中键不放，这时鼠标指针会变成一个双向箭头，如图12-44所示。

（2）拖动鼠标中键到第9帧处，再松开鼠标中键，即可移动第6帧的关键帧序列，如图12-46所示。此时，场景物体第9帧的动画效果就会替换第6帧时的动画效果。

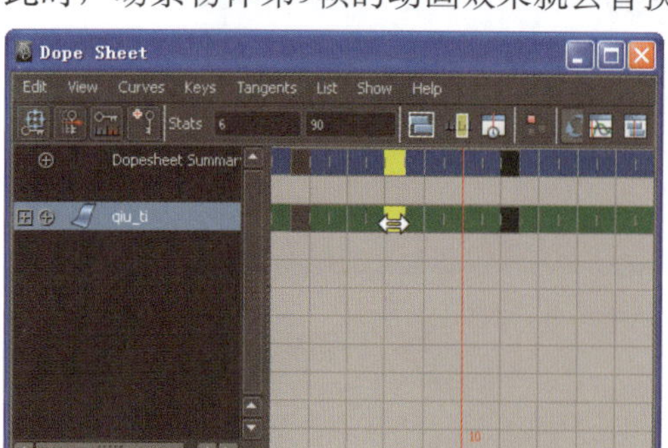

图12-44 单击关键帧序列

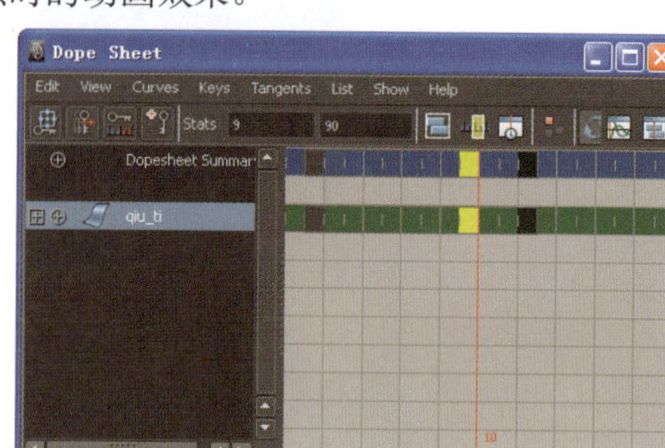

图12-45 移动的关键帧序列

◆ （插入帧工具）

（1）按下该按钮后，首先在左侧的对象列表中选择要插入帧的属性，如单击qiu-ti组件下的Rotate Y属性，然后在该属性的第1帧和第6帧关键帧之间单击鼠标中键，如图12-46所示。

（2）松开鼠标中键，即可在两个关键帧之间添加一个新的序列关键帧，如图12-47所示。

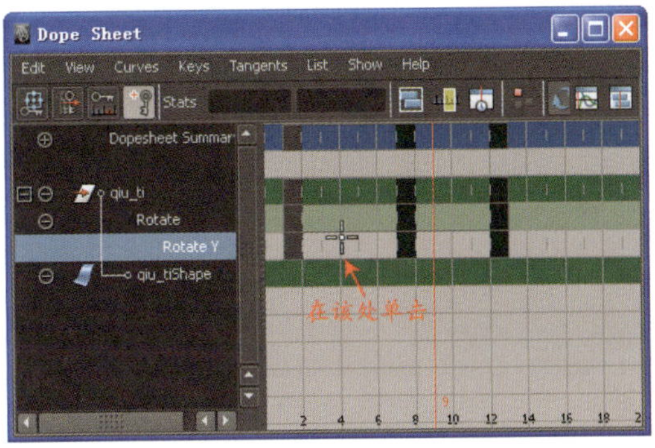

图12-46 执行插入序列帧操作

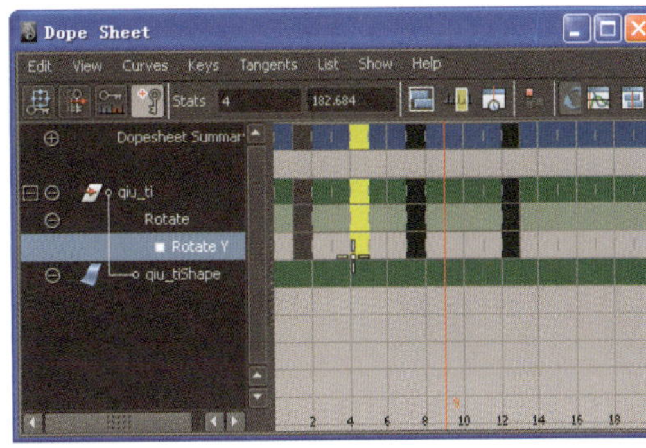

图12-47 插入的序列帧

◆ （添加帧工具）

（1）在对象列表中单击要添加关键帧序列的属性对象，这里单击Rotate Y选项，然后再单击按钮，在视图区末端序列帧后面的空白处单击鼠标中键，如图12-48所示。

（2）松开鼠标中键，即可在该位置添加一个Rotate Y属性的关键帧序列，如图12-49所示。

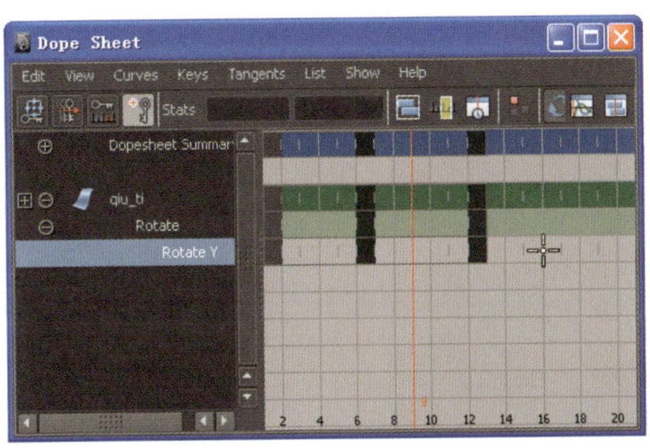

图12-48 执行添加关键帧操作

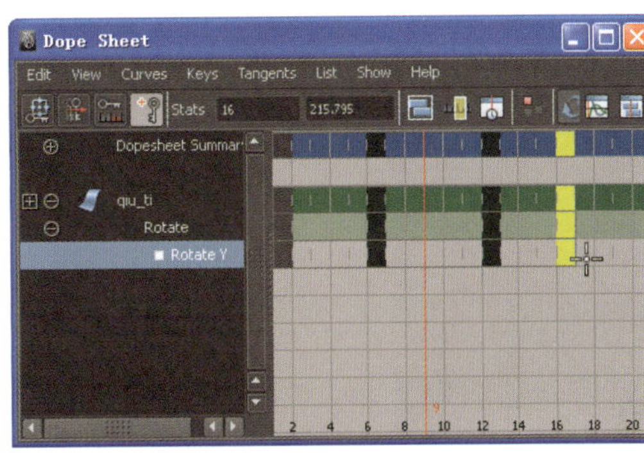

图12-49 添加的关键帧

◆ Stats 4 182.684（信息统计）

可用于设置所选帧的位置参数值，第一个文本框显示当前帧所在的位置，第二个文本框显示的是当前帧的属性值。

◆ （显示全部帧序列）

单击该按钮可以快速显示所有关键帧序列。

◆ （显示部分帧序列）

单击该按钮后，会在视图区中只显示时间轴播放范围上的关键帧序列。

◆ （居中显示当前帧）

单击该按钮，可以将选中的关键帧序列居中显示在视图区，方便我们编辑。

◆ （层级显示）

按下该按钮，可以显示层级物体上的关键帧序列。例如，一个组物体中包含设有动画的子物体，而组物体本身没有动画。如果在对象列表中选择组物体，再按下层级显示按钮，则在视图区的关键帧显示会发生变化。

（1）选中场景中做旋转动作的小球，按下组合键Ctrl+G，为其设置群组层group1，此时观察该选项所对应的关键帧序列在Dope Sheet视图区的显示，如图12-50所示。

（2）单击按钮，即可在Dope Sheet视图区中显示群组物体group1的关键帧序列，如图12-51所示。

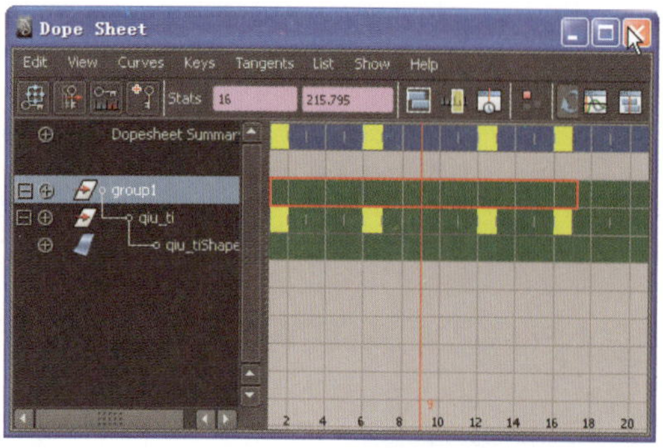

图12-50 关闭层级显示

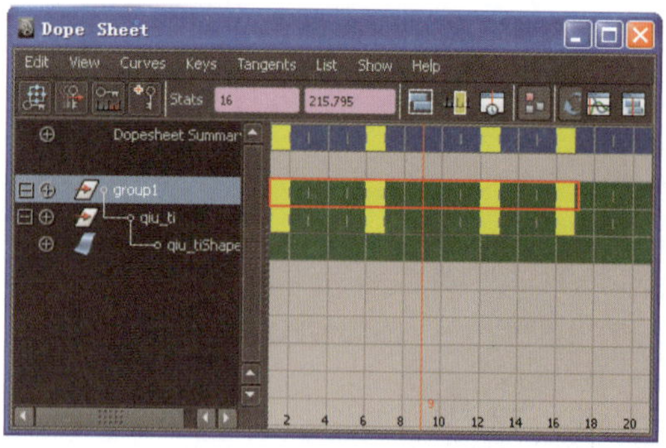

图12-51 开启层级显示

课堂练习100：编辑序列帧

01 创建一个沿*y*轴旋转的20帧动画，选择小球并在Dope Sheet窗口中框选所有关键帧序列，然后按R键，此时会在序列帧的边缘显示白色边框，如图12-52所示。

02 使用鼠标左键拖动白色边框到第20帧处，这样即可将动画范围缩放到20帧，如图12-53所示。

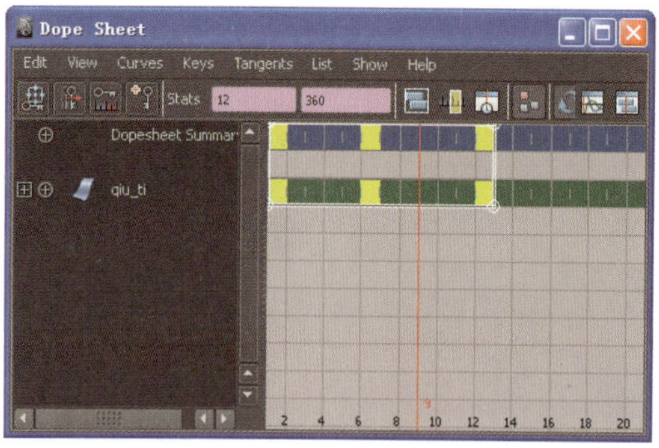

图12-52 选中关键帧

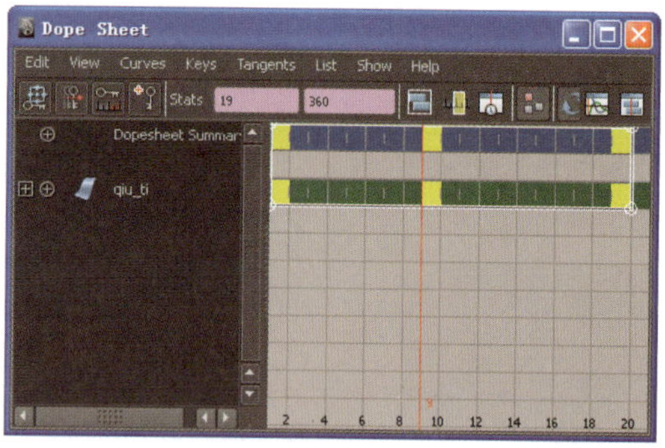

图12-53 缩放关键帧

03 将关键帧序列缩放之后，单击视图区第2个关键帧序列，在Stats文本框中可以看到其序列值是9.192，关键属性值为90，如图12-54所示。

04 对于这种情况，我们可以选中整个序列帧，在Dope Sheet菜单栏中执行Edit（编辑）| Snap（捕捉）命令，然后再选择任何一个关键帧，信息表中显示的序列值都是整数，如图12-55所示。

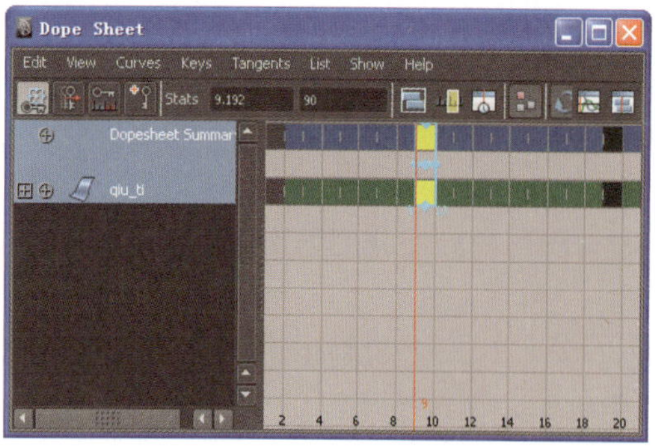

图12-54 选择第2个关键帧

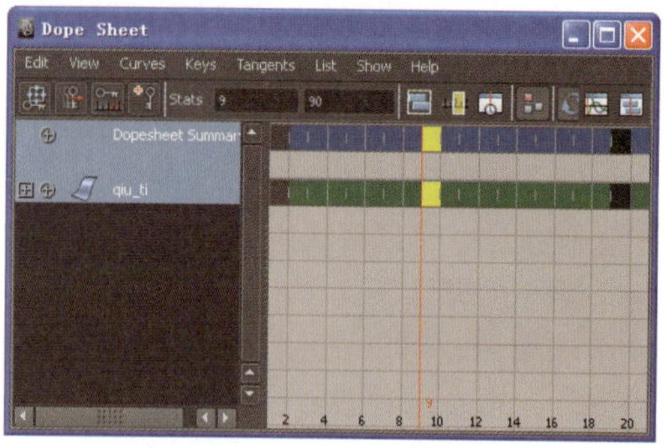

图12-55 执行Snap命令后

12.4 动画曲线

在Maya动画制作中曲线编辑是非常常用的动画编辑命令。使用该命令可以对关键帧进行移动、调整关键帧属性数值、添加或删除关键帧等，能够方便快捷地编辑我们所创建的动画效果。本节将对曲线编辑器，以及动画曲线上关键帧的设置及编辑进行充分的讲解。最后通过实例操作的方式对所学知识进行巩固练习。

12.4.1 Graph Editor（曲线编辑器）

本节学习如何在曲线编辑器中编辑和修改动画曲线。在学习曲线编辑器之前，首先创建一个沿*x*轴正向上下跳动的小球动画。

然后，选中小球并执行Window（窗口）| Animation Editors（动画编辑器）| Graph Editor（曲线编辑器）命令，打开其属性设置窗口，如图12-56所示。

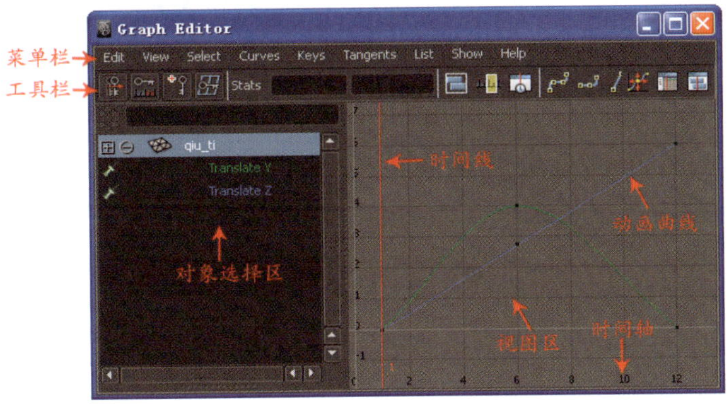

图12-56 打开Graph Editor窗口

这是曲线编辑器的属性设置窗口，我们将通过这个工具来最终完善小球弹跳动画的运动轨迹。下面介绍该属性窗口的工作界面。

1．菜单栏

在菜单栏中集成了一些关于运动曲线和关键帧的操作命令。

2．工具栏

提供了关键帧操作的快捷工具图标，如平移、插入点、曲线晶格等工具。放大曲线编辑器窗口，可以看到，工具栏右侧还集成了一些针对曲线操作的编辑工具。在曲线编辑器中也同样有Stats信息框，用来显示当前所选曲线上的点所在的位置和关键帧值。

3．对象列表

用来显示当前被选中物体的所有属性，并且右侧视图区会显示相应的运动曲线。单击对象列表中物体名称右侧的“+”号，可以展开该物体的关键属性。

4．视图区

视图区的横轴代表时间轴、纵轴代表当前帧曲线点的关键属性值。在视图区中同时按下Alt+鼠标右键，也可以执行视图缩放操作。视图区中，红色纵轴线条代表时间轴上当前帧标记，拖动时间轴上的时间滑块，红色帧标记会随之移动。

12.4.2 动画曲线的基本认识

继续使用沿*x*轴方向上下跳动的小球动画实例。选中场景中的小球，执行Window（窗口）| Animation Editors（动画编辑器）| Graph Editor（曲线编辑器）命令，打开曲线编辑窗口，可以看到

视图区有两条绿色的曲线，上面都有3个黑点，一个黑点代表了一个关键帧，当前视图区的时间与场景视图中的时间轴数值一一对应，如图12-57所示。

在对象列表中选择Translate Y选项，则在Graph Editor视图区中显示y轴方向的动画曲线，然后在视图区选择绿色曲线上的第一个黑点和最末端的黑点，可以在Stats信息框中看到不同的参数值，如图12-58所示。

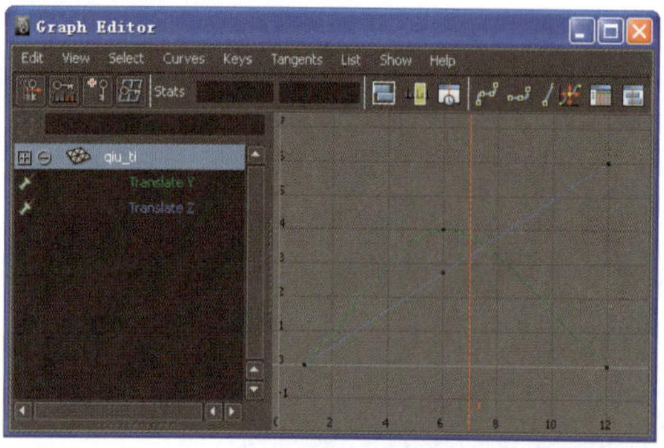

图12-57 动画的曲线

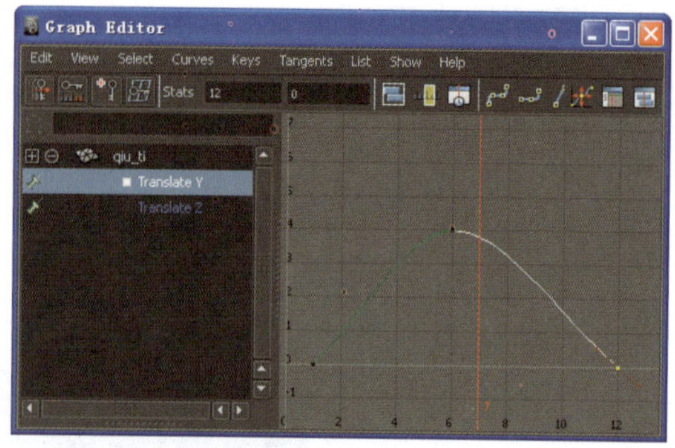

图12-58 选择动画曲线上的点

信息框中的第一个数值代表当前帧的位置，第二个数值代表关键帧属性值。曲线上的黑点就是帧序列动画上的关键帧。这条绿色曲线与对象选择区中qiu-ti组件下展开的Translate Y属性是对应的。

这条绿色曲线实际上是每一帧的y轴坐标值与曲线编辑窗口中时间轴相对应的一个关系表，即小球的y轴运动轨迹在时间轴上均匀展开显示，在视图区的横轴可以看到，每两个关键帧之间相隔一帧距离，由Maya自动计算插值生成过渡曲线，使动画最终能够流畅播放。由此可以得出，物体的运动曲线越平滑，物体的运动轨迹也越流畅。

提示：这条绿色曲线代表的仅仅是小球在12帧内弹跳过程中的y轴数值，它并不产生任何水平方向上的移动。切勿将水平方向上的时间轴，错误理解成水平方向上的x轴平移。

12.4.3 动画曲线的控制工具

要想使物体的运动轨迹更加流畅，那么就需要对曲线上的关键帧进行编辑。在Graph Editor编辑窗口中提供了几种快捷操作工具，如图12-59所示。下面对它们的使用方法进行详细的介绍。

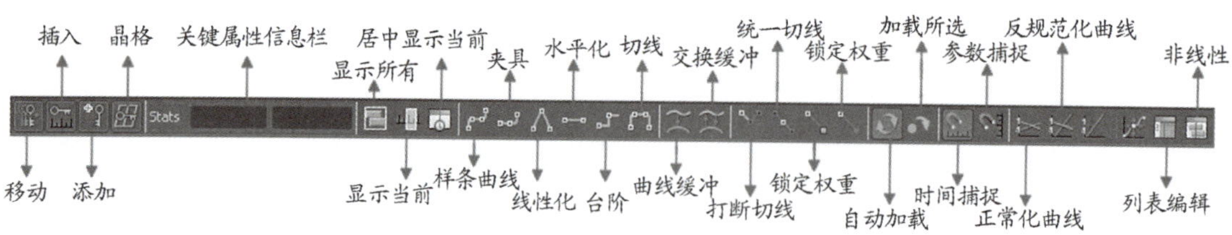

图12-59 关键帧编辑工具

曲线控制手柄

选择并调整曲线上的控制手柄，可以对曲线外形进行编辑。如选中曲线上的一个关键帧点，会显示其控制手柄，用鼠标中键单击并拖动该控制手柄，可以改变该曲线的外形，此时场景中的动画效果也会发生变化，如图12-60所示。

◆ （样条线）

该工具可以使两相邻关键帧之间的曲线产生光滑的过渡效果，使关键帧上的操纵手柄在同一水平线上，这样能使关键帧两侧曲线的曲率进行光滑连接。图12-61所示的是选中上一步调整控制手柄后的关键帧点，再单击图标后的效果。

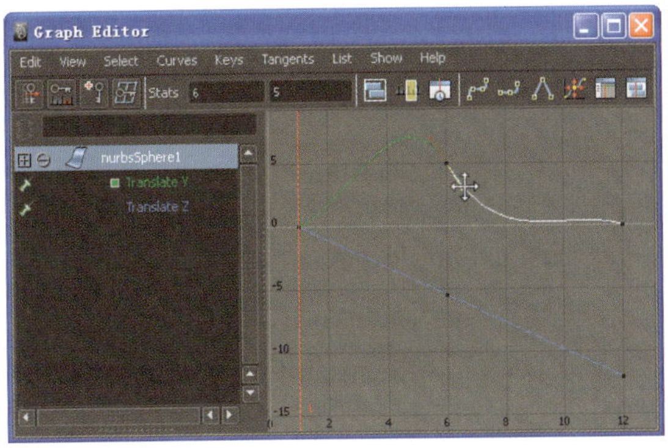

图12-60 关键帧控制手柄

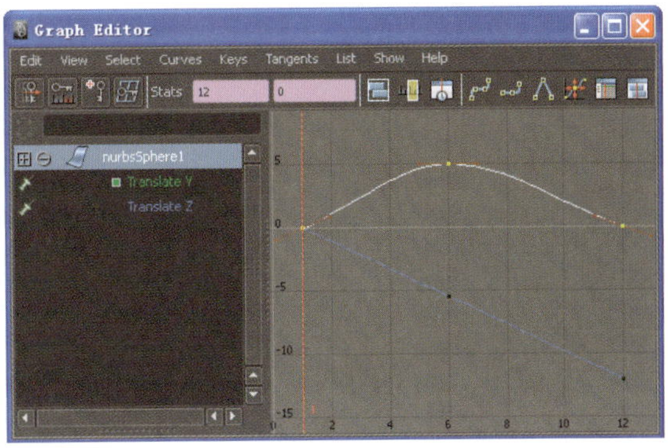

图12-61 样条效果

（夹具）

该工具可以使动画曲线既有样条线的特征又有直线的特征。选择曲线第6帧处的关键帧点，然后单击按钮，再观察曲线和控制手柄的变化，如图12-62所示。

（线性化）

该工具可使两相邻关键帧点之间的曲线变为直线，并影响到后面的曲线连接。在曲线上选择任意两个关键帧点，然后单击按钮，两点之间的曲线变为直线。

（水平化）

该工具可以将选择关键帧点的控制手柄全部旋转到水平角度。

（台阶）

该工具可以将任意形状的曲线强行转换成锯齿状的台阶形状。选择曲线上的所有控制点，然后单击按钮，并观察曲线外形的变化，如图12-63所示。

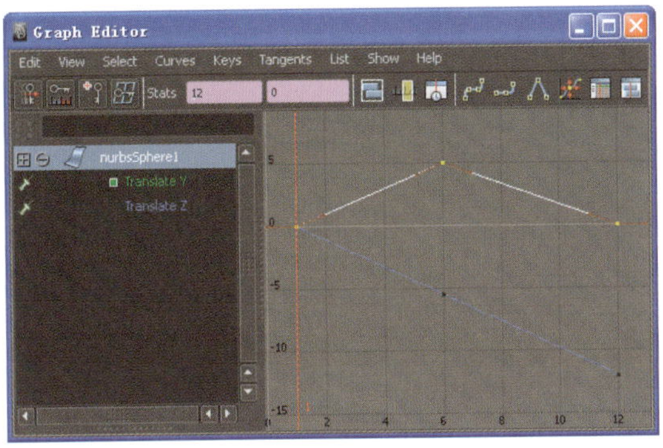

图12-62 曲线夹具操作

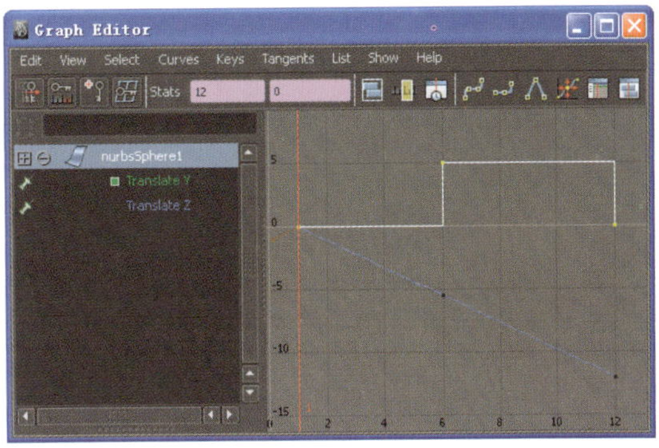

图12-63 曲线“台阶”效果

提示

对上图中曲线执行台阶操作后，小球的运动状态是，从第1帧到第6帧，y轴上的位移保持不变，在第6帧上直接过渡到最高点，然后继续保持不变。用户可以拖动视图区的时间滑块，观察小球的运动状态。

（点平化切线）

该工具用于将所选控制点所在的曲线段转化为切线状态，例如选中处于台阶状态的曲线点，然后单击图标，即可将其转化为切线状态，如图12-65所示。

（打断切线）

该工具可以将关键帧点上的两个控制手柄强行打断，打断之后两个控制手柄不再相互关联，我们可以对控制手柄单独操作，从而更自由地调整曲线形状，如图12-65所示。

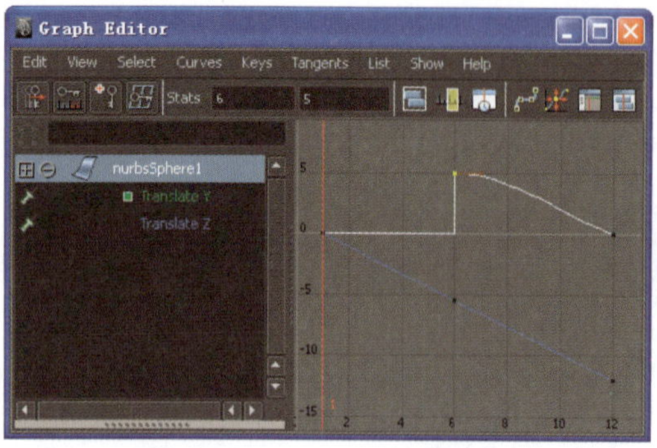

图12-64 执行点平化切线操作

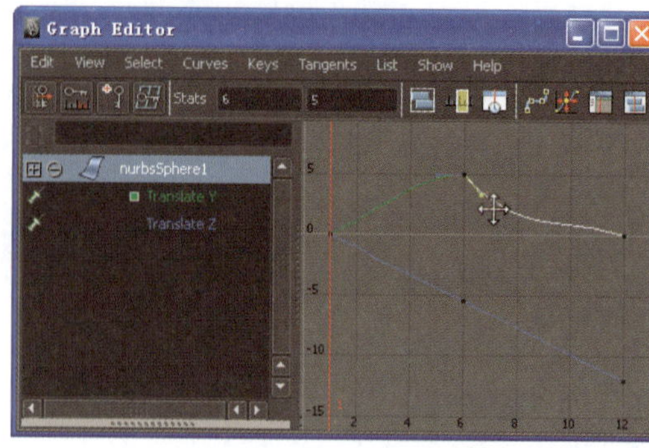

图12-65 打断曲线切线

（统一切线）

该工具可以将关键帧上打断的控制手柄再次连接成一个相关联的手柄，调节一个手柄，另一个手柄也随之运动。

（释放切线权重）

在默认的情况下，关键帧的控制手柄是不可以被拉长的，即切线的权重不可以被调整。要灵活调整切线，首先执行Curves（曲线）｜Weighted tangents（切线权重）命令，然后选择曲线控制点并单击图标，即可拉伸控制手柄，如图12-66所示。

（锁定切线权重）

该工具和释放权重工具类似，它可以锁定切线手柄，锁定后不可以再调整控制手柄的权重。选择上一步中拉伸的控制点，然后单击图标，控制手柄变为实心显示，但不能再对其进行拉伸操作，如图12-67所示。

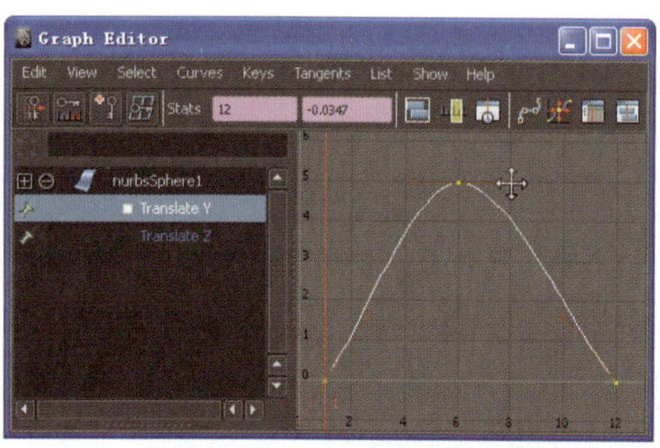

图12-66 释放切线权重

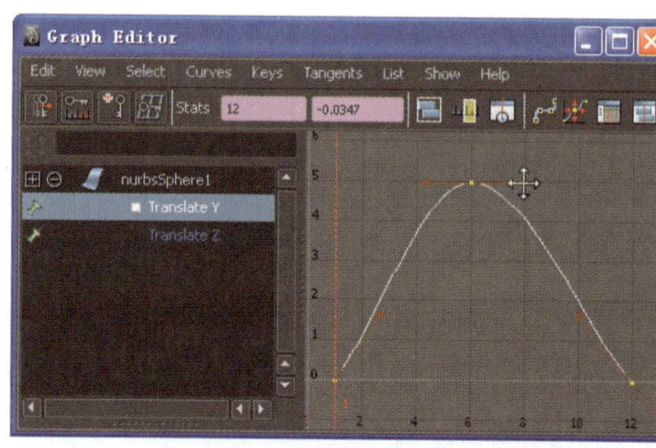

图12-67 锁定切线权重

（曲线缓冲）

该工具可以将动画曲线捕捉到缓冲器上，以将现在调整的曲线和原来的曲线进行对比，便于修改曲线外形。选中动画曲线，单击按钮，然后执行View（查看）｜Show Buffer Curves（显示缓冲曲线）命令，调整曲线上的关键点就可以看到原来的曲线，如图12-68所示。

（交换缓冲曲线）

该工具可将已编辑的曲线和缓冲曲线进行交换，交换后编辑过的曲线就不再起作用，而缓冲曲线可以被调整和编辑，如图12-69所示。

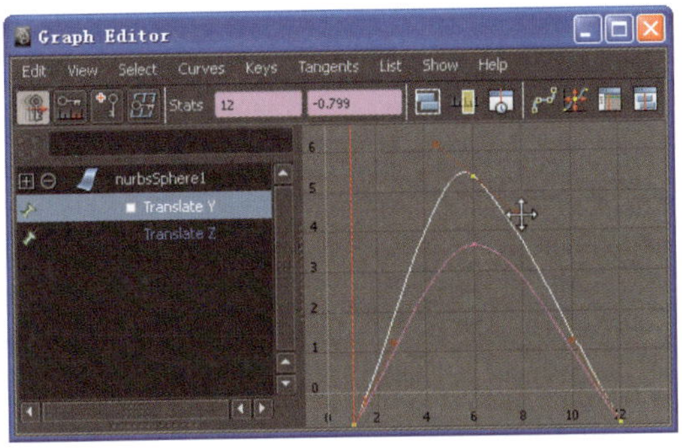

图12-68 曲线缓冲操作

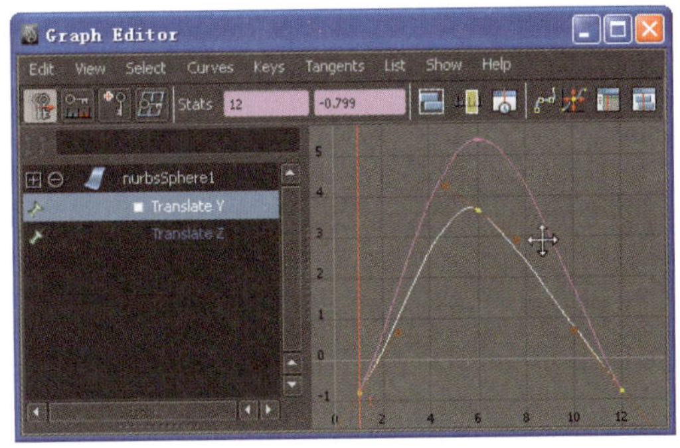

图12-69 交换缓冲曲线

12.4.4 编辑动画曲线关键帧

通过前文对曲线动画的初步讲解，相信读者对曲线动画有了很好的认识，下面我们通过一个小实例来巩固曲线动画的编辑方法。

课堂练习101：编辑动画曲线

01 在场景中抛物线式的小球弹跳动画，这里我们使用3个关键帧来模拟整个弹跳过程，如图12-70所示。

02 选中该球体并打开Graph Editor编辑器，以显示球体所有关键属性的动画曲线，其中直线表示当前属性被设置了关键帧，但没有任何动画效果，如图12-71所示。

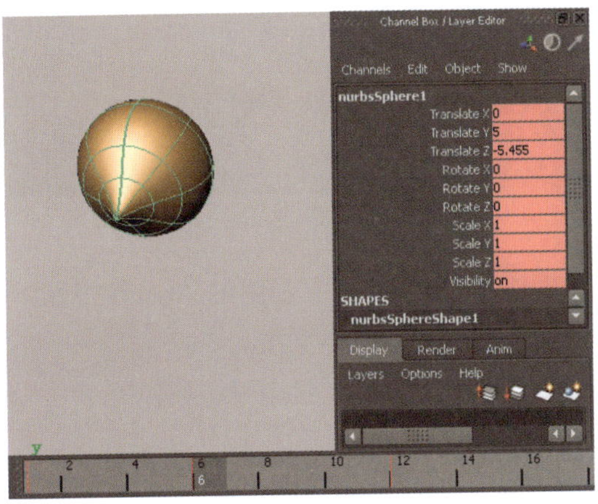

图12-70 创建弹跳动画

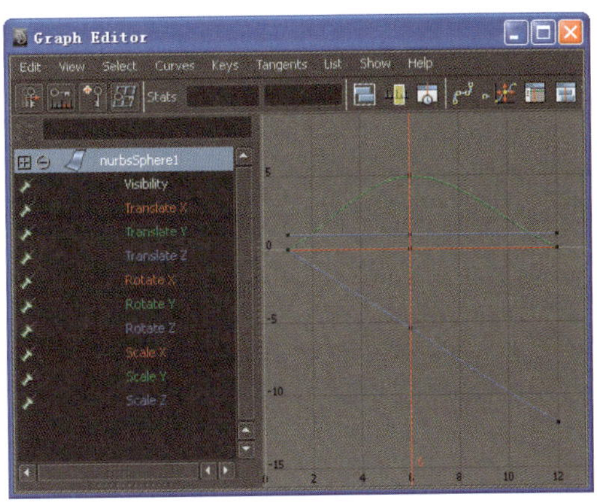

图12-71 小球动画的曲线

03 选中球体，执行Edit（编辑）| Delete by Type（通过类型删除）| Static Channels（静态通道）命令，以删除没有动画效果的关键性属性，Graph Editor编辑器中的直线被自动删除，如图12-72所示。

04 选择Translate Y属性动画曲线第6帧处的关键帧点，再在Stats栏中修改关键属性值为10，将小球弹跳的高度由5上升到10，如图12-73所示。

05 选择小球Translate Y属性动画曲线上首端和末端的关键帧点，单击工具栏上的按钮，以调整小球弹跳开始和结束时动作姿态的平滑度，如图12-74所示。

06 设置小球两动画曲线在第6帧时，Stats的关键帧属性值为10，在第12帧处的关键帧值为20，以改变小球整段动画的时间范围，如图12-75所示。

07 选择小球Translate Z属性的动画曲线，再选择其第10帧处的关键帧点，可以看到Stats栏中的关键帧属性值为-5.455，并不是理想的整数值，如图12-76所示。

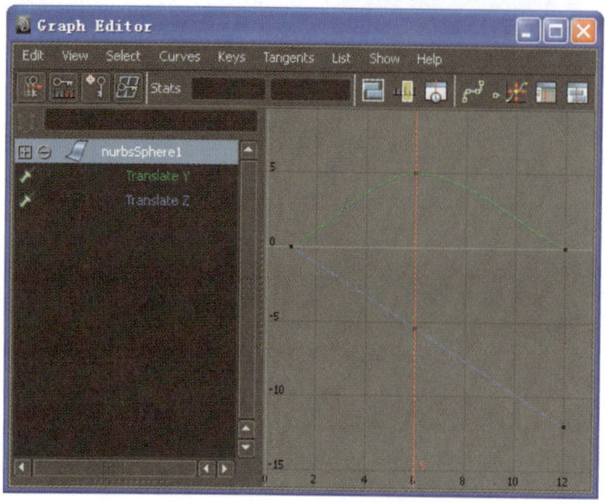

图12-72 删除静态通道

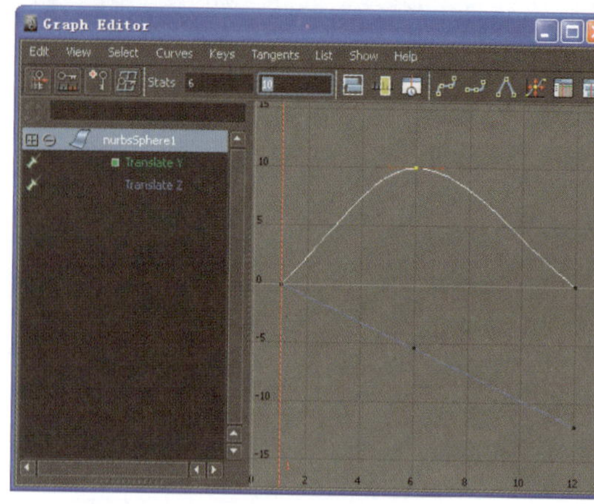

图12-73 调整小球弹跳的高度

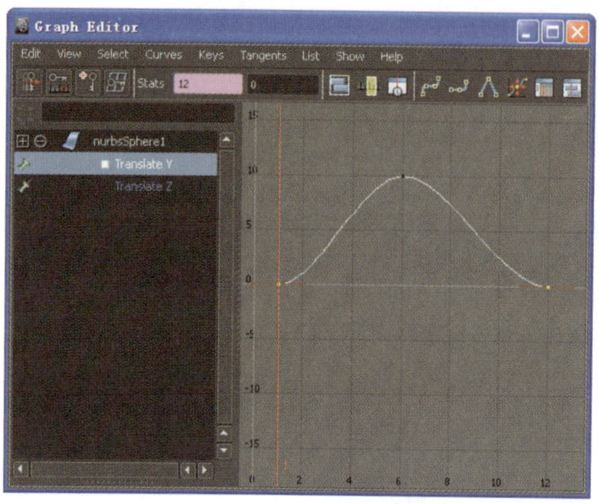

图12-74 平滑动画曲线

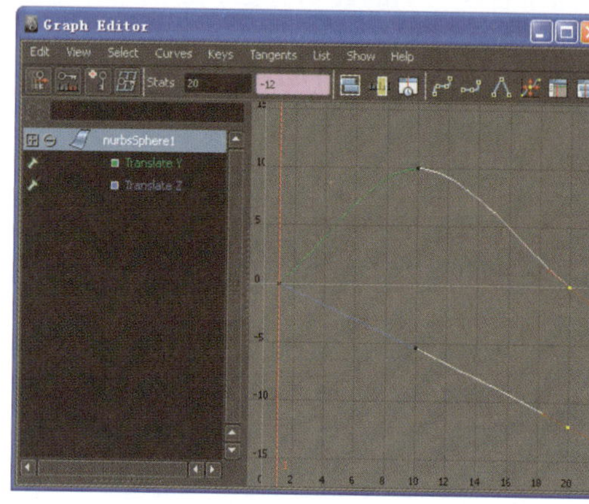

图12-75 修改动画的时间范围

08 单击Snap命令右侧的方体按钮，在弹出的窗口中单击Snap命令右侧的Values按钮，如图12-77所示。

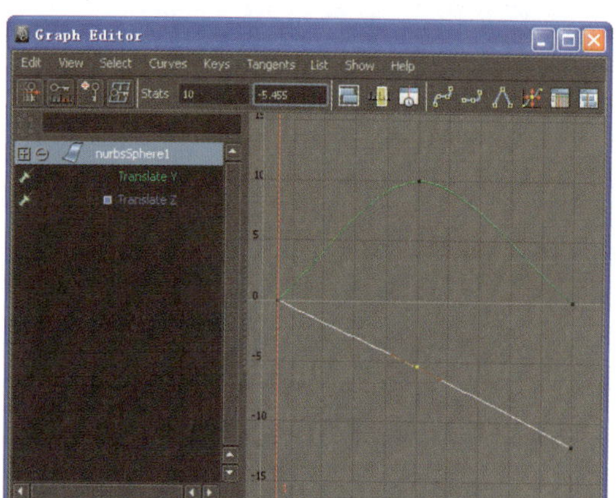

图12-76 查看关键帧属性值

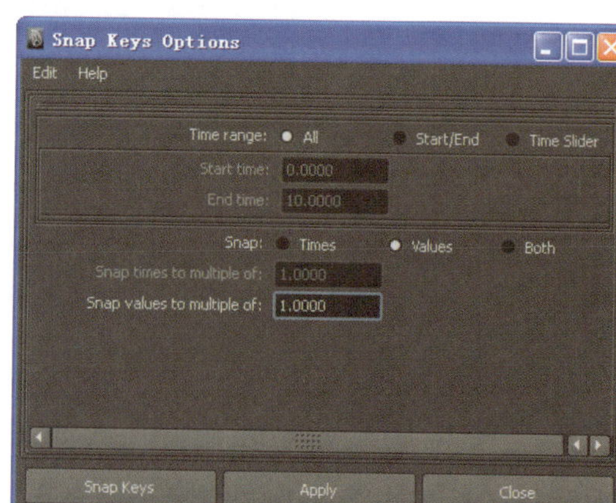

图12-77 执行Snap Keys命令

09 单击Apply按钮，即可将当前的关键帧属性值调整为整数，如图12-78所示。

10 此时，小球在视图时间轴上的关键帧位置和通道栏的关键属性值都会得到有效的改变，如图12-79所示。

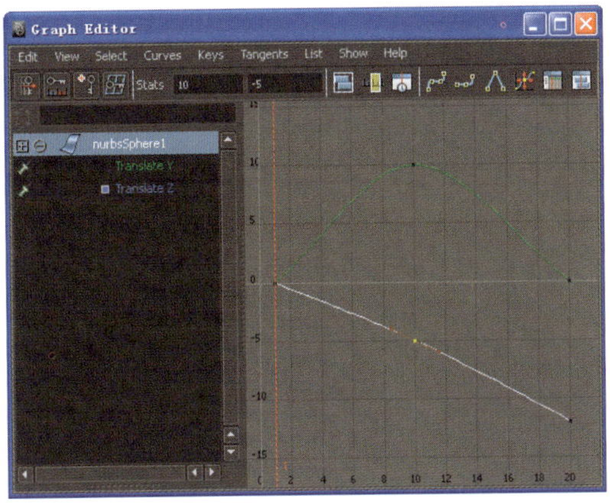

图12-78 调整关键帧属性值为整数

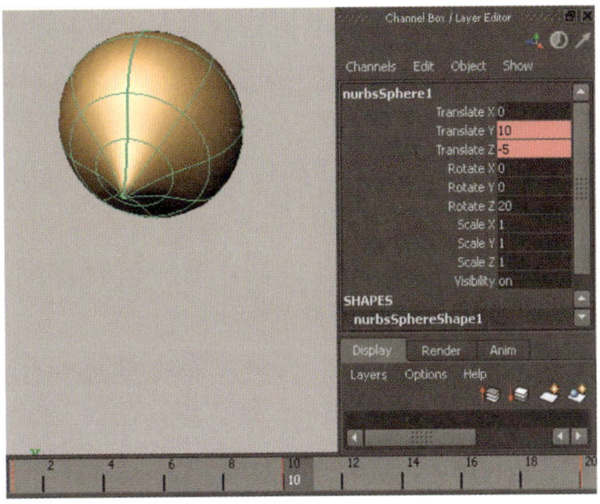

图12-79 关键帧的最终变化

参数简介

下面对Snap Keys Options面板中的属性进行说明。

◆ Time range（时间范围）

用来指定关键帧动画曲线的时间范围。

All：表示没有限定的时间范围。

Start/End：用于定义捕捉的时间范围为从起始时间到结束时间。

Time Slider：用于定义捕捉的时间范围为起始播放时间到结束播放时间。

◆ Start time（开始时间）

用来指定捕捉动画曲线的起始时间值。

◆ End time（结束时间）

用来指定捕捉动画曲线的结束时间值。

◆ Snap（捕捉）

用于控制曲线关键帧点被捕捉的方式。

Times：用于捕捉时间轴。

Values：用于捕捉数值。

Both：用来控制是否同时捕捉时间轴和关键属性值。

◆ Snap times to multiple of

用于设置捕捉时间轴的多重值。

◆ Snap values to multiple of

用于设置捕捉关键属性值的多重值。

12.5 循环动画

循环动画在动画编辑制作中也是非常实用的命令工具。例如，制作好一段动画后，若将该动画持续运动下去，直接可以使用循环动画命令对动画曲线进行延长操作。同时对于某一时间段内的循环动作，还可以使用烘焙动画曲线命令对其进行控制编辑。通过实例的方式对其进行巩固练习。

12.5.1 创建循环动画

在动画的制作过程中，往往会遇到不同类型的循环动画，如机械轴的往复运动，角色的行走动画等。制作这类动画时，如果使用前面介绍的创建关键帧的方式无疑是很麻烦的。Maya为我们提供了更为简便的解决方法——延长运动曲线。

首先在编辑器的菜单栏中执行View（查看）| Infinity（循环）命令，激活曲线延伸的显示，然后选中曲线，执行Curves（曲线）| Pre infinity（向前循环）命令，会弹出Cycle、Cycle with Offset、Oscillate、Linear、Constant等一些命令的关联菜单，如图12-80所示。

其中，Post infinity（向后循环）和Pre infinity（向前循环）都有这5种延伸方式。

动画的几种循环类型

下面对动画曲线的几种循环命令进行详细介绍。

◆ Cycle（循环延伸）

曲线自动循环延伸，这种循环方式通常用在均衡的循环动画中，如鸟的匀速飞行、人行走时手臂规则的摆动、机械轴的往复运动、角色的行走动画等。制作这类动画时，如果使用常规方法——创建关键帧无疑是很复杂和麻烦的。

如图12-81所示，图中的水平轴为时间轴，垂直轴是物体运动参数轴，实线代表我们创建出的动画曲线，虚线代表Maya自动生成的动画曲线。

图12-80 动画曲线循环的命令菜单

图12-81 循环延伸

◆ Cycle with offset（循环偏移）

这种方式可以使曲线在延伸时，使下一段曲线的开始端位于前一段曲线的末端，并累计产生位置偏移，如图12-82所示。通常使用在既需要动作循环又需要位置偏移的动画制作上，如两足动物的行走动画。

◆ Oscillate（相位交替延伸）

这种方式可以使曲线每延伸一次就镜像翻转一次，如图12-83所示。可以用在运动周期完全对称的动画上。

◆ Linear（切线线性延伸）

使用这种方法会使动画曲线的首尾端延伸时，可以沿当前曲线的切线方向进行延伸，如图12-84所示。

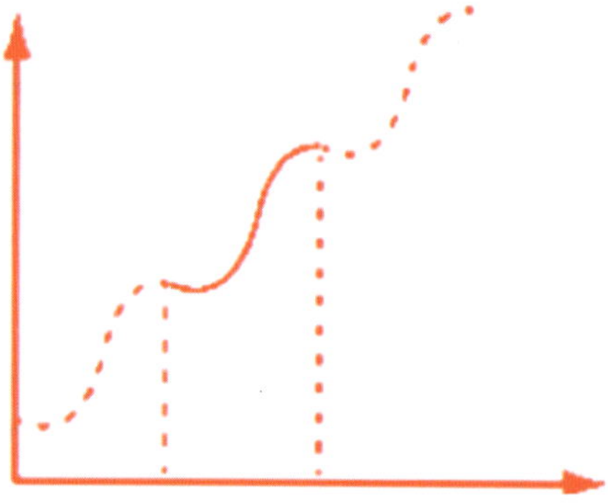

图12-82 循环偏移

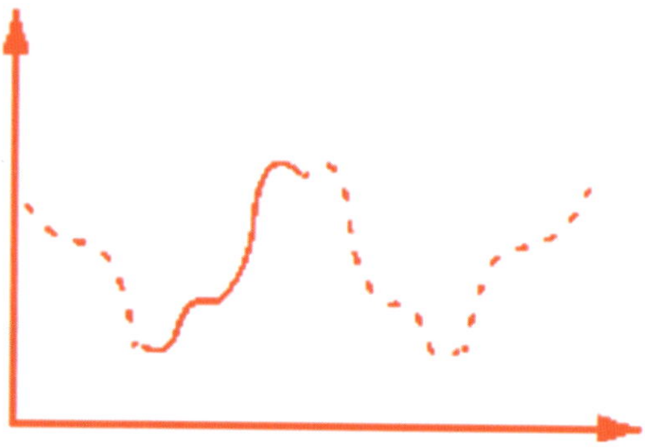

图12-83 相位交替延伸

◆ Constant（平直延伸）

平直延伸是Maya默认的延伸方式，其首尾端点的延伸线都是水平延伸，但没有任何动画延伸效果，如图12-85所示。

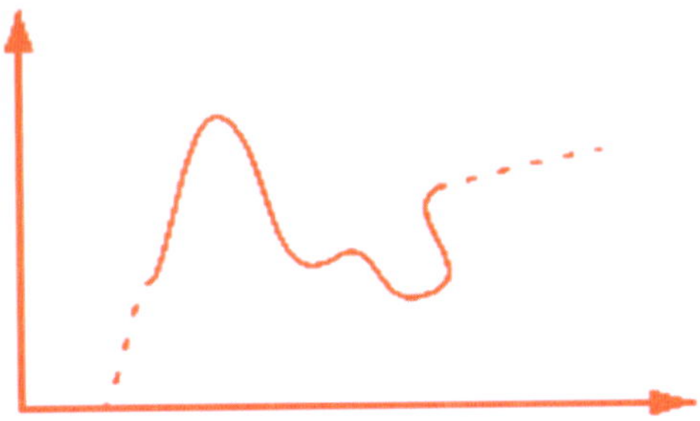

图12-84 沿切线线性延伸

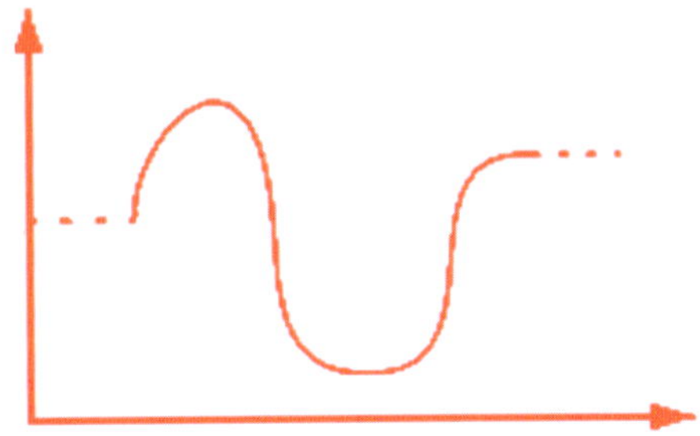

图12-85 平直延伸

课堂练习102：创建自动循环

01 选择Graph Editor窗口中y轴方向上的动画曲线，执行View（查看）| Infinity（循环）命令，以显示曲线的虚线延伸部分，如图12-86所示。

02 选中该曲线，执行Curves（曲线）| Post Infinity（向后循环）| Cycle（循环）命令，视图区中的曲线会发生无限向后循环的变化，表明该运动物体也会向后做往复循环运动，如图12-87所示。

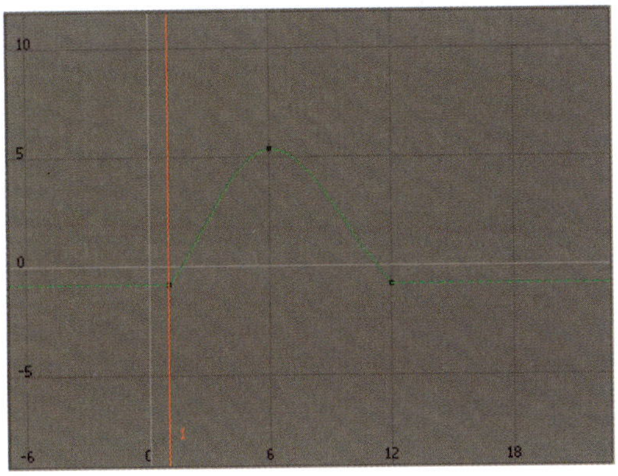

图12-86 执行Infinity命令

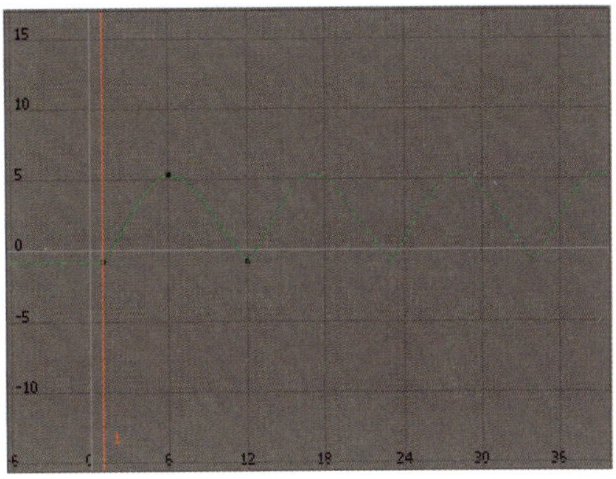

图12-87 执行Cycle命令

03 选择视图区域末端与循环曲线连接处的关键帧点，单击按钮，以使该处变得平滑，并且观察循环曲线平滑度的变化，如图12-88所示。

04 选择曲线末端帧的关键帧点，在Stats栏中设置其关键帧参数值为10，此时观察循环曲线变化，如图12-89所示。

05 再选中曲线中间帧上的关键帧点，单击工具栏中的按钮，调整曲线的切线方向，如图12-90所示。

06 执行Curves（曲线）| Pre Infinity（向前循环）| Cycle（循环）命令，即可使当前所选曲线无限向后循环，如图12-91所示。

注意：延伸动画曲线后，再播放动画，会发现物体运动到顶端时有轻微抖动现象，这是由于末端曲线曲率与延伸曲线连接不平滑所致，对此可以调整该处关键帧点的控制手柄，使曲线平滑。

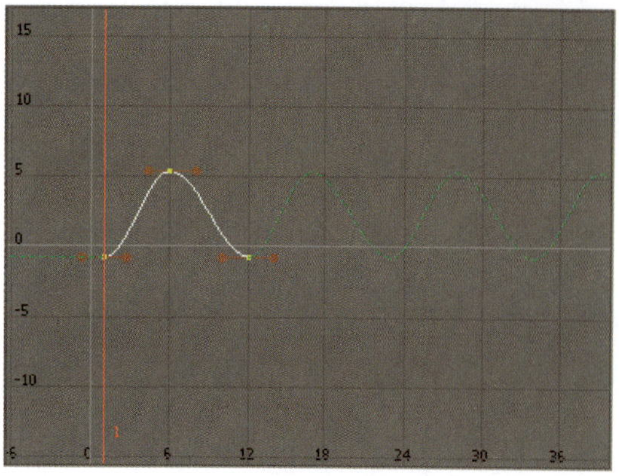

图12-88　曲线点平滑操作

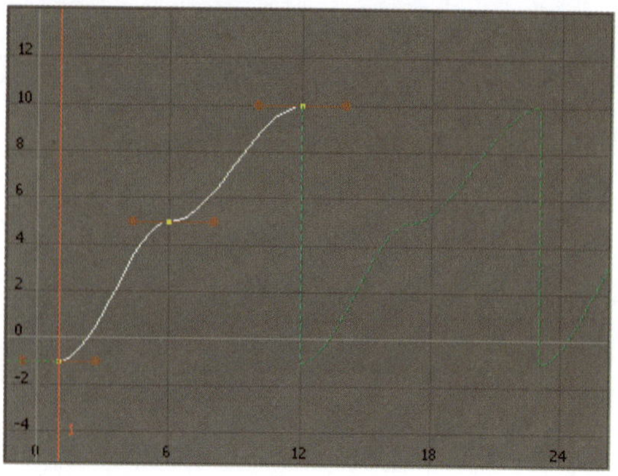

图12-89　修改关键帧属性值

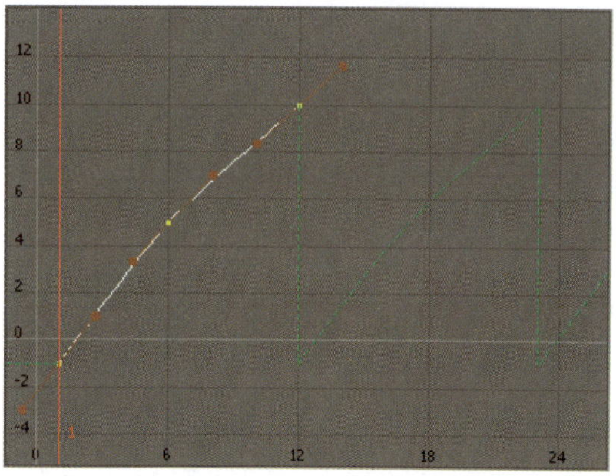

图12-90　调整关键帧点的切线方向

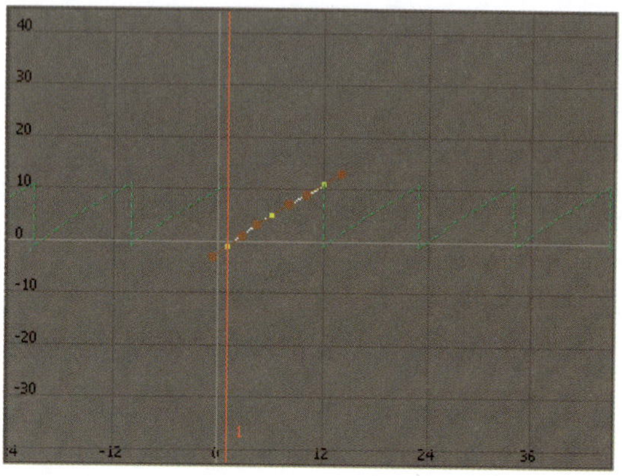

图12-91　曲线无限向后循环

12.5.2 烘焙动画曲线

前面我们介绍了无限循环动画，但是在实际动画制作中，常常要求在一段时间后，循环动画能够停止，并衔接其他动画。

通过上面的操作可以发现，自动虚幻延伸出的动画曲线是无法进行编辑打断的。那么如何将这些虚线转化成可以进行编辑的关键帧动画曲线呢？Maya为我们提供了动画曲线烘焙命令，它可以对动画曲线进行编辑控制。

课堂练习103：烘焙动画曲线

01 使用前面的小球动画曲线实例，打开并编辑动画曲线外形，如图12-92所示。

02 先使动画曲线从末端帧开始向后进行无限循环，并且该循环曲线会依照末端切线方向产生一定的偏移，如图12-93所示。

03 现在我们希望小球跳到第50帧结束。在曲线编辑窗口中选中小球的Translate Y属性，再执行Curves（曲线）| Bake Channel（烘焙通道）命令，打开Bake Channel（烘焙通道）属性面板，如图12-94所示。

04 单击Start/End单选按钮并设置End time值为50，再单击Apply按钮，执行动画曲线烘焙操作，此时可看到曲线在第1～50帧内生成多个关键帧点，如图12-95所示。

05 此时，再执行Curves（曲线）| post infinity（向后循环）| Constant（平直延伸）命令，取消自动循环。再次播放动画，就可以看到小球在105帧停止跳动，如图12-96所示。

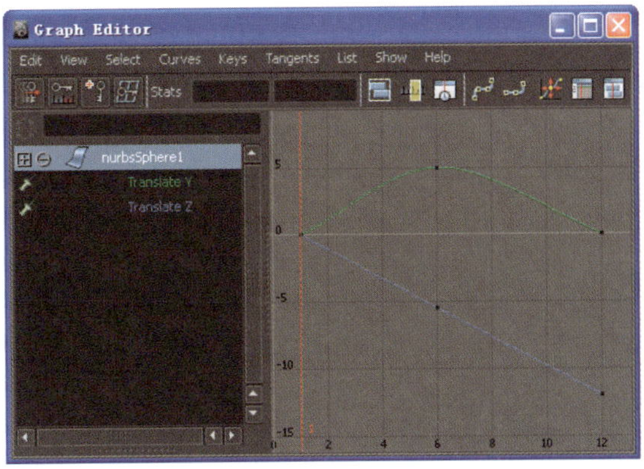

图12-92 观察小球动画的动画曲线

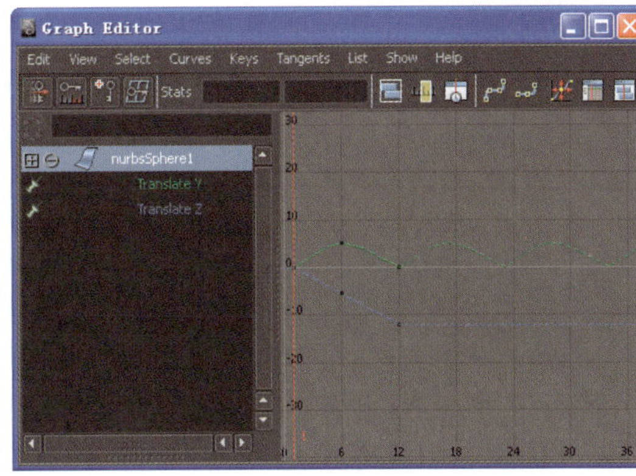

图12-93 创建动画循环

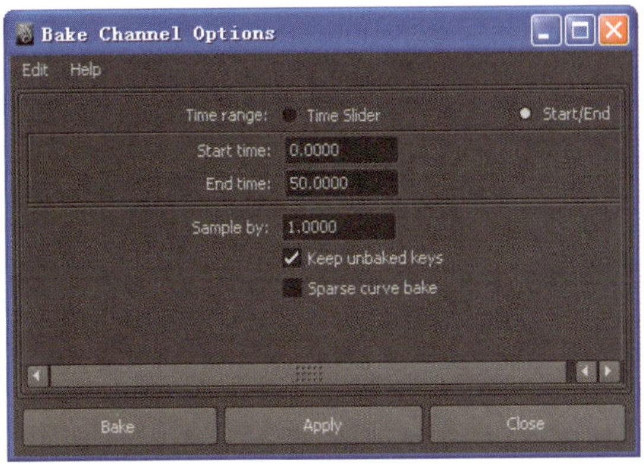

图12-94 Bake Channel属性面板

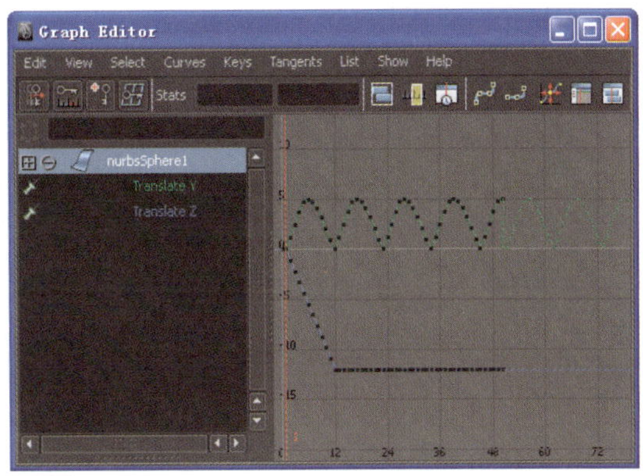

图12-95 执行Bake Channel命令

提示 从以上烘焙的动画曲线可以看出曲线上的关键帧点分布非常密集，若要编辑曲线会产生不必要的麻烦，是因为我们在Sample by选项中将采样值设置为了1，即每隔一帧在延伸的曲线上采样一次数值，以至于产生了许多关键帧。

06 我们可以在执行Bake Channel命令之前，启用Spares Curve Bake复选框，对烘焙曲线关键帧的疏密进行控制。图12-97所示为启用该选项后的烘焙曲线效果。

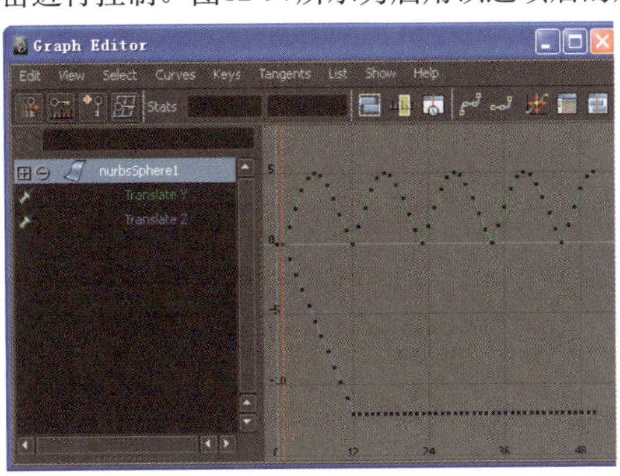

图12-96 执行Constant操作

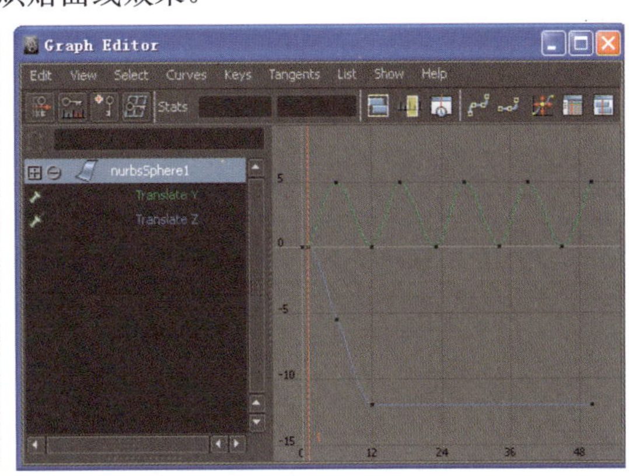

图12-97 启用Spares Curve Bake效果

参数简介

下面对Bake Channel Options面板中的属性进行说明。

◆ Time Range

用来设置烘焙曲线的时间范围，可选Time Slider和Start/End。

◆ Time Slider

按照当前播放时间轴上的时间范围来烘焙动画曲线，该选项为默认设置。

◆ Start/End

自定义烘焙曲线的时间范围。

◆ Start time/End Time

选择Start/End选项后，此处的选框被激活，可以任意填入参数值。

◆ Sample By

将自动延伸的曲线烘焙成关键帧曲线时的时间采样值，即帧数。采样值越小，曲线上生成的关键帧越多，曲线外形也越接近原自动延伸曲线的外形，系统默认值为1，即每隔一帧采样生成一个关键帧。

◆ Keep Unbaked Keys

开启该选项，保留烘焙范围以外的曲线上的关键帧，否则烘焙后会将这些关键帧删除，系统默认为开启。

◆ Spares Curves Bake

细化曲线烘焙，此选项仅对动画曲线有效，烘焙后的曲线上的关键帧数目最少，保持新曲线外形和原延伸曲线外形一致，默认为关闭。

12.5.3 复制和粘贴动画曲线

在前文中介绍了快速粘贴关键帧的方法，在动画曲线编辑中，还有一种更为完善的复制和粘贴工具，使用它们可以极大地提高动画的制作效率。下面以前文制作的沿x轴方向上下跳动的小球动画为例，介绍这两种工具的使用方法。

课堂练习104：复制和粘贴动画曲线

01 在小球动画的Graph Editor编辑窗口中，选择Translate Y属性，可以看到小球在第12帧处停止运动，如图12-98所示，然后单击Edit（编辑）| Copy（复制）右侧的□按钮。

02 在打开的属性面板中，选择Start/End和Keys单选按钮，并设置End time为12，以控制曲线复制范围为0～12帧，如图12-99所示。

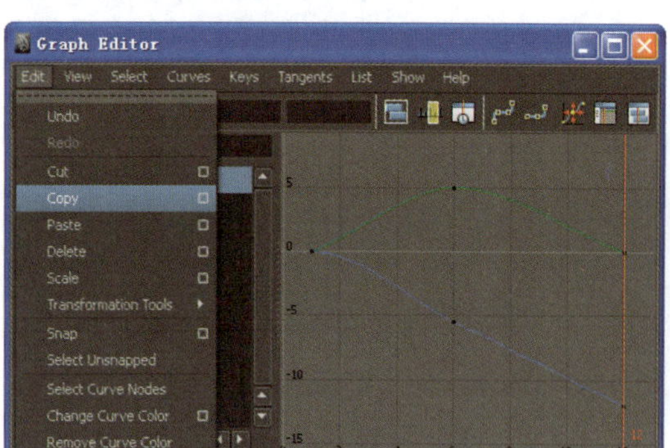

图12-98 执行Copy命令

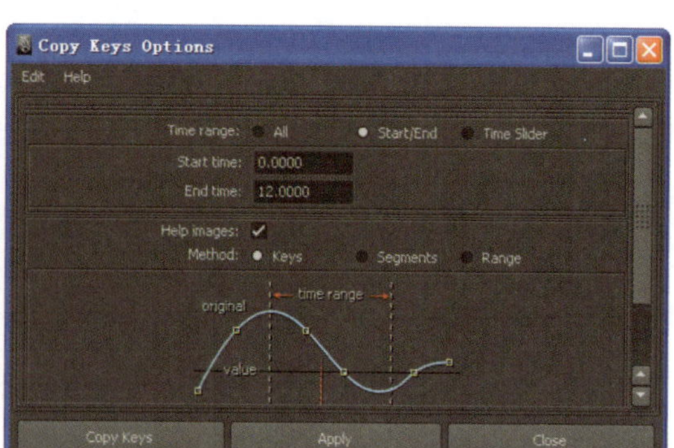

图12-99 设置复制属性参数

提示

在对动画曲线进行复制时，通常采用Copy keys Options面板中的segments方式进行复制，因为它可以复制任意一段动画曲线，而不考虑该曲线在复制范围两端点没有关键帧，在复制过程中两端点会自动添加关键帧。

03 单击Edit（编辑）| Paste（粘贴）右侧的□按钮，在弹出的面板中选择Start /End单选按钮，并且设置Start time值为12，End time值为48，Copies值为3，如图12-100所示。

04 单击Apply按钮，即可一次性对设定范围内的曲线进行3次粘贴，即表示物体会在循环运动到第48帧处停止，如图12-101所示。

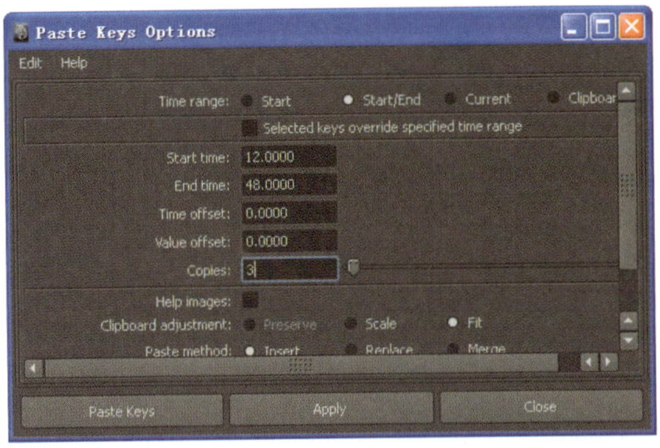

图12-100 设置粘贴属性参数

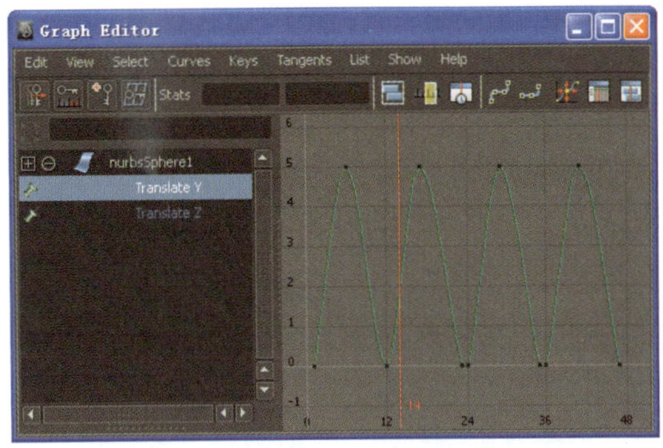

图12-101 曲线的粘贴效果

Copy Keys参数简介

◆ Time range（时间范围）：用于控制所要复制曲线的时间范围，分为All、Star/End和Time Slider 3种。

All：用于控制复制该属性上的整段动画曲线，默认为选中该选项。

Star/End：用于自定义曲线的复制范围。

Time Slider：表示按照时间轴的播放范围进行复制。

◆ Start time（起始时间）：用于设置复制曲线的起始时间。

◆ End time（结束时间）：用于设置复制曲线的结束时间。

◆ Help images（帮助图片）：表示复制曲线的图片显示，该选项配合Method使用，多为初学者使用。

◆ Method（复制方式）：用于控制曲线复制的方式，包括Keys、Segments和Range 3种，默认选中Keys单选按钮。

Keys：用来复制设定范围内关键帧之间的动画曲线部分。开启Help Images复选框，预览曲线的复制效果，如图12-102所示。

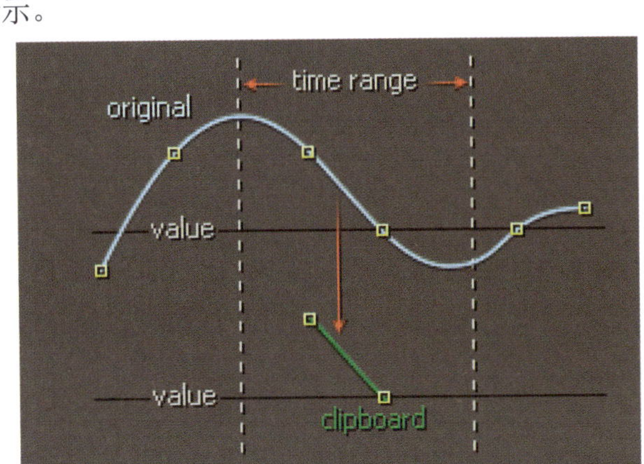

图12-102 复制关键帧之间的曲线

Segments：用来复制设定范围内的动画曲线段，即使在设置范围端点处没有关键帧，在复制过程中也会在两端点处自动添加关键帧，如图12-103所示。

Range：该属性与Segments类似，都是对设定范围内的曲线进行复制，但是在复制后不会在范围端点处添加关键帧，容易与原曲线混合，如图12-104所示。

Paste Keys参数简介

下面对Paste Keys Options属性面板中的常用参数进行说明。

◆ Time range（时间范围）

用于设置粘贴曲线的范围，包括Start、Start/End、Current和Clipboard 4种范围。

Start：用于控制从第几帧开始粘贴事先复制好的曲线。

Start/End：用于设置粘贴曲线的范围，超过设定范围的将无法显示粘贴效果。

Current：表示以当前时间滑块所在的帧作为粘贴的起始端。

Clipboard：用于控制将曲线的时间范围作为粘贴曲线的时间范围。

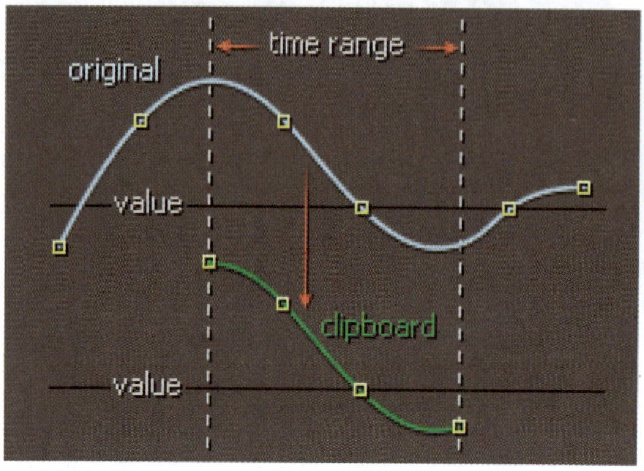

图12-103 复制设定范围内的曲线段

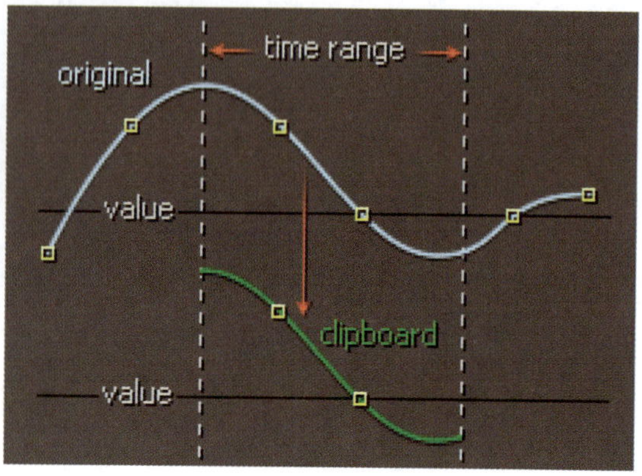

图12-104 复制设定范围内的曲线

◆ Start time（起始时间）

用于设置粘贴曲线时间范围的起始端。

◆ End time（结束时间）

用于设置粘贴曲线时间范围的结束端。

◆ Time offset（时间偏移）

在对曲线进行多次粘贴时，会产生复制时的时间偏移，默认值为0。

◆ Value offset（数值偏移）

在进行多次复制时，曲线的数值会产生偏移，默认值为0。

◆ Copies（粘贴次数）

表示连续粘贴的次数，默认值为1。

◆ Help Images（帮助图片）

其作用与复制曲线命令的Help Images属性相同，配合Past method属性使用。

◆ Clipboard adjustment（粘贴调整）

用于对粘贴曲线进行参数设置，包括Preserve（保护）、Scale（缩放）和Fit（适合）3种调整方式。

◆ Past method（粘贴方式）

用于控制曲线粘贴的方式，包括Insert（插入）、Replace（替换）和Merge（合并）3种方式。

Insert：表示将复制曲线以插入的方式粘贴到目标曲线上，并且部分目标曲线会向后延迟，如图12-105所示。

Replace：用于将复制的曲线完全覆盖到指定粘贴范围内的目标曲线上，但只有在开启Start /End复选框后才可以被使用，如图12-106所示。

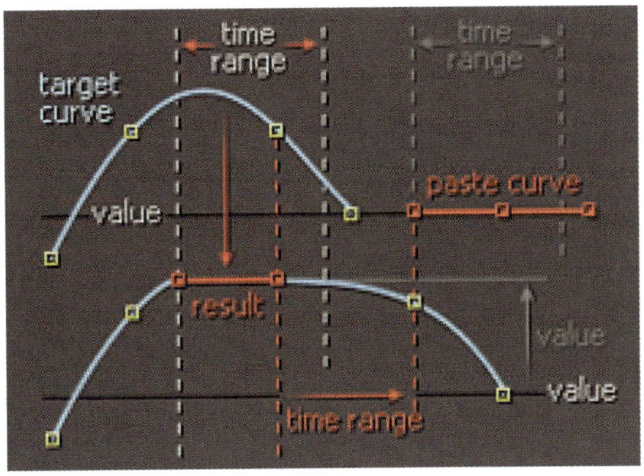

图12-105 插入复制曲线

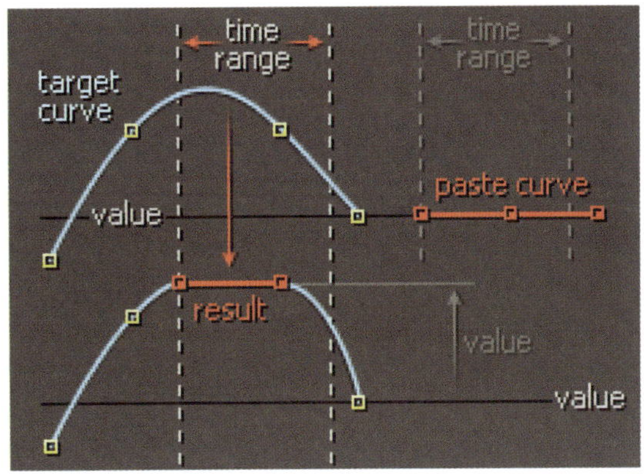

图12-106 替换复制曲线

Merge：用于将复制的曲线与指定粘贴范围内的目标曲线进行合并，如图12-107所示。

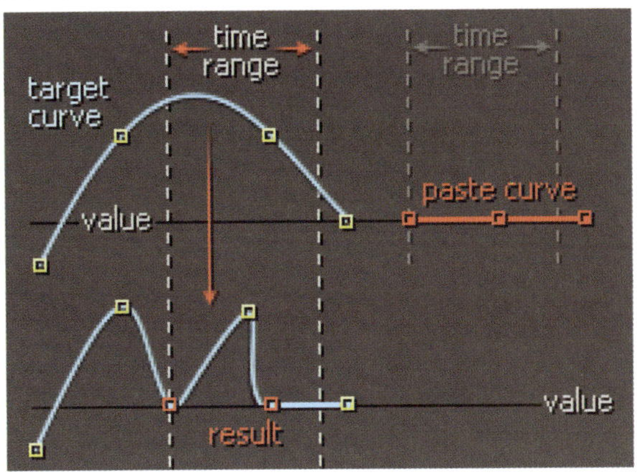

图12-107 合并曲线

◆ Connect（连接）

用于调整复制的曲线数值，使其在粘贴的始端保持数值连续，默认为启用。

12.6 动画预览

通过前面对Maya自动插入中间帧原理的了解，在复杂场景中有多个角色同时运动时，Maya在实时播放预览过程中，会由于计算量过于繁重而导致卡帧现象，很难使用户检测到最终输出的真实动作，对此我们可以使用Maya提供的Play blast（样品播放测试）工具。

通常单击动画控制区中的▶按钮，对场景中的动画进行实时解算播放，而Playblast工具则是先集中计算出样品，再调用播放器进行播放。Playbast输出的样片被直接生成为AVI格式，与最终动画成品不同的是它不会渲染灯光，只是利用Maya工作环境中的默认灯光进行简单渲染，因而渲染速度比较快。

课堂练习105：创建预览动画

01 继续使用前面制作的小球弹跳动画，在时间轴上的任意一帧处右击，在弹出的菜单中单击Playblast右侧的□按钮，如图12-108所示。

02 打开播放预览属性设置面板，在这里用户可以设置输出预览动画的属性参数，如图12-109所示。

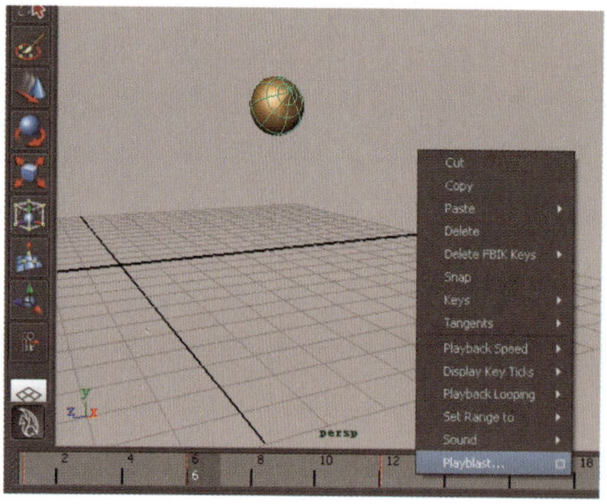

图12-108 执行Playblast命令

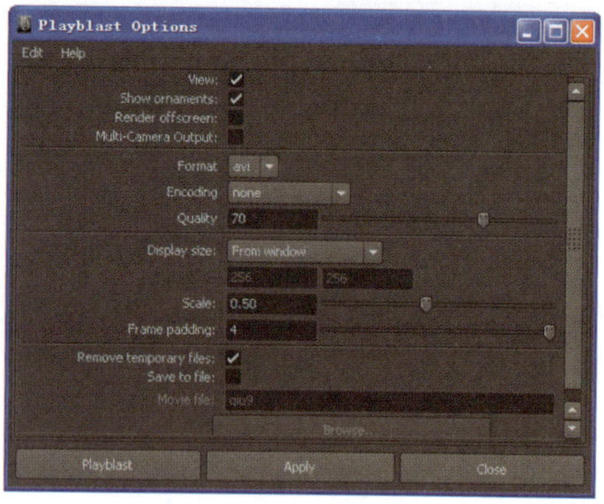

图12-109 播放预览属性面板

03 这里使用默认设置，单击Playblast按钮，执行动画预览操作，此时会生成一个AVi格式的播放样片，如图12-110所示。

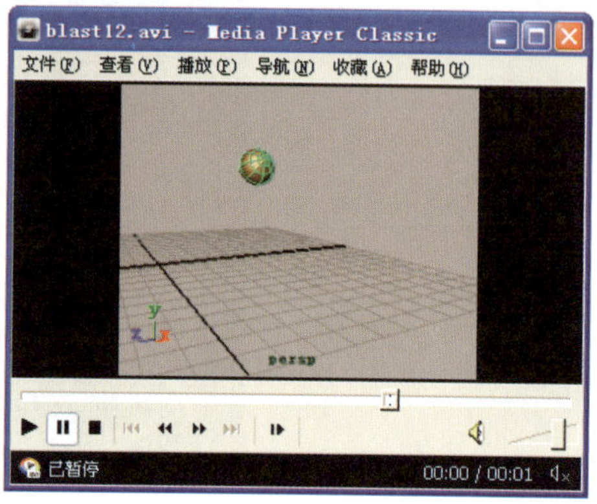

图12-110 输出的动画样片

参数简介

在对动画片段进行预览之前，我们可以事先对播放预览工具的属性进行设置，以改变动画预览的效果。

◆ View（预览）

用于设置动画预览的方式，包括Movie Player和Image Viewer两种。

Movie Player

表示生成样片之后，Maya会自动调出播放器播放动画。

Image Viewer

表示生成的是序列图片。

◆ Display size（显示尺寸）

用于控制样片显示的尺寸大小，含有3个选项，其中From Window是指使用操作对话框的大小；From Render Settings是使用渲染设置中的大小；选择Custom表示可以在下面的输入框中自定义大小。

◆ Scale（比例）

用来控制样片尺寸大小，默认值为0.5，最大值为1，两者的区别在于速度和样片分辨率大小。

◆ Save to File（保存到文件）

若启用该复选框，下面的保存选项就会被激活。默认为禁用，即生成的样片不被保存。

课堂练习106：创建重影动画

使用Maya的Ghosting（重影）功能，可以显示当前帧或以后某些帧的动画对象，而Ghost指的是显示当前时间以外的某一时间点的角色影像。

01 继续使用前面制作的小球沿x轴方向上下跳动的弧线动画，选中动画中的小球，如图12-111所示。

02 单击Animation命令菜单，在打开的菜单列表中单击Ghost Selected命令，如图12-112所示。

图12-111 选择动画物体

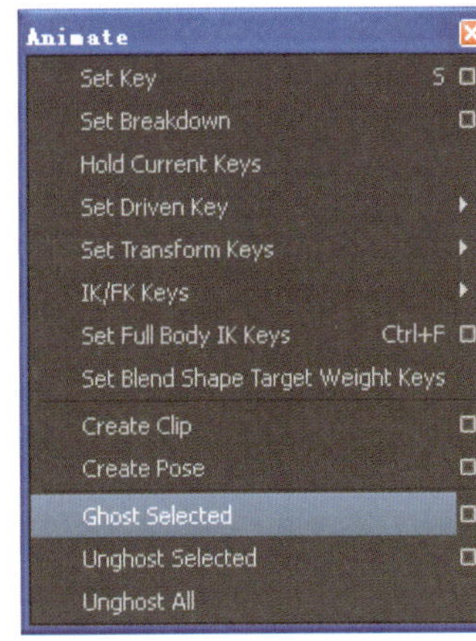

图12-112 选择重影命令

03 在打开的Ghost Options属性面板中，启用Type of ghosting属性列表框中的Custom frame steps选项，并设置Steps before /after current frame值分别为8和1，Step size值为1，如图12-113所示。

04 播放动画，观察小球的动画重影效果，如图12-114所示。

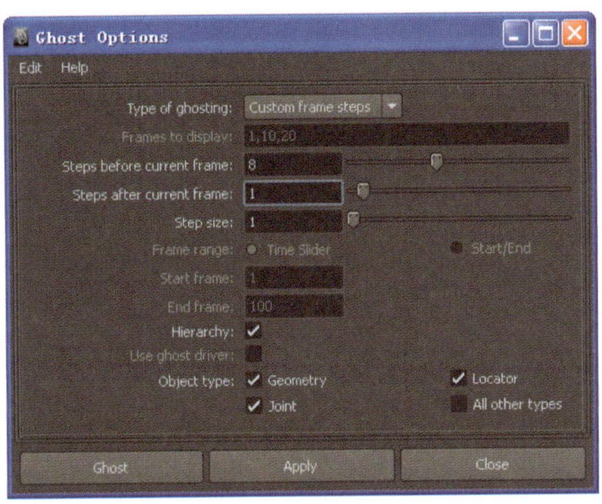

图12-113 设置重影属性参数

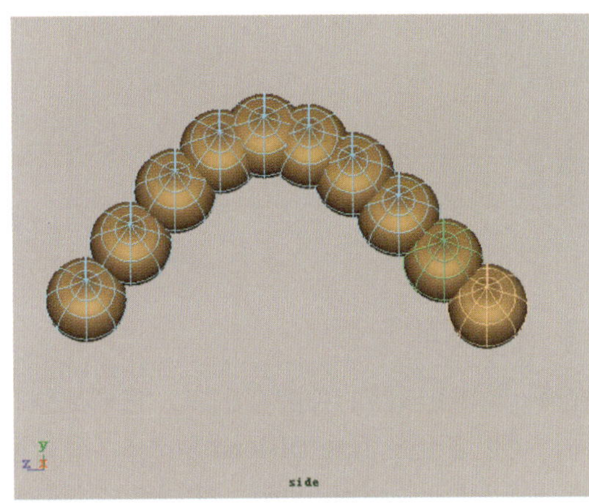

图12-114 最终的重影效果

05 若要关闭所选择对象的重影，可以选择动画对象，执行Animate（动画）| Unghost Selected（取消重影选择）命令即可。

第13章　变形技术

13.1　变形的基础知识

13.1.1 变形的概念

变形是指物体的形状发生变化，即物体的不同部分发生变化，它可以通过各种变形器和骨骼蒙皮来实现，如图13-1和图13-2所示的变形效果。

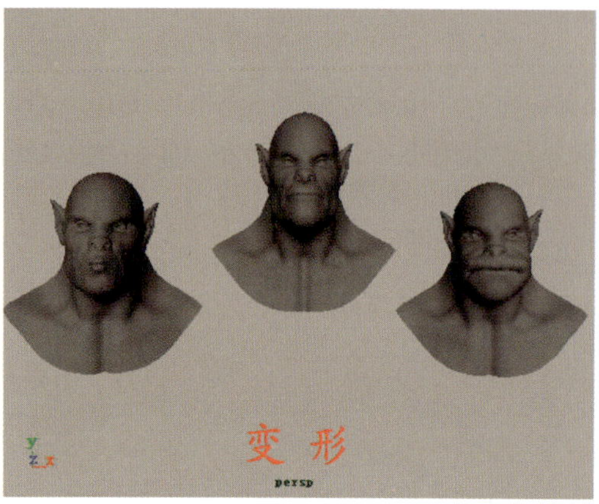

图13-1 变形1

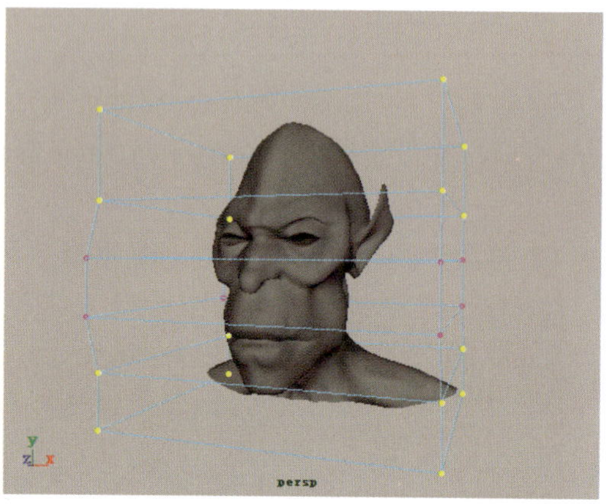

图13-2 变形2

13.1.2 变形器的分类

在Maya中变形器的种类有很多，它们的强大功能极大地提高了我们的工作效率。根据变形效果的不同，可以将变形器分为Blend Shape（融合变形）、Lattice（晶格变形）、Warp（包裹变形）、Cluster（簇变形）、Nonlinear（非线性变形）、Sculpt（雕塑变形）、Wire（线性变形）和Wrinkle（褶皱变形）等类型。

13.2　融合变形

13.2.1 创建融合变形

创建Blend Shape（融合变形）时，至少需要两个结构相似、形状不同的物体。使用融合变形可以产生从一个形状到另一个形状的过渡效果。下面通过制作人头模型的面部表情动画，来详细介绍融合变形技术。

课堂练习107：创建融合变形

01 打开场景文件，并依次选择不同形状的目标体，最后选择制作变形效果的变形体，如图13-3所示。

02 执行Create Deformers（创建变形）| Blend Shape（融合变形）命令，在弹出的融合变形面板中设置相关属性，如图13-4所示。

03 单击Create或Apply按钮，即可创建变形效果。

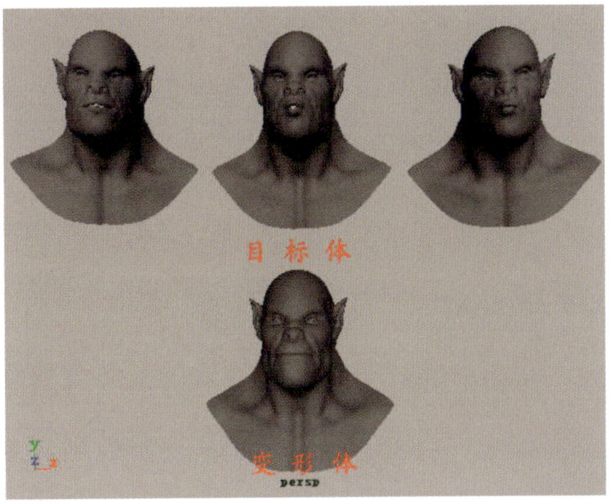

图13-3 场景文件

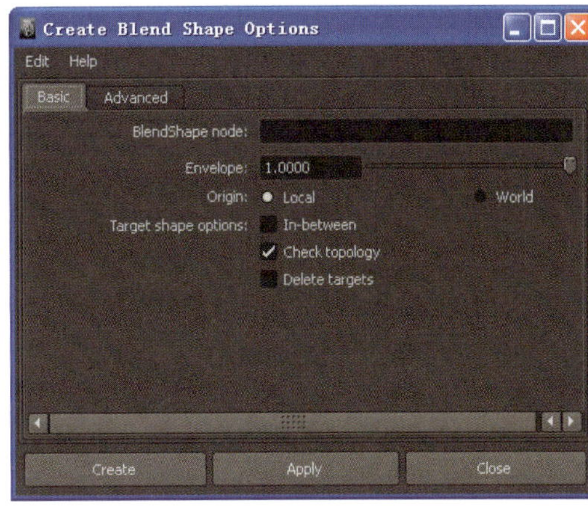

图13-4 融合变形面板

提示：在Maya中，将变形模型称为目标物体，将原始模型称为变形体。先选择目标物体，再选择变形体，然后执行Create Deformers（创建变形）| Blend Shape（融合变形）命令，即可制作融合变形效果。

参数简介

在Create Blend Shape Options面板中，切换到Basic选项卡，下面讲解该选项卡中的相关属性。

◆ Blend Shape node（融合变形节点）

在该选项的输入框中可以为创建的融合变形器命名，默认按创建顺序命名。

◆ Envelope（系数）

该选项控制变形系数，默认值是1。

◆ Origin（原点）

该参数控制在制作融合变形时，是否考虑变形体和目标物体模型的空间位置差异。

◆ Target shape options（目标形状选项）

该选项下面有3个复选框，其中In-between复选框决定变形方式是平行变形还是系列变形；Check topology复选框用来检查基础物体和变形物体的拓扑结构线是否相同；Delete targets复选框决定是否在变形后删除目标物体。

13.2.2 融合变形编辑器

课堂练习108：面部表情

01 选择场景文件，执行Window（窗口）| Animation Editors（动画编辑器）| Blend Shape（融合变形）命令，打开融合变形编辑器，并设置相关属性，如图13-5所示。

02 调整参数，可以观察变形体发生变化，如图13-6所示。

参数简介

下面介绍Blend Shape编辑窗口中各按钮的含义。

◆ Delete（删除融合变形）

单击该按钮，可以在编辑窗口中删除刚创建的变形节点，所有的变形效果都消失，如图13-7所示。

◆ Add Base（添加并烘焙目标物体）

使用该工具可以将调整出的变形效果进行烘焙，并将其作为新的目标物体添加到变形中，如图13-8所示。

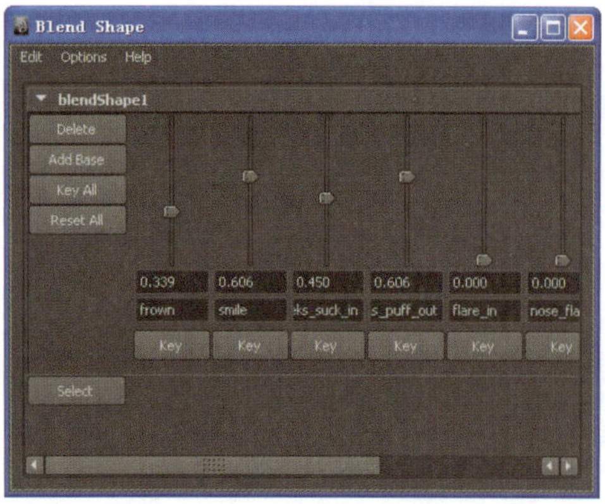

图13-5 融合变形编辑器

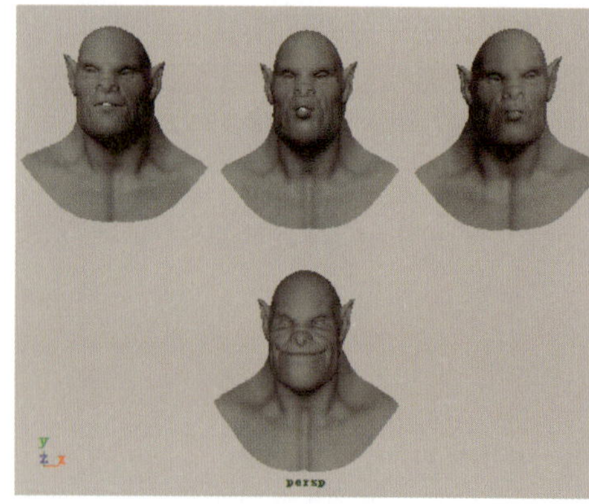

图13-6 融合变形效果

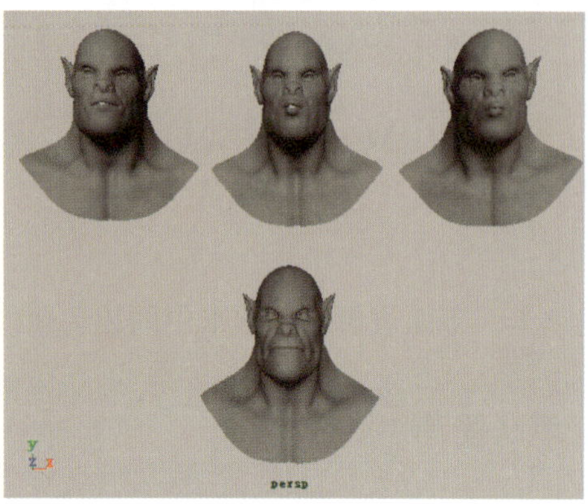

图13-7 删除融合变形

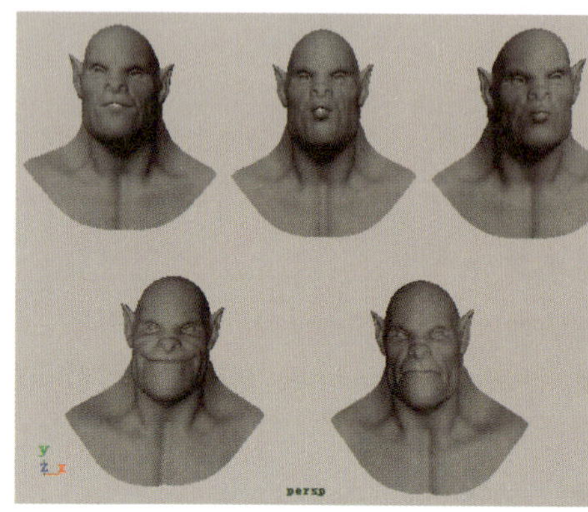

图13-8 添加烘焙到目标物体

◆ Key All（为所有变形创建关键帧）

在创建表情动画时，使用该按钮可以为所有变形创建关键帧。另外，在每个滑块的下方都有一个Key按钮，单击这些按钮只对其中的一个变形效果创建关键帧。

◆ Reset All（重置所有变形）

单击该按钮可以将所有滑块的幅度值变为0。

◆ Select（选择）

单击该按钮，可以在时间轨上显示融合变形的动画关键帧。在默认情况下，创建融合动画后，时间轨上不会显示关键帧。

此外，我们还可以横向排列编辑面板，在编辑面板的菜单中执行Options（选项）| Orientation（方向）| Horizontal（水平）命令后，选项的排列方式将发生改变，如图13-9所示。

13.2.3 添加或删除目标体

在制作表情动画或其他混合动画的过程中，可能会遇到目标物体不够的情况，这时就需要添加新的目标物体。下面我们来学习它的操作方法。

执行Create Deformers（创建变形）| Blend Shape（融合变形）| Add（添加）命令，可以为一个应用BlendShape的变形体加入新的目标体。

课堂练习109：添加目标体

01 在场景中复制出一个变形体，并对其形状进行编辑，如图13-10所示。

02 选中复制出的目标物体，再加选变形体，执行Edit Deformers（编辑变形）| Blend Shape

（融合变形）｜Add（添加）命令，在弹出的添加目标变形物体面板中设置参数，如图13-11所示。

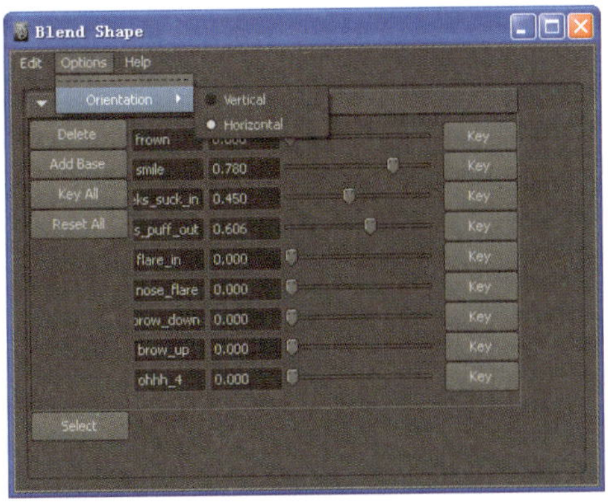

图13-9 Horizontal排列

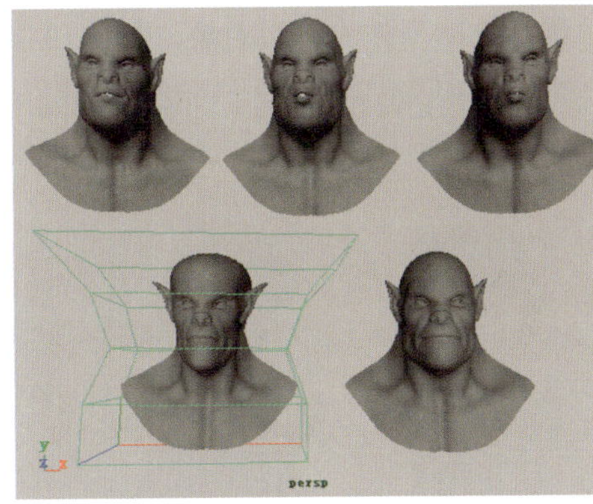

图13-10 编辑后的变形体

03 单击Apply或Apply and Close按钮，即可添加新的目标体，如图13-12所示。

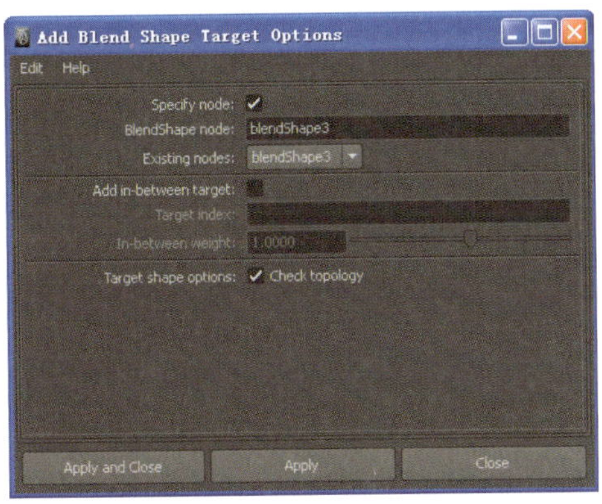

图13-11 添加目标体

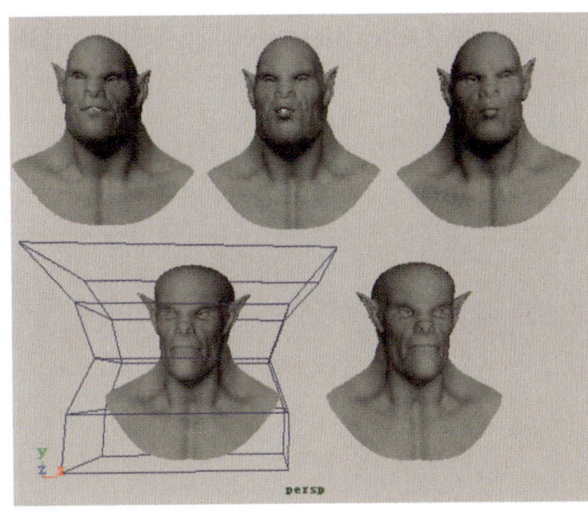

图13-12 新添加的目标体

参数简介

◆ Specify node（指定节点）

该复选框默认情况下是禁用的。要添加新的混合变形需要启用该复选框。

◆ Blend Shape node（混合形状节点）

在这里输入要加入混合变形器的名称，可以在Existing nodes（现有的变形器节点）下拉列表中选择要加入的变形器。

◆ Target shape option（目标形状选项）

该选项和混合变形器设置面板中同名称选项的含义相同，启用该选项后面的Check topology复选框，可以检查基础物体和变形物体的拓扑结构线是否相同。

提示：删除目标物体的操作与添加目标物体类似。在场景中先选择要删除的目标物体，再选择基本物体，然后在菜单栏中执行Edit Deformers（编辑变形）｜Blend Shape（融合变形）｜Remove（移除）命令即可。

13.3 晶格变形

13.3.1 创建晶格变形

Lattice（晶格变形）使用立方体框架结构的点阵来改变物体的形状，如图13-13所示。

课堂练习110：创建晶格变形

01 选择场景模型作为编辑对象，如图13-14所示。

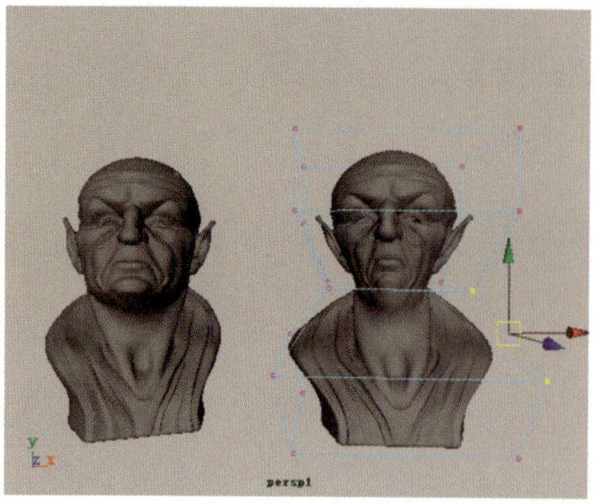

图13-13 晶格变形效果

图13-14 选择场景模型

02 执行Create Deformers（创建变形）| Blend Shape（融合变形）命令，打开晶格变形面板框，如图13-15所示。

03 单击Create或Apply按钮，即可为物体创建晶格变形器，如图13-16所示。

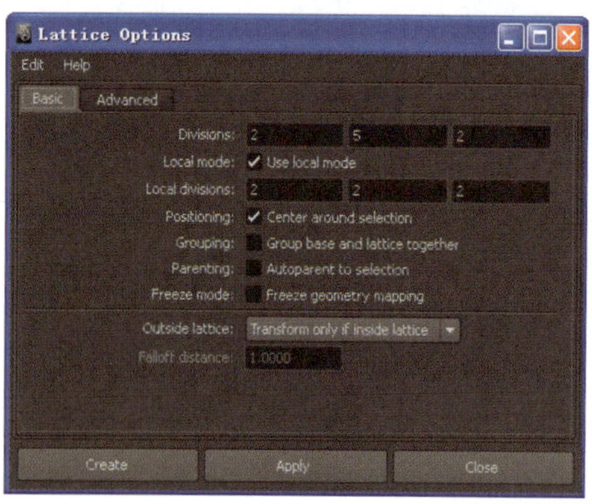

图13-15 晶格变形面板

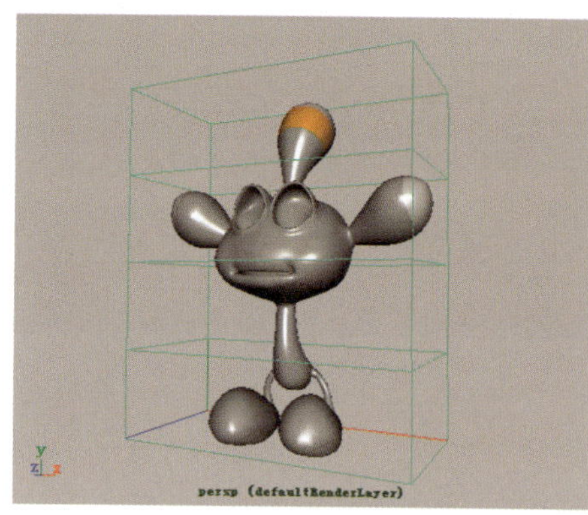

图13-16 创建晶格变形

参数简介

在Lattice Options面板中，切换到Basic选项卡，下面讲解该选项卡中的相关属性。

◆ Divisions（细分）

主要用来设置晶格在三维空间的分段数目，后面的3个值分别对应物体*X*、*Y*和*Z* 3个轴向上的晶格分段。

◆ Local mode（局部模式）

设置每个晶格点可以影响到的模型变形范围，启用Use local mode复选框，可以在Local divisions选项中为每个顶点设置影响的空间范围；如果禁用Use local mode复选框，则晶格上任意一点的移动都会对整个模型产生影响，如图13-17所示。

◆ Local divisions（局部细分）

该选项可以精确设置晶格上单个顶点对模型的影响范围，值越大，影响的范围就越大。

◆ Positioning（定位）

默认情况下Center around selection复选框被启用，表示只对晶格所包围的模型部分的变形有效。

◆ Grouping（群组）

控制是否将影响晶格和基础晶格进行群组。

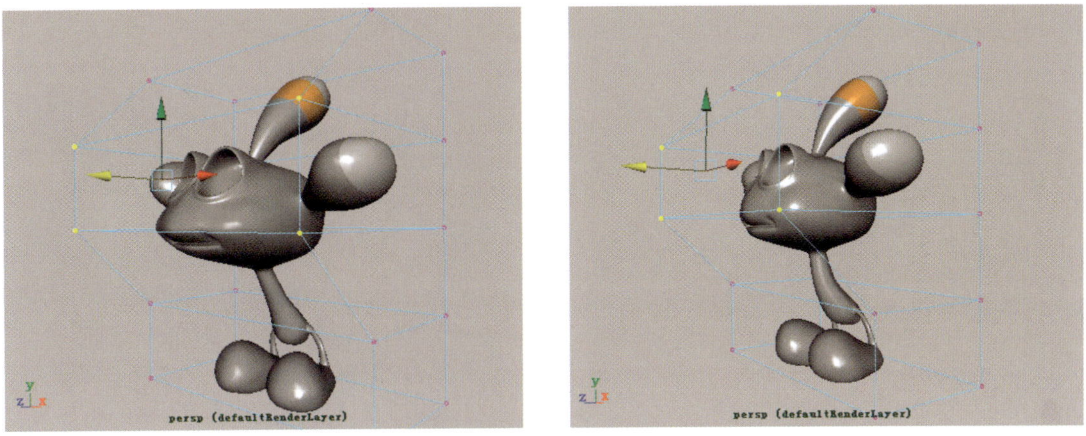

图13-17 启用Use local mode和禁用Use local mode的效果

◆ Parenting（设父物体）

该参数设置是否将晶格设为变形物体的子物体。如果设置，晶格和变形物体会一起移动、旋转或缩放。

◆ Freeze mode（冻结模式）

设置是否要冻结晶格变形映射。

提示：在创建晶格后，如果想对晶格的分段重新调整，首先要进入晶格的物体编辑状态，然后在属性通道栏的SHAPES选项下进行修改。

13.3.2 晶格变形的编辑

课堂练习111：卡通模型的变形

01 选择卡通模型上的晶格并单击鼠标右键，弹出一个快捷菜单，如图13-18所示。

02 在右键菜单中选中Lattice Point（晶格点），或选中晶格后按F8键切换到组元选择模式，如图13-19所示。

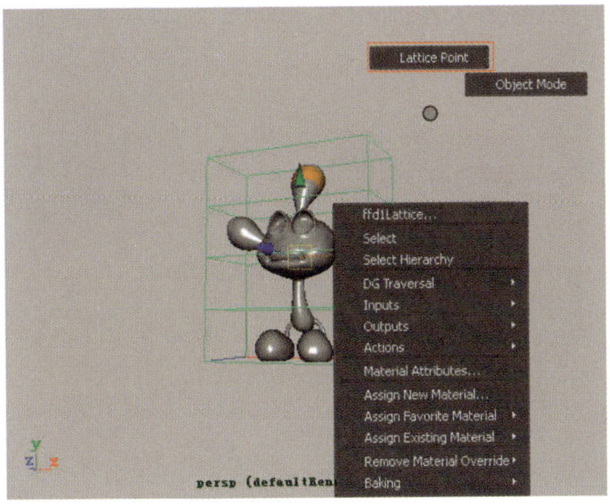

图13-18 快捷菜单

图13-19 切换到晶格点

03 选择晶格点，并对其进行移动、旋转、缩放等操作，使物体发生变形，如图13-20所示。

04 按F8键进入组元编辑模式，执行Edit（编辑）| Delete All by Type（通过类型删除全部）| History（历史）命令，即可删除晶格，如图13-21所示。

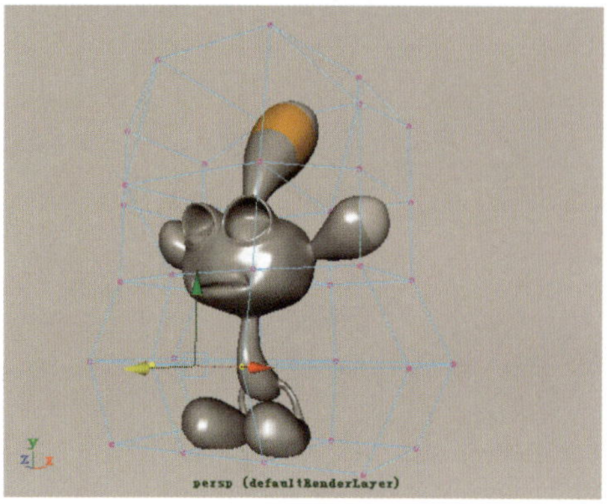

图13-20 编辑晶格点

图13-21 删除晶格点

参数简介

◆ S Divisions（s轴分段数）

在变形晶格结构中设置s轴的分段数，默认值为2。

◆ T Divisions（s轴分段数）

在变形晶格结构中设置t轴的分段数，默认值为5。

◆ U Divisions（s轴分段数）

在变形晶格结构中设置u轴的分段数，默认值为2。

13.4 包裹变形

13.4.1 创建包裹变形

Warp（包裹变形）适用于NURBS物体或多变形物体，可以控制可变性物体的形状。在Maya中执行Create Deformers（创建变形）| Warp（包裹变形）命令，即可为物体创建包裹变形。

课堂练习112：头部变形

01 打开场景文件，将其作为变形的对象，如图13-22所示。

02 再创建一个NURBS球体，作为包裹变形物体，调整其大小及位置，如图13-23所示。

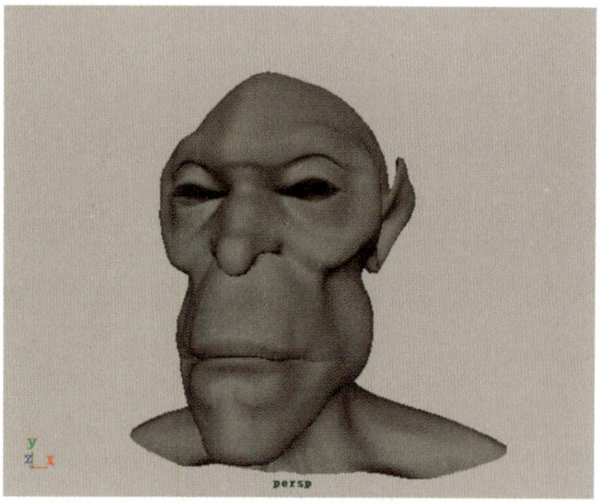

图13-22 变形对象

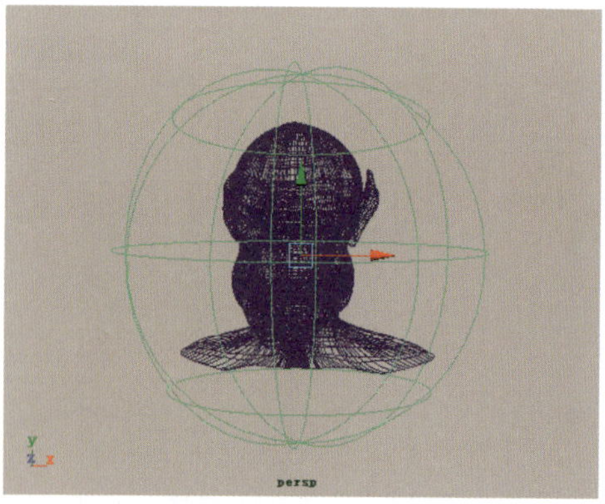

图13-23 创建包裹变形球体

03 在Outline窗口中，先选择人头模型，再选择球体，执行Create Deformers（创建变形）| Warp（包裹变形）命令，打开包裹变形属性面板，设置Max distance为10，如图13-24所示。

04 在视图中单击鼠标右键，弹出右键菜单，切换到组元编辑模式，如图13-25所示。

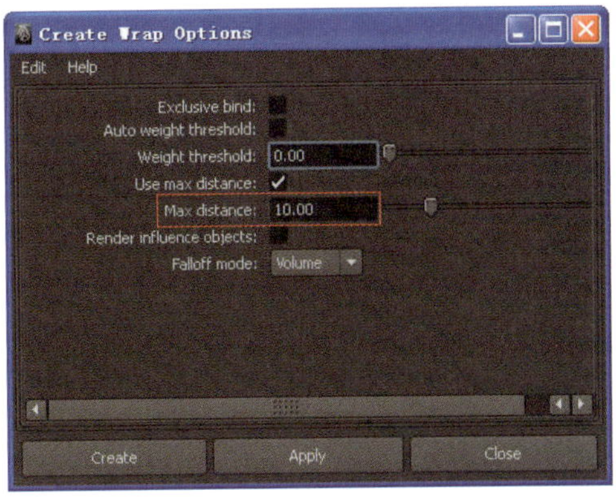

图13-24 包裹变形选项面板

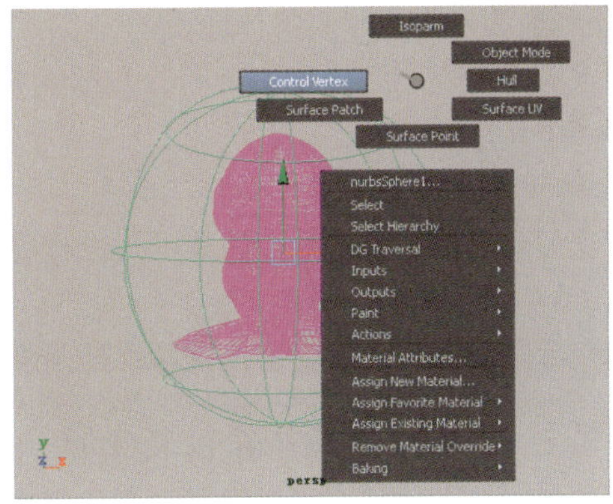

图13-25 切换到CV点

05 选择并移动球体的CV点，来控制模型的形状，如图13-26所示。

06 调整后的模型效果如图13-27所示。

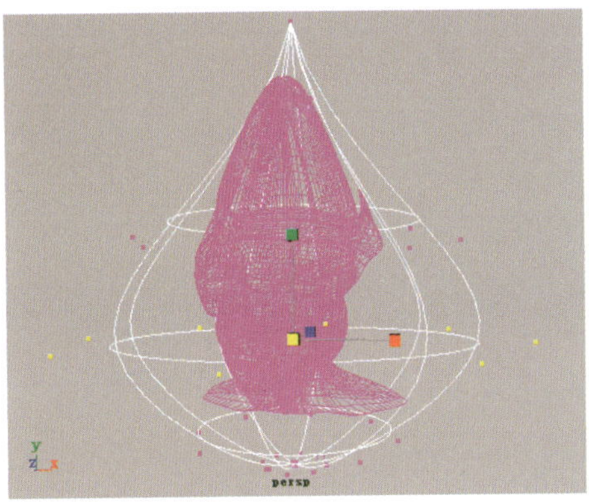

图13-26 编辑CV点

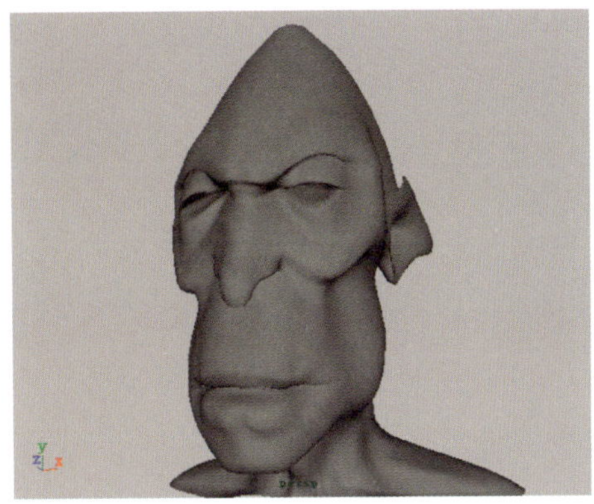

图13-27 调整后的效果

参数简介

下面介绍包裹变形属性的参数。

◆ Weight threshold（权重阈值）

基于变形对象与包裹影响物体形状的接近程度，设置包裹影响物体形状的影响系数。改变Weight threshold值可以改变整个变形物体的平滑效果。

◆ Use Max distance（使用最大距离）

设置是否使用最大距离。

◆ Max distance（最大距离）

设置包裹影响物体点的最大影响距离。

13.4.2 编辑包裹变形影响效果

1. 编辑NURBS包裹影响物体通道

使用NURBS物体作为Warp变形器的影响物体时，会添加两个新属性：Dropoff和Warp Sampler。

◆ Dropoff（衰减）

该属性用来控制Warp变形影响力的衰减速度，值越大，Warp影响力衰减速度越快，反之，Warp影响力衰减速度越慢。

◆ Warp Sampler（包裹采样）

设置包裹变形运算影响物体形状采样数。

2. 编辑多边形包裹影响物体通道

使用多边形物体作为Warp变形器的影响物体时，在多边形上会添加3个新属性：Dropoff、Smothness和Infl Type。

◆ Smothness（平滑度）

设置变形效果能精确地反应包裹变形的程度。

◆ Infl Type（影响方式）

设置变形是基于包裹影响物体的顶点还是面进行计算。

课堂练习113：添加或移除包裹变形

当创建包裹变形后，还可以添加更多的包裹影响物体。

01 选择包裹变形节点，并按Shift键加选要添加为包裹影响物体的物体，如图13-28所示。

02 执行Edit Deformers（编辑变形）| Warp（包裹）| Add Influence（添加影响）命令，编辑新添加的包裹影响物体，如图13-29所示。

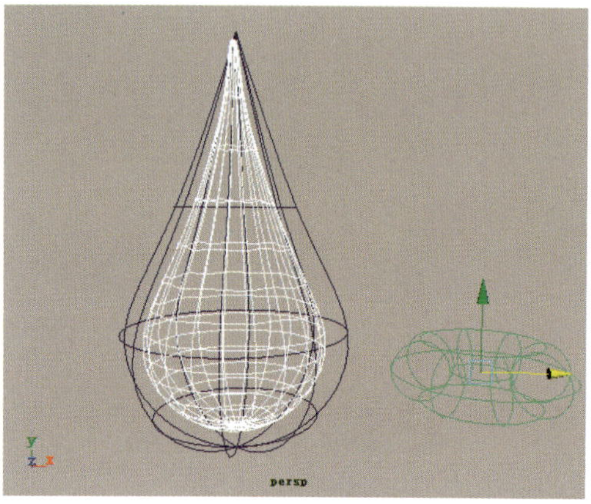

图13-28 选择物体

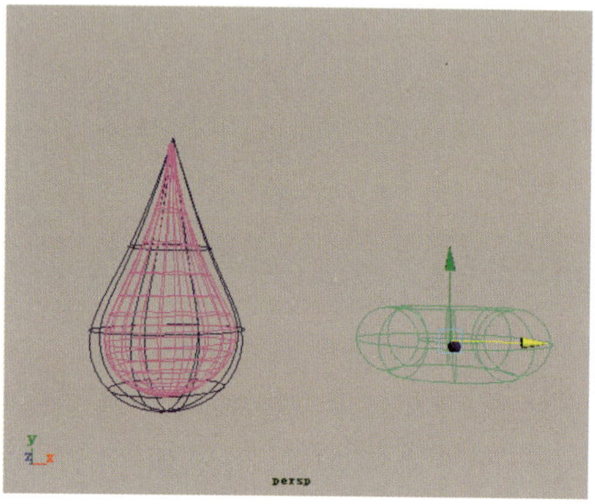

图13-29 添加包裹物体

提示：在包裹变形的编辑中，添加包裹影响物体和删除包裹影响物体的方法相似，这里就不再赘述了。

13.5 簇变形

13.5.1 创建簇变形

在创建簇变形之前必须进入模型的顶点编辑状态，直接在物体层级进行创建得不到任何变形效果。下面学习具体的创建方法及相关参数。

课堂练习114：编辑卡通模型

01 选择模型，切换到CV点编辑状态，使用选择工具选中一组CV点，如图13-30所示。

02 执行Create Deformers（创建变形）| Cluster（簇）命令，打开簇变形属性面板，设置相关属性，如图13-31所示。

03 可以看到，原来选择的一组点被一个C点所取代。C点即簇变形控制手柄，使用移动工具移动控制点，如图13-32所示。

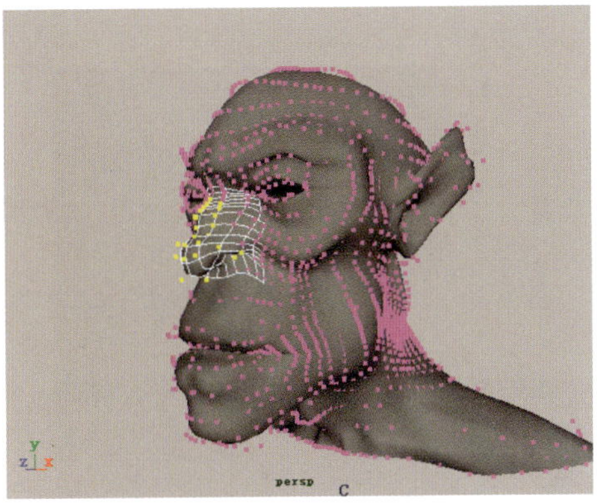

图13-30 选择模型上的顶点

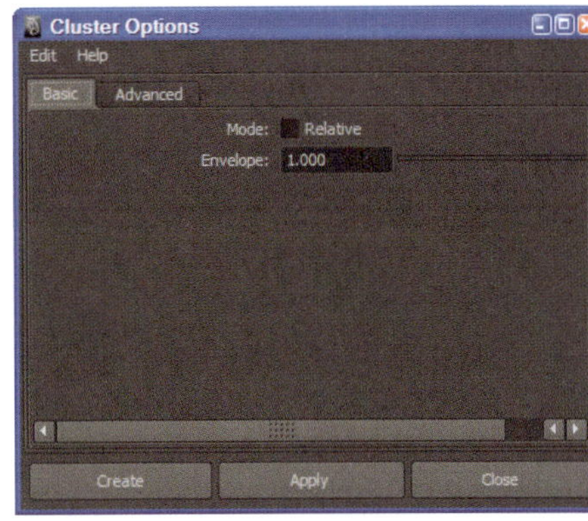

图13-31 簇属性设置面板

参数简介

下面介绍Cluster簇变形选项面板中的参数含义及设置。

◆ Mode（模式）

Relative（关系）复选框，该参数控制模型和簇变形器的相对性。

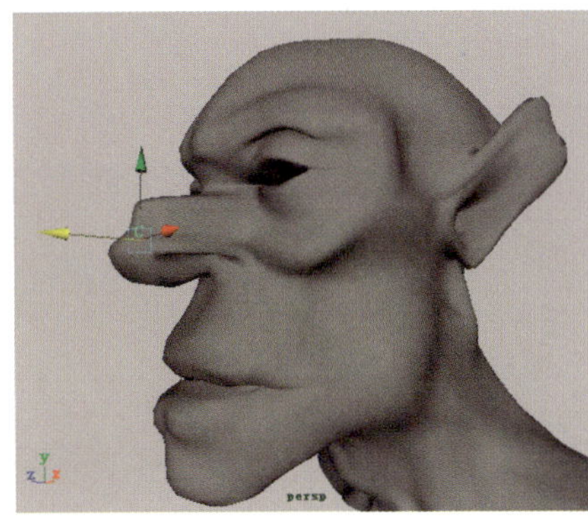

图13-32 移动簇变形控制点

13.5.2 簇的权重

首先，将拉伸后的模型切换到顶点编辑状态，如图13-33所示。在这里可以清楚地看到，选择的顶点会跟随簇移动到一个新的位置，中间的结构线被硬性拉伸，这样很容易造成变形的失败。调节簇的权重可以解决这一问题，通过对权重的编辑，可以使变形更加平缓和自然。

课堂练习115：曲面变形

01 按W键，移动簇变形控制手柄C点，如图13-34所示。

02 按Ctrl + Z键将模型恢复到变形之前，执行Edit Deformers（编辑变形）| Paint Cluster Weight Tools（绘制簇权重工具）命令，打开权重笔刷属性通道盒，如图13-35所示。

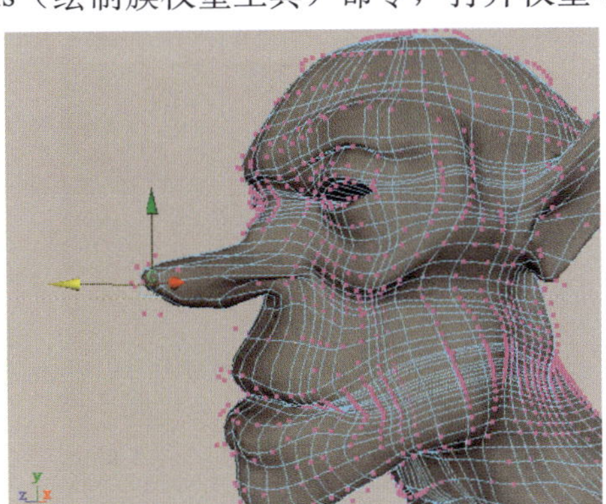

图13-33 簇变形后的效果

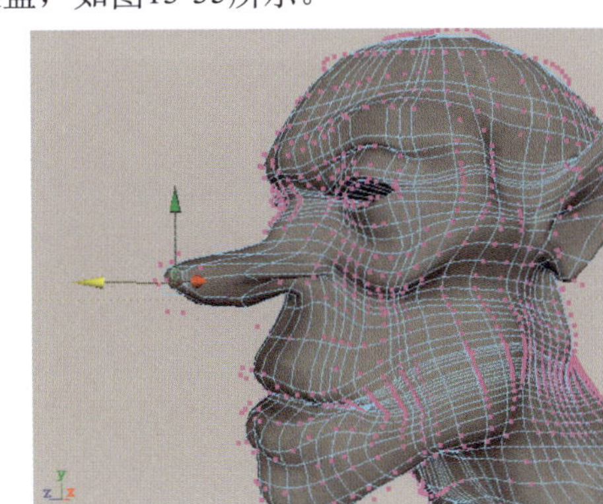

图13-34 移动簇控制点

03 绘制权重状态下的模型以黑白两色显示，白色区域表示权重值为1，即该区域的顶点完全受簇的影响；黑色部分表示权重值为0，完全不受簇的影响，如图13-36所示。

04 在笔刷绘制权重属性通道盒中，选择Soft（柔化）笔刷类型，在Paint operation后面选中

Replace单选按钮，将Value值设置为0.4，如图13-37所示。

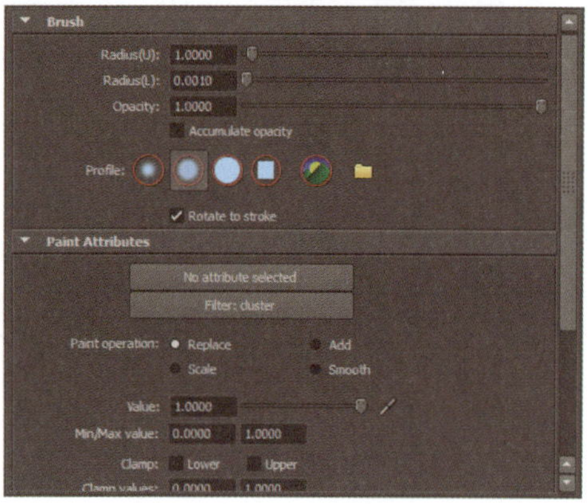

图13-35 笔刷属性通道盒

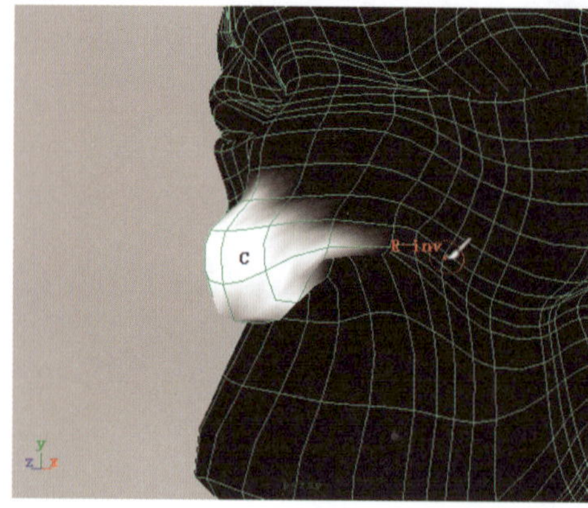

图13-36 绘制权重

05 回到场景中，适当调整笔刷半径大小，然后在模型鼻子的根部绘制一圈，如图13-38所示。

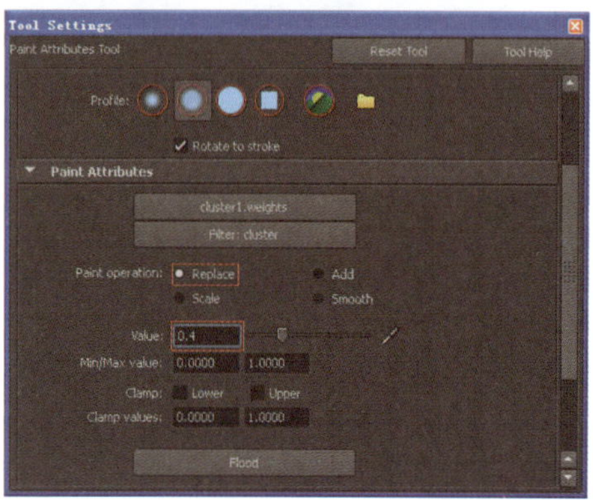

图13-37 参数设置

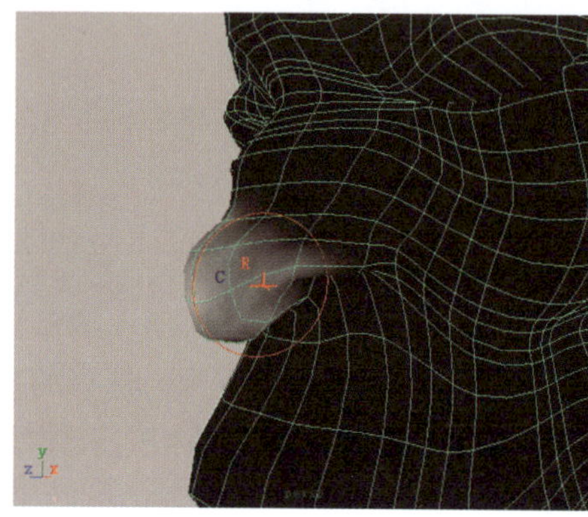

图13-38 绘制权重

06 绘制一圈后，将Value值设置为0.7，接着刚才绘制的区域再绘制一圈，使权重由重到轻进行过渡，如图13-39所示。

07 返回通道盒，在Paint operation后面选中Smooth单选按钮，然后在模型上使不同的权重值得到平滑过渡，如图13-40所示。

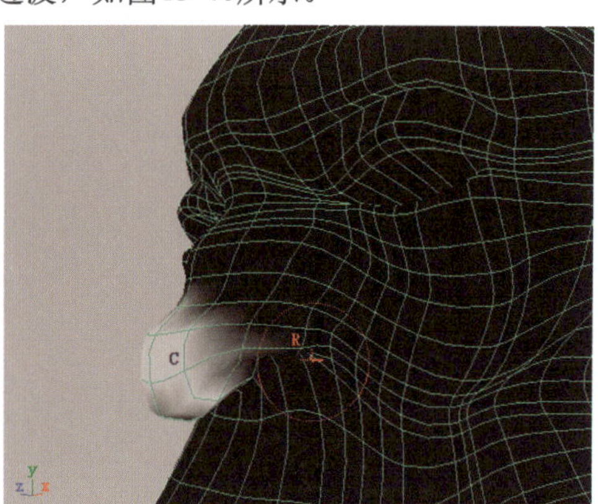

图13-39 调整笔刷值后绘制权重

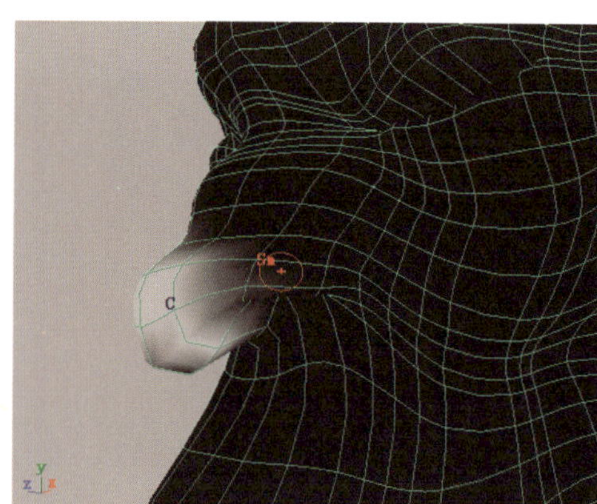

图13-40 平滑权重

08 按下键盘上的W键，切换到移动工具，选择簇变形控制手柄进行移动，观察效果，如图13-41。

09 切换到物体选择模式，如图13-42所示。

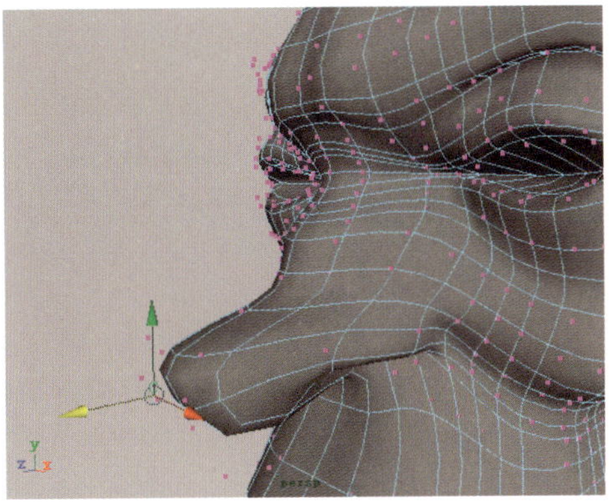

图13-41 移动控制手柄

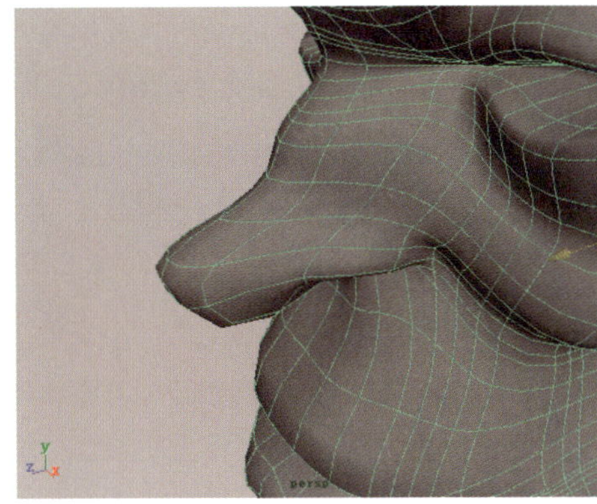

图13-42 变形效果

参数简介

对于簇权重的编辑，只需要掌握Brush和Paint Attribute两个卷展栏中的参数设置，下面我们对这些选项进行介绍。

1. Brush卷展栏

该卷展栏主要用来调整笔刷的半径大小。调整笔刷半径的快捷方式：在场景中按住B键的同时拖动鼠标左键即可。

◆ Radius（U）和Radius（L）

分别控制笔刷半径的最大值和最小值。

◆ Opacity（不透明）

显示笔刷痕迹的明暗程度，并不改变笔刷的力度。

◆ Profile（轮廓）

该选项后面有5种笔刷样式，从左至右依次为Gaussian（高斯）、Soft（柔化）、Solid（实心）、Square（方形）和File（文件）。选择不同的笔刷类型，可以绘制不同的权重效果，其中文件笔刷类型是指可以选择一个图片文件作为笔刷，Maya使用图片中的黑白信息作为笔刷的权重控制。

2. Paint Attribute卷展栏

该卷展栏下控制笔刷的具体绘制属性包括笔刷效果、笔刷权重，以及一些特殊的设置，下面分别向读者进行介绍。

◆ Filter（过滤）

按下该按钮，在弹出的列表中可以切换到其他变形器类型。

◆ Paint operation（笔刷效果）

该选项后面有4个单选按钮，Replace（替换）是用当前笔刷的Value值替换已有的权重值；Add（添加）是在已有的权重上添加新的Value值；Scale（缩放）是通过笔刷的权重参数缩放当前顶点的权重值；Smooth（平滑）可以平滑两个不同权重值之间的过渡。

◆ Value（值）

该项用来设置当前笔刷的权重值，范围是0～1。在该选项的后面有一个权重“吸管”工具，使用该工具，可以在绘制的模型上吸取任意一点的权重作为当前Value的值。

◆ Min/Max value（最大值和最小值）

可以控制当前权重的最大值和最小值，默认情况下笔刷的Value值只能是0～1，使用该选项可以突破这个范围，甚至设置成负值。

◆ Clamp（强制）

该选项后面分别有Lower和Upper两个复选框，它们可以将笔刷的权重强制在一个范围内。

◆ Flood（溢出）

单击该按钮，可以将当前笔刷的权重值应用到整个簇控制区。

技巧：在选择人体头模型等不规则模型上的顶点时，可以使用工具栏中的Paint Selection Tool（绘制选择工具）进行快速选择。

13.6 非线性变形

13.6.1 弯曲变形

Bend（弯曲）命令可以对一个模型进行弯曲处理，并可以设置弯曲的位置、角度、上限和下限等。下面通过一个简单的实例学习弯曲变形的具体操作方法。

课堂练习116：立方体弯曲

01 在Maya场景中创建一个多边形长方体，参数设置如图13-43所示。

02 选择多边形立方体，切换到动画模块，执行Create Deformers（创建变形）| Nonlinear（非线性）| Bend（弯曲）命令，弹出的选项设置面板如图13-44所示。

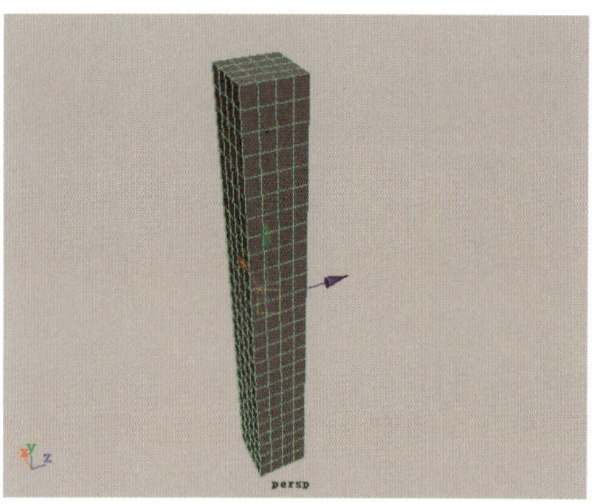

图13-43 创建长方体

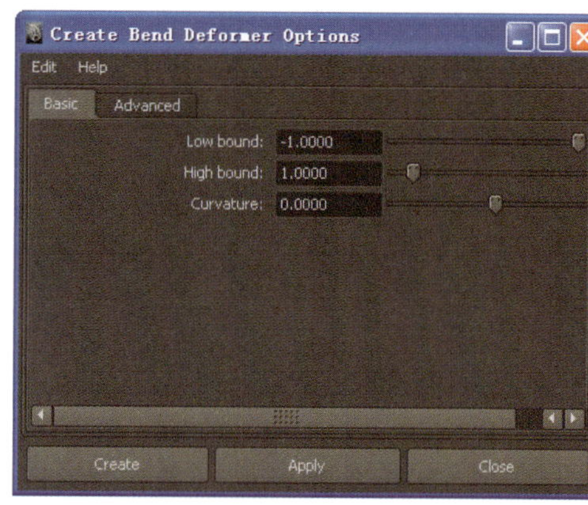

图13-44 弯曲变形面板

03 在弯曲变形属性面板中设置相关属性，长方体变形效果如图13-45所示。

04 还可以在创建弯曲变形器后，在属性栏中改变其参数设置，如图13-46所示。

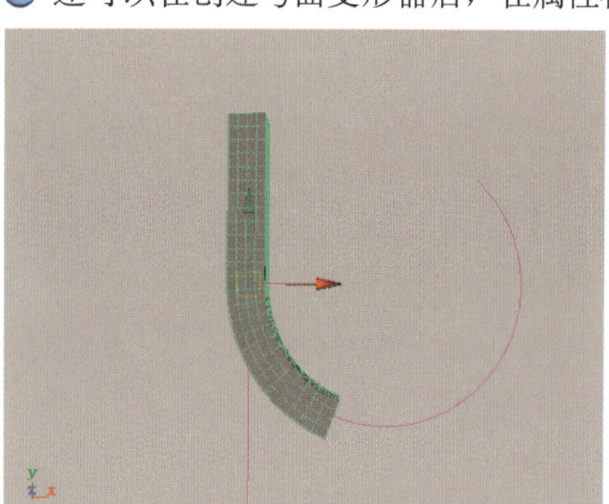

图13-45 弯曲变形效果

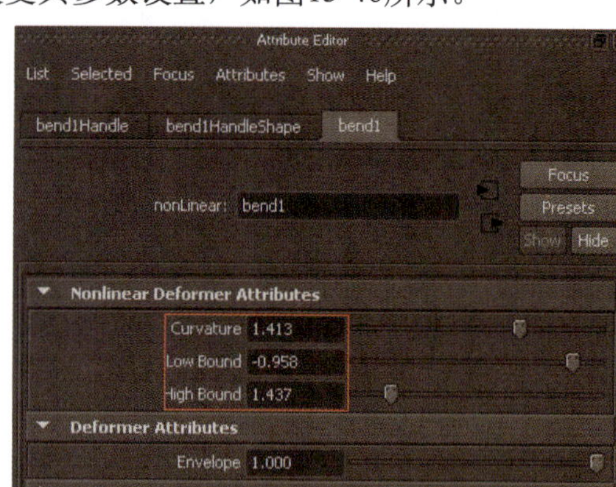

图13-46 设置Bend属性

05 编辑属性时可以观察到视图中多边形长方体发生的变化，如图13-47所示。

参数简介

下面讲解Bend选项面板中相关参数的含义及设置方法，按T键可以观察到Bend弯曲变形的控制手柄，该控制手柄有3个控制点，上下两个控制点可以垂直移动，控制弯曲的上限和下限。中间的控制点可以水平移动，控制弯曲的曲率，如图13-48所示。

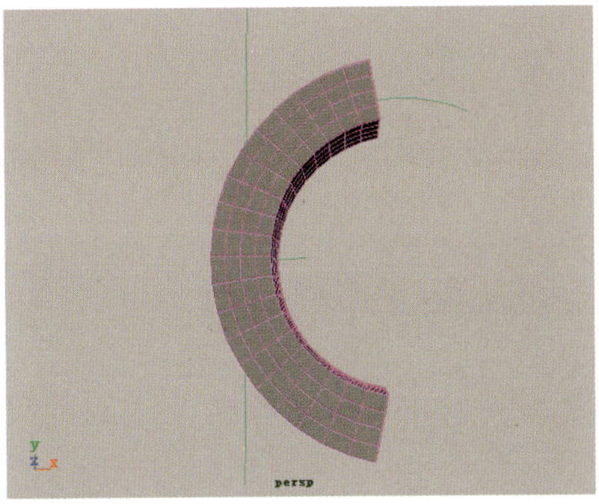

图13-47 变形效果

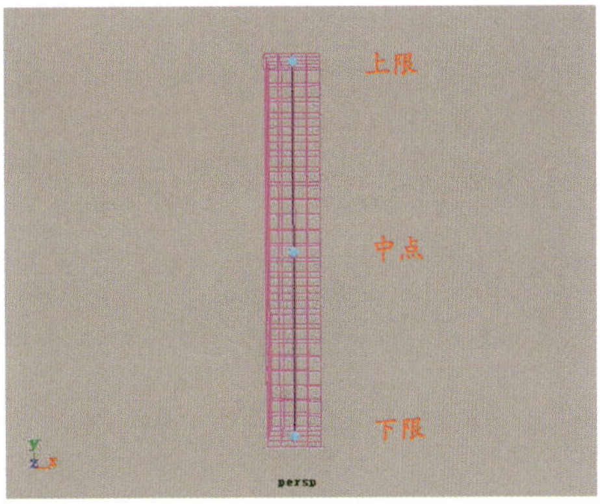

图13-48 Bend控制手柄

◆ Low bound（下限）

控制弯曲变形影响范围的下限，改变下限数值后的效果如图13-49所示。

◆ High bound（上限）

控制弯曲变形影响范围的上限，改变上限数值后的效果如图13-50所示。

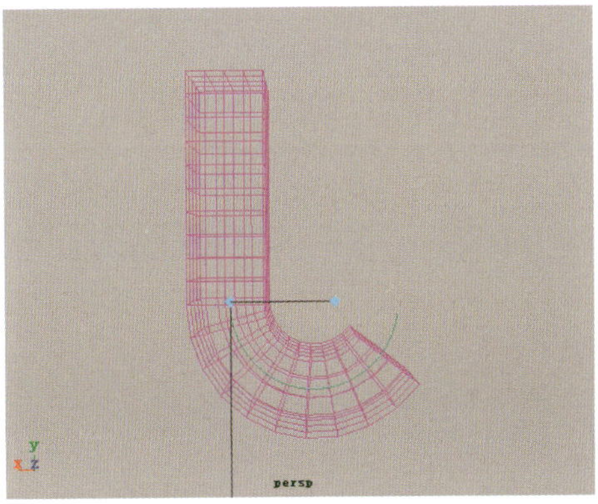

图13-49 改变下限的效果

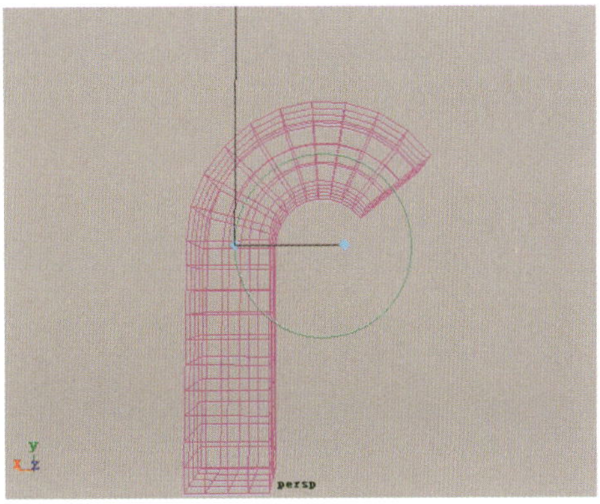

图13-50 改变上限的效果

◆ Curvature（曲度）

控制弯曲变形的曲度，该值可以设置为正负值，分别对应物体左右弯曲方向，如图13-51所示。

图13-51 设置曲度的不同效果

13.6.2 扩张变形

Flare（扩张）命令可以对模型进行收缩或扩张处理，也可以控制扩展的位置。例如，要制作一个腰鼓的模型，就可以使用扩张变形器对一个圆柱进行变形得到。下面学习它的具体用法。

课堂练习117：圆管变形

01 在场景中创建一个多边形管状模型，作为变形的对象，如图13-52所示。

02 选中管状物体，执行Create Deformers（创建变形）| Nonlinear（非线性）| Flare（扩张）命令。在弹出的选项面板中设置相关属性，如图13-53所示。

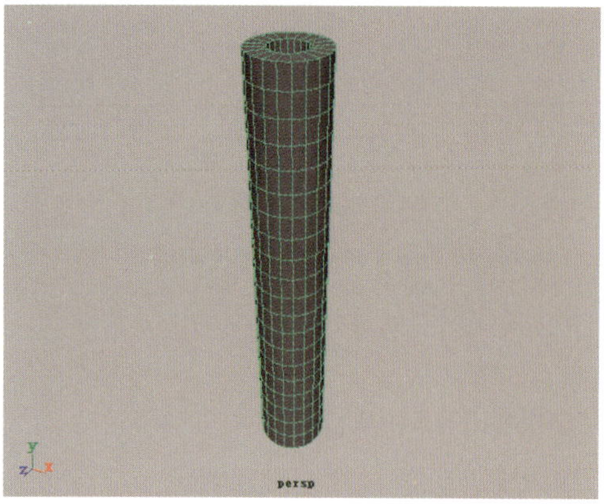

图13-52 创建多变形模型

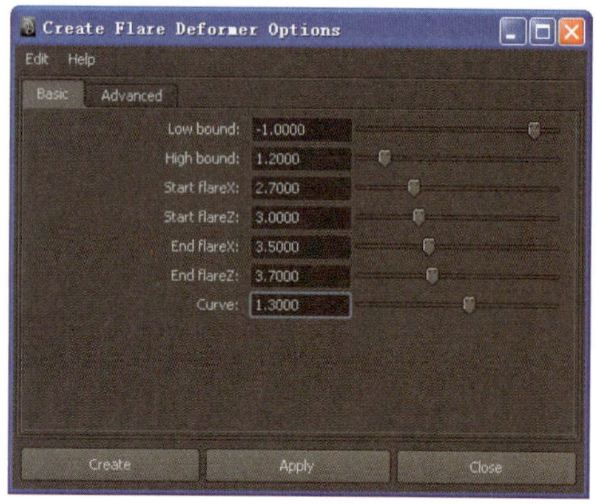

图13-53 Flare选项面板

03 单击Create或Apply按钮，如图13-54所示。

04 还可以在创建好Flare扩张变形器后，在属性编辑器中进行编辑，如图13-55所示。

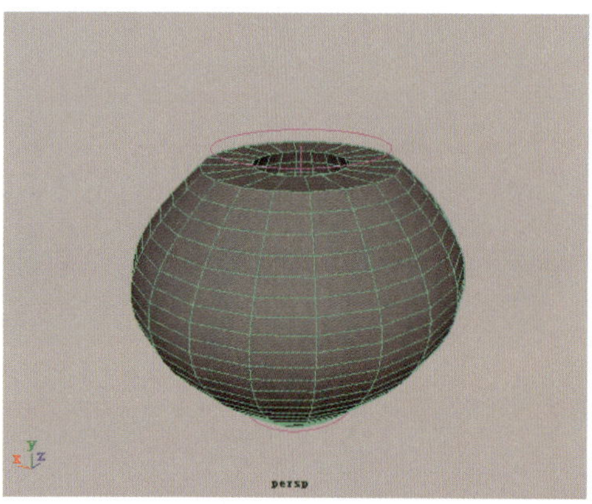

图13-54 扩张变形效果

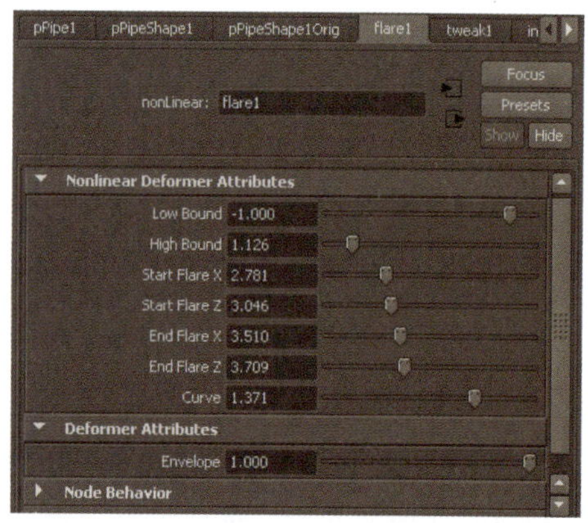

图13-55 编辑Flare属性

参数简介

使用默认值并单击Create按钮，然后在透视图中按下T键，显示出扩张变形器的控制手柄，如图13-56所示。

◆ Start Flare X/Z（开始扩张X/Z）

x/*z*轴上的初始扩张值，即模型底端变形器沿*x*/*z*轴缩放的幅度。改变属性数值后的变形效果如图13-57所示。

◆ End Flare X/Z（末端扩张X/Z）

*x*轴上的末端扩张值，即模型顶端变形器沿*x*/*z*轴缩放的幅度。改变属性数值后的变形效果如图13-58所示。

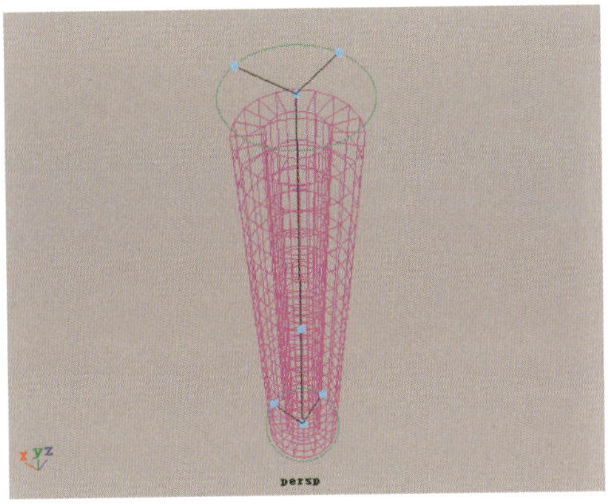

图13-56 Flare控制手柄

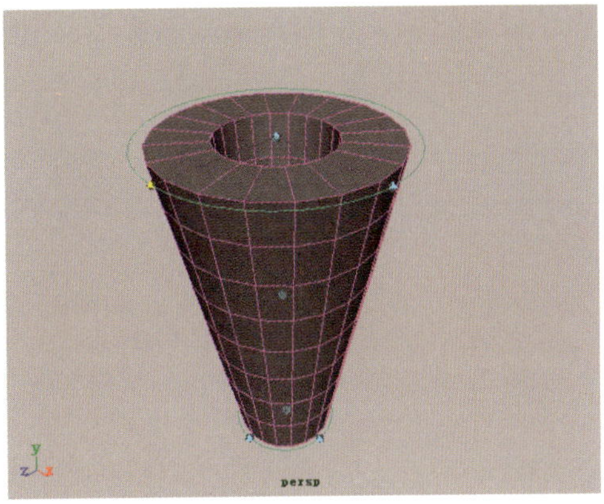

图13-57 变形效果

◆ Curve（曲线）

控制模型中间部分的扩张变形幅度。改变属性数值后的变形效果如图13-59所示。

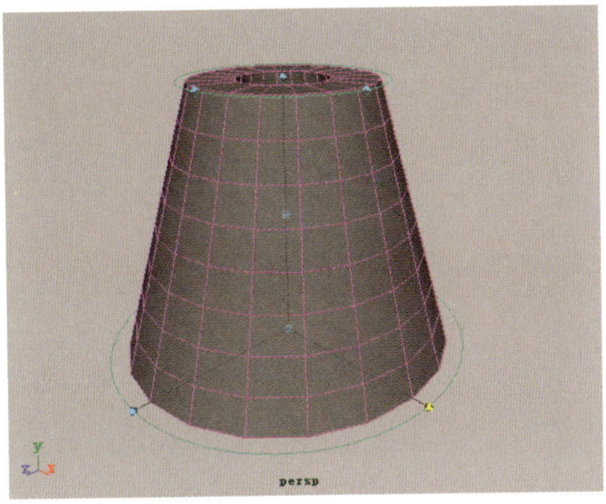

图13-58 变形效果

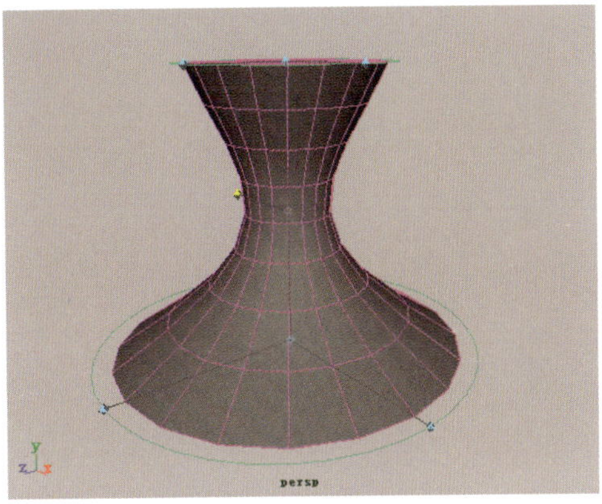

图13-59 变形效果

13.6.3 正弦变形

Sine（正弦）命令通常用在建模中，对一些细长的物体进行变形，达到快速建模的目的，下面通过一个简单的实例学习正弦变形的具体使用方法。

课堂练习118：正弦曲线图

01 在场景中创建圆柱体，作为正弦变形的对象，如图13-60所示。

02 选中圆柱体，执行Create Deformers（创建变形）| Nonlinear（非线性）| Sine（正弦）命令，打开Sine变形选项面板，如图13-61所示。

03 使用默认值，然后单击Create按钮，创建Sine变形器，如图13-62所示。

04 选中变形器，在其通道栏中将z轴上的旋转值改为90，然后回到视图中按下T键，我们可以看到正弦控制手柄上有4个控制点，中间的点控制变形的振幅，向下移动该点，如图13-63所示。

05 与振幅控制点在同一水平面上的最左端的点，用于控制模型形变的波长，向右移动该点的结果如图13-64所示。

06 中间线上两端的点用于控制形变的上限和下限，分别将它向中心移动，如图13-65所示。

参数简介

◆ Amplitude（振幅）

该值决定正弦变形的振幅，也就是模型变形的幅度。

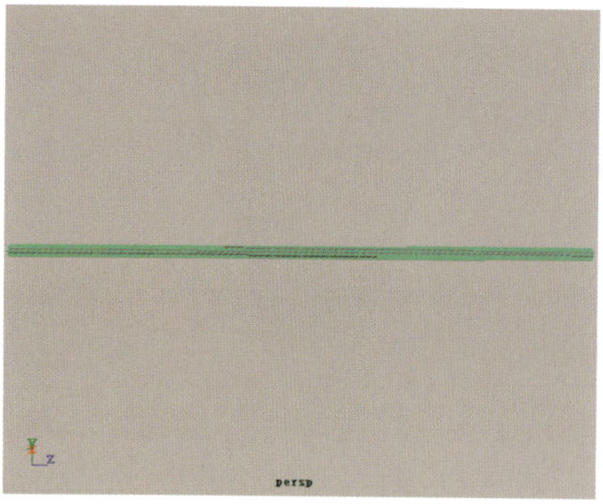

图13-60 创建圆柱体

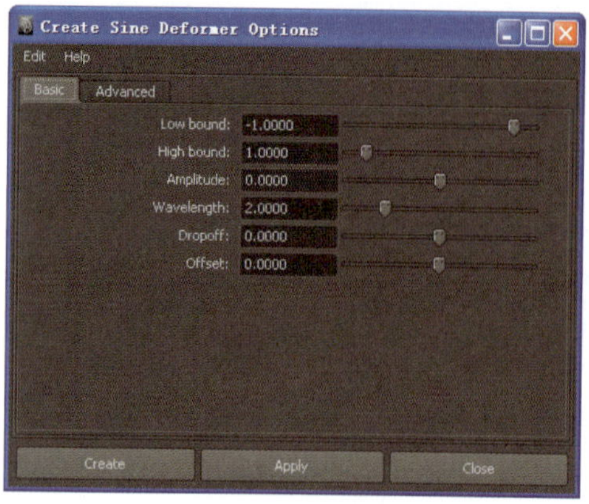

图13-61 Sine变形选项面板

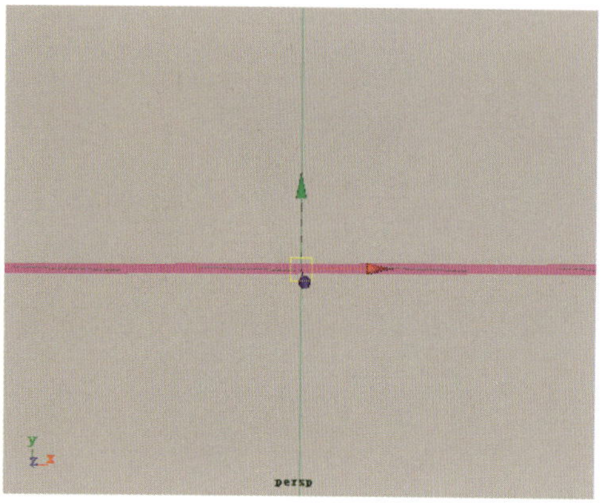

图13-62 创建Sine变形器

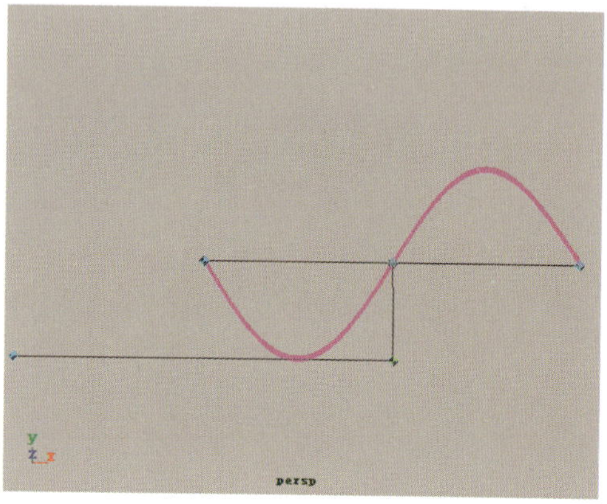

图13-63 编辑Sine控制器

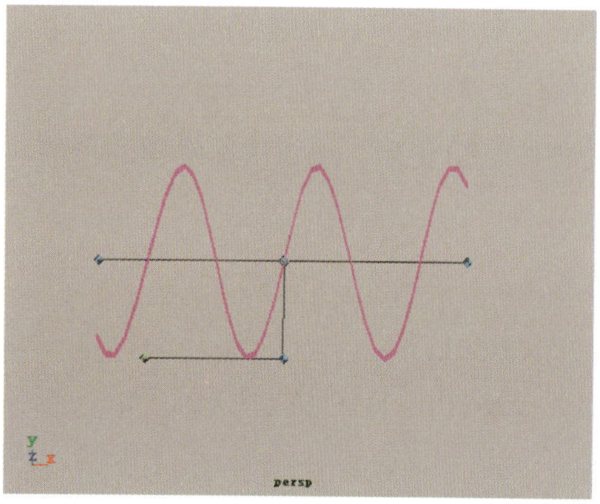

图13-64 改变波长

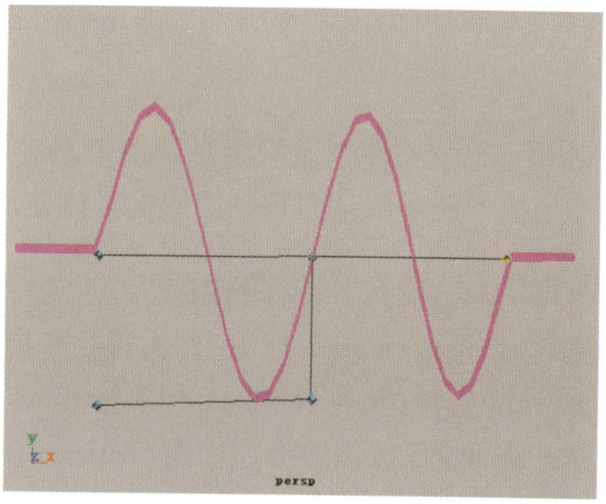

图13-65 改变上限和下限

◆ Wavelength（波长）

该值确定正弦变形的波长。波长越长，形变越平滑柔和；波长越短，模型变形越频繁。

◆ Dropoff（衰减）

该值控制形变幅度值的衰减系数。默认无衰减，如果设为负数，则形变会逐渐缩小；设为正数，形变会逐渐增大。

◆ Offset（偏移）

改变该值只会影响物体形变端点的幅度，并不会影响形变的振幅和衰减。

13.6.4 扭曲变形

Twist（扭曲）命令可以使模型产生扭曲、螺旋的效果。在建模和创建动画时都可以用到。下面通过一个简单的实例学习扭曲变形的具体操作方法。

课堂练习119：扭曲长方体

01 在场景中创建一个多边形立方体，如图13-66所示。

02 选中立方体，执行Create Deformers（创建变形）| Nonlinear（非线性）| Twist（扭曲）命令，在弹出的Twist选项面板中设置参数，如图13-67所示。

图13-66 创建多边形立方体

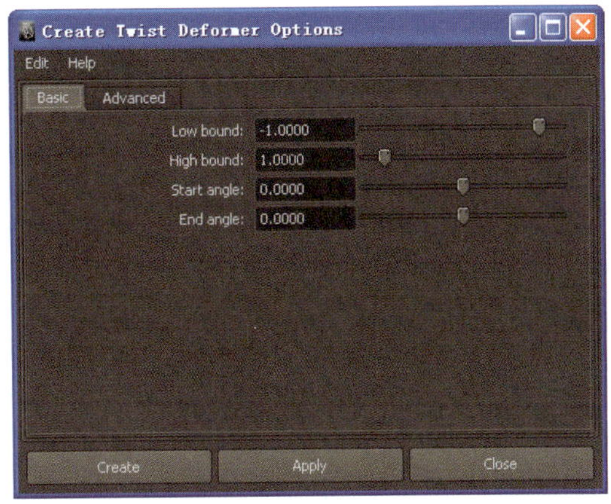

图13-67 Twist选项面板

03 单击Create按钮，按T键显示扭曲变形的控制手柄，如图13-68所示。该控制手柄有两个控制点，它们分别控制扭曲的上限和下限。在控制点的周围各有一个蓝色的圆圈，旋转圆圈即可改变扭曲值。

04 分别调整Twist控制手柄的上限和下限，控制蓝色圆圈，扭曲变形效果如图13-69所示。

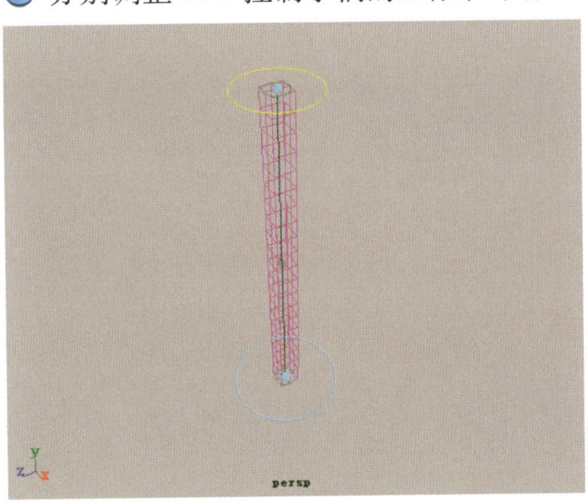

图13-68 Twist控制手柄

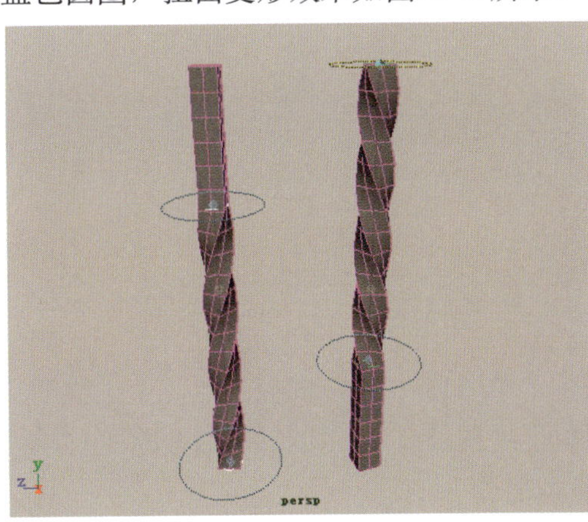

图13-69 变形效果

13.6.5 波浪变形

Wave（波浪）命令主要用于创建类似水波的动画，该变形器的控制点较多，可以模拟多种波浪效果，也可以配合其他变形器制作特殊的动画。

课堂练习120：水波效果

01 在场景中创建一个NURBS平面，作为波浪变形的编辑对象，如图13-70所示。

02 选中平面物体，执行Create Deformers（创建变形）| Nonlinear（非线性）| Wave（波浪）命令，弹出的选项面板如图13-71所示。

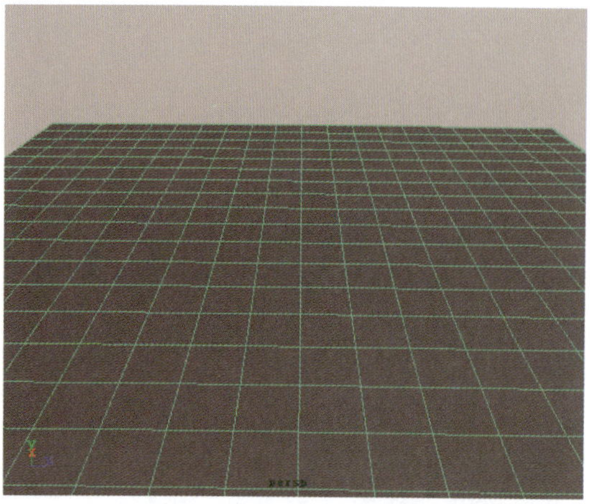

图13-70 创建NURBS平面

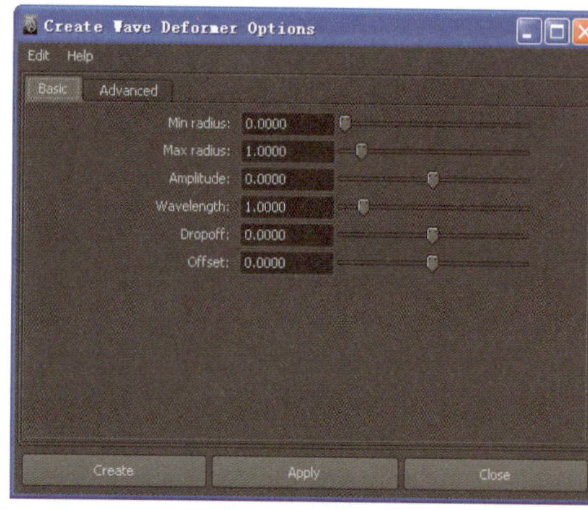

图13-71 Wave选项面板

03 单击Create按钮，按下T键显示波浪变形器的控制手柄，如图13-72所示。

04 通过图13-72可以看到Wave控制手柄有3个控制点，选中中间的点水平拖动，然后再选择中间的点垂直拖动，可以看到该控制器有5个控制点，如图13-73所示。

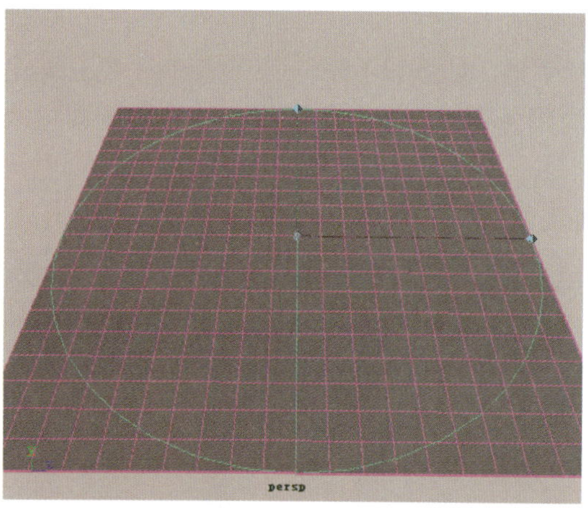

图13-72 Wave变形器控制手柄

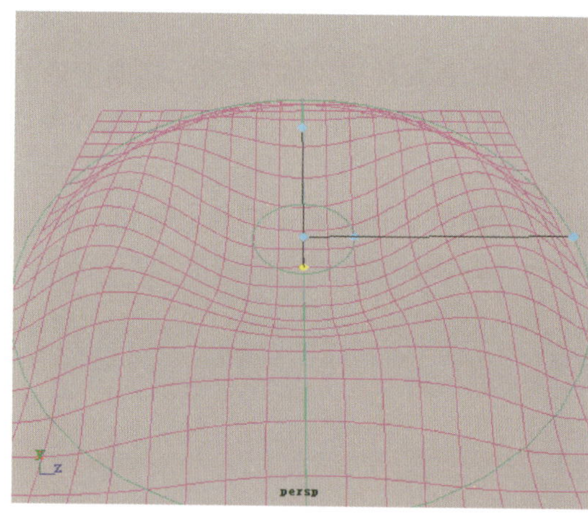

图13-73 Wave变形器控制点

05 选中图13-74所示的控制点，上下移动该点控制波浪的振幅。

06 选中图13-75所示的控制点，水平移动该点控制波浪的波长。

参数简介

◆ Min/Max radius（最小/大半径）

用来控制波纹的半径大小。

◆ Amplitude（振幅）

用来控制波纹的振幅，即垂直高度。

◆ Wavelength（波长）

用来控制波浪的波长。

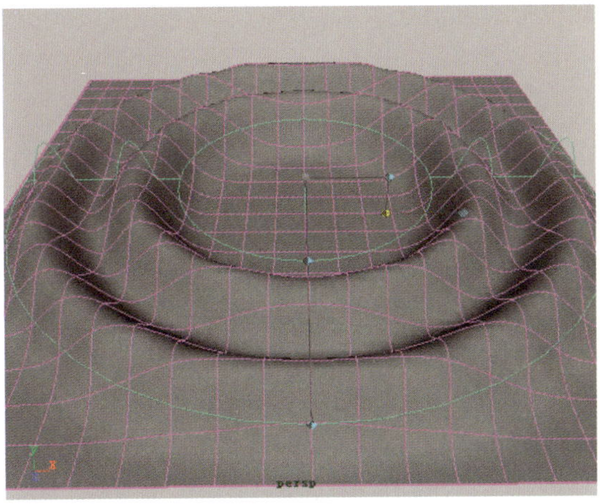

图13-74 振幅效果

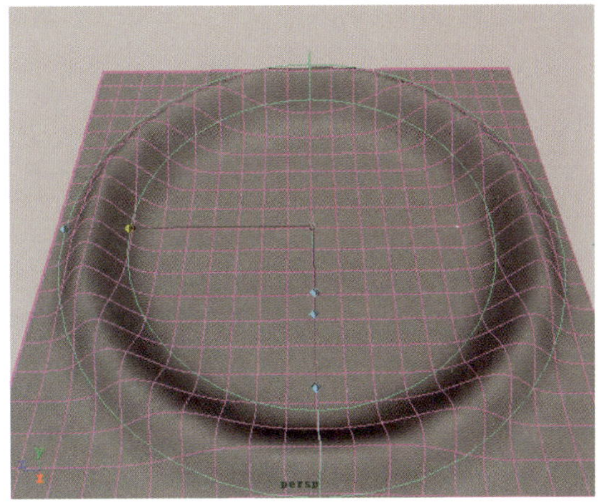

图13-75 波长效果

◆ Dropoff（衰减）

用来控制值波纹的衰减。

◆ Offset（偏移）

用来控制波浪变形的偏移值。

13.7 雕塑变形

13.7.1 创建雕塑变形

Sculpt（雕刻）命令通过一个球状的控制器影响物体的变形，所以又叫做造型球变形器。这种变形器多用在与球变形相关的动画上，例如在制作角色动画时模拟肌肉的凸起等。

课堂练习121：创建雕塑变形

01 打开一个场景文件，作为雕塑变形的编辑对象，如图13-76所示。

02 选中场景模型，执行Create Deformers（创建变形）| Sculpt Deformer（雕刻变形）命令，打开雕塑变形器的选项面板，如图13-77所示。

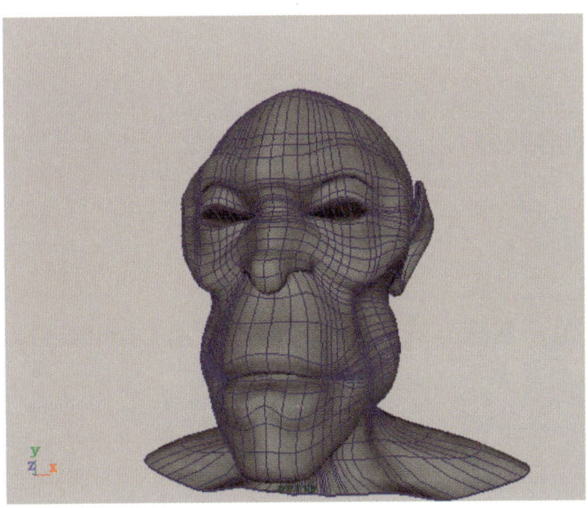

图13-76 选择模型

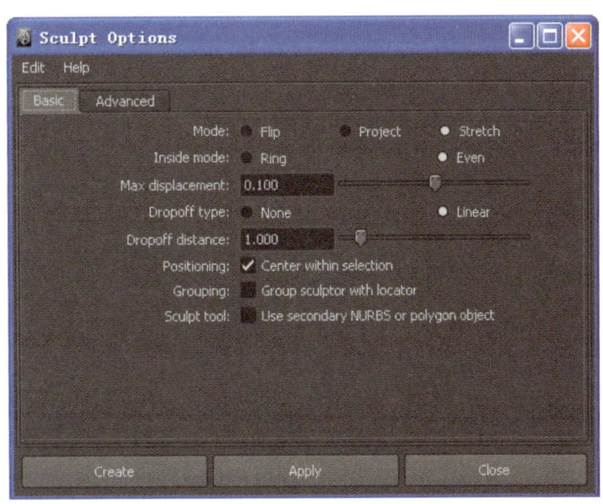

图13-77 Sculpt选项面板

03 单击Create按钮即可为模型创建雕塑变形，如图13-78所示。

04 调整变形球体的大小位置，变形效果如图13-79所示。

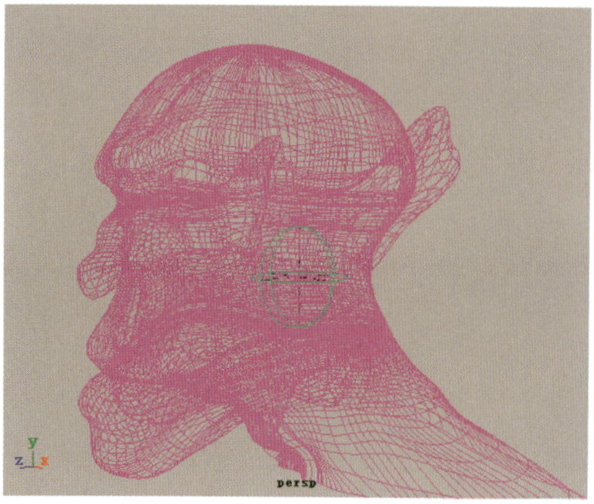

图13-78 创建雕塑变形控制器

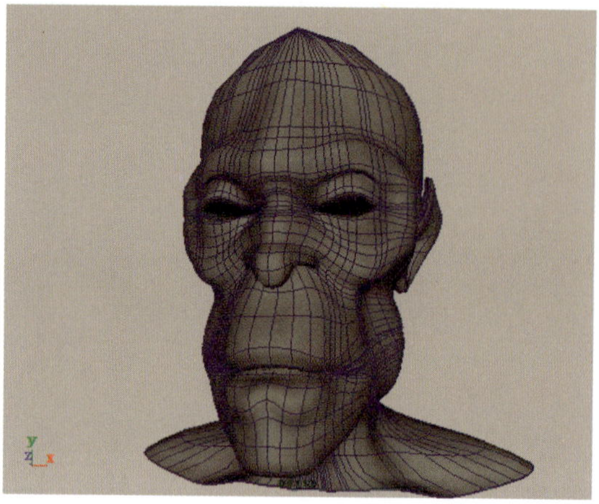

图13-79 变形效果

参数简介

下面介绍雕塑变形选项面板中的相关属性。

◆ Mode（模式）

该选项用来设置变形球的变形作用模式。

◆ Flip（翻转）模式

在变形球的中心有一个隐含的定位器，当变形器靠近几何体时，变形器开始起作用。当变形球的中心通过物体表面时，被变形的表面会翻转到变形球的另一侧。

◆ Project（投影）模式

在该模式中，变形器将模型投影到变形球的表面上，投影面积取决于变形器的Dropoff Distance（衰减距离）。

◆ Stretch（拉伸）模式

当变形球在模型表面移动时，几何体产生变形，以和变形球的位置保持一致。

◆ Inside Mode（内部模式）

该选项有两种模式，分别为Ring（环形）模式和Even（平滑）模式。

◆ Ring（环形）模式

用于将内部的点推到变形球外部，环绕球体创建环状效果。

◆ Even（平滑）模式

用于将内部的点环绕变形球均衡地展开，创建平滑效果。

◆ Max Displacement（最大置换值）

设置变形球可移动物体表面点的最大距离。

◆ Dropoff Type（衰减类型）

设定变形球影响范围的衰减方式，其中None（无）衰减方式没有衰减过程，而Linear（线性）可以实现线性衰减的效果。

◆ Dropoff Distance（衰减距离）

控制变形球的影响范围。

◆ Positioning（放置）

该选项用来设置变形器的位置，启用后面的复选框，可以将变形器放置在模型对象的中心，否则将放置在场景的世界坐标中心。

◆ Grouping（群组）

在创建造型变形器后，Maya会创建一个变形球和定位器。启用后面的复选框，可以将变形球和定位器群组，否则这两个物体是分开的，有时候不方便操作。

◆ Sculpt Tool（雕刻工具）

启用后面的复选框，可以使用一个NURBS几何体来代替变形球。这样变形器就不只局限在球体上。

13.7.2 雕塑变形的具体操作

课堂练习122：头部模型变形

01 选择场景模型，执行Create Deformers（创建变形）| Sculpt Deformer（雕刻变形）命令，如图13-80所示。

02 在Outline（大纲视图）窗口中，选择Sculpotr1变形球和Sculpt1StretchOrigin定位器，进行移动缩放操作，如图13-81所示。

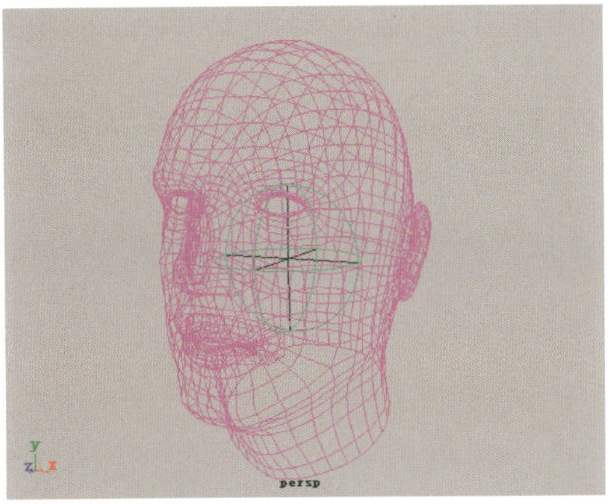

图13-80 创建雕塑变形

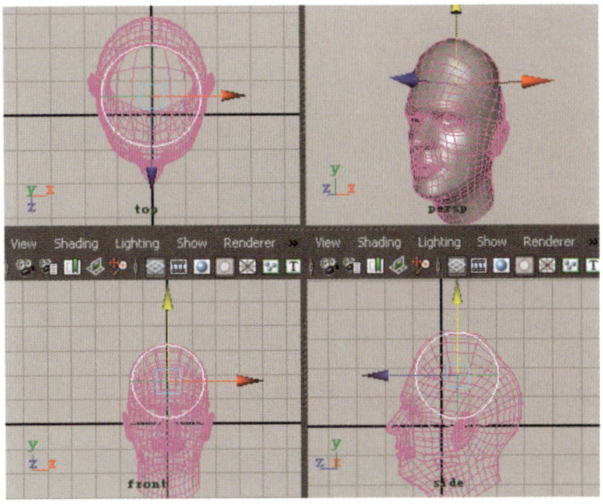

图13-81 移动缩放变形器

03 选择人头模型，在属性编辑器中切换到Sculpt1选项卡，单击Add Advanced Sculpt Attributes按钮，将弹出一组高级雕塑属性，如图13-82所示。

04 单击高级属性面板下的Texture按钮，弹出Create Render Node窗口，选择一个Checker纹理，用它来控制雕塑变形，如图13-83所示。

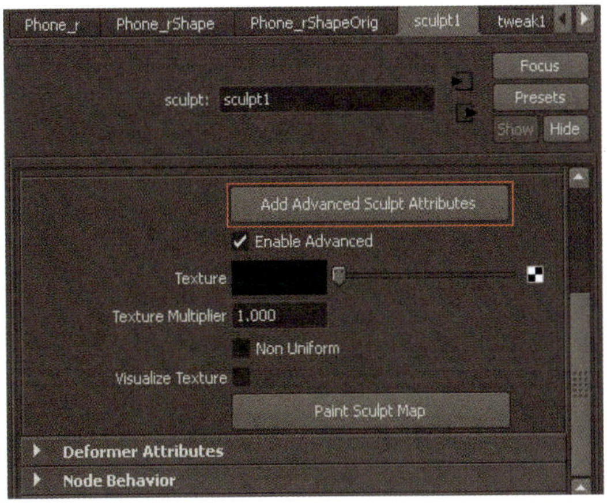

图13-82 高级雕塑属性

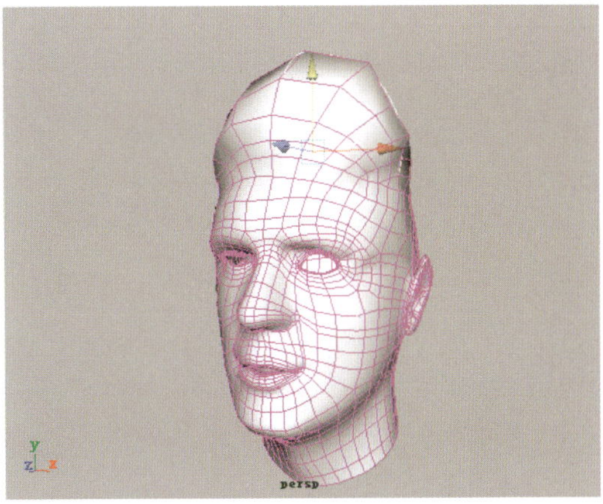

图13-83 变形效果

05 如果要删除模型的变形效果，可以执行Edit（编辑）| Delete by Type（通过类型删除）|

History（历史）命令，即可删除变形效果，回到模型的初始状态。

13.8 线性变形

13.8.1 创建线性变形

Wire（线性）变形命令用一条或多条曲线控制物体变形。它有两种基本变形形式：简单Wire变形和加限制线。

课堂练习123：Wire变形

1．创建44简单Wire变形

01 在视图中选中模型，在工具栏中单击图标，将模型锁定，然后执行Create（创建）｜CV Curve Tool（CV曲线工具）命令，在眉毛处创建一条曲线，如图13-84所示。

02 在工具栏中单击图标，释放模型，即变为可选状态。

03 执行Create Deformers（创建变形）| Wire Tool（线性工具）命令，打开Tool Settings面板，设置参数为默认，如图13-85所示。

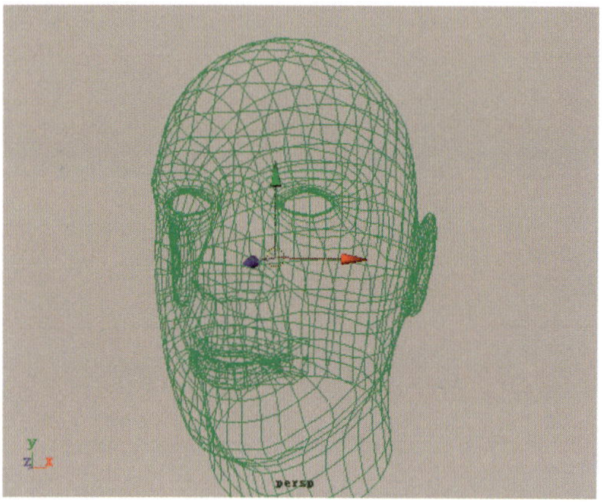

图13-84 创建曲线

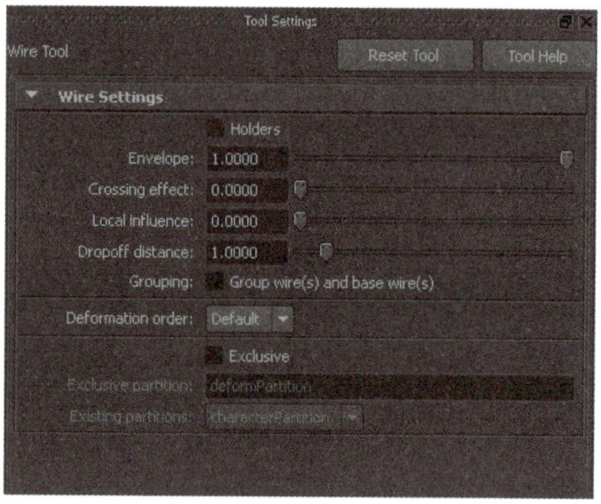

图13-85 Tool Setting面板

04 先选择变形对象人头模型并按Enter键；按Shift键加选曲线，再按Enter键即可创建Wire变形，如图13-86所示。

05 修改影响线，变形对象会发生相应变化，如图13-87所示。

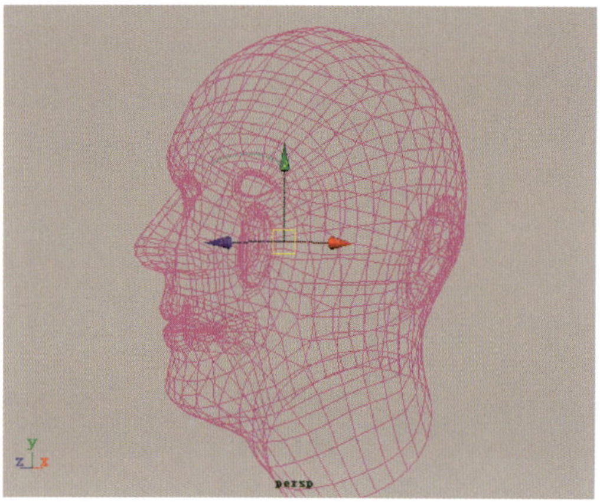

图13-86 创建Wire变形

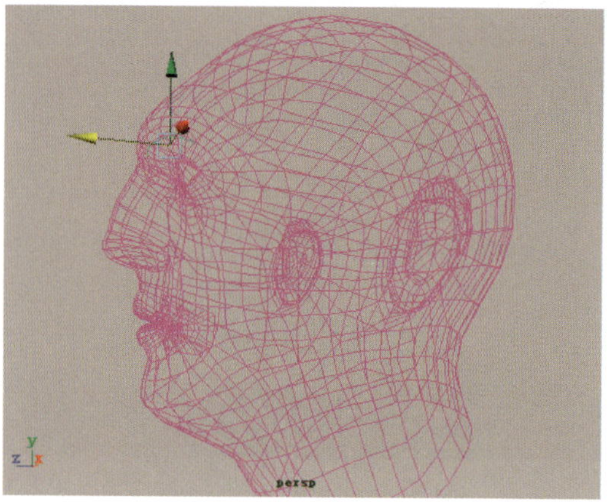

图13-87 编辑影响线

2. 创建加限制的Wire变形

01 在场景中创建一个NURBS平面、一条曲线和一个圆环，如图13-88所示。

02 执行Create Deformers（创建变形）| Wire Tool（线性工具）命令，打开Tool Settings面板，启用Holders复选框，如图13-89所示。

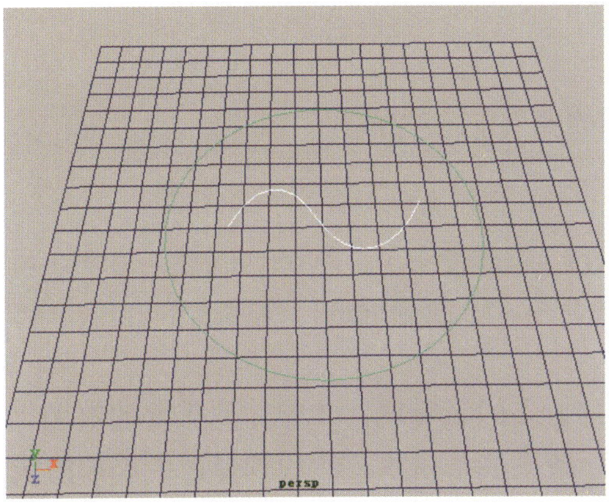

图13-88 创建对象

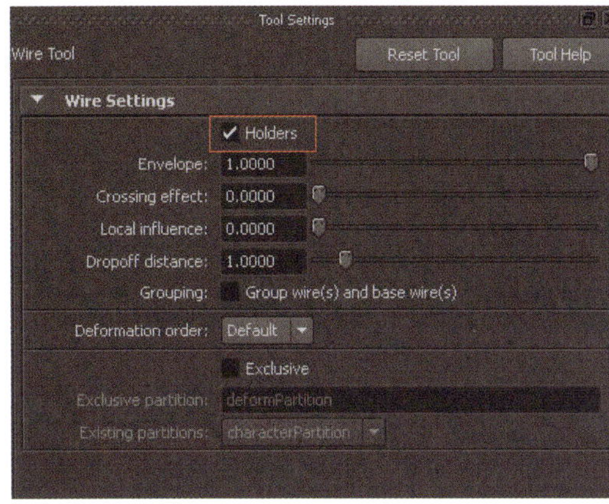

图13-89 Tool Setting面板

03 依次选择变形对象并按Enter键，选择曲线并按Enter键，再选择环线并按Enter键，最后在工作空间的空白处按Enter键，即可创建Wire变形，如图13-90所示。

04 修改影响线，变形对象会发生相应变化，如图13-91所示。

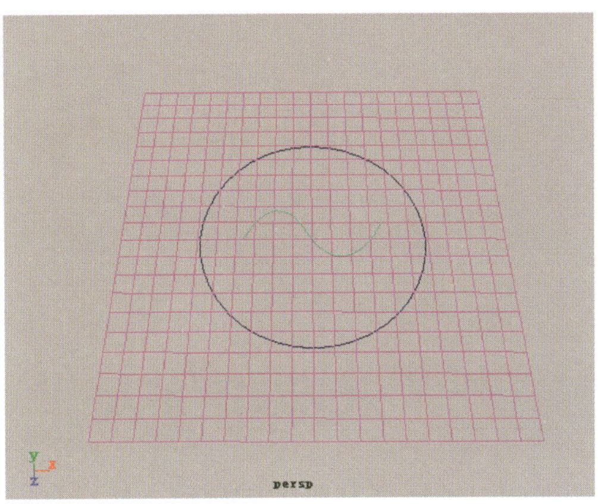

图13-90 创建Wire变形

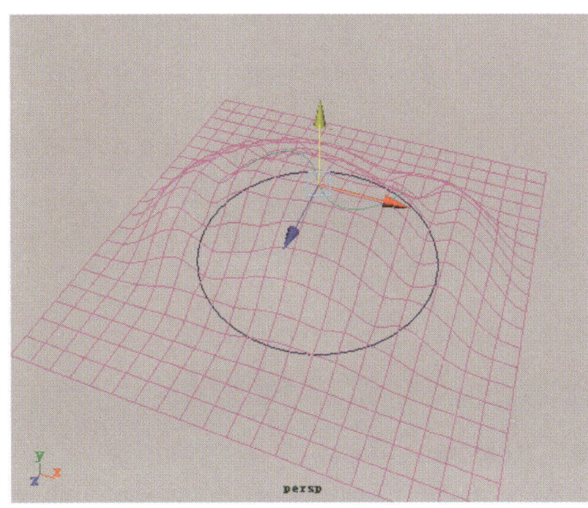

图13-91 变形效果

参数简介

下面介绍Wire变形器创建工具的参数。

◆ Holders（固定器）

该复选框决定创建的线性变形是否带有固定器。固定器的作用是限制曲线的变形范围，如果不使用固定器，则曲线的变化对整个模型都有影响。

◆ Envelope（封套）

该参数设定变形影响的系数。

◆ Crossing Effect（交叉效果）

控制两条影响线交叉处的变形效果。

◆ Local Influence（局部影响）

该参数可设定两个或多个影响变形作用的位置。

◆ Dropoff Distance（衰减距离）

设定每条影响线影响的范围。调整该参数可以消除线变形时产生的锯齿。

◆ Grouping（群组）

启用后面的复选框，可以将影响线和基础线进行群组，否则，影响线和基础线将独立于场景中。造型变形也有类似的设置。

◆ Deformation Order（变形顺序）

其下拉列表中有5个选项，用来设定当前变形在物体变形中的顺序。

13.8.2 编辑线性变形

在创建变形器之后，在菜单栏中执行Edit Deformers（编辑变形）| Wire（线性）命令，可以看到一个图13-92所示的菜单，这里有6个编辑线变形器的命令，下面分别进行介绍。

◆ Add（添加）

在给一个模型添加线变形器之后，可能还需要添加更多的影响线，才能达到想要的效果，这时就需要用到Add命令。它的操作方法：选择要添加的一条或多条曲线，然后选择已经添加的线变形器，执行Edit Deformers（编辑变形）| Wire（线性）| Add（添加）命令即可，如图13-93所示。

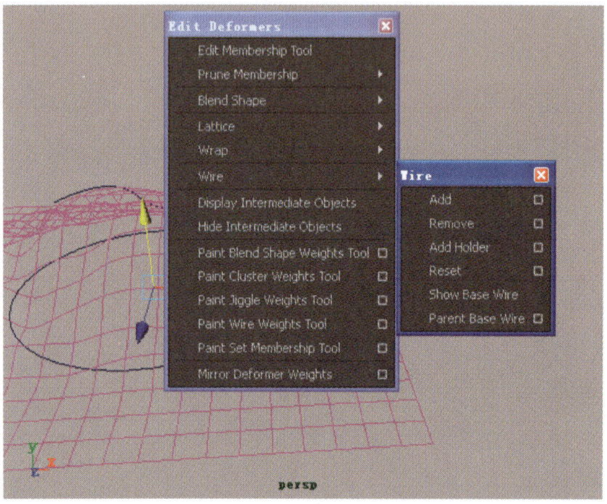

图13-92 Wire编辑窗口

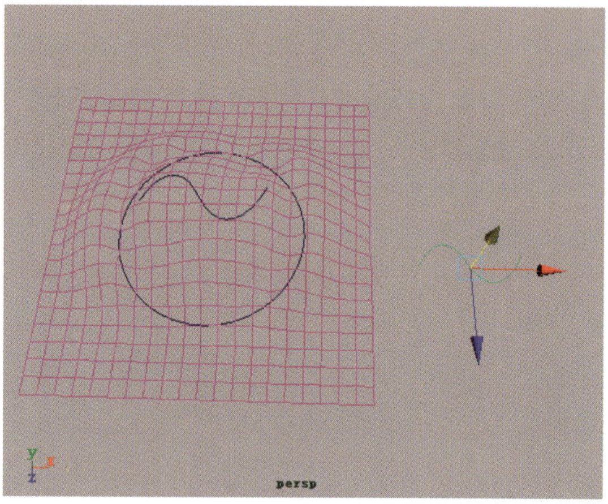

图13-93 新添加的影响线

◆ Remove（移除）

该命令可以将不需要的影响线移除，取消对物体的影响，选择要移除的影响线，然后执行Edit Deformers（编辑变形）| Wire（线性）| Remove（移除）命令即可，如图13-94所示。

注意：该命令并不能删除创建的曲线，它只是取消曲线对模型的影响，如果想删除曲线，可选择曲线，然后按下Delete键。

◆ Reset（重置）

使用该命令可以将创建线性变形器的所有参数恢复到初始状态。

◆ Show Base Wire（显示基础线）

该命令可以将基础线显示在场景中。例如选择刚才创建的Curve3影响线，然后执行Deformers（变形）| Wire（线性）| Show Base Wire（显示基础线）命令，再移动Curve3时就可以看到基础线，如图13-95所示。

◆ Parent Base Wire（父化基础线）

该命令相当于创建变形器时启用Grouping选项后面的复选框，即将影响线和基础线进行群组。

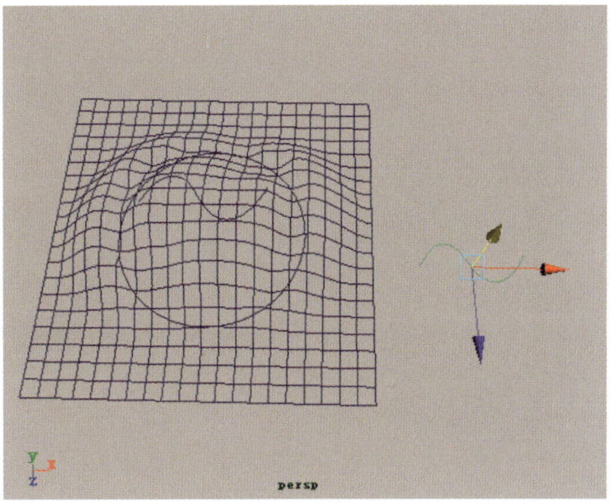

图13-94 移除编辑线

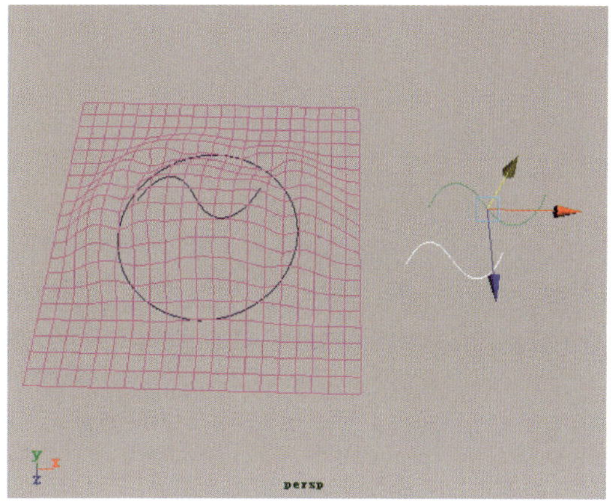

图13-95 显示基础线

13.9 褶皱变形

13.9.1 创建褶皱变形

Wrinkle（褶皱）命令可以快速地创建褶皱效果，它可以像簇变形器一样用点进行控制，也可以像线变形器一样用线进行控制。褶皱变形器的创建方法比较灵活，可以直接在物体层级进行创建，也可以先创建曲线，再使用自定义的方式创建变形。

课堂练习124：**创建褶皱**

01 创建一个NUBRS平面，作为编辑变形的对象，如图13-96所示。

02 执行Create Deformers（创建变形）| Wrinkle Tool（褶皱工具）命令，在通道盒中可以看到该变形器的参数设置，如图13-97所示。

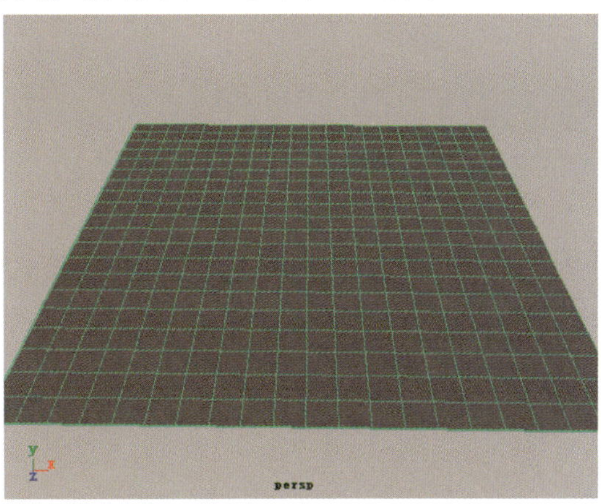

图13-96 创建平面

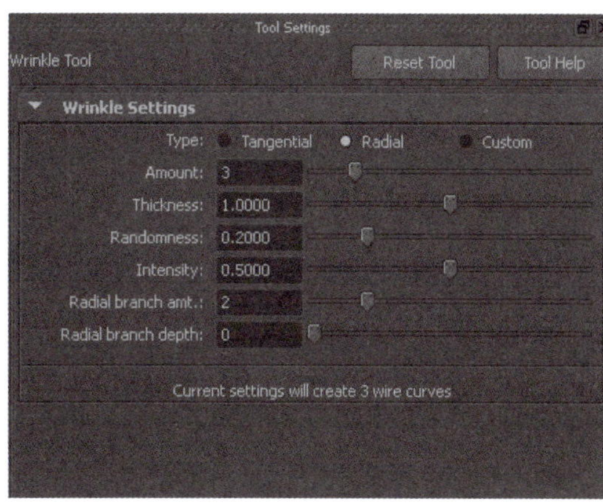

图13-97 褶皱变形属性面板

03 使用默认属性创建褶皱变形，在平面上按Enter键，如图13-98所示。

04 按W键，向上移动褶皱变形器的控制点，如图13-99所示。

参数简介

◆ Type（类型）

该选项后面有3种变形方式，分别是Tangential（切线）、Radial（射线）和Custom（自定义）。

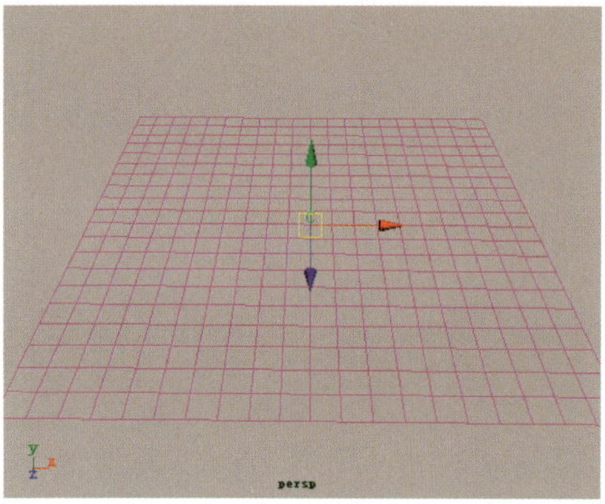

图13-98 创建Wrinkle变形

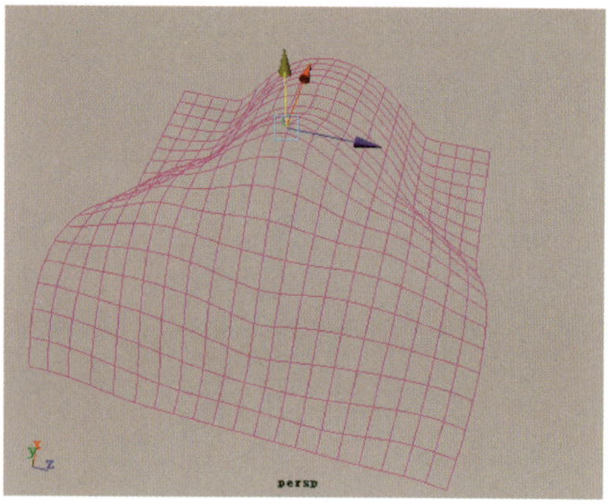

图13-99 变形效果

◆ Amount（数量）

该选项用来设置变形线的数量。

◆ Thickness（密度）

设置变形线的稠密度，即每条变形线所能影响的变形范围。

◆ Randomness（随机值）

该参数设置一个随机系数，让褶皱变形更接近或偏离Amount、Intensity、Radial Branch Amount和Radial Branch Depth参数的设定。

◆ Intensity（强度）

设置变形线创建变形时褶皱锐化强度的大小。

◆ Radial Branch Amount（分支系数）

用来设置褶皱变形分支物体的数量，这些分支都来自变形线。该选项仅对射线变形方式起作用。

◆ Radial Branch Depth（分支深度）

设置变形线分支的深度，提高该值可以增加变形线的总数量，该选项同样只适用于射线变形方式。

13.9.2 编辑褶皱变形

其操作方法如下。

（1）打开场景文件，如图13-100所示。

（2）执行Create Deformers（创建变形）｜Wrinkle Tool（褶皱工具）命令后，设置变形类型为Custom，其他值默认。

（3）选择变形面并按Enter键，再选择影响线并按Enter键。

（4）按W键，向下移动褶皱变形器的控制点，如图13-101所示。

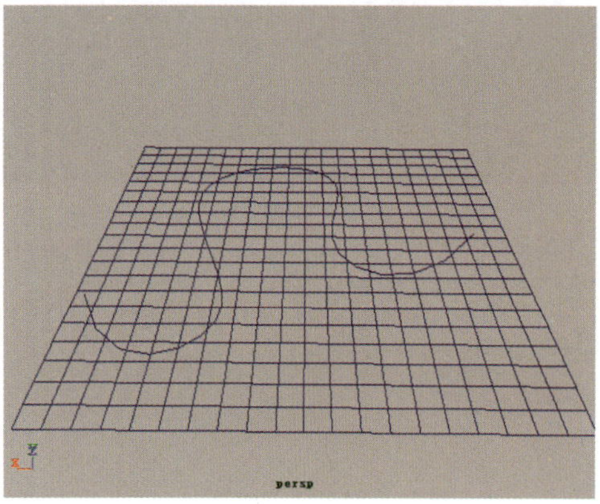

图13-100 场景文件

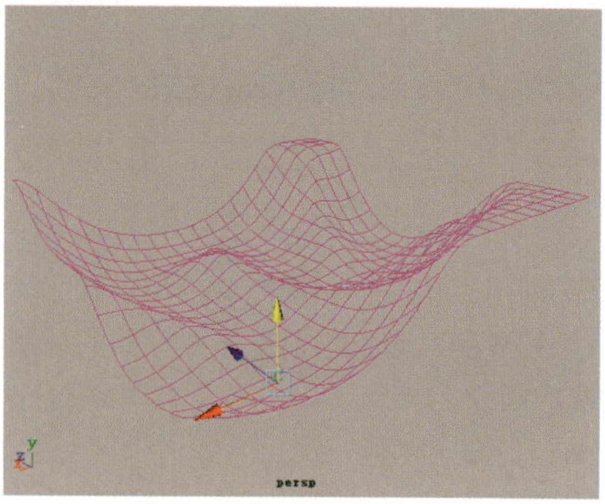

图13-101 变形效果

（5）如果要删除褶皱变形，可选择簇变形节点，执行Edit（编辑）|Delete（删除）命令，如图13-102所示。

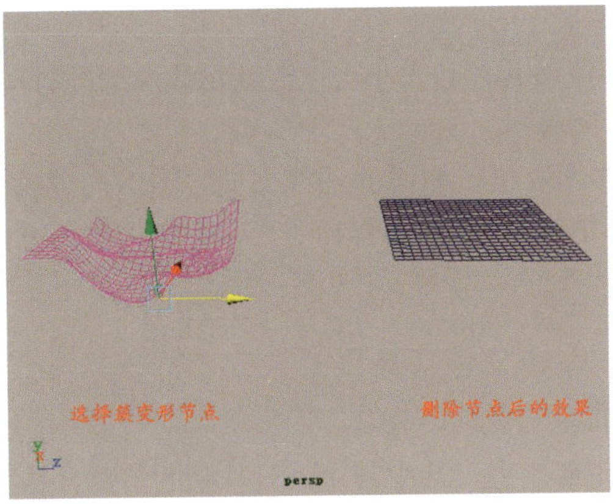

图13-102 删除褶皱变形

13.10 抖动变形

13.10.1 创建抖动变形

Jiggle（抖动）命令可以使运动的物体在发生变化的同时产生变形效果。下面来学习如何在Maya中为物体创建抖动效果。

课堂练习125：创建抖动变形

01 选择施加抖动变形的物体或局部组元。

02 执行Create Deformers（创建变形）| jiggle Deformer（抖动变形）命令，打开抖动变形参数面板，如图13-103所示。

03 播放动画观察效果，调整抖动变形属性，模型抖动效果如图13-104所示。

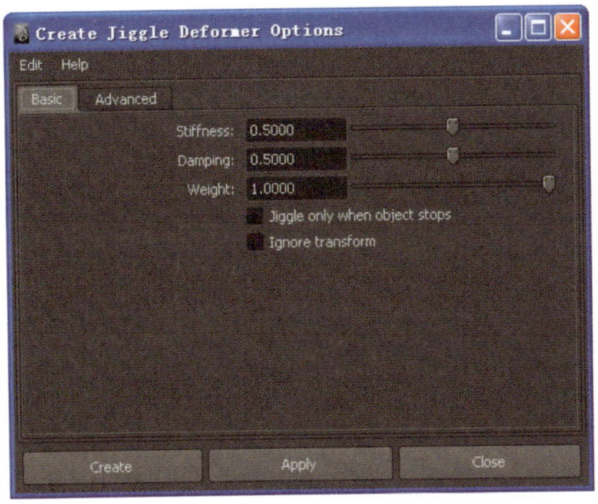

图13-103 抖动变形选项面板

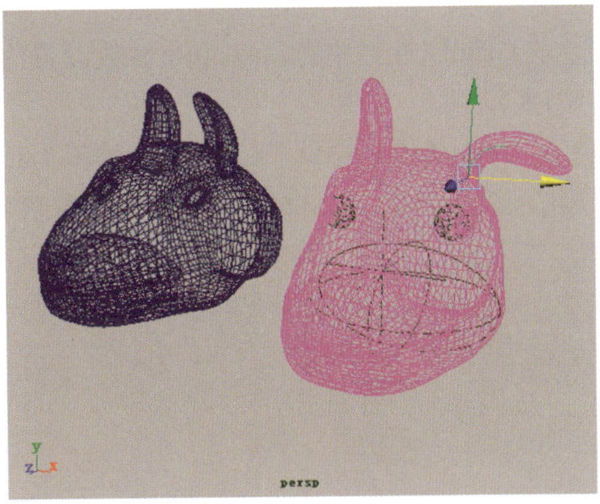

图13-104 抖动效果

参数简介

◆ Stiffness（刚性系数）

设置刚性系数，值调整得越高，可减少抖动的弹性，同时也会增加抖动频率，值越低就会延缓抖动频率。

◆ Damping（阻尼系数）

设置抖动阻尼值，调整的数值越高会减少抖动，反之会增强抖动的弹力。

◆ Jiggle Weight（抖动权重）

设置抖动的整体权重值，调整其参数大小可以改变物体局部的抖动变形的范围大小。

◆ Direction Bias（方向偏移）

设置曲面抖动的方向偏移，取决于曲面的法线方向，当方向偏移值为1时，曲面抖动变形仅向法线方向移动，而当方向偏移值为0时，曲面抖动变形就会在正负两方向反复晃动。

13.10.2 编辑抖动变形

课堂练习126：耳朵变形

01 在场景中导入动物的头部模型，选中其中一只耳朵的节点并执行Create（创建）|Sets（集）|Quick Select Set（快速选择集）命令，如图13-105所示。

02 按F2键，切换到Animation模块下，执行Create Deformers（创建变形）|Nonlinear（非线性）|Bend（弯曲）命令，在耳朵上产生一个弯曲定位器，如图13-106所示。

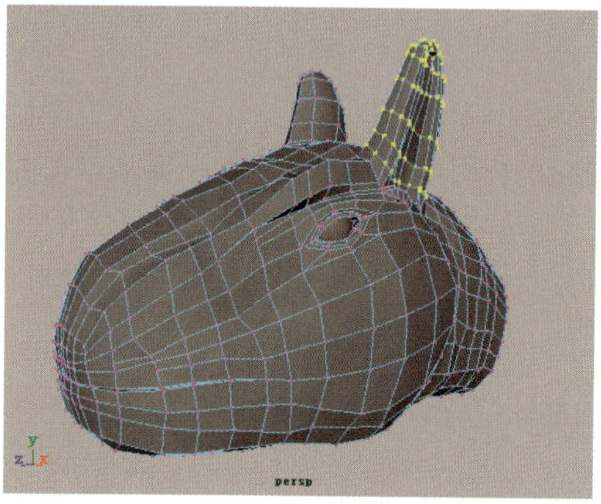

图13-105 选择模型的点

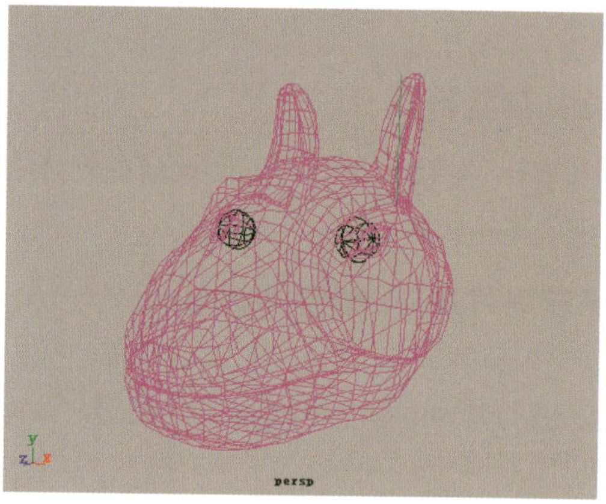

图13-106 创建Bend变形

03 在Bend属性栏中将Curvature参数设置为1.75，可以看到定位器控制的模型区域产生变形，如图13-107所示。

04 在Bend属性栏中调整Curvature的值为1.5，将Low Bound的值设置为0，观察变形情况，将时间滑块拖动到第1帧，按S键设置关键帧，如图13-108所示。

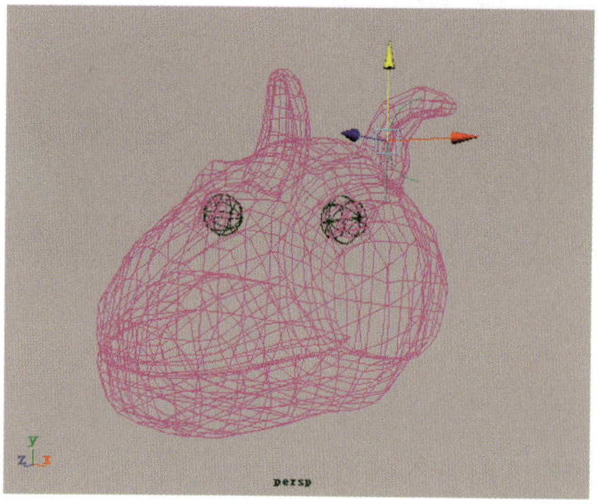

图13-107 弯曲变形

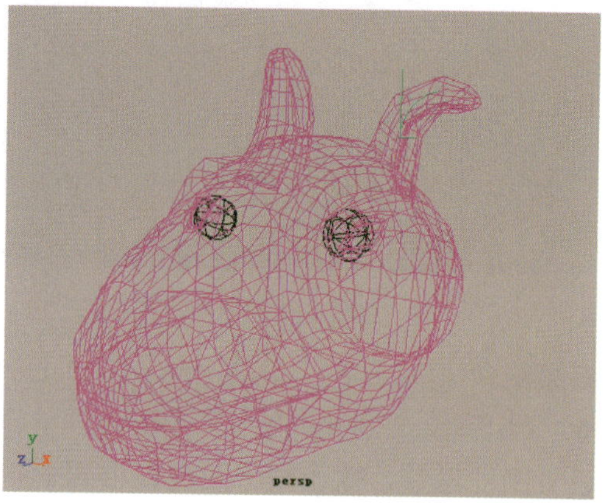

图13-108 设置关键帧1

05 在Bend属性栏中调整Curvature的值为-1.5，将Low Bound的值设置为0，观察变形情况，将时间滑块拖动到第30帧，按S键设置关键帧，如图13-109所示。

06 播放动画可以看到动作过渡比较僵硬。选中Bend定位器，执行Window（窗口）| Animation Editors（动画编辑器）|Graph Editor（曲线编辑器）命令，打开图形编辑窗口并选中动画曲线节点，单击按钮展平节点，回到视图窗口播放动画，看到动作过渡更平缓一些，如图13-110所示。

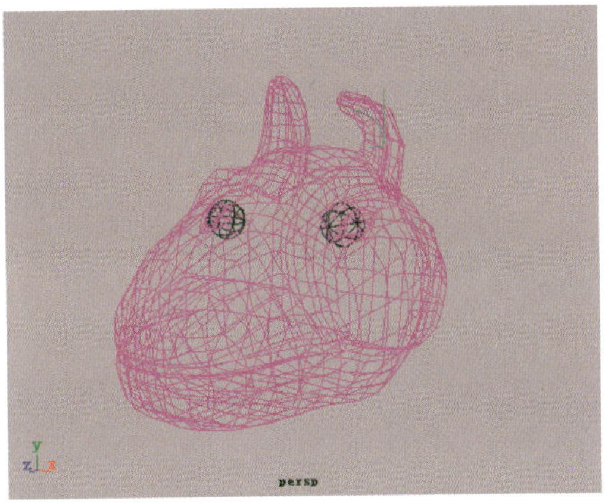

图13-109 设置关键帧2

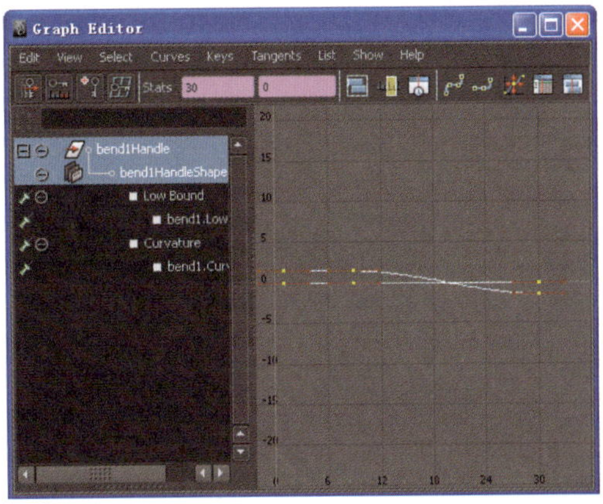

图13-110 编辑动画曲线

07 执行Edit（编辑）|Quick Sets（快速集）命令，选择Set1选中之前设置的耳朵，执行Create Deformers（创建变形）|Jiggle Deformer（抖动变形）命令，对耳朵进行抖动变形，如图13-111所示。

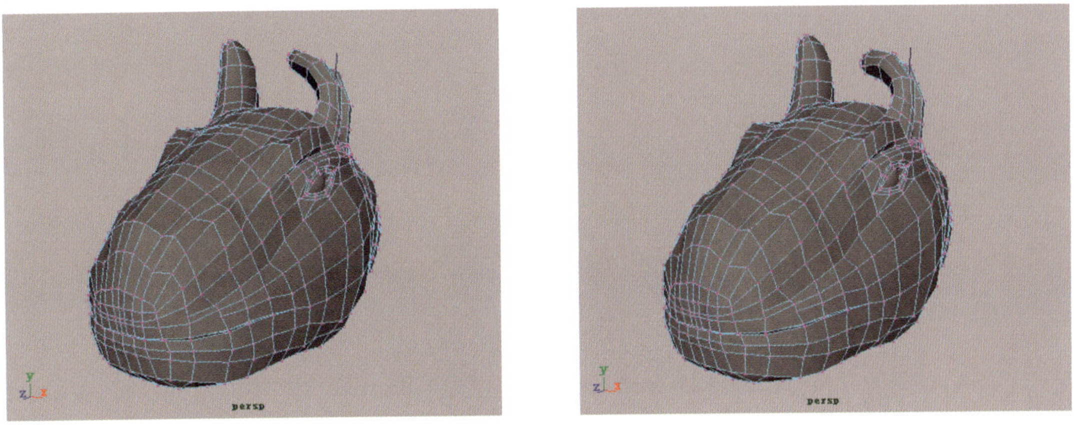

图13-111 抖动效果

13.11 案例7：魔法神瓶

1．为物体添加Blend Shape变形

01 打开场景文件，如图13-112所示。

02 选择man1人头模型，并按Shift键加选man2模型，执行Create Deformers（创建变形）|Blend Shape（融合形状）命令，如图13-113所示。

03 使用默认参数，单击Create按钮，创建融合变形。

04 选择man2模型，切换到它的通道栏中，在BlendShape1菜单下，将beastHead1的数值改为1，转换为man1的形状，如图13-114所示，证明融合变形成功。

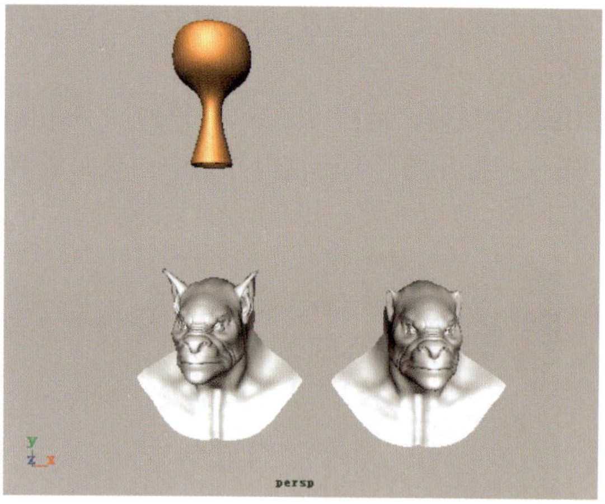

图13-112 场景文件

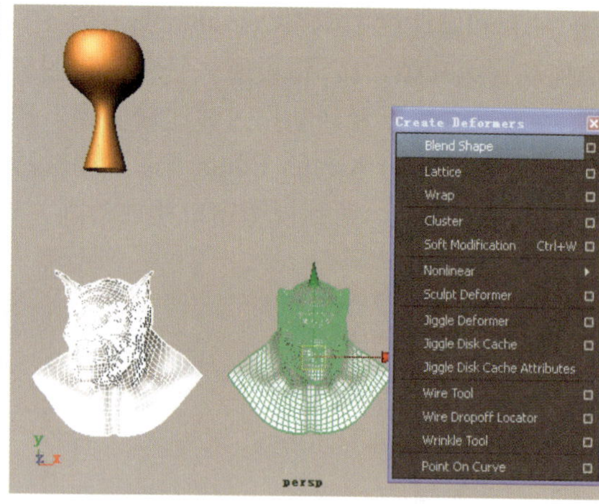

图13-113 执行Blend Shape命令

2. 为物体添加Lattices（晶格）变形

01 选择man1模型，使用Ctrl＋H键将其隐藏。

02 选择man2模型，将Scale Y属性的值改为3，并按W键将其移动到如图13-115所示的位置。

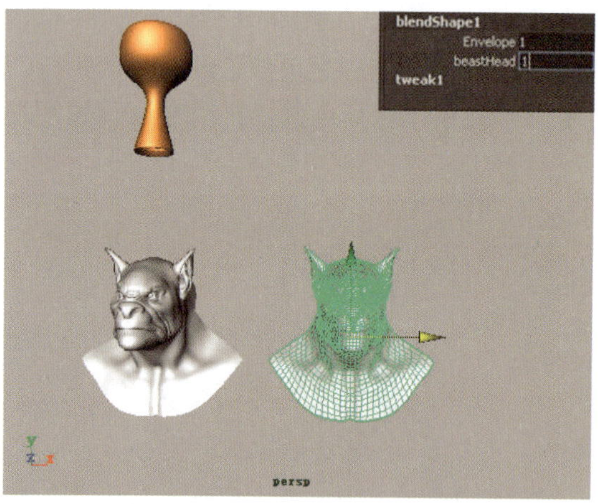

图13-114 检验融合变形

图13-115 调整模型的位置

03 选择man2模型，执行Create Deformers（创建变形）|Lattice（晶格）命令，打开Lattice选项面板，启用Group base and lattice together复选框，单击Create按钮，如图13-116所示。

04 选择man2模型，在Channel Box通道栏的Inputs中选择BlendShape1，将beastHead1的数值改为1，man2模型转换为man1，可以看到模型耳朵部分超出了晶格部分，超出部分将不受晶格的影响，如图13-117所示。

05 执行Window（窗口）|Outline（大纲）命令，打开Outliner窗口，在该窗口中选择ffd1LatticeGroup，并调整其大小，使man2模型调整到晶格内，如图13-118所示。

06 在Outliner窗口中选择ffd1Lattice，在Channel Box的SHAPE项中，将ffd1Lattice的T Divisions参数设为10。

07 在Outliner窗口中选择man2模型，然后在Channel Box中将Scale Y设为1。

08 选择man2模型，在Channel Box中选择BlendShape1，将beastHead1设为0，观察发现man2恢复到初始状态，如图13-119所示。

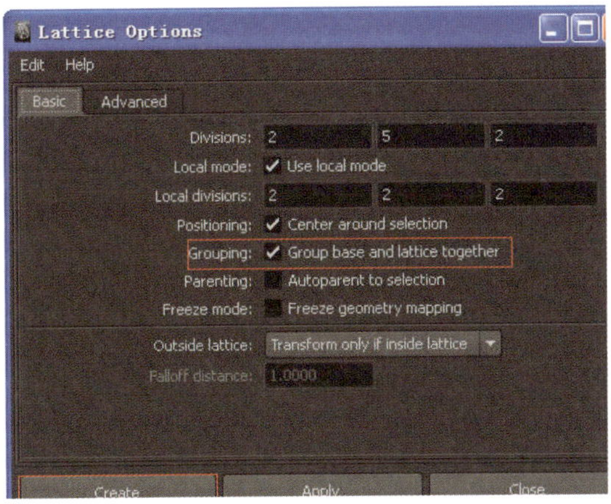

图13-116 晶格选项面板

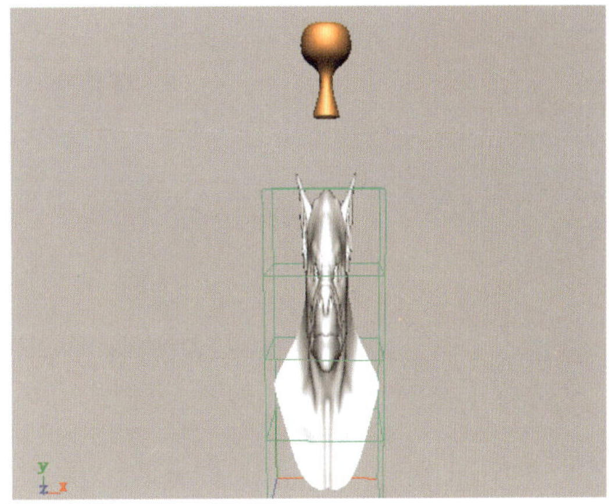

图13-117 创建晶格

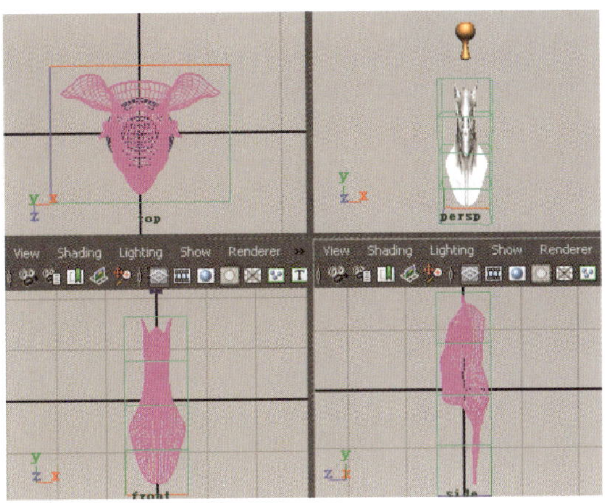

图13-118 调整晶格的大小

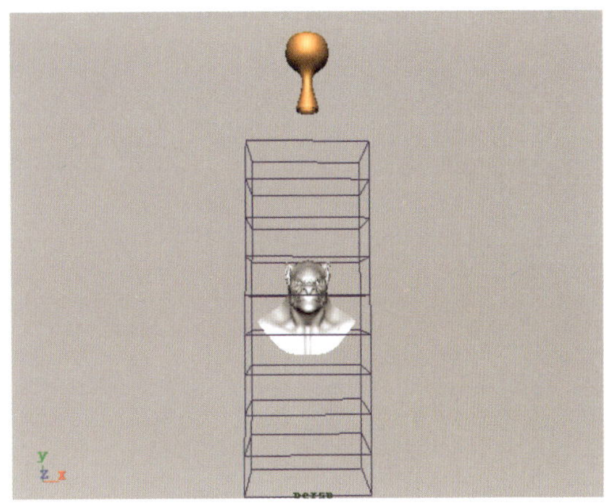

图13-119 变形效果

3. 制作怪兽被魔法瓶收进体内的效果

01 指定动画在1～260帧，将时间滑块移到第一帧，然后选择man2，将其移到如图13-120所示的位置，并按S键设置关键帧。

02 将时间滑块移至第150帧，将man2移动到如图13-121所示的位置，并按S键设置关键帧。

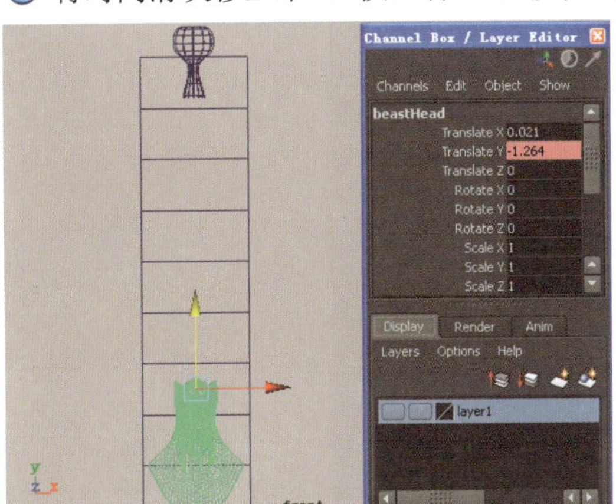

图13-120 调整模型的位置1

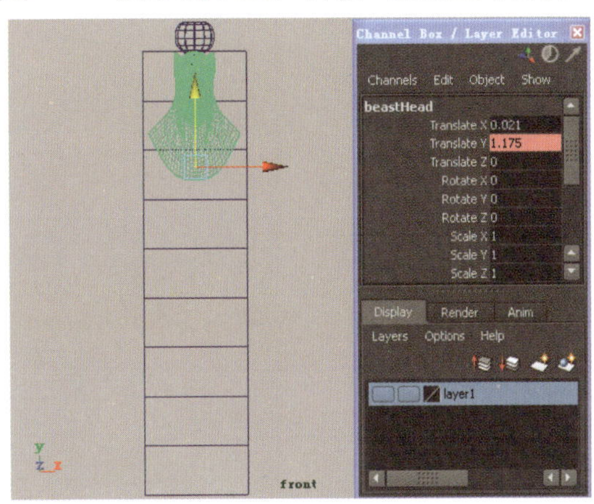

图13-121 调整模型的位置2

03 选择晶格物体，单击鼠标右键，在弹出的菜单中选中Lattice Point，如图13-122所示。

04 在front前视图中调节man2周围的晶格点，调整形状如图13-123所示。

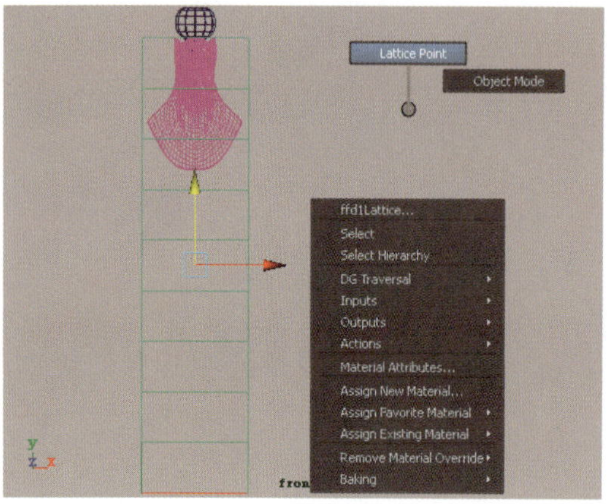

图13-122 选择Lattice Point

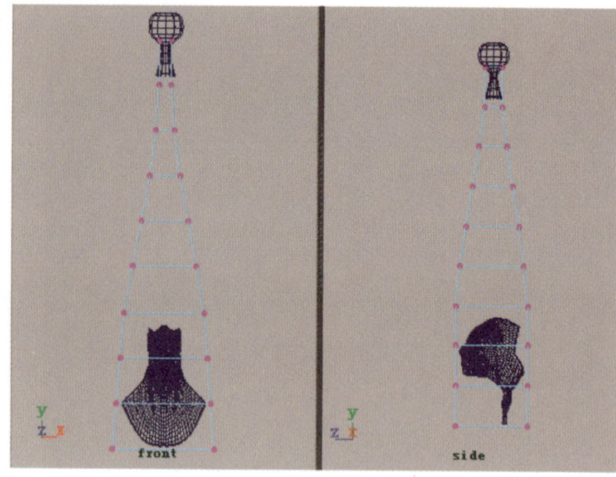

图13-123 调整晶格点

播放动画可以看到如图13-124所示的效果。

图13-124 动画效果

4. 制作怪兽头部变形动画

01 将时间滑块移到第1帧，选择man2模型，在Channel Box中选择BlendShape1，将beastHead1设为1，按S键设置关键帧，如图13-125所示。

图13-125 设置关键帧

02 将时间滑块移到第180帧，选择man2模型，在Channel Box中选择BlendShape1，将beastHead1设为1，按S键设置关键帧，如图13-126所示。

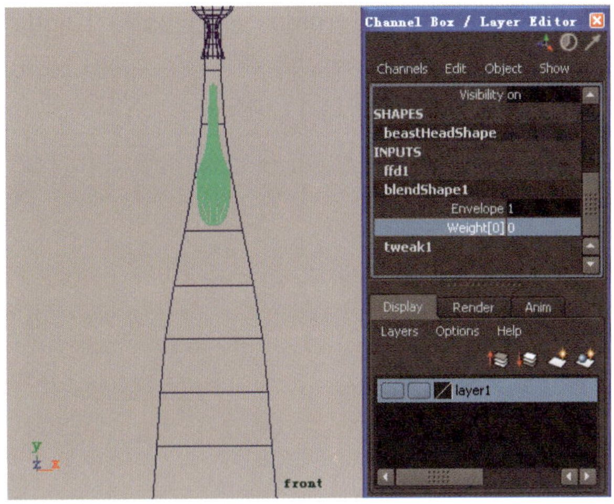

图13-126 设置关键帧

03 播放动画，观察显示的效果，如图13-127所示。

图13-127 显示的效果

5. 不规则动画

01 选择视图中的晶格，为其添加Bend（弯曲）变形，操作方法比较简单，这里就不再赘述了，如图13-128所示。

02 使用同样的方法为晶格添加第二个Bend（弯曲）变形，如图13-129所示。

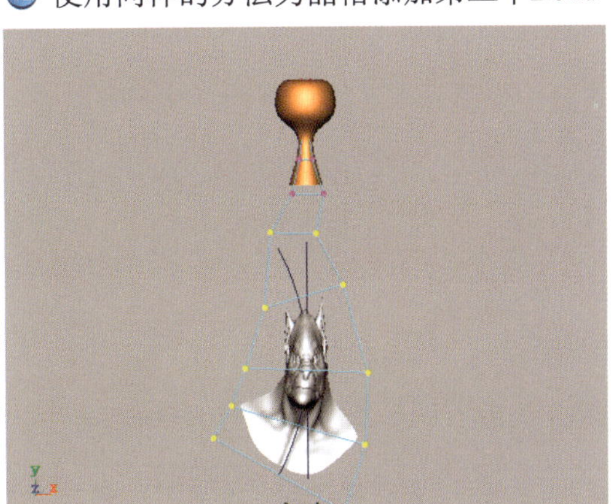

图13-128 添加Bend变形1

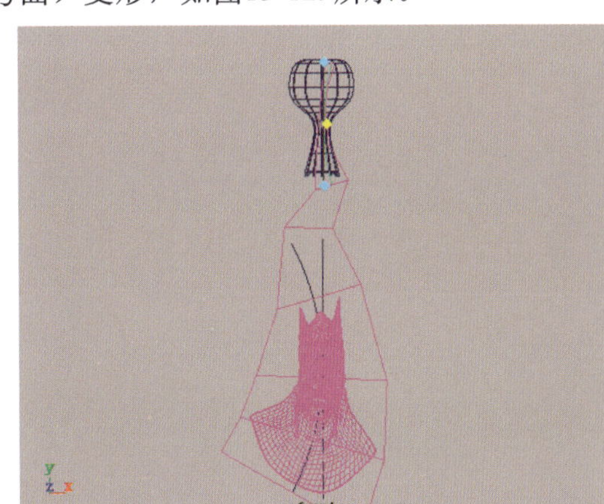

图13-129 添加Bend变形2

03 调整晶格的位置，然后执行Create Deformers（创建变形）|Jiggle Deformer（抖动变形）命令，设置Stiffness为0.02，Damping为0.1，使抖动过渡更自然，如图13-130所示。

04 本例的最终变形效果，如图13-131和图13-132所示。

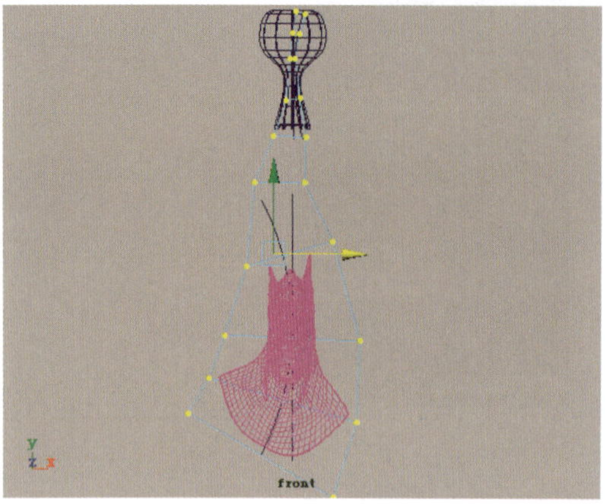

图13-130 设置抖动变形

图13-131 变形效果1

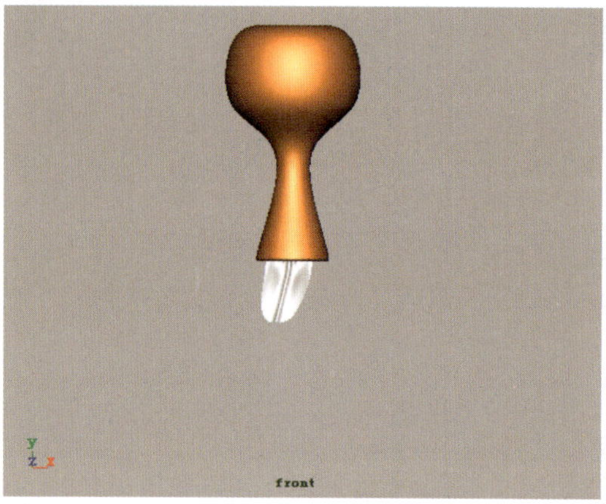

图13-132 变形效果2

第14章　路径动画与约束技术

14.1　Motion Paths（路径动画）

所谓路径动画是指物体能够沿特定的路径进行运动。使用这种创建动画的工具，可以使用户轻而易举地快速制作出特定的轨迹动画效果，从而避免了因使用关键帧创建动画带来的不流畅性和不自然性。打开Animate菜单，观察有关路径动画的命令工具，如图14-1所示。

14.1.1 Attach to Motion Path（创建路径动画）

在制作路径动画时，首先要创建一条曲线作为物体运动的路径，然后再指定物体沿曲线运动。这样，物体的运动轨迹完全由曲线形状而定，从而实现完美的运动效果。下面我们通过一个简单的物体沿路径运动，来学习路径动画的创建方法。

课堂练习127：创建路径动画

01 在场景中导入一架飞机模型，并且创建一条曲线，下面将该飞机模型添加到曲线，使其沿曲线运动，如图14-2所示。

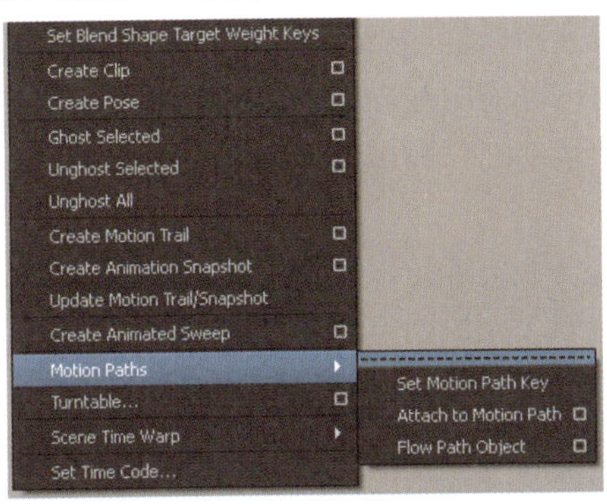

图14-1 路径动画命令菜单

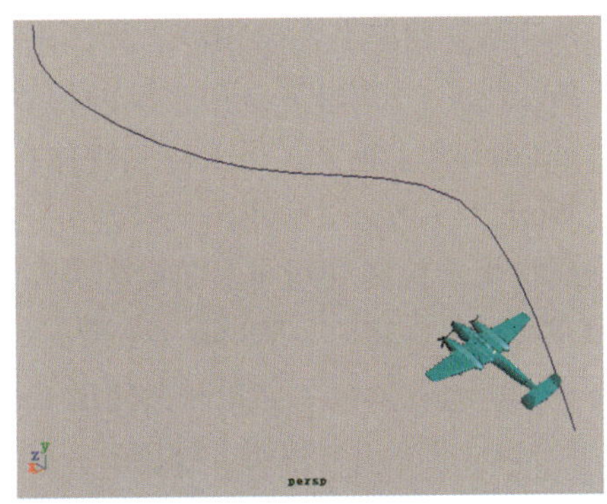

图14-2 导入目标模型

02 先选中飞机模型，再选中曲线，单击Motion Paths（路径动画）|Attach to Motion Path（创建路径动画）命令右侧的□按钮，在弹出的选项面板中单击Start/End单选按钮，设置End time值为100，如图14-3所示。

03 此时曲线的两端会有数值显示，表示路径动画的起始和结束时间值，然后拖动时间滑块，飞机会沿曲线进行移动，如图14-4所示。

提示：在将物体对象添加时曲线之前，一定要选中物体和曲线，然后执行Modify（修改）| Center Pivot（中心轴）命令，以恢复两对象的中心点，从而避免了物体沿曲线运动时，曲线之间会产生一定的偏移。

参数简介

下面对Attach to Motion Path选项面板中的参数进行说明。

◆　Time range（时间范围）

用于控制路径动画的时间范围，它包括3种时间范围运算方式。

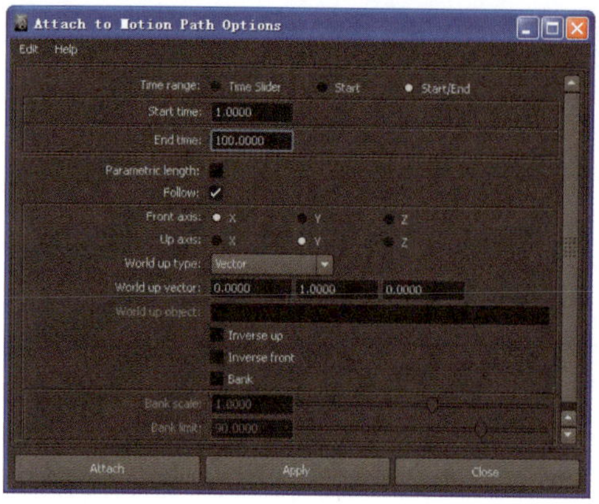

图14-3 执行Attach to Motion Path命令

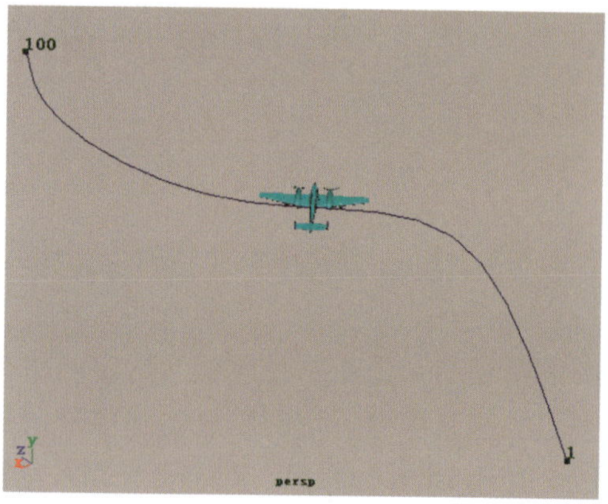

图14-4 飞机沿曲线运动

Time Slider：表示时间轴上的开始时间和结束时间，分别控制路径上的开始时间和结束时间。

Start：若单击该单选按钮，下面的Start time参数被激活，可以在这里设置物体沿路径运动的开始时间。

Start/End：若单击该单选按钮，下面的Start time和End time两个参数同时被激活，可以设置物体沿路径运动的开始和结束时间。

◆ Parametric Length（参数长度）

若启用该复选框，表示使用参数间距方式；禁用该复选框，则表示使用参数长度方式。

◆ Follow（跟随）：用来控制物体是否跟随曲线进行移动，默认为选中该复选框。

◆ Front Axis（前轴）：用来控制物体的哪个轴向可以沿曲线向前运动。

◆ Up Axis（上轴）：用来控制物体在沿曲线向前运动时，物体的哪个轴向是始终朝上的。

◆ World Up Type（空间向上类型）

该项属性用于控制空间向上向量的类型，包括Scene UP（场景）、Object UP（对象）、Object Rotation UP（对象旋转）、Vector（矢量）、Normal（法线）几种类型。

◆ World Up Vector（空间向上向量）：用来指定视图空间向上向量的轴向参数值。

◆ Inverse Up（反转朝上轴向）：用来控制物体沿曲线向前移动时，原来的物体本身方向朝上，变为朝下。

◆ Inverse Front（反转向前轴向）：用来控制物体沿曲线向前移动时，原来的物体自身方向向前变为向后。

◆ Bank（拐角）：用来控制是否将沿曲线运动的物体在曲线弯曲处产生拐角效果。

◆ Bank Scale（拐角比例）：用来控制物体在曲线弯曲处的拐角程度。

◆ Bank Limit（拐角限度）：用来控制物体产生拐角的最大限度。

14.1.2 Create Animation SnapShot（创建快照动画）

路径动画不仅可以用来制作沿曲线运动的动画，同样还可以快速制作沿路径摆放的场景道具。我们可以使用Create Animation SnapShot工具快速地将一个物体铺满到一条曲线上，下面对该命令操作进行介绍。

课堂练习128：创建快照动画

01 在新建场景中创建一条曲线和一个Pyramid模型，并且将Pyramid模型的中心点移动到该模型的底端，使该模型底端贴合曲线进行运动，如图14-5所示。

02 先选择模型Pyramid，再选中曲线，执行Attach to Motion Path（创建动画路）径命令，将其添加到曲线上，此时播放动画，模型的底端会贴合曲线进行移动，如图14-6所示。

03 选中该Pyramid模型，单击Animate（动画）| Create Motion Snapshot（创建快照动画）命令右侧的方体按钮，打开其属性设置面板，设置End time值为20，如图14-7所示。

图14-5 调整物体中心点

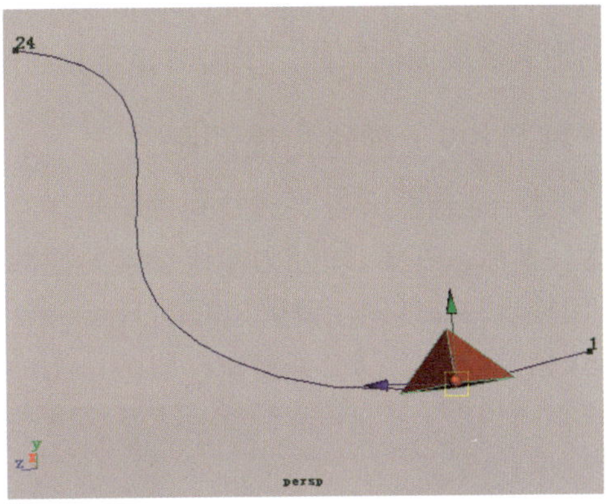

图14-6 物体沿曲线运动的效果

04 单击Snapshot按钮，执行快照操作，再播放动画，Pyramid模型跟随曲线进行移动，并且曲线上1～30帧之间会生成多个相同的Pyramid模型，如图14-8所示。

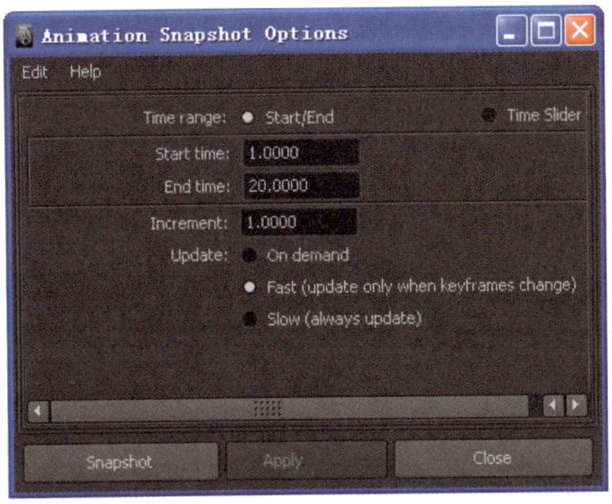

图14-7 设置快照参数

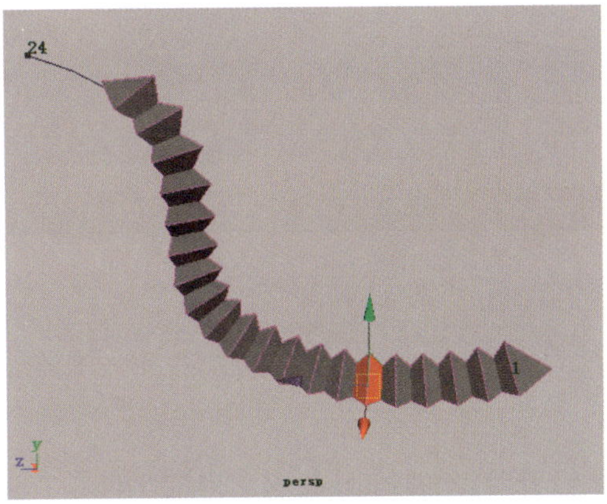

图14-8 执行快照操作

参数简介

◆ Time range

用于设置快照的时间范围，包括Start/End和Time Slider两个选项。

Start/End：用于定义生成快照的时间范围。

Time Slider：用于控制快照的生成时间范围为时间轴的播放时间。

◆ Increment

用于设置生成快照的取样值，单位为帧。默认值为1，表示每1帧生成一个快照物体，数值越大生成的快照物体越稀疏，反之则密集。

◆ Update

用于设置生成快照的更新方式，包括On demand、Fast和Slow 3个选项。

On demand：表示仅在执行Animate（动画）|Update Motion Trail（升级动画路径）|Snapshot（快照）命令后，路径快照才会更新。

Fast：表示当改动目标物体的关键帧动画后，会自动更新快照动画。

Slow：若选择此种方式，则任何改变目标物体的操作都会导致自动更新快照动画。

14.1.3 Create Animation Sweep（创建扫描动画）

快照动画命令可以快速制作出快照动画，同样还有一种Animation Sweep工具，也可以沿曲线快速创建出阵列物体。不同的是Animation Sweep工具更类似于曲线的放样操作，可以使用多条曲线，以动画的形式形成曲面物体。下面对该工具的使用进行介绍。

课堂练习129：创建扫描动画

01 创建一条曲线并将其放置到视图坐标原点处，执行Freeze Transformation操作，冻结曲线的变换属性；然后，在第1帧处为曲线设置关键帧，如图14-9所示。

02 切换到Side视图，设置曲线的Translate X属性值为–3，Translate Y值为–3；然后，拖动时间滑块到第6帧，为曲线设置关键帧，如图14-10所示。

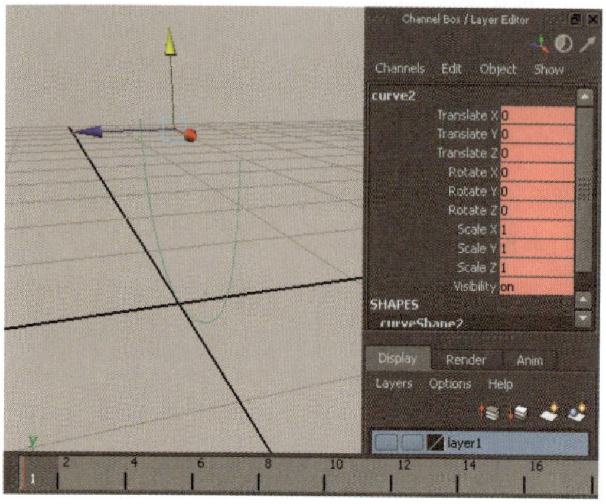

图14-9 设置第1帧动画

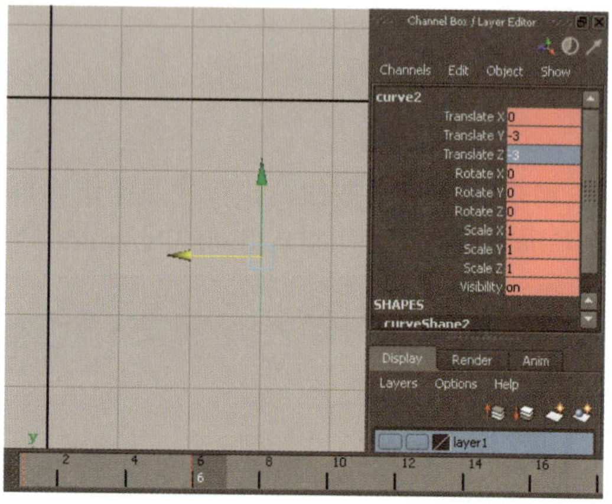

图14-10 设置第15帧动画

提示

与前文介绍的快照动画类似，在制作任何类型的动画时，都要调整目标物体的中心点，删除其操作历史并对其执行Freeze Transformation命令，将物体当前状态设置为默认初始状态。

03 设置曲线的Translate X属性值为–6，Translate Y值为0，再拖动时间滑块到第12帧处，为曲线设置关键帧，制作一个沿x轴方向运动的弧线动画，如图14-11所示。

04 选中该曲线并单击Create Animate Sweep 命令右侧的方体按钮，在弹出的属性面板中，单击Time Slider单选按钮，设置By time值为3，如图14-12所示。

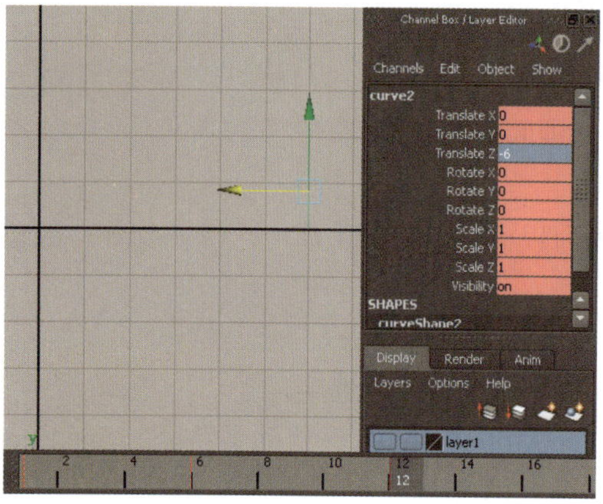

图14-11 设置第12帧动画

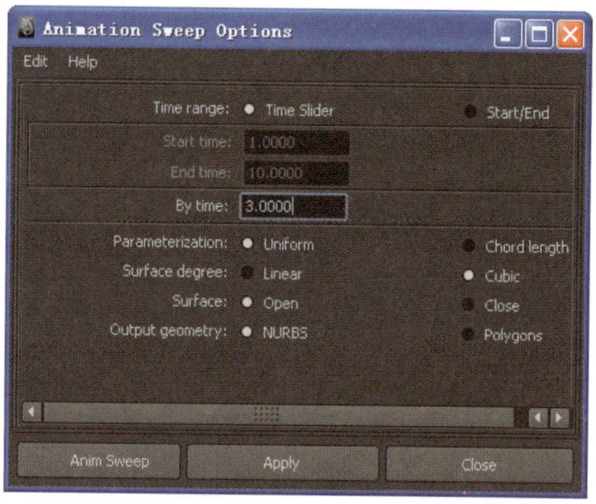

图14-12 设置扫描属性参数

05 单击Anim Sweep按钮，即可沿目标曲线运动的弧线方向生成一个扫描放样曲面，如图14-13所示。

06 选中生成的扫描曲面，按组合键Ctrl+H，将其隐藏，可以看到执行扫描操作生成的剖面曲线阵列，如图14-14所示。

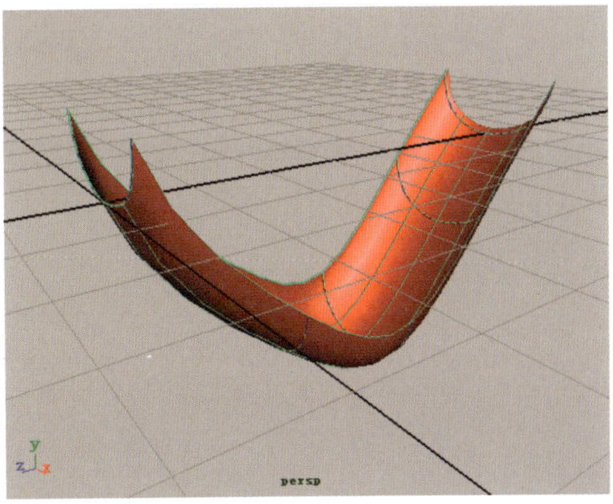
图14-13 曲线的扫描效果

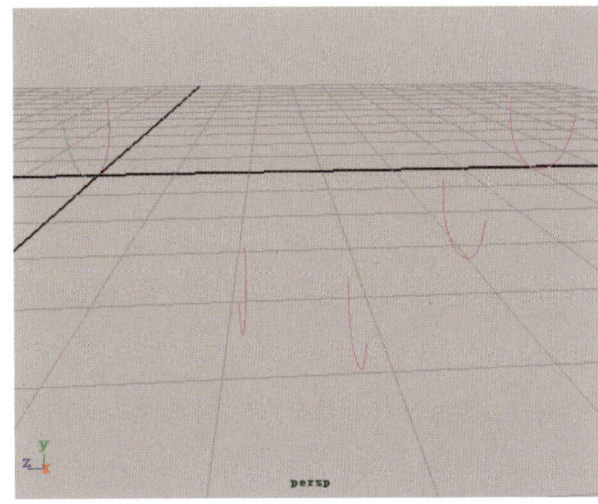
图14-14 生成的曲线阵列

技巧：同样我们也可以选中沿路径运动的物体，执行Create Animation Sweep命令，对其执行扫描操作，并且会沿曲线方向生成一个扫描曲面，从而更快捷地创建出沿变形或排列的物体，例如铁路铁轨的制作。

参数简介

◆ Time Range（时间范围）：用来设置扫描动画的时间范围。

Start/ End：用于自定义生成扫描放样物体的时间范围。

Time Slider：用于将当前时间轴的播放范围作为生成扫描放样物体的时间范围。

◆ By time（时间采样）：用来设置生成扫描放样的采样值，单位为帧，默认值为1。数值越小，生成的物体精度越高，但计算量也会随之增大。

◆ Parameterization（参数）：用来参数化设置生成的放样物体。

Uniform：用于控制放样生成的剖面曲线沿曲线的V方向平行排列。

Chord Length：用于控制生成曲线U方向上的参数值，依赖于起始点之间的距离。

◆ Surface degree（曲面精度）：用于控制生成放样曲面的精度。

Linear：表示生成的放样曲面表面会有明显的棱角生硬感。

Cubic：表示生成的放样曲面表面会比较光滑，能够获得很好的视觉效果。

◆ Surface（曲面状态）：表示生成的放样曲面状态，它包括Open（打开）和Close（闭合）两种类型，默认选中Open选项。

Open：用来控制生成的放样曲面处于打开状态。

Close：用来控制生成的放样曲面处于闭合状态，即其曲面起始端被连接在一起。

◆ Output geometry（输出几何体）：用来控制生成放样曲面的类型，包括NURBS（NURBS曲面）和Polygons（多边形）两种类型。

14.1.4 Flow Path Object（沿路径变形动画）

一个沿路径运动的物体同时也可以创建出沿该路径曲线摆放的多个相同物体。它可以通过快照动画命令简捷地体现出来，并且沿路径运动的物体也可以通过Flow Path Object命令进行扭曲变形，本小节将对扫描路径命令和Flow Path Object命令进行详细的讲解，通过实例操作的方式对所学知识进行巩固。

课堂练习130：创建沿路径变形动画

01 在新建场景中创建一条曲线，并且导入一个角色模型；然后，将该角色添加到曲线上，以创建路径动画，如图14-15所示。

02 选中蜗牛并单击Motion Paths（动画路径）|Flow Path Object（沿路径变形动画）命令右侧的方体按钮，打开其属性设置面板，设置Divisions：Front值为20并单击Curve单选按钮，如图14-16所示。

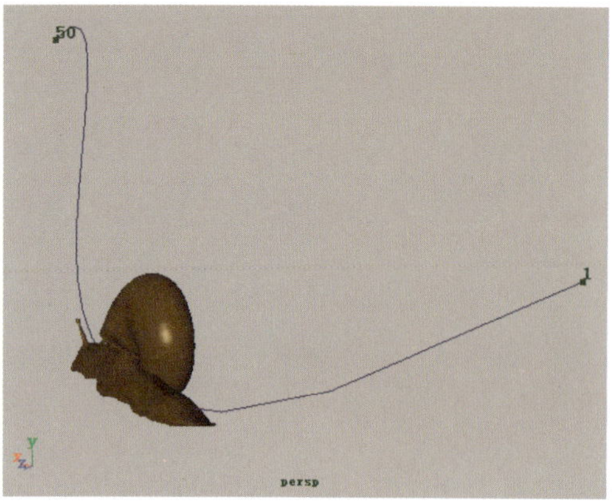

图14-15 创建路径动画

图14-16 路径变形选项设置面板

03 单击Apply按钮，即可在曲线的周围产生一个网格状的晶格线框，如图14-17所示。

04 在晶格线框上右击，在弹出的菜单中选择Lattice Point命令，进入晶格的点编辑状态，再使用移动或缩放工具对部分晶格顶点进行编辑，改变晶格外形，如图14-18所示。

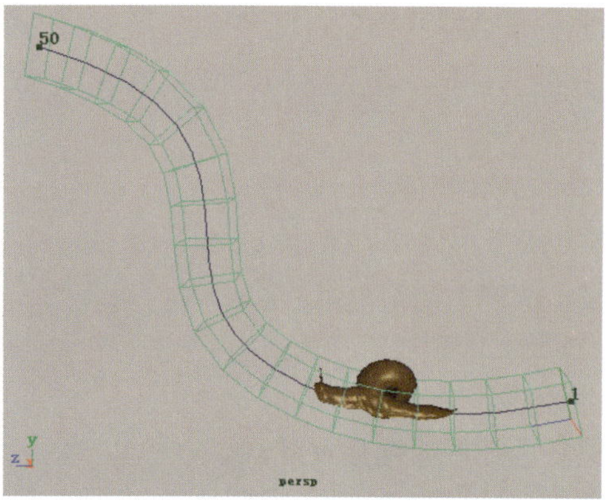

图14-17 执行Flow Path Object操作

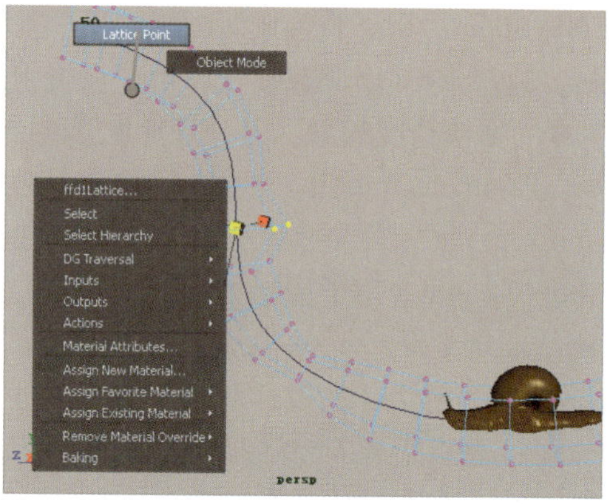

图14-18 调整晶格顶点

05 再拖动时间滑块，在蜗牛模型运动到变形的晶格部位时，也会跟随晶格发生一定的变形，如图14-19所示。

06 若在Flow Path Object选项面板中单击Object单选按钮，执行路径变形操作，则会在物体周围生成晶格，并且晶格跟随曲线的弯曲度自行变形，从而影响物体的变形，如图14-20所示。

参数简介

◆ Division（细分）：用于设置晶格在3个方向的分割度，包含了Front、Up和Side 3种方向类型。

Front：代表沿曲线方向的晶格分割度。

Up：代表沿物体方向的晶格分割度。

Side：代表物体侧边轴上的晶格分割度。

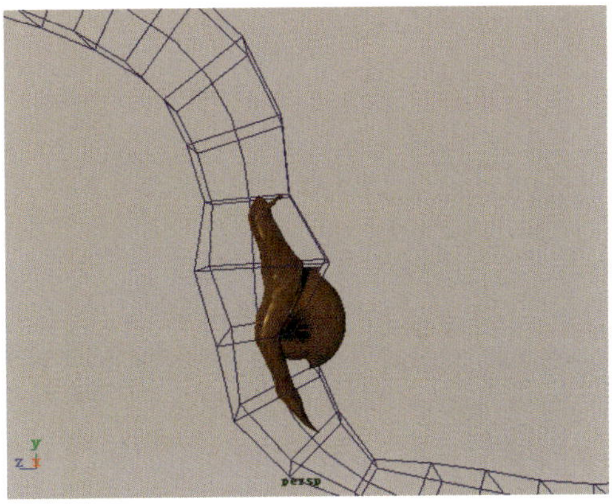

图14-19 曲线晶格对路径物体的影响

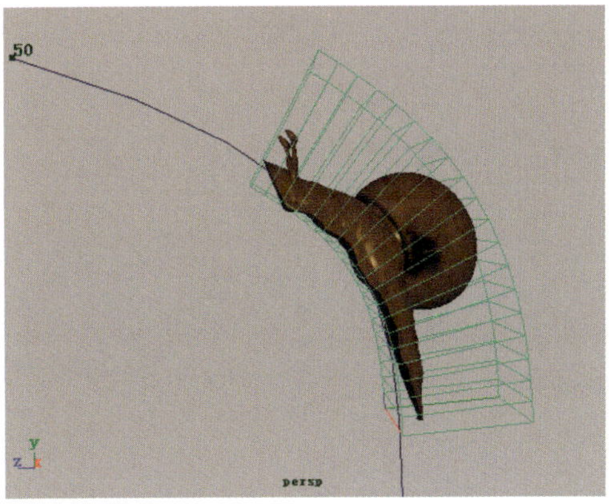

图14-20 物体晶格对物体的影响

◆ Lattice around（晶格周围）：用于设置产生晶格的方式。

Object：表示晶格沿物体周围创建。

Curve：表示晶格沿曲线创建即从曲线的起始端到终点端，晶格沿路径分布，看起来更像地铁的隧道。

◆ Local effect（局部效果）：局部效果修正，该选项对于沿路径创建晶格非常有用。

Front：用来决定在沿曲线运动方向上，实际影响物体的晶格分割度，默认为2。

Up：用来确定物体在向上轴方向上，实际能够影响的晶格分割度。

Side：用于确定沿物体在侧轴方向上，实际能够影响的晶格分割度。

14.2 编辑路径动画

当目标物体被添加路径动画后，也可以根据Maya提供运动路径属性参数，对其运动状态进行精确的调整与编辑。下面我们介绍几种改变运动路径状态的属性设置。

14.2.1 修改路径动画的运动方向

在前文中，物体被吸附到曲线上后，拖动播放头，物体会沿曲线进行运动，但物体的运动方向也需要随时改变，下面介绍如何改变路径动画中物体的运动方向。

课堂练习131：修改物体运动方向

01 有时在将目标物体添加到路径曲线上后，根据物体沿曲线的运动效果来看，物体的运动朝向会与曲线的方向有一定的偏差，如图14-21所示。

02 选中飞机，按组合键Ctrl+A，打开其属性面板；然后，切换到motionPath1选项卡，设置Motion Path Attributes卷展栏下Front Axis的轴向类型为*z*轴，如图14-22所示。

03 此时，场景视图中曲线上的飞机模型的运动方向发生了改变，如图14-23所示。

注意

Front Axis选项用于设置物体在路径动画中哪一个方向为前进正方向，在创建路径动画时默认为*x*轴，即沿*x*轴向前移动，这里我们可以设置任意轴向上的路径动画。Up Axis选项则用于设置路径动画中哪一个轴始终向上。

14.2.2 修改路径动画的时间范围

我们使用默认参数创建路径动画的时间范围为1～24帧，同样也会在路径曲线上显示路径动画的起始帧和结束帧，但是创建完路径动画后，也可以调整路径动画的时间范围。下面来介绍如何修改路径动画的时间范围。

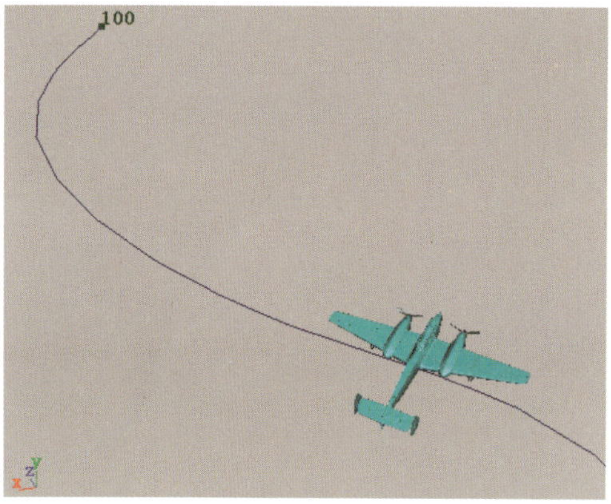

图14-21 物体与曲线方向不一致

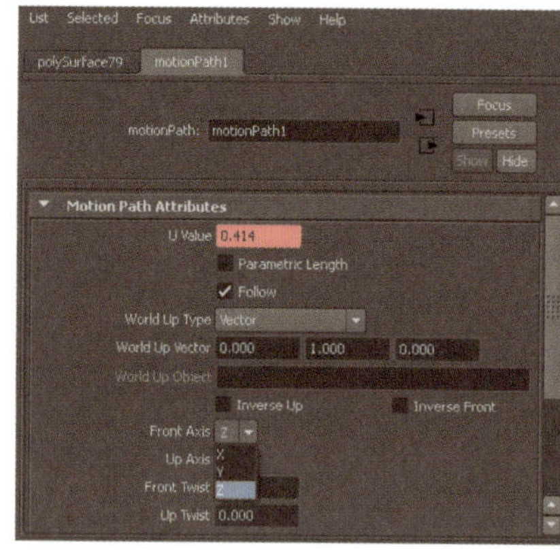

图14-22 路径属性设置面板

课堂练习132：修复动画时间范围

01 选中沿路径曲线运动的目标物体，此时时间轴上并没有任何关键帧显示，如图14-24所示。

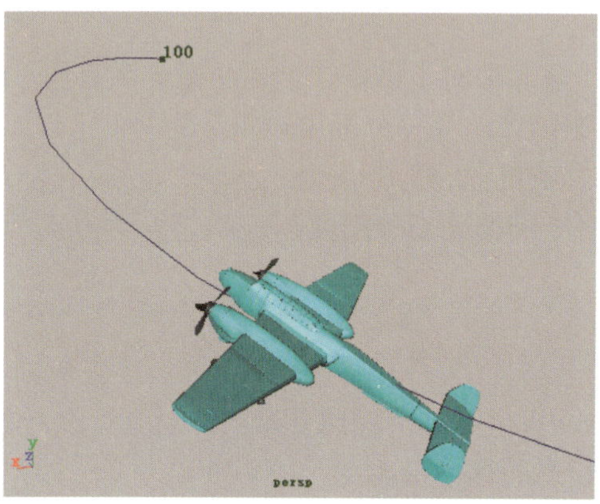

图14-23 物体运动方向的改变

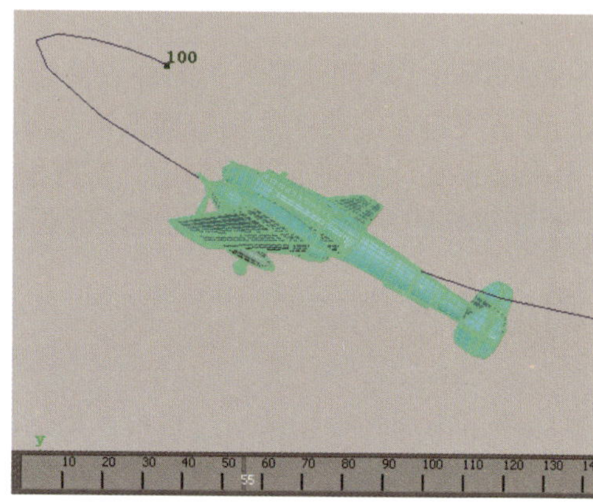

图14-24 创建的路径动画

02 打开Graph Editor窗口，在对象选择区中单击fei-ji选项，显示其动画曲线；然后，选择该曲线末端的关键帧点，Stats栏的关键帧值为100，表示当前动画结束时间是100帧，如图14-25所示。

03 选中动画曲线末端的关键帧点，再在Stats栏中输入关键帧值60，将路径动画曲线的时间范围缩短到60帧，如图14-26所示。

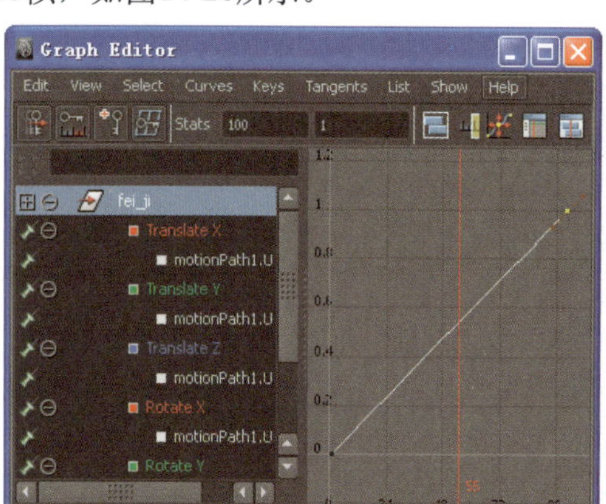

图14-25 显示路径动画的动画曲线

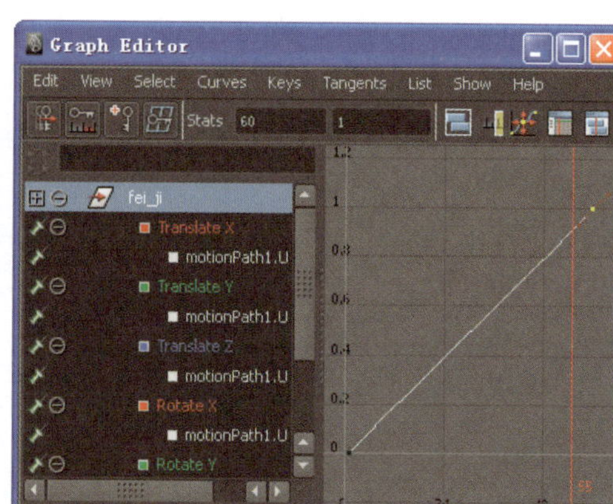

图14-26 修改动画曲线的关键帧值

04 在视图区中，路径曲线上显示的时间范围会由先前的1～100帧变为1～60帧，如图14-27所示。

05 同样，还可以在Graph Editor窗口中选中动画曲线首端的关键帧点，在Stats栏中设置该关键帧点的关键帧值为10，即可控制路径动画从第10帧开始，如图14-28所示。

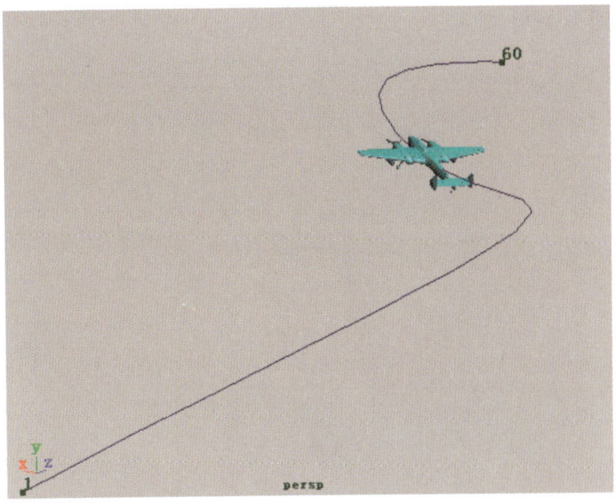

图14-27 路径曲线的结束时间范围

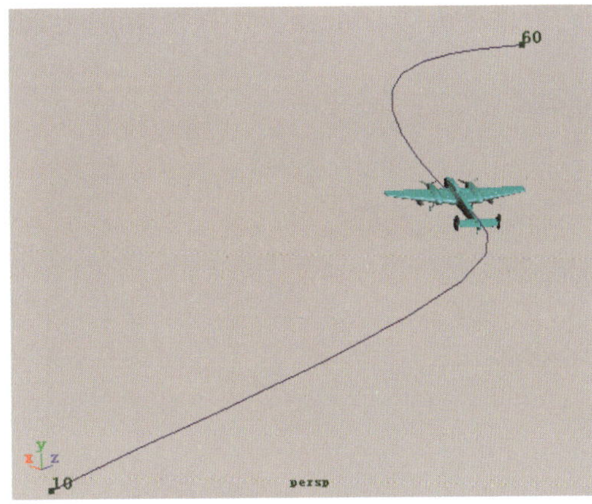

图14-28 路径动画的开始时间

14.2.3 旋转路径动画物体

现在物体可以正常沿着路径做起伏运动，但在整个运动过程中，物体运动的Front角度始终呈水平运动姿态，按正常的规律，物体在拐弯处应当有向内的轻微的倾斜。在物体的属性设置面板中提供了相关的角度旋转操作。

课堂练习133：旋转控制

01 创建一个简单的路径动画，放大场景视图，观察物体在运动到曲线拐弯处的旋转状态并不自然，如图14-29所示。

02 选中飞机，按组合键Ctrl+A，打开其属性设置面板，切换到motionpath1选项卡，在Motion Path Attributes属性下设置Front Twist值为-20，如图14-30所示。

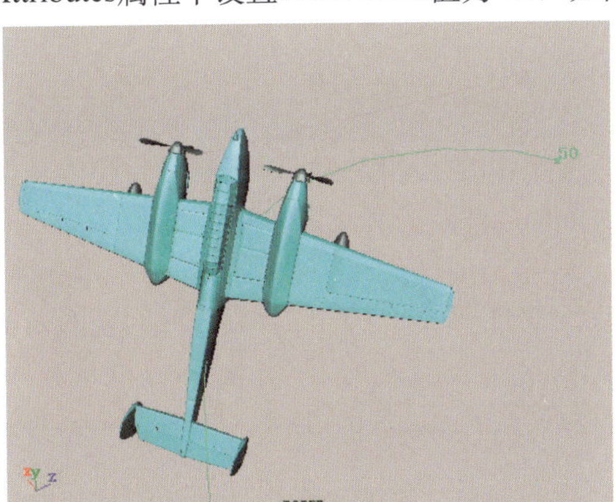

图14-29 目标物体的旋转状态

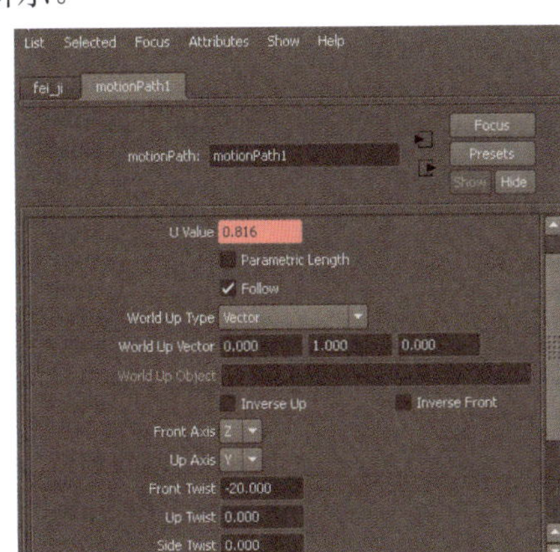

图14-30 设置Front Twist属性值

03 再在视图中观察，沿曲线向前运动的飞机曲线拐弯处会产生一定的偏转，如图14-31所示。

04 设置Up Twist参数值为-5，使目标物体布置过渡偏离曲线，然后再在视图中观察飞机的角度变化，如图14-32所示。

提示：从物体的运动路径可以粗略看到物体是根据曲线的起伏而变化的，但是，在实际情况下，物体的实际仰角和路径有一定的时间差。例如，物体在拐弯处起伏时的上升或俯冲效果，都可以通过修改Twist参数值来实现。

参数简介

◆ Follow（跟随）

若启用该复选框，Maya将计算物体沿曲线运动的方向。

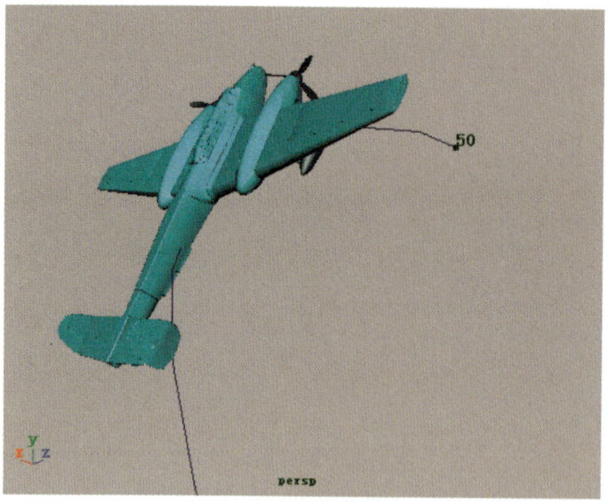

图14-31 物体的偏转效果

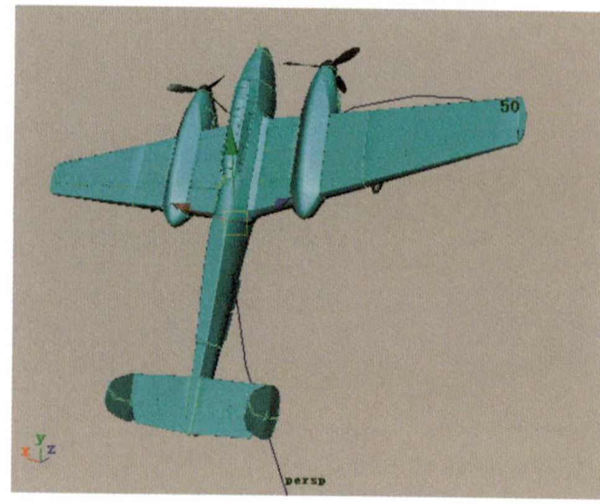

图14-32 设置Up Twist值

◆ Front Axis（前方轴）

在x、y、z三个坐标轴中选择一个坐标轴与前向量对齐。当物体沿曲线运动时，设置物体的前方方向。

◆ Up Axis（上方轴）

在x、y、z三个坐标轴中选择一个坐标轴与顶向量对齐。当物体沿曲线运动时，可以设置物体的顶方方向。

◆ Bank（倾斜）

该选项可以使对象在运动时向着曲线的曲率中心倾斜，就像摩托车在拐弯处总是向里倾斜。只有在启用Follow复选框后才能被激活，还可以设置Bank Scale（倾斜缩放）和Bank Limit（倾斜限制）两个参数，调整倾斜度。

◆ Front Twist

该属性用来调节物体Front角度的水平姿态，默认值为0。

◆ Side Twist

该选项用来调整物体侧身的仰角，默认值为0。从物体的运动路径可以粗略看到物体是根据曲线的起伏而变化的，但是，在实际情况下，物体的实际仰角和路径有一定的时间差。

◆ UP Twist

用来调节运动物体的转向角度。当物体在转弯时，物体和路径方向同样存在时间差的关系，若要调整物体的路径方向，可以通过Up Twist属性来调节。

14.2.4 为路径动画添加关键帧

我们在创建关键帧动画时，介绍过可以为物体通道栏和属性设置面板中的属性添加关键帧，那么，同样也可以为添加路径动画物体的动画属性设置关键帧，便于用户更加自由地控制路径动画中物体的运动状态。下面介绍如何为路径动画属性添加关键帧。

课堂练习134：添加关键帧

01 这里我们使飞机在运动到图14-33所示的位置时，自身方向发生变化，观察此时时间轴上的关键帧值。

02 选中沿路径运动的飞机模型，并进入其路径动画属性设置面板，然后在Front Axis属性上右击，在弹出的菜单中选择Set Key命令，为其添加关键帧，如图14-34所示。

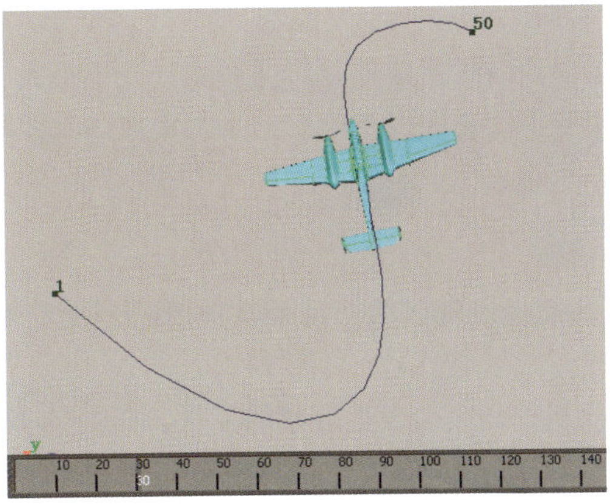
图14-33 设置添加关键帧的开始位置

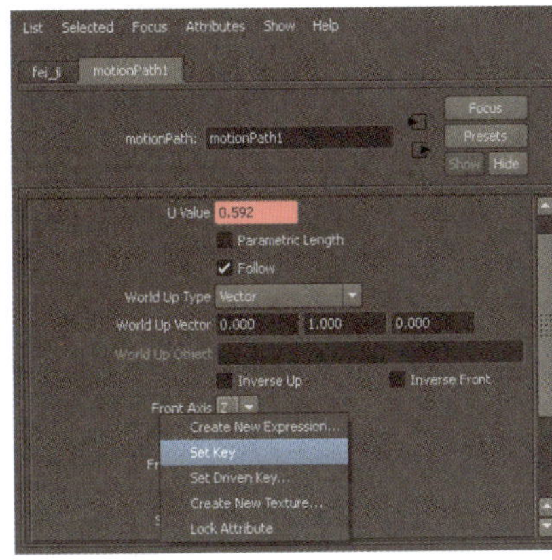

图14-34 执行Set Key命令

03 拖动时间滑块到第40帧处，确定飞机在当前位置开始改变角度状态，如图14-35所示。

04 在动画属性设置面板中，设置Front Axis属性模式为*x*轴，改变飞机当前的角度；然后，再在Front Axis属性上右击，在弹出的菜单中选择Set Key命令，为其设置关键帧，如图14-36所示。

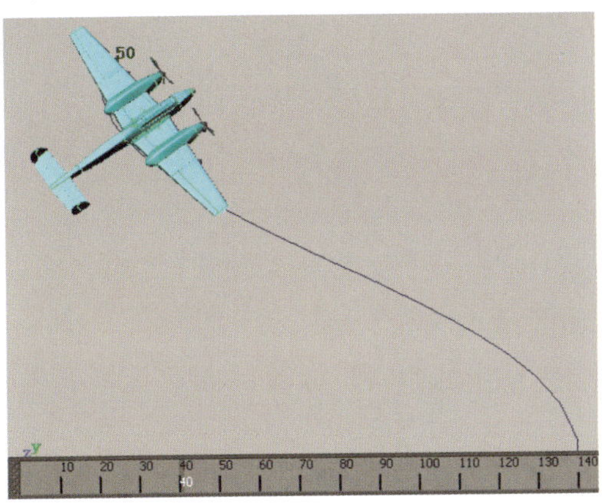
图14-35 确定目标物体的变化位置

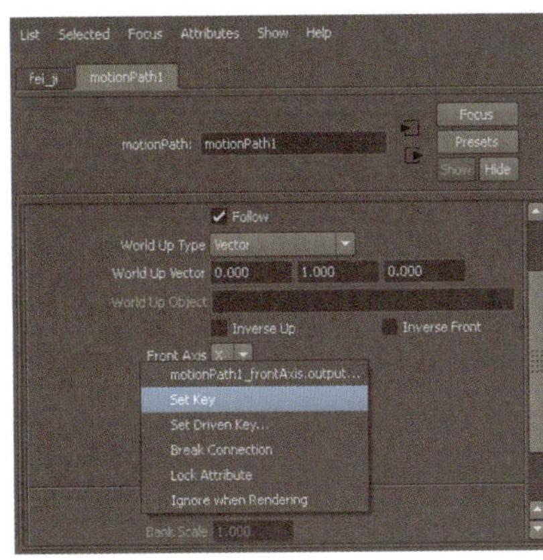

图14-36 设置属性参数

05 回到视图区，此时可以看到，在第1帧和第50帧显示两个红色的关键帧标记，表示成功添加关键帧，我们还可以对该关键帧进行编辑，如图14-37所示。

06 同样，还可以为路径动画的其他属性设置关键帧动画，如为Front/Up/Side Twist属性设置关键帧动画，如图14-38所示。

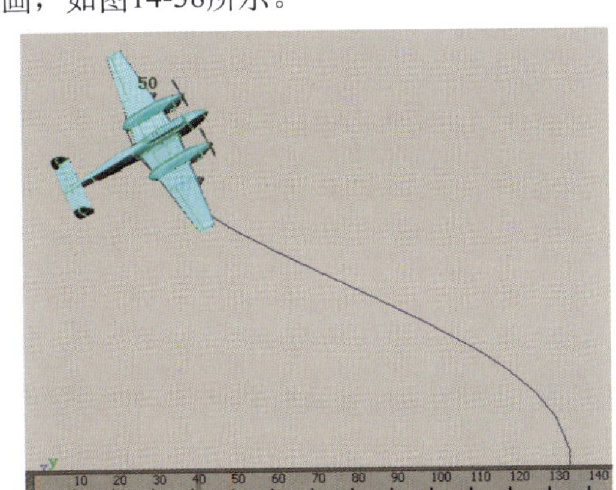
图14-37 创建的关键帧

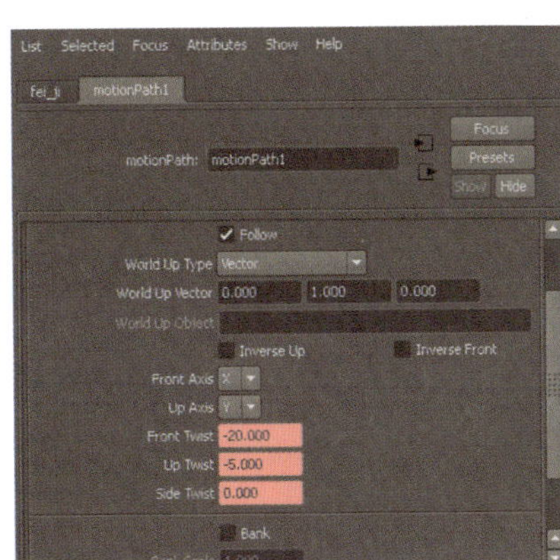

图14-38 通道属性

14.2.5 平衡路径动画

在播放路径动画时，可以看到物体在沿曲线运动到曲线拐角处时，会和曲线产生很大的角度偏离，若要使物体能够很好地沿曲线移动，就必须改变物体在曲线拐角处的平衡角度。下面对如何改变物体沿曲线运动的平衡性进行介绍。

课堂练习135：平衡路径动画

01 选择前一小节中的路径运动物体，并打开其属性设置面板，观察在禁用Bank复选框时，飞机运动到图14-39所示位置的角度状态。

02 选中运动物体并且启用Bank复选框，此时飞机的角度会发生轻微的变化，如图14-40所示。

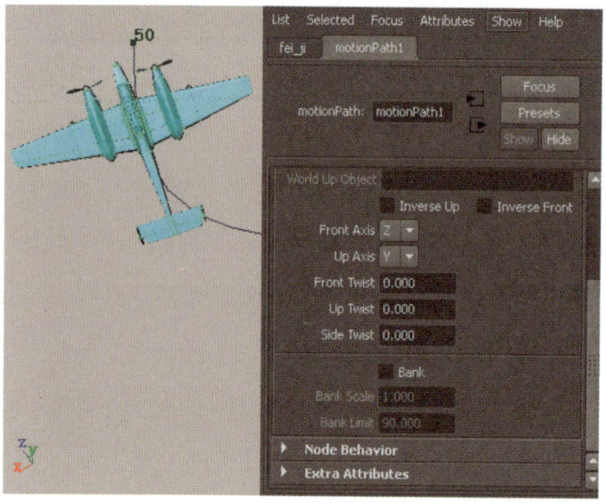

图14-39 观察物体的运动状态

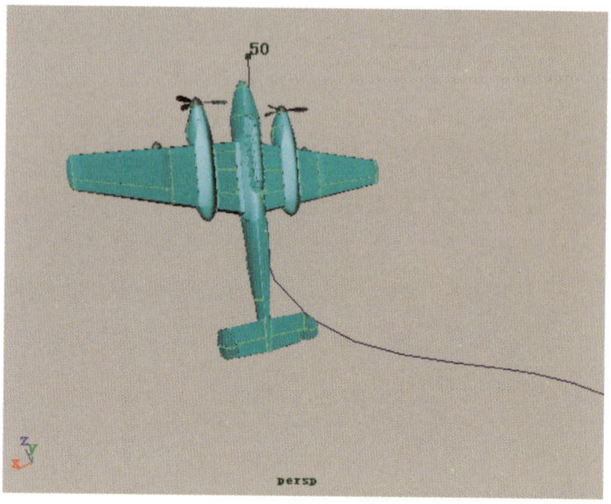

图14-40 启用Band选项

03 设置Bank Scale值为2，Band Lmit值为70，如图14-41所示。

04 此时可以看到飞机会根据该处曲线的曲率产生一定的倾斜，如图14-42所示。若飞机的倾斜角度不够，可以加大Bank Scale参数值。

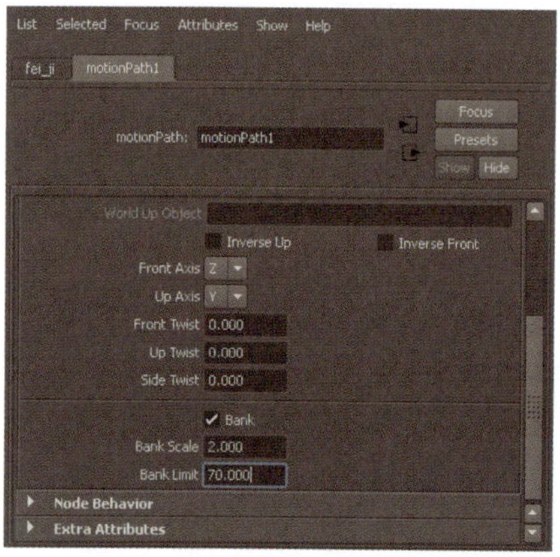

图14-41 设置Bank参数值

图14-42 飞机角度的倾斜效果

14.2.6 编辑路径动画的动画曲线

为路径动画设置关键帧后，若通过修改动画属性面板中的属性来改变物体的运动状态，是一项十分复杂的工作，并且还可能达不到预期的动画效果。此时，就需要通过调节动画曲线来控制整个路径动画的运动特征。

14.3 对象约束动画

前面我们学习了路径动画的有关知识，事实上我们可以将路径动画理解成约束动画，即物体的旋转与空间坐标位移都被曲线所约束。在Maya中还存在着除路径约束之外的众多逻辑约束。

切换到动画模块，打开Constrain命令菜单，可以看到Maya软件中常用的几种对象约束命令，如图14-43所示。

本节我们将重点对点约束、目标约束和父子约束等约束命令，以及其他约束工具的操作进行详细的介绍。

14.3.1 Point（点约束）

点约束的含义，即用物体A的空间坐标去约束控制物体B的空间坐标，一旦约束建立，那么物体B的空间坐标仅受物体A的影响。

课堂练习136：创建点约束

01 在新建场景中创建一个多边形圆环和一个多边形圆柱体，作为约束的目标物体，如图14-44所示。

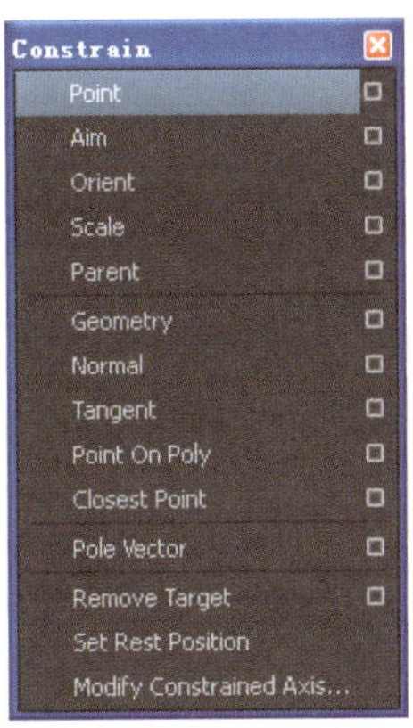

图14-43 对象约束命令

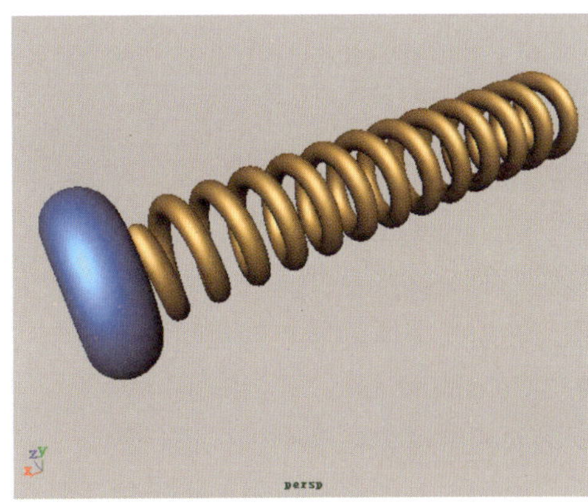

图14-44 创建目标物体

02 先选中圆环，再选中螺旋体，单击Constrain（约束）| Point（点）命令右侧的□按钮，在弹出的属性面板中启用Maintain Offset复选框，再单击Add按钮，执行点约束操作，如图14-45所示。

03 移动圆环，螺旋体会跟随移动，选中圆环并按数字键4，进入物体网格显示，螺旋体呈红色显示，表明成功被约束，如图14-46所示。

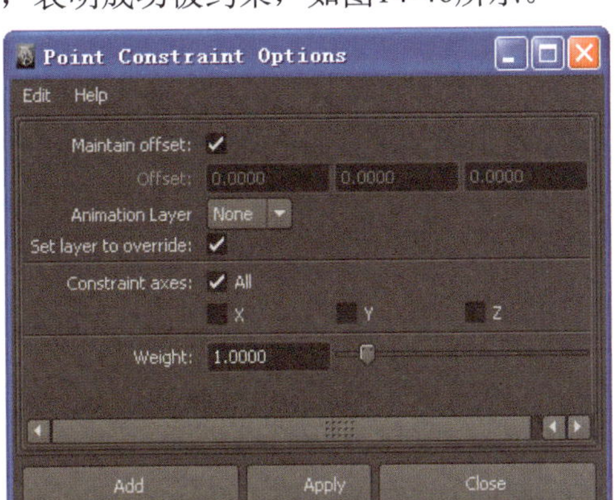

图14-45 设置Point Constraint属性参数

图14-46 物体的约束效果

04 选中被约束的螺旋体，打开其通道栏，可以看到其Translate X/Y/Z属性都呈蓝色显示，表示螺旋体的移动属性被添加约束，如图14-47所示。

05 按快捷键Z，撤销物体间的点约束操作。在Point Constraint选项面板中禁用Maintain Offset复选框，单击Apply按钮，再观察物体的约束效果，如图14-48所示。

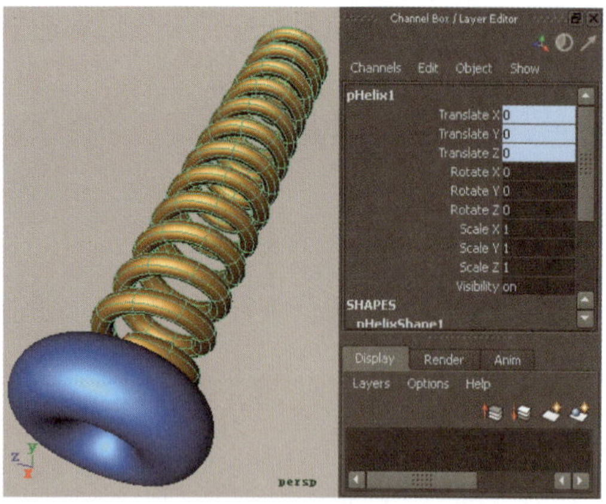

图14-47 被约束物体的通道属性颜色

图14-48 禁用Maintain Offset复选框

注意：若想对物体执行点约束操作，至少需要有两个目标物体，并且点约束工具只能使控制物体约束被控制物体的移动操作。

参数简介

◆ Maintian offset（原始位置偏移）

在约束时允许控制物体和被控制物体之间存在原始位置差，如果在创建点约束时不启用该复选框，那么被控制物体的原点就会吸附到控制物体上。

◆ Constraint axes（约束轴向）

该选项控制对物体哪个轴向进行约束。启用All复选框是对所有轴向进行约束，被约束对象将完全跟随约束物体。如果只启用X复选框，则只约束物体*x*轴上的位移，其他两个轴向可以自由移动。

◆ Weight（权重）

该参数控制约束的权重值，即受约束的程度。

14.3.2 Aim（目标约束）

点约束用来控制目标物体的空间位移，而目标物体则用来控制旋转，其作用为用物体A的空间坐标控制物体B的旋转属性，一旦约束建立，那么物体B的空间仅受物体A的位移所影响。

通俗地讲，就像我们用眼睛观察某个移动物体一样。当该物体移动时，眼球会旋转，无论物体如何移动，眼睛的目光始终聚集在物体上，目标约束也是一样的原理，下面我们以方体盒子围绕平面为例，来了解目标约束。

课堂练习137：创建目标约束

01 继续使用上一小节中的圆环和螺旋体，取消点约束关系；然后，先选中圆环，再选中螺旋体，单击Constrain（约束）|Aim（目标）命令右侧的□按钮，在弹出的面板中启用Maintain offset复选框，如图14-49所示。

02 单击Apply按钮，执行目标约束操作，移动圆环，螺旋体会发生旋转，并且螺旋的通道属性Rotate X/Y/Z呈蓝色显示，表示其旋转属性被约束，如图14-50所示。

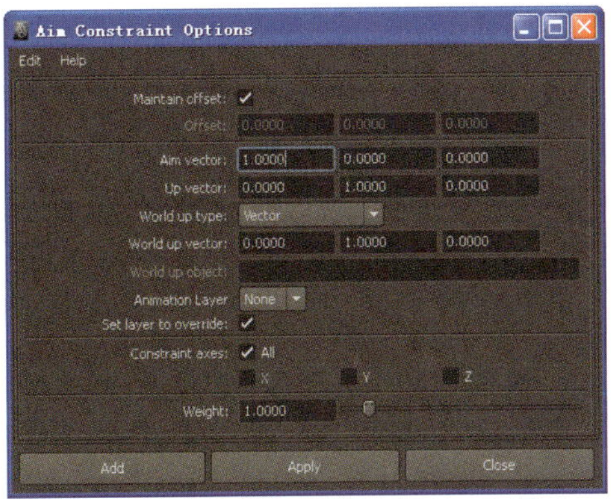

图14-49 创建目标物体

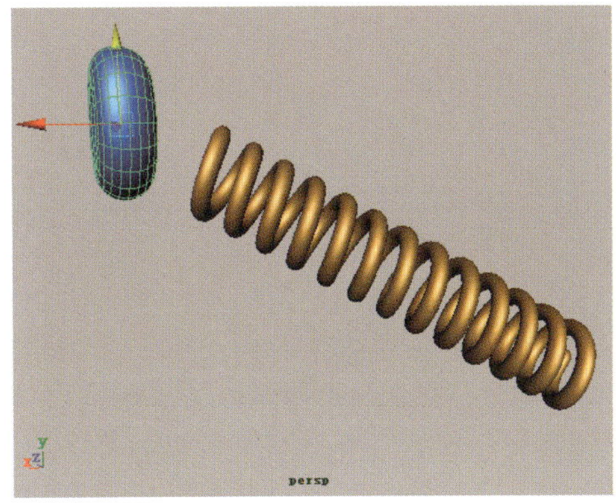

图14-50 目标约束效果

参数简介

◆ Maintain offset

该选项用于在创建目标约束时，允许被控制物体的旋转轴有移动初始偏移值。如果不选择该选项，那么当约束创建后，被控制物体的角度将根据Aim Vector和Up Vector参数的数值进行角度对齐，导致偏移自动归零。

◆ Aim Vector

用来设置Aim向量在被约束物体局部空间中的方向。Aim向量指向目标点，从而迫使被控制物体对齐自身轴向，但一旦选择Maintain offset选项，该设置将被忽略。

◆ Up Vector

Up Vector是指Up向量在被约束物体局部空间中的方向，用于强行对齐物体的轴向。

◆ Constraint Axes

该选项用来具体设置约束物体在哪些轴上旋转，如果选中X复选框，那么被控制物体只有Rotate X属性被约束控制，在其他两个轴方向上仍然可以自由旋转。如果选中All复选框，则物体在3个轴向上的旋转完全被约束控制，其角度将根据目标物体的空间位移而定。

14.3.3 Orient（旋转约束）

旋转约束是使用一个物体的旋转属性约束另一个物体的旋转属性，注意要与目标约束区别开。下面对旋转约束的创建方法进行介绍。

课堂练习138：创建旋转约束

01 继续使用上一小节中的圆环和螺旋体，先选中圆环，再选中螺旋体，单击Constrain（约束）| Orient（旋转）命令右侧的□按钮，在弹出的选项设置面板中启用Maintain offset复选框，如图14-51所示。

02 单击Apply按钮，执行旋转约束操作，选中圆环螺旋体会呈红色显示，表示成功建立旋转约束，如图14-52所示，并且螺旋体的通道属性Rotate X/Y/Z呈蓝色显示。

03 旋转圆环，螺旋体也进行旋转，如图14-53所示。同时两模型可以进行自由的移动和缩放操作。

14.3.4 Scale（比例约束）

比例约束比较好理解，就是使用物体A的比例值约束物体B的比例值。可以在视图中创建一个简单的场景来操作一下。

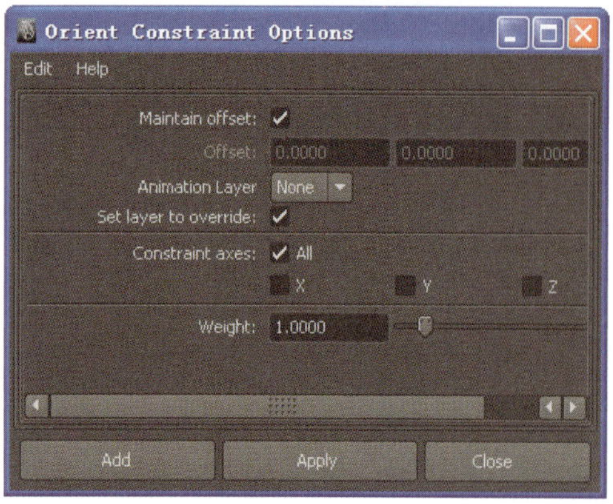

图14-51 设置Orient Constraint属性参数

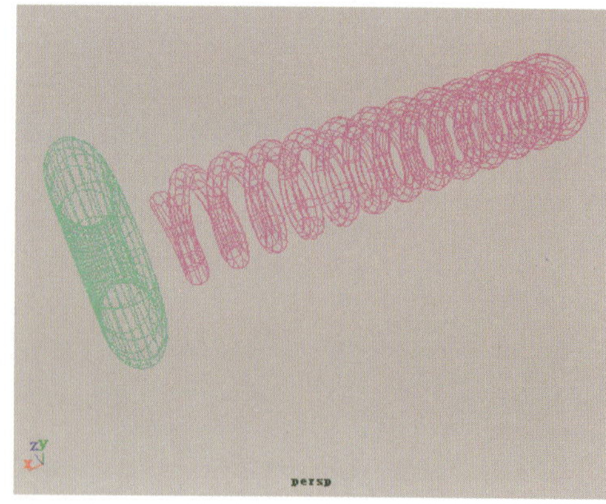
图14-52 执行约束操作

课堂练习139：创建比例约束

01 在场景中创建两个球体，对小球体的大小和高度进行缩放操作，可用来作为角色的眼球模型，如图14-54所示。

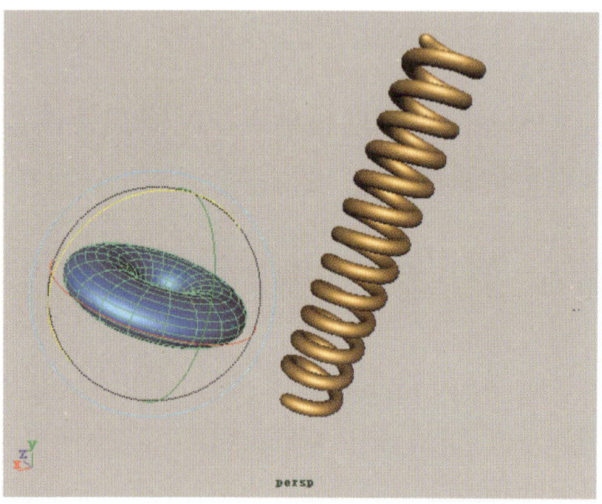
图14-53 Orient约束效果

图14-54 创建目标体

02 先选中大球体，再选中小球体，单击Constrain（约束）| Scale（比例）命令右侧的□按钮，在弹出的选项面板中启用Maintain offset复选框，再单击Add按钮，执行比例约束操作，如图14-55所示。

03 对大球体进行缩放操作，小球体也会跟随缩放，但是小球进入大球的内部，表示两球体的缩放操作不同步，如图14-56所示。

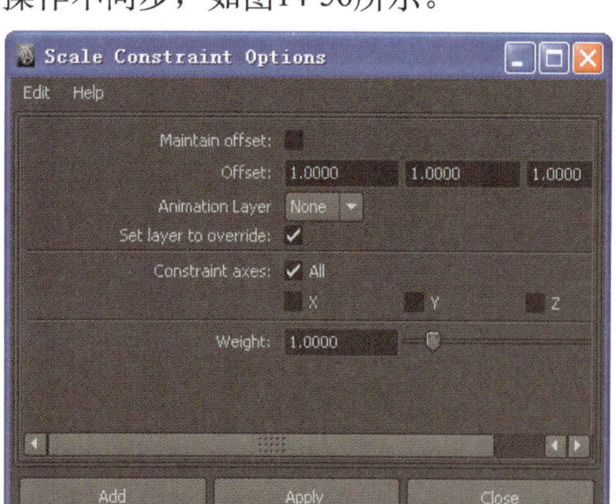

图14-55 设置比例约束属性

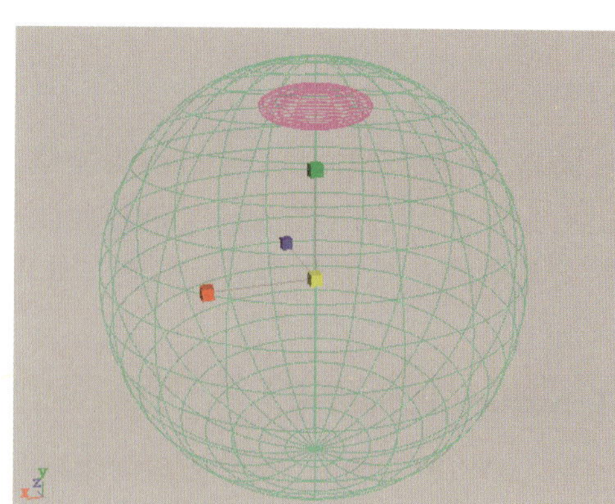
图14-56 缩放大球体

04 选中小球体，按Insert键，显示中心点并移动中心点到大球体的中心，如图14-57所示。

05 按Insert键，切换到正常模式，再对大球体进行缩放操作，此时小球体会跟随大球进行等比例缩放，如图14-58所示。

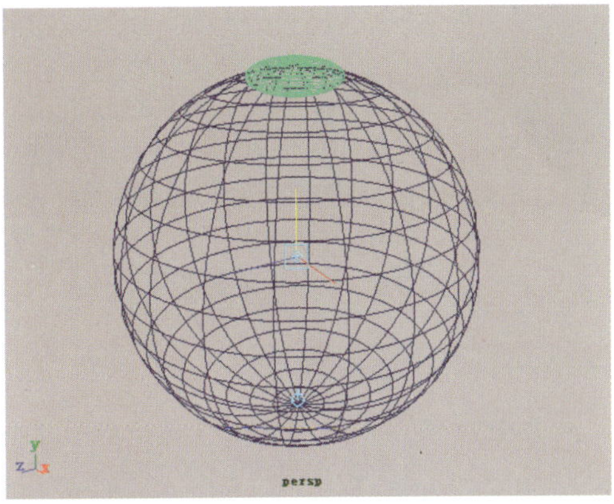

图14-57 调整被约束物体的中心点

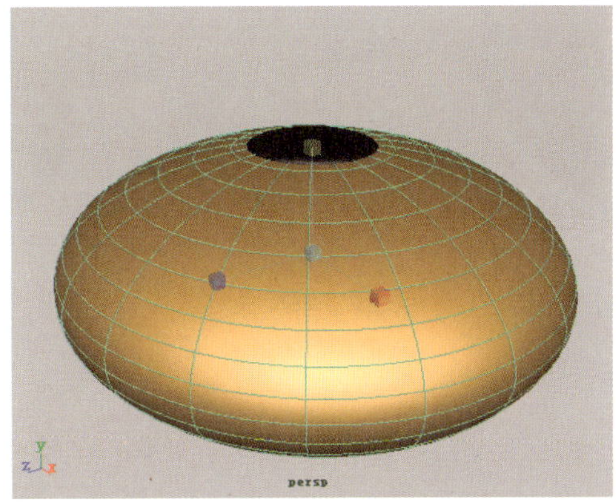

图14-58 最终的比例约束效果

参数简介

◆ Maintain offset

在约束时允许控制物体和被控制物体之间存在原始体积比例差，如果在创建点约束时不启用该复选框，那么被控制物体的体积Scale值就会与控制物体的Scale值相同。

◆ Constraint Axes

该选项用来指定将在哪个轴向上产生缩放。若仅启用X复选框，则被控制物体仅仅在*x*轴上产生缩放，其他两个轴向不会产生缩放效果。

14.3.5 Parent（父子约束）

为两物体创建父子约束后，子物体将会随父物体的运动而运动，通过这种方式，可以制作很多动画效果。

课堂练习140：创建父子约束

01 在场景中导入一架飞机模型，在Outliner窗口中，先选中螺旋桨模型faly，按Shift键加选螺旋桨中心的轴模型head，如图14-59所示。

02 单击Constrain（约束）|Parent（父子）命令右侧的□按钮，在弹出的选项设置面板中启用Maintain offset复选框，单击Add按钮，对目标物体进行父子约束，如图14-60所示。

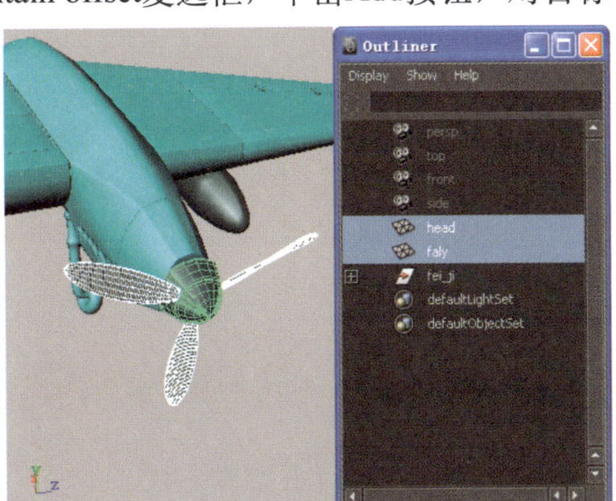

图14-59 选择目标物体

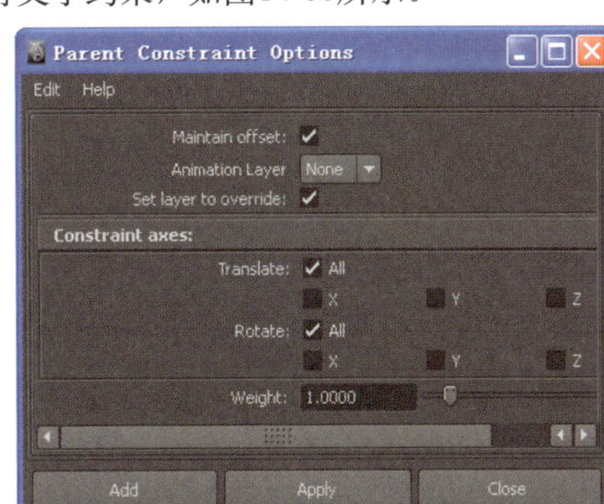

图14-60 设置父子约束属性

03 选择并旋转该螺旋桨模型faly，可以看出轴模型也随着进行旋转或移动，如图14-61所示。

04 选中模型head，使用旋转工具对其进行旋转，可以看到螺旋桨模型并没有产生任何变化，如图14-62所示。

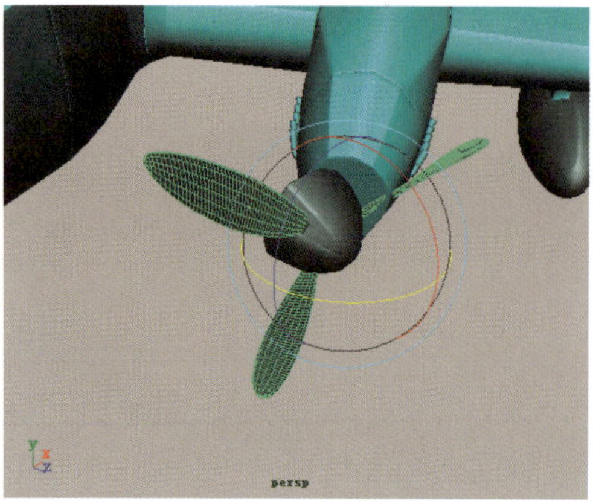

图14-61 物体的父子约束效果

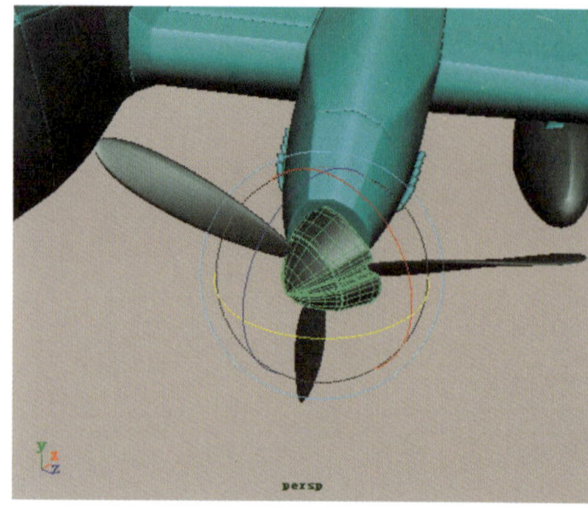

图14-62 旋转螺旋桨模型

05 选中该螺旋桨模型，可以看到其通道属性Translate X/Y/Z、Rotate X/Y/X都呈蓝色显示，表明该物体的移动和旋转属性都被添加了父子约束，如图14-63所示。

06 同时在Outliner窗口中，可以看到在轴模型head层级和螺旋桨faly层级之间生成一个head_parentConstraint1，表示两物体之间的父子约束节点，如图14-64所示。

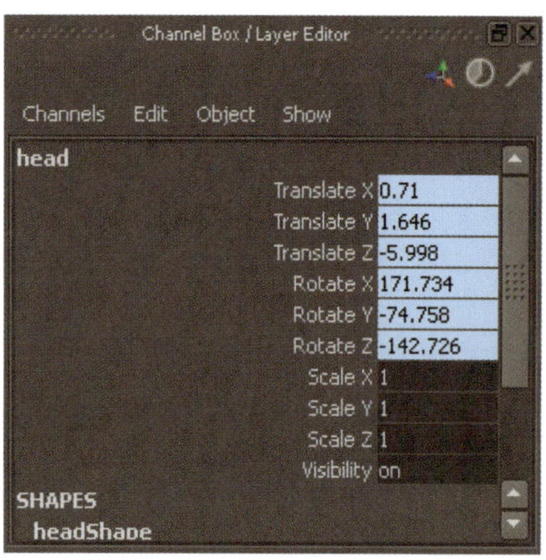

图14-63 被约束物体的通道属性

图14-64 生成的父子约束节点

14.3.6 Geometry（几何体约束）

Geometry命令是使用一个物体的表面信息约束另一个物体的位移，可以形象地理解为，将一个物体吸附到另一个物体的表面，并且可以沿着物体的表面移动。下面对几何体约束工具的使用进行介绍。

课堂练习141：创建几何体约束

01 在场景中创建一个锥体和表面崎岖不平的曲面，并调整锥体的中心点到锥体的底部，如图14-65所示。

02 先选中锥体，再选中曲面，执行Geometry命令，锥体就会约束到曲面上，移动锥体，发现只能在曲面上进行移动，如图14-66所示。

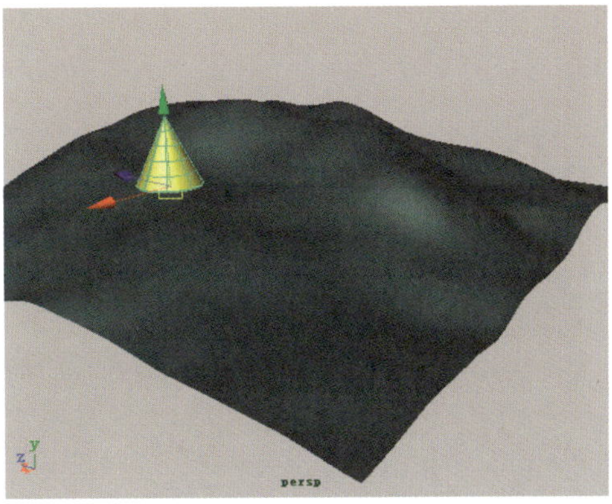

图14-65 创建目标模型

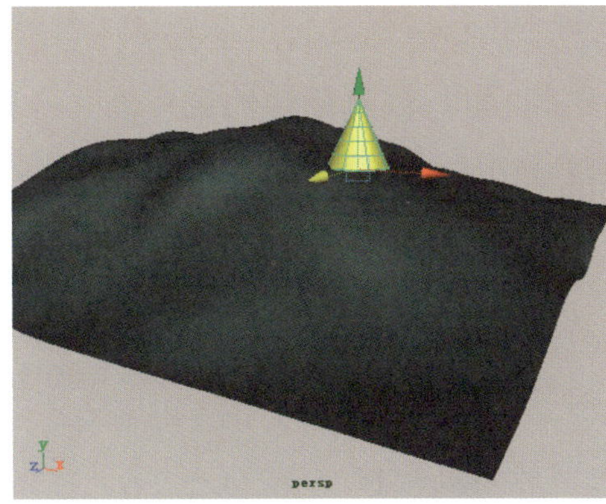

图14-66 执行Geometry命令

14.3.7 Normal（法线约束）

Normal命令配合几何体约束工具使用，它可以使用一个物体表面的法线方向信息约束另一个物体的旋转属性。Normal命令的原理是被约束物体运动路径的向上轴向与约束物体的法线方向垂直。下面通过简单的实例来介绍该工具的使用方法。

课堂练习142：创建法线约束

01 继续使用上一小节中的锥体和曲面，撤销两物体间的几何体约束关系，先选中曲面，再按Shift键加选锥体，单击Constrain（约束）Normal（法线）命令右侧的□按钮，在弹出的选项设置面板中设置Aim vector X/Y值分别为0和1，如图14-67所示。

02 单击Add按钮，锥体会被锁定在曲面的表面上进行移动，并且锥体的旋转角度会随曲面法线的朝向而改变，如图14-68所示。

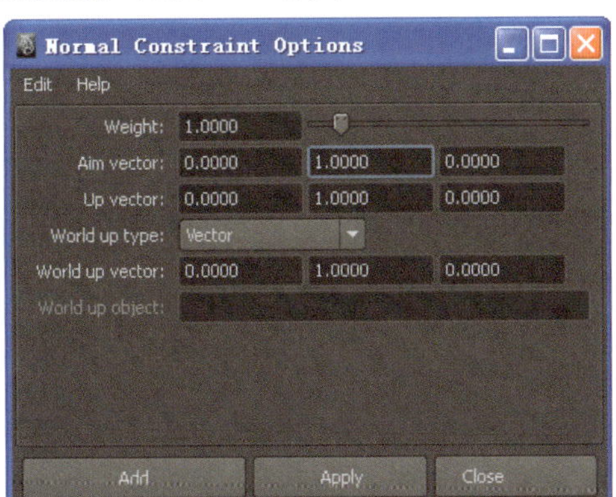

图14-67 设置法线约束属性参数

图14-68 显示法线方向

03 选中曲面，执行Display（显示）| NURBS | Normal（Shaded Mode）[法线（着色模式）]命令，将曲面的法线显示出来，锥体的方向和法线的方向是保持一致的，如图14-69所示。

提示：在对物体执行法线约束操作时，被约束物体的中心点位置会与约束物体的表面重合，因此，在执行约束操作前，一定要先设置被约束物体的中心点。例如，若要使被约束物体的端部吸附到约束物体的表面，就必须调整被约束物体的中心点到其端部位置。

14.3.8 Tangent（切线约束）

切线约束可以使一个物体的Front轴向始终和切线的方向保持一致，当曲线拐弯时，物体的轴向也随之改变。

课堂练习143：创建切线约束

01 在新建场景中创建一条圆环曲线，并且导入一个花瓣模型，用来作为切线约束操作的目标物体，如图14-70所示。

图14-69 显示曲面的法线

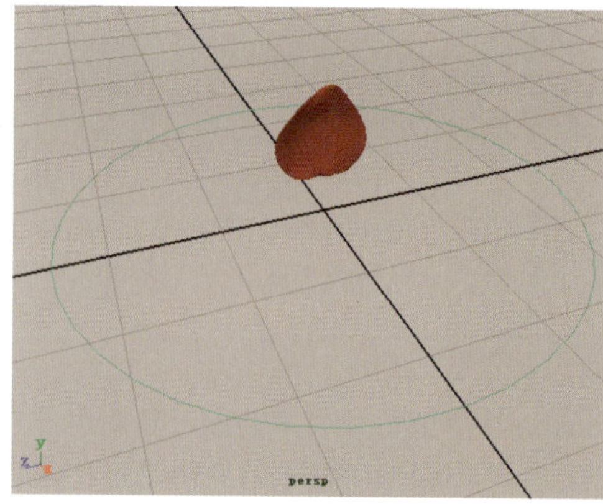

图14-70 导入目标模型

02 先选中圆环曲线，再选中多边形物体，单击Tangent命令右侧的方体按钮，在弹出的选项设置面板中设置Aim vector X/Y值分别为0和1，如图14-71所示。

03 单击Add按钮，执行切线约束操作，再任意移动圆环曲线，花瓣都会随着曲线而实时发生翻转变化，如图14-72所示。

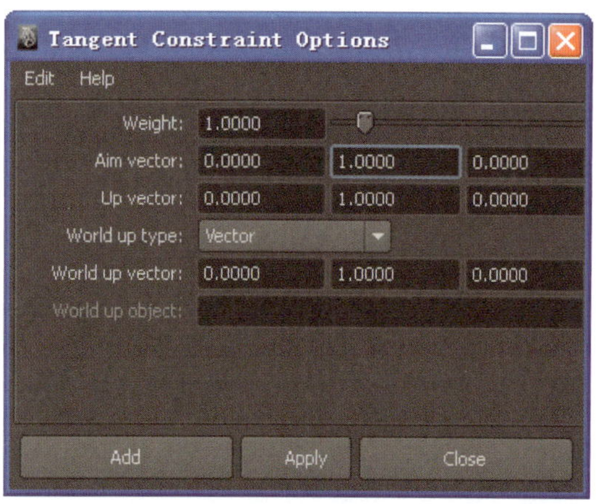

图14-71 创建模型

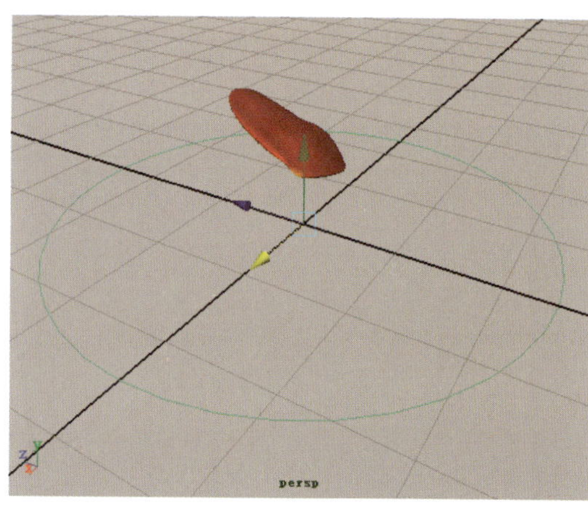

图14-72 切线约束效果

14.3.9 Pole Vector（极向量约束）

Pole Vector命令可以使“极矢量终点”跟随目标物体移动。在角色设定中，胳膊、膝盖等关节链的IK旋转控制手柄的极矢量经常被限制在角色后面的定位器上。通常情况下，运用极矢量约束是为了在操纵IK旋转控制手柄时避免意外的反转，例如，当手柄矢量与极矢量相交时，反转就会出现，使用极矢量约束可以让两者之间不相交。该工具具体的使用方法将在后面的骨骼控制章节中进行介绍。

注意

Pole Vector工具只能在含有IK控制手柄的物体上使用。它的工作原理是使用IK控制器控制物体，再创建一个定位器，对IK和定位器执行Pole Vector操作，从而达到定位器对IK控制器的Pole Vector约束效果。

14.3.10 驱动约束动画

所谓驱动动画，可以形象地理解为，使用运动A物体的属性来驱动运动物体B的属性，例如，可以使用物体A的移动属性驱动物体B的旋转属性。这类工具在动画制作中非常实用。在这里首先要明确的是，只能在两个物体间设置驱动属性。下面以一个简单的实例，来练习如何设置物体间的驱动属性。

课堂练习144：创建驱动约束

01 在场景中创建一个多边形Cube模型和一个多边形球体，并且调整Cube模型的中心位置和厚度，作为一扇门，如图14-73所示。

02 选中球体和门模型，执行Freeze Transformations命令，冻结两者的通道属性；然后，拖动时间滑块到第1帧，为小球的通道属性Translate X设置关键帧，如图14-74所示。

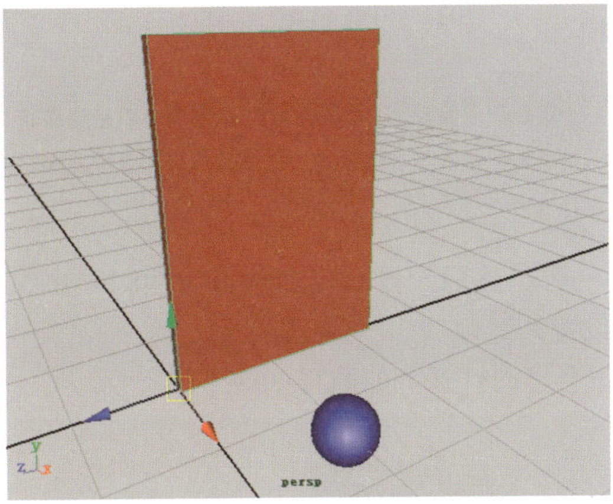

图14-73 创建目标物体

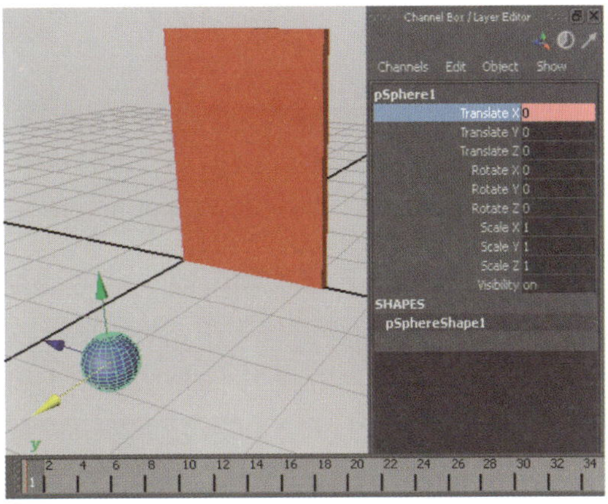

图14-74 设置小球第1帧动画

03 再拖动时间滑块到第20帧处，设置小球的通道属性Translate X为5，并为其设置关键帧，如图14-75。接下来我们要模拟小球运动到门口时门自动打开的动画。

04 执行Animate（动画）| Set Driven Key（设置驱动关键帧）| Set（设置）命令，打开驱动属性编辑窗口，在未添加任何物体属性时，窗口列表属性为空白显示，如图14-76所示。

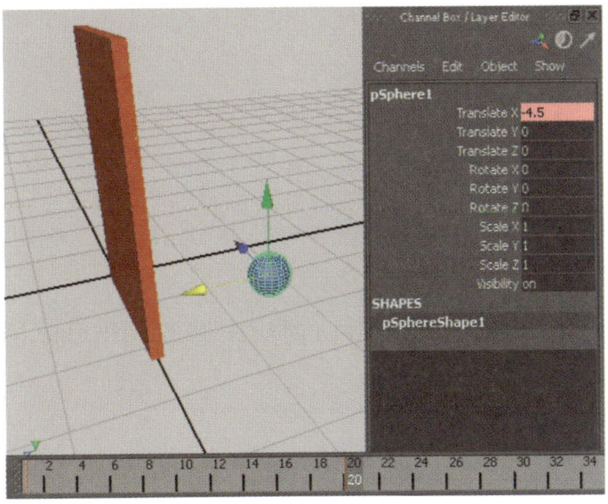

图14-75 设置小球第20帧动画

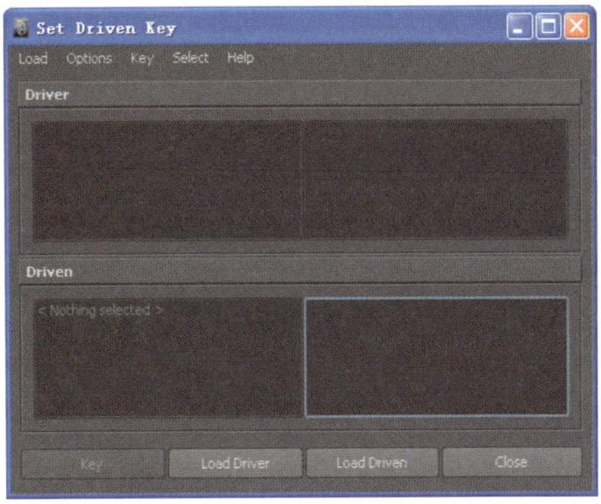

图14-76 驱动编辑窗口

05 先选择球体并单击Load Driver按钮，将其载入驱动列表，再选中门并单击Load Driven按钮，将其载入被驱动列表，并在右侧列表中选中要驱动的两属性Translate X和Rotate Y，如图14-77所示。

06 选择第1帧，在Set Driven Key窗口中单击Key按钮，为两驱动属性设置关键帧，此时门的通道属性Rotate Y呈红色显示，表明被成功设置关键帧，如图14-78所示。

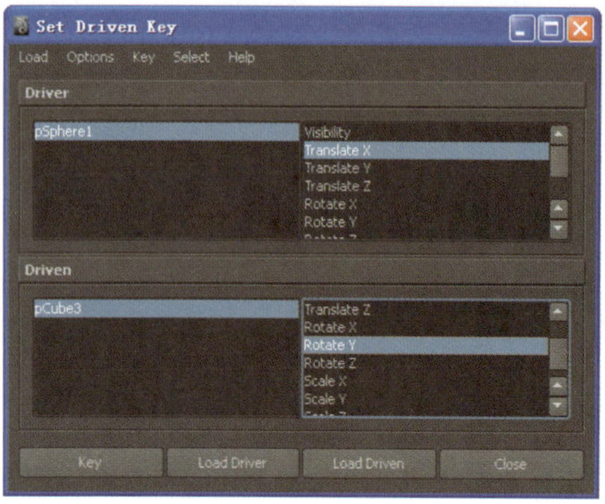

图14-77 载入驱动和被驱动属性

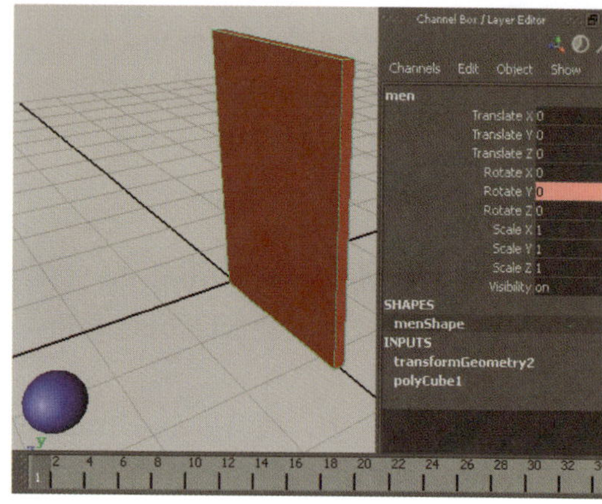

图14-78 设置驱动关键帧

在设置拇指的旋转驱动动画时，在单击Key按钮之前，一定要确保驱动物体和被驱动物体选项，以及驱动属性和被驱动属性全部被选中，例如，要使用小球的移动驱动门的旋转，就需要在驱动窗口的驱动列表中选中球体对象及其移动属性选项，在被驱动列表中选中门对象及其旋转属性选项。

07 拖动时间滑块到第10帧，即小球运动到门的一旁；然后，设置门的通道属性Rotate Y值为70，将门打开，再在驱动窗口中单击Key按钮，为其设置关键帧，如图14-79所示。

08 播放动画，可以看到当小球运动到门前时，门会自动打开，如图14-80所示。

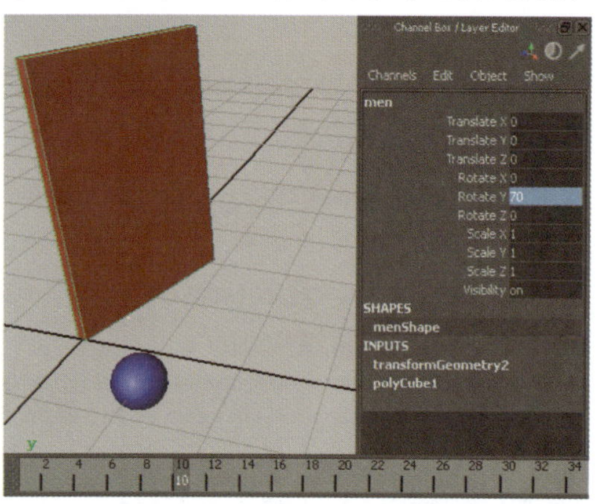

图14-79 设置第10帧动画

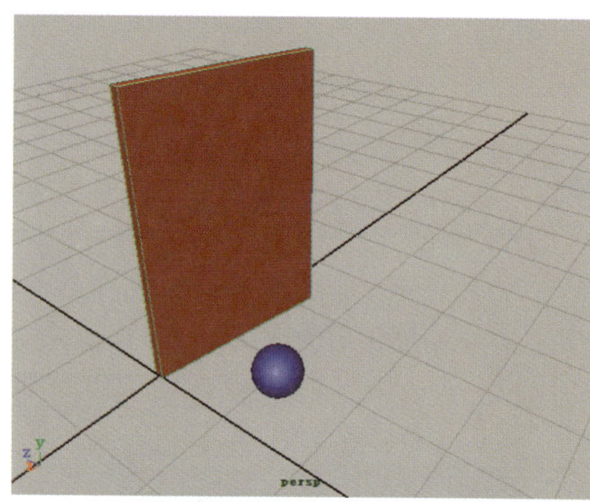

图14-80 最终的驱动效果

09 如果小球的运动距离太短，我们可以选中小球并打开Graph Editor窗口，选择小球动画曲线末端的关键帧点，在Stats栏中修改关键帧属性值，如图14-81所示。

10 同样的方法，若门的旋转角度不够理想，我们可以在Graph Editor窗口中修改门Rotate Y属性的动画曲线的关键帧值，如图14-82所示。

参数简介

◆ 菜单栏

在菜单栏中包含了一些关于创建驱动动画和编辑驱动动画的命令工具。用户可以选中物体并执行Load菜单下的子命令，即可直接添加驱动物体和被驱动物体。

◆ Driver（驱动）

用来显示加载的驱动物体名称和该物体的属性，其中左侧列表用来显示物体名称，右侧列表用来显示该物体的属性。

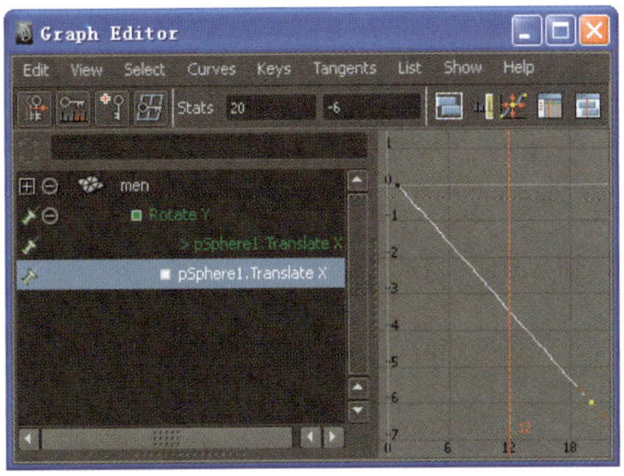

图14-81 修改小球运动距离

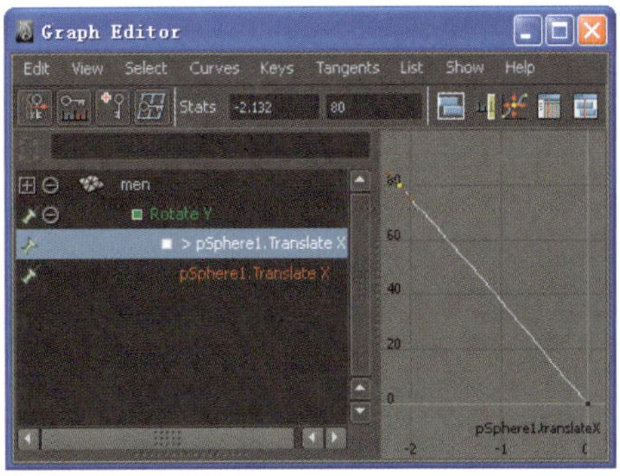

图14-82 修改门的旋转角度

◆ Driven（被驱动）

用来显示加载的被驱动物体名称和该物体的属性。

◆ Key（关键帧）

单击该按钮，可以为被驱动物体添加关键帧。

◆ Load Driver（加载驱动）

单击该按钮，可以为所选的物体添加驱动属性。

◆ Load Driven（加载被驱动）

单击该按钮，可以为所选的物体添加被驱动属性。

◆ Close（关闭）

单击该按钮，可以将驱动属性设置窗口关闭。

14.4 表达式约束动画

在前面的章节中介绍了关键帧动画、路径动画等，使用这些方法制作动画非常简单。但是如果使运动时的物体产生其他的动画效果，如运动物体的旋转动作，再使用这些创建动画的方法来创建旋转动画，将会非常困难和繁琐。

随着Maya版本的不断升级，Maya提供了一种更加简单有效的工具——Expression（表达式）约束工具，执行Window（窗口）| Animation Editors（动画编辑器）| Expression Editor（表达式编辑器）命令，打开表达式编辑器窗口，如图14-83所示。

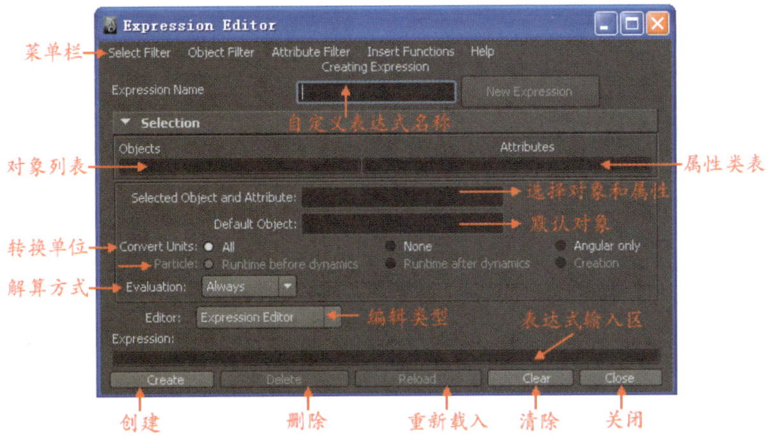

图14-83 表达式属性窗口

课堂练习145：创建表达式

01 在新建场景中导入飞机模型fei_ji，拖动时间滑块到第1帧处，为其通道属性Translate Y/Z设置关键帧，如图14-84所示。

02 拖动时间滑块到第30帧，设置飞机的通道属性Translate Y/Z值分别为9和16，并且为两属性设置关键帧，如图14-85所示。

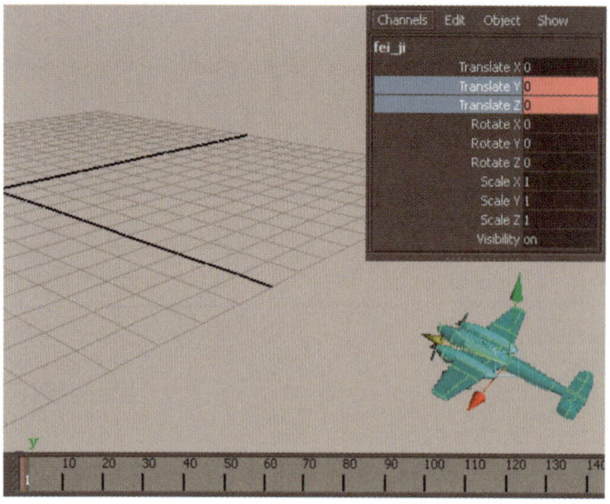

图14-84 设置第1帧动画

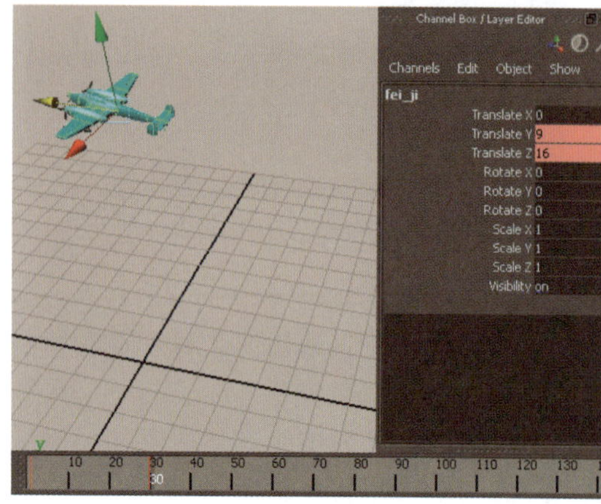

图14-85 设置第30帧动画

03 打开Outliner窗口，在该窗口中选择组层级物体feij-ji和子层级物体faly-left，如图14-86所示。接下来制作飞机组物体约束子物体faly-left的旋转约束动画。

04 执行Window（窗口）| Animation Editors（动画编辑器）| Expression Editor（表达式编辑器）命令，在打开的表达式编辑窗口中，可以看到被导入的fei-ji和faly-left两物体的属性选项，如图14-87所示。

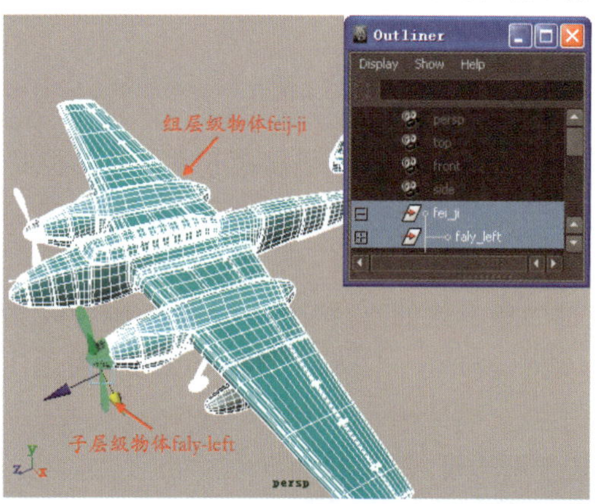

图14-86 选择目标物体

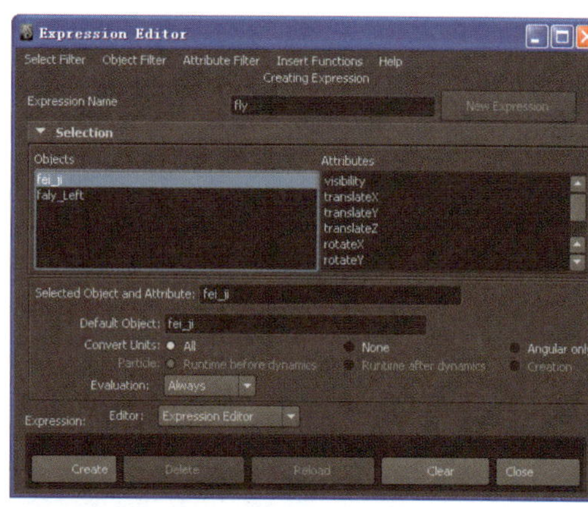

图14-87 打开Expression Editor窗口

05 选择fei-ji选项及其translate Z属性，再输入以下表达式。

faly_left.rotateZ =fei_ji.translateY;

faly_left.rotateZ=fei_ji.translateZ;

用飞机在x轴和y轴上的移动来约束faly-left物体的旋转，如图14-88所示。

06 播放动画，可以看到，在飞机飞行的过程中，faly-left物体也会发生旋转，并且faly-left物体的通道属性Rotate Z呈紫色显示，表明被添加了表达式约束，如图14-89所示。

注意：在书写表达式时，一定要注意字母的大小写，确保表达式中的字母与Selection 属性下Attributes列表中的字母相同，并且注意字母之间的空格。在表达式末尾处一定要添加“;”号，并且是英文输入法下的“;”号，否则就会在视图区下方的命令栏中出现红色提示，表明表达式约束不成立，不能进行约束控制操作。

参数简介

◆ 菜单栏

在Expression Editor窗口中，集成了各种关于表达式约束操作的命令。用户可以通过这些命令对所要创建的表达式进行指定和编辑。

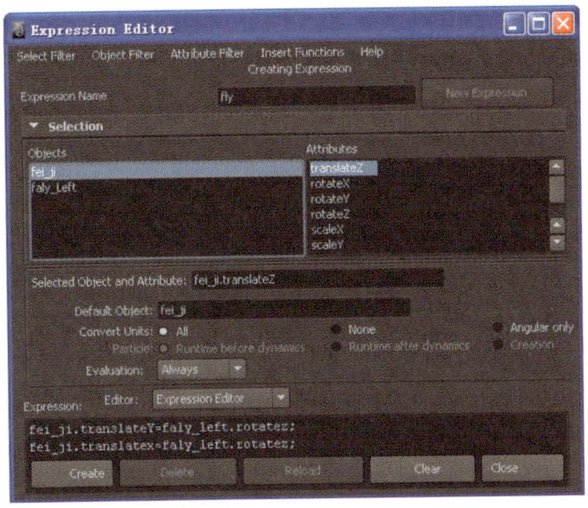

图14-88 输入约束表达式

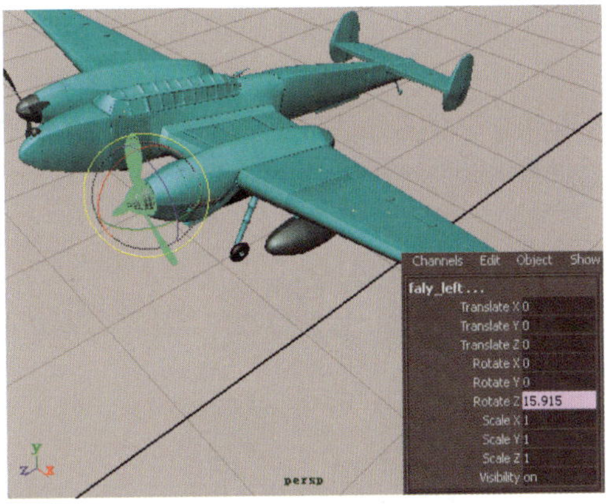

图14-89 faly-left物体的旋转效果

◆ Expression Name（表达式名称）

用户可以在选项后面的文本框中设置表达式的名称，也可以使用默认名称。

◆ Selection（选择）

用来显示被选择的物体及属性。

Objects：用来显示所选物体的名称，可以包含多个物体。

Attributes：用来显示被选择物体的属性名称。

◆ Selected Object and Attribute（选择的物体及其属性）

用来显示被选择物体的名称和要添加约束的属性。

◆ Default Object（默认物体）

用来显示所选物体的默认名称。

◆ Convert Units（转换单位）

用来控制物体约束的转换单位，包括All（所有）、None（没有）和Angular only（仅依照角度）3种类型。

◆ Particle（粒子约束）

用来控制是否使用粒子的约束方式进行解算，包括Runtime before dynamics（在动力学之前运行）、Runtime after dynamics（在动力学之后运行）和Creation（直接生成）3种。

◆ Evaluation（解算方式）

用来设置表达式的解算方式，包括Always、on demand和After cloth 3种。

◆ Editor（编辑方式）

用来设置约束的编辑方式，包括Expression Editor（表达式约束编辑）和Text Editor（文本编辑）两种方式。

◆ Expression（表达式）

用来输入物体所要约束的属性方程式，即表达式。

提示

这种类型的表达式在关键帧动画、角色设定和后面将要介绍到的粒子动画中应用非常广泛，可以制作出多种粒子动画效果。但是编写表达式需要很强的逻辑推理能力和编程知识，因此我们在学习编写表达式时要从一些基础的表达式开始。

14.5　案例8：制作闹钟转动动画

闹钟的指针转动动画，可以很好地应用到路径动画和约束命令工具。下面将带领读者一起学习它的实现方法。通过本实例的操作，要求读者掌握路径动画和约束在实际应用中的要点。

01 在场景中导入一个闹钟模型，使用闹钟模型来练习路径动画和约束的操作，如图14-90所示。

02 再创建一个圆环曲线，并调整其中心位置到表针的中心，如图14-91所示。

图14-90 导入模型

图14-91 创建圆环曲线

03 创建一个多边形圆柱，调整其面的细分和高度，如图14-92所示。

04 先选中圆柱体，再选中曲线，单击Attach to motion path（创建路径动画）右侧的□按钮，在弹出的选项设置面板中单击Time Slider按钮，再单击Front axis属性下的Y和Up axis属性的Z选项，如图14-93所示。

图14-92 创建圆柱体

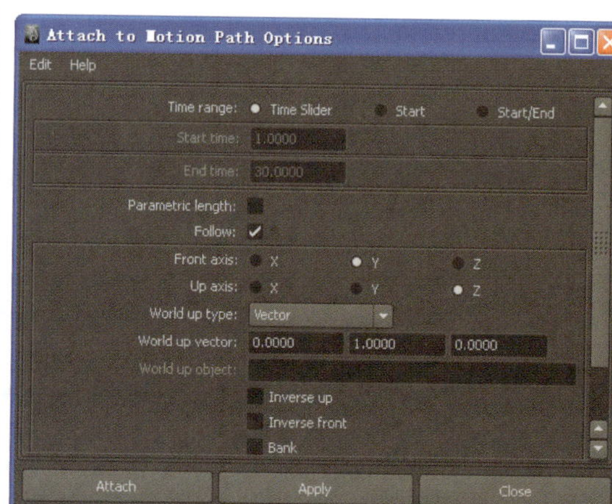

图14-93 设置路径动画参数

05 单击Apply按钮，即可将圆柱体添加到圆环曲线上，播放动画，圆柱会沿曲线运动，如图14-94所示。

06 选中曲线上的圆柱体，单击Flow Path Object（沿路径变形动画）右侧的□按钮，在弹出的选项设置面板中设置Divisions属性下的Front值为80，并且单击Curve单选按钮，如图14-95所示。

07 单击Apply按钮，执行路径变形操作，此时会在环形路径的周围生成一个环形的晶格网格，如图14-96所示。

图14-94 创建路径动画

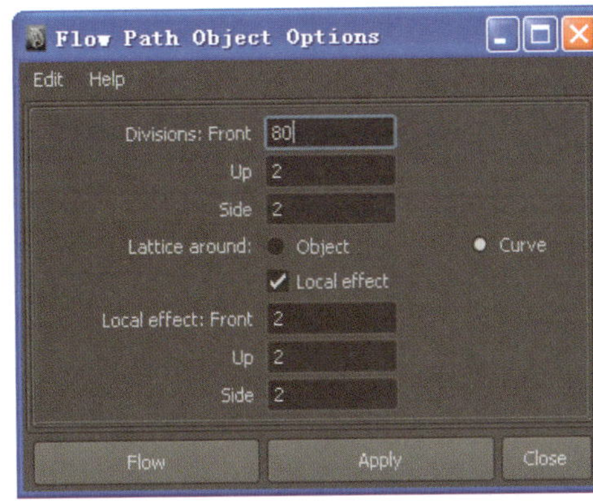

图14-95 设置路径变形属性参数

08 在环形晶格上右击，在弹出的菜单中选择Lattice Point命令，对扭曲的环形晶格进行修正，避免因晶格的变形而造成对路径物体的影响，如图14-97所示。

图14-96 创建路径变形

图14-97 调整扭曲的晶格

09 选中该圆柱体，单击Animation Snapshot（动画快照）命令右侧的■按钮，在弹出的属性设置面板中单击Time Slider单选按钮，如图14-98所示。

10 单击Apply按钮，即可按顺序在圆环曲线上生成多个圆柱体，并且这些圆柱体都受晶格外形的影响，如图14-99所示。

11 分别为沿路径运动的圆柱体和沿路径生成的快照物体赋予不同的材质，以便于区分路径动画效果，如图14-100所示。

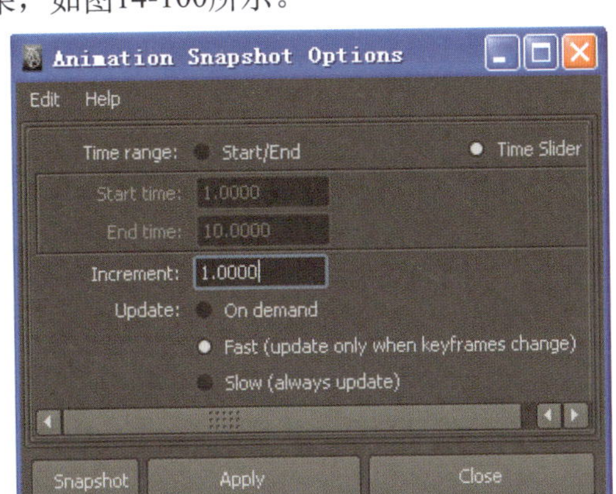

图14-98 设置快照动画属性

图14-99 生成的快照物体

⑫ 选中表针，按Insert键进入其中心点模式，将其中心点调整到所有表针旋转所围绕的轴向位置，如图14-101所示。

图14-100 赋予快照物体材质

图14-101 调整表针的中心点

⑬ 拖动时间滑块到第1帧处，选择表针围绕的轴向物体nurbsSphere3，为其通道属性Rotate X设置关键帧，如图14-102所示。

⑭ 再拖动时间滑块到第30帧处，设置轴向物体nurbsSphere3的通道属性Rotate X值为360，并为其设置关键帧，如图14-103所示。

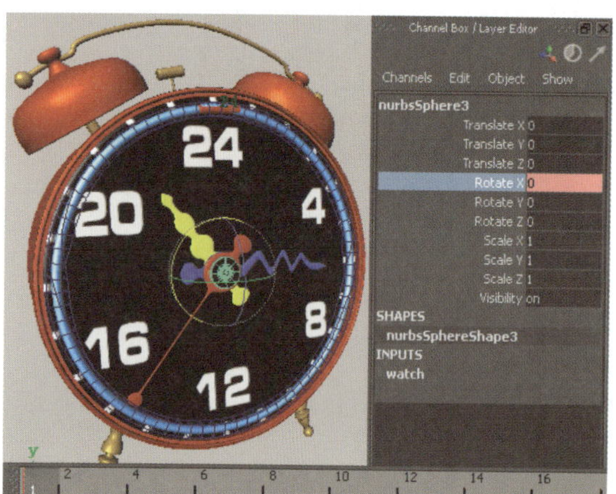

图14-102 设置旋转轴向的第1帧动画

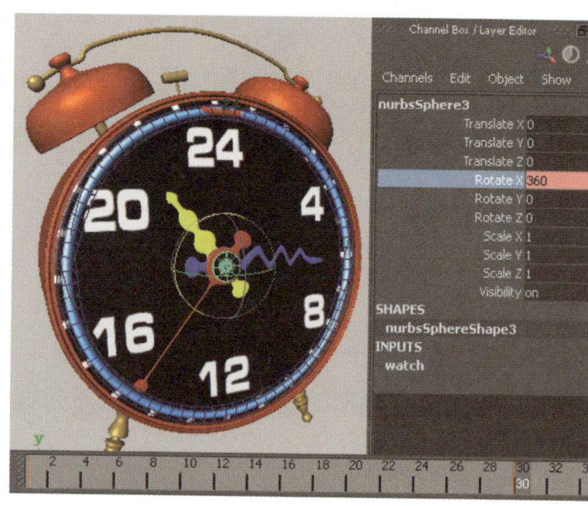

图14-103 设置旋转轴向的第30帧动画

⑮ 打开Set Driven Key窗口，将轴向物体nurbsSphere3载入驱动列表，秒针模型miaozhen载入被驱动列表，如图14-104所示；然后在第1帧处单击Key按钮，为两属性添加驱动关键帧，为两驱动属性设置关键帧。

⑯ 拖动时间滑块到第30帧，设置miaozhen的通道属性Rotate X为360，再在驱动窗口中单击Key按钮，为两属性添加驱动关键帧，如图14-105所示。

⑰ 将秒针模型miaozhen载入驱动列表，分针模型fenzhen载入被驱动列表，并选中两对象各自的Rotate X属性，如图14-106所示。

⑱ 拖动时间滑块到第1帧处，并观察分针模型fenzhen的通道属性Rotate X值，再在驱动窗口中单击Key按钮，为两属性添加驱动关键帧，如图14-107所示。

⑲ 拖动时间滑块到第30帧，设置分针模型fenzhen的通道属性Rotate X值为–128，再在驱动窗口中单击Key按钮，为两属性设置驱动关键帧，如图14-108所示。

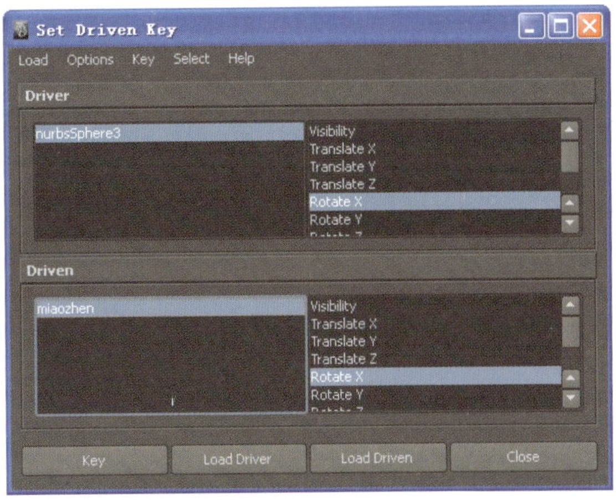

图14-104 设置第1帧驱动动画

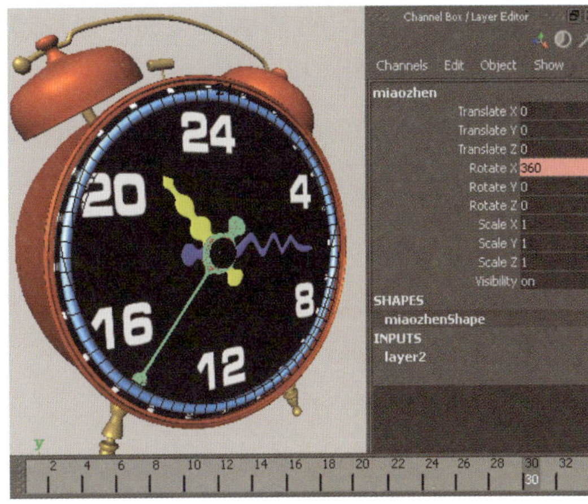

图14-105 设置第30帧驱动动画

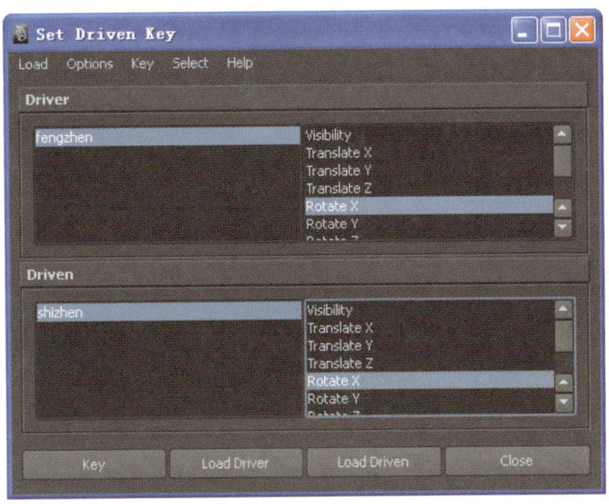

图14-106 设置分针和秒针的驱动属性

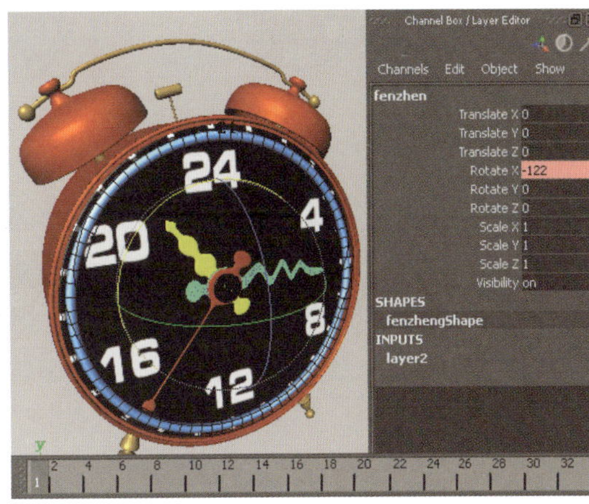

图14-107 设置分针第1帧驱动动画

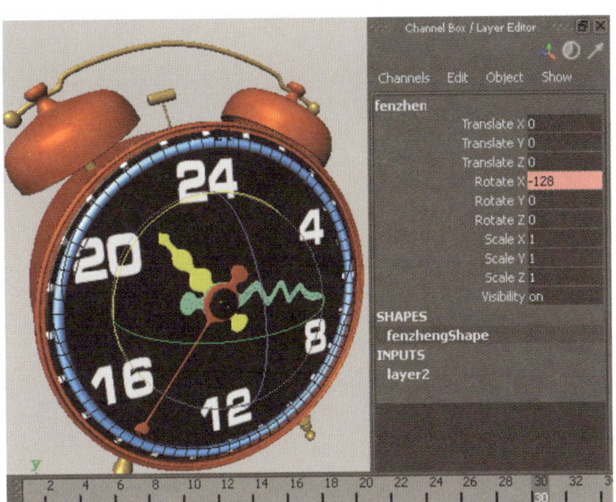

图14-108 设置分针第1帧驱动动画

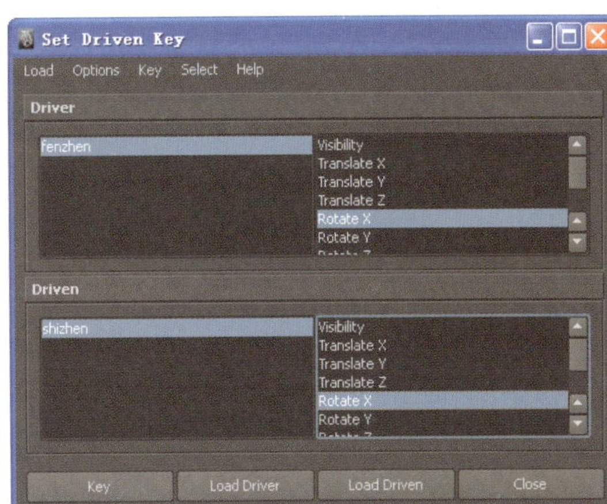

图14-109 设置分针与时针的驱动动画

⑳ 回到第1帧处，将分针模型fenzhen载入驱动列表，时针模型shizhen载入被驱动列表并选中要驱动的属性，再单击Key按钮，为其设置驱动关键帧动画。

㉑ 同样的方法，拖动时间滑块到第30帧处，根据表针旋转的动画原理，设置时针应当旋转的角度，并在驱动窗口中单击Key按钮，为分针和时针设置驱动关键帧。

㉒ 播放动画，可以看到表盘一侧的路径物体沿表盘进行规律的转动，并且各个表针之间也存在着驱动动画效果，如图14-110所示。

技巧

在创建表针的动画时，可以使用表达式精确约束表针的旋转角度，但首先要分析秒针转一周用的时间是60秒，那么1秒时间，秒针将转6°（角度），2秒转12°，3秒18°……，由此可见秒针转过角度数（单位：角度）=时间（单位：秒）×6（单位：角度/秒）。根据表针转动的原理，用户也可以使用表达式来精确设置表针相互之间的转动效果。

```
miaozhen.rotateY=-time*6;
fenzhen.rotateY=(time*(-6))/60
shizhen.rotateY=fenzhen.rotateY/60
```

图14-110 各个时间段表针的转动效果

第15章　骨骼绑定与动画技术

15.1　骨骼的基本操作

15.1.1 Joint Tool（创建骨骼）

在深入学习骨骼的绑定与动画技术之前，首先需要对骨骼的创建有很好的掌握，下面我们通过相关的操作来介绍骨骼链的创建。

课堂练习146：创建骨骼

01 执行Skeleton（骨骼）| Joint Tool（创建骨骼）命令，按X键在视图坐标处单击，即可创建一个骨骼点，如图15-1所示。

02 在任意处单击，即可创建第2个骨骼点，两骨骼点之间会生成一条骨关节，如图15-2所示。

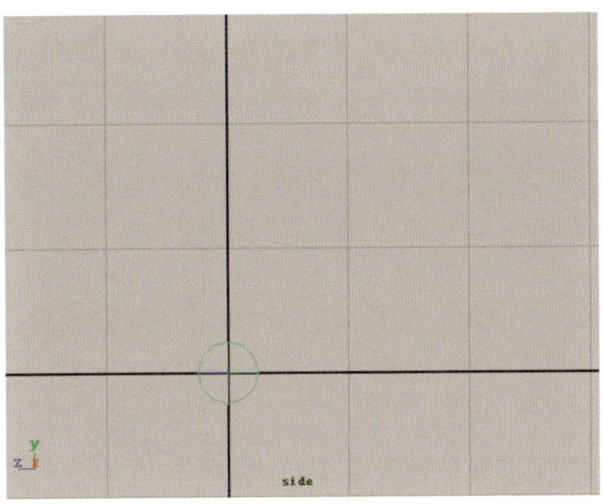

图15-1 创建骨骼点

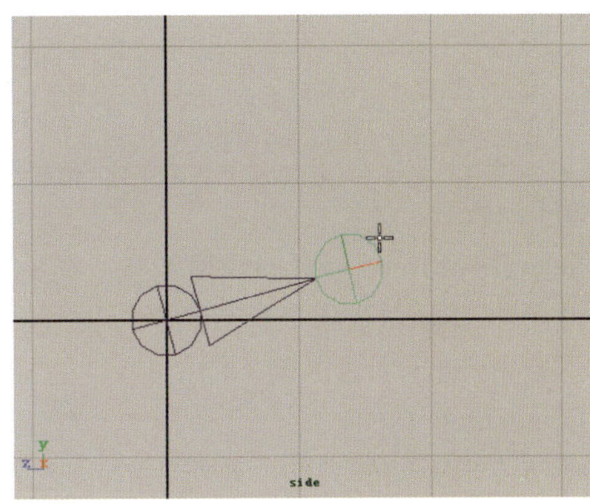

图15-2 创建骨关节

03 同样的方法，可以在特定的位置创建多个骨骼点，在多个骨骼点之间会生成一条骨骼链，如图15-3所示。

04 按Enter键，确定骨骼链的创建，整条骨骼链呈绿色高亮显示，首先创建的骨节为骨链根部关节，默认名称为Joint1，向后依次为Joint2、Joint3，如图15-4所示。

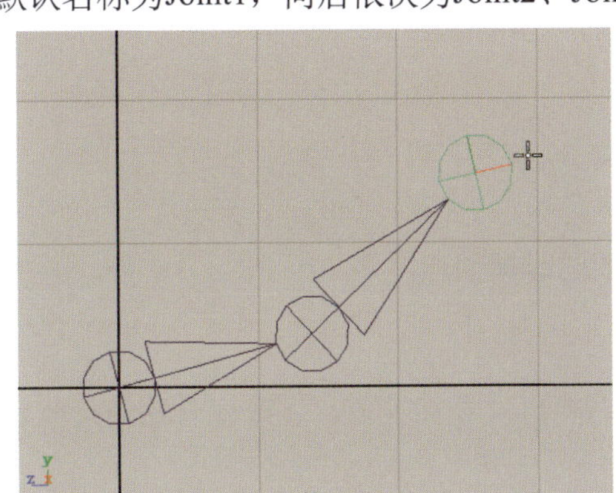

图15-3 创建多个骨骼

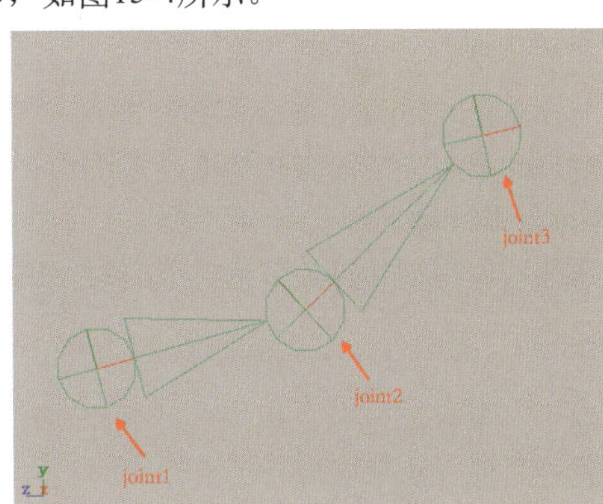

图15-4 生成的骨骼链

05 打开Outliner窗口，可以看到生成的一个组Joint1，在该群组层级下包括子层级骨骼层Joint2和Joint3，每一层级的骨骼均为上一骨骼层级的子物体，如图15-5所示。

06 在Outliner窗口中单击Joint2骨骼层级选项，即可选中子骨骼Joint2，可以使用移动工具移动其位置，如图15-6所示。

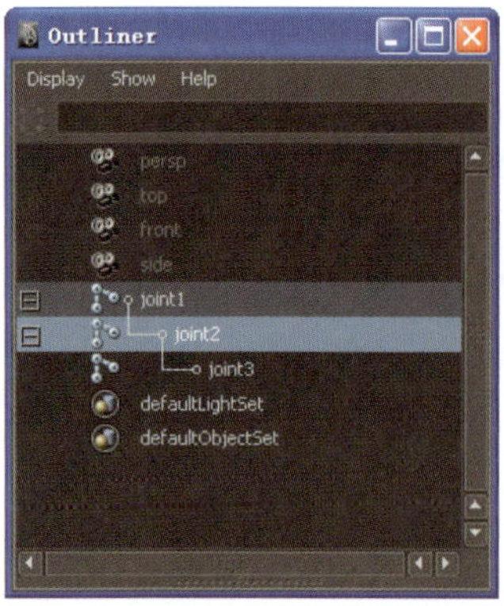

图15-5 生成的骨骼群组

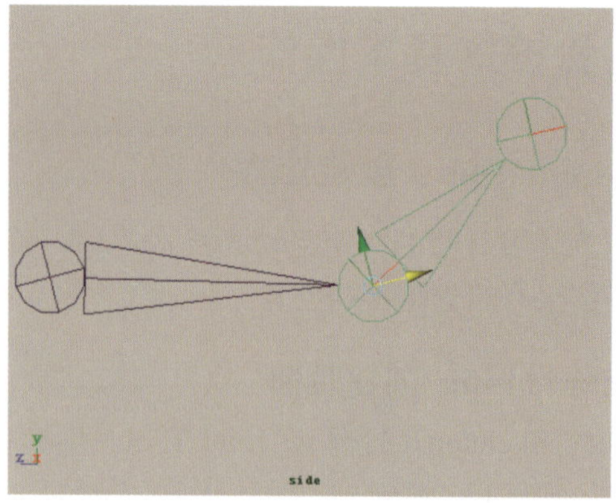

图15-6 移动子骨骼

注意：在创建骨骼时，我们可以选中骨骼并执行Display（显示）| Joint Size（骨骼尺寸）命令，在弹出的菜单中设置骨骼的显示尺寸。也可以执行Display（显示）| Joint Size（骨骼尺寸）| Custom（自定义）命令，在弹出的对话框中可以拖动滑块来调节其他百分比参数。

参数简介

◆ Degrees of freedom（自由度）

设置使用IK时可以绕哪个骨节点坐标轴旋转（X、Y或Z），系统默认状态下设置为绕三个坐标轴旋转。不启用*y*轴，那么IK就不能控制*y*轴的旋转，或在通道面板中锁定相应轴的旋转功能。

◆ Orientation（方向）

设置骨节点坐标轴的方向，若选中none选项，则创建骨节点坐标轴的方向与世界坐标轴的方向一致；若选择其他选项，则第一个坐标轴指向子关节，第2坐标轴指向关节弯曲方向。

◆ Second Axis World Orientation（第2坐标轴方向）

选择正数时，第2坐标轴指向关节弯曲方向的相反方向；选择负数时，第2坐标轴指向关节弯曲方向。

◆ Scale Compensate（缩放补偿）

缩放骨骼父关节时，如果启用Scale Compensate，那么子关节不受父关节的缩放影响；不启用该选项，子关节将受父关节的缩放影响。

◆ Auto Joint Limits（自动关节限定）

创建时自动限制关节的旋转角度，范围为360°～-360°。

◆ Create IK handle（创建IK手柄）

勾选该选项，则创建骨关节或关节链时，IK手柄同时被创建。

15.1.2 Insert Joint Tool（添加骨骼）

在创建出一条骨骼链后，根据实际制作可能还需要再次添加关节，以改变骨骼的形状和长度，我们可以通过两种方法来增加骨关节。

课堂练习147：添加骨骼点

01 执行Insert Joint Tool命令，在上一小节中创建的骨骼链上的任意骨骼点上单击左键不放，即可添加一个新的骨骼点，如图15-7所示。

02 移动鼠标左键，可以调整新骨骼点的位置，从而改变骨骼链的外形，如图15-8所示。

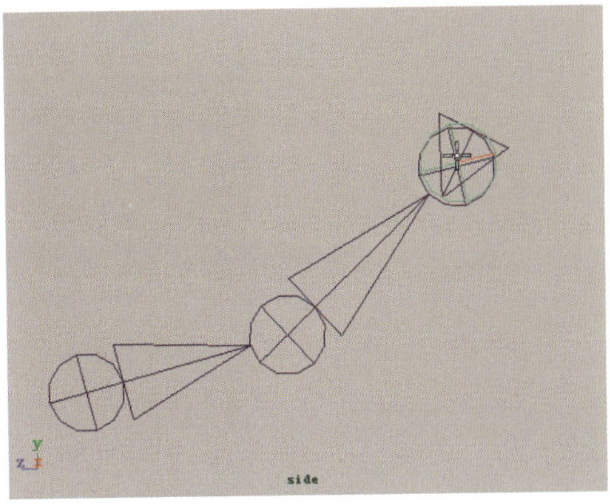

图15-7 创建骨骼点

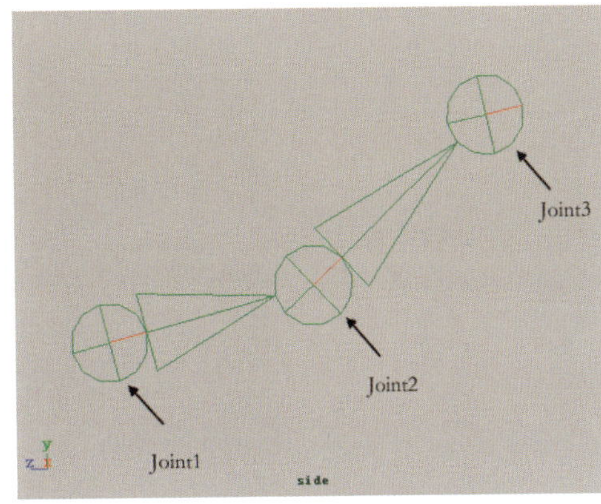

图15-8 移动新骨骼点的位置

15.1.3 Reroot Skeleton（根部骨骼）

在Maya场景中，允许用户随意选中关节链上的一个骨关节，并将其指定为骨关节链中的父关节，以快速改变整个关节链的父子层级结构。下面对该工具的使用进行详细介绍。

课堂练习148：设置根部骨骼

01 继续使用上一小节中创建的骨骼链，在Outliner窗口中单击子骨骼Joint3选项，如图15-9所示。

02 执行Skeleton（骨骼）| Reroot Skeleton（根部骨骼）命令，即可将当前所选骨骼设置为骨链的根部骨骼，如图15-10所示。

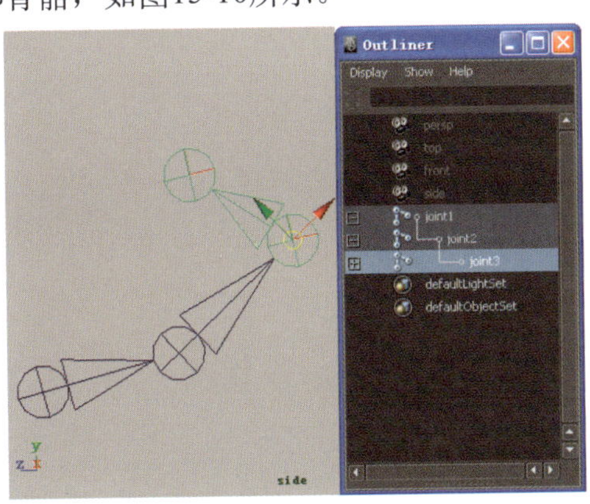

图15-9 选择子骨骼层级

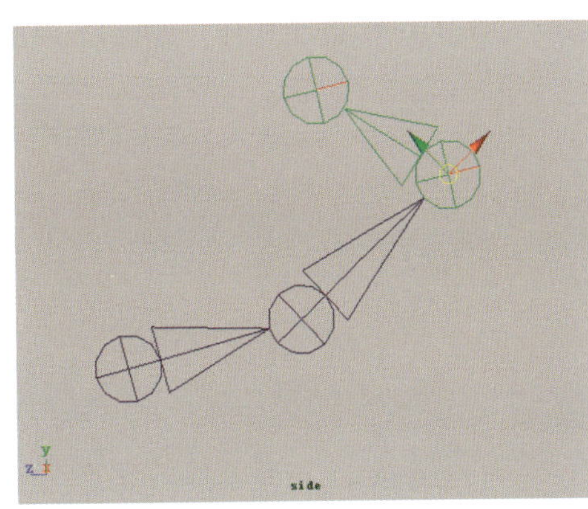

图15-10 创建根部骨骼

15.1.4 Remove Joint（删除骨骼）

在骨骼的创建与编辑工作中，有时会根据模型需要，适当地删除多余的骨骼，但是这样会一起删除需要的子层级骨骼，造成不必要的麻烦，此时我们可以通过Remove Joint命令删除特定的某一段骨骼。

课堂练习149：删除骨骼

01 在Outliner窗口中，选择要删除的子骨骼层级Joint2选项，如图15-11所示。

02 执行Remove Joint命令，即可将骨关节Joint2从骨链中删除，并且骨骼Joint4会自动与Joint1结为父子关系，如图15-12所示。

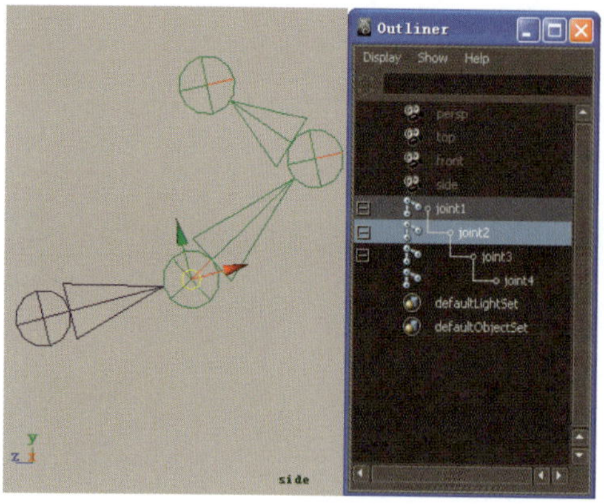

图15-11 选择要删除的骨骼

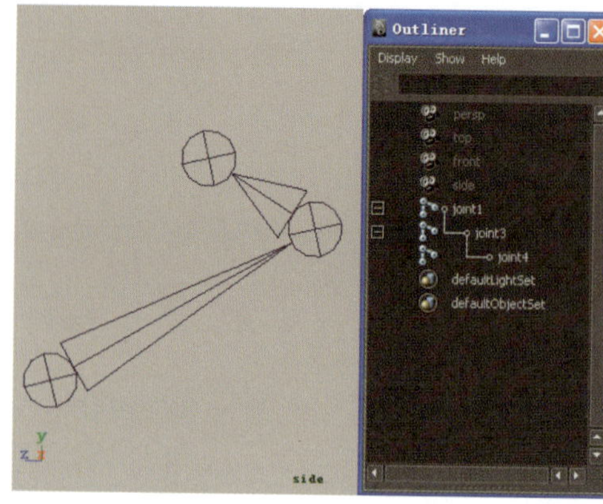

图15-12 骨关节被删除

15.1.5 Disconnect Jiont（断开骨骼）

在创建角色骨骼时，常常需要将分支骨骼链断开，再连接到其他骨节上，例如人体的手骨分支关节，从而简化骨骼的创建工作。断开骨骼的方法分为两种，一种是将骨骼链的父子层级打断；另一种是使用Maya提供的Disconnect命令打断，下面对这两种操作方法进行介绍。

课堂练习150：断开骨骼

01 选择骨骼链中的子层级骨骼Joint2，执行Disconnect Joint命令，即可将骨链从所选骨节处断开，如图15-13所示。

02 移动骨节Joint2的位置，可以看到在骨链的断开位置生成一个新骨骼点Joint5，并且该骨骼点会被自动设为骨节Joint1的子物体，如图15-14所示。

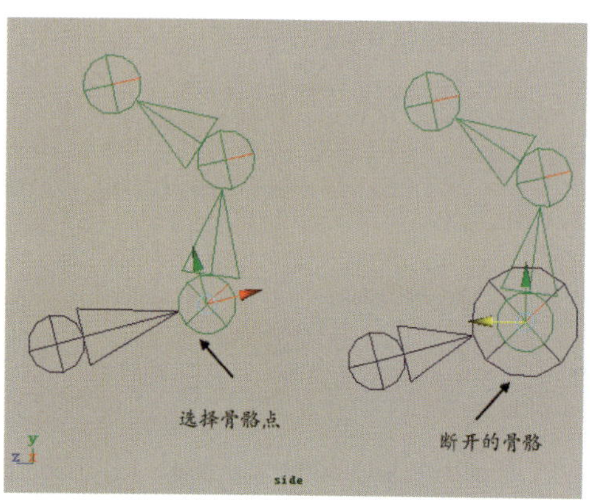

图15-13 执行Disconnect Joint命令

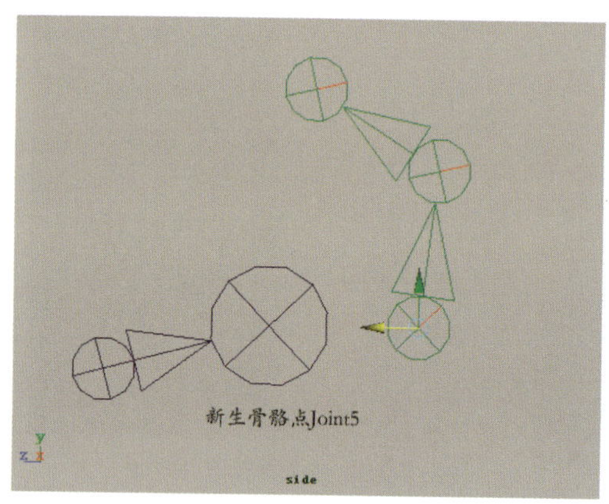

图15-14 移动断开的骨骼

03 从上图可以看出，骨骼点Joint5的显示尺寸明显大于其他骨节。我们可以选中该骨节并执行Display（显示）| Animation（动画）| Joint Size（骨骼尺寸）命令，在弹出的窗口中输入参数值即可改变骨点的大小，如图15-15所示。

15.1.6 Connect Jiont（连接骨骼）

为了便于骨骼的创建和编辑，Maya还提供了专门的骨骼连接工具Connect Joint，它可以将两个独立的骨骼链连接在一起，从而简化了骨骼创建的复杂程度。连接的方式分为两种，一种为Connect

模式，另一种为Parent模式。下面介绍两种连接方式的区别。

课堂练习151：连接骨骼

01 使用上一小节中断开的骨骼链，然后先选中骨节Joint2，再选中骨节Joint5，如图15-16所示。

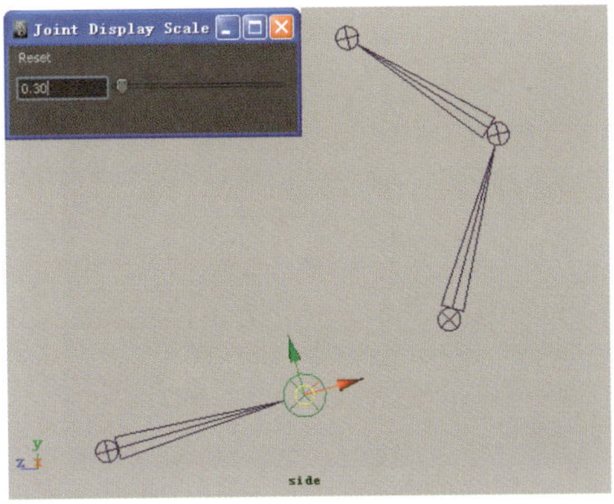

图15-15 设置骨骼显示尺寸

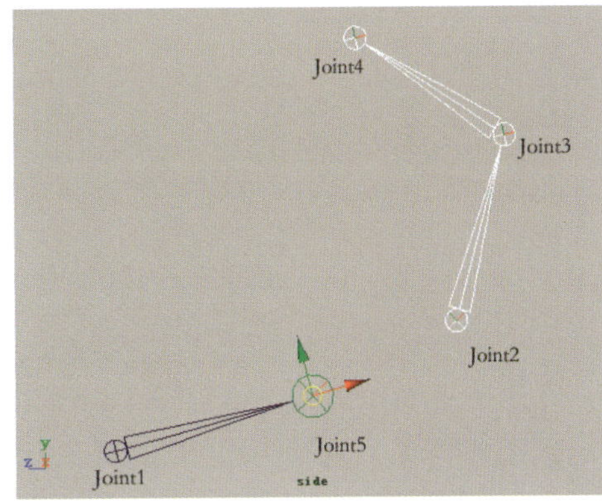

图15-16 选择要连接的骨骼

02 执行Connect Joint命令，在弹出的属性面板中单击Connect Joint选项，再单击Apply按钮，执行骨骼的连接操作，如图15-17所示。

03 选中并移动骨节joint2，骨节Joint2被自动设置为骨节Joint1的子关节，而非骨节Joint5的子关节，如图15-18所示。

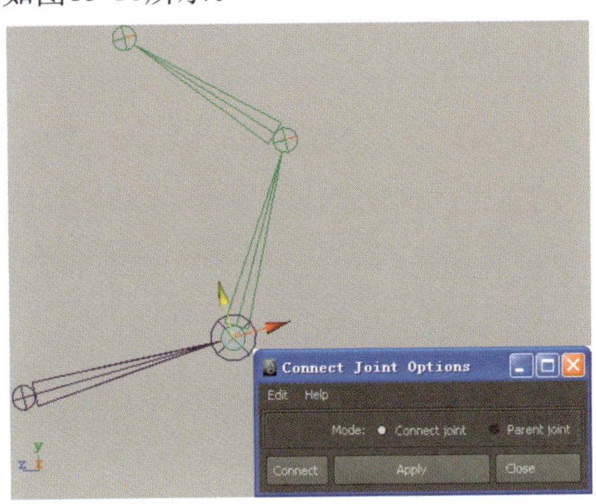

图15-17 执行Connect Joint命令

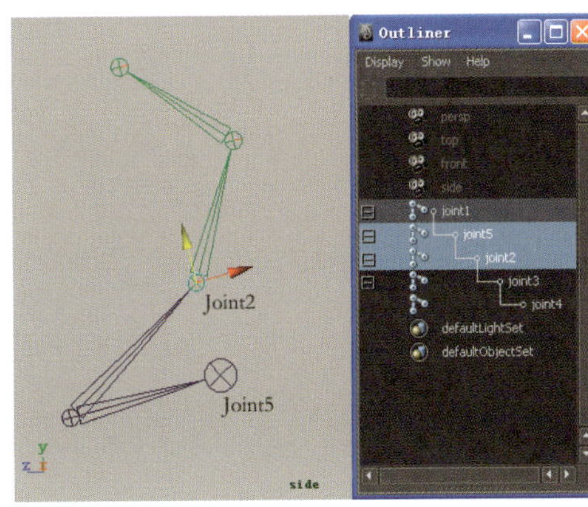

图15-18 骨节的连接效果

04 返回到骨链的断开状态，然后先选择骨骼Joint2，再选中骨节Joint5，执行Parent Joint的连接方式，即可使Joint2成为Joint5的子关节，如图15-19所示。

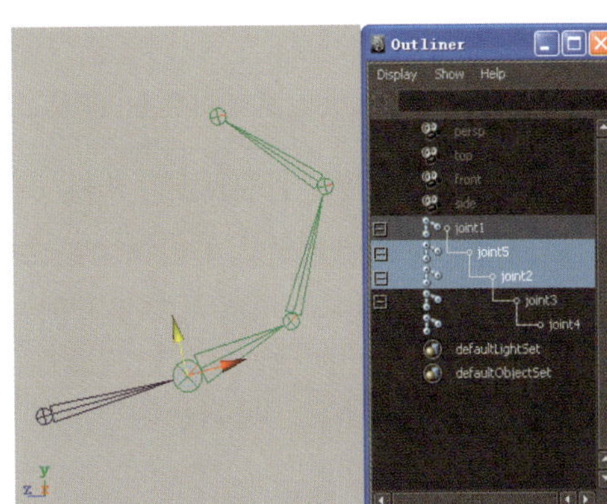

图15-19 骨节的Parent Joint连接方式

15.1.7 Mirror Joint（镜像骨骼）

在创建人体骨骼时，需要保证身体四肢的左右两侧完全对称，若使用手动的方式来一一创建每一段骨骼，既麻烦又不能保证两侧的骨骼完全对称，此时我们可以使用Mirror Joint命令，来快速镜像复制出对称的骨骼对象，该工具与多边形建模的几何体镜像工具类似。

课堂练习152：镜像骨骼

01 在场景中选中要镜像复制的骨链，并观察骨链当前所在的坐标方向，如图15-20所示。

02 执行Mirror Joint命令，在弹出的属性面板中单击XY单选按钮，如图15-21所示。

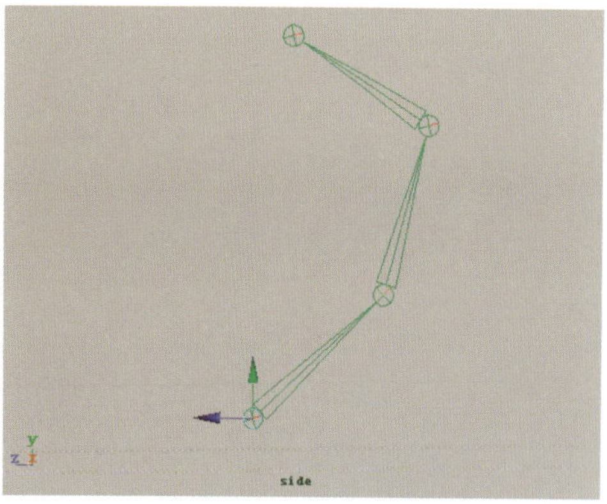

图15-20 选择要镜像复制的骨骼

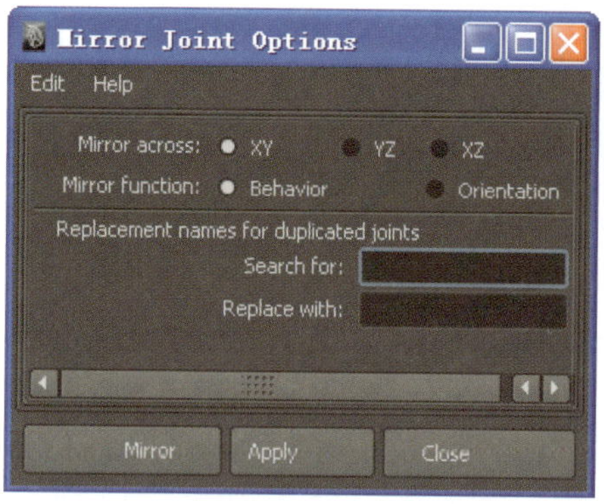

图15-21 选择镜像复制的轴向

03 单击Mirror按钮，即可对所选骨骼链进行镜像复制，移动复制的骨骼链，可以看到两镜像的骨骼链之间没有任何连接效果，如图15-22所示。

04 同样也可以选中要镜像的子层级骨骼，执行Mirror Joint命令，即可对其镜像复制，但被复制的骨骼被自动添加到原始根部骨层级下，如图15-23所示。

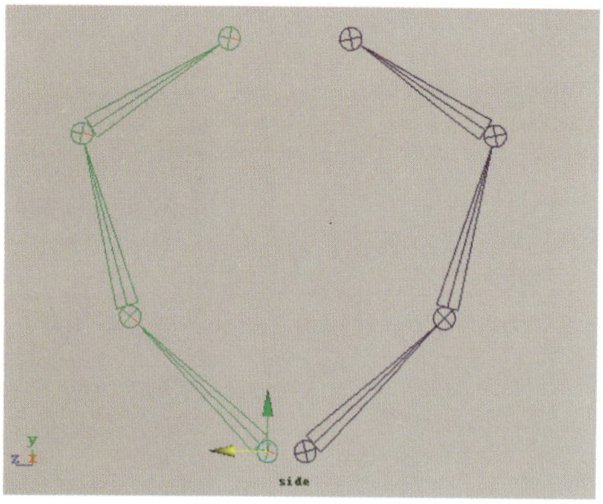

图15-22 镜像骨骼链

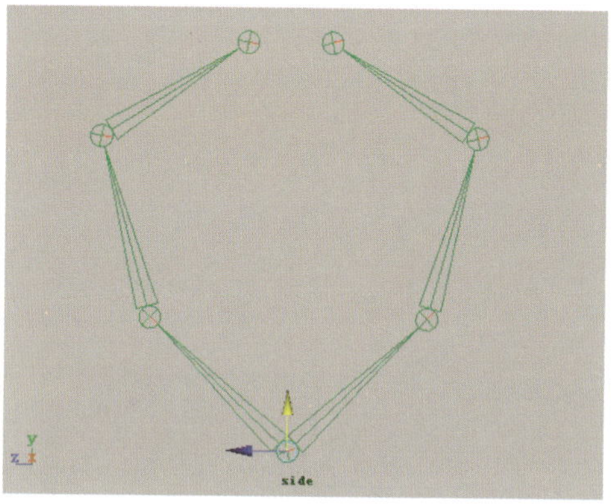

图15-23 镜像子骨骼

15.1.8 Orient Joint（骨骼坐标）

在第1章介绍Maya基础时，我们对物体的局部坐标和世界坐标有了充分的认识，在骨骼系统中，每个骨节的旋转坐标都依赖于局部坐标的设定，因此骨骼局部坐标的设定对于骨骼的操作至关重要。

课堂练习153：调整骨骼局部坐标

01 选中场景中的骨骼链，单击状态栏上的图标，再在右侧单击按钮，即可显示骨链的坐标方向，可以看到一些骨骼点的错乱坐标方向，如图15-24所示。

02 执行Orient Joint命令，在弹出的属性设置面板中设置Orientation选项，如图15-25所示。

03 单击Orient按钮，即可将骨骼错乱的坐标方向进行统一设置，使任意骨骼某一轴向的朝向统一，如图15-26所示。

04 我们可以选中局部的骨骼坐标轴，使用旋转工具调整其坐标指向，如图15-27所示。

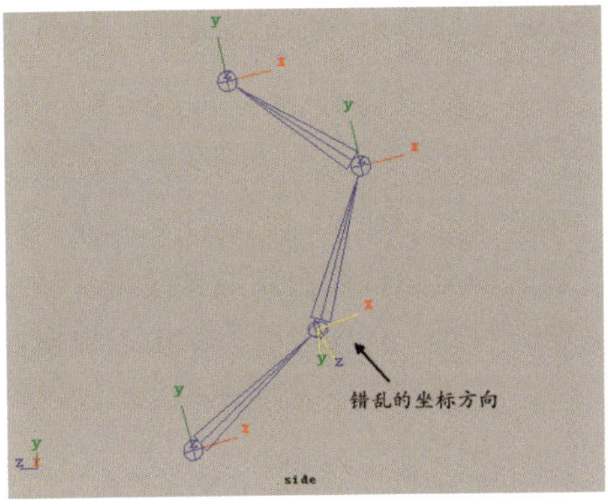

图15-24 骨骼坐标的显示

图15-25 执行Orient Joint命令

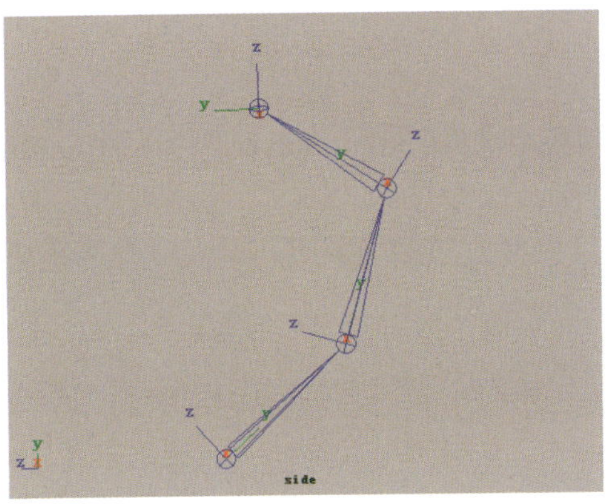

图15-26 统一骨骼的坐标方向

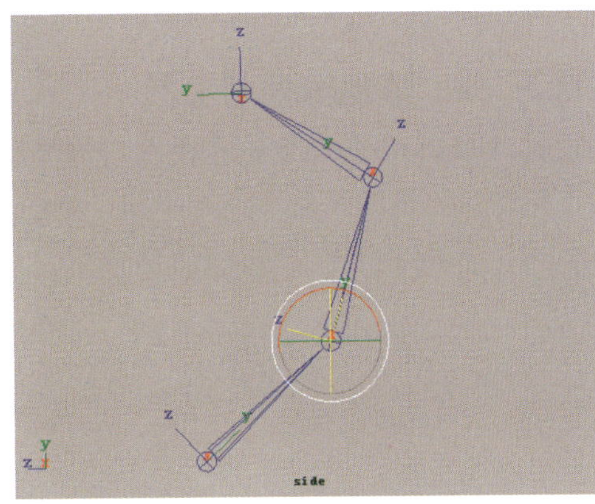

图15-27 修改骨骼的局部坐标方向

参数简介

◆ Orientation（方向）

用来设置骨骼局部坐标的方向，默认为XYZ分布，用户还可以选择YZX、ZXY等多种分布模式。

◆ Second axis Word Orientation（第二节骨骼的世界坐标）

用于设置第二节骨骼的世界坐标方向，默认选中*y*轴。

◆ Hierarchy（层级）

在启用Orient child joints复选框后，可以同时对该骨节点下的所有子骨节点应用此操作。

◆ Scale（比例）

用于控制是否可以重置局部缩放坐标，默认启用该复选框。

15.2 骨骼的动力学控制

15.2.1 骨骼的动力学控制基础

在完成骨骼创建以后，就需要对骨骼进行各种操作，使其能够摆出各种姿势并设置关键帧，从而完成丰富的连贯动作。骨骼的控制方式包括前向动力学（FK）、反向动力学（IK）以及样条曲线控制（Spline）。本小节我们将介绍骨骼的控制方式，以及骨骼预设角度的设置。

前向动力学，英文全称为Forward Kinematics，简称FK，实际就是我们之前已经操作过的旋转骨骼。角色的每一个姿势，每一个动作，都需要逐个旋转关节，才能让关节链最终到达该位置。通常都是先旋转父关节，再旋转下一个子关节，顺着关节链依次操作。

例如，我们需要一条直线型的骨骼产生弯曲，就需要反复旋转该骨骼链中的每一段骨关节，以达到很好的弧形弯曲效果，如图15-28所示。

注意：虽然前向动力学有着完美的弧形运动轨迹，但是在一些特殊的动画中就需要用到反向动力学，如骨骼链中的某段骨骼被固定住或被某物体牵引摆动等。

反向动力学简称为IK控制，它不同于前向动力学，它的特点是依靠控制器直接将骨链端点的骨骼移动到目标点，而无需像在前向动力学中那样逐个移动关节点。在反向动力学中，根据控制器的类型，分为单线控制骨骼和样条曲线控制骨骼。

15.2.2 IK Handle Tool（添加IK控制器）

在反向动力学中操作骨骼非常简单，只需要使用一个骨骼控制器，就可以非常便捷自由地控制骨骼并摆出各种姿势，下面对该控制器的创建进行详细介绍。

课堂练习154：添加IK控制手器

01 执行Ik Handle Tool命令，在视图右侧弹出的面板中选择Current Solver属性下的IK Rpsolver选项；然后，再在骨骼链的父关节点处单击，如图15-29所示。

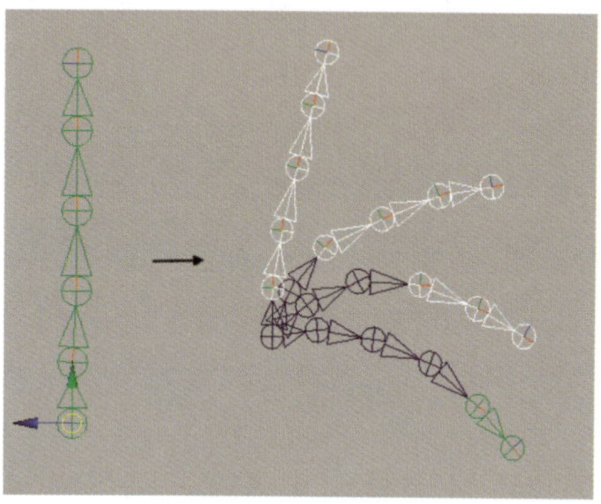

图15-28 前向动力学原理

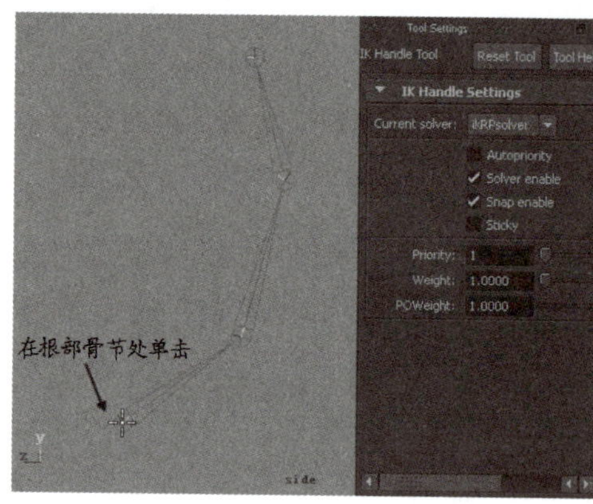

图15-29 执行IK Handle Tool命令

02 再在骨骼链中最后一个节关节点处单击，即可为骨骼添加IK控制，用户可以通过操作这些控制手柄来修改骨骼的状态，如图15-30所示。

03 选择IK控制手柄，使用移动工具对其进行移动操作，骨骼或旋转平面都会发生改变，如图15-31所示。

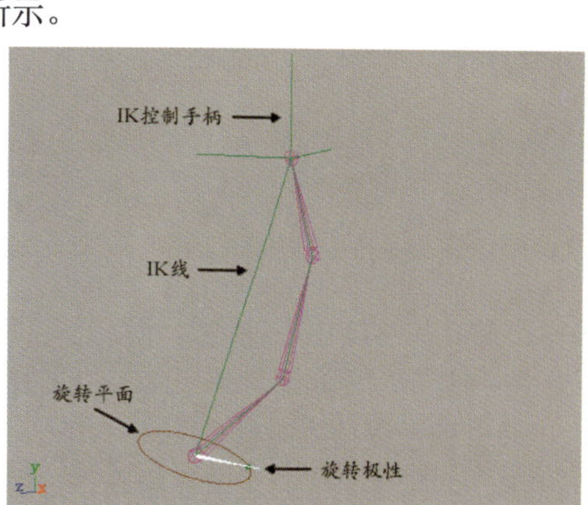

图15-30 创建旋转平面解算控制器

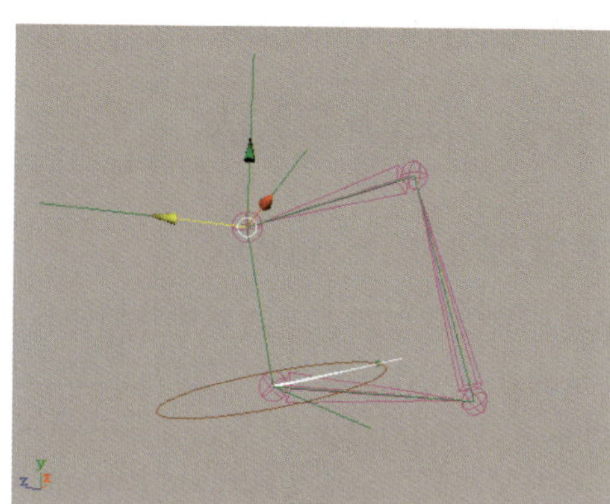

图15-31 移动IK控制手柄

04 选中IK控制手柄，按T键显示其控制手柄，沿旋转平面移动控制点，即可旋转骨骼链。同时，沿骨骼链末端的圆环拖动鼠标左键，也可以旋转骨骼链，如图15-32所示。

05 用户还可以在添加IK控制之前，设置其解算方式为Ik Scsolver；然后，再添加IK控制，此时生成的IK控制器并没有旋转平面，如图15-33所示。

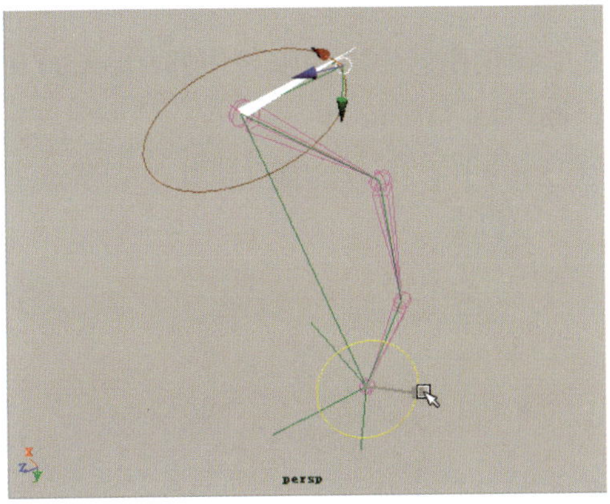

图15-32 旋转骨骼链

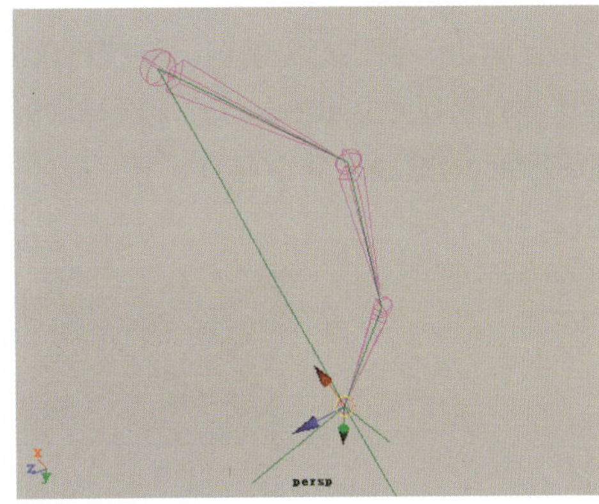

图15-33 创建链条解算控制器

参数简介

用户在执行IK Handle Tool命令后，即可打开IK单线控制器的属性设置面板。下面向读者介绍有关IK单线控制器的属性设置参数。

◆ Current Solver（当前解算）：用于设置所要创建IK控制器的两种计算类型，分别为IK RPsolver（旋转平面解算）和IkSCsolver（IK链条解算），默认选中前者。

IK PRsolver：用于控制所要创建出的IK控制器具有旋转平面。可以通过操作极向量进行旋转操作。常用来控制角色既能旋转又能弯曲的腿部和肩膀部位。

IK SCsolver：若选择该选项，则创建出的IK控制器并没有旋转平面和极向量，无法进行旋转操作，常用来控制角色的脚趾关节。

◆ Autopriority（自动优先级）

用来设置IK控制器是否根据所创建位置的骨骼父子层级结构来决定自身的优先级，默认为禁用该复选框。

◆ Solver enable（启用解算）

用来控制是否使用IK解算器，默认为开启。若关闭，则会导致IK控制器失效。

◆ Snap enable（启用捕捉）

用于控制是否将IK手柄捕捉到IK手柄的末端效应器上，默认为启用该复选框。

下面对旋转平面控制器所包含的结构进行详细说明。

◆ IK控制手柄：即表示IK handle控制器，我们可以通过平移控制器快速地移动末端骨骼关节到目标点。

◆ 旋转平面：当骨骼链旋转或扭曲时，骨骼链所在的平面必须与其他平面进行对比，才能获得骨骼扭曲的幅度值。旋转平面正是用来作为与骨节链平面进行扭曲对比的参考平面。

◆ 旋转极性：用来控制骨骼在反向动力学中的旋转操作。该手柄默认无法被选中，必须选中IK控制器，然后按T键快速选中旋转极性。

◆ IK线：仅起显示作用，用来标明当前IK控制器的骨骼起始点和端点，没有任何操作控制功能。

15.2.3 调整IK效应器

前文为骨骼添加IK控制时，提到了IK末端效应器。它的工作原理是用来计算反向动力学所能影响骨骼关节的范围，即从创建IK控制器的骨链端点算起，一直到效应器所在层级的父骨关节，都可以被反向动力学所影响。倘若在为骨骼链添加IK控制后，若不想使某一段骨关节发生弯折，就需要调整其IK控制的影响范围，这就需要用到IK效应器。

课堂练习155：调整IK效应器

01 打开Outliner窗口可以看到，在执行Ik Handle Tool操作后生成的IK效应器effector1和IK控制手柄属性选项，可以单击effector1选项选择该效应器，如图15-34所示。

02 按下Insert键显示其中心点，按V键，当前效应器的中心移动并吸附到其他骨骼点上，如图15-35所示。

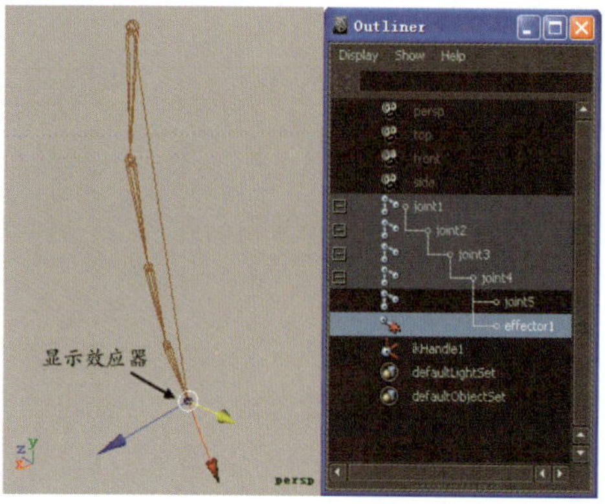

图15-34 显示IK效应器

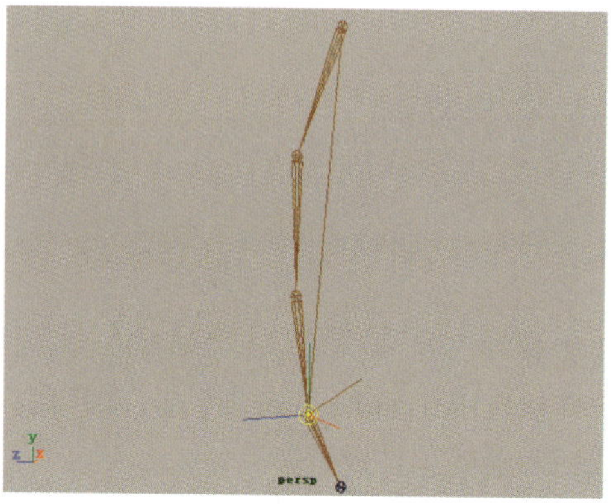

图15-35 移动效应器中心点

03 按Insert键，确定效应器中心点位置。再移动IK手柄，可以看到在新确定的效应器位置的骨节不再有任何弯曲效果，如图15-36所示。

15.2.4 Ik控制器极向量

IK控制器可以自由地让骨骼弯曲、伸展，并且能够有效的控制骨骼翻转，当持续向上移动IK控制器到一定位置时，骨骼就会发生翻转，但是无法控制骨骼的旋转，因此在旋转平面上附有极向量。通过修改极向量的方向，来间接旋转整个骨骼。

课堂练习156：调整IK控制器极向量

01 选中骨链末端处的IK控制手柄，持续将其向上移动，在IK控制器越过旋转平面时，骨链会发生不正常的偏转，如图15-37所示。

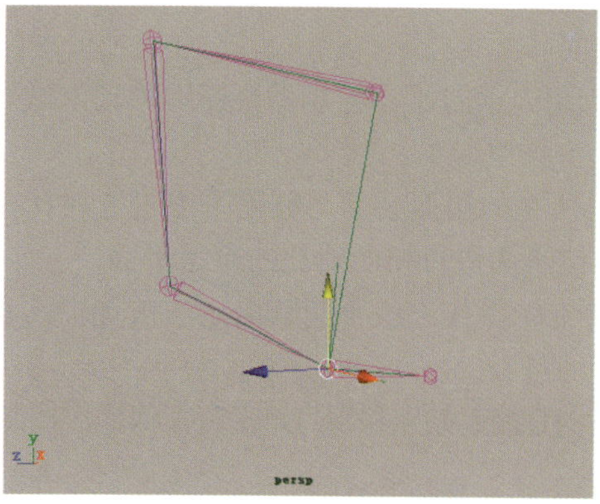

图15-36 移动IK控制器

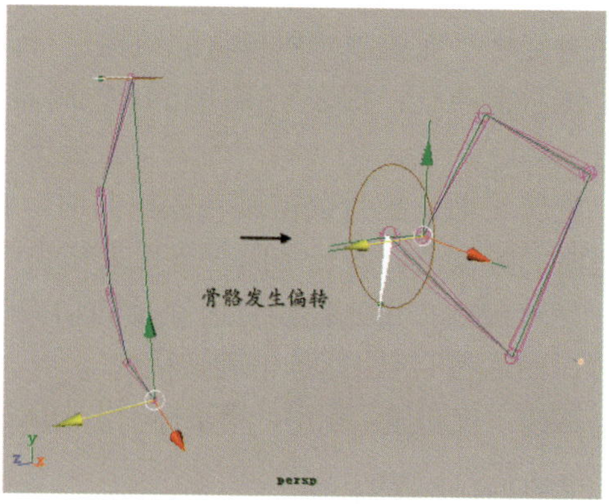

图15-37 移动IK控制手柄

02 选中IK控制器，按快捷键T显示其控制手柄；然后，向上拖动旋转平面上的移动坐标手柄，改变极向量的位置，如图15-38所示。

03 再移动IK控制手柄，可以看到骨骼链的翻转效果已经得到很好的改善，如图15-39所示。

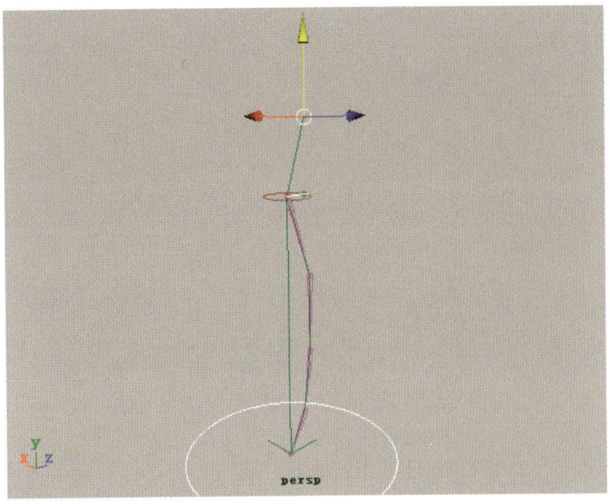

图15-38 移动极向量位置

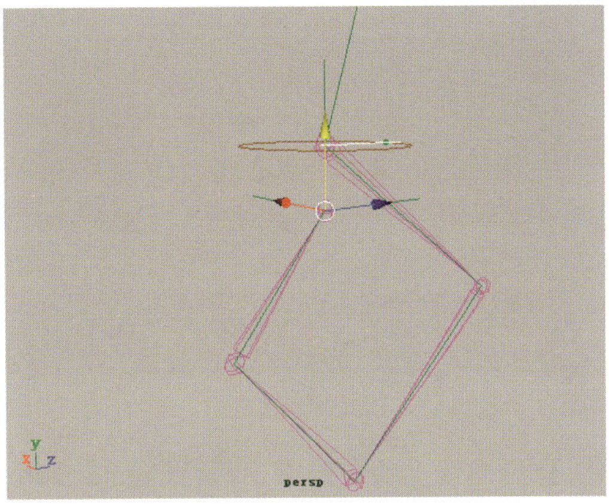

图15-39 骨链的翻转效果

04 创建一个方体曲线，然后先选中曲线，再按Shift键加选极向量并执行Constrain（约束）| Pole Vector（极向量）命令，执行极向量约束操作，即可在两者之间产生一条约束控制手柄，如图15-40所示。

05 移动方体曲线，极向量的位置发生变化，并且骨骼链也会产生一定的旋转，如图15-41所示。

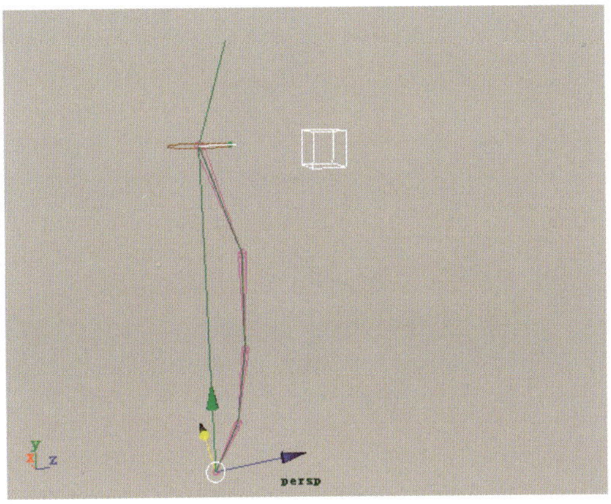

图15-40 执行Pole Vector命令

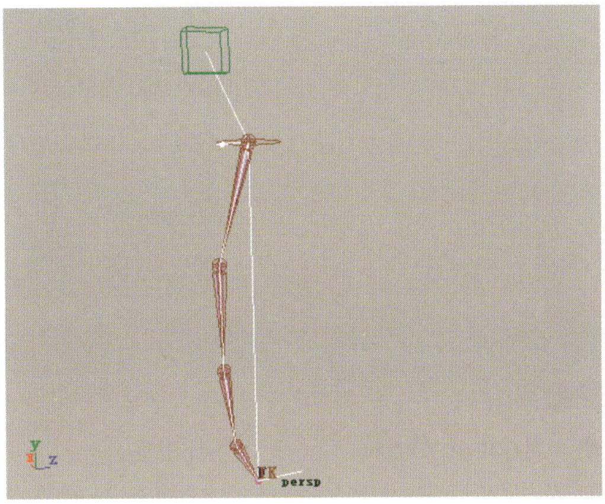

图15-41 移动方体曲线

15.2.5 IK Spline Handle Tool（IK样条控制）

前文所介绍的IK单线控制骨骼工具，多用在动作功能只有两段的骨骼上，如人的手骨或者腿部骨骼，如果需要制作类似动物的尾巴骨骼的弯曲控制时，就需要用到IK Spline Handle Tool工具对其进行控制。下面对该工具的使用进行介绍。

课堂练习157：创建IK样条控制器

01 在场景中创建一条弯曲骨链，执行IK Spline Handle Tool命令，再分别在骨链的首端和末端单击骨骼点，添加IK样条控制，如图15-42所示。

02 移动曲线上的控制点，骨链也跟随着移动，但并不能对IK控制手柄进行任何操作，如图

15-43所示。

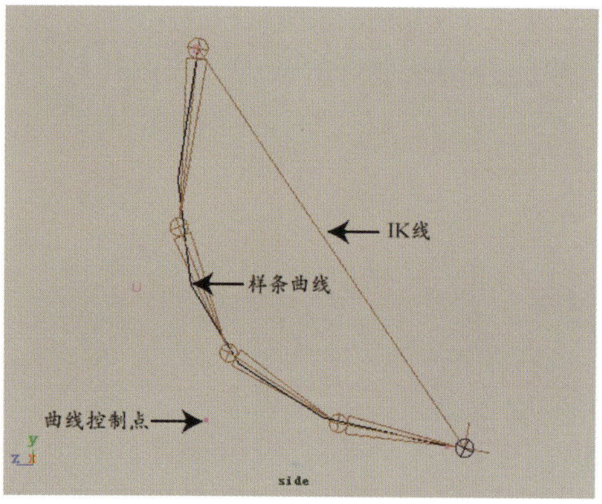

图15-42 添加IK样条控制手柄

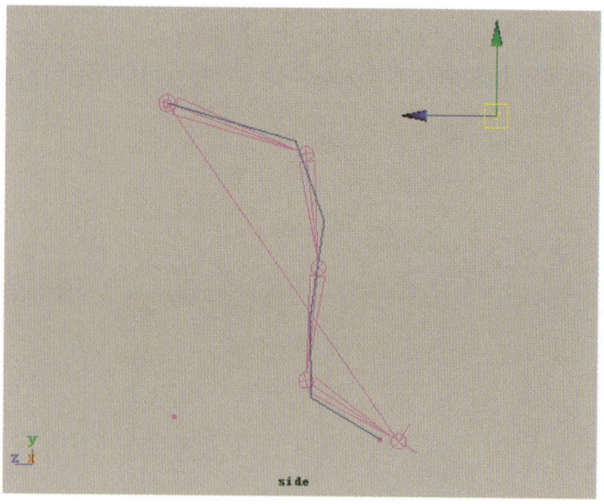

图15-43 曲线对骨链的影响

03 选择曲线上的控制点，执行Create Deformers（创建变形）| Cluster（簇）命令，为其添加簇约束控制，如图15-44所示。

04 由于簇控制器在视图中很难被选中和编辑，我们可以创建一个方体曲线，使方体曲线成为簇控制器的父物体，用户移动方体即可调整骨骼外形，如图15-45所示。

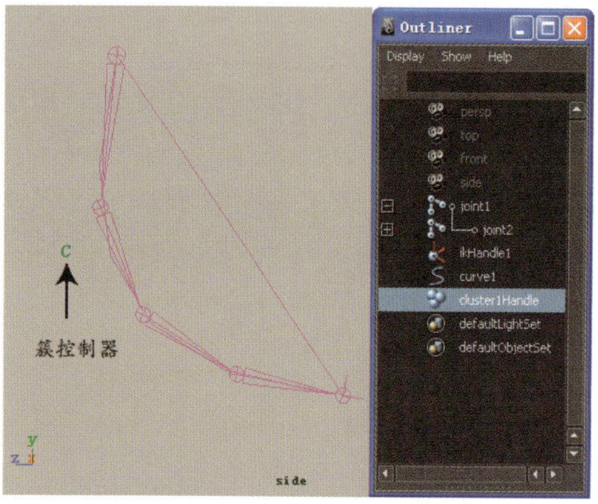

图15-44 执行Cluster命令

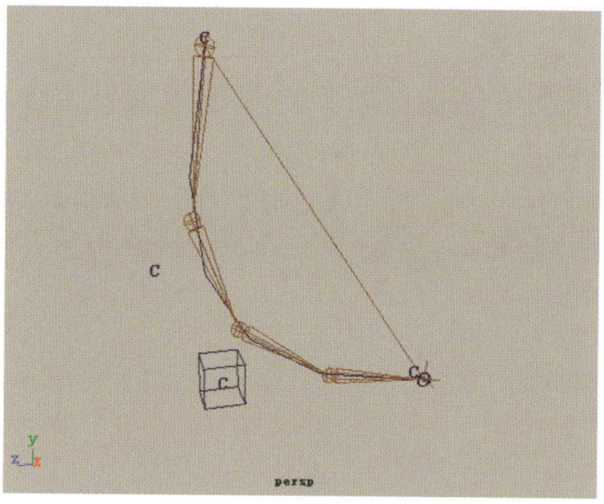

图15-45 添加虚拟物体

参数简介

◆ Root on Curve（父关节到曲线）

用于将IK样条骨骼的父关节控制到曲线上。当启用该复选框时，修改IK控制的Offset值，骨骼会沿着曲线移动，否则会脱离曲线。

◆ Auto Create Root Axis（自动创建父关节轴向）

使用该选项可以在样条骨链的父关节上创建一个父移动节点，通过调整该节点来避免移动或旋转父关节所造成的偏转现象。

◆ Auto Parent Curve（自动曲线父子关系）

用于控制创建的曲线自动成为样条骨链父节点的子物体，从而便于移动骨骼的同时，曲线也跟随移动。

◆ Snap Curve To Root（捕捉曲线到父关节）

用于将曲线的开始端粘附在样条骨链的父关节上，并且骨链会自动旋转弯曲，直到适合曲线外形。

◆ Auto Create Curve（自动创建曲线）

当开启该选项并添加骨骼的Ik曲线控制器时，会根据当前骨骼形状在骨链的始端和末端关节处创建样条曲线。

◆ Auto Simplify Curve（自动平滑曲线）

用于控制自动平滑IK样条曲线，通常结合Auto Create Curve选项使用。

◆ Number of Spans（平滑精度）

用于设置IK样条曲线的平滑度。

◆ Root Twist Mode（父关节扭曲模式）

用于控制在旋转末端骨关节时也影响骨链开始端关节的旋转角度。

◆ Twist Type（扭曲类型）

用于设置骨骼扭曲的方式，包括4种类型。其中Linear表示均衡地扭曲所有关节；Ease in表示在终点减弱内向扭曲；Ease out表示在起点减弱外向扭曲；Ease in out表示在中点减弱外向扭曲。

15.2.6 Assume Preferred Angle（显示骨骼预设角度）

在创建骨骼之后，未被操作之前的初始状态都被视为骨骼的预设角度，并且每一个骨关节的预设角度都可以被设置和修改。当为骨骼添加IK控制器后，移动IK控制手柄，骨链会根据旋转的预设角度来决定骨链的弯曲方向。

课堂练习158：显示骨骼的预设角度

01 移动骨骼链上的IK控制器，改变骨链当前的状态，如图15-46所示。

02 选中IK控制手柄，执行Skeleton（骨髓）| Assume Preferred Angle（显示骨骼预设角度）命令，即可恢复骨骼链预设角度状态，如图15-47所示。

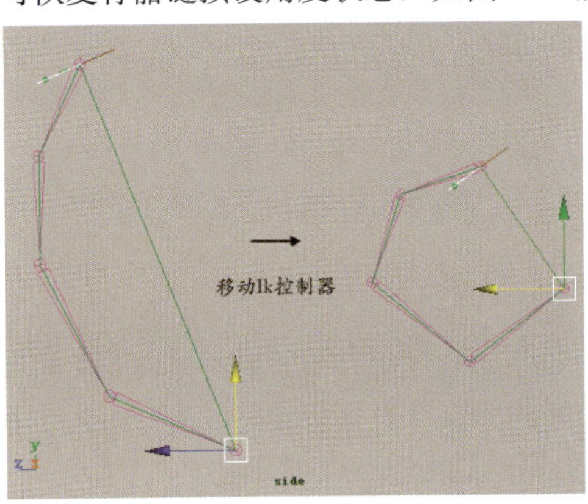

图15-46 移动骨骼链的IK控制器

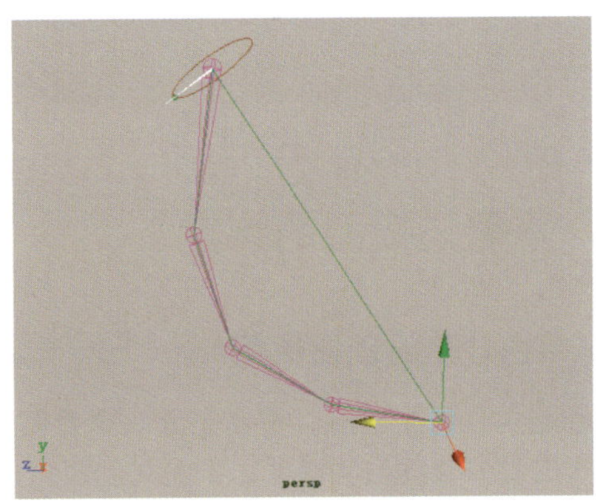

图15-47 显示骨骼的预设角色

注意：无论是修改骨骼链上任意骨节的旋转或移动状态，还是修改骨骼链上的IK控制器而使骨骼的初始状态发生了改变，用户都可以选中该骨骼链或IK控制器，执行Assume Preferred Angle命令，将当前状态恢复到原始状态。

参数简介

单击Assume Preferred Angle（显示骨骼预设角度）命令右侧的■按钮，打开预设角度选项设置面板，如图15-48所示，下面对面板中的属性进行说明。

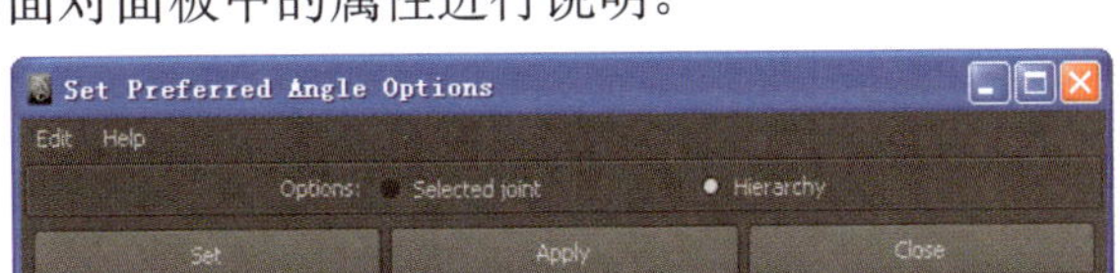

图15-48 显示预设属性窗口

◆ Selected Joint（选择的骨关节）

用于将当前选择的骨关节恢复到预设角度状态。

◆ Hierarchy（层级）

用于将选中骨骼及其以下的所有层级骨骼都恢复到预设角度状态。

15.2.7 Set Preferred Angle（设置骨骼预设角度）

我们同样也可以更改骨骼的预设角色，从而便于骨骼的编辑。使用Set Preferred Angle工具，可以将骨骼的预设姿态设定为自己所需要的姿态，下面对该工具的使用进行详细介绍。

课堂练习159：设置骨骼的预设角度

01 选中骨骼链当前状态的IK控制手柄，执行Skeleton（骨骼）| Set Preferred Angle（设置骨骼预设角度）命令，将骨链的当前状态设置为预设角色，如图15-49所示。

02 移动Ik改变骨链当前的预设状态，然后再选中IK控制器，并执行Assume Preferred Angle命令，即可将骨链恢复到开始设置的预设角度，如图15-50所示。

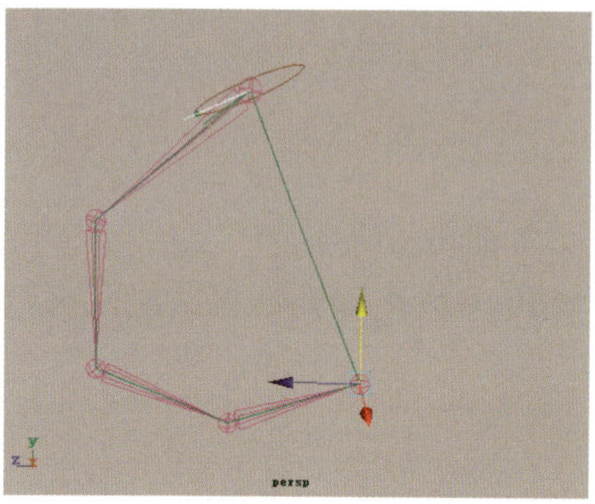

图15-49 执行Set Preferred Angle命令

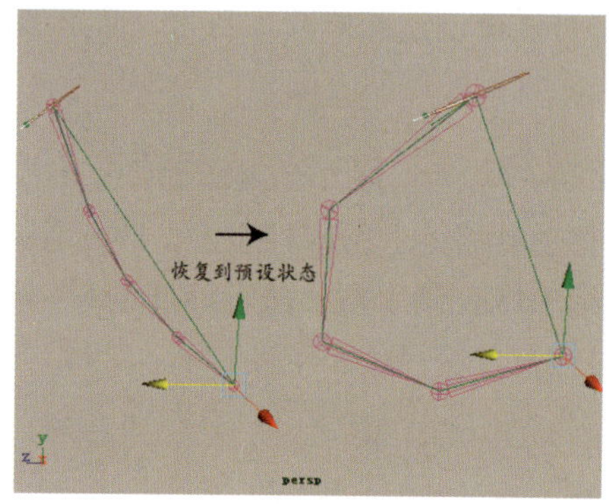

图15-50 执行Assume Preferred Angle命令

15.3 骨骼与模型的绑定

15.3.1 角色骨骼的创建规则

在创建角色骨骼之前，需要充分认识骨骼的创建规则，只有创建出适合角色的骨骼系统，才能模拟真实的骨骼及其运动特征，下面对创建角色骨骼的基本规则进行详细介绍。

◆ 创建角色的骨骼和运动系统时，首先要充分了解角色的自然骨骼状态及其运动特征。以此来判断在模型的什么部位创建什么性质的骨骼。

◆ 其次，要根据角色在影片中的情节和动作安排来决定骨骼的动力学特征，即尽量符合角色在真实状态下的骨骼特征。不过在创建过程中，“简单”、“高效”始终是要遵循的一个重要原则。

◆ 再者，随着观众和市场对角色动画的质量要求不断提高，角色的骨骼也越来越复杂，这就要求动画师不但要学习更多的技能，还要进一步加强工作的规范化和系统化。例如，骨骼的规范化命名在工作中极其重要，所以要养成骨骼规范化命名的习惯。

◆ 最后，动画师需要根据实际情况来确定角色的蒙皮方法，这就要求动画师要很好地掌握Maya中两种蒙皮方式的特点和差异。另外还要掌握局部错误蒙皮的编辑方法。

15.3.2 创建角色肢体骨骼

下面首先从角色的尾巴和腿部开始创建骨骼，角色腿部骨骼的设置很好理解，重点是在膝盖处设置弯曲骨骼，以模拟角色真实的运动机能。

1. 创建骨骼

01 在新建场景中导入一组角色模型，下面将为该角色模型添加骨骼控制，如图15-51所示。

02 切换到Side视图，执行Joint Tool命令，再在图15-52所示位置单击，创建一个骨骼点。

图15-51 导入角色模型

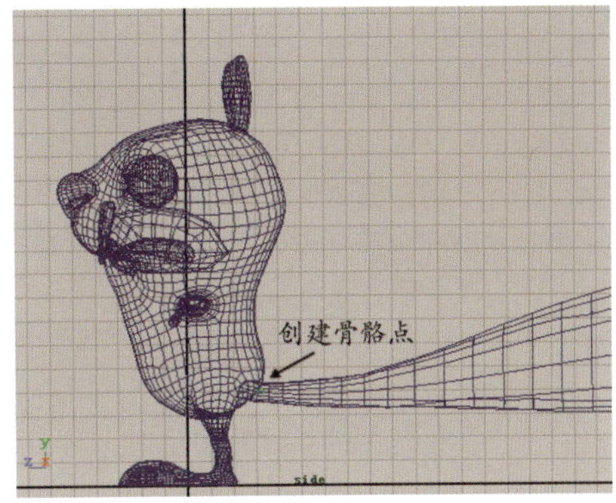

图15-52 创建骨骼点

03 沿角色尾巴的外形轮廓继续单击鼠标左键，创建一条尾巴模型的骨骼链，如图15-53所示。

04 选中尾巴骨骼链的父骨节Joint1，并且在其通道栏中将其重命名为Tail-Joint1，如图15-54所示。

图15-53 创建角色尾巴骨骼链

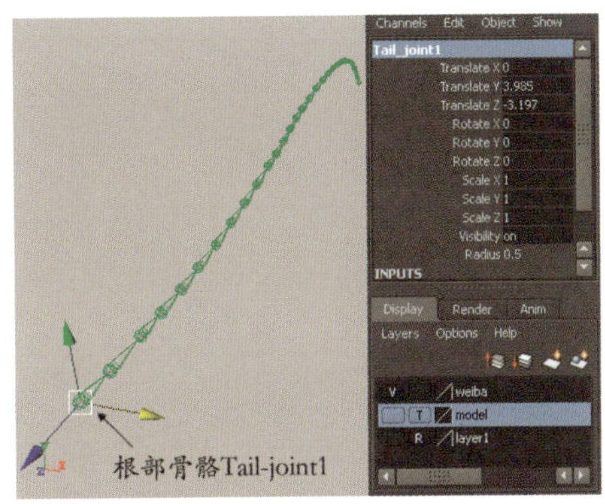

图15-54 对尾巴骨骼链进行重命名

05 同样的方法，为尾巴骨骼链上的每一节骨骼进行重命名，以便于后面为骨骼添加控制，如图15-55所示。

06 在Side视图中，进入角色模型的网格显示状态，再执行Joint Tool命令，在图15-56所示位置单击，创建一个骨骼点。

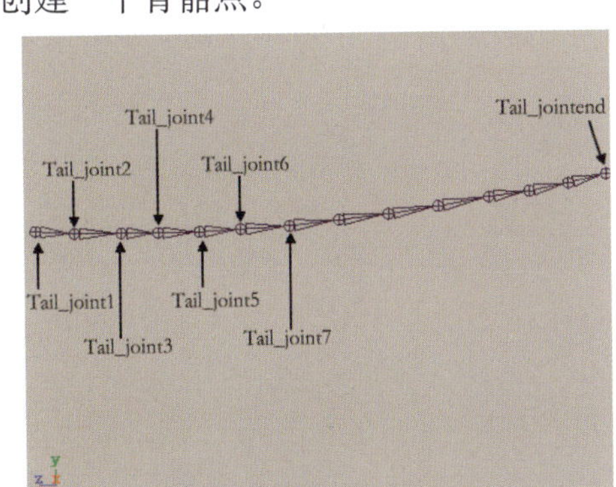

图15-55 对骨链进行重命名

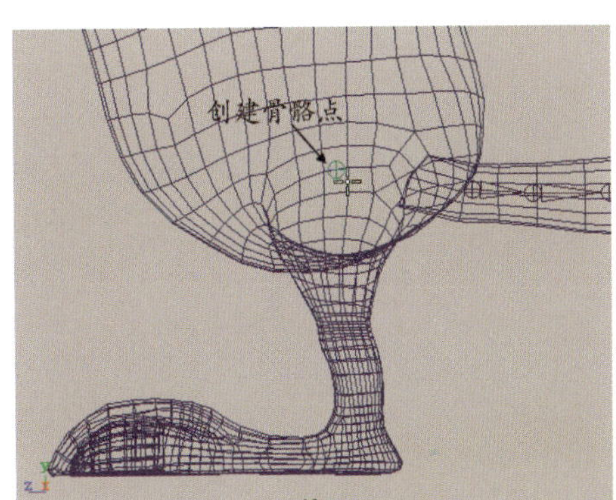

图15-56 创建腿部根部骨骼点

07 同样的方法，根据角色腿部模型的网格布线走势，创建多段骨关节，并且根据腿部的轮廓确定骨骼链的弯曲角度，如图15-57所示。

08 根据角色脚部的外形，再次单击鼠标左键，创建一个脚部的控制关节，如图15-58所示。

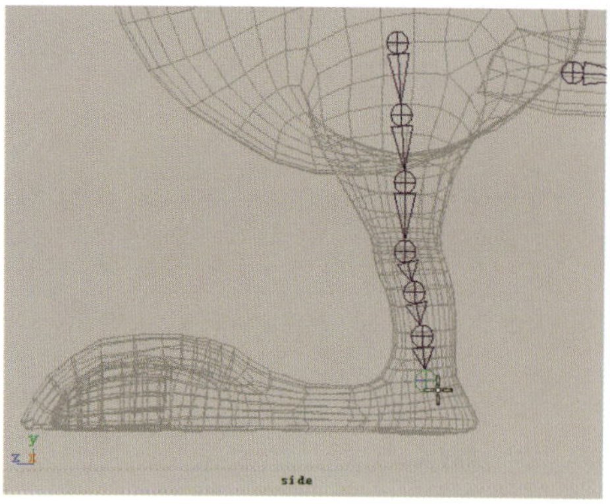

图15-57 创建腿部骨链

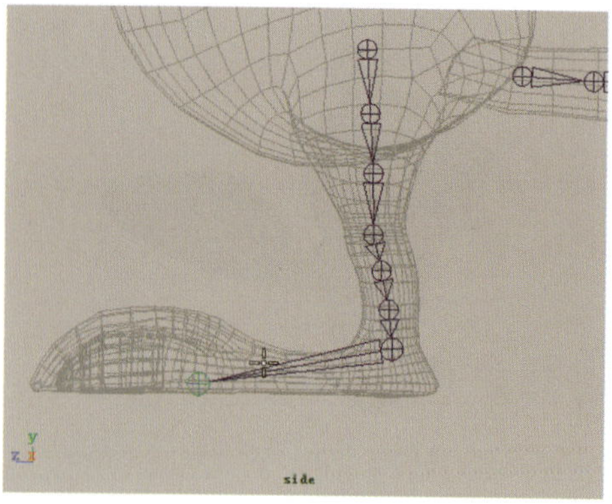

图15-58 创建脚部骨关节

09 按Enter键，确定腿部骨骼链的创建，切换到Persp视图，可以看到在Side视图创建的腿部骨骼链被默认处在场景坐标轴上，如图15-59所示。

10 选择并移动腿部骨骼链到角色一条腿的内部，如图15-60所示。

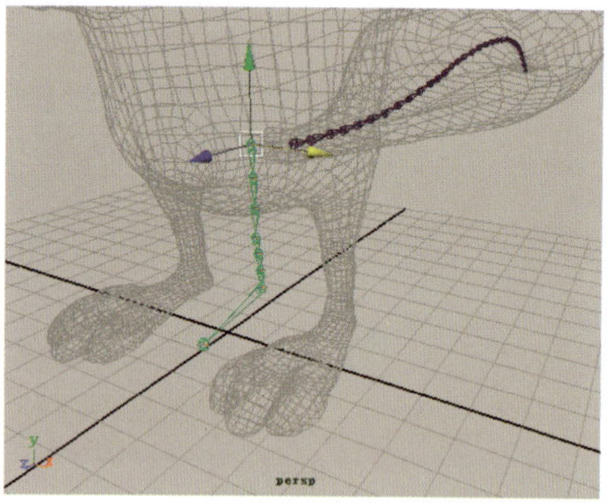

图15-59 确定腿部骨骼链的创建

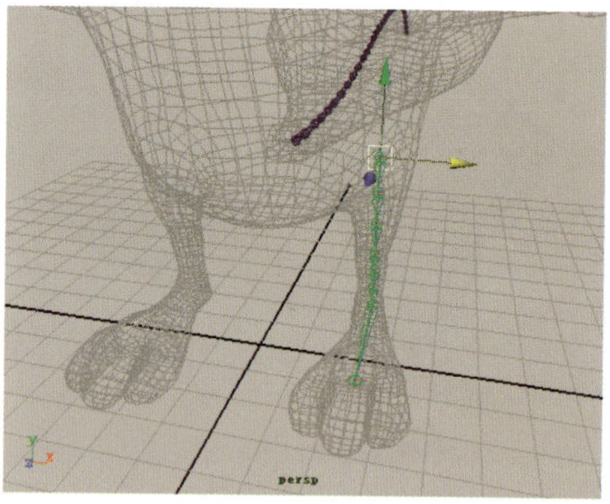

图15-60 移动骨骼链的位置

11 再依次为腿部骨骼链上的每段骨节进行重命名，以便于后期添加骨骼控制或编辑骨骼权重时快速区分骨骼，如图15-61所示。

12 切换到Top视图，执行Joint Tool命令，在图15-62所示位置单击，创建脚趾的第一个骨骼点。

13 沿角色脚趾模型的外部轮廓，连续单击鼠标左键，以创建出角色的脚趾骨节，如图15-63所示。

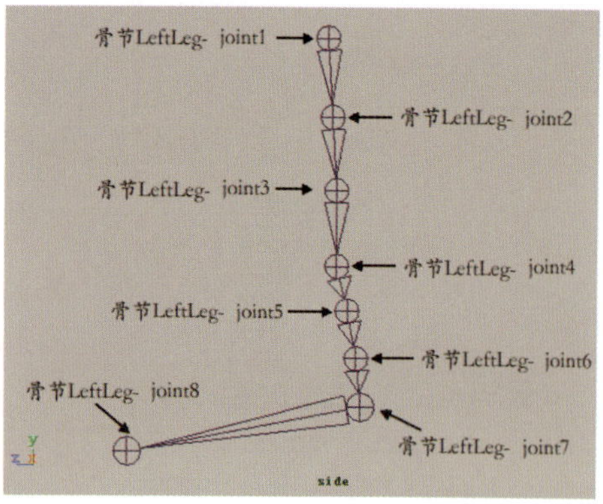

图15-61 命名腿部骨骼

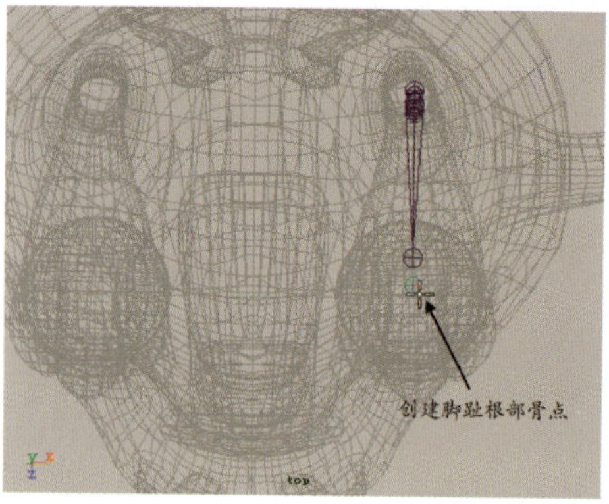

图15-62 创建脚趾骨骼点

⑭ 切换到Persp视图，沿y轴向上移动骨骼链到脚趾的内部，如图15-64所示。

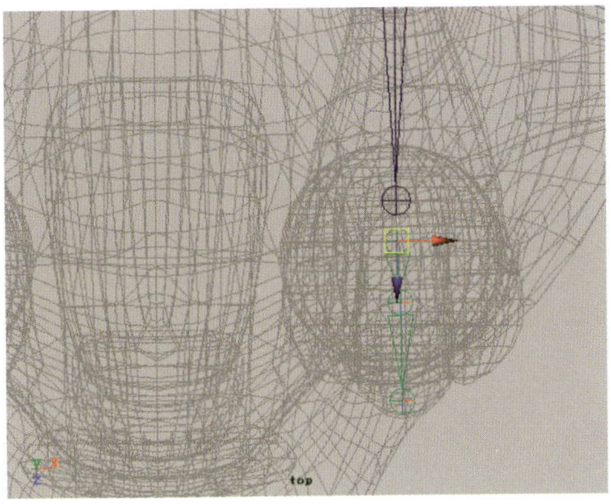

图15-63 创建脚趾骨骼链

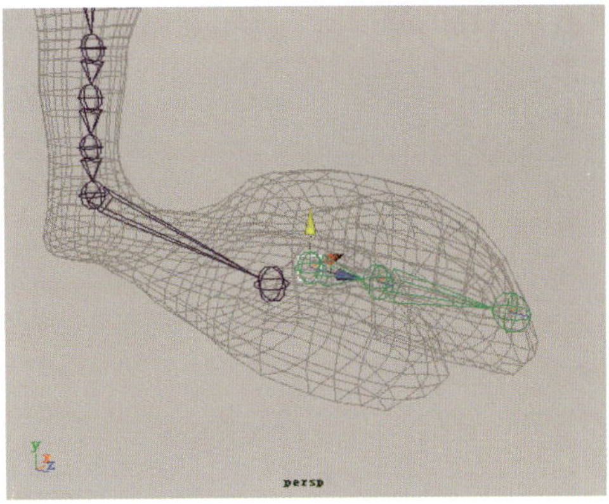

图15-64 调整骨骼链的外形

⑮ 切换到Side视图，再分别向上移动创建的3段骨节，以将直线型的骨链调整为弧形，如图15-65所示。

⑯ 同样的方法，为另外两分支骨节创建两条骨骼链，如图15-66所示。

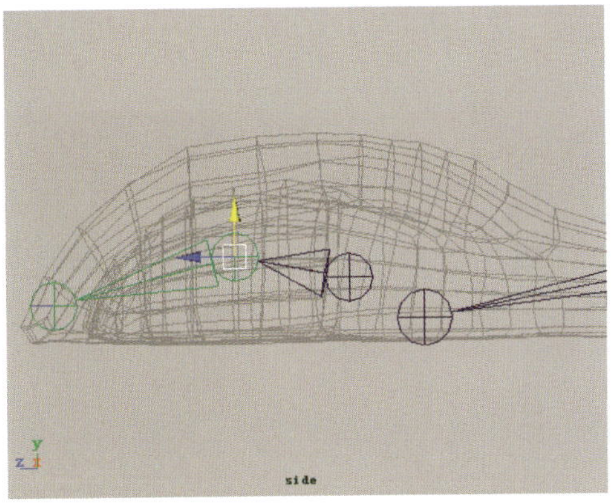

图15-65 调整骨骼链外形

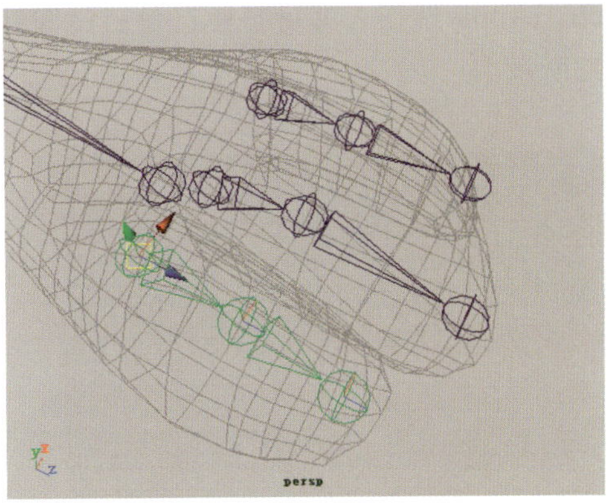

图15-66 创建另外两条骨骼链

⑰ 在通道栏中对3个脚趾的骨骼链进行重命名，便于区分骨节，如图15-67所示。

⑱ 先选中骨节LeftToe-Joint1，再选中骨节LeftLeg-Joint8，单击Skeleton（骨骼）| Connect Joint（连接骨骼）命令右侧的□按钮，在弹出的属性设置面板中单击Parent Joint选项，结果如图15-68所示。

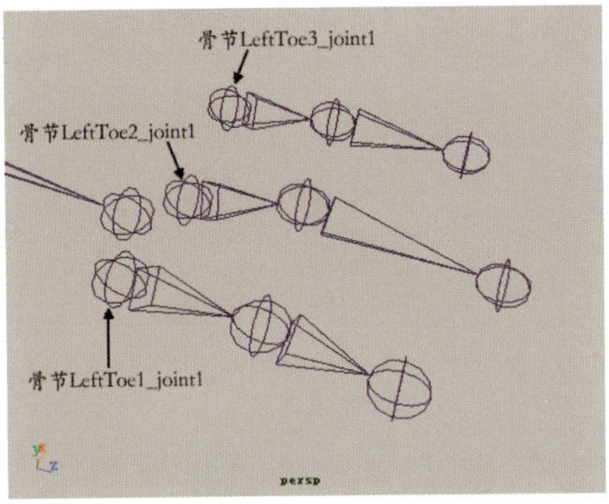

图15-67 重命名脚趾骨节

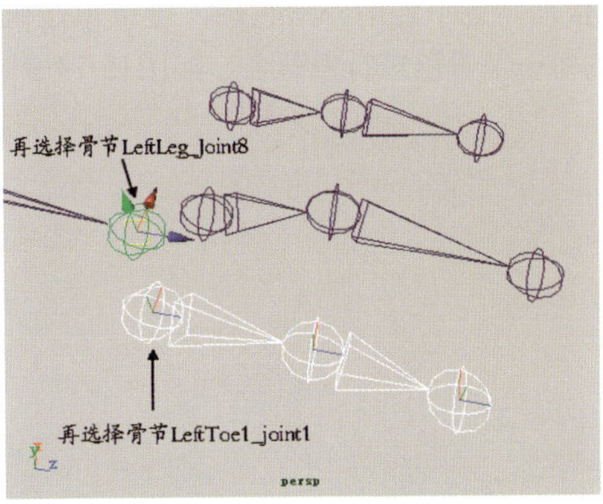

图15-68 执行Connect Joint命令1

⑲ 单击Apply按钮，即可完成两骨骼点的连接，如图15-69所示。

⑳ 同样的方法，将另外的两条脚趾骨节进行连接，再选中整条腿部骨链，单击状态栏上的按钮，再单击其右侧的按钮，显示并调整其局部坐标方向，如图15-70所示。

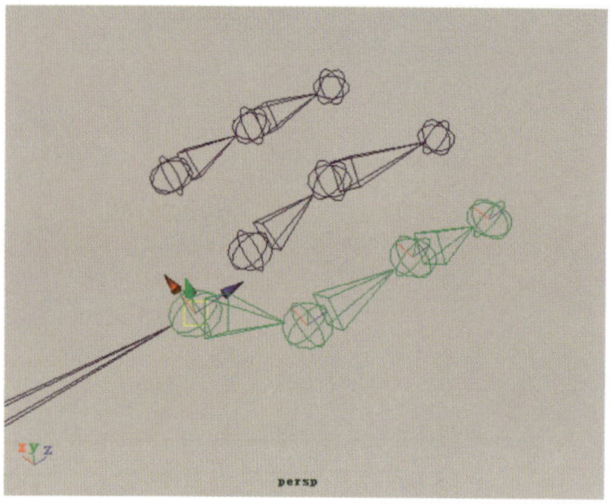

图15-69 执行Connect Joint命令2

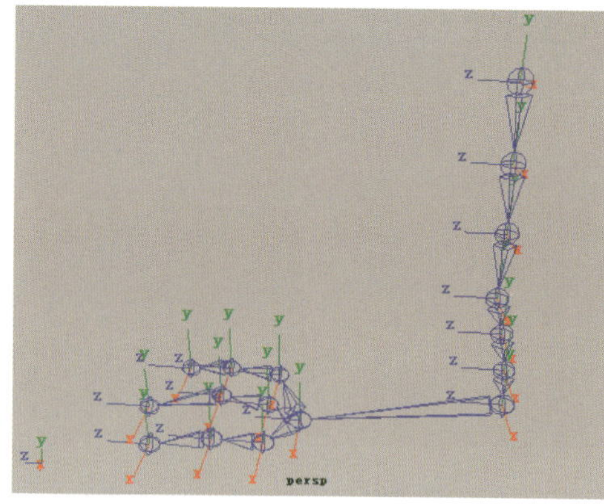

图15-70 统一骨节的坐标方向

㉑ 选中腿部父骨节LeftLeg-Joint1，单击Mirror Joint（镜像骨骼）命令右侧的按钮，在弹出的属性设置面板中单击YZ单选按钮，设置Search for为Left，Replace With为Right，如图15-71所示。

㉒ 单击Apply按钮，即可将所选骨链镜像到另一侧，并且镜像的骨节会自动以Right开头命名，如图15-72所示。

图15-71 设置镜像属性参数

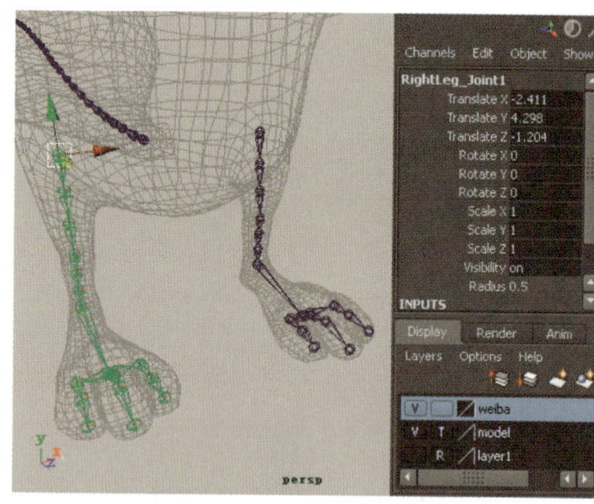

图15-72 骨链的镜像效果

㉓ 切换到front视图，执行Joint Tool命令，在如图15-73所示位置单击，创建两个骨节。

㉔ 根据角色手臂的外形轮廓，连续单击鼠标左键，以创建出用于控制手臂的骨骼链，并对骨骼链上的每一节骨骼进行重命名，如图15-74所示。

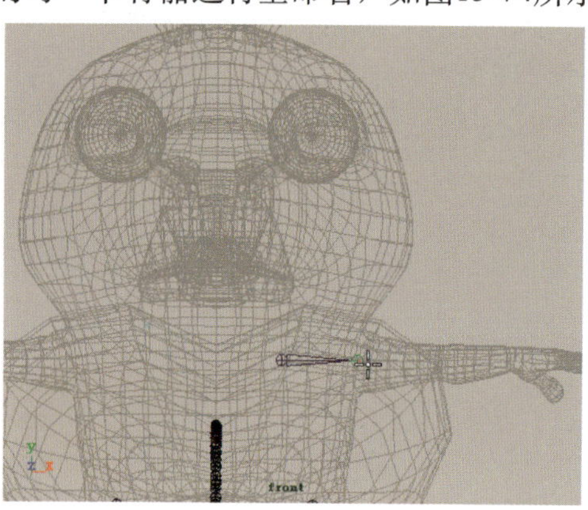

图15-73 创建骨骼点

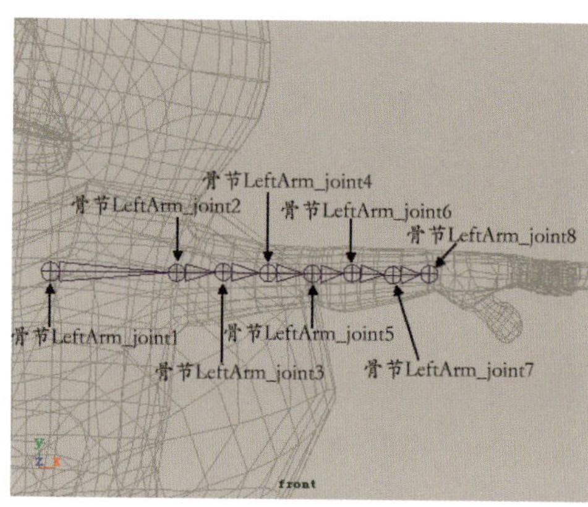

图15-74 重命名骨节

25 切换到Top视图，再根据角色的手指模型轮廓，为每根手指都创建一条骨骼链，如图15-75所示。

26 切换到Persp视图，可以看到在Top视图被创建的手指骨骼链，默认位置位于视图网格上，我们只需将骨骼链移动到手指的内部，如图15-76所示。

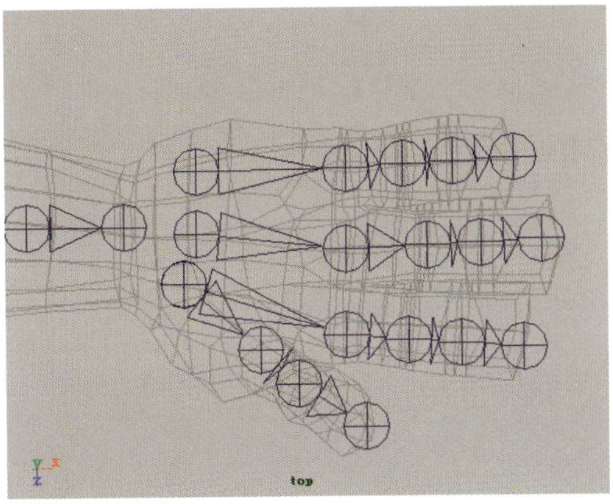

图15-75 创建手指骨骼链

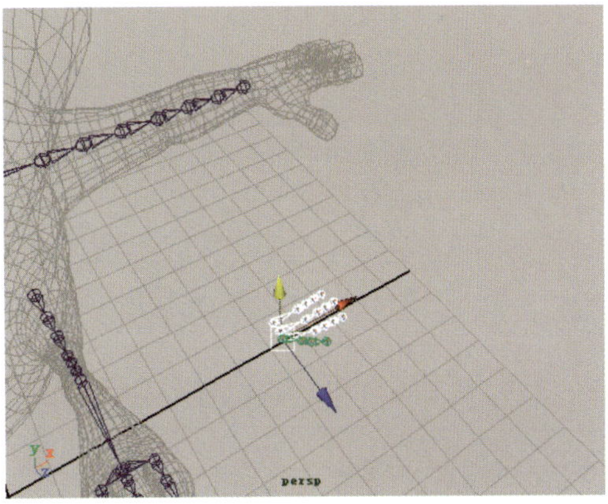

图15-76 移动手指骨骼链位置

27 再调整拇指骨节的位置角度，将其他手指调整为向*y*轴正向弯曲，改变骨节的直线性状态，从而便于为它们添加IK控制，如图15-77所示。

28 同样的方法，对每根手指的根部骨节进行重命名，便于骨骼的区分和查找，如图15-78所示。

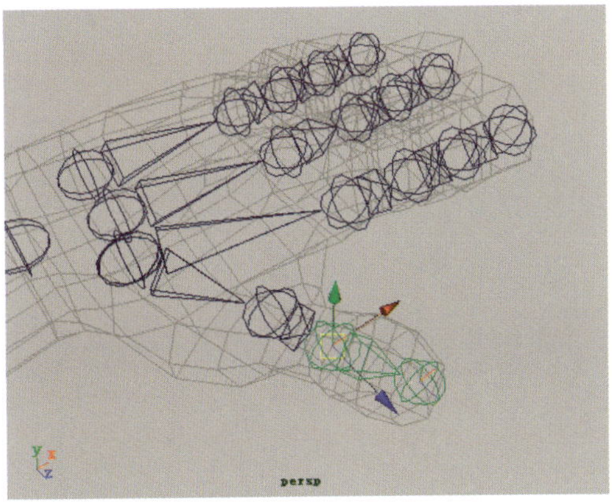

图15-77 调整骨骼的位置角度

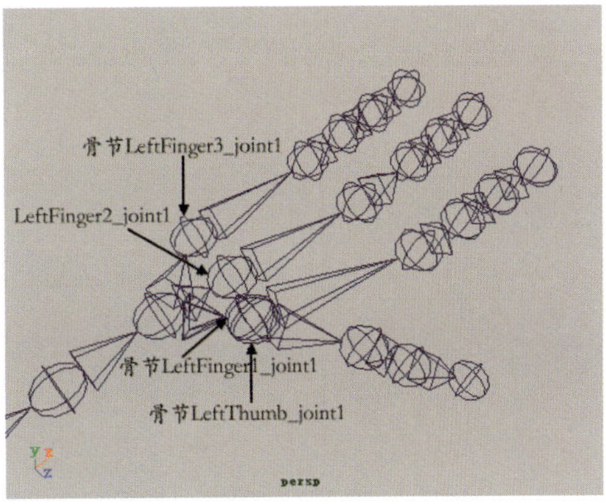

图15-78 重命名骨节

29 切换到Side视图，执行Joint Tool命令，在图15-79所示位置单击，创建一个骨骼点。

30 同样，沿角色身体躯干外形连续多次单击鼠标左键，创建一条腰部骨骼链，并对每节骨骼进行重命名，如图15-80所示。

31 再在角色的眼部位置创建出图15-81所示的一段骨节，并且将骨节上的两骨骼点分别命名为jEyeLeft和jEyePupilLeft。

32 先选中眼部的父骨节JEveleft，再选中骨节Head Joint3，执行父子约束；再选中骨节JEveleft，并执行Mirror Joint命令，对其进行镜像复制，如图15-82所示。

33 切换到front视图，在角色耳朵部位创建一条骨骼链，并进行重命名，如图15-83所示。

34 先选中耳朵父骨节LeftEar-Joint1，再选中骨节Head-Joint4，执行Connect Joint命令，为其建立连接，如图15-84所示。

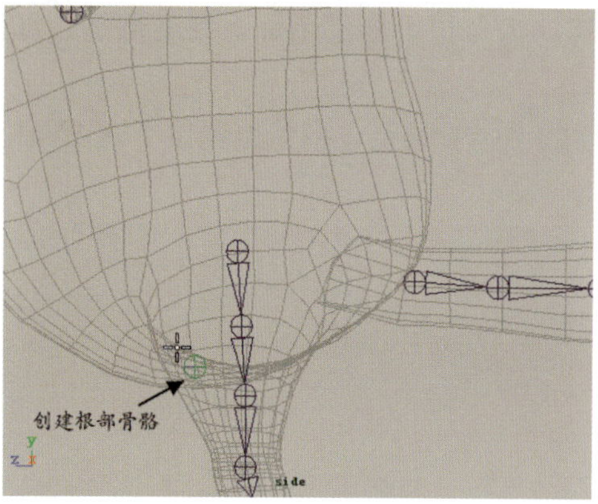

图15-79 创建骨骼点

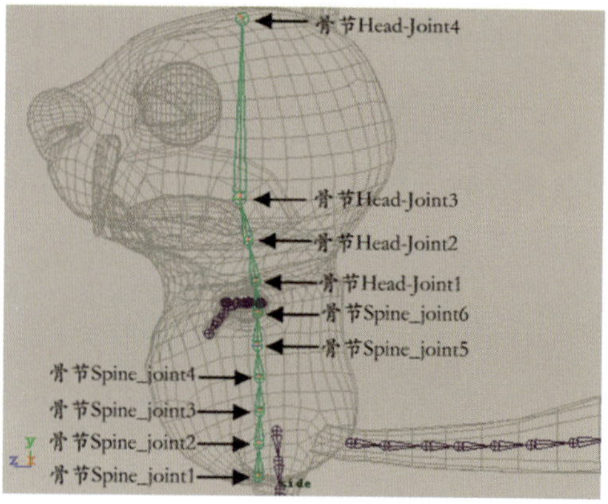

图15-80 创建腰部骨骼链

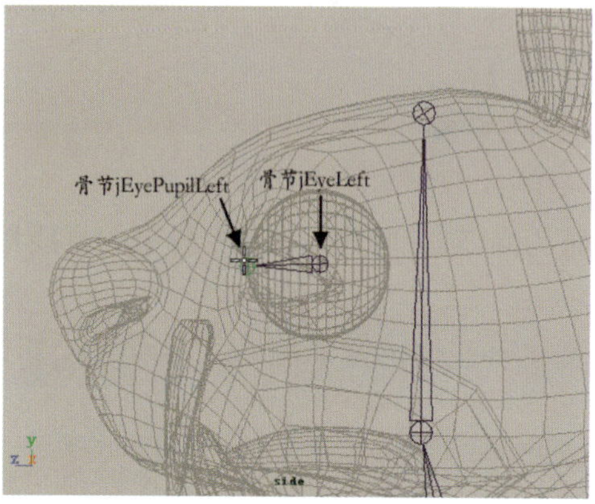

图15-81 创建眼部骨骼

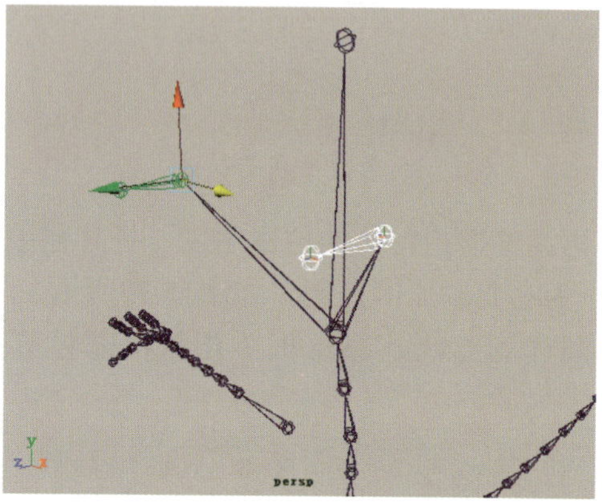

图15-82 镜像复制眼部骨节

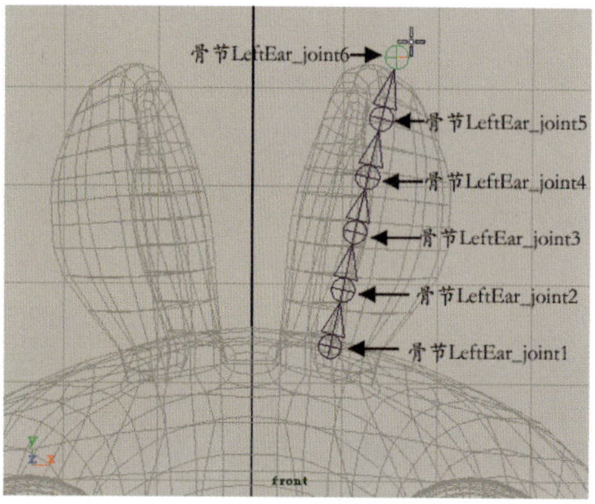

图15-83 命名耳朵骨骼链

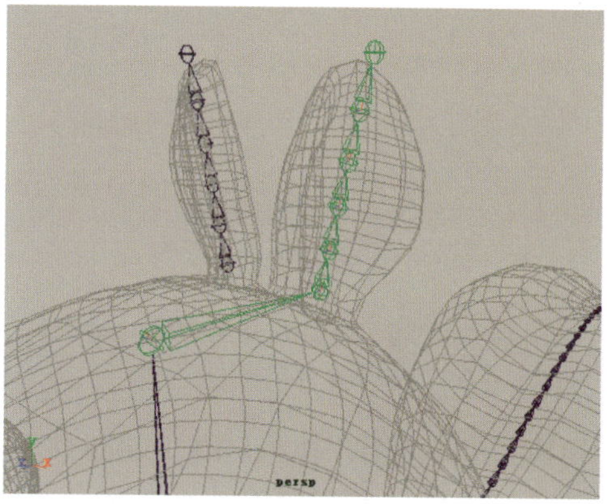

图15-84 执行Connect Joint命令

2. 装备骨骼

01 执行IK Handle Tool命令，在角色尾巴骨链的首尾骨骼点上分别单击鼠标，为该骨链添加IK样条控制器，如图15-85所示。

02 选中IK样条曲线，在视图菜单中执行Show（显示）| Isolate Select（分离选择）| View Selected（查看选择）命令，只显示所选曲线；然后在该曲线上右击，在弹出的菜单中选择Curve Point命令，再在曲线末端单击，创建一个点，如图15-86所示。

03 执行Create Deformers（创建变形）| Point on Curve（在曲线上添加点）命令，再显示所有物体，即可在曲线的一端生成一个Locator控制器，移动控制器可改变端部骨骼的状态，如图15-87所示。

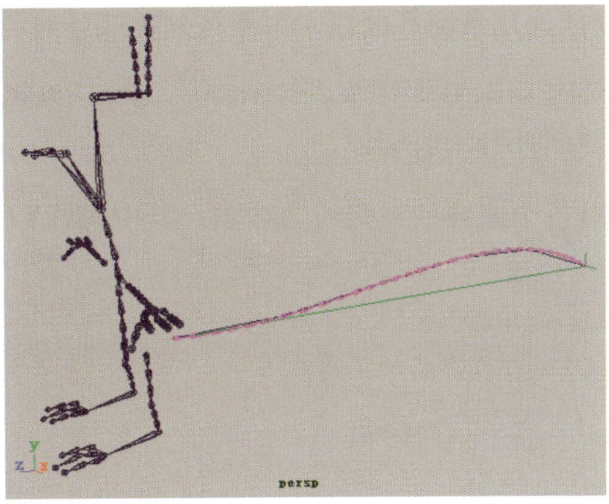

图15-85 添加IK样条控制

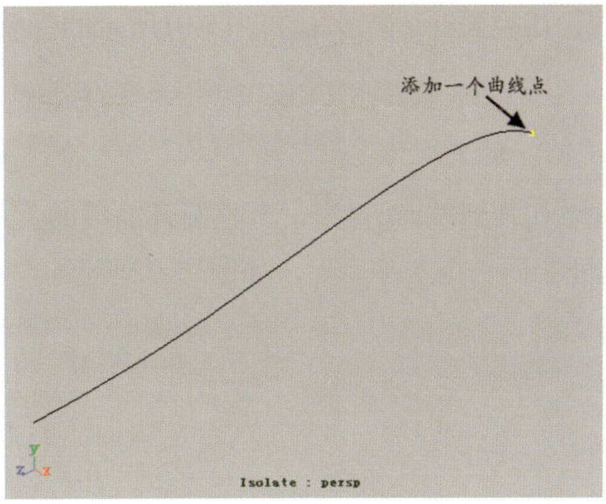

图15-86 添加曲线控制点

04 依次选中IK样条曲线上的控制点，执行Create Deformers（创建变形）| Cluster（簇）命令，为每个点添加簇控制器，如图15-88所示。

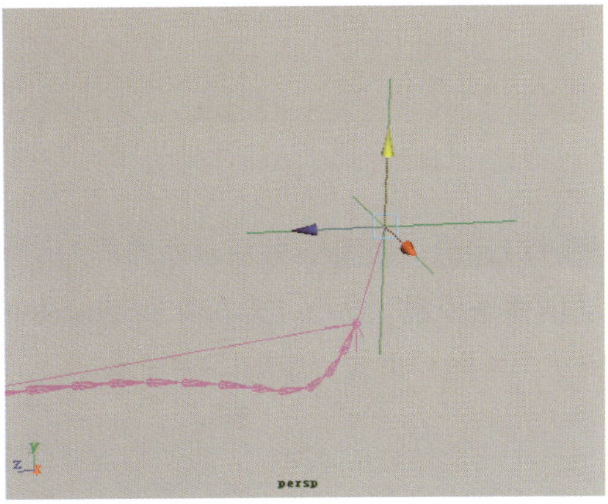

图15-87 执行Point on Curve命令

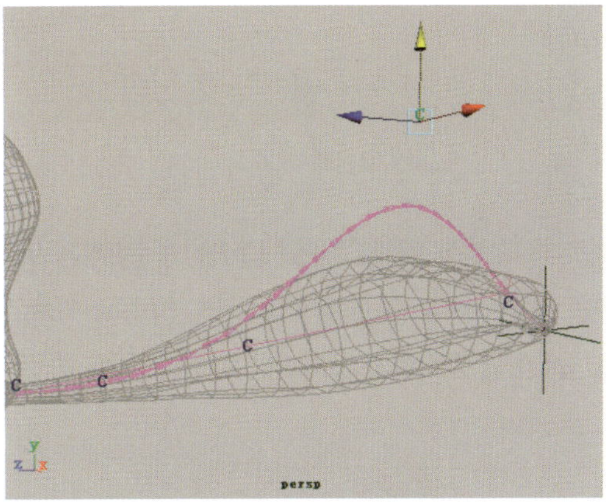

图15-88 添加簇约束控制器

05 在每个簇控制器的位置创建一个圆环曲线并进行命名，并且将圆环曲线的中心点吸附到簇控制器所在骨骼点上，将对应的簇控制器作为曲线的子物体，如图15-89所示。

06 使Locator1成为曲线V5的子物体，从而使Locator1跟随曲线V5移动，如图15-90所示；然后，再使曲线V5成为V4的子物体，V4成为V3的子物体，V3成为V2的子物体，V2成为V1的子物体。

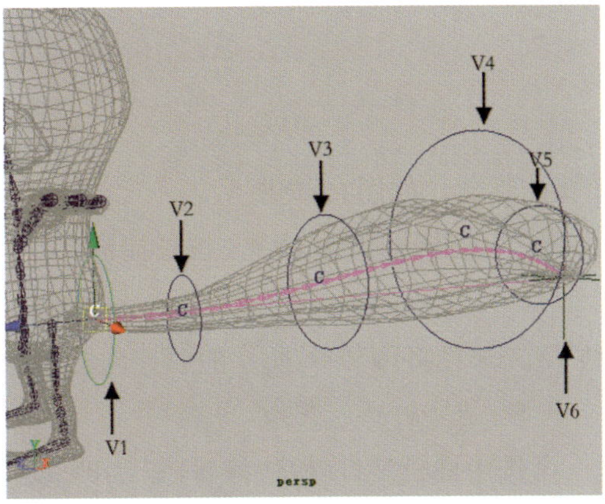

图15-89 创建曲线控制器

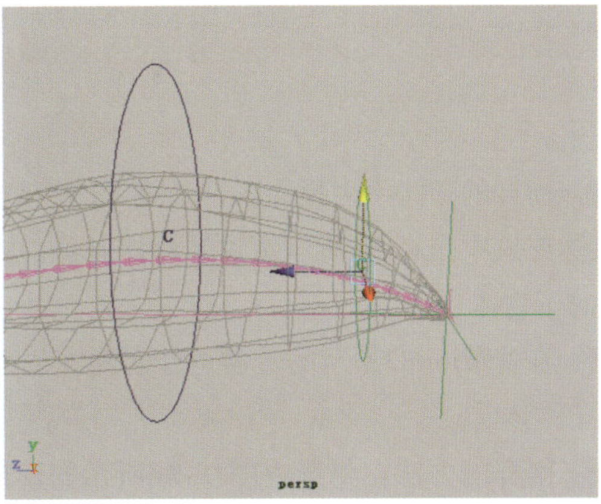

图15-90 建立父子关系

07 切换到Side视图，在图15-91所示的骨骼点位置创建几条圆环曲线，用于控制腰部骨骼。

注意：为角色腰部的骨骼链添加IK样条线控制器是一项非常麻烦的工作，并且非常容易导致骨骼错乱，用户可以直接使用曲线来约束骨骼链的旋转和弯曲效果，这样可以很容易地控制骨骼链的弯曲。

08 切换到Persp视图，调整圆环曲线的大小，并对各个圆环曲线进行重命名，其中曲线Y1与曲线Y2处于同一个水平面上，如图15-92所示。

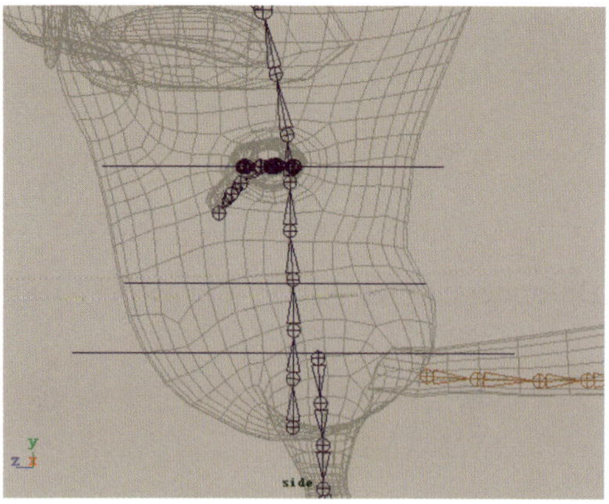

图15-91 创建曲线控制器

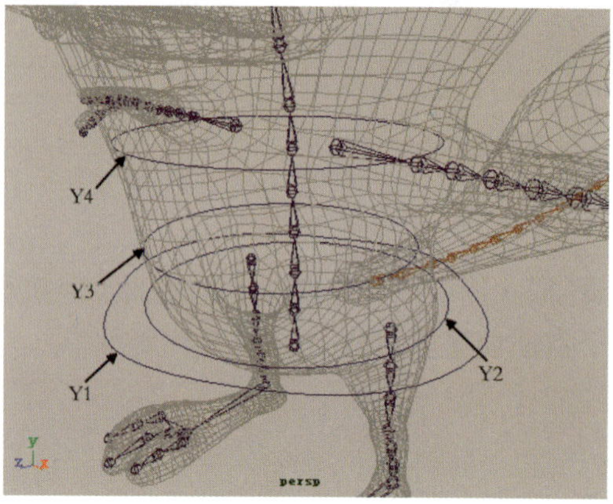

图15-92 重命名曲线控制器

09 将曲线Y2调整为曲线Y1的子物体，从而使Y2跟随Y1运动，如图15-93所示。

10 执行Skeleton（骨骼）| IK Spline Handle Tool（IK样条控制）命令，先在骨节Spine-Joint3处单击，再在骨节Spine-Joint6处单击，以在两骨点之间创建一条IK样条线，如图15-94所示。

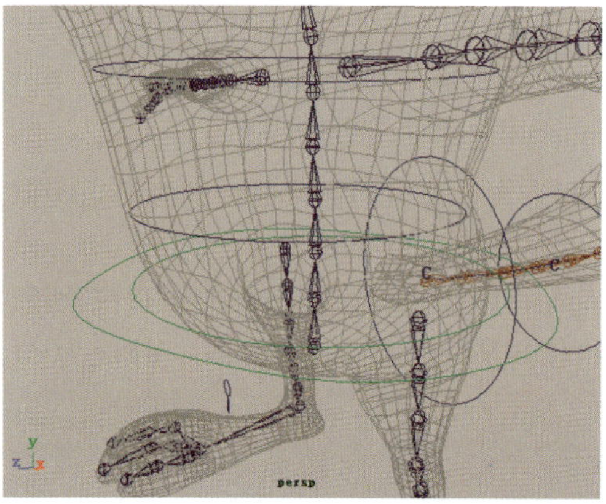

图15-93 建立Y1与Y2的父子关系

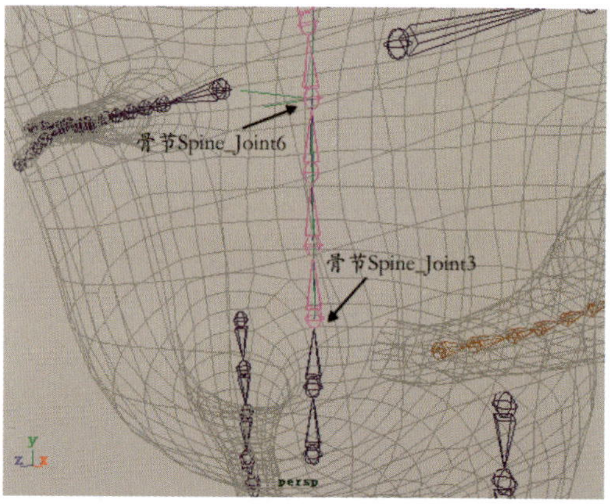

图15-94 添加IK样条曲线

11 同样的方法，为腰部IK样条线上的控制点添加簇控制器，如图15-95所示。

12 先选中图15-96所示位置的簇控制器，再按Shift键加选曲线控制器Y3，按快捷键P，使其成为Y3的子物体。

13 在骨节joint3所示的骨骼点处创建一条圆环曲线Y5，并且将图15-97所示的簇控制器作为曲线Y5的子物体。

14 同样的方法，先选中图15-98所示的簇控制器，再选中曲线Y4，按快捷键P，为两者建立父子关系。

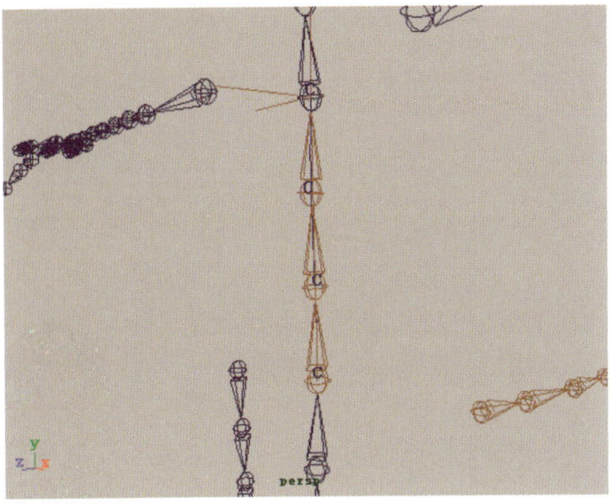

图15-95 添加簇控制器

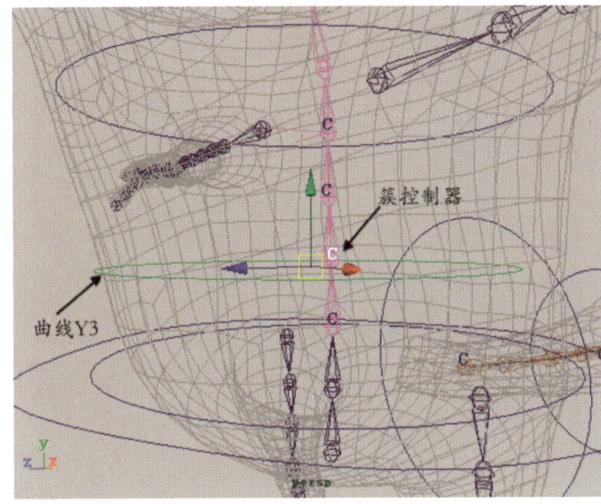

图15-96 添加父子关系

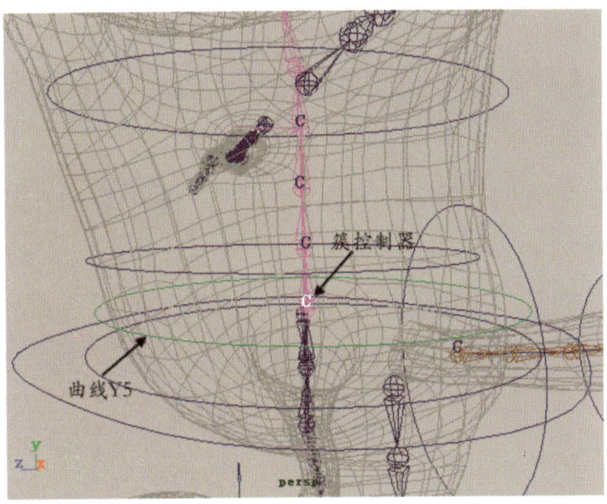

图15-97 建立父子关系1

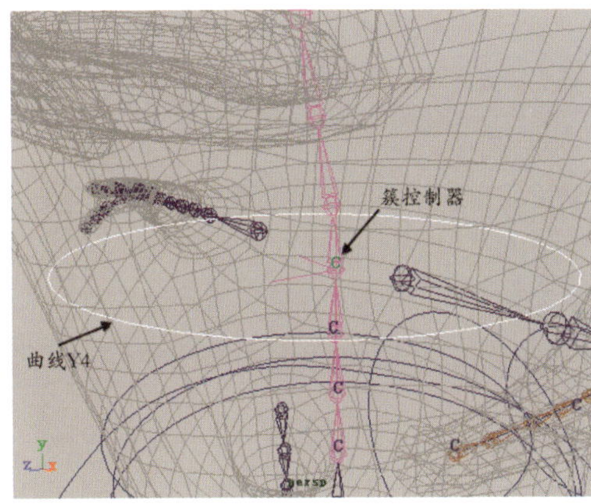

图15-98 建立父子关系2

⑮ 先选中曲线Y2，再选中骨节Spine-Joint2，单击Orient（旋转）命令右侧的▣按钮，如图15-99所示。

⑯ 在弹出的Orient Constraint Options面板中，启用Maintain offset复选框，再单击Add按钮，执行旋转约束操作，如图15-100所示。

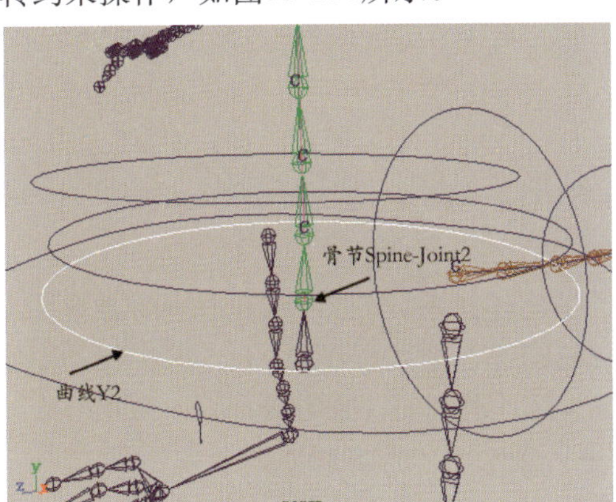

图15-99 选择要约束的对象

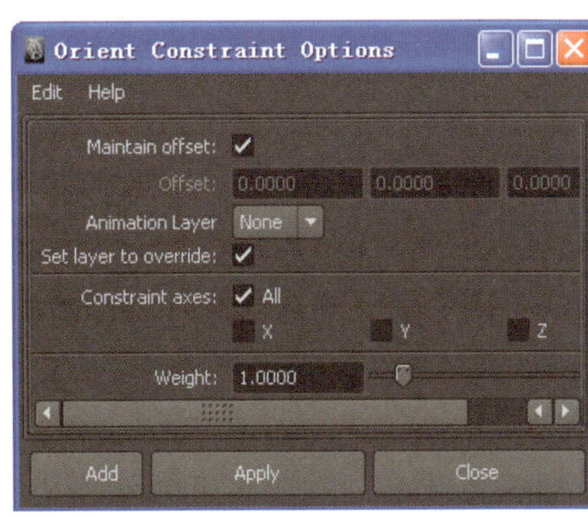

图15-100 设置旋转约束属性参数

⑰ 旋转曲线Y2，此时骨节Spine-Joint2也会跟随着发生旋转，如图15-101所示。

⑱ 先选中父骨节Spine-Joint1，再按Shift键加选曲线Y1，按快捷键P，使骨节Spine-Joint1成为曲线Y1的子物体，如图15-102所示。

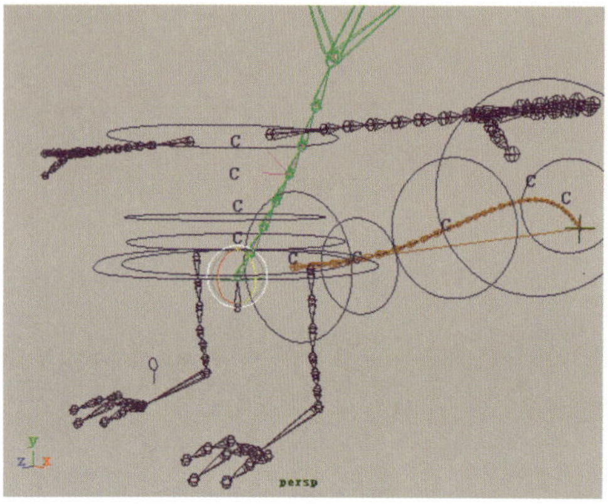

图15-101 曲线Y2的旋转约束效果

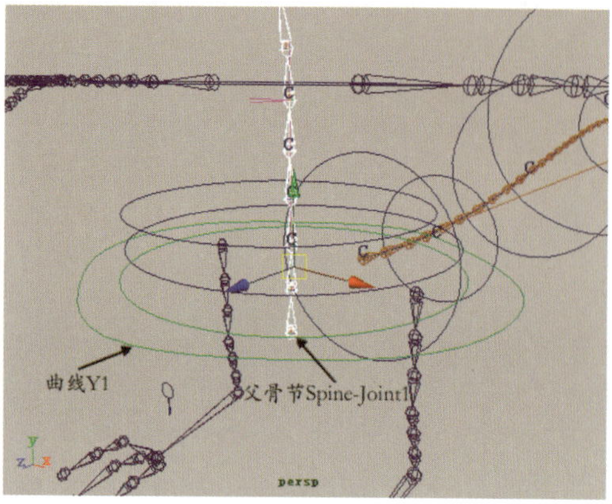

图15-102 建立父子关系

技巧 动画师在制作腰部骨骼的控制器时，为了达到真实的腰部运动效果，往往在腰部位置创建多条重合的腰部骨骼链，彼此间再通过相互约束和控制，从而达到很自然的弯曲效果，这里我们为了便于骨骼的学习，只创建一条腰部骨骼链来对腰部进行控制。

⑲ 执行Ik Handle Tool命令，然后，先在腿部父骨关节LeftLeg-Joint1处单击，再在骨节LeftLeg-Joint7处单击，以在两骨骼点之间添加一个IK控制器，如图15-103所示。

⑳ 创建一个曲线控制器，并命名为Left-foot，将创建的腿部IK控制器设置为Left-foot的子物体；再移动曲线Left-foot，此时脚部骨骼会发生严重的旋转，如图15-104所示。

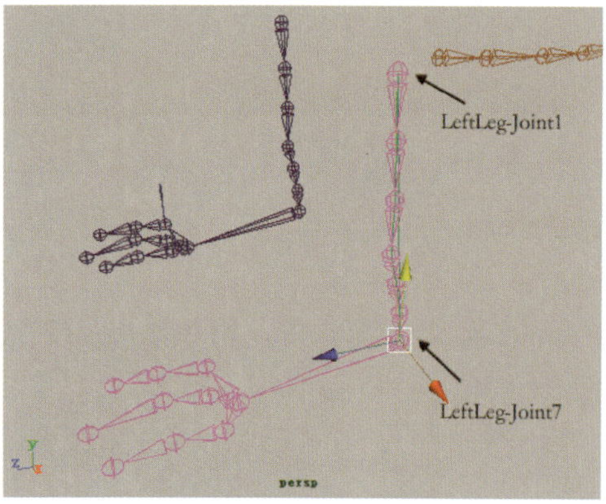

图15-103 添加腿部IK控制器

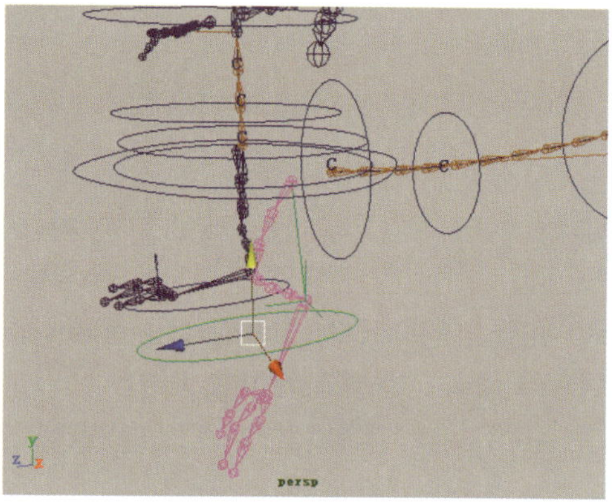

图15-104 IK控制器的约束效果

㉑ 先选择曲线Left-foot，再选中骨节LeftLeg-Joint7，执行Constrain（约束）| Orient（旋转）命令，并启用 Maintain offset复选框，执行旋转约束操作，如图15-105所示。

㉒ 再移动曲线Left-foot的位置，脚部骨骼不会再产生旋转效果，如图15-106所示。

㉓ 执行Ik Handle Tool命令，分别在骨节LeftArm-Joint2和骨节LeftArm-Joint7处单击，以在两骨骼点之间添加一个IK控制手柄，然后将其命名为LeftArm-IK，如图15-107所示。

㉔ 移动LeftArm-IK，观察角色肩部骨骼的控制效果，如图15-108所示。

㉕ 同样的方法，分别为角色的每条手指骨节链添加Ik控制器，便于角色手指的控制，如图15-109所示。

㉖ 移动手指骨骼链的IK控制器，观察手部骨骼的控制效果，如图15-110所示。

㉗ 创建一条圆环曲线，并且将其中心点捕捉到LeftArm-IK控制器所在的末端骨节上，然后将LeftArm-IK设置为该圆环曲线的子物体，如图15-111所示。

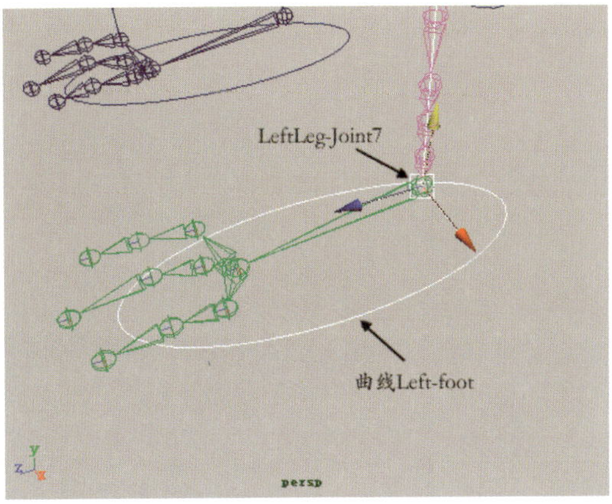

图15-105 选择约束物体

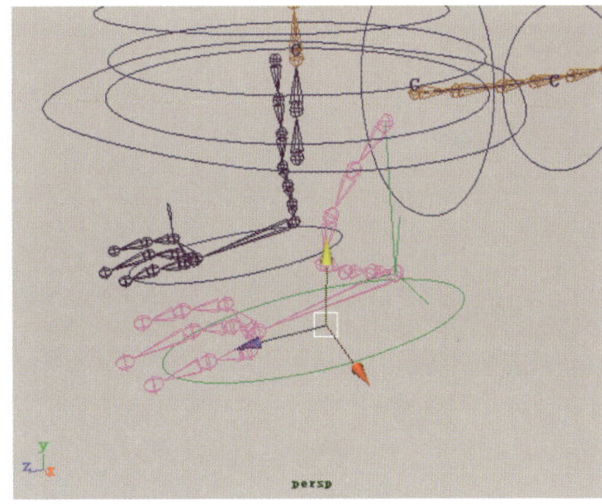

图15-106 移动Left-foot的位置

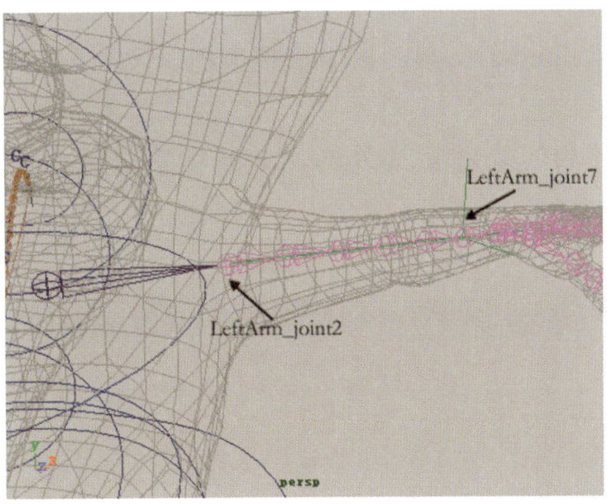

图15-107 添加IK控制手柄

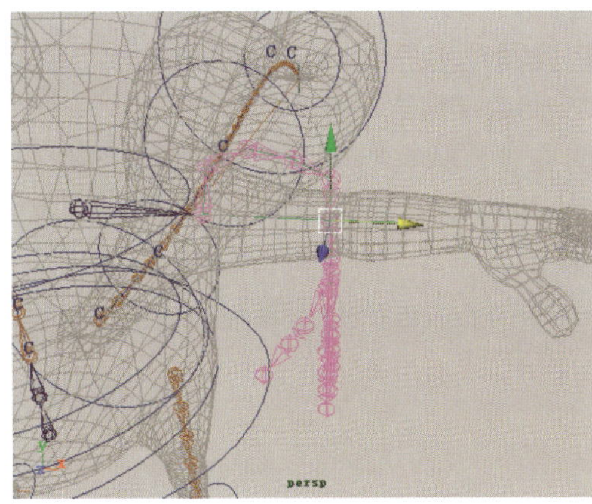

图15-108 移动IK控制手柄

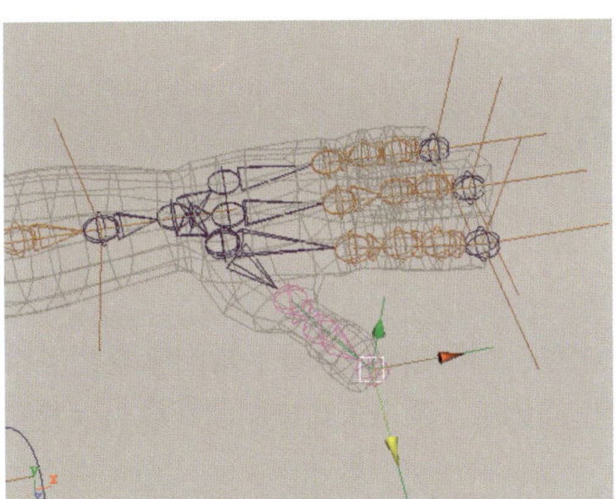

图15-109 添加IK控制器

图15-110 手指的IK控制效果

㉘ 同样的方法，为角色耳朵的骨骼链分别添加IK控制，并在两IK的一侧各创建一个曲线控制器，分别设置为IK控制器的父物体，如图15-112所示。

技巧 用户也可以创建曲线控制器并结合使用Animate（动画）| Set Driven Key（设置驱动关键帧）| Set（设置）命令，将曲线添加到驱动列表，将手指骨骼添加到被驱动列表，为两者设置驱动并添加关键帧，使用曲线的属性参数驱动手指骨骼的旋转。

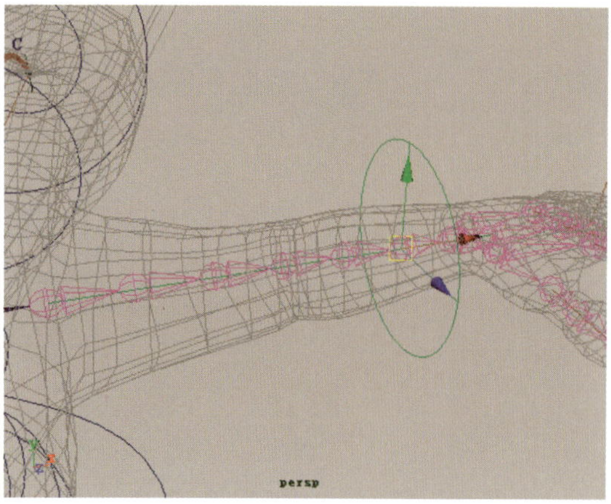

图15-111 设置手部IK的父子关系

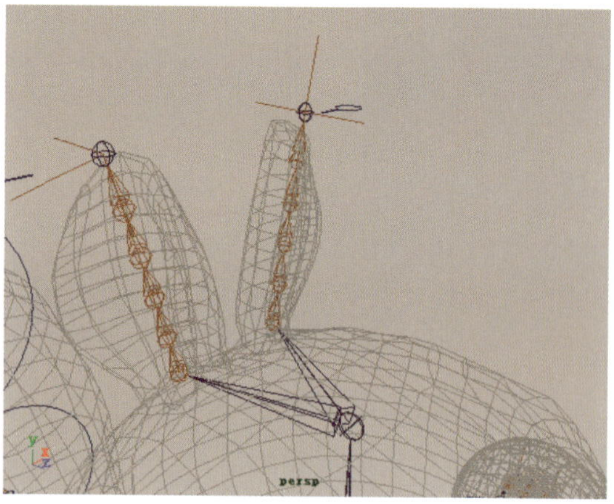

图15-112 设置耳朵IK的父子关系

㉙ 先同时选中耳朵的两曲线控制器，再选中骨节Head-Joint4，按下快捷键P，使曲线成为骨节Head-Joint4的子物体，如图15-113所示。

㉚ 在骨节LeftArm-Joint1的中心创建一条圆环曲线并调整其外形，先选中该曲线，再选中LeftArm-Joint1，执行Orient命令；然后，再使LeftArm-IK上的圆环曲线成为该曲线的子物体，如图15-114所示。

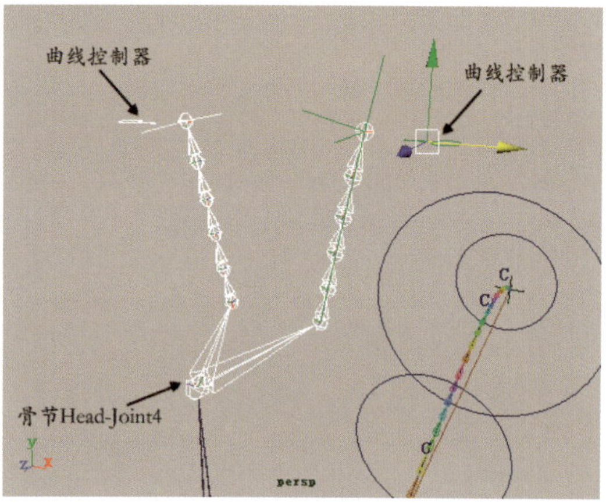

图15-113 建立父子关系

图15-114 执行Orient命令

㉛ 同样的方法，在骨骼链的手腕处和手指骨节创建多个圆环曲线，将手指的IK设为手指控制曲线的子物体，对手腕处的曲线和骨节执行Orient操作；然后，再使手指控制曲线成为手腕控制曲线的子物体，如图15-115所示。

㉜ 将手腕处的曲线控制器，设为LeftArm-IK上圆环曲线的子物体，旋转骨节LeftArm-Joint1处的曲线，以观察整条手臂骨骼的控制效果，如图15-116所示。

提示：在为骨骼链创建曲线控制器后，为了便于后期快速和准确设置关键帧，我们应选中该曲线，执行Modify（修改）| Freeze Transformations（冻结变形）和Edit（编辑）| Delete by History（通过历史删除）命令。

㉝ 先选择中骨节LeftArm-Joint1处的曲线控制器，再选中曲线Y2，按下快捷键P，将两者设为父子关系，如图15-117所示。

㉞ 在角色左右腿部的父骨节处各创建一条圆环曲线，并分别将腿部的父骨节设置为该圆环曲线的子物体，如图15-118所示。

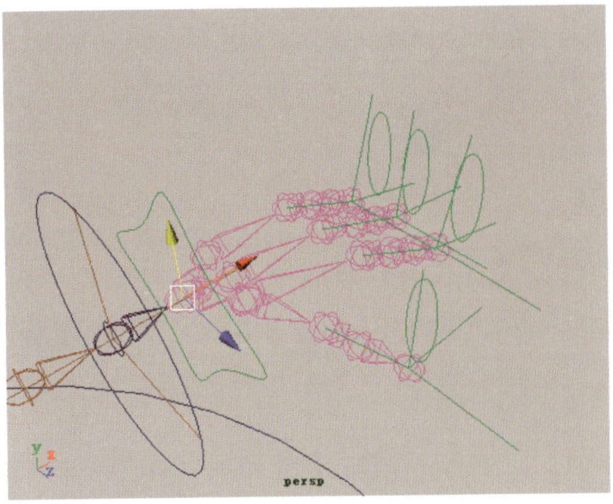

图15-115 创建手腕控制器

图15-116 手臂骨骼的控制效果

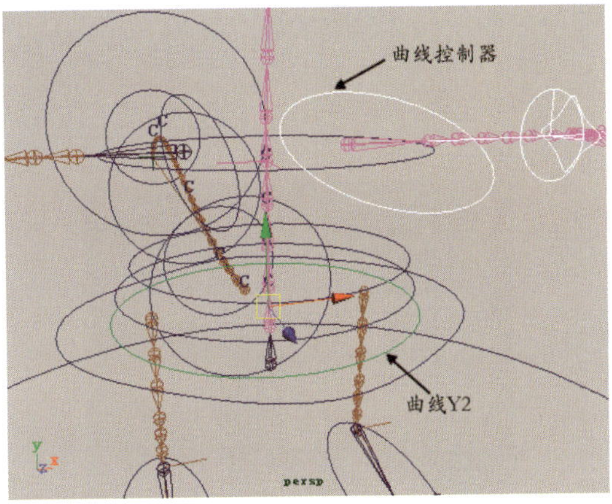

图15-117 设立父子关系

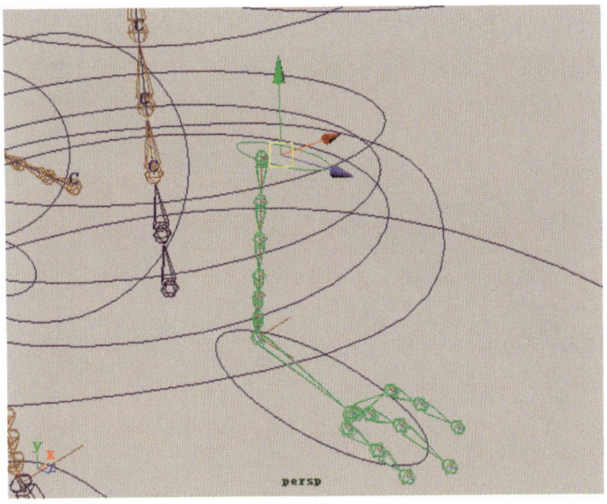

图15-118 创建腿部曲线控制器

㉟ 将两腿部父骨节处的圆环曲线设置为曲线Y1的子物体，移动曲线Y1，腿部骨骼链会自动产生弯曲，如图15-119所示。

㊱ 创建一条大圆环曲线并将其放置到脚部骨骼的底部，命名为Body，再将所有的曲线控制器设为曲线Body的子物体，以便于整体骨骼的控制，如图15-120所示。

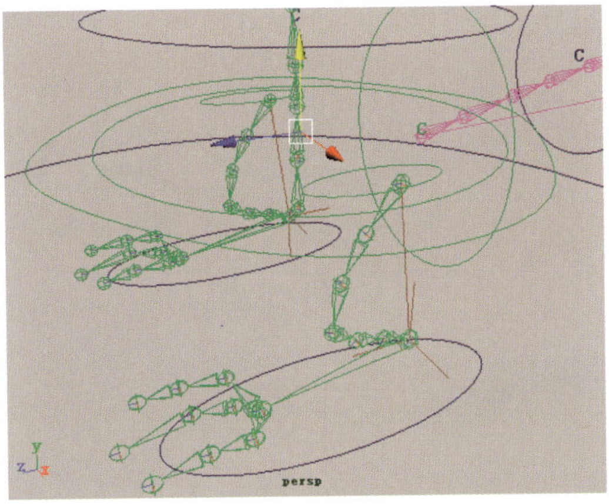

图15-119 观察腿部骨节的控制效果

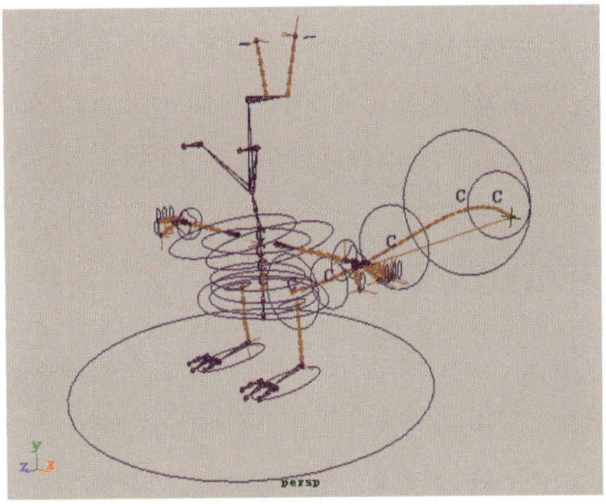

图15-120 创建身体曲线控制器

技巧

a. 一般来说复制表情变形的目标物体时是复制头的，因为通常情况下头和身体是要分开的，这样可以节省电脑的计算，至于从哪里分开就要根据角色而决定。若模型的头和身体是连着的，可以把它们分开，只要在分开的地方点的权重值相同，就不会出错，无论怎样运动，都会和模型不分开。

b. 至于先做骨骼蒙皮还是表情动画没有特别要求，若为了避免错误操作，也可以先蒙皮再添加表情变形动画。

c. 在添加融合变形时，原始物体和目标物体的历史不能被删除。

15.3.3 Rigid Bind（刚体绑定）

使用刚体绑定，可以使模型的各部分跟随骨骼运动，并不产生任何变形，但适用于各部分没有连接的模型。该工具的作用非常类似于木偶戏，角色的各个部位在活动时并不产生任何变形，它多用于角色的附加道具上，如盔甲、配饰和不会产生任何变形的机械模型上，如汽车、机器人等。

课堂练习160：创建刚体绑定

01 在场景中导入一个人体脚骨的模型，并为其中一个脚趾创建一条骨骼链；然后，先选中该脚趾上的所有模型，再选中该骨骼链父骨关节Joint1，如图15-121所示。

02 单击Skin（蒙皮）| Bind Skin（绑定蒙皮）| Rigid Bind（刚体绑定）右侧的□按钮，在打开的属性面板中选择Bind to列表中的Complete Skeleton选项，如图15-122所示。

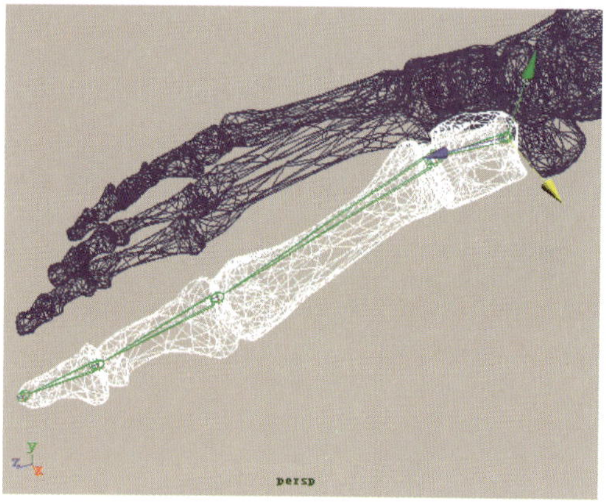

图15-121 选择模型和骨骼

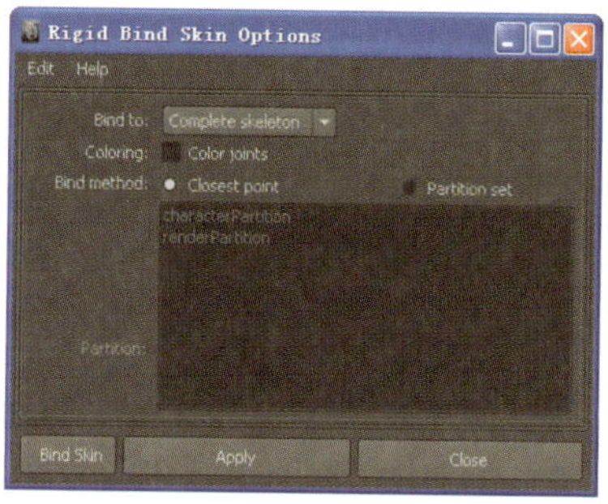

图15-122 打开Rigid Bind属性面板

03 单击Apply按钮，执行刚体绑定操作，可以看到之前被选中的脚趾呈红色显示，表明绑定成功，如图15-123所示。

04 选中并移动被绑定的脚趾模型，可以看到移动工具的坐标箭头呈灰色显示，但并不能对该脚趾进行移动，如图15-124所示。

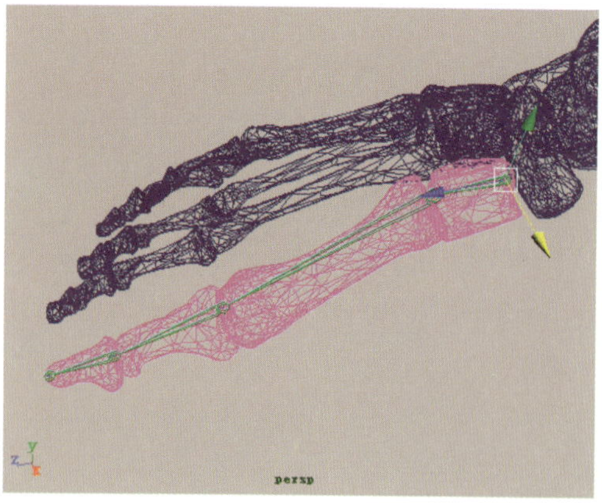

图15-123 模型的绑定效果

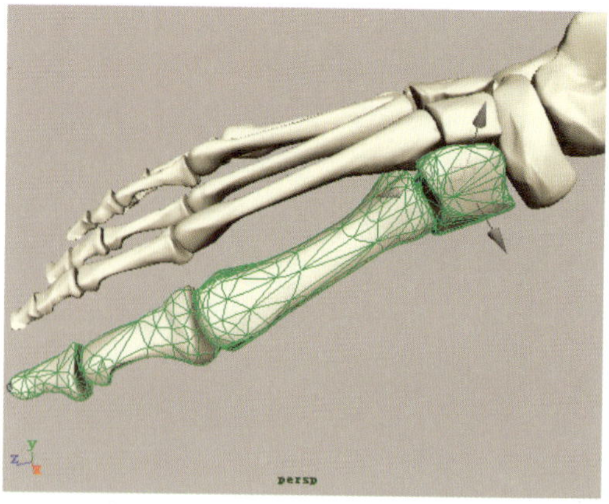

图15-124 选中要绑定的物体和骨骼

05 按数字键4，进入场景模型的网格状态，再选中任意一节骨骼链并对其进行旋转操作，即可改变脚趾模型的脚趾弯曲状态，如图15-125所示。

06 再按数字键5，实体显示场景模型，可以看出在对骨链上的每节骨骼进行旋转时，处于骨关节处的模型并没有发生任何变形，如图15-126所示。

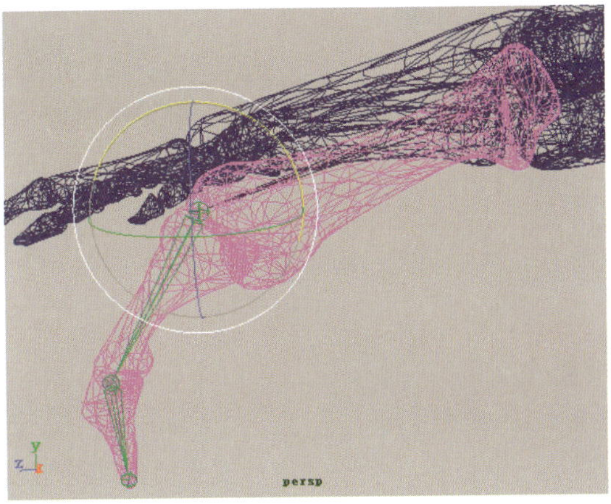

图15-125 骨骼对绑定模型的影响效果

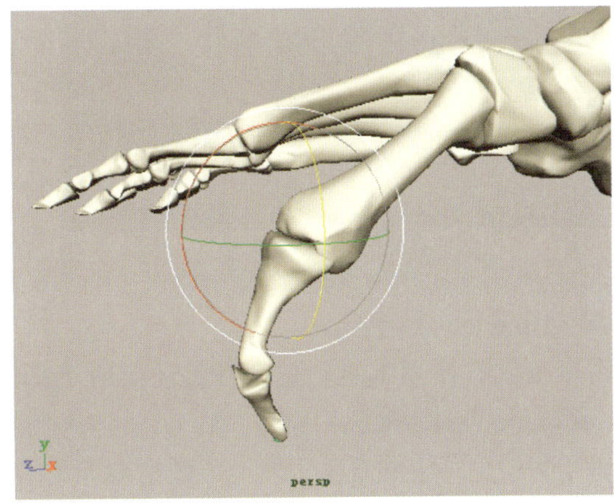

图15-126 模型的拉伸效果

07 同样，也可只选中部分模型和骨链上的部分骨节进行绑定操作。在Outliner窗口中，选中骨链上的父骨节Joint1和子骨节Joint2，再选中脚趾上的Joint1-model和Joint2-model模型，如图15-127所示。

08 在场景视图中观察模型的选择状态，如图13-128所示。

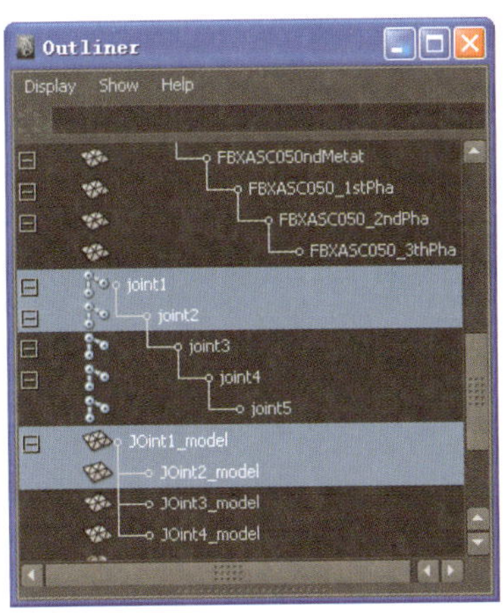

图15-127 选择目标模型

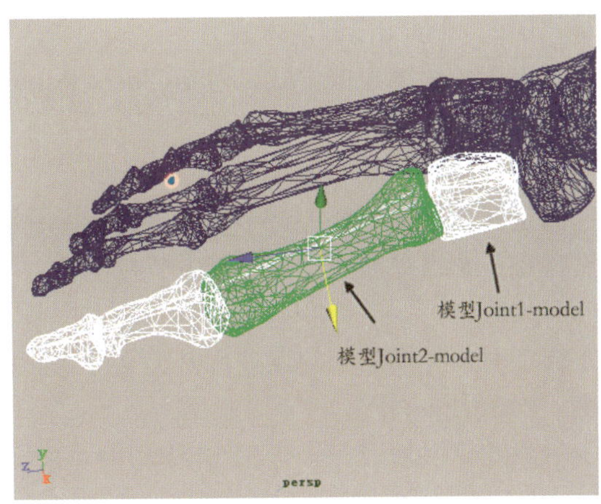

图15-128 模型和骨骼的选择状态

09 在Rigid Bind Skin Options面板中，选择Bind to下拉列表中的Selected joints选项，如图15-129所示。

10 在视图中，对骨节Joint2进行旋转操作，整个脚趾会跟随旋转，再对骨节Joint3进行旋转，但脚趾不发生任何变形，说明Joint3并没有绑定到模型上，如图15-130所示。

参数简介

若要改变刚体绑定的属性功能，就需要在Rigid Bind Skin Options属性面板中设置其属性参数，下面对面板中的属性进行说明。

图15-129 设置硬绑定属性

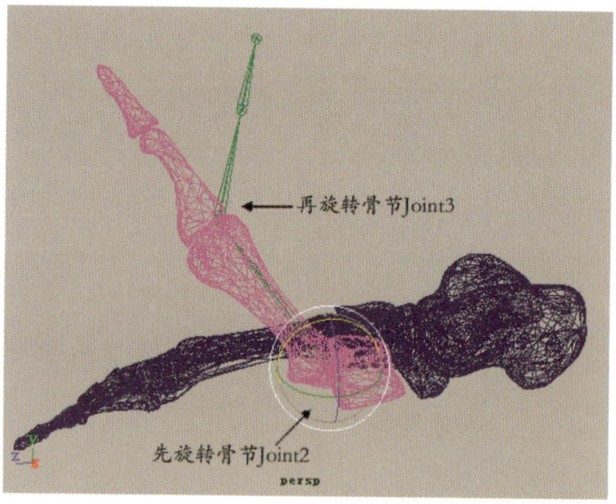

图15-130 模型的绑定效果

◆ Bind to（绑定到）

用来控制将模型绑定到整个骨骼还是所选择的骨骼上。

Complete Skeleton

用于将模型绑定到整个骨骼上，通常被绑定的模型是一个整体，不适合含有独立结构的群组模型。

Selected joints

用于将当前选中的模型绑定到当前选中的骨骼上，但不包含该骨关节下的子关节。

Force all

用于将选中的骨骼绑定到所有选中的骨骼上，也包括当前关节下的所有子关节骨链。

◆ Coloring（颜色）

用于控制是否根据自动设置为骨骼关节添加颜色，通常骨节的颜色与其所影响模型上的颜色相对应。

◆ Bind method（绑定方式）

用于设置骨骼绑定的方式，包括Closet Point（壁橱点）和Partition Set（分组设置）。默认选中Closet Point选项。

Closet Point

在绑定时，根据骨骼上每个关节点的影响作用力，Maya自动将模型上的点进行归类分组，每一个点只存在一个组中且只受一个骨关节控制。

Partition set

在绑定时，将模型上的点进行自定义分组归类，将每一个组对应绑定到一个骨关节上。

◆ Partition（分组）

表示点的分组列表，只有在选择Partition set选项后，该列表才可以使用。

15.3.4 Smooth Bind（柔体绑定）

前文介绍了刚体绑定在骨骼动画中不会使模型产生变形。而柔体绑定则不同，模型的外形会随着骨骼的运动而产生不同程度的变形，这种绑定方式更加符合真实生活中的角色。例如，人体的手臂在摆动或弯曲时，表面的皮肤会有不同程度的拉伸现象，都可以使用柔体绑定工具来完成。

课堂练习161：创建柔体绑定

01 在场景中导入一个角色模型，并为其中一个肢体创建一条骨骼链，再为该骨骼链添加IK控制手柄，如图15-131所示。

02 打开Outliner窗口，选中角色模型Body3和骨骼链上的每一节骨骼，如图15-132所示。

03 执行Smooth Bind命令，对它们进行柔体绑定操作，移动IK控制器，角色除肢体受骨节的影响外，其他骨节受骨骼的影响也很大，如图15-133所示。

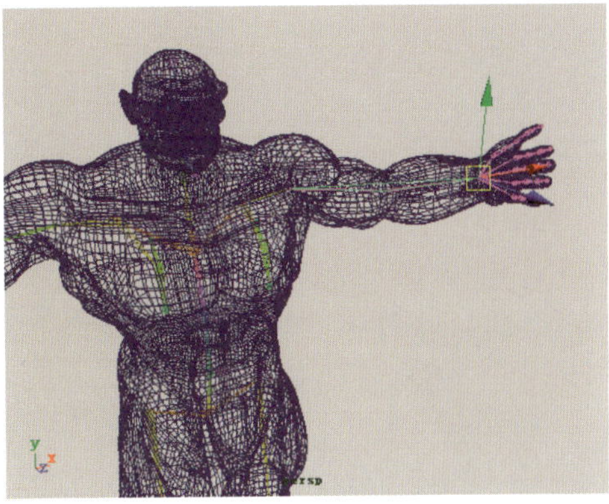

图15-131 创建骨骼链

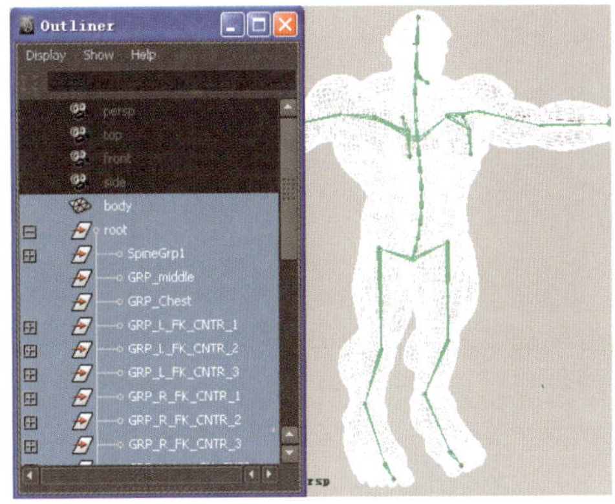

图15-132 选中目标对象

04 我们也可以对选中的骨骼和模型执行Rigid Bind操作，再移动IK控制器，可以看到只有角色的肢体模型受骨节的影响，如图15-134所示。

图15-133 柔体绑定效果

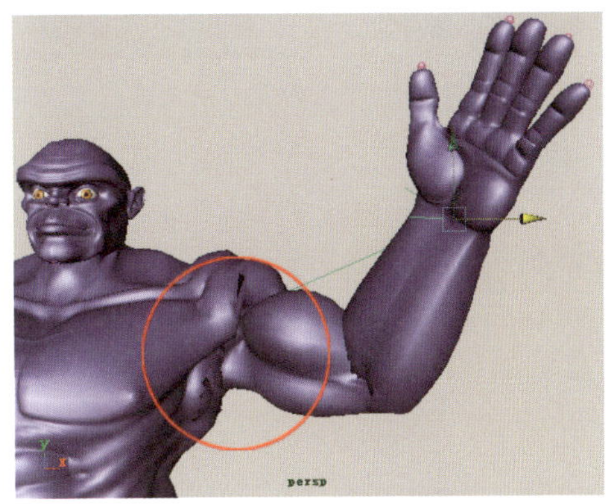

图15-134 刚体绑定效果

模型绑定规则

在蒙皮和绑定之前，就需要对模型和骨骼的状态进行充分检查，以确保模型和骨骼系统的位置和状态无误，确保在动画制作中不会出现异常情况，下面对蒙皮前所要进行的几项工作进行说明。

◆ 检查模型布线

首先要检查该模型是否适合于制作动画，在模型制作中，凡是需要弯曲的地方，都必须有足够的细分段，供变形系统处理。

◆ 检查模型信息

在分析模型的布线以后，除模型一些必要信息外，其他任何无用的历史信息都要删除；若模型做了表情设定，则不需要删除其历史信息；还要对模型的各部位进行清晰的命名。

◆ 检查骨骼系统

如果骨骼的设定没有问题，还需要检查骨骼系统的各部分是否进行了清晰的命名，这对以后的蒙皮和动画制作有很大的影响。

15.4 绑定模型的编辑

15.4.1 Detach Skin（删除蒙皮）

在实际的绑定工作中，可能会出现绑定错误或蒙皮出错等，也可能出现权重绘制失败或难以控制的状态，此时就需要将骨骼当前的绑定状态解除，以重新进行正确的绑定。下面对如何解除绑定进行介绍。

课堂练习162：删除蒙皮

01 模型与骨骼绑定在一起后，模型自身在通道栏中的属性会被锁定，整个模型都呈不可编辑状态，如图15-135所示。

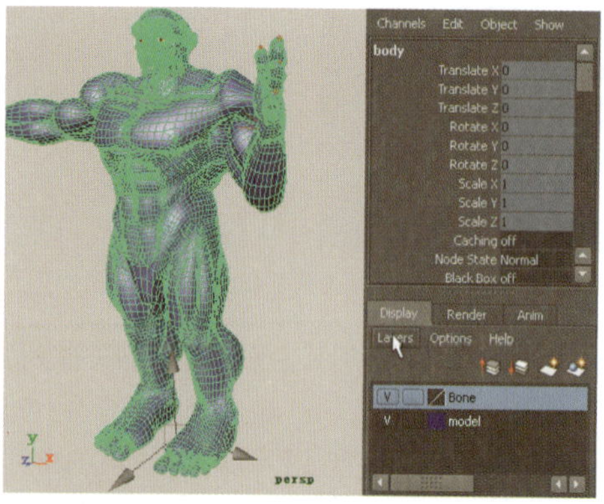

图15-135 模型被绑定后的效果

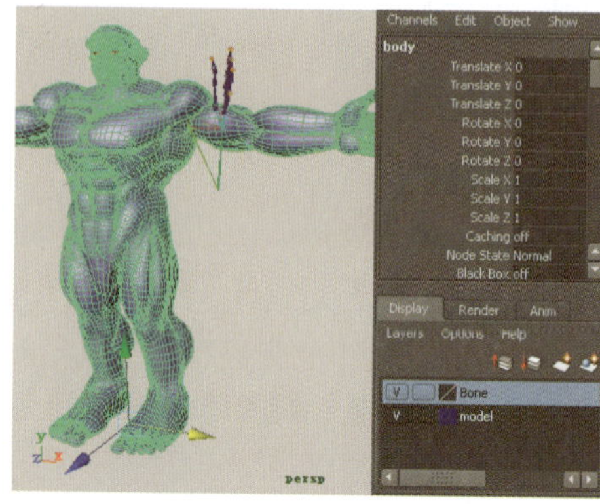

图15-136 解除绑定操作

02 选择绑定的模型，执行Skin（蒙皮）| Detach（删除）命令，解除模型当前的绑定状态，在其通道栏中，被锁定的属性又变为可调整状态，如图15-137所示。

参数简介

单击Detach命令右侧的方体按钮，打开删除蒙皮属性面板，在该面板中包含了有关删除蒙皮操作的属性，如图15-138所示。

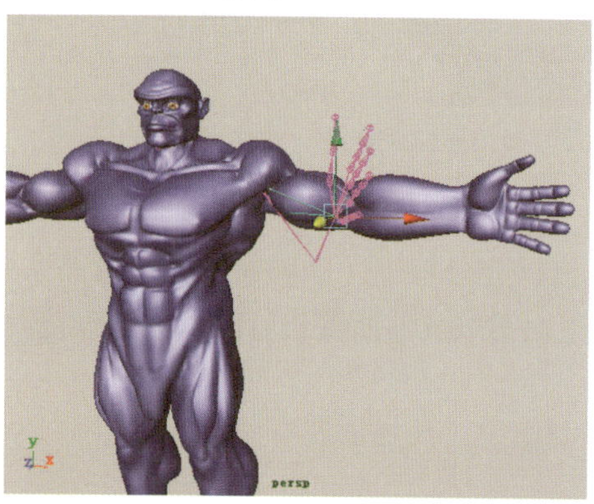

图15-137 骨骼不对模型产生任何影响

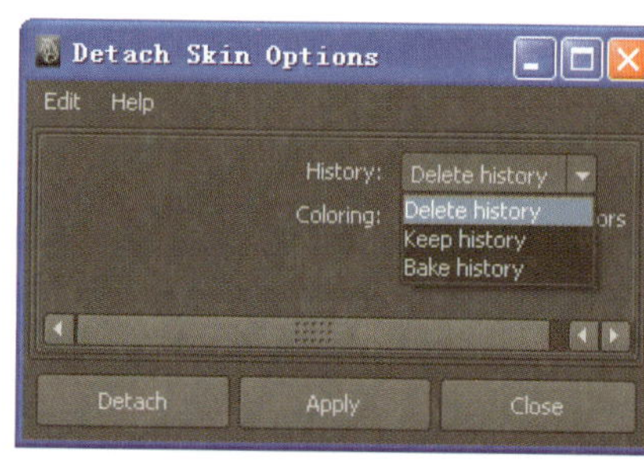

图15-138 Detach Skin Potions面板

◆ History（历史）

用于控制模型的绑定状态被解除后，是否保留模型自身的历史信息。

Delete history

用来设定在解除绑定后，将模型恢复到绑定前的初始状态，并删除有关模型自身操作的所有历史节点。

Keep history

用于将模型恢复到绑定前的状态，并且保留物体的所有历史节点，如簇变形节点等。同时还保留模型绑定时的权重记录。

Bake History

用于控制在解除绑定时，模型虽然被删除各种变形的历史节点，但是它将保留解除绑定前的模型状态。

◆ Coloring（颜色）

默认启用Remove Joint Colors复选框，用于设置在解除绑定时，是否删除骨骼的颜色。

15.4.2 Paint Skin Weight Tools（绘制蒙皮权重）

在前文介绍簇变形器时，介绍过簇权重的概念，其实本小节所介绍的骨骼也可以作为变形器的一种，在绑定蒙皮后，每一个骨关节对模型上的点都有不同程度的吸引力，我们可以将这种吸引力称为骨骼的权重值。用户可以通过使用Paint Skin Weight Tools，来修改骨骼对蒙皮的权重影响范围。

课堂练习163：编辑骨骼的影响权重

01 在场景中导入角色的腿部模型，再为角色的两条腿添加两条骨骼链，并且将模型与骨骼进行绑定；然后，再为腿部的骨骼链添加IK控制器，如图15-139所示。

02 移动其中一条腿部模型骨骼链上的IK控制器，可以看到其中一条腿弯曲时，另一条腿也发生轻微的变形，这是因为骨骼权重范围影响过大，如图15-140所示。

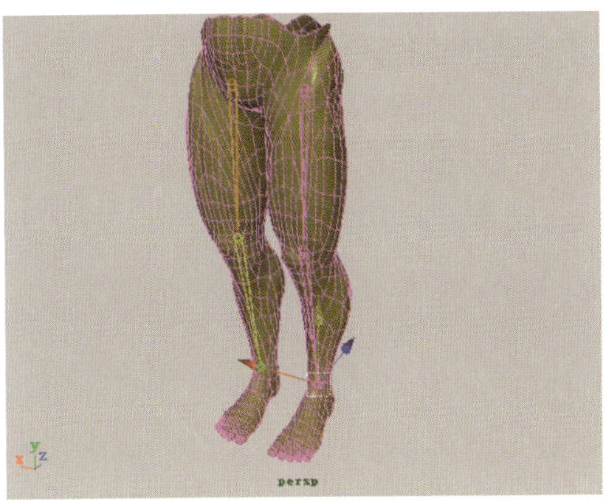

图15-139 绑定腿部模型

图15-140 骨骼对模型的权重影响

03 选中腿部模型并执行Skin（蒙皮）| Edit Smooth Skin（编辑柔体蒙皮）| Paint Skin Weight Tools（绘制蒙皮权重）命令，打开权重绘制属性面板，选择Joint1即可在蒙皮上显示它对模型的权重影响，如图15-141所示。

04 视图中的腿部模型会呈黑白显示，其中白色部分为骨骼Jiont1对腿部模型的影响权重，如图15-142所示。

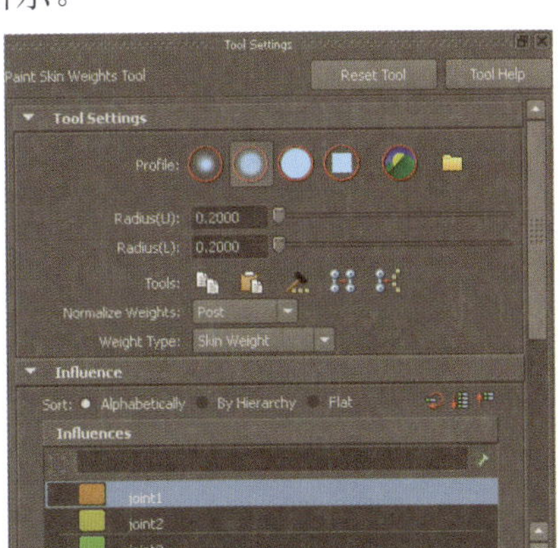

图15-141 选择骨骼对象

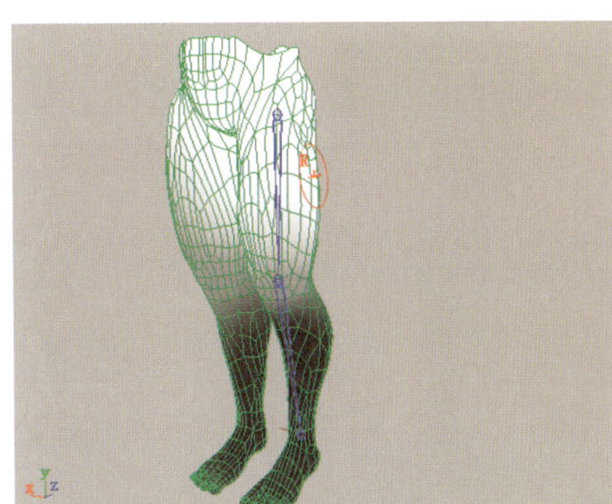

图15-142 骨骼Joint1对模型的权重影响

05 拖动笔刷属性设置面板右侧的滚动条，单击Replace单选按钮，并设置Opacity值为1，Value值为0，如图15-143所示。

06 在腿部模型不受骨骼Joint1权重影响的白色区域进行涂绘，将白色区域绘制为全黑色，如图15-144所示，其中黑色区域表示不受骨骼权重影响。

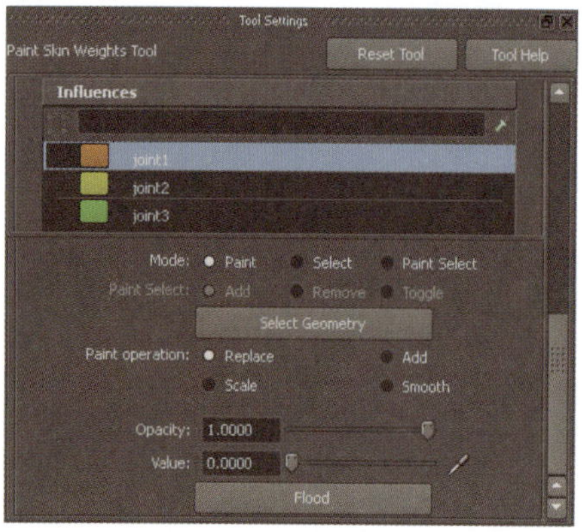

图15-143 设置笔刷属性参数

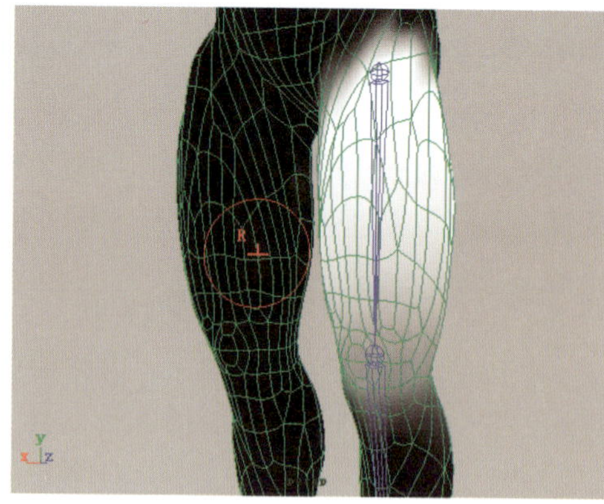
图15-144 绘制骨骼Joint1的影响权重

07 在笔刷属性设置面板中选择Influences列表中的骨节Joint2选项，如图15-145所示。

08 此时，即可在视图的腿部模型上看到骨节Joint2对模型的权重影响，如图15-146所示。

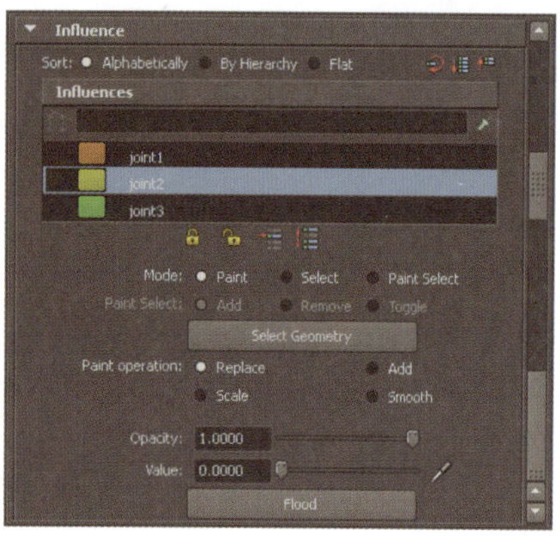

图15-145 选择骨骼对象

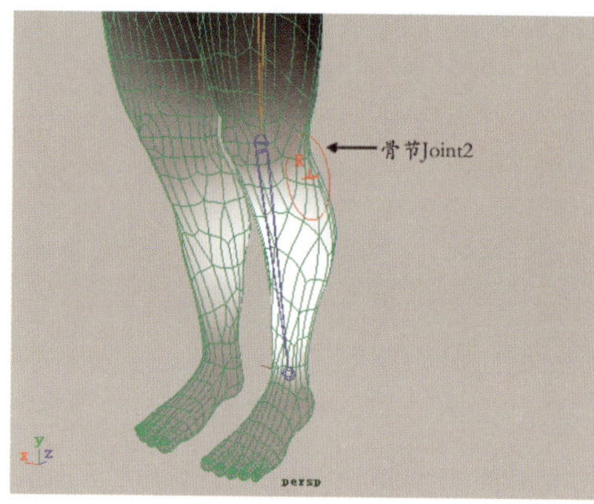

图15-146 骨骼Joint2对模型的权重影响

09 在腿部模型不受骨骼Joint2权重影响的白色和灰色区域进行涂绘，将白色区域绘制为全黑色，如图15-147所示。

10 同样的方法，编辑骨节Joint3对另一只编辑控制的脚部权重，如图15-148所示。

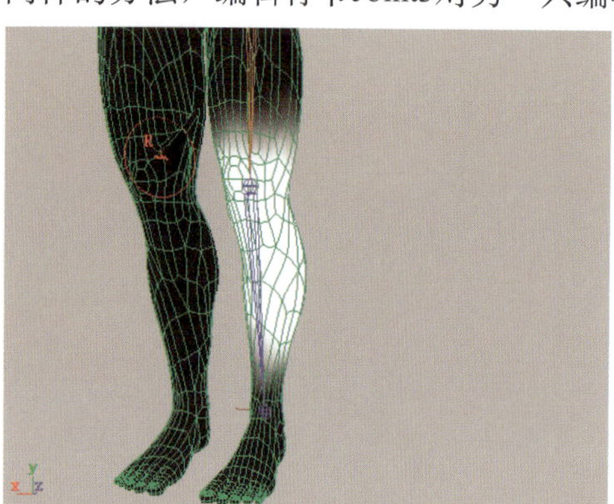

图15-147 编辑骨骼Joint2对模型的权重影响

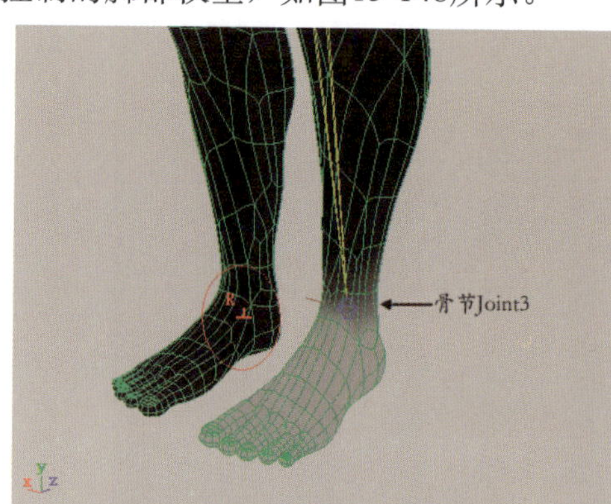

图15-148 编辑骨节Joint3的权重

11 移动IK控制器，可以看到其中一条腿的运动并不会引起另一条腿的变形，表明骨骼权重绘制成功，如图15-149所示。

15.4.3 Add Influence（添加影响物体）

虽然我们可以使用Paint Skin Weights Tool工具对模型的皮肤权重进行绘制，但是在一些关节弯曲处的变形是无法用权重笔刷工具进行彻底修改的。此时Maya提供了Add Influence工具，它可以很好地模拟关节处蒙皮的变形效果。

课堂练习164：添加影响物体

01 继续使用上一小节中绑定的腿部模型，移动其IK控制器，观察腿部的变形效果，如图15-150所示。由于腿部弯曲时，腿部肌肉会向外凸出，下面来模拟这种凸出效果。

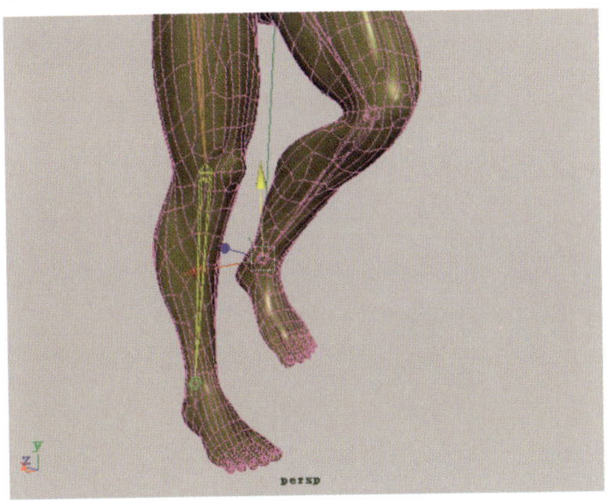

图15-149 骨骼权重的编辑效果

图15-150 腿部的变形效果

02 撤销IK控制器的移动操作，再创建一个NURBS球体，调整其半径大小和外形，用来作为蒙皮的影响物体，图15-151所示。

03 先选中球体，再选中腿部的根部骨关节，按下快捷键P，对两者建立父子从属关系，使球体跟随骨骼移动，如图15-152所示。

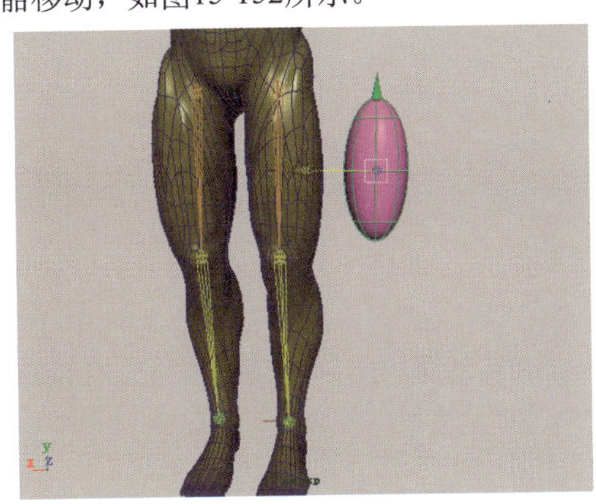

图15-151 创建影响物体

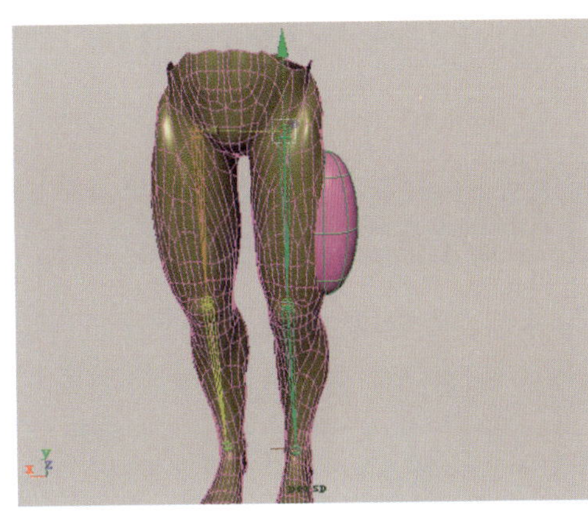

图15-152 设定父子关系

04 先选择腿部模型，再选择球体，执行Skin（蒙皮）| Edit Smooth Skin（编辑柔体蒙皮）| Add Influence（添加影响物体）命令，执行添加影响物体操作；然后，移动球体并观察它对模型的影响，如图15-153所示。

提示：从上图中可以看出，模型表面受球体影响的权重值并不均匀，从而模型表面产生撕裂效果。这是因为腿部模型受影响物体小球的权重影响不均匀造成的。

05 选中腿部模型，执行Paint Skin Weight Tools命令，在笔刷属性设置面板中选择nurbsSphere1选项，可以看到球体对腿部的权重影响并不均匀，如图15-154所示。

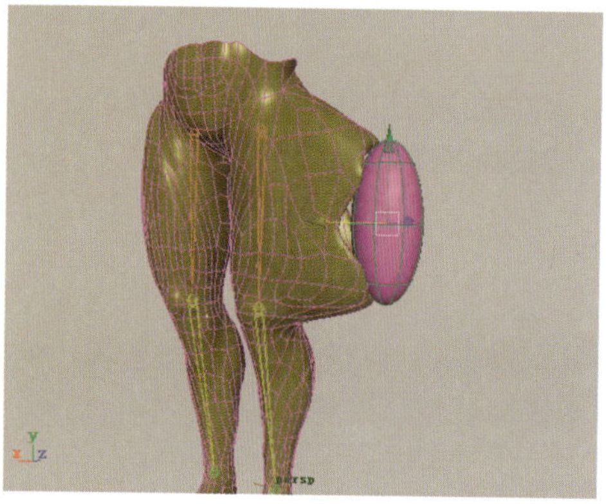

图15-153 执行Add Influence命令

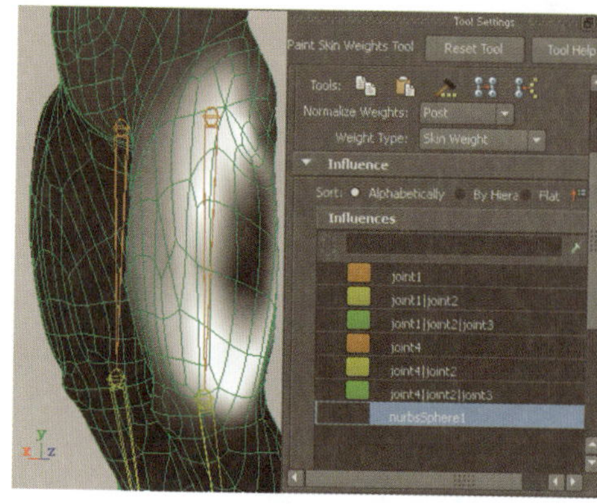

图15-154 球体对腿部的权重影响

06 在笔刷属性设置面板中，单击Add单选按钮，设置Opacity值为1，Value值为1，并对模型黑色权重区域进行涂绘，如图15-155所示。

07 显示球体模型并对其进行移动，再观察其对模型表面的影响变化，如图15-156所示。

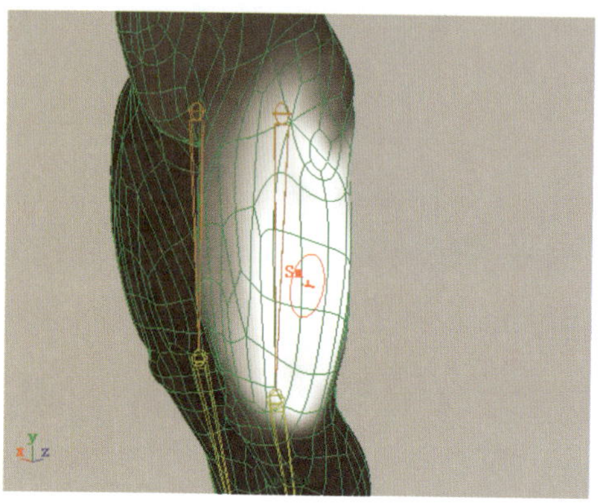

图15-155 调整球体对模型的权重影

图15-156 球体对模型的最终影响效果

技巧：为模型添加影响物体，又为我们对骨骼蒙皮的权重控制提供新的操作途径，用户可以在任何关节的变形处添加影响物体，以改善关节的变形失真。

15.4.4 Remove Influence（删除影响物体）

在实际添加影响物体时，可能需要反复实验将要添加物体的形状和位置，使其能够对模型达到很大的影响效果，因此当添加了错误的影响物体时，需要接触影响物体与模型之间的控制关系。

用户可以先选中模型，再按Shift键加选影响物体，执行Skin（蒙皮）| Edit Smooth Skin（编辑柔体蒙皮）| Remove Influence（删除影响物体）命令，即可解除两者之间的控制关系。

15.5 案例9：绑定角色模型

完成整个角色的模型和骨骼装备之后，就需要为模型添加表情动画，并将模型绑定到骨骼上，从而更便于角色肢体动画和表情变化的体现。在本节中将对模型的绑定进行详细的介绍。

01 先选中角色模型，再选中创建的所有骨骼链，执行Skin（蒙皮）| Bind Skin（绑定蒙皮）| Smooth Bind（柔体绑定）命令，执行柔体绑定操作，如图15-157所示。

02 移动角色尾巴骨骼链上的曲线控制器，角色的尾巴模型会跟随着产生相应的变形，表明模型绑定成功，如图15-158所示。

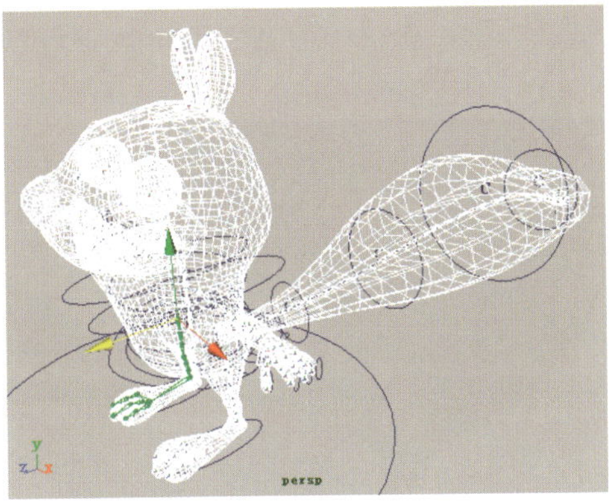

图15-157 选择要绑定的模型和骨骼

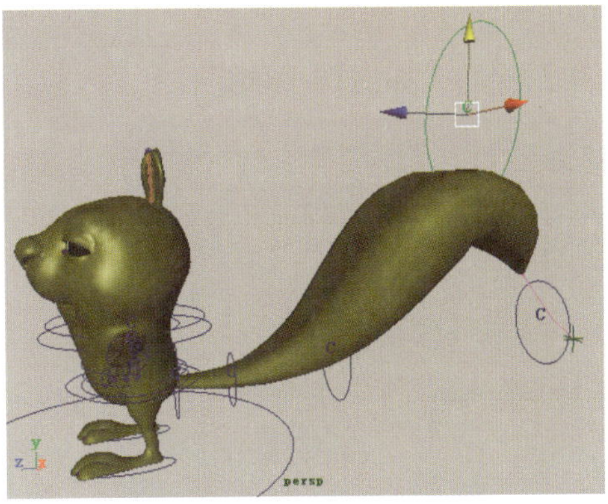

图15-158 角色尾巴的变形效果

03 移动角色脚部的曲线控制器Left-foot，可以看到腿根部的蒙皮有严重拉伸，说明骨骼对蒙皮的权重影响不均匀，如图15-159所示。

04 选中绑定的模型，单击Edit Smooth Skin（编辑柔体蒙皮）| Paint Skin Bind Tool（绘制蒙皮绑定）命令右侧的□按钮，在打开的笔刷属性设置面板中单击LeftLeg-Joint1选项，再单击Replace选项，如图15-160所示。

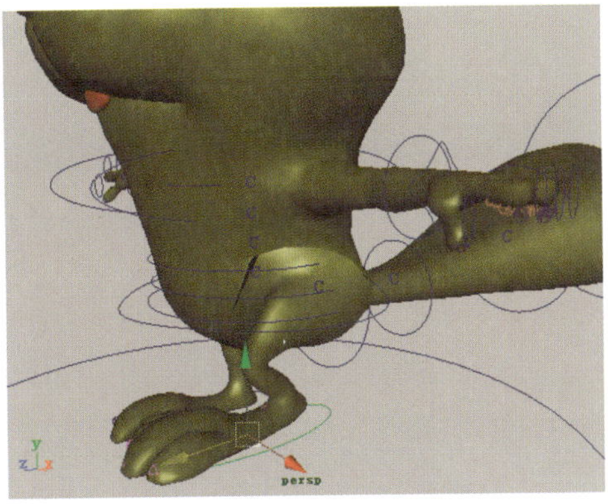

图15-159 腿部骨骼蒙皮的影响效果

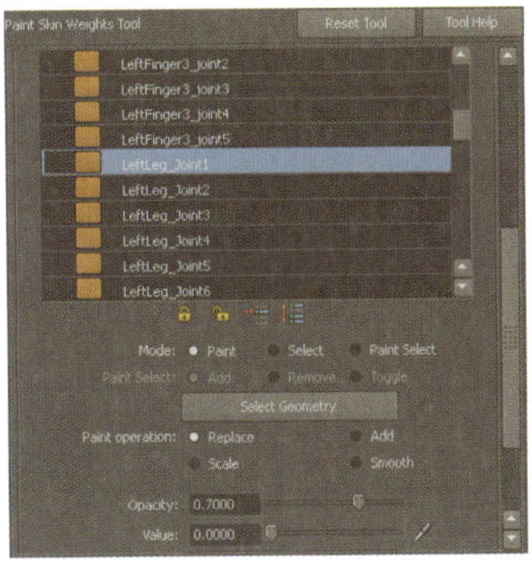

图15-160 选中权重骨骼

05 此时，场景中的角色模型就会显示骨节LeftLeg-Joint1的影响权重，如图15-161所示。

06 在灰色的区域边缘进行涂绘，以缩减灰色的权重区域；再单击Smooth选项，对灰色的边缘曲线进行平滑涂绘，如图15-162所示。

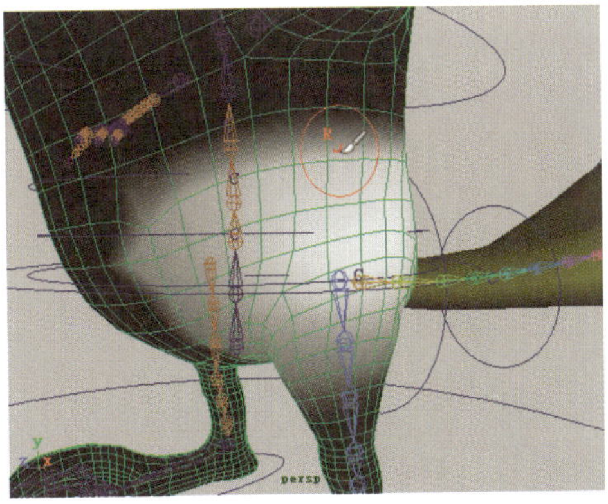

图15-161 骨节LeftLeg-Joint1的权重

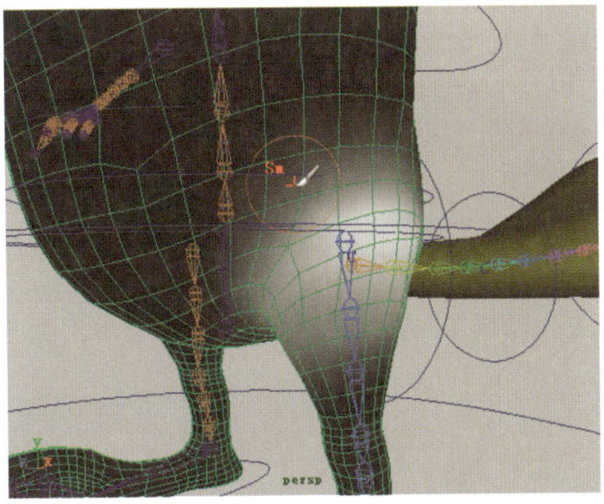

图15-162 涂绘骨节的编辑权重

07 在骨骼蒙皮权重的笔刷属性设置面板中，单击LeftLeg-Joint2选项，再单击Replace选项，如图15-163所示。

08 在灰色的区域边缘进行涂绘，以缩减灰色的权重区域；再单击Smooth选项，对灰色的边缘曲线进行平滑涂绘，如图15-164所示。

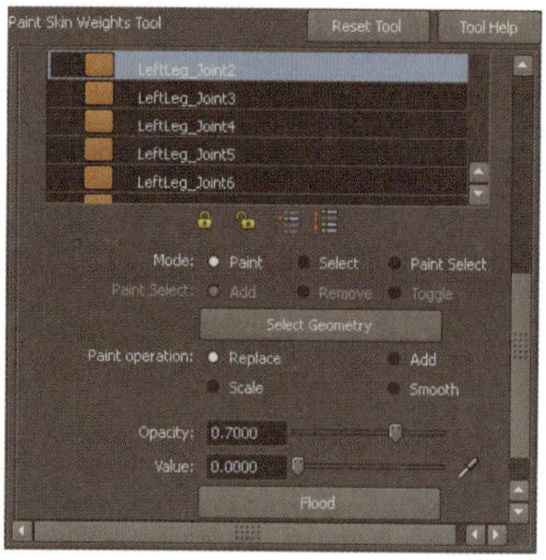

图15-163 选中权重骨骼

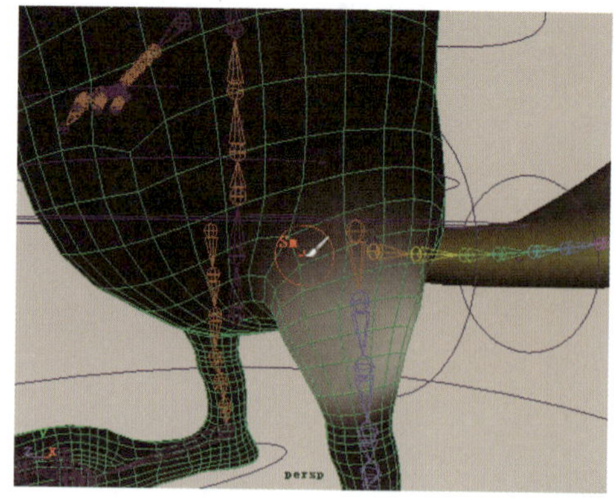

图15-164 绘制所选骨节的影响权重

09 移动角色肩膀IK控制手柄的曲线控制器，会错误拉动角色脸部的蒙皮，如图15-165所示。

10 撤销控制器的移动操作，再选中角色模型并单击Paint Skin Bind Tool右侧的□按钮，在笔刷属性设置面板中单击LeftArm-Joint1选项，再单击Replace选项，如图15-166所示。

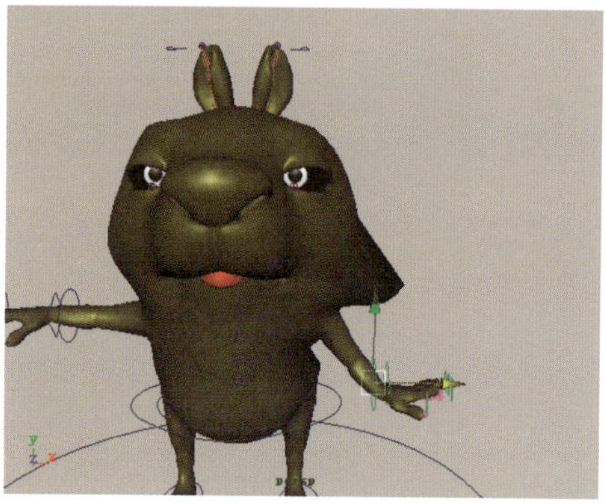

图15-165 肩膀骨骼的权重影响

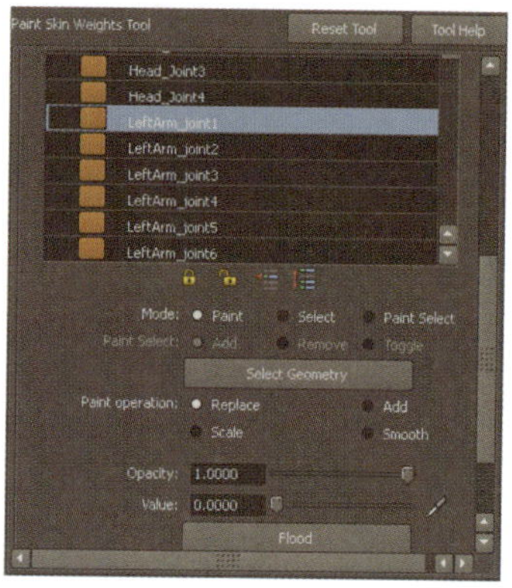

图15-166 选中LeftArm-Joint1选项

11 此时场景视图中的角色模型，会显示骨节LeftArm-Joint1的影响权重范围，用户可以对其权重进行涂绘编辑，如图15-167所示。

12 同样的方法，对角色其他处骨骼的影响权重也进行编辑，从而使骨骼很好地控制蒙皮；然后，移动骨骼控制器位置，观察整体的绑定效果，如图15-168所示。

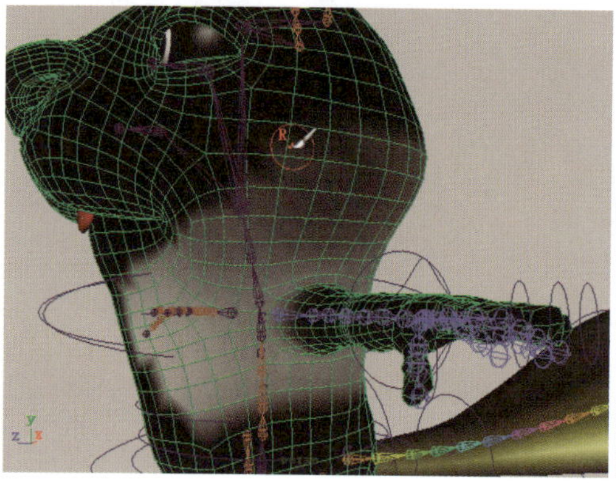

图15-167 绘制肩部骨骼的影响权重

图15-168 骨骼的绑定效果

第16章　角色动画技术

16.1　角色姿态动画的分析

16.1.1 分析角色姿态

在创建动画影片之前，动画师首先要从导演哪里获得这个镜头中的大致动作，然后分析提炼出几个关键姿态，为每个关节姿态定义好时间，先大致制作出动画的预览，然后，再一层一层地添加关键帧，以细化角色的动作。图16-1所示为动画师事先模拟的几个关键姿态，从而大致预览整体动画的运动过程。

图16-1 动画的关键姿态

在为角色设置动画时，难免需要添加很多重复性的循环动作，例如，角色的行走循环动作，在具体的动画制作中，需要确定这些关键姿态的状态和帧数，根据人体走路的过程，一个走路循环最少要由5个基本姿态构成，如图16-2所示。

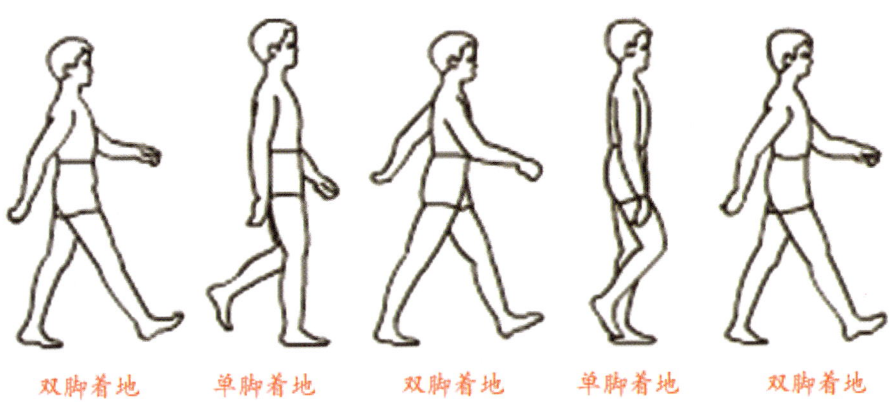

图16-2 行走动作的几个关键姿态

从上图可以看到，在一个行走循环中角色共走了两步，每一步都有3个关键姿态，分别是角色的双脚着地、单脚着地和双脚再次同时着地，这是走路循环动画中最精简的走路关键帧设置。

此外，还要注意头部和臀部的起伏变化，整个循环中，双脚着地时的姿态重心要低，单脚着地时的姿态重心要高，这样角色在走路时就有适当的高低起伏变化。同时，需要注意的是在一个循环中不要出现跳帧，循环过程中首尾两端的关键姿态要尽量保持一致，这样播放起来动作才能循环流畅。

16.1.2 添加姿态关键帧

为了便于学习，我们只为角色的局部肢体添加姿态关键帧，以方便用户快速掌握角色姿态关键帧的创建。

课堂练习165：添加姿态关键帧

01 导入一组装备好的角色模型，下面使用该模型来练习如何添加姿态关键帧，如图16-3所示。

02 选中并移动角色手腕处的曲线控制器，将角色两手臂保持下垂状态；然后，在第1帧处，选中角色上的所有曲线控制器并按S键，为它们设置关键帧，如图16-4所示。

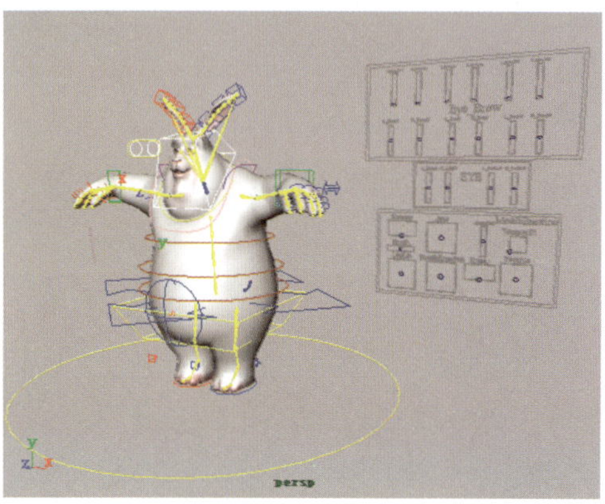

图16-3 导入角色模型

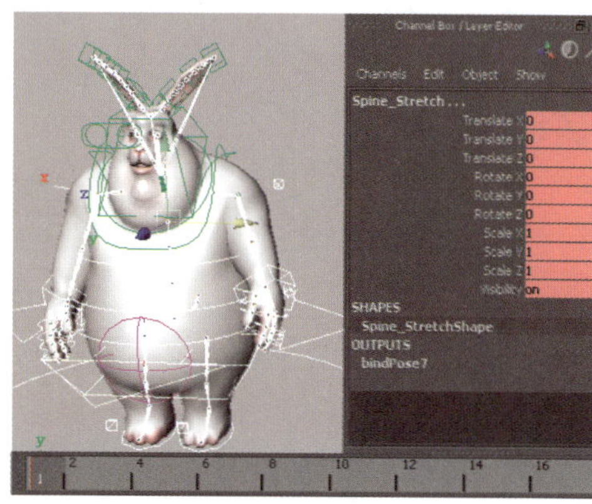

图16-4 设置第1帧姿态关键帧

03 拖动时间滑块到第8帧，选中脚部曲线控制器L_Foot_CTRL，并设置其通道属性Translate X/Z值分别为0.2和0.3，如图16-5所示。

04 再选中腰部的曲线控制器Root_CTRL，设置其通道属性Translate Y值为-0.2，如图16-6所示。

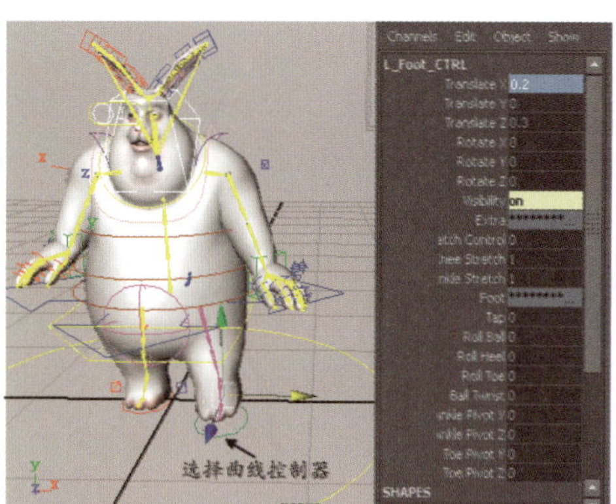

图16-5 移动控制器L_Foot_CTRL

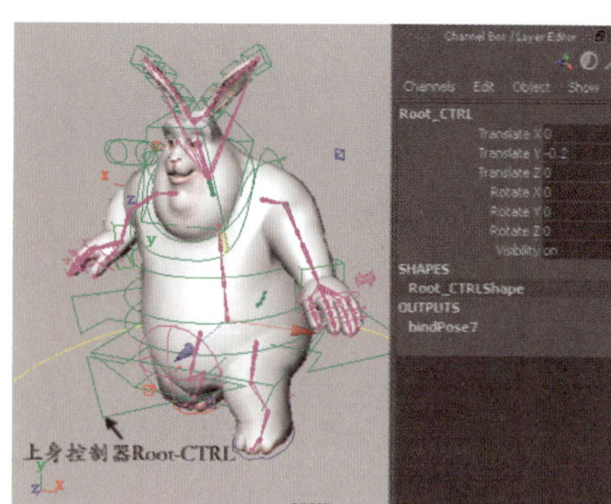

图16-6 移动控制器Root_CTRL

05 选中右侧手臂曲线控制器R_IK_Hand_CTRL，并修改其通道属性参数值，如图16-7所示。

06 选中左手臂曲线控制器L_IK_Hand_CTRL，并修改其通道属性参数值；然后，再选中所有曲线控制器，按S键为它们设置关键帧，如图16-8所示。

07 拖动时间滑块到第10帧，然后，选中头部控制器Head_CTRL，设置其通道属性Translate Z值为22，Rotate X/Y/Z值分别为22、8、14，按S键为其设置关键帧，如图16-9所示。

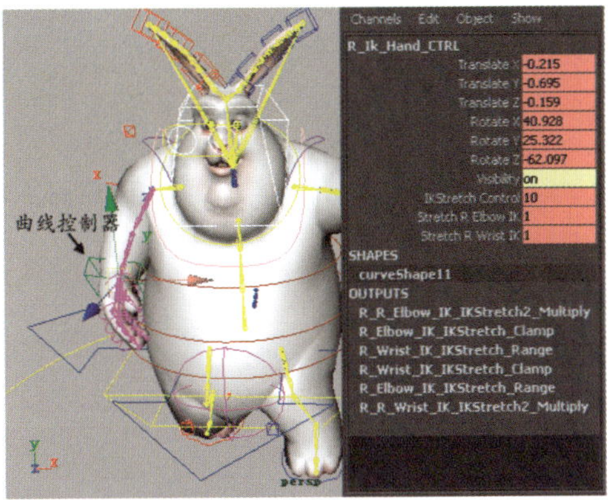

图16-7 移动控制器R_IK_Hand_CTRL

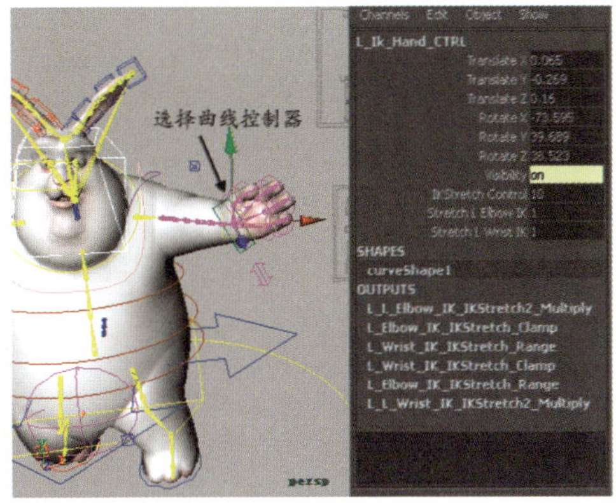

图16-8 移动控制器L_IK_Hand_CTRL

08 拖动时间滑块到第12帧，设置眼睛Eye_CTRL的通道属性Translate X/Y值分别为0.5和0.3，并按S键为其设置关键帧，此时一个动作序列就完成了，如图16-10所示。

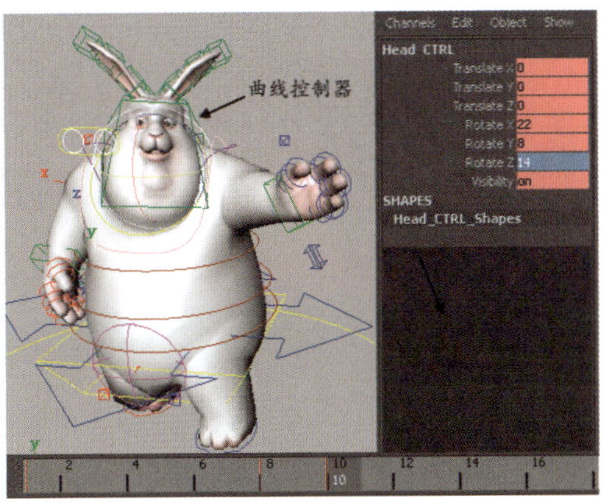

图16-9 设置第10帧动画

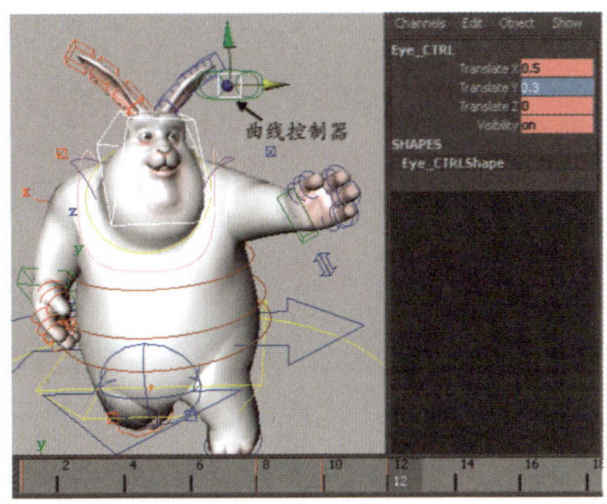

图16-10 设置第12帧动画

注意：为使角色在以后的循环中不至于出现跳帧，其首尾两端的关键姿态要尽量保持一致，我们可以将两角色首端的关键帧复制到末端帧处，但在前进方向上所设置的关键帧不能被复制到末端帧，这样会使角色移动一个循环距离后突然回到第1帧处。

16.1.3 编辑姿态关键帧序列

使用Dope Sheet工具可以延长或缩减创建的动画播放时间，但也可用来简单模拟角色双脚交替行走的动画理念。下面对该种操作方法进行介绍。

课堂练习166：编辑姿态关键帧序列

01 选中角色上的所有曲线控制器，执行Static Channels命令，删除其静态通道；然后，对角色添加动画的曲线控制器执行Dope Sheet命令，打开序列帧窗口，如图16-11所示。

02 框选所有关键帧序列并按下R键，再拖动左侧边缘的线框，将动画序列的时间范围扩展到第20帧处，如图16-12所示。

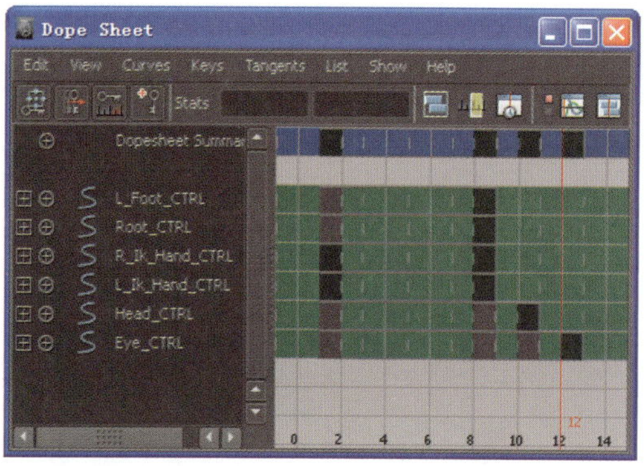

图16-11 执行Dope Sheet命令

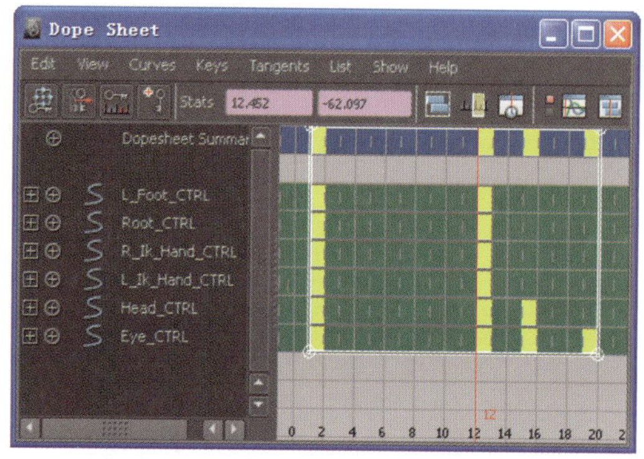

图16-12 延长动画播放时间

提示：在观察动画播放结果时，如果感觉角色动作过渡过快，则可以将序列帧延长，如果角色动作过渡过慢，则可以将序列帧缩短。

03 此时，再观察场景中角色动作的速度变化和时间轴上关键帧的位置变化，如图16-13所示。

04 动画的时间范围被缩放后，会导致中间帧的时间值出现小数，从而打乱了动画关键帧的均匀分布，这里框选一列序列帧并在Stats栏中观察其时间值，如图16-14所示。

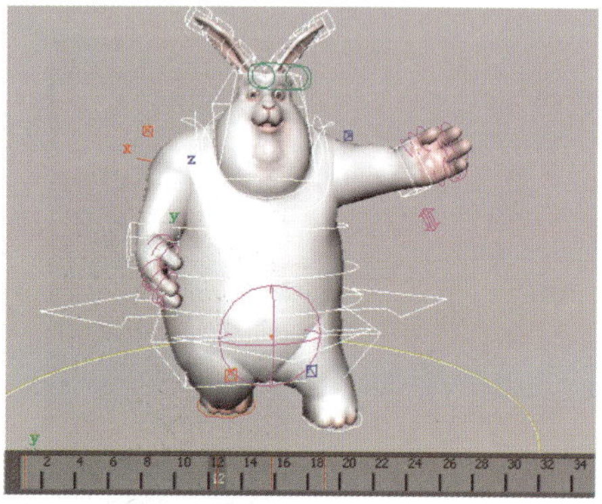

图16-13 关键帧位置的变化

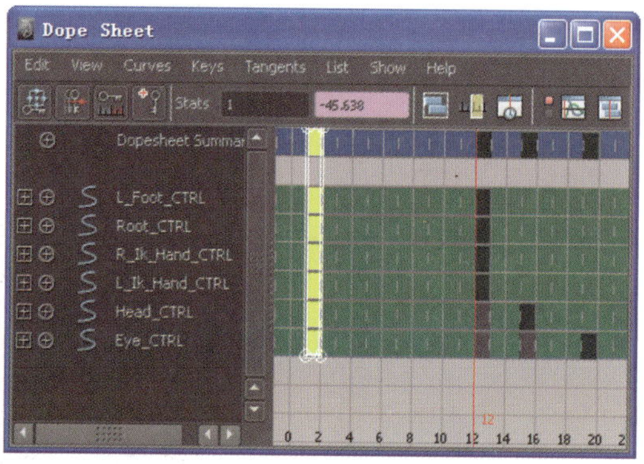

图16-14 中间帧时间值的变化

05 在Dope Sheet窗口中选中处于中间帧的帧序列，执行Edit（编辑）| Snap（取整）命令，即可将其时间值设置为整数，如图16-15所示。

16.2 非线性动画

16.2.1 非线性动画编辑

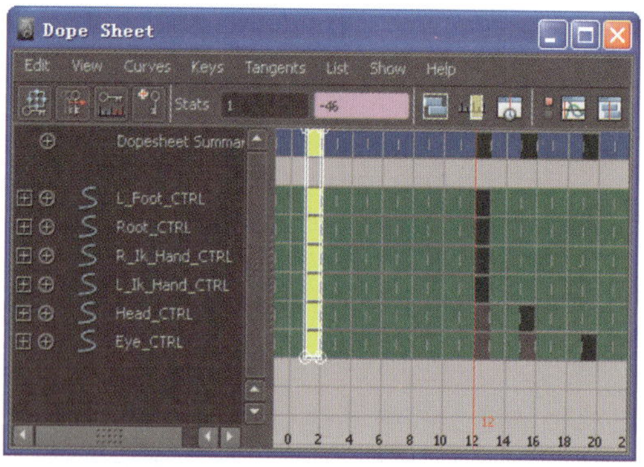

图16-15 将时间值调整为整数

通过播放前面制作的关键帧动画，发现这样的动画播放方式就像播放一段记录有影像的胶片，其动画效果完全基于关键帧的顺序播放，我们可以将这一段动画序列组合成一个动画影片剪辑，角色的各段动画都可以被组装在动画影片剪辑中；然后，再对动画影片剪辑进行分层、剪切、合并、延伸等操作，由此对动画的处理转换成了对动画影片剪辑的操作。这种动画的处理方式，非常类似于影视后期处理中的非线性剪辑，因此被称为非线性动画。

然后，对转化的影片剪辑进行快速编辑，即可实现动作的延展、循环，甚至不同动作之间的叠加混合，大大提高动画的制作效率。为此Maya为我们提供了专门的非线性编辑器Trax Editor，在本小节中我们将对非线性动画的编辑进行详细介绍。

课堂练习167：打开非线性编辑器

01 选中场景中已添加非线性动画的对象，执行Window（窗口）| Animation Editors（动画编辑器）| Trax Editor命令，即可打开“非线性动画编辑器”窗口，如图16-16所示。

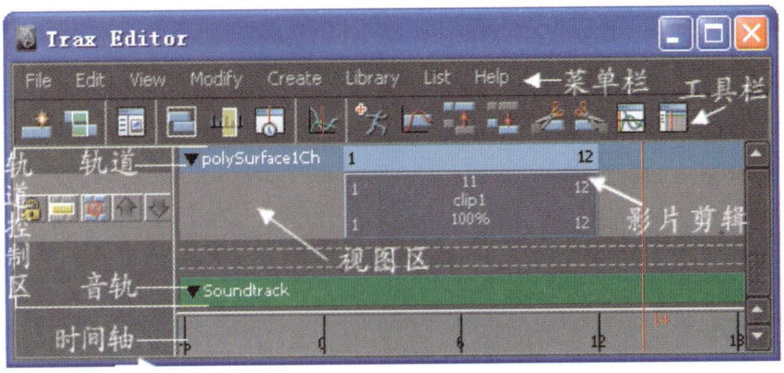

图16-16 非线性动画编辑器窗口

02 此时，在轨道区即可显示所添加的剪辑片段，用户可以单击并左右拖动该剪辑片段，即可改变剪辑的位置，如图16-17所示。

03 用户还可以上下拖动所选的剪辑片段，即可将其放置到不同的轨道层，如图16-18所示。

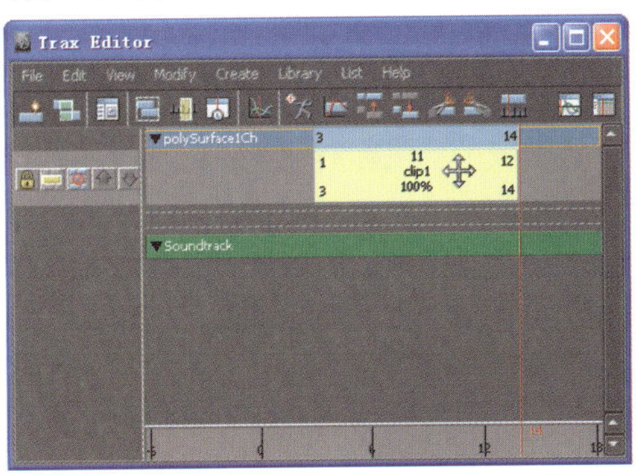

图16-17 移动剪辑片段的位置

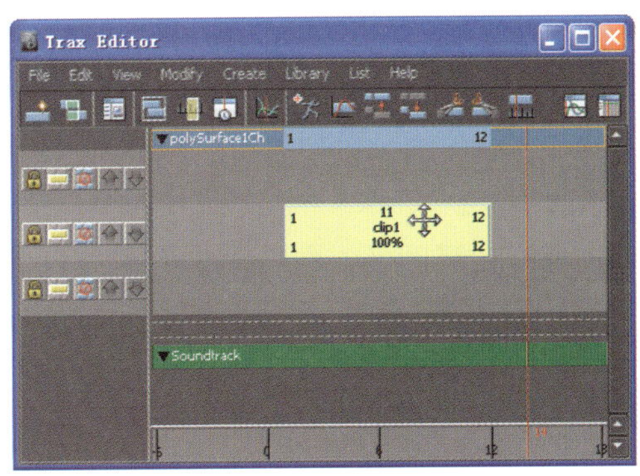

图16-18 放置到不同的轨道层

参数简介

从非线性动画编辑器窗口的布局可以看出，该窗口主要由4个分区组成，分别为菜单栏、工具栏、轨道控制区和视图区。下面对这几个视图区进行详细说明。

1. 菜单栏

在File菜单中，包含了所有有关影片剪辑的操作命令，如影片剪辑的创建、合并、剪切等，为了便于操作一些常用的操作命令，将这些命令以快捷图标的形式排列在工具栏上。

2. 工具栏

工具栏上的图标都与File菜单下的命令一一对应，单击相应的图标，即可执行该图标所对应的命令。下面简要介绍每个工具的名称和作用。

Create Clip（创建剪辑）：单击该按钮，即可将所选物体的关键帧动画设置为影片剪辑。

Create Blend（创建混合连接）：单击该按钮，即可将所选的两个影片剪辑建立混合连接。

Get Clip（获取剪辑）：单击该按钮，可快速启动Visor窗口，可以在库中获取已自动存储的影片剪辑。

Frame All（显示所有剪辑）：单击该按钮，可以放大显示所选影片剪辑。

Frame Playback range（最大显示当前选中剪辑）：单击该按钮，可以将选中的影片剪辑居中显示。

Center The view Current time（以播放头为显示中心）：表示在视图中放大以播放头为显示中心的这部分影片剪辑。

Graph Anim Curves（动画曲线窗口）：单击该按钮，可以切换到"曲线编辑器窗口"，以显示当前所选影片剪辑的关键帧动画曲线。

Load Selected Characters：用于载入所选择的角色影片剪辑。

Graph Weight Curves（显示权重曲线）：用于在曲线编辑器中，显示所选影片剪辑的权重曲线。

Group（群组）：用于将多个影片剪辑群组，以便于同时进行操作。

ungroup（打散群组）：用于拆散组中的影片剪辑。

Trim Clip Before Current Time（在播放头前剪切）：用于剪切所选影片剪辑播放头之前的部分影片。

Trim Clip After Current Time（在播放头后剪切）：用于剪切所选影片剪辑播放头之前的部分影片。

Key into Clip（设置剪辑关键帧）：单击该按钮，表示在当前选中的影片剪辑上的播放头位置设置关键帧，并将其添加到影片剪辑中。

Open the Graph Editor：单击该按钮，打开剪辑曲线编辑窗口。

Open the Dope Sheet：单击该按钮，切换到帧序列窗口。

3. 视图区

视图区占据了整个非线性动画编辑器窗口的绝大部分空间。在视图区中包含有轨道、影片剪辑片段、时间线、时间区，以及音轨。用户可以在视图区中按Alt+鼠标右键，以缩放视图，按Alt+鼠标中键，平移视图。

◆ 轨道：在视图区，每一个含有非线性动画片段的物体或者角色都会被自动创建为一个轨道。如果同时选中多个含有非线性动画片段的物体，就会显示出多层轨道。

◆ 影片剪辑片段：在每一层轨道下面，都显示了该物体所包含的所有非线性动画片段。每一个角色或物体可以同时拥有多段非线性动画片段，也可以手动拖曳动画片段，以自由安排片段在哪一层。

◆ 音轨：当制作口型发声动画或者制作一些跟随音乐节拍的动画，如，舞蹈等动作时，就需要导入音乐文件。导入音乐文件后，就会在Sound Track下显示音乐的长度及波形。

◆ 时间轴：与Dope Sheet和Graph Editor一样，这里的横轴对应的也是时间轴，以帧为播放单位。

16.2.2 创建非线性动画

非线性动画的优势显而易见，当制作好关键帧动画后，执行相应的操作即可将其转化为影片剪辑，然后对影片剪辑进行快速编辑。下面使用简单的小球动画来练习创建非线性动画。

课堂练习168：创建非线性动画

01 在场景中导入前面制作的1～12帧小球弹跳动画；然后，执行Window（窗口）| Animation Editors（动画编辑器）| Trax Editor命令，打开Trax Editor编辑窗口，如图16-19所示。

02 选中运动的小球物体，在Trax Editor窗口中单击Create（创建）| Animation Clip（动画剪辑）右侧的□按钮，打开Create Clip Options面板，在Name栏中输入Jump，并单击Apply按钮，如图16-20所示。

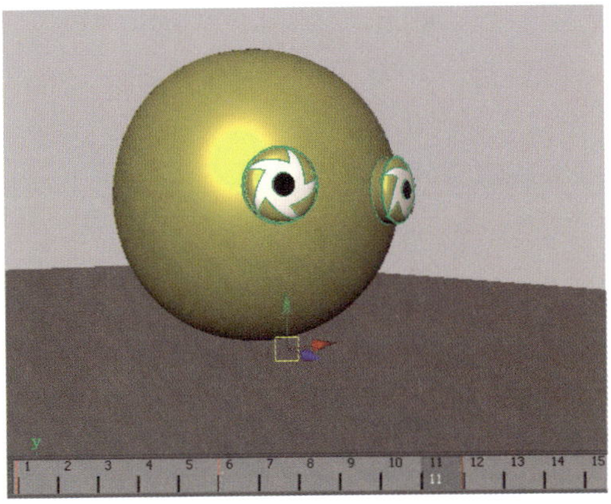

图16-19 执行Trax Editor命令

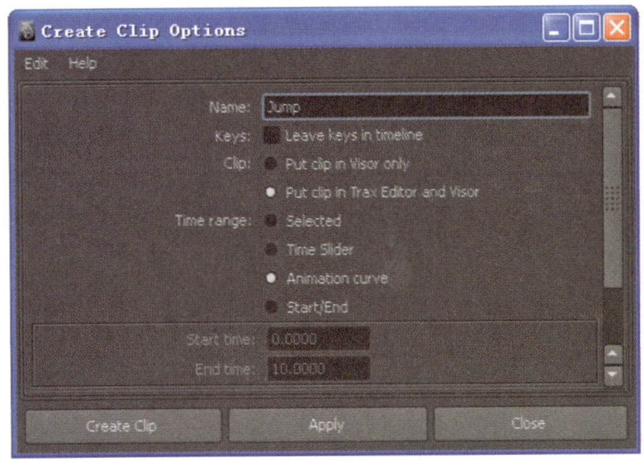

图16-20 执行Animation Clip命令

03 在Trax Editor窗口中，会自动生成剪辑Jump，并且其帧数也为12帧；然后，将鼠标指针放到影片剪辑的Frame out上并单击，指针变为样式，如图16-21所示。

04 此时，单击并拖动图标，即可缩短或扩展剪辑动画的播放范围，如图16-22所示。

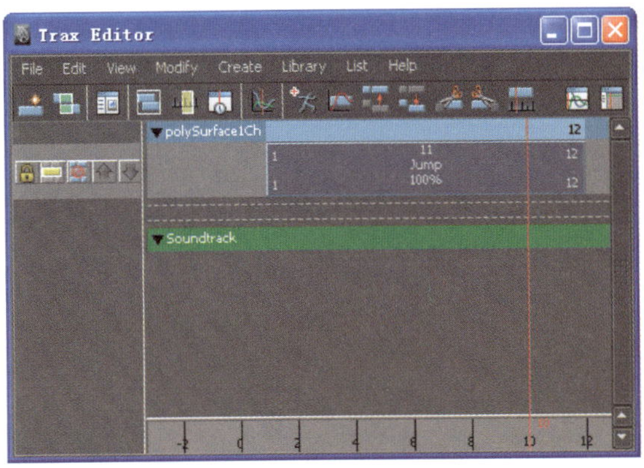

图16-21 生成的影片剪辑

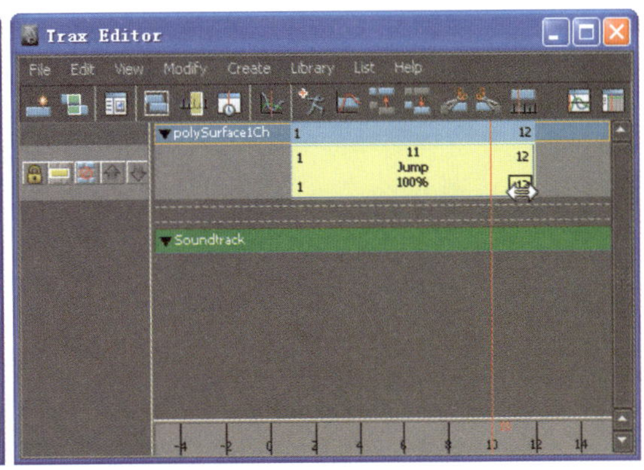

图16-22 复制的影片剪辑

提示 如果在Trax Editor的视图区中看不到创建出的影片剪辑，用户可以再执行Trax Editor（非线性编辑器）| List（显示）| Auto Load Selected Characters（自动载入选择的角色）命令，再选中角色对象即可。

参数简介

在打开的Create Clip Options面板中包含了所有有关创建影片剪辑的属性设置。下面对面板中的常用属性进行介绍。

◆ Name（名称）

在该文本框中可以输入将要创建出的影片剪辑的名称，默认是Clip1。这里修改成BallJump-01。

◆ Keys（关键帧）

用于控制是否开启Leave Keys in timeline，默认为不开启。在开启该选项后，即使关键帧动画被转换成了影片剪辑，但在时间轴上会依然生成关键帧序列。

◆ Clip（剪辑）

用于控制影片剪辑显示的位置。

Put Clip in Visor only

用于将创建出的影片剪辑放置在Visor库中。

Put Clip in Trax Editor and Visor

用于将创建出的影片剪辑同时放置在非线性编辑器和Visor中，该项为默认设置。

◆ Time range（时间范围）

用于设置将关键序列转换成影片剪辑的时间范围。

Selected

在时间轴上，自定义选择一段帧序列范围，作为创建的影片剪辑的时间长度。

Time Slider

以当前时间轴范围为创建的影片剪辑的时间长度。

Animation Curve

以选中角色所具有的曲线长度作为创建的影片剪辑的时间长度。

Start/End

用于自定义影片剪辑的时间长度。Start表示设置剪辑的起始帧；End表示剪辑的末端帧。

◆ Subcharacters（子角色）

用于控制所要创建的影片剪辑是否包含子角色动画。若开启该选项，则尽管创建出的影片剪辑只有一个，但是也会包含所有子角色的动画效果。

◆ Time warp（时间扭曲曲线）

用于创建扭曲曲线，该曲线用来控制整体影片剪辑的播放速度和顺序。

◆ Include（包含）

默认开启该选项，表示当前所选物体的所有子物体关键帧动画效果都被添加到剪辑中；若禁用该选项，则只有所选物体的动画效果被添加到剪辑中。

16.2.3 解析剪辑片段

在Trax Editor窗口中，先单击剪辑Clip1，再单击工具栏上的按钮，将其最大化显示，如图16-23所示。下面对影片剪辑上显示的属性进行介绍。

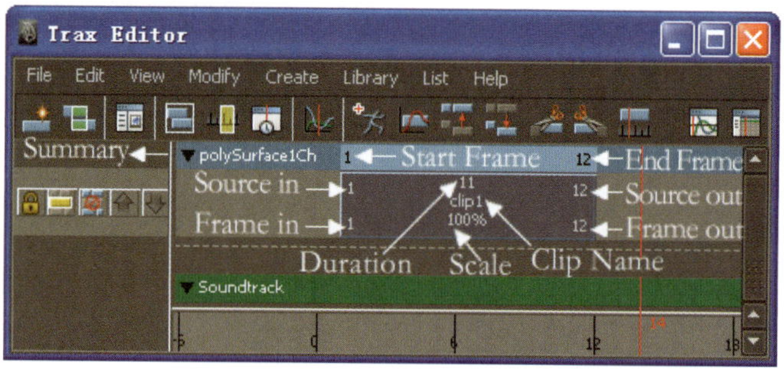

图16-23 完全显示影片剪辑属性

◆ Summary（概要）

用来显示影片剪辑每一个逻辑层级上该层的总体信息。它包含该层影片剪辑的角色对象名称，同时也会显示该剪辑的起始帧和结束帧，如当前显示为第1帧和第12帧。

◆ Source in/source out（片源）

当鼠标指针放置在Source in和Source out处时，就可以看到鼠标指针变成样式，可以动态拖动，以缩短影片的播放长度。

◆ Frame in/Frame out（关键帧）

用来显示和修改影片剪辑的长度，与Source in/Source out不同，它可以增加或减少动画的播放速率。

◆ Duration（长度）

用于显示影片剪辑的帧长度。

◆ Clip Name（剪辑名称）

用于定义影片剪辑的名称，该名称可以在创建时命名，也可以在名称处双击，对其进行修改。

◆ Scale（缩放比例）

用于显示影片剪辑的缩放百分比，百分之百表示按正常速度播放。如果缩小百分比，即影片整体播放时间被压缩，动画播放会变快，反之，则变慢。

16.2.4 复制和粘贴影片剪辑

在非线性动画中，允许一个物体或角色具有多段非线性动画影片剪辑，本小节我们学习如何复制、创建和编辑多段非线性动画。

课堂练习169：复制和粘贴影片剪辑

01 选中创建的剪辑片段，然后，在其上面右击，在弹出的菜单中选择Copy Clip命令或按组合键Ctrl+C，对其进行复制，如图16-24所示。

02 按组合键Ctrl+V，会在第2个轨道上自动复制出一个影片剪辑Jump1，如图16-25所示。

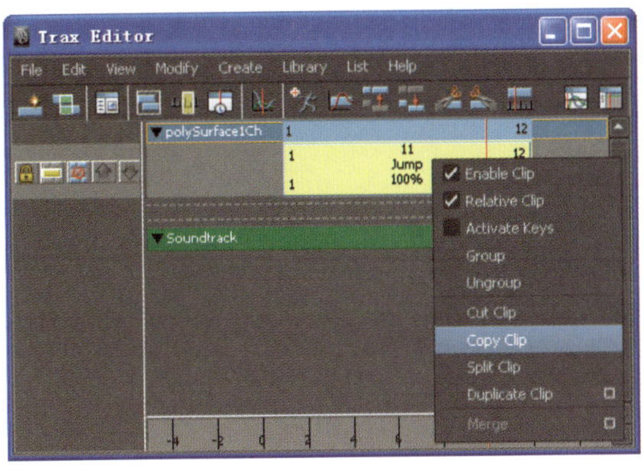

图16-24 执行Copy Clip操作

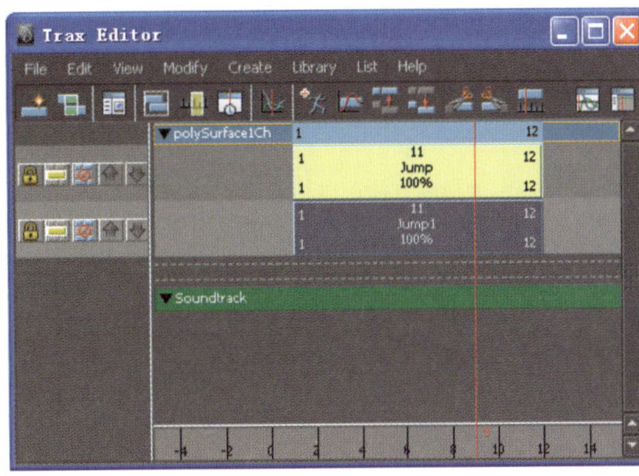

图16-25 复制的影片剪辑

16.2.5 循环影片剪辑

在前面介绍基础动画时，我们介绍了两种使动画循环播放的方式，一种是通过无限延伸曲线实现，另一种是通过复制粘贴动画曲线来实现。在非线性编辑器中，也可以非常轻松地实现这一效果。

课堂练习170：循环影片剪辑

01 将两段剪辑错开排列，则可视为又增加了一段相同的动画，如图16-26所示。

02 将鼠标指针放置在Frame out处，按Shift键并观察鼠标指针的变化，然后，按住鼠标左键并向右拖动，如图16-27所示。

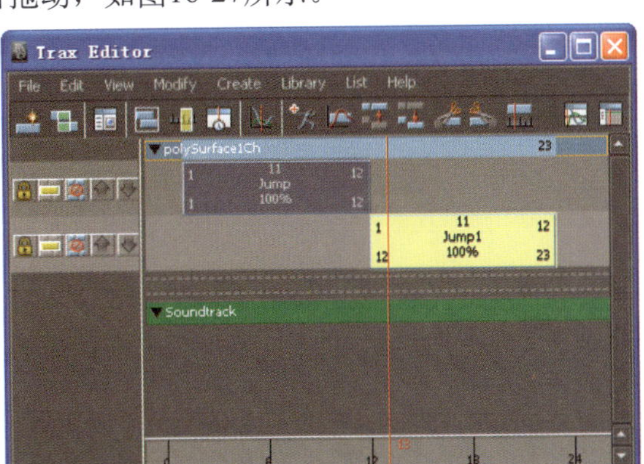

图16-26 错开排列粘贴的剪辑片段

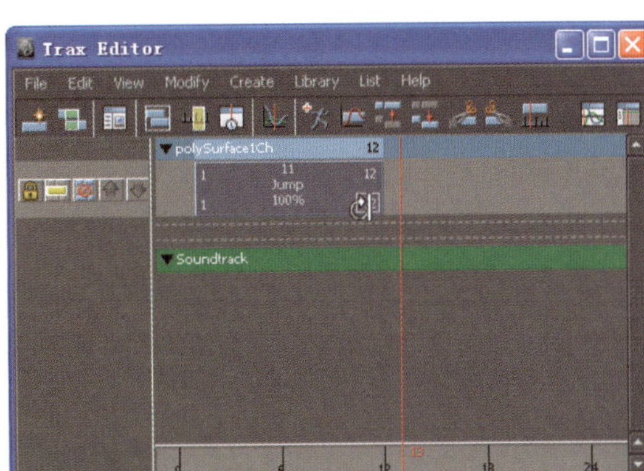

图16-27 延伸Frame out处的时间范围

03 拖动鼠标左键到第23帧处，松开鼠标左键，即可为角色添加一个动画循环，并且在时间轴上可以看到循环动画的关键帧序列，如图16-28所示。

04 也可按Shift键修改Frame in值，使动画向前循环。如果将循环动画取消或继续向后延伸，只需按Shift键并左右拖动剪辑的Frame out/in即可，如图16-29所示。

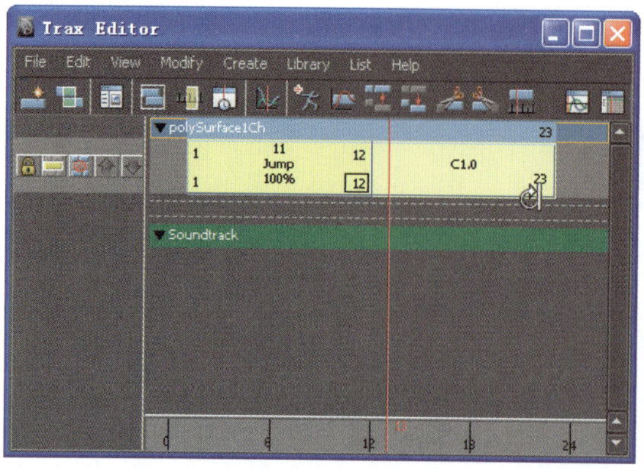

图16-28 添加的剪辑循环动画

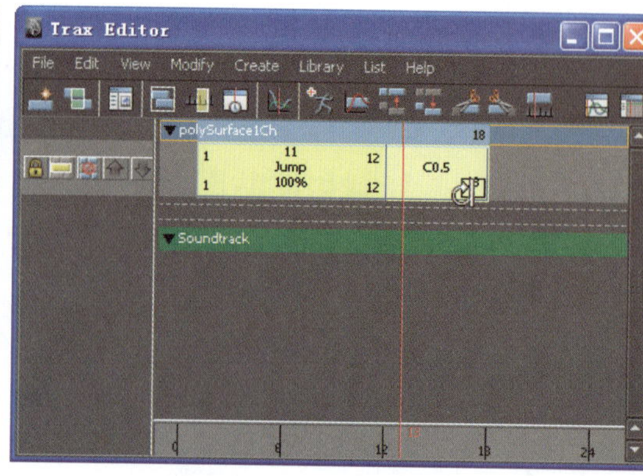

图16-29 取消循环动画

提示：延伸出的循环剪辑片段名称为C1.0，表示延伸后的剪辑片段共循环了1.0次，C1.0是Cylce1.0的缩写。

16.2.6 影片剪辑的关联性

在Trax Editor窗口中，复制出的剪辑与源剪辑之间有一定的关联性，从而使复制的剪辑沿着源剪辑动画继续运动下去。

课堂练习171：影片剪辑的关联性

01 选中创建的影片剪辑，对其进行两次复制和粘贴操作，并且将复制出的剪辑排列到不同的轨道层，播放动画，各剪辑之间都有动画参数上的递增性，如图16-30所示。

02 播放动画，小球连续并一直向前做弹跳运动，如图16-31所示。

图16-30 复制多个剪辑片段

图16-31 小球动画的循环效果

03 选中剪辑Jump1并按组合键Ctrl+A，打开其属性设置面板；然后，展开Channel Offsets属性卷展栏，即可看到剪辑的All Absolute和All Relative两种属性，如图16-32所示。

提示：由于这里的小球只在通道属性Translate X和Translate Y上有动画效果，因此在Absolute Relative属性下只包含了Polysurface1.Translate X和Polysurface1.Translate Y两个属性选项。

04 分别在Polysurface1 Translate X属性选项的左侧，单击Absolute下方的单选按钮，如图16-33所示。

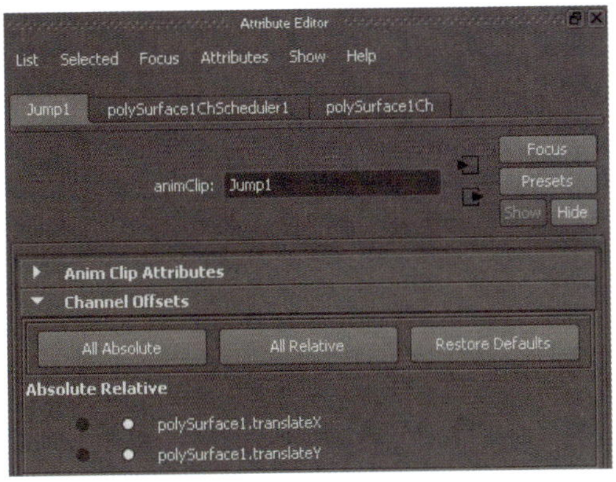

图16-32 打开剪辑的属性面板

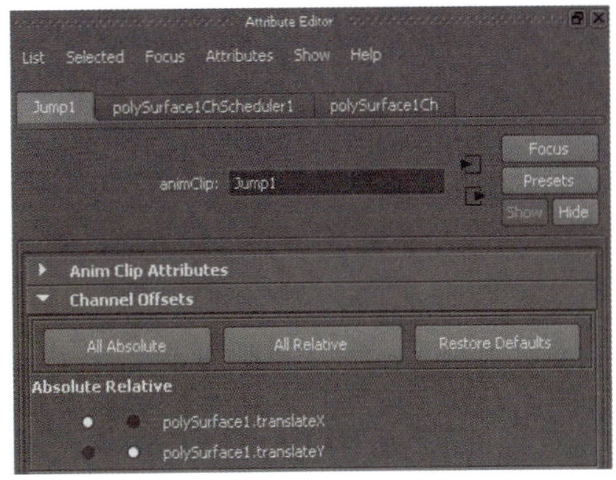

图16-33 切换剪辑的关联属性

05 播放动画，可以看到角色在运动到第12帧处时，自动返回到原始位置重新开始运动，这是因为剪辑balljump-04没有继承源剪辑的参数值，如图16-34所示。

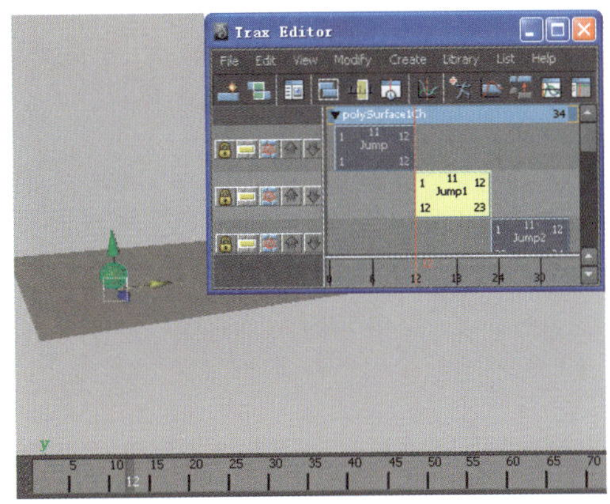

图16-34 角色回到原始位置

参数简介

◆ Absolute（独立）

用于将复制出的影片剪辑动画效果与源剪辑数据没有数值上的递增关系。

◆ Relative（关联）

用于将复制出的影片剪辑动画数据建立在源影片剪辑的基础之上，有连续递增的动画效果。

16.2.7 叠加影片剪辑

Maya中影片剪辑的叠加非常类似于Photoshop中图层的叠加效果，可以将多个图层的效果叠加在一起，以形成一个新的图层样式。同样，剪辑动画片段的叠加可以将多种动画效果叠加或混合在一起，从而合成一个含有多种动画效果的片段。

课堂练习172：叠加影片剪辑

01 在场景中打开沿x轴上下跳动的小球动画，正常状态下，小球动画被添加剪辑后，时间轴上的关键帧会自动消失，但仍保留动画效果，如图16-35所示。

02 拖动时间滑块到第12帧，选中小球，在其通道栏选中Rotate Y属性选项，并在该属性上右击，在弹出的菜单中选择Key Selected命令，为其添加第12帧动画，如图16-36所示。

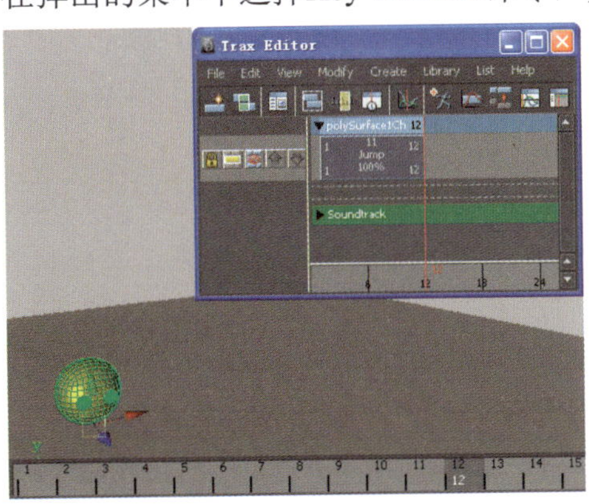

图16-35 时间轴上的关键帧消失

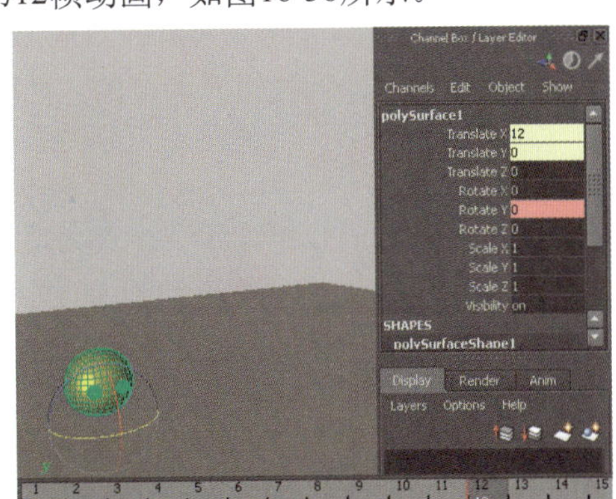

图16-36 设置第12帧动画

03 拖动时间滑块到第16帧，设置Rotate Y属性值为360，为其设置关键帧，如图16-37所示。

04 选中球体，在Trax Editor窗口中单击Create（创建）| Animation Clip（动画剪辑）右侧的■按钮，在弹出的面板中设置Name值为Rotate，Start time值为12，End time值为16，如图16-38所示。

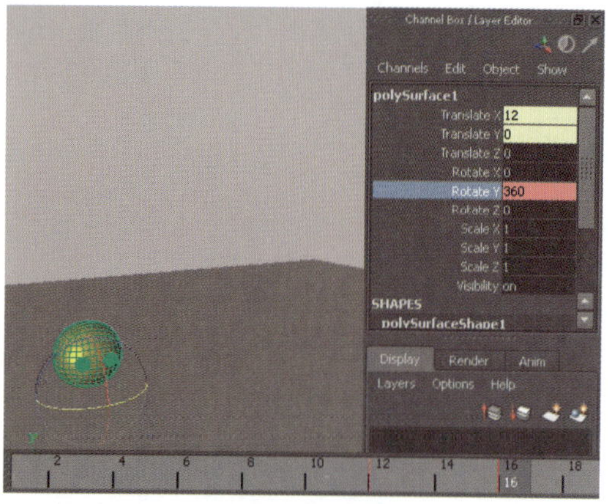

图16-37 设置第16帧动画

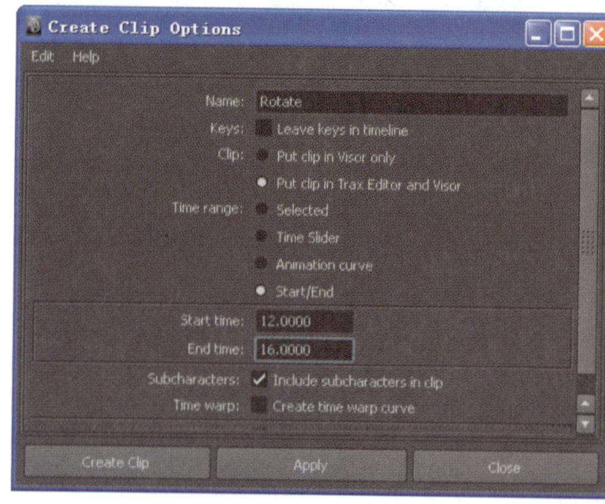

图16-38 设置剪辑属性参数

05 单击Create Clip按钮，即可在Trax Editor窗口中创建一个名为Rotate的剪辑片段，并且该剪辑片段只包括时间轴上第12～16帧的旋转动画效果，如图16-39所示。

06 移动剪辑Rotate的位置，再次播放动画可以看到，小球在弹跳过程中的第5～9帧范围内会产生旋转动画，如图16-40所示。

图16-39 创建的剪辑片段

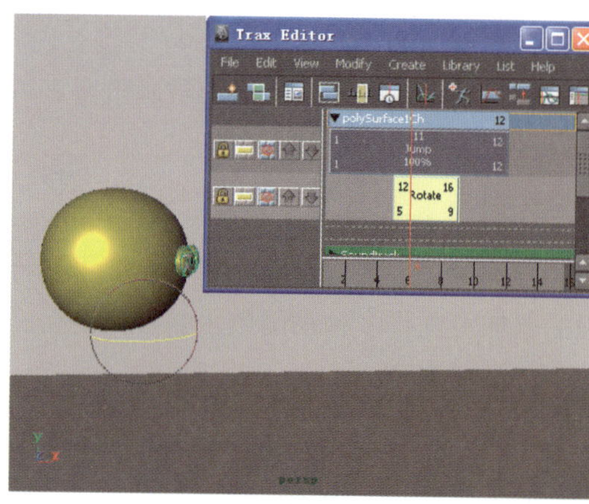

图16-40 剪辑动画的叠加效果

07 在剪辑片段的Frame Out处单击鼠标左键并左右拖动，改变该剪辑片段的时间播放范围，从而延长小球弹跳过程中，旋转动作的起始和结束时间范围，如图16-41所示。

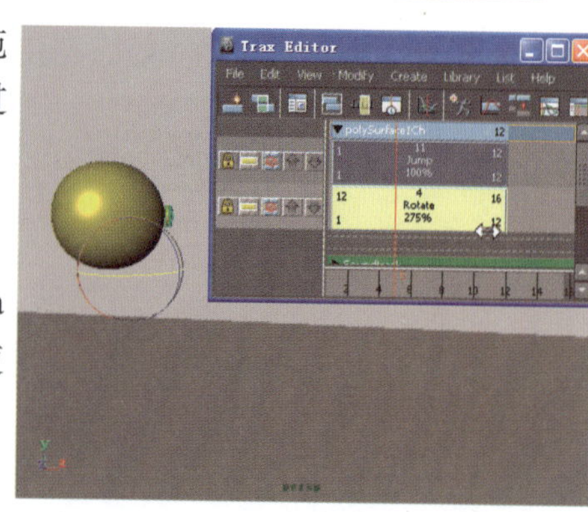

图16-41 缩放剪辑动画的播放时间

16.2.8 剪辑约束动画

前面的章节中我们介绍过各种约束动画的创建，在Maya中非线性动画也可以应用到约束动画中，下面对该功能的使用进行介绍。

课堂练习173：创建剪辑约束动画

01 创建一个球体和圆环，同时选中两个模型，然后执行Freeze Transformations命令；然后，先选择球体，再选中圆环，执行Constrain（约束）| Aim（目

标）命令，为其添加目标约束，如图16-42所示。

02 拖动时间滑块到第1帧，选中球体并为其通道属性Translate Y设置关键帧，如图16-43所示。

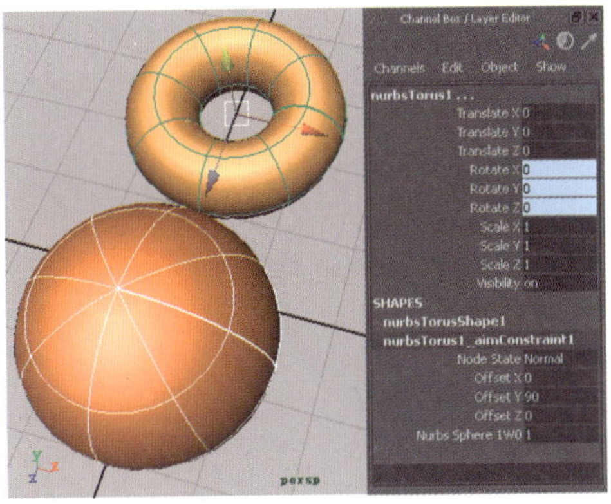

图16-42 建立目标约束

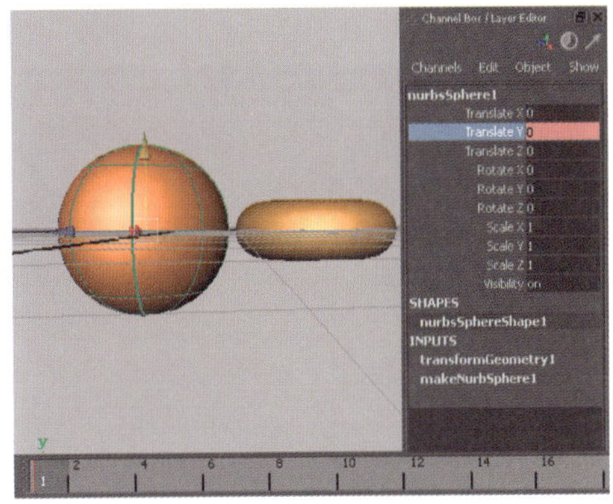

图16-43 设置球体第1帧动画

03 拖动时间滑块到第3帧，设置球体的通道属性Translate Y值为3，并为其设置关键帧，如图16-44所示。

04 拖动时间滑块到第9帧，设置球体的通道属性Translate Y值为–3，并为其设置关键帧，如图16-45所示。

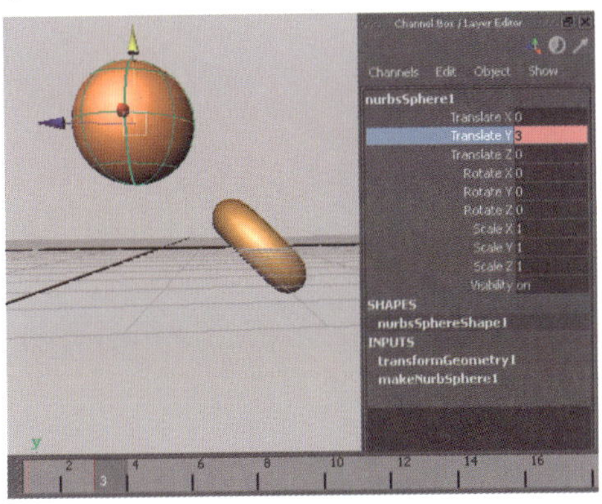

图16-44 设置球体第3帧动画

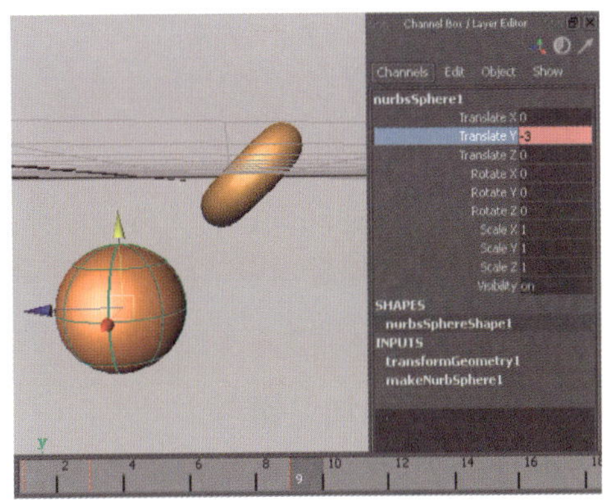

图16-45 设置球体第9帧动画

05 拖动时间滑块到第12帧，设置球体的通道属性Translate Y值为0，并为其设置关键帧，如图16-46所示。

06 同时选中球体和圆环，在Trax Editor窗口中执行Create（创建）| Constraint Clip（约束剪辑）命令，创建出非线性影片剪辑，如图16-47所示。

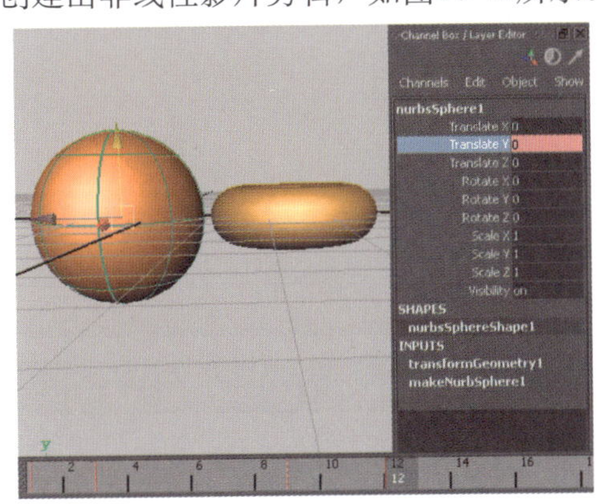

图16-46 设置球体第12帧动画

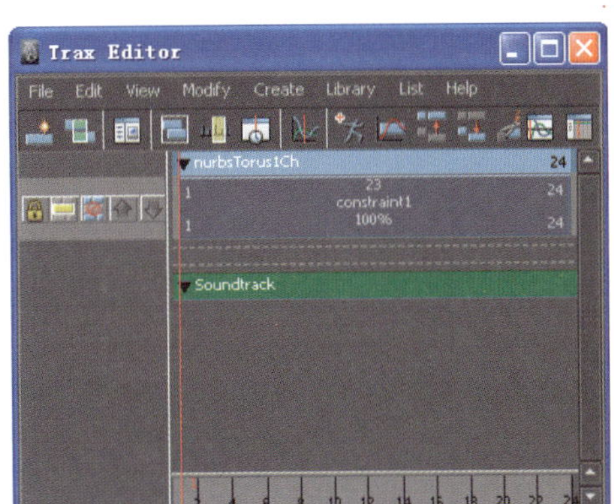

图16-47 创建约束剪辑动画

07 在该剪辑片段的Frame out处单击并左右拖拉鼠标，以延长该剪辑动画的播放时间，如图16-48所示。

08 播放动画，可以看到球体在跟随圆环的移动进行旋转时，产生了明显的滞后感，如图16-49所示。

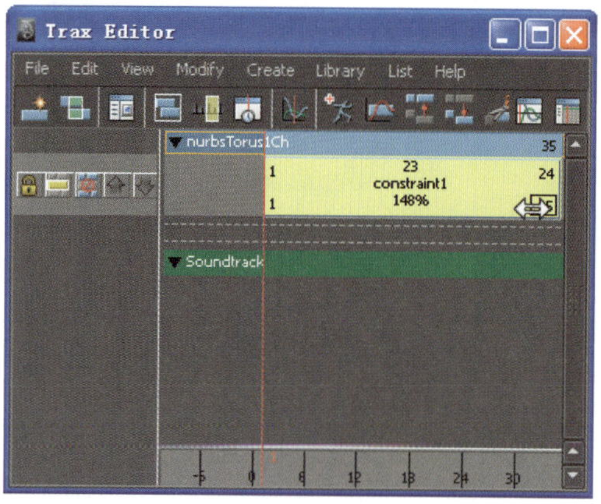

图16-48 延长剪辑动画的播放时间

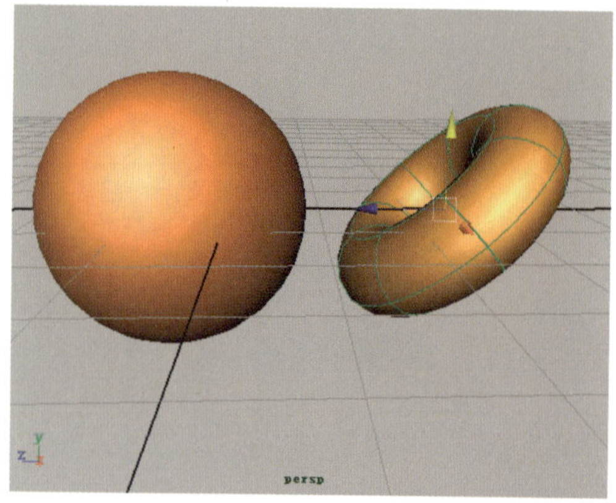

图16-49 球体运动过程中的滞后感

提示

在执行Animation Clip操作时，由于我们同时选中的是两个物体，所以创建出的角色节点被命名为capch，而创建出的影片剪辑名称为Constraint1，表明这是一个非线性约束动画。该类的约束功能多用于模拟角色眼球跟随物体的移动所产生的短暂滞后效果。

16.2.9 为影片剪辑添加关键帧

若要对影片剪辑中的动画进行大幅度的修改，如添加关键帧，单纯依靠修改动画曲线并不是高效率的方法。在非线性编辑器中，Maya允许将影片剪辑中的关键帧序列再次激活，然后对关键帧序列进行编辑。

课堂练习174：添加关键帧

01 正常状态下，动画被添加剪辑后，时间轴上的关键帧不会被显示，但仍保留动画效果，如图16-50所示。

02 在Trax Editor窗口中的剪辑Jump1上右击，在弹出的菜单中选择Activate Keys命令，剪辑变为紫色，并且时间轴上的关键帧再次被显示出来，如图16-51所示。

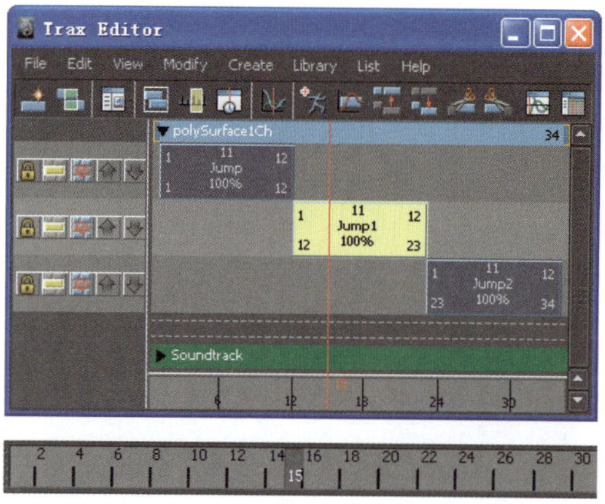

图16-50 关键帧被隐藏

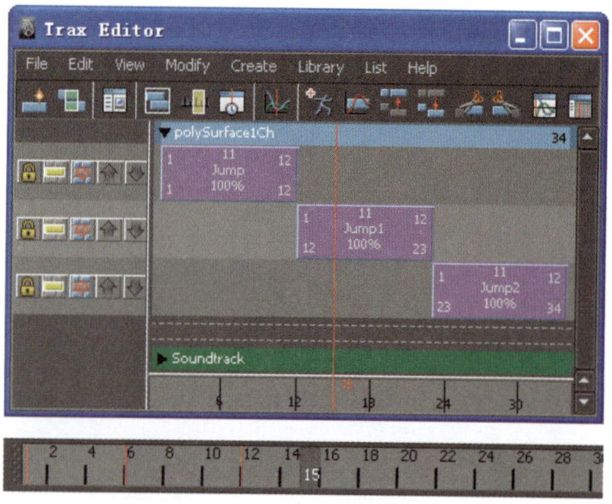

图16-51 激活关键帧序列

03 在第6帧处，将球体的通道属性Translate X的值由原来的6设置为8，再在该属性上右击，在弹出的菜单中选择Key Selected命令，为其设置关键帧，如图16-52所示。

当对所选剪辑执行Activate Keys命令后，角色就会失去动画效果，这是因为关键帧序列被激活后，非线性动画剪辑会自动被屏蔽。当用户添加关键帧后，可以再选中该剪辑片段并执行Activate Keys命令，即可将影片剪辑恢复到正常状态。但是时间轴上的帧序列会再次被删除。

04 在第12帧处，将球体的通道属性Translate X值由原来的12设置为16，并且为其设置关键帧，如图16-53所示。

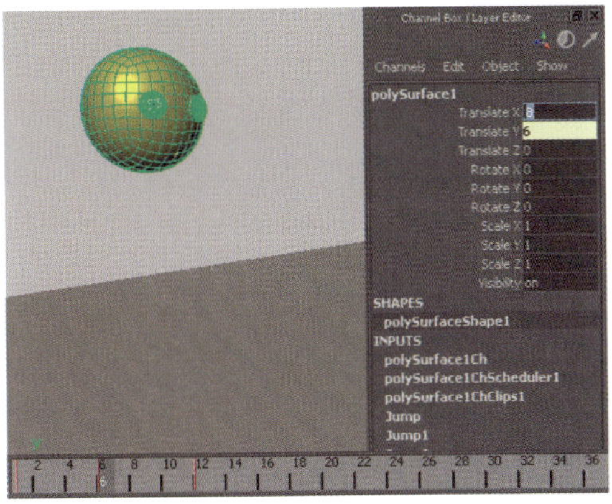

图16-52 修改第6帧关键帧参数

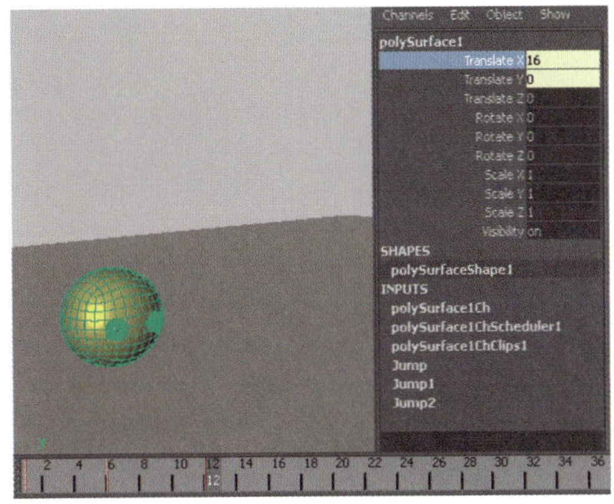

图16-53 修改第12帧关键帧参数

05 再在剪辑Jump1上右击，在弹出的菜单中选择Activate Keys命令，即可屏蔽时间轴上的关键帧序列，如图16-54所示。

16.2.10 合并影片剪辑

当我们将某个角色的多段影片分别编辑完成后，就可以将这些独立的影片剪辑合并为一个完整的剪辑，这样更加有利于整体动画的编辑和控制。

课堂练习175：合并影片剪辑

01 在Trax Editor窗口中，框选两个剪辑片段并右击，在弹出的菜单中选择Merge命令，如图16-55所示。

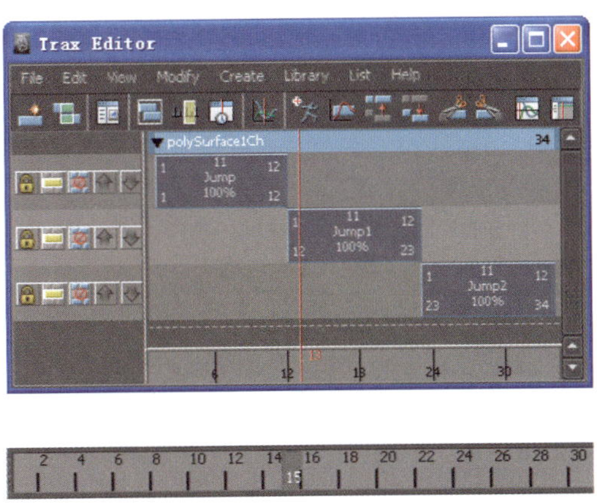

图16-54 屏蔽关键帧序列

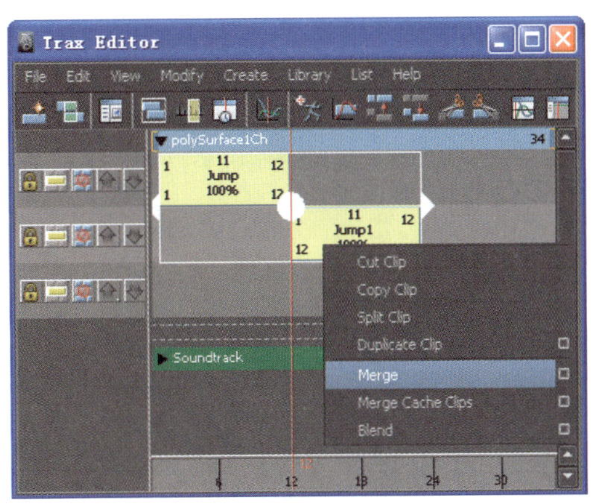

图16-55 执行Merge命令

02 将两段剪辑合并为一个整体的剪辑片段mergedclip1，如图16-56所示，用户还可以在合并命令属性面板中定义新剪辑的名称。

03 在Trax Editor窗口中选中合并的影片剪辑，单击工具栏上的按钮，打开其动画曲线窗口，可以看到角色动画曲线上的点明显增多，如图16-57所示。

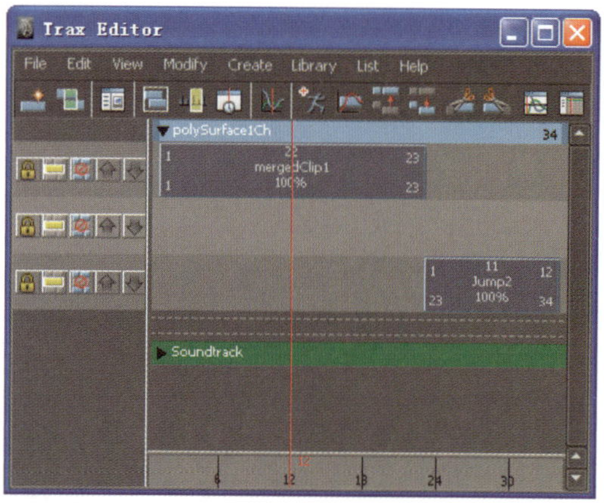

图16-56 剪辑的合并效果

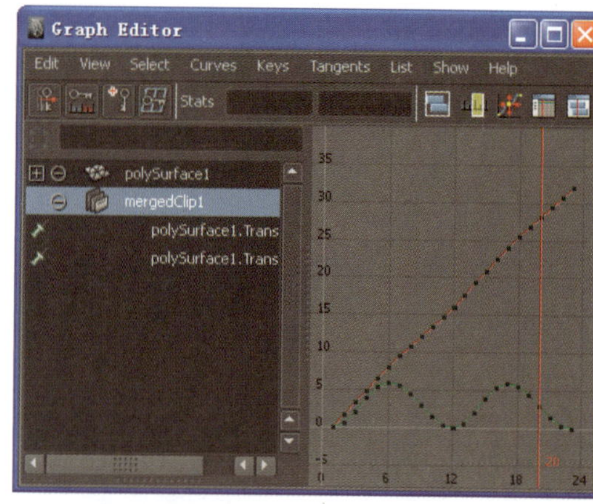

图16-57 剪辑的动画曲线

16.3 角色

16.3.1 创建角色

前面我们介绍了非线性动画的创建和编辑，但手动逐一为角色添加关键帧是一项非常繁琐的工作，并且在后期需要修改非线性动画时关键帧序列不容易调整。因此，非线性动画还有一种非常重要的应用，角色模型及其控制可以被转换成一个角色节点，还可以为该角色节点添加关键帧序列，然后，再通过将该角色节点转换为角色剪辑片段，进行统一的控制。

课堂练习176：创建角色

01 在16.2.8小节中创建的小球与圆环的约束剪辑动画场景中，打开Outliner窗口，即可看到Maya自动生成的nurbsTorus1ch节点，该节点可视为一个角色节点，如图16-58所示。

02 在Outliner窗口中单击角色节点选项nurbsTorus1ch，即可在其展开的子属性选项中看到该角色节点属性包含的关键属性，如图16-59所示。

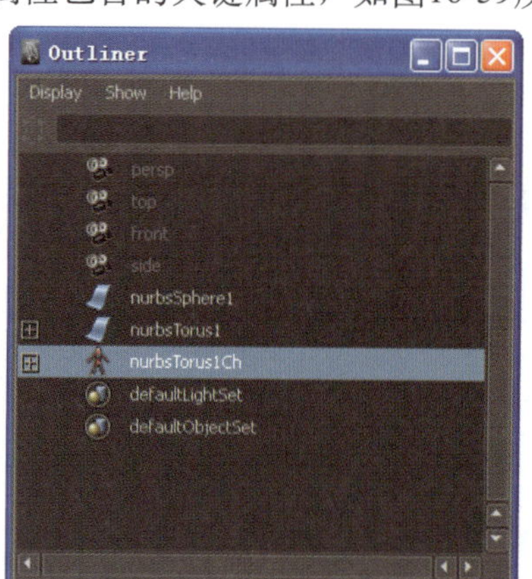

图16-58 自动生成的角色节点

图16-59 关键属性

03 导入绑定好但并未添加动画的角色模型，然后，选中该角色身体的所有曲线控制器，如图16-60所示。

04 单击Character（角色）| Create Character Set（创建角色设置）右侧的□按钮，打开其属性设置面板，在Name栏中输入body，如图16-61所示。

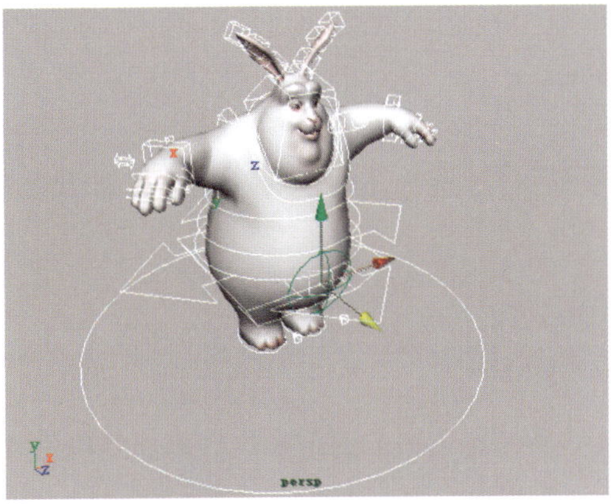

图16-60 选中目标对象

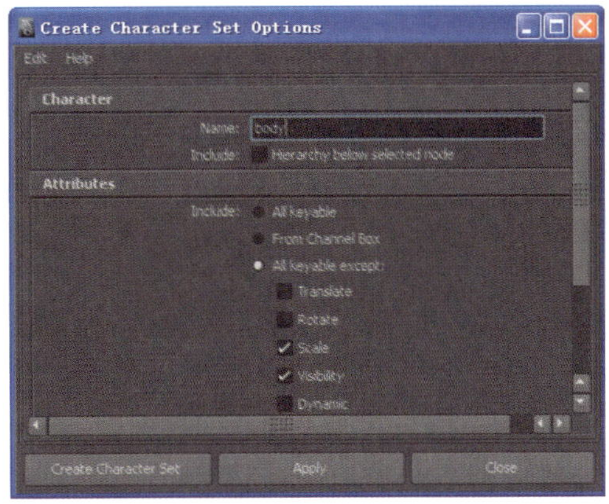

图16-61 执行Create Character Set命令

05 单击Create Character Set按钮，即可在Outliner窗口中创建一个名为body的角色节点，如图16-62所示。

06 同样，在通道栏中可以看到创建的角色节点body，以及被添加到角色节点后其通道属性颜色的变化，如图16-63所示。

07 单击时间滑块右侧的▼按钮，在弹出的菜单中选择body，即可将动画层切换到角色body层，如图16-64所示。

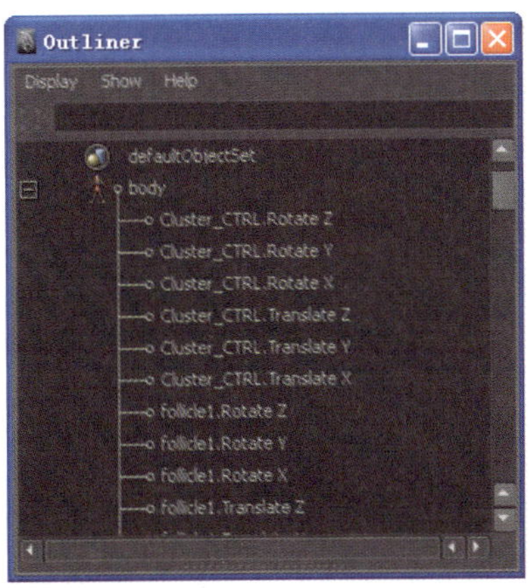

图16-62 创建的角色节点

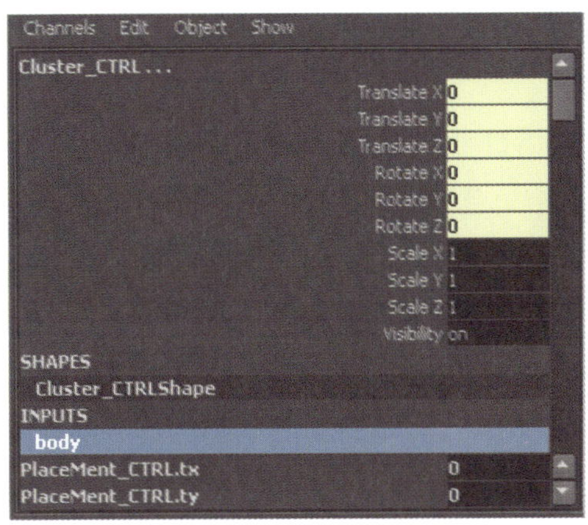

图16-63 角色通道属性的颜色变化

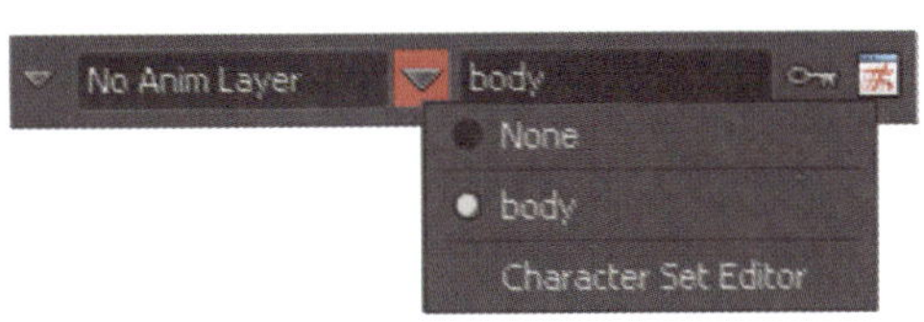

图16-64 快速切换角色动画层

技巧

这里我们所介绍的角色，即Character。它并不是普通意义上的角色对象，而是Maya对动画对象的一种管理方式，简称为角色化。Maya的非线性动画全部是建立在角色化的基础之上，也就是说必须先将动画目标角色化，然后才能制作和编辑非线性动画。

参数简介

◆ Character（角色）

该选项包含了有关角色节点创建的属性设置。

◆ Name（名称）

用于为角色节点自定义名称，默认名称为Character1。

◆ Include（包含）

若启用Hierarchy below Selected node复选框，则可以将所选物体的子层级也添加到角色节点中，默认为禁用该复选框。

◆ All Keyable（所有可设置关键帧）

若选中该单选按钮，那么所选控制器通道栏上的所有属性都会被添加到角色节点下。

◆ From Channel Box（特定通道属性）

通过选择加亮显示通道栏中的特定属性，仅将这些被特定选中的通道栏属性添加到角色节点下。

◆ All Keyable except（排除通道属性）

该选项用来排除通道栏中的一些属性，分为Translate、Rotate、Scale、Visibility和Dynamic 5类。例如启用Scale复选框，则所有控制上的这类通道属性都会被排除在节点属性外。

◆ Redirection（重设）

该选项下的属性用于重新定义角色动画的移动和旋转，当角色被设置为重设性后，就可以移动和旋转，以建立角色动画。

16.3.2 创建子角色

在Maya 2011中，不仅可以对角色的全部控制器添加角色节点，还可以为角色的部分控制器创建子角色节点，从而能够使用户更加灵活地控制角色。

课堂练习177：创建子角色

01 选中角色腰部的控制器Root_CTRL，如图16-65所示。为了使角色腰部动画的创建更加灵活，我们需要以子角色来创建单独的动画效果。

02 单击Create Subcharacter Set（创建子角色设置）命令右侧的□按钮，在弹出的面板的Name栏中输入Root，再单击Apply按钮，即可为其创建子角色节点，如图16-66所示。

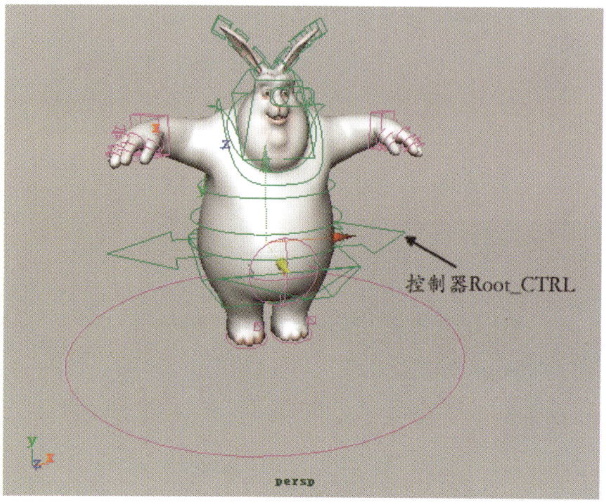

图16-65 选中控制器Root_CTRL

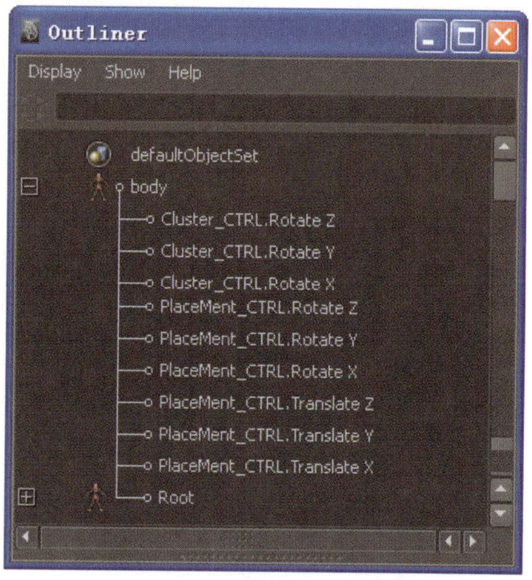

图16-66 创建的子角色节点

03 在Outliner窗口中单击Root选项，在其下方展开的子选项中单击Root_CTRL.Translate X属性，即可打开角色节点Root的通道属性，如图16-67所示。

04 在Trax Editor窗口的轨道区，即可显示被添加的body和Root角色节点，由于没有为角色节点添加关键帧动画，这里不能创建剪辑片段，如图16-68所示。

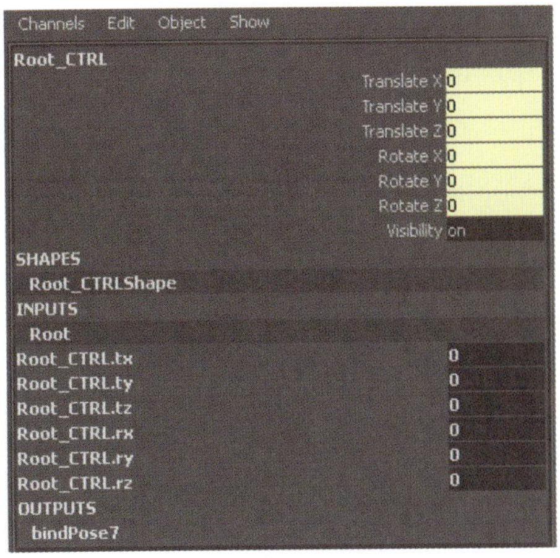

图16-67 角色Root的通道属性

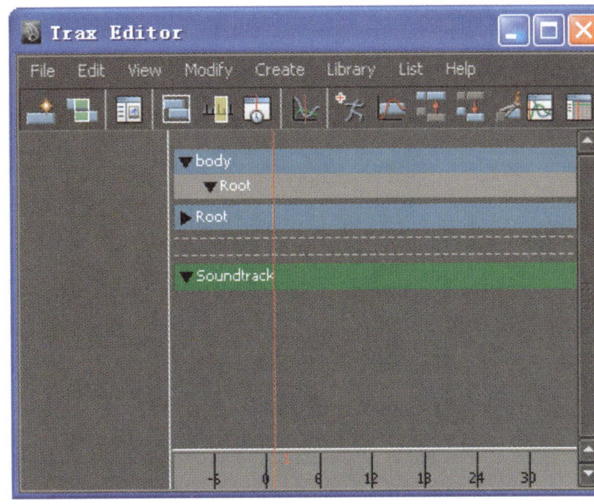

图16-68 角色的剪辑轨道

05 在时间滑块右侧单击按钮，在弹出的菜单中即可看到被添加的子角色节点Root，如图16-69所示。

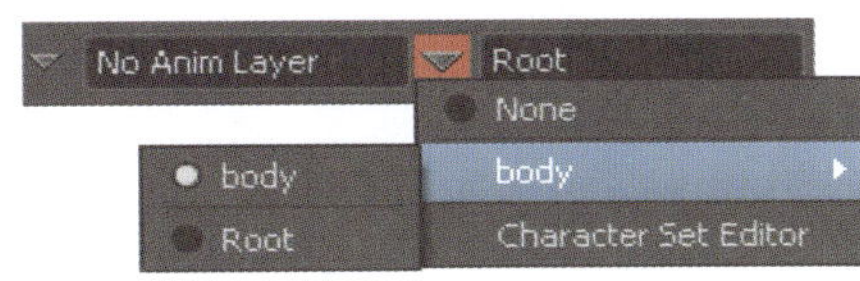

图16-69 切换角色节点层

16.3.3 添加和删除角色属性

由于操作的需要，可以将关键帧动画的某些属性从角色节点中删除。同样的道理，我们也可以将从角色节点中删除的属性或其他新的属性添加到角色节点下，并且还可以将一个角色节点下的属性添加到另一个角色节点下，用户只需在添加之前切换到要添加的节点动画层。下面介绍如何添加角色的属性。

课堂练习178：添加和删除角色属性

01 继续使用上面创建的角色节点的场景模型，选中已添加了角色节点的控制器，在通道栏中可以看到，被添加的属性都会在下方的角色点Root下显示；然后，选中Translate Y属性，如图16-70所示。

02 执行Remove from Character Set命令，所选属性选项的通道栏颜色呈正常显示，并且该属性也会从Root角色节点下消失，如图16-71所示。

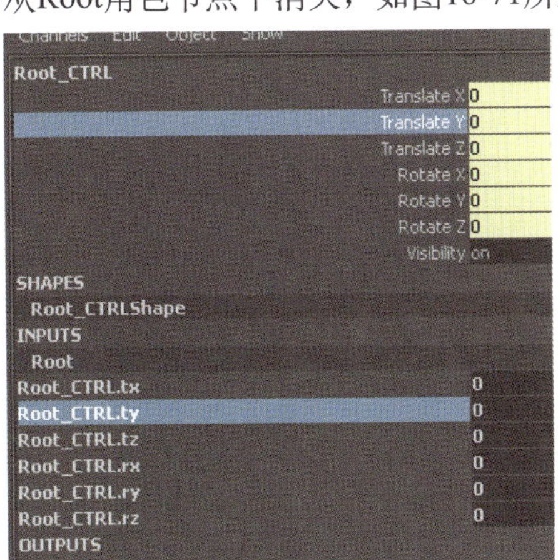

图16-70 选择要删除的属性

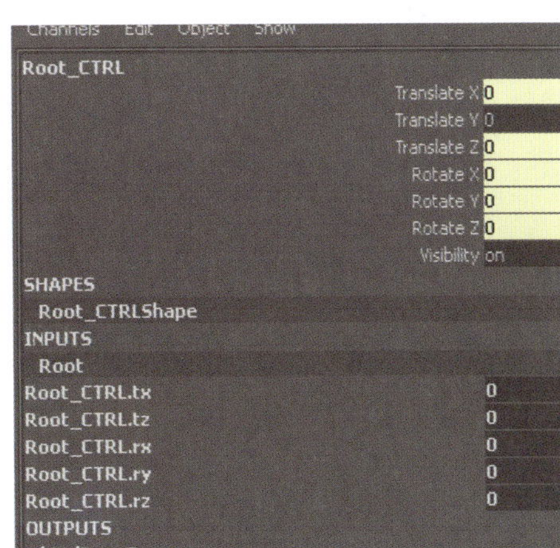

图16-71 从角色节点中删除

注意：如果从角色节点中删除的属性被设置了关键帧，则在执行Remove from Character Set命令后，该属性选项会从绿色变为橘黄色显示；如果未添加关键帧，则为正常显示。

03 在控制器Root_CTRL的通道栏，选中要添加的Translate Y和Visibility属性选项，如图16-72所示。

04 执行Add to Character Set命令，即可将所选择的属性选项添加到角色节点Root属性下，如图16-73所示。

提示：在编辑角色节点的通道属性或为角色节点添加关键帧时，必须单击动画控制区时间滑块右侧的按钮，选择对应的角色节点动画层，才能有效编辑相应角色的通道属性或为其添加关键帧。

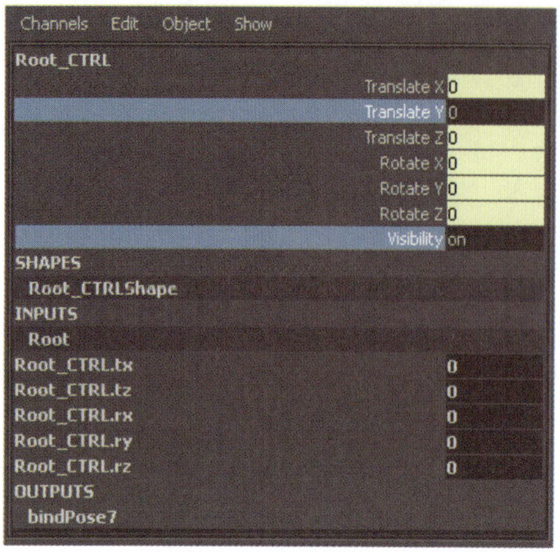

图16-72 选择要添加的属性

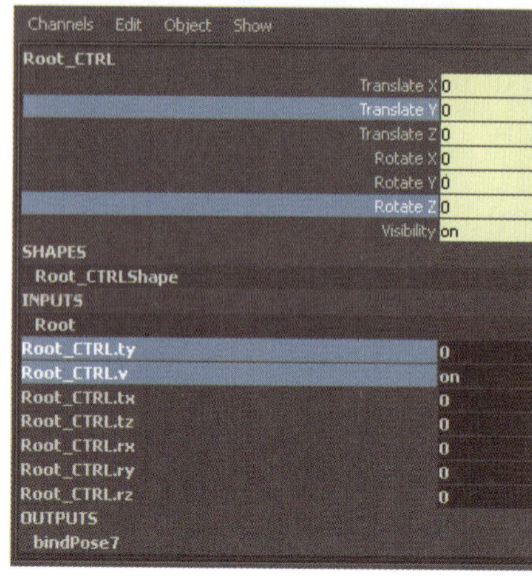

图16-73 添加的节点属性

16.3.4 创建角色影片剪辑

前面介绍了为关键帧序列动画的角色创建非线性动画，还可以为添加的角色节点创建非线性动画，从而避免了手动逐个为每个关节姿态设置连续的关键帧，以便快速地提高动画的制作效率。下面通过创建一个角色伸腰的动作，来练习如何创建角色剪辑动画。

课堂练习179：创建角色影片剪辑

01 在新建场景中导入绑定好但并没有任何动画效果的角色模型，然后调整角色身体的曲线控制器L/R_Ik_Hand_CTRL，设置角色的初始姿态，如图16-74所示。

02 拖动时间滑块到第1帧处，并在Outliner窗口中单击body角色节点，再单击动画控制区的按钮，然后切换到body角色节点层，按S键为角色设置关键帧，如图16-75所示。

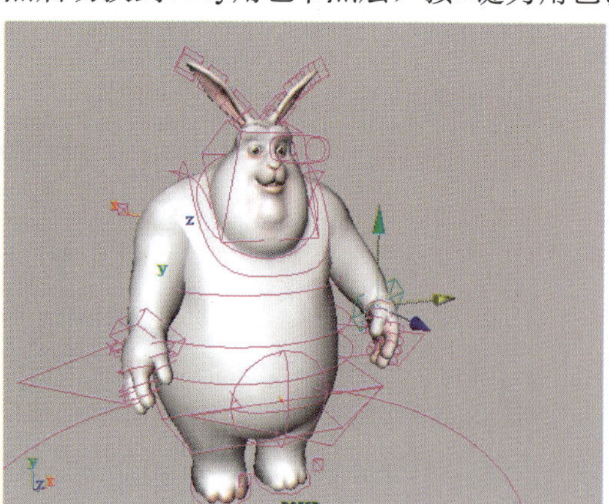

图16-74 导入角色模型

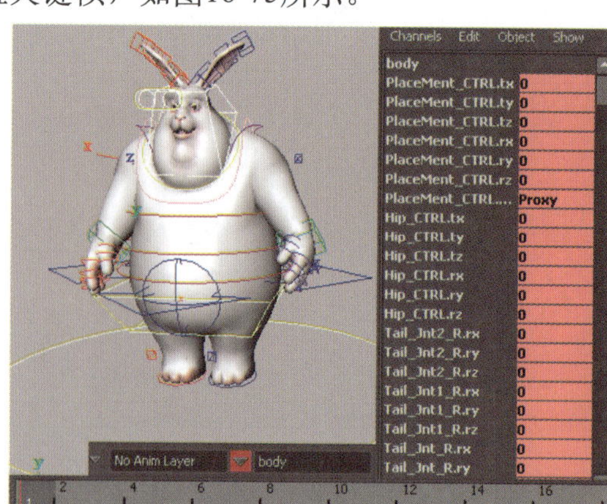

图16-75 设置第1帧动画

03 拖动时间滑块到第6帧，再移动右手控制器R_Ik_Hand_CTRL的位置，按S键为角色节点body

设置关键帧，如图16-76所示。

04 拖动时间滑块到第9帧，移动左手控制器L_Ik_Hand_CTRL的位置，按S键为角色节点body设置关键帧，如图16-77所示。

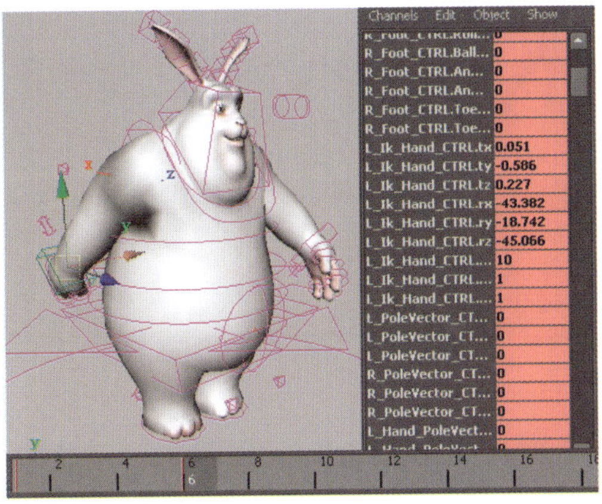

图16-76 设置第6帧动画

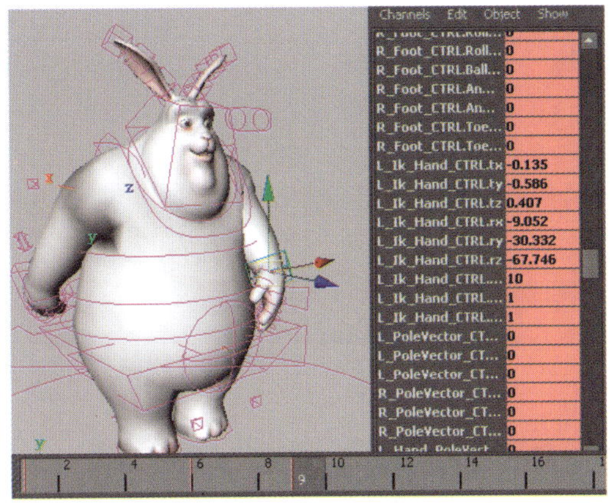

图16-77 设置第9帧动画

05 拖动时间滑块到第10帧，旋转头部控制器Head_CTRL，使角色产生仰头的动作，如图16-78所示。

06 拖动时间滑块到第13帧，移动腰部控制器Root_CTRL的位置，并且切换到Root角色节点的动画层，为其设置关键帧，如图16-79所示。

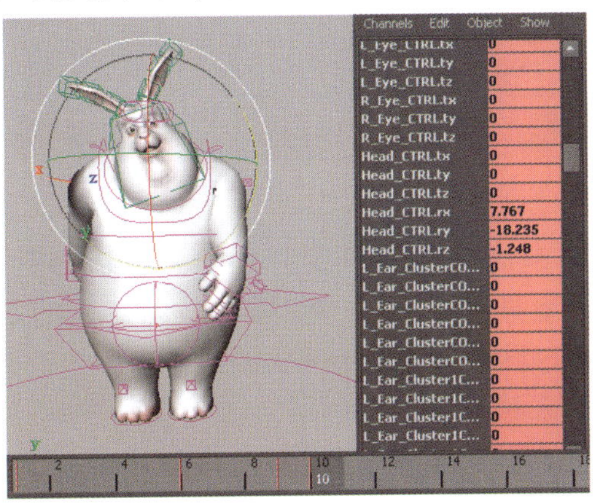

图16-78 设置角色body第10帧动画

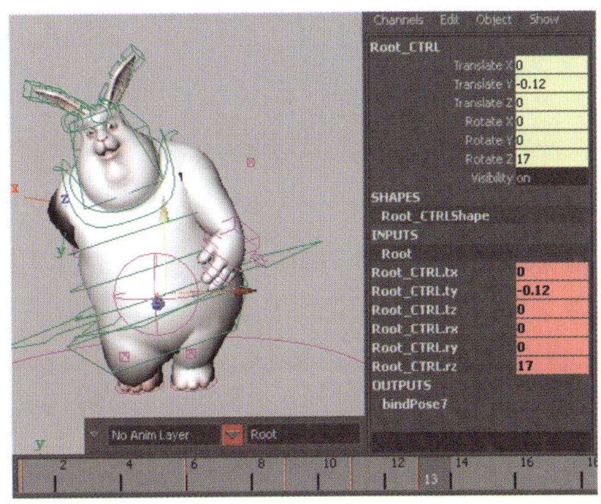

图16-79 设置角色Root第13帧动画

注意：在前文中，由于将腰部曲线控制器Root_CTRL添加到子角色节点Root属性下，因此若要为控制器Root_CTRL添加关键帧，必须事先单击按钮并切换到Root角色节点层，再设置属性关键帧。

07 拖动时间滑块到第14帧，移动脚部控制器L_Foot_CTRL的位置，切换到body角色节点的动画层，再为其设置关键帧，如图16-80所示。

08 拖动时间滑块到第15帧，移动头部控制器Head_CTRL的位置，使角色产生仰头的动作，并按S键为其设置关键帧，如图16-81所示。

09 在Outliner窗口中，分别单击角色节点body，执行Eidt（编辑）| Delete by Type（通过类型删除）| Static Channels（静态通道）命令，即可删除角色节点和子角色节点所有未产生任何动画效果的关键属性，如图16-82所示。

10 先在Outliner窗口中单击角色body，再在Trax Editor窗口中单击按钮，即可在body和Root轨道下创建一个剪辑Clip1和一个子剪辑Clip2，如图16-83所示。

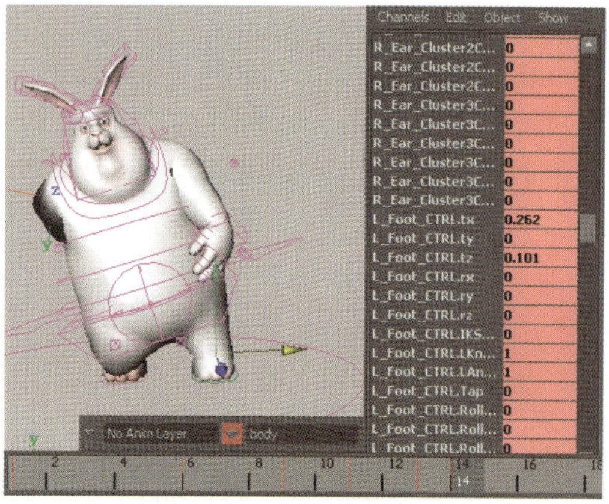

图16-80 设置角色body第14帧动画

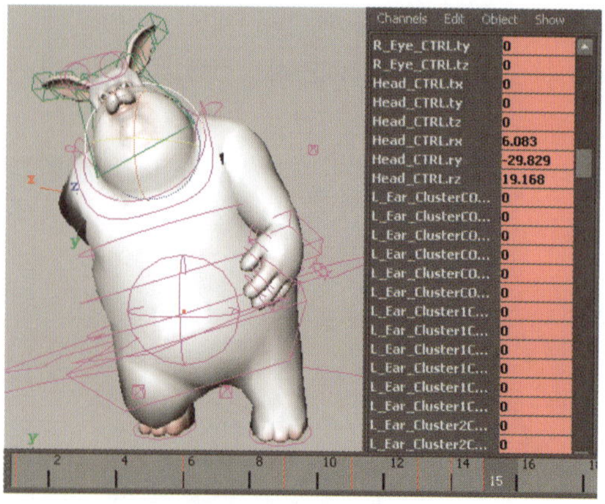

图16-81 设置角色body第15帧动画

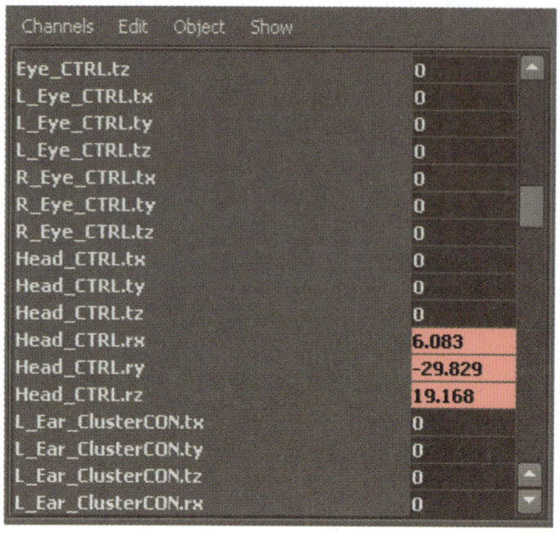

图16-82 删除角色静态通道

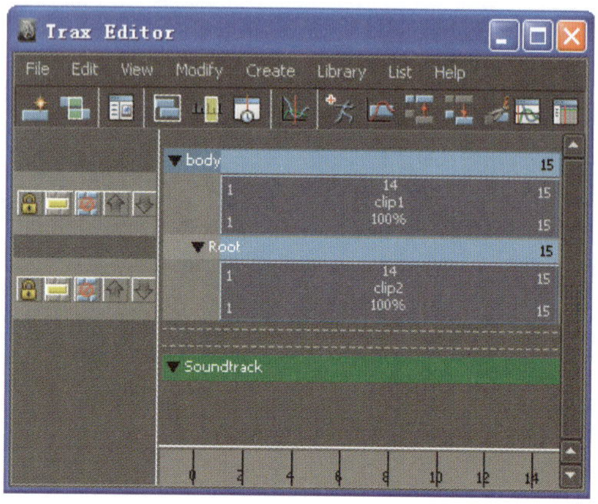

图16-83 创建剪辑

⑪ 移动子剪辑Clip2的位置，使角色腰部剪辑动画的起始和结束时间发生改变，如图16-84所示。

⑫ 此时，时间轴上的关键帧会自动消失，但动画效果依然存在；然后，播放动画，可以看到角色的腰部由原来的第13帧开始旋转，变为到第8帧就开始旋转，如图16-85所示。

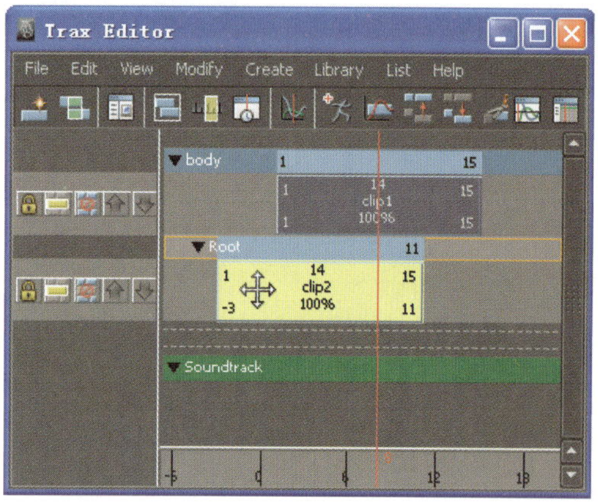

图16-84 移动剪辑片段

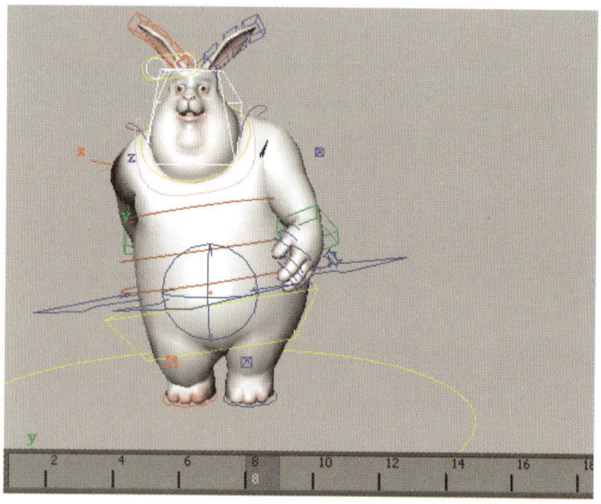

图16-85 动画的变化效果

16.3.5 融合角色剪辑

非线性动画有一个非常重要且实用的功能，能将各个剪辑动画叠加或融合在一起，下面对该功能的应用进行介绍。

课堂练习180：融合角色剪辑

01 继续使用前面制作的角色剪辑，选择角色两耳朵根部的控制器R_Ear_ClusterCON 和L_Ear_ClusterCON，以及它们的子层级控制器，如图16-86所示，执行Create Subcharacter Set ■命令。

02 在打开的属性面板的Name栏中输入er，然后再单击Apply按钮，即可在Outliner窗口中创建子角色er，如图16-87所示。

图16-86 选中目标对象

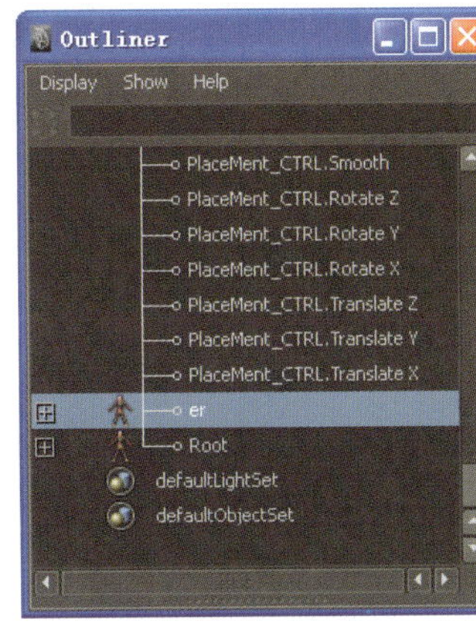

图16-87 创建子角色er

03 单击子角色节点er，在展开的子属性中，可以看到所有耳朵的控制器都被添加到角色节点er下，如图16-88所示。

04 拖动时间滑块到第1帧，并且切换到er动画层，选中耳朵所有的曲线控制器，按S键，为它们设置关键帧，如图16-89所示。

05 拖动时间滑块到第15帧，旋转耳朵所有曲线控制器的角度，使角色耳朵产生弯曲效果，然后再按S键，为它们设置关键帧，如图16-90所示。

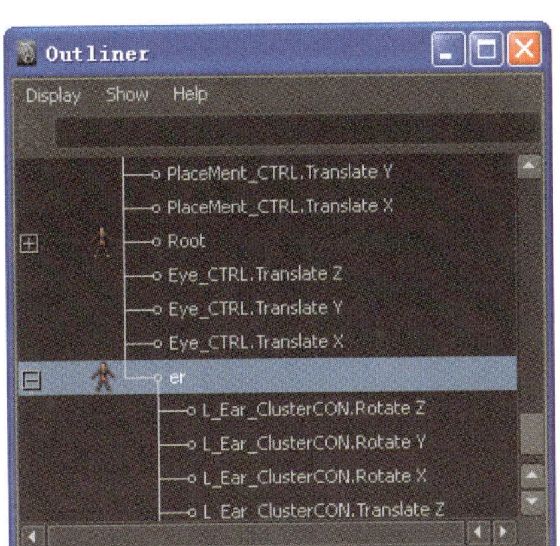

图16-88 角色er的属性

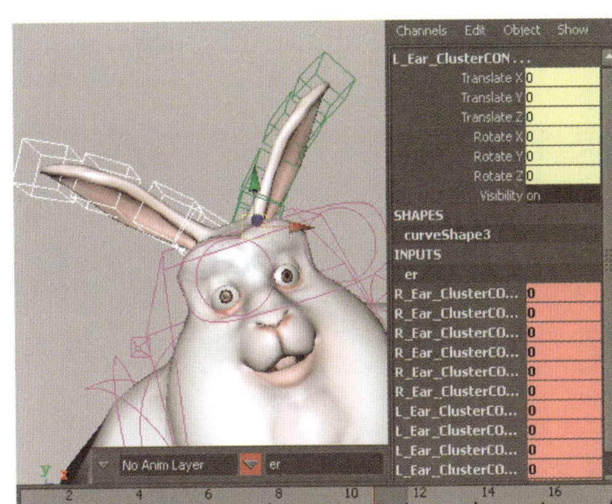

图16-89 创建耳朵第1帧动画

06 删除角色节点er的静态通道，首先在Outliner窗口中单击角色节点er，再在Trax Editor窗口中单击■按钮，为该角色耳朵添加剪辑片段Clip3，如图16-91所示。

07 在剪辑片段Clip3的Frame In处单击并拖动鼠标左键，改变剪辑Clip3的起始播放时间，如图16-92所示。

08 拖动播放头到第12帧处，选中角色剪辑Clip3并右击，在弹出的菜单中选择Split Clip命令，如图16-93所示。

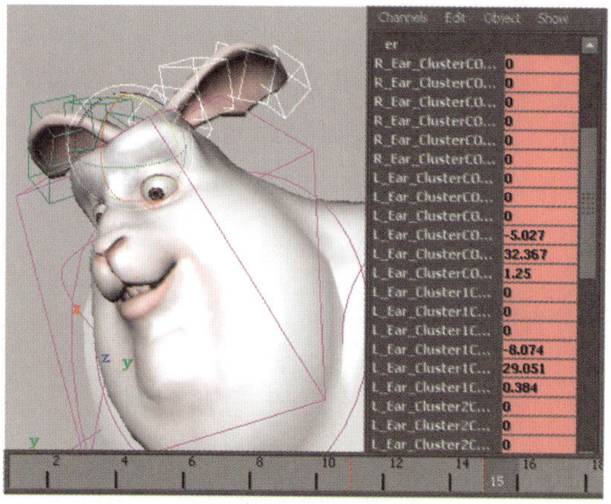

图16-90 创建耳朵第15帧动画

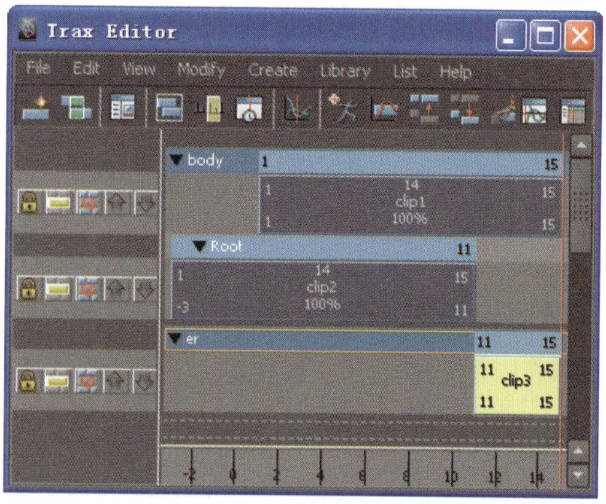

图16-91 创建剪辑片段

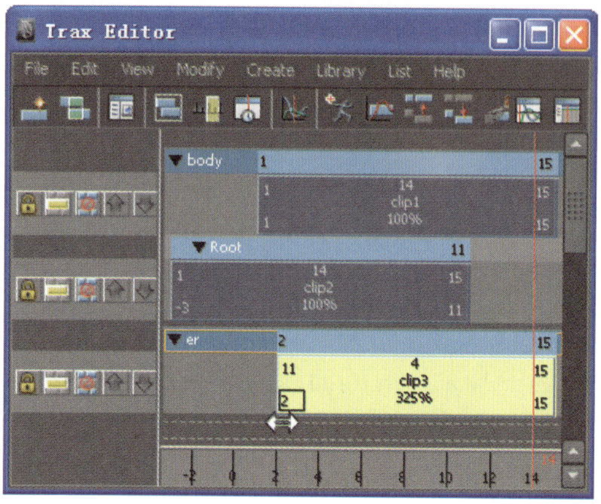

图16-92 缩放剪辑片段

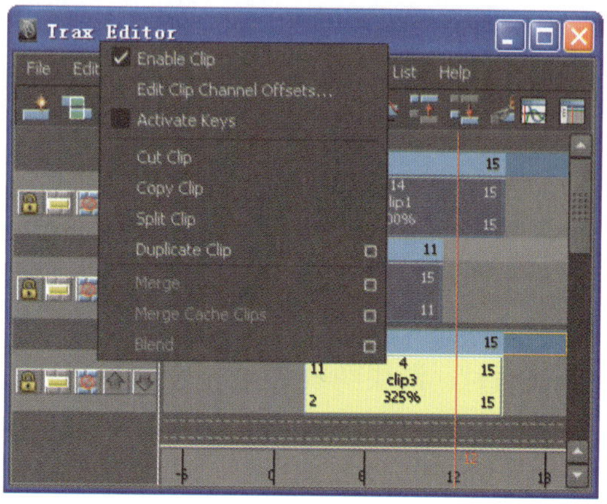

图16-93 分割角色剪辑片段

09 此时，即可将剪辑Clip3分割为两部分Clip3Start和Clip3End，并自动排列到两轨道层中，如图16-94所示。

10 移动所分割剪辑的位置，如图16-95所示，然后，同时选中两分割的剪辑片段并右击，在弹出的菜单中选择Blend命令。

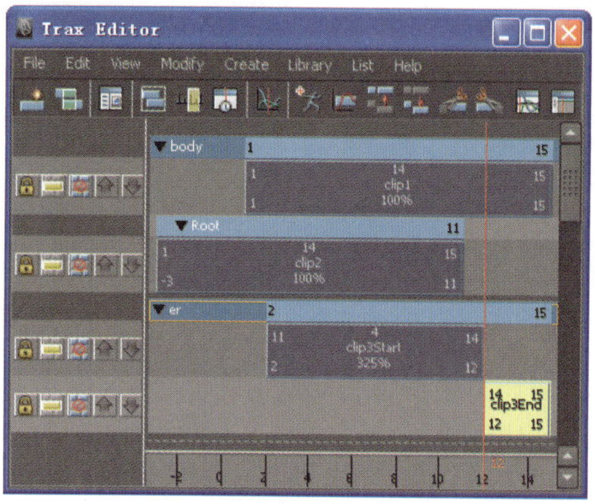

图16-94 剪辑的分割效果

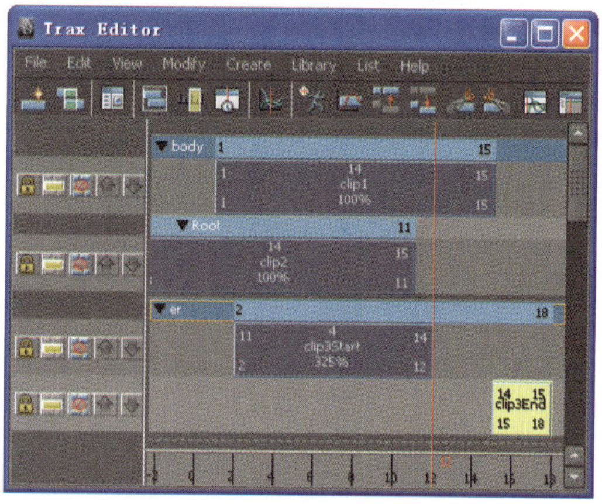

图16-95 移动分割剪辑的位置

11 此时，在两分割剪辑之间，即可产生一个绿色的连接曲线，这里称为混合过渡曲线，如图16-96所示。

技巧

在为剪辑创建混合过渡后，可以自由移动两剪辑中的任何一个影片剪辑，以延长或缩短剪辑动画的混合时间。

⑫ 选中两剪辑间的绿色过渡曲线，单击Trax Editor窗口中的图标，在曲线编辑窗口中显示混合过渡的权重，如图16-97所示。

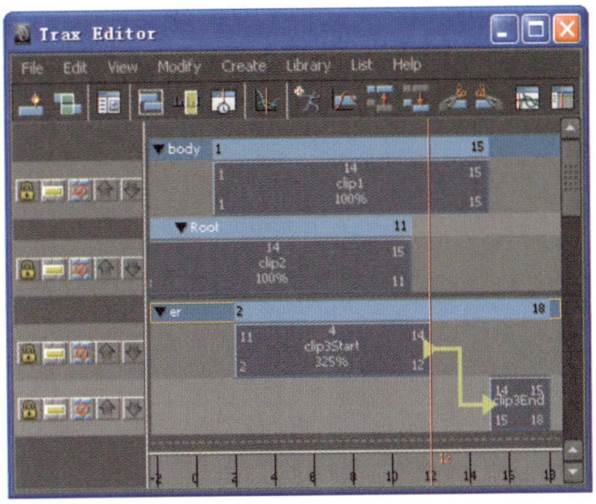

图16-96 创建混合过渡

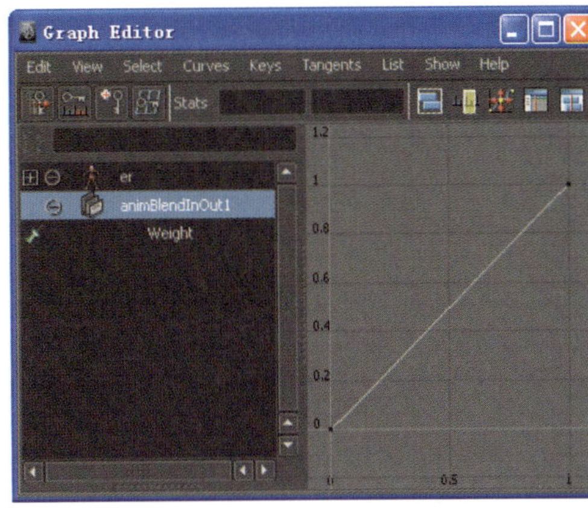

图16-97 混合剪辑的权重曲线

提示

默认的曲线是从0～1均匀分布的，即两剪辑间的过渡是均匀匀速的，我们可以在这里修改曲线，以控制过渡变化中的快慢分布。若要精确调整两剪辑间的绿色过渡曲线，用户可以将当前状态的两个影片合并成一个，然后，再在合并的剪辑上右击，在弹出的菜单中选择Activate Keys命令，即可对合并后的动画曲线重新进行控制。

16.3.6 导入和导出角色剪辑

在将非线性动画创建并编辑完成后，还可以将一些实用的一段或多段非线性剪辑进行导出，然后导入新的场景中，以应用于具有相同绑定设置的角色对象上，可见导出的非线性动画可以被重复利用，从而提高动画的制作效率。

课堂练习181：导入和导出角色剪辑

01 将场景中的角色剪辑片段导出之前，首先单击File（文件）| Optimize Scene Size（优化场景尺寸）命令右侧的按钮，在弹出的面板中启用Unknown nodes复选框，如图16-98所示。

02 在Trax Editor窗口中，选中角色所有的剪辑片段Clip1、Clip2和Clip3，再执行Export Animation Clip命令，将其导出，如图16-99所示。

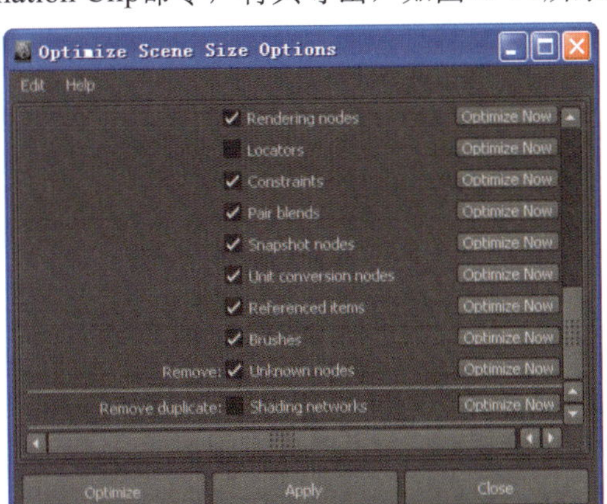

图16-98 设置场景优化

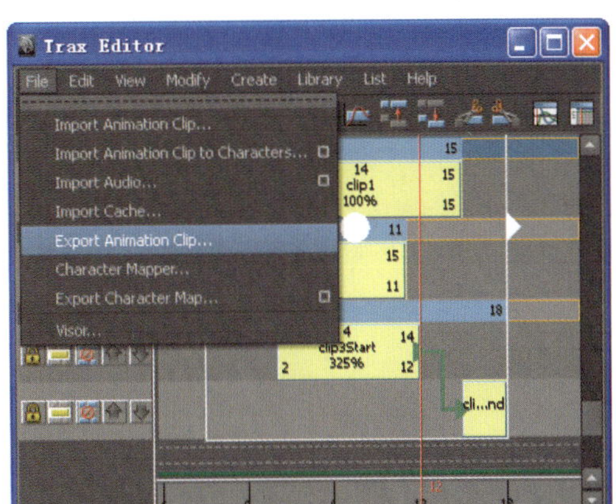

图16-99 导出角色剪辑片段

注意：如果在Trax Editor的视图区中看不到创建出的影片剪辑，用户可以执行Trax Editor（非线性编辑器）| List（显示）| Auto Load Selected Characters（自动载入选择的角色）命令，再选中角色对象即可。

03 在新建场景中导入具有相同绑定设置的角色模型，并且没有任何动画效果。为了便于操作，我们导入同一个绑定模型，如图16-100所示。

04 选择该角色的所有曲线控制器，执行Create Character Set命令，为其添加角色节点body，为角色控制器Root-CTRL添加子角色Root，再为所有耳朵曲线控制器添加子角色er，如图16-101所示。

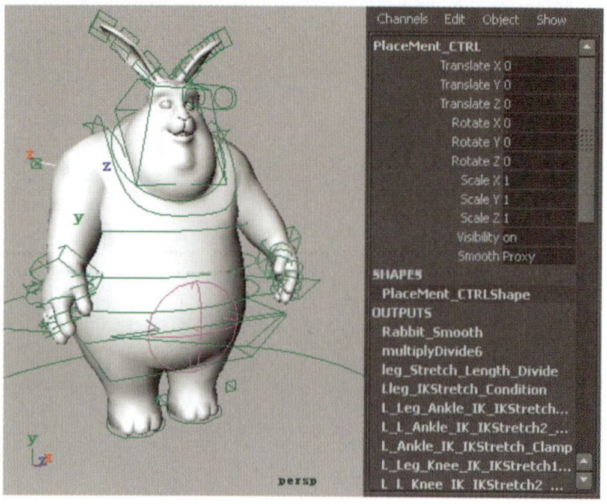

图16-100 导入角色模型

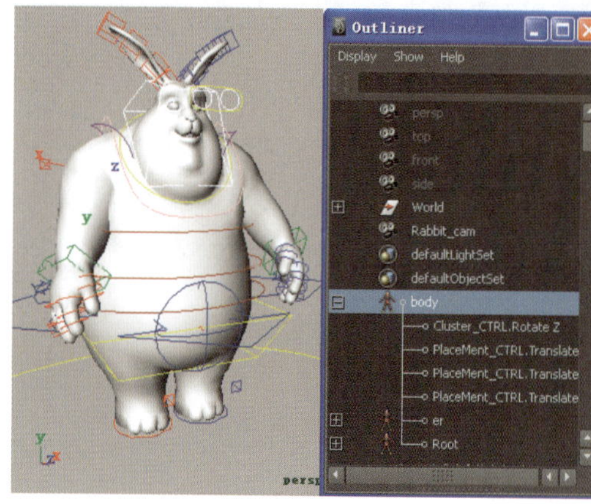

图16-101 导入角色剪辑片段

注意：在导入和导出角色剪辑时一定要注意，当前角色的控制器和角色节点设置，其名称都必须与之前导出动作剪辑的角色设置完全相同，否则可能会出现难以预料的操作。

05 此时在Trax Editor窗口中观察，轨道控制区会显示几个角色节点的轨道层，但没有任何剪辑片段，如图16-102所示。

06 选择角色节点body、Root和er，再在Trax Editor窗口中执行Import Animation Clip to Characters命令，即可将之前导出的剪辑导入body节点上，如图16-103所示。

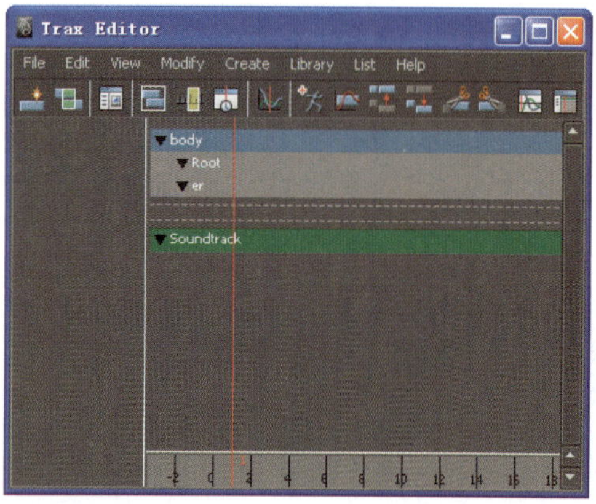

图16-102 生成的角色节点轨道层

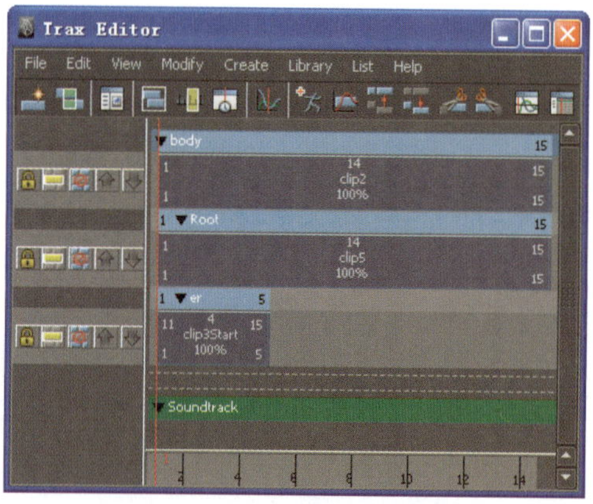

图16-103 导入角色剪辑片段

第17章　粒子动力学技术

17.1　粒子系统

17.1.1 Particle Tool（创建粒子）

实际上，粒子动画是一个动力学模块。打开Maya 2011后，按F5键即可切换到动力学模块中，此时在工作界面的左上角将显示Dynamics模块。同时，在菜单栏中将显示出Dynamics菜单命令，如图17-1所示。

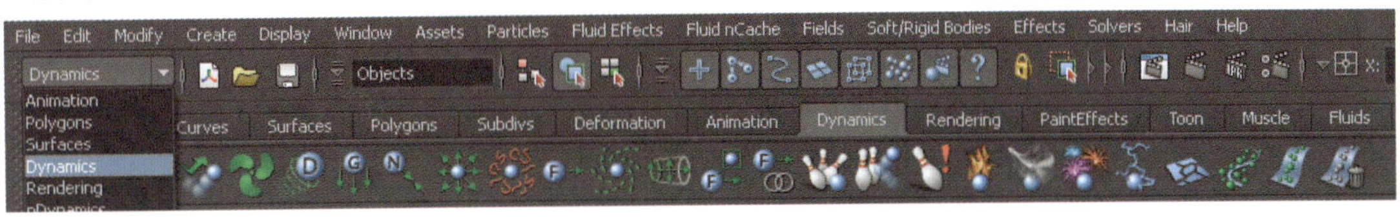

图17-1 粒子菜单和工具架

另外，在Maya工具栏的下方还有一个专门用于制作粒子和粒子动画的工具架，读者可以通过单击工具架上的Dynamics标签，打开粒子动画工具架。

默认情况下，我们主要通过4种方法创建粒子物体，包括手动创建粒子、利用发射器创建粒子、从物体表面发射粒子，以及多发射器创建粒子，下面介绍创建粒子的操作方法。

课堂练习182：创建粒子

01 执行Particle Tool命令，然后，在场景视图平面上单击一次，即可创建一个红色的“十”字符号，代表一个粒子，连续多次单击可以创建多个粒子，如图17-2所示。

02 按下Enter键，确定完成粒子的创建，此时即可在视图网格所在的平面创建一个粒子平面，如图17-3所示。

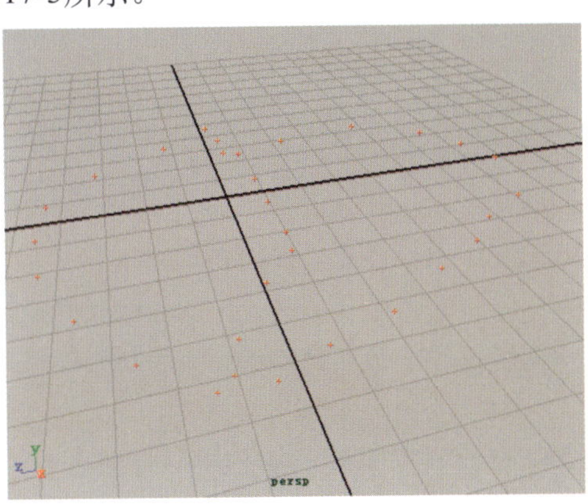

图17-2 创建粒子

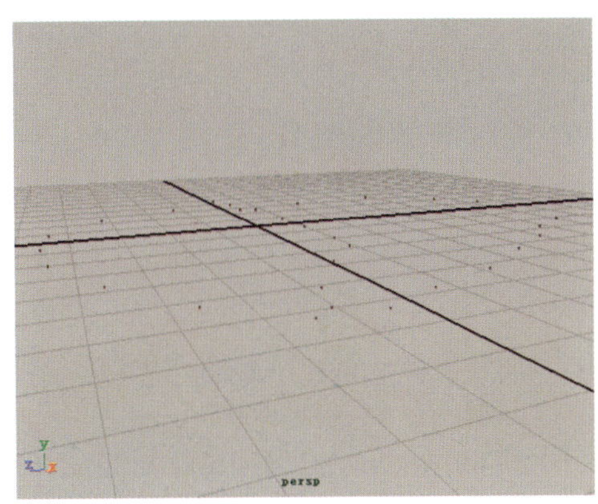

图17-3 创建的粒子平面

03 切换到Top视图并单击Particle Tool（创建粒子）命令右侧的□按钮，先在属性设置面板中启用Create Particle grid复选框，再在视图中连续单击两次，以创建两个粒子，如图17-4所示。

04 按Enter键，即可创建一个分布均匀的粒子平面阵列，如图17-5所示。

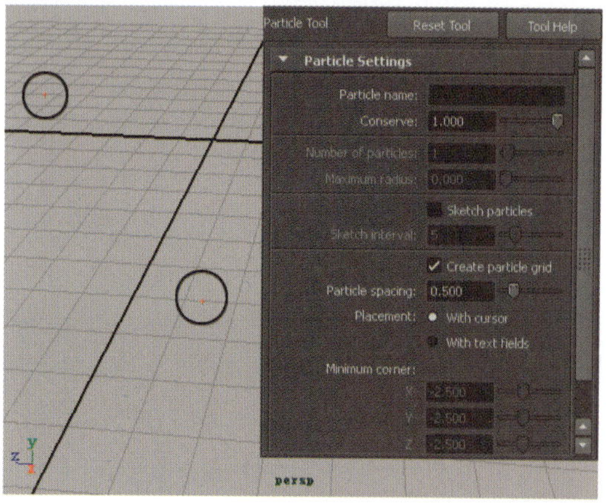

图17-4 设置粒子的属性参数

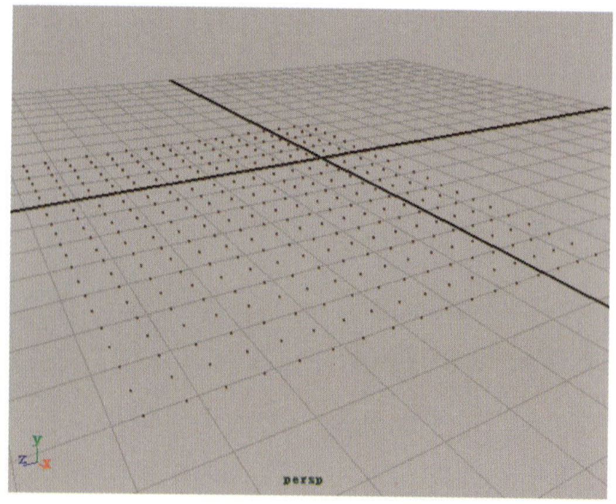

图17-5 创建的粒子阵列

提示 若想创建具有一定体积的粒子阵列，那么用户可以在其中一个视图窗口中创建第一个粒子，再在第二个视图窗口中创建第2个对角粒子；并且两粒子不在同一条水平线上，然后，按Enter键，即可创建具有一定体积的粒子阵列。

参数简介

◆ Number Of Particles

表示每次创建粒子的数量。若设置Number of Particles值为1，在视图中单击鼠标左键一次，则只能创建一个粒子；若设置为2，则在视图中单击鼠标左键一次，可创建两个粒子。

◆ Maximum Radius

用于设置系统在指定的范围内创建指定的粒子数目。

◆ Create Particle grid

若启用该复选框，即可在场景中创建粒子阵列平面。

◆ Particle Spacing

用来控制粒子阵列中粒子之间的空间距离，可以理解为粒子阵列中粒子的密度。

◆ Placement

其中With Cursor选项表示根据鼠标指针位置驱动粒子阵列的区域；若选中了With text fields（使用文本域）选项，则可以通过其下面的Mininum corner（最小拐角）和Maxnum corner（最大拐角）参数调整粒子的形状。

17.1.2 粒子的基础属性

选择场景中的粒子并按组合键Ctrl+A，打开其属性设置面板，可以看到自动生成的5个属性节点，分别是Particle1、ParticleShape1、Lambert1和Time1和initialParticleSE，如图17-6所示。

其中，Particle1代表粒子的位移节点，它的作用相当于几何面片的位移节点；ParticleShape1代表粒子的形状节点，该节点是粒子系统中最重要的节点，包括每粒子属性Per-Particle Attribute在内的许多属性都包含在该节点属性下。

切换到ParticleShape1选项卡，可看到许多有关粒子编辑的子节点属性，如图17-7所示。

下面对这些子节点属性进行简单的介绍，具体设置将在后面的操作中进行介绍。

◆ General Control Attributes（全局控制属性）

该属性主要用来控制粒子群的一些总体属性，如粒子的数量、权重等。

◆ Emission Attributes（发射属性）

主要用于控制发射器，当用户使用发射器的方式创建粒子时，可以通过该属性来控制粒子群的发射。

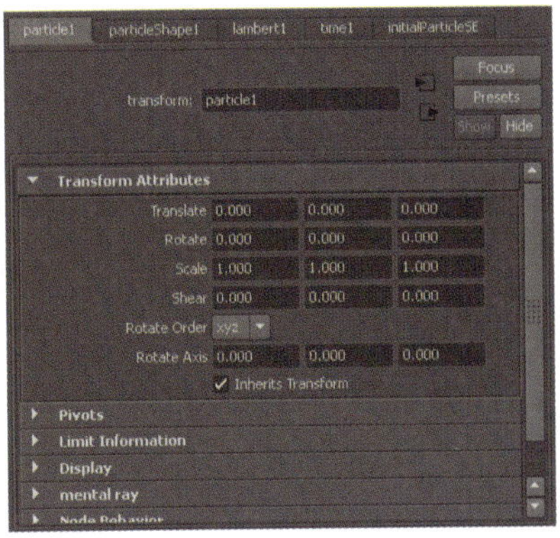

图17-6 粒子的节点属性

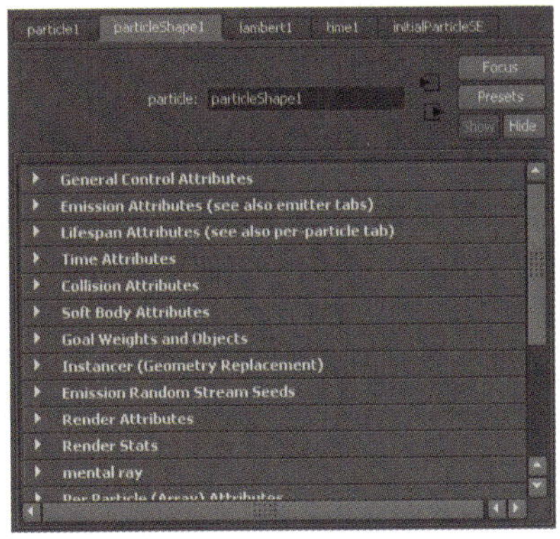

图17-7 粒子的形状节点

◆ Lifespan Attributes（生命周期）

该属性用来控制粒子诞生和灭亡的时间。例如，在模拟一些特殊自然现象时，根据操作需要，可以通过该属性来控制粒子在一段时间内灭亡。

◆ Time Attributes（时间属性）

该属性用来设置粒子运动的起始时间和当前时间。

◆ Collision Attributes（碰撞属性）

该选项用于设置粒子间的碰撞效果。

◆ Soft Body Attributes（柔体属性）

用来控制柔体节点下的粒子属性参数。

◆ Goal Weights and Objects（目标体权重属性）

用来控制目标化粒子的属性参数。

◆ Instancer（关联属性）

主要用来设置关联粒子对象的属性参数。

◆ Emission Random Stream Seeds（随机发射）

用于控制粒子群发射的随机性。

◆ Render Attributes（渲染属性）

用于控制粒子显示时的显示方式和大小。

◆ Per Particle（Array）Attributes（每粒子属性）

用来控制粒子群中每个粒子的属性参数，包括粒子的半径、颜色、位置、质量、密度，以及速度等。

◆ Add Dynamic Attributes（添加动力学属性）：主要用来添加和编辑粒子群的动力学属性。

17.1.3 Create Emitter（创建粒子发射器）

除了使用Particle Tool工具创建粒子群之外，另一个方法是通过发射器创建粒子。通过发射器可以准确地确定粒子发射的位置、方向、属性，以及起始速度等。粒子发射器是不能被渲染的，在Maya中共有两种粒子发射器：一种是独立存在的，另一种是发射器与物体一起存在的，下面介绍如何创建粒子发射器。

课堂练习183：创建粒子发射器

01 单击Particles（粒子）| Create Emitter（创建粒子发射器）命令右侧的□按钮，打开发射器属性设置面板，在Emitter name栏中输入Lizi，选择Emitter type下拉列表中的Omni选项，再单击Create按钮，如图17-8所示。

02 此时，即可在视图中创建一个发射粒子的发射器，在Outliner窗口中可以看到发射器Lizi和粒子Particle1两选项。播放动画，观察粒子的发射效果，如图17-9所示。

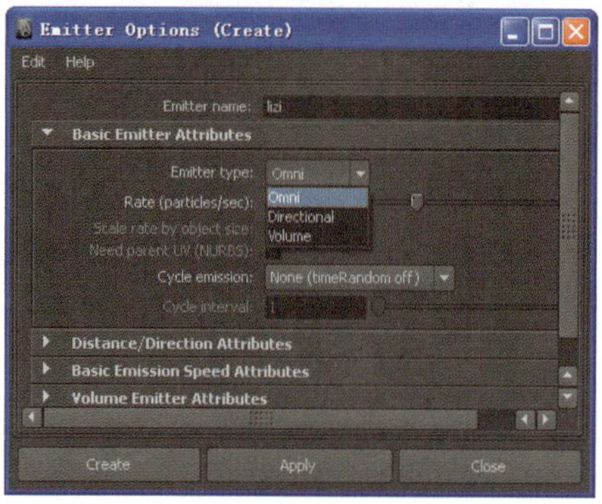

图17-8 执行Create Emitter命令

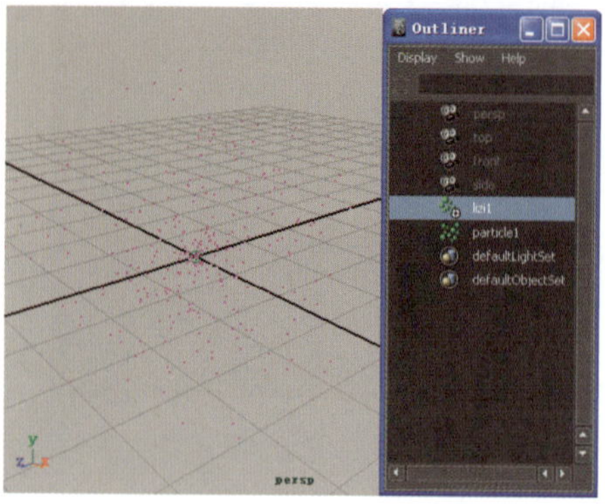

图17-9 创建的粒子发射器

参数简介

◆ Emitter Name（发射器名称）

用来设置所创建的发射器名称，如果不填，系统将会自动将粒子发射器命名为Emitter1。

◆ Emitter Type（发射器类型）

包括Omni（泛）、Directional（方向）、Volume（体积）、Surface（曲面）和Curve（曲线）5种发射类型，如图17-10所示。

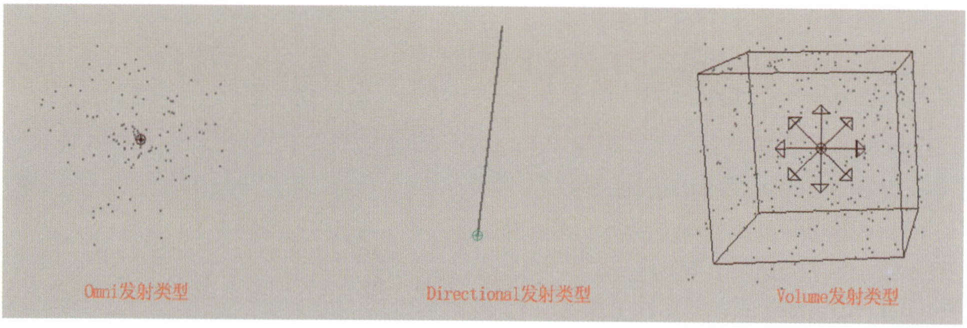

图17-10 粒子的发射类型

若在Emitter Type下拉列表中选择Directional选项，Emission Directional区域中的参数会被激活，这些参数主要用于设置粒子的发射方向。

◆ Rate（速率）

设置粒子的发射速度。

◆ Max Distance（最大距离）

设置最远的粒子到发射器之间的距离。

◆ Min Distance（最小距离）

设置最近的粒子到发射器之间的距离。被发射的粒子以随机的状态分布在最小距离和最大距离之间。

◆ Direction X/Y/Z（方向）

用于控制粒子群的发射方向。

◆ Spread（扩展）

当在Emitter Type下拉列表中选择Directional选项后，被发射粒子将随机分布在一个圆锥内，Spread主要用于控制各圆锥的大小。

◆ Normal Speed/Tangent Speed（法线速度/切线速度）

当在Emitter Type下拉列表中选择Surface选项时，此选项被激活，它与Speed参数一样，用于控制粒子的发射速度。

17.1.4 Emit from Object（利用物体发射粒子）

在某些情况下，粒子并不是仅仅靠粒子发射器发射就可以满足我们的设计要求的。例如，需要制作一只小鸟在飞行过程中羽毛脱落的动画，就需要将小鸟作为发射器发射羽毛。实际上，Maya是支持这种发射方式的。下面将向大家介绍利用物体作为发射器发射粒子的具体操作方法。

课堂练习184：利用物体发射粒子

01 确保场景中存在一个需要发射粒子的物体，选中该物体并执行Particles（粒子）｜Create Emitter（创建粒子发射器）命令，即可创建一个沿对象喷射的粒子系统，如图17-11所示。

02 同样，在新建场景中创建一条曲线，选中该曲线并单击Create Emitter（创建粒子发射器）命令右侧的□按钮，在打开的属性面板中，选择Emitter Type下拉列表中的Curve选项，设置Rate值为500、Normal Speed值为2，如图17-12所示。

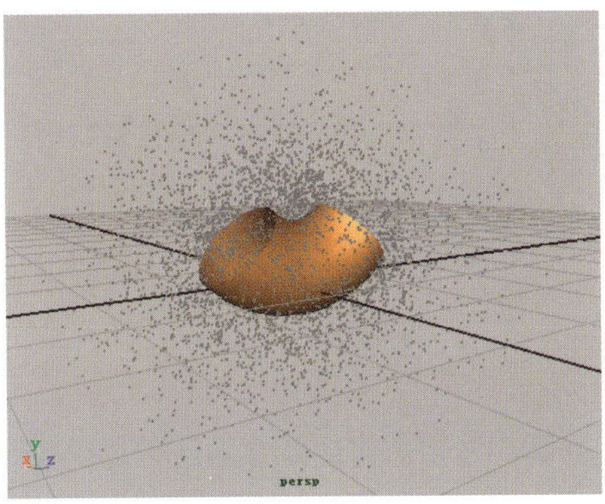

图17-11 曲面发射粒子

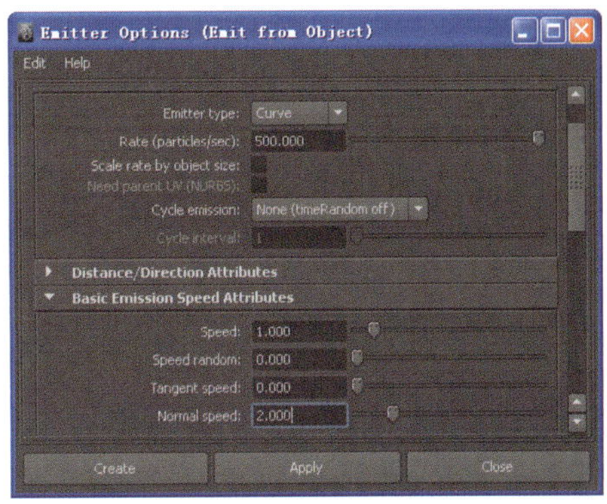

图17-12 设置发射类型

03 单击Create按钮，即可创建一个发射器，播放动画，会从曲线周围发射很多粒子群，如图17-13所示。

04 选中发射的粒子，在其属性设置面板中切换到particleShape1选项卡，设置Emission Attributes卷展栏下的Max Count值为30，此时曲线发射的粒子明显减少，如图17-14所示。

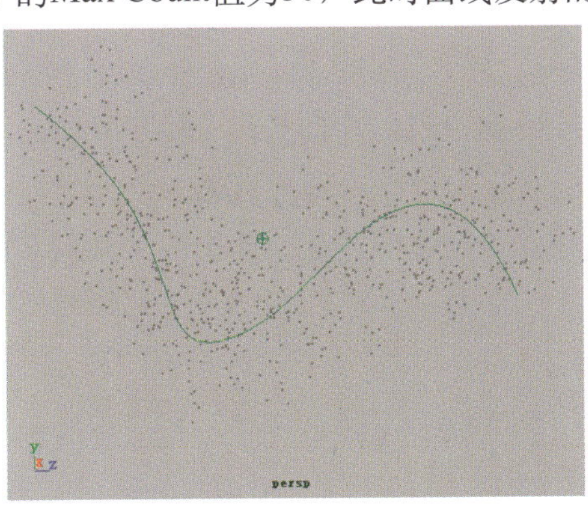

图17-13 沿曲线发射粒子

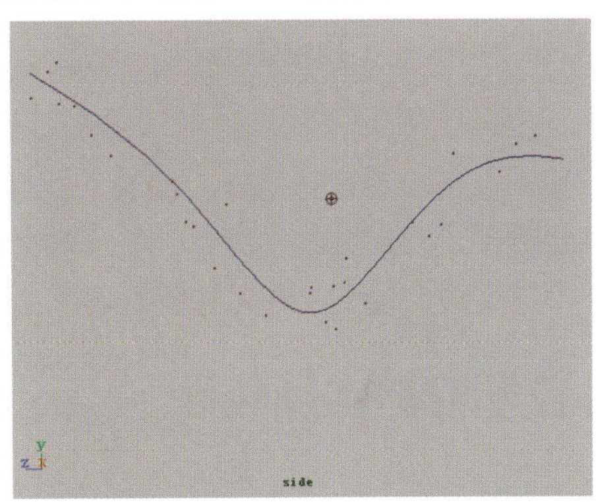

图17-14 曲线发射的粒子数量发生变化

参数简介

下面对General Control Attributes属性和Emission Attributes卷展栏下的子属性参数进行说明。

◆ Is Dynamic（动力学）

若启用该复选框，粒子受到动力学影响，否则粒子将不受动力学影响。

◆ Dynamics Weight（动力学权重）

用于设置粒子群的动力学权重，即粒子群受动力学影响的大小。若设置该参数值为1，表示受到100%场的影响。

◆ Conserve（粒子的守恒属性）

表示粒子对象从一帧到另一帧速度被保持的程度。当设置Conserve值为1时，粒子每秒按加速度增加速率；而当Conserve值为0时，粒子速率恒定。

◆ Forces In World（世界坐标轴上的力场）

若启用该复选框，粒子会沿世界坐标受动力场影响，否则会沿粒子的局部坐标轴受动力场影响。

◆ Cache Data（缓存数据）

用于将粒子的解算过程写入缓存。

◆ Count（数量）

通常不修改该属性参数。表示Maya系统自动存在于粒子群的粒子数量。

◆ Total Event Count（总事件数量）

用于设置碰撞事件中受影响的粒子总数量。

◆ Max Count（最大数量）

用于控制发射器所能发射的最大粒子数量。默认值为-1，表示发射器可以无限制发射粒子。

◆ Level of Detail（粒子细节层级）

用来设置粒子细节等级，较高的等级，发射出的粒子密度比较大，细节也比较细腻。

◆ Inherit Factor（继承系数）

用来设置发射出的粒子对象继承发射器速度的比值。

◆ Emission in World（世界坐标发射）

若启用该复选框，发射器将出现在世界坐标系中；否则，发射器将出现在粒子的局部坐标系中。

◆ Die on Emission Volume Exit（在体积发射期外死亡）

若启用该复选框，表示使用体积发射器发射粒子时，粒子不能存活于体积发射器之外。

◆ Tangent Speed

用于设置粒子在曲面切线方向上的运动速度。

◆ Normal Speed

用于设置粒子在曲面法线方向上的运动速度。

17.1.5 Use Selected Emitter（使用选择的发射器）

Maya允许我们使用不同的发射器来发射相同的粒子。用户可以在创建两个粒子发射器后，拖动时间滑块使其发射粒子，将其中一个发射器发射的粒子删除；然后，先选中另一个发射器的粒子，再选中被删除粒子的发射器，执行Use Selected Emitter命令，即可使该粒子共用两个发射器，修改其中任何一个发射器，都会影响该粒子群。

17.2 粒子的基本操作

17.2.1 Goal（目标化粒子）

目标化粒子就是使粒子能够被某个物体所吸引，从而使粒子受到该物体的控制。例如，在影视动画中，无数个昆虫趴伏在一个面包上觅食的动画特效制作。

课堂练习185：创建目标化粒子

01 在场景中导入一个骨骼模型，并且创建一个粒子发射器，然后播放动画，观察粒子的发射效果，如图17-15所示。

02 先选中球体粒子，再选中某一段骨骼，执行Particle（粒子）| Goal（目标化）命令，进行目标化操作；然后，拖动时间滑块，球体粒子会逐渐吸附到所选骨骼上，如图17-16所示。

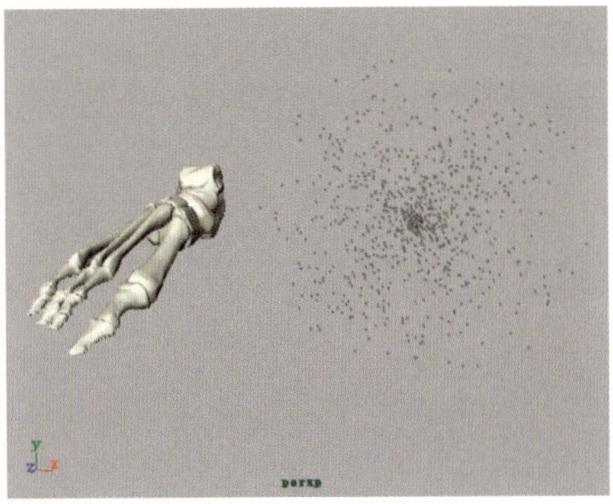

图17-15 创建目标对象

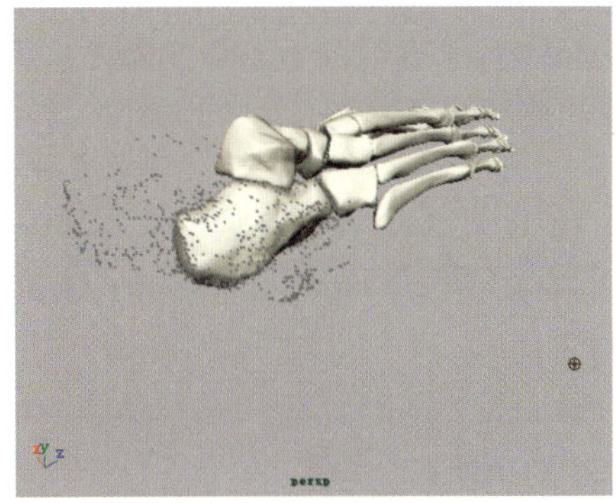

图17-16 粒子的目标化效果

03 在粒子的属性设置面板中切换到ParticleShape1，再展开Lifespan Attributes卷展栏，选择Lifespan Mode下拉列表中的Constant选项，设置Lifespan值为0.2，如图17-17所示。

04 播放动画，即可看到粒子在运动很短的距离后就会自动消失，表明粒子的生命周期变短，如图17-18所示。

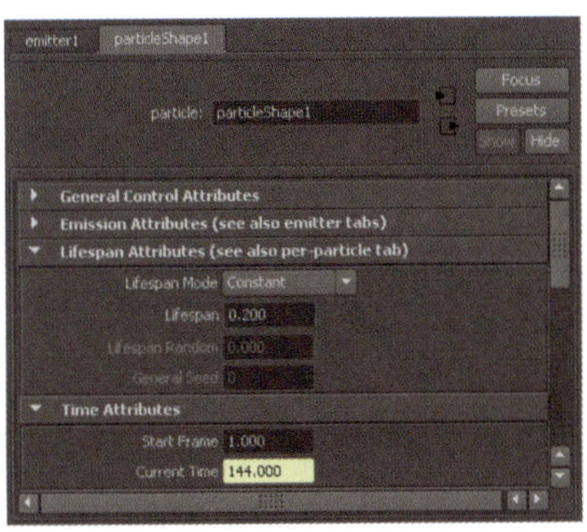

图17-17 设置粒子的生命属性

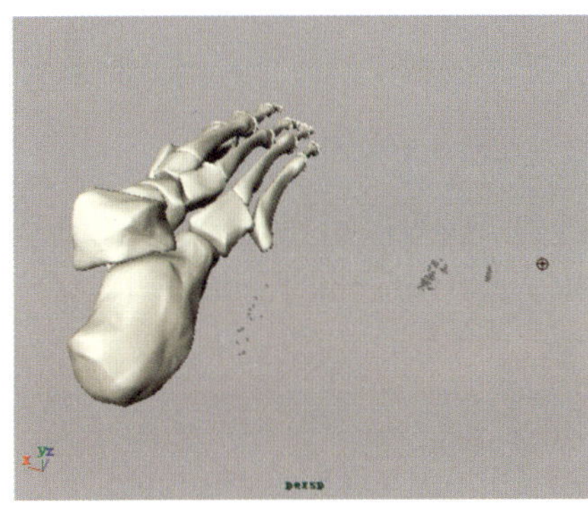

图17-18 粒子的发射距离发生变化

参数简介

下面对Lifespan Attributes（see also Per-particle tab）卷展栏下的属性选项进行说明。

◆ Lifespan Mode（生命模式）

它包括4种模式，分别为Live forever（永远存活）、Constant（自定义）、Random Range（随机）和lifespanPP Only（每粒子生命周期）。

➢ Live forever：在该模式下的粒子生命周期为无限长。

➢ Constant：若使用该模式，我们即可在其下方的第一个属性选项中设置粒子的生命周期值。

➢ Random Range：使用该模式，可以在其下方的属性选项中设置粒子存活的时间范围。

➢ lifespanPP Only：表示使用粒子群的每粒子属性来控制粒子的生命周期。

◆ Lifespan（生命周期）

设置粒子的消亡时间，以帧为单位，例如设置为20，则粒子在诞生20帧后消亡。

◆ Lifespan Random（生命周期的随机性）

配合粒子生命周期的Random range模式，用来设置粒子的生命周期。

◆ General Seed（常规种子）

用来设置随机种子。

17.2.2 每粒子的基本属性

在前面我们介绍了粒子的整体属性，下面将向大家介绍一个全新的概念——粒子的每粒子属性，它是一种基于每个粒子元素的属性，即每个粒子的属性。本小节将带领读者认识Maya的每粒子属性。

在创建了一个粒子发射器后，可以按组合键Ctrl+A打开粒子的通道栏；然后，切换到ParticleShape1选项卡，在Per Particle（Array）Attributes卷展栏中显示了关于粒子的每粒子属性，如图17-19所示。

Per Particle（Array）Attributes卷展栏中的属性提供了控制每个粒子的位置或运动的不同方式。下面对其中的属性进行介绍。

◆ Position/velocity/acceleration

3个属性分别用来控制每个粒子的位置、速度和加速度。

◆ Ramp Position/Ramp Velocity/Ramp Acceleration

3个属性和上述的3个参数功能相似，所不同的是后者需要依靠Ramp的方式来控制粒子的位置、速度和加速度。

◆ Mass/Lifespan PP/World Velocity

分别用于控制粒子的质量、生命周期和世界坐标下的速度。

17.2.3 添加每粒子属性

除了使用系统提供的这些参数设置粒子的属性外，读者还可以手动为每粒子属性列表添加每粒子属性，单击Add Dynamic Attributes卷展栏下的General、Opacity或Color按钮，即可为粒子群添加每粒子属性，如图17-20所示。

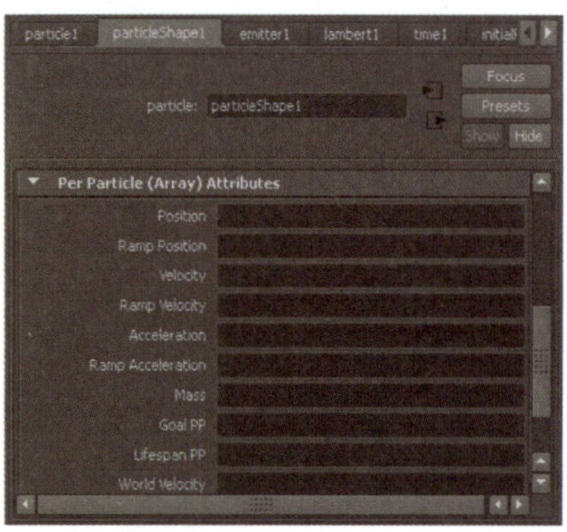

图17-19 每粒子属性

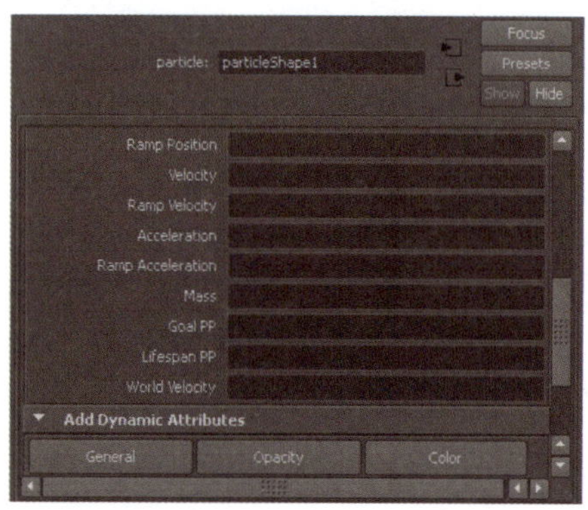

图17-20 粒子的添加类型

◆ General（常规属性）

可以在该属性选项中添加一些Maya内置的粒子属性和粒子控制属性，还可以自定义需要的粒子属性，但同样也需要和其他的粒子属性结合使用。单击General图标，即可打开每粒子属性添加面板，这里添加的粒子属性分为New、Particle和Control 3种，如图17-21所示。

切换到Control选项卡，在其下方的列表中可以选择要添加的每粒子属性选项，如图17-22所示。

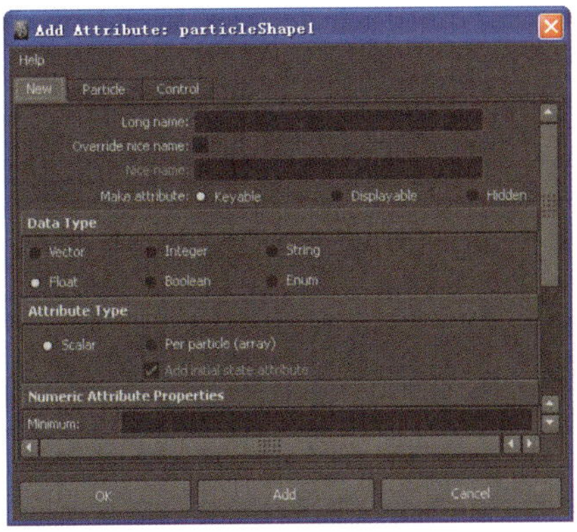

图17-21 Add Attributes属性面板

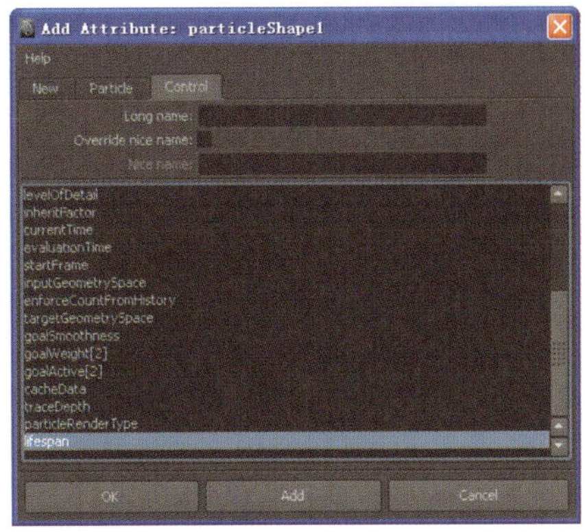

图17-22 粒子群的每粒子控制属性

◆ Color（颜色属性）

通过该选项，用户可以为粒子添加粒子的RGB颜色属性，单击该图标，打开粒子的颜色属性添加窗口，如图17-23所示。

提示：在上图中可以看到它的属性与前面的Opacity几乎一样，只是在下面多加了一个Shader复选框，如果用户选择Shader复选框，则会直接弹出材质编辑器，使用户可以直接修改粒子的材质属性。

◆ Opacity（不透明属性）

通过该选项可以为粒子添加粒子的透明度属性，单击该图标，即可打开粒子属性添加窗口，如图17-24所示。添加per Particle Attributes后，会在Per Particle（Array）Attributes卷展栏下生成一个Opacity PP属性。

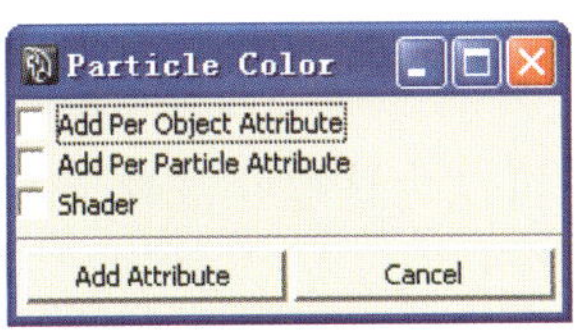

图17-23 颜色属性窗口

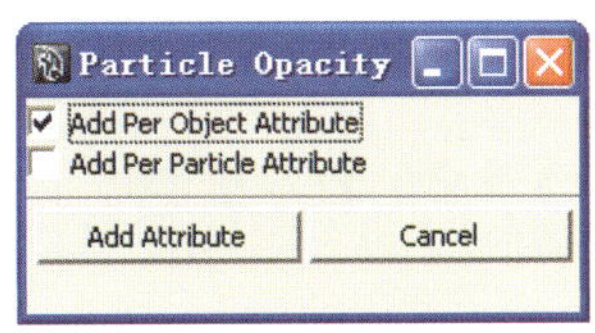

图17-24 透明属性窗口

课堂练习186：添加每粒子属性

01 选中发射的粒子，再单击Per Particle（Array）Attributes卷展栏下的General按钮，在打开的属性窗口中，切换到Particle选项卡，选择要添加的每粒子属性，如图17-25所示。

02 单击Add按钮，即可在Per Particle（Array）Attributes卷展栏下显示被添加的Collision Geometry Index选项，如图17-26所示。

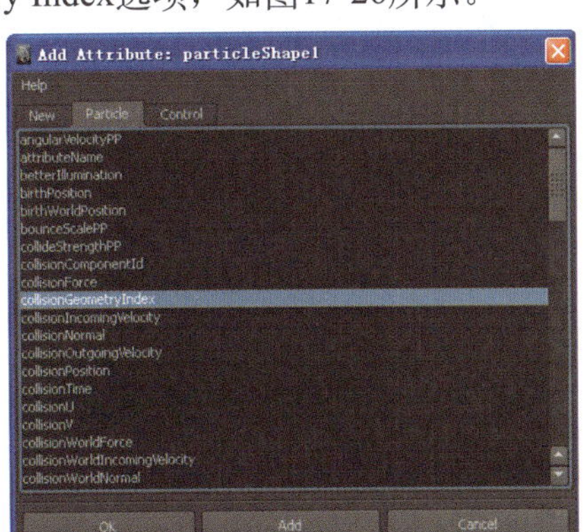

图17-25 选择要添加的属性

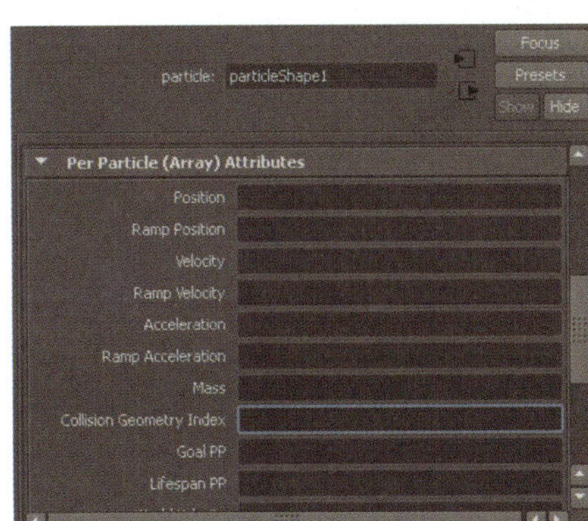

图17-26 添加的粒子属性

17.2.4 Make Collide（粒子碰撞）

粒子的碰撞不但可以在粒子与粒子之间完成，而且还可以在粒子与物体之间完成。如果要创建粒子碰撞，必须首先创建一个粒子碰撞物体，这个物体将作为粒子与粒子或粒子与物体之间的介质物体，它会在粒子与物体之间建立联系，这样才能形成最终的粒子碰撞效果。

课堂练习187：创建粒子碰撞

01 在场景中创建一个多边形平面和一个粒子发射器，选中发射出的粒子，执行Fields（场）|Gravity命令，为其添加重力场，观察粒子的播放效果，如图17-27所示。

02 选中粒子，在其属性设置面板中切换到particleShape1选项卡，在Render Attributes卷展属性下设置Render Type为Spheres，单击Current Render Type按钮，在展开的Radius栏中输入0.2，改变粒子的外形和半径，如图17-28所示。

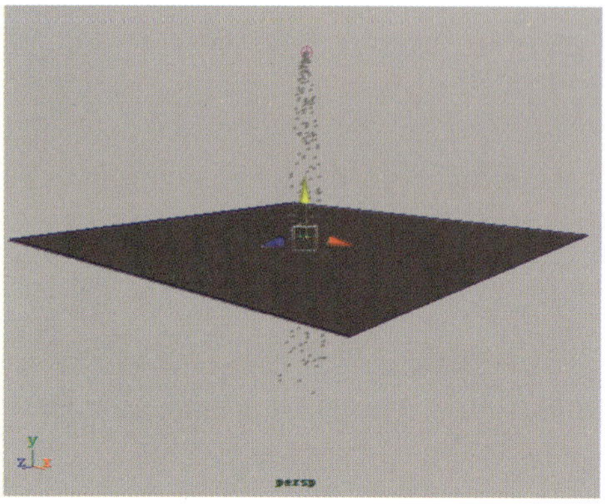

图17-27 为粒子添加重力场

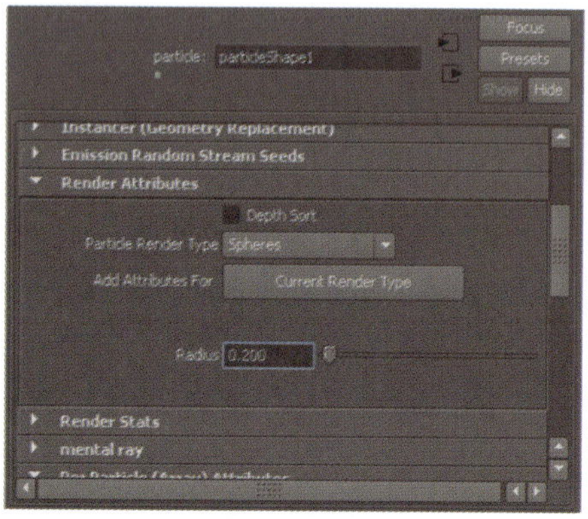

图17-28 设置粒子的显示类型

03 此时，场景中的粒子群变成了多个小球球体，并且可以为这些小球赋予材质，如图17-29所示。

04 在视图中选择粒子物体，按住Shift键加选多边形平面，执行Particles（粒子）|Make Collide（粒子碰撞）命令，创建碰撞；播放动画，观察粒子的碰撞效果，如图17-30所示。

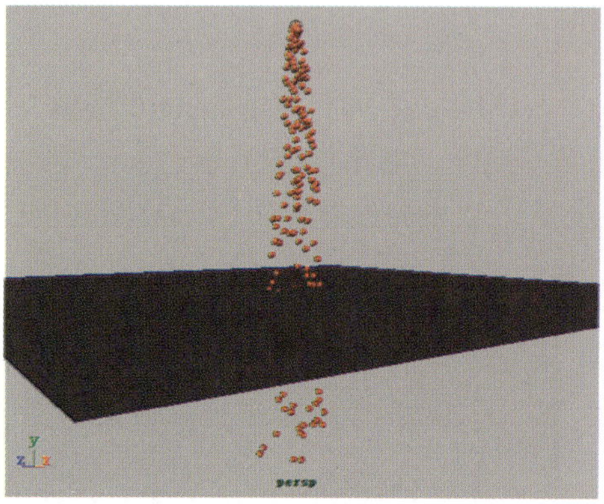

图17-29 粒子的外形显示

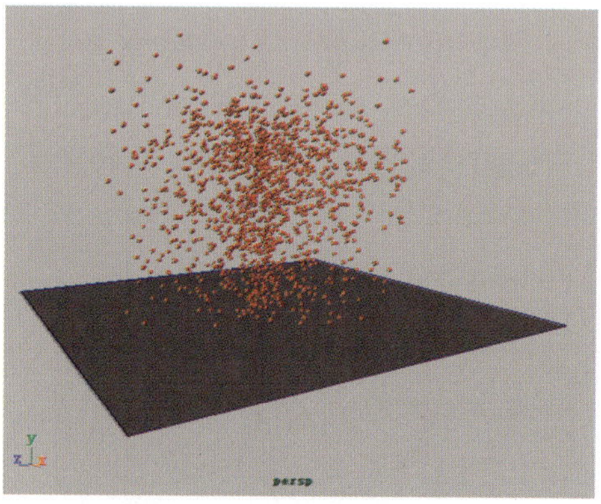

图17-30 粒子的碰撞效果

05 选中粒子物体，在粒子属性设置面板中切换到geoConnector1选项卡，设置Geo Connector Attributes卷展属性下的Resilience值为0.1，如图17-31所示。

06 播放动画，观察粒子物体与平面之间的碰撞效果，结果反弹力度明显减小，如图17-32所示。

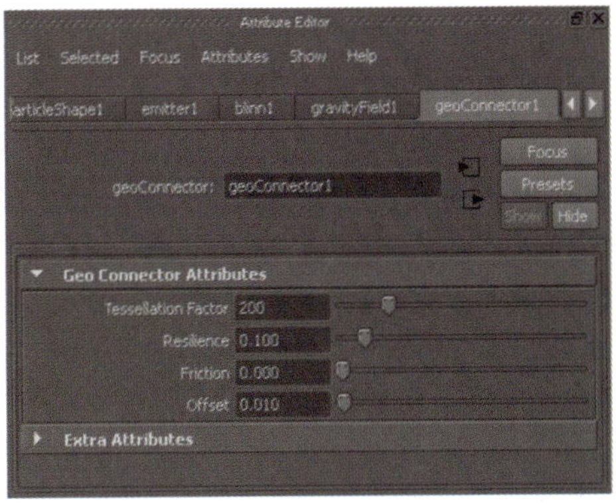

图17-31 设置碰撞反弹属性参数

图17-32 最终碰撞效果

参数简介

下面对Geo Connector Attributes和Render Attributes卷展栏下常用的子属性选项进行说明。

◆ Tessellation Factor（镶嵌因子）

该选项用于设置粒子碰撞的灵敏度。

◆ Resilience（弹力）

该选项用于设置粒子碰撞后的回弹程度，通过修改该项的值，即可控制粒子的弹性。

◆ Friction（摩擦）

用于设置粒子与曲面的摩擦度。

◆ Offset（偏移）

用来设置粒子碰撞时的偏移距离，默认参数值为0。

◆ Particle Render Type（粒子渲染的显示类型）

用于设置粒子在场景和渲染屏幕上的显示类型，这里选择Spheres选项，表示粒子显示为球体。

◆ Current Render Type（当前渲染类型）

单击该按钮，即可显示有关该粒子显示类型的属性参数设置。

◆ Radius（半径）

用于设置当前粒子显示的半径。

17.2.5 Particle Collision Event Editor（粒子碰撞事件）

所谓粒子碰撞事件，是指粒子在发生碰撞接触的瞬间所要发生的事情。下面介绍具体的操作方法。

课堂练习188：使用粒子碰撞事件

01 继续使用上面的粒子碰撞实例，选中粒子，执行Particles（粒子）| Particle Collision Event Editor（粒子碰撞事件）命令，在弹出的属性面板中设置相应的参数，启用Emit和Original Particle dies复选框，设置Num Particles值为5，如图17-33所示。

02 单击Create Event按钮，再播放动画，可以看到粒子的碰撞效果消失，并且生成了新的粒子群，如图17-34所示。

参数简介

下面对Particle Collision Event Editor属性面板中的属性进行说明。

◆ Objects（对象）

用于列出场景中所有带碰撞事件的粒子物体。

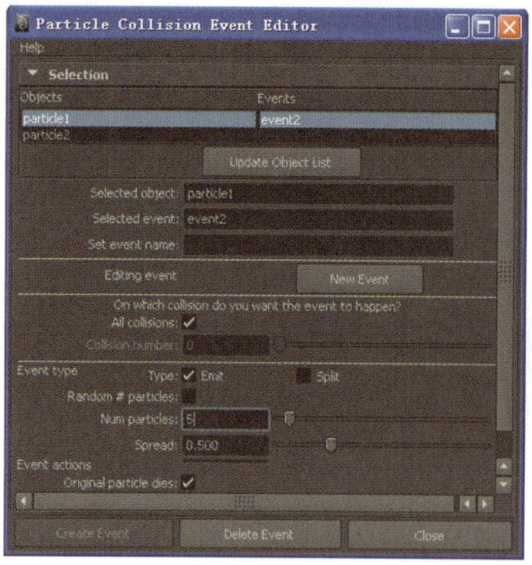

图17-33 使用碰撞事件

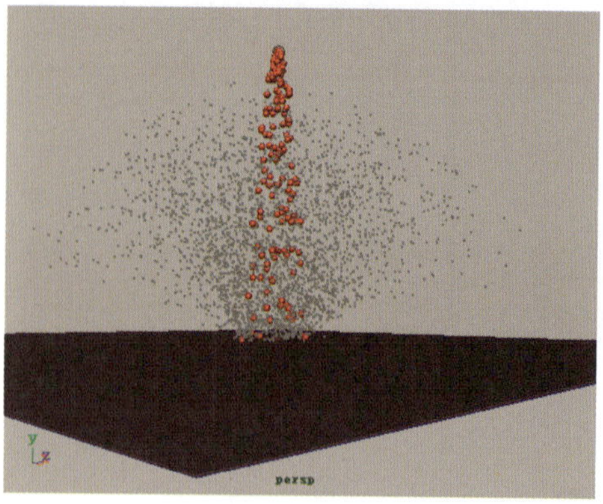

图17-34 生成的新粒子

◆ Set Event Name（设置事件名称）

设置粒子碰撞事件的名称。

◆ All Collisions（所有碰撞）

当启用该复选框时，系统将为粒子与系统的所有碰撞创建碰撞事件；当禁用该复选框时，其下侧的Collision Number文本框被激活，用来指定系统为粒子的哪次碰撞创建碰撞事件。

◆ Emit（发射）

启用该复选框，粒子发生碰撞时，粒子系统将会产生新的粒子，产生新粒子的数目将由Num particles文本框中的数值控制。

◆ Inherit Velocity（继承速度）

该值大于0时，新产生的粒子将继承原来粒子的发射速度。

◆ Split（分裂）

如果该复选框处于选中状态，当粒子发生碰撞时，原始的粒子将分裂产生新的粒子，新粒子的数目由Num particles文本框中的数值控制。

◆ Original Particle Dies（原始粒子死亡）

如果该复选框处于选中状态，当粒子发生碰撞时，粒子将会消失。

◆ Random # Particles（随机粒子）

该复选框处于选中状态时，分裂或发射的粒子数目是1和Num particles数值之间的随机值。

◆ Spread（分散）

与粒子发射参数类似，用于设置粒子发射时的圆锥角度，在这个范围内，粒子可以被随机发射。

17.2.6 断开粒子碰撞

当为粒子创建完碰撞效果或力场效果以后，如果想断开其中的某种效果，需要通过Dynamic Relationships（动力学关系）窗口来完成，这个窗口允许用户控制任何与动力学有关的设置。

课堂练习189：断开粒子碰撞

01 使用上面的粒子碰撞场景，执行Window（窗口）| Relationship Editor（关系编辑器）| Dynamic Relationships（动力学关系）命令，打开Dynamic Relationships窗口，如图17-35所示。

02 在左侧列表中选中粒子物体，在右侧的区域选中Collisions单选按钮，在下方的列表中单击平面物体，使其不再高亮显示，如图17-36所示，这样粒子物体就失去碰撞效果。

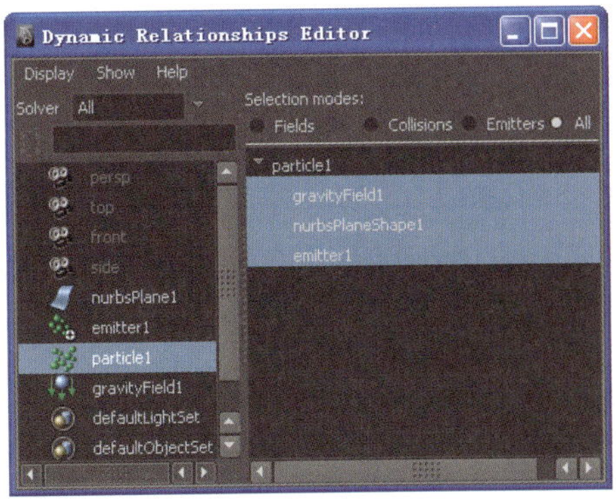

图17-35 Dynamic Relationships窗口

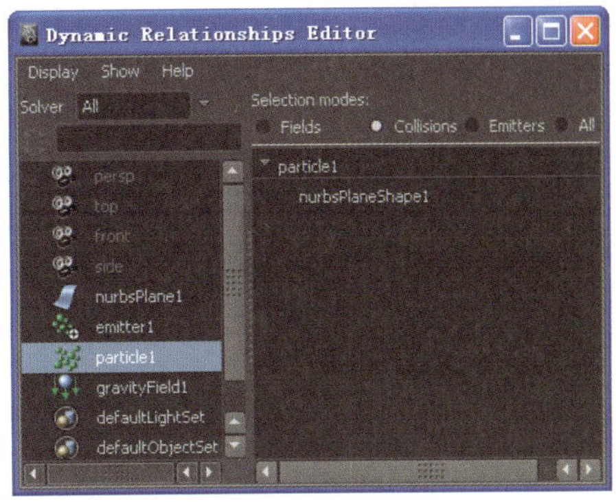

图17-36 断开碰撞

17.2.7 Instancer（粒子实体化）

在Maya中，我们还可以使用具体的实体来模拟大自然中千变万化的复杂环境。例如使用人物模型制作大军压境效果、利用怪物来制作怪物群等效果。本节将向大家介绍利用Maya创建实体粒子的方法。

课堂练习190：粒子替换

01 在新建场景中导入一个脚骨模型，再创建一个粒子发射器，如图17-37所示。

02 在视图中选择脚骨模型，然后按住Shift键加选粒子，单击Particles（粒子）| Instancer（Replacement）[实体化（替换）]右侧的□按钮，打开图17-38所示的设置面板。

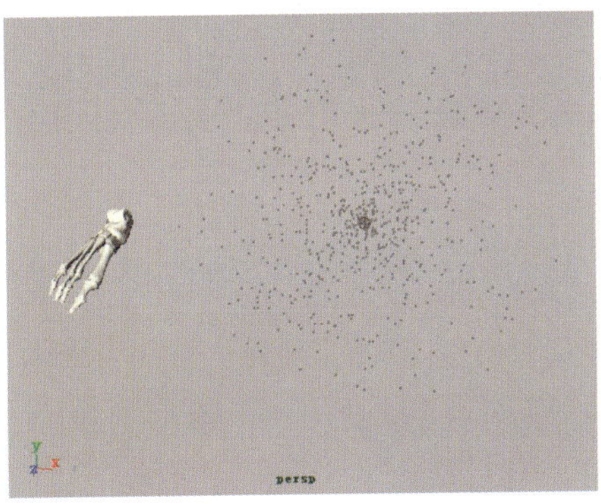

图17-37 导入场景文件

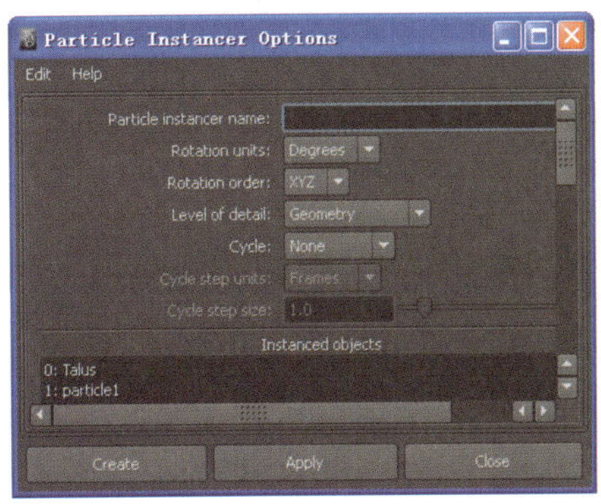

图17-38 参数设置

提示：在该面板的Instanced Objects属性列表中有两个节点，分别是0：Talus和1：Particle1，这实际上就是要实体化列表中的物体名称，也就是说我们将使用这里所显示的选项将粒子实体化。

03 保持默认的参数设置不变，单击Create按钮，完成粒子的实体化，此时的效果如图17-39所示。

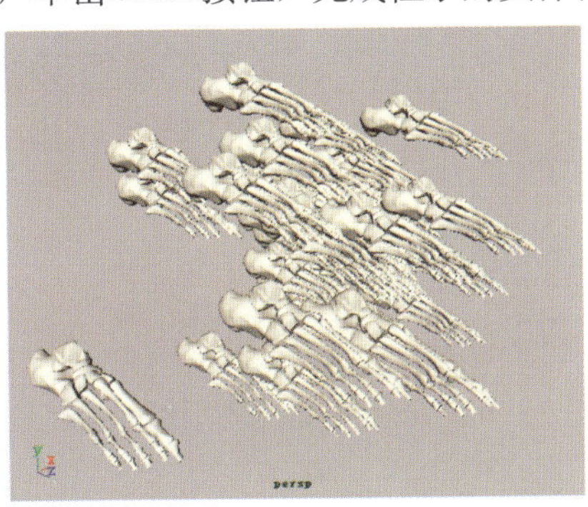

图17-39 实体化粒子效果

17.3 粒子的渲染

17.3.1 粒子的渲染类型

在Maya 2011中，粒子的渲染方法可以分为硬件渲染和软件渲染两种，但是这并不能说明所有的粒子都可以使用硬件或软件渲染。当我们创建了一个粒子发射器后，可以在其Render Attributes卷展栏中看到粒子的基本类型，如图17-40所示。

实际上硬件渲染和软件渲染的概念就是根据粒子的渲染类型来定义的，下面将向大家分别介绍Maya中的硬件渲染粒子和软件渲染粒子。

要更改粒子的渲染类型，可以在打开渲染窗口后，在图17-41所示的列表中选择Maya Hardware或Maya Software选项即可。

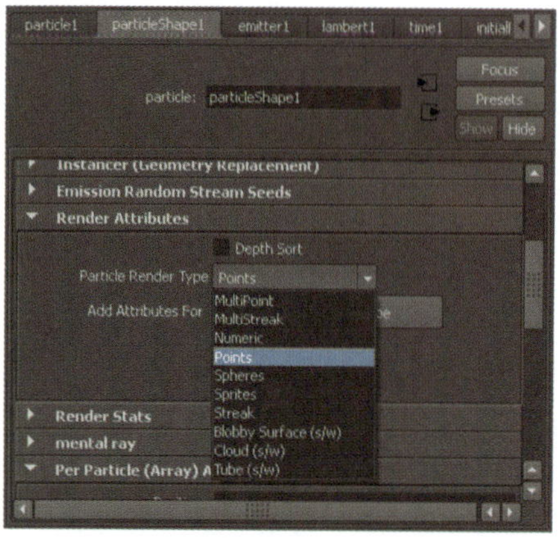

图17-40 粒子渲染类型

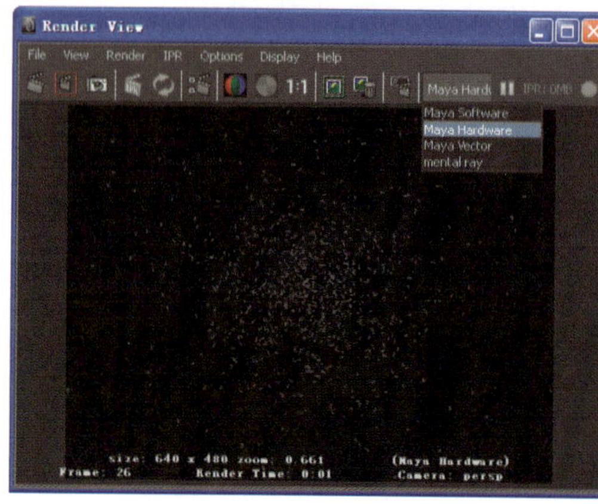

图17-41 设置渲染方式

17.3.2 HardwareParticles（硬件渲染）

这里所说的硬件渲染，指的并不是Render View窗口中的HardWare渲染方式，而是Hardware Render Buffer（硬件渲染缓冲），它除了可以渲染粒子特效外，还常用于渲染模型线框。用户只需在粒子动画的场景中，执行Window（窗口）| Rendering Editors（渲染编辑器）| Hardware Render Buffer（硬件缓冲渲染）命令，即可将当前帧的粒子状态渲染出来。下面对硬件渲染类型进行介绍。

① Points（点）类型

当我们在视图中创建一个粒子发射器后，按组合键Ctrl+A（键）打开其通道栏，在Render Attributes，卷展栏的Particle Render Type下拉列表中选择Points。就可以将粒子的形状设置为点模式。点的数目和粒子的数目是对应的，如图17-42所示。

然后，单击其下方的Current Render Type按钮，则会增加几个关于Point粒子的属性供我们设置，如图17-43所示。

下面对这些属性参数进行介绍。

Normal Dir：可以使用灯光调整运动粒子的亮度。

Point Size：可以设置粒子点的大小；如果启用Use Lighting复选框，则可以将灯光作用于粒子，从而使其能够控制粒子的运动。

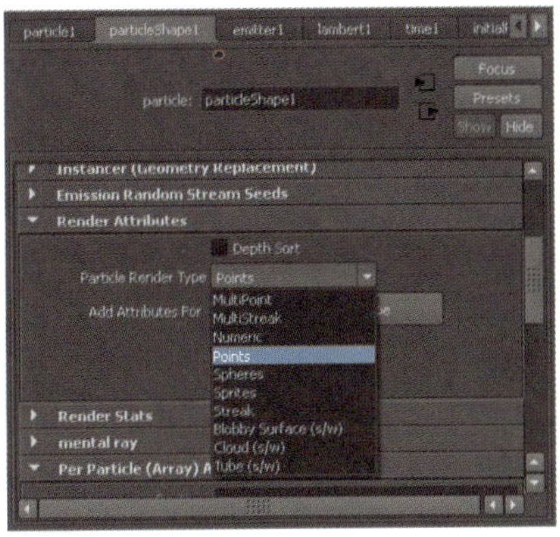

图17-42 设置粒子的渲染类型

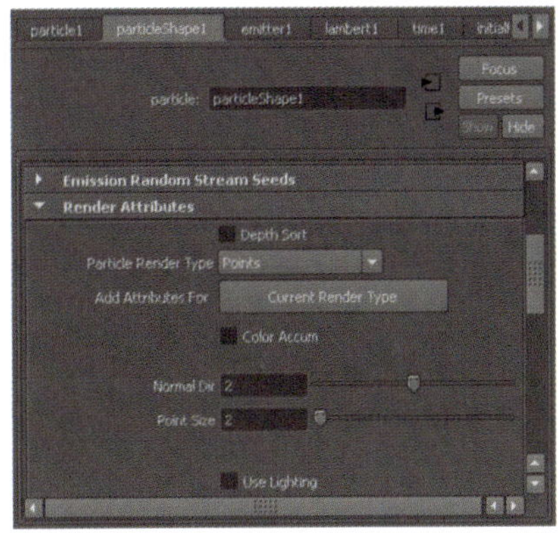

图17-43 展开粒子的属性设置

② MultiPoint（多重点）类型

MultiPoint是上述类型的增强版，其形状和Points相同，不同的是粒子系统的每个粒子数目对应多个点物体，通过单击其下面的Current Render Type按钮，也可以打开用于控制MultiPoint粒子的参数设置，如图17-44所示。

下面对其属性参数进行介绍。

Multi Count：用于设置每个粒子对应点的数量，若将该值设置为0，则与Points的数目是相同的。

Multi Radius：用于设置粒子的分布半径。

③ Numeric（数字）类型

这种粒子类型将粒子的ID数值直接显示在对应的点上。所谓粒子的ID就是指每个粒子所特有的标签，它记录了粒子诞生的先后顺序，如图17-45所示。

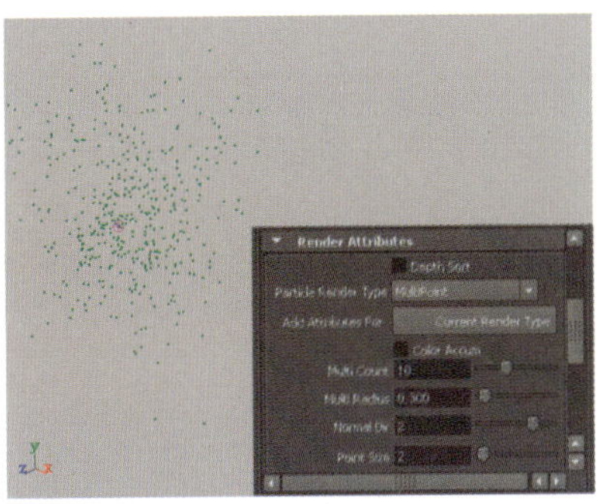

图17-44 MultiPoint（多重点）类型

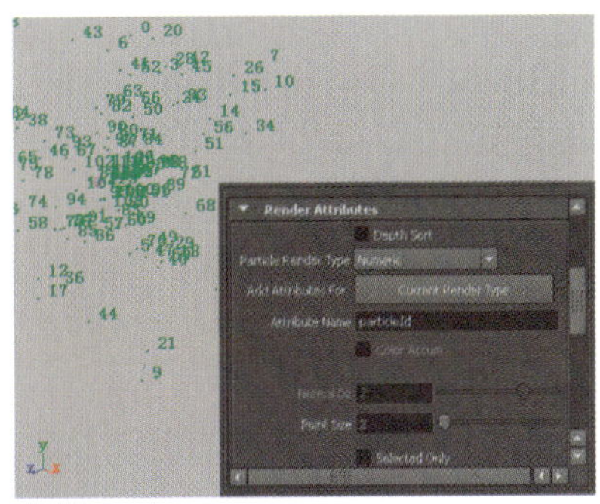

图17-45 Numeric（数字）类型

Numeric粒子类型也有自己的参数控制，下面对其属性参数进行介绍。

Attribute Name：用于输入用户想要显示的粒子属性名称，默认的名称为Particle ID。

Point Size：用于控制显示点的大小。

Selected Only：若启用该复选框，则仅仅显示选择的粒子外形。

④ Sphere（球体）类型

Sphere粒子类型用于将粒子的形状设置为球体，在做粒子测试时，经常会使用到这种显示类型。如果单击Current Render Type按钮，展开Radius属性，还可以更改球体的半径。

⑤ Sprites

这种粒子类型可以将粒子替换为一张矩形面片，如图17-46所示。

用户可以在图像上赋予一张纹理图像或图像序列，以此替换粒子的显示效果，如图17-47所示。

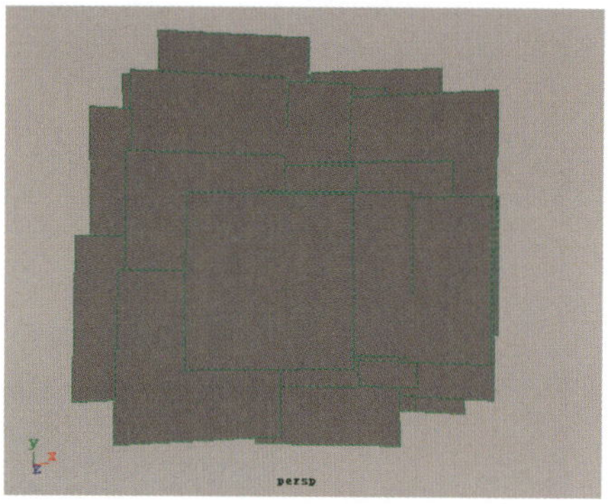

图17-46 Sprites粒子类型

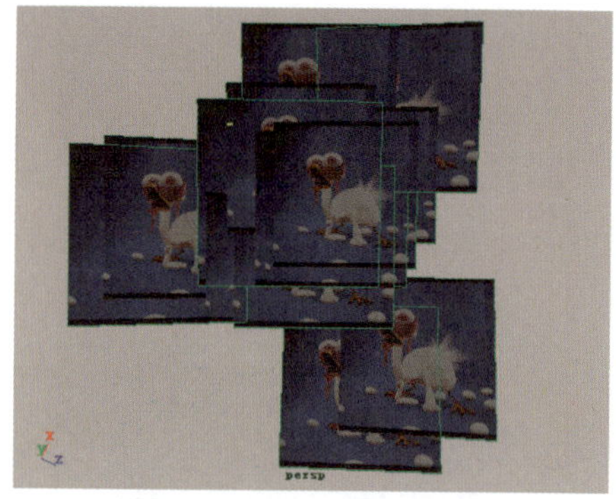

图17-47 Sprites粒子的贴图效果

技巧：选中Sprites粒子，单击Particles（粒子）| Sprite Wizard（Sprite向导）命令右侧的□按钮，在打开的面板中单击Browse按钮，为其指定一张贴图；然后，再单击Continue按钮，再在打开的面板中单击Apply按钮，完成贴图的设定。

这种粒子渲染类型的参数较多，下面对其部分属性参数进行介绍。

Sprite Num：用于设置显示图像序列部分贴图文件的扩展名数量。

Sprite Scale X/Y：用于控制贴图在*x*/*y*轴上的缩放。

Sprite Twist：用于设置贴图在场景中的旋转角度。

⑥ Streak（射线）类型

如果选择该选项，则粒子的形状将变为长形的射线状，如图17-48所示。

该粒子类型的属性参数比较多，下面对部分属性进行说明。

Line Width：用于设置粒子线条的宽度。

Tail Fade：用于设置线条尾部衰减的不透明度。

Tail Size：用于设置线条尾部的长度。

⑦ MultiStreak（多射线）类型

与Points和MuliPoint的关系相似，MultiStreak为Streak的增强版本，它与Streak的最大区别就在于它可以使一个粒子对应多条射线，如图17-49所示。

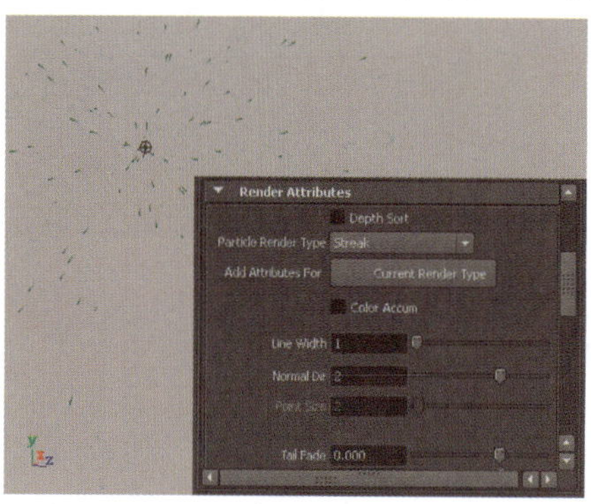

图17-48 Streak粒子类型

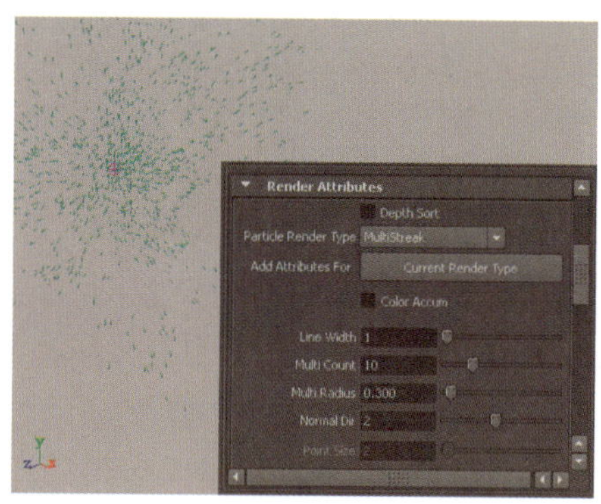

图17-49 Multi Streak粒子类型

17.3.3 SoftwareParticles（软件渲染）

软件渲染的粒子是一种非实时显示的粒子，它只有通过软件渲染后才能够看到它们。Maya中的软件渲染包括Blobby Surface（斑点表面）、Cloud（粒子云）和Tube（管状）3种类型，各自的特点如下。

① Blobby Surfaces（s/w）

它可以将粒子的形状设置为斑点形状的圆片，是一种可融合的粒子。单击其下面的Current

Render Type按钮，展开其参数选项，如图17-50所示。

Radius：用于设置粒子的半径。

Threshold：用于设置粒子的融合度，数值越大，则粒子的融合能力就越强。

② Cloud（粒子云）类型

这种粒子可以用来制作云彩、烟雾等效果。这种粒子类型的融合能力很强，非常适合制作体积较大的粒子群，图17-51所示的是该粒子的参数设置面板。

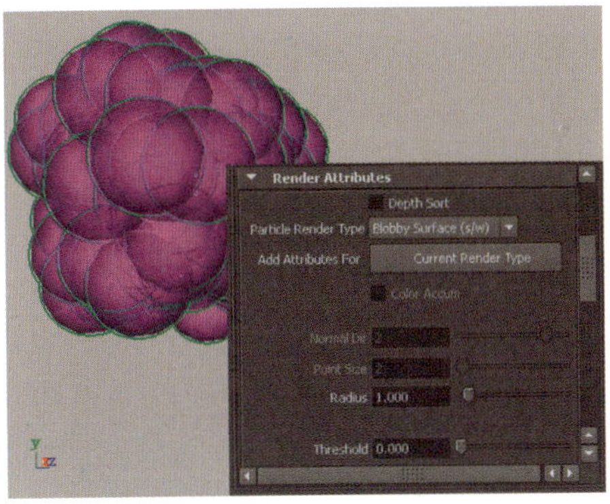

图17-50 Blobby Surface（s/w）粒子

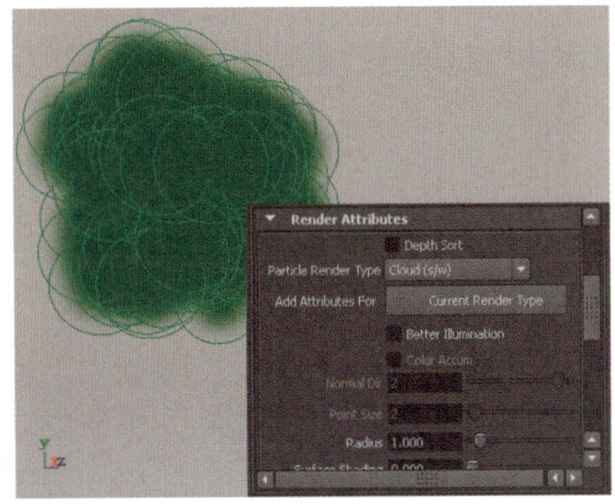

图17-51 Cloud（粒子云）类型

下面对Cloud（粒子云）类型的属性参数进行介绍。

Radius：用于设置粒子半径。

Surface Shading：用于设置Cloud渲染后的清晰程度，其输入范围为0～1，当参数值越趋近1，粒子云的显示就越清晰，反之越模糊。

Threshold：用于设置粒子云的融合度。

提示：粒子云类型的渲染只能支持一种特有的材质类型，即Particle Cloud类型。如果读者不能渲染出这种粒子，则需要为粒子云添加Particle Cloud材质。

③ Tube（管状）类型

Tube是一种以管状形状渲染的粒子，如图17-52所示，它和Cloud具有一个共同的特性，就是都需要使用Particle材质进行渲染。

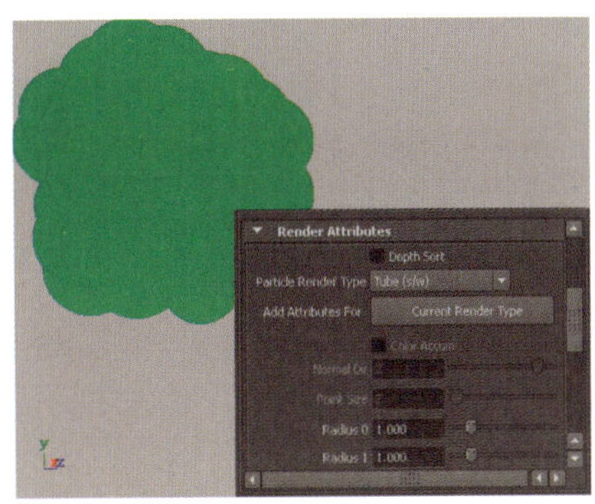

图17-52 Tube（管状）类型

下面对Tube（管状）类型的属性参数进行介绍。

Radius0：用于设置粒子头部半径大小。

Radius1：用于设置粒子尾部半径大小。

Tail Size：用于设置管状的长度，该选项数值将会乘以粒子的运动速度值，最后得出渲染出管的实际长度，因此当粒子的移动速度很快时，会拉长圆管。

17.4 动力场

17.4.1 Air（风场）

风场又被称为空气场，它可以用来模拟流动空气的效果。被风场影响的物体会产生运动来反映风场的影响。读者可以将风场作为运动物体的子物体。例如，可以使用风场来表现风吹落叶的效果。在Maya中，风场又可以划分为3种类型，分别是Wind、Wake和Fan风场，它们有着不同的特性，以及不同的影响方式。下面向读者介绍它们的创建方法和特性。

课堂练习191：创建Wind风场

Wind风场主要用于制作一般的风力效果，它可以按照指定的轴向产生作用，从而模拟大自然中风吹物体的效果，要创建一个Wind风场，可以按照下面的方法操作。

01 单击Particle Tool（创建粒子）命令右侧的□按钮，在粒子属性设置面板中启用With Cursor复选框，再设置Particle Spacing值为1.5，以在场景中创建一个粒子阵列，如图17-53所示。

02 选中粒子群，单击Fields（场）| Air（空气）命令右侧的□按钮，在打开的属性面板中单击Wind按钮，即可将风场的类型定义为Wind场，如图17-54所示。

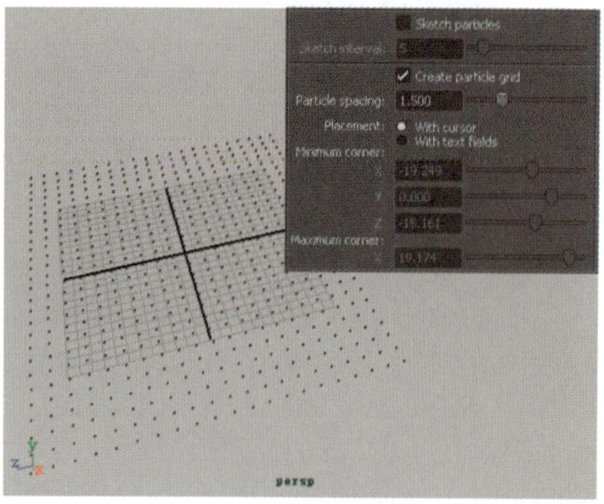

图17-53 创建粒子阵列

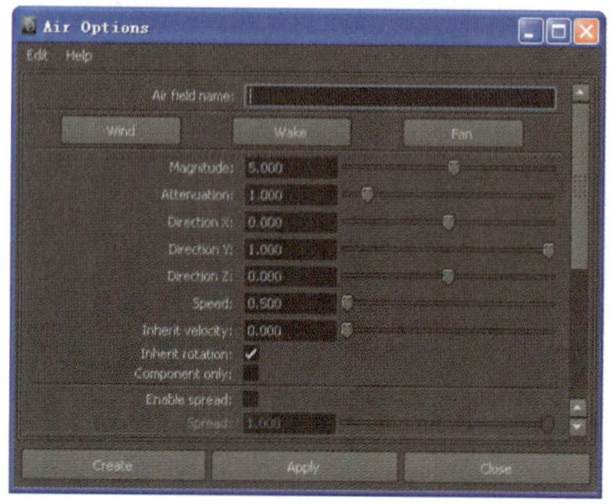

图17-54 设置Wind风场

03 单击Create按钮，即可创建一个风场，播放动画，观察此时的粒子变化效果，如图17-55所示。

课堂练习192：创建Wake风场

Wake风场比较特殊，它只能在运动的过程中影响到物体。如果是在静止的情况下，则它不会产生任何效果。

01 将阵列中的粒子外形修改为Cloud（s/w）模式，再在粒子阵列的中心位置创建一个圆环，如图17-56所示。

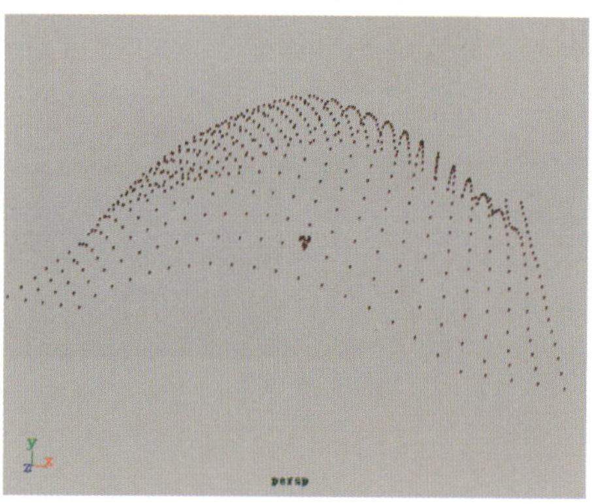

图17-55 Wind效果

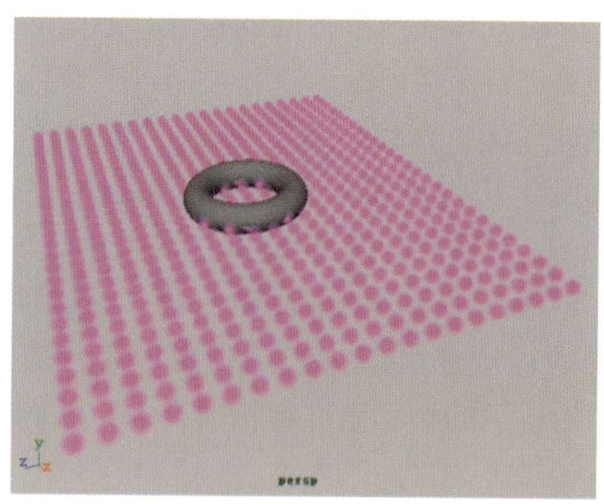

图17-56 准备场景

02 为圆环创建一个从粒子阵列的一侧，沿z轴运动到另一侧的移动动画，如图17-57所示。

03 选择粒子物体并单击Fields（场）| Air（空气）命令右侧的□按钮，在打开的面板中单击Wake按钮，改变风场的类型；然后，设置Directional Z值为–1，Directional X/Y值均为0，如图17-58所示。

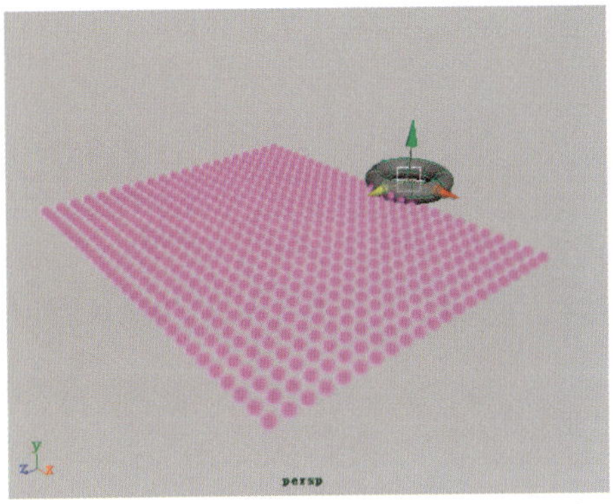

图17-57 创建圆环动画

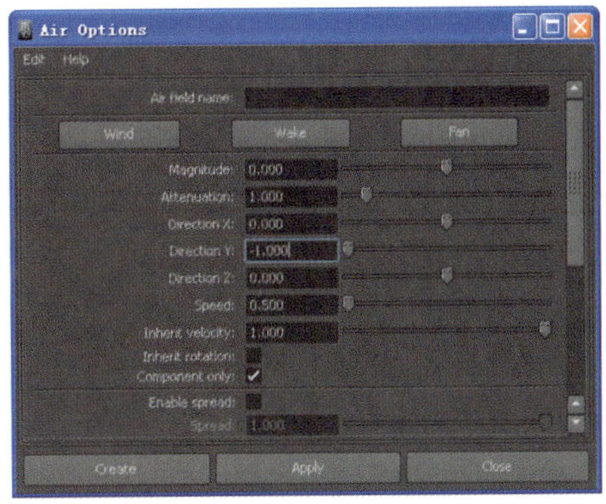

图17-58 设置Wake风场

04 单击Create按钮，创建一个Wake风场，移动风场控制图标的位置，使风场的控制图标作为圆环的子物体，如图17-59所示。

05 播放动画，观察粒子的运动效果。当Wake风场跟随圆环运动时，处于它周围的粒子将根据衰减程度产生不同的运动，如图17-60所示。

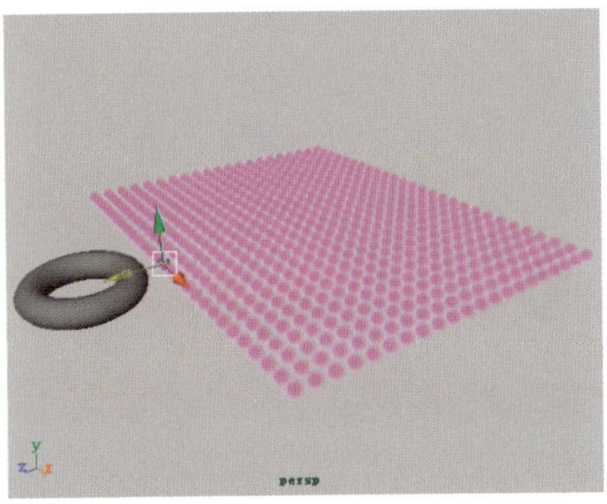

图17-59 建立父子关系

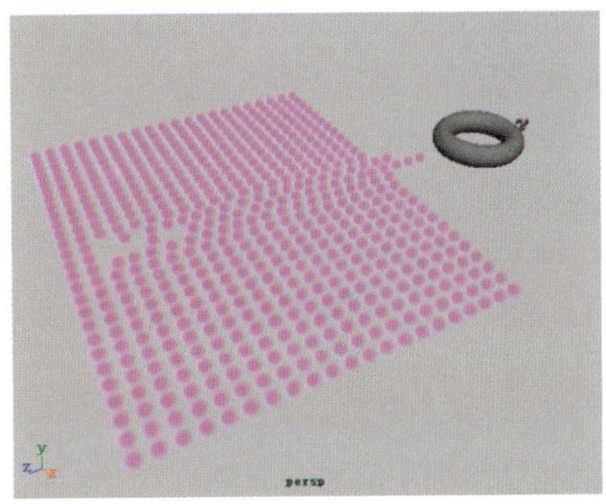

图17-60 Wake风场的粒子运动效果

课堂练习193：创建Fan风场

Fan风场和Wind风场十分相似，所不同的是Fan风场所产生的形状比较特殊，它可以形成一种类似于扇形的力，适用于制作风扇摇动所产生的风力效果。

01 选中上一实例的风场控制器，按组合键Ctrl+A，在右侧属性面板中展开Air Field Attributes卷展栏，单击Fan按钮，将当前风场的Wake模式切换到Fan模式，如图17-61所示。

02 再播放动画，观察粒子运动状态的变化，如图17-62所示。

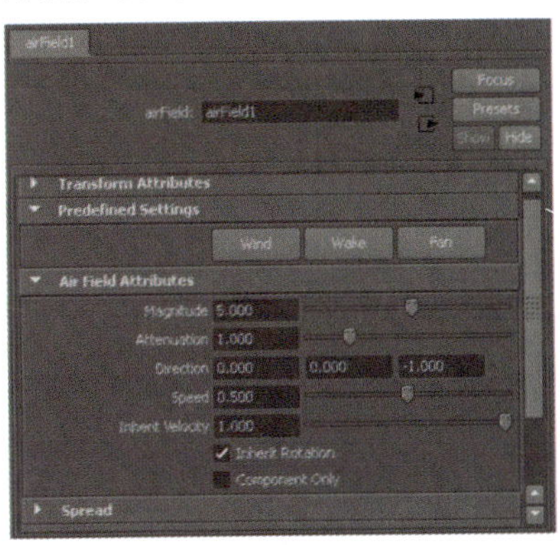

图17-61 切换到Fan风场模式

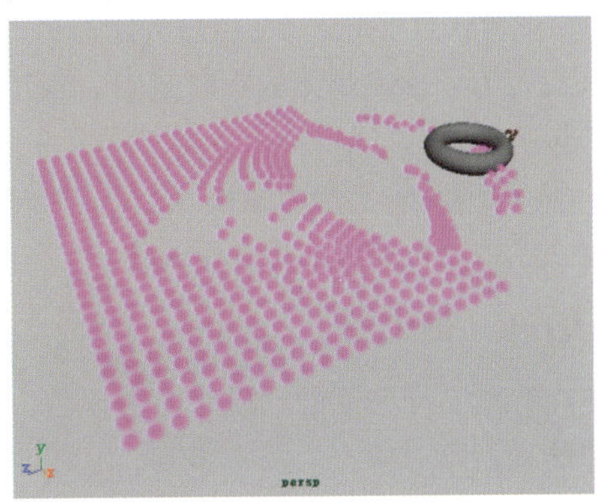

图17-62 Fan风场的影响效果

参数简介

下面对Air Options属性面板中的属性参数进行介绍。

◆ Air fields name

用来设置空气力场的名称。

◆ Wind（风）

表示系统默认的自然风设置，可以产生一种接近自然风的效果。可以使受影响的物体做加速运动。

◆ Wake（阵风）

表示系统默认的阵风设置，可以产生一种近似间歇风的效果。

◆ Fan（风扇）

系统的默认设置，可以产生一种柔风的效果。

◆ Magnitude（大小）

用来设置空气力场的强度，即受影响物体的移动速度。

◆ Attenuation（衰减）

增加该参数值，力场将会相应减小强度。当Attenuation值为0时，空气力场的强度不变。

◆ Direction X/Y/Z（力场方向）

用来设置气体的吹动方向。

◆ Speed（速度）

用于控制被空气力场影响的物体的运动速度。

◆ Inherit Velocity（继承速度）

当空气力场作为子物体跟随父物体一起运动时，空气力场本身的运动会影响风的运动，Inherit Velocity可以设置这种影响力。

◆ Inherit Rotation（继承旋转）

它与Inherit Velocity类似，当空气力场本身是旋转的，或者空气力场是旋转物体的子物体时，空气力场的旋转将会影响风的运动。

◆ Component Only（仅有组件）

若禁用该复选框，空气力场对被影响物体的所有元素的影响力是相同的；若启用该复选框，空气力场仅仅对物体中的某些元素起作用。

◆ Enable Spread（启用范围）

当启用该复选框时，力场只对被影响物体在Spread文本框设置范围内的元素起作用。

◆ Spread（范围）

用来设置力场影响物体的范围值。

◆ Use Max Distance（使用最大距离）

用来设置力场影响物体的距离范围。若禁用该复选框，则空气力场与被影响物体之间将不会受到距离的影响。

◆ Max Distance（最大距离）

设置空气力场影响大的最大范围值。

17.4.2 Drag（拖曳场）

物体在穿越不同密度的介质时，由于阻力的改变，会使物体的运动速率发生改变。拖曳场可以给运动中的动力学对象一个阻力影响，从而改变物体的运动速度。例如，水管中的水由于压强的变化产生速度的变化等。本小节将向大家介绍拖曳场对物体的影响。

课堂练习194：创建Drag场

01 在场景中创建一个方向粒子发射器，在粒子属性设置面板中切换到Emitter1选项卡，设置Direction Y值为1、Spread值为0.3，改变粒子的发射状态，如图17-63所示。

02 选中发射的粒子，执行Fields（场）｜Drag（拖曳）命令，在打开的参数设置面板中，设置Magnitude值为1，如图17-64所示。

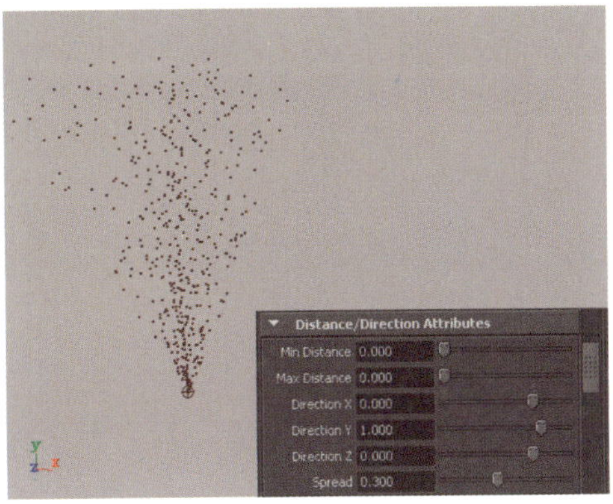

图17-63 创建粒子发射器

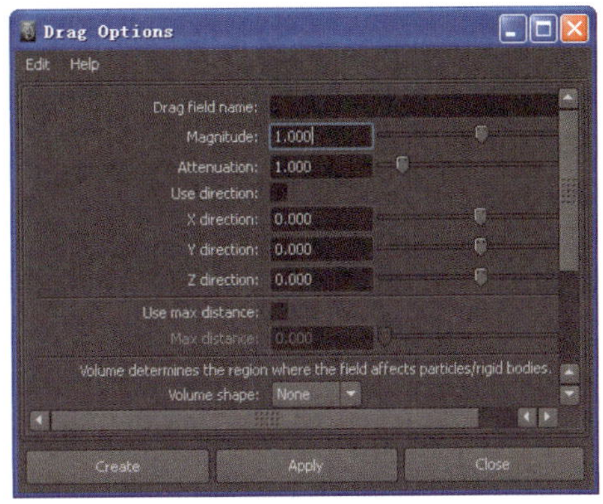

图17-64 执行Drag命令

03 单击Create按钮，为粒子添加一个拖曳场，播放动画，此时粒子的发射高度明显降低，如图17-65所示。

04 同时，在Outliner窗口中，选中拖曳场控制器并打开其通道栏，用户可以修改场的通道属性，改变它粒子的影响效果，如图17-66所示。

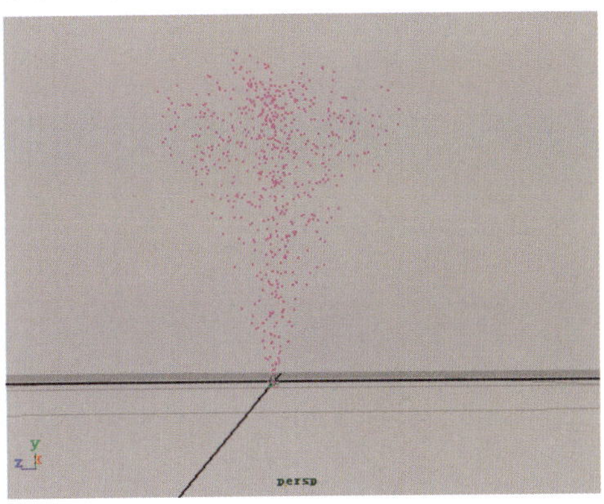

图17-65 Drag场对粒子的影响

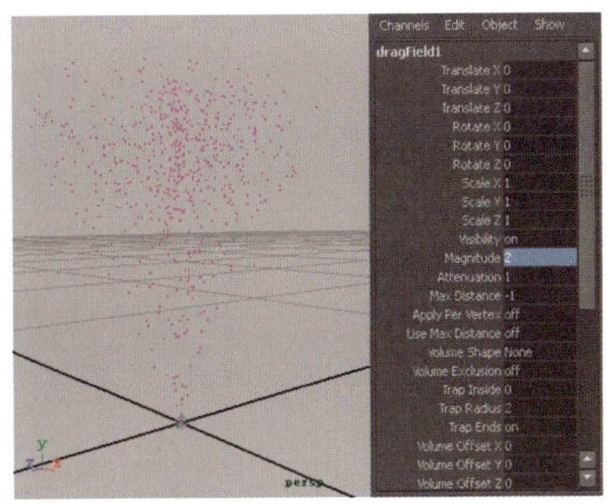

图17-66 设置Drag场的通道属性

17.4.3 Gravity（重力场）

重力场用来模拟物体受到万有引力作用而向某一方向做加速运动的状态，使用默认的属性值时，可以模拟物体受地心引力的作用，从而产生自由落体运动。下面是创建自由落体运动的一般方法。

课堂练习195：创建Gravity场

01 继续使用上一小节中的粒子发射器，在粒子的属性设置面板中，修改粒子的发射属性和发射范围值，以调整粒子的发射状态，如图17-67所示。

02 选中发射的粒子群，执行Fields（场）｜Gravity（重力）命令，为所选粒子添加重力场；再播放动画，此时粒子群由向上改为向下发射，如图17-68所示。

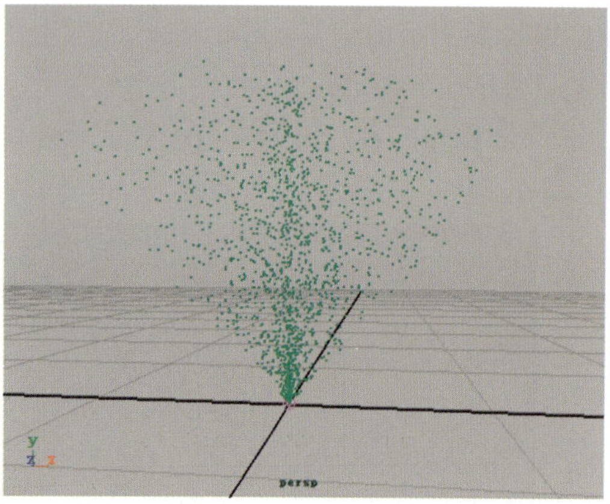

图17-67 调整粒子发射状态

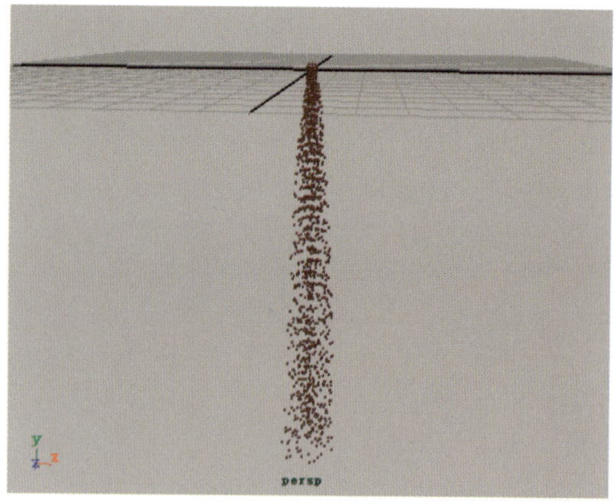

图17-68 添加重力

03 选中创建的重力场控制器，在其通道栏中设置Magnitude值为0.3，再播放动画，粒子则变为向上发射，但仍受重力场的影响，如图17-69所示。

17.4.4 Newton（牛顿场）

牛顿场可以用来模拟物体间产生的引力和斥力，其值的大小将取决于物体的质量。下面我们就利用阵列粒子创建一个牛顿场的效果。

课堂练习196：创建Newton场

01 创建一个阵列粒子，并设置粒子群的显示类型，如图17-70所示。

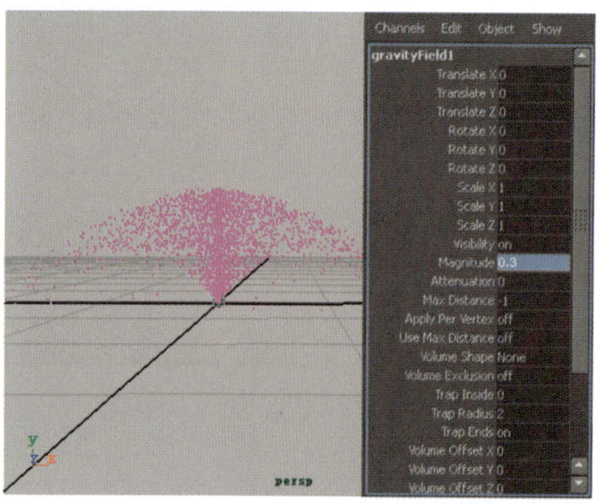

图17-69 修改重力场属性参数

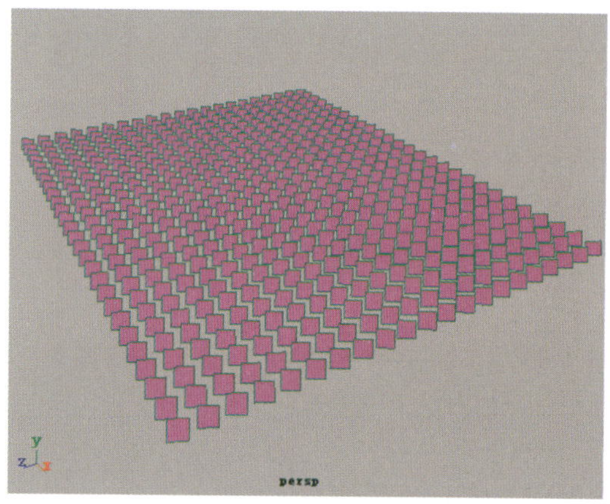

图17-70 创建粒子阵列

02 选中粒子物体，再执行Fields（场）| Newton（牛顿）命令，为粒子群添加一个牛顿场，再播放动画，即可观察粒子的发射效果，如图17-71所示。

17.4.5 Radial（放射场）

放射场可以将周围各个方向上的物体向外推出，可用于制作爆炸等中心向外呈辐射状散发的各种现象。如果将其作用大小值设置为负值，也可以制作出四周散开的物体向中心聚集的效果。

继续使用上一小节中的粒子阵列，删除牛顿场，选中粒子群并执行Radial命令；然后，播放动画，观察粒子的发射效果，如图17-72所示。

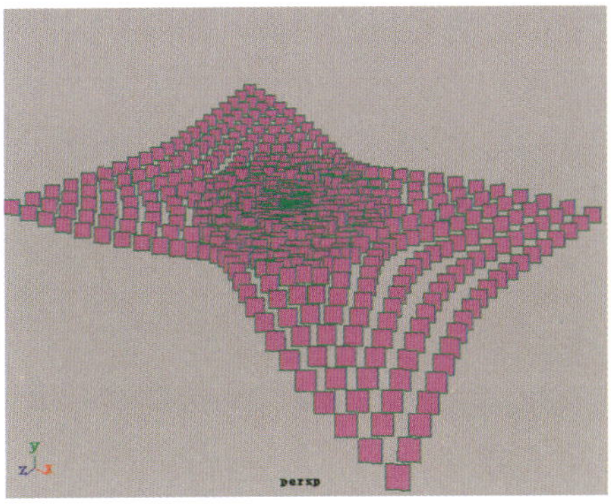

图17-71 Newton场对粒子的影响

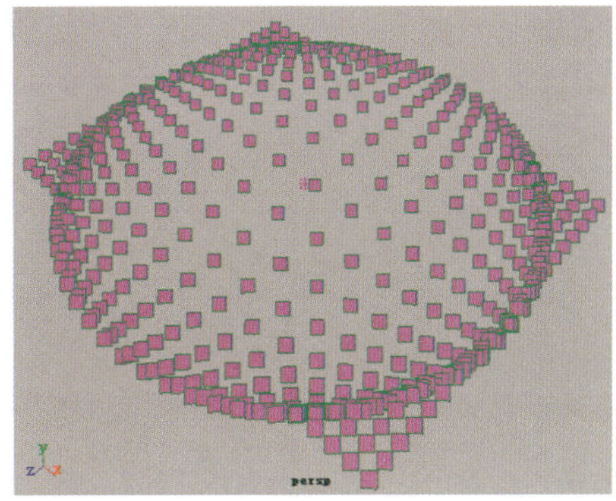

图17-72 Radial场对粒子的影响

17.4.6 Turbulence（扰乱场）

扰乱场是Maya中经常使用的一种动力场，使用扰乱场可以使范围内的物体进行随机的运动，该场可以应用于粒子、柔体或刚体群等。

课堂练习197：创建Turbulence场

01 在场景中创建一个粒子阵列，并将粒子外形设置为球体显示，如图17-73所示。

02 选中粒子物体，执行Turbulence命令，为所选粒子添加扰动场；然后，播放动画，观察粒子的发射效果，如图17-74所示。

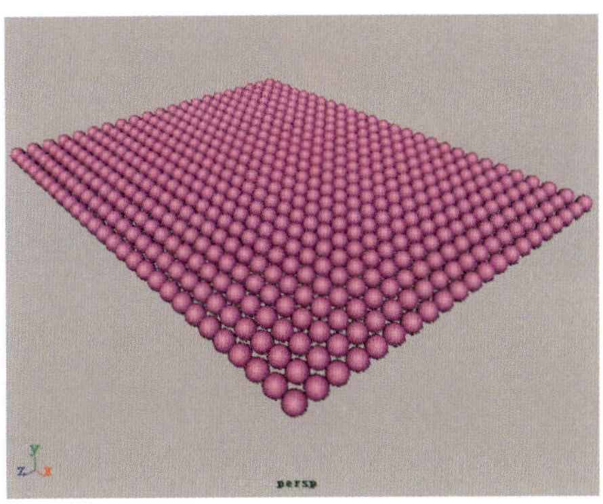

图17-73 创建球体粒子阵列

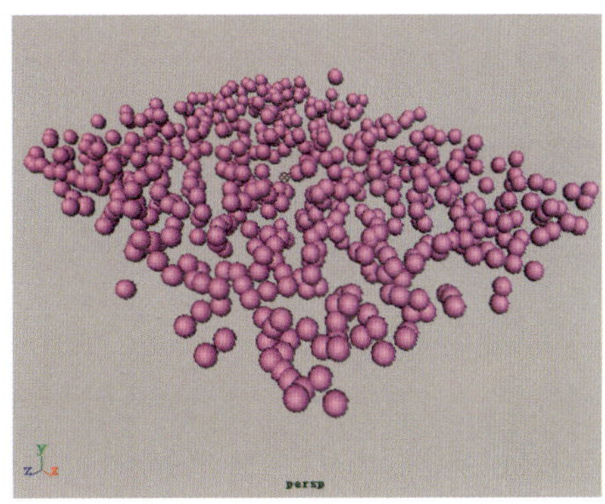

图17-74 Turbulence场对粒子的影响

17.4.7 Uniform（统一场）

统一场就是将所有受场影响的物体向同一方向进行拖曳，从而统一物体的运动方向，并且靠近统一场中心的物体将受到更大程度的影响。

继续使用上一小节中的粒子阵列，删除扰乱场，选中粒子群并执行Uniform命令，为其添加统一场；然后，播放动画，观察粒子的发射效果，如图17-75所示。

提示：在使用统一场时，对于单一的物体，统一场所发挥的作用与重力场类似，都是向某一个方向进行加速运动。

17.4.8 Vortex（漩涡场）

漩涡场可以将物体以涡轮的形式，从中心围绕指定的轴向进行旋转，利用漩涡场可以轻松实现各种漩涡效果。

继续使用上一小节中的粒子阵列，删除统一场，选中粒子群并执行Vortex命令，为其添加漩涡场；然后，播放动画，观察粒子的发射效果，如图17-76所示。

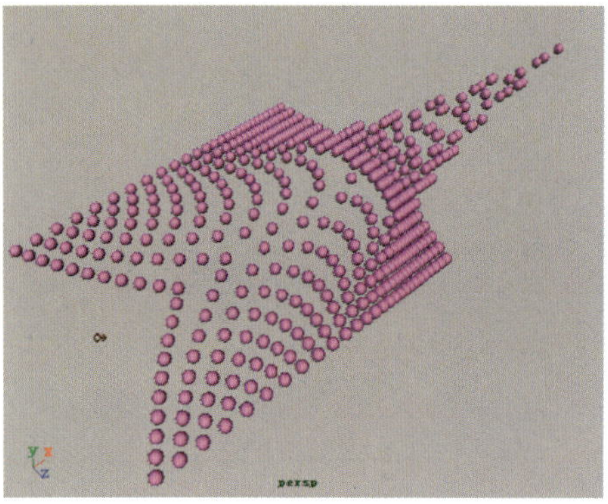

图17-75 Uniform场对粒子的影响

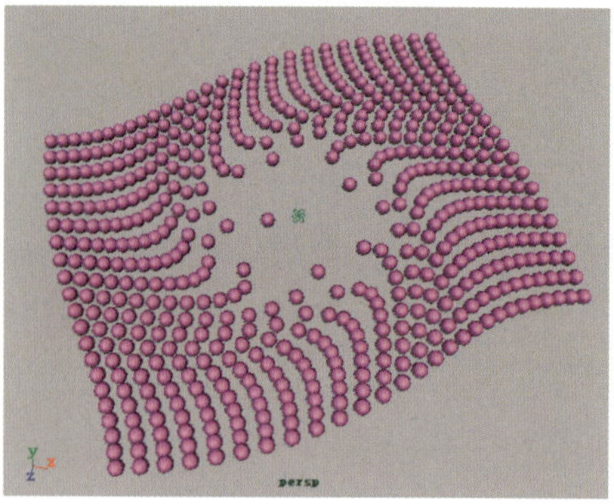

图17-76 漩涡场效果

17.4.9 Volume Axis（体积轴向场）

在Maya中，我们还可以将体积作为一种专用的场来使用。实际上，体积场是一种局部作用范围场，它只可以在选定的形状范围内的物体上产生力的作用，并且在功能上，它具有漩涡场、统一场和扰动场的属性。

课堂练习198：创建Volume Axis场

01 创建一个球体粒子阵列，选中球体粒子，执行Volume Axis命令，即可在粒子阵列的中心位置生成一个方体控制器，它为Volume Axis场的控制器，如图17-77所示。

02 播放动画，可以看到处于方体内侧的粒子都被发射到方体的外侧，而方体外侧的粒子并没有发生任何变化，如图17-78所示。

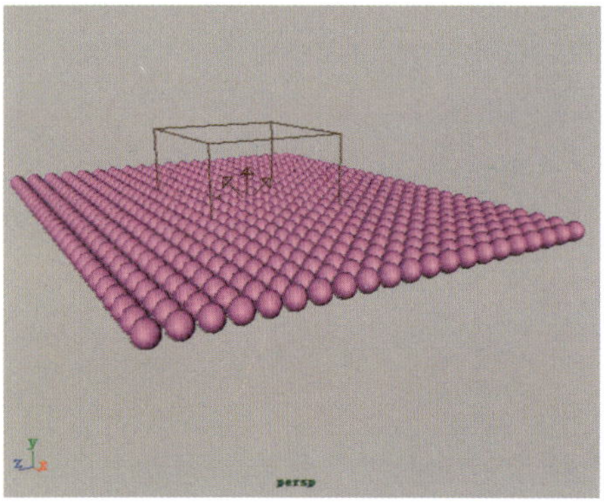

图17-77 执行Volume Axis命令

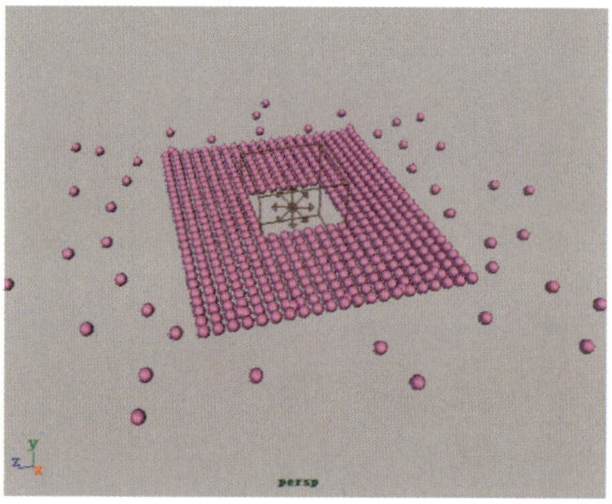

图17-78 Volume Axis场对粒子的影响

17.5 Effects（特效）

17.5.1 Create Fire（创建火焰）

Create Fire工具常用于模拟场景中的火焰效果，通过简单的参数调整即可达到非常真实的火焰效果，从而便于用户模拟真实场景的火焰效果。下面介绍该工具的使用方法。

课堂练习199：创建火焰

01 创建一个NURBS球体，并调整其外形；然后，切换到Dynamics模块，执行Effects（特效）| Create Fire（创建火焰）命令，即可在物体的中心位置创建一个控制器，如图17-79所示。

02 播放动画，即可在创建的控制器位置开始，发射出外形为Cloud（s/w）的粒子群，如图17-80所示。

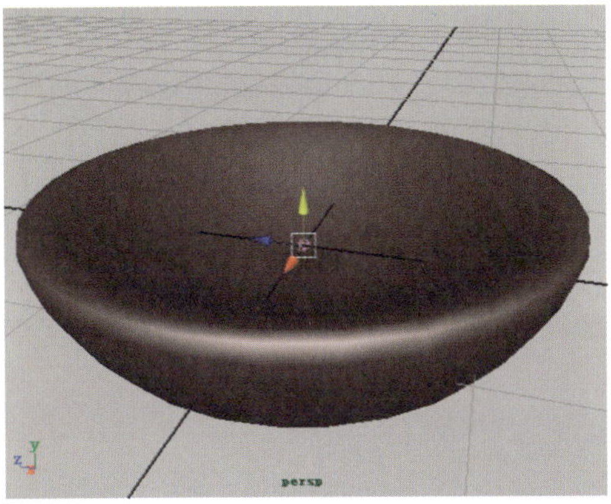

图17-79 执行Create Fire命令

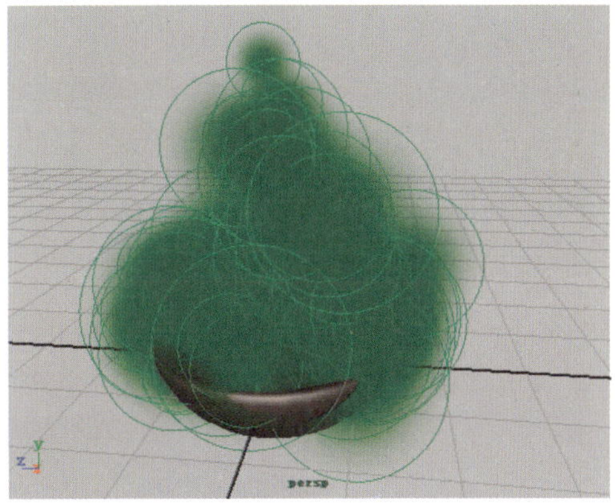

图17-80 发射的粒子群

03 可以选中发射出的粒子，按组合键Ctrl+A，打开其属性设置面板，切换到ParticleCloud2选项卡，在其下方可以设置火焰粒子的颜色和其他属性，如图17-81所示。

04 单击工具栏上的按钮，对当前创建的粒子群进行渲染，此时的火焰效果非常真实，如图17-82所示。

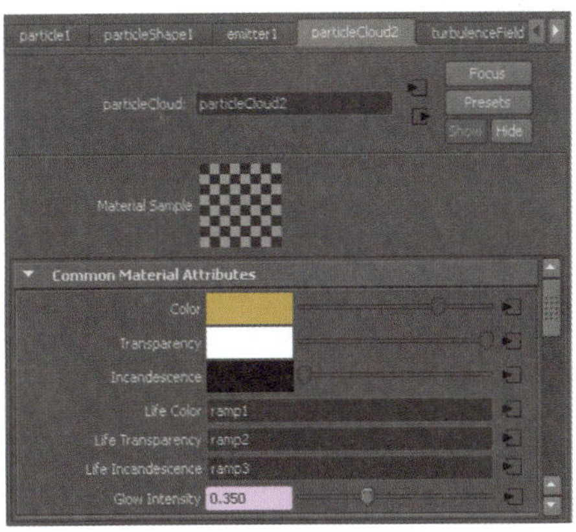

图17-81 修改Fire的属性参数

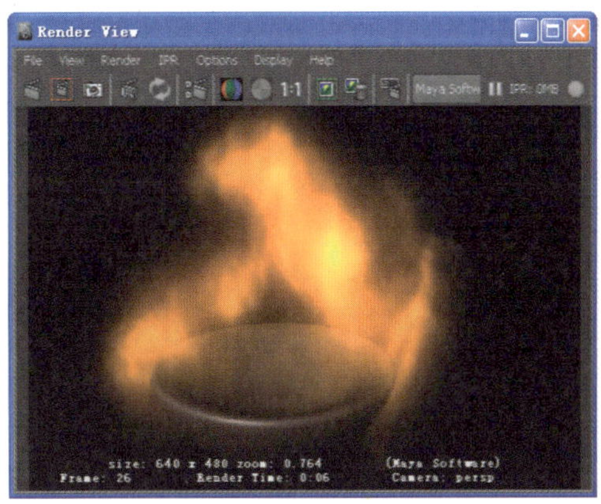

图17-82 火焰粒子的渲染效果

17.5.2 Create Smoke（创建烟雾）

Create Smoke工具常用于模拟场景中的烟雾效果，该工具的使用方法非常特殊，要想创建烟雾效果，必须事先在其属性设置面板中设定烟雾的名称。下面对它的创建方法进行介绍。

课堂练习200：创建烟雾

01 单击Create Smoke（创建烟雾）命令右侧的按钮，打开其属性设置面板，在Sprite image name栏中输入smoke，设置烟雾粒子的名称，如图17-83所示。

02 单击Create按钮，即可在场景中创建两个圆形的发射器，播放动画，即可发射出多个Sprite类型的粒子群，如图17-84所示。

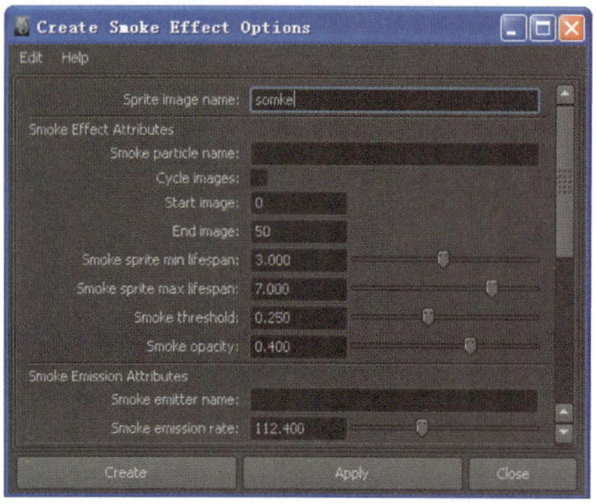

图17-83 执行Create Smoke命令

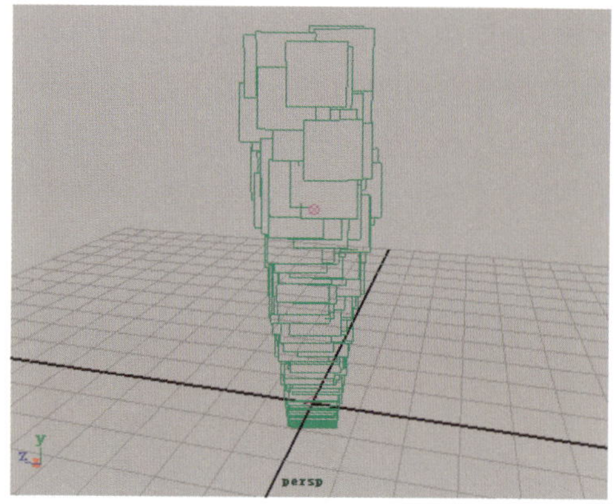

图17-84 创建的烟雾粒子

03 单击工具栏上的按钮，打开Render View窗口，在工具栏中切换Maya Hardware模式，对其进行渲染，以观察创建的烟雾效果，如图17-85所示。

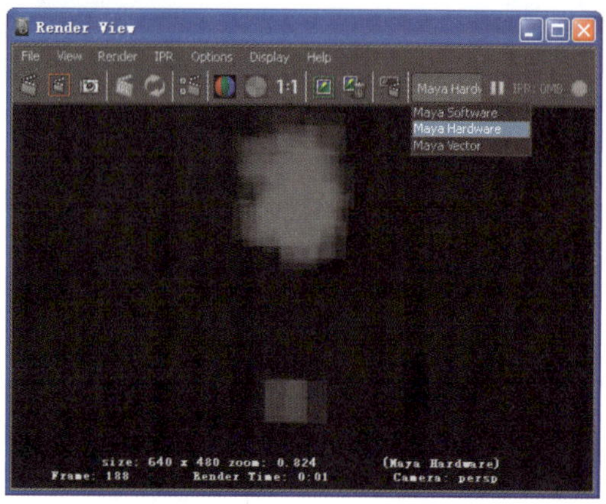

图17-85 创建的烟雾效果

提示

由于粒子为Sprite类型，属于硬件粒子，因此需要切换到Maya Hardware模式才能对其进行硬件渲染。

17.5.3 Create Fireworks（创建烟花）

使用Create Fireworks工具可以模拟绚丽的烟花效果，通过简单的参数调整即可创建出复杂的烟花效果，从而避免了手动创建粒子，再经过复杂的调整才能模拟出烟花效果，这是非常耗费时间和精力的，下面对该工具的使用方法进行介绍。

课堂练习201：创建烟花

01 执行Create Fireworks命令，即可在场景中生成一个含有一定距离的十字标记；然后，播放动画，可产生多个并带有一定外形的粒子群，如图17-86所示。

02 打开Outliner窗口，展开Fireworks属性，即可看到创建的烟花粒子包含了动力场、约束等许多属性，用户可以修改这些属性，改变烟花粒子，如图17-87所示。

03 选中发射的烟花粒子，按组合键Ctrl+A，打开其属性设置面板，在这里用户可以修改相关的参数，改变烟花粒子的显示或发射状态，如图17-88所示。

04 同样，单击工具栏上的按钮，即可对场景中的烟花粒子进行渲染，如图17-89所示。

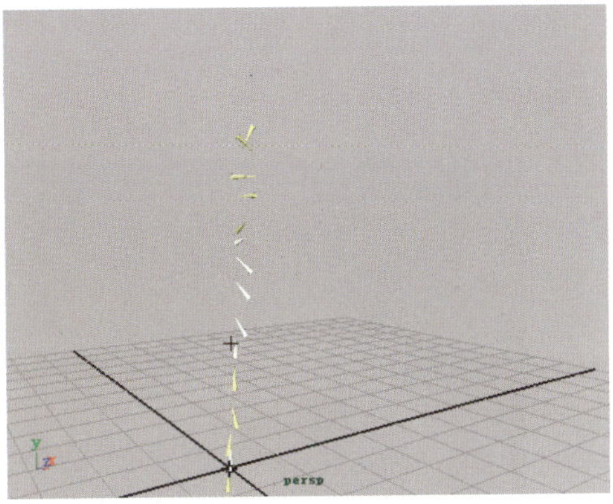

图17-86 执行Create Fireworks命令

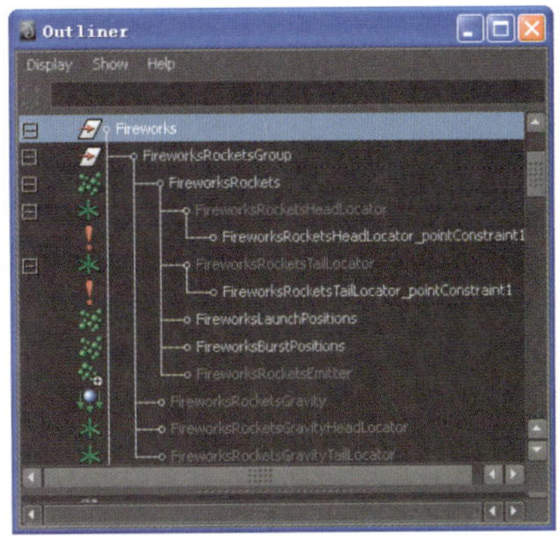

图17-87 烟花粒子包含的属性

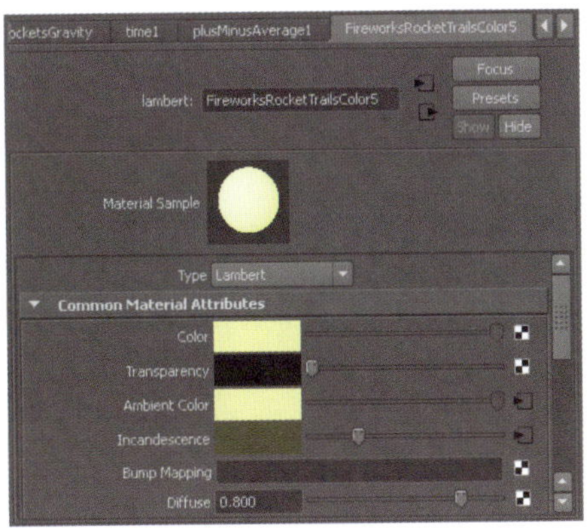

图17-88 烟花粒子的属性设置面板

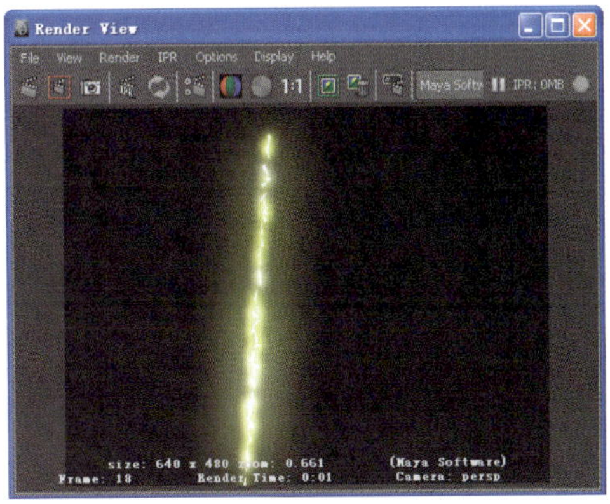

图17-89 烟花的渲染效果

17.5.4 Create Lightning（创建闪电）

Create Lightning工具可以用来模拟自然界中的雷电效果，通过调整相关的参数，即可创建不同类型的雷电，下面对该工具的使用进行介绍。

课堂练习202：创建闪电

01 在新建场景中创建两个NURBS球体，并且同时选中两个球体，如图17-90所示。

02 执行Create Lightning命令，即可在两球体之间生成一个曲折的链条和多个Locator控制器，移动控制器可以改变链条的外形，如图17-91所示。

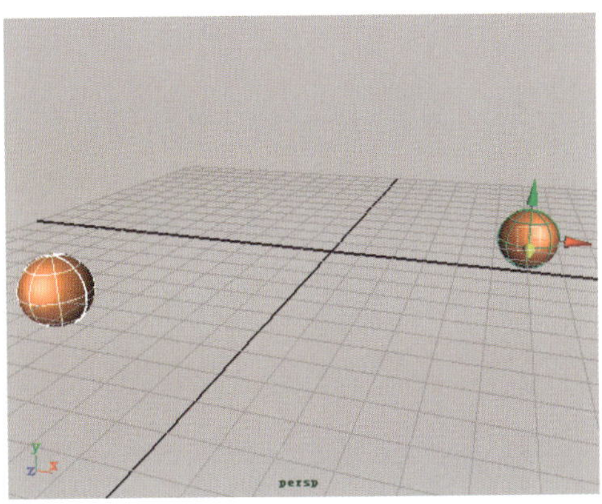

图17-90 创建目标物体

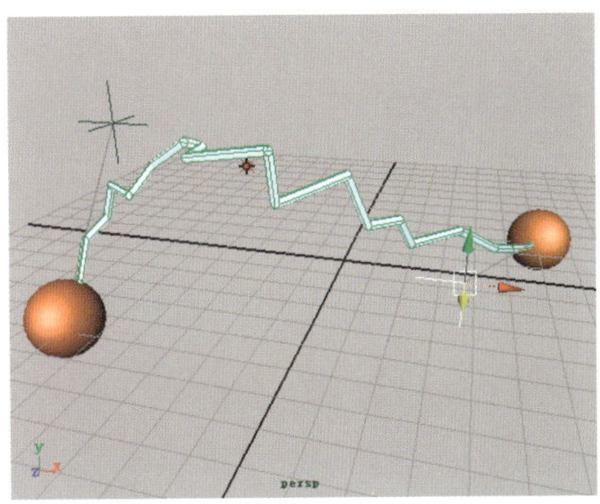

图17-91 执行Create Lightning命令

03 同样，单击工具栏上的按钮，即可对场景中的雷电进行渲染，如图17-92所示。

17.5.5 Create Shatter（创建爆破效果）

Create Shatter工具可以用来模拟场景中因碰撞而产生的爆破效果，使场景中的物体在碰撞后产生多个不规则的碎片效果，下面对该工具的使用进行介绍。

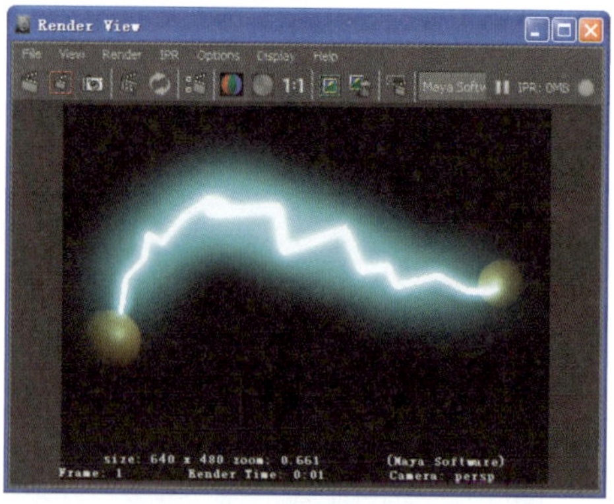

图17-92 创建的雷电效果

课堂练习203：创建爆破效果

01 在场景中创建一个NURBS球体，选中该球体并执行Create Shatter命令，即可生成一个爆破物体，然后，移动生成的爆破物体，如图17-93所示。

02 选中并移动爆破物体上的碎片，球体被解算为了含有多个规则碎片的物体，如图17-94所示。

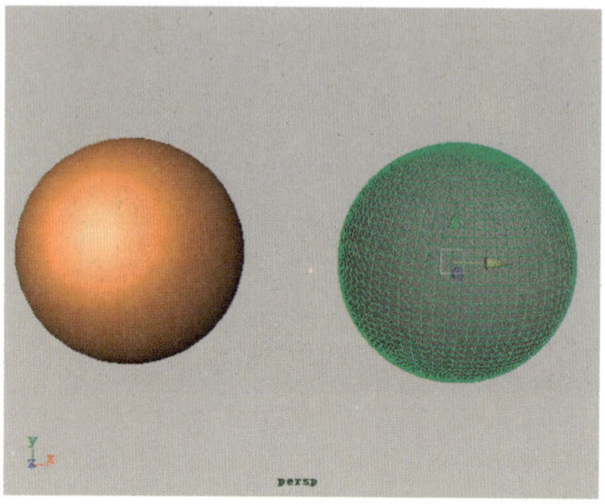

图17-93 执行Create Shatter命令

图17-94 生成的爆破效果

17.5.6 Create Curve Flow（创建曲线流）

使用Create Curve Flow工具，可以模拟粒子群沿曲线进行流动的效果，下面对该工具的使用进行介绍。

01 在新建场景中创建一条NURBS曲线，用来作为曲线流的目标物体，如图17-95所示。

02 选中曲线，执行Create Curve Flow命令，即可在曲线上生成多个Locator控制器和NURBS圆环曲线，如图17-96所示。

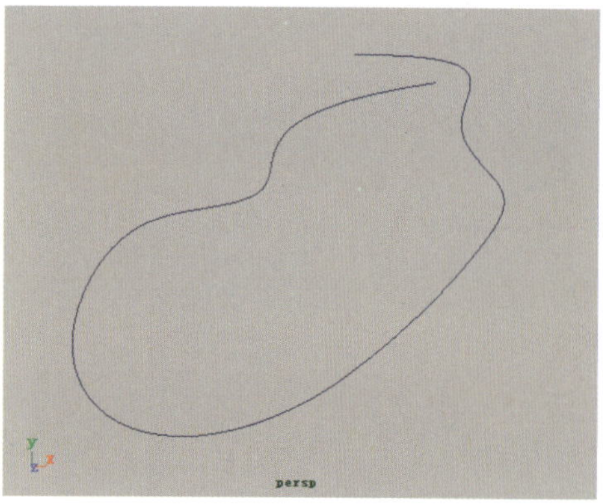

图17-95 创建NURBS曲线

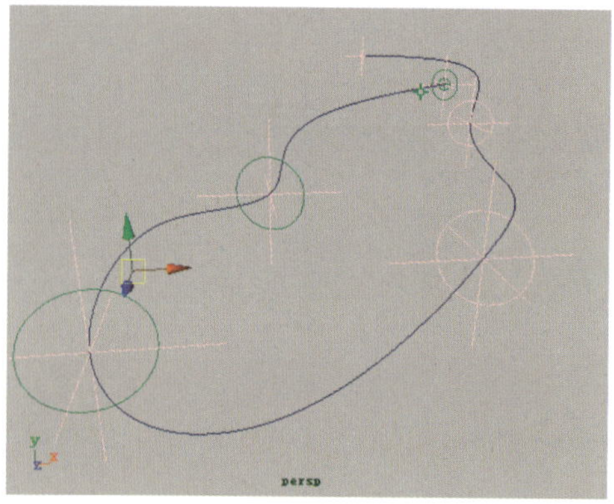

图17-96 执行Create Curve Flow命令

03 播放动画，即可从曲线的起始位置发射出多个粒子，粒子群沿曲线向前移动，并且曲线上的圆环半径决定了粒子半径的大小，如图17-97所示。

17.5.7 Create Surface Flow（创建曲面流）

Create Surface Flow工具多用来模拟沿曲面运动的粒子流效果，如碰撞到山体上的水浪，也可以用来模拟局部区域的沙尘效果，下面对该工具的使用进行详细的介绍。

01 在场景中创建一个NURBS平面，选中该平面并执行Create Surface Flow命令，即可在平面的上方生成多个方形网格和发射器，如图17-98所示。

02 播放动画，在一侧的方形网格，即发射器所在的位置，发射许多粒子流，并且向方形网格的另一侧运动，如图17-99所示。

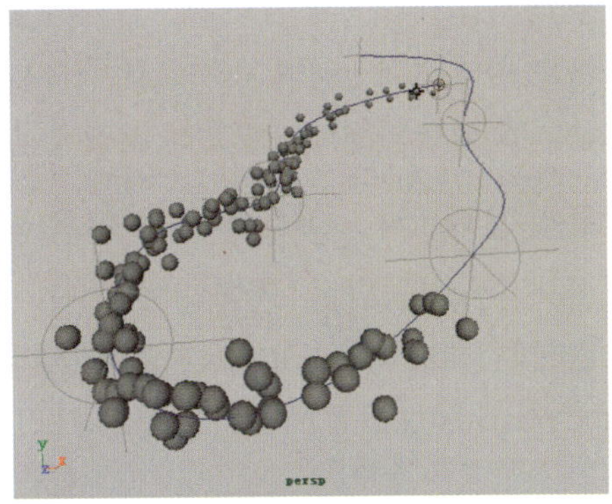

图17-97 曲线粒子流效果

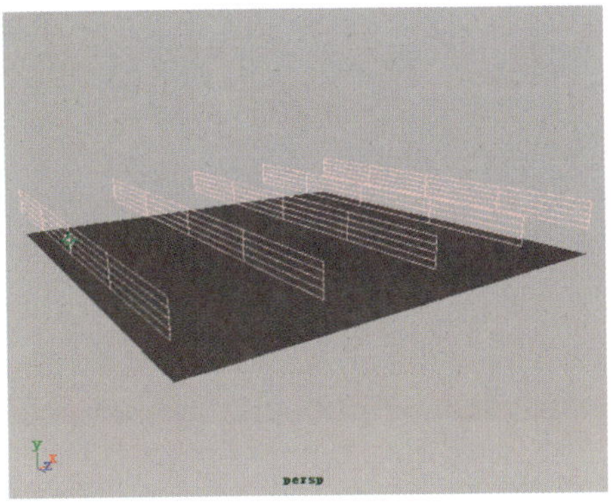

图17-98 执行Create Surface Flow命令

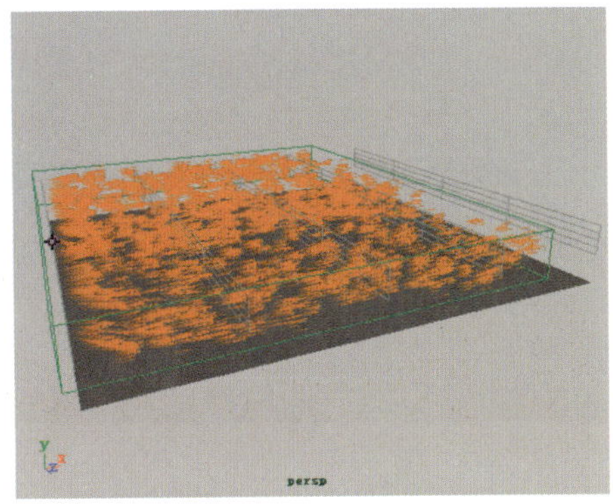

图17-99 生成的曲面流效果

17.5.8 Delete Surface Flow（删除曲面流）

若想删除创建的曲面流，方法很简单，用户只需选中曲面流的发射器，执行Effects（特效）| Delete Surface Flow（删除曲面流）命令，即可将曲面上的粒子流删除。

17.6 柔体和刚体

在动画的制作中难免有时会需要模拟一段硬性物体间的碰撞动画，或者制作一个粒子水转化成一个精致的瓶子模型，就分别用到Maya动力学模块中的柔体和刚体命令。

切换到Dynamics模块，展开Soft / Rigid Bodies命令列表，可以看到有关刚体和柔体的相关命令，如图17-100所示。

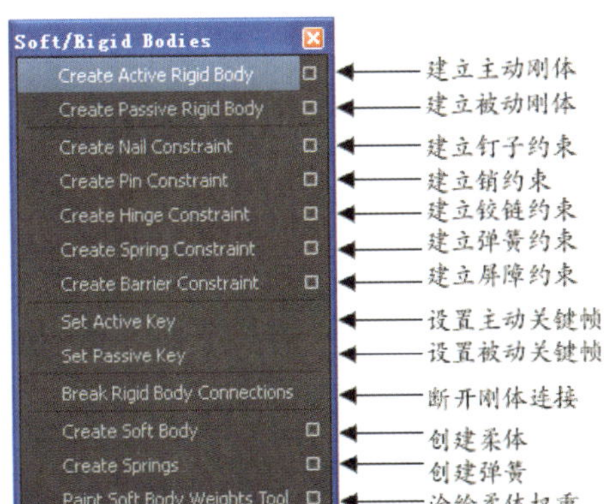

图17-100 刚体和柔体的命令菜单

17.6.1 刚体的基本认识

Rigid Body（刚体）工具是一种将几何体转化

为坚硬多边形物体表面来进行动力学运算的一种方法。它主要用来模拟物理学中的碰撞等效果。在Maya中刚体可以分为两种类型，一种是主动刚体，另一种是被动刚体。

17.6.2 创建主动刚体和被动刚体

主动刚体拥有一定的质量，它可以受动力场、碰撞和非关键帧化的弹簧影响，从而改变运动状态；被动刚体相当于无限大质量的刚体，它的运动状态不会受到任何改变，只能用来影响主动刚体的运动，但是被动刚体可以用来设置关键帧。

课堂练习204：创建主动刚体和被动刚体

01 打开场景文件，选择球体模型作为编辑对象，如图17-101所示。

02 执行Soft/Rigid Bodies（柔体/刚体）| Create Active Rigid Body（创建主动刚体）命令，打开Rigid Options属性设置面板，如图17-102所示。

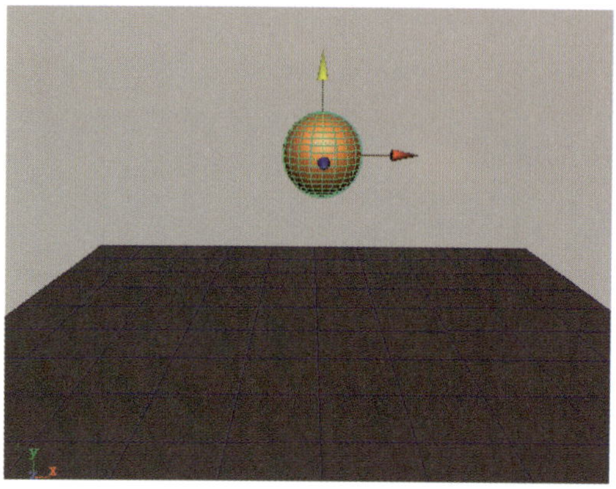

图17-101 选择球体模型

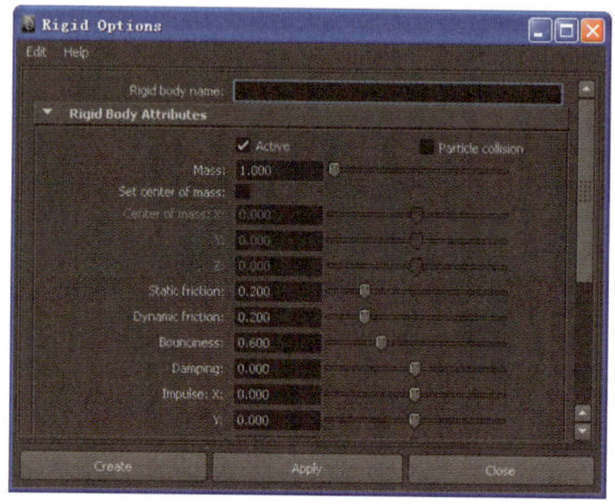

图17-102 刚体选项面板

03 使用默认值，单击Create按钮，即可创建主动刚体，如图17-103所示。

04 选择上述场景文件的地面模型，作为编辑对象，如图17-104所示。

05 执行Soft/Rigid Bodies（柔体/刚体）| Create Passive Rigid Body（创建被动刚体）命令，打开Rigid Options属性设置面板，如图17-105所示。

06 使用默认值，单击Create按钮，即可创建被动刚体，如图17-106所示。

参数简介

下面介绍Rigid Options属性设置面板中的属性。

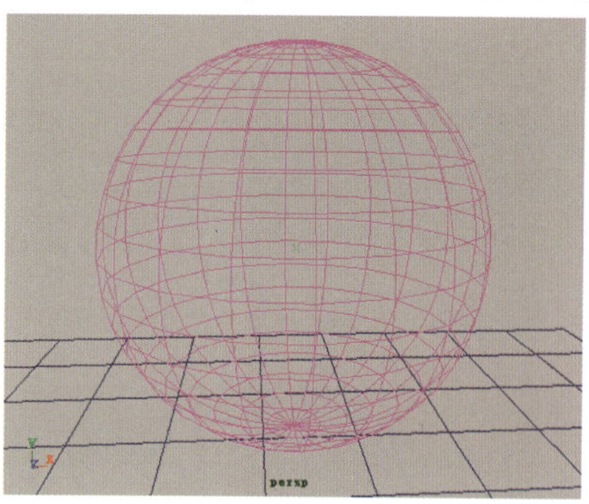

图17-103 创建刚体

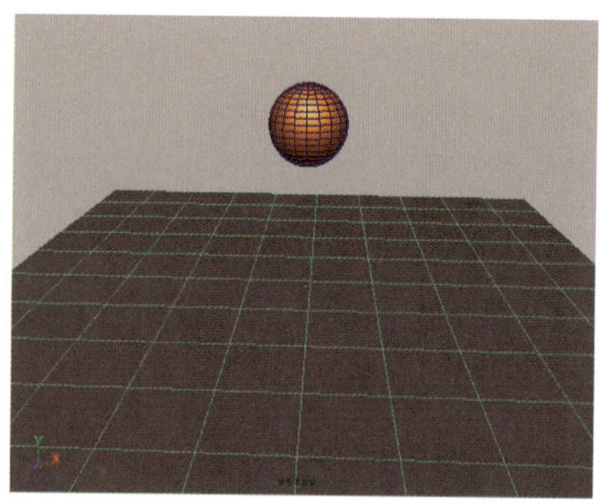

图17-104 选择地面

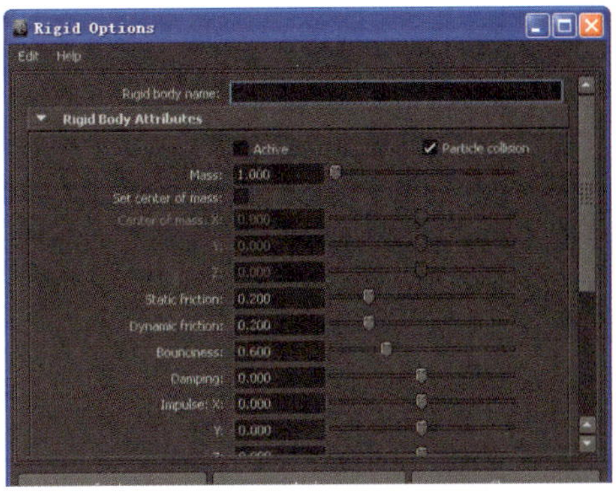

图17-105 刚体选项设置面板

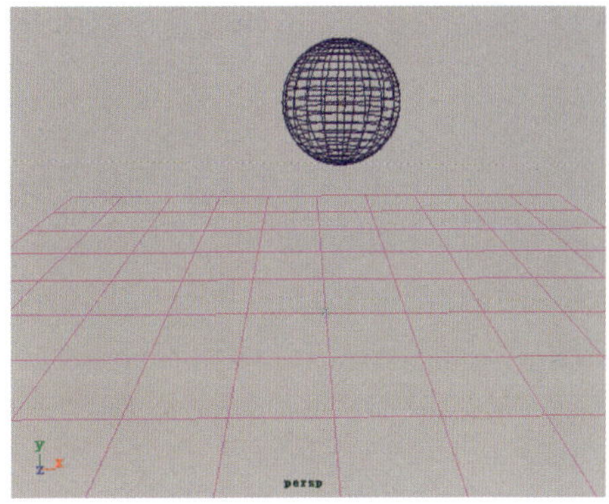

图17-106 创建被动刚体

◆ Mass（质量）

用于设置刚体的质量，该值越大则物体就显得越重。

◆ Bounciness（弹性）

该参数用于设置刚体的弹性大小。

◆ Damping（衰减）

该参数用于设置刚体的速度衰减大小。

◆ Static Fiction（摩擦力）

该参数用于设置刚体受到滑动摩擦力的大小。

◆ Collision Layer（碰撞层）

用于设置碰撞的层，只有相同层编号的刚体才会发生碰撞。

◆ Stand In（替代）

如果启用该选项，则Maya会替代场景中的刚体为指定几何体，以加速计算。当用户需要使用几何体替代刚体时，可以展开其右侧的列表框，并选择其中的Cube或Sphere选项。

◆ Active（主动）

如果禁用该选项，则系统将把主动刚体转换为被动刚体，转换的方法：在右侧的文本框中单击鼠标左键，然后在其中输入off字符即可。

◆ Particle Collision（粒子碰撞）

如果启用该选项，则允许刚体与粒子发生碰撞，在该参数右侧的文本框中输入On，可以启用该选项。

◆ Lock Center Of Mass（锁定重心）

锁定刚体的重心。

◆ Ignore（忽视）

如果将该选项的参数设置为on，则可以使该刚体的作用失效。

◆ Collisions（碰撞）

如果启用该选项，则允许刚体发生碰撞，禁用该选项，则不允许发生碰撞。

◆ Apply Force At（作用于）

选择将外力施加到刚体的什么位置，读者可以选择Center Of Mass（刚体重心）、Bounding Box（包围盒）或Verticles Or Cvs（顶点或CV点）。

17.6.3 刚体动画的关键帧

由于直接使用动力学创建的刚体动画，在时间轴上并不显示任何关键帧，若想要修改刚体动画效果，就需要修改相应的刚体解算属性，但同时我们可以将刚体动画的属性显示出来，以对关键帧序列进行修改，下面介绍如何显示刚体动画的关键帧。

课堂练习205：编辑刚体动画关键帧

01 打开前面制作的小球碰撞地面的刚体动画场景，并且选中小球，单击Edit（编辑）| Keys（关键帧）| Bake simulation（烘焙模拟）命令右侧的□按钮，如图17-107所示。

02 在打开的属性设置面板中，单击Start/End单选按钮，设置End time值为60，Sample by值为5，如图17-108所示。

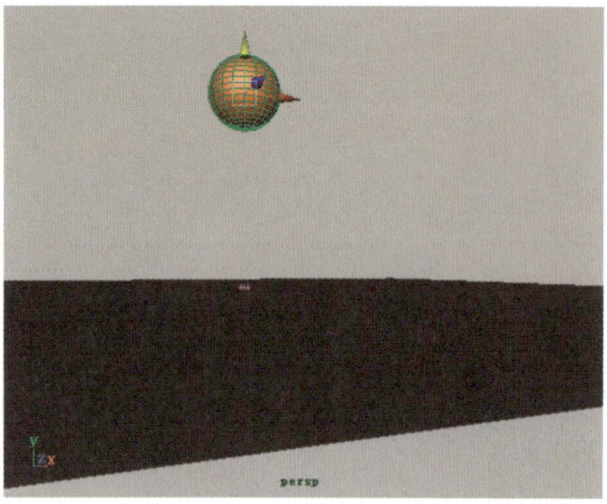

图17-107 执行Bake simulation命令

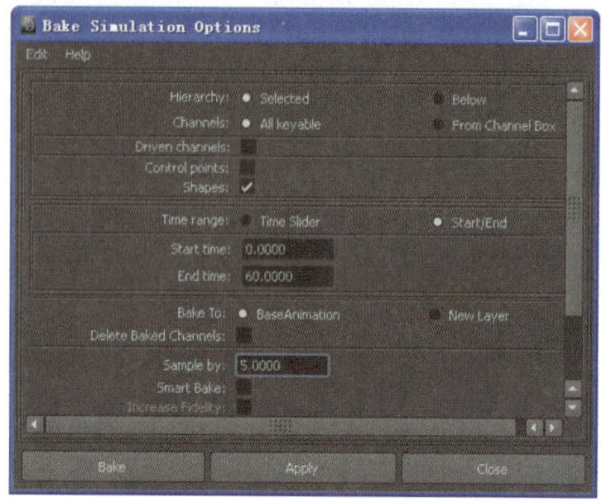

图17-108 设置解算属性参数

03 单击Apply按钮，即可显示主动刚体小球的关键帧序列，如图17-109所示。

04 我们可以通过移动时间轴上的关键帧位置，来改变主动刚体小球的运动和碰撞状态，如图17-110所示。

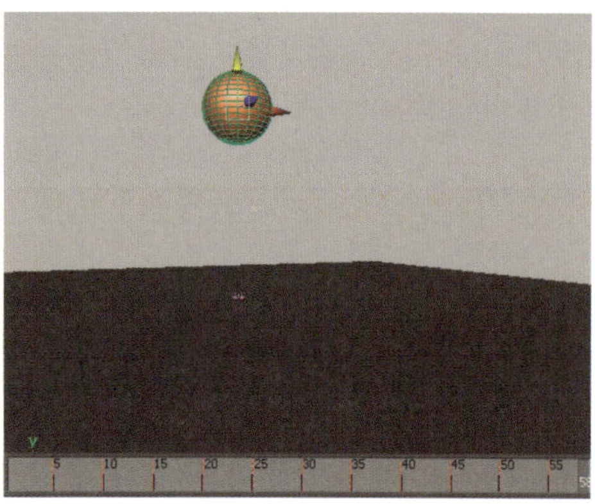

图17-109 显示指定刚体的关键帧

图17-110 移动关键帧的位置

17.6.4 柔体的基本认识

柔体是指Maya将几何物体表面的CV点或顶点转换成柔体粒子，然后通过对不同部位的粒子给予不同的权重值，来模拟自然界中的柔软物体或可以变形的物体的一种动力学计算方法。

17.6.5 创建柔体

课堂练习206：创建柔体

01 打开场景文件，并将布料物体选中作为目标对象，如图17-111所示。

02 单击Soft/Rigid Bodies（柔体/刚体）| Create Soft Body（创建柔体）命令右侧的小方块按钮，即可打开Soft Options属性设置面板，如图17-112所示。

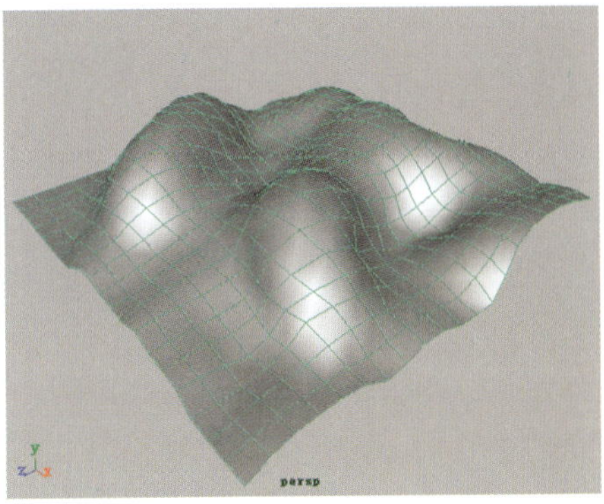

图17-111 选择布料物体

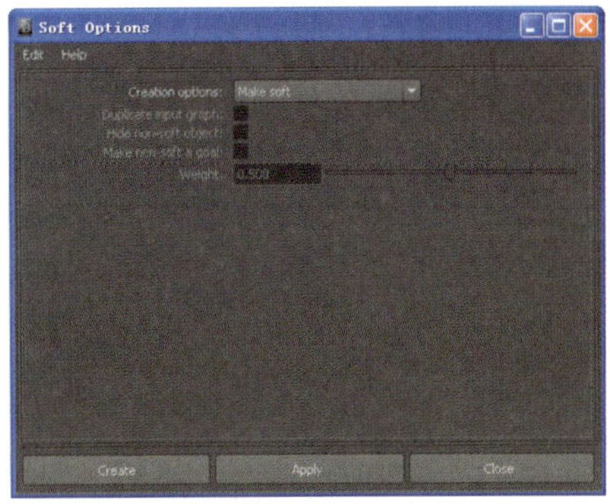

图17-112 柔体选项设置面板

03 使用默认数值，单击Create按钮，即可创建柔体，如图17-113所示。

参数简介

◆ Creation options（创建选项）

该下拉列表中包括3个选项，其中Make Soft可以直接将选中的物体转换成柔体；Duplicate Make Copy Soft可以在不改变原物体的情况下，以复制出的副本作为柔体；Duplicate Make Original Soft可以直接将物体转换成柔体，并且另外复制一份原始物体；Duplicate Upstream Graph可以自动复制原始几何体，并且把复制的几何体转换为柔体。

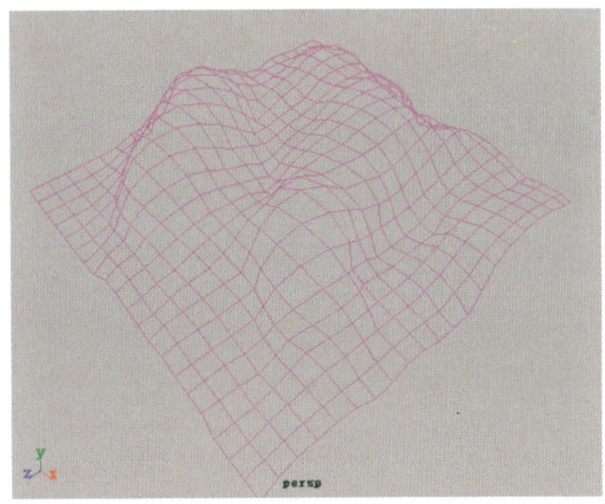

图17-113 创建柔体

◆ Hide Non-Soft Object（隐藏原始对象）

如果启用该复选框时，系统可以自动将原始的几何体隐藏起来，以节省有限的工作空间。该复选框只有在启用了上面列表框中的后3种类型时才变为可用。

◆ Hide Non-Soft a Goal（隐藏原始目标）

如果禁用复选框，则创建柔体时必须为粒子创建目标。该复选框只有在启用了上面列表框中的后3种类型时才变为可用。

◆ Weight（权重）

该参数用于设置目标物体的权重，当该值为0时，柔体可以自由地变形；当该值为1时，柔体将尽量匹配目标物体的形状。

17.7 刚体约束

17.7.1 Hinge Constraint（铰链约束）

Hinge Constraint（铰链约束）可以使刚体沿着一个已经定义的轴向进行运动，例如，通过Hinge Constraint可以创建门绕门轴旋转或钟表的摆动等物理现象。创建铰链约束的方式包含以下3种。

◆ 一个主动刚体或者被动刚体与场景中的某一位置。

◆ 两个主动刚体之间。

◆ 一个主动刚体和一个被动刚体之间。

课堂练习207：创建铰链约束

01 在新建场景中创建一个Cube模型，并调整其大小和厚度，如图17-114所示。

02 在视图中选择长方体，执行Soft/Rigid Bodies（柔体/刚体）| Create Hinge Constraint（创建铰链约束）命令，添加一个铰链约束，如图17-115所示。

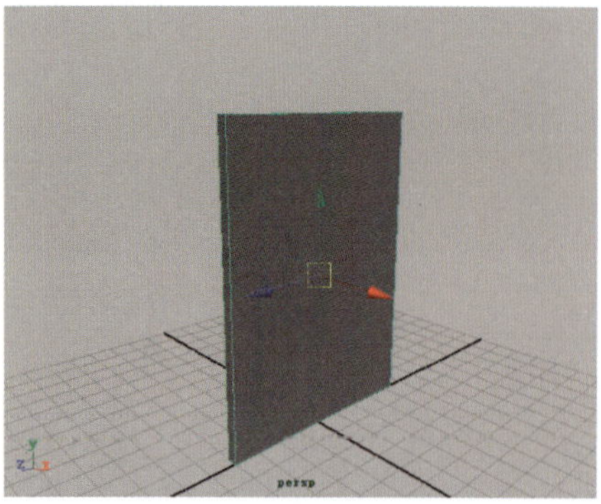

图17-114 创建目标物体

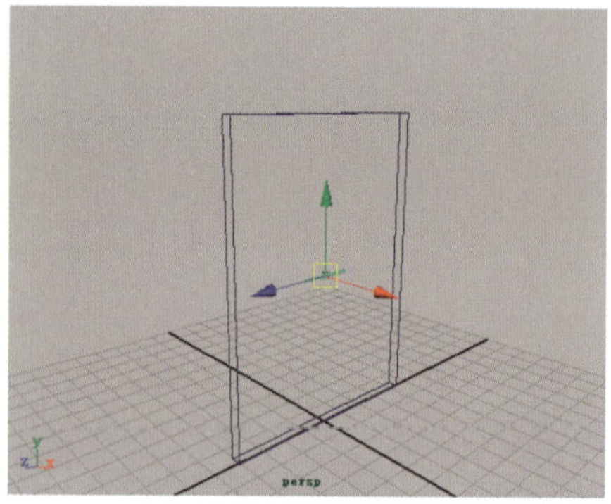

图17-115 创建铰链约束

03 将铰链约束移动到门一侧，按E键旋转*x*轴，调整角度，如图17-116所示。

04 选择长方体，切换其刚体属性面板，设置Impulse为（0，0，4），如图17-117所示。

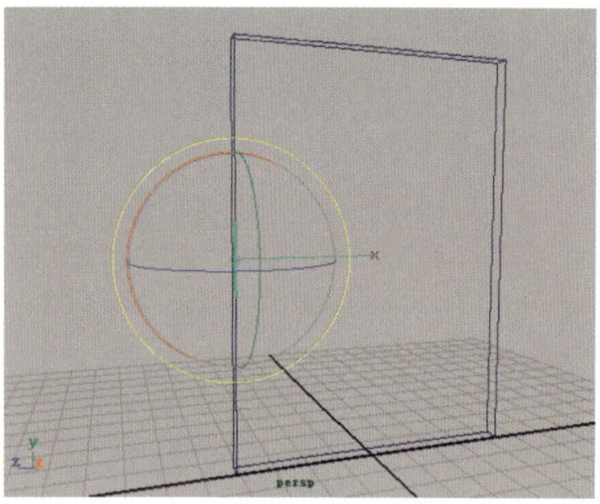

图17-116 旋转铰链约束

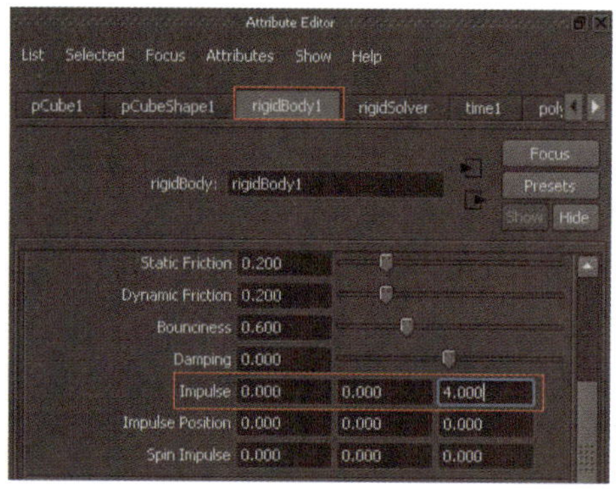

图17-117 设置刚体的推力

05 播放动画，观察发现门将绕铰链约束的*y*轴运动，如图17-118所示。

参数简介

◆ Interpenetrate（穿透）

当刚体之间产生碰撞时，选中该复选框可使刚体之间能够相互穿透。

◆ Initial Position（初始位置）

该复选框用于设置铰链约束在场景中的位置，启用Set Initial Position复选框，然后输入X、Y和Z的坐标数值即可。如果没有启用Set Initial Position复选框，当为一个刚体创建约束时，铰链约束将在场景中的坐标原点。当为两个刚体创建约束时，Maya会在两个刚体的中间点创建铰链约束。

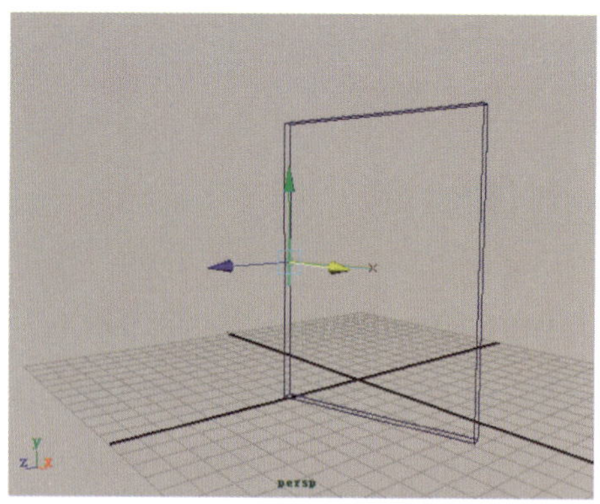

图17-118 动画效果

◆ Initial Orientation（初始方向）

用户可以通过输入X、Y和Z的值来设置铰链约束的初始方向。在默认情况下，铰链约束的初始方向为*z*轴。

17.7.2 Barrier Constraint（屏蔽约束）

Barrier Constraint相当于创建了一个无穷大的阻挡平面，受这个平面约束影响的物体将不能超越这个平面的界限。该约束只针对主动的单个刚体产生作用，不能用于约束被动的刚体，下面介绍一下屏障约束的操作方法。

课堂练习208：创建屏蔽约束

01 选择人头模型，下面为其设置屏蔽约束操作，如图17-119所示。

02 执行Soft/Rigid Bodies（柔体/刚体）｜Create Barrier Constraint（创建屏蔽约束）命令，打开屏蔽约束选项设置面板，如图17-120所示。

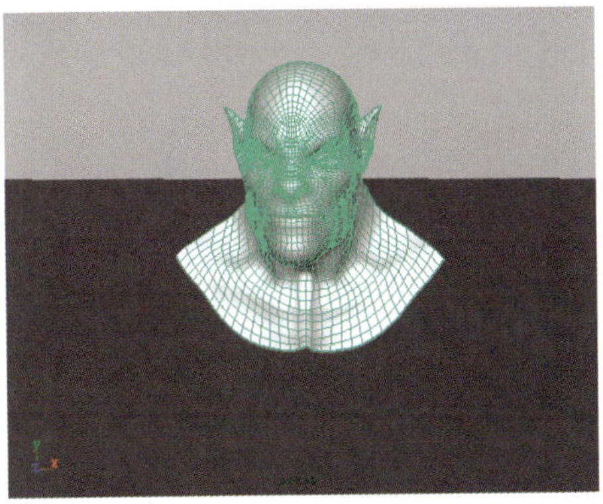

图17-119 选择模型（柔体/刚体）

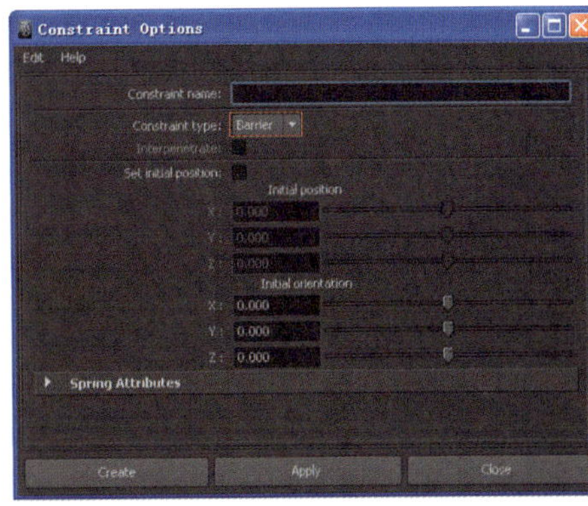

图17-120 屏蔽约束选项设置面板

03 使用默认值，单击Create按钮，创建屏蔽约束，在场景中将会出现一个方形屏蔽图标，如图17-121所示。

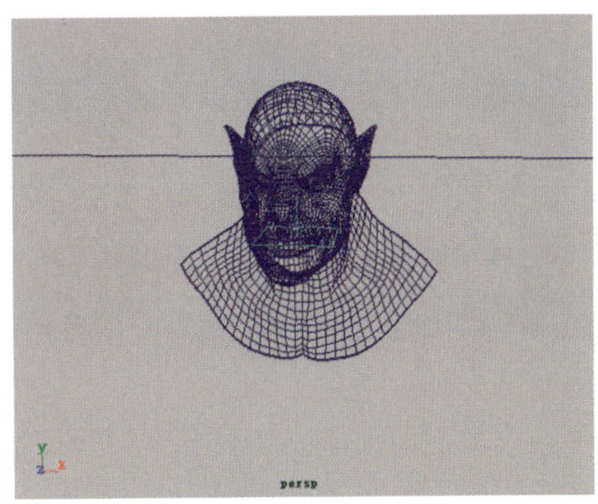

图17-121 屏蔽约束

参数简介

◆ Initial Position（初始位置）

该复选框用于设置屏蔽约束在场景中的位置，启用Set Initial Position复选框，然后输入X、Y和Z的坐标数值即可；如果没有启用Set Initial Position复选框，则系统会在场景的原点创建屏蔽约束。

◆ Initial Orientation（初始方向）

用户可以通过输入X、Y和Z的值来设置屏蔽约束的初始方向。在默认情况下，屏蔽约束的初始方向为*xz*平面。

17.7.3 Nail Constraint（钉子约束）

钉子约束可以把刚体固定在场景中的某一个位置，它只对主动刚体起作用，而对被动刚体不起任何作用。下面通过一个实例向读者介绍钉子约束的创建方法。

课堂练习209：创建钉子约束

01 在场景文件中选择模型，如图17-122所示。

02 执行Soft/Rigid Bodies（柔体/刚体）｜Create Nail Constraint（创建钉子约束）命令，打开如图17-123所示的参数设置面板。

图17-122 选择场景模型

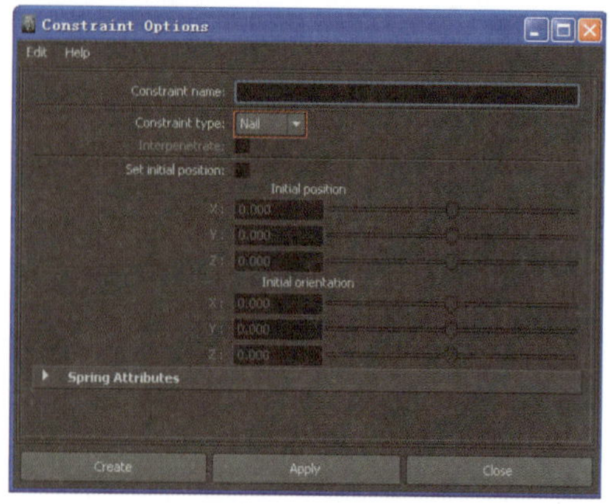

图17-123 钉子约束属性设置面板

03 移动钉子约束的位置，如图17-124所示。

04 选择模型，执行Gravity命令，为其添加重力场，此时播放动画观察效果，如图17-125所示。

图17-124 设置钉子约束的位置

图17-125 钉子约束动画效果

17.7.4 Spring Constraint（弹簧约束）

Spring Constraint（弹簧约束）主要用于模拟弹性绳索，可以创建为弹簧约束的对象比较广泛，主要包括以下3种。

- 一个主动刚体或被动刚体与场景中的某一位置。
- 两个主动刚体。
- 一个主动刚体和一个被动刚体。

课堂练习210：创建弹簧约束

01 选中上一小节中的企鹅模型，执行Soft/Rigid Bodies（柔体/刚体）| Create Passive Rigid Body（创建被动刚体）命令，将其转化为刚体。

02 选中企鹅模型，单击Soft/Rigid Bodies（柔体/刚体）| Create Spring Constraint（创建弹簧约束）命令右侧的方体按钮，在打开的弹簧约束属性设置面板中修改具体的参数，如图17-126所示。

03 单击Apply按钮，即可为企鹅模型创建弹簧约束，如图17-127所示。

04 播放动画，观察弹簧约束的动画效果，如图17-128所示。

参数简介

- Interpenetrate（穿透）

当刚体之间产生碰撞时，选中该复选框可使刚体之间能够相互穿透。此选项处于非选中状态时，刚体之间不能互相穿透。

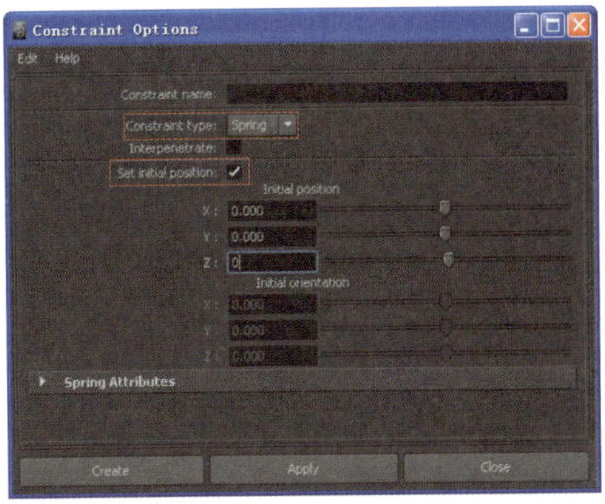

图17-126 弹簧约束设置面板

图17-127 设置弹簧约束

图17-128 弹簧约束的动画效果

◆ Initial Position（初始位置）

该复选框用于设置弹簧约束在场景中的位置，选中Set Initial Position复选框，然后输入X、Y和Z的坐标数值即可。

◆ Stiffness（劲度）

设置弹簧约束的弹力，在同样距离的情况下，该数值越大，弹簧的弹力越大。

◆ Damping（阻尼）

设置弹簧约束的阻尼力。阻尼力的强度与刚体的速度成正比，阻尼力的方向和刚体速度的方向成反比。

◆ Rest Length（重置长度）

设置弹簧约束在静止时的长度。在默认的情况下，弹簧的静止长度和约束长度相等。

17.7.5 Pin Constraint（销约束）

销约束可以在某一确定的位置上将两个刚体连接在一起，连接的物体可以是两个主动刚体，也可以是一个主动刚体和被动刚体。下面通过一个具体的实例，向读者介绍销约束的使用方法。

课堂练习211：销约束

01 在场景中创建两个小球，并将它们设置为主动刚体，如图17-129所示。

02 选择其中的一个球体，执行Fields（场）| Gravity（重力）命令，为选择的球体添加一个重力场，此时播放动画会发现被添加重力的球体会自动下落，如图17-130所示。

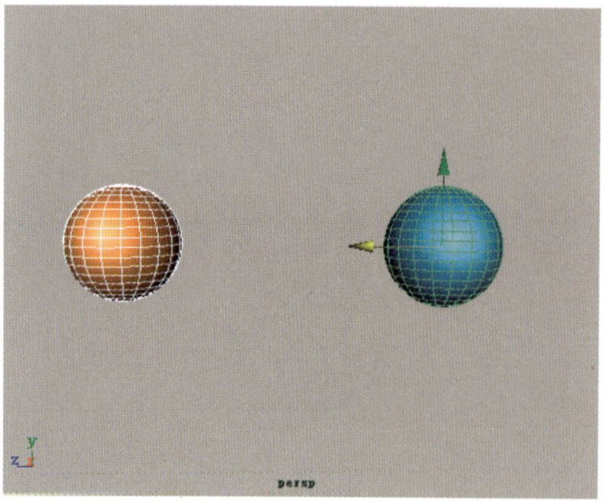

图17-129 选择刚体

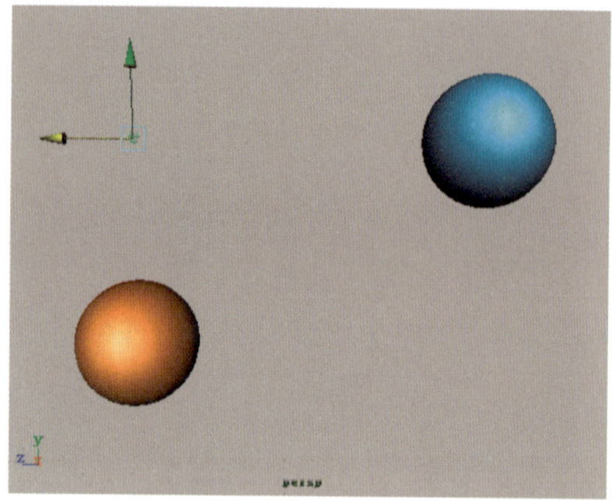

图17-130 添加重力场

03 再选择两个球体，执行Create Pin Constraint命令，为它们创建一个销约束控制器，如图17-131所示。

04 播放动画，其中一个球体会跟随另一个球体向下运动，如图17-132所示。

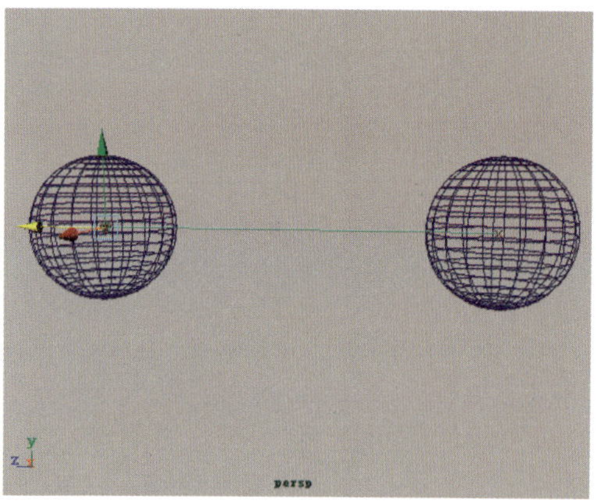

图17-131 创建销约束

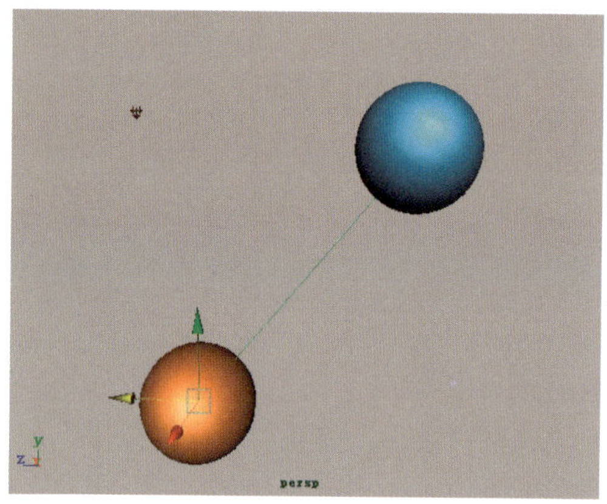

图17-132 销约束动画效果

17.8 刚体的解算

17.8.1 Create Rigid Body Solver（创建刚体解算器）

在Maya中刚体动力学动画和刚体约束是由解算器控制的，通过设置参数，可以控制刚体解算的精度和速度。

课堂练习212：创建刚体解算器

01 在刚体动画场景中，执行Create Rigid Body Solver命令，即可创建一个刚体解算器rigidsolver1。在Current Rigid Body Solver菜单中可以看到被添加的刚体解算器，如图17-133所示。

02 同样的方法，也可以在刚体场景中同时创建多个刚体解算器，如图17-134所示。

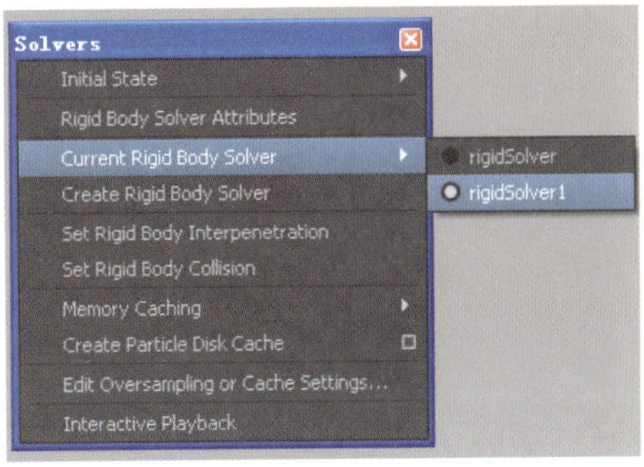

图17-133 创建的刚体解算器

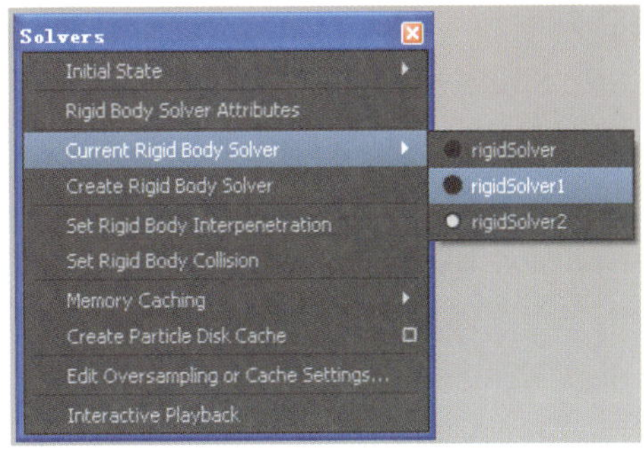

图17-134 多个刚体解算器

03 执行Rigid Body Solver Attributes命令，打开刚体解算属性设置面板，在这里可以设置刚体解算的属性参数，如图17-135所示。

17.8.2 编辑刚体解算器

课堂练习213：坠落的小球

01 继续使用上一小节中的小球销约束动画场景，如图17-136所示。

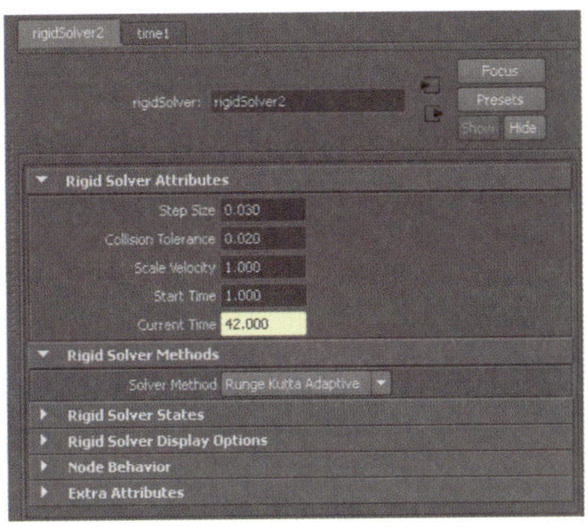

图17-135 刚体解算器参数面板

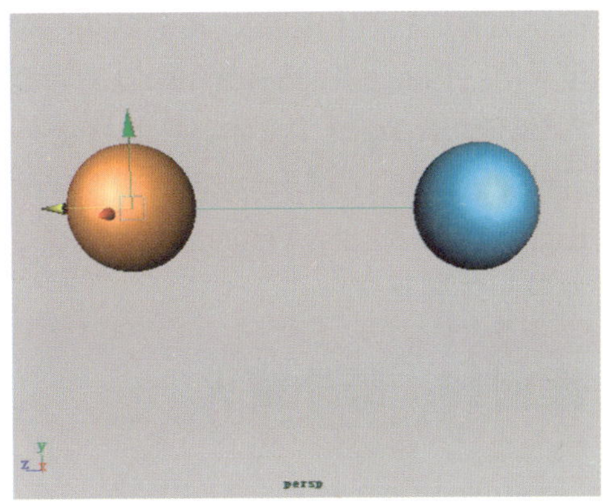

图17-136 导入场景文件

02 执行Rigid Body Solver Attributes命令，打开刚体结算器属性面板，设置Step Size为0.05，Start Time为200，Solver Method为Runge Kutta，如图17-137所示。

03 播放动画，观察发现在200帧之前球体保持原状，未发生运动变化，200帧之后开始下落，如图17-138所示。

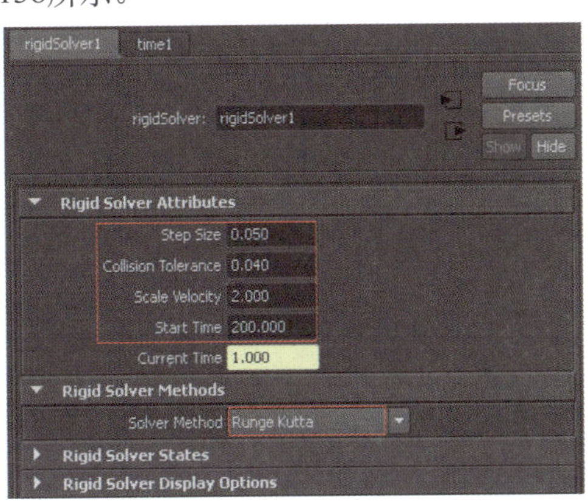

图17-137 设置刚体解算器参数

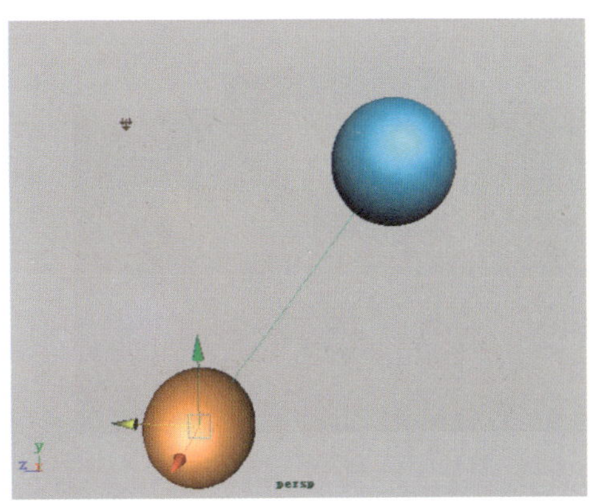

图17-138 修改刚体解算的影响效果

参数简介

◆ Step Size（步长）

设置每帧刚体发生计算的频率。例如，动画的每一帧为0.1秒，而步长设置为0.033秒，解算器将会在一帧内计算刚体动画3次。

◆ Collision Tolerance（碰撞容差）

设置当一个刚体解算器检测碰撞时的精度和速度。

◆ Scale Velocity（缩放速度）

它与Display Velocity属性一起使用。开启该选项后，移动中的刚体将显示出一个速度箭头图标，该图标表示刚体运动的强度和方向。

◆ Start Time（起始时间）

设置解算器开始对刚体运算动力学动画时时间滑块上的帧数。

◆ Current Time（当前时间）

可以对连接到解算器的所有刚体的动力学动画进行加速或减速。当前时间对刚体的作用效果与其对粒子物体的作用是相同的。

◆ Solver Method（解算方式）

决定刚体运算的精度和速度。其中Midpoint以低精度进行较快速的计算；Runge-Kutta以适中的速度和精度计算；Runge-Kutta Adaptive以高精度进行较慢的计算，这是默认设置。

◆ Rigid Solver States（刚体解算器状态）

用于控制是否开启或关闭动力场、碰撞或刚体约束等。

◆ Rigid Solver Display Options

用于控制刚体解算器控制属性的显示。

17.9 案例10：野外篝火

1. 制作篝火

01 打开随书光盘中的Crock场景文件，如图17-139所示。

02 选择平面fireplane1，单击Emit from Object（从对象发射）命令右侧的□按钮，在粒子属性设置面板中，设置Emitter Type为Surface，Rate为15，Speed Random为0.75，并启用Scale Rate By Object Size复选框，如图17-140所示。

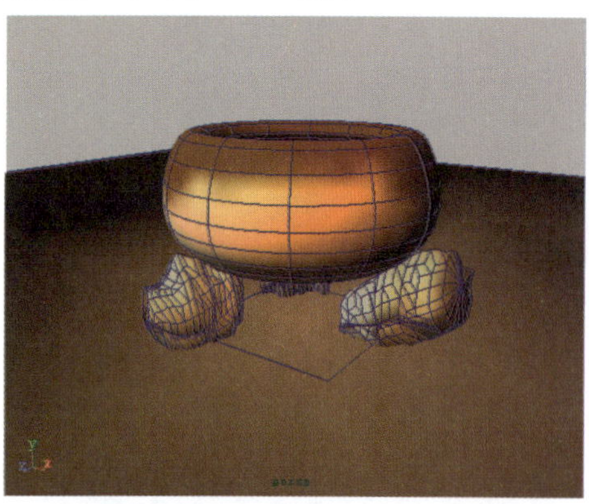

图17-139 场景文件

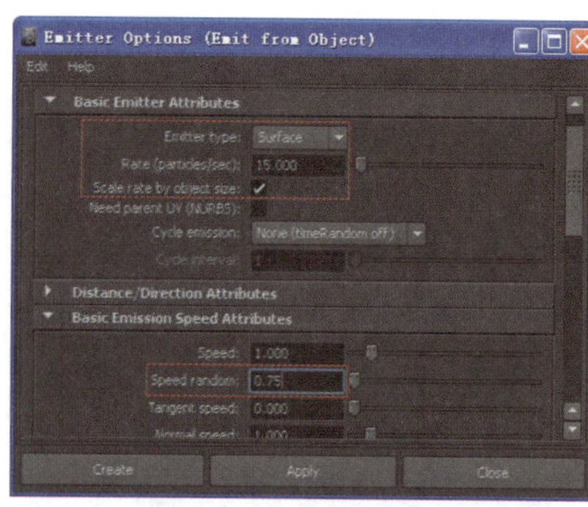

图17-140 粒子属性设置面板

03 单击Create按钮，播放动画观察粒子状态，如图17-141所示。

04 选择粒子并打开其属性设置面板，切换到ParticlesShape1选项卡，在Render Attributes卷展栏下设置Particle Render Attributes为Cloud（s/w），效果如图17-142所示。

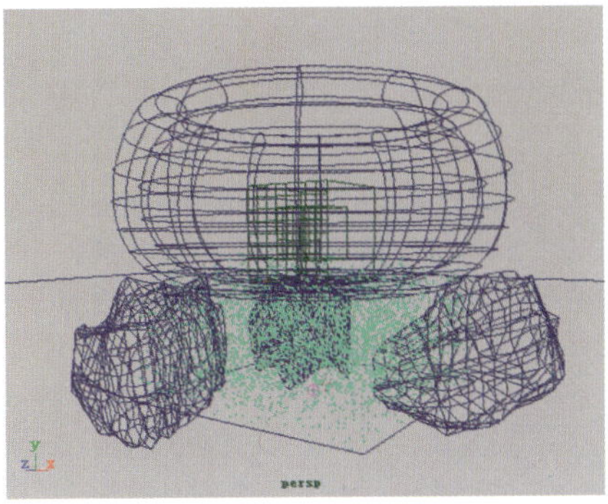
图17-141 粒子发射状态

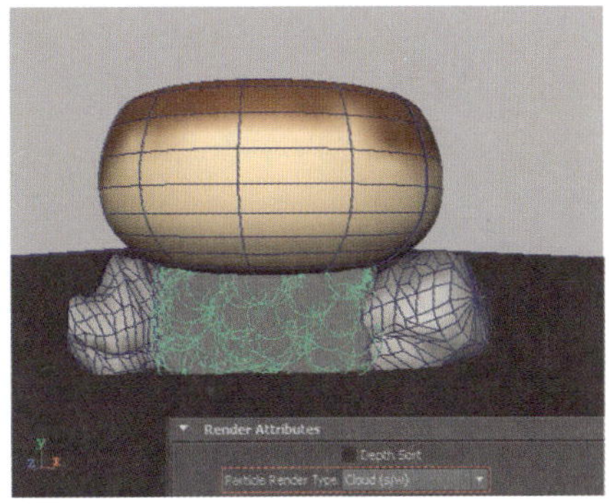

图17-142 粒子发射效果

05 选择粒子，执行Fields（场）|Gravity（重力）命令，打开重力场属性设置面板，设置Y Direction为1，其他参数默认，如图17-143所示。

06 播放动画观察效果，如图17-144所示。

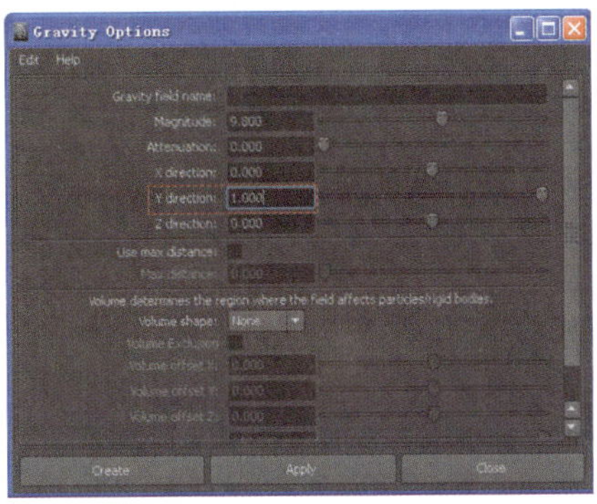

图17-143 重力场选项面板

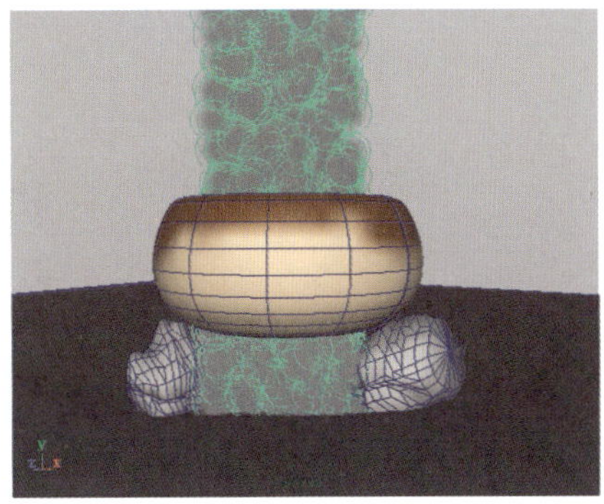
图17-144 粒子发射效果

07 选择粒子，按Shift键加选Crock模型，执行Particles（粒子）|Make Collide（创建碰撞）命令，然后播放动画观察效果，如图17-145所示。

08 选择Crock模型并打开其属性设置面板，切换到geoConnector2选项卡，设置Geo Connector Attributes（几何体关联属性）的Resilience值为0.075，如图17-146所示。

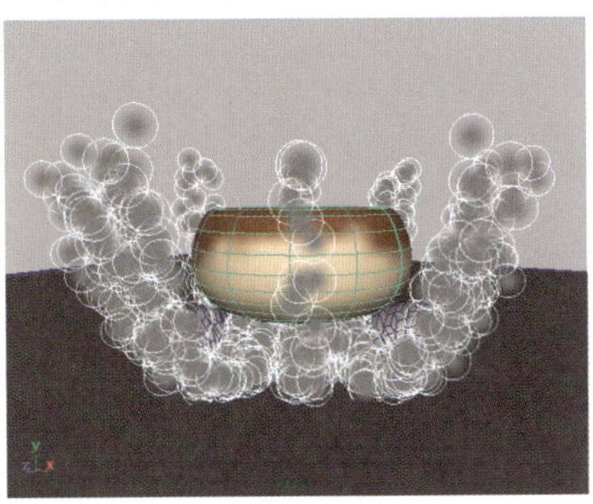
图17-145 碰撞效果

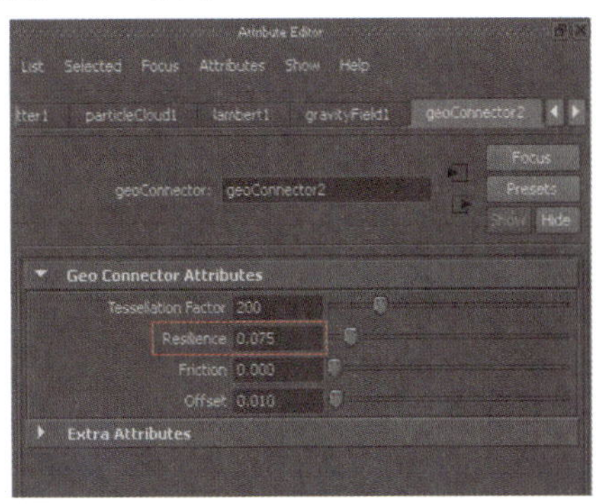

图17-146 设置Crock属性

09 播放动画，观察粒子群与模型Crock的碰撞效果，如图17-147所示。

10 选择粒子，按组合键Ctrl + A打开属性编辑器，切换到particlesShape1选项卡，在Lifespan Attributes（see also per-particle tab）属性面板中，设置Lifespan Mode为Random range，Lifespan为2，

Lifespan Random为0.75，如图17-148所示。

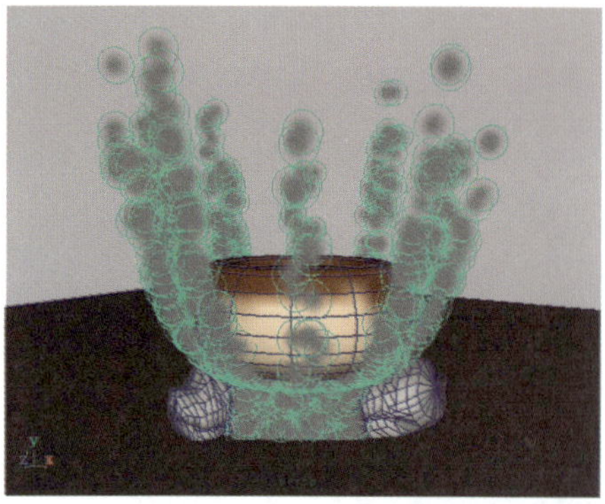

图17-147 碰撞效果

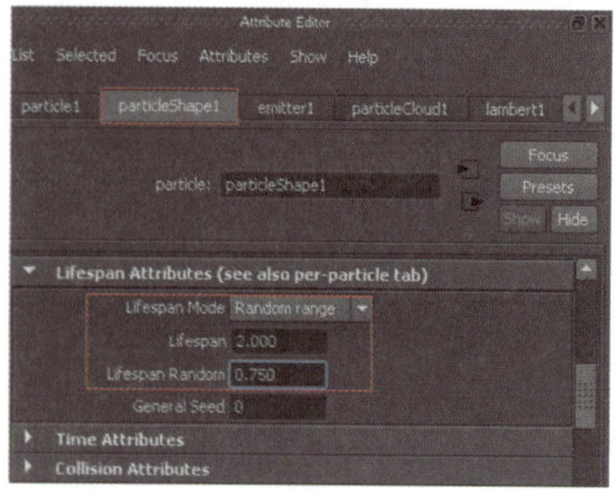

图17-148 设置粒子属性

⑪ 播放动画，观察粒子的发射效果，如图17-149所示。

⑫ 选择粒子，执行Fields（场）|Radial（辐射）命令，给粒子添加一个辐射场，设置Magnitude为2，使用W键将场的位置向上移动，播放动画观察效果，如图17-150所示。

图17-149 粒子发射效果

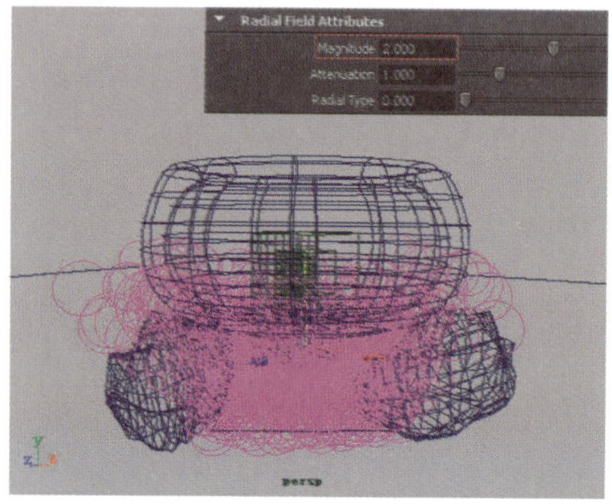

图17-150 添加辐射场

⑬ 选择粒子，执行Fields（场）|Drag（拖曳）命令，给粒子添加一个拖曳场，设置Magnitude为10，播放动画观察效果，如图17-151所示。

⑭ 选择粒子，执行Fields（场）|Turbulence（扰乱）命令，给粒子添加一个扰乱场，设置Magnitude为10，播放动画观察效果，如图17-152所示。

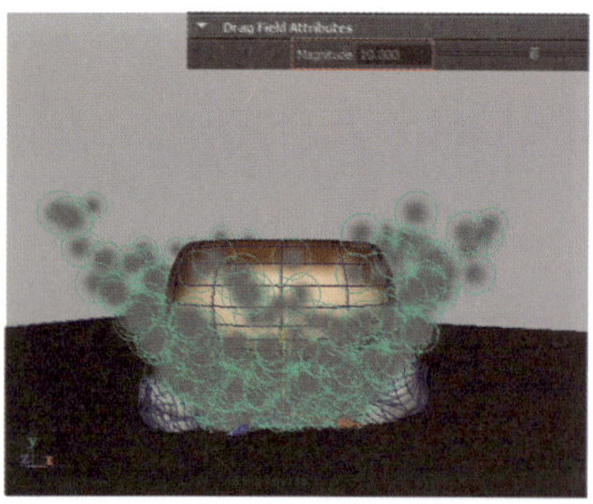

图17-151 添加拖曳场

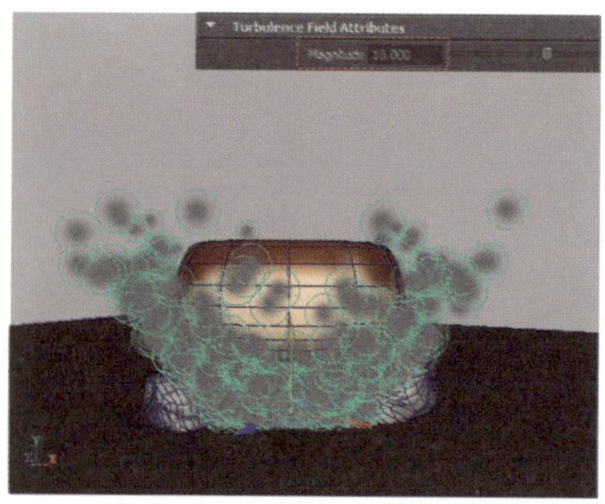

图17-152 添加扰乱场

⑮ 选择粒子，切换到粒子属性编辑器，单击particleShape1选项卡，在Add Dynamics Attributes卷展栏中，单击General按钮，如图17-153所示。

⑯ 打开添加属性窗口，切换到Particle选项卡，选择radiusPP属性，单击OK按钮，即可完成属

性的添加，如图17-154所示。

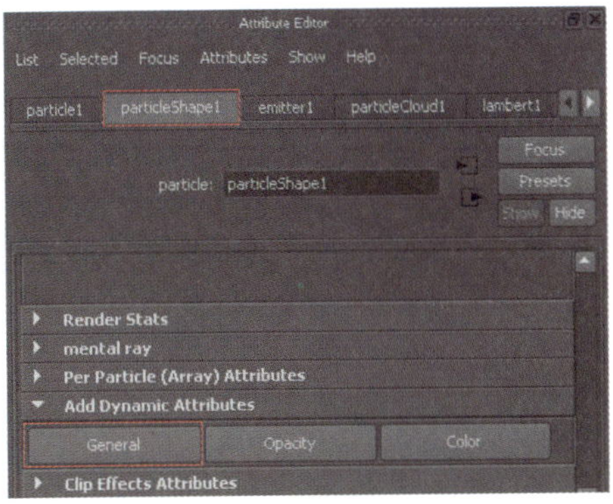

图17-153 单击General按钮

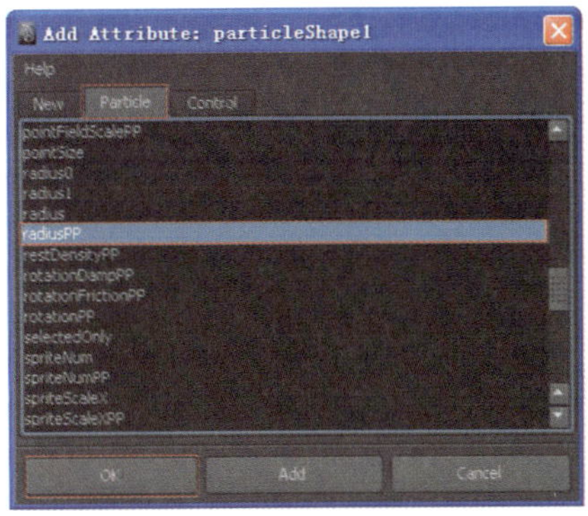

图17-154 添加radiusPP属性

17 切换到Per Particle Attributes属性面板，选择radiusPP属性，并在其右侧的显示栏中单击鼠标右键，在弹出的菜单中选择Create Ramp命令，如图17-155所示。

18 在radiusPP属性右侧的显示栏中，单击<- arrayMapper1.outValuePP |Edit Ramp命令，如图17-156所示。

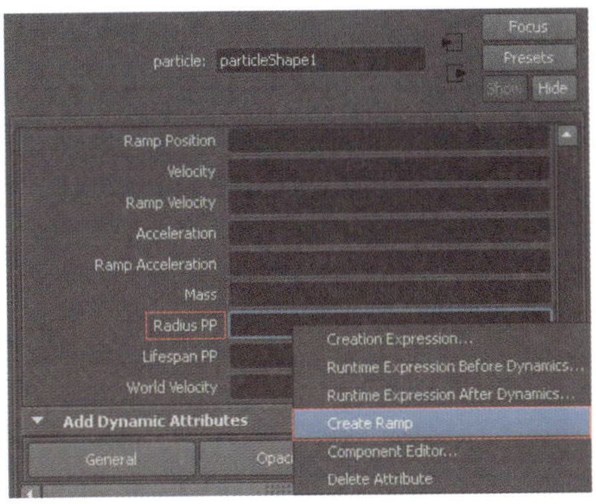

图17-155 创建渐变属性

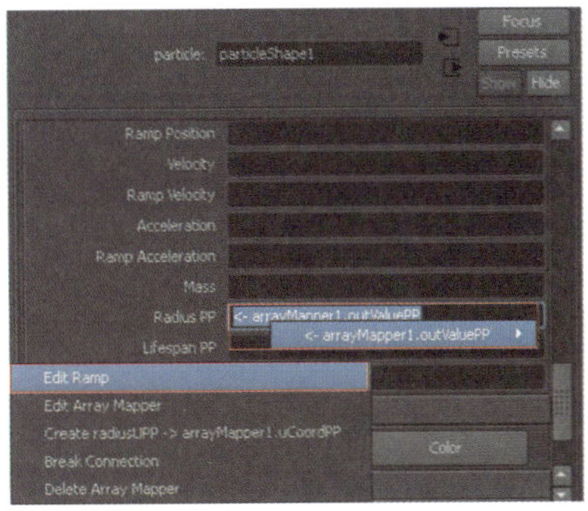

图17-156 编辑Ramp属性

19 调整Ramp的颜色及控制点的位置，如图17-157所示。

20 在选项卡上单击按钮，进入下游的arrayMapper1选项卡，在Array Mapper Attributes卷展栏中，修改Min Value为0.2，Max Value为1.25，播放动画观察效果，如图17-158所示。

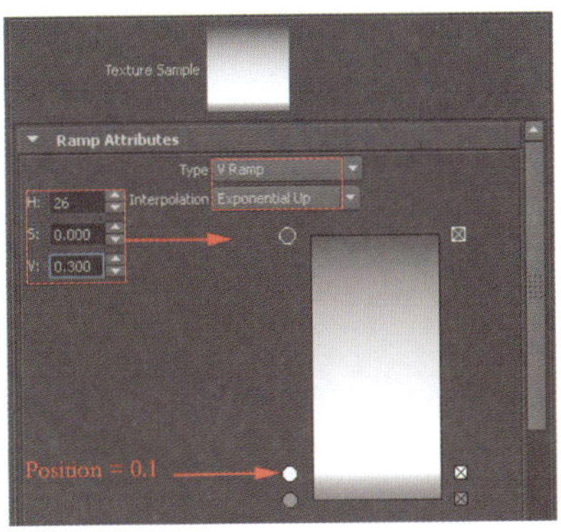

图17-157 设置Ramp颜色属性

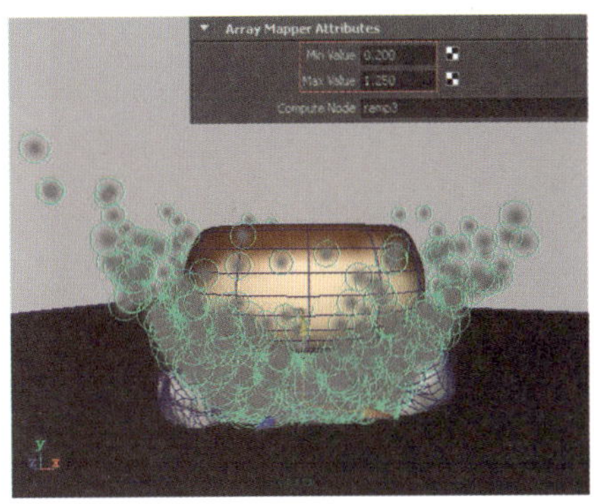

图17-158 设置Array Mapper属性

21 切换到Render View窗口，单击按钮，渲染效果如图17-159所示。

2. 制作火焰效果

01 切换到Hypershade窗口，在左侧节点工具栏中单击Volumetric节点，在弹出的选项中单击

Particle Cloud节点，如图17-160所示。

图17-159 渲染效果

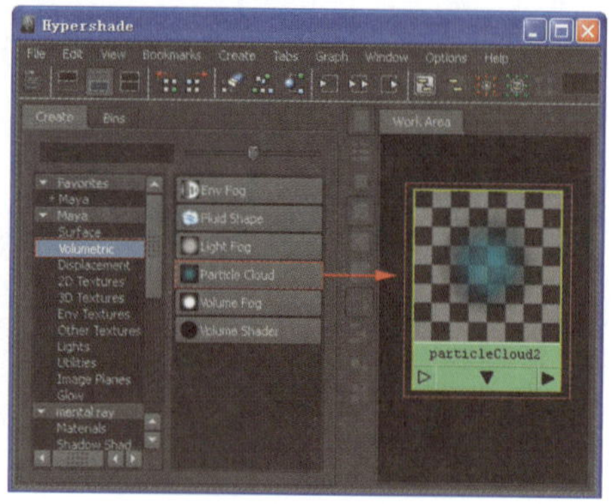

图17-160 创建粒子云

02 切换到Particles Cloud2的属性编辑器，单击Life color属性右侧的按钮，打开Create Render Node窗口，单击Ramp按钮，为其指定一张Ramp贴图，如图17-161所示。

03 当前属性编辑器中显示为particleSamplerInfo1选项卡，单击其右侧的按钮两次，切换到Ramp4属性窗口，编辑该属性，如图17-162所示。

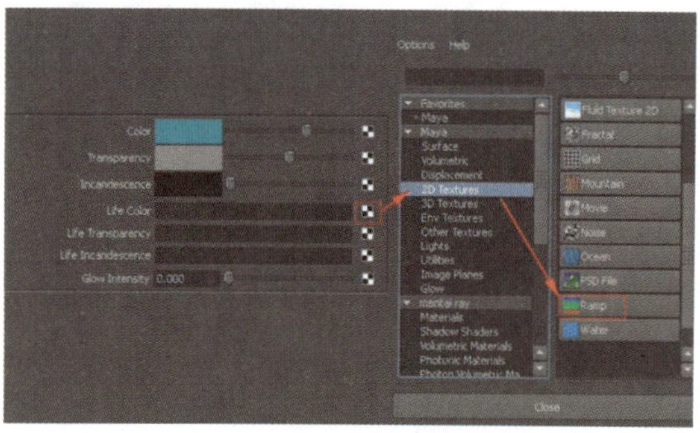

图17-161 创建Ramp渐变

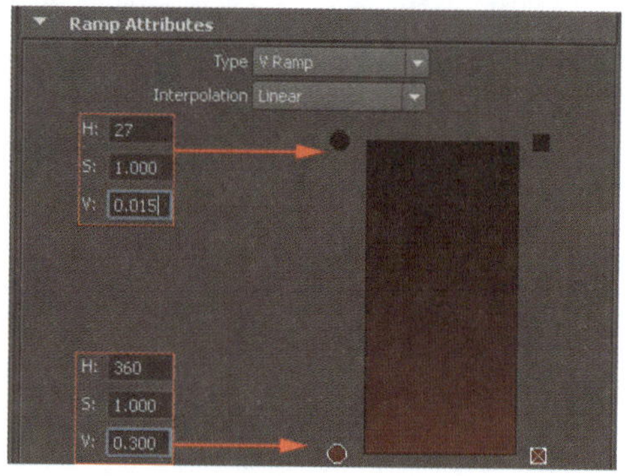

图17-162 编辑Ramp4属性

04 在视图中选择粒子，并将制作好的Particles Cloud2添加给它，切换到Render View窗口，单击按钮，渲染效果如图17-163所示。

05 在Particles Cloud2的属性编辑器中，为Transparency属性添加Crater，如图17-164所示。

图17-163 渲染效果

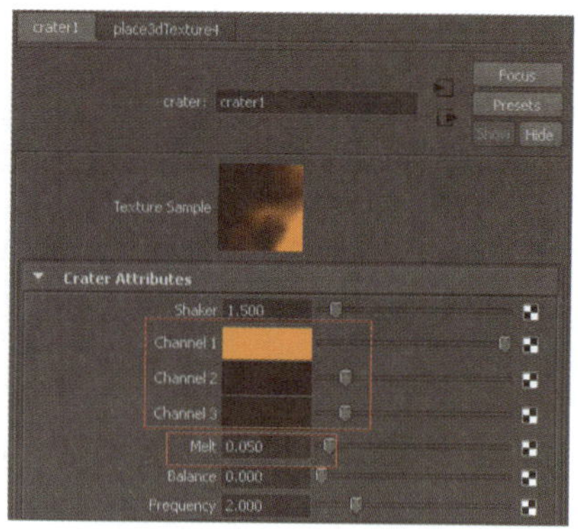

图17-164 编辑Crater属性

06 单击按钮，渲染效果如图17-165所示。

3．制作水蒸气效果

01 在视图中选择Crock模型，单击鼠标右键，在弹出的菜单中选择Isoparm命令，如图17-166所示。

图17-165 渲染效果

图17-166 选择等位线

02 按F4键切换到Surfaces菜单中，执行Edit Curve（编辑曲线）|Duplicate Surfaces Curve（复制曲面曲线）命令，复制一条曲线，并将该曲线枢轴点居中，如图17-167所示。

03 选择Curve1，按Ctrl＋D键再复制一条曲线，选中两条曲线，执行Surfaces（曲面）| Loft（放样）命令，将曲线放样成面，如图17-168所示。

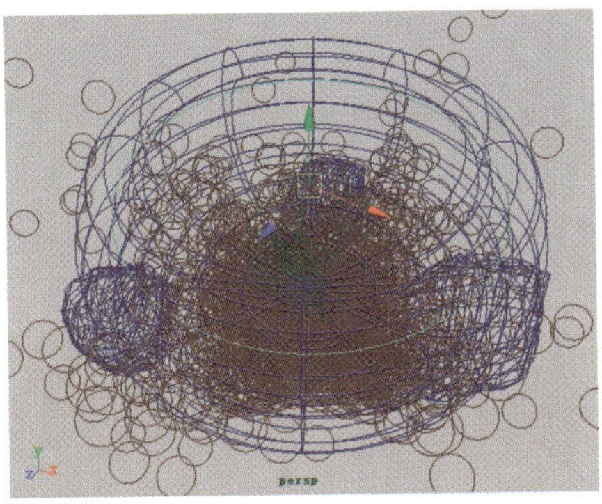

图17-167 复制曲线

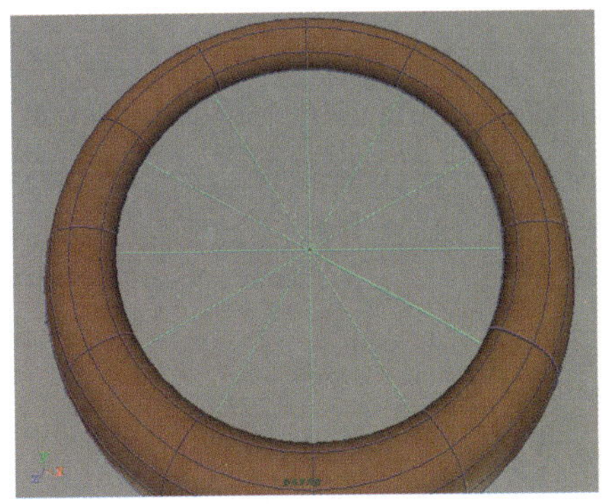

图17-168 放样成面

04 选择曲面LoftSurfaces1，执行Particles（粒子）|Emit from Object（从对象发射）命令，打开该属性面板，设置Emitter Type为Surface，Rate为5，Speed为2；启用Scale Rate By Object Size复选框，如图17-169所示。

05 播放动画，观察粒子的发射效果，如图17-170所示。

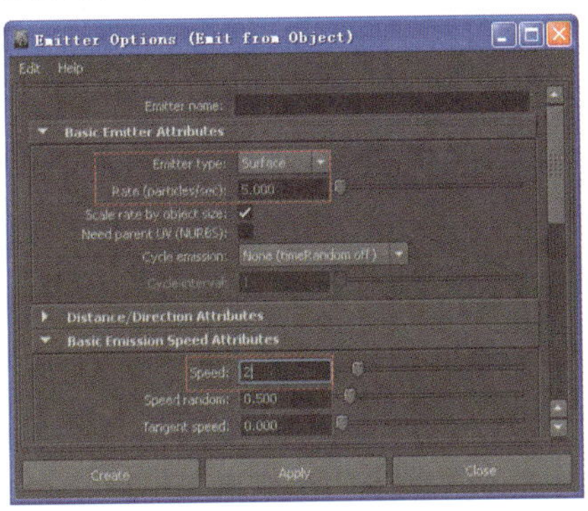

图17-169 粒子选项面板

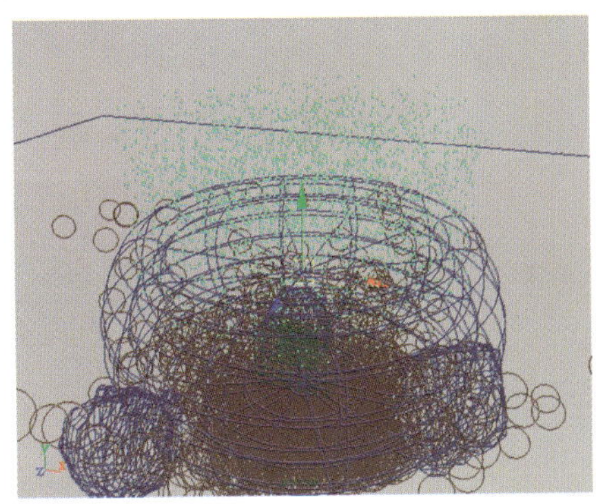

图17-170 粒子发射效果

4. 为水蒸气制作材质

01 选择粒子，切换到属性编辑器，选择Particle2Shape2选项卡，在Render Attributes卷展栏下，设置Particle Render Type为Cloud。

02 选择粒子，单击鼠标右键，在弹出的菜单中选择Assign New Material（指定新建材质）|Particle Cloud（粒子云）命令，为粒子添加材质。

03 在Particle Cloud3的属性编辑器中，为Life Color属性颜色添加渐变节点，切换到Ramp选项卡，设置相关属性，如图17-171所示。

04 切换到Render View窗口，渲染效果如图17-172所示。

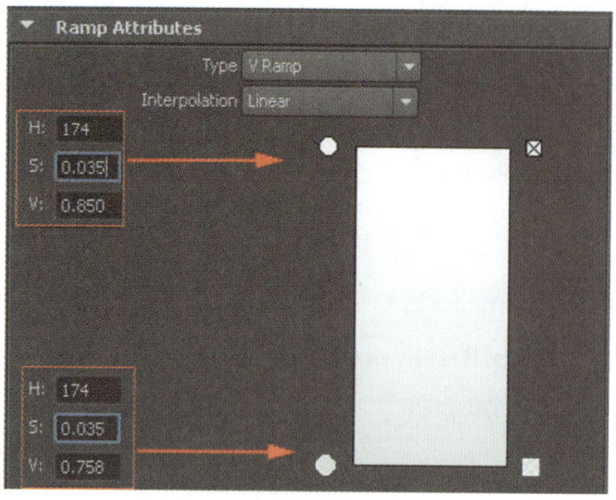

图17-171 编辑Ramp5属性

图17-172 渲染效果

05 在Particle Cloud3的属性编辑器中，切换到Transparency卷展栏，选择Blob Map，为其添加一个Cloud节点，如图17-173所示。

06 切换到cloud1选项卡，选择Cloud Attributes卷展栏，设置Color1的HSV为（0，0，0.837），如图17-174所示。

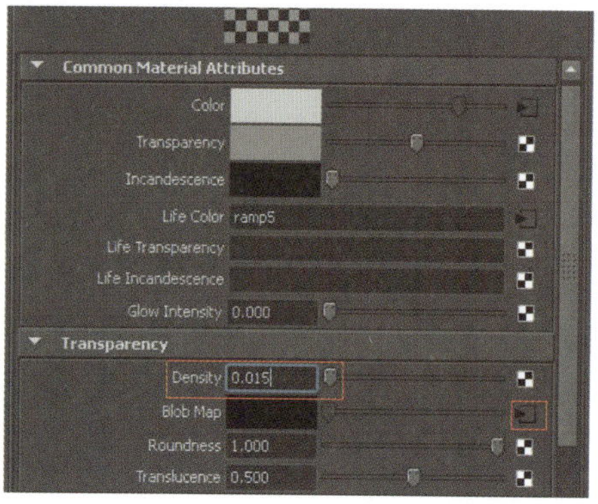

图17-173 编辑Transparency属性

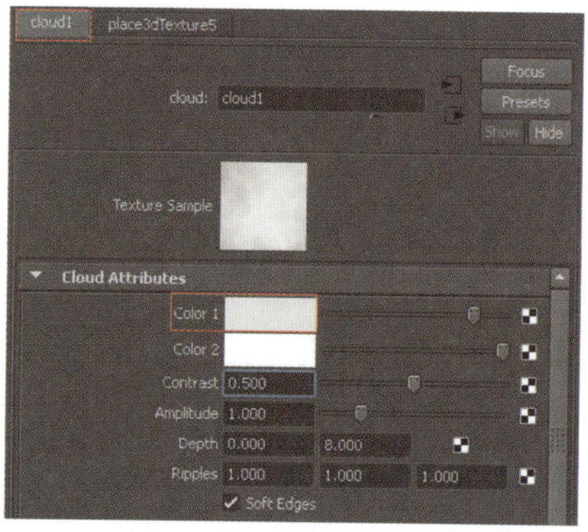

图17-174 设置Cloud属性

07 在Render View视图中单击渲染按钮，对粒子群的最终效果进行渲染，如图17-175所示。

图17-175 最终渲染效果

第18章　笔触特效

18.1　Paint Effects工具介绍

18.1.1 创建笔触效果

1. 笔触功能简介

Paint Effects是Maya的重要组成部分，可在画布、3D空间或几何体上快速地进行绘画，如图18-1所示。Paint Effects可被作为传统的绘画程序来绘制图像，或者为场景中的几何体绘制无缝贴图。

图18-1 Paint Effects特效

Paint Effects的功能比传统绘画更强大，用户可在画布或场景中使用一笔来绘制整个粒子效果。在画布上，一个简单的笔划可产生很复杂的图像，例如，一棵绿树或一朵红花。在场景中，同样的笔划可以产生一个立体的真正的大树。想像一个绘制的果园，其中大树是绘画产生的，并且创建的人物可在其中跑动。用户还可以为场景中绘画的效果添加动力场，并控制动画效果的显示和运动。例如，用户可以使植物生长，使长发在风中飘动，或使河水流动。图18-2所示是一个怪兽头部的笔触效果。

用户可从预设的笔划中选择，并绘制真实的效果，例如，植物、头发、火、羽毛、油画和水彩，或者混合预设画笔来创建自己的效果，如图18-3所示。通过设置纹理、照明、阴影、辉光、光、间隙、流动动画等属性，或修改预设笔划的属性，创建自己的画笔。绘画时，通过渲染画笔笔划可快速得到高质量的画面。

图18-2 笔触中的毛发

图18-3 利用预设笔刷绘制特效

在最后渲染的合成过程中，Paint Effects笔划的渲染可无缝与场景其他对象融合在一起。Paint

Effects Tool工作起来就像一支画笔。当用户使用Paint Effects Tool单击并拖曳时，就已创建了一个笔划。一个笔划是带有属性的曲线的集合，这些属性定义了如何沿笔划路径进行绘画。用户可在画布上创建2D图像或纹理，或在3D场景中绘制笔划，以创建立体的绘画效果。

2. 笔刷

定义笔划显示和效果的属性设置被称为一个“笔刷”。当用户绘制一个新笔划时，Paint Effects 创建一个新的笔刷，并把“模板”笔刷的设置复制到新的笔刷中，然后把新笔刷连接到笔划上，并给笔刷一个唯一的名称。一个template brush（模板笔刷）是一些属性设置的集合，这些属性设置定义了将要连接到下一个笔划上的笔刷的属性。把它想像为绘画的颜料盒——也就是混合颜料的地方。调和颜料盒中的颜料将会影响将要绘制的笔划的显示，而不会对已经存在的笔划（模板笔刷）产生影响。

技巧

用户可以保存笔刷，从而可以再次使用笔刷中的属性设置。保存的笔刷称为preset brushes（预设笔刷）。当用户选择一个预设笔刷时，它的设置被复制到模板笔刷中，这样，用户可以修改设置，以进行下一次绘画。对模板笔刷中任何设置的修改，都不会影响选择的预设笔刷，除非用户保存它们。用户可以创建自己的预设笔刷，或使用Paint Effects自带的预设笔刷。

3. 笔划

笔划是连接到一条隐藏的NURBS底层曲线上的曲线，底层的NURBS定义了笔划路径的形状。

当用户在一个2D画布上绘画时，Paint Effects使用模板笔刷的属性设置沿笔划路径进行绘画，如图18-4所示，然后丢弃笔划曲线。因为在2D的画布上不可能存在几何体，用户不能修改笔划，或连接到其他的笔划上。

当用户在3D空间中进行绘画时，Paint Effects会保存笔划。因为此时的笔划是几何体，它们带有创建历史，并且是可编辑的。用户可修改一个笔划的属性，变换笔划，改变它的形状，修改笔划路径曲线上CV点的数目，或重新设置连接到笔划上的笔刷属性。用户甚至可以在现有的NURBS曲线上连接笔刷，来创建笔划。

图18-4 笔划

课堂练习214：绘制笔触

01 打开Maya 2011之后，按下F6键，进入渲染模块，在菜单栏上可以看到Paint Effects命令菜单，如图18-5所示。

02 单击上述菜单中的Get Brush命令，打开如图18-6所示的Visor窗口。

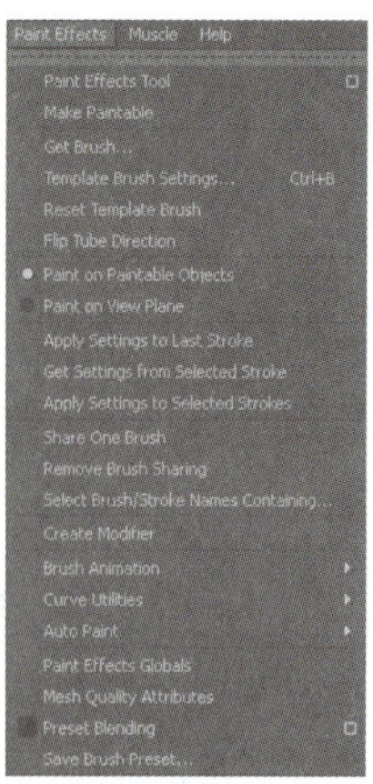

图18-5 Paint Effects命令菜单

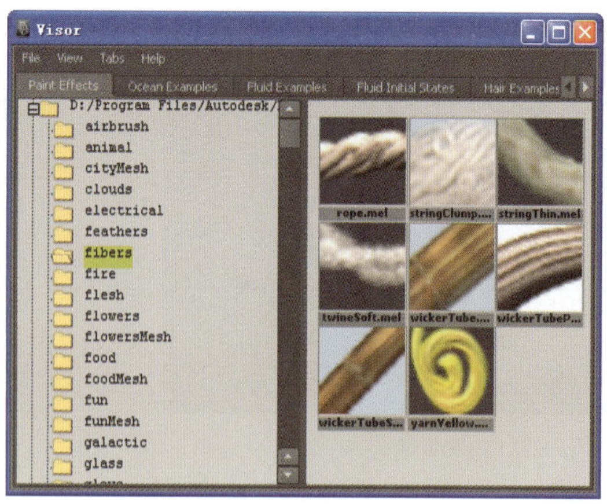

图18-6 打开Visor窗口

03 单击Paint Effects选项卡中的文件夹图标，例如，Clouds选项，即可在右侧的栏中显示出预设的笔刷，如图18-7所示。

04 单击其中的一个预设图标，即可在视图中拖动鼠标进行绘制，如图18-8所示。

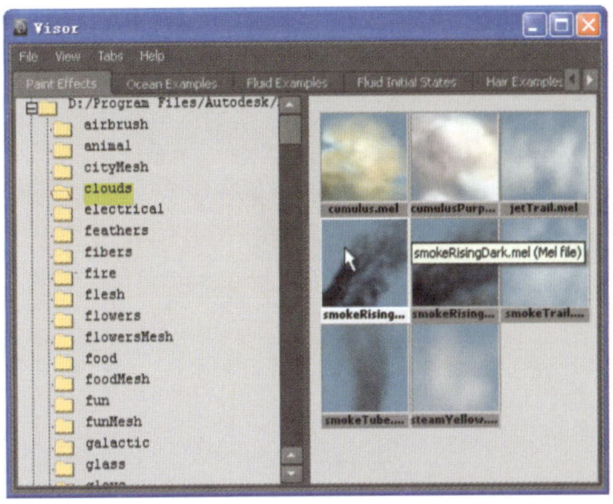

图18-7 激活笔触

图18-8 绘制特效

05 绘制完成后，渲染当前视图，观察绘制的烟雾效果，如图18-9所示。

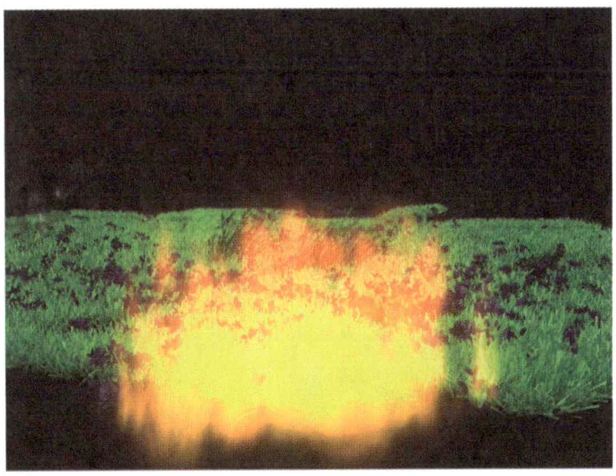

图18-9 笔触效果

06 还有一个专门用于制作和编辑Paint Effects的工具架，在这里可以更方便直观地选择Paint Effects工具，如图18-10所示。

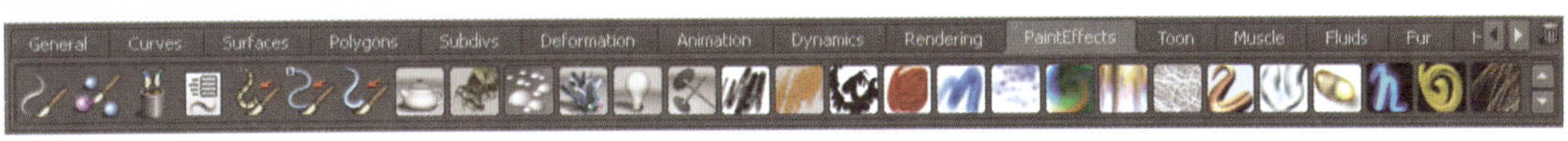

图18-10 Paint Effects工具架

18.1.2 笔触环境简介

按下键盘上的8键，即可打开笔触绘制面板，此时鼠标指针处会有一个圆形，圆形的直径也就是笔触的直径，如图18-11所示。该面板中包括菜单栏、工具栏和绘制区，下面分别向读者介绍绘制面板的一些重要工具。

1. 菜单栏

◆ Paint（绘制）菜单

该菜单中有3个重要的命令，分别是Paint Scene、Paint Canvas和Save Snapshot。执行Paint Scene命令，可以在三维场景中进行绘制，这时的笔刷会变成一个三维的球形，如图18-12所示；执行Paint

Canvas命令，可再次切换到画布；执行Save Snapshot命令，则可以将绘制的二维图像或三维场景以快照的方式进行保存，Maya支持多种格式。

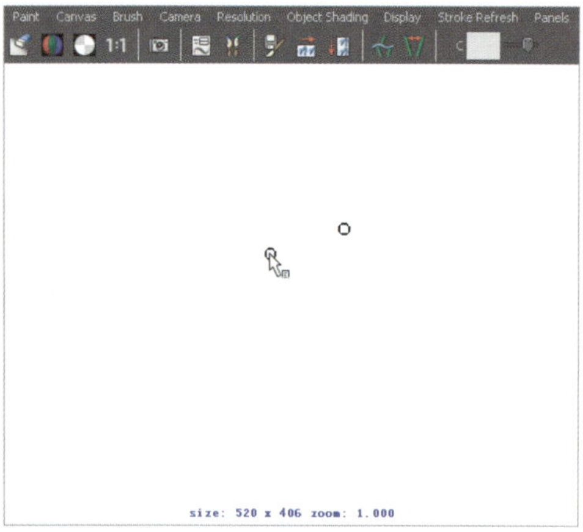

图18-11 笔触绘制面板

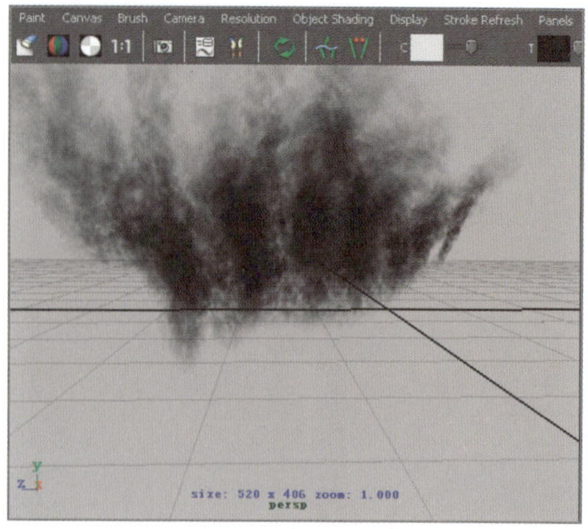

图18-12 在三维场景中绘制

◆ Canvas（画布）菜单

该菜单中的命令主要是对画布的一些操作，执行New Image命令，会弹出一个窗口，如图18-13所示。在这里可以给画布命名、设置尺寸，以及设置画布颜色。

执行Open Image命令，可以打开以前保存的画布，也可以打开一张图片作为绘图背景，如图18-14所示；执行Canvas Undo命令可以撤销一次操作，也只能撤销一次。

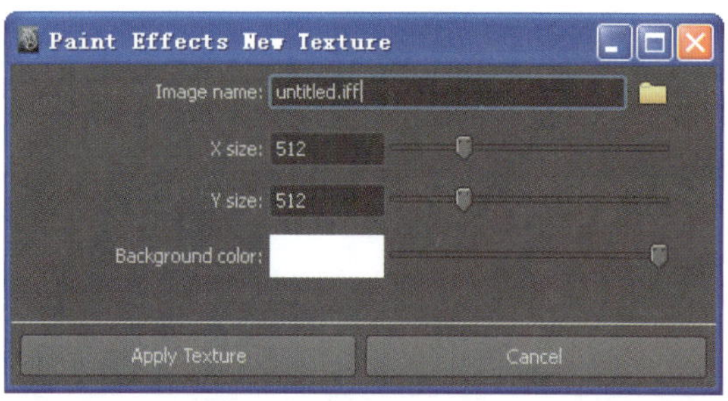

图18-13 执行New Image命令

图18-14 使用背景图片

◆ Brush（笔刷）菜单

该菜单中的命令用于对笔触进行设置和编辑。执行Get Brush命令，可以打开笔刷库，如图18-15所示，在这里有上百种笔触。

执行Smear命令，可以对画布上的图像进行涂抹，图18-16所示是画了一个灯泡后，使用Smear命令进行涂抹的效果。

执行Blur命令，可以对画布上的图像进行模糊操作，如图18-17所示。

执行Erase命令，可以使用橡皮擦来修改图像；执行Single Pixel Brush命令，可以画出单一像素的细线。

执行Edit Template Brush命令，可以打开笔触的设置窗口，如图18-18所示。在这里可以设置笔触大小，笔触效果等，参数比较繁多，我们将在后面的章节中详细介绍，执行Reset Template Brush命令，可以将各项设置恢复到默认设置。

图18-15 笔触库

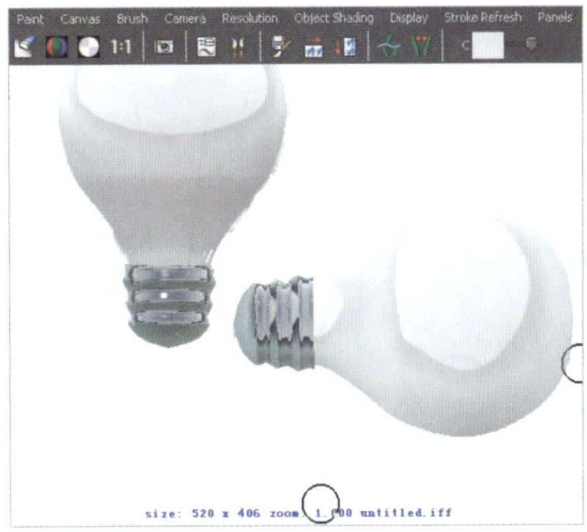

图18-16 涂抹效果

图18-17 模糊效果

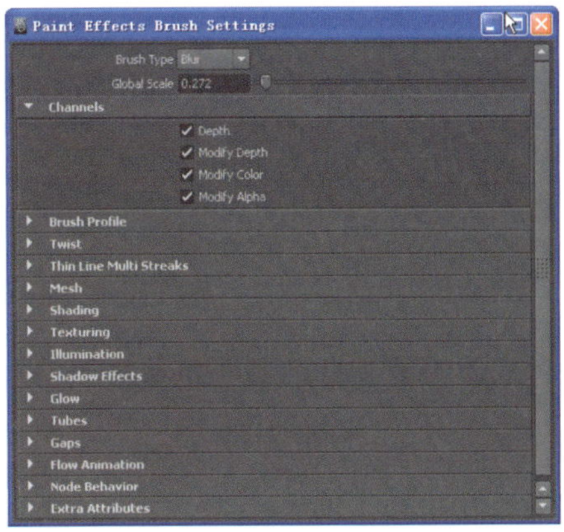

图18-18 笔触的设置窗口

◆ Camera和Resolution菜单

只有在场景中进行绘制时这两个菜单中的命令才可用。我们可以在Camera菜单中更改视图，在Resolution菜单中更改分辨率。

2. 工具栏

使用工具栏中的工具可以使我们的操作更方便快捷，单击工具可以清除画布。工具和工具分别用来显示笔触的RGB通道和Alpha通道，如图18-19和图18-20所示。

图18-19 RGB通道

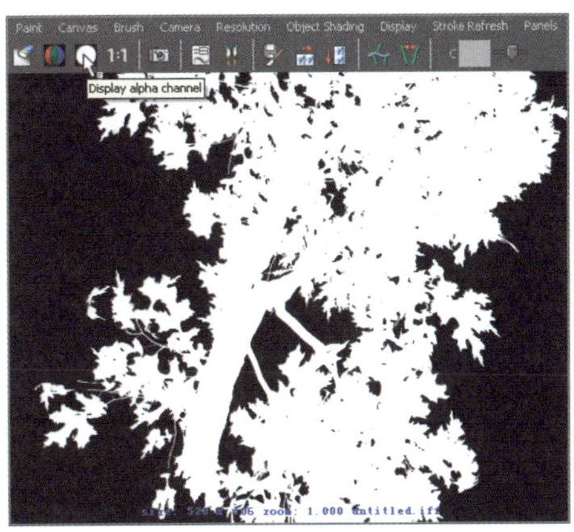

图18-20 Alpha通道

第4个工具的作用是将画布进行1：1显示。后面的3个工具分别和前面讲的Save

Snapshot命令、Edit Template Brush命令和Get Brush命令对应。这里我们主要讲一下和两个工具的用法，它们分别可以水平和垂直延续笔触，也就是说，当笔触超出画布的一段时，会自动从另一端显示，在制作无缝贴图的时候经常用到。

18.2 绘制2D笔触

使用这种方法经常制作一些二维贴图，并且绘制的纹理都带有透明通道，这为我们制作透明贴图提供了很大方便。下面使用简单的操作向读者介绍二维贴图的绘制过程。

课堂练习215：绘制2D效果

01 按下8键切换到笔触绘制面板，在绘制面板的菜单栏中执行Canvas（画布）| New Image（新建图像）命令，在弹出的面板中将画布命名为bitmap，设置画布的大小为720×576，如图18-21所示。

02 单击Background color右侧的颜色块，将其颜色设置为天蓝色，如图18-22所示，设置完成后单击Apply Texture按钮确认。

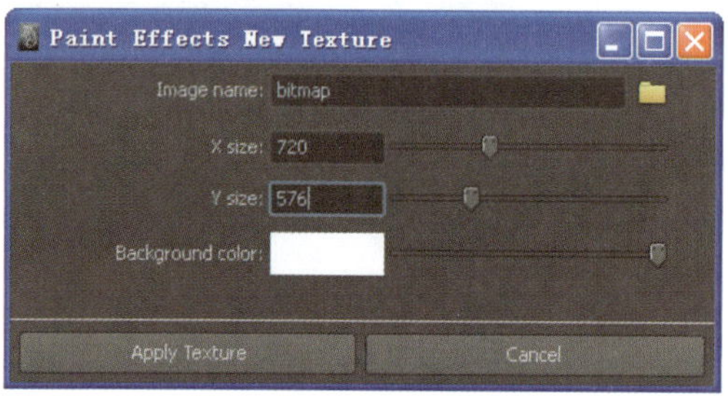

图18-21 设置新建参数

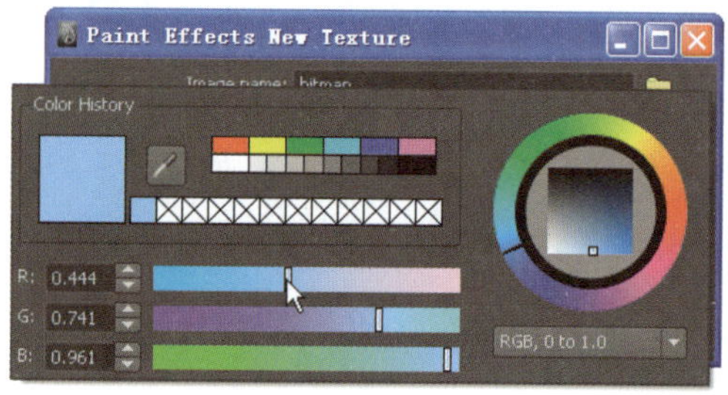

图18-22 设置天空颜色

03 单击画布工具栏上的按钮，在弹出的笔触库中，选中左侧列表中的clouds文件夹，然后选择右侧的jet Trail.mel文件，如图18-23所示。

04 返回到画布，使用鼠标左键配合键盘上的B键可以控制笔触的大小，然后开始绘制云彩，如图18-24所示。

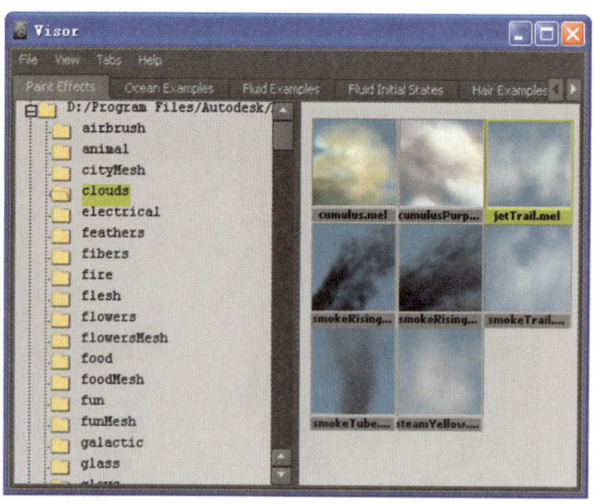

图18-23 选择笔触文件

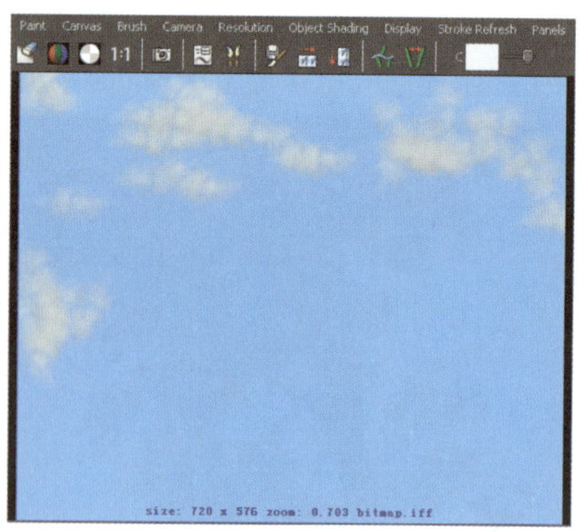

图18-24 绘制云彩

05 调出笔触库，在左侧列表中选中grasses文件夹，再选择右侧的straw.mel文件，如图18-25所示。

06 在画布的右下角开始绘制杂草，由于绘制的是干枯的杂草，所以在绘制的时候要左右拖动鼠标，结果如图18-26所示。

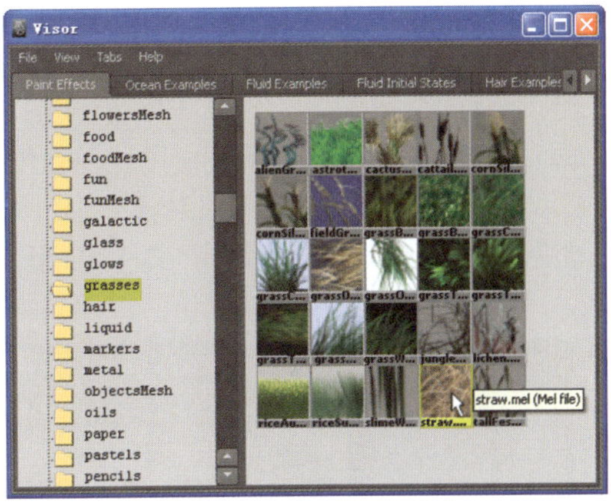

图18-25 激活杂草工具

图18-26 绘制杂草

07 在刚才的笔刷库中，选择右侧的grassWindnarrow.mel文件，然后继续在枯草上绘制青草，这次要从下往上移动鼠标，结果如图18-27所示。

08 在笔触库中，选中左侧列表中的flowersMesh文件夹，然后选择右侧的vincaYellowHeavy.mel文件，如图18-28所示。

图18-27 绘制青草

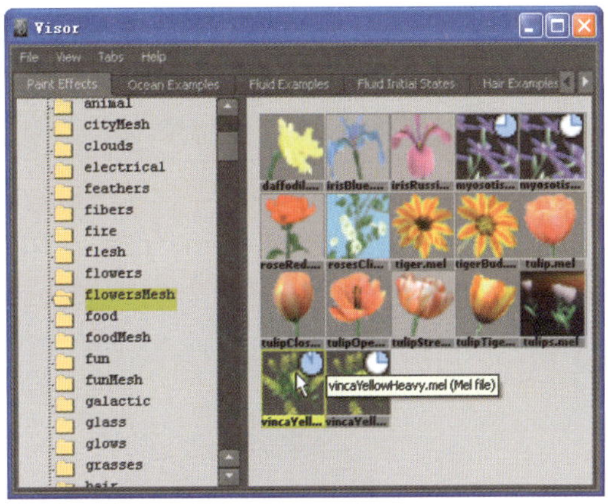

图18-28 激活花朵工具

09 在草的上面绘制花朵，结果如图18-29所示。

18.3 绘制3D笔触

下面学习如何在三维场景中绘制三维笔触。进入三维场景中进行绘制有两种方法，一种是前面说的，在绘制面板中执行Paint（绘画）| Paint Scene（绘制场景）命令，即可切换到三维场景中进行绘制；另一种方法是，直接在三维视图窗口中执行Window（窗口）| General Editors（常规编辑器）| Visor命令，在打开的笔触库中选择一个笔触，即可进行绘制。此外，还可以在三维物体，以及曲线上绘制三维笔触。下面分别介绍它们的基本操作方法。

图18-29 绘制花朵

18.3.1 在三维物体上绘制

课堂练习216：在模型上绘制

01 打开随书光盘本章目录下的Z_green.mb文件，然后在渲染模块下执行Paint Effects（绘画特效）| Make Paintable（使可绘制化）命令，如图18-30所示，这样就可以使用笔触在球体上绘制了。

02 在笔触库中，选中左侧列表中的glass文件夹，然后选择右侧的glassball.mel文件，如图18-31所示。

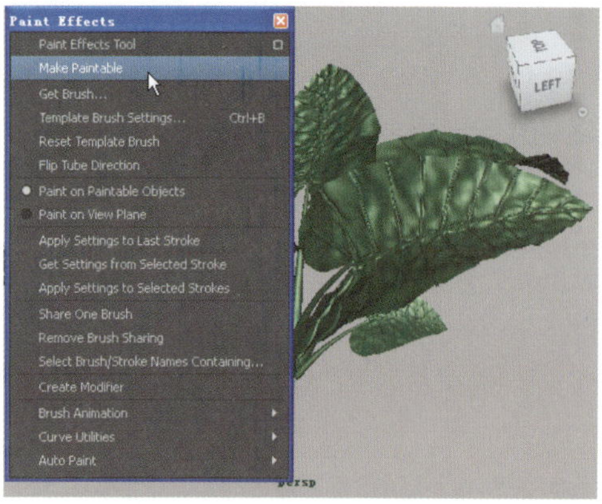

图18-30 激活Make Paintable命令

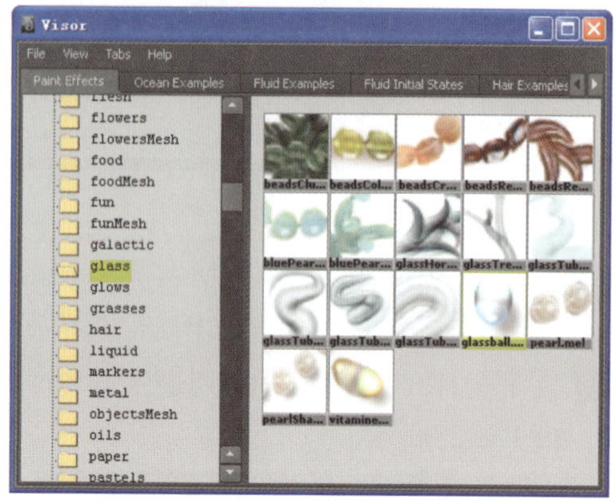

图18-31 激活笔触工具

03 在模型上拖动鼠标进行绘制，如图18-32所示。

注意

这种绘制方法要求模型必须是多边形或NURBS曲面，如果读者在模型表面无法绘制笔触，则可以在选择模型后，执行Modify（修改）|Convert（转换）子菜单中的相应命令，对模型进行转换。如果绘制的笔触太小，可以按住B键不放，在视图中拖动鼠标改变笔触的大小。

04 渲染之后的结果如图18-33所示。

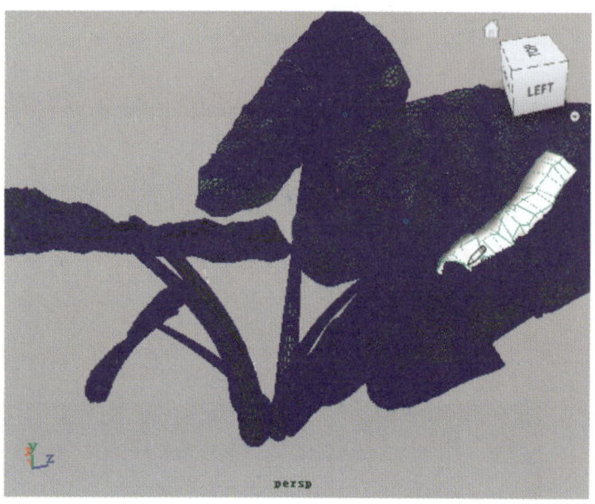

图18-32 绘制球体

图18-33 渲染效果

课堂练习217：修改笔触形状

01 选中绘制的模型，在菜单栏中执行Display（显示）| show（显示）| show Geometry（显示几何体）| Nurbs Curves（Nurbs曲线）命令，显示出路径曲线，如图18-34所示。

02 按F8键进入顶点编辑状态，现在路径上的点太多，不容易编辑，如图18-35所示。

03 返回对象编辑状态，执行Paint Effects（绘画特效）| Curve Utilities（曲线工具）| Simplify Stroke Path Curves（简化笔触路径曲线）命令，简化曲线，如图18-36所示。

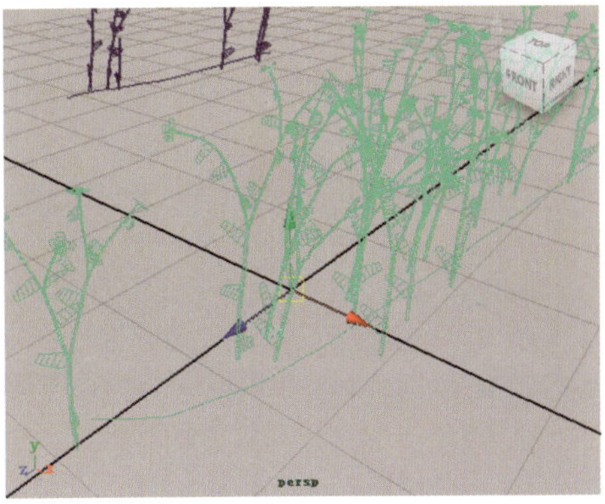

图18-34 显示路径曲线

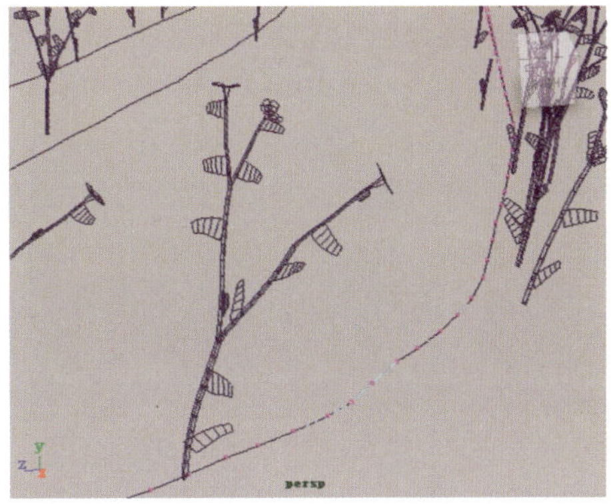

图18-35 观察路径上的点

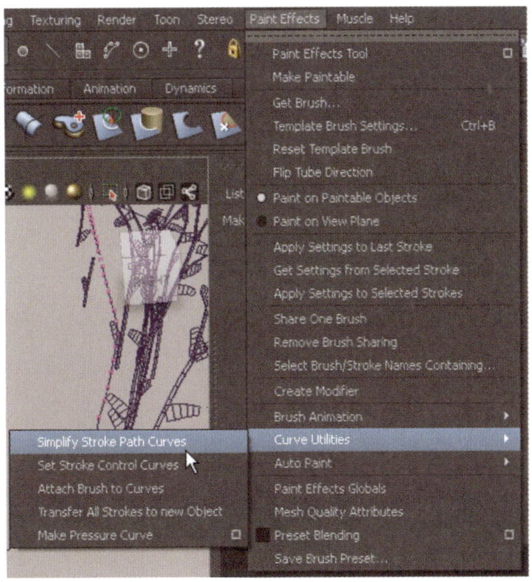

图18-36 简化曲线

04 再次进入顶点编辑状态，可以看到简化的结果，如图18-37所示。

05 使用移动工具调整顶点的位置，可以调整笔触的形状，如图18-38所示。

18.3.2 在曲线上绘制

课堂练习218：在曲线上绘制鲜花

01 在场景中创建一条CV曲线，如图18-39所示。

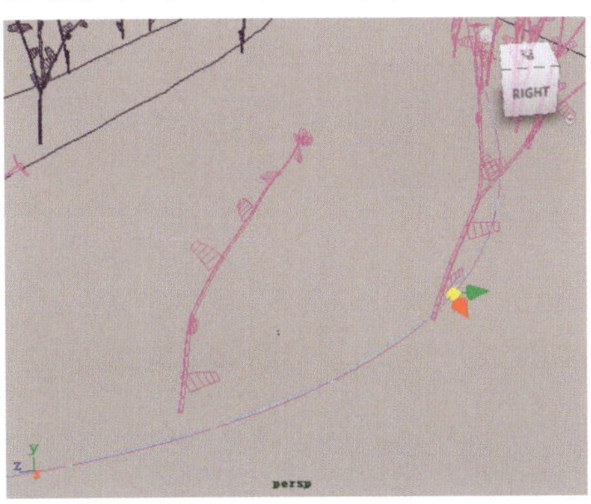

图18-37 简化后的曲线

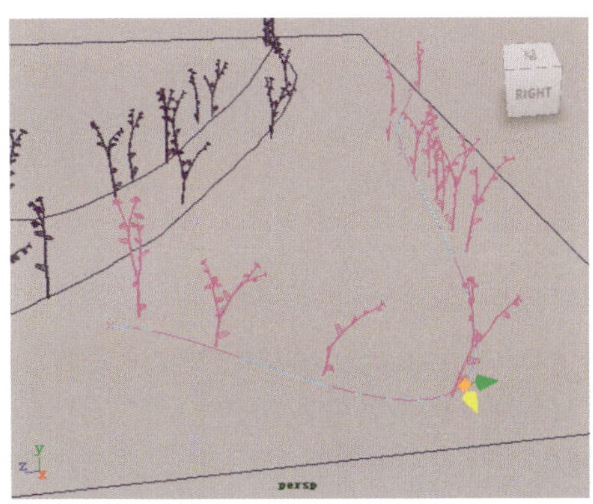

图18-38 调整路径曲线

02 确认NURBS曲线处于选中状态，按住Shift键在笔触库中加选一个笔触，然后执行Paint Effects（绘画特效）| Curve Utilities（曲线工具）| Attach Brush to Curves（合并笔刷到曲线）命令，即可为曲线添加笔触效果，如图18-40所示。

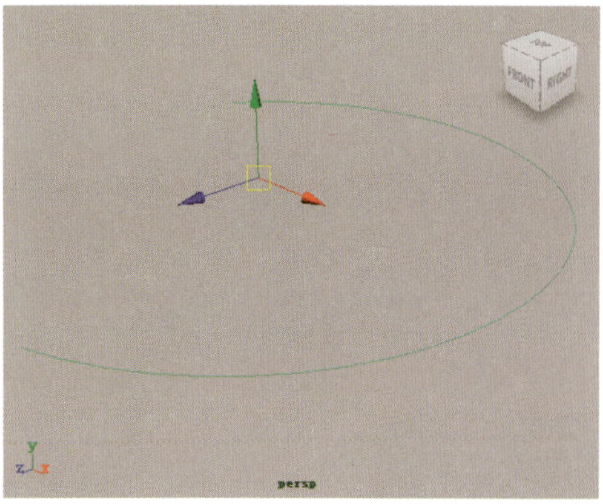

图18-39 创建曲线

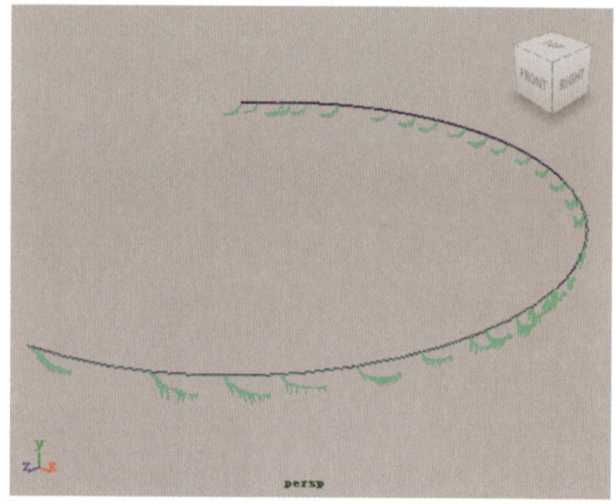

图18-40 产生特效

18.4 笔触属性介绍

在笔触库中选择一个笔触，然后在渲染模块下执行Paint Effects（绘画特效）| Template Brush Setting（模板画笔设定）命令，即可打开属性编辑窗口。这与在画布的菜单中执行Brush（笔刷）| Edit Template Brush（编辑模板笔触）命令的作用是一样的，快捷键是Ctrl+B。Template Brush Setting的设置窗口如图18-41所示，该窗口中的参数相当丰富，对于一些偏僻的参数选项这里不作介绍。

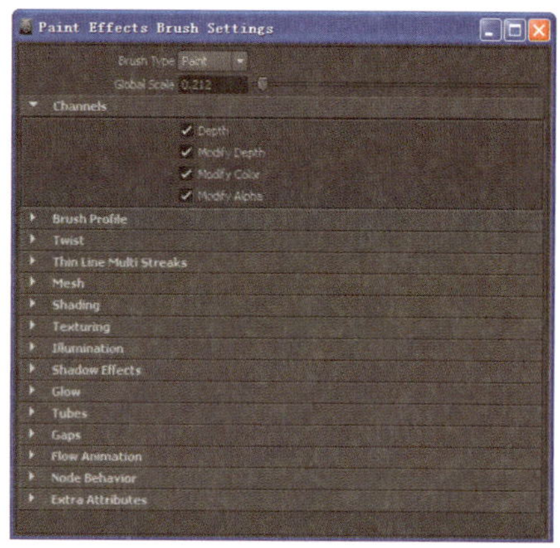

图18-41 设置窗口

18.4.1 Channels卷展栏

该卷展栏下的选项用于对笔触通道进行控制，共有4个复选框，如图18-42所示。本小节将向读者介绍该卷展栏中的参数功能。

◆ Depth（深度）

当选中Depth复选框后，Maya会为笔触开通深度通道，此时两次绘制的笔触会在空间深度上进行交叉；如果禁用该复选框，则后绘制的笔触会覆盖先前绘制的笔触上，如图18-43所示。

图18-42 Channels卷展栏

◆ Modify Depth（修改深度）

启用Depth复选框后，Modify Depth复选框同时被启用，它控制的是笔触通道的深度。

◆ Modify Color（修改颜色）

启用Modify Color复选框，表示该画笔可以绘制笔触颜色，如果禁用，则不可绘制颜色，但保留Alpha通道。

图18-43 画笔深度

◆ Modify Alpha（修改Alpha）

启用Modify Alpha复选框，表示笔触将绘制Alpha通道，效果对比如图18-44所示。要注意的是有些笔触在禁用Modify Alpha复选框后会出现锯齿效果。

图18-44 启用Modify Alpha前后的效果对比

18.4.2 Brush Profile卷展栏

该卷展栏是对笔触形状的一些设置，如图18-45所示。

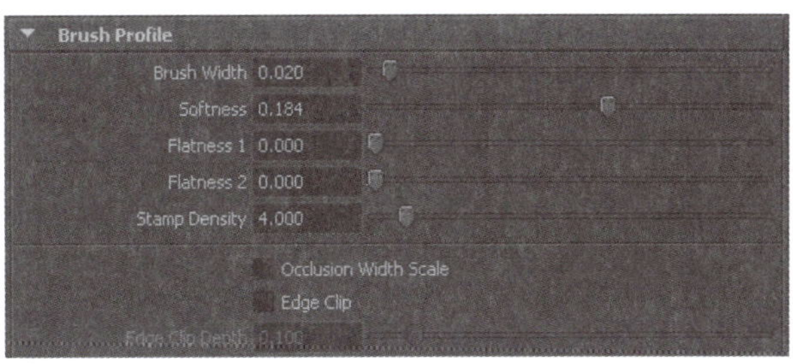

图18-45 Brush Profile卷展栏

◆ Brush Width（笔触宽度）与Softness（柔和度）

Brush Width和Softness分别是指笔触的宽度和笔触边沿的柔和度，Flatness1/2决定了笔触的平整度。当Softness为负值时，笔触的中间会镂空，如图18-46所示，左边的笔触是默认绘制效果，右侧的笔触是将Softness值设置为-0.5后的绘制效果。

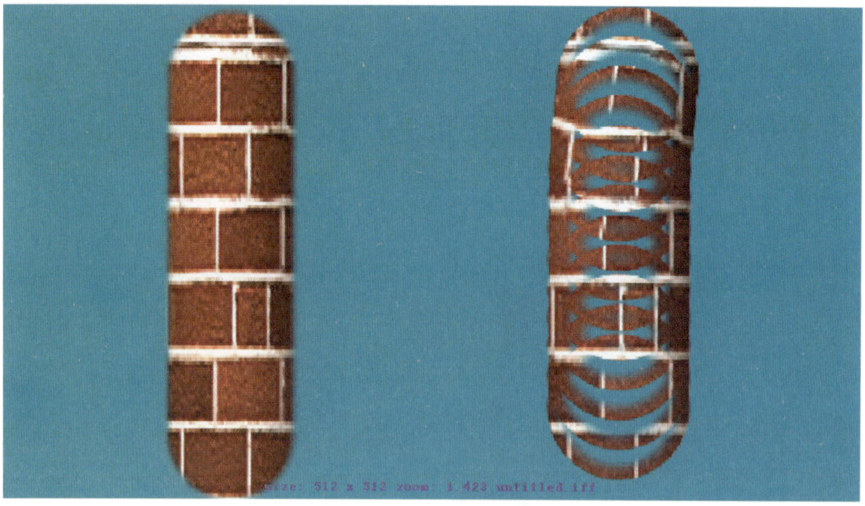

图18-46 镂空效果

◆ Stamp Density（采样密度）

Stamp Density选项用来设置单位长度内笔触的取样点数量，对于单一笔触，该属性决定了沿笔触方向的取样点密度；对于管状笔触，该属性决定了沿笔触宽度方向的取样点数量。如图18-47所示，左侧笔触的Stamp Density值为0.8，右侧笔触的Stamp Density值为3。

图18-47 不同采样值的效果对比

◆ Occlusion Width Scale（重叠缩放）

启用Occlusion Width Scale复选框，将按比例降低Stamp Density取样值过高而导致的重叠。启用Edge Clip复选框，则渲染时会将3D绘制成类似2D的效果。

18.4.3 Mesh卷展栏

Mesh卷展栏下的参数控制笔触的显示质量和段数的多少，如图18-48所示。

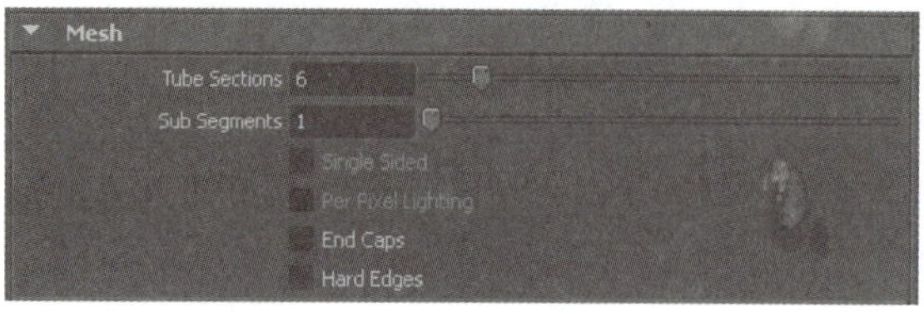

图18-48 Mesh卷展栏

◆ Tube Section（管状分段）

Tube Section参数控制笔触横截面的分段数量，数值越高，绘制笔触的质量就越高。如图18-49所示，左边笔触的Tube Section值为3，右边笔触的Tube Section值为15。

图18-49 分段设置

◆ Sub Segments（子分段）

Sub Segments参数控制笔触的每段细分数量。如图18-50所示，左边笔触的Sub Segments值为1，右边笔触的Sub Segments值为20。

图18-50 细分设置

◆ Single sided

启用Single sided复选框，将只显示面向摄影机视点的曲面；启用Per Pixel Lighting复选框，将以每个像素点进行灯光照明，否则将以每个顶点进行灯光照明。

◆ End Caps/Hard Edges

当使用Mesh笔触类型时，启用End Caps复选框，将会为管子添加几何封口，启用Hard Edges复选框，将会显示曲面边沿的硬边。

18.4.4 Shading卷展栏

Shading卷展栏控制笔触着色的相关设置，如图18-51所示。Color1控制笔触的颜色，对于单一笔触，它控制的是整体颜色，对于管状笔触，它控制的是根部的颜色。

◆ Color（颜色）

Color用于控制笔触的颜色，单击其右侧的颜色块，可以在打开的拾色器中调整颜色。

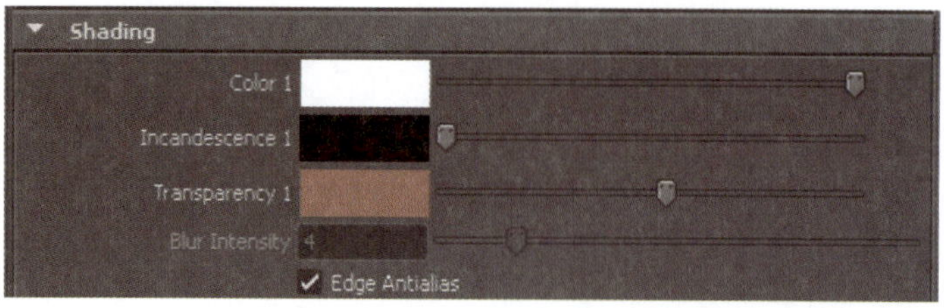

图18-51 Shading卷展栏

◆ Transparency（透明度）

Transparency1控制着笔触的透明度。

◆ Incandescence（自发光）

该选项控制笔触的自发光特效，数值越高，效果越炽热。

◆ Blur Intensity（模糊度）

Blur Intensity控制着笔触的模糊度。该选项只有在笔触类型为Blur时才有效。

18.4.5 Texturing卷展栏

该卷展栏下的参数控制的是笔触纹理的相关设置，包括更改笔触颜色、添加笔触贴图、设置笔触噪波等，参数比较多，如图18-52所示。

下面对常用参数进行详细介绍。

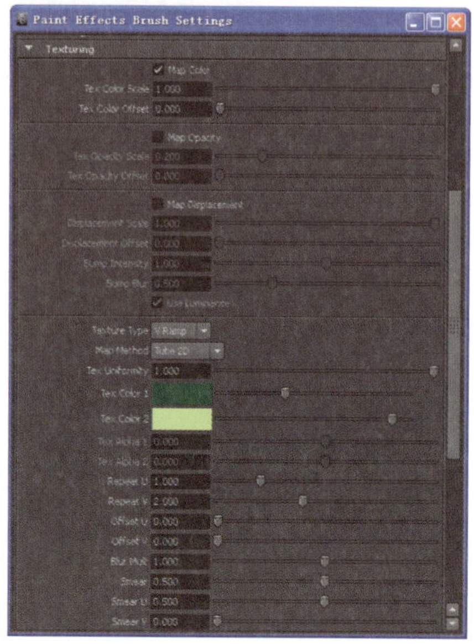

图18-52 Texturing卷展栏

◆ Map Color（贴图颜色）

在Map Color复选框下，Tex Color Offset可以调整笔触颜色的缩放和偏移值，如图18-53所示，左边笔触的Tex Color Offset值为0，右边笔触的Tex Color Offset值为1。

提示：在默认情况下，Tex Color Scale会自动和下面的Tex Color1/2的饱和度值相乘并和Texture的值相加，输出最终的贴图结果。

当启用Map Color复选框后，与之相关联的参数同时被启用，如图18-54所示。在Texture Type（纹理类型）下拉列表中有5种贴图类型。

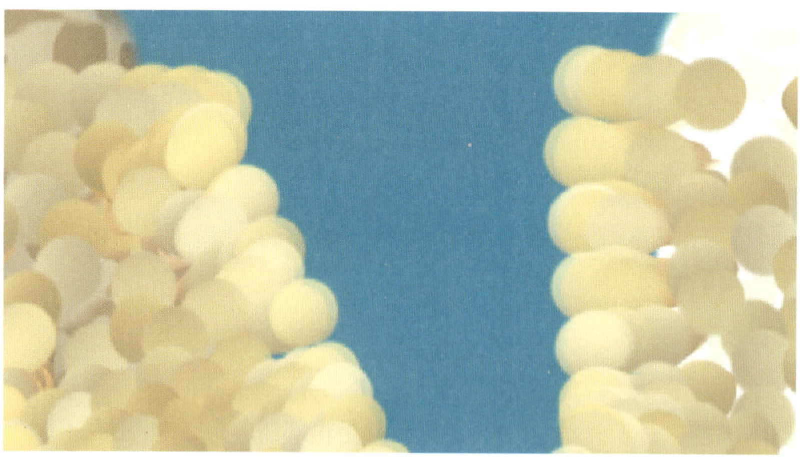

图18-53 调整笔触颜色的偏移值

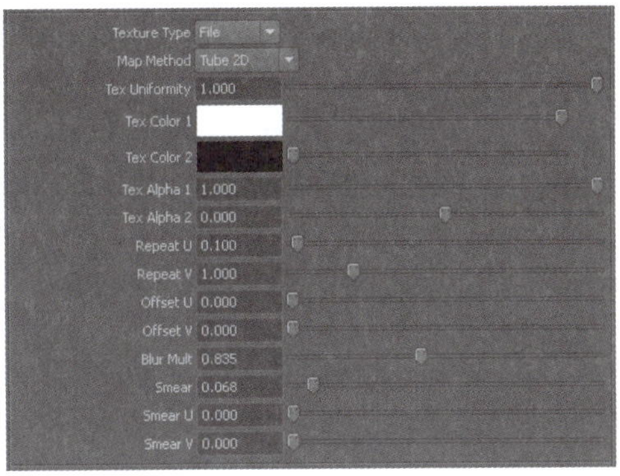

图18-54 贴图参数

◆ File（文件）类型

默认情况下是File（文件）类型，这种类型可以使用一张图片作为纹理，单击Image Name后面的文件按钮，即可添加图片，图18-55所示为添加图片后绘制的效果。

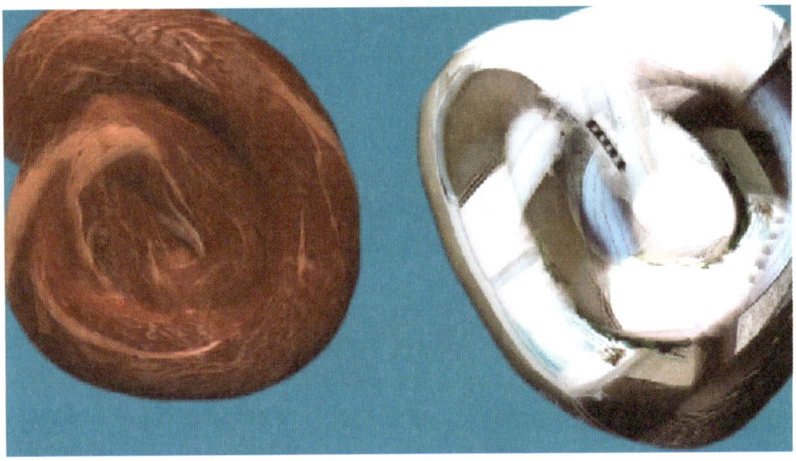

图18-55 使用图片作为纹理的绘画效果

◆ Checker（棋盘格）

使用Checker（棋盘格）纹理类型可以直接生成一个棋盘格的纹理作为贴图，棋盘格纹理的两个颜色可以由Tex Color1和Tex Color2控制，如图18-56所示，左侧的笔触是默认的Checker笔触，右侧的笔触是改变颜色后的笔触。

图18-56 棋盘格纹理笔触

◆ 其他纹理类型

其他3种纹理类型分别是U Ramp（U向渐变）、V Ramp（V向渐变）和Fractal（分形），这3个笔触的效果如图18-57所示，纹理中的两个颜色同样可以由Tex Color1和Tex Color2控制。

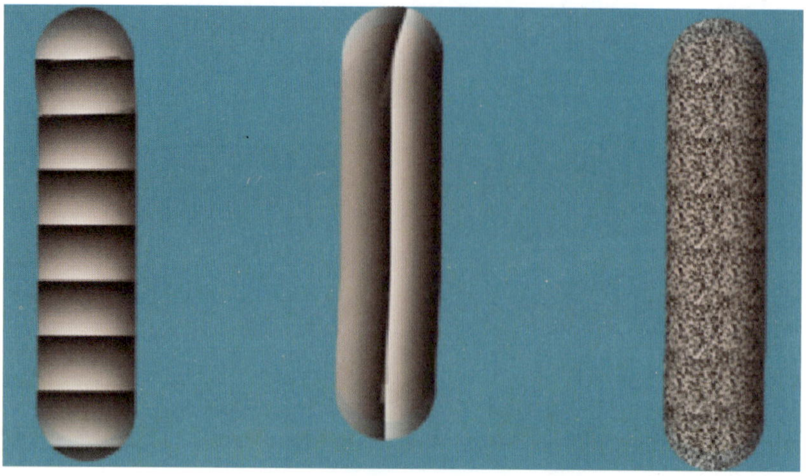

图18-57 其他纹理效果

◆ Map Method（贴图方式）

在Map Method（贴图方式）下拉列表中有4种方式，在Texture Type（纹理类型）下拉列表中选择Checker贴图类型，然后分别选择Map Method下拉列表中的贴图方式进行绘制，效果如图18-58所示。

◆ Repeat U/V（重复U/V）

Repeat U和Repeat V用于控制贴图U/V向上的重复值，图18-59所示为Repeat U和Repeat V值分别为3、4的效果。

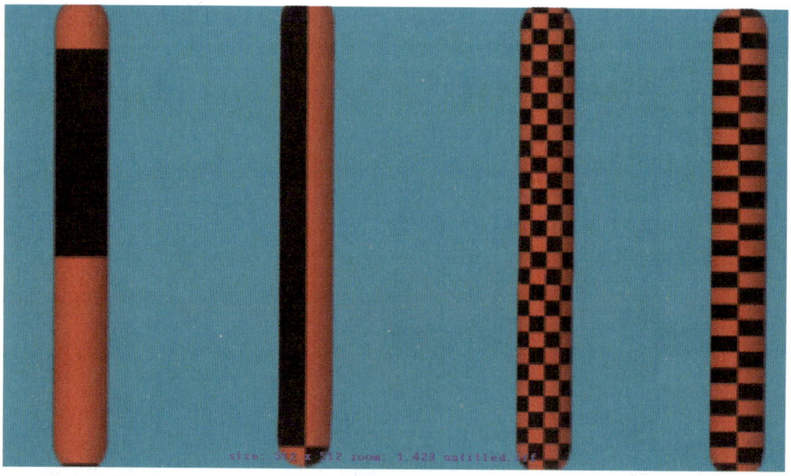

图18-58 4种不同的贴图方式

◆ Offset U/V（偏移U/V）

Offset U和Offset V分别用来控制UV向的偏移值。

◆ Blur Mult（模糊）

Blur Mult可以控制纹理的模糊度，图18-60所示为将Blur Mult值设置为12的效果。

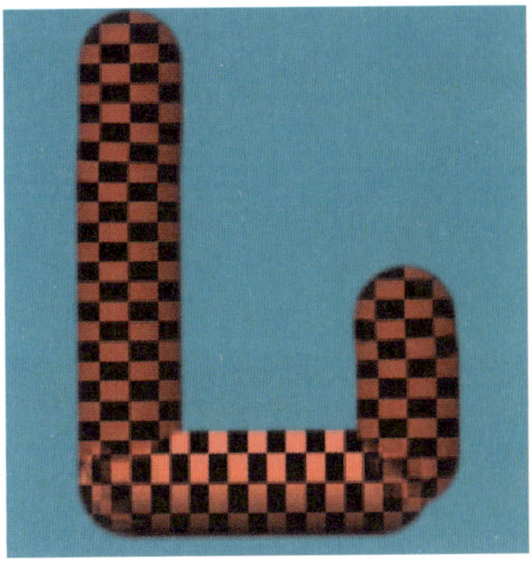

图18-59 重复UV

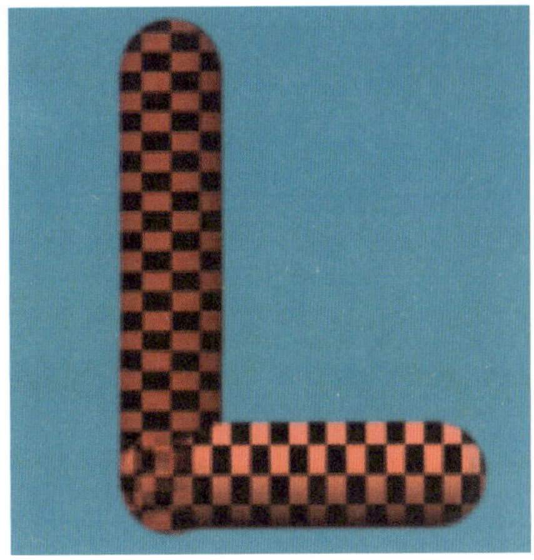

图18-60 纹理模糊

◆ Smear（涂抹）和Smear U/V（涂抹U/V）

Smear、Smear U和Smear V 3个参数，用于控制纹理的涂抹和噪波程度，如图18-61所示，笔触效果的Smear、Smear U和Smear V值都为1。

18.4.6 Illumination卷展栏

Illumination卷展栏中的参数用来控制笔触的照明，如图18-62所示。

◆ Illuminated（照明）

启用Illuminated复选框，将会使用Paint Effect灯光照明笔触，当然也可以在Maya场景中创建灯光进行照明。

◆ Real Lights（真实灯光）

当Real Lights复选框被启用时，将会使用场景中的灯光来决定阴影和高光，否则将使用默认平行光对笔触进行照明。只有启用Illuminated复选框后，该选项才能被激活。

图18-61 涂抹笔触

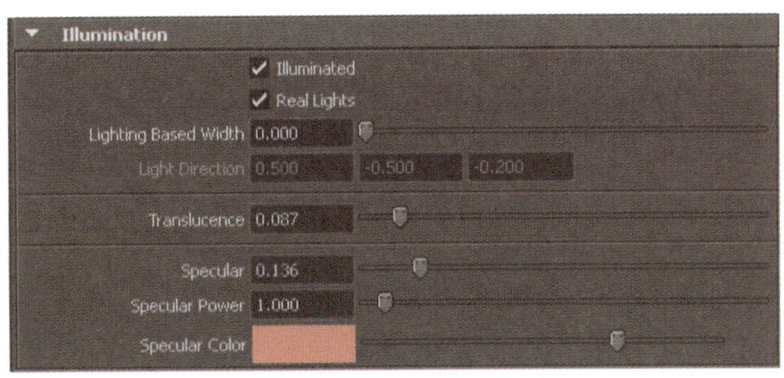

图18-62 Illumination卷展栏

◆ Lighting Based Width（灯光宽度）

Lighting Based Width参数的含义是在显示笔触时，面向光的笔触将会显示得比较薄，背光面则显示得比较厚。参数Translucence可以控制笔触的半透明度。

◆ Specular（高光）

Specular参数用来设置笔触的高光亮度，图18-63所示为最大亮度值和最小亮度值的对比。

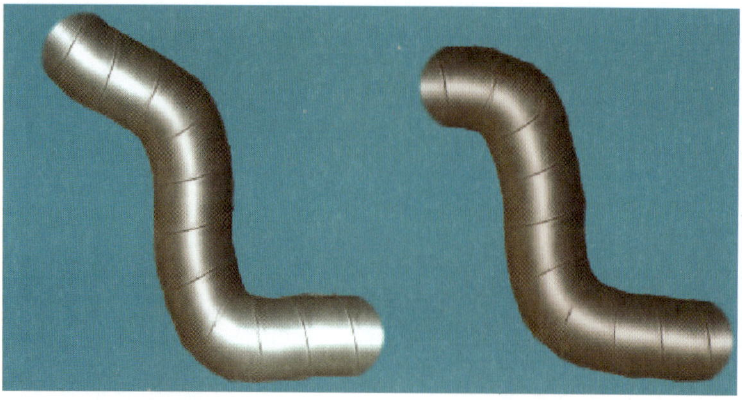

图18-63 不同的高光效果

◆ Specular Power（高光范围）

Specular Power控制笔触的高光范围，当高光范围增大时，高光的亮度值会随之减少。

◆ Specular Color（高光颜色）

Specular Color参数是对高光颜色的控制，颜色的色相和亮度都会影响笔触高光的显示，图18-64所示为不同色相值对高光的影响。

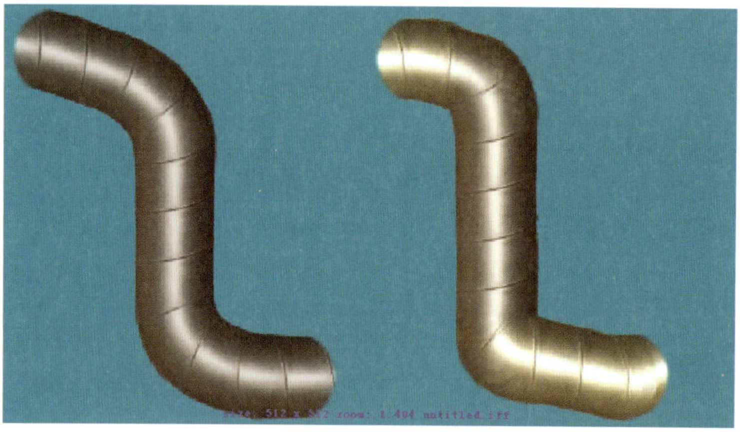

图18-64 设置高光颜色

18.4.7 Shadow Effects卷展栏

Shadow Effects卷展栏下的参数用于对笔触阴影效果进行控制，如图18-65所示。

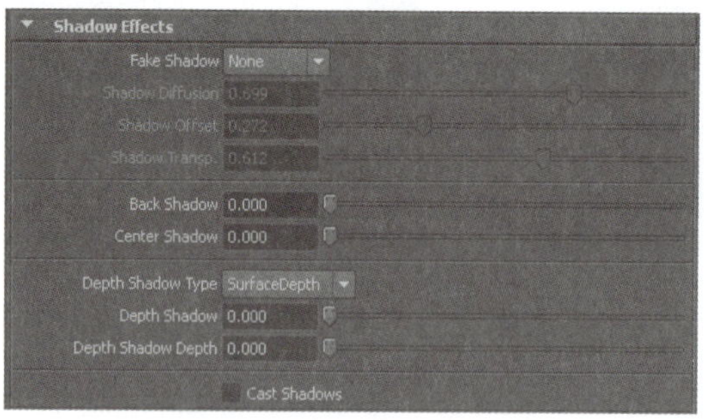

图18-65 Shadow Effects卷展栏

◆ Fake Shadow（投影方式）

用于设置投影方式，其中2D offset表现二维投影效果，3D cast表现三维投影效果，如图18-66所示，左边笔触的投影是二维偏移，右边笔触的投影是三维投射。

图18-66 投影方式

◆ Shadow Diffusion（阴影漫射）

Shadow Diffusion可以控制阴影边沿的柔和度，图18-67所示为设置Shadow Diffusion不同值的效果对比。

图18-67 阴影边沿的柔和度控制

◆ Shadow Offset（阴影偏移）

Shadow Offset控制阴影和笔触位置的偏移距离，如图18-68所示，左侧笔触的Shadow Offset值为0.4，右侧笔触的Shadow Offset值为0.8。

图18-68 阴影偏移控制

◆ Shadow Transparency（阴影透明度）

Shadow Transparency控制阴影的透明度。如图18-69所示，左侧笔触的Shadow Transparency值为0.2，右侧笔触的Shadow Transparency值为0.8。

图18-69 设置阴影的透明度

18.4.8 Glow卷展栏

Glow卷展栏下的参数用来设置笔触的发光效果，如图18-70所示。

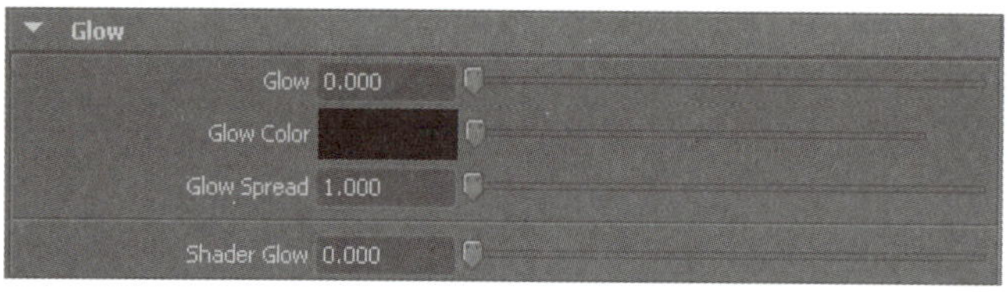

图18-70 Glow卷展栏

◆ Glow（辉光）

Glow用于控制笔刷的辉光强度。

◆ Glow Color（辉光颜色）

Glow Color用于控制发光的颜色，图18-71所示为在Glow Color值相同的情况下，将Glow值分别设置为0和2时的效果。

图18-71 发光亮度对比

◆ Glow Spread（发光范围）

Glow Spread参数控制的是笔触的发光范围。如图18-72所示，两个笔触的Glow值都为1，Glow Color都为红色，左侧笔触的Glow Spread值为2，右侧笔触的Glow Spread值为8。

图18-72 不同的发光范围效果

◆ Shader Glow（阴影辉光）

Shader Glow是指当在场景中或在物体上绘制笔触后，可以使用Shader Glow材质控制笔触的发光，在这里可以调整发光的值。

18.4.9 Tubes卷展栏

使用Tubes卷展栏下的参数可以创建笔触的生长动画，还可以控制分支的数量、大小、颜色、密度等，该卷展栏下有5个子卷展栏，如图18-73所示。其中Growth子卷展栏下还有卷展栏，参数相当繁多。

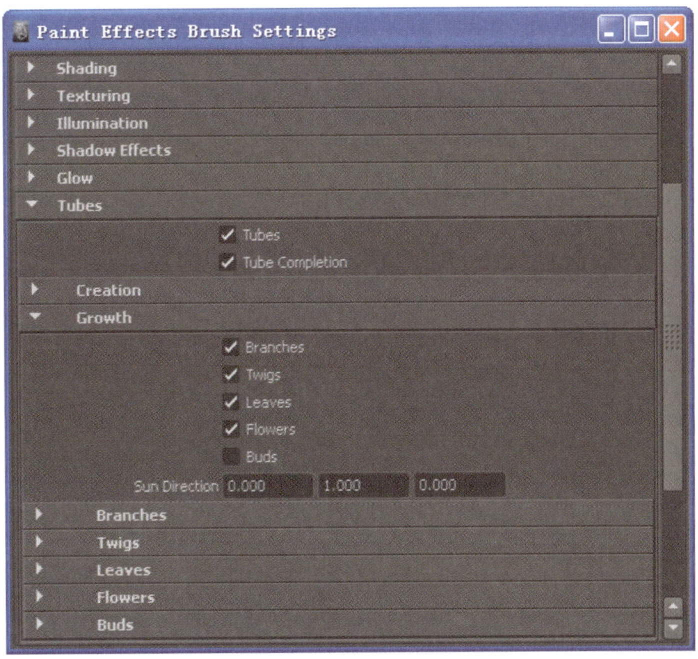

图18-73 Tubes卷展栏

先来看最上面的两个复选框。启用Tubes复选框，表示将会在原始的笔触上添加分支（管子）。

启用Tube Completion复选框，则生长出的管子将延伸到最长范围，否则只跟随笔触延伸。

1. Creation子卷展栏

Creation卷展栏下的参数是对笔触分支的具体控制，包括生长的位置、分布、段数，以及分段的粗细、随机程度等。下面进行详细介绍。

◆ Tubes Per Step（每单位步幅）

Tubes Per Step参数决定了笔触在每个单位生长的数目，如图18-74所示，两个笔触的Tubes Per Step值分别是0和0.8。

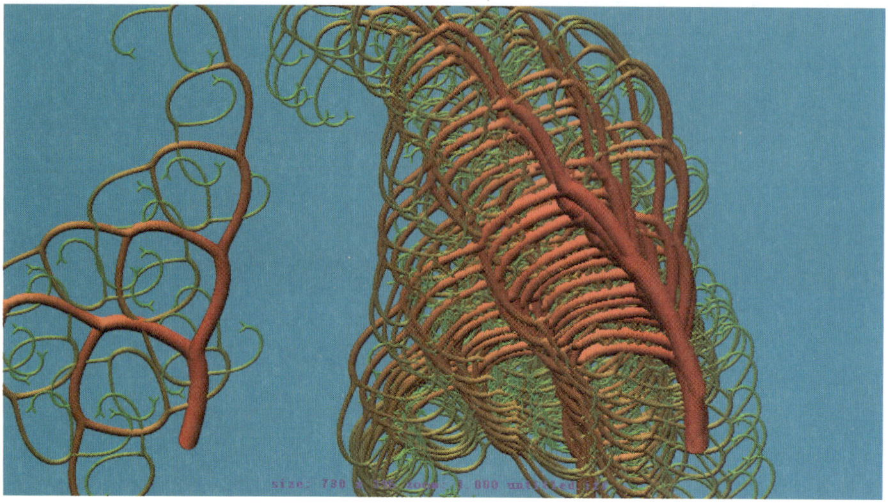

图18-74 分支数量对比

◆ Tube Rand（随机）

Tube Rand控制笔触分支生长位置的随机度，值越低，分布越均匀。

◆ Start Tubes（开始数量）

Start Tubes控制笔触开始点的分支数。如图18-75所示，左侧笔触的Start Tubes值为1，右侧笔触的Start Tubes值为5。

图18-75 开始分支数量设置

◆ Segments（分段）

Segments用来设置笔触及分支的分段数，值越高，则笔触越平滑。如图18-76所示，左侧笔触的Segments值为48，右侧笔触的Segments值为16。

图18-76 笔触分段对比

◆ Tube Width1/Width2（圆管宽度）

Tube Width1和Tube Width2分别控制笔触底部和顶部的宽度。

◆ Width Rand/Bias（宽度随机化/基数）

Width Rand和Width Bias值分别控制笔触宽度的随机化和随机化的方向。只有当Width Rand的值不为0时，Width Bias的值才起作用。

◆ Segment Length Bias（分段长度偏移）

Segment Length Bias决定笔触的分段长度的分布倾向，输入正值，则笔触靠近根部的地方分段更长，输入负值，则笔触靠近末端的地方分段更长。

◆ Segment Width Bias（分段宽度偏移）

Segment Width Bias决定笔触的分段宽度的分布倾向，输入正值，则笔触宽的地方分段更长，输入负值，则笔触窄的地方分段更长。

2. Growth（生长）

Growth卷展栏下有5个复选框，分别对应下面的5个子卷展栏。当启用上面的复选框时，下面的参数才可使用，如图18-77所示。

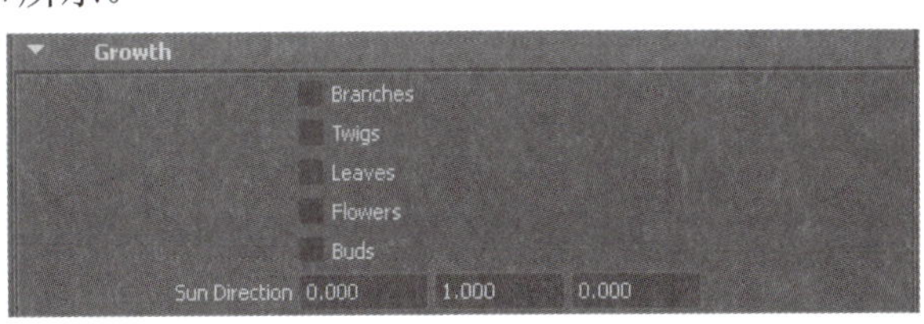

图18-77 Growth卷展栏

◆ Branches（分支）

Branches下的参数用来设置笔触上的分支数量、深度、角度等属性。

◆ Twigs（末端）

Twigs下的参数设置末端分支的数量、位置等属性。

◆ Leaves（叶子）

Leaves下的参数用来设置叶子的形状、密度、颜色、大小、位置等属性。只有使用带有叶子的笔触时才可以进行设置。

◆ Flowers（花瓣）

Flowers下的参数用来设置花瓣的形状、密度、颜色、大小、位置等属性。同样也只有使用带有花朵的笔触时才可以进行设置。

◆ Buds（芽）

Buds下的参数可以控制芽的大小、颜色等属性。

这些参数对创建植物的生长动画，以及控制植物的分支结构非常有用。图18-78所示为不同设置所产生的不同结果。

图18-78 笔触绘制效果对比

第19章　流体特效

19.1　认识流体

流体，是从工程力学借鉴过来的一个概念，它最早是用来计算那些没有固定形态的物体在运动中的受力状态。随着计算机图形学的不断更新，流体也不再是现实学科的附属物了。现在，很多软件中都提供了流体的工具。Maya中同样提供了这个工具，利用它可以制作出很多精彩的效果，例如，波澜壮阔的海洋、涓涓细流、惊涛骇浪的洪水等。此外，还可以制作出逼真的云雾、火焰、炸弹爆炸等特效。图19-1所示为电影《2012》中的灾难画面，这种特效就可以利用流体实现。

图19-1 流体效果

Maya中的流体分为两种基本类型，即2D流体和3D流体。由于针对的物体不同，所以创建的方法也有一定的差异，接下来将向读者介绍这两种流体的创建方法。

19.2　创建流体

19.2.1 创建2D流体

课堂练习219：创建默认2D流体

01 将模块切换到动力学模块，执行Fluid Effects（流体特效）|Create 2D Container（创建2D容器）命令，打开如图19-2所示的属性设置面板。

02 由于这里没有介绍参数的功能，因此读者可以直接单击Apply and Close按钮，确定并在视图中创建一个流体，如图19-3所示。

03 此时的流体并没有动画，这是因为场景中缺少一个用于发射流体的发射器。执行Fluid Effects（流体特效）|Add/Edit Contets/Emitter（添加/编辑/发射器）命令，打开如图19-4所示的属性设置面板。

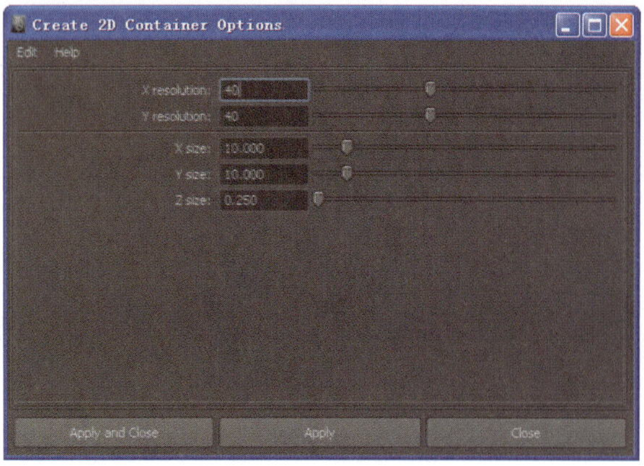

图19-2 打开流体设置面板

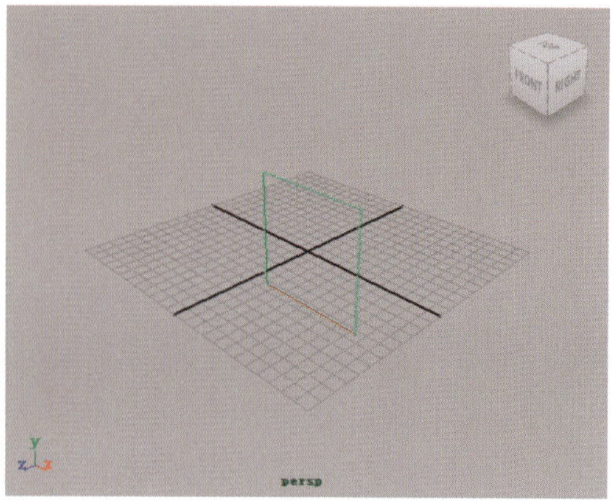

图19-3 创建一个流体

04 在Emitter Type下拉列表中选择Omni选项，单击Apply and Close按钮，创建一个流体发射器，如图19-5所示。

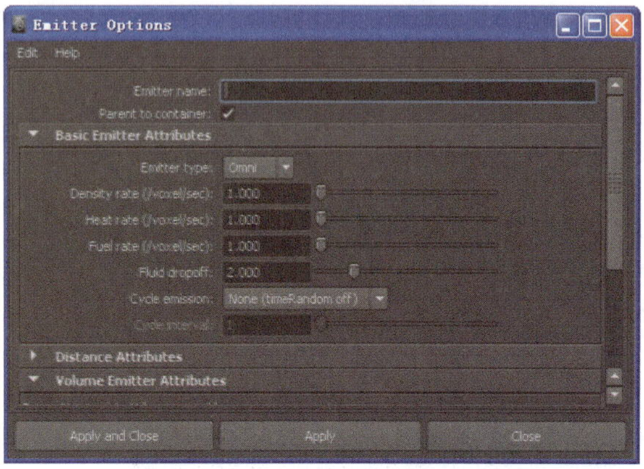

图19-4 Emitter Options属性设置面板

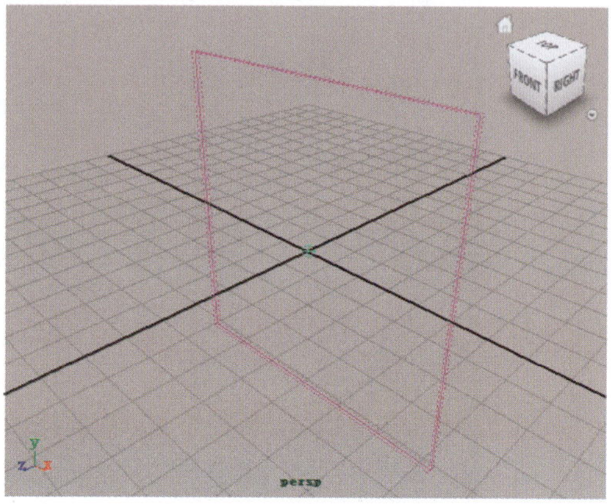

图19-5 创建流体发射器

05 播放动画，观察此时的流体运动，如图19-6所示。

课堂练习220：以物体作为发射器发射流体

上面创建的流体是以默认方式发射的。但在实际应用过程中，流体的发射大多数是依靠某个物体来进行的，为此就需要用到本练习讲到的知识。

01 新建一个场景，按照上述方法在视图中创建一个流体物体，如图19-7所示。

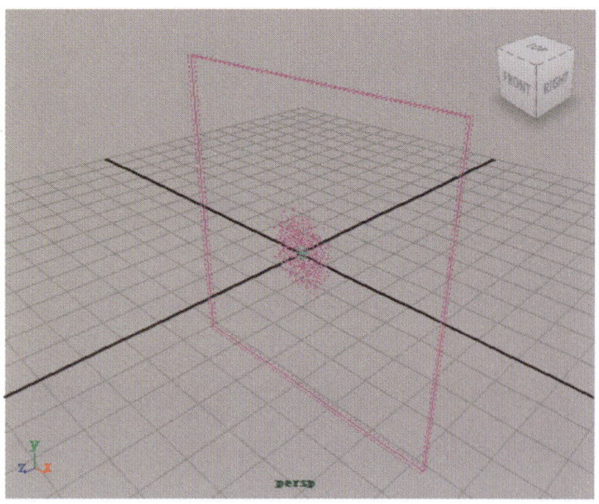

图19-6 流体特效

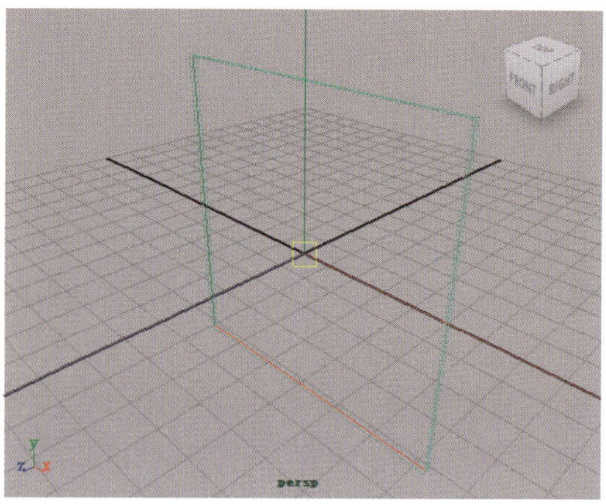

图19-7 创建流体

02 在视图中创建一个圆锥体，并调整它的位置，使其与流体平面充分相交，如图19-8所示。

03 先选择球体，再加选流体容器，执行Fluid Effects（流体特效）|Add/Edit Contents（添加/编辑内容）|Emit From Object（从对象发射）命令，打开如图19-9所示的属性设置面板。

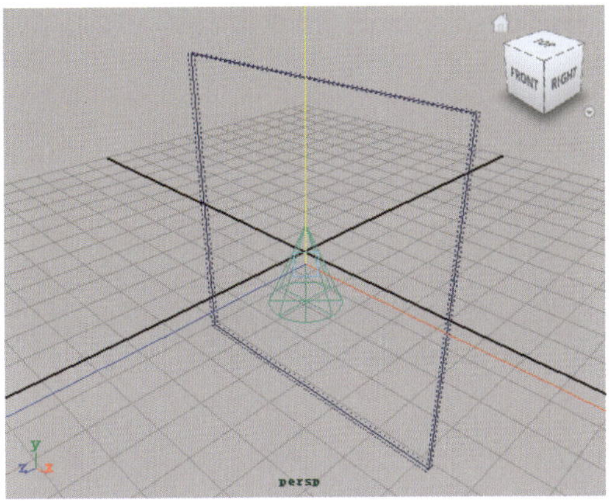

图19-8 创建圆锥体

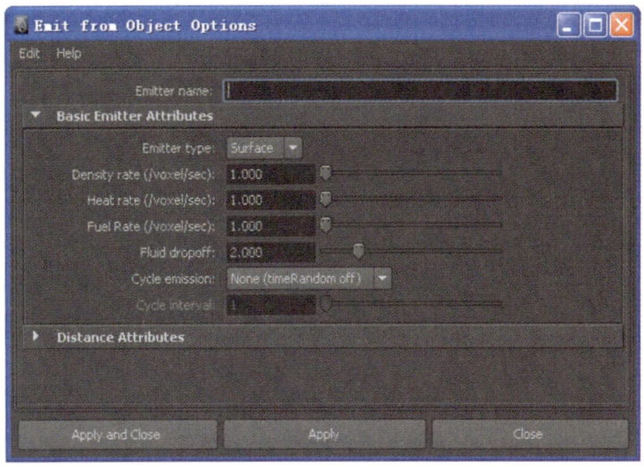

图19-9 打开设置面板

04 单击Apply and Close按钮，将物体作为流体发射器，观察此时的效果，如图19-10所示。

课堂练习221：使用曲线作为流体发射器

01 在视图中创建一条NURBS曲线和一个流体容器，如图19-11所示。这里之所以选择采用简单的物体进行创建，是因为更能向读者解释清楚流体的创建方法。

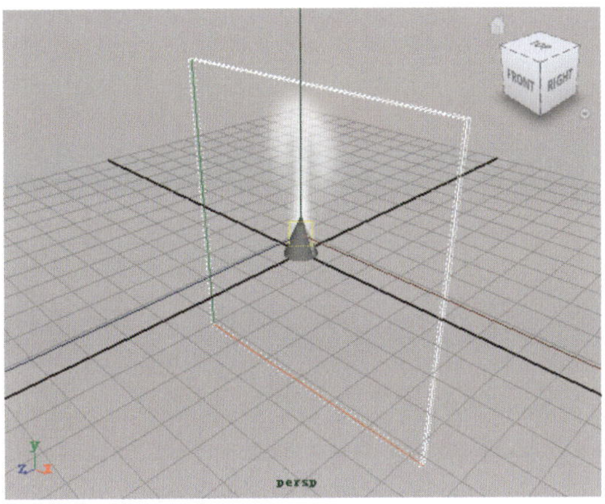

图19-10 流体效果

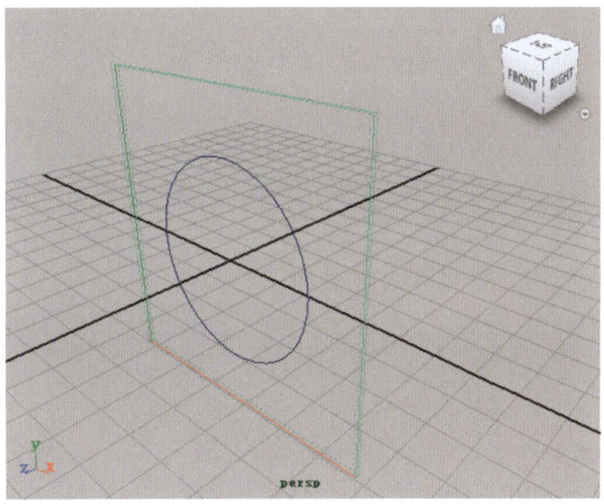

图19-11 创建流体

02 先选择圆，按住Shift键加选流体容器，执行Fluid Effects（流体特效）|Add/Edit Content（添加/编辑内容）|With Curve（曲线）命令，在打开的属性设置面板中，按照图19-12所示的参数进行设置。

提示：如果需要修改流体的颜色，则可以启用上述面板中的Color复选框。

03 播放动画，观察一下此时的流体效果，如图19-13所示，在该效果中，我们更改了流体的颜色。

关于2D流体的设置方法还有很多，例如，使用笔触特效作为流体发射器创建流体等。具体的制作方法十分相似，这里不再一一介绍了。

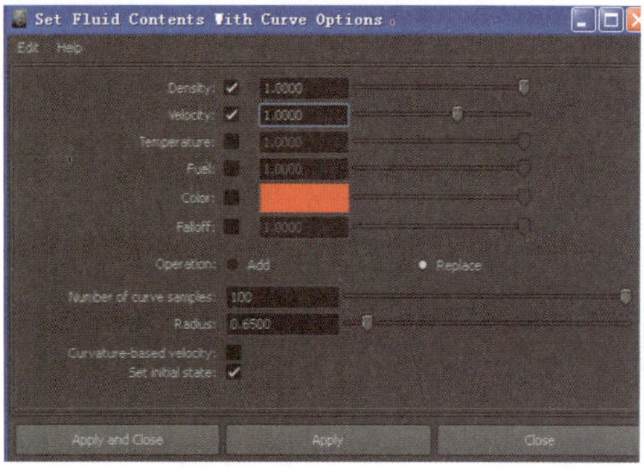

图19-12 修改属性

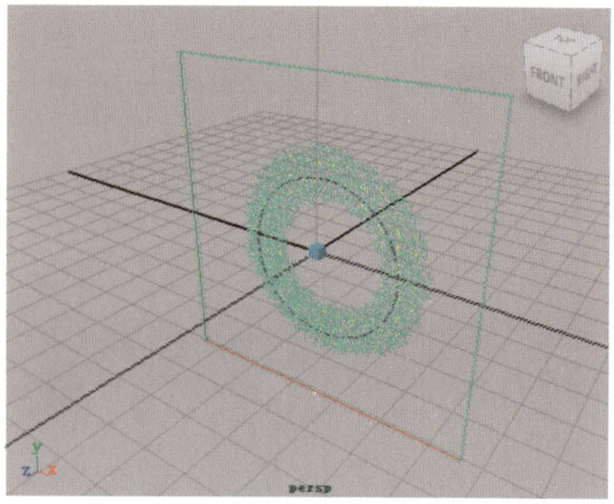

图19-13 沿曲线发射

19.2.2 创建3D流体

课堂练习222：创建典型3D流体

01 创建3D流体之前，必须先有一个容器，执行Fluid Effects（流体特效）|Create 3D Container（创建3D容器）命令，创建一个默认的流体容器，如图19-14所示。

02 选择容器，执行Fluid Effects（流体特效）|Add/Edit Contents（添加/编辑内容）|Emitter（发射器）命令，在打开的属性设置面板中将发射器类型设置为Omni，如图19-15所示。

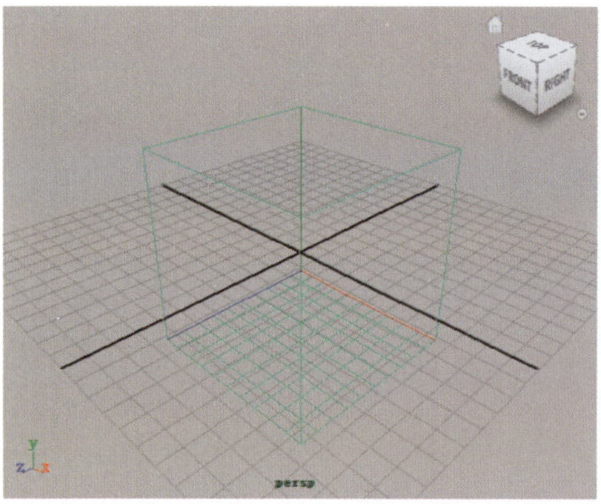

图19-14 创建3D流体容器

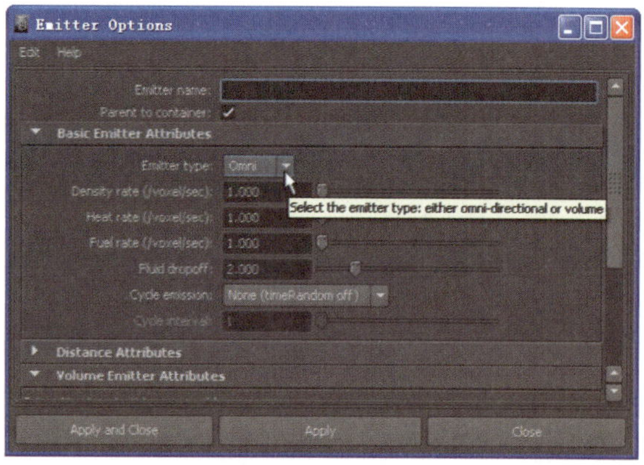

图19-15 创建3D发射器

03 按键盘上的数字键5进行实体显示，播放动画，观察此时的流体效果，如图19-16所示。

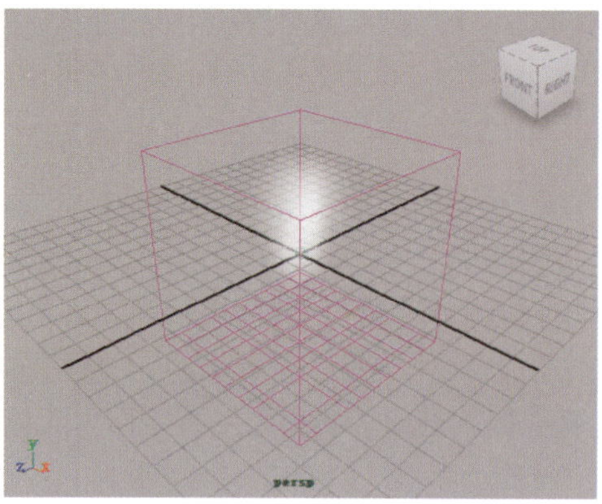

图19-16 实体流体的效果

关于3D流体的创建方法和2D流体大致相同，读者可以直接利用2D流体的创建方法创建3D流体。不同的是，我们可以执行Fluid Effects（流体特效）|Create 3D Container With Emitter（创建带发射器的3D容器）命令，来一次性地创建一个带有发射器的流体容器。

19.3 流体属性简介

在上文中介绍了流体的创建方法。仅仅会创建出流体，并不能解决实际应用过程中的一些问题，我们还要学会如何根据实际要求对其进行编辑，从而使其能够按照我们的意图展现在人们眼前，所以读者必须掌握流体的属性。

19.3.1 Fluid Emitter属性

流体的属性同样被放置在属性编辑器中，选择一个流体容器，按组合键Ctrl+A，即可快速打开其属性编辑器，如图19-17所示。

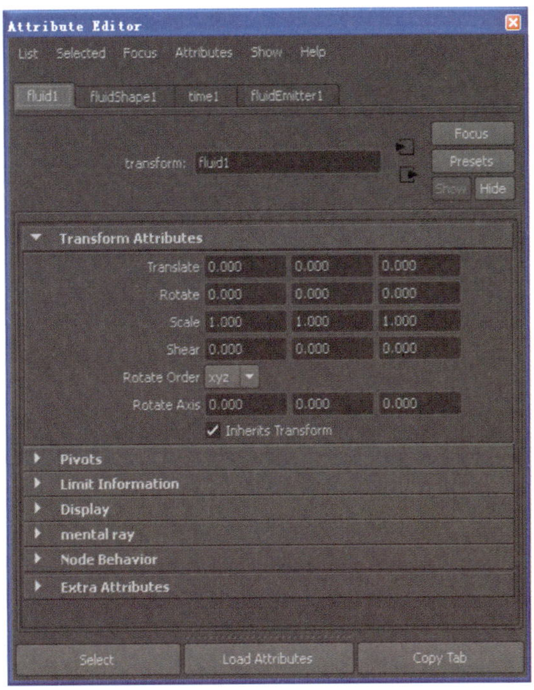

图19-17 流体属性编辑器

1. Transform Attributes

该卷展栏主要用于设置发射器的位移属性，读者可以通过修改该卷展栏下的参数来改变发射器的位置等，如图19-18所示。

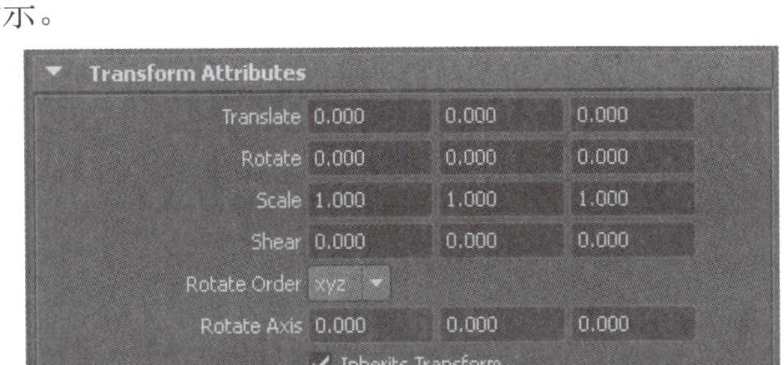

图19-18 位移属性

2. Basic Emitter Attributes

该卷展栏主要用于设置发射器的发射属性，包括发射器的类型、最大距离、最小距离等参数，如图19-19所示。

注意：该卷展栏只有在视图中选择了流体发射器才会显示出来，它仅仅存在于流体发射器上，而不是流体容器上。

3. Fluid Attributes

该卷展栏用于设置流体属性，如图19-20所示。

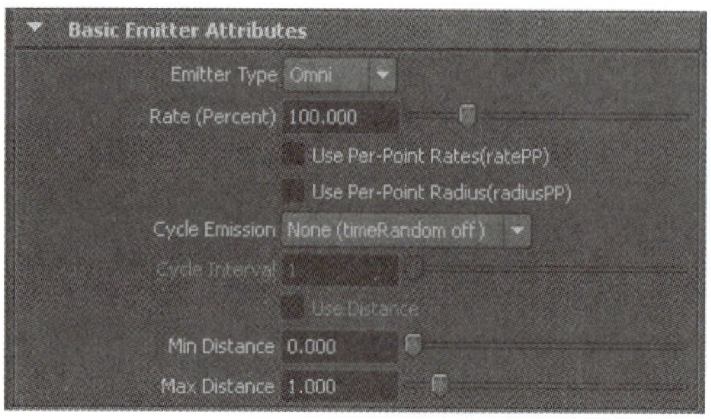

图19-19 基本属性

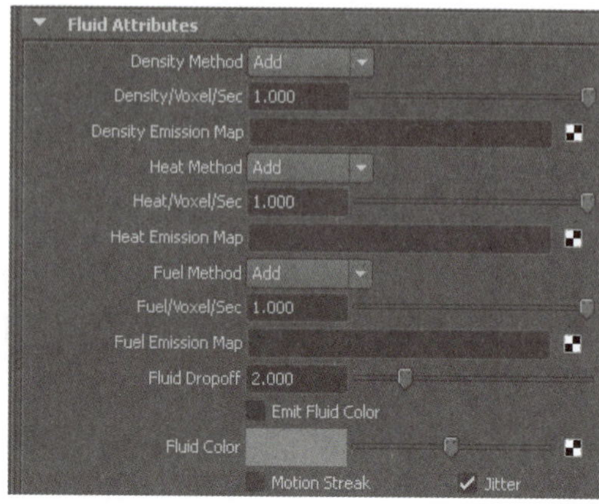

图19-20 Fluid Attributes卷展栏

◆ Density/Voxel/Sec

设置每秒钟流出的流体的密度，该参数设置得越高，流体流出的速度也就越快。

◆ Heat/Voxel/Sec

该参数决定了流体温度上升的速度，该参数越高，流体温度上升得就越快。在制作爆炸等特效时，经常使用Temperature属性来模拟温度不同部分的颜色变化，而Temperature属性的增幅度就是由Heat/Voxel/Sec来控制。

◆ Fuel/Voxel/Sec

该参数决定了流体燃料消耗的速度，同样地，也经常用燃料这个属性来控制流体不同部分的颜色变化。

◆ Fluid Dropoff

该参数用于设置流体的衰减度，数值越高，流体就越快接近末端状态。

◆ Emit Fluid Color

启用该复选框，Maya将会采用该属性下的颜色作为流体的颜色。如果第一次启用该复选框，那么Maya会弹出图19-21所示的对话框，提示用户将流体颜色类型设置为Dynamic Grid，只有这样才能够使用此类属性。

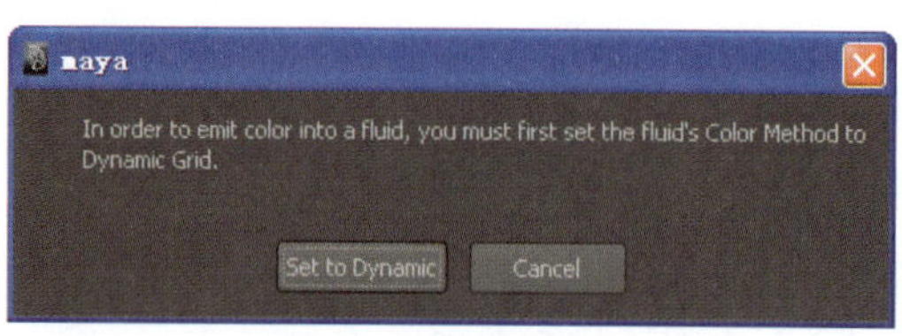

图19-21 信息提示

4. Fluid Emission Turbulence

该选项区域主要控制流体的扰动效果。

◆ Turbulence Type

该参数用于设置扰动的类型，可以选择Gradient（渐变）和Random（随机）。

◆ Turbulence Speed

该参数用于设置扰动的速度。

◆ Turbulence Freq

该参数用于设置扰动的频率。

◆ Turbulence Offset

该参数用于设置扰动的偏移。

◆ Detail Turbulence

该参数用于设置扰动的细分度。

19.3.2 FluidShape属性简介

1. Container Properties

该参数主要用于设置流体容器的属性，如图19-22所示。

◆ Resolution

该参数用于设置容器的网络分辨率。

◆ Size

Size用于设置容器的大小。

◆ Boundary X、Y和Z

该参数用于设置容器的边界，默认情况下顶部和底部都是边界，也可以选择单一边作为边界或撤销某个面的边界。

2. Contents Method

该卷展栏用于设置流体内容器中比较重要的属性，通过更改这些属性，可以将流体以不同的方式显示颜色和状态，如图19-23所示。

◆ Density

该属性用于设置流体的密度，在默认情况下，Density的属性被显示为透明度的属性，这样看起来流体透明度高的部分会显得稀薄一些。在该下拉列表中有4个参数供我们设置，简介如下。

Off：这种方式的流体不会被显示。

Static Grid：这种方式只会显示静态流体内容。

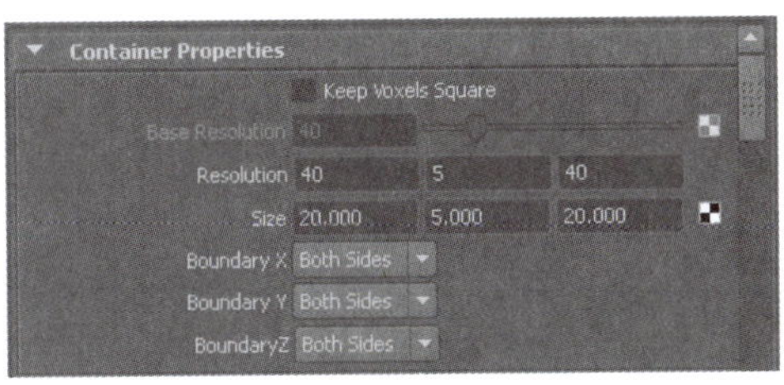

图19-22 FluidShape卷展栏

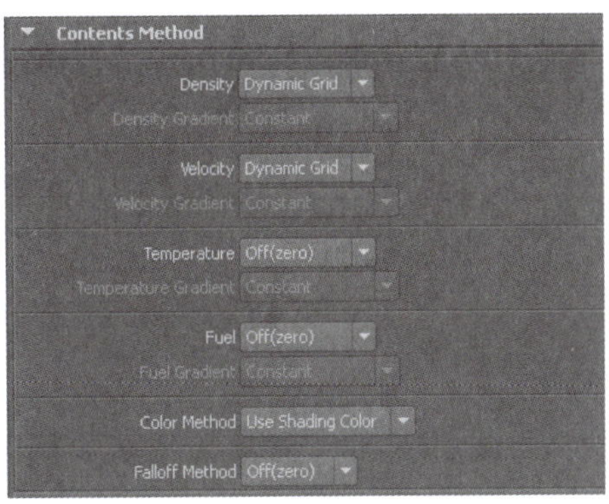

图19-23 Contents Method卷展栏

Dynamic Grid：这种方式将会显示动态的流体内容。

Gradient：这种方式将会使用渐变贴图作为流体内容。

◆ Velocity

该参数用于设置流体的速度属性，读者也可以从其下拉列表中选择相应的选项，执行操作，关于这些选项的简介请参考上面的4个选项。

◆ Temperature

该选项为流体的温度属性，它和前面介绍的Heat/Voxel/Sec属性相关。

◆ Fuel

该选项为流体的燃料属性，它和前面所介绍的Fuel/Voxel/Sec属性相关。

3. Display

该卷展栏主要用于设置流体的显示方式，如图19-24所示。

◆ Shaded Display

选择场景中流体的显示方式，包括Off（不显示）、As Render（最终渲染显示）、Density（只显示密度）、Temperature（只显示温度）、Fuel（只显示燃料）、Collision（显示碰撞）、Falloff（显示衰减）等。

◆ Opacity Preview Gain

使用除了As Render渲染方式以外的任何渲染方式的时候，可以打开该选项，可以调整流体的不透明度。

◆ Voxel Quality

选择显示的质量。

◆ Boundary Draw

该参数用于选择流体容器边缘线的显示方式。

◆ Numeric Display

该参数可以将选择的属性以数字方式显示，如图19-25所示。

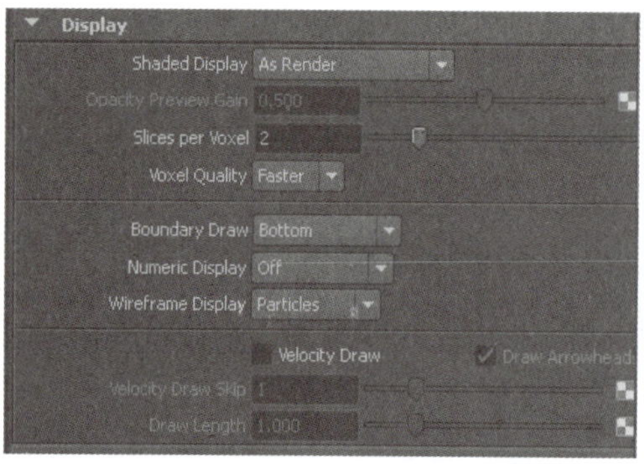

图19-24 Display卷展栏

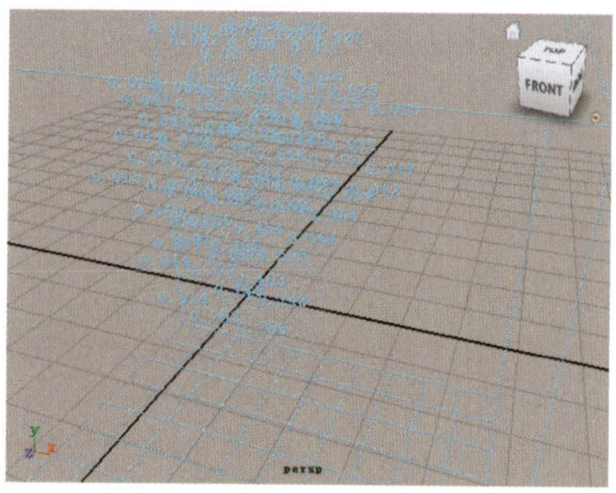

图19-25 数字显示

◆ Wireframe Display

在线框模式中决定流体的显示方式，如图19-26所示。

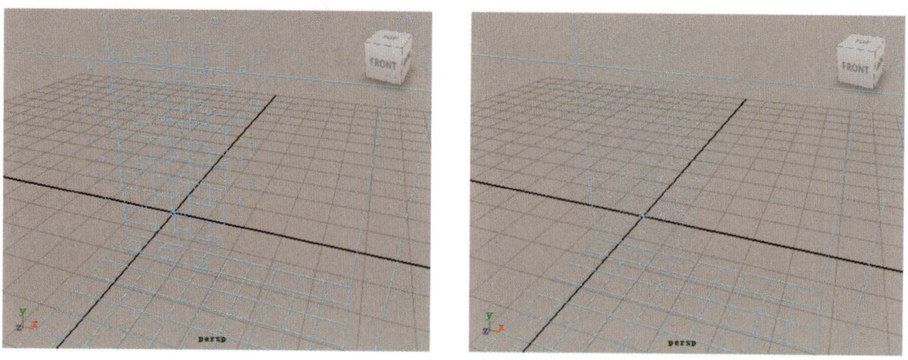

图19-26 流体显示方式

◆ Velocity Draw

启用该复选框，将在流体容器中显示流体各部分的流动方向及速率，其下面的两个属性分别用于显示流体速度的频率和长度，如图19-27所示。

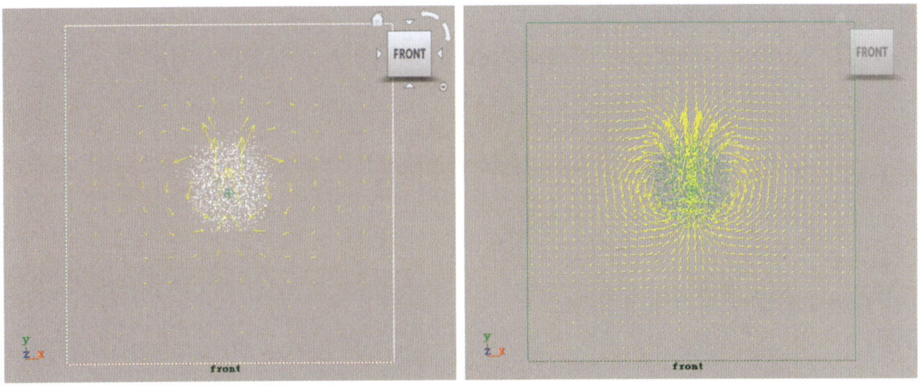

图19-27 不同的参数设置对比

4. Dynamic Simulation

该参数用于模拟流体的动力学，如图19-28所示。

◆ Gravity

用于设置流体的重力加速度。

◆ Viscocity

用于设置流体的黏稠度，数值越高，流体就越接近于固体。

◆ Friction

设置流体间的摩擦度。

◆ Damp

设置流体的阻尼衰减度，数值越高，流体的速度就越快。

◆ Solver

设置解算器的方式。

◆ High Detail Solve

设置解算器的细节度。

◆ Solver Quality

设置解算质量。

◆ Grid Interpolator

设置解算的算法。

◆ Start Frame

用于设置流体开始产生的时间。

◆ Simulation Rate Scale

用于缩放发射和解算的时间间隔。

◆ Disable Evaluation

关闭流体模拟。

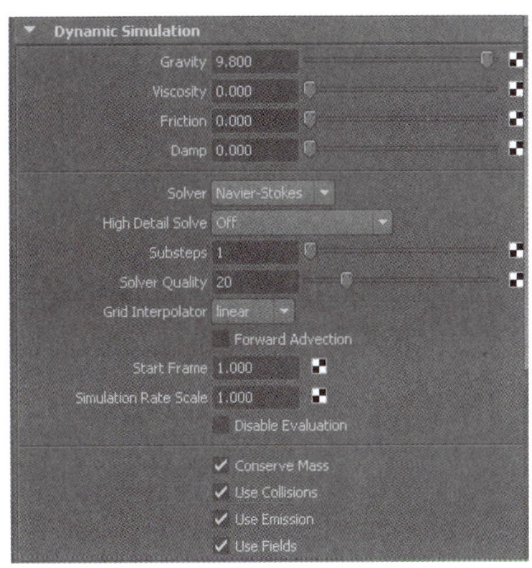

图19-28 Dynamic Simulation卷展栏

◆ Conserve Mass

禁用该复选框后，在模拟过程中调高Density值时，可以提高质量。

◆ Use Collisions/Emission/Fields

Use Collisions用于打开流体碰撞；Use Emission用于打开流体发射器；Use Fields用于确定是否使用动力学。

5. Content Details

Content Details卷展栏中包含了一系列的子卷展栏，主要用来设置流体容器的一些具体细节，如图19-29所示。

◆ Density/Velocity/Temperature/Fuel Scale

分别用于设置Density、Velocity、Temperature和Fuel 4个属性值的缩放比例。

◆ Buoyancy

Buoyancy用于解算流体温度的数值。

◆ Dissipation

Dissipation用于设置密度或温度的消散度。

◆ Diffusion

该参数用于设置密度或温度的扩散度。

◆ Swirl

Swirl用于设置速度方向的自旋性，该参数设置得较低时，速度方向不容易发生改变。

◆ Reaction Speed

该参数用于设定从发生反应到反应结束所用的时间。

◆ Ignition Temperature

设定发生反应的温度，当流体的温度达到该值设定的温度时，开始发生反应。

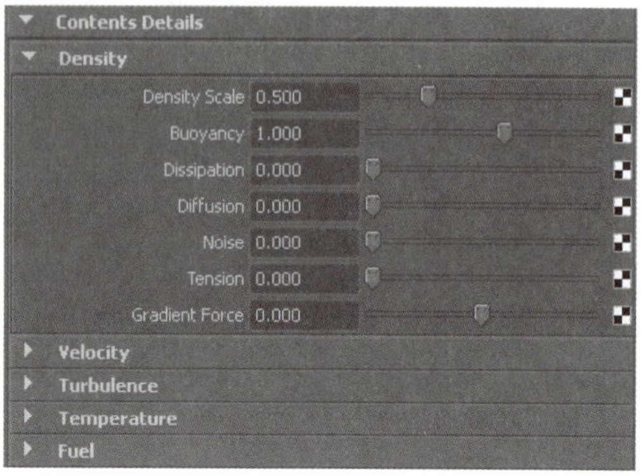

图19-29 Content Details卷展栏

◆ Max Temperature

设定一个数值，当温度超过该数字时反应达到最快速度。

◆ Heat Released

该参数决定了每次反应所发出的热量，这些热量将会进一步升高流体的温度，促进下一次反应的诞生。如果将该参数设置得高一些，则将会一直保持高温的反应状态。

◆ Light Released

Light Released决定了每次反应所发出的光能，该参数需要与Light Color搭配使用。

◆ Light Color

Light Color用于设置反应发光的颜色。

◆ Turbulence

Turbulence用于设置流体自身的扰动，包括强度属性、频率属性和速度属性。

6. Surface

该卷展栏主要用于设置流体显示的面片质量，如图19-30所示。

◆ Hard/Soft Surface

这两个选项主要用来决定显示的曲面的柔和度。

◆ Surface Threshold

该选项用来设置显示的面片的大小。

◆ Specular Color

Specular Color用于设置面片高光的颜色。

◆ Consine Power

Consine Power用于设置面片的高光正弦强度。

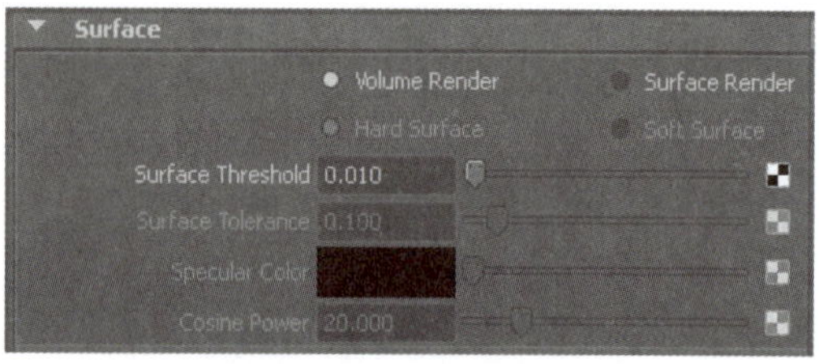

图19-30 Surface卷展栏

7. Shading

该卷展栏主要用于设置流体的显示效果，如图19-31所示。

◆ Transparency

该参数用于设置流体的透明度，数值越高，则越趋向于透明。

◆ Glow Intensity

该参数用于设置流体的辉光强度。

◆ Dropoff Shape

该参数用于设置流体的衰减形状，通常与Edge Dropoff搭配使用，用于改变流体末端边缘的形状。

◆ Edge Dropoff

该参数用于设置流体的边缘衰减的宽度。

8. Color

该卷展栏用于设置流体的基本颜色，在设置该卷展栏中的参数前，请注意一定要将前面的Color Method更改为Use Shading Color选项，如图19-32所示。

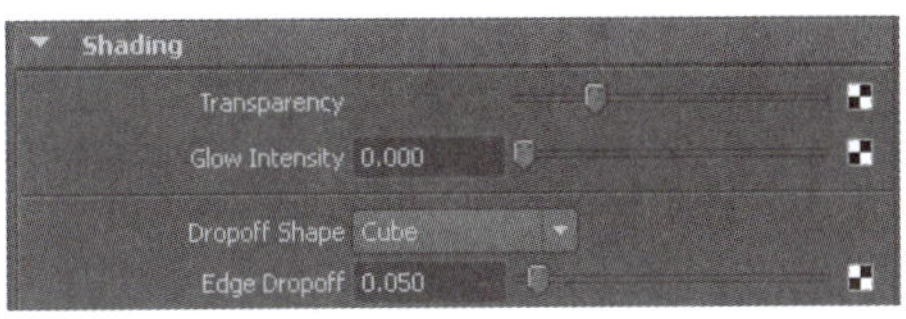

图19-31 Shading卷展栏

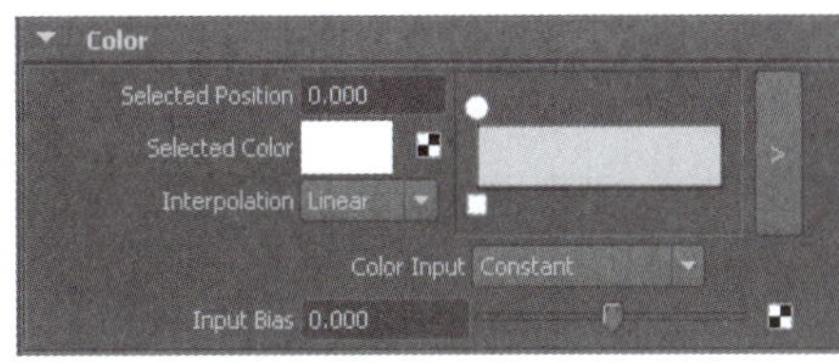

图19-32 设置颜色

关于该卷展栏中的参数不再详细介绍，与前面所介绍的一些参数的功能相同。

19.4 流体的碰撞

Maya中的流体和粒子、动力学相同，都可以使它和其他物体进行碰撞，除了碰撞以外，还可以使它的受力作用被吸引，下面简单介绍流体碰撞的实现方法。

课堂练习223：流体碰撞

01 打开随书光盘中的bajiao.mb文件，如图19-33所示。下面要在芭蕉的叶子下面创建一个流体，使其喷射出来后与芭蕉叶子相遇时，产生碰撞。

02 在场景中创建一个2D流体容器和一个发射器，并使其充分与芭蕉叶子接触，如图19-34所示。

图19-33 打开场景

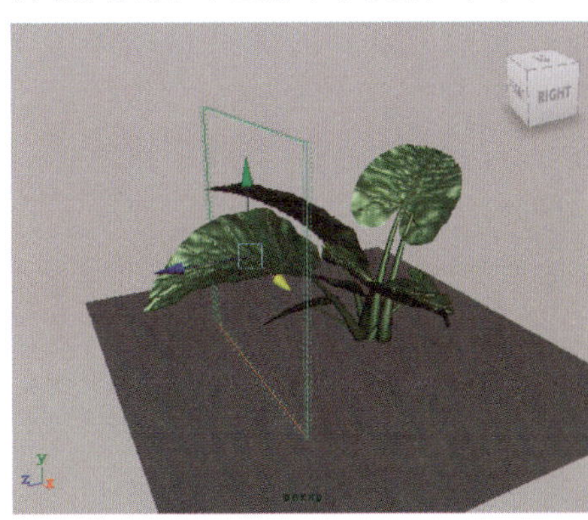

图19-34 创建流体容器

03 为了使其喷射的速度快一些，可以切换到Fluid Attributes卷展栏，将Density/Voxel/Sec设置为150，喷射效果如图19-35所示。

04 再调整一下流体容器的位置，使其喷射的流体的顶部和叶子充分接触，如图19-36所示。

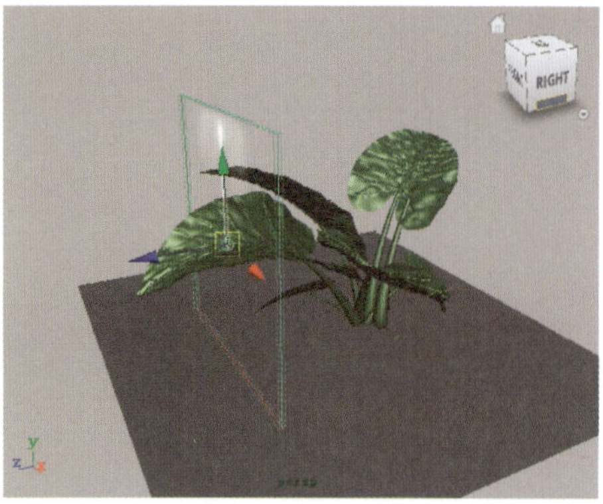

图19-35 流体喷射

图19-36 调整流体容器位置

05 在视图中选择芭蕉叶子，之后再选择流体容器，执行Fluid Effects（流体效果）|Make Collide（创建碰撞）命令，如图19-37所示。

06 执行完毕后播放动画，观察此时的效果，如图19-38所示。

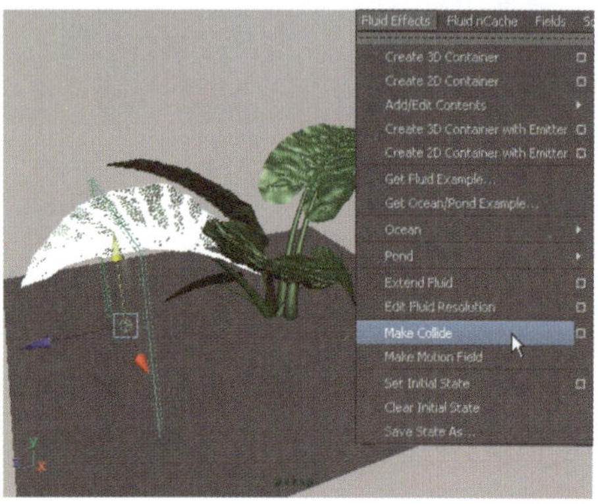

图19-37 创建碰撞

图19-38 碰撞效果

课堂练习224：对流体设置场

01 创建一个如图19-39所示的场景，下面将使流体朝着圆锥体的方向喷射。

02 选择锥体，之后选择流体容器，执行Fluid Effects（流体特效）|Make Motion Field（创建运动场）命令，如图19-40所示。

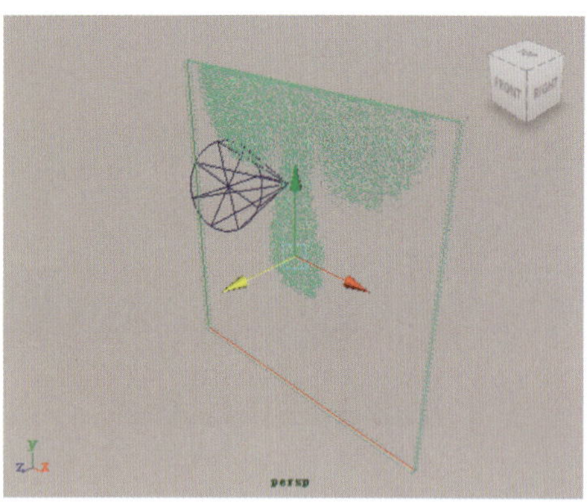

图19-39 创建场景

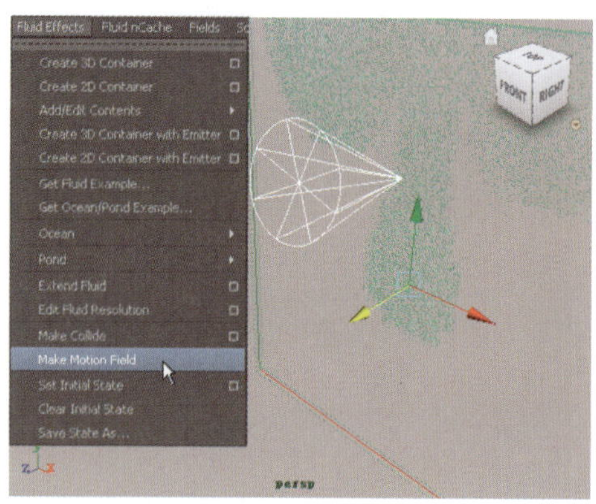

图19-40 设置运动场

03 设置完成后播放动画，观察效果，如图19-41所示。

19.5 创建海洋

流体海洋是Maya中集成的一个模板，称为实例，利用该工具可以快速创建出海洋的效果。下面我们将利用它创建一个大海的效果。

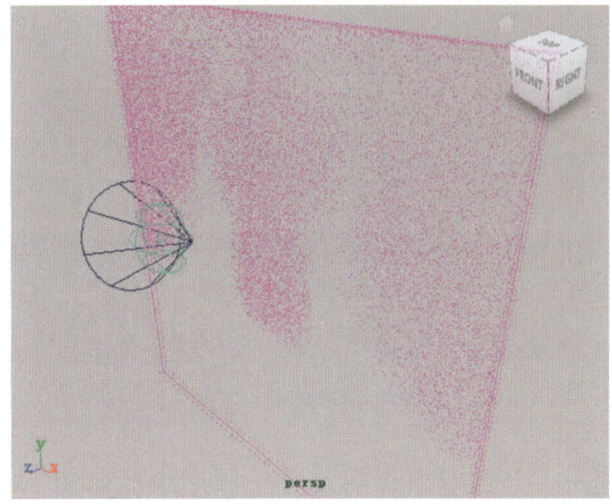

图19-41 运动场对流体的影响

课堂练习225：创建海平面

01 新建一个场景文件，单击Fluid Effects（流体特效）|Ocean（海洋）|Create Ocean（创建海洋）命令右侧的小方块按钮，打开如图19-43所示的设置面板。

02 启用Create Preview Plane复选框，单击Create按钮，创建出一个带有预览平面的海平面，如图19-43所示。

03 此时，我们已经成功创建出一个海洋平面的实例，读者可以调整一下摄影机的镜头，渲染此时的效果，如图19-44所示。

04 下面为海洋制作一些波动的效果。执行Fluid Effects（流体特效）|Ocean（海洋）|Create Wake（创建波浪）命令，按照图19-45所示的参数进行设置。

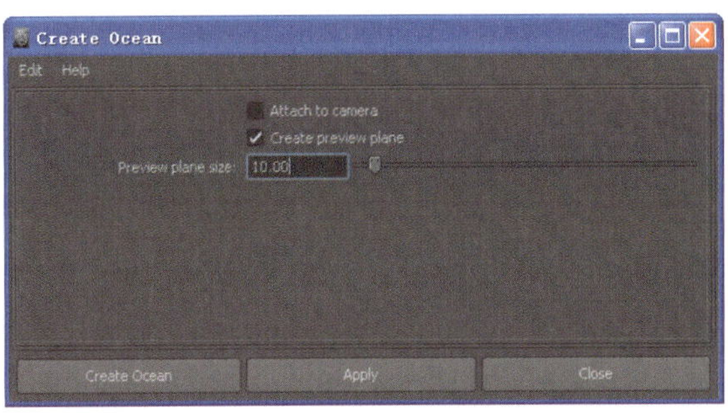

图19-42 Create Ocean设置面板

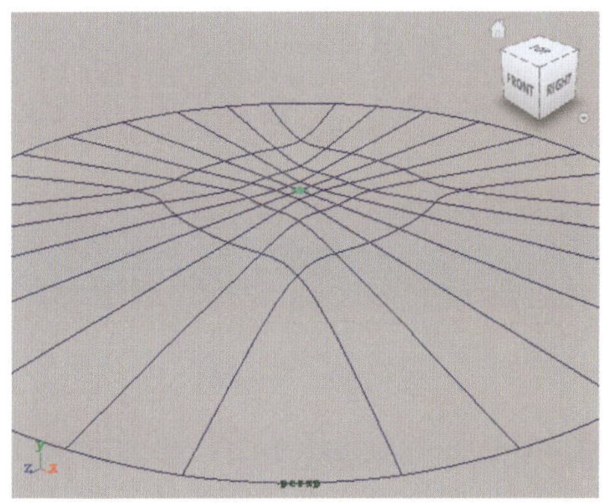

图19-43 创建海洋平面

图19-44 海洋效果

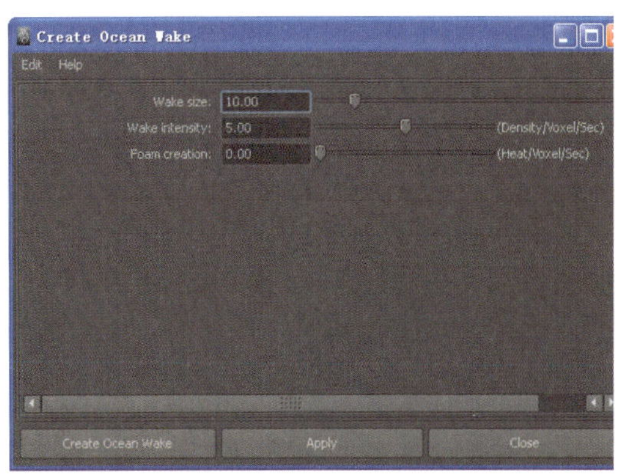

图19-45 修改参数设置

05 单击Create Ocean Wake按钮，创建一个波浪，播放动画观看效果，如图19-46所示。

06 渲染一下透视图，得到的效果如图19-47所示。

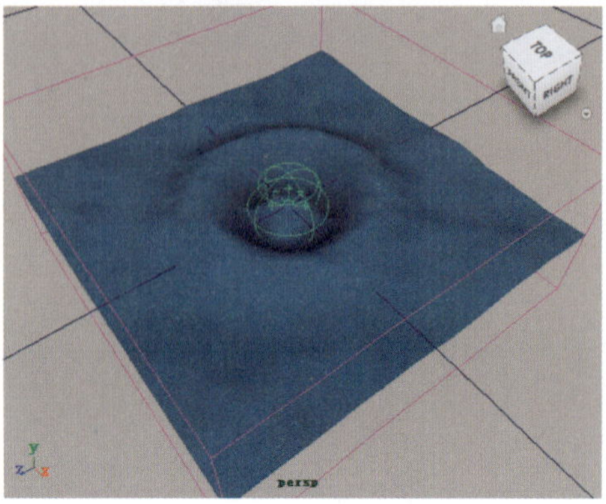

图19-46 创建波浪

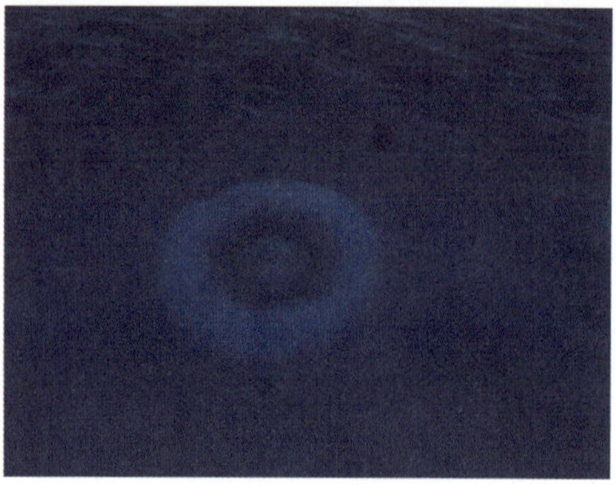

图19-47 波浪效果

07 将随书光盘中的“小船.mb”文件导入当前场景中，如图19-48所示。这个小船现在还不会随着波浪荡漾，我们需要创建一个虚拟物体，并把小船当做该物体的子物体使其漂荡。

08 执行Fluid Effects（流体特效）|Ocean（海洋）|Add Ocean Surface Locator（添加海洋表面定位器）命令，在视图中创建一个虚拟物体的坐标器，如图19-49所示。

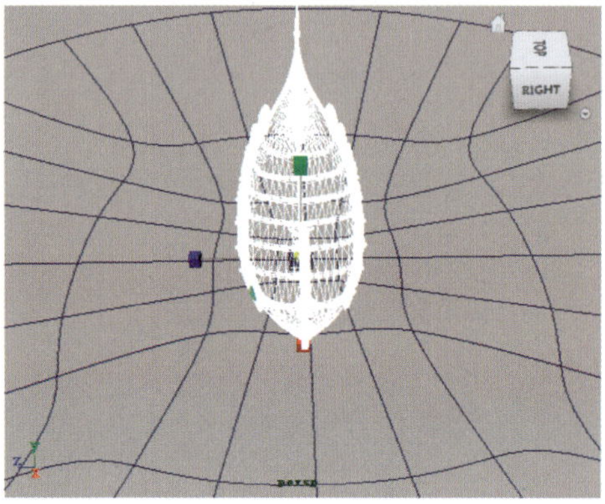

图19-48 导入小船

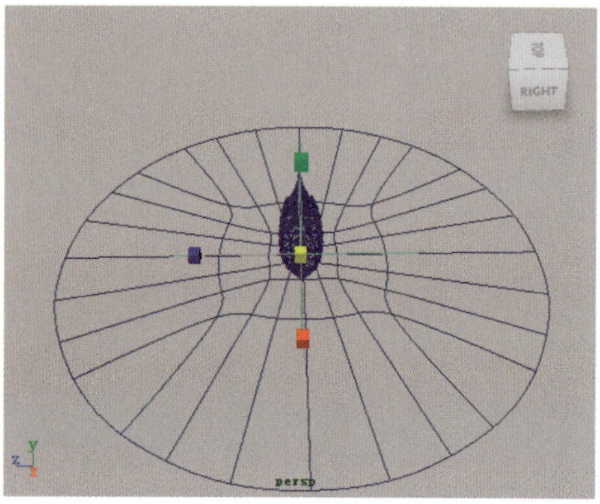

图19-49 创建虚拟体

09 在视图中先选择小船，再选择虚拟物体，按快捷键P，使小船作为虚拟体的子物体存在。此时，播放动画，可以发现小船在海平面上飘荡了，如图19-50所示。

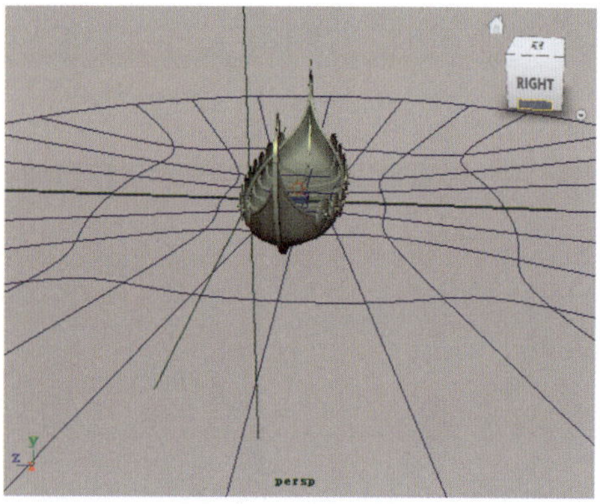

图19-50 观看动画

上面的这种浮标可以使小船永远处于海洋表面上。除了这种方法外，还可以使用Dynamic和Boat两种类型的浮标，它们可以创建上下起伏的漂浮效果和轻度旋转的漂浮效果。

参数简介

在视图中选择海洋物体，打开属性编辑器并找到Ocean Shader1选项卡，这里放置了海洋流体的所有属性，通过修改这些属性，可以修改海洋的外观。

1. Ocean Attributes

该卷展栏主要用于设置海洋的基本属性，如图19-51所示。

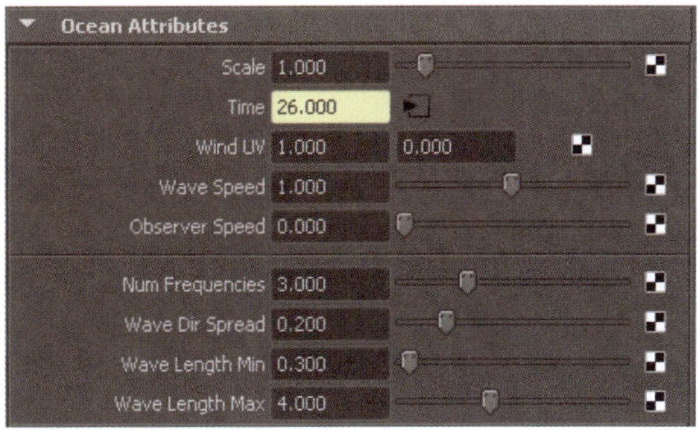

图19-51 Ocean Attributes卷展栏

◆ Scale

Scale控制波浪间的密度，数值越高，波浪之间的间隙越小，效果对比如图19-52所示。

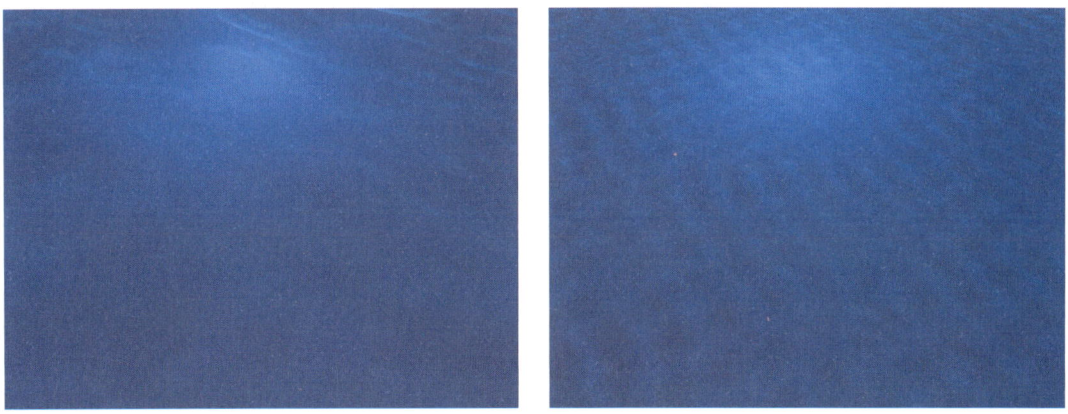

图19-52 Scale参数对波浪的影响

较小的Scale值适合制作出波涛汹涌的效果，而较大的Scale值适合制作微风吹过，波光粼粼的海面效果。

◆ Time

该参数用于返回当前的动画帧数，即动画时间，该参数不可被修改。

◆ Wind UV

Wind UV用于设置风力在U向和V向上的大小，分别设置U向和V向参数所创建的波浪效果如图19-53所示。该参数还允许读者使用贴图进行控制。

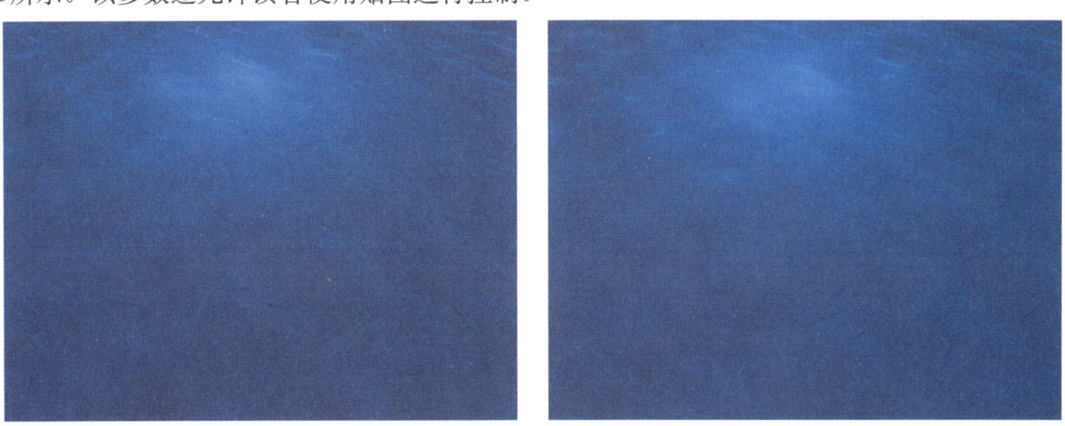

图19-53 波浪方向对比

◆ Wave Speed

Wave Speed用于设置波浪的传递速度。

◆ Observer Speed

Observer Speed可以通过模拟观察者来削弱横向的波浪运动。

◆ Num Frequencies

该参数用来设置波浪在最小波浪和最大波浪之间的差值。该值越高，则波浪起伏就越剧烈。较小的参数和较大的参数值对比如图19-54所示。

◆ Wave Dir Spread

该参数用来设置波浪在传播方向上的位移幅度。

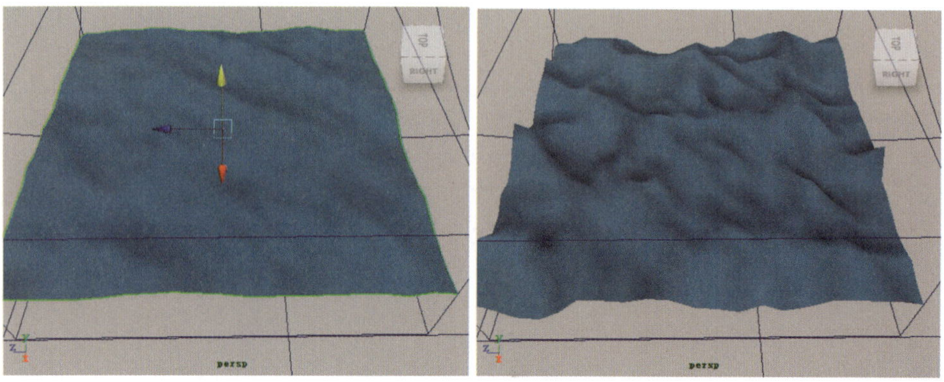

图19-54 不同的参数值对比

◆ Wave Length Min

该参数用来设置所有波浪中最小的波浪的振幅，该值越大，则波浪的细节就越小，波浪也就越平滑。

◆ Wave Length Max

该参数用来设置所有波浪中最大的波浪的振幅，该参数越大，则波浪越剧烈。

2. Wave Height

该卷展栏用于设置波浪的高度。读者可以利用渐变贴图来调整波峰的高度，如图19-55所示。

3. Wave Turbulence

该卷展栏用于设置波浪的扰动效果，如图19-56所示。

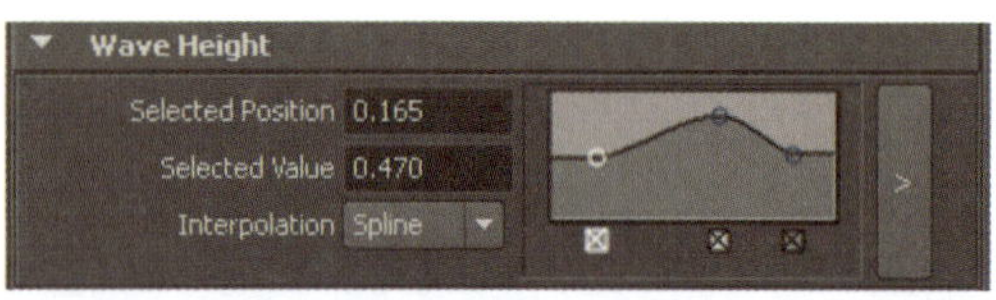

图19-55 Wave Height卷展栏

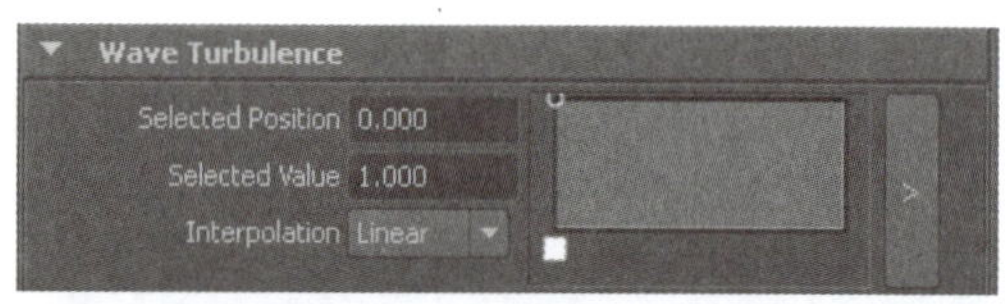

图19-56 Wave Turbulence卷展栏

4. Wave Peaking

Wave Peaking卷展栏用于设置波峰的峰值，读者可以直接对参数右侧的曲线图进行调整，如图19-57所示。

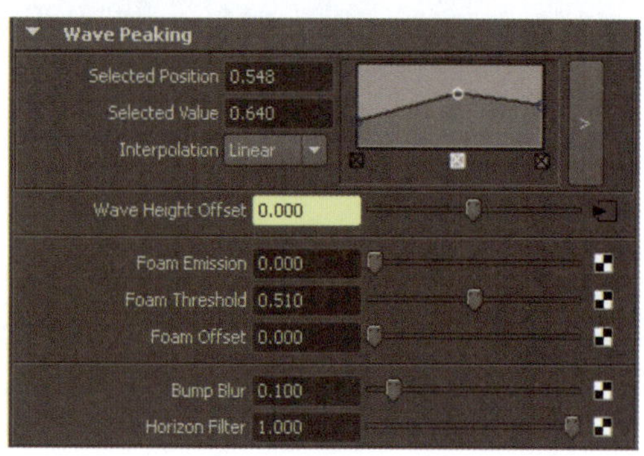

图19-57 Wave Peaking

◆ Wave Height Offset

该参数可以控制海平面的位置整体向上或者向下移动。

◆ Foam Emission

如果增大该参数的数值，则波浪的末端将会

产生泡沫，如图19-58所示。

图19-58 泡沫效果

◆ Foam Threshold

该参数用于设置泡沫的大小，适当提高该参数，可以增大波浪的显示范围。

◆ Foam Offset

Foam Offset用于设置泡沫的偏移幅度。

◆ Bump Blur

Bump Blur用于设置泡沫表面的模糊程度。

5. Common Material Attributes

该参数卷展栏用于设置海洋材质的基本属性，如图19-59所示。

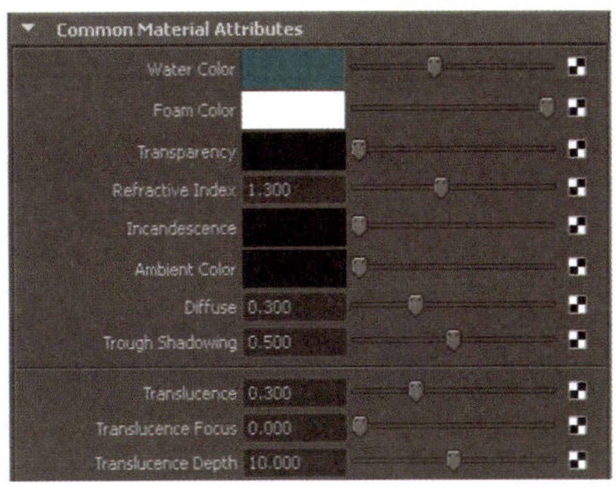

图19-59 Common Material Attributes卷展栏

◆ Water Color

Water Color用来设置海洋的颜色属性，可以改变海洋表面的颜色。

◆ Foam Color

该参数用于设置波浪上泡沫的颜色。

◆ Transparency

该参数用于设置海洋的透明度，通常用来模拟阳光照射到海面上所呈现出来的效果，属于细微效果表现。

◆ Refractive Index

该参数用于设置海洋材质的折射系数，1.3是默认的海水折射率。

◆ Incandescence

该参数在前面已经介绍过，主要用来设置海洋的自发光效果。

◆ Ambient Color

该参数用于设置海洋的环境光。

◆ Diffuse

该参数用于设置海洋的漫反射参数。

◆ Trough Shadowing

该参数用于设置波谷之间的颜色变化，较大的数值可以使波谷变暗。

◆ Translucence

该参数用于设置流体的半透明度。

◆ Translucence Focus

该参数用于设置流体的半透明散射焦点。

◆ Translucence Depth

该参数用于设置流体的半透明深度。

6. Specular Shading

该参数卷展栏主要用于设置海洋的高光属性，如图19-60所示。

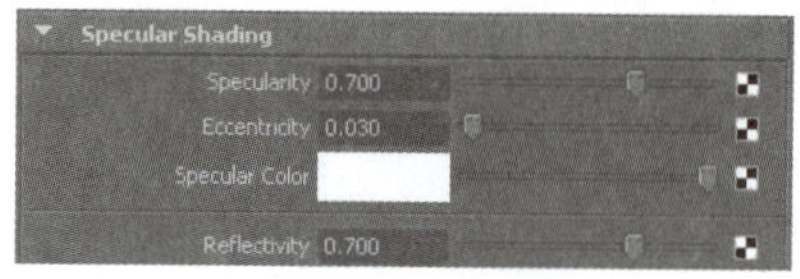

图19-60 Specular Shading卷展栏

◆ Specularity

该参数用于设置海洋高光部分的明亮度，数值越高明度越亮，但是在制作时需要适当把握一下，如果参数设置过高，可能会使效果失真。

◆ Eccentricity

该参数用于设置高光部分的离心率，关于离心率的解释请参照材质相关参数。

◆ Specular Color

该参数用于设置高光部分的颜色，一般情况下该参数不用进行调整。

◆ Reflectivity

该参数用于设置海面的反射度，通常用于设置平静海面或者湖面。

◆ Enviroment

该参数用于设置海面周围的环境色。

关于海洋的参数就介绍到这里，这些参数的具体使用方法还需要读者通过动手进一步体会。

19.6 案例11：制作池塘效果

与海洋相同，Maya也提供了一个用于创建小型水平面的实例，即池塘。池塘和海洋相比，主要的优点就在于其参数比较少，易于控制，对于制作小型动画场景的用户来说，更加好把握一些。

01 执行Fluid Effects（流体特效）|Pond（池塘）|Create Pond（创建池塘）命令，这样就在视图中创建了一个池塘物体，如图19-61所示。

02 执行Fluid Effects（流体特效）|Pond（池塘）|Creat Wake（创建波浪）命令，添加一个影响物体，播放动画，观察此时的效果，如图19-62所示。

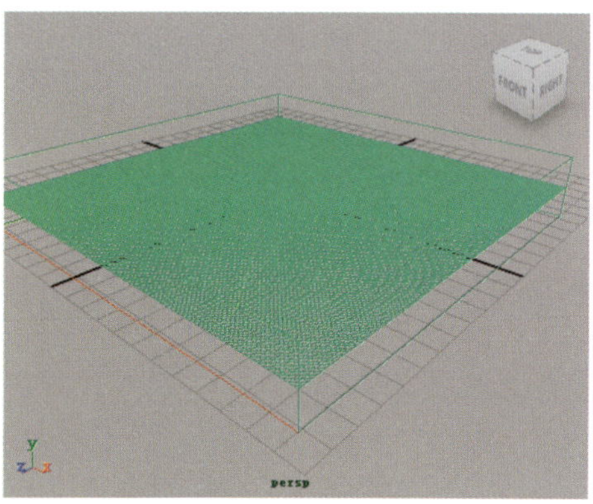

图19-61 创建池塘物体

图19-62 创建波浪

03 选择创建好的Pond Wake，在右侧的属性面板中将其Rate值设置为20，这样可以减小Wake的速度，如图19-63所示。

04 在Volume Shape右侧的文本框中可以选择其他形状的影响，例如，选择Torus生成一个圆环所形成的波浪形状，如图19-64所示。

05 执行Fluid Effects（流体特效）| Pond（池塘）| Boat Locator（船定位器）命令，创建一只小船的浮标，如图19-65所示。

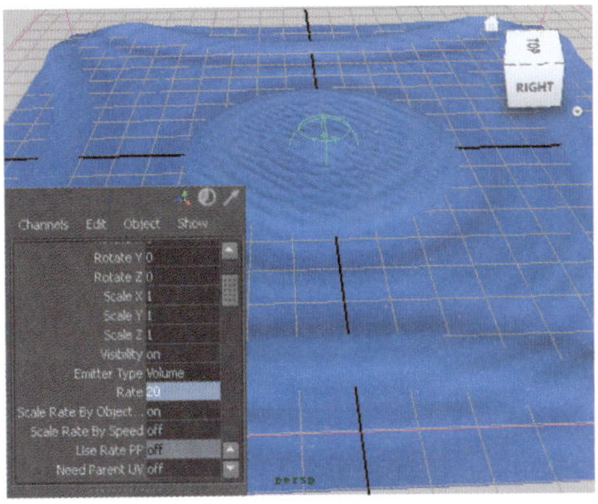

图19-63 修改Rate参数

图19-64 生成圆环波浪

06 创建一个小船的模型，按照前面所介绍的方法，将其和浮标绑定，成为其子物体，从而使它漂浮在水面上。

除了这些方法外，还可以使用其他方法来创建海洋。在Fluid Effects菜单中执行Get Ocean（获取海洋）| Pond Example（池塘实例）命令，打开Visor窗口，然后在Ocean Examples选项区域中选择所需要的海洋，可以直接调入系统集成的海洋效果，如图19-66所示。

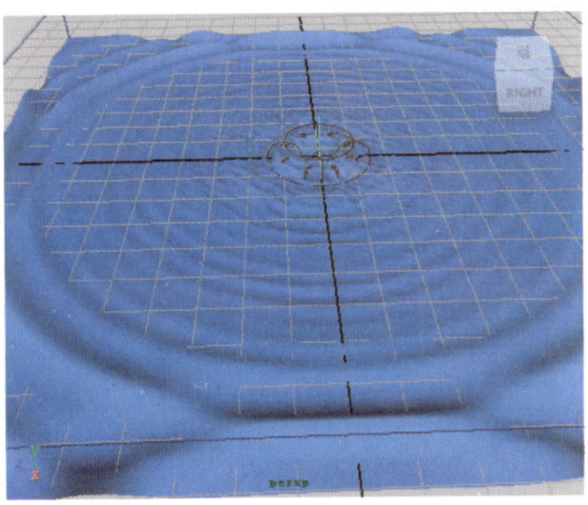

图19-65 创建小船的浮标

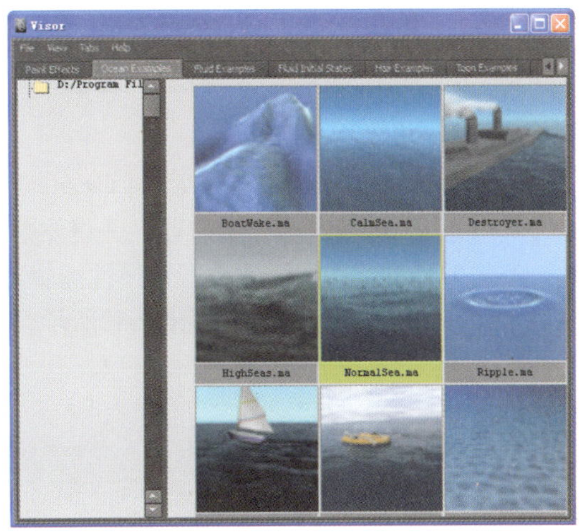

图19-66 调入海洋效果

然后选择一个海洋效果，按住鼠标中建不放，将其拖动到场景中即可，如图19-67所示。图19-68所示为渲染的效果。

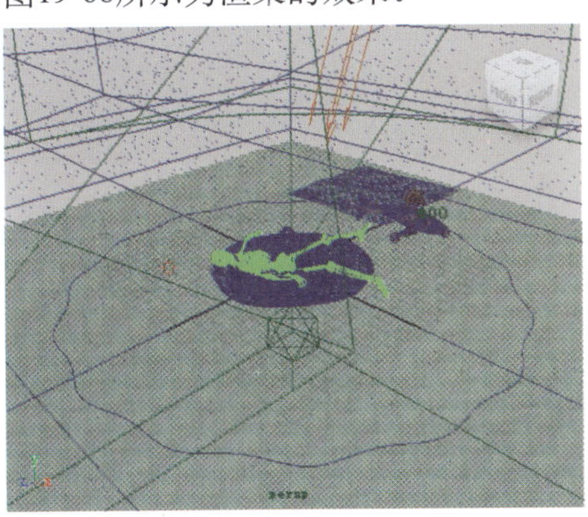

图19-67 调入集成海洋效果

图19-68 渲染效果

19.7 案例12：制作香烟效果

流体并不简单包括水、海洋等物体，它还包括烟雾、云彩等效果，本节所介绍的香烟效果也是一种流体特效。

01 执行Fluid Effects（流体特效）| Get Fluid Example（获取流体实体）命令，打开Visor窗口。在Fluid Examples选项区域中选择Smoke选项，并在右侧的选择区域中选择Cigarette2D，按住鼠标中键不放，将其拖动到场景中，如图19-69所示。

02 在场景中只保留香烟的模型，并删除其他的流体和发生器，如图19-70所示。

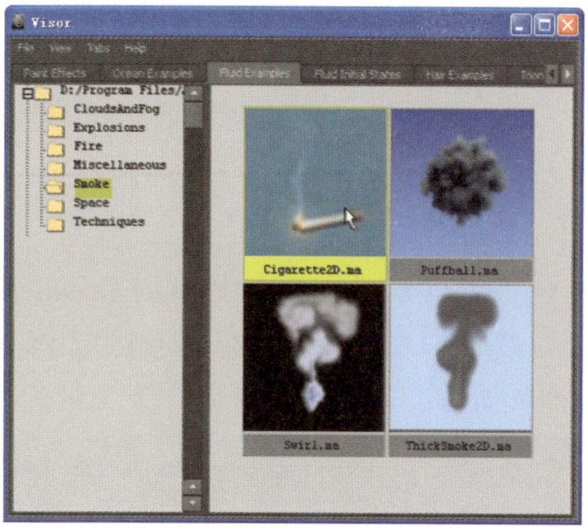

图19-69 选择流体

图19-70 保留烟卷物体

03 执行Fluid Effects（流体特效）| Create 2D Containter with Emitter（创建带有发射器的2D容器）命令，创建一个2D容器和发射器，并将发射器移动到烟头部分，如图19-71所示。

04 选择2D容器，按Ctrl+A键打开属性编辑器；然后，展开Basic Emitter Attributes卷展栏，在其中将Max Distance值设置为0.2，如图19-72所示。

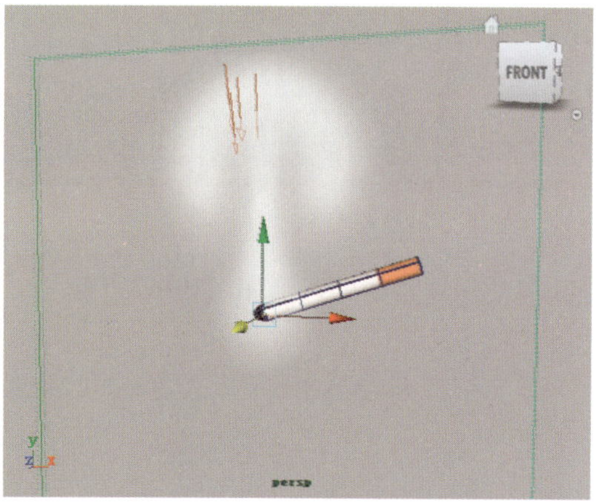

图19-71 烟头的烟雾效果

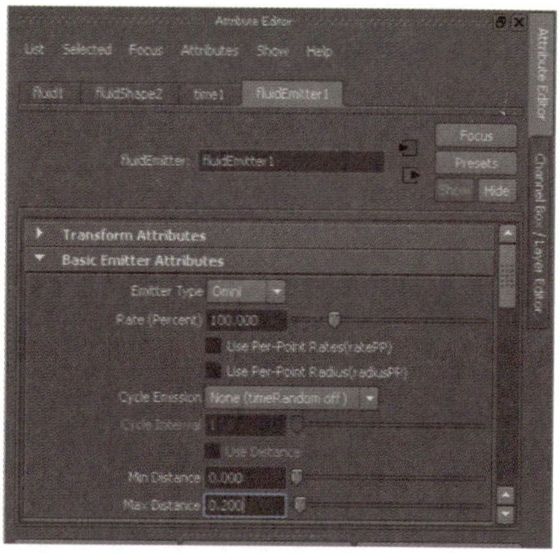

图19-72 设置Max Distance参数

05 播放动画，观察此时的烟雾效果，如图19-73所示。

06 在属性编辑器中切换到fluidShape2选项卡，在Container Properties卷展栏中将Resolution X和Resolution Y值分别设置为70和110，从而改变烟雾的分辨率，使烟雾表现得更加细腻一些，如图19-74所示。

07 将Boundary X和Boundary Y均设置为None，如图19-75所示。

08 再播放一下动画，观察一下此时的效果，如图19-76所示。

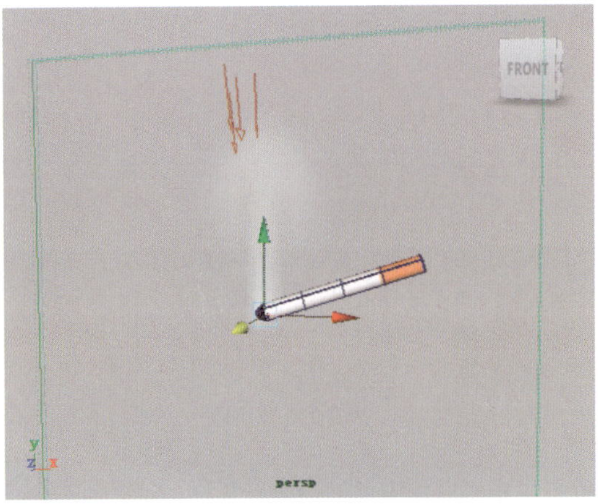

图19-73 更改后的烟雾效果

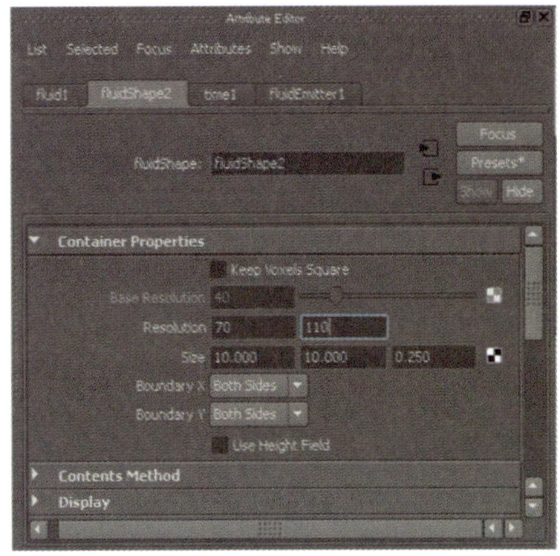

图19-74 设置分辨率

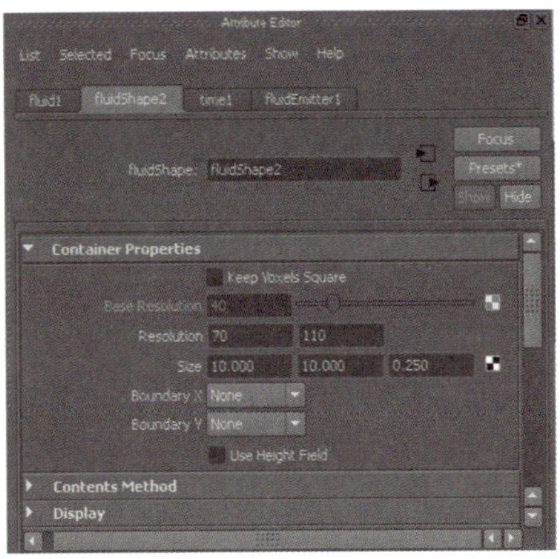

图19-75 修改Boundary参数

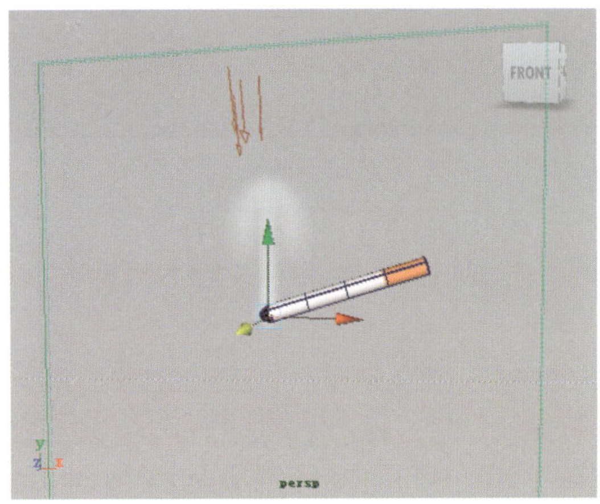

图19-76 烟雾效果

09 切换到fluidShape2选项卡，展开Contents Details卷展栏，将Buoyancy值设置为5，将Disspation值设置为3，如图19-77所示。

10 在fluidShape2选项卡中展开Velocity卷展栏，在其中将Swirl值设置为10，从而可以使烟雾产生一点漩涡效果，如图19-78所示。

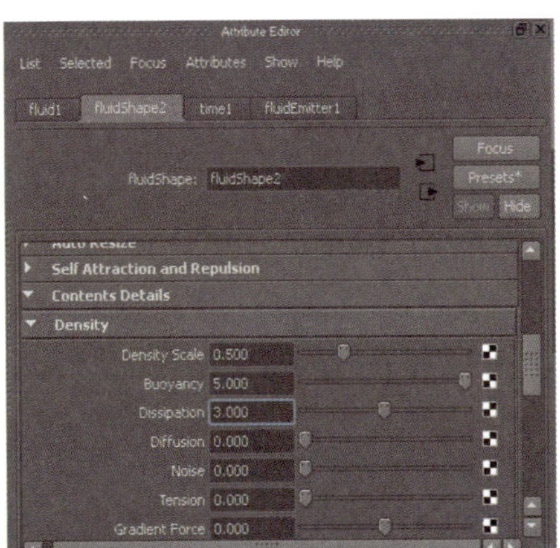

图19-77 设置Density参数

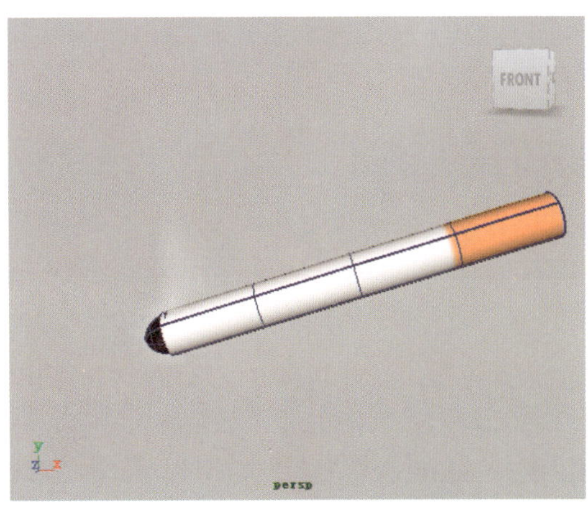

图19-78 漩涡效果

11 展开Shading卷展栏，增加Transparency参数值，稍微提高烟雾的透明度，如图19-79所示。

12 此时，整个烟雾效果就制作完成了，如图19-80所示。

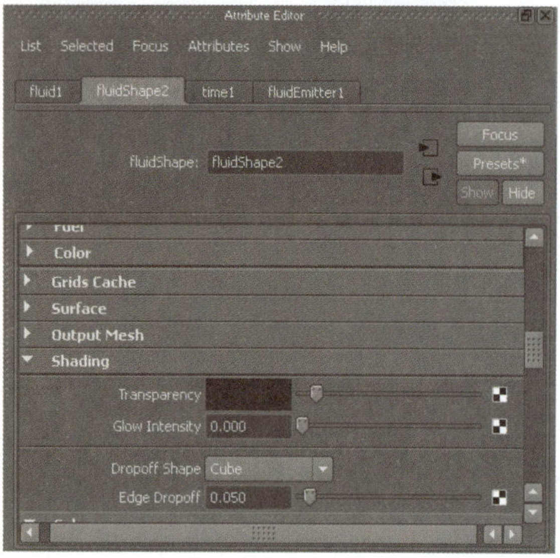

图19-79 设置透明度

图19-80 烟雾效果

19.8 案例13：制作云层效果

本节将利用流体创建一个云层的效果，该效果通常应用在一些影视动画中，来表现天空的近镜头效果。

01 单击Fluid Effects（流体效果）| Create 3D Container（创建3D容器）命令右侧的小方块按钮，在打开的设置面板中，按照图19-81所示的参数进行设置。

02 单击Apply and Close按钮，即可在视图中创建一个3D流体容器，如图19-82所示。

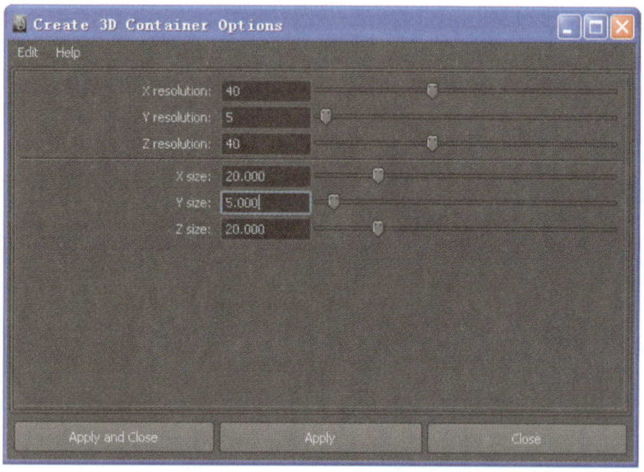

图19-81 设置3D流体基本参数

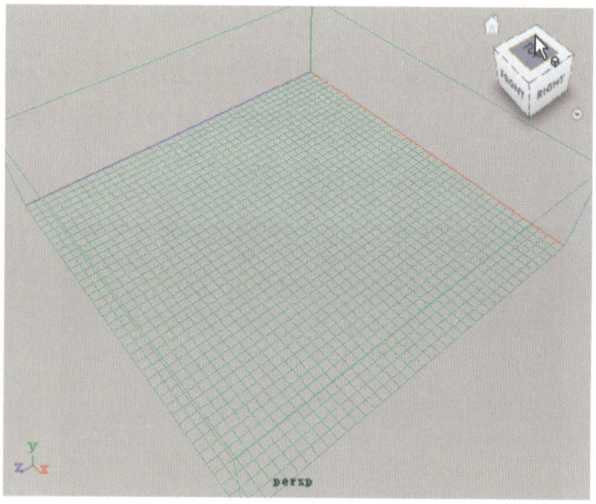

图19-82 创建3D流体容器

03 选择容器，打开其属性编辑器。切换到fluidShape选项卡，在展开的Contents Method卷展栏中，将Density设置为Gradient，如图19-83所示。

04 展开Textures卷展栏，启用Texture Color和Texture Opacity复选框，将Texture Type设置为Billow，如图19-84所示。

提示 Billow功能能够实现云彩的翻滚效果，在制作动画时可以增加云彩的真实性，通常用在远、中镜头中。

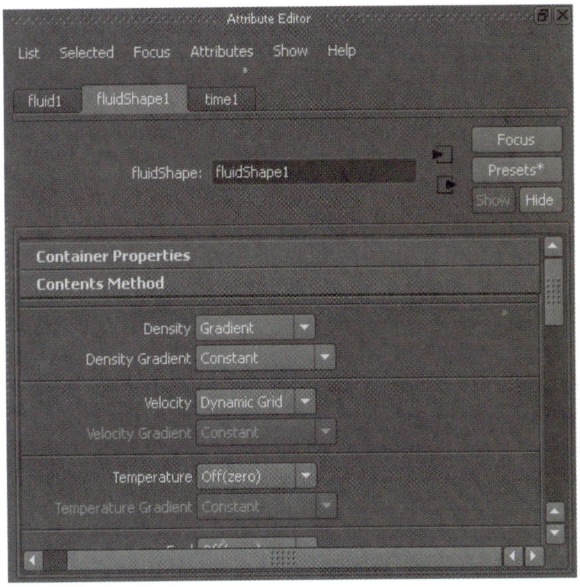

图19-83 设置渐变属性

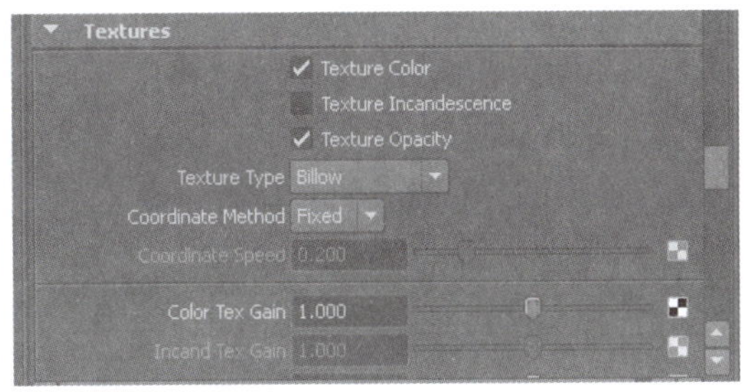

图19-84 激活功能

05 将Amplitude设置为0.5，将Depth Max设置为5，将Textrue Scale X设置为1.5，将Billow Density设置为0.4，将Spottyness设置为5，将Szie Rand设置为0.7，如图19-85所示。

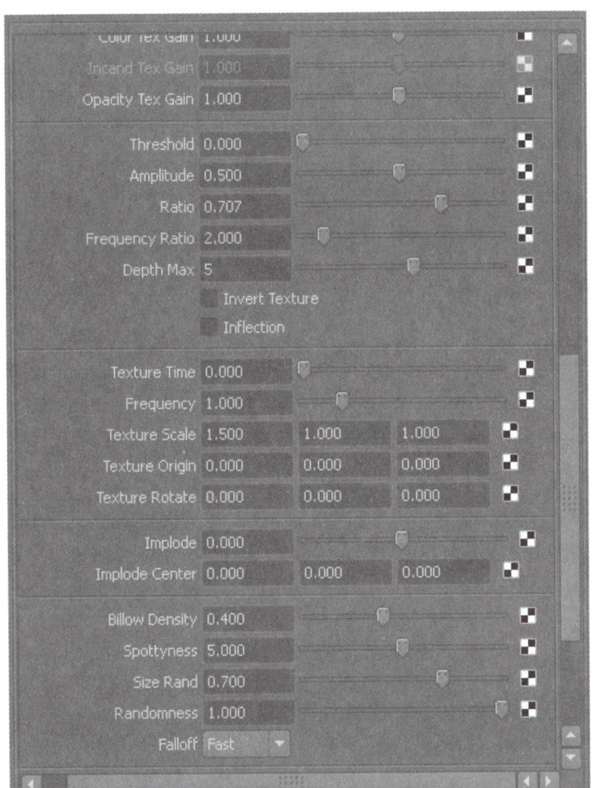

图19-85 设置参数

06 切换到fluidShape 1选项卡，展开Lighting卷展栏，启用Self Shadow复选框，从而使云层产生阴影效果，如图19-86所示。

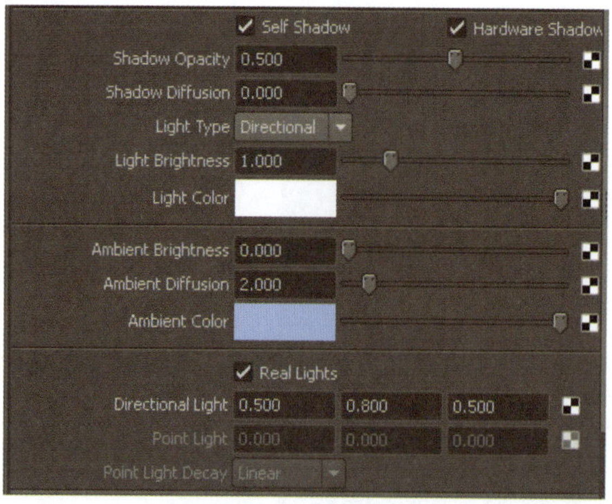

图19-86 设置灯光阴影

07 此时，渲染一下透视图，观察渲染效果，如图19-87所示。

图19-87 云层渲染效果

第20章　头发和毛发

20.1　Hair（头发）

在Maya中利用头发系统可以模拟出现实世界中的头发，可以在NURBS和Polygon模型上创建Hair（头发）系统，同时Hair系统可以利用动力学曲线创建其他效果，如绳子、金属丝、头发等。如图20-1和图20-2所示，角色的头发就是利用Maya的Hair系统制作的。

图20-1　头发效果1

图20-2　头发效果2

在Maya中按F5键切换到Dynamics动力学模块，执行Hair（头发）|Create Hair（创建头发）命令，即可在选中的模型上创建头发系统。

另外还可以使用笔刷工具在模型上绘制形成头发，或在工具架上单击Hair菜单按钮，切换到Hair工具架，选择要创建的头发系统类型，如图20-3所示。

图20-3　Hair工具架

课堂练习226：创建头发

下面通过两个实例来分别学习，如何在Polygon和NURBS模型上创建头发系统。

1. 在Polygon模型上创建头发系统

01 打开Woman人头模型，选择模型头部的面片部分作为编辑对象，如图20-4所示。

02 执行Hair（头发）|Create Hair（创建头发）命令，打开Create Hair Options设置面板，设置相关属性，如图20-5所示。

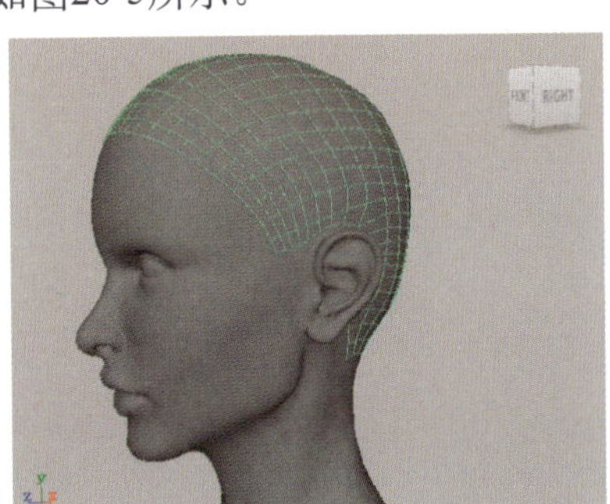

图20-4　选择模型

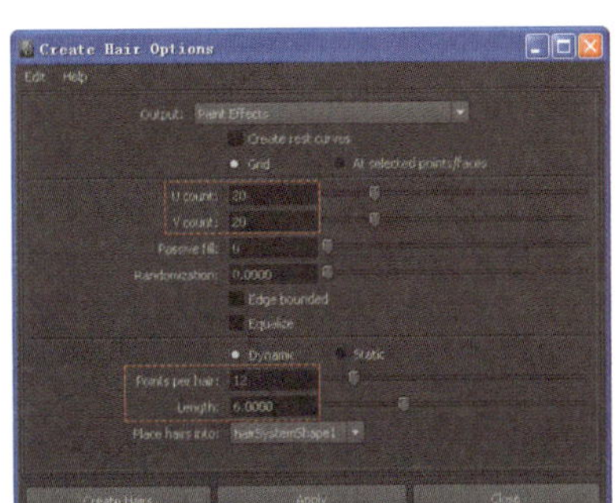

图20-5　Hair选项设置面板

03 单击Create Hair或Apply按钮，即可在选择的面上创建头发效果，如图20-6所示。

04 通过图20-6可以看到头发太长了，选择头发，执行Hair（头发）| Scale Hair Tool（缩放头发工具）命令，在场景中左右拖动该工具，即可缩短头发的长度，如图20-7所示。

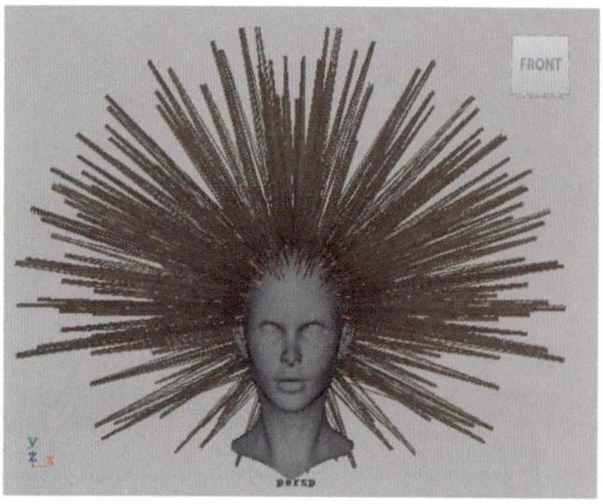

图20-6 创建的头发效果

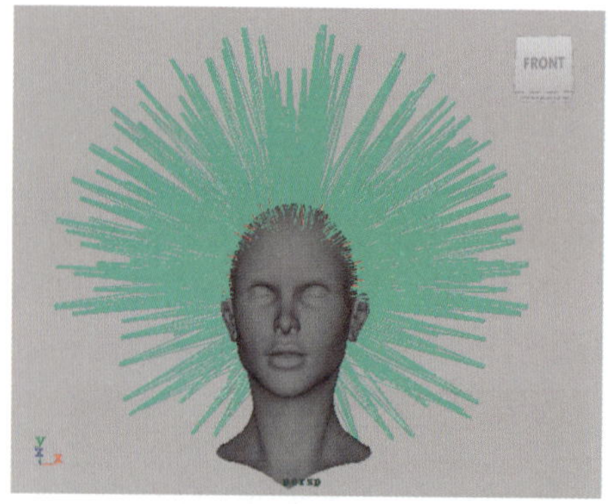

图20-7 缩短头发长度

05 在Outliner窗口中选择hairSyterm1毛囊组，执行Fields（场）| Newton（牛顿）命令，设置牛顿场的相关属性，如图20-8所示。

06 执行Solvers（解算器）| Interactive Playback（交互式播放）命令，播放动画开始解算，并按W键，移动Newton的位置，使头发向后靠拢，如图20-9所示。

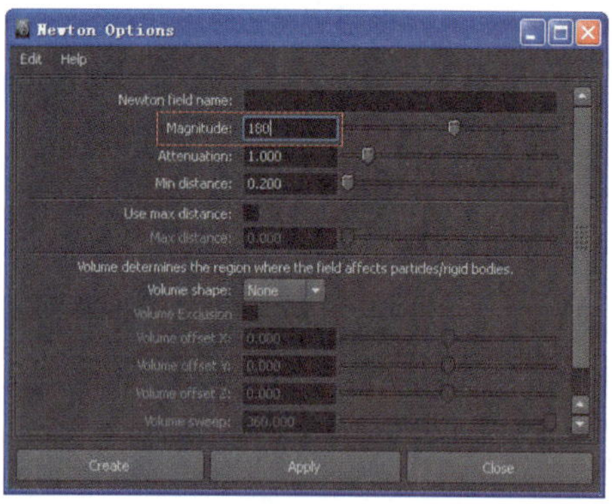

图20-8 Newton属性设置

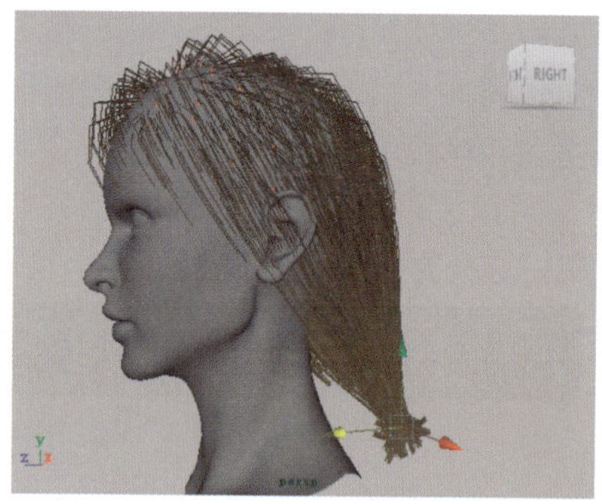

图20-9 移动牛顿场的位置

07 在Outliner窗口中选择hairSyterm1Follices毛囊组，然后执行Hair（头发）| Create Constraint（创建约束）| Collide Sphere（球体碰撞）命令，为头发创建一个碰撞体，如图20-10所示。

08 在Outliner窗口中选择hairConstraint1，使用缩放和移动工具调整它的大小和位置，如图20-11所示。

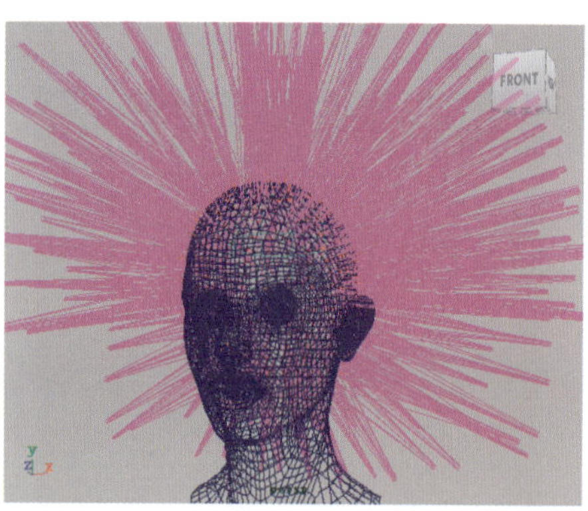

图20-10 创建碰撞体

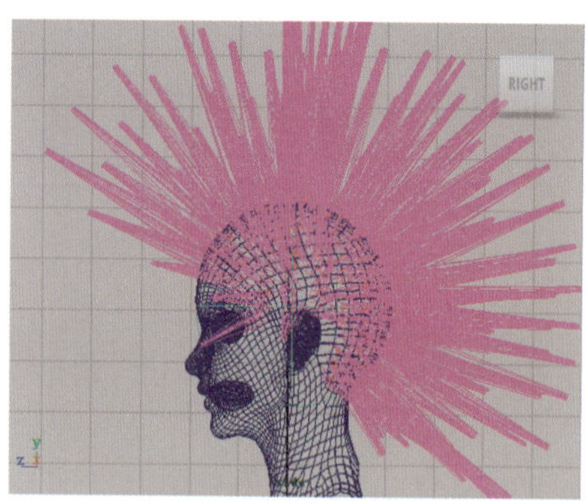

图20-11 调整Collide Sphere

09 单击动画播放按钮，最终效果如图20-12所示。

2. 在NURBS模型上创建头发系统

01 打开Man人头模型，选择模型头部的面片部分作为编辑对象，如图20-13所示。

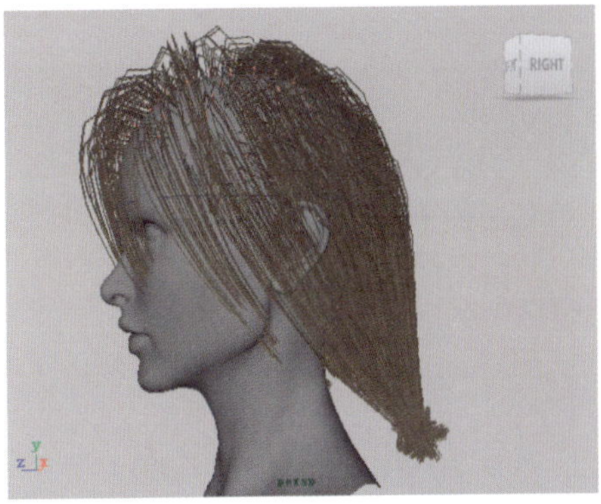

图20-12 最终效果

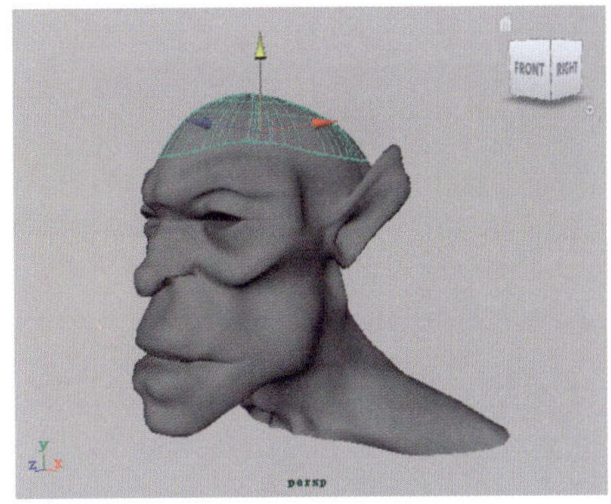

图20-13 选择模型

02 执行Hair（头发）| Paint Hair Follicles（绘制毛囊）命令，打开Create Hair Options设置面板，设置相关属性，如图20-14所示。

03 使用笔刷工具在选择的面片上绘制，生成头发，如图20-15所示。

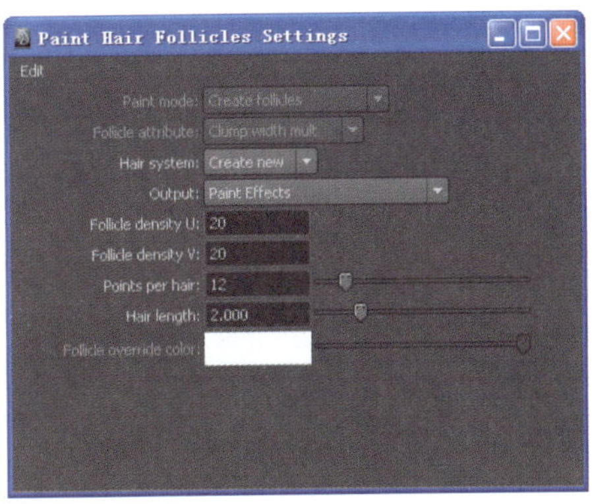

图20-14 绘制毛囊选项设置面板

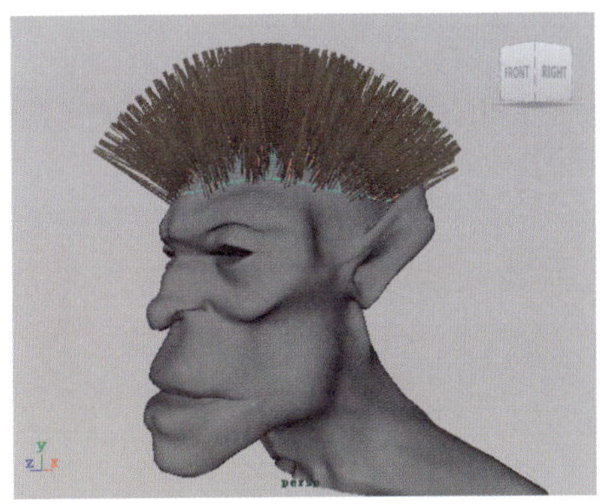

图20-15 绘制的头发效果

04 单击播放按钮，可以看到头发具有动力学属性，自然下落，但是头发穿透了头皮，如图20-16所示，下面给头发添加一个碰撞体。

05 在Outliner窗口中选择pfxHair头发，然后执行Hair（头发）| Convert Selection（转换选择）| to start curve（到开始曲线）命令，如图20-17所示。

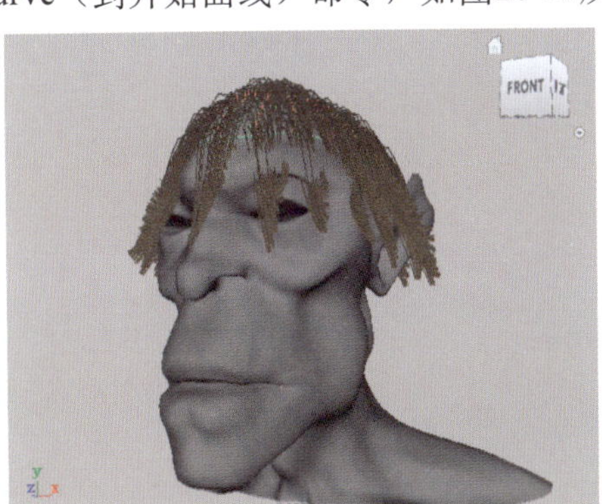

图20-16 播放动画的效果

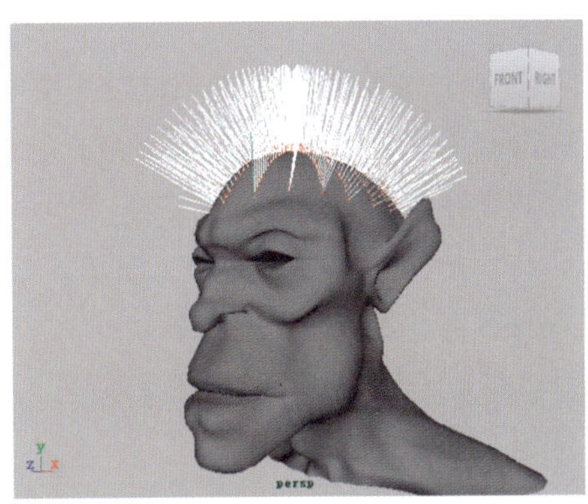

图20-17 初始选择曲线状态

06 执行Hair（头发）| Create Constraint（创建约束）| Collide Sphere（球体碰撞）命令，为头发创建一个碰撞体，如图20-18所示。

07 在Outliner窗口中选择hairConstraint1，使用缩放和移动工具调整它的大小和位置，如图20-19所示。

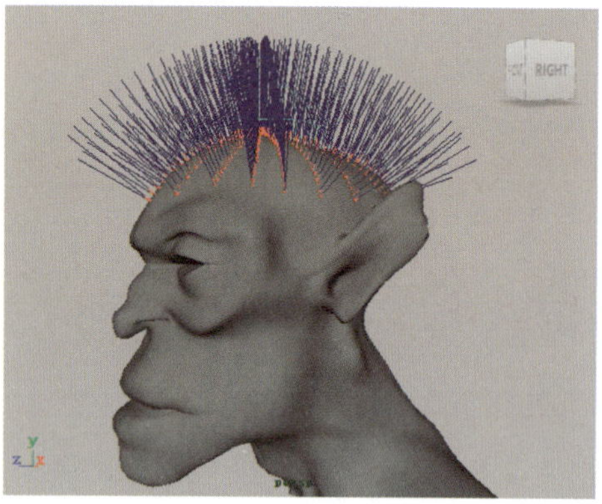

图20-18 创建Collide Sphere

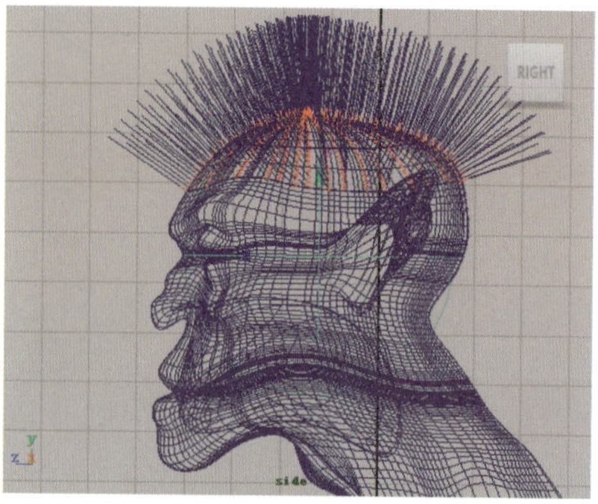

图20-19 调整Collide Sphere

08 在Outliner窗口中选择hairSyterm1Follices毛囊组，再次将头发开始曲线转回到头发系统，执行Hair（头发）| Convert Selection（转换选择）| to current Positions（到当前位置）命令，如图20-20所示。

09 执行Hair（头发）| Scale Hair Tool（缩放头发工具）命令，在场景中左右拖动该工具，即可缩短头发的长度，如图20-21所示。

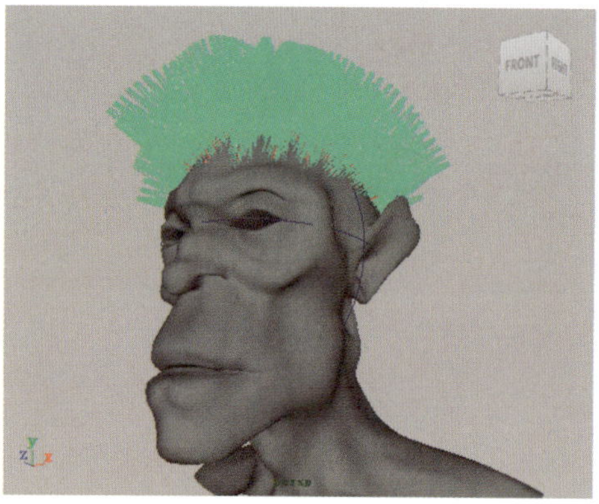

图20-20 头发系统初始状态

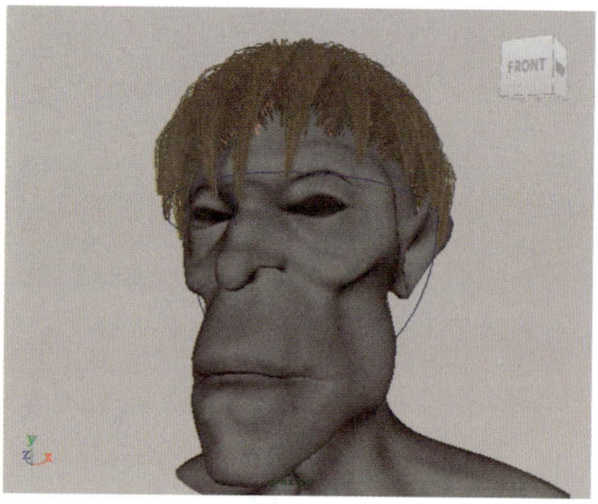

图20-21 调整长度后的效果

参数简介

1．下面讲解一下创建头发选项设置面板中的参数，如图20-22所示。

◆ Output（输出）

用于控制在创建Hair时输出的类型。

◆ Create rest curves（创建静止曲线）

启用该复选框，会产生静止曲线。

创建Hair时，Hair的分布有两种方式。

◆ Grid（网格）

启用此项，会根据U方向和V方向所定义的数值创建Hair，创建的结果是一片阵列，如图20-23所示。

◆ At selected point/faces（根据选择的点或面）

可以根据物体指定的点或面创建Hair，如图20-24和图20-25所示，分别为根据指定的点和面创建Hair。

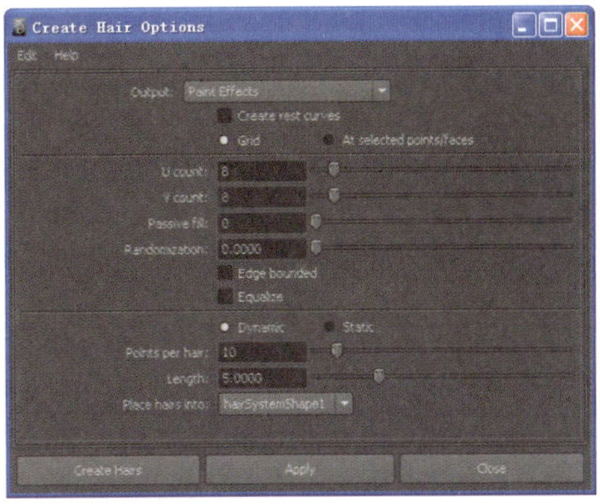

图20-22 创建头发选项设置面板

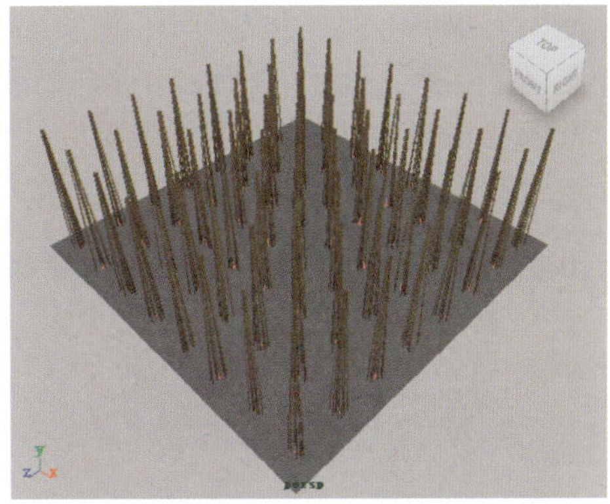

图20-23 头发网格分布

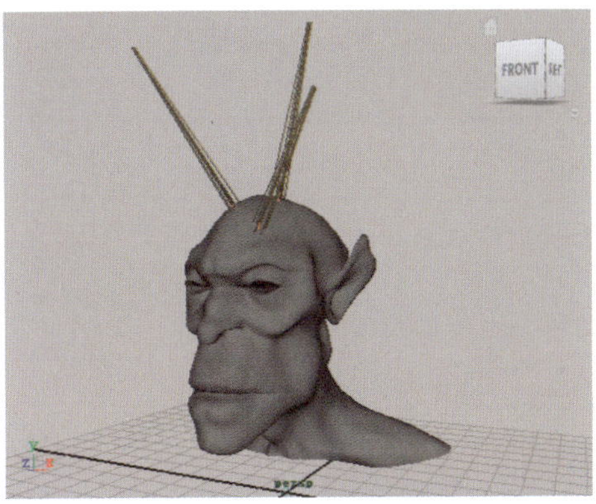

图20-24 指定点创建Hair

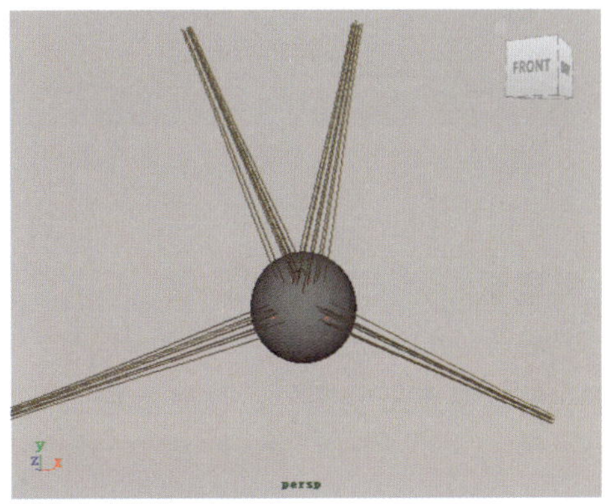

图20-25 指定面创建Hair

2. 使用笔刷工具绘制头发的设置面板如图20-26所示。

执行Hair（头发）| Paint Hair Follicle，（绘制毛囊）命令会弹出两个窗口，一个是绘制毛囊工具；另一个是笔刷工具，前面章节已作介绍，这里就不再赘述了。下面重点介绍绘制毛囊工具的属性。

图20-26 笔刷工具绘制毛发的参数设置

◆ Paint mode（绘制模式）

该项可以设置绘制毛发的模式。

◆ Follicle attributes（毛囊属性）

用于控制毛囊的各种属性。

◆ Output（输出）

用于设置头发输出的类型。

◆ Follicle density U（毛囊U向密度）

用于设置在绘制毛囊时U向上的密度，如图20-27所示。

◆ Follicle density V（毛囊V向密度）

◆ 用于设置在绘制毛囊时V向上的密度，如图20-28所示。

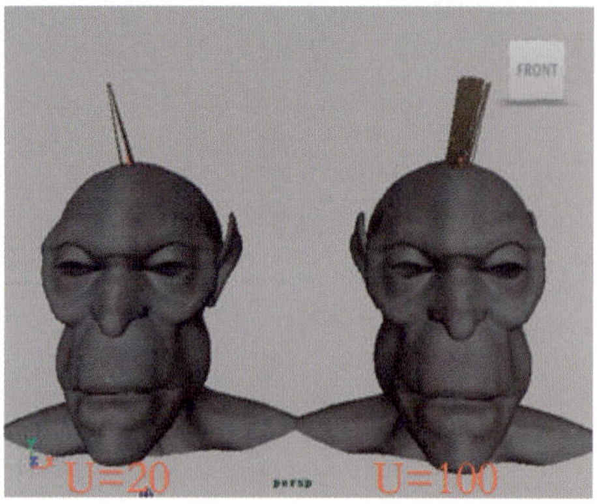

图20-27 U向不同毛囊密度值的效果

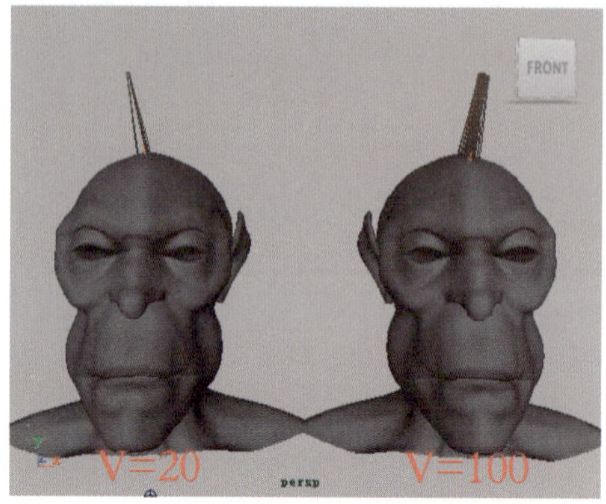

图20-28 V向不同毛囊密度值的效果

3．选择实例中制作的头发，打开属性编辑器，切换到hairSytermShape1节点，下面介绍该节点的几个主要属性。

◆ Clump and Hair Shape（头发的形状）

设置头发的基本形状属性，该属性有以下几个子属性，如图20-29所示。

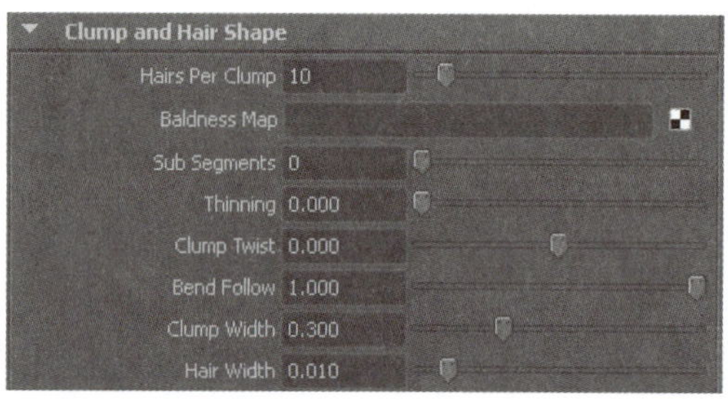

图20-29 属性面板

Hair Per Clump

设置将每条头发曲线渲染成多少根头发，如图20-30所示，不同Hair Per Clump数值的效果对比。

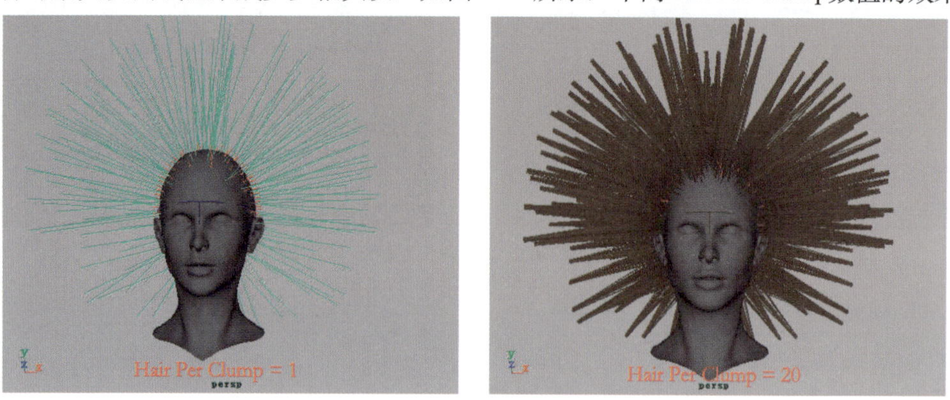

图20-30 不同Hair Per Clump数值的效果对比

Baldness Map

使用一张贴图来控制生长头发的区域。

Sub Segments

设置渲染时每根头发的细致程度，该属性只影响最终渲染效果，不影响动力学效果。

Thinning

该属性控制长短头发的比例。

Clump Twist

控制每块头发的轴的旋转值。

Bend Follow

该属性控制头发沿轴旋转的程度。

Clump Width

控制每块头发的宽度，值越大，头发越蓬松。图20-31所示为不同Clump Width数值的对比效果。

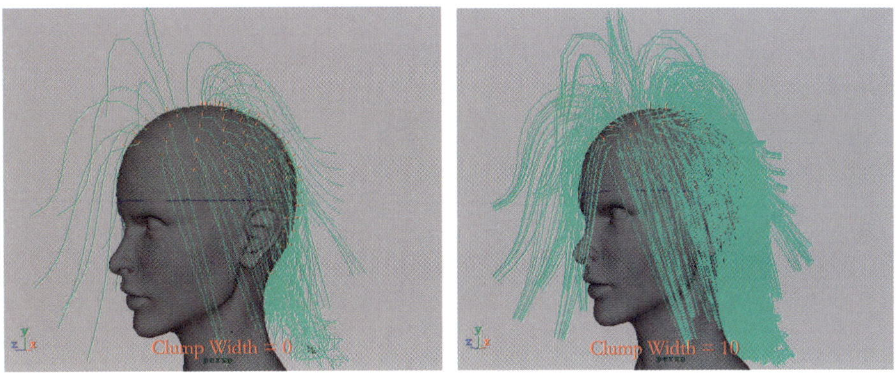

图20-31 不同Clump Width数值的对比效果

Hair Width

设置全局头发的宽度。

◆ Clump Width Scale

使用Ramp贴图的方式来控制头发块的宽度，渐变图靠左边的部分控制头发根部的宽度，右端控制头发尖部的宽度。纵轴靠上的部分对头发的影响越大，如图20-32所示。

◆ Hair Width Scale

使用Ramp贴图的方式来控制每根头发的宽度，渐变图靠左边的部分控制头发根部的宽度，右端控制头发尖部的宽度。纵轴靠上的部分对头发的影响越大，如图20-33所示。

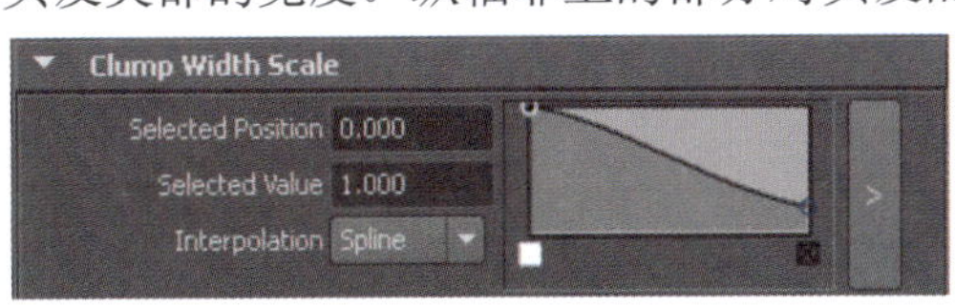

图20-32 Clump Width Scale属性

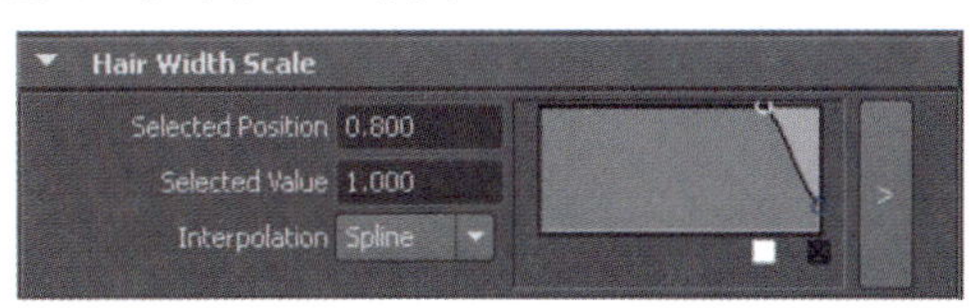

图20-33 Hair Width Scale属性

◆ Clump Curl（卷曲）

控制头发自身的卷曲，默认值为0.5，此时头发不发生任何卷曲，如果设置的值高于0.5，则头发会发生正向的卷曲；如果设置的值低于0.5，则头发会发生反向的卷曲，如图20-34所示。

◆ Clump Flatness（平整）

设置头发从根部到尖部的平整度，横轴左边代表根部，右边代表发尖部，纵轴代表对头发的影响程度，如图20-35所示。

◆ Clump Interpolation（卷曲精度）

设置头发在头发块上面的分布情况，在固定毛囊数量的情况下，增大该值会使头发分布在毛囊周围的范围更广。

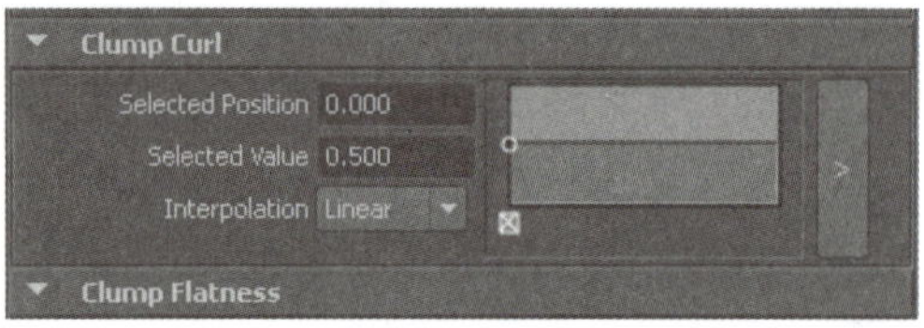

图20-34 Clump Curl属性

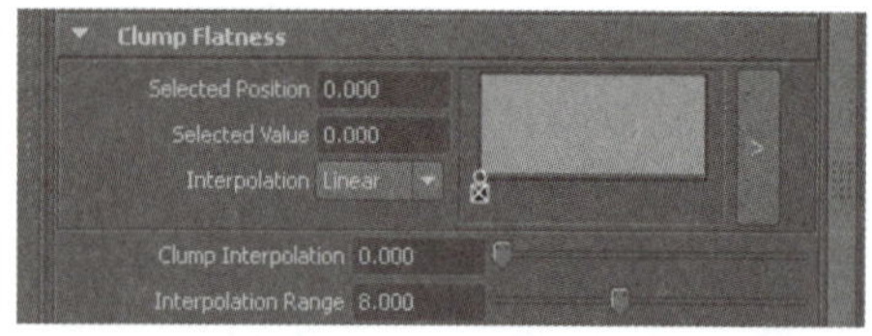

图20-35 Clump Flatness属性

◆ Interpolation Range（精度范围）

设置Clump Interpolation在每个头发块上的作用范围。

◆ Shading（阴影）

阴影属性如图20-36所示。

Hair Color

设置头发的主要颜色，图20-37所示为不同颜色的对比效果。

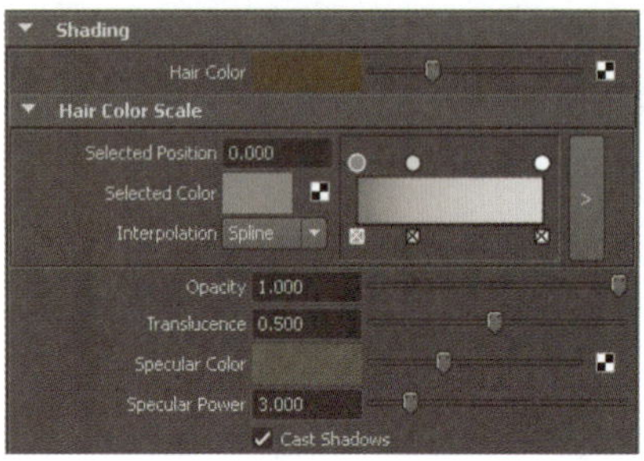

图20-36 属性设置

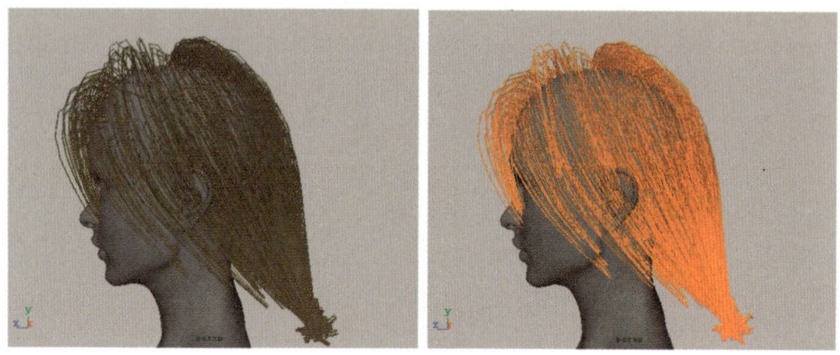

图20-37 不同颜色的对比效果

Hair Color Scale

通过渐变贴图控制头发的颜色。

Opacity

设置头发的透明度。

Translucence

设置头发的半透明效果。

Specular Color

设置头发部分的高光颜色。

Specular Power

设置头发部分的高光强度。

Cast shadow

启用该复选框，头发将会产生投影。

20.2 Fur（毛发）

Fur（毛发）是Maya中重要的组成部分，它可以在NURBS、Polygon和Subdivs模型上生成真实的毛发效果，用于制作动物的皮毛、短发等，还可以通过设置参数控制毛发的密度、长度、宽度、透明卷曲等参数。如图20-38和图20-39所示，角色的毛发就是利用Maya的Fur系统制作的。

20.2.1 加载Maya Fur（毛发）

按F6键，切换到Rendering（渲染）菜单组，在该菜单组中找到Fur菜单。如果在Rendering（渲染）菜单组中未找到Fur菜单，用户可以加载Fur模块。

图20-38 毛发效果

图20-39 毛发效果

执行命令Window（窗口）| Settings/Preference/Plug-in Manager（设置/参数/插件管理器）命令，在弹出的Plug-in Manager（插件管理器）中勾选Fur.mll项的复选框，如图20-40所示。

图20-40 加载Fur菜单

20.2.2 创建Fur（毛发）

课堂练习227：创建毛发

1. 创建毛发

01 在视图中打开一个多边形模型，作为编辑对象，如图20-41所示。

02 执行Fur（毛发）| Attach Fur Description（并联毛发描述）| New（新建）命令，新建一个毛发描述节点，并将其连接到平面物体上，如图20-42所示。

2. 创建一个独立的毛发描述

01 打开一个NURBS模型，作为编辑对象，如图20-43所示。

02 选择该模型，依次执行Fur | Description(more) | Create Urattached命令，即可创建一个独立的毛发描述，如图20-44所示。

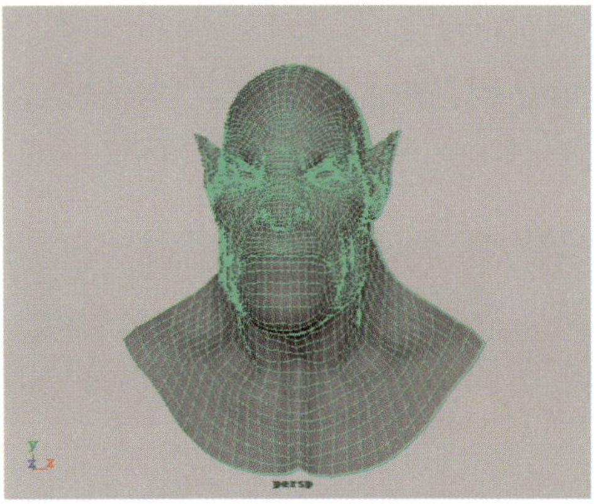

图20-41 创建一个面

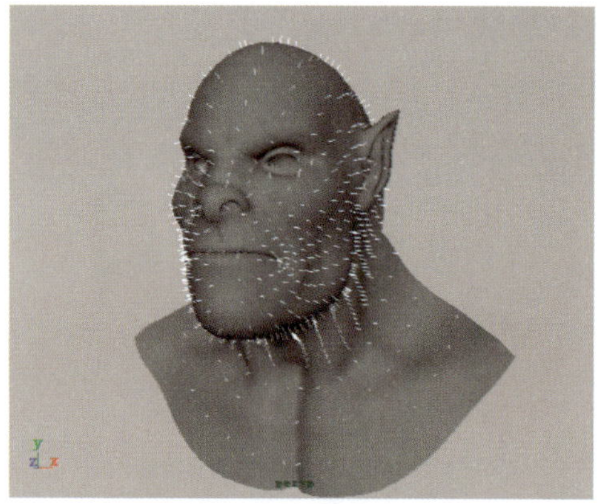

图20-42 创建的毛发效果

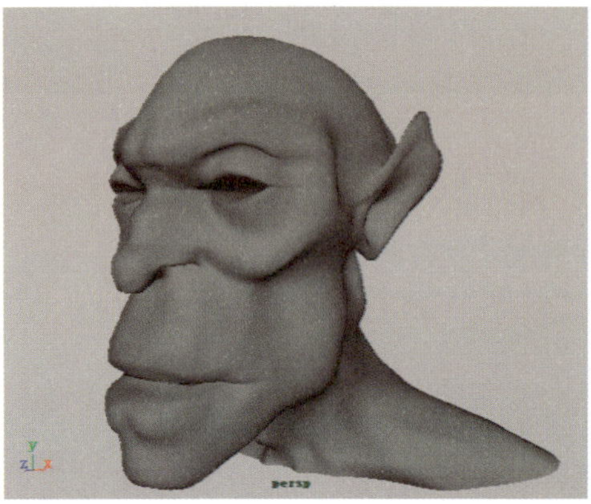

图20-43 打开场景模型

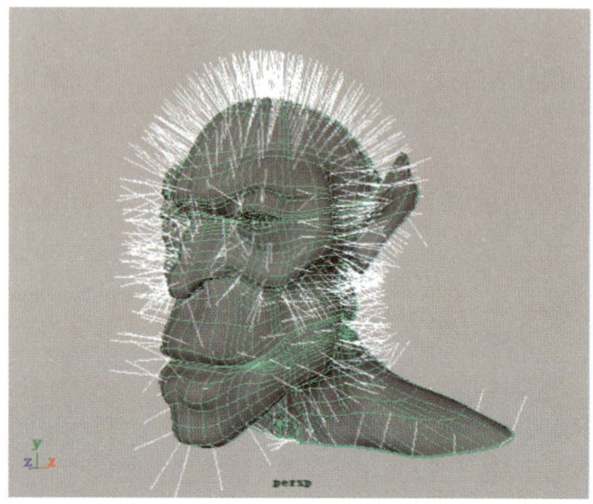

图20-44 创建的毛发效果

3. 为物体添加毛发效果

01 在视图中打开一个多边形模型，并将其选中作为编辑对象。

02 在工具架上单击Fur标签，如图20-45所示。

03 在Fur标签中选择一种毛发形态，如图20-46和图20-47所示。

图20-45 Fur工具架

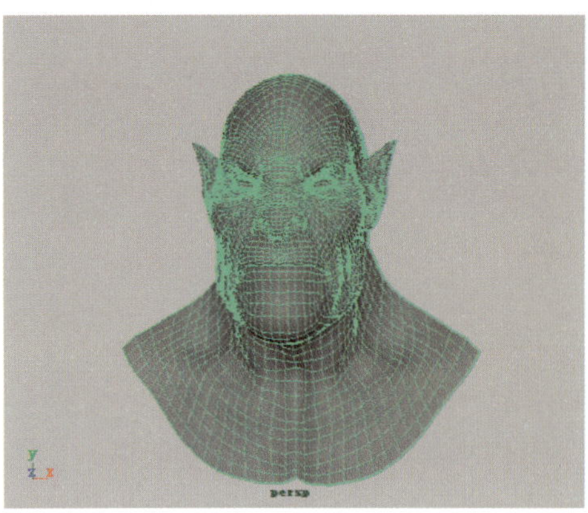

图20-46 选中模型

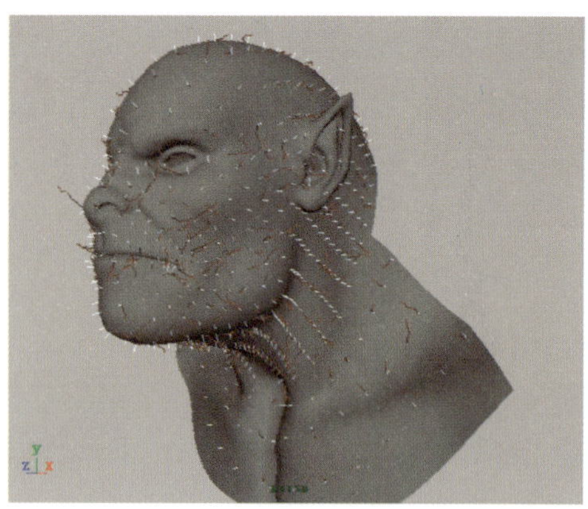

图20-47 创建的毛发效果

课堂练习228：制作草坪

01 在视图中创建一个NURBS平面，并将其选中作为编辑对象，如图20-48所示。

02 按键盘上的F6键，切换到渲染菜单组，按快捷键执行Fur（毛发）| Attach Fur Description（并联毛发描述）| New（新建）命令，为地面模型创建毛发，如图20-49所示。

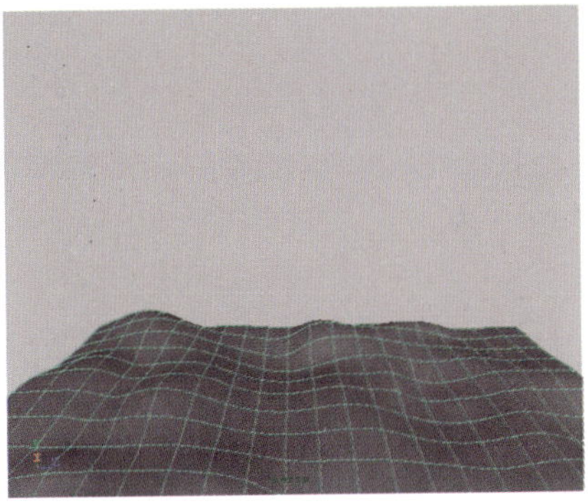

图20-48 制作地面

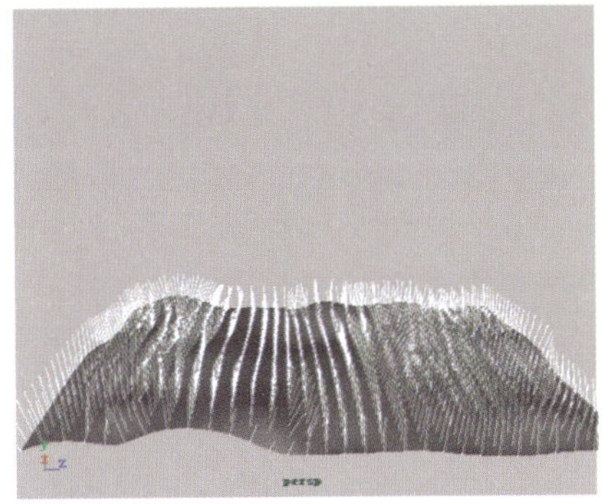

图20-49 创建模型

03 选择毛发，按快捷键Ctrl+A打开其属性编辑器，切换到Fur Description1选项卡，设置Density为10000，增加毛发的渲染密度，如图20-50所示。

04 执行Create（创建）| Light（灯光）| Spot Light（聚光灯）命令，创建一盏聚光灯，切换到属性编辑器，设置相关属性，如图20-51所示。

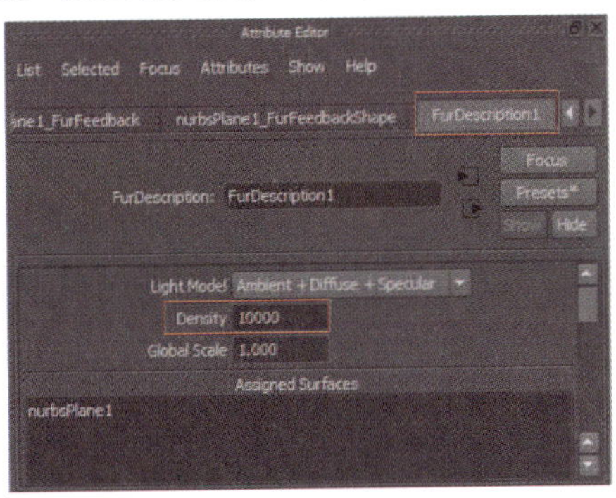

图20-50 修改毛发的密度

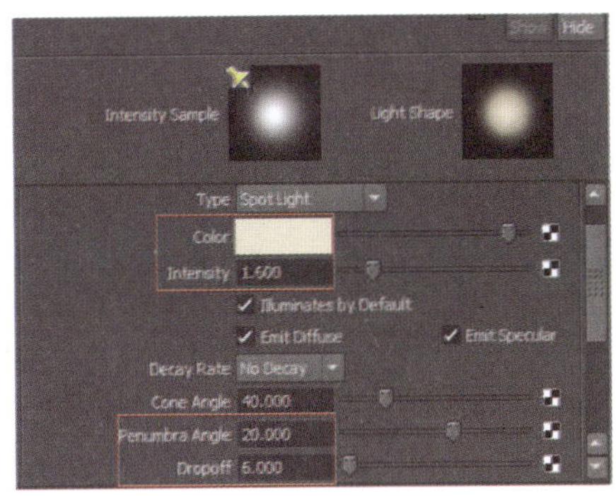

图20-51 设置灯光属性

05 单击按钮渲染场景，如图20-52所示。

06 选择毛发，切换到属性编辑器，在Fur Description1选项卡下，设置Base Color（根部颜色）HSV为（116，0.6，0.45），Tip Color（顶部颜色）HSV为（80，0.3，0.57）。

07 单击按钮渲染场景，如图20-53所示。

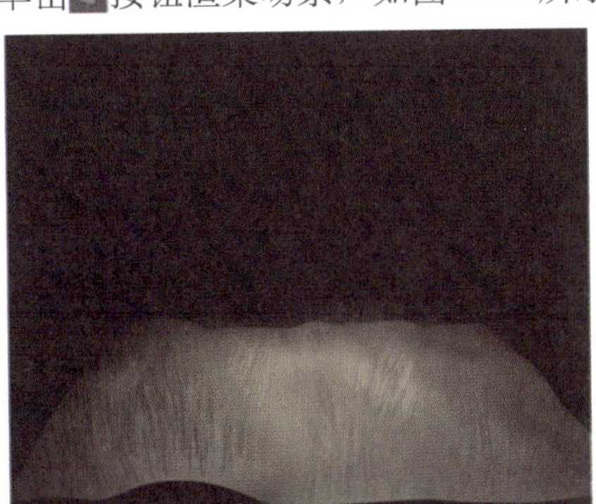

图20-52 渲染效果

图20-53 调整渲染的效果

08 发现毛发缺少细节，在Fur Description1选项卡中，打开Dential下的Length卷展栏，设置Noise Amplitude（噪波幅度）为1.5，Noise Frequency（噪波频率）为5，如图20-54所示。

09 单击按钮渲染场景，如图20-55所示。

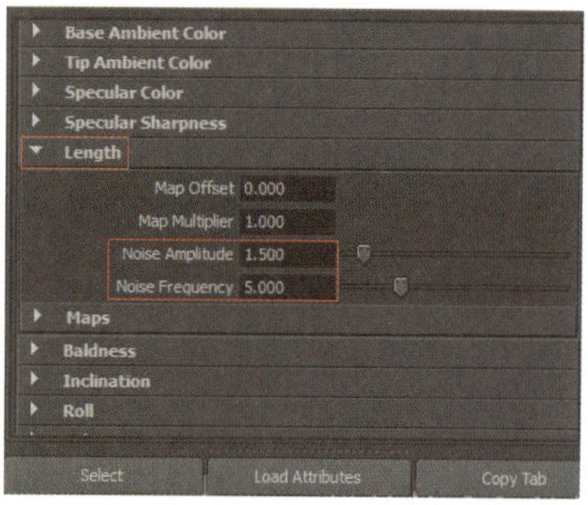

图20-54 设置毛发属性

图20-55 渲染效果

10 在Fur Description1选项卡中，设置Base Width为0.075，Tip Width为0.035，Tip Opacity为0.85，Base Curl为0.65，Tip Curl为0.52，Scraggle为0.3，如图20-56所示。

11 单击按钮渲染场景，如图20-57所示。

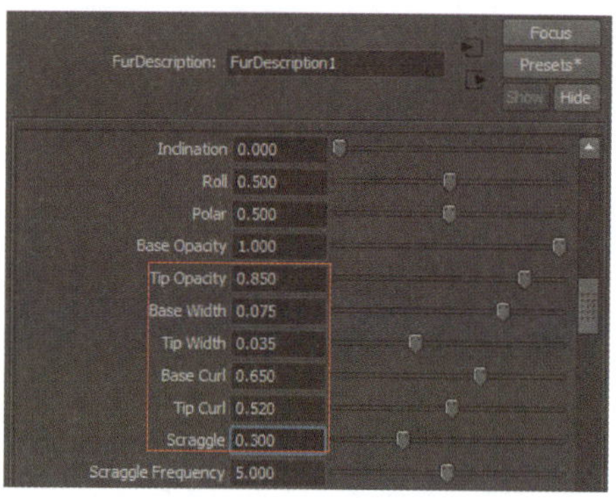

图20-56 设置毛发属性

图20-57 渲染效果

通过观察发现，渲染的草坪没有阴影，缺乏真实感，下面就为其创建阴影效果。

12 选择SpotLight1，打开其属性编辑器，在Depth Map Attributes（深度贴图属性）下，启用Use Depth Map Attributes（启用深度贴图属性）复选框。

13 单击按钮渲染场景，如图20-58所示。

仔细观察发现没有阴影产生，这是因为在渲染毛发阴影时，灯光必须与毛法相连接，否则将不能渲染出阴影效果。

14 选择聚光灯，执行Fur（毛发）| Fur Shading Attributes （毛发阴影属性）| Add to Selected（添加到选择）命令。

15 单击按钮渲染场景，如图20-59所示。

参数简介

选择场景中的毛发，切换到Fur Description1选项卡，下面介绍几个主要的属性，如图20-60所示。

◆ Light Mode（灯光模式）

用于控制毛发在灯光照明下的显示模式。

图20-58 渲染效果

图20-59 最终渲染效果

图20-60 属性设置

◆ Density（密度）

用于控制毛发在渲染时的数量。

◆ Goal Scale（整体比例）

用于控制整体毛发的缩放尺寸。

◆ Base Color（根部颜色）

用于控制毛发的根部颜色，如图20-61所示。

◆ Tip Color（尖部颜色）

用于控制毛发的尖部颜色，如图20-62所示。

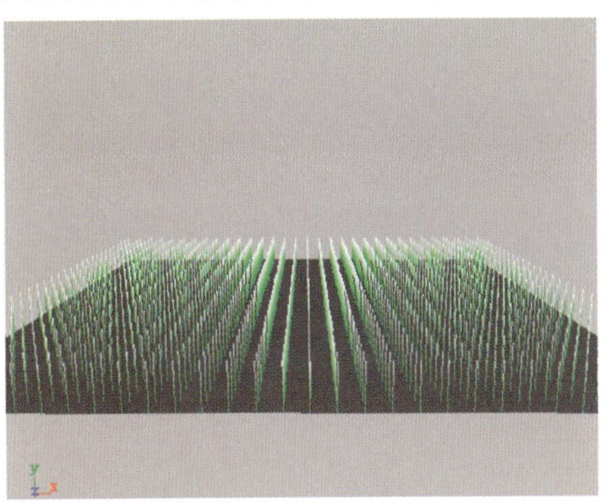

图20-61 Base Color

图20-62 Tip Color

◆ Base Amibent Color（根部环境色）

用于控制毛发根部的环境色。

◆ Tip Color（尖部环境色）

用于控制毛发尖部的环境色。

◆ Specular Color（高光颜色）

用于控制毛发高光区域的环境色，如图20-63所示。

◆ Specular Sharpness（高光锐化）

用于控制毛发高光的锐化程度，如图20-64所示。

图20-63 高光颜色

图20-64 高光锐化

◆ Length（长度）

用于控制毛发的长度，图20-65所示为不同毛发长度值的对比效果。

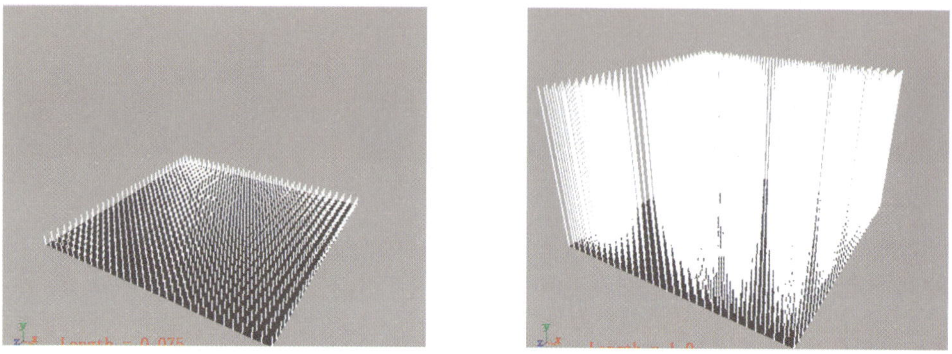

图20-65 不同毛发长度值的对比效果

下面介绍属性面板的参数，如图20-66所示。

图20-66 属性设置

◆ Base Opacity（根部不透明度）

用于控制毛发根部的不透明度。

◆ Tip Opacity（尖部不透明度）

用于控制毛发尖部的不透明度。

◆ Base Width（根部宽度）

用于控制毛发根部的宽度。

◆ Tip Width（尖部宽度）

用于控制毛发尖部的宽度。

◆ Base Curl（根部卷曲）

用于控制毛发根部的卷曲，如图20-67所示。

◆ Tip Curl（尖部卷曲）

用于控制毛发尖部的卷曲，如图20-68所示。

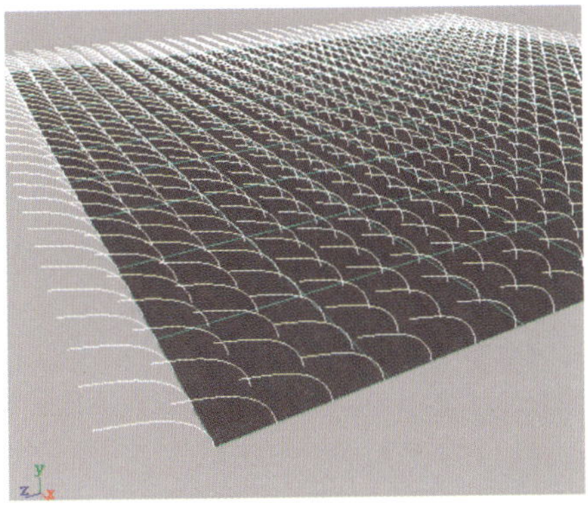

图20-67 Base Curl

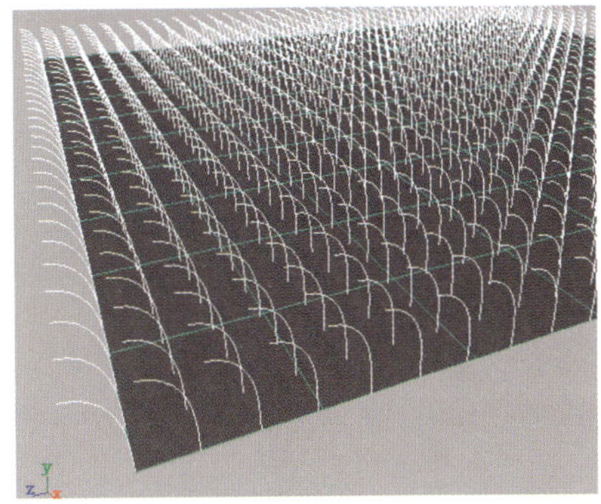

图20-68 Tip Curl

◆ Scraggle（不规则）

该参数可以使毛发产生不规则的弯曲效果，如图20-69所示。

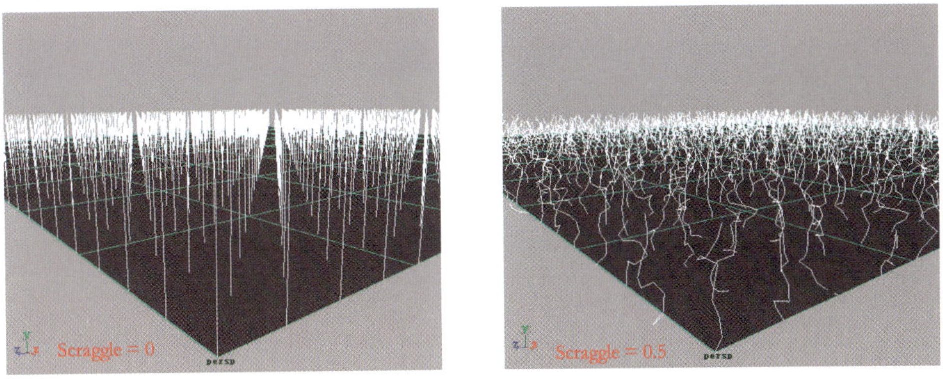

图20-69 不同Scraggle数值的效果对比

◆ Scraggle Frequency（不规则频率）

该参数用于控制毛发产生不规则的弯曲的数值，值越高，弯曲变化越多。

◆ Scraggle Correlation（不规则度）

用于控制不规则的弯曲的程度。

◆ Clumping（簇）

用于控制块的吸引程度，可以使毛发聚集在一起，形成块状效果，如图20-70所示。

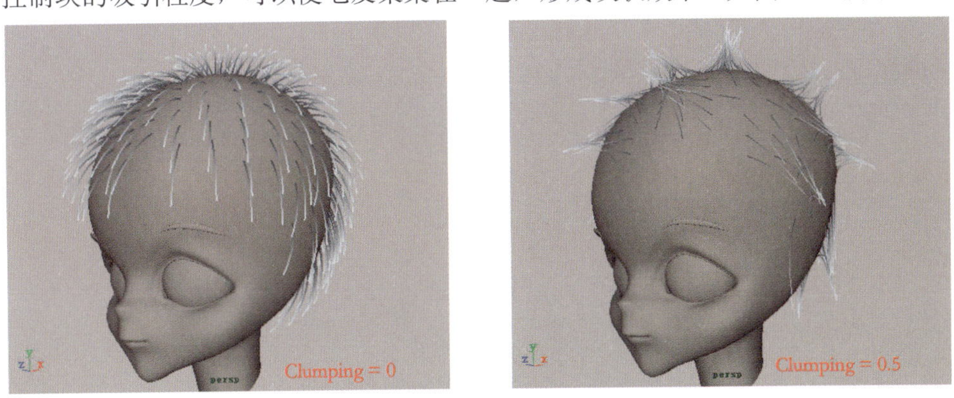

图20-70 不同Clumping数值的对比效果

◆ Clumping Frequency（簇频率）

用于控制形成块的数量，如图20-71所示。

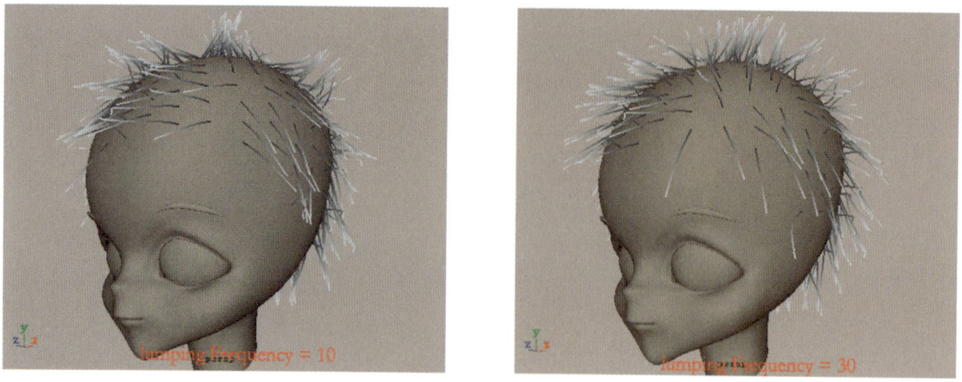

图20-71 不同Clumping Frequency数值的对比效果

◆ Clumping Shape（簇形状）

用于控制毛发形成块后的形状，如图20-72所示。

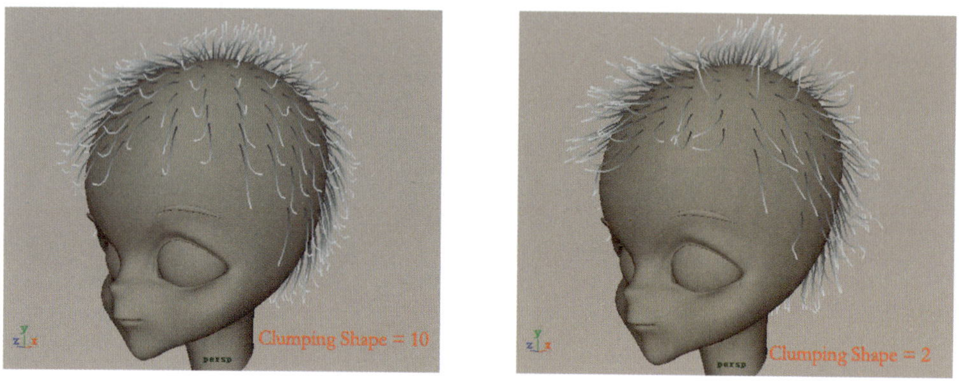

图20-72 不同Clumping Shape数值的对比效果

第21章　MEL语言简介

21.1　MEL语言概述

MEL（Maya埋入式语言）为Maya提供了编程基础。Maya界面的几乎每一个要点都是在MEL指令和脚本程序上建立的。由于Maya给出了对于MEL自身的完全的访问，用户可以扩展和定制Maya。通过MEL，用户可以进一步开发Maya，使它成为用户和用户项目的独特而创新的环境。

21.1.1 认识MEL语言

为了有效地使用Maya，用户并不非得精通MEL。但是，熟悉MEL可以加深用户使用Maya的专业能力。MEL的许多方面可以由只有很少编程经验或者没有经验的人所使用。喜欢MEL并不非得喜欢编程。有一些方法，它们可以使用户获得MEL的好处，而不必考虑编程的细节。一旦当用户进行了生成MEL脚本语言的尝试，会发现MEL可以给你想象到的最先进的数字化作图方法。

使用MEL语言可以快速实现下列功能。

- 使用MEL指令脱离Maya的用户界面，快速地产生热键，访问更深的要点。
- 为属性输入准确的值，摆脱由界面强制引起的拘谨的限制。
- 对特定的场景自定义界面，对一个特定的项目改变缺省设置。
- 产生MEL程序和执行用户建模、动画、动态和渲染任务的脚本程序。

21.1.2 了解指令

MEL包括了涉及使用Maya所有方面的全范围的指令。使用MEL指令的一些典型例子，包括快速产生物体、精确移动物体和对物体进行更有效的控制。例如，可以使用下述的一个MEL指令生成一个半径为27.5个单位，名称为bigBoy的一个球体。

```
sphere -radius 27.5 -name bigBoy;
```

随后用户还可以再输入一条MEL指令，将bigBoy绕*z*轴旋转90°。

```
rotate -r 0 0 90 bigBoy;
```

另一个例子，假定用户在用节点工具产生一个节点，用户想把这个节点沿着*x*轴方向移动5个单位。可以执行以下MEL指令，而不需要打断节点的产生。

```
move -r 5 0 0;
```

21.1.3 MEL指令文件

Maya的在线库（Online Library）描述了每一条指令，提供了用法、格式、返回值和例子的信息。MEL的指令参考在线文件（Command Reference online documentation）提供了以字母顺序排列的指令。

21.2　建立脚本环境

当用户从指令行执行一个指令时，状态信息出现在脚本语言编辑器和指令行的响应区域中。当在一个表达式中执行指令时，不显示这个信息。关于表达式的更多内容，请参考数据定义部分的内容，或者参考Maya 2011的帮助文档中的相关内容。

21.2.1 了解脚本语言

编写脚本语言程序是产生Maya MEL（埋入式语言）脚本程序的过程。一个脚本语言程序是一个MEL指令或MEL序列的集。通过产生脚本语言程序，用户可以利用Maya的用户界面使执行任务自动化，可以获得under the hood访问Maya所有的各个部分，还可以对界面进行扩展和自定义。

21.2.2 打开脚本编辑器

脚本编辑器是编辑脚本的一个容器，读者可以在其中输入指令，使Maya按照我们的意图执行操作。要打开脚本编辑器，可以执行Window（窗口）| General Editors（常规编辑器）| Script Editor（脚本编辑器）命令，将其打开，如图21-1所示。

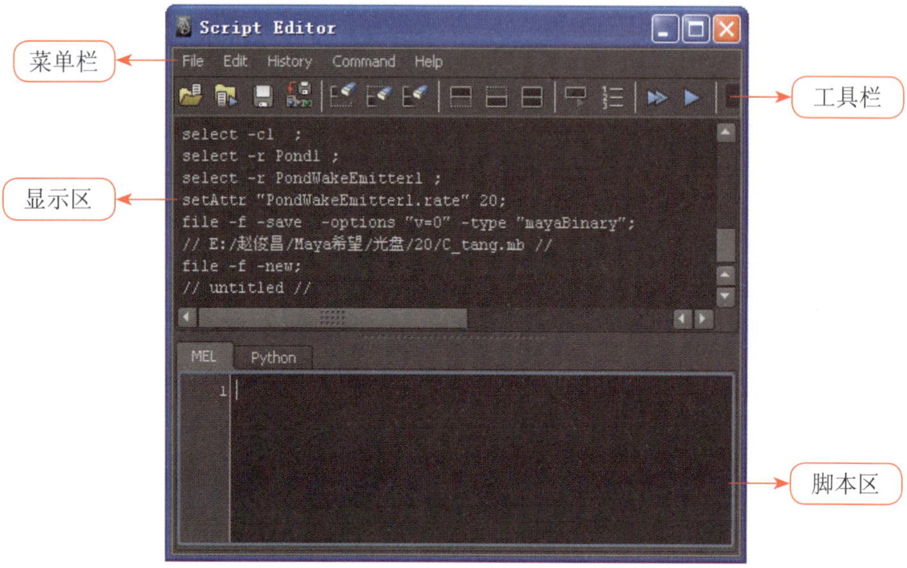

图21-1 Script Editor窗口

1. 菜单栏

脚本编辑器提供了一个独立的菜单栏，整合了一些在实际应用过程中经常使用的菜单，其中File菜单中的命令主要用于执行文件相关操作；Edit菜单执行编辑操作；History执行与历史相关的操作；Command菜单则提供了一些关于脚本编辑器窗口的自定义工具。

2. 工具栏

工具栏位于脚本编辑器窗口菜单栏的下方，由一些快捷工具按钮组成，关于这些工具按钮的简介见表21-1所示。

表21-1 工具简介

按钮	名　称	功 能 简 介
	加载脚本	单击该按钮，可以在打开的对话框中将定义好的脚本文件加载到当前场景中
	将脚本转换为源	单击该按钮，以源文件方式打开一个脚本
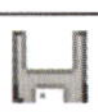	保存脚本	单击该按钮，可以将当前脚本文件保存起来
	保存脚本到书架	将脚本保存到设置的书架上
	清除历史	将历史清除掉

续表

按钮	名称	功能简介
	清除输入	将当前输入的代码清除掉
	清除全部	将全部代码都清除
	显示历史	在脚本编辑器中只显示历史
	显示输入	在脚本编辑器中只显示代码编写窗口
	显示全部	在脚本编辑窗口中同时显示历史和代码编写窗口
	回馈命令	显示执行命令的结果
	显示行数	在脚本每行代码的前面显示行数编号
	执行全部	执行全部命令，并逐行执行
	执行脚本	单击该按钮，将执行脚本并输出结果

3. 显示区

显示区主要用于输出测试结果，当我们执行了脚本中的代码后，将会在显示区域中显示出代码的执行结果。

4. 脚本区

脚本区也叫做代码编写区域，主要用来编写代码。在该选项区域中包含两个选项卡，即MEL和Python。这是Maya提供的两种语言，这两种语言都可以被Maya执行。如果要使用MEL脚本，则需要切换到MEL选项卡中执行。

Python也是一种脚本语言，在这里我们主要介绍MEL语言，因此关于该语言将不再详细介绍。

21.2.3 打开一个脚本程序

我们可以打开一个脚本程序以便检查、执行或找出它的问题。打开一个脚本程序时并不执行它；只是在脚本编辑器的输入栏中简单地把它显示出来。要执行显示在脚本编辑器输入栏中的一些或者全部脚本程序，可以用鼠标选择它，然后按键盘中的Enter键。要打开一个脚本文件，可以按照下述操作进行。

课堂练习229：打开脚本

01 从脚本编辑器中执行File（文件）| Load Script（载入脚本）命令，打开一个文件浏览器，如图21-2所示。

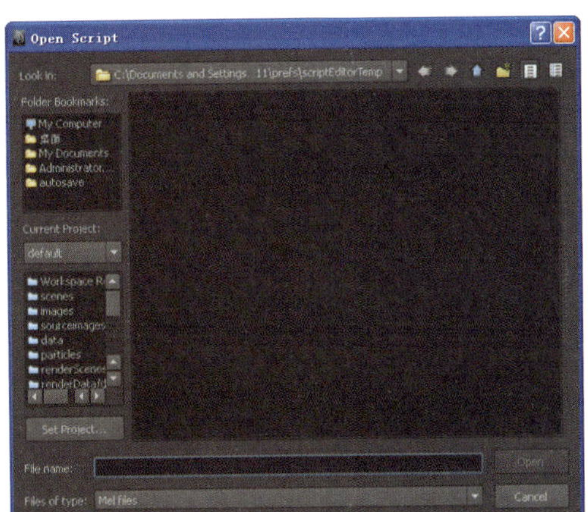

图21-2 文件浏览器

02 选择要打开的脚本文件，单击Open按钮，如图21-3所示。

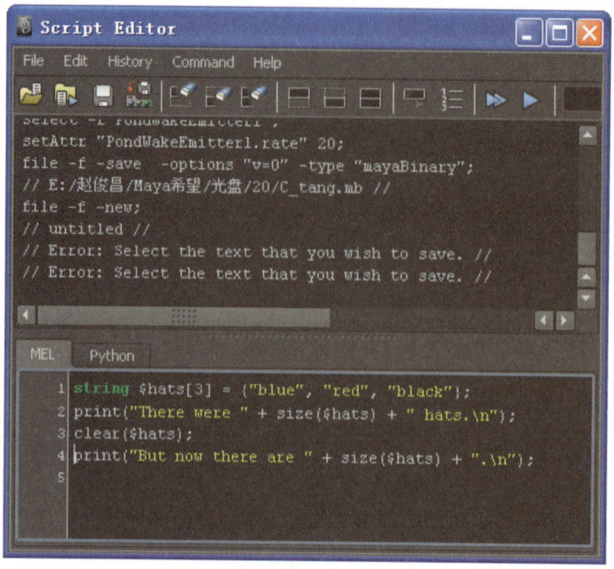

图21-3 打开脚本文件

课堂练习230：把一个脚本程序作为源文件

把一个MEL脚本程序文件作为源文件，执行所有的MEL指令并声明包含在该脚本程序文件中所有的全局过程。如果用户在一个脚本程序文件中修改了一个程序，Maya并不把这个改变登记给该程序，直到用户把它的程序文件作为源文件。

01 从脚本编辑器中执行File（文件）| Source Script（源脚本）命令，或单击按钮，打开一个文件浏览器，如图21-4所示。

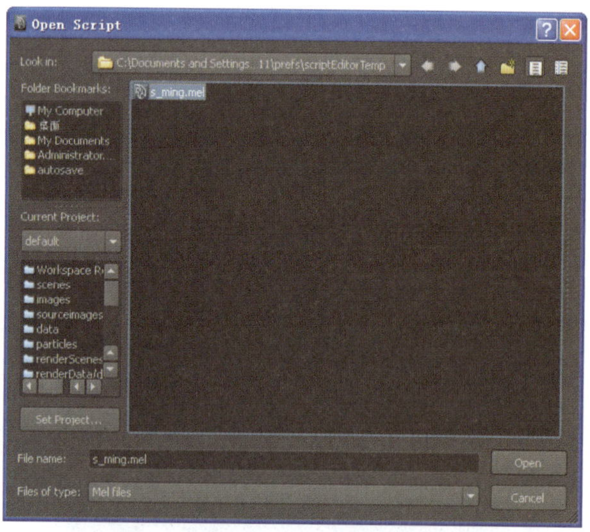

图21-4 打开一个脚本

02 选择要打开的脚本文件，并对脚本执行修改操作，此时的程序就是一个源程序。

把一个脚本程序作为源文件之后，该文件中的所有MEL指令都会执行。该脚本程序中的所有全局过程会被声明，但并不被执行。

提示 MEL指令是按照它们出现在文件中的顺序执行的，并且不能有错误。如果产生了一个错误，执行会中断并不再装载更多的程序。当用户把一个MEL脚本程序作为源文件之后，不声明或者不执行局部过程。但是，如果用户是通过在脚本编辑器或指令行中输入而声明了一个局部过程，该过程会被声明为全局过程，用户可以在任何时候执行它。

执行一个程序可以通过执行一个MEL指令实现。当用户想把一个脚本程序作为源文件，并具有执行该文件中程序的作用时，这是很有用的。为了这样做，要首先声明该程序，然后声明通过一个文件浏览器执行该程序的指令。

21.2.4 保存脚本文字

使用File（文件）| Save Selected（保存选择）指令，从脚本编辑器中保存脚本文字。可以从指令输入（底部）将文字高亮化，也可以通过脚本编辑器的状态信息（顶部）部分查看每一步操作信息。此外，Maya将会把高亮的文字部分保存到指定目录的一个.mel文件中。

21.2.5 执行一个脚本程序

脚本程序的执行方法很简单，可以先在脚本编辑器中打开脚本，然后单击工具栏上的▶按钮执行脚本。

除了这种方式执行程序外，读者还可以通过Maya主界面上的命令行执行语句。该命令行只能执行单行语句，如图21-5所示。

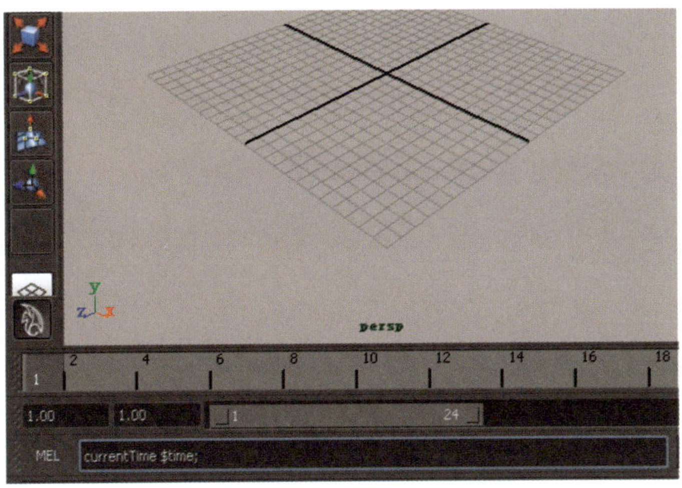

图21-5 输入单行语句

21.2.6 清除状态信息与指令

1. 清除状态信息

要清除状态信息（脚本编辑器的顶部），可在脚本编辑器中执行Edit（编辑）| Clear History（清除历史）命令，这将会删除掉所有的状态信息文字。使用这个指令时应当小心一些，因为没有办法撤销它。

2. 清除指令输入

要清除指令输入文字（脚本编辑器的顶部），可在脚本编辑器中执行Edit（编辑）| Clear Inprint（清除指令输入）命令，这将会删除掉所有的指令输入文字。使用这个指令时应当小心一些，因为没有办法撤销它。

21.2.7 响应一个指令

当我们在Maya中执行操作时，对应的MEL指令常常出现在脚本编辑器的顶部。默认情况下，只有最重要的指令才会显示，如图21-6所示。

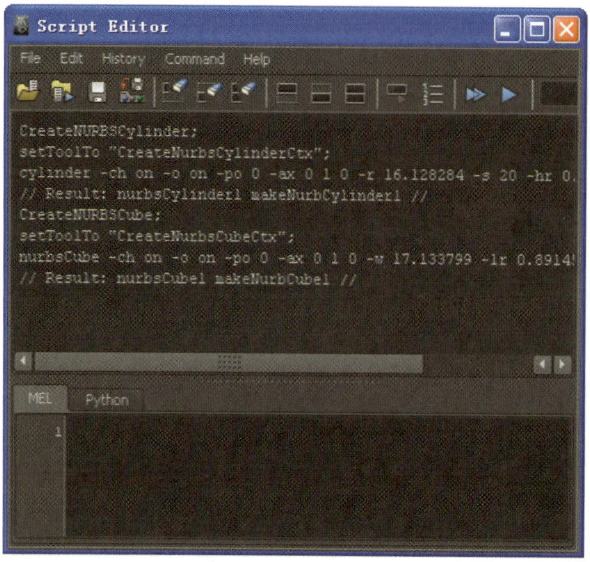

图21-6 显示指令的执行结果

如果要显示Maya中与所有与操作相关的指令信息，可以在脚本编辑器中执行Edit（编辑）| Echo All Commands（反馈所有命令）命令。

在用户Maya的功能之间并不是总有一对一的对应关系，这些指令返回响应到脚本编辑器中。如果用户使用一个脚本程序打开属性编辑器，一些MEL指令出现在脚本编辑器中（响应是打开的）。

```
buildObjectEdMenu
MayaWindow|menu4|menuItem56;
editSelected;
editMenuUpdate MayaWindow|menu2;
```

在上述代码中，只有editSelected;语句需要引入属性编辑器。

同时，对于一些作用来说，也不总是会将MEL指令的响应返回到脚本编辑器中。例如，当用户选择了一个属性编辑器时，脚本编辑器的顶部没有返回任何信息。要关闭返回信息，从脚本编辑器中再次执行Edit（编辑）| Echo All Commands（反馈所有命令）命令。

21.2.8 显示程序中的语句行号

在执行一个长的程序时由于错误而出现了问题，可以打开脚本程序的行号，用户就可以更容易地找到错误。要显示错误指令的行号，可在脚本编辑器中执行Command（命令）| Show Line Numbers（显示行数）命令，如图21-7所示。

当用户启用了Show Line Numbers选项，Maya会在脚本编辑器状态信息框（顶部）的旁边显示脚本程序的行号，如图21-8所示。

要关闭行号，可在脚本编辑器中再次执行Command（命令）| Show Line Numbers（显示行数）命令。Maya将显示行号的设置保存下来方便以后使用。如果打开了行号，下一次运行Maya时它们会出现在脚本编辑器中。

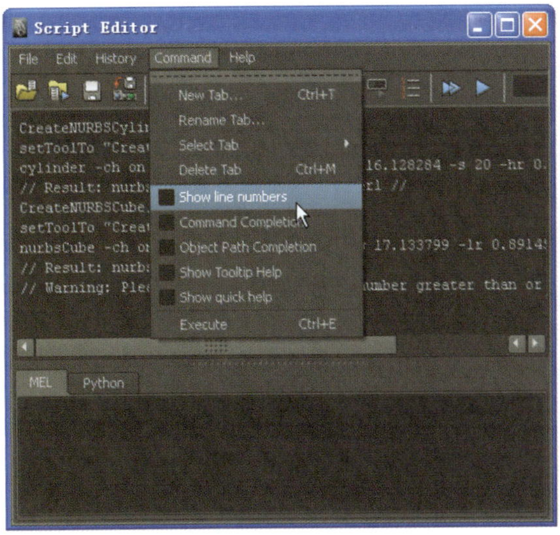

图21-7 显示语句行号

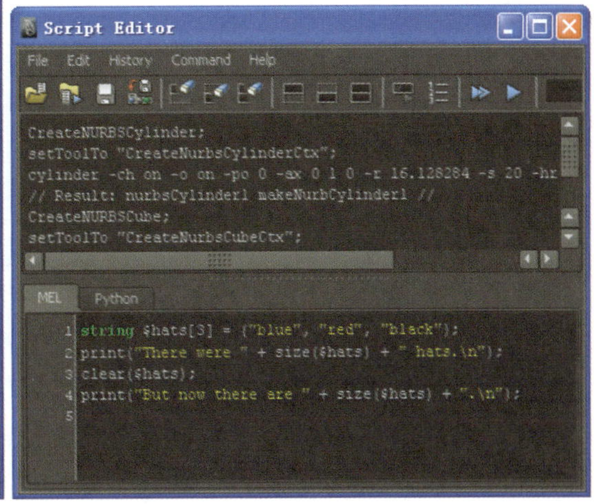

图21-8 显示行号

21.3 使用脚本语言

21.3.1 了解脚本语言节点

脚本语言节点是把一个MEL脚本语言程序存储到一个Maya场景文件中的一种方法。脚本语言节点也包含了用于产生用户界面的所有MEL指令，并用Maya文件保存。

我们可以用不同的方法执行脚本语言程序，通常在以下几种情况下执行。

- 当该节点是从一个文件中读出的。
- 在渲染一帧图像之前或者之后。
- 在渲染一个动画之前或者之后。

21.3.2 创建脚本语言节点

课堂练习231：创建脚本语言节点

如果需要创建一个脚本语言节点，则可以在表达式编辑器中执行本节所介绍的操作。

01 执行Window（窗口）| Animation（动画）| Expression Editor（表达式编辑器）命令，打开表达式编辑器，如图21-9所示。

02 在Expression Editor中执行Select Filter（选择过滤器）| By Script Node Name（通过脚本节点名称）命令，任何现存的Script Nodes显示在Script Nodes表中，如图21-10所示。

03 在Expression Editor的Script window中输入脚本程序，如图21-11所示。

04 在Script Node Name框中输入一个名称，如图21-12所示。

05 单击Create按钮，即可创建一个脚本节点。

21.3.3 编辑脚本语言节点

在创建了脚本后，可以使用表达式编辑器对脚本语言节点进行编辑。为了对脚本语言进行编辑，可以定义一个编辑器。

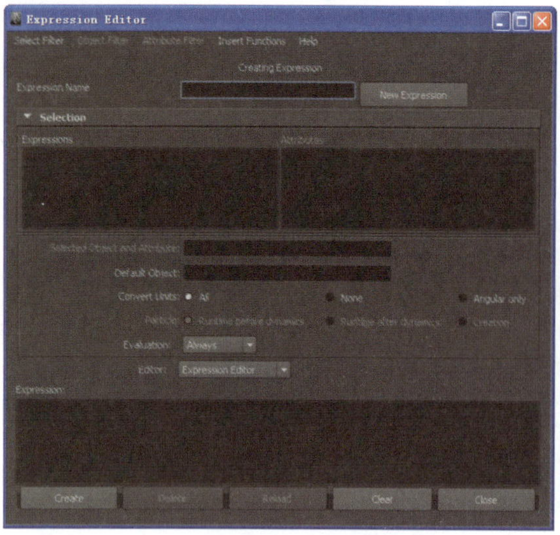

图21-9 表达式编辑器

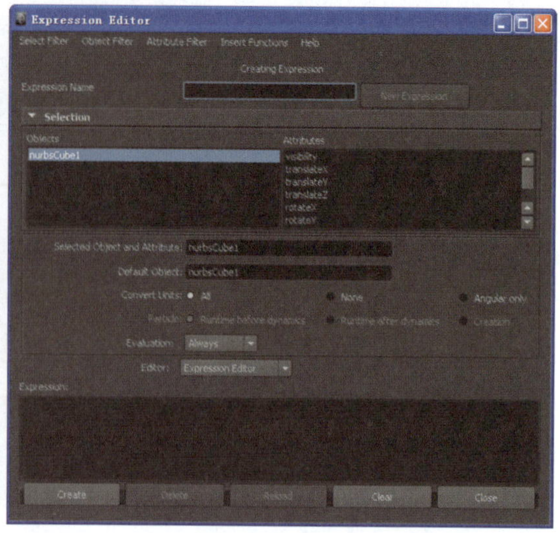

图21-10 显示节点

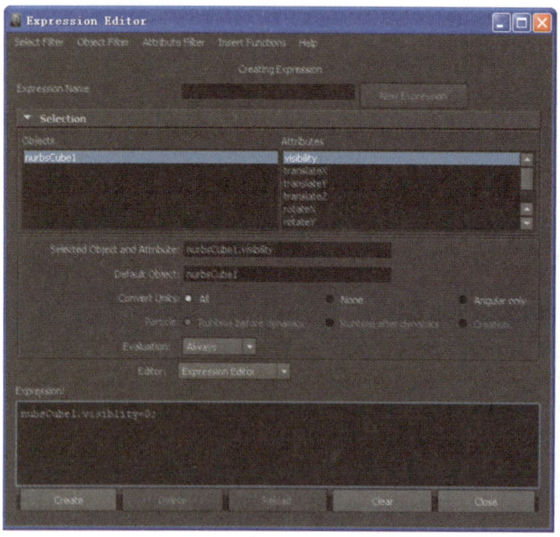

图21-11 输入脚本程序

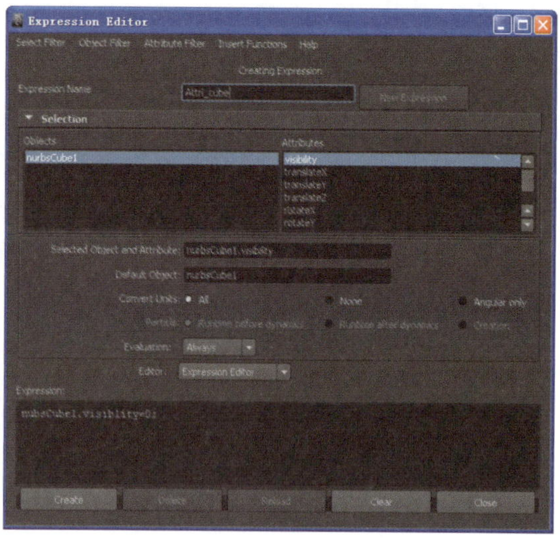

图21-12 输入表达式名称

课堂练习232：编辑脚本节点

01 执行Window（窗口）| Animation（动画）| Expression Editor（表达式编辑器）命令，打开表达式编辑器。在表达式编辑器中执行Select Filter（选择过滤器）| By Script Node Name（通过脚本节名称）命令。

02 选择需要在Script Nodes list中编辑的脚本语言节点，如图21-13所示。

03 在Expression选项区域中编辑该脚本语言节点，如果需要撤销更改，可以单击Reload按钮，Maya会重装脚本语言节点。

04 如果需要清除当前脚本，则可以单击Clear按钮即可。

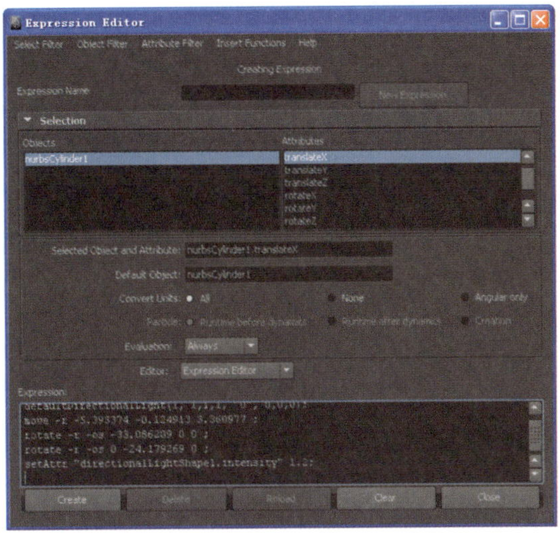

图21-13 选择节点

20.4 定义数据

21.4.1 变量

变量就是用户自己定义的在程序中可以替代常量存在的一个代号。每个变量就像一个存储箱。箱子有名字，以方便找到它。在Maya中，所有的变量名称都需要添加$符号，以表明其变量的身份，这有别于其他的编程语言。

1. 命名定义规则

变量名不包括空格和特殊字符。读者可以使用下划线和数字作为变量名，但开头不能是数字。例如，下面的这些变量名称。

```
Int $radical7Mark;
Int HEYchief;
Int $ nine;
Int $_VAL_ID_AIT_;
Int $howdyYa`ll;
Int $1Bill;
```

在上述变量名称中，Int $radical7Mark;和Int $_VAL_ID_AIT_;是正确的变量名称。Int HEYchief;变量名称由于没有带有$符号，所以是非法的；Int $ nine;由于在$和n之间存在空格，Maya默认为该变量名称不是以$开头，也是非法的；Int $howdyYa`ll;变量名中存在非法字符，也是无效的；Int $1Bill;名称由于开头是数字，因此也是非法的。

2. 定义整型变量

整型变量需要使用int关键字进行定义，例如，下面的语句将定义一个名称为Myint的变量，变量的值为12。

```
int $myInt = 12;
```

3. 定义浮点型变量

定义浮点型变量时，需要在变量名称前使用关键字float声明，例如，下面的语句定义了一个名称为myFloat的变量，变量值为1.925。

```
float $myFloat = 1.925;
```

4. 定义矢量

定义矢量时，需要在变量前使用声明函数vector（vector能用来代表三元的关系，如位置或颜色）。例如，下面就是利用vector关键字定义的一个名称为myVec的变量，变量值为一个矩阵。

```
vector $myVec = <<1.1,2,3;6.7,5,4.9>>;
```

5. 定义字符串变量

在编写脚本时，有时需要显示一些固定的字符串，例如，提示性语言，此时就需要使用到字符串变量。要定义字符串变量，需要在变量名称前使用string关键字。例如，下面的表达式创建一个myStr的字符串。

```
string myStr = "Welcome to Maya 2011";
```

在定义字符串时，要注意字符串值要包含在" "中，并且这个符号需要使用英文输入状态下的符号，很多读者在调试程序时容易因为双引号格式的错误而产生程序错误。

此外，还可以创建无值变量，即只声明一个变量，但不赋予数值，例如int $newVar;，其他类型变量的定义方法相同。

提示：所有变量一经设立就无法被删除或改变类型，除非用户退出Maya或者重置场景。当存储了场景时，读者创建的变量不会自动跟随场景被保存下来，当下次重新启动场景时，变量将随着程序的启动而被自动创建。

21.4.2 注释变量

有时候，为了对变量或者程序的语句进行解释，如果直接在代码编写区域中输入文本的话，程序将会出错，为此Maya为读者提供了一个符号，即利用“//”来标识注释。凡是位于该符号右侧的字符，将被作为标注进行处理。标注仅仅起到显示作用，它不会被Maya执行。

MEL语言中的注释分为单行注释和多行注释，其中单行注释仅仅能够注释一行信息，而多行注释则可以同时注释一段信息。

1. 单行注释

单行注释使用“//”进行注释，在需要注释的语句前面添加该符号即可完成注释，例如下面的两个例子。

```
//this is a test。
//complete the program。
```

2. 多行注释

多行注释则需要将注释的内容放置在/*和*/之间，例如，下面所示的注释是正确的多行注释方法。

```
/* this is a test,
And complete the PROGRAM。*/
```

21.4.3 基本运算

MEL也是使用先乘除后加减的方法进行表达式的计算，但是需要读者注意本节所介绍的内容。

◆ 结果的四舍五入

当所有数据全部为整数时，即使计算结果为小数，也会自动返回四舍五入的整数。例如，float

$jqary = 2*5/4−1，因为这个表达式里全是整数，所以返回的结果也是整数。而如果将上述表达式更改为float $jqary = 2.0*12.0/4.0−1.1，那么将会返回一个附带有小数的浮点数。

◆ +号运算符实际上还是一个字符串连接符。

例如string $myStr1 = "this";

string $myStr2 = "is";

string $myStr3 = "a";

string $myStr4 = "program";

print myStr1+ myStr2+ myStr3+ myStr4;

那么，通过print输出语句获得的字符串为thisisaprogram。

◆ %的取余功能

如果需要获取两个或多个数值的余数，则可以使用%符号，例如float $myFlo = 7 % 3，那么myFlo的值将会为1，即取7除以3的余数。

◆ /和%不能应用于两个矩阵之间

/和%不能应用于两个矩阵之间，但能够用于一个矩阵和一个标量之间，并且标量必须处于表达式的右边。

21.4.4 逻辑判断语句

在程序设计中，还有一种用于判断对与错的语句，我们通常把这种语句称为逻辑判断语句。当程序在执行指令的时候，尤其是需要判断该怎么执行的时候，就需要利用到这一语句，它通常有真和假两种状态（也可以称为对与错），分别用1和0表示，1代表真、0代表假。

例如：

```
Int $num1 = 1;
Int $num2 = 3;
Int $num3 = 4;
Print num1*num3 < num2;
```

当MEL执行上述代码后，将输出0，这表示num1*num3 < num2;表达式所得到的结果是假的，即是错误的。

在设置逻辑判断表达式的时候，需要充分考虑各种运算符号的优先级，否则可能将正确的表达式分解错误，表21-2向大家介绍了常用的运算符号的优先级。

表21-2 运算符的优先级

优先级顺序	运　算　符	优先级顺序	运　算　符
1	()、[]	6	==、!=
2	！、++、--	7	&&
3	*、/、%、.	8	||
4	+、-	9	?:
5	<、<=、>、>=	10	=、+=、-=、*=、/=

运算符优先级的顺序按表中的序号顺序由高到低。由此可以看到，括号的优先级比较高。括号可以改变运算符的优先级顺序，强制优先处理括号内的运算，括号内仍按正常的运算符优先级顺序执行。

21.5 程序结构基础

控制语句用于控制程序的流程，以实现程序的各种结构方法，由特定的语句定义符组成。MEL作为一种脚本语言，也有其自己的流程控制语句，主要分为两类：条件语句和循环语句。

21.5.1 条件语句

条件语句又称为选择语句，判断一个表达式的结果真假（是否满足条件）。根据结果判断执行哪个语句块。

MEL语言中的条件语句使用if…else关键字，if…else语句通过判断一个表达式的布尔值来决定程序执行哪一个程序块。这里的表达式必须能够返回一个布尔值。

在使用if…else语句的时候，可以只使用if语句，忽略else语句。在判断条件为true时运行指定的语句块，在判断条件为false时则跳过指定的语句块。例如，如下代码。

```
Int $num1 = 15;
Int $num2 = 18;
If($num1<$num2)
   $num3 = $num1 * $num2;
Else
   $num3 = $num1 / $num2;
```

在上述案例中，编译程序首先判断if括号内容是否为真，如果为真，则执行$num3 = $num1 * $num2;语句，如果不为真，则执行$num3 = $num1 / $num2;语句。由于$num1<$num2表达式的结果为真，因此该段代码将执行$num3 = $num1 * $num2;语句。

21.5.2 循环结构

在使用程序的时候，有时候需要重复执行其中的某段代码，此时应该怎么办？答案是显而易见的，MEL使用循环结构来处理这种问题。当我们需要重复执行某段代码时，只需将其放置在循环体内就行。MEL语言使用For语句和While语句作为循环关键字。

1. For语句

For语句通常是在明白了将要怎么样执行循环的时候才使用，下面所示的是一个典型的For案例。

```
For($i = 10,$j = 100;$i<50;$i++,$j++)
{
   Print $i; Print " "; Print $j; pint "\n";
}
```

在上述案例中，for括号中的第一个分号之前的内容是将变量初始化为一个数值，第二个分号前的值为对之前初始化的变量做判断，如果结果为真，则执行大括号中的语句，即循环体，第三个分号前一般为判断变量的自加或者自减，该过程将持续到判断语句失效。

上述的例子中判断变量为$i，其初始值为10，每次循环结束都将加1，因此该代码中括号体内的内容将被执行39次。

注意：**使用循环语句时，一定要注意设立让判断能够最终失效的机关，否则可能产生死循环，让程序永远执行下去，这是我们不愿意看到的。**

2. While语句

While语句也是一种循环语句。有时候，我们并不知道循环在什么地方需要结束，不知道需要让循环体执行多少次，此时我们就可以利用While结构的语句进行判断，例如，下面的例子。

```
$i = 0;
While ($i < 25)
{
    Print "Welcome to Maya 2011! ";
    $i=$i+1;
}
```

在上述代码中，首先为变量赋予了一个初始值0，然后进入循环体，每执行一次后，程序将自动检查i的值是否仍然小于25，如果小于25，则重新进入循环体内执行代码，如果已经大于25，则跳出循环，执行其下面的语句。

有人问，这个语句中，变量i的值怎么变化。在While语句中，需要读者自行设置一个语句用于为变量设置变化，上述代码中循环体内的$i=$i+1;语句就是为了更改i的值而设置的。如果没有该语句，那么该程序将是一个死循环，会永远执行下去。

21.6 函数

函数是MEL语言内置的可以供读者直接调用的程序模块，每个函数都可以实现一条具体的功能，常见的函数简介如下。

◆ rand

该函数可以返回介于最低数和最高数之间的随机浮点数字，默认最小数为0，语法为：

rand（最低数，最高数）

◆ gauss

gauss也用于返回一个随机浮点数字，而且这个数字的绝对值很有可能低于设置的数字，语法如下：

gauss（浮点stdev）

◆ seed

该函数可以影响随后定义的rand、gauss和sphrand产生的随机数串，语法如下：

seed（整数）

◆ sin/cos/tan/asint/acosd/atand/atan2d

这是一系列三角函数。其中，sin/cos/tan/asint/acosd的语法分别如下：

sin（浮点数）

cos（浮点数）

tan（浮点数）

asind（浮点数）

acosd（浮点数）

其中，asind返回的数值范围是-90～90；acosd返回的数值范围为0～180。atand和atan2d的语法格式如下：

atand（浮点数）

atan2d（浮点数，浮点数）

◆ min/max

用于返回两个数中的最大数或最小数，语法格式如下：

min（浮点数，浮点数）

max（浮点数，浮点数）

◆ clamp

该函数可以把变量限制在两个限量之间，语法格式如下：

clamp（低限，高限，变量）

◆ abs

该函数用于返回一个数值的绝对值，语法格式如下：

abs（浮点数）

◆ sign

该函数用于判断当前数字是正数还是负数。如果数字是正数，则返回1，如果为负数，则返回0，如果是0，则返回0。语法格式如下：

sign（浮点数）

◆ floor、ceil

floor用于返回离现在浮点数最近的上一个整数，ceil则返回下一个整数，语法格式如下：

floor（浮点数）

ceil（浮点数）

◆ pow

该函数用于返回一个数的x次幂，语法格式如下：

pow（y,x）

◆ sqrt

该函数返回一个浮点数的平方根，语法格式如下：

Sqrt（浮点数）

◆ angle

该函数用于计算两个矢量之间，介于零和圆周率之间的弧角角度，语法格式如下：

angle（矢量，矢量）

在MEL语言中，除了这些函数外，还提供了很多方便用户使用的函数，读者可以在其附带的帮助文档中找到，这里不再一一讲解了。

21.7 字符处理命令

本节讲解几个字符处理的mel命令，当然这几个命令的出场顺序要根据我们的实际需要来安排，分别为substring、tokenize、size、clear、match、substitute，学会了这几个命令，对于字符处理差不多就够用了。

在讲解之前，先把下面一行代码在命令行中执行一下，并查看一下输出结构。

```
string $obj = "pSphere1.translateX";
```

21.7.1 substring命令

通过上述操作，得到一个字符串$obj和它的值，可是这个值不是我们想要的。我们想要的只是这个物体的名称（"pSphere1"），而不包括它的属性（".translateX"）。如何从$obj中提取物体的名称呢？方法很多，第一种方法是先指定要提取的是"pSphere1.translateX"中的第几个字符到第几个字符。数数看，"pSphere1"是"pSphere1.translateX"中的第1个字符到第8个字符。好了，现在用"substring"命令。

```
substring $obj 1 8;
========================
结果为pSphere1
```

这个结果是“substring”命令的返回值，需要事先将字符串返回存到一个变量中，以便以后使用，有以下两种方法。

```
第一种是用"`"（单引号）的方法，比较常用。
string $objName = 'substring $obj 1 8';
========================
结果为pSphere1
```

// 第二种是用eval的方法，"eval"对于执行字符串中的命令很有用。

```
string $objName = eval("substring $obj 1 8");
========================
结果为pSphere1
```

21.7.2 tokenize命令

下面接着讲把"pSphere1"从"pSphere1.translateX"中提取出来的第二种方法，这种方法不用数数，是一种很实用的方法。方法是从一个字符（"."）的位置把字符串截成两段，把这两段存到一个字符串数组中。具体方法如下。

```
string $buffer[];
tokenize "pSphere1.translateX" "." $buffer;
string $objName = $buffer[0];
========================
结果为pSphere1
```

因为数组是从0开始的，$buffer[0]是"pSphere1.translateX"的第一段，它的值是"pSphere1"，$buffer[1]是第二段，它的值是"translateX"。

"tokenize"是一个很有用的命令，需要再举几个例子把它的用法讲明白。"tokenize"的返回值是把字符串分成的段数，例如用"/"可以把"1/2/3/4/5"分成5份，"tokenize"的返回值就是5。

```
string $buffer[];
int $numTokens = 'tokenize '1/2/3/4/5' '/' $buffer';
========================
结果为5
```

如果不指定分割字符，"tokenize"会根据一个默认的空格字符来分割。

```
string $buffer[];
tokenize "How are you?" $buffer;
print $buffer;
========================
```

结果如下。

```
How
are
you?
也就是: $buffer[0]=="How";$buffer[1]=="are";$buffer[2]=="you?";
```

21.7.3 size命令

size命令可以求出一个数组是由多少个元素组成，也可以求出一个字符串是由多少个字符组成。刚才讲到，猴子能数出"pSphere1"是由8个符组成，现在你不用数也会知道这一点，你知道我的意思当然不是指你就是猴子：

```
int $size = 'size "pSphere1"';
========================
结果为：8
```

要注意的是一个中文字占用两个字节，"size"为2！

```
int $size = 'size "中文"';
========================
结果为4
```

21.7.4 clear命令

有时，程序中一些比较大的变量或者数组，可能会占用很多的内存资源，如果此时这些变量或者数组没有用，则可以考虑使用clear命令把它清空。清空后它的size将变为0。Clear命令的语法格式举例如下。

```
int $buffer[5]={1, 2, 3, 4, 5};
clear $buffer;
========================
结果为0
```

21.7.5 match命令

Match命令是字符串中的查找功能，返回值是一个字符串。如果找到了，就返回要找的字符串，没找到，就返回" "。

```
match "this" "this is a test";
========================
结果为this
match "that" "this is a test";
========================

结果为：
```

match命令可以使用通配符，以下是使用规则。

.代表任何一个单独的字符。

*代表0个或多个字符。

+代表1个或多个字符。

^代表一行中第一个字符的位置。

$代表一行中最后一个字符的位置。

\转义符(escape character). 把它写在特殊的字符前面(如 '*');

[...]代表指定范围内的任意一个字符。

(...)用于把部分通配符表述组织在一起。

例：match "a*b*" "abbcc";

========================

结果为abb

match "a*b*" "bbccc";
========================
结果为bb

match "a+b+" "abbcc";
========================
结果为abb

match "^the" "the red fox";
========================
结果为the

match "fox$" "the red fox";
========================
结果为fox

match "[0-9]+" "sceneRender019.iff";
========================
结果为019

match "(abc)+" "123abcabc456";
========================
结果为abcabc

match("\\^.", "ab^c");
========================
结果为^c

21.7.6 substitute命令

substitute是字符串中的替换功能，返回值是一个字符串，返回替换后的结果。

string $text = "ok?";
$text = `substitute "?" $text "!"`;
========================
结果为ok!

也可以通过此方法把不想要的字符去掉。

string $text = "ok?";
$text = `substitute "?" $text ""`;
========================
结果为ok

下面是"substitute"使用通配符的方法。

string $test = "Hello ->there<-";
string $regularExpr = "->.*<-";
string $s1 = 'substitute $regularExpr $test "Mel"';
========================
结果为Hello Mel

21.7.7 合并字符串

有时候，我们需要将两个由程序获得的字符串连接到一起并执行输出，此时MEL为我们提供了一个unite命令来完成该任务。字符串可以做加法，但不能做减法。

```
string $s1 = "你好";
string $s2 = "世界";
string $text = $s1 + $s2;
========================
结果为你好世界
```

字符串的加法跟数字的加法不同。

```
int $i = 1 + 2 + 3;
========================
结果为：6

string $s = "1" + "2" + "3";
========================
结果为：123
```

21.8 其他命令简介

使用MEL命令就好像在菜单上执行一条命令一样，可以实现具体的功能，例如，创建一个多边形球体，选择场景中的所有物体，对某个节点的属性进行修改等。命令后面一般都要跟属性参数等附加数值，以完成一条完整的指令，下面是常见的一些命令及其功能简介。

◆ Eval（字符串）

该命令可以把括号中的字符串当作一个MEL指令进行执行。

◆ PointPosition 物体，控制顶点

该命令用于查询控制顶点的位置。如果加上-l则控制局部坐标，否则默认是控制场景世界的全局坐标。NURBS表面的控制顶点使用cv[u索引][v索引]指定；NURBS用cv[索引]，多边形使用vtx[索引]，而粒子使用pt[索引]。

◆ Is-sl

该命令用于列出被选物体的名称。指令返回的是字符串组。如果选中的是模型组件（点、线、面），则指令会返回压缩了的列表，如果选中了curvel的第一至第五控制顶点，那么指令就会报curvel.cv[0:4]。

◆ Select 物体名称

选中场景内的任何节点或模型组件。Select –cl会清除列表。我们也可以选择物体的旋转或缩放轴心，例如：select.transform1.scalePivot和select transform1.rotatePivot等。

◆ CreateNode 节点类名 –n 节点名 –p transform 父节点

创建一个新的节点。如果新节点有形状，一定要用-p赋予它一个transform节点。节点类名可以参考随书帮助文档help | node and attribute reference。

◆ Move x、y、z 物体/轴心/组件

移动物体。如果没有指定物体名称，则将在选中的物体上执行，默认的XYZ值是绝对值，例

如，move 0 0 0 object1指令将会把object1移动到世界坐标系的中心。如果在物体名称前加-r符号，则XYZ值就是相对值，例如，move –r 10 10 10 object1则会相对现在坐标分别在XYZ坐标系中移动10。

◆ rotate x、y、z 物体/轴心/组件

旋转物体。如果没有指定物体名称，则将在选中的物体上执行，默认的XYZ值是绝对值，如果添加-r则是相对值，功能参照上一条指令。

◆ scale x、y、z 物体/轴心/组件

缩放物体。如果没有指定物体名称，则将在选中的物体上执行，默认的XYZ值是绝对值，如果添加-r则是相对值，功能参照上一条指令。

◆ makeIdentity –a true 物体名

冻结物体的空间转换，包括移动、缩放和旋转。这相当于使用Maya主菜单中的Modify | freeze transformations命令。如果没有指定物体名称，则指令会在选中物体上执行。

◆ pointOnSurface –u u坐标 –v v坐标 [-p –nn –ntu -ntv] 表面名

查询NURBS表面某一点（用-u和-v指定）的位置（-p）、法线（-nn）、向着u的tangent矢量（-ntn）或向着v的tangent矢量（-ntv）。

◆ colorAtPoint –u u坐标 –v v坐标 –o 通道 贴图节点名

该命令用来查询节点的颜色和遮罩通道的资料。-o选项可以是RGB、A或RGBA。指令会返回浮点数组。

◆ getFileList –fld 文件夹 –fs 批量缩写

列出文件夹中的所有文件信息，该命令返回的是一个字符串列表。

◆ fopen 文件名 w a r w+ r+

fopen用于打开一个文件。其中，“文件名”用来指定要打开的文件名称，w表示将要执行写入操作；a表示只打开文件；r表示读取文件；w+表示加写文件；r+表示加读文件。

◆ fwrite 文件名 数据

把数据以二进制形式写入文件中，其中“文件名”用于指定要写入的文件名称。

◆ fread 文件名 核对数据

由文件中读取数据，然后并将其返回，数据的类型必须和核对数据匹配。

◆ fprint 文件名 字符串

将指定的字符串输出到由“文件名”指定的文件中。

◆ fgetword 文件名

该命令用于返回下一个空格后的字符串。

◆ fgetline 文件名

该命令用于返回下一行字符串。

◆ frewind 文件名

把指定指针倒退到文件的起点。

◆ feof文件名

如果内容指针已经到达了文件尾部就返回1，否则返回0。

◆ expression [-e] –s 表达式字符串 –n 表达式节点名

该命令可以设立或改变一个表达式。Maya的每一段表达式都是一种DG节点，可以在设立它时

指定一个名称，方便以后寻找。

◆ setKeyframe –at 属性 –t 帧 –v 值 节点

该命令用于设置关键帧。其中，-at用于指定属性；-t用于设置关键帧的值。

◆ refresh –cv

这是一个经常使用的命令，主要用于刷新屏幕。

◆ currenTime 帧

用于改变场景时间。

关于MEL语言中一些常用的命令就介绍这么多，MEL语言是一个非常庞大的脚本语言，其功能十分强大，读者如果对此感兴趣，需要系统学习一下。